中华医学百科全书

药学

药用植物学

国家出版基金项目
NATIONAL PUBLICATION FOUNDATION

中国协和医科大学出版社
北　京

图书在版编目（CIP）数据

中华医学百科全书·药用植物学 / 肖培根主编 . —北京：中国协和医科大学出版社，2022.2
ISBN 978-7-5679-1814-6

Ⅰ . ①药… Ⅱ . ①肖… Ⅲ . ①药用植物学 Ⅳ . ① Q949.95

中国版本图书馆 CIP 数据核字（2022）第 012869 号

中华医学百科全书·药用植物学

主　　编：肖培根

编　　审：司伊康

责任编辑：尹丽品

出版发行：**中国协和医科大学出版社**
　　　　　（北京市东城区东单三条 9 号　邮编 100730　电话 010-6526 0431）

网　　址：www.pumcp.com

经　　销：新华书店总店北京发行所

印　　刷：北京雅昌艺术印刷有限公司

开　　本：889×1230　1/16

印　　张：28.75

字　　数：846 千字

版　　次：2022 年 2 月第 1 版

印　　次：2022 年 2 月第 1 次印刷

定　　价：448.00 元

ISBN 978-7-5679-1814-6

《中华医学百科全书》编纂委员会

总顾问　吴阶平　韩启德　桑国卫

总指导　陈　竺

总主编　刘德培　王　辰

副总主编　曹雪涛　李立明　曾益新　吴沛新　姚建红

编纂委员（以姓氏笔画为序）

丁　洁	丁　樱	丁安伟	于中麟	于布为	于学忠	万经海
马　军	马　进	马　骁	马　静	马　融	马安宁	马建辉
马烈光	马绪臣	王　平	王　伟	王　辰	王　政	王　恒
王　铁	王　硕	王　舒	王　键	王一飞	王一镗	王士贞
王卫平	王长振	王文全	王心如	王生田	王立祥	王兰兰
王汉明	王永安	王永炎	王成锋	王延光	王华兰	王行环
王旭东	王军志	王声湧	王坚成	王良录	王拥军	王茂斌
王松灵	王明荣	王明贵	王金锐	王宝玺	王诗忠	王建中
王建业	王建军	王建祥	王临虹	王贵强	王美青	王晓民
王晓良	王高华	王鸿利	王维林	王琳芳	王喜军	王晴宇
王道全	王德文	王德群	木塔力甫·艾力阿吉	尤启冬	戈　烽	
牛　侨	毛秉智	毛常学	乌　兰	卞兆祥	文卫平	文历阳
文爱东	方　浩	方以群	尹　佳	孔北华	孔令义	孔维佳
邓文龙	邓家刚	书　亭	毋福海	艾措千	艾儒棣	石　岩
石远凯	石学敏	石建功	布仁达来	占　堆	卢志平	卢祖洵
叶　桦	叶冬青	叶常青	叶章群	申昆玲	申春悌	田家玮
田景振	田嘉禾	史录文	冉茂盛	代　涛	代华平	白春学
白慧良	丛　斌	丛亚丽	包怀恩	包金山	冯卫生	冯希平
冯泽永	冯学山	边旭明	边振甲	匡海学	邢小平	邢念增
达万明	达庆东	成　军	成翼娟	师英强	吐尔洪·艾买尔	
吕时铭	吕爱平	朱　珠	朱万孚	朱立国	朱华栋	朱宗涵
朱晓东	朱祥成	乔延江	伍瑞昌	任　华	任钧国	华　伟
伊河山·伊明		向　阳	多　杰	邬堂春	庄　辉	庄志雄
刘　平	刘　进	刘　玮	刘　强	刘　蓬	刘大为	刘小林
刘中民	刘玉清	刘尔翔	刘训红	刘永锋	刘吉开	刘芝华

刘伏友	刘华平	刘华生	刘志刚	刘克良	刘迎龙	刘建勋
刘胡波	刘树民	刘昭纯	刘俊涛	刘洪涛	刘桂荣	刘献祥
刘嘉瀛	刘德培	闫永平	米 玛	米光明	安 锐	祁建城
许 媛	许腊英	那彦群	阮长耿	阮时宝	孙 宁	孙 光
孙 皎	孙 锟	孙少宣	孙长颢	孙立忠	孙则禹	孙秀梅
孙建中	孙建方	孙建宁	孙贵范	孙洪强	孙晓波	孙海晨
孙景工	孙颖浩	孙慕义	纪志刚	严世芸	苏 川	苏 旭
苏荣扎布	杜元灏	杜文东	杜治政	杜惠兰	李 飞	李 方
李 龙	李 东	李 宁	李 刚	李 丽	李 波	李 剑
李 勇	李 桦	李 鲁	李 磊	李 燕	李 冀	李大魁
李云庆	李太生	李曰庆	李玉珍	李世荣	李立明	李汉忠
李永哲	李志平	李连达	李灿东	李君文	李劲松	李其忠
李若瑜	李泽坚	李宝馨	李建兴	李建初	李建勇	李映兰
李思进	李莹辉	李晓明	李凌江	李继承	李董男	李森恺
李曙光	杨 凯	杨 恬	杨 勇	杨 健	杨 硕	杨化新
杨文英	杨世民	杨世林	杨伟文	杨克敌	杨甫德	杨国山
杨宝峰	杨炳友	杨晓明	杨跃进	杨腊虎	杨瑞馥	杨慧霞
励建安	连建伟	肖 波	肖 南	肖永庆	肖培根	肖鲁伟
吴 东	吴 江	吴 明	吴 信	吴令英	吴立玲	吴欣娟
吴勉华	吴爱勤	吴群红	吴德沛	邱建华	邱贵兴	邱海波
邱蔚六	何 维	何 勤	何方方	何志嵩	何绍衡	何春涤
何裕民	余争平	余新忠	狄 文	冷希圣	汪 海	汪 静
汪受传	沈 岩	沈 岳	沈 敏	沈 铿	沈卫峰	沈心亮
沈华浩	沈俊良	宋国维	张 泓	张 学	张 亮	张 强
张 霆	张 澍	张大庆	张为远	张玉石	张世民	张永学
张华敏	张宇鹏	张志愿	张丽霞	张伯礼	张宏誉	张劲松
张奉春	张宝仁	张建中	张建宁	张承芬	张琴明	张富强
张新庆	张潍平	张德芹	张燕生	陆 华	陆 林	陆 翔
陆小左	陆付耳	陆伟跃	陆静波	阿不都热依木·卡地尔		陈 文
陈 杰	陈 实	陈 洪	陈 琪	陈 楠	陈 薇	陈 曦
陈士林	陈大为	陈文祥	陈玉文	陈代杰	陈尧忠	陈红风
陈志南	陈志强	陈规化	陈国良	陈佩仪	陈家旭	陈智轩
陈锦秀	陈誉华	邵 蓉	邵荣光	邵瑞琪	武志昂	
其仁旺其格	范 明	范炳华	茅宁莹	林三仁	林久祥	林子强
林天歆	林江涛	林曙光	杭太俊	郁 琦	欧阳靖宇	尚 红

果德安	明根巴雅尔	易定华	易著文	罗 力	罗 毅	罗小平
罗长坤	罗颂平	帕尔哈提·克力木	帕塔尔·买合木提·吐尔根			
图门巴雅尔	岳伟华	岳建民	金 玉	金 奇	金少鸿	金伯泉
金季玲	金征宇	金银龙	金惠铭	周 兵	周永学	周光炎
周利群	周灿全	周良辅	周纯武	周学东	周宗灿	周定标
周宜开	周建平	周建新	周春燕	周荣斌	周辉霞	周福成
郑一宁	郑志忠	郑金福	郑法雷	郑建全	郑洪新	郑家伟
郎景和	房 敏	孟 群	孟庆跃	孟静岩	赵 平	赵 艳
赵 群	赵子琴	赵中振	赵文海	赵玉沛	赵正言	赵永强
赵志河	赵彤言	赵明杰	赵明辉	赵耐青	赵临襄	赵继宗
赵铱民	赵靖平	郝 模	郝小江	郝传明	郝晓柯	胡 志
胡 明	胡大一	胡文东	胡向军	胡国华	胡昌勤	胡盛寿
胡德瑜	柯 杨	查 干	柏树令	钟翠平	钟赣生	
香多·李先加		段 涛	段金廒	段俊国	侯一平	侯金林
侯春林	俞光岩	俞梦孙	俞景茂	饶克勤	施慎逊	姜小鹰
姜玉新	姜廷良	姜国华	姜柏生	姜德友	洪 两	洪 震
洪秀华	洪建国	祝庆余	祝㼓晨	姚永杰	姚克纯	姚祝军
秦 川	秦卫军	袁文俊	袁永贵	都晓伟	晋红中	栗占国
贾 波	贾建平	贾继东	夏术阶	夏照帆	夏慧敏	柴光军
柴家科	钱传云	钱忠直	钱家鸣	钱焕文	倪 健	倪 鑫
徐 军	徐 晨	徐云根	徐永健	徐志云	徐志凯	徐克前
徐金华	徐建国	徐勇勇	徐桂华	凌文华	高 妍	高 晞
高志贤	高志强	高金明	高学敏	高树中	高健生	高思华
高润霖	郭 岩	郭小朝	郭长江	郭巧生	郭宝林	郭海英
唐 强	唐向东	唐朝枢	唐德才	诸欣平	谈 勇	谈献和
陶永华	陶芳标	陶·苏和	陶建生	陶晓华	黄 钢	黄 峻
黄 烽	黄人健	黄叶莉	黄宇光	黄国宁	黄国英	黄跃生
黄璐琦	萧树东	梅 亮	梅长林	曹 佳	曹广文	曹务春
曹建平	曹洪欣	曹济民	曹雪涛	曹德英	龚千锋	龚守良
龚非力	袭著革	常耀明	崔 蒙	崔丽英	庾石山	康 健
康廷国	康宏向	章友康	章锦才	章静波	梁 萍	梁显泉
梁铭会	梁繁荣	谌贻璞	屠鹏飞	隆 云	绳 宇	巢永烈
彭 成	彭 勇	彭明婷	彭晓忠	彭瑞云	彭毅志	
斯拉甫·艾白		葛 坚	葛立宏	董方田	蒋力生	蒋建东
蒋建利	蒋澄宇	韩晶岩	韩德民	惠延年	粟晓黎	程天民

程仕萍	程训佳	焦德友	储全根	童培建	曾　苏	曾　渝
曾小峰	曾正陪	曾国华	曾学思	曾益新	谢　宁	谢立信
蒲传强	赖西南	赖新生	詹启敏	詹思延	鲍春德	窦科峰
窦德强	褚淑贞	赫　捷	蔡　威	裴国献	裴晓方	裴晓华
廖品正	谭仁祥	谭先杰	翟所迪	熊大经	熊鸿燕	樊　旭
樊飞跃	樊巧玲	樊代明	樊立华	樊明文	樊瑜波	黎源倩
颜　虹	潘国宗	潘柏申	潘桂娟	薛社普	薛博瑜	魏光辉
魏丽惠	藤光生	B·吉格木德				

《中华医学百科全书》学术委员会

顾景范	徐文严	翁心植	栾文明	郭 定	郭子光	郭天文
郭宗儒	唐由之	唐福林	涂永强	黄秉仁	黄洁夫	黄璐琦
曹仁发	曹采方	曹谊林	龚幼龙	龚锦涵	盛志勇	康广盛
章魁华	梁文权	梁德荣	彭小忠	彭名炜	董 怡	程天民
程元荣	程书钧	程伯基	傅民魁	曾长青	曾宪英	温 海
强伯勤	裘雪友	甄永苏	褚新奇	蔡年生	廖万清	樊明文
黎介寿	薛 淼	戴行锷	戴宝珍	戴尅戎		

药学

总主编

    甄永苏   中国医学科学院北京协和医学院医药生物技术研究所

本卷编委会

主　编

    肖培根   中国医学科学院北京协和医学院药用植物研究所

执行主编

    郭宝林   中国医学科学院北京协和医学院药用植物研究所

副主编（以姓氏笔画为序）

    王晓琴   内蒙古医科大学

    宋经元   中国医学科学院北京协和医学院药用植物研究所

    陈士林   中国中医科学院中药研究所

    陈虎彪   香港浸会大学

    姚　霞   中国医学科学院北京协和医学院药用植物研究所

    郭庆梅   山东中医药大学

    谈献和   南京中医药大学

    潘超美   广州中医药大学

编　委（以姓氏笔画为序）

    马　琳   天津中医药大学

    王　冰   辽宁中医药大学

    王良信   佳木斯医学院

    王振月   黑龙江中医药大学

    王晓琴   内蒙古医科大学

    尹春梅   吉林农业大学

    刘　勇   北京中医药大学

    刘　颖   北京中医药大学

刘春生　　北京中医药大学

齐耀东　　中国医学科学院北京协和医学院药用植物研究所

严铸云　　成都中医药大学

肖培根　　中国医学科学院北京协和医学院药用植物研究所

宋经元　　中国医学科学院北京协和医学院药用植物研究所

张　瑜　　南京中医药大学

陈士林　　中国中医科学院中药研究所

陈四保　　中国医学科学院北京协和医学院药用植物研究所

陈虎彪　　香港浸会大学

陈彩霞　　中国医学科学院北京协和医学院药用植物研究所

姚　霞　　中国医学科学院北京协和医学院药用植物研究所

高微微　　中国医学科学院北京协和医学院药用植物研究所

郭庆梅　　山东中医药大学

郭宝林　　中国医学科学院北京协和医学院药用植物研究所

谈献和　　南京中医药大学

潘超美　　广州中医药大学

魏胜利　　北京中医药大学

前　言

《中华医学百科全书》终于和读者朋友们见面了！

古往今来，凡政通人和、国泰民安之时代，国之重器皆为科技、文化领域的鸿篇巨制。唐代《艺文类聚》、宋代《太平御览》、明代《永乐大典》、清代《古今图书集成》等，无不彰显盛世之辉煌。新中国成立后，国家先后组织编纂了《中国大百科全书》第一版、第二版，成为我国科学文化事业繁荣发达的重要标志。医学的发展，从大医学、大卫生、大健康角度，集自然科学、人文社会科学和艺术之大成，是人类社会文明与进步的集中体现。随着经济社会快速发展，医药卫生领域科技日新月异，知识大幅更新。广大读者对医药卫生领域的知识文化需求日益增长，因此，编纂一部医药卫生领域的专业性百科全书，进一步规范医学基本概念，整理医学核心体系，传播精准医学知识，促进医学发展和人类健康的任务迫在眉睫。在党中央、国务院的亲切关怀以及国家各有关部门的大力支持下，《中华医学百科全书》应运而生。

作为当代中华民族"盛世修典"的重要工程之一，《中华医学百科全书》肩负着全面总结国内外医药卫生领域经典理论、先进知识，回顾展现我国卫生事业取得的辉煌成就，弘扬中华文明传统医药璀璨历史文化的使命。《中华医学百科全书》将成为我国科技文化发展水平的重要标志、医药卫生领域知识技术的最高"检阅"、服务千家万户的国家健康数据库和医药卫生各学科领域走向整合的平台。

肩此重任，《中华医学百科全书》的编纂力求做到两个符合。一是符合社会发展趋势：全面贯彻以人为本的科学发展观指导思想，通过普及医学知识，增强人民群众健康意识，提高人民群众健康水平，促进社会主义和谐社会构建。二是符合医学发展趋势：遵循先进的国际医学理念，以"战略前移、重心下移、模式转变、系统整合"的人口与健康科技发展战略为指导。同时，《中华医学百科全书》的编纂力求做到两个体现：一是体现科学思维模式的深刻变革，即学科交叉渗透/知识系统整合；二是体现继承发展与时俱进的精神，准确把握学科现有基础理论、基本知识、基本技能以及经典理论知识与科学思维精髓，深刻领悟学科当前面临的交叉渗透与整合转化，敏锐洞察学科未来的发展趋势与突破方向。

作为未来权威著作的"基准点"和"金标准"，《中华医学百科全书》编纂过程中，制定了严格的主编、编者遴选原则，聘请了一批在学界有相当威望、具有较高学术造诣和较强组织协调能力的专家教授（包括多位两院院士）担任大类主编和学科卷主编，确保全书的科学性与权威性。另外，还借鉴了已有百科全书的编写经验。鉴于《中华医学百科全书》的编纂过程本身带有科学研究性质，还聘请了若干科研院所的科研管理专家作为特约编审，站在科研管理的高度为全书的顺利编纂保驾护航。除了编者、编审队伍外，还制订了详尽的质量保证计划。编纂委员会和工作委员会秉持质量源于设计的理念，共同制订了一系列配套的质量控制规范性文件，建立了一套切实可行、行之有效、效率最优的编纂质量管理方案和各种情况下的处理原则及预案。

《中华医学百科全书》的编纂实行主编负责制，在统一思想下进行系统规划，保证良好的全程质量策划、质量控制、质量保证。在编写过程中，统筹协调学科内各编委、卷内条目以及学科间编委、卷间条目，努力做到科学布局、合理分工、层次分明、逻辑严谨、详略有方。在内容编排上，务求做到"全准精新"。形式"全"：学科"全"，册内条目"全"，全面展现学科面貌；内涵"全"：知识结构"全"，多方位进行条目阐释；联系整合"全"：多角度编制知识网。数据"准"：基于权威文献，引用准确数据，表述权威观点；把握"准"：审慎洞察知识内涵，准确把握取舍详略。内容"精"："一语天然万古新，豪华落尽见真淳。"内容丰富而精练，文字简洁而规范；逻辑"精"："片言可以明百意，坐驰可以役万里。"严密说理，科学分析。知识"新"：以最新的知识积累体现时代气息；见解"新"：体现出学术水平，具有科学性、启发性和先进性。

《中华医学百科全书》之"中华"二字，意在中华之文明、中华之血脉、中华之视角，而不仅限于中华之地域。在文明交织的国际化浪潮下，中华医学汲取人类文明成果，正不断开拓视野，敞开胸怀，海纳百川般融入，润物无声状拓展。《中华医学百科全书》秉承了这样的胸襟怀抱，广泛吸收国内外华裔专家加入，力求以中华文明为纽带，牵系起所有华人专家的力量，展现出现今时代下中华医学文明之全貌。《中华医学百科全书》作为由中国政府主导，参与编纂学者多、分卷学科设置全、未来受益人口广的国家重点出版工程，得到了联合国教科文等组织的高度关注，对于中华医学的全球共享和人类的健康保健，都具有深远意义。

《中华医学百科全书》分基础医学、临床医学、中医药学、公共卫生学、军事与特种医学和药学六大类，共计144卷。由中国医学科学院/北京协和医学院牵头，联合军事医学科学院、中国中医科学院和中国疾病预防控制中心，带动全国知名院校、科研单位和医院，有多位院士和海内外数千位优秀专家参加。国内知名的医学和百科编审汇集中国协和医科大学出版社，并培养了一批热爱百科事业的中青年编辑。

回览编纂历程，犹然历历在目。几年来，《中华医学百科全书》编纂团队呕心沥血，孜孜矻矻。组织协调坚定有力，条目撰写字斟句酌，学术审查一丝不苟，手书长卷撼人心魂……在此，谨向全国医学各学科、各领域、各部门的专家、学者的积极参与以及国家各有关部门、医药卫生领域相关单位的大力支持致以崇高的敬意和衷心的感谢！

《中华医学百科全书》的编纂是一项泽被后世的创举，其牵涉医学科学众多学科及学科间交叉，有着一定的复杂性；需要体现在当前医学整合转型的新形式，有着相当的创新性；作为一项国家出版工程，有着毋庸置疑的严肃性。《中华医学百科全书》开创性和挑战性都非常强。由于编纂工作浩繁，难免存在差错与疏漏，敬请广大读者给予批评指正，以便在今后的编纂工作中不断改进和完善。

刘德培

凡　例

一、《中华医学百科全书》（以下简称《全书》）按基础医学类、临床医学类、中医药学类、公共卫生类、军事与特种医学类、药学类的不同学科分卷出版。一学科辑成一卷或数卷。

二、《全书》基本结构单元为条目，主要供读者查检，亦可系统阅读。条目标题有些是一个词，例如"地衣类"；有些是词组，例如"药用植物光合作用"。

三、由于学科内容有交叉，会在不同卷设有少量同名条目。例如《药用植物学》《中药资源学》都设有"草豆蔻"条目。其释文会根据不同学科的视角不同各有侧重。

四、条目标题上方加注汉语拼音，条目标题后附相应的外文。例如：

yàoyòng zhíwù fēnlèi
药用植物分类（medicinal plant taxonomy）

五、本卷条目按学科知识体系顺序排列。为便于读者了解学科概貌，卷首条目分类目录中条目标题按阶梯式排列，例如：

药用植物结构 ……………………………………………………………

　分生组织 …………………………………………………………………

　薄壁组织 …………………………………………………………………

　　细胞后含物 ……………………………………………………………

　保护组织 …………………………………………………………………

　机械组织 …………………………………………………………………

　　输导组织 ………………………………………………………………

　　分泌组织 ………………………………………………………………

六、各学科都有一篇介绍本学科的概观性条目，一般作为本学科卷的首条。介绍学科大类的概观性条目，列在本大类中基础性学科卷的学科概观性条目之前。

七、条目之中设立参见系统，体现相关条目内容的联系。一个条目的内容涉及其他条目，需要其他条目的释文作为补充的，设为"参见"。所参见的本卷条目的标题在本条目释文中出现的，用蓝色楷体字印刷；所参见的本卷条目的标题未在本条目释文中出现的，在括号内用蓝色楷体字印刷该标题，另加"见"字；参见其他卷条目的，注明参见条所属学科卷名，如"参见□□□卷"或"参见□□□卷□□□□"。

八、《全书》医学名词以全国科学技术名词审定委员会审定公布的为标准。同一概念或疾病在不同学科有不同命名的，以主科所定名词为准。字数较多，释文中拟用简称的名词，每个条目中第一次出现时使用全称，并括注简称，例如：甲型病毒性肝炎（简称甲肝）。个别众所周知的名词直接使用简称、缩写，例如：B超。药物名称参照《中华人民共和国药典》2020年版和《国家基本药物目录》2018年版。

九、《全书》量和单位的使用以国家标准GB 3100—1993《国际单位制及其应用》、GB/T 3101—1993《有关量、单位和符号的一般原则》及GB/T 3102系列国家标准为准。援引古籍或外文时维持原有单位不变。必要时括注与法定计量单位的换算。

十、《全书》数字用法以国家标准GB/T 15835—2011《出版物上数字用法》为准。

十一、正文之后设有内容索引和条目标题索引。内容索引供读者按照汉语拼音字母顺序查检条目和条目之中隐含的知识主题。条目标题索引分为条目标题汉字笔画索引和条目外文标题索引，条目标题汉字笔画索引供读者按照汉字笔画顺序查检条目，条目外文标题索引供读者按照外文字母顺序查检条目。

十二、部分学科卷根据需要设有附录，列载本学科有关的重要文献资料。

目　录

yàoyòng zhíwùxué

药用植物学（pharmaceutical botany）

研究药用植物的形态、结构、分类、生长发育、生理、生态、代谢产物和遗传结构，以实现药用植物可持续利用的学科。传统的药用植物学包括药用植物的形态解剖和系统分类知识，主要作为中药鉴定学、生药学等学科的基础。现代药用植物学是以植物学各分支学科如植物形态学、植物解剖学、植物分类学、植物生理学、植物生态学、植物地理学、植物分子生物学等为基础，融合植物化学、药理学、中药学、农学等学科的理论知识和方法技术，将药用植物作为对象进行综合研究和开发利用的学科。随着科学技术的发展，药用植物在人类健康事业中起到越来越重要的作用，药用植物学的内涵将进一步延伸和拓展。

发展简史 对药用植物的认识和利用贯穿在人类的自然生存和发展过程中。中国早在《诗经》和《山海经》等书籍中就有关于药用植物的记载，东汉时期形成了中国第一部专门记载药物的典籍《神农本草经》，因传统药物多为草本类植物，故随后各历史时期出现的药物典籍大多数冠以"本草"名，药物记载内容也逐步全面，涵盖了基原、产地、特征、功效等，收载的药物种类也逐渐增多，至明代的《本草纲目》，药物数量达到 1892 个，其中植物药约 1100 种。国外早期的医药学著作记录的药物也大多数是药用植物，如古罗马时期简略记录近 1000 种植物中部分可供药用。药用植物学作为独立的研究内容与生药学的发展相关，1934 年出版的《现代本草生药学》将生药学和本草建立联系，并逐渐形成医

药院校的《生药学》教材，药用植物学是其中重要的内容。中国的药用植物学作为一门独立的学科，起始于 20 世纪 40 年代末期，著名的生药学家和教育家李承祜于 1949 年编撰并公开发行了大学用书《药用植物学》，系统地介绍了药用植物的形态学、生理学和分类学知识。20 世纪 50 年代以来，中国各级医药院校的中药学、药学等专业陆续编写出版了《药用植物学》教材并开设了《药用植物学》课程。各类志书或专著如《中国药用植物志》（1955—1965 年）、《中药志》（1959—1961 年）、《全国中草药汇编》（1975 年）、《中药大辞典》（1977 年）、《新华本草纲要》（1988—1991 年）、《中国中药资源》系列（1995 年）、《中华本草》（1999 年）等，系统记载或阐述了药用植物（或植物类药材）的物种名称、形态构造、传统功效、化学成分、药理研究等理论知识和研究成果以及本草考证、资源分布、栽培方法等信息。随着科学技术的发展和学科之间的交叉融合，药用植物学分化出药用植物资源学、药用植物栽培学、药用植物亲缘学、药用植物生理生态学等，更由于中医药的现代化和国际化促进了药用植物在医药和其他领域的广泛应用和发展。在西方，药用植物学与生药学在 20 世纪 20、30 年代，也曾有过一段兴盛时期，但随着合成药的崛起，药用植物学和生药学逐渐衰落，甚至一些学校已缺失这门课程。

研究范围 药用植物学研究有着多学科高度结合和交叉的特点，范围包括研究药用植物的形态、结构和类群分类，以准确识别和鉴定药用植物；研究药用植物的化学成分以及体内次生代谢

过程，阐明化学成分结构、存在状态、形成机制和影响因素，以确保药材品质的提高和质量控制；研究药用植物的生理学、生态学、资源学，以实现药用植物资源的合理、高效利用，在对短缺、濒危药用植物进行保护的同时，探索和发现新的药用植物资源，引种驯化实现栽培化，保证资源的持续利用；结合植物生理学、植物生态学、农学和药用植物化学、化学成分分析等学科技术和方法，提高栽培药用植物产量和品质；结合植物细胞学、植物生理学、分子生物学和现代生物学技术，将基因工程、细胞工程、发酵工程等技术运用于药用器官、药用成分的生产以提高有效成分的生产效率。

研究方法 通常以植物学各分支学科的技术与方法为基础，吸收和借鉴化学、药学、分子生物学、生态学、农学、信息学等相关学科的研究技术与理论创新而发展，研究并解决药用植物的资源、栽培、有效成分、作用机制、质量控制等核心问题。如药用植物鉴别研究，除了传统的形态观察、光学显微镜观察，化学鉴别技术也得以应用和不断更新，从薄层色谱到高效液相色谱、液相色谱-质谱等更为精确的方法，并引入分子鉴别，特别是 DNA 条形码鉴别，以及利用电子显微镜、电子鼻、电子舌等新型设备和图像识别技术，逐步实现智能化，脱离完全依赖于个人知识和经验的鉴别。再如主要基于农学技术方法的药用植物栽培，结合化学分析方法，研究遗传、环境和栽培措施对于药用植物次生代谢的影响。生物信息学、化学计量学方法的引入可以大大提高药用植物有效成分分析效率。组织培养、

悬浮细胞培养等生物技术也深入药用植物生产和化学成分获取等药用植物工程研究领域。

应用领域 药用植物在人类大健康产业中具有重要的地位，在保健和医疗方面具有不可替代的作用。药用植物学的应用领域包括：①医疗保健产品研发和生产。为中药、天然药物、保健食品等研发生产与质量控制提供技术和理论保障。②药材和药物原料生产。为药用植物可持续生产提供信息与生产技术，如资源分布、栽培技术、生物技术等。③资源保护。提供药用植物资源分布、种类及濒危评估等保护生物学的信息服务和指导。④开发新药源。通过药用植物的亲缘学、化学及药理学研究，可以发现潜在可利用的药源植物并加以开发利用。

有待解决的重要课题 药用植物学的研究领域广泛，分支众多，综合各领域的发展方向与研究内容，归纳学科发展过程中面临的重要挑战如下：①药用植物资源的保护与可持续利用。随着人口增长、生活条件改善，人类对药用植物资源的需求越来越多，有限的资源日益减少，需要科学家研究高效利用技术和栽培再生技术，管理部门制定行之有效的保护策略，实现药用植物资源可持续利用。②准确评价药用植物的药用质量，并用于资源的可持续发展。尽管历经千年，对药用植物质量评价，需要结合化学、药理学等多个学科，精确性和综合性相结合，研究出客观性的评价方法，以保障用药质量，保障资源利用和栽培再生过程中药用质量的可控。③药用植物中药用成分遗传背景与生物合成机制研究。来自药用植物的已知化学成

分和具有潜在药用价值的化学成分种类繁多，这些成分的生物合成机制研究正在起步，尚需要在药用植物的遗传背景、合成通路等领域投入更多的研究精力，以期为未来药物生产找到新途径和新方法。

（郭宝林　齐耀东　肖培根）

yàoyòng zhíwù

药用植物 （medicinal plants）

具有防治疾病和维护健康功能的植物。药用植物的发现和利用，是人类在长期防病治病和养生保健实践中逐渐积累经验和知识的结果，在世界各民族传统医药中占有重要地位，构成了天然药物资源的主体。21世纪初药用植物资源来自野生或人工栽培，其全株或部分或其生理和病理产物，含有具有药用活性的物质，可以供药用或作为制药工业的原料。广义的药用植物还可以包括用作营养剂、某些嗜好品、调味品、色素添加剂，以及农药和兽医用药的植物资源。

基本特性 药用植物具有植物的基本性质，大多数植物体固着生长，广泛分布于山地、平原、沙漠、湖泊及河流，少数分布于海水中。细胞是药用植物体的基本结构单位，由来源相同和执行同一功能的一种或多种类型细胞构成组织，几种不同的组织有机结合、相互协同、紧密联系构成器官，不同器官之间互相配合，共同完成药用植物体的整个生命活动过程。药用植物体含有多种化学成分，既包括构成植物体共有的基本化学物质，也包括植物体内特有代谢形成的次生代谢产物，如生物碱、苷、挥发油、有机酸、鞣质等，这些次生代谢产物是药用植物防病治病的物质基础，称为生物活性成分，或简称

活性成分，储存在植物体的一定器官组织和细胞内。药用植物常常产生较其他植物更多种类和更高含量的次生代谢物质，如化州柚的幼果含有达40%的柚皮苷，黄芩根中黄芩苷的含量常为9%以上。药用植物全体或部分在新鲜时或经加工干燥后用作初级药物产品，称为植物药、草药或药材，并可用作药品生产的原料。

类别与数量 药用植物按照植物系统分类，从低级向高级通常分为藻类、菌类、地衣类、苔藓类、蕨类和种子类等类别（见药用植物分类）；按照药用部位分为根类、根茎类、皮类、叶类、花类、果实类、种子类、全草类等；按照植物资源分为生物碱类、苷类、黄酮类、多糖类、蒽醌类、萜类、酚类、激素类、信息素类等。世界不同区域的药用植物数量因各地植物资源数量以及当地传统医学体系的历史和发展而异，如印度传统医学体系下的印度、巴基斯坦、尼泊尔等地约有药用植物2500种；阿拉伯伊斯兰传统医学体系使用的药用植物约有1500种；非洲植物种类丰富，但民间医学实践中使用的药用植物较少，约1000种；南美洲是世界上植物物种最丰富的区域，民间医药历史悠久，大约有5000种；欧洲、北美洲和澳大利亚使用的药用植物约1500种。由于各国在实践中认识到传统医药在健康事业中的重要作用，纷纷开展对本国药用植物资源的调查、整理和研究。中国是世界上植物资源最丰富的国家之一，药用植物种类繁多，应用历史悠久，根据20世纪末"第三次全国中药资源普查"结果，有药用植物11 146种（含种下等级1208个），隶属2313属，383科，大约占中药资源总数

的87%。

品质　品质是药用植物用于防病治病效用价值的体现，一般用药用植物中所含活性成分的组成和含量来表征。影响药用植物品质的因素包括：①种质遗传因素，不同的物种含有的次生代谢成分不同，因此品质不同，各个国家的药典都对植物药规定明确的物种来源，有时同一个属的物种之间具有类似的成分，因此有的植物药来自同属的几个物种，如《中华人民共和国药典》（2020年版）规定中药柴胡来自于柴胡 *Bupleurum chinense* DC. 和狭叶柴胡 *B. scorzonerifolium* Willd. 两种植物。同一物种的不同群体，甚至个体之间的遗传背景也有差异，如紫苏不同的种质类型含有的挥发油主要成分不同，从而产生不同的药用效果。②生长发育因素，药用植物所含次生代谢产物往往是植物实现防御、引诱、贮藏等功能的物质，随着生长发育的需求而产生和积累，因此药用植物的采集时间因器官和特定的功效需求而不同。③环境因素，药用植物产生次生代谢产物大多是响应环境作用而形成，或者形成过程需要特定的内在条件，因此受非生物因素，如光照、温度、土壤等，以及生物因素，如昆虫、微生物、啃食动物、其他竞争植物等的影响而变化。因此药材的品质常是化学成分组成和含量的一个范围。通过药用植物的人工栽培，可以利用育种选择出化学成分较为一致的品种，通过建立一定的栽培措施控制环境影响，以及进一步规范化栽培技术和采收技术等，使品质趋于一致和稳定。

应用　药用植物体含有多种化学成分，具有特有的药用价值，在天然药物中占主导地位，是人类发展医药健康事业的重要物质基础。药用植物在中国有着数千年的开发利用历史，被广泛应用于防治疾病和维护健康的临床医疗实践。除药用外，药用植物还可应用于其他方面：既有营养，又能提高机体抵抗力且无毒性的药用植物如人参、黄芪、五味子、大枣、百合等，被用于保健食品；具有美容保健功效的人参、当归、白芷、甘草或其提取物，被用作化妆品的原料；八角茴香、桂皮、玫瑰花、薄荷、陈皮等药材或其加工品，被用作食品中的调味料或矫味剂；一些药用植物的精油经过提纯分离后，可用作合成香料的中间体或其他化工产品的原料；一些含有色调自然、安全性高且兼有营养和治疗作用的色素的药用植物，如姜黄、红花、栀子等，可作为提取天然色素的原料等。

随着医药事业和科学技术地不断进步，全世界药用植物的种类数量、药用部位、应用领域将得到更大的发展。

（谈献和　郭宝林　肖培根）

yàoyòng zhíwù xíngtài

药用植物形态（medicinal plant morphology）　药用植物的颜色、形状、大小等外部性状特征。药用植物形态包括植物整株形态以及构成植物体的各器官形态。

药用植物种类繁多，在其生长发育过程中形成的各种形态特征，一方面由内在的遗传因素所控制，另一方面也不断受到生态环境的影响。药用植物的整株形态因所处的分类等级、生活习性、生长环境和生活期而不同。根据生活习性，药用植物可分为木本植物、草本植物和藤本植物，其中木本植物有乔木、灌木、木质藤本之分。根据生长环境，药用植物可分为陆生植物、水生植物、附生植物和寄生植物。根据生活期长短，药用植物可分为一年生植物、两年生植物和多年生植物。

植物器官是植物体具有特定的形态结构并行使特定生理功能的结构单位，包括与植物体营养生长有关的营养器官根、茎、叶，以及与植物体繁殖后代有关的繁殖器官花、果实、种子。低等植物和高等植物中的苔藓植物、蕨类植物、裸子植物或者没有真正的器官分化，或者缺少某种器官，只有植物界进化最高级的被子植物具有全部典型的器官类型。药用植物器官的形态也因其存在部位、生理功能和生长发育状态而不同，这些器官的特征，是药用植物形态记录和描述的主要内容，也是药用植物分类和鉴别的重要依据。

有些药用植物的器官，为适应不同的生态环境和行使特殊的生理功能，在形态结构上发生显著的变异，并逐渐成为该种植物的固有特征，称为器官的变态。如圆锥根、圆柱根、块根等根的变态类型，以及根状茎、块茎、鳞茎、球茎等茎的变态类型等。根和根茎类中药材大多数为药用植物根的变态类型或地下茎的变态类型，如人参为圆锥根，何首乌为块根，黄精为根状茎，白及为块茎，百合为鳞茎等。

（谈献和　王　冰）

yàoyòng zhíwù gēn xíngtài

药用植物根形态（medicinal plant root morphology）　药用植物根的外部性状特征。根是植物的营养器官，一般生长于地下，具有吸收、固着、支持、合成、输导、贮藏、繁殖等作用，没有节、节间和叶，无顶芽，具有向地性、向湿性和背光性。根分为定根和不定根，定根又分为主根、侧根和纤维根。一株植物所有的根总称为根系，根系有直根系和须根系两种类型。根是药用植物重要的药用部位，人参、甘草、何首乌、地黄、牛膝等以根为药用部分，牡丹、枸杞等以根皮为药用部分。以根为药用部位的药材称为根类药材，以根皮为药用部位的药材属于皮类药材。某些植物的根为适应不同的生态环境和功能特性，在形态结构上发生变化，形成变态根。

定根和不定根　主根、侧根和纤维根都是直接或间接由胚根发生的，有固定的生长部位，称定根，如桔梗、人参的根。有些植物的根是从茎、叶或其他部位发生的，没有固定的生长部位，称不定根，如玉米、薏苡茎基部的根。

主根、侧根和纤维根　由种子内的胚根发育而成的根称为主根，通常比较粗壮，形状多为圆锥形、圆柱形等。主根的分枝形成的根称为侧根。主根和侧根上均可形成更细小的分枝，称为纤维根。

直根系和须根系　直根系的主根发达，与侧根有显著区别，为大多数双子叶植物的根系，如党参、当归、桔梗、人参等的根系。须根系是指主根不发达或早期死亡，由茎基部节上产生许多粗细、长短相仿的不定根构成的根系，为大多数单子叶植物如稻、麦冬等的根系以及部分双子叶植物如徐长卿、龙胆的根系。

变态根　因功能改变导致形态和结构都发生变化的根。主要有：①肉质直根，由主根发育而成，包括上部的胚轴和节间很短的茎的肉质结构，具有储藏功能，外形上呈圆锥形、圆柱形、圆球

形、块状等，如萝卜、桔梗等的根。②块根，由不定根或侧根发育而成，具有储藏功能，外形上呈不规则块状或纺锤形，如何首乌、百部等的根。③支柱根，从茎下部节上产生一些具有支持作用的不定根，插入土壤增强茎秆的支持功能，如玉米、甘蔗等的根。④气生根，从茎上产生一些不定根，暴露在空气中，具有在潮湿空气中吸收和贮藏水分的能力，如榕树、石斛等的根。⑤呼吸根，生长在沼泽或热带海滩地带的植物，其部分根垂直向地面上生长，以适应土壤中缺乏空气的条件，如红树、水杉等的根。⑥攀缘根，一些植物的茎细长柔软，不能直立，在茎上长出能攀附他物使其向上生长的根，如常春藤、络石等的根。⑦水生根，水生植物能悬垂于水中呈须状的根，如浮萍、睡莲等的根。⑧寄生根，寄生或半寄生植物能插到寄主茎的组织内并吸取寄主营养的根，如桑寄生、菟丝子等的根。

（潘超美　谈献和）

yàoyòng zhíwù jīng xíngtài

药用植物茎形态 （medicinal plant stem morphology）

药用植物茎的外部性状特征。茎由芽发展而成，下部和根相连，上部一般都生有叶、花和果实，是植物的营养器官，具有输导、支持、贮藏和繁殖等作用。茎通常生长在地面，但也有生长在地下的部分，称地下茎。以茎或茎皮药用的植物有肉桂、桑、白木香、杜仲、合欢等。以茎为药用器官的药材称为茎木类药材，以茎皮为药用器官的药材属于皮类药材。

茎的组成　茎有节和节间，顶端有顶芽，节上着生侧芽、叶、花等。植物的茎节一般略为膨大或成明显的环，如红蓼、石竹等

的茎。有的植物茎节细缩，如藕等的茎。茎的节与节之间的部分为节间，不同植物的节间长短各异，有的植物节间极度缩短，如蒲公英。多数植物茎为圆柱状，也有四棱形，如益母草的茎；三棱形，如荆三棱的茎。茎多为实心，也有空心，如伞形科、禾本科的一些药用植物的茎。

茎的类型　根据质地分为：①木质茎，木本植物的茎，质地坚硬，木质部发达，如厚朴、栀子的茎。②草质茎，草本植物的茎，质地柔软，木质部不发达，如薄荷、黄精的茎。③肉质茎，茎肥厚多汁，贮有大量水分和营养，如芦荟、仙人掌的茎。

根据生长习性分为：①直立茎，直立生长于地面，如薄荷、益母草的茎。②缠绕茎，细长，缠绕他物向上生长，如何首乌、五味子的茎。③攀缘茎，茎细长，以卷须或其他攀缘结构攀附他物向上生长，如栝楼、络石的茎。④平卧茎，茎细长，平卧地上，节上不生不定根，如蒺藜、地锦的茎。⑤匍匐茎，茎细长，沿地面匍匐生长，节上生有不定根，如虎耳草、连钱草等的茎。

茎的变态　茎由于功能改变所引起的形态和结构都发生的变化。可分为地上茎的变态和地下茎的变态。

地上茎的变态　地上茎的变态多数没有典型茎的结构，没有芽、节等，多数来源于侧枝发生的位置如叶腋。地上茎的变态类型主要有：①叶状茎或叶状枝。茎变为绿色扁平叶状，可进行光合作用，如仙人掌、竹节蓼的叶状茎。②刺状茎。常粗短坚硬，不分枝或分枝，如山楂、皂荚的刺。③钩状茎。钩状，粗短、坚硬、无分枝，如钩藤的钩。④茎

卷须。柔软卷曲、卷须状，如栝楼、南瓜的卷须。⑤小块茎。形态呈不规则小块状，如山药和半夏的珠芽。⑥小鳞茎。由叶腋或花序处的腋芽或花芽形成，如卷丹茎上部叶腋的珠芽。⑦假鳞茎。某些兰科植物茎的基部或全部膨大呈球形、卵形或圆锥形，具1节或多节，如杜鹃兰、白及茎基部的假鳞茎。

地下茎变态　地下茎的变态类型虽然形态多种多样，但是茎的形态特点依然清晰，具有芽和节。地下茎的变态类型主要有：①根状茎，地下茎横卧土中，外形似根，有明显的节和节间、顶芽和侧芽，如黄精、姜的地下茎。②块茎，地下茎短而肥大成不规则块状，如天麻、天南星的地下茎。③球茎，地下茎肥大成球形或扁球形，如慈姑、荸荠的地下茎。④鳞茎，着生肉质鳞叶的短缩的地下茎，多成球形或扁球形，如浙贝母、百合的地下茎。

（王　冰　谈献和）

yàoyòng zhíwù yè xíngtài
药用植物叶形态
（medicinal plant leaf morphology）　药用植物叶的外部性状特征。叶是植物的营养器官，具有进行光合作用、制造有机养料、气体交换、蒸腾等作用，一些植物的叶还具有贮藏、繁殖等作用。以叶药用的植物有艾、枇杷、桑、狭叶番泻等。以叶为药用器官的药材称为叶类药材。

叶的组成　叶由叶片、叶柄和托叶组成。叶片是叶的主要部分，叶柄是叶片和茎的联系部分，托叶是叶柄基部的附属物，成对着生于叶柄基部的两侧。具有叶片、叶柄和托叶的叶称完全叶，缺少叶柄和托叶或者二者缺一的叶称不完全叶。

叶片　叶片全形常见的有针形、条形（线形）、披针形、椭圆形、卵形等。叶片可分为叶尖、叶基、叶缘等部分。叶片顶端称叶端或叶尖，常见的有尾状、渐尖、急尖、钝形、微凹、倒心形、芒尖、截形等；叶片基部称叶基，常见的有心形、楔形、圆形等；叶片周边称叶缘，常见的有全缘、波状、皱缩状、锯齿状等。贯穿于叶片中的维管束称叶脉，脉序是叶脉在叶片中的分布形式，可分为分叉脉序、平行脉序、网状脉序、弧形脉序等。叶片分裂指叶片叶缘形成刻裂状态，常见的有羽状分裂、掌状分裂和三出分裂，根据刻裂的深度分为浅裂、深裂和全裂。叶片质地常见的有膜质、草质、革质、肉质等。

叶柄　叶柄一般呈圆柱形、半圆柱形或稍扁平状。有些植物的叶柄基部或全部扩大形成鞘状，如白芷、玉米等。有些水生植物的叶柄膨成气囊状，如凤眼莲、菱等。豆科植物叶柄基部膨大形成关节称为叶枕。有些植物的叶不具叶柄，叶片基部包围在茎上，称为抱茎叶，如苦荬菜。若无柄叶的基部或对生无柄叶的基部彼此愈合，被茎所贯穿，称贯穿叶或穿茎叶，如元宝草。

托叶　托叶形状和功能因植物种类而异。有的托叶较大呈叶状，如豌豆、茜草。有的托叶细小呈线状，如桑、梨。有的托叶与叶柄愈合成翅状，如金樱子、月季。

单叶和复叶　单叶指1个叶柄上只生1个叶片，复叶指1个叶柄上生有若干叶片。复叶的柄称叶轴或总叶柄，叶轴上所生叶称为小叶，根据小叶的数目和在叶轴上排列的方式不同，复叶又可分为三出复叶、掌状复叶、羽状复叶和单身复叶。单身复叶是三出复叶简化的一种特殊形态，叶轴上只具1个叶片，在顶生小叶与叶轴连接处，具一明显的关节，如柑橘类的叶。

叶序　叶在茎上排列的方式。常见叶序有3种：①互生叶序，在茎的每个节上只生1枚叶，如桑、樟等。②对生叶序，在茎的每个节上着生2枚叶，如薄荷、忍冬等。③轮生叶序，在茎的每个节上轮生3或3枚以上叶，如夹竹桃、轮叶沙参等。④簇生叶序，2枚或2枚以上叶着生在节间极度缩短的茎上，如马尾松、白皮松等。

异形叶性　同一植株上有不同形状的叶，这种现象称为异形叶性。有的因植株发育年龄的不同所形成，如人参、半夏、蓝桉、益母草等。有的因环境的影响形成，如慈姑的沉水叶是线形、漂浮的叶呈椭圆形，气生叶则呈箭形。

叶变态　因功能改变所引起的叶形态的变化。常见的有：①苞片，生于花序或花柄下面的变态叶，形态也多样，如菊科植物的头状花序下的总苞片，天南星科植物的花序外面的佛焰苞。②鳞叶，叶的功能特化或退化成鳞片状。可分为膜质和肉质两种，膜质鳞叶如麻黄的叶，姜、荸荠等根状茎、球茎上的鳞叶，以及木本植物的冬芽（鳞芽）外的褐色鳞片叶；肉质鳞叶肥厚，能贮藏营养物质，如百合、洋葱等鳞茎上的肥厚鳞叶。③刺状叶，由叶片或托叶变态成坚硬的刺状，起保护作用或适应干旱环境，如小檗、仙人掌、刺槐等的刺。④叶卷须，叶的全部或一部分变为卷须，借以攀缘他物，如豌豆、菝葜的卷须。⑤捕虫叶，捕虫植物的叶变态成盘状、瓶状或囊状，以利捕食昆虫，具有能分泌消化液的腺毛或腺体，并有感应性，当昆虫触及时能立即闭合，将昆虫捕获，如猪笼草、狸藻等。

（潘超美）

yàoyòng zhíwù huā xíngtài

药用植物花形态（medicinal plant flower morphology）

药用植物花的外部性状特征。花是种子植物特有的繁殖器官，植物通过开花、传粉、受精，形成果实和种子。花是由花芽发育而成适应生殖的节间极度缩短、不分枝的变态枝。与其他器官相比，花的形态构造特征较稳定，变异较小，能反映出植物在长期进化过程中所发生的变化，因此是药用植物分类鉴定的主要依据。由于裸子植物的花构造较简单，无花被，单性，形成球花状；被子植物的花高度进化，构造复杂，形态多样，因此一般所说的花是指被子植物的花。以花或者花序为药用器官的药材称为花类药材。

组成　典型的花是由花梗、花托、花被、雄蕊群和雌蕊群组成。其中花被是一朵花的花萼和花冠的总称，雄蕊群和雌蕊群分别是一朵花的所有雄蕊和所有雌蕊的总称。具有上述各部分的花称完全花，如月季、忍冬等的花；缺少其中一部分或几部分的花称不完全花，如丝兰、天南星等的花。一朵花中既有雌蕊又有雄蕊，称两性花，如桔梗等的花；一朵花中只有雌蕊或只有雄蕊称单性花，如杜仲等的花。只有雄蕊的花称雄花；只有雌蕊的花称雌花。如雄花和雌花着生在同一植株上称雌雄同株，如半夏等；如果雌花和雄花生于不同植株上称雌雄异株，如银杏、天南星等。通过花的中心可分为数个对称面的称

辐射对称花或整齐花，如桔梗、百合等；仅有1个对称面的称两侧对称花或不整齐花，如甘草、益母草等；无任何对称面的称不对称花，如美人蕉等。

花梗　花与茎的连接部分，又称花柄。花梗通常为绿色圆柱状，花梗的有无、长短、粗细等因植物种类而异。

花托　花梗顶端的膨大部分，其上着生花萼、花冠、雄蕊和雌蕊。花托的形状一般呈平坦或稍凸起的圆顶状，有的花托呈圆柱状如木兰、厚朴，有的花托呈圆锥状如草莓，有的花托呈倒圆锥状如莲，有的花托凹陷呈杯状如金樱子、桃，有的花托在雌蕊基部或在雄蕊与花冠之间形成肉质增厚常可分泌蜜汁的花盘，如柑橘、卫矛。

花被　花萼和花冠的总称。花被具2轮并显著分化为形态明显不同的花萼与花冠的，称重被花，如桃、甘草等；花被仅1轮的称单被花，如百合、玉兰等；不具花被的花称无被花或裸花，如杜仲、鱼腥草等。①花萼。是一朵花中所有萼片的总称，一般呈绿色叶片状。一般植物的花萼在花谢时枯萎或脱落，有些植物的花萼在花谢时不脱落并随果实一起增大，称宿存萼，如柿、酸浆等。萼片一般排成一轮，有些植物花在花梗顶端紧邻花萼下方另有一轮类似萼片状的苞片，称副萼，如棉花、蜀葵等。菊科植物的花萼常变态成冠毛，如蒲公英等。②花冠。是一朵花中所有花瓣的总称，常具各种鲜艳的颜色。一朵花的花瓣彼此分离称离瓣花冠，如甘草、仙鹤草等的花；花瓣彼此联合称合瓣花冠，如丹参、桔梗等的花；花瓣排成数轮的称重瓣花，如桃、月季栽培种

的花。花冠的数目、形态、排列方式等特征突出而稳定，常形成不同的花冠类型，如菘蓝、油菜等的十字形花冠，决明、甘草等的蝶形花冠，益母草、丹参等的唇形花冠，蒲公英、红花、紫菀等的管状和舌状花冠，曼陀罗、牵牛等的漏斗状花冠，沙参、桔梗等的钟形花冠以及水仙、长春花等的高脚碟状花冠。

雄蕊群　一朵花中所有雄蕊的总称。典型的雄蕊由花丝和花药两部分组成，花丝是承托花药的细长柱状体，其粗细、长短随植物种类而异；花药为花丝顶部膨大的囊状体，内生花粉粒，当雄蕊成熟时，花药以纵裂、孔裂、瓣裂等方式裂开，花粉粒散出，是雄蕊的主要能育部分。花中雄蕊的数目、长短、离合、排列方式等随植物种类而异，一般形态相似且相互分离的称离生雄蕊，但也有一朵花的雄蕊因长短不同、部分或全部联合而形成特定的雄蕊类型，如蜀葵、木槿等的单体雄蕊，甘草、野葛等的二体雄蕊，益母草、薄荷等的二强雄蕊，菘蓝、独行菜等的四强雄蕊，金丝桃、元宝草等的多体雄蕊，蒲公英、白术等的聚药雄蕊等。

雌蕊群　一朵花中所有雌蕊的总称，位于花的中心部分。雌蕊的外形似瓶状，由柱头、花柱和子房3部分组成。柱头是雌蕊顶部稍膨大的部分，为承受花粉的部位；花柱是子房上端收缩变细并上延的颈状部位，也是花粉管进入子房的通道；子房是雌蕊基部膨大的囊状部分，其底部着生在花托上，根据其着生的位置以及与花的其他部分是否愈合有上位子房、半上位子房（或称半下位子房）和下位子房等类型。子房的外壁称子房壁，子房壁有

1至数个子房室，胚珠着生在子房室内的胎座上。雌蕊由心皮（适应生殖的变态叶）构成。裸子植物的心皮（又称大孢子叶或珠鳞）展开成叶片状，胚珠裸露在外；被子植物的心皮边缘结合成囊状的雌蕊，胚珠包被在囊状的雌蕊内，这是裸子植物与被子植物的主要区别。被子植物的雌蕊由1个心皮构成的为单雌蕊，如甘草、桃等；由2个或2个以上心皮联合构成的为复雌蕊，如菘蓝、丹参（2心皮）、大戟、百合（3心皮）、贴梗海棠、桔梗（5心皮）等；由2个或2个以上心皮彼此分离构成的雌蕊为离生雌蕊，如毛茛、乌头等。

花序　许多花按一定顺序排列的花枝。花序上的花称小花，着生小花的部分称花序轴或花轴，花序轴可有分枝或不分枝。支持整个花序的茎轴称总花梗（柄）；支持小花的茎轴称小花梗或小花柄；无叶的总花梗称花葶。根据花在花轴上的排列方式和开放顺序，花序可以分为无限花序和有限花序两类。

无限花序　开花期间，花序轴的顶端继续向上生长，并不断产生新的苞片和花芽，花由花序轴的基部向顶端依次开放，或由缩短膨大的花序轴边缘向中心依次开放。无限花序可分为：①总状花序。花序轴细长，其上着生许多花梗近等长的小花，开花顺序由下而上，如菘蓝、荠菜等；如花序轴产生许多分枝，每一分枝各成一总状花序，称复总状花序（又称圆锥花序），如槐、女贞等。②穗状花序。花序轴细长，其上着生许多花梗极短或无花梗的小花，如车前、马鞭草等的花序；如花序轴产生分枝，每一分枝各成一穗状花序，称复穗状花序，如小麦、香附等的花序。③柔荑花序。花序轴细长，常下垂，其上着生许多花梗极短或无梗的无被或单被的单性花（雌花或雄花），开花后常整个花序一起脱落，如柳、枫杨等。④肉穗花序。花序轴肥厚成棒状，其上着生许多无梗的单性花，如玉米、香蒲的雌花序；有的肉穗花序外面常包有1片大型苞片，称佛焰苞，如天南星、半夏等的花序。⑤伞房花序。似总状花序，但各花花梗长短不一，下部花花梗最长，愈接近花轴上部的花花梗愈短，整个花序上的花几乎排列在一个平面上，开花顺序由外向里，如山楂、苹果等。⑥伞形花序。花序轴缩短，大多数花从花轴顶端长出，各花花梗大致等长，呈辐射状，整个花序排列呈圆球形如伞，开花顺序由外向内，如五加、人参等；如花序轴顶端集生许多近等长的伞形分枝，每一分枝又形成伞形花序，称复伞形花序，如前胡、野胡萝卜等。⑦头状花序。花序轴顶端缩短膨大成头状或盘状的花序托，其上集生许多无梗小花，下方常有1至数层总苞片组成的总苞，如菊、向日葵、旋覆花等。⑧隐头花序。花序轴肉质膨大且下凹成中空的囊状体，其凹陷的内壁上着生许多无梗的单性小花，顶端仅有一小孔与外面相通，如无花果、薜荔等。

有限花序　开花期间，因花轴顶端的芽先发育成顶花，花序轴不能继续向上生长，而是由苞片腋部长出侧生花序继续生长，其开花顺序是由上而下或由内而外依次进行。根据花序轴产生侧轴的情况不同，有限花序可分为：①单歧聚伞花序。花序轴顶端生1朵花，而后在其下方依次产生一侧轴，侧轴顶端同样生一花，如此连续分枝。若花序轴的分枝均在同一侧产生，花序呈螺旋状卷曲，称螺旋状聚伞花序，如紫草、附地菜等；若分枝在左、右两侧交互产生而呈蝎尾状的，称蝎尾状聚伞花序，如射干、姜等。②二歧聚伞花序，花序轴顶端生1朵花，而后在其下方两侧同时各产生一等长侧轴，每一侧轴再以同样方式开花并分枝，如石竹、卫矛等。③多歧聚伞花序，花序轴顶端生1朵花，而后在其下方同时产生数个侧轴，侧轴常比主轴长，各侧轴又形成小的聚伞花序，如猫眼草、女娄菜等；大戟、甘遂等的多歧聚伞花序下面常有杯状总苞，也称杯状聚伞花序。④轮伞花序。聚伞花序生于对生叶的叶腋成轮状排列，称轮伞花序，如益母草、薄荷等。

花序的类型常随植物种类而异，同科植物通常具有相同类型的花序。有的植物以某种花序为单元又排列成一定的形状，如紫丁香、葡萄为聚伞花序排成圆锥状，丹参、紫苏为轮伞花序排成总状，楤木为伞形花序排成圆锥状，茵陈、豨莶为头状花序排成圆锥状等，特称混合花序。

（谈献和）

yàoyòng zhíwù guǒshí xíngtài
药用植物果实形态（medicinal plant fruit morphology）　药用植物果实的外部性状特征。果实是被子植物特有的繁殖器官，是花经过传粉、受精后，由雌蕊或连同花的其他部分一起发育形成，具有保护种子、帮助种子传播的作用。以果实药用的植物有枸杞、山楂、栀子、栝楼等；以果实或其部分为药用器官的药材称为果实类药材。

果实由果皮和种子组成。果

皮由子房壁发育而成，由外向内分为外果皮、中果皮和内果皮3层，因植物种类不同，果皮的结构、色泽及各层果皮发达程度也有所差异。果实依据来源分为真果和假果，真果由子房发育形成，假果由花的其他部分如花托、花被、花柱、花序轴等和子房共同发育形成。依据形成果实的花的数目或花中子房的数目，果实分为单果、聚合果和聚花果。

单果　由一朵花的单心皮或多心皮合生雌蕊所形成的果实。单果依据果皮的质地进分为肉质果和干果。

肉质果　成熟时果皮肥厚多汁的果实。肉质果依据果皮的形态可分为：①核果，外果皮薄，中果皮肥厚多汁，内果皮木质化形成坚硬的核，内含1粒种子，如桃、杏、枣的果实。②浆果，外果皮薄，中果皮和内果皮均肉质多汁，内含1粒或多粒种子，如枸杞、葡萄的果实。③柑果，外果皮较厚、革质、具油腺，多与中果皮愈合共同构成果实的外皮，中果皮疏松呈白色海绵状，内果皮膜质，向内生出许多肉质多汁的汁囊，附生种子，如橘、酸橙的果实。④梨果，由下位子房与膨大的花托、花被等合生发育而成，花托、花被等形成的果壁与外果皮及中果皮均肉质化，可供食用，内果皮坚韧，革质或木质，如山楂、梨的果实。⑤瓠果，由下位子房与花托一起发育而成，由子房壁与花托发育而来的外果皮与花托愈合形成较为坚韧的假外果皮，中果皮和内果皮肉质，也肉质化且很发达，成为可食部分，有多数种子，如栝楼、冬瓜的果实。

干果　成熟时果皮干燥的果实。依据果实成熟时自行开裂与否分为裂果和不裂果（闭果）。裂果根据心皮数目和开裂方式分为：①蓇葖果，由1个心皮构成，成熟时果皮仅沿一侧开裂，如杠柳、徐长卿、白薇的果实。②荚果，由2个心皮构成，成熟时沿背缝线和腹缝线同时开裂，果皮裂成2片，如甘草、苦参、皂荚的果实。③角果，由2个心皮构成，形状上有长角果和短角果之分，中间具假隔膜，分成2室，种子着生在假隔膜边缘的两侧。果实成熟后果皮由基部向上开裂，种子附着于中间保留的隔膜上，如播娘蒿、萝卜的果实。④蒴果，由多个心皮构成，1室或多室，具多数种子，成熟时具有多种开裂方式，如马兜铃、百合、罂粟、马齿苋的果实。

不裂果依据成熟时果皮和种皮是否分离、种子数目分为：①瘦果，果皮坚硬，具单粒种子，果皮与种皮分离，如蒲公英、牛蒡、向日葵的果实。②颖果，果皮与种皮愈合，具单粒种子，如小麦、玉米的果实。③坚果，成熟时果皮木质坚硬，具1粒种子，外有总苞形成的壳斗附着于基部，如榛子、板栗的果实。④翅果，果实具有1粒种子，并具有1个或数个翅状附属物，如杜仲、臭椿的果实。⑤双悬果，成熟时常以心皮为单位分离成各含1粒种子的2个分果，以细柄悬挂在柄上端，如白芷、当归、川芎的果实。⑥胞果，成熟时果皮薄膜质囊状，内有数粒种子，如牛膝、青葙、地肤的果实。

聚合果　由一朵花中数个或多个离生雌蕊及花托连合形成的果实。聚合果又分为：①聚合瘦果，许多瘦果聚生于肉质、膨大的花托上，如草莓、蛇莓的果实。②蔷薇果，许多骨质瘦果聚生于壶状或杯状的肉质花托中，如金樱子、玫瑰花的果实。③聚合核果，许多核果聚生于突起的花托上，如悬钩子、掌叶覆盆子的果实。④聚合坚果，许多坚果嵌生于膨大、海绵状花托内，如莲的果实。⑤聚合浆果，许多浆果聚生在延长的花托上，如五味子的果实。

聚花果　由许多花的子房及其他器官共同形成的果实，如凤梨、桑、无花果的果实。

（王　冰　谈献和）

yàoyòng zhíwù zhǒngzi xíngtài
药用植物种子形态（medicinal plant seed morphology）　药用植物种子的外部性状特征。种子是种子植物特有的繁殖器官，由胚珠受精后发育而成，主要功能是繁殖后代，在适宜的条件下，种子可以萌发形成新的植物个体。以种子药用的植物有杏、车前、决明、播娘蒿等。以种子为药用器官的药材称为种子类药材。

种子的表面形态　种子的形状常呈圆形、椭圆形、肾形、卵形、圆锥形、多角形等。种子的大小差异悬殊，兰科植物的种子极小呈粉末状，如白及、天麻的种子。种子的颜色亦多样，如绿豆种子为绿色，赤小豆种子为红紫色，白扁豆种子为白色，青葙、鸡冠花的种子为黑色，相思子的种子一端为红色，另一端为黑色。种子表面的纹理也不相同，有的光滑、具光泽，如红蓼、五味子的种子；有的粗糙，如长春花、天南星的种子；有的具皱褶，如乌头、车前的种子；有的密生瘤刺状突起，如太子参的种子；有的具翅，如木蝴蝶的种子；有的顶端具毛茸，称种缨，如萝藦、络石的种子；蓖麻种子的表面由一种或几种颜色交织组成各种花纹和斑点。

种子的组成　种子一般由种皮、胚、胚乳3部分组成。

种皮　由胚珠的珠被发育而来，包被于种子的表面，具有保护种子不受外力机械损伤和防止病虫害入侵的作用。种子通常只有1层种皮，如大豆；也有的种子有2层种皮，即外种皮和内种皮，外种皮常坚韧，内种皮较薄，如蓖麻。种皮可以是干性的，如豆类；也可以是肉质的，如石榴的种皮为肉质的可食用部分；有的种子在种皮外尚有假种皮，是由珠柄或胎座部位的组织延伸而成，有的为肉质，如龙眼、卫矛等；有的呈菲薄的膜质，如砂仁、豆蔻等。一般在种子表面可以看到种子发育过程留下的痕迹或附属结构：①种脐：种子成熟后脱离果实时留下的圆形或条形瘢痕。②种孔：在种脐的一端有1个不易察觉的小孔，是原来胚珠的珠孔，种子萌发时通过种孔吸收水分，胚根也常从这里伸出来，故又称萌发孔。③合点：种孔的对面常有一突起，是种皮上维管束汇合之处。④种脊：种脐到合点之间的纵向隆起线。⑤种阜：有的植物外种皮在珠孔处由珠被扩展形成海绵状突起物，将种孔覆盖，种子萌发时，可帮助吸收水分，如蓖麻、巴豆。

胚　由卵细胞受精后发育而成，是种子中尚未发育的幼小植物体，包藏于种皮和胚乳内，由4部分组成：①胚根。幼小未发育的根，正对着种孔，可发育成植物的主根。②胚轴。连接胚根与胚芽的部分，可发育成为连接根与茎的部分。③胚芽。胚的顶端未发育的地上枝，可发育成植物的主茎和叶。④子叶。为胚吸收和贮藏养料的器官，占胚的较大

部分，在种子萌发后可变绿色而进行光合作用，一般单子叶植物具1枚子叶，双子叶植物具2枚子叶，裸子植物具多枚子叶。

胚乳　由极核细胞受精后发育而成，常位于胚的周围，呈白色，含丰富的淀粉、蛋白质、脂肪等，是种子内的营养组织，提供种子萌发时所需的养料。有些植物的种子中有发达的胚乳，胚相对较小，子叶薄，称为有胚乳种子，如蓖麻、大黄、稻等的种子。有些植物种子的胚发育过程中，胚乳的养料被胚吸收并贮藏于子叶中，故胚乳不存在或仅残留一薄层，称为无胚乳种子，这些种子常具有发达的子叶，如大豆、杏、泽泻等。有些植物的种子成熟时，由胚囊外面的珠心发育成类似胚乳的贮藏组织，称为外胚乳，如苋、姜的种子。肉豆蔻和槟榔的种皮内层和外胚乳常插入内胚乳中形成错入组织。

（谈献和）

yàoyòng zhíwù huāfěn xíngtài

药用植物花粉形态（medicinal plant pollen morphology）　药用植物花粉的外部性状特征。花粉是种子植物雄蕊花药中花粉囊内的粉状体，由花粉母细胞通过减数分裂而来，通常由4个单倍体的细胞连在一起，称四分体，成熟时彼此分离，形成4个具单核的花粉粒。花粉一般为单细胞，称单花粉；由2个或2个以上的细胞紧密联合的称复合花粉。少数植物的多数花粉集合在一起呈团块状，称花粉块，如兰科、萝藦科植物。以花粉药用的有松花粉、蒲黄等。

花粉粒的形状、颜色、大小随植物种类而异。花粉粒形状有圆球形、椭圆形、三角形、四边形或五边形等，通常是对称的，

有辐射对称和左右对称两种不同的对称性。不同种类植物的花粉粒有淡黄色、黄色、橘黄色、墨绿色、青色、红色或褐色等不同颜色。大多数植物花粉粒的直径为15～50μm，大型的如南瓜花粉直径达到150～200μm，微型的如勿忘草花粉仅2～5μm。成熟的花粉粒有内、外两层壁，内壁较薄，主要由纤维素和果胶质组成；外壁较厚而坚硬，主要由花粉素组成，其化学性质极为稳定，具有较好的抗高温、抗高压、耐酸碱、抗分解等特性。花粉粒外壁表面光滑或有各种各样的雕纹（纹饰），如瘤状、刺突、凹穴、棒状、网状、条纹状等。花粉粒外壁上较薄的部分称萌发孔，花粉粒萌发时，内壁和原生质体由此处向外突出形成花粉管。具沟的萌发孔称萌发沟。

花粉的形状、大小、对称性，萌发孔的数目、结构和位置，壁的结构以及表面雕纹等特征，往往可以作为鉴定药用植物的科、属甚至种的重要依据。

（谈献和）

yàoyòng zhíwù jiégòu

药用植物结构（medicinal plant structure）　药用植物细胞、组织、器官、个体的内部构造。细胞是植物体的基本结构单位，由来源相同和执行同一功能的一种或多种类型细胞集合而成的细胞群称组织，由不同的组织形成器官。组织是植物在长期适应环境的过程中产生的，并不断发展和完善。药用植物的组织既有由同一类型的细胞构成的简单组织，也有由不同类型的细胞构成的复合组织。

细胞的结构　典型的植物细胞是由原生质体、细胞后含物和生理活性物质、细胞壁3部分组

成。原生质体是细胞内有生命物质的总称，包括细胞质、细胞核、质体、线粒体、液泡等，是细胞的主要部分，细胞的一切代谢活动都在这里进行，其中质体和液泡是植物细胞的特有结构。细胞壁是包围在植物细胞原生质体外面的具有一定硬度和弹性的薄层，是由原生质体分泌的非生活物质（纤维素、果胶质和半纤维素）形成的，也是植物细胞特有的结构。细胞壁对原生质体起保护作用，能使细胞保持一定的形状和大小，与植物组织的吸收、蒸腾、物质的运输和分泌有关。后含物一般是指细胞原生质体在代谢过程中产生的非生命物质，多以液体状态或晶体状或非结晶固体状存在于液泡或细胞质中，其中淀粉粒、菊糖、各种结晶体等是中药鉴定的重要依据；生理活性物质是一类能对细胞内的生化反应和生理活动起调节作用的物质，包括酶、维生素、植物激素和抗生素等，对植物的生长、发育起着非常重要的作用。

组织的结构　低等植物通常由单细胞和多细胞构成，植物体内无组织形成或无典型的组织分化。在高等植物体内，几种不同的组织有机结合、相互协同、紧密联系构成器官。植物体内既有由同一类型的细胞构成的简单组织，也有由不同类型的细胞构成的复合组织。根据发育程度、形态结构及其生理功能不同，药用植物组织分为分生组织和成熟组织两大类。分生组织是存在于高等植物体内特定部位、有连续或周期性分生能力产生新细胞的组织，其细胞通常体积较小，排列紧密，没有细胞间隙，细胞壁薄，不具纹孔，细胞质浓，细胞核大，无明显液泡和质体分化，但含线

粒体、高尔基体、核蛋白体等细胞器。分生组织的细胞经过分裂、生长、分化和特化而形成成熟组织。成熟组织在其形态、结构和生理功能上趋于稳定，一般不表现分裂活性，亦称为永久组织，是药用植物体内分布最广、占比例最大的组织。成熟组织包括薄壁组织（或称基本组织）、保护组织、机械组织、输导组织和分泌组织等，因其存在部位和生理功能不同，结构也不同。除保护组织和部分分泌组织存在于植物体表外，大多数存在于植物器官内各个部位。

器官的结构　药用植物器官由数种组织构成，每种组织有其独立性和特有结构，行使不同功能，不同器官之间互相配合，共同完成药用植物体的整个生命活动过程。在植物的个体发育过程中，各种成熟组织在不同的生长阶段形成植物器官的初生结构和次生结构。在形成初生结构过程中，根、茎、叶、花、果实和种子等器官显著生长和增大，大多数双子叶植物和裸子植物的茎和根在形成次生结构过程中显著增粗，可增强植物体的支持、输导和贮藏等功能。有的植物还能通过成熟组织细胞脱分化过程形成某些器官特有的三生结构或称异常结构，如何首乌根中的异常附加维管柱和大黄根状茎髓部的星点状的异型维管束等。

药用植物体各种细胞组织及其在不同器官内的类型、数量、存在部位、排列方式等的构造特征，常可作为中药显微鉴定的重要依据。

（谈献和）

fēnshēng zǔzhī

分生组织（meristem）　植物体内具有持续或周期性分裂能力的

细胞群。分生组织的细胞体积较小，一般呈等径多面体；细胞排列紧密，无细胞间隙；细胞壁薄，细胞质浓厚，细胞核大；细胞代谢功能旺盛，具有强烈的分生能力，所分生的新细胞，小部分仍保持高度分裂的能力，大部分则陆续长大并分化为具有一定形态特征和生理功能的细胞，构成植物体的各种成熟组织，使器官得以生长或新生。

分生组织根据细胞来源不同可分为原分生组织、初生分生组织和次生分生组织。按照在植物体内所处的位置不同，又可分为顶端分生组织、侧生分生组织和居间分生组织。

原分生组织　由胚细胞保留下来、具有持久而强烈的分裂能力，位于根、茎的顶端。

初生分生组织　由原分生组织衍生出来。是一种边分裂、边分化，继续向成熟组织过渡的组织。如茎的初生分生组织可分化为原表皮层、基本分生组织和原形成层3种不同组织。

次生分生组织　由成熟薄壁组织的细胞重新恢复分裂能力转变而成。有一定的分裂能力，如大多数双子叶植物和裸子植物根和茎的形成层、木栓形成层等，成环状排列，不断分生和分化出次生保护组织和次生维管组织，形成根和茎的次生构造，使其不断加粗。

顶端分生组织　位于根、茎顶端，属于原分生组织。它们的分裂活动可以使根、茎不断地生长，使植物体不断地伸长或长高，并不断产生新的器官，如侧枝、叶和花。

侧生分生组织　主要存在于裸子植物和双子叶植物的根和茎的侧方，既有初生分生组织，又

有次生分生组织，包括维管形成层、木栓形成层两类侧生分生组织。侧生分生组织细胞的分裂和分化活动能使根和茎不断地增粗，同时在其表面形成新的保护组织。

居间分生组织 由顶端分生组织保留下来的初生分生组织，位于茎、叶、子房柄、花柄等成熟组织之间。居间分生组织持续活动的周期较短，分裂一段时间后即成为成熟组织。水稻、小麦等禾本科植物，在茎的节间基部保留居间分生组织，当顶端分化成幼穗后，仍可借助居间分生组织的细胞分裂拔节和抽穗，使茎急剧长高。葱、蒜、韭菜的叶，剪去上部后，叶基部的居间分生组织继续生长而伸长。花生胚珠受精后，位于子房柄的居间分生组织开始活动，使子房柄伸长，子房被推入土中发育成果实，所以花生的果实能生长在地下。

（潘超美）

bóbìzǔzhī

薄壁组织（parenchyma） 植物体内进行各种代谢活动如光合作用、呼吸作用、贮藏作用及各类代谢物的合成和转化的细胞群。薄壁组织在植物体中分布最广，体积最大，是组成植物体最基本和最重要的部分，故又称基本组织。薄壁组织的细胞通常分化程度浅，具有壁薄、体积较大、形状多样、排列疏松、液泡发达等特征，在一定条件下可经脱分化转变为分生组织。植物体的其他成熟组织分布于薄壁组织中，如分泌组织、机械组织、输导组织等，与薄壁组织有机地结合形成为一个整体。根据细胞结构和生理功能不同，薄壁组织可分为基本薄壁组织、同化组织、储藏组织、吸收组织、通气组织及传递细胞等。

基本薄壁组织 广泛存在于植物体各部分，如根、茎的皮层和髓部等。细胞形态变化较大，主要作用是填充和联系其他组织，并可转化成次生分生组织。

同化组织 分布于植物体的绿色部分，多存在于叶肉和幼茎表皮下的皮层及易接受光照的部分。细胞形状多样，内含大量叶绿体，可进行光合作用，制造有机物质。同化组织细胞在适当条件下较易恢复分生作用。

储藏组织 多见于植物地下部分的块根、块茎、球茎、鳞茎及果实、种子中。细胞较大，含有大量淀粉、蛋白质、脂肪、糖类等营养物质。

吸收组织 多在植物根尖的根毛区。表皮细胞向外突起，形成特殊的根毛，能从外界吸收水分和营养物质。

通气组织 多在水生和沼泽植物体内。细胞间隙发达，形成较大的气腔或贯通的气道，是植物体内外气体交换的通道。如灯心草的髓部和莲的叶柄。

传递细胞 一类特化的薄壁细胞，多存在于溶质跨膜运输频繁、强烈的部位，如小叶脉、脉梢、茎节和花序轴节部的维管分子之间以及胚囊助细胞、反足细胞、花柱引导细胞和胚柄等部位。细胞壁向细胞腔方向内突生长，形成乳突状、指状和丝状的突起，弯曲分支。是植物体内适应短途物质运输的有效形式。

（王　冰　谈献和）

xìbāo hòuhánwù

细胞后含物（cell ergastic substance） 细胞原生质体在生命活动过程中产生的非生命物质。一部分是贮藏的营养物质，一部分是细胞不能再利用的废物。后含物存在于薄壁细胞的液泡或细胞质中，有液体、晶体、非结晶固体状态。后含物种类、形态、性质随植物种类不同而异，是药用植物鉴别特征之一。植物细胞后含物主要有淀粉粒、菊糖、蛋白质、脂肪或脂肪油以及各种形态的晶体等。

淀粉粒 植物细胞内最常见的固态后含物形式，贮藏在根、茎、种子等器官的薄壁组织细胞中。淀粉积累时先从一处开始，形成淀粉粒的核心称脐点，环绕脐点的许多明暗相间的同心轮纹称层纹，层纹是在淀粉粒形成过程中直链淀粉和支链淀粉相互交替分层积累的结果，如果用乙醇处理，淀粉脱水，淀粉粒的层纹随之消失。淀粉不溶于水，直链淀粉遇碘液变为蓝色，支链淀粉遇碘液变为紫红色，直链淀粉和支链淀粉同时存在，遇碘液显蓝色或紫色。根据脐点和层纹的特征，通常将淀粉粒分成3种类型：单粒淀粉粒、复粒淀粉粒和半复粒淀粉粒。单粒淀粉粒只有1个脐点，有多轮的层纹围绕；复粒淀粉粒有2个以上脐点，各脐点均有独立的层纹围绕；半复粒淀粉粒有2个以上脐点，各脐点除有本身的层纹环绕外，外面还有共同的层纹。淀粉粒的形状、类型、大小、层纹、脐点以及颜色反应等特征可作为鉴别药材，特别用于粉末鉴别的依据，如甘草药材粉末中的淀粉粒脐点为点状或短缝状，甘遂药材粉末中淀粉粒以星状和三叉状脐点为特点。

菊糖 由果糖分子聚合而成，呈球状、半球状、扇状等。菊糖易溶于水，不溶于乙醇；遇10%α-萘酚乙醇溶液，再加硫酸，显紫红色，并很快溶解。菊糖是桔梗科、菊科和龙胆科药用植物根的鉴别特征。

蛋白质 以结晶体或无定形的小颗粒存在于细胞质、液泡、细胞核和质体中，生理活性稳定，不同于原生质体中呈胶体状态的有生命的蛋白质，是非活性的、无生命的物质。结晶蛋白质有晶体和胶体的二重性，称拟晶体。无定形的蛋白质常被一层膜包裹成圆球状颗粒，称糊粉粒，多分布于种子的胚乳或子叶细胞中。含糊粉粒的如青葙、牵牛、车前等的种子。集中分布有糊粉粒的特殊细胞层特称糊粉层，具有蛋白质颜色反应特征。

脂肪和脂肪油 常呈小滴状分散在细胞质中。不溶于水，易溶于有机溶剂，具有脂类的颜色反应特征。如蓖麻、薏苡。

晶体 植物生命活动过程中由细胞代谢废物沉积而成的，常见有草酸钙结晶和碳酸钙结晶。草酸钙结晶形态多样，如黄柏、甘草的单晶称方晶、块晶；半夏、黄精、玉竹的针晶；大黄、人参的簇晶；牛膝、颠茄、枸杞的砂晶；射干、淫羊藿的柱晶等。碳酸钙结晶是由细胞壁的特殊瘤状突起上聚集了碳酸钙而形成，其一端与细胞壁相连，另一端悬于细胞腔内，状如一串悬垂的葡萄，通常呈钟乳体状存在，故又称钟乳体，如无花果、大麻、穿心莲。

（王 冰 谈献和）

bǎohùzǔzhī

保护组织 （protective tissue）

植物体表面起保护作用的组织。由1层或数层细胞构成，细胞排列紧密无间隙，细胞壁角质化或木栓化加厚，能防止水分的过度蒸腾，控制和进行气体交换，防止病虫的侵害以及外界的机械损伤等。保护组织根据来源和形态不同可分为表皮（初生保护组织）和周皮（次生保护组织）。

表皮 植物初生组织表面的细胞层，存在于没有进行次生生长的器官表面。表皮一般由单层、无色而扁平、无胞间隙的生活细胞构成，也有由几层细胞构成的复表皮，如夹竹桃、印度橡胶树叶等的表皮。表皮细胞不含叶绿体，可贮有各种代谢产物。茎、叶表皮细胞的细胞壁厚薄不一，外壁较厚，角质化并在表面形成一层明显的角质层；有些在角质层外还具有白粉状蜡被，如甘蔗茎、葡萄、苹果、冬瓜果实上的白霜等。根的表皮细胞常形成细长的管状突起，称根毛，有利于根的吸收。表皮上还有不同类型的特化结构，常见的有气孔（器）和表皮毛。

气孔（器） 由表皮1对特化的保卫细胞及其之间的孔隙、气孔下室及与保卫细胞相连的副卫细胞（有或无）构成的整体。保卫细胞比周围的表皮细胞小，是生活细胞，含有叶绿体，具有特殊的不均匀增厚的细胞壁，呈肾形或哑铃形，当保卫细胞形状改变时，导致孔口开放或关闭，利于气体交换及水分的蒸腾和散失。气孔多分布在叶片和幼嫩的茎枝表面，而根上几乎没有。气孔的保卫细胞与其相邻的表皮细胞（副卫细胞）之间的排列关系，称为气孔轴式或气孔类型。双子叶植物的常见气孔轴式主要有：①平轴式，气孔周围通常有2个副卫细胞，其长轴与保卫细胞和气孔的长轴平行，如茜草科、豆科等的气孔。②直轴式，气孔周围有2个副卫细胞，但其长轴与保卫细胞和气孔的长轴垂直，常见于石竹科、唇形科等。③不等式，气孔周围的副卫细胞为3~4个，其中1个明显地小，常见于

十字花科、茄科等。④不定式，气孔周围的副卫细胞数目不定，其大小基本相同，形状与其他表皮细胞基本相似，如菊科等。单子叶植物如禾本科的气孔的保卫细胞多为哑铃形。气孔轴式对植物分类鉴定和叶类药材鉴定有一定价值。

表皮毛 植物体表面附属的毛状体，具有保护、减少水分过分蒸发、分泌物质等作用，分为腺毛和非腺毛。①腺毛：能分泌挥发油、树脂、黏液等物质的表皮毛，有腺头和腺柄之分。腺头通常膨大呈圆球形，能产生分泌物。在薄荷等唇形科植物叶片上还有1种无柄或短柄的腺毛，头部常呈扁球形，由6~8个细胞排列在同一平面上，称为腺鳞。②非腺毛：不具分泌作用，单细胞或多细胞，形状有线状、分枝状、丁字形、星状、鳞片状等。

周皮 植物的根和茎在次生生长加粗时，替代表皮起保护作用的复合组织，由木栓层、木栓形成层、栓内层组成。木栓形成层由某些成熟组织细胞恢复分裂能力形成，向外切向分裂产生木栓层，向内分裂形成栓内层。木栓层细胞多呈扁平状，排列紧密整齐，无细胞间隙，细胞壁栓质化，常较厚，为死亡细胞，细胞壁不易透水、透气，具有很好的保护作用。栓内层由生活细胞组成，通常细胞排列疏松，茎中栓内层细胞常含叶绿体。周皮形成过程中，某些部位可形成皮孔，以利气体交换，木本植物茎表面上各种形状的突起即为皮孔。

（谈献和）

jīxièzǔzhī

机械组织 （mechanical tissue）

植物体内起巩固和支持作用，保持植物体正常生长状态的组织。

机械组织细胞壁常部分或全部增厚，因而具有很强的抗压、抗张和抗曲挠的能力。机械组织根据细胞的形态及细胞壁增厚的方式可分为厚角组织和厚壁组织。

厚角组织　组织细胞具有明显不均匀加厚的初生壁，加厚部分多在细胞角隅处。是生活细胞，具有一定的潜在分生能力。其细胞壁的主要成分是纤维素和果胶质，细胞内含有原生质体，也可含有叶绿体。厚角组织细胞既有一定的坚韧性，支持植物直立，又有可塑性和延伸性，适应于植物的迅速生长，从纵切面看为细长形，从横切面看常呈多角形。厚角组织多直接位于双子叶草本植物茎表皮下面，成环或成束分布，如薄荷、芹菜等植物茎的棱角处就是厚角组织集中分布的位置；在尚未进行次生生长的木质茎以及叶片主脉上下两侧、叶柄、花柄的外侧部分也有分布。植物地下根及根茎多不形成厚角组织。

厚壁组织　组织细胞具有明显均匀加厚的次生壁，壁上有明显的层纹和纹孔，细胞腔较小，比较坚硬，细胞成熟时一般没有活的原生质体，成为死细胞，具有较强的支持和巩固作用。根据细胞的形态，可分为纤维和石细胞。

纤维　通常为两端尖斜的长形细胞，尖端彼此相嵌成束，细胞壁上有少数纹孔，细胞腔小或几乎没有。纤维单个或成束分布于植物器官的各种组织中，通常可分为韧皮纤维和木纤维。①韧皮纤维：细胞多呈长纺锤形，两端尖，细胞腔成缝隙状，横切面观常呈圆形，细胞壁常呈现出同心纹层。细胞壁木质化程度较低或不木质化，具有较大的韧性，拉力较强，如苎麻、亚麻等的纤维。韧皮纤维多成束分布在植物

的韧皮部，有时也呈环状存在于皮层等组织中。②木纤维：细胞为长轴形纺锤状细胞，细胞壁厚且高度木质化，细胞腔小，壁上具有不同形状的纹孔，组织强度大，但韧性较差，脆而易断。木纤维分布在被子植物的木质部中，裸子植物的木质部中没有纤维。在甘草、黄柏等植物体内，还有1种由纤维束及其外侧包围着许多含有晶体的薄壁细胞所组成的复合体称晶鞘纤维，是这类药用植物的重要鉴别特征。

石细胞　多为近等径的类圆形或不规则形状，多由薄壁细胞的细胞壁强烈增厚并木质化形成，细胞壁上的单纹孔变长形成沟状，支持作用强，多见于茎、叶、果实、种子中，可单个或成群分散于其他组织中，有时也可连成环状。石细胞的形状变化很大，是药用植物鉴别的重要依据。如梨果肉中的石细胞为圆形或类圆形，黄芩、川乌根中的石细胞为类方形或多角形，乌梅种皮中石细胞为壳状、盔状，厚朴、黄柏中的石细胞为不规则状。

（谈献和）

shūdǎozǔzhī
输导组织（conducting tissue）

植物体内运输水分和有机物的组织。输导组织细胞一般呈管状，首尾相接，贯穿整个植物体内。输导组织根据构造和运输物质的不同，分为两类：一类是木质部中的导管和管胞，主要运输方向是自下而上，即将根部吸收的水分和溶解于水中的无机盐类运输到植物体地上的其他部分；另一类是韧皮部中的筛管、伴胞和筛胞，主要将光合作用的产物输送到植物体的各个生长部位（如茎、根的顶端）以及养料储藏的部位（如根、茎、果实、种子等）。

导管　普遍存在于被子植物木质部中，是被子植物的主要输水组织，由一系列长管状或筒状的导管分子纵向连接而成。导管横壁溶解后形成穿孔，具有穿孔的横壁称穿孔板，彼此首尾相连，成为一个贯通的管状结构，长度数厘米到数米不等。导管分为环纹导管、螺纹导管、梯纹导管、网纹导管、孔纹导管等。

管胞　大多数蕨类植物和裸子植物的输水组织，同时还具有支持作用。管胞是单个长梭形管状细胞，末端尖锐，在器官中纵向连接时，上、下两细胞的端部紧密地重叠形成长列，水分通过管胞壁上的纹孔输导。

筛管　主要存在于被子植物韧皮部中，是运输光合作用产生的有机物的管状结构，由一系列纵向管状生活细胞连接而成，每一个筛管细胞又称为筛管分子。相邻细胞两端横壁上特化形成筛板，在筛板上有许多小孔称筛孔，筛板两边相邻细胞的原生质则通过筛孔相互联系。

伴胞　在筛管分子旁边的与筛管分子起源于同一个母细胞的小型薄壁细胞。伴胞具有细胞核，它与筛管分子之间有稠密的胞间连丝相通，筛管分子的运输功能及其他生理活动与伴胞的活动密切相关。

筛胞　裸子植物和蕨类植物运输有机物的输导分子，是单个狭长的细胞，直径较小，两端尖斜。筛胞与筛管的主要区别是细胞的端壁不特化成筛板，在筛胞的壁上只具有筛域，筛域上的原生质丝通过的孔远比筛板上的小。

（潘超美）

fēnmìzǔzhī
分泌组织（secretory tissue）

植物体内具有分泌功能和贮藏分

泌物质作用的细胞和细胞群。植物的一些细胞在新陈代谢过程中能分泌某些特殊物质，并把它们排出体外、细胞外或积累于细胞内，这种细胞称为分泌细胞，分泌的物质常见有挥发油、乳汁、黏液、树脂、蜜液、盐类等，这些物质对植物的生活有多种促进和保护作用，如引诱昆虫、利于传粉等。有许多植物分泌物可作药用，如乳香、没药、松节油等。分泌组织分为外部分泌组织和内部分泌组织。

外部分泌组织　分布在植物体表，能将分泌物排出体外的分泌组织，包括腺毛、蜜腺等。蜜腺是能分泌蜜液的腺体，由一层表皮细胞及其下面数层细胞特化而成。细胞质产生蜜液并通过角质层扩散或经腺体上表皮的气孔排出。蜜腺一般位于花部，具蜜腺的花均为虫媒花，如油菜、荞麦、酸枣、槐等。

内部分泌组织　分布在植物体内，分泌物也积存在体内的分泌组织，包括分泌细胞、分泌腔、分泌道和乳汁管等。

分泌细胞　具有分泌能力的细胞，常比周围细胞大，多呈圆球形、椭圆形、囊状、分枝状等，以单个或成团分散在其他组织中。根据分泌物质不同，分为油细胞如姜、肉桂、菖蒲等；黏液细胞如半夏、山药、白及等；单宁细胞如豆科、蔷薇科、漆树科的一些植物等。

分泌腔　由多数分泌细胞形成的贮藏分泌物的腔室，也称分泌囊或油室，多呈类圆形。根据其形成过程可分为溶生式分泌腔和裂生式分泌腔，前者的分泌细胞本身破裂溶解，形成一个腔室，腔室周围的细胞常破碎不完整，如柑橘等；后者是由一群分泌细

胞彼此分离形成细胞间隙，分泌细胞完整地包围着腔室，如当归等。

分泌道　由分泌细胞彼此分离形成的一个长管状胞间隙的腔道，周围分泌细胞产生的分泌物贮存于腔道中。如松柏类的树脂道、小茴香果实的油管等。

乳汁管　能分泌乳汁的长管状细胞，单个或多个通过端壁溶解并连接而成长管状结构，分布在植物器官的薄壁组织中，如菊科、大戟科、桔梗科的一些植物等。根据乳汁管的发育和结构可将其分成无节乳汁管和有节乳汁管。

（谈献和）

yàoyòng zhíwù gēn jiégòu
药用植物根结构 （medicinal plant root structure）

药用植物根的内部构造。根的构造可以分为根尖、根的初生结构和根的次生结构3部分。某些双子叶植物的根，还产生附加维管柱、木间木栓等异常维管组织，形成根的异常结构，也称为三生结构。单子叶植物的根不进行次生生长，也不产生次生结构。

根尖　主根或侧根尖端最幼嫩、生命活动最旺盛的部分，也是根的生长、延长及吸收水分的主要部分。根尖分为根冠、分生区、伸长区和成熟区。分生区细胞不断进行细胞分裂增生细胞，少部分向前端分裂，形成具有保护作用的帽状根冠；大部分细胞向后端分裂和发育。伸长区细胞伸长生长，并逐渐分化形成根的原表皮层、基本分生组织和原形成层等结构，形成根的成熟区。根尖的成熟区已分化形成各种成熟组织。

根的初生结构　根尖成熟组织的生长过程称为根的初生生长，

形成的结构称为初生结构。双子叶植物根的初生结构由外到内依次为表皮、皮层和维管柱。单子叶植物在维管柱内还有髓，主要由薄壁细胞组成。表皮为根最外一层细胞，由原表皮发育而来。皮层位于表皮和维管柱之间，由基本分生组织分化而来，由多层薄壁细胞组成，在幼根中占较大的部分；紧贴表皮内方的一层薄壁细胞称为外皮层，中间的薄壁细胞内常富含各种类型的晶体或后含物，靠近维管柱的最内层称为内皮层，内皮层细胞环绕着径向壁和横向壁有一条木质化和栓质化的带状增厚称为凯氏带，控制着营养物质和水分进入维管柱。维管柱包括中柱鞘、初生木质部和初生韧皮部等，靠近内皮层是由一层薄壁细胞组成的环状结构，称为中柱鞘，中柱鞘细胞具有潜在的分生能力，根的次生结构中的部分维管形成层、木栓形成层，以及不定芽、侧根和不定根等都可能由中柱鞘的细胞产生。中柱鞘以内是初生木质部和初生韧皮部，初生木质部位于中央，呈星角状。依据根内木质部星角的束数不同，分为二原型、三原型、四原型、五原型、六原型和多原型。一般双子叶植物的束数较少，单子叶植物多为多原型。初生韧皮部在初生木质部之外，与初生木质部的星角状束相间排列。

根的次生结构　大多数双子叶植物和裸子植物的根，在完成初生生长后，由于次生分生组织（维管形成层和木栓形成层）的活动，使根不断地增粗，这个过程叫次生生长，形成的结构称为次生结构。根的次生构造包括周皮和次生维管组织。根的木栓形成层细胞分裂向外产生木栓层，向

内产生栓内层，组成周皮，对老根行使保护功能。少数草本植物的次生结构不发达，无周皮，只有表皮，如麦冬、龙胆、威灵仙等。根的维管形成层细胞分裂分化产生次生维管组织，包括次生韧皮部和次生木质部，次生维管组织可以逐年增生，不断使根增粗。次生韧皮部位于外方，由筛管、伴胞、韧皮薄壁细胞和韧皮纤维组成，有的具有石细胞，有的植物如杜仲的次生韧皮部中还有乳汁管分布。次生木质部位于内方，由导管、管胞、木薄壁细胞和木纤维组成。贯穿次生木质部和次生韧皮部中的径向排列的薄壁细胞分别称为木射线和韧皮射线，二者合称维管射线，具有横向运输功能。在老根横断面上可见形成层连续成环状结构，次生木质部占了大部分，射线较明显。

根的异常结构　常见的有同心环状排列的异常维管组织、附加维管组织和木间木栓 3 种类型：①同心环状排列的异常维管组织。当次生生长发育到一定阶段时，次生维管柱的外围又形成多轮异常维管组织，呈同心环装排列，这种结构主要发生在苋科和商陆科植物的根中，如商陆、牛膝、川牛膝。②附加维管柱。一些双子叶植物的根在维管柱外围的薄壁组织中产生新的维管柱，如何首乌根的次生韧皮部外缘保留着初生韧皮纤维束，在次生生长开始时，初生韧皮纤维束周围的薄壁组织细胞脱分化，发生以纤维束为中心的切向分裂，从而形成一圈异常形成层，它向外产生韧皮部，向内产生木质部，形成附加维管束。③木间木栓。一些双子叶植物的根在次生木质部内薄壁细胞分化，形成木栓带，常见

于一些较老的草本的双子叶植物根中，如黄芩、新疆紫草和甘松。

（潘超美　谈献和）

yàoyòng zhíwù jīng jiégòu
药用植物茎结构（ medicinal plant stem structure）药用植物茎的内部构造。茎是植物体地上部分的营养器官，是联系根和叶，输送水分、无机盐和有机养料的轴状结构。茎的结构分为茎尖、双子叶植物茎的初生结构和次生结构及异常结构、单子叶植物茎的结构。

茎尖　位于主茎或侧枝的顶端，由分生区（生长锥）、伸长区和成熟区 3 部分组成。茎尖的分生区经过细胞分裂，产生许多新细胞，其中在顶部的细胞仍旧保持顶端分生组织的特性，能够继续进行细胞分裂，具有无限生长的能力。茎尖顶端没有类似根冠的构造，而是由幼小的叶片包围，具有保护茎尖的作用。通过茎尖不断生长，可形成叶原基和腋芽原基，陆续产生叶和侧枝，以后分别发育成叶和枝条。伸长区细胞分裂活动自上而下逐渐减弱，逐渐分化形成初生组织。成熟区各种组织分化已基本完成，形成了茎的初生结构。成熟区的表皮不形成根毛，但常有气孔和毛茸。

双子叶植物茎的结构　分为初生结构和次生结构，有的还有异常结构。

初生结构　从外向内可分为表皮、皮层和维管柱。①表皮。由一层扁平、排列整齐而紧密的细胞构成。外壁较厚，常角质化形成角质层。表皮常具有蜡被、气孔、表皮毛或其他附属物。②皮层。由多层薄壁细胞构成，排列疏松，近表皮的细胞内常有叶绿体。③维管柱。位于皮层以内，由环状排列的维管束、髓射

线和髓组成，占茎的较大部分。维管束由外到内分别为初生韧皮部、束中形成层、初生木质部。初生韧皮部由筛管、伴胞、韧皮薄壁细胞组成；束中形成层在初生韧皮部与初生木质部之间，可产生次生组织，使茎不断加粗；初生木质部由导管、木薄壁细胞和木纤维组成。髓射线也称初生射线，是各个初生维管束之间的薄壁组织，外连皮层，内接髓部，横切面上呈放射状排列，有横向运输和贮藏养料的作用。当次生生长时，与束中形成层相邻的髓射线细胞能转变为形成层的一部分，成为束间形成层。髓位于茎的中央，为排列疏松的薄壁组织。一般草本植物茎的髓较大，木本植物茎的髓一般较小。有些植物茎的髓在发育过程中消失形成中空的茎，如连翘、南瓜等。

次生结构　大多数双子叶植物茎完成初生生长后很快进行次生生长，形成次生结构。从外向内分为周皮、次生韧皮部、次生木质部。①周皮。为次生保护组织，由木栓层、木栓形成层、栓内层共同组成，栓内层由具有分生能力，细胞中常含叶绿体。②次生韧皮部。轴向排列的细胞有筛管、伴胞、薄壁细胞、纤维，径向呈放射状排列的是韧皮射线细胞。③次生木质部。是茎次生结构的主要部分，组成轴向排列的细胞有导管、管胞、薄壁细胞、纤维，径向放射状排列的是木射线细胞。韧皮射线和木射线合称维管射线。在季节性明显的地区，多年生的木本植物一年中维管形成层形成的次生木质部可产生细胞形态和质地不同的木质部，分别称为早材和晚材，早材和晚材之间能看到明显的环状层纹，称为年轮。髓不发达，髓射线多由

1~2列细胞组成，呈放射状排列。

双子叶植物的草质茎生长期较短，次生生长有限，次生结构不发达或不存在，木质部较少，质地较柔软，髓发达，髓射线较宽。双子叶植物植物根茎次生结构的皮层中常有根迹维管束（茎中维管束与不定根维管束相连的维管束）和叶迹维管束（茎中维管与叶柄维管束相连的维管束）斜向通过。

异常结构 有些双子叶植物茎在正常次生生长到一定阶段后，某些部位的薄壁细胞恢复分生能力，在次生维管束外又产生异常维管束形成异常结构，如鸡血藤老茎中同心环状排列的异常维管组织和大黄根状茎髓部的异常维管束。

单子叶植物茎的结构 单子叶植物茎一般没有形成层和木栓形成层，不能进行次生生长而不断增粗，终生只有初生结构。表皮由一层细胞构成。表皮以内是基本薄壁组织和散布在其中的多数单个有限外韧型维管束，无皮层、髓、髓射线之分。禾本科植物茎杆的表皮下方，常有数层厚壁细胞分布，以增强支持作用。有些单子叶植物根状茎靠近表皮部位的薄壁细胞形成木栓细胞，而形成所谓"后生皮层"，以代替表皮行使保护功能，如藜芦。

（王　冰　谈献和）

yàoyòng zhíwù yè jiégòu

药用植物叶结构

（medicinal plant leaf structure） 药用植物叶的内部构造。叶是由茎尖的叶原基发育而来。叶的结构主要分为叶柄的结构、叶片的结构和托叶的结构，其中托叶的结构与叶片的结构基本一致。

叶柄的结构 与茎结构相似，最外面为表皮，表皮内为皮层，皮层中有厚角组织，有时也具有厚壁组织。在皮层中有若干大小不同的维管束，每个维管束的结构和幼茎中的维管束相似，维管束的木质部位于上方（腹面），韧皮部位于下方（背面），木质部与韧皮部间常具短暂活动的形成层。由茎进入叶柄中的维管束数目有的与茎中一致，也有的分裂成更多的束，或合为1束。

叶片的结构 一般植物叶片的结构可分为表皮、叶肉和叶脉3部分。

表皮 在叶片上面（腹面）的表皮称上表皮，在叶片下面（背面）的表皮称下表皮，表皮通常由一层排列紧密的生活细胞组成，也有由多层细胞构成的，称复表皮，如夹竹桃、海桐、印度橡胶树。叶片的表皮细胞中一般不含叶绿体，顶面观一般呈不规则形，侧壁（垂周壁）多呈波浪状，彼此互相嵌合，紧密相连，无间隙；横切面观近方形，外壁常较厚，常具角质层，有的还具有蜡被、表皮毛等附属物。单子叶植物如禾本科植物叶表皮有长细胞和短细胞两种类型，短细胞又分为硅质细胞和栓质细胞，其中硅质细胞的胞腔内充满硅质体，故禾本科植物叶坚硬而表面粗糙；栓质细胞则胞壁木栓化；而且在上表皮中有一些具有大型液泡的泡状细胞（又称运动细胞），在横切面上排列略呈扇形，干旱时由于这些细胞失水收缩，引起整个叶片卷曲成筒，可减少水分蒸发。大多数植物上、下表皮都具有气孔分布，但一般下表皮的气孔较多。

叶肉 位于叶的上、下表皮之间，由含有叶绿体的薄壁细胞组成，是绿色植物进行光合作用的主要场所。叶肉通常分为栅栏组织和海绵组织两部分。栅栏组织位于上表皮之下，细胞呈圆柱形，排列紧密形如栅栏。细胞内含大量叶绿体，光合作用效能较强。栅栏组织在叶片内通常排成一层，也有排列成两层或两层以上，如冬青、枇杷。海绵组织位于栅栏组织下方，与下表皮相接，细胞近圆形或不规则形，细胞间隙大，排列疏松如海绵状，细胞中所含的叶绿体一般较栅栏组织为少，所以叶下面的颜色常较浅。有些植物叶的栅栏组织紧接上表皮下方，而海绵组织位于栅栏组织和下表皮之间，称为两面叶；有些植物在上下表皮内侧均有栅栏组织，称等面叶。有些单子叶植物如禾本科植物的叶肉常没有栅栏组织和海绵组织的分化，亦称等面叶。在叶肉组织中，有的植物含有油室，如桉叶、橘叶等；有的植物含有草酸钙簇晶、方晶、砂晶等，如桑叶、枇杷叶等；有的还含有石细胞，如茶叶。

叶脉 叶片中的维管束，主脉和各级侧脉的结构不完全相同。主脉和较大侧脉是由维管束和机械组织组成。维管束的结构和茎的维管束大致相同，由木质部和韧皮部组成，木质部位于上面（腹面），韧皮部位于背茎面，在双子叶植物中木质部和韧皮部之间常具形成层，但分生能力较弱，活动时间较短。在维管束的上下方常有厚壁或厚角组织包围，这些机械组织在叶的背面较为发达，因此主脉和大的侧脉在叶片背面常成显著的突起。侧脉越分越细，结构也越趋简化。在许多植物的小叶脉内常有特化的传递细胞，能够更有效地从叶肉组织输送光合作用产物到达筛管分子。叶片主脉部位的上下表皮内方一般为厚角组织和薄壁组织，无叶肉组织。有些单子叶植物主脉维管束的上下方常有厚壁组织分布，并与表皮层相连，或在维管束外围常有1~2层或多层细胞包围，构成维管束鞘，增强了机械支持作用。

（姚霞）

药用植物花结构（medicinal plant flower structure）

药用植物花各部分的内部构造。花是节间缩短的、适应生殖的变态枝条，其花梗和花托是茎的变态，花萼、花冠、雄蕊和雌蕊是叶的变态，因而花各部分的组织结构与茎、叶的结构相似。

花梗和花托的结构 与茎相似，表面为一层细胞组成的表皮，外被角质层，常有表皮毛和少量气孔；表皮内有维管组织系统，排列成筒状分布于基本组织中。

花萼的结构 花萼由若干萼片组成。萼片的结构与叶片相似，其上、下表皮均有气孔，常有表皮毛，以下表皮为多；叶肉由不规则的薄壁细胞组成，细胞含叶绿体，一般没有栅栏组织和海绵组织的分化。

花冠的结构 花冠由若干花瓣组成。花瓣的结构与叶片相似，上表皮细胞常呈乳头状或绒毛状，下表皮细胞有时呈波状弯曲，有时可见少数气孔和表皮毛。表皮下方由数层排列疏松的薄壁细胞组成，无栅栏细胞的分化，有时可见分泌组织和贮藏物质，如丁香有能分泌挥发油的油室，红花有内含红棕色物质的分泌管，金银花薄壁细胞中含有草酸钙结晶。花瓣的薄壁细胞内常含有花青素等多种色素或有色体，使花瓣呈现出绚丽多彩的颜色。有些植物的花瓣由表皮细胞及其下面数层薄壁细胞特化而形成蜜腺，分泌蜜汁，有利于花粉的传播。花瓣中的维管组织不发达，有时只有少数螺纹导管。

雄蕊群的结构 雄蕊群由若干雄蕊组成。雄蕊的结构分为花丝和花药两部分：①花丝。花药基部的柄状部分，起支持和伸展花药的作用，一般细长如丝，但也有扁平如带的，如莲；或完全消失的，如栀子；或转化成花瓣状，如美人蕉。结构简单，最外为表皮，表皮内为基本组织，中央为维管束，木质部由筛管和螺纹导管组成。②花药：花丝顶端膨大呈囊状的部分，发育成熟的花药包括花药壁、药隔和花粉囊3部分。花药的壁从外到内依次为表皮层、药室内壁（纤维层）、中层和绒毡层。表皮的外壁具有角质膜，含有孢粉素，有些植物的表皮上还有气孔器和毛状体；药室内壁的细胞在花药幼嫩时，含有大量淀粉粒，花药接近成熟时，细胞壁除外切向壁外均产生不均匀的条状加厚，加厚成分为纤维素，故又称纤维层；中层内含淀粉或其他储藏物，在花药发育成熟的过程中常被吸收；绒毡层为花粉囊周围的特殊细胞层，细胞内含较多的RNA和蛋白质，并有油脂和类胡萝卜素等营养物质，具有花粉粒发育所需养料的作用，花粉粒成熟时，绒毡层解体消失。在幼花药的中部发育出一个维管束及其周围的薄壁细胞，构成药隔。花药常以药隔分成两个药室，每一药室具有一或两个花粉囊，花粉囊内产生许多花粉粒，花粉粒成熟后，花粉囊裂开，花粉粒散出。

雌蕊群的结构 雌蕊群由若干雌蕊组成，雌蕊的结构可分为柱头、花柱和子房3部分。①柱头。表皮细胞常特化形成乳突或毛状体。乳突角质膜外还覆盖一层蛋白质表膜，起着黏合花粉粒的作用。②花柱。结构简单，表皮下的基本组织中为维管束。有些花柱中央有1至数条纵向沟道，称花柱道，花粉管可沿花柱道进入子房；有些花柱中央充满薄壁细胞，称引导细胞，在花柱生长过程中，引导细胞逐渐彼此分离，形成较大的胞间隙，为花粉管进入子房的通道。③子房。外为子房壁，内藏胚珠。子房壁内外均为一层表皮细胞，外层表皮上具有气孔和表皮毛，两层表皮之间为基本组织。在子房的背缝线处有一个较大的维管束，腹缝线处有两个较小的维管束。在腹缝线上着生1至数个胚珠。胚珠常呈椭圆形或近圆形，其一端有一短柄称珠柄，与胎座相连，维管束从胎座通过珠柄进入胚珠。大多数被子植物的胚珠有内外两层珠被，称外珠被和内珠被，珠被的前端常不完全愈合而留下一珠孔，是多数植物受精时花粉管到达珠心的通道。珠被内侧为一团薄壁细胞，称珠心，是胚珠的重要部分。珠心中央发育着胚囊，被子植物的成熟胚囊一般有1个卵细胞、2个助细胞、3个反足细胞和2个极核细胞等8个细胞（核）。珠被、珠心基部和珠柄汇合处称合点，是维管束到达胚囊的通道。

（谈献和）

药用植物果实结构（medicinal plant fruit structure）

药用植物果实的内部构造。果实主要由果皮和种子组成。被子植物花经过传粉、受精后由雌蕊子房发育形成了果实，其中子房壁形成果皮，子房内的胚珠形成种子。发育成熟的果皮表面还可以有不同类型的附属物。一些药用植物的果实除了子房外，也有花托、花被、花柱、花序轴等部分参与形成。果实的结构主要指果皮的结构。果皮主要由雌蕊子房壁发育形成，由外果皮、中果皮和内果皮3部分组成。

外果皮的结构　外果皮是果实的最外层，其结构与表皮相似。常由1~2层细胞构成，细胞排列紧密，无胞间隙，气孔按照一定形式排列，表面可被有角质层、蜡被或非腺毛、腺毛，以及具刺、瘤突、翅等附属物。有的果实表皮中含有色物质或色素，如花椒；有的表皮细胞中分布油细胞，如五味子；有的具石细胞，如木瓜等药用植物的果实。豆科植物荚果的外果皮通常有表皮层和下表皮层，由厚壁细胞组成。有些木质化果实的外果皮由木栓组织取代了外果皮，甚至有皮孔存在。

中果皮的结构　中果皮为果皮的中部，很多植物中果皮占果皮的大部分，多由薄壁细胞组成，具多数细小维管束。有的中果皮内维管束较多，呈网状分布，如柑橘；有的中果皮含石细胞，如连翘；有的含纤维，如马兜铃；有的含油细胞，如胡椒、花椒；有的含油室，如陈皮；有的含油管，如小茴香、蛇床子等；有的中果皮肉质化，成为可食用的部分，如桃、杏等。

内果皮的结构　内果皮是果皮的最内层，有的由一层薄壁细胞组成；有的内果皮硬质化，由多层石细胞组成，如桃、杏等果实中的硬核；有的内果皮的壁上生出许多囊状多汁的腺毛，成为可食用的部分，如柑橘的内果皮。

（王　冰　谈献和）

yàoyòng zhíwù zhǒngzǐ jiégòu

药用植物种子结构（medicinal plant seed structure）　药用植物种子的内部构造。种子由受精后的胚珠发育而来，通常由珠被发育成种皮，合子（受精卵）发育成胚，初生胚乳核发育成胚乳。种子表面常具有光泽、花纹或其他附属物，如蓖麻种皮上具有花纹，乌桕种皮上附着蜡被，马尾松等种子的外种皮扩展成翅等。种子的结构分为种皮的结构、胚的结构和胚乳的结构。

种皮的结构　大多数植物胚珠具有双层珠被，其外珠被形成外种皮，内珠被形成内种皮。但有些植物如毛茛科、豆科植物的内珠被在种子形成过程中被吸收而消失，种子形成后只具有1层种皮。禾本科植物的种皮极不发达，仅由内珠被的内层细胞形成残留种皮并与果皮愈合。大多数植物的种皮外层分化为厚壁组织，内层分化为薄壁组织，中间分化为纤维、石细胞或薄壁组织。外种皮常坚韧，内种皮较薄，如蓖麻。多数种子种皮的表层为一列表皮细胞，有的表皮细胞充满黏液质，如十字花科的植物；有的部分或全部表皮细胞分化出非腺毛或腺毛，如牵牛、马钱、凤仙花的种皮；有的表皮中嵌有石细胞，如杏的种皮；有的表皮细胞中含有色素，如青葙子。很多种子的种皮表皮层下方常有其他组织，如决明种子有1~3列狭长且木化增厚的栅状细胞层；阳春砂种皮具有含挥发油的油细胞层和色素层；有的表皮内层为石细胞层，如五味子、瓜蒌的种皮。成熟的种皮有的是干性的，如豆类；有的是肉质的，如石榴种子的外种皮由多汁的细胞层组成，形成可食用部分；银杏的外种皮也为肥厚肉质的细胞组成。有的种子在种皮外尚有假种皮，它们有的是来自外珠被的外层肉质细胞，有的来自外珠被的各个部分，有的时合点和珠柄部分也参与形成假种皮。

胚的结构　成熟的胚常分化出胚根、胚芽、胚轴和子叶4个部分。

胚根　一般呈锥形，顶端为生长点和覆盖在生长点外的幼期根冠，种子萌发时，生长点细胞快速分裂和生长，形成植物的幼根。

胚芽　常呈雏叶的形态，顶端为生长点，当种子萌发时，细胞快速分裂和生长，形成植物的茎和叶。

胚轴　一般分为两部分，由子叶到第一片真叶之间的部位称上胚轴，子叶和胚根之间的部位称下胚轴。

子叶　着生在胚芽之下胚轴的两侧，是一种变态叶，构造与叶相似，表皮下方常有栅栏组织，具有储藏和从胚乳中吸收营养物质的功能。有的种子的子叶肥厚，如蚕豆；有的种子的子叶菲薄，如蓖麻；有的子叶中有大型分泌腔，子叶细胞中含有簇晶，如牵牛种子。种子的子叶在种子萌发后有时露出地面，能够进行短期的光合作用，为胚芽和胚根的生长制造养分，待真叶长出后开始枯萎。

胚乳的结构　成熟的胚乳细胞是等径的大型薄壁细胞，有细胞质、细胞核和丰富的细胞器，细胞中积累大量的淀粉、蛋白质、油脂等营养物质，有时还含有草酸钙结晶，细胞壁大多为纤维素和半纤维素，具壁孔，细胞间有发达的胞间连丝。细胞排列紧密，没有细胞间隙，有些植物的胚乳细胞还形成壁内突的结构。在种子发育和成熟过程中，有的种子的胚乳中的养分转移到子叶中，从而形成肥大的子叶，有的则保持到种子成熟，提供萌发所需的养分。

大多数植物的种子当胚发育和胚乳形成时，胚囊周围的珠心细胞养分被吸收而消失，但也有少数植物种子的珠心或珠被的营养组织在种子发育过程中未被完全吸收而有部分残留，形成类似胚乳的贮藏组织，包围在胚乳和胚的外部，称外胚乳，如肉豆蔻等的种子。也有些植物种子在发育过程中受精的极核很快退化消失，没有发育为胚乳，成为无胚乳种子，如兰科植物等的种子。

（谈献和）

yàoyòng zhíwù fēnlèi

药用植物分类（medicinal plant taxonomy）

建立在植物分类学基础上，对药用植物进行分门别类，并研究亲缘关系、进化规律以及与药用价值关系的知识体系。狭义的药用植物分类指遵从植物分类学的基本原理对具有药用价值植物的分类，药用植物通常因含多种类化合物而具备药用功效，因此药用植物分类更关注化学成分特征。

基本原理 植物分类基本原理首先按照来自大形态、显微、化学和遗传等方面的性状，并结合植物的自然地理分布，对研究对象进行归类，形成分类群（taxon），并对其加以命名后，排列入可以方便提取同类植物信息的阶元系统。按照《国际藻类、真菌与植物命名法规》（*International Code of Nomenclature for algae, fungi, and plants*）主要分类阶元包括：门（phylum）、纲（class）、目（order）、科（family）、族（tribe）、属（genus）、组（section）、系（series）、种（species）、亚种（subspecies）、变种（variety）等。这种能反映植物亲缘与进化关系的分类方法，通常称为自然分类。在自然分类中，物种（species）是基本的分类单元。尽管由于生物的复杂变异式样和多样的繁育系统导致物种的定义十分困难，但一般以居群形态特征变异，并结合自然地理分布划分物种，所形成的分类学物种概念是最有可操作性的物种概念，应用也最为广泛。

受药物应用和中国传统分类体系的影响，药用植物还常进行人为的大类划分，称为人为分类。如根据药用部位进行分类，便于进行辨识，分为全草类、根类、茎类、叶类、花类、果实类、种子类、分泌物类等；根据所含有化学成分类型进行分类，分为含生物碱类药用植物、含黄酮类药用植物、含醌类药用植物、含糖苷类药用植物等；需要强调的是，上述分类方法只是便于信息的存储与提取，人为性强，通常并不反映植物的自然分类。

根据《国际藻类、真菌与植物命名法规》，每一个物种均只有唯一的拉丁学名，由"属名+种加词"两部分构成，称为双名法，如植物甘草的拉丁学名为 *Glycyrrhiza uralensis*，其中 *Glycyrrhiza* 为属名，拉丁文为主格形式，*uralensis* 为种加词，拉丁文为属格形式，在很多场合下，拉丁学名还会加入首次发表该名称的作者名，如植物甘草的拉丁学名也可写成 *Glycyrrhiza uralensis* Fischer，其中 Fischer 为正式发表甘草的拉丁学名的作者。药用植物分类中特别注重药用部位（药材）的应用，在命名上也衍生出自身的规律。药材拉丁学名的基本形式为"药用部位（主格）+属名或种加词（属格）"，如药材甘草（Radix et Rhizoma Glycyrrhizae）、药材人参（Radix et Rhizoma Ginseng）。由于药用部位（药材）仅为植物体的一部分，为了将药用部位与植物联系起来，在药用植物分类学中衍生出了基原植物（source plant）的概念。基原植物是指具有药用价值植物部位的来源植物，如干漆（Resina Toxicodendri）的基原植物为漆树（*Toxicodendron vernicifluum*）。在日常使用时，由于一般性俗名（如中文名、英文名等）常既指向基原植物，也可能指向药材，往往容易产生混淆，如"甘草（Licorice）"一词在特定的语境中可能指向药材甘草（Radix et Rhizoma Glycyrrhizae），也可能指向植物甘草（*Glycyrrhiza uralensis*），因此规范的植物学名和药材学名在行文中可以起到明确指示的作用。

研究方法 药用植物分类是从寻找植物区分特征开始入手。①形态分类法：是传统的方法，也是应用的主要方法，特征主要来自对药用植物标本和居群调查中对根、茎、叶、花、果实、种子等肉眼可识别的器官形态观察，并根据这些特征进行归类到阶元体系中，同时也可根据这些形态特征的区别要点形成药用植物检索表，根据检索表可较容易地对未知植物物种进行鉴定，识别隶属的科和属，并最终确认准确的物种名称。然而形态特征多为植物的表现型，受环境因素的影响，可塑性强，变异幅度大，人为的主观判断常会影响分类结果，对真实的植物自然进化过程和类群间亲缘关系判断产生偏差。研究者为了克服这种不利影响，不断寻找受环境饰变影响小，并能够反映真实遗传特征的分类学方法。②微形态分类法：主要基于光学显微镜、扫描电子显微镜技术及组织切片技术，识别植物组织解剖、胚胎发育过程及孢粉、种子、叶片表面纹饰等特征。③细胞分类法：利用显微观察技术和染色体染色技术，分析染色体数目和倍性、染色体形态和核型及染色体行为特征。④DNA分类法：利用DNA测序技术及生物信息学技术，识别碱基差异，构建不同类群的系统发育树，一方面为类群划分及鉴定提供依据，另一方面还可探讨植物的进化关系。⑤化学分类法：通过提取、分离和分析检测技术获得不同分类群化学成分（主要为次生代谢产物），分析其在植物中的分布规律及合成途径特征，化学分类方法在药用植物分类学中应用尤其广泛。21世纪以来，研究者在上述各种方法的基础上，不断利用可以获得更加宏大数据的新技术，如基因组学、代谢组学和现代生物信息学分析技术，开展药用植物分类研究。值得注意的是，没有一种方法可以完全反映植物的自然分类关系，研究者通常通过新技术和传统方法相结合，综合分析，才有可能阐明植物分类群间的亲缘关系和进化过程。

应用　药用植物分类是认识药用植物的基础，其应用主要体现在：①药用植物和药材的鉴定。保证应用对象的正确，避免其他物种的混杂和掺伪，如利用分类学原理和方法，形成了中国特有的中药鉴定学学科。②药用植物亲缘学。利用亲缘关系相近的种类中往往含有相同或者相似的化学成分特点和疗效，寻找新型药用资源。③药用植物资源编目。如1983—1987年实施的全国中药资源普查成果之一《中国中药资源志要》，即按照现代分类学体系对中国的药物种类进行编目，记录了12 000余种

药用植物、动物、矿物，其中药用植物有11 000余种。

（齐耀东）

yàoyòng zhíwù qīnyuánxué

药用植物亲缘学（pharmaphylogeny）　研究药用植物的亲缘关系——化学成分——疗效间相关性的知识体系。药用植物亲缘学是在植物分类学、植物系统学、植物化学、药理学和传统药物学的基础上，融合现代计算机技术和信息技术发展而来，探索药用植物生物活性物质的分布规律、疗效和植物进化系统关系。植物在漫长的进化过程中，形成了或远或近的亲缘关系。亲缘关系相近的物种不仅形态和生理生化特性相似，所含的植物次生代谢产物也比较相似，如生物碱类、醌类、萜类、黄酮类、含硫苷类等，也是药用植物的生理活性成分，它们在植物界有明显的分布规律，亲缘关系相近物种的生物活性和疗效往往具有很大的相似性；反之，具有相似疗效的植物，其系统学上也具有相近的亲缘关系。

发展简史　药用植物亲缘学大致经历了两个发展过程：①20世纪70年代之前，基于植物化学成分在植物中的分布规律，将小分子化学成分用作分类的证据，研究类群间的亲缘关系，探讨植物界演化规律，形成了植物化学分类学（plant chemotaxonomy），弥补了植物形态分类的不足，还揭示植物系统发育在化学成分水平上所反映出来的规律。②20世纪70年代之后，结合植物化学、药理学、植物系统学、数量分类学和计算机技术多学科优势，对药用植物中重要活性成分如生物碱类、黄酮类、萜类、香豆素类等的分布规律进行了归纳，对重要植物类群进行系统整理，结合

传统疗效和现代药理作用，特别是采用数量分类学方法和信息学技术对一些含有一定结构的化学成分，并具有特殊活性的重要药用植物类群，如莨菪类、小檗类、大黄类、乌头类、芍药类、黄连类、唐松草类、紫草类、蒲黄类和杜鹃类等进行了系统研究，揭示了植物亲缘关系——化学物质基础——疗效间的相互关系及内在规律，形成了药用植物亲缘学的基本理论，建立了相应的研究方法和方向；并将这种理论运用于扩大药用植物资源、发现新的药用资源、寻找进口药替代品和指导中药的基础研究等方面取得了重要的实践成果。21世纪初期，随着对多心皮类群的毛茛科、小檗科、木兰科，单心皮类的茄科和唇形科以及单子叶类群百合科（狭义）亲缘学的深入研究，逐步形成了药用植物亲缘学的理论和研究方法，最终形成具有创新性的"药用植物亲缘学"基础理论。

研究范围　药用植物亲缘学研究范围主要集中在以下几个方向：结合形态学、化学成分和DNA分子特征的药用植物分类学和系统学研究；植物化学特征及其生物合成途径的研究；化学成分在植物系统中的分布规律研究；药用植物疗效与化学成分和系统学位置相关性研究；药用植物亲缘学的信息学及智能科学的研究。

研究方法　选择合适的数学模型，建立智能数据库；实验分类学、分子分类学、数量分类学与现代信息学技术相结合；现代分析技术与生物活性物质筛选相结合；以信息技术为基础整合多学科方法；随着分子生物学技术地不断发展，基因组学、代谢组学技术也得到广泛应用。

应用领域　①指导开发药用

植物资源，从药用植物中发现抵抗各种疾病的活性物质；促进药用植物新资源的发现；寻找进口药物和濒危稀有药用植物替代资源。②为新药开发提供新的理论和方法，指导选择适合的植物类群和成分进行大规模筛选、设计，已经形成传统经验与现代高新技术相结合的药物研发新模式和新方法。③拓展植物系统学和分类学研究的思路和方法，如唇形科、百合科、苦苣苔、三白草科、菊科等药用植物的亲缘学研究。

（陈四保）

yàoyòng zhíwù jiǎnsuǒbiǎo

药用植物检索表（the key of medicinal plant）

以区分药用植物为目的编制的二歧式表。通常根据二歧分类原则，利用形态比较方法，按照划分科、属、种的标准和特征，选用 1 对（或多对）明显不同的特征、特性分成对应的两个分支，再把每个分支中相对的性状又分成相对应的两个分支，依次下去直到编制到科、属或种检索表的终点为止。各分支按其出现先后顺序，前边加上一定的顺序数字。检索表是药用植物常用的鉴定和识别工具，常见的药用植物检索表一般有 3 种，即定距检索表、平行检索表和连续平行检索表。定距检索表最为常用，平行检索表次之，连续平行检索表少用。

定距检索表 编制定距检索表时，将每一对互相区别的特征分开间隔在一定的距离处，并注明同样的编号，如 1-1，2-2，3-3。每一对相对应的分支开头在最左端等距离对齐，相应地在下面的一对分支向右空 1 格。查对鉴定时，按所描述特征检索，相符则鉴定到相应分类等级或按顺序向下检索；如不相符时则在下面等

距位置找到对应相同编号，继续检索，直至检索到所要鉴定的分类等级。以菖蒲属的 4 种植物为例，如下。

1. 叶具中肋，叶片剑状线形，长而宽，长 90~150 厘米，宽 1~2（~3）厘米 ⋯⋯⋯⋯⋯⋯⋯⋯⋯ 菖蒲 *Acorus calamus* L.
1. 叶不具中肋，叶片线形，较狭而短。
 2. 叶片宽不及 6 毫米。叶状佛焰苞短，长仅 3~9 厘米，为肉穗花序长的 1~2 倍 ⋯⋯⋯⋯⋯⋯ 金钱蒲 *Acorus gramineus* Soland.
 2. 叶片宽 7~13 毫米。
  3. 叶状佛焰苞长达 45 厘米，为肉穗花序长的 7~8 倍 ⋯⋯⋯⋯⋯⋯ 长苞菖蒲 *Acorus rumphianus* S. Y. Hu
  3. 叶状佛焰苞长 13~25 厘米，为肉穗花序长的 2~5 倍 ⋯⋯⋯⋯⋯⋯ 石菖蒲 *Acorus tatarinowii* Schott

平行检索表 编制时平行检索表时，将每一对互区别的特征紧紧并列，在相邻的两行中给予 1 个编号，如 1-1，2-2，3-3，两两平行，所有编号均在左侧第 1 格对齐，在相应的描述特征后注明下一级需要检索的编号。查对鉴定时，按所描述特征检索，相符则鉴定到相应分类等级或按顺序向下检索；如不相符时则在该特征描述后面找到对应相同编号，继续检索，直至检索到所要鉴定的分类等级。以菖蒲属的 4 种植物为例，如下。

1. 叶具中肋，叶片剑状线形，长而宽，长 90~150 厘米，宽 1~2（~3）厘米 ⋯⋯⋯⋯⋯⋯ 菖蒲 *Acorus calamus* L.
1. 叶不具中肋，叶片线形，较狭而短 ⋯⋯⋯⋯⋯⋯⋯⋯⋯⋯⋯⋯ 2
2. 叶片宽不及 6 毫米，叶状佛焰苞短，长仅 3~9 厘米，为肉穗花序长的 1~2 倍 ⋯⋯⋯⋯ 金钱蒲 *Acorus gramineus* Soland.
2. 叶片宽 7~13 毫米 ⋯⋯⋯⋯⋯⋯⋯ 3
3. 叶状佛焰苞长达 45 厘米，为肉穗花序长的 7~8 倍 ⋯⋯⋯⋯⋯⋯ 长苞菖蒲 *Acorus rumphianus* S. Y. Hu
3. 叶状佛焰苞长 13~25 厘米，为肉穗花序长的 2~5 倍 ⋯⋯⋯⋯⋯⋯⋯ 石菖蒲 *Acorus tatarinowii* Schott

连续平行检索表 编制连续

平行检索表时，将一对相互区别的特征用两个编号表示，如 1（6），第 1 个编号连续编制（即 1、2、3、⋯⋯），并在左侧第 1 格对齐，括号内编号则为相对应的区别特征标编号，当顺序编制到区别特征编号时，括号内则应为另一个对应编号，如 6（1）。查对鉴定时，按所描述特征检索，相符则鉴定到相应分类等级或按顺序向下检索；如不相符时则找到括号内编号位置，继续检索，直至检索到所要鉴定的分类等级。以菖蒲属的 4 种植物为例，如下。

1（6）叶不具中肋，叶片线形，较狭而短。
2（3）叶片宽不及 6 毫米，叶状佛焰苞短，长仅 3~9 厘米，为肉穗花序长的 1~2 倍 ⋯ ⋯⋯⋯⋯ 金钱蒲 *Acorus gramineus* Soland.
3（2）叶片宽 7~13 毫米。
4（5）叶状佛焰苞长达 45 厘米，为肉穗花序长的 7~8 倍 ⋯⋯⋯⋯⋯⋯ 长苞菖蒲 *Acorus rumphianus* S. Y. Hu
5（4）叶状佛焰苞长 13~25 厘米，为肉穗花序长的 2~5 倍 ⋯⋯⋯⋯⋯⋯ 石菖蒲 *Acorus tatarinowii* Schott
6（1）叶具中肋，叶片剑状线形，长而宽。长 90~150 厘米，宽 1~2（~3）厘米 ⋯⋯⋯⋯⋯⋯⋯ 菖蒲 *Acorus calamus* L.

（齐耀东）

yàoyòng zhíwù biāoběn

药用植物标本（medicinal plant specimen）

采集药用植物实物的全体或部分，经过一定处理用于长久保存的样品材料。常用于科普、教学、科学研究等。人们利用药用植物的不同部分或类型的材料均可制作相应的标本，用于鉴定、查看、参照和陈列，也是具有学术价值的研究材料。

分类 根据其制作方法的不同又可分为腊叶标本和浸制标本。

腊叶标本 通常是采集植物的全株或部分干燥制作而成，干燥方法通常有吸水压制法和烘干压制法，使新鲜植物材料快速干

燥避免腐烂霉变，同时压制成平面标本，便于运输与保存。压制好的腊叶标本经过整形、消毒、固定在台纸上（尺寸为42厘米×29厘米的白色硬纸板），采集信息和鉴定信息以一定的规范贴在台纸上。腊叶标本出现历史最为悠久，意大利博洛尼亚大学的植物学教授卢卡·吉尼（Luca Ghini，1490~1556）是第一个将植物压制干燥，并装订在纸上作为永久保存记录的学者，是植物腊叶标本制作第一人。此后，这种制作方法由于制作简便，保存时间长久，在科学研究中有极大的便利性，逐渐流传到世界各地，成为应用最为广泛的植物标本保存技术之一。腊叶标本的不断采集积累，在世界各地的科研机构、大学及科普展馆中已经达到数千万份，为植物的分类与鉴定提供了大量的科学数据。

浸制标本　将新鲜的植物枝条及根或地下茎等器官放置于存有浸制液的透明并易于展示的容器内制成，常密封。其制作方法通常有整体浸制法和解剖浸制法，为保持浸制标本的原色，可选择配制能保存不同颜色的浸制保存液。与腊叶标本相比，浸制标本保存了植物的原初形态与颜色，对于教学、科普展示植物原貌，缺点是制作方法相对繁复，占用空间，且在远距离的野外调查采集中，新鲜取得和运输均不方便。

采集制作要求　标本采集过程中，要及时记录相关信息。制作腊叶标本的台纸上及存放标本的容器上应贴有标签，注明药材名称、植物名称、产地、采收时间、鉴定人员等基本信息。当药用植物全株过大时，如灌木和乔木等，采集制作的标本可为植物体的局部枝条，但应保有花、果

实、孢子叶球、孢子囊等具有较好辨识和鉴别特征的繁殖器官。

药材标本　在药用植物适合的采收期内，采集植物的入药器官，经过洗净、干燥等加工过程后形成药材，选取其中有代表性的材料置于透明并易于展示的容器内，即成为药材标本。

应用　随着药用植物科学的迅速发展，科学研究、科普展览、教学教育越来越广泛地使用各种药用植物标本。各个中医药教学科研单位不断积累药用植物的腊叶标本，这是中国传统医药教学、研究中不可缺少的材料，为药材原植物鉴定、质量及商品研究提供科学依据。浸制标本因其对药用植物原色和原态的保存，在科普展览与教学中得到广泛应用。

（齐耀东）

yàoyòng zhíwù huàxué chéngfèn

药用植物化学成分（medicinal plant chemicals）　存在于药用植物体内的化学成分，主要指经次生代谢途径产生的化合物。按照结构可分为生物碱类、苷类、鞣质类、黄酮类、醌类、香豆素类、木脂素类、萜类、挥发油类、有机酸类等，也包括糖类中的多糖，以及非蛋白氨基酸和特殊结构的脂肪酸等。一种药用植物中含有多种，甚至多达数百种化学成分，在植物进化过程中应答环境中生物因子和非生物因子形成，对植物适应不良环境或抵御病原物侵害以及植物的代谢调控等都有重要作用。有的作为生长的调节物质（植物激素），有的作为引诱剂、驱避剂、拒食剂和抗生物质，如黄酮类化合物中的花青素使得植物的花、果实呈现丰富的颜色，引诱昆虫传粉和传播种子。有的毒性成分，如大多数生物碱类，有助于植物抵抗微生物侵害、动

物啃食等。

药用植物从古到今被人类用于防病治病，其物质基础在于所含的化学成分。许多化学成分具有不同的药理活性和疗效作用。现代药物中很大一部分是从药用植物中提取，如麻黄中含有的治疗哮喘的麻黄碱，莨菪中含有解痉镇痛作用的莨菪碱等；或者经过结构的改造，如从柳树皮中提取获得的水杨苷，经改造为水杨酸甲酯（又名阿司匹林），从黄花蒿中提取的青蒿素，及其结构改造后的一系列化合物成为抗疟药物。同时，也可用作营养剂、嗜好品、调味品、色素等，以及农药和兽药的资源。

药用植物化学成分种类繁多，化学结构各异，但它们具有共同的次生代谢途径，是由形成糖类、脂肪和氨基酸等植物生长发育的必需物质途径（初生代谢）的少数几种前体成分，如乙酸、莽草酸和异戊烯焦磷酸等，衍生而来。

药用植物化学成分的研究领域包括化学成分分离、结构鉴定、结构修饰、分析及药理活性，以探讨药用植物防治疾病的物质基础，为新药的研发提供先导化合物，进行药用植物药效和质量的评价，保证临床作用的稳定可控和安全；也可以用来研究药用植物和环境的相互作用，研究药用植物的分类关系等。

依据药用植物化学成分的生理活性、功效、分布及含量属性，有些化学成分被称为活性成分，即能对生物体产生生物活性（也称生理活性）的化学成分；有效成分指具有一定生物活性，能反应药用植物疗效的化学成分或化学成分群；指标成分指被用作质量控制参考标准的化学成分。指标成分一般应该是药用植物的有

效成分或活性成分，当药用植物的有效成分尚不明确的时候，也可以是其他成分，如特征成分，即药用植物中具有类型或结构特殊性的化学成分。

（陈四保）

huángtónglèi
黄酮类（flavonoids） 泛指两个具有酚羟基的苯环（A 环与 B 环）通过中央 3 个碳原子相互连接而成的一系列化合物。基本碳架符合 C_6—C_3—C_6 通式。

结构和分类 根据三碳链的氧化程度、B 环连接的位置以及三碳链是否构成环状等特点，将黄酮类化合物分为黄酮、黄酮醇、二氢黄酮、二氢黄酮醇、异黄酮、花色素、橙酮、查耳酮，异黄酮类化合物又可分为异黄酮、二氢异黄酮、紫檀素、鱼藤酮、2-苯基苯并呋喃异黄酮 3-苯基香豆素和香豆酮并色酮等。在黄酮基本母核（又称黄酮苷元）的羟基上常连接糖，称为黄酮苷，连接位置常在 3 位和 7 位，连接的糖以葡萄糖、鼠李糖、半乳糖、木糖为多，连接糖的数量大多为 1~3 个。也有糖连接在苷元的碳原子上，称为黄酮碳苷。

理化性质 通常为黄色。多为结晶性固体，少数苷类为无定形粉末。因分子中大多具有酚羟基而显酸性，酚羟基数目及位置不同，酸性强弱不同。溶解性因结构及存在状态不同而有很大差异，一般苷元难溶或不溶于水，易溶于甲醇等有机溶剂和碱液（碱性水溶液、吡啶、甲酰胺及二甲基甲酰胺等）；黄酮苷类易溶于水、稀乙醇、甲醇等极性较强的溶剂，不溶或难溶于苯、三氯甲烷等有机溶剂。

提取方法 苷类和极性较大的苷元（羟基黄酮、双黄酮、橙酮、查耳酮等），一般可用乙酸乙酯、丙酮、乙醇、甲醇、水或混合溶剂（如甲醇-水 1∶1）进行提取。一些多糖苷也可用沸水提取，花青素类在提取时可在溶剂中加入少量的酸（0.1% 盐酸）。大多数苷元宜用极性较小的溶剂，如乙醚、三氯甲烷、乙酸乙酯等来提取。

分布 黄酮类化合物广泛存在于植物中。其结构类型在植物中的分布具有一定的规律。黄酮广泛分布于被子植物中，在低等植物中也有分布，尤以芹菜素和木犀草素最常见；黄酮醇主要分布于双子叶植物特别是木本植物中，常见的是槲皮素、山奈酚及杨梅素等；二氢黄酮及二氢黄酮醇分布较为广泛，尤其在被子植物的蔷薇科、芸香科、豆科、杜鹃花科、菊科、姜科中较多，裸子植物和蕨类植物中也有分布，常见的有甘草素、杜鹃素、山姜素等；异黄酮主要分布在被子植物中，尤以豆科蝶形花亚科及鸢尾科、蔷薇科植物居多，如大豆苷、葛根素等；双黄酮主要分布于裸子植物中，亦在苔藓植物、蕨类植物以及被子植物中发现，常见的有穗花杉双黄酮黄素、银杏双黄酮、扁柏双黄酮等；橙酮多分布在双子叶植物比较进化的玄参科、菊科、苦苣苔科以及单子叶植物莎草科；黄烷醇在双子叶植物中特别是含大量鞣质的木本植物中较常见，如白矢车菊苷元、儿茶素等；花色素在被子植物中分布较广，尤以矢车菊素、飞燕草素和天竺葵素的苷类最为常见。以黄酮类为主要活性成分的药用植物有黄芩、葛根、甘草、槐花、淫羊藿、银杏等。

生物合成 经莽草酸代谢途径生成羟基桂皮酸，丙二酸代谢途径生成的丙二酰单酰辅酶 A，经查耳酮合酶催化缩合反应，形成苯基苯乙烯酮，即查耳酮，再进一步合成各种黄酮类化合物。

生物活性 黄酮类化合物是药用植物中主要活性成分之一，普遍具有消除氧自由基、抗氧化、抗过敏、抗炎、抗菌、抗突变、抗肿瘤、保肝、雌激素样作用、泻下、保护心脑血管系统和抗病毒以及杀虫等广谱的生理活性，且毒性较低，因此还可用作食品、化妆品的天然添加剂，如甜味剂、抗氧化剂、食用色素等。如芦丁、槲皮素等具有降低血管通透性和抗毛细血管脆性的作用。金丝桃苷、牡荆素、槲皮素、葛根素等具有扩张冠状血管的作用。柠檬素、水蓼素、石吊兰素等具有降压作用。芸香苷和橙皮苷有调节血管渗透性的作用。杜鹃素、紫花杜鹃素能镇咳祛痰。蔷薇苷 A 有泻下作用。异甘草素、大豆素等具有解痉作用。槲皮素、鼠李素、黄芩苷、木犀草素等有抗菌作用。二氢槲皮素及山奈酚等有抗病毒作用。甘草查耳酮 A 对人类获得性免疫缺陷病毒也有抑制作用。牡荆素、桑色素、儿茶素等具有抗癌作用。有些黄酮类化合物如二氢查耳酮还可以作甜味剂。

（陈四保 刘 颖）

tiēlèi
萜类（terpenoids） 由甲瓦龙酸（甲羟戊酸）衍生、基本碳架多具有两个或两个以上异戊二烯单位结构的化合物。

结构和分类 通常按照分子中含有的异戊二烯单位多少，将萜类化合物分为：单萜、倍半萜、二萜、二倍半萜、三萜、四萜。①单萜，按分子中碳环数可分为：无环单萜、单环单萜、双环单萜、三环单萜和环烯醚萜等，代表化合物有香叶烯、柠檬烯、β-蒎烯、三环烯、梓醇等。②倍半萜，可分为：无环倍半萜类，如 α-金合欢烯；单环倍半萜，如姜烯；双环倍半萜，如杜松烷；三环倍半萜，如表胡椒醇；倍半萜内酯，该类成分多含有明显的生物活性，如青蒿素。③二萜，可分为：无环二萜，如植物醇；单环二萜，如维生素 A；双环二萜，如穿心莲内酯；三环二萜，如雷公藤甲素；四环二萜，如大戟二萜醇、冬凌草素等。④二倍半萜，较少，代表化合物有粉背蕨二醇、粉背蕨三醇。⑤三萜，种类丰富，数量多的一类，主要有四环三萜和五环三萜两大类。⑥四萜，主要为胡萝卜素类，如叶绿素、叶黄素、β-胡萝卜素等。

理化性质 单萜及倍半萜类化合物在常温下多为油状液体，少数为固体结晶，具挥发性或升华性及特异性香气。二萜及二倍半萜类化合物多为固体结晶，无挥发性、升华性。因结构中多数仅有散在的双键，缺乏较长的共轭体系而多无色。多数具有手性碳原子，有光学活性。亲脂性较强，难溶于水，溶于亲脂性有机溶剂。具羧基、酚羟基结构的萜类化合物可溶于不同碱度的碱水而成盐，具内酯结构的萜类化合物加热时酯环水解开裂而溶于碱水。形成苷类的化合物随分子中糖数目的增加，水溶性增强而脂溶性减弱。

分布 有些萜类为所有植物生命活动中不可缺少的物质，分布于所有植物中，如赤霉素、脱落酸和昆虫保幼素为植物激素；四萜中的类胡萝卜素和叶绿素是重要的光合色素和植物呈色物质，质体醌和泛醌为光合链和呼吸链

中重要的电子递体，甾醇是生物膜的组成成分等。其他结构多样的萜类则局限分布于部分植物类群，如单萜和倍半萜是挥发油的主要成分，单萜广泛分布于高等植物中，常存在于菊科、唇形科、樟科、桃金娘科、芸香科、伞形科、姜科、松科等植物，如薄荷油、桉叶油、山苍子油、樟油、松节油、橘皮油等都含大量单萜化合物。环烯醚萜则主要分布在玄参科、茜草科、唇形科、龙胆科植物中，如地黄中的梓醇。倍半萜主要来源于植物、微生物、海洋生物及某些昆虫中，常与单萜类共同存在于挥发油中，在植物中主要存在于菊科、姜科中。二萜是形成树脂的主要物质，三萜是形成植物皂苷（见皂苷类）、树脂的重要物质，四萜主要是植物中广泛分布的一些脂溶性色素。

生物合成 甲瓦龙酸代谢途径和脱氧木酮糖磷酸酯途径生成的异戊烯基焦磷酸和二甲基烯丙基焦磷酸经不同酶催化，可分别形成单萜、倍半萜、二萜、三萜及四萜的前体化合物——牻牛儿基焦磷酸、法尼基焦磷酸、香叶基香叶基焦磷酸、鲨烯及八氢番茄红素，进而生成各种萜类化合物。

生物活性 萜类化合物具有多种生物活性，如驱蛔素、山道年具驱蛔虫作用，青蒿素有抗疟作用，穿心莲内酯有抗菌作用；抗生育的芫花酯甲、促肝细胞再生的齐墩果酸、抗肿瘤的紫杉醇、抗炎的龙脑、扩张冠状动脉的芍药苷等都属于萜类化合物。

（陈四保 刘 颖）

shēngwùjiǎnlèi

生物碱类（alkaloids） 除氨基酸、多肽、蛋白质、维生素之外的含氮有机化合物，大多具有复杂的氮杂环结构。多数生物碱具

有一定碱性，与有机酸（如酒石酸、草酸、苹果酸）或少数无机酸（如硫酸、盐酸）形成生物碱盐，如盐酸小檗碱。

分类 生物碱种类繁多，按照其基本母核类型和结构特征，主要分为：①有机胺类，如麻黄碱、益母草碱、秋水仙碱。②吡咯烷类，如红古豆碱、千里光碱、野百合碱。③吡啶类，如烟碱、槟榔碱、山梗菜碱。④异喹啉类，如小檗碱、吗啡、粉防己碱。⑤吲哚类，如利血平、长春新碱、麦角新碱。⑥莨菪烷类，如阿托品、东莨菪碱。⑦咪唑类，如毛果芸香碱。⑧喹唑酮类，如常山碱。⑨嘌呤类，如咖啡碱、茶碱。⑩甾体类，如茄碱、浙贝母碱、澳洲茄碱。⑪二萜类，如乌头碱、飞燕草碱。⑫其他类，如加兰他敏、雷公藤碱等。

理化性质 多数生物碱为结晶形固体，少数为无定形粉末，个别在常温下为液体；多数生物碱为无色或白色，少数呈现各种不同的颜色，如小檗碱显黄色；多数生物碱有旋光性，且多数为左旋体，一般情况下，左旋体的生物活性较强；多数游离生物碱（如伯胺、仲胺、叔胺等）属于脂溶性生物碱，易溶于三氯甲烷、乙醚、苯等亲脂性有机溶剂，可溶于甲醇、乙醇、丙酮等亲水性有机溶剂和酸水，难溶于水和碱水，少数游离生物碱，如季铵型生物碱及某些含有氮氧化物结构的生物碱（如氧化苦参碱）属于水溶性生物碱，易溶于水，可溶于甲醇、乙醇等醇类溶剂，难溶于三氯甲烷、乙醚、苯等亲脂性有机溶剂。

提取方法 对于碱性较强的生物碱常用酸水提取法，根据植物中特定生物碱的溶解度，具有

一定亲水性的选择醇类溶剂提取法，亲脂性强的化合物，选择亲脂性溶剂提取法，如三氯甲烷、丙酮、石油醚等。

分布 绝大多数生物碱分布于高等植物，尤其是双子叶植物，如毛茛科、罂粟科、防己科、茄科、夹竹桃科、芸香科、豆科、小檗科等；在单子叶植物中分布较少，主要的科有百合科、兰科和石蒜科等。极少数生物碱分布在低等植物中，如石松科、三尖杉科、麻黄科等。生物碱在植物体内一般较为集中在某一或某些器官，如罂粟的生物碱集中在果皮中，番木鳖的生物碱集中在种子中；但通常生物碱还是集中于根或根茎中。

生物合成 以鸟氨酸、苯丙氨酸、色氨酸、酪氨酸等氨基酸为起始物合成。如异喹啉类生物碱：以酪氨酸为起始物合成多巴胺和4-羟基苯乙醛，经一系列酶促反应形成（*S*）-金黄紫堇碱，再以（*S*）-金黄紫堇碱为前体合成各类异喹啉类生物碱。莨菪烷类生物碱：鸟氨酸脱羧或精氨酸经过一系列酶促反应生成腐胺，腐胺经一系列酶促反应生成莨菪烷类生物碱途径特有的前体托品酮，进而生成各种莨菪烷类生物碱。甾体类生物碱：甲瓦龙酸代谢途径和脱氧木酮糖磷酸酯途径生成的异戊烯基焦磷酸，经一系列酶催化生成甾体类化合物的前体——环阿屯醇，进而形成各类甾体类生物碱。

生物活性 生物碱有多方面的生物活性，如镇痛、镇静、抗菌、抗病毒、抗癌、抗心律失常、抗肝损伤、抗心肌缺血、防治老年痴呆等作用。罂粟中的吗啡具有镇痛作用，可待因具有止咳作用；麻黄中的麻黄碱具有平喘解

痉作用，伪麻黄碱具有升压利尿作用；黄连中的小檗碱具有抗菌消炎作用；长春花中的长春新碱具有抗癌作用；苦参中的苦参碱、氧化苦参碱具有抗心律失常作用；萝芙木中的利血平具有降血压作用。

（陈四保　刘　颖）

香豆素类（terpenoids）　顺式邻羟基桂皮酸分子内脱水而形成的内酯化合物，具有强烈的芳香甜味。

结构和分类　香豆素的母核为苯骈α-吡喃酮。分子中苯环或α-吡喃酮环上常有取代基存在，如羟基、烷氧基、苯基、异戊烯基等，其中异戊烯基的活泼双键有机会与邻位羟基环合成呋喃或吡喃环的结构。香豆素分为四大类：①简单香豆素类。只有苯环上有取代基、绝大部分香豆素在C-7位都有含氧基团存在，仅少数例外。伞形花内酯，即7-羟基香豆素，可认为是香豆素类成分的母体。②呋喃香豆素类。香豆素核上的异戊烯基常与邻位酚羟基环合成呋喃。呋喃环与香豆素母核在6,7位骈合的为线型呋喃香豆素类（6,7-呋喃香豆素类），此型以补骨脂内酯为代表，又称补骨脂内酯型；呋喃环与香豆素母核在7,8或5,7位骈合的为角型呋喃香豆素类（7,8或5,7-呋喃香豆素类），此型以白芷内酯（又名异补骨脂内酯）为代表，故此型又称异补骨脂内酯型。③吡喃香豆素类。C-6或C-8位异戊烯基与邻酚羟基环合而成吡喃环。同呋喃香豆素一样，可分为6,7-吡喃骈香豆素（线型，此型以花椒内酯为代表）和7,8（或5,6）-吡喃骈香豆素（角型，此型以邪蒿内酯、别美花椒内酯为代表）。

④其他香豆素类。指α-吡喃酮环上有取代基的香豆素，也指异香豆素和双香豆素类。

理化性质　游离香豆素多为结晶，具有香气，小分子的尚具挥发性和升华性；香豆素苷无香味、无挥发性及升华性。有色或无色；常具有较强荧光，有的在可见光下即可见到。一般不溶或难溶于冷水。易溶于甲醇、乙醇、三氯甲烷、乙醚等有机溶剂。香豆素苷能溶于热水、甲醇、乙醇，难溶于苯、三氯甲烷和乙醚等亲脂性有机溶剂。在强碱溶液中发生水解开环而溶于水，但酸化后又可重新环合成原结构。

提取方法　具有挥发性的小分子香豆素可用水蒸气蒸馏法或超临界萃取法提取；也可利用香豆素中内酯遇碱开环溶解，加酸环合沉淀的特性加以提取。该方法不适用于香豆素苷。

分布　广泛地分布于植物界，只有少数来自动物和微生物，在伞形科、豆科、芸香科、茄科、瑞香科、兰科、木犀科和菊科等植物中分布更广泛。其中常见的药用植物有白芷、秦皮、独活、前胡、补骨脂、茵陈等。在植物体内，香豆素类化合物常常以游离状态或与糖结合成苷的形式存在，大多存在于植物的花、叶、茎和果中，通常以幼嫩的叶芽中含量较高。

生物合成　通过莽草酸代谢途径合成邻羟基桂皮酸，环合成内酯为简单香豆素，在C-6位或C-8位取代异戊烯基，香豆素母核进一步与7位羟基环合转化为二氢呋喃香豆素或二氢吡喃香豆素类，再进一步形成呋喃香豆素类或吡喃香豆素类。

生物活性　香豆素类化合物由于具有强烈的芳香气味，广泛

用于香水的香味剂、固定剂和食品添加剂，也具有多种生物活性。①抗凝血作用：双香豆素类是常用的抗凝血剂，临床上用于治疗血栓和冠心病。②光敏作用：许多香豆素能提高皮肤对紫外线的敏感性，刺激黑色素细胞形成较多的黑色素，如呋喃香豆素类补骨脂内酯、花椒毒内酯和佛手内酯等，可用于治疗白癜风、银屑病、蕈样霉菌病等皮肤病。③血管扩张作用：许多来自伞形科植物的呋喃香豆素和吡喃香豆素，用于治疗心绞痛等心血管疾病。④抗菌作用：如秦皮中的七叶内酯和七叶苷具有治疗细菌性痢疾的作用。⑤止咳平喘作用：从满山红中分离得到的伞形花内酯具有止咳平喘作用。⑥镇痛抗炎作用：瑞香素临床上用于治疗风湿性关节炎，白花前胡总香豆素、白芷香豆素和滨蒿内酯等也具有抗炎镇痛作用。⑦雌激素样作用：蛇床子总香豆素以及蛇床子素具有抗骨质疏松作用。此外，香豆素尚有抗人类免疫缺陷病毒、抗肿瘤、抗氧化、降压、抗心律失常等多种药理作用。

(陈四保 刘 颖)

kūnlèi

醌类（quinones） 分子中具有或容易转变为不饱和环己二酮结构（醌式结构）的化学成分。

结构与分类 从结构上可分为苯醌、萘醌、菲醌和蒽醌 4 种类型。①苯醌，分为邻苯醌和对苯醌两大类，邻苯醌结构不稳定，天然存在的苯醌化合物多数为对苯醌的衍生物。②萘醌，分为 α（1,4），β（1,2）及 amphi（2,6）三种类型，天然存在的大多是 α-萘醌类衍生物，多为橙色或橙红色结晶，少数呈紫色。③菲醌，分为邻醌及对醌两种类型，从中

药丹参根中分得到的多种菲醌衍生物，邻菲醌和对菲醌两类结构均有。④蒽醌及其衍生物，最为多见，蒽醌类化合物在植物体中多与糖结合以苷的形式存在，少数游离以苷元存在。按母核的结构蒽醌可分为单蒽核及双蒽核两大类，天然蒽醌以 9,10-蒽醌最为常见，如大黄和茜草中的蒽醌类成分（分别称为大黄素型蒽醌和茜草素型蒽醌）；蒽醌在酸性环境中被还原，可生成蒽酚及其互变异构体——蒽酮；蒽酚和蒽酮衍生物一般存在于新鲜植物中，可慢慢被氧化成蒽醌类。二蒽酮类成分可以看成两分子蒽酮脱去 1 分子氢，通过碳-碳键结合而成的化合物；如大黄及番泻叶中致泻的主要有效成分番泻苷 A，B，C，D 等皆为二蒽酮衍生物。蒽醌类脱氢缩合或二蒽酮类氧化均可形成二蒽醌类。天然二蒽醌类化合物中的两个蒽醌环都是相同而对称的，由于空间位阻的相互排斥，故两个蒽环呈反向排列，如天精、山扁豆双醌等。

理化性质 醌类化合物均呈现一定的颜色。苯醌和萘醌多以游离苷元状态存在，呈结晶状。蒽醌一般以苷形式存在，极性偏大，难结晶，多呈粉末状。游离的醌类化合物一般具有升华性，极性较小，易溶于有机溶剂，基本不溶于水。苷类成分极性较大，易溶于甲醇、乙醇中。

提取方法 具有挥发性的小分子苯醌及萘醌类化合物，可以用水蒸气蒸馏法进行提取。具有升华性的醌类，如大黄中的游离蒽醌成分可用升华法提取。有机溶剂提取法最为常用，低极性的苯、三氯甲烷、乙醚可提取游离醌类，甲醇、乙醇可提取游离醌类和醌苷类。碱提取-酸沉淀法可

用于提取带游离酚羟基的醌类化合物。酚羟基与碱成盐而溶于碱水溶液中，酸化后酚羟基被游离而沉淀析出。超临界流体萃取法和超声波提取法在醌类提取中也有应用，既提高了提出率，也避免了分解。

分布 苯醌主要分布于紫金牛科、杜鹃花科与鹿蹄草科，在低等植物海藻中亦有分布，如信筒子醌、朱砂根醌等。1,2-萘醌较少，仅分布于紫葳科、柿树科、苦苣苔科及玄参科等的少数属。1,4-萘醌分布比较广泛，最富有的是紫草科、柿树科和蓝雪科等，如胡桃醌、蓝雪醌及紫草素等。蒽醌类化合物在天然植物药中较为常见，如百合科的芦荟，豆科的决明子、番泻叶，茜草科的茜草，鼠李科的鼠李，特别是蓼科蓼亚科植物中广泛存在，如大黄属、酸模属、蓼属等，重要的药用植物如大黄、虎杖、何首乌、拳参等。除高等植物外，它们还存在于低等植物地衣类和菌类的代谢产物中。菲醌化合物分布不多，主要在唇形科、兰科、豆科、番荔枝科、使君子科、蓼科、杉科有分布，尤其在唇形科鼠尾草属的植物中，如丹参酮 I、丹参酮 II A 等，是丹参的有效成分。

生物合成 对苯醌，1,4-萘醌（维生素 K 类为代表）中前体物来源于莽草酸代谢途径。一部分蒽醌类化合物来源于丙二酸代谢途径中的多聚酮链，特征为含氧碳和非含氧碳常交替出现，并且醌环两侧芳香环常都含有羟基或甲氧基取代。另一部分蒽醌类化合物则来源于莽草酸代谢途径中产生的中间体，再引入甲瓦龙酸代谢途径生产的 C_5 单位环合衍生而来，特征为 C_5 单位衍生而来的芳香环常含羟基或甲氧基取代，

而另一侧芳香环常没有取代。

生物活性 醌类具有导泻、抗菌、利尿、止血、抗癌、抗病毒、扩张冠状动脉等多方面的生物活性，尤其以导泻作用和抗菌作用显著。如番泻叶、大黄中的醌类化合物二蒽酮类衍生物具有导泻作用；大黄中的游离蒽醌类成分对金黄色葡萄球菌、链球菌、大肠杆菌、枯草杆菌等有显著的抑制作用；茜草药材中的羟基蒽醌类物质具有止血作用；蒽环类抗生素对小鼠黑色素瘤、大鼠乳癌及恶性淋巴瘤有明显抑制作用；紫草素具有止血、抗炎及抗病毒等作用。丹参中丹参醌类具有扩张冠状动脉的作用，用于治疗冠心病，心肌梗死等。

（陈四保　刘　颖）

mùzhīsùlèi

木脂素类（lignanoids）　由两分子苯丙素衍生物（C_6—C_3 单体）聚合而成的天然化合物。多数呈游离状态，少数与糖结合成苷，存在于植物的木部和树脂。

结构和分类 　木脂素通常由两分子苯丙素聚合而成，少数可见三聚体、四聚体。组成木脂素的单体有桂皮酸、桂皮醇、丙烯苯、烯丙苯等，它们可脱氢，形成不同的游离基，各游离基相互缩合，即形成各种不同类型的木脂素，结合位置多在 β 位，也有在其他位置结合的。二聚体可分为简单木脂素、单环氧木脂素、木脂内酯、环木脂素、环木脂内酯、双环氧木脂素、联苯环辛烯型木脂素、新木脂素等。

理化性质 　多为无色结晶，一般无挥发性，少数具有升华性。游离木脂素一般难溶于水，易溶于有机溶剂和乙醇中；具有酚羟基的木脂素还可溶于碱性水溶液中；少数木脂素与糖结合成苷，水溶性增大，且易被酸或酶水解。木脂素常有不对称碳原子或不对称中心，多数具有光学活性，遇酸易发生异构化现象（双环氧木脂素）。

提取方法 　游离的木脂素可用低极性有机溶剂直接提取，或用乙醇（或丙酮）提取，提取液浓缩后，用石油醚或乙醚溶解，经过多次溶出，即可得到纯品。木脂素苷的亲水性强，可以按照苷类的提取方法进行提取，由于苷元的分子相对较大，应采用中低极性溶剂提取。具内酯结构的木脂素也可利用其溶于碱液的性质，而与其他非皂化的亲脂性成分分离，但要注意木脂素的异构化，尤其不适用于有旋光活性的木脂素。

分布 　常见于木兰科、樟科、五味子科、马兜铃科、小檗科、夹竹桃科、爵床科、木犀科、玄参科等植物中，广泛分布于植物的根、根状茎、茎、叶、花、果实、种子以及木质部和树脂等部位。

生物合成 　起源于莽草酸代谢途径，其生物合成包括苯丙氨酸或酪氨酸经过脱氨基、羟基化、甲基化和氧化还原反应生成 3 种主要单体：香豆醇、松柏醇和芥子醇，再由 2 个或 2 个以上单体聚合形成结构多样的木脂素。

生物活性 　木脂素具有抗病毒、保护肝脏和抗氧化、抗肿瘤、血小板活化因子拮抗、抗炎、抗菌等生物活性。如五味子中的各种联苯环辛烯类木脂素具有抗人类免疫缺陷病毒、保护肝脏和抗氧化作用；小檗科鬼臼属的鬼臼毒素类木脂素，具有显著的抗肿瘤作用；海风藤和五味子木脂素具有血小板活化因子拮抗作用；此外其他木脂素还有中枢神经系统保护作用、平滑肌解痉作用和杀虫作用。

（陈四保　刘　颖）

gānlèi

苷类（glucosides）　糖或糖的衍生物与另一非糖物质通过糖端基碳原子连接而成的一类化合物。又称配糖体、苷类。非糖部分称为苷元，也称为配基。大多数苷类是由糖的半缩醛羟基与苷元上羟基脱水缩合而成，苷在稀酸、酶的作用下容易断裂，水解成苷元和糖。连接的单糖以 D-葡萄糖最多，此外，还有 L-鼠李糖、L-阿拉伯糖、D-木糖、D-葡萄糖醛酸、D-洋地黄毒糖等，也有连接 2~7 个单糖。将非极性的苷元转化为易溶于水的苷并贮藏在植物细胞的液泡中，是植物储藏次生代谢产物的主要方式，也是钝化苷元生物活性的方式，当需要的时候，植物中存在糖苷酶将苷水解成苷元。

分类 　通常根据苷元的结构类型不同进行分类，可分为：氰苷、酚苷、醇苷、蒽苷、黄酮苷、皂苷、强心苷、香豆素苷和环烯醚萜苷等。根据苷键原子（与糖的半缩醛羟基脱水缩合的原子基团）不同，苷类可分为氧苷、硫苷、氮苷和碳苷。根据糖的数目分为单糖苷、双糖苷、三糖苷等，根据糖的不同分葡萄糖苷、鼠李糖苷、芸香糖苷等。根据苷在生物体中是原存的还是次生的，分为原生苷与次生苷。

理化性质 　一般为无定形粉末状固体，含糖基少的可结晶；多具有吸湿性和旋光性，多呈左旋。极性较大，可溶于水、乙醇，难溶于乙醚、石油醚、苯等极性小的有机溶剂。

分布 　苷类类型多、分布广泛，是普遍存在的天然产物，尤以高等植物分布最多。分布规律与相对应的苷元相关，如黄酮苷在近 200 个科的植物中都有分布；强心苷主要分布于玄参科、夹竹桃科等 10 多个科。

提取方法 通常用甲醇、乙醇或沸水提取，并加入无机盐（如碳酸钙）抑制药用植物中糖苷酶的活性，并注意避免与酸或碱接触。苷元的提取需先用适当的水解方法把苷类彻底水解，但同时又要尽量不破坏苷元的结构，然后，用极性小的有机溶剂提取。

生物合成 苷类是由糖基转移酶将糖基从糖基供体——核苷二磷酸化的含糖基化合物转移至苷元而合成。

生物活性 苷类有多种生物活性，如天麻苷是天麻安神镇静的主要活性成分；三七皂苷是三七活血化瘀的活性成分；强心苷有强心作用；黄酮苷有抗菌、止咳、平喘、扩张冠状动脉血管等作用。

（陈四保 刘 颖）

qiángxīngānlèi

强心苷类（cardiac glycosides）

由强心苷元与多种糖形成，对心脏具有显著生理作用的苷类成分。

结构与分类 甾体衍生物，苷元是 C_{17} 侧链为不饱和内酯环的甾族化合物。根据所连不饱和内酯环不同，分为甲型强心苷（心甾烯内酯型，C_{17} 所连接的侧链为五元不饱和内酯环）和乙型强心苷（蟾甾双烯内酯型，C_{17} 所连接的侧链为六元不饱和内酯环）。

理化性质 多为无色晶体或无定形粉末，具有旋光性，对黏膜有刺激性。C_{17} 侧连为 β-构型者味苦，为 α-构型无苦味。一般可溶于水、甲醇、乙醇、丙酮等极性较大的溶剂，微溶于醋酸乙酯、含醇三氯甲烷，难溶于乙醚、苯、石油醚等极性小的溶剂。

提取方法 常用 70% ~ 80% 的乙醇为提取溶剂，由于强心苷易受酸、碱、酶的作用发生水解、脱水及异构化等反应，在提取分离时须注意这些因素的影响和应用。在研究或生产中，若以提取分离原生苷为目的时，须防止酶水解。

分布 药用植物中的强心苷多属于甲型强心苷，甲型强心苷主要分布于百合科、夹竹桃科、萝藦科、玄参科、田麻科、十字花科、卫矛科、豆科、桑科、毛茛科、梧桐科、大戟科等。乙型强心苷，只在百合科和毛茛科等少数科中分布。含甲型强心苷的常用药用植物有：黄花夹竹桃、洋地黄、罗布麻、杠柳等。含乙型强心苷的常用药用植物有：海葱（虎眼万年青）、百合科的嚏根草等。

生物合成 起源于甲瓦龙酸代谢途径，后经过一系列反应形成环阿屯醇再经过氧化、还原等修饰，形成胆甾醇，胆甾醇侧链经过羟基化、羰基化、异构等反应，形成洋地黄毒苷元，再经糖基化形成强心苷。

生物活性 强心苷类是一类具有强心生理活性的苷类物质，是治疗心力衰竭不可缺少的重要药物。强心苷能加强心肌收缩性，减慢窦性频率。主要用于治疗慢性心功能不全，心房纤颤、心房扑动、阵发性心动过速等心脏疾病，还有兴奋延髓催吐化学感受区和影响中枢神经系统作用，可引起恶心、呕吐等胃肠反应，并能使动物产生眩晕、头痛等症。

（陈四保 刘 颖）

zàogānlèi

皂苷类（saponins）

苷元为三萜或甾烷类的糖苷类化合物。因其水溶液振摇后能产生大量持久性的似肥皂水溶液样泡沫，称为皂苷。组成皂苷的糖常见的有葡萄糖、半乳糖、鼠李糖、阿拉伯糖、木糖、葡萄糖醛酸和半乳糖醛酸等。

结构与分类 苷元为三萜类的皂苷称为三萜皂苷，按皂苷元的基本骨架可以分为两大类：五环三萜类皂苷和四环三萜类皂苷。五环三萜类皂苷又可以分为齐墩果酸型、乌苏烷型、羽扇豆烷型、何伯烷型等。四环三萜类皂苷可分为羊毛脂甾烷型、达玛烷型、葫芦烷型等。苷元为甾烷类的皂苷称为甾体皂苷，可分为螺环型、开环型和其他类型。螺环型占大多数，又可分为螺甾烷醇型、异螺甾烷醇型、呋甾烷醇型和变形螺甾烷醇型等。根据苷元连接糖链数目的不同，可分为单糖链皂苷、双糖链皂苷、三糖链皂苷等。

理化性质 大多为白色或无色的无定形粉末，具吸湿性。一般可溶于水，易溶于热水、含水稀醇、热甲醇和热乙醇，难溶于丙酮、乙醚、苯、石油醚等亲脂性有机溶剂。三萜皂苷在含水正丁醇或戊醇中有较大的溶解度，可利用此性质从含三萜皂苷的水溶液中用正丁醇或戊醇进行萃取，从而与糖类、蛋白质等亲水性强的杂质分离。

提取方法 ①醇提取法，根据溶解性，即将苷类化合物易溶于甲醇或乙醇等极性较大的有机溶剂，因此常用甲醇或乙醇进行提取。提取液经回收溶剂后，再用水饱和的正丁醇萃取，可获得三萜苷类成分。②酸水解有机溶剂提取法，即将药材在酸性条件下水解，使三萜皂苷水解生成苷元（游离三萜），滤过，药渣水洗去余酸后，干燥，再用亲脂性有机溶剂提取出苷元。

分布 三萜皂苷广泛分布于植物界，比较集中地分布在豆科、五加科、葫芦科、桔梗科、远志科、伞形科等植物中，此外在石竹科、毛茛科、菊科、无患子科、藜科、茜草科、报春花科、山茶科、七叶树科等植物中也较常见。甾体皂苷主要存在于薯蓣科、百合科、茄科、石蒜科、菝葜科、豆科、玄参科、龙舌兰科、棕榈科和姜科等植物中。人参、三七、远志、桔梗、甘草、知母、柴胡等药用植物的主要有效成分包括皂苷类。

生物合成 经由甲瓦龙酸代谢途径，后继续合成的 2,3-氧化鲨烯是甾体类化合物和三萜类化合物的共同前体物质，经环阿屯醇合酶催化生成甾体类化合物的前体——环阿屯醇，再经一系列氧化还原修饰形成甾醇，甾醇经糖基转移酶等催化形成甾体皂苷。2,3-氧化鲨烯在多种 2,3-氧化鲨烯环化酶催化下生成不同三萜类化合物骨架，再经细胞色素 P450 酶、糖基转移酶等催化生成不同三萜皂苷。

生物活性 皂苷类具有广泛的生物活性。主要表现在溶血、抗癌、抗炎、抗菌、抗病毒、降低胆固醇、杀软体动物、抗生育等方面。如人参皂苷有近 30 种，每一种人参皂苷都有其特定的药理功能；大豆皂苷具有抗癌、调节免疫功能、降低血清中胆固醇含量、防治心血管疾病、抗菌、抗病毒、护肝、减肥等多重生理功效，除用作药物外，大豆皂苷还可以作为化妆品、食品添加剂和表面活性剂应用于化学工业。

（陈四保 刘 颖）

yǒujīsuānlèi

有机酸类（organic acids） 除氨基酸外含有羧基的一类酸性有机化合物。广义的磺酸（—SO₃H）、亚磺酸（RSOOH）、硫羧酸（RCOSH）等也属于有机酸。天然有机酸在植物的叶、根、特别是果实中广泛分布。

结构与分类 有机酸由烃基（甲酸除外）和羧基两部分组成。根据烃基的不同，分为脂肪酸和芳香酸。由脂肪烃构成者，为脂肪酸。根据烃基的是否含有不饱和键，脂肪酸又可分为饱和脂肪酸和不饱和脂肪酸。由芳香烃构成者，为芳香酸。根据所含羧基的数目不同，可分为一元羧酸、二元羧酸和多元羧酸。脂肪酸常见的有柠檬酸、苹果酸、酒石酸、琥珀酸、草酸、抗坏血酸（即维生素 C）等。常见的芳香酸有苯甲酸、水杨酸、咖啡酸、阿魏酸、芥子酸和羟基桂皮酸等。

理化性质 一般低级脂肪酸含（8 个碳原子以下）易溶于水或乙醇，难溶于亲脂性有机溶剂。芳香族有机酸易溶于乙醇、乙醚等，难溶于水。均能溶于碱水，具有羧酸的性质。

提取方法 ①水或碱水提取法：用水或者稀碱水（如 1% 碳酸氢钠）直接提取，提取液酸化后滤出沉淀，提取液加无机酸酸化后，析出总游离有机酸。②有机溶剂提取法：用稀酸水将药用植物浸润，再用不同有机溶剂提取。③阴离子交换树脂法。

分布 在植物的叶、根、特别是果实中广泛分布，如在青梅中分别以柠檬酸、苹果酸、酒石酸、奎宁酸居多。如梅、五味子、覆盆子等药用植物果实中富含这类成分。除少数以游离状态存在外，一般都与钾、钠、钙等结合成盐，有些与生物碱类结合成盐。有的有机酸是挥发油与树脂的组成成分。脂肪酸多与甘油结合成酯，或与高级醇结合成蜡。羟基桂皮酸的衍生物普遍存在于中药中，尤以对羟基桂皮酸、咖啡酸、阿魏酸和芥子酸多见。有些桂皮酸衍生物以酯的形式存在于植物中，如咖啡酸与奎宁酸结合成的酯，即绿原酸系列衍生物，再如茵陈、忍冬、菊等药用植物的主要活性成分。

生物合成 芳香酸：主要通过莽草酸代谢途径及其下游途径合成，由苯丙氨酸经苯丙氨酸解氨酶催化生成肉桂酸，再通过不同酶的催化生成苯甲酸、咖啡酸、阿魏酸、芥子酸等一系列芳香酸。脂肪酸：通过三羧酸循环生成一系列脂肪酸，主要包括丙酮酸、柠檬酸、琥珀酸、延胡索酸、苹果酸等。

生物活性 有些天然有机酸如柠檬酸、苹果酸、酒石酸、抗坏血酸等具有抑菌、利胆、消炎、降血糖、抗氧化以及调节机体免疫等作用，能够增加冠状动脉血流量、抑制脑组织脂质过氧化物生成、软化血管、促进钙、铁元素的吸收，同时帮助胃液消化脂肪，还能够预防疾病和促进新陈代谢等作用。有些特殊的酸是某些中草药的有效成分，如土槿皮中的土槿皮酸有抗真菌作用；丹参中的 D-(+)-β（3,4-二羟基苯基）乳酸具有扩张冠状动脉的作用；鸦胆子中的油酸具有抗癌作用；地龙中的丁二酸具有止咳平喘作用；四季青中的原儿茶酸具有抗菌活性；许多药用植物中存在的绿原酸有抗菌、利胆、升高白细胞等作用。

（陈四保 刘 颖）

róuzhìlèi

鞣质类（tannins） 一类结构复杂，分子量较大（500~3000）的多元酚类化合物及其衍生物。因其能与蛋白质结合形成不溶于水的沉淀，可用来鞣制动物皮革，故称之鞣质，又称单宁或鞣酸。

结构与分类 一般分为水解鞣质和不可水解鞣质，后者又分为缩合鞣质和复合鞣质两大类。①水解鞣质：具有酯键或苷键，易被酸碱或鞣质酶水解，产生醇和酚酸。按照水解产生酸的类型，这类鞣质又可分为没食子酸鞣质和逆没食子酸鞣质（或鞣花鞣质），前者水解产物为没食子酸鞣质及衍生物，后者水解产物为逆没食子酸（鞣花酸）鞣质及衍生物。重要的没食子酸鞣质有五倍子鞣质。②缩合鞣质：构成单位之间以碳-碳键联结，故不易被水解，久置还会进一步缩合成不溶于水的高分子产物鞣红。可分为原花色苷元类、棕儿茶素类、金鸡纳因和金鸡纳酸类、双黄烷类、茶黄棓素类5种类型。③复合鞣质：是由缩合鞣质的构成单位黄烷-3-醇与水解鞣质部分通过碳-碳键联结构成的一类化合物。可以分为黄烷-鞣花鞣质、原花色素-鞣花鞣质、黄酮-鞣花鞣质3种类型。

理化性质 多为无定型粉末，具吸湿性、涩味和收敛性，具有较强的极性，可溶于水、乙醇中，不溶于极性小的有机溶剂。

提取方法 一般采用溶剂提取法，常用的提取溶剂为水、甲醇、乙醇、丙酮、乙酸乙酯或混合溶剂等。鞣质为多元酚类化合物，稳定性差，分子量大，提取分离比较困难。丙酮-水是常用提取溶剂。

分布 植物界广泛分布，以高等植物最为普遍，低等植物以及苔藓植物分布较少。其中在被子植物的漆树科、红树科、豆科、壳斗科、使君子科、桃金娘科、蓼科、杨梅科、石榴科比较集中；而在十字花科、罂粟科很少；单子叶植物中，除了棕榈科外，也较少见。

生物合成 莽草酸代谢途径生成的没食子酸及其关联代谢物进一步缩合形成水解鞣质。莽草酸代谢途径生成的对羟基桂皮酸与丙二酸代谢途径生成的丙二酰-辅酶A，经查耳酮合酶、查耳酮异构酶、二氢黄酮醇4-还原酶/黄酮4-还原酶、白花色素还原酶等一系列酶催化生成多羟基黄烷-3-醇，再经黄烷-3-醇及黄烷-3,4-二醇聚合形成缩合鞣质。

生物活性 鞣质具有收敛、止血作用，内服可治疗胃肠道出血、腹泻等症，外用可用于治疗烧伤、烫伤，因其能沉淀蛋白质，可使创伤组织表面蛋白质凝固，形成痂膜，保护创面，防止细菌感染。鞣质还具有抗炎、抗病毒、抗肿瘤、抗脂质过氧化、抗衰老等作用。

（陈四保 刘颖）

huīfāyóulèi

挥发油类（volatile oils） 存在于植物中，常温下易挥发，与水不相混溶，可随水蒸气蒸馏并具有特殊气味的油状液体。又称精油。主要由萜类化合物、芳香族化合物、含氮化合物、含硫化合物、脂肪族的直链化合物以及它们的含氧衍生物如醇、醛、酮、酚、醚、内酯等组成。萜类化合物在挥发油中所占的比例最大，以单萜和倍半萜及其含氧衍生物为主。芳香族化合物在挥发油中所占的比例仅次于萜类，大多为苯丙素衍生物。含氮含硫化合物，如川芎、麻黄中的2,3,5,6-四甲基吡嗪，芥子油中的异硫氰酸烯丙酯等。脂肪族的直链化合物在挥发油中分布较多，根据它们所含的功能团不同，可分为醇、醛、酮、酸、酯、醚、烃类。

理化性质 无色或淡黄色、具有挥发性的透明油状液体，涂在纸上挥发后不留油迹。大多数具有强烈特异的香气，口尝有辛辣灼烧感，又习称"芳香油"，对光、空气和热均比较敏感，与空气、光线长期接触会逐渐氧化变质并聚合成树脂样物质，高温会加速这一过程。有较强的折光性和旋光性。可溶于多种有机溶剂如乙醚、三氯甲烷等，几乎不溶于水。

分布 挥发油广泛地存在于植物体中。挥发油含量较高的植物主要集中在菊科、芸香科、樟科、唇形科、伞形科、桃金娘科、杜鹃花科、禾本科、姜科、豆科、蔷薇科、木兰科、百合科、柏科等。以挥发油为主要活性成分的药用植物有薄荷、广藿香、紫苏、柑橘、川芎等。香料植物多含有丰富的挥发油，如姜、丁香、豆蔻、草果、花椒等。挥发油分布在植物体内不同的器官，如根、茎、叶、花、果、种子内；分布较多的器官是花、果，其次是叶，再次是茎、根。

提取方法 最常用的挥发油提取方法为水蒸气蒸馏法，此外还有脂肪吸收法、溶剂提取法和超临界流体萃取法。挥发油的分离方法有冷冻结晶法、分馏法和色谱分离法。

生物合成 甲瓦龙酸代谢途径中二甲基烯丙基焦磷酸和异戊烯基焦磷酸经法尼基二磷酸合酶催化生成牻牛儿基焦磷酸，是挥发油中单萜类成分生物合成的直接前体；牻牛儿基焦磷酸和异戊烯基焦磷酸经法尼基焦磷酸合酶催化生成法尼基焦磷酸，是挥发油中倍半萜成分生物合成的直接前体；莽草酸代谢途径生成的莽草酸经一系列反应生成苯丙氨酸或酪氨酸后经多步催化反应生成挥发油中的苯丙素类衍生物。

生物活性 挥发油一般具有祛痰、止咳、平喘、祛风、健胃、解热、镇痛、抗菌消炎等活性。如柴胡挥发油有退热作用；香柠檬油对淋球菌、葡萄球菌、大肠杆菌和白喉菌有抑制作用；丁香油有局部麻醉、止痛作用；土荆芥油有驱虫作用；薄荷油有清凉、驱风、消炎、局部麻醉作用。挥发油不仅具有医疗价值，也用于食品添加剂、化妆品等。

（陈四保 刘 颖）

tánglèi

糖类（carbohydrates） 多羟基醛或多羟基酮及其缩聚物的总称。一般属于植物初生代谢产物，与核酸、蛋白质、脂质一起称为生命活动必需的四大类化合物。

结构与分类 按照其聚合程度不同可分为单糖、低聚糖和多糖等。单糖以五碳糖、六碳糖最多，如核糖、果糖、葡萄糖等。低聚糖由 2～9 个单糖分子聚合而成，常见的二糖为：麦芽糖、蔗糖。多糖又名多聚糖，由 10 个以上单糖分子聚合而成。广义上多糖分为：均一性多糖和不均一性多糖，前者指由同一种单糖组成，最常见的多糖为淀粉、纤维素；后者指两种或两种以上不同单糖分子组成的多糖，又叫杂多糖或复合多糖，如从褐藻类中提取出的多糖（如褐藻酸）是典型的杂多糖，主要由甘露糖醛酸与古洛糖醛酸组成，也含少量的其他糖类。自然界存在的杂多糖通常只含有两种不同的单糖，并且大都与脂类或蛋白质结合，构成结构十分复杂的糖脂和糖蛋白。

理化性质 单糖常为无色结晶，味甜，有吸湿性，有旋光性，极易溶于水，不溶于乙醚、三氯甲烷等脂溶性溶剂。低聚糖与单糖类似，通常为无色结晶，部分糖味甜，易溶于水，难溶或不溶于脂溶性溶剂，易被酶或酸水解成单糖而具旋光性。多糖多为无定形粉末，无甜味，难溶于水，在水中溶解度随分子量增大而降低。易被酶或酸水解而产生低聚糖或单糖。

提取方法 单糖一般可用水或稀醇提取。由于植物内有可水解聚合糖的酶，低聚糖提取时应加入无机盐（如碳酸钙），或与70%以上乙醇回流破坏酶的活性。多糖及分子量大的低聚糖可用水提取，也可利用多糖不溶于乙醇、甲醇或丙酮，将其沉淀出来。含葡萄糖醛酸等酸性多糖，可用乙酸或盐酸再加乙醇沉淀出多糖，也可加入铜盐等生成络合物或盐类沉淀而析出。

分布 糖类是药用植物中广泛分布的一类重要的有机化合物。单糖有葡萄糖、果糖等；二糖有蔗糖、麦芽糖等；多糖中的淀粉和纤维素均是支持植物生命活动的基本物质。很多植物含有具有不同的构成单糖单元和连接方式的多糖，许多是药用植物的有效成分，如灵芝多糖、银耳多糖、刺五加多糖、猪苓多糖、黄芪多糖、香菇多糖、知母多糖、枸杞多糖等。

生物合成 糖类是自养型植物光合作用的主要产物，合成的糖类首先是葡萄糖或果糖等单糖。除了光合作用外，葡萄糖异生作用是植物体内另一种重要的葡萄糖合成途径，即以体内非糖物质，如丙酮酸、草酰乙酸、某些氨基酸及甘油等合成葡萄糖。二糖类、寡糖类和多糖类（如蔗糖、淀粉）是由单糖类转化、聚合而成，并储存于植物的组织中。单糖在聚合前，活化成合成前体糖核苷酸，如葡萄糖转化为尿苷二磷酸葡萄糖、腺苷二磷酸葡萄糖、鸟苷二磷酸葡萄糖，糖基转移酶将糖核苷酸不断链接起来，生成多糖。

生物活性 糖类在生物体代谢过程中起着重要的作用，是生命体维持生命活动所需能量的主要来源。此外，药用植物所含有的特殊多糖常具有以下生物活性：①免疫调节作用，刺五加多糖具有免疫活性；银耳多糖有激活小鼠腹腔巨噬细胞的吞噬能力，刺激或恢复 T 淋巴细胞和 B 淋巴细胞，增强淋巴细胞的转化作用；灵芝多糖有增强受试动物体内 K 细胞和自然杀伤细胞活性的作用，增强宿主体液免疫作用。②抗肿瘤作用，真菌多糖作为一类免疫增强剂发挥抗肿瘤作用；香菇多糖已制成抗癌针剂；云芝多糖有片剂，胶囊剂和注射剂，用于消化道癌症及肺癌、乳腺癌和血癌的治疗。③延缓衰老作用，银耳多糖能明显降低小鼠心肌组织的脂褐质含量，增加小鼠脑和肝脏组织中的酶活力。④降血糖、降血脂作用，如木耳多糖、银耳多糖和银耳孢子多糖等具有降血脂作用；人参多糖、知母多糖等具有降血糖作用。⑤抗病毒作用，如云芝多糖、甘草多糖、黄精多糖等可抗病毒。

（陈四保 刘 颖）

yǒuxiào chéngfèn

有效成分（active components） 具有一定生物活性，能反映药用植物疗效的化学成分或化学成分群。有效成分常指单体化合物，如乌头碱、麻黄碱等，有时为某类成分多个单体化合物组成的化合物群，俗称有效部位，如人参中的皂苷，称为人参总皂苷。

对于某种药效，通常药用植物只有一种或一类有效成分。但有的药用植物的有效成分由多类成分组成，如银杏叶活血化瘀有效成分包含黄酮类和内酯类。大黄中的蒽醌苷具有致泻作用，鞣质具有收敛作用，均为大黄有效成分，当临床上用于致泻时，蒽醌苷类为有效成分，鞣质不具备致泻作用，因此为无效成分，在加工中作为杂质而被除去。所谓有效成分与无效成分是相对的，随着对化学成分活性的不断研究，有些无效成分会变为有效成分，以多糖类成分为例，通常在提取分离中被视为无效成分而除去，但猪苓多糖，香菇多糖等多糖类成分已经被证明是抗肿瘤的有效成分。

发现方法 药用植物化学成分比较复杂，多数药用植物的有效成分不明，发现和确定药用植物有效成分是药用植物研究的重点和难点。常用的方法是在活性筛选方法指导下进行提取分离，即先从药用植物提取物中筛选出有效部位，再用活性测试跟踪分离成分，以筛选出活性最强的有效成分。如果活性测试方法选择得当，一般在最终总能得到某种活性成分，而且提取分离过程以活性为指标进行追踪，没有化合物类型的限制，故发现新化合物的可能性很大。也可直接利用生物学和药理学方法，对药用植物中已知的化学成分进行活性筛选和研究，确定已知成分是否为有效成分。

应用 ①新药开发：单体有效成分可以直接开发成药物，如临床上普遍使用的青蒿素、紫杉醇、麻黄素、小檗碱等；也可作为药物的先导化合物，经过结构修饰和化学合成成为新的药物，如通过对紫杉醇、喜树碱、鬼臼毒素、秋水仙碱、石杉碱甲等化合物的结构改造，研发了多种新的药物。有效部位（有效成分群）也常常被开发成药物，如薯蓣皂苷、茶多酚、银杏提取物等都被开发成常用的植物药。②探索药用植物防治疾病的原理。③药用植物及产品的质量控制指标，更能客观反映药用植物及产品内在质量和稳定性，可为药用植物的野生抚育、栽培、生产加工提供标准和指南。④新资源的发现。

（陈四保）

tèzhēng chéngfèn

特征成分（characteristic chemical constituents） 药用植物所含有的具有类型或结构特殊性的化学成分。又称特征性化学成分。这些成分往往为某些分类单位特有、分布局限，常具有分类学或系统学意义；可能有生理活性或者没有明确活性，部分属于药用植物的有效成分；常用于药用植物的鉴别或质量控制。

特征性是从比较中确定。药用植物中的化学成分来自次生代谢过程，每种成分都是在一系列次生代谢酶作用下产生，因此具有遗传上的稳定性和变异性，也存在组织特异性、生长发育过程特异以及环境响应特异性表达，因此也具有表型可塑性。特征成分往往指的是其中遗传稳定的成分，如青蒿素是菊科蒿属 *Artemisia* 植物黄花蒿 *Artemisia annua* L. 的特有成分，不同产地的黄花蒿均含有此成分。苍术炔是菊科属内分组的特征性成分。特征成分常不限一种，而是特征性成分组，因为一个次生代谢过程会产生一系列类似的化合物，以及中间产物。一个植物分类群（科、属、

种）可能具有共有的特征成分，也具有特征组下的某些特征化合物。有时具有某一（类）化合物是特征，有的缺少也是特征，植物化学分类学一般围绕特征成分的比较而开展。如伞形科以普遍含有香豆素类为其特征，同时又以缺乏真正鞣质而区别于其他科。

（陈四保）

zhǐbiāo chéngfèn

指标成分（marker components） 药用植物含有的、被用作质量控制参考标准的化学成分。这个成分要求在药用植物中普遍存在、性质稳定，大多数情况下，指标成分也是有效成分或活性成分，如黄芩中的黄芩苷，甘草中的甘草酸作为指标成分，也是有效成分；有时指标成分并非有效成分，可以是特征成分，如枸杞中甜菜碱通常作为枸杞子的指标成分，但很难说代表枸杞子的活性，枸杞子中枸杞多糖有免疫调节、抗肿瘤活性，为其主要活性成分；类胡萝卜素、叶黄素等具有抗氧化活性及维生素 A 样活性，也是枸杞子的主要有效成分。有时某种成分具有良好的活性，也是药用植物的有效成分，但在其他植物中也普遍存在，如作为指标成分，就不能反映这种药用植物的量与质，特别是在药用植物的药物产品如中成药中。如金银花中含有的木犀草素有抗炎、抗过敏活性，为有效成分，但木犀草素在杜仲、新疆青兰、花生壳、菊花、紫苏中也大量存在，就不适合作为金银花的指标成分。山茱萸含有的熊果酸具有免疫调节、抗肿瘤等活性，为有效成分，但熊果酸在植物界广泛存在，就不适合作为山茱萸的指标成分。山楂中有机酸是助消化的有效成分，山楂黄酮有降血脂活性，也含有

高含量的熊果酸，但以熊果酸作为山楂的指标成分，则既不能代表山楂特征，也不能代表其活性。

药用植物中多类和多个成分具有药效，因此同时用几个成分作为指标成分控制某个药用植物的质量更为科学。如远志的指标成分有皂苷类的细叶远志皂苷、黄酮类的远志𠮿酮Ⅲ，人参中的指标成分为人参皂苷 Rg_1、Rc 和 Rb_1。指标成分多数情况下是一个或几个单体化合物，但也常使用某一类化合物群作为指标成分，如含多糖或皂苷的药用植物，常以总多糖、总皂苷作为指标成分，如麦冬总皂苷、淫羊藿总黄酮等。

（陈四保）

yàoyòng zhíwù shēnglǐ

药用植物生理（medicinal plant physiology）

研究药用植物生命活动基本规律，揭示其生命现象本质的知识体系。药用植物的生命活动包括生长发育与形态建成、物质与能量转化、信息传递与信号转导 3 个方面。通过研究和探索药用植物在各种环境条件下，进行生命活动的规律和机制，及其与遗传信息和环境条件的关系，阐明药用植物生命活动的规律和本质。药用植物生理研究可为药用植物的栽培和育种提供理论依据，是药用植物生产的基础。

研究内容　药用植物生理研究主要包括生长发育、光合作用、营养生理、水分生理、逆境生理、激素调控、次生代谢等基础研究与分子机制等内容。①药用植物的物质生产与光能利用，如药用植物水分生理、光合作用。②药用植物体内物质和能量的转变，如营养生理、次生代谢等。③药用植物的生长与发育，如器官发育、激素调控、抗逆生理等。通过药用植物生理研究，可认识药用植物生长发育、物质代谢、能量转化等的规律与机制，调节控制植物体内外环境条件对其生命活动的影响。药用植物生理研究内容日益从微观上深入、从宏观上扩展。在微观领域，随着生命科学特别是分子生物学的快速发展，人们对药用植物生命活动本质的认识，已经从整体、器官、细胞水平深入分子水平，对药用植物生命活动本质从描述性、组成性认识深入动态机制性和精细调控过程；在宏观领域，逐渐与环境学、生态学等紧密结合，对外界环境因子与药用植物生命活动的相互响应进行更深入地研究。

研究方法　主要有计数分析法、测试分析法、细胞学方法、分子生物学方法及其他研究方法。①计数分析法。通过对药用植物不同的生长状态、不同生命活动或不同处理下植物的响应情况进行直接的观察、测量、计数来描述结果，或经过一定的统计分析得出适宜的结论。如在不同温度控制的栽培条件下，通过计量人参大小和形状来研究人参形成过程中温度对人参大小和形状的影响。此外，计数分析法在药用植物生长发育、春化作用、光周期诱导和植物激素的生物测试等研究中也广为应用。②测试分析法。以各种分析测试仪器为主要手段进行分析测试，并进行技术与方法的研究。大多数药用植物生理研究都可以用测试分析法进行，包括重量分析、萃取与膜分离、电化学分析、免疫化学分析、色谱分析等技术的应用，它是对样品宏观与微观、成分与结构、物理与化学、无机与有机等分析的集成与结合。③细胞学方法。细胞形态结构的观察方法，包括光学显微技术和电子显微镜技术；细胞化学方法包括各种生物制片技术、细胞内各种结构和组分的细胞化学显示、蛋白质和核酸等生物大分子的特异染色、细胞器染色方法和定性定量细胞化学分析技术方法；细胞生物工程技术，包括细胞工程和染色体工程技术，如药用植物细胞培养生产次生代谢产物，药用植物染色体加倍育种技术等。④分子生物学方法。包括目的基因定位、克隆、表达、分离纯化、遗传转化等，与之相关的常规技术有：核酸分离、纯化，限制性内切酶使用，载体构建、核酸体外链接与探针标记、核酸凝胶电泳，DNA 序列分析等。分子生物学技术的应用使药用植物生理的研究手段和内容更深更广。⑤其他方法。计算机与信息技术被大量应用于实验数据处理与统计分析、基因序列比对、引物设计等，被广泛应用于药用植物生长和代谢进程的模拟、叶面积扫描、根长测定系统以及蛋白质和核酸等生物大分子结构的可视化。

应用领域　药用植物生理是在不同层次、不同水平上，研究和了解药用植物在各种环境下进行物质代谢、能量转化、信号转导及形态建成等生命活动规律及其机制，既有基础理论研究，又具很强的实践性，与药用植物生产有着极为密切的关系。如药用植物栽培中要增加药材的产量并提高质量，就需要了解药用植物的生理代谢活动机制；对药用植物进行矿质营养研究是进行合理施肥、提高药用植物产量和品质的基础；对药用植物水分关系的研究能为栽培过程中药用植物的灌溉提供方案；研究药用植物的光周期或春化作用，能了解气象条件如何决定物候期和预测引种成功的可能性；组织培养、细胞培养、分子生物学等技术的发展，为加快药用植物纯种的繁殖，改良与创造新种质开辟了新的途径。药用植物生理研究，在揭示药用植物产量提高、品质改善机制的同时，对药用植物资源的可持续利用与产业发展具有指导意义。

(陈彩霞)

yàoyòng zhíwù shēngzhǎng fāyù

药用植物生长发育

（growth and development of medicinal plant） 药用植物按照自身固有的遗传特性，利用外界的物质和能量进行分生、分化的生理过程。是药用植物生命活动的外在表现。生长（growth）指药用植物个体在同化外界物质的过程中，通过细胞数目的增多和细胞体积的增大，引起细胞、组织、器官的体积和重量发生不可逆增加的过程，如根、茎、叶、花、果实和种子等器官体积的扩大或重量增加都是典型的生长现象；分化（differentiation）指药用植物体各部分形成特异性结构的过程，即从一种同质细胞转变为形态结构和功能上与原来不同的异质细胞的过程，可在细胞水平、组织水平和器官水平上表现出来。如从一个受精卵细胞转变为胚的过程；从生长点细胞转变为叶原基、花原基的过程；从形成层细胞转变为输导组织、机械组织、保护组织的过程都是分化现象，这种分化导致新器官的形成。发育（development）指植物细胞、组织、器官以及整个植株在形态结构和生理功能上发生有序转变的过程。可以指整个植物的发育，即植物生长的同时，按照物种特有的规律，有序地先形成营养器官（根、茎、叶），再形成繁殖器官（花、

果实、种子），通过细胞、组织、器官的顺序分化来实现。可以是某个器官的发育，如从叶原基分化到长成一个成熟叶片的过程就是叶的发育；从根原基的发生到形成完整根系的过程是根的发育；由茎顶端的分生组织形成花原基，再由花原基转变成为花蕾，以及花蕾长大开花，这是花的发育；而受精子房膨大到果实形成和成熟则是果实的发育。

生长和发育的关系 无论是生长、分化还是发育，都是生物学过程，都受时、空限制，都是植物基因组编制好的程序在外界条件影响下的表达。生长是量变，是基础；分化是表现，是局部的质变，是变异的生长；发育则是整体的内在质变，是在生长和分化基础上进行的更高层次的变化，是器官或整体有序的量变与质变，强调整体（全株）和有序性。一方面，三者关系密切，常交叉或重叠在一起。生长与发育的交替或重叠构成了整个植物的个体发育，不同的发育阶段生长不同的器官。如花的发育，包括花原基的分化和花器官各部分的生长；果实的发育包括果实各部分的生长和分化。另一方面，生长和分化又受发育制约，植物体某部分的生长和分化又必须通过一定的发育质变以后才能开始，不同的发育阶段有不同的生长数量和分化类型。

生长发育和环境 植物在系统发育的进化历史中，长期适应外界环境，通过体内"生物钟"的节奏性，感受外界环境的周期性变化（如昼夜循环、季节变化），进而调节自身的生理活动节律，形成了植物生长发育上多种周而复始的节奏性表现，如种子休眠、开花结实等。这种内生节

奏与外界环境的周期性变化同时起作用来影响植物的生长发育进程。植物在个体生长发育进程的时间与速度上，有明显的与环境条件周期变化同步的现象，如在种子发芽、植株生长、现蕾、开花、果实成熟等过程中，都具有一定的顺序性。

研究和应用 药用植物的产品、产量形成通过植物有机体的生长发育来实现。这些周期性表现是与药用植物的营养生长、繁殖器官的形成，以及经济产品、产量的构成和品质优劣，有着密切的联系。以营养器官入药的根及根茎类、全草类、茎木类、皮类等药用植物，其营养体发育是否完好，对于提高产品的产量与质量关系很大。同时，营养生长又是生殖生长的基础，营养器官为生殖器官的发育提供物质和能量，以花、果实、种子等生殖器官入药的药用植物，既要重视营养体的营养生长，又要重视由营养生长向生殖生长的质变过程，才能获得药用植物经济产品的优质高产。药用植物有效成分可以在植物的根、茎、叶、花、果实和种子等各器官中合成并积累，与植物个体的生长发育有密切联系，不同发育时期或不同器官，有效成分含量不同。掌握药用植物不同器官中，特别是生长发育过程中重要药用成分的变化规律是采收高有效成分中药材原料的关键。全面系统研究药用植物的生长发育特性，可避免人工引种驯化和栽培的盲目性，采取适宜的栽培技术措施，实现药用植物的优质高产。因此，药用植物生长发育进程及影响因素的研究在药用植物生产实践中具有重要意义。

(陈彩霞)

yàoyòng zhíwù qìguān fāyù

药用植物器官发育（medicinal plant organ development）

形成具有一定外部形态和内部结构的药用植物器官的生理过程。植物器官是由多种组织构成，并执行一定生理功能的药用植物体的组成部分。器官的形成是植物体分工的最高表现。通常分为两大类：一类为营养器官，包括根、茎和叶；另一类为繁殖器官，包括花、果实和种子。器官发育是植物形态建成的主要过程，也是一个极为复杂的生理生化过程。药用植物一般仅部分器官供药用，如人参、党参、三七、黄芪、甘草的药用器官为根；枸杞、五味子、连翘等的药用器官是果实；菊花、金银花、玫瑰、款冬等药用器官是花。药用植物所含有效成分在药用器官中合成并积累。

研究内容　药用器官的发育不仅研究其一般生理过程，促进器官的发育和提高器官的生物量，也研究其中次生代谢产物的积累过程，提高药用器官中有效成分的含量。研究内容包括：①药用器官结构、发育特征与药用植物次生代谢产物合成关系的研究。②环境因素如光照、温度、营养条件等对药用植物器官发育影响机制研究。③分子遗传特性对器官形成的影响，如与药用植物器官发育相关基因，通过转录调节、蛋白合成等途径作用于植物细胞繁殖和/或细胞扩张，它们的过表达或缺失表达能改变植物器官大小和加快植物生长。④植物激素、信号转导分子等参与植物器官发育过程的研究等。⑤次生代谢产物在药用器官的细胞组织中的分布和动态积累过程。

应用领域　①提高药用器官的生物量，从而提高药材的产量，如研究调控青天葵分枝发育的相关基因，增加青天葵地上部分的产量；又如用赤霉素处理，能够提高番红花开花数，增加干柱头产量。②提高药用器官中有效成分积累，从而提高药材的质量，如宁夏枸杞果实不同发育时期果皮外部形态特征、种子形态特征及种子内胚的形态发育过程研究，为进一步阐明宁夏枸杞果实结构发育和有效成分积累以及提高果实品质提供了依据。黑果枸杞MYB基因可能参与了果实不同发育时期花青素变化的调控。③制定药用器官合理的采收时间。如远志根不同发育时期的结构特征与远志皂苷积累的关系研究表明，皂苷分布在远志根的薄壁组织细胞中，且次生韧皮部是皂苷积累的主要场所；次生韧皮部的厚度在远志生长的第2~3年增加最快，而远志的药用器官也是抽去木质部包括韧皮部以外的部分（俗称根皮），因此兼顾药材产量和质量，建议远志种植第3年的果后期进行采收比较适宜。

（陈彩霞）

yàoyòng zhíwù guānghé zuòyòng

药用植物光合作用（photosynthesis of medicinal plant）

含有光合色素的药用植物，利用光能将水分解，释放出氧气，并将 CO_2 还原为有机物的过程。主要包括光反应、暗反应两个阶段，涉及光吸收、电子传递、光合磷酸化、碳同化等重要反应步骤。研究药用植物的光合作用可以有效控制影响因素，提高光合效率，达到促进药用植物生长，提高药用器官产量的作用。

研究内容　包括药用植物的光合效率和影响因素。

光合效率　主要研究药用植物的光合参数，光合速率是重要的光合参数，通常是指单位时间单位叶面积所吸收的 CO_2 或释放的氧气的量。基于净光合速率研究药用植物的光响应曲线模型可获得植物的光饱和点、光补偿点、最大净光合速率、暗呼吸速率和表观量子效率等参数。光饱和点反映了植物利用光强的能力，其值越高说明药用植物对强光耐受力越强；光补偿点反映的是植物叶片光合作用过程中光合同化作用与呼吸消耗相当时的光强；叶片的最大净光合速率反映了药用植物叶片的最大光合能力；表观量子效率反映了植物在弱光情况下的光合能力。

影响因素　内部因素包括部位和生育期。某个部位的叶绿素含量越多，光合越强；不同生育期中一般都以营养生长期为最强，生长末期则降低。以植株叶片为例，最幼嫩的叶片光合速率低，随着叶片生长，其光合速率不断加强，叶形态建成后光合速率最强，随后叶片衰老，光合速率下降。外部因素包括光照、温度、水、CO_2 及矿质元素等。①光照：是光反应的基本条件之一，没有光照光反应便不能启动。光照较弱时，光照强度是光合作用速率的限制因素；而光强较高时，光合作用受其他反应（统称暗反应）速率的限制；光强太高时，光合机构还会受到破坏。不同药用植物对光强的适应能力不同，根据植物对光强的适应性可分为阳生植物、阴生植物和耐阴植物。②温度：光合作用的暗反应受温度影响。低温下光合速率随着温度的升高而增加，至最适温度以上再增加温度则光合速率下降。光合机构对所处温度条件有一定适应能力，不同药用植物的适应范围有显著差别。③水：水是光合作用的原料，同时也是叶片等结构的支持物质。药用植物缺水时会导致气孔关闭，光合作用受阻，进一步缺水则光合机构损坏。④CO_2：空气中的 CO_2 是光合作用的原料，对光合速率影响很大。CO_2 主要通过气孔进入叶片。加强通风或设法增施 CO_2，可显著提高光合速率。此外，空气中含量甚微的 SO_2、O_3 等污染物质如超过限度会引起气孔关闭，甚至损害光合机构。⑤矿质元素：药用植物从土壤中吸收的矿质元素直接或间接影响光合作用，N、Mg、Fe、Mn 等是叶绿素等生物合成所必需元素，S、Fe、Cu、Cl 等参与光和电子传递和水裂解过程；P、K 等参与糖类代谢，缺乏时影响糖类的转化与运输，间接影响了光合作用。同时 P 也参与光合作用中间产物的转化和能量传递。上述元素缺乏或过多时，植物光合作用就会受到影响。

研究方法　主要方法包括光合速率测定和同位素示踪法。

光合速率测定　有半叶法、植物生长分析法。①半叶法是在光照之前，选取对称叶片，切下一半称得其干重，另一半叶片留在植株上进行光合作用，经过一定时间，再切取另一半相当面积的叶片，称其干重。单位面积上单位时间内干重的增加，即代表光合作用速率，单位为 mg/dm^2。②植物生长分析法是测定单位叶面积或单位光合作用系统的单位量的干物质增加速率，可作为净同化率（NAR），单位为毫克/（平方厘米·天）或克/（平方分米·周）。

$$NAR = (W_2 - W_1)(\ln L_2 - \ln L_1) /$$
$$[(t_2 - t_1)(L_2 - L_1)]$$

式中 W_1、W_2 是在 t_1、t_2 时间

的生物量；L_1、L_2 为 t_1、t_2 时的叶面积。

同位素示踪法　同位素示踪技术是指用示踪剂研究被示踪物质运动、转化规律的技术方法，用于植物光合作用研究的同位素示踪原子主要有 ^{13}C、^{14}C、^{18}O 和 ^{32}P 等。同位素示踪技术可以研究药用植物光合作用对碳的固定、同化及其运转、积累和再利用等植物体内碳素动态及其同化力的形成等。

应用领域　药用植物光合作用研究对于中药材种植具有重要的指导意义。①选择生产模式，如阴生型药用植物在种植过程中需要遮阴，或选择林药间作模式可以提高中药材产量，如通过设置人工遮阴试验发现在透光率为 65% 的遮阴条件下更有利于掌叶半夏药材高产。②适当延长光照时间，增加光合作用时长，可以提高中药材产量。③合理灌溉，及时、适量的灌溉可提高药用植物的光合作用，从而增加产量。④合理密植，通过密植增加叶面积指数以充分利用光能，可以提高中药材产量，但密植要适当，足够的空气流动，保证光合作用所需 CO_2 供应量。⑤增施 CO_2“气肥”，适当调高 CO_2 浓度来增强光合作用，可提高中药材的产量。

（魏胜利　郭庆梅）

yàoyòng zhíwù yíngyǎng shēnglǐ
药用植物营养生理（medicinal plant nutritional physiology）　药用植物对营养物质的吸收、运输、转化和利用的生理过程。植物必需的营养元素有 16 种，即氢、碳、氧、氮、钾、钙、镁、磷、硫、氯、硼、铁、锰、锌、铜及钼。其中，氢、碳、氧一般不看作矿质营养元素，氮、钾、钙、

镁、磷、硫 6 种元素因植物需求量大，称为大量元素。氮是氨基酸、蛋白质、辅酶、核酸及其他含氮物质的组成成分。磷是核苷酸、核酸、磷脂和糖磷酸酯的组成成分。硫是生物素、维生素 B_1、辅酶 A、胱氨酸、半胱氨酸、蛋氨酸的组分。镁是叶绿素的重要组分。钙存在于细胞壁中，与中胶层的果胶酸形成较难溶解的盐，将相邻细胞的初生壁粘合起来，细胞膜中磷脂酸的钙盐是维持膜结构和膜性质的重要物质之一。钾不参与植物体内有机分子的组成，但能与蛋白质作疏松的缔结，是许多酶的活化剂。氯、硼、铁、锰、锌、铜、钼 7 种元素因植物需要的量很少，称为微量元素，也参与植物的生理和代谢。药用植物营养生理研究关注药用植物对营养的吸收特点、利用及分配规律，是制定药用植物合理施肥方案从而提高中药材产量和质量的基础。

研究内容　药用植物营养生理的研究包括药用植物对营养元素需求特性、营养元素的吸收与运输、营养元素的转化与利用，以及对药用次生代谢成分合成与积累的影响。

研究方法　主要包括：①生物田间试验法，是药用植物营养生理最基本的研究方法。②生物模拟法，借助盆钵、培养盒等特殊装置种植药用植物进行药用植物营养的研究，通常称为盆栽试验或培养试验。③化学分析法，是研究药用植物、土壤、肥料体系内营养物质的含量，分布与动态变化的必要手段。④核素技术法，利用放射性和稳定性同位素的示踪特性，追踪他们的变化以揭示物质运动的规律。⑤酶学诊断法，由于一些营养元素是酶的

活化剂，或是对酶结构起稳定作用，或有调节作用，因此了解药用植物体内某种酶的活性变化可以反映出药用植物的营养状况。

应用领域 ①确定适宜种植药用植物的土壤环境条件。②确定药用植物不同生长发育阶段对营养元素的需求规律。③药用植物缺素症状的营养诊断。④药用植物科学合理施肥，提高药用器官产量、药材品质和植株抗病性。⑤根据药用植物营养需求特性指导专用肥开发。

（魏胜利）

yàoyòng zhíwù jīsù tiáokòng
药用植物激素调控（phytohormone regulation of medicinal plant growth and develpment）植物激素对药用植物生长发育及次生代谢物的调控。植物激素是在植物的某些特定部位合成，运输到作用部位，在极低浓度下即可对植物生长发育产生显著作用的微量有机物。在细胞分裂与伸长、组织与器官分化、开花与结实、成熟与衰老、休眠与萌发以及离体组织培养等方面，植物激素分别或相互协调地调控植物的生长发育与分化。部分植物激素可通过激活或抑制相应转录因子的活性进而调控与植物次生代谢相关的关键酶基因的表达，影响关键酶活性，从而对次生代谢产物的生产进行调控。人工合成的具有植物激素活性的物质称为植物生长调节剂，属于广义的植物激素。

激素对药用植物生长发育的调控　传统的植物激素包括生长素、细胞分裂素、赤霉素、脱落酸和乙烯五大类，20世纪中后期油菜素内酯、茉莉酸和水杨酸也被发现属于植物激素。此外，已陆续在植物体内发现了多种对植物生长发育起着重要调控作用的物质，如多胺、植物多肽激素、玉米赤霉烯酮、独脚金内酯等。①生长素，是第一个被发现的植物激素，其化学本质是吲哚乙酸。生长素能通过促进药用植物细胞的伸长而促进生长，还有促进侧根和不定根的发生、诱导维管束的分化、抑制花芽的形成、刺激果实的发育、控制果实的脱落等作用。②赤霉素，是一类四环二萜类植物激素，可以促进细胞的伸长和分裂，从而促进植物茎节伸长。③细胞分裂素，是具有6-氨基嘌呤环的一类植物激素，可以促进细胞分裂，诱导芽的形成，促进芽的生长，还能抑制叶片衰老，抑制不定根和侧根的形成，打破种子的休眠。④脱落酸，是倍半萜羧酸类植物激素，能够抑制种子的萌发，促进果实种子中贮藏蛋白和糖的积累。植物遇到逆境时能产生大量的脱落酸，增加对干旱、寒冷及盐碱等逆境胁迫的抗性。⑤乙烯，是一种气态激素，可使植物矮化、增粗，促进果实成熟，促进叶片、花、果实等的脱落，在植物抗逆中也发挥重要作用。药用植物体内激素的调控作用研究举例：干旱胁迫时甘草内源脱落酸、茉莉酸的生物合成增加，进而提高甘草对干旱胁迫的适应能力。

激素对药用植物次生代谢的调控　植物次生代谢产物在植物防御中起着至关重要作用，同时也是药用植物的主要药效成分。大量研究表明，吲哚乙酸、赤霉素、脱落酸、茉莉酸甲酯等植物激素对植物次生代谢的各类产物如萜类、黄酮和生物碱的积累具有促进作用。如吲哚乙酸可促进蛇根木中利血平、罂粟中蒂巴因及东北延胡索中紫堇碱成分的积累；赤霉素可以促进丹参积累丹参酮、红豆杉形成紫杉醇、药用鼠尾草中茴香脑及长春花中长春碱的积累；脱落酸可同时促进萜类、黄酮类化合物生物合成的关键酶基因表达，进而促进甘草有效成分的积累。研究表明茉莉酸信号通路中的转录因子bHLH、MYB、WRKY等能通过与靶基因启动子中的顺式作用元件相互作用，激活植物次生代谢生物合成途径中关键酶基因的表达，调控特定次生代谢产物的生物合成过程，如茉莉酸甲酯可调控青蒿中青蒿素、人参中人参皂苷、水飞蓟中水飞蓟素等成分的积累。

植物生长调节剂应用　植物生长调节剂在作物种植生产中普遍应用，产生巨大效果，称为化学调控革命。在药用植物种植过程中，植物生长调节剂也逐渐被使用，直接作用于药用植物，或通过促进和抑制内源植物激素的作用调节药用植物的生长发育（如发芽、生根、开花、结果和休眠等），还可以调控药用植物体内次生代谢。具体包括：①生长素类似物，如萘乙酸、二氯苯氧乙酸等，在药用植物栽培中可以促进插条生根，促进侧根生长，促进果实发育。②赤霉素类，能诱导药用植物开花，还能打破种子休眠，促进种子发芽。例如赤霉素打破人参、三七和重楼的种子休眠，促进种子萌发。③细胞分裂素类似物，如激动素、6-苄基氨基嘌呤等。④脱落酸类，可以提高药用植物抗寒、抗涝能力。⑤乙烯利，可以释放乙烯，起到促进果实成熟，以及提高药用植物抗逆能力。此外，植物生长延缓剂，如氯化胆碱、矮壮素、多效唑、丁酰肼、氯吡脲等，以及其他调节剂，如马来酰肼、2,4-二氯苯氧乙酸（2,4-D），用于药用植物控制开花、控制长势等。由于调节剂既促进药用植物生长、提高药用器官的生长量，也对次生代谢产生作用，应用上应充分考虑可能对次生代谢的调控作用而对药材品质产生的影响。

（郭宝林 罗祖良 刘春生）

yàoyòng zhíwù nìjìng shēnglǐ
药用植物逆境生理（medicinal plant stress physiology）

药用植物在逆境下的生理过程。逆境是指不利于药用植物生长和生存的各种环境因素的总称，又称胁迫，可概括为四大类：①气候造成的逆境，如干旱、炎热、冷冻和缺氧等。②地理位置造成的逆境，如光强度过高等。③生物因素造成的逆境，如病害、虫害和杂草等。④化学因素造成的逆境，如盐类、离子、有害气体和除草剂等。在各种逆境下药用植物的生理过程发生着复杂而有序的变化，研究药用植物对胁迫的生理反应，揭示其适应逆境的生理机制，不仅有助于在生产上采取切实可行的技术措施，保护药用植物免受伤害，同时有助于揭示环境因素对药用植物次生代谢的影响和调控规律，对提高药用植物品质具有重用意义。

研究内容 药用植物在逆境下的生理变化既包括不利于药用植物生存的生理变化，如大分子有机物质的降解、药用植物生长发育所必需的可溶性物质的浓缩和积累以及代谢平衡的失调等，同时也包括有利于药用植物适应逆境的生理变化，如细胞的渗透调节作用、激素平衡的调节作用和次生代谢产物的形成等。为了准确认识药用植物在逆境下的生理变化并对其机制进行合理解析，主要开展以下研究：①药用植物对逆境的响应，包括形态结构的改变、次生代谢的改变、植物激素及类激素物质对逆境的响应、渗透调节物质对逆境的响应、蛋白质对逆境的响应、抗氧化酶系统对逆境的响应、相应基因的诱导表达。②药用植物对逆境生理的适应性，包括避逆性（stress avoidance）和耐逆性（stress tolerance）。避逆性指药用植物通过对生育周期的调整避开了逆境的干扰，而在相对适宜的环境中完成其生活史；耐逆性指逆境下药用植物的各种生理过程都随逆境而发生相应的变化。③生理机制解析，包括原生质膜透性的稳定性、抗氧化作用、膜脂结构功能、渗透调节作用。

研究方法 药用植物逆境生理常用的研究指标有叶绿素荧光、气体交换参数（净光合速率、气孔导度和水分利用效率等）、糖类化合物含量、逆境相关酶的表达、电导率、质膜透性、丙二醛含量等 20 余种。针对以上研究指标，药用植物逆境生理常用的研究方法有：①叶绿素荧光动力学技术，利用体内叶绿素作为天然探针，研究和探测各种外界因子对药用植物光合生理状况的细微影响。②阻抗谱法，通过测量药用植物组织的阻抗参数，如胞外电阻、胞内电阻和膜变化等电信息，估测药用植物活力、养分状况、器官受害程度、抗寒性和对含盐量的敏感度等。③多组学联合分析法，联合运用基因组学、转录组学、蛋白质组学和代谢组学，分析药用植物对逆境的生理响应。药用植物在感受到胁迫信号后从基因、mRNA、蛋白质，最终到代谢物的差异积累来响应胁迫，对来自不同层次的组学实验结果及研究数据进行综合分析，根据多组学网络协同调控逻辑阐明药用植物响应胁迫的分子机制。

应用领域 ①通过逆境处理积累次生代谢产物：研究药用植物逆境生理，有助于筛选出次生代谢产物含量高的品种。如：药用植物在受虫害损伤后，酚类化合物及萜烯类挥发物含量会显著提高；干旱胁迫对槲皮素含量的提高有一定的促进作用；感染茎点霉可导致苜蓿叶中异黄酮成分芒柄花素苷和苜蓿素的积累等。②提高药用植物的逆境适应性：在预先条件中经历适度的胁迫，会提高植物抗下一次胁迫的能力。如：适度干旱胁迫可通过植物激素促进甘草根细胞的增殖、抑制地上茎的伸长、促进逆境防御基因的表达，从而提高甘草抗下一次干旱胁迫的能力。③抗逆药用植物分子育种：通过逆境胁迫筛选，培育抗逆优质品种。研究证实在胁迫环境下特定基因位点DNA甲基化和去甲基化会造成药用植物特定基因表达的差异，这种表观遗传变异可通过减数分裂遗传给后代，在抗性分子育种中具有潜在的应用价值。④改进药用植物栽培措施：通过研究药用植物逆境表现和耐受性，可确定更为合理的栽培措施，从而提高药用植物的产量和质量。

（刘颖 尹彦超 侯嘉铭）

yàoyòng zhíwù cìshēng dàixiè
药用植物次生代谢（medicinal plant secondary metabolism）

以初生代谢中间产物作为起始物（底物）的代谢过程。合成糖类、氨基酸类、普通脂肪类、核酸类及其聚合物的代谢过程称为初生代谢过程，这些物质也称为初生代谢产物。次生代谢是植物在长期进化中与环境相互作用的结果，一些重要的初生代谢中间产物，如乙酰辅酶A、丙二酸单酰辅酶A等，作为原料或前体，经历不同的代谢过程，生成黄酮类、生物碱类、萜类、醌类等次生代谢产物，也称为次生代谢物。次生代谢产物的产生和分布通常具有种属、器官、组织以及生长发育时期的特异性，在植物提高自身保护和生存竞争能力、协调与环境关系中充当着重要角色。药用植物的次生代谢产物是其具有药用功效的物质基础。

次生代谢途径 植物次生代谢途径主要包括：①丙二酸代谢途径。乙酰辅酶A和丙二酰辅酶A通过一系列增加C_2单元的生物合成途径，生成脂肪酸类、酚类、蒽醌类等化合物的代谢途径。②甲瓦龙酸途径和脱氧木酮糖磷酸酯途径。合成萜类化合物的前体物质异戊烯基焦磷酸和二甲基烯丙基焦磷酸的化学反应途径。③莽草酸代谢途径。磷酸烯醇式丙酮酸和赤藓糖-4-磷酸经一系列酶催化反应生成莽草酸，再由莽草酸生成色氨酸、酪氨酸和苯丙氨酸的代谢途径。④生物碱合成途径。生物碱类天然产物的生物合成途径，一般经过氨基酸脱羧成为胺类，再经过一系列化学反应（甲基化、氧化、还原、重排等）后转变为生物碱。⑤复合途径。上述4种途径中的2种或2种以上途径共同合成天然化合物的过程，常见的复合途径有以下几种组合：丙二酸-莽草酸途径、丙二酸-甲瓦龙酸途径、生物碱-甲瓦龙酸途径、生物碱-丙二酸途径、生物碱-莽草酸途径。如黄酮是由丙二酸途径和莽草酸途径生成。

次生代谢产物 经过次生代谢途径形成的天然产物，化学结构多种多样。常根据其化学性质和化学结构分类，如黄酮类、萜类、生物碱类、皂苷类、香豆素类、蒽醌类、木脂素类、苷类、有机酸类、挥发油类等。

研究内容 ①次生代谢通路及关键调控酶研究：利用基因组、转录组及反向遗传学策略解析药用植物次生代谢通路及其关键酶的分子调控机制是药用植物次生代谢研究的核心内容。次生代谢通路一般通过关键环化酶或合酶形成基本骨架，然后通过各种修饰酶如P450氧化还原酶、糖基转移酶等引入杂原子基团，使终产物呈现多样性结构。关键调控酶常是代谢途径上的限速酶，其活性高低、表达量多少对次生代谢产物产量具有重要影响。如苯丙氨酸解氨酶是酚类代谢途径上的关键酶。②药用植物代谢组研究：以药用植物为研究对象，通过代谢组学相关技术进行分析，研究全部小分子代谢物及其动态变化，从整体上解析代谢物的合成途径、代谢网络及调控机制。如使用非靶向代谢组学技术分析丹参 Salvia miltiorrhiza 毛状根，鉴定出5个明显差异的丹参酮类代谢物。③次生代谢产物及其药理活性研究：次生代谢产物常作为药用植物的药效物质，如酚类化合物一般具有抗炎、抗病毒等活性，萜类通常具有抗氧化、抗炎、抗衰老等活性。临床使用的药物中，来自青蒿 Artemisia carvifolia Buch. 的次生代谢产物青蒿素对疟疾有很好疗效，来自红豆杉 Taxus wallichiana var. chinensis（Pilg.）Florin 的次生代谢产物紫杉醇对肿瘤有显著抑制作用。④次生代谢产物的人为调控研究：通过人为干预可改善药用植物次生代谢产物的积累，包括营养物质及前体物质

的添加、环境因素的调控、外源激素及诱导子的使用等。

（刘颖 高智强 侯嘉铭）

mǎngcǎosuān dàixiè tújìng

莽草酸代谢途径（shikimic acid pathway） 糖酵解产生的磷酸烯醇式丙酮酸（phosphoenolpyruvic acid，PEP）和磷酸戊糖途径产生的赤藓糖-4-磷酸（erythrose-4-phosphoric acid，E4P）经一系列酶催化反应生成莽草酸，再由莽草酸生成色氨酸、酪氨酸和苯丙氨酸的途径。又称莽草酸途径或莽草酸代谢。莽草酸代谢途径在高等植物和微生物中广泛存在，代谢反应在细胞质中进行。高等植物中广泛分布的酚类化合物大多数通过该途径合成，植物体中大约20%的固定碳来自莽草酸途径。药用植物中的黄酮类、香豆素类、木脂素类等化学成分来自该代谢途径。

代谢过程 PEP和E4P在3-脱氧-阿拉伯庚酮糖酸-7-磷酸合酶、3-脱氢奎尼酸合酶、3-脱氢奎尼酸脱水酶、莽草酸脱氢酶、莽草酸激酶、5-烯醇丙酮酰莽草酸-3-磷酸合酶以及分支酸合酶作用下经多步反应形成分支酸。分支酸是莽草酸途径的重要枢纽物质，其后续去向为两个分支，一个分支是形成色氨酸；另一个分支是生成预苯酸后再分支，分别生成酪氨酸和苯丙氨酸（图1）。

关键调控酶 在该途径中有3个酶对莽草酸产量产生重要影响，包括：①3-脱氧-阿拉伯庚酮糖酸-7-磷酸合酶。该酶催化磷酸烯醇式丙酮酸和赤藓糖-4-磷酸形成中间产物3-脱氧-阿拉伯庚酮糖酸-7-磷酸，是莽草酸代谢途径中的限速步骤。②3-脱氢奎尼酸合酶。该酶催化3-脱氧-阿拉伯庚酮糖酸-7-磷酸转化为3-脱氢奎尼酸，

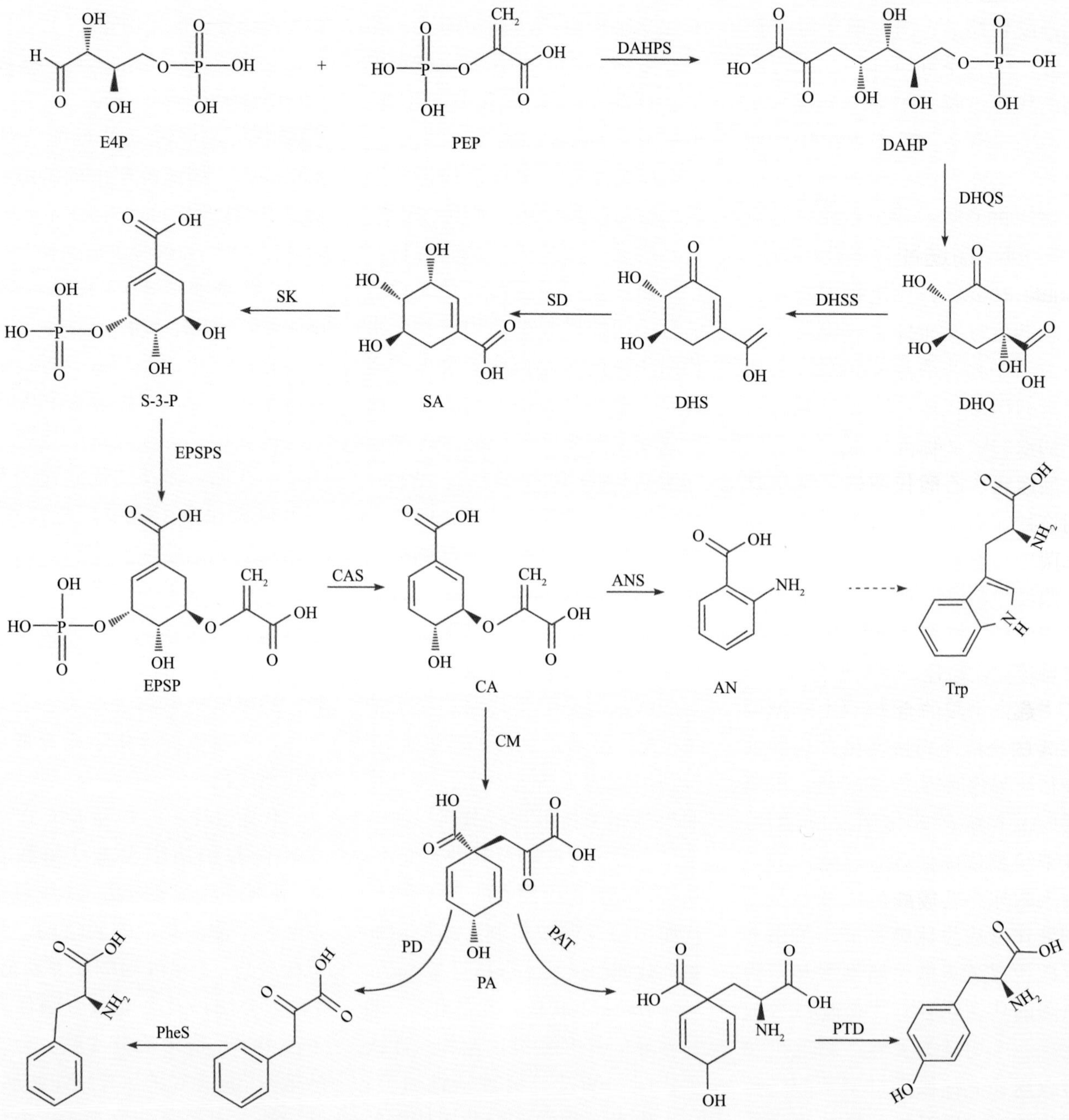

图1 莽草酸代谢途径

注：E4P，赤藓糖-4-磷酸；PEP，磷酸烯醇式丙酮酸；DAHPS，3-脱氧-阿拉伯庚酮糖酸-7-磷酸合酶；DAHP，3-脱氧奎尼酸合酶；DHQS，3-脱氢奎尼酸合酶；DHQ，脱氢奎尼酸；DHSS，3-脱氢奎尼酸脱水酶；DHS，3-脱氢莽草酸；SD，莽草酸脱氢酶；SA，莽草酸；SK，莽草酸激酶；S-3-P，莽草酸-3-磷酸；EPSPS，5-烯醇丙酮酰莽草酸-3-磷酸合酶；EPSP，5-烯醇丙酮酰莽草酸-3-磷酸；CAS，分支酸合酶；CA，分支酸；ANS，邻氨基苯甲酸合酶；AN，邻氨基苯甲酸；Trp，色氨酸；CM，分支酸变位酶；PD，苯甲酸脱水酶；PA，预苯酸；PPA，苯丙酮酸；PheS，苯丙氨酸合酶；Phe，苯丙氨酸；PT，前酪氨酸；PTD，前酪氨酸脱氢酶；Tyr，酪氨酸。

同样为莽草酸代谢途径中的限速步骤。③莽草酸脱氢酶。该酶将3-脱氢莽草酸还原为莽草酸，同时受莽草酸的反馈抑制。此外，5-烯醇丙酮酰莽草酸-3-磷酸合酶和莽草酸激酶也影响莽草酸的积累。

合成产物 莽草酸途径产生的3种芳香族氨基酸中，色氨酸为吲哚类生物碱生物合成的重要前体物质，苯丙氨酸和酪氨酸为苯丙烷类化合物生物合成的起始分子。苯丙烷类通常指由苯丙氨酸或酪氨酸经不同反应生成的肉桂酸和对香豆酸及其衍生物，多数为苯丙酸类衍生物，如咖啡酸、阿魏酸、芥子酸等，是形成香豆素类、黄酮类、木脂素类及鞣质等多种次生代谢产物的前体，也是合成高等植物输导组织木化细胞壁中木质素的前体。色氨酸、酪氨酸和苯丙氨酸是合成生物碱的主要前体化合物。

（刘 颖 胡 婷 田少凯）

bǐngèrsuān dàixiè tújìng
丙二酸代谢途径（acetate-malonate pathway）

乙酰辅酶 A 和丙二酰辅酶 A 通过一系列增加 C_2 单元的生物合成途径，生成脂肪酸类、酚类、蒽醌类等化合物的代谢途径。又称丙二酸代谢、丙二酸途径、乙酸代谢途径。该代谢途径在高等植物及某些细菌和真菌中十分普遍，代谢反应多在细胞质中进行。药用植物中的特殊脂肪酸、部分蒽醌类次生产物来自该代谢途径。

起始物质的合成 ①乙酰辅酶 A 的合成及转运：丙二酸代谢途径的起始原料之一乙酰辅酶 A，主要来自糖酵解产物丙酮酸，存在于线粒体内，需通过转运机制进入胞液。三羧酸循环中的柠檬酸可穿过线粒体膜进入胞液，在柠檬酸裂解酶的作用下也可生成乙酰辅酶 A。②丙二酰辅酶 A 的合成：乙酰辅酶 A 在乙酰辅酶 A 羧化酶的催化作用下生成丙二酰辅酶 A，这是丙二酸代谢途径的限速步骤。

脂肪酸类的生物合成 饱和脂肪酸的合成包括以下步骤：①乙酰－酰基载体蛋白和丙二酰－酰基载体蛋白的合成。乙酰辅酶 A 和丙二酰辅酶 A 与酰基载体蛋白活性基团上的巯基共价连接形成乙酰－酰基载体蛋白和丙二酰－酰基载体蛋白。②游离软脂酸的合成。经缩合、还原、脱水、还原4步反应延长2个碳原子形成丁酰－酰基载体蛋白；新生成的丁酰－酰基载体蛋白与丙二酰－酰

基载体蛋白重复上述步骤，每轮增加2个碳原子，经过7次循环生成16碳软脂酰-S-酰基载体蛋白；再经软脂酰-酰基载体蛋白硫酯酶催化形成游离的软脂酸（图1）。

酚类的生物合成 真菌和细菌中的酚类通过丙二酸途径合成，首先1分子乙酰辅酶 A 与3分子丙二酰辅酶 A 结合，脱羧，合成1分子多酮酸，多酮酸通过各种方式发生环化作用，其中最重要的是1,6-碳的酰化作用，形成间苯三酚衍生物（图2）。

蒽醌类的生物合成 大黄素型蒽醌类化合物通过丙二酸途径合成，包括以下3个阶段：①以乙酰辅酶 A 为起始单元，在查耳酮合成酶家族的作用下，连续与8个丙二酰辅酶 A 发生缩合，形成聚八酮化合物。②聚八酮化合物经过还原、脱羧、氧化等步骤，形成大黄酚、芦荟大黄素与大黄酸等蒽醌类化合物。③聚八酮化合物经过水解、脱羧、脱水、甲基化等步骤，形成大黄素与大黄素甲醚等蒽醌类化合物（图3）。

（刘 颖 张晓冬 杨 林）

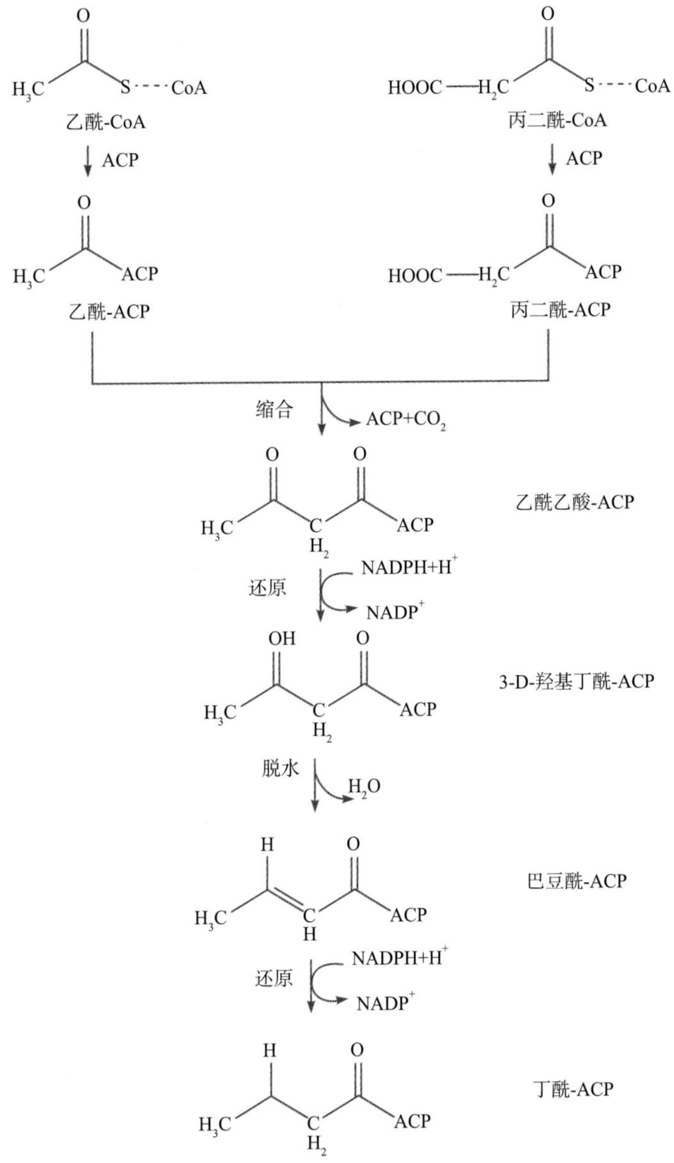

图1 脂肪酸合成的延伸循环

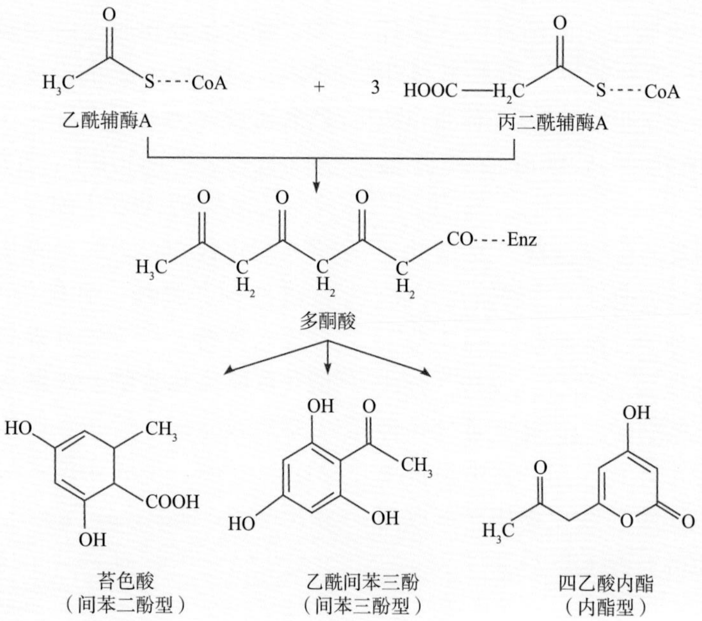

图2 酚类的生物合成途径

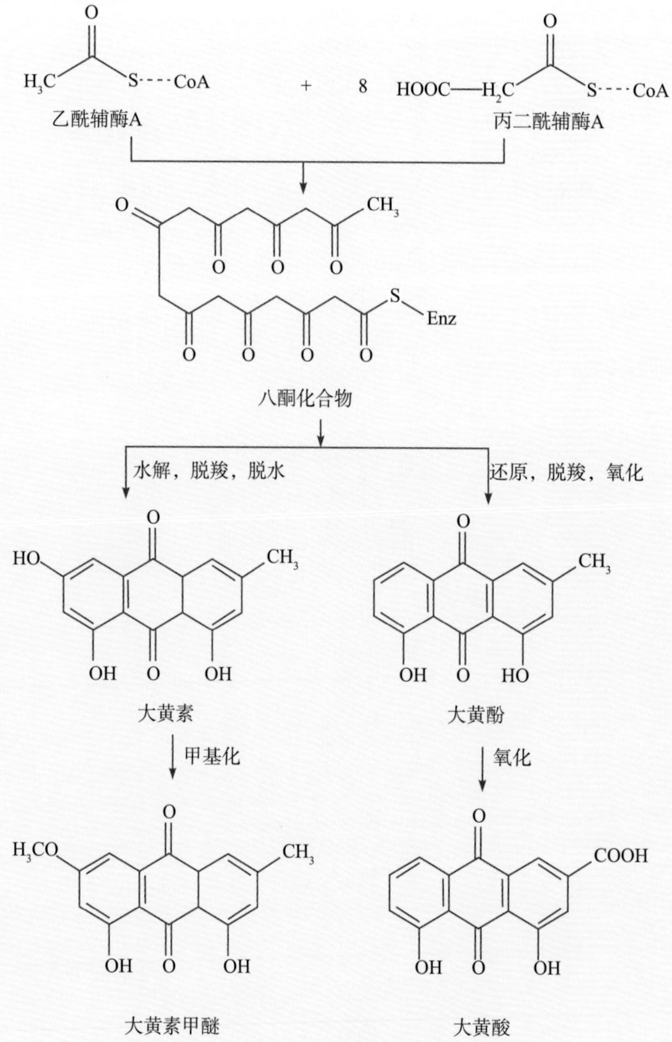

图3 大黄素型蒽醌的生物合成途径

jiǎwǎlóngsuān dàixiè tújìng

甲瓦龙酸代谢途径 (mevalonic acid pathway)

在细胞质中由乙酰辅酶A合成萜类和甾体类化合物的前体物质异戊烯基焦磷酸和二甲基烯丙基焦磷酸的化学反应途径。又称甲羟戊酸代谢途径、甲瓦龙酸（甲羟戊酸）途径或甲瓦龙酸（甲羟戊酸）代谢。脱氧木酮糖磷酸酯途径也可合成异戊烯基焦磷酸和二甲基烯丙基焦磷酸，但代谢反应发生在质体中。异戊烯基焦磷酸和二甲基烯丙基焦磷酸称为活跃异戊二烯，可进一步形成多种萜类。甲瓦龙酸代谢途径广泛存在于大多数真核细胞、少数原核细胞中，在高等植物中十分普遍。药用植物中含有丰富的萜类化学成分。

主要过程 2个乙酰辅酶A分子在乙酰乙酰辅酶A硫解酶作用下生成乙酰乙酰辅酶A；乙酰乙酰辅酶A经3-羟基-3甲基戊二酰辅酶A合酶催化形成3-羟基-3甲基戊二酰辅酶A；3-羟基-3甲基戊二酰辅酶A在3-羟基-3-甲基戊二酰辅酶A还原酶催化下与2分子还原型烟酰胺腺嘌呤二核苷酸磷酸（还原型辅酶Ⅱ）生成甲瓦龙酸；甲瓦龙酸在甲瓦龙酸激酶作用下形成类异戊二烯-5-磷酸；类异戊二烯-5-磷酸在二氧磷基类异戊二烯激酶作用下生成甲羟戊酸-5-二磷酸；甲羟戊酸-5-二磷酸在类异戊二烯焦磷酸脱羧酶作用下产生异戊烯基焦磷酸；异戊烯基焦磷酸在异戊二烯焦磷酸异构酶的催化下生成二甲基烯丙基焦磷酸。异戊烯基焦磷酸和二甲基烯丙基焦磷酸是异构体，共同作为萜类化合物合成的前体物质（图1）。

关键调控酶 ①3-羟基-3-甲基戊二酰辅酶A还原酶。是甲瓦

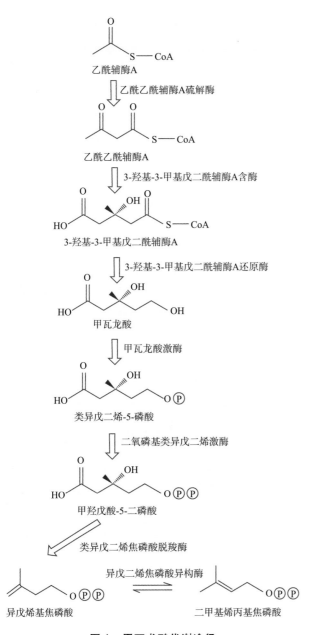

图1　甲瓦龙酸代谢途径

类如羊毛甾醇，可以进一步转化为甾体类，如胆甾醇、甾体皂苷、强心苷等。植物中的叶绿素和部分激素如赤霉素、脱落酸来自甲瓦龙酸途径。药用植物如薄荷等挥发油中的主要活性成分薄荷醇、青蒿的重要活性成分青蒿素、甘草的主要活性成分甘草酸为通过该途径合成的萜类化合物。

（刘　颖　尹彦超　张智新）

yàoyòng zhíwù dàixièzǔ

药用植物代谢组　（medicinal plant metabolome）

药用植物某一组织或细胞在特定生理时期内所有低分子量（通常＜1000）的代谢产物。代谢物大体可分为初生代谢物和次生代谢物两大类。代谢物是生物体在内外因素下基因转录与蛋白表达的最终结果，同时又能影响或调节基因转录与蛋白表达。与基因组、转录组、蛋白组相比，代谢组更接近生物体表型，可以反映药用植物的生理状态和基因表达水平。从整体上研究代谢物生物合成途径及其调控机制，有助于解析药用植物生长发育及其与环境因子的相互作用。

研究内容　药用植物代谢组主要研究药用植物内源代谢物的种类、数量及其在内外因素作用下的变化规律，包括4个层面：①代谢物靶标分析，是对某一种或某几种代谢物进行的研究和分析。②代谢轮廓技术分析，是寻找代谢物代谢途径的研究和分析。③代谢物变化和动态状况分析，是对代谢产物进行动态的定量和定性分析。④代谢指纹分析，更全面、系统地分析某一种或某几种药用植物代谢图谱，既分析样品特殊成分，又同时进行样品快速筛选鉴定等工作。

研究方法　代谢组研究中经

龙酸途径的关键限速酶，催化乙酰辅酶A合成甲瓦龙酸。灵芝中3-羟基-3-甲基戊二酰辅酶A还原酶基因的表达与三萜类物质的积累之间存在重要的相关性，其过表达可增加灵芝酸的含量。②甲瓦龙酸激酶。是甲瓦龙酸代谢途径合成萜类化合物的3个连续ATP依赖酶的第一个，其与ATP-γ位上的磷酸基团作用，把磷酸基团转移到甲瓦龙酸C$_5$上催化形成甲羟戊酸-5-磷酸，同时产生

ADP，它的活性大小对萜类物质的合成速率及产量具有重要影响。如三七 *Panax notoginseng*（Burk.）F. H. Chen 中甲瓦龙酸激酶基因的过表达可增加三萜皂苷的丰度。

合成产物　由甲瓦龙酸和脱氧木酮糖磷酸酯途径合成的异戊烯基焦磷酸和二甲基烯丙基焦磷酸是萜类化合物合成的前体，根据其结构骨架中包含的异戊二烯单元数量不同，可分为单萜、倍半萜、二萜和多萜等。部分三萜

常运用核磁共振谱、气相色谱-质谱和液相色谱-质谱等分析化学技术，结合化学计量学进行代谢物分析。同时也结合各种分子生物学技术、基因组、转录组和蛋白组技术进行综合分析。

应用领域 ①药用植物鉴别和质量控制：采用代谢组技术研究不同品种药材的代谢物差异，可寻找特征代谢标志物，如通过黄芪代谢组分析，可区分不同年限和地域的黄芪。②药用植物次生代谢途径及调控机制研究：从差异代谢物入手，结合转录组、基因组等技术，有助于解析药用植物次生代谢途径及其分子调控机制，已在人参、丹参等多种药用植物中应用。③分子育种研究：通过代谢组分析，可定位特征代谢物遗传控制位点，再通过突变及转录组分析验证其代谢调控基因，从而为分子育种提供目标，在药用植物甘草中已得到了较好的应用。④药用植物抗逆研究：采用代谢组技术研究不同逆境下药用植物的代谢物差异，有助于解析药用植物适应逆境的生理机制。如在干旱胁迫下，甘草幼苗组织中渗透调节物质可溶性蛋白、游离脯氨酸、可溶性糖的含量均显著增加，因此可通过代谢组变化来探究其抗逆性。

（刘　颖　张晓冬　汪逗逗）

yàoyòng zhíwù shēngtài
药用植物生态 （medicinal plant ecological）

研究药用植物与周围环境之间相互关系的知识体系。药用植物生态属于应用生态范畴，侧重于结合药用植物资源保护和药用植物栽培生产实践需求，研究应用过程中的生态学原理和方法，从而为利用生态学原理确保药用植物资源可持续，以及在药用植物栽培中通过合理配置生态要素调控药用植物产品的产量和质量提供理论依据。影响药用植物的环境因子（生态因子）包括非生物因子、生物因子和人为因子。非生物因子，包括气候因子、土壤因子、地形地貌和海拔等；生物因子，包括药用植物物种内以及其他动物、植物和微生物；人为因子，包括人类垦殖、放牧、采挖、工程建筑、环境污染和资源保护等。

内容和范围　研究范围涵盖药用植物个体、种群、群落、生态系统多个尺度。研究内容包括：①各生态因子及其协同作用对药用植物个体繁殖、生长发育、生理生化，对种群数量动态、种群分布，群落类型、群落分布、群落演替等的影响。②药用植物对生态环境因子的适应。主要侧重于气候因子（光、温、水、气、热）和土壤因子（土壤类型、质地、水分、矿质元素、有机质、微生物等）对药用植物生长发育的影响，逆境胁迫对药用植物产品（如中药材、天然药物原料等）产量和品质（如次生代谢产物的含量和比例等）的影响等。如人参栽培坡向应充分利用北坡或东坡，栽培的人参产量高、质量优异。适宜大黄功效组分形成和积累的地理范围主要在甘肃南部，青海东部及四川、云南北部地区。甘草中的甘草酸含量存在显著的地理变异，且与年降水量呈显著正相关，而欧乌头在寒冷条件下可变为无毒。此外在生物因素方面，药用植物化感作用、根际菌根对药用植物生长发育的影响取得了一些研究进展，如三七总苷低浓度时促进种子萌发，高浓度时则抑制种子萌发，同时化感物质对三七种苗根重的影响表现出一定的规律性。研究推测阿魏酸、香草酸、香草醛和对羟基苯甲酸是造成地黄化感作用的物质，其中阿魏酸会造成根中酶活性降低，根部腐烂死亡。通过将不同蜜环菌接种到天麻上进行栽培实验，发现天麻的产量与质量不仅与麻种、菌种有关，还与菌麻之间的组合有关。当使用蜜环菌侵染猪苓菌核菌丝，发现猪苓菌核与蜜环菌属于较特殊的真菌间的共生关系。全球生态系统尺度研究全球变暖对药用植物生长发育、产品产量和质量的影响，以及对于人类活动，如过度采挖对药用植物资源生物多样性的影响，工业排污对药用植物产量和质量的影响。

研究方法　包括原地观测法、受控实验法和生态研究综合方法三大类。①原地观测法：指在自然界或田间条件下，采取某些措施获得有关某个因素的变化对药用植物种群（或群落）其他诸因素或对某种效果所产生的影响。包括野外考察、定位观测和原地实验，其中野外考察是考察特定种群或群落与自然地理环境的空间分异的关系，一般通过规范化抽样调查方法；定位观测是考察某个体或某种群或群落结构功能与其生境关系的时态变化；两者均是小范围观测采用样方法。原地实验是在自然条件下采取某些措施获得有关某个因素的变化对种群或群落及其他因素的影响。例如在野生甘草群落进行围栏实验，可获得牧群活动对甘草种群或群落的影响，对丹参已有的栽培地进行人工追肥，以了解资源供应对丹参药材质量和产量的影响和机制。原地实验法是野外考察和定位观测的一个重要补充，不仅有助于阐明某些因素的作用和机制，还可作为设计生态学受控实验或生态模拟的参考或依据。②受控实验法：是在模拟自然生态系统的受控生态实验系统中，研究单项或多项因子相互作用及其对药用植物种群或群落影响的方法技术。如在人工气候室或人工水培箱中建立生态因子受控的环境条件，通过控制光照、温度、土质、营养元素等大气物理或水分营养元素的数量与质量，改变其中某一因子或同时改变几个因子来研究受试药用植物的个体、种群以及小型生物群落系统的结构功能、生活史动态过程及其变化的动因和机制。需要注意的是，受控生态实验无论怎样都不可能完全再现自然的真实，但可以在排除多因素随机变动的前提下，明确一项因子或某几项因子组合效应对药用植物生长发育或产量、质量的影响，为药用植物栽培和群落恢复的人工调控提供理论依据。③生态研究综合方法：对原地观测或受控的生态实验的大量资料和数据进行综合归纳和分析，表达各组变量之间存在的相互关系，反映客观生态规律性的方法和技术。生态学综合方法多应用多元统计分析方法，如主分量分析、综合结构模型、系统层次分析等，系统分析各因子作用的大小、相互作用的关系。

应用领域 ①药用植物资源调查与保护，如2011年启动的全国第四次中药资源普查试点工作就采用了药用植物生态的样方调查。②药用植物人工种植调控技术建立。③药用植物产地适宜性区划，如以当前主产区的326个三七采样点的生态因子为依据，通过生态相似性分析对三七在全球范围内的生态适宜性进行了区划。④道地药材形成机制，如根据不同道地产区大黄药材的质量特征，结合不同产区土壤和气候因子特征，大黄药材道地性形成的生态学机制为大黄功效组分物质双蒽酮类物质的含量与纬度的相关性达到显著程度，各功效组分的含量与海拔高度均表现出正相关关系。大黄喜冷凉、光照而厌湿热，降水较多，海拔较高的地区是其最佳的生长环境。

（魏胜利　郭庆梅）

yàoyòng zhíwù shēngwù duōyàngxìng

药用植物生物多样性（medicinal plant biodiversity）　药用植物所有种类和形式的总和。包括药用植物和它们所包含的基因，以及它们与其他生物及环境相互作用所构成的生态系统。生物多样性是地球上所有生命形式的总和，是地球生命经过几十亿年发展进化的结果，是人类赖以生存和持续发展的物质基础。多样性意味着生态系统的结构复杂，异质性强，网络化程度高，能量、物质和信息输入输出的途径多，多样的物种之间相生相克、相互补偿和替代，即使个别途径被破坏，系统内部的能量流、物质流和信息流也可正常运转，被破坏的系统结构也可得到修复，恢复原有的稳定态，或形成新的稳定态。

层次　药用植物生物多样性包括多个层次或水平，如遗传多样性、物种多样性、生态系统多样性及景观多样性。

遗传多样性　主要是指种内或群体内不同个体的遗传变异总和。如种植药用植物的品种越多，拥有的遗传多样性越丰富。遗传多样性是物种多样性和构成生态系统多样的基础。

物种多样性　特定区域内物种水平上的多样性。物种是指一类遗传特征十分相似、能够交配繁殖出有繁育后代能力的群体。药用植物物种多样性是指药用植物的丰富程度，是衡量一定地区药用植物资源丰富程度的一个客观指标，物种多样性是生物多样性的核心。

生态系统多样性　特定区域内生态系统组成、功能的多样性以及各种生态过程的多样性。生态系统由植物群落、动物群落、微生物群落及其栖息地环境的非生命因子（光、空气、水、土壤等）所组成。群落内部、群落之间以及与栖息环境之间存在着极其复杂的相互关系，主要的生态过程包括能量流动、水分循环、养分循环、土壤形成、生物之间的相互关系如竞争、捕食、共生、寄生等。物种多样性是构成生态系统多样性的基本单元。

景观多样性　特定区域内景观的多样化，景观是指以一组重复出现的、具有相互影响生态系统组成的异质性陆地区域。如农业景观、森林景观、草地景观、荒漠景观、城市景观、果园景观等。结构、功能和动态是景观的3个最主要特征。

研究内容　生物多样性的发现、组成、结构、功能，以及利用和保护都属于药用植物生物多样性的研究内容。主要包括：①濒危药用植物物种的遗传多样性，如研究濒危药用植物羌活的叶绿体 trnT-trnL 序列在物种水平上单倍型多样性指数（Hd）为0.873，核苷酸多样性指数（Pi）为0.004，低于同属的宽叶羌活，又略高于其他濒危物种，说明羌活的遗传多样性处于中等水平。②药物来源的品种多样性，包括药用植物物种的多样性、生态类型多样性、化学型的多样性等。③研究药用植物在各生态系统中的分布，确定每种药用植物发展种植的适宜区域，如东部季风区域的药用植物侧重纬向分布，药用植物产量大，以栽培类为主，如人参、地黄、山药等；西北干旱区域的药用植物侧重经向分布，分布广，以旱生为主，如甘草、黄麻、党参、当归等；青藏高寒区域的药用植物侧重垂直分布，耐寒耐旱，如高山红景天、冬虫夏草等。④药用植物生物多样性保护，包括建立大型野生和家栽药用植物的种子库及基因库，在植物园中保存本地区药用植物，在药材原产地设立保护区，变野生药材为家种，利用现代生物技术对一些濒危物种进行快速繁殖的研究。

（郭庆梅）

yàoyòng zhíwù shēnglǐ shēngtài

药用植物生理生态 （medicinal plantphysiological ecology）

研究药用植物随环境因子变化而发生的生理现象的知识体系。主要研究药用植物对环境适应性的生理机制，侧重于从生理生态角度研究药用植物的生长发育、药效成分合成及与环境变化的关系，包括气候、土壤等生态因子对药用植物生长发育以及药用植物有效成分合成分泌生理过程的影响。

研究内容 ①多种环境因子对某种生理过程的影响，如环境因子对药用植物光合生理的影响、环境对药用植物水分代谢的影响、环境因子对药用植物次生代谢的影响等，如干旱胁迫下紫花苜蓿叶片水势和相对含水量降低，水分饱和亏缺增加。如随着盐浓度的增加和时间的延长，沙棘幼苗叶片净光合速率、蒸腾速率、气孔导度均明显下降。②某种特定的环境因子对药用植物作用产生

的一系列生理变化，如光照因子对药用植物光形态建成，光强度、光质和光周期对药用植物生长发育过程，光强对药用植物中次生代谢成分合成的影响等。药用植物的生理生态研究更为关注影响药效成分合成过程生态因子、影响程度和定向调控，以达到成分的高效合成。

研究方法 包括观察方法、原地测定方法和控制实验方法。①观察方法指在药用植物种植过程，通过调查和观察，发现和总结关键环境因子，如分析发现降水量和年温差是影响三七皂苷的关键因子。②原地测定方法指在体测定方法，在田野直接测得自然环境作用下药用植物的生理指标；原地测量技术和仪器的应用是植物生理生态研究的主要特点，如利用荧光技术、热脉冲速率法等，利用便携式红外线 CO_2 分析仪，水分状况测定的压力室、红外测温仪等，可以实现在自然条件下对药用植物某一特定的物理量和生理量输入，测定药用植物与环境间的 CO_2、水分和能量的交换。③控制实验方法则是控制外界环境条件，如光照强度、温湿度、水分、土壤和营养等，测定药用植物碳代谢、水分代谢、矿物代谢、次生代谢等生理活性指标，以及响应的信号转导、调控因子和关键基因等。

应用领域 ①通过发现药用植物生长发育和次生代谢的促进环境因子，改进种植条件和优化种植措施，促进药用植物的生长发育，提高药用器官的产量，以及提高药效成分的含量。②通过研究药用植物有效成分和生理活性与多种环境胁迫的相互作用，阐明药用植物对逆境的适应性机制，从而对药用植物进行抗性育

种、抗逆境锻炼、化学调控及改进农业栽培措施。

（郭庆梅）

yàoyòng zhíwù yǔ guāngzhào

药用植物与光照 （medicinal plant and light）

光照条件对药用植物生长、发育、繁殖以及次生代谢等生理过程的影响。光照是影响药用植物生长发育的重要生态因子，常被称为光因子。光能是进行光合作用的能量来源，植物体总干物质中 90%～95% 通过光合作用合成，只有 5%～10% 来自根部吸收的营养。此外，光因子也参与植物的形态建成和次生代谢过程的调控。光因子对于药用植物药用部位的生长发育、药材品质影响及其机制研究是药用植物生理生态关注的重点。

光照与药用植物生长发育光照条件包括光照强度、光质和光周期。

光形态建成 光影响药用植物的形态建成，即植物依赖光来控制细胞的分化、结构和功能的改变，最终汇集成组织和器官的建成。植物叶绿素必须在一定光强条件下才能形成，在黑暗条件下，植物就会出现"黄化现象"。一般情况下，植物在开花结实阶段或块茎贮藏器官形成阶段，需要的养分较多，对光照的要求也更高。光强还可显著影响药用植物（如虎杖、防风等）愈伤组织的形成，并对愈伤组织中药效成分含量有调控作用。

光强与生长发育 根据对光强的适应性，药用植物可分为阳性植物、阴性植物和耐阴植物。阳性植物（如甘草、草麻黄、地黄、黄芩、蒙古黄芪、红花、芍药）需要在直射光或强光的环境下才能正常生长发育，若缺乏阳光则植株生长发育不良；阴性植

物（如人参、黄连、三七、西洋参、天南星、细辛、淫羊藿）需要散射光或者较弱的光照环境；耐阴植物（如桔梗、天门冬、麦冬、半夏）对光照的需求介于二者之间，在光照良好或稍有隐蔽的条件下均可正常生长。耐阴植物在弱光环境下可以通过减少根冠比、叶片变薄（栅栏组织减少）、增加叶片面积、叶绿体直径增加、增加叶绿素 b（利用弱光能力强）含量等方式对冲光强不足对光合作用的影响。

光质与生长发育　药用植物的生长和组织分化受光质的调控，红光能促进叶绿素和糖类的合成；蓝紫光促进蛋白质和有机酸的合成。红光和红外线可促进种子萌发，促进茎的伸长，红光可被叶绿素吸收，红外线主要转变为热能，提高环境温度，从而间接影响植物生长。蓝紫光可被叶绿素吸收，具有强光合作用，使茎粗壮、矮化和变粗，蓝光能显著降低拟巫山淫羊藿的叶片面积；也有少量相反的结果，如蓝光下三叶青的叶面积比白光、黄光、红光大；蓝光有利于滇重楼、鱼腥草幼苗的生长发育。紫外光有致死作用，波长 360nm 开始有杀菌作用，抑制植物徒长，促进果实成熟。常受紫外线照射的药用植物，叶片厚，叶面积小，根系发达，幼苗健壮，产量高，此外紫外光还可促进花青素的形成。除此之外，在红蓝光中加入适当比例的黄光可促进白及球茎的生长。在人参栽培过程中，覆盖浅绿膜遮阴，可使其叶片光合作用强度高，促进其干物质积累，使其根重增加。

光周期与生长发育　光周期是植物生长发育的重要因素，影响植物的花芽生理习性（分化、开花、结果、分枝）及某些地下器官（如块茎、块根、球茎、鳞茎）的形成。日照长度是影响植物开花的主要因素，如短日照可促进菊花花芽分化，日照时数越短，花芽分化越快。根据对光周期的适应性，药用植物可分为长日照植物（如当归、牛蒡）、短日照植物（如菊花、紫苏）、中日照植物、日中性植物（如蒲公英、白花曼陀罗）。寒带植物多属于长日性，而热带和亚热带植物多属于短日性。光周期现象对于药用植物异地引种具有重要指导意义，一般纬度接近地区之间引种成功的可能性大，不适当的引种，有可能导致果实、种子、果皮等生殖器官为药用部位的药用植物减产或绝产。

光强对繁殖的影响　积累一定量的养分后，在完成光周期诱导和花芽开始分化的基础上，光照时间越长，强度越大，形成的有机物越多，越有利于花的发育；如果光强减弱，同化产物减少，花芽的形成也减少，已经形成的花芽也会由于体内养分供应不足而发育不正常、延迟，甚至不能形成。即使进入开花期，如果连续较久的阴天，日照不足，则花发育不良，数量减少。光强有利于果实的成熟，如山楂、梨、桃等都需要强光。光还可影响种子发芽，有些药用植物种子的发芽只有在光照的条件下才有可能，如红豆杉。

光照与药用植物次生代谢
光因子对于药用植物次生代谢有显著调控作用，可对药材的品质产生显著影响。如植物中的黄酮类成分具有光保护作用，因此增加太阳辐照能提高植物黄酮类化学成分的含量，在不同光质中，红光、蓝光和紫外光对黄酮类成分合成均有促进作用，但是紫外光对黄酮类成分合成的促进效果最显著。如蓝色处理的苦荞苗中芦丁和矢车菊素 3-O-芸香糖苷的含量相对于白光和红光处理提高 1.05~10.7 倍。蓝光的增加会提高胡椒和烟草叶内黄酮类化合物的积累。也有相反的例子，如蓝光下三叶崖爬藤、远志幼苗的总黄酮含量低。红光对于黄酮合成的影响，有促进和抑制两种情况，如红光可以促进三叶崖爬藤的黄酮类成分的合成，却抑制远志、银杏黄酮类成分的合成。黄光同白光相比，可以显著提高草莓花青素含量。低光强条件下红光、蓝光和黄光处理淫羊藿苷类黄酮含量均高于白光处理，而以黄光促进幅度最大。高光强下，则与弱光作用相反。光因子还可调控虎杖、铁皮石斛、长春花、丹参等药用植物的次生代谢产物的形成，光照可调控铁皮石斛多糖的形成。长春花中的长春新碱随着光强减弱有升高的趋势，弱光时含量最高，而蛇根碱在强光时含量最高。与同等光强的白光相比，补充蓝光和补充红光处理后都可以提高丹参根系中水溶性有效成分丹酚酸 B 的含量；但对丹参酮 ⅡA 含量的影响不显著。

应用　光照对药用植物具有重要的影响，未来可通过采取合理的光照调节措施，满足药用植物生长需要的光照条件，培育新品种，合理安排农事等措施，有利于提高药用植物的产量和质量。

（郭庆梅）

yàoyòng zhíwù yǔ wēndù

药用植物与温度（medicinal plant and temperature）　温度对药用植物生长、发育、繁殖以及次生代谢等生理过程的影响。温度是影响药用植物生长发育的重要生态因子之一。由于地球不同区域的温度格局，形成了药用植物特定的分布样式，且药用植物的形态特征、生理习性因不同温度格局，皆有不同程度的进化。温度对药用植物的生态作用的影响具体体现在生长发育、分布、次生代谢、生态适应等方面。

温度与药用植物生长发育

温度对药用植物的影响是综合而复杂的，可从光合作用、呼吸作用、酶活性等多种生理生化反应来调节植物体的生长发育。通常情况下，温度升高生理生化反应加快，反之亦然。药用植物的生长需要一定的积温（1年内日平均气温≥10℃持续期间日平均气温的总和）。除积温外，在药用植物生长的过程中，还存在3个基本温度，即最适温度、最低温度和最高温度。最适温度下药用植物生长发育迅速良好，最低温度和最高温度下药用植物停止生长，仅能维持生命。低于最低温度，药用植物会遭受寒害和冻害，甚至死亡。超过最高温度，药用植物会产生死苗或异常落果的现象，造成药材受害减产，甚至死亡。

温度对药用植物繁殖的影响

温度对某些药用植物的开花具有决定性作用。许多药用植物发育过程中要求低温才能诱导开花，这一特性称为"春化作用"。药用植物春化的方式有两种：①营养体的春化，如当归、白芷、牛蒡、菊花等。营养体春化处理需在植株或器官长到一定大小时进行，没有一定的生长量，即使遇到低温，也不能够进行春化作用。例如当归幼苗根重小于0.2g时，植株对春化处理没有反应，根大于2g经春化处理后百分之百抽薹开花；根重0.2~2.0g，抽薹开花率与根重、春化温度和时间有关。

营养体的春化部位主要是在生长点。②萌动种子的春化，如菘蓝、当归、白芷、牛蒡、大叶藜等，掌握好萌动期是萌动种子春化处理的关键。

温度与药用植物分布

温度能够影响药用植物的生长发育，是制约药用植物分布的重要因素之一。人参和三七同为五加科植物，一个分布在中国东北地区，一个分布在西南地区，其中一个重要的原因就是二者的生理、生化以及生长发育的过程对环境温度条件具有不同的适应范围。温度的变化还能引起环境中其他因子（湿度、降水、风等）的变化，而环境因子的综合作用，也可影响植物的生长发育及分布情况。大多数药用植物在相当大的温度范围内能进行营养生长，但不能发育繁殖，这是许多热带和亚热带植物向温带引种失败的原因之一。分布范围比较窄的植物，受气候因素表现明显，对温度的变化很敏感，如南川升麻资源趋于濒危，分布范围越来越窄就与温度有很大的关系。不同药用植物类群在地球上形成的地理分布格局与温度条件密切相关。

温度与药用植物次生代谢

温度会影响药用植物体内物质的累积，药用植物品质的累积具有一定的时间周期，高温会加速该进程，从而影响物质的累积。高温条件有利于生物碱、蛋白质等含氮物质的合成。低温可使药用植物次生代谢产物黄酮类成分合成途径中相关酶的活性大幅度增加，从而增加黄酮类物质的积累，但低温对药用植物黄酮类物质的影响也与其本身的特性有关。例如7月的均温对有效成分含量影响最为显著，生长季内年温度较高可促进丹参素和丹酚酸B的积

累；9月温度过高不利于丹参迷迭香酸的积累与丹参酮ⅡA合成。高温对迷迭香酸积累的影响可能与热胁迫影响迷迭香酸代谢途径关键酶基因的表达有关。

药用植物对温度的生态适应

药用植物对温度的适应可分为表型适应和进化适应。表型适应是指药用植物在个体水平上的变化，包括形态适应、生理适应等，时间尺度相对比较短，变化的特征可逆。进化适应指多世代的变化，时间比较长，有些变化特征不可逆，可遗传，属于分子适应。

形态适应 药用植物对温度适应主要通过器官形态的变化来适应，如器官表面盖有蜡粉和密毛，植株矮小常呈匍匐状、垫状或莲座状，植物体有地下茎等均属于药用植物对低温的适应。植物体表有密生的绒毛、鳞片（呈白色、银白色，叶片革质发亮）能够过滤部分阳光，能够反射大部分阳光等方式的存在则是药用植物对高温的适应。生长在沙漠中的仙人掌类药用植物，叶片退化成针状，形成能够大量储存水分的肉质茎，与其高温干旱的环境相适应。

生理适应 药用植物对温度适应主要通过生理特性的改变来适应，表现为：①对抗高温逆境，细胞内糖或盐的浓度增加，同时含水量降低。细胞内原生质浓度增加，增强了抗凝能力；细胞内水分的减少，促使细胞代谢缓慢，使植物进入休眠状态。②蒸腾作用可使体温下降，有些植物高温下可通过增大蒸腾量降低植物体温，避免高温对植物的伤害。③反射和放射红外线，某些植物具有反射红外线的能力，使得植物在高温环境下，免于热害。此外，有的植物在高温条件下光合

作用大于呼吸作用，免于饥饿作用；还有些植物体内饱和脂肪酸含量很高，使植物在高温条件下保持生物膜系统的稳定性，避免因生物膜的脂溶现象而影响正常的生理功能。在极端温度条件下，药用植物可表现出一系列的细胞反应和代谢反应（应激反应），如药用植物的抗氧化系统往往对高温胁迫做出应答。许多生物对热胁迫的特征反映是正常蛋白质的合成减少，而热激蛋白的转录和翻译增加，热激蛋白的大量表达可提高细胞的应激能力。

分子适应　药用植物对温度适应主要通过种群基因的变化来适应，是自然界对生物中广泛存在的变异进行选择的结果。药用植物长期生存在特定环境中，适应环境的种群基因通过繁殖、种群扩大，从而形成了一定的生长发育规律和生长习性。药用植物长期生活在一定的温度范围内，适应一定的温度范围，形成不同的生态类型。

应用　温度对药用植物具有重要的影响，可通过采取合理的温度调节措施，满足药用植物生长需要的环境温度，培育新品种，增强药用植物对极端温度的抗性，合理安排农事等措施，有利于提高药用植物的产量和质量。

（郭庆梅）

yàoyòng zhíwù yǔ shuǐfèn
药用植物与水分 （medicinal plant and moisture）

水分条件对药用植物生长发育以及次生代谢等生理过程有极大的影响。水是生命起源的先决条件，没有水就没有生命，也就没有药用植物。水是药用植物的重要组成成分和产量形成的物质基础，一般药用植物鲜重的水分占总重量的60%～80%。水分对药用植物生长发育和品质都有重要作用。不同药用植物对水分的需求不同，合理调节水分有利于保证药材的产量和质量。

水分与药用植物生长发育

水分对药用植物生长发育有重要作用。水分可维持细胞处于紧张状态，使植株挺立、叶片展开，有利于承受阳光进行光合作用，如植物缺水时，根系的呼吸功能下降，叶子萎蔫，气孔关闭，影响 CO_2 进入，光合速率下降。一个地区的降水条件，对植物的光合作用、呼吸作用、有机质的合成和分解等生理生化过程都有重要影响。根系从土壤中吸收水分，水分自根的组织运输到地上部分的茎和叶中，再经过蒸腾作用散逸到大气中，形成植物-土壤-大气连续体。在根吸收水和叶蒸腾水之间保持适当的平衡是保证药用植物正常生长的必要条件。药用植物不同生育期对土壤水分的需求不同，一般情况下，在植株生长旺盛期对水分的需求量最大，进入果实成熟期则有所下降。如以花蕾入药的金银花，适度干旱有利于花蕾增重。干旱对植物的影响是多方面的，如芽的形成和茎的延伸生长、叶片的伸展、衰老和脱落、根系的生长和菌根的形成等。长期经受干旱的植物，植株生长缓慢，外形矮小，生物量降低，严重干旱时植株还会停止生长甚至死亡。水分过多时，会导致根系缺氧，抑制根系的呼吸作用，不利于根的生长。许多根类和地下茎类药用植物，在水分过多的土壤中根或地下茎会腐烂，如番红花生长在水分过多的土壤中就会引起球茎的腐烂。另外，由于土壤含水量与土壤微生物群落密切相关，低洼排水不良土壤中的药用植物更易受到病原微生物的感染，在雨季随着土壤含水量的增加，如人参、三七、黄芪的根腐病发病率明显上升。

水分是限制植物分布的主要气候因子之一。根据药用植物对水分的适应能力和适应方式，可以将药用植物划分为水生（如莲）、湿生（如菖蒲）、中生（如桔梗）和旱生（如麻黄）。植物个体的水分关系是群落水分平衡的基础。药用植物群落能够截留降水、保蓄水分，使降落在群落中水分进行再分配，因而能创造群落内部特殊的空气和土壤湿度条件，从而维持良好的群落水分平衡。

水分与药用植物次生代谢

水分与药用植物有效成分形成密切关系。如金鸡纳在雨季不形成奎宁；羽扇豆种子和其他器官的生物碱的含量，在湿润年份较干旱年份少；麻黄体内生物碱含量在雨季急剧下降，而在干燥的秋季则升高；薄荷从苗期到成长期都需要一定的水分，但是到开花期，则要求较干燥的气候，如果阴雨连绵、雨水过多则导致薄荷油含量下降至正常量的75%，从而影响药材的质量。土壤水分含量为15%～60%时，随着水分含量的提高，丹参中丹参酮类的含量和积累呈逐步增加趋势；当土壤水分过多，含量达到75%～80%时，积累量显著降低，甚至低于土壤水分含量15%时的丹参酮类含量；对于丹酚酸类物质，其合成与积累的土壤水分含量为40%～75%，其中55%的土壤水分最有利于叶片中总酚酸类物质的积累。丹参无菌苗自然干旱处理后，丹参素含量呈上升趋势。通常情况下，适度干旱胁迫能够刺激植物中次生代谢产物的合成和积累。如印度藏茴香在干旱胁迫下总酚的分泌量会上升，玄参在干旱胁迫下环烯醚萜类的合成量会增加，柴胡在中度水分胁迫下柴胡皂苷a和b的含量会增加，短暂轻度的干旱能够提高黄柏（黄皮树）茎皮中小檗碱含量，中度干旱条件下酸枣叶片中总黄酮和芦丁含量分别显著和极显著增加，而在重度干旱条件下叶片总黄酮、芦丁和槲皮素含量则显著或极显著下降。

应用　不同的药用植物、同一药用植物的不同发育阶段以及不同的发育季节，对水分的需求量都是不同的。药用植物和水的这种供求关系，还受环境中其他生态因子，如温度、光照等的影响。在生产实践中，根据药用植物对水分的不同需求，对其进行合理的灌、排水，以保证药用植物优质高产。

（郭庆梅　魏胜利）

yàoyòng zhíwù yǔ tǔrǎng

药用植物与土壤（ medicinal plant and soil ）　土壤条件对药用植物生长、发育以及次生代谢等生理过程的影响。土壤是陆生植物生活的基础，土壤是由固体、液体和气体组成的三相复合系统，为植物的生存提供水、肥、气、热等基本条件。土壤的物理化学性质，如质地、酸碱度、水分状况和肥力水平等均与药用植物的生长发育以及次生代谢密切相关，从而对药材的产量和质量具有一定的影响。与药用植物密切相关的土壤因子包括土壤质地、土壤水分、土壤酸碱度、土壤营养元素和土壤生物等方面。

土壤质地　土壤的固体颗粒按照大小分为粗砂（直径 2.0～0.2mm）、细砂（直径 0.20～0.02mm）、粉砂（直径 0.020～0.002mm）和黏粒（直径 0.002mm以下），这些不同粒径的颗粒占土壤重量的百分比组合称为土壤质地。土壤质地一般分为砂土、壤土和黏土三大类，是影响其透气性、保水性、耕作性以及矿质养分含量的重要因素。生长在南北方的药用植物不仅是气候选择的结果，土壤质地也是影响其生长和次生代谢的重要因素。砂土类土壤以粗砂和细砂为主，通气透水性强，蓄水和保肥性能较差，是甘草、黄芪等一些北方根类药材适宜生长的土壤类型。黏土类土壤以粉砂和黏粒为主，质地黏重，通气透水性能差，对大部分药用植物均不适宜。壤土类土壤的砂粒、粉砂和黏粒所占比重大致相等，通气透水性能好，并具一定的保水保肥能力，是比较理想的耕作土壤，适宜大多数药用植物生长和品质形成。如种植在砂质及黏质壤土中的黄花蒿，植株生长量及青蒿素含量均高于砂土和黏土。相比于砂粒含量较多的土壤，种植在粉粒较多土壤中的华细辛中甲基丁香酚、榄香脂素等活性物质的含量较高。在东北地区不同类型土壤上种植的黄芪，其药材质量明显不同。棕壤土地上黄芪的根系细长而且分枝少，根皮黄棕色表皮光滑，折断面纤维细腻粉性好，商品质量最好。在含碳酸盐的盐碱土上，根皮受侵蚀锈斑严重，折断面纤维木质化粉性小。在地下水丰富的冲积砂土上，因土壤含水量大，根皮部分腐烂。在白浆土，主根短而弯曲，分枝严重，呈鸡爪形，折断面纤维木质化粉性较小，质量最次。

土壤水分　药用植物生长所需水分绝大部分来源于根系从土壤中吸收，土壤水分供应是影响药用植物生长发育、生物量、有效成分积累、病害发生的主要因子，见药用植物与水分。控制土壤含水量，科学灌溉、合理排水是提高药材产量和品质的重要途径。

土壤营养　植物组织中的碳、氢、氧、氮、磷、钾占植物干重的90%～95%，另外钙、镁、硫、铁、铜、硼、锌、钼、锰、氯等也是植物生长发育所必需的元素（见药用植物营养生理），其中除碳、氢、氧外，其余均由土壤提供，被称为土壤营养元素。土壤营养元素是维持药用植物正常的生长发育和品质形成的基础，缺乏任何一种都可能导致生长受阻，甚至出现生理病害，导致药用植物的品质下降。16种必需元素中，植物对氮、磷、钾的需求量最大，其余相对较少，被称为中微量元素。研究表明柴胡对氮、磷、钾元素的需求量顺序为钾最大，氮次之，磷最小，有较多的钾素供应才能满足柴胡对生长发育的需求；适当提高土壤中的氮含量可以促进人参皂苷成分的积累；速效钾、铵态氮对甘草黄酮类成分的合成起到关键性作用。然而，氮、磷、钾施用过量时，特别是氮肥，却有可能降低有效成分含量，如川白芷中的内异欧前胡素；丹参中丹参素和丹参酮ⅡA的含量与土壤中氮、磷、钾元素呈现负相关，苗期是丹参极为忌氮时期，施氮量越多，丹参产量越高，丹参素和丹参酮ⅡA的积累量却越少，而施磷肥则可以缓解施氮过多带来的不良影响，使丹参素和丹参酮ⅡA的含量增加。适量的微量元素同样是药用植物生长发育和品质形成中不可缺少的因素。人参栽培在缺锌的土壤上，地上部分的生长量减少，根系发育不良，甚至导致整株枯死；土壤中适量铁、锰、锌和铜等微量元素可以促进丹参酮类物质的积累；盐胁迫也可刺激丹参素含量在一定程度上升高，但硼元素量的增加不利于丹参酮ⅡA的积累。过量的铜胁迫作用下，除丹参地上部分酚酸类成分中咖啡酸、丹参素和原儿茶酸含量增加外，地上和根系中其他有效成分的含量均降低。土壤中的镁元素有利于防风中色原酮含量的提高，锰元素增加可以提高欧前胡素。钙元素过多不利于黄芪中毛蕊异黄酮、黄芪甲苷及总黄酮的积累。化州柚中的黄酮含量与土壤中硫的含量呈显著正相关；而黄檗的总生物碱含量与硫含量呈现负相关。金银花根际施用一定量硅，可以明显的提高花中绿原酸的产量。秦艽中的龙胆苦苷含量与土壤有效铁含量呈现显著正相关。由于不同药用植物有效成分的化学组成不同，药材品质形成对土壤中的营养元素需求也不同。因此在实际生产过程中，应根据药材的不同需求调节各种元素肥料的施用量。土壤有机质泛指土壤中来源于生物腐解的营养物质，在土壤质量的构成因素中占首要位置，土壤有机质含量是土壤肥力的重要指标，提高土壤有机质均有利于药用植物有效成分的合成。

土壤酸碱度 土壤的酸碱度是限制药用植物自然分布和生长的主要因素。在中国北方，甘草、枸杞、麻黄等自然分布在三北地区干旱半干旱的钙质土上，罗布麻分布在盐碱土上，肉苁蓉寄生于干旱沙漠中的梭梭上。在中国南方，栀子、狗脊、毛冬青等自然分布在酸性土壤上，木蝴蝶等则生于石灰岩山地形成的土壤中。土壤酸碱性不仅会直接作用于植物的生理活动，还对土壤肥力的性质具有很大影响，从而直接和间接地影响到药用植物生长

发育。有花植物能够生长的pH值为3~9。酸性土壤适于种植肉桂、黄连、槟榔，碱性土壤适用于种植甘草、枸杞等，而中性土壤则适用于大多数药用植物的生长。在强酸性和强碱性环境中，只能生长一些具有特殊适应结构和功能的酸性植物或碱性植物。如乌拉尔甘草和胀果甘草都具有一定的耐盐能力，在新疆的南疆地区乌拉尔甘草仅分布在天山南麓河流两岸的轻度盐碱地上，而塔里木河沿岸的盐碱地上分布的是更耐盐碱的胀果甘草。

土壤生物 生活在土壤中的细菌、真菌、放线菌等微生物，以及线虫、蚯蚓等动物。土壤微生物的种类组成、数量及其活动程度在土壤形成、矿物质转化、保持土壤微生态环境健康等方面起着驱动的作用。研究表明土壤微生物的多样性一定程度上反映了土壤的健康程度。对甘草、当归和三七等的研究表明土壤微生物的多样性与药用植物的健康生长有着密切的关系，通过促生长、抗病原菌等方式对植株的生长及有效成分的积累发挥作用。如菌根真菌是兰科药用植物天麻生长所必需的共生真菌。印度梨形孢和圆褐固氮菌可显著提高黄花蒿的生物量及青蒿素的含量。贯叶连翘根际有益细菌菌株可以激发其次生代谢，提高贯叶连翘药用成分的产量。由施用丛枝菌根菌对丹参的生长发育及咖啡酸、丹参素、迷迭香酸的含量有明显的促进作用，作用机制在于提高有效成分合成过程中关键酶基因的表达水平及酶活性。土壤微生物中的某些有害菌群对药材品质造成负面的影响，如由病原菌引起的土传病害可导致根类药材发生变色、斑点、腐烂等现象，严重

影响药材外观及内在品质。发生根腐病的西洋参中3种人参皂苷发生不同变化，患病组织中的6种主要皂苷（Rg_1、Re、Rb_1、Rc、Rb_2、Rd）含量下降40%~50%。对同一产地，随着某种药用植物种植年限的增加会引起土壤微生态区系的变化，破坏根际微生物种群的平衡，导致地力衰竭，降低药用植物对营养物质的吸收利用，导致药用植物产量降低、病虫害增加，如滇重楼、麦冬、浙贝母等。

应用 由于各种药用植物的生物学和生态学特性不同，适宜生长的土壤质地也各不相同。在进行人工栽培时，应根据每一种植物的生物学和生态学特性，因地制宜的选用相应的土地。

（高微微 郭庆梅）

yàoyòng zhíwù huàxué shēngtài

药用植物化学生态（medicinal plant chemical ecology） 以药用植物为核心研究生物之间的化学联系及机制，并在实际中加以应用的知识体系。主要研究药用植物与昆虫、药用植物与微生物、药用植物同种或异种植物之间通过化学物质介导的相互作用。这些化学物质主要包括萜类、醌类、有机酸类、酚酸类、黄酮类、生物碱类等植物的次生代谢产物，以及氨基酸或毒蛋白，以空气、土壤、水为媒介或在相互接触中产生化学联系。

内容和范围 药用植物通过释放化学物质与生长环境中的生物建立互利、单利或防御的关系，药用植物化学生态学一方面研究植物对伤害的感知，对不同类型伤害的化学反应，信息化合物的收集、鉴定、合成、释放、功能及作用机制，另一方面也包括作用对象（昆虫、寄生植物）对来自药

用植物的化学信息的感受机制。

研究范围包括：①药用植物与昆虫的互利和单利关系研究，植物花朵的气味对授粉昆虫的吸引，如天麻花的气味可以吸引茎蝇，而刺柏和樟子松的气味会吸引害虫舞毒蛾产卵和取食。②植物—植食性昆虫—天敌的三级营养关系研究，产生特定的化学成分是植物防御昆虫取食的独特策略，如松针叶在受到松蚜的取食后，可以合成并释放石竹烯吸引蚜虫的天敌捕食性瓢虫，达到保护自己的目的。③植物与病原微生物之间的研究，植物受到病原微生物侵染后，受害部位可以合成起防御作用的化学物质，或从别的部位转运现有的化学物质到受害部位，即产生诱导抗性，如白木香在受到机械损伤或微生物侵染后合成沉香。④植物之间的作用研究，如自毒作用（见药用植物化感作用）是药用植物连作障碍的重要原因；寄生植物与寄主植物的作用及识别机制也是植物之间作用的重要研究内容。还有基于上述基础的植物抗病虫育种研究，以及杀虫剂、杀菌剂、除草剂的开发等。

研究方法　首先通过对野外或栽培生产中植物虫害、病害、草害以及化感现象的调查，确定研究对象和科学问题，之后生物之间的化学生态学研究主要在实验室中完成。发生在生物之间作用的化学物质通常极其微量，需要借助特殊的仪器及精密的化学分析方法对收集到的物质进行活性鉴定和分析，主要的研究方法包括：①顶空收集、吸附剂收集法，用于收集植物挥发性气体样品，一般收集到的植物挥发性气体中往往含有几十甚至上百种化学物质，采用气相色谱-触角电位

联用仪可快速鉴定其中对昆虫有活性的成分。②气相色谱-质谱联用分析法，主要用于从植物挥发性混合物中鉴定未知化合物。③液相色谱-质谱联用分析法，用于测定化学成分主要是非挥发性成分的组成和变化。④风洞、叶碟、嗅觉仪分析法，用于确定某种化合物或某些混合物对昆虫活动的影响或毒性，用于研究昆虫与植物之间化学关系。⑤培养皿生物测定方法，主要用于鉴定植物产生并释放的化合物对微生物或目标植物是否具有活性。⑥分子生物学方法，包括基因组、转录组、功能基因的确定与表达等，用于鉴定活性物质的合成途径及作用的靶基因。

应用领域　①病虫草害的绿色防治，揭示药用植物与其他生物之间相互识别、相互作用的化学机制，可进一步阐明中药材生产中的病虫草害发生规律、制定绿色防治策略，如昆虫信息素用于害虫的防治技术已逐渐成熟，并逐渐进入商业化应用阶段。②促进抗性成分的合成，如应用内生或病原真菌接种白木香的树干诱导形成沉香，已大面积推广使用。③新生物农药开发，生物农药的应用可减少或替代化学农药的使用，减缓病虫抗药性，保护病虫害的天敌资源，如具有生态学效应的生物活性物质印楝素、苦参碱、烟碱等已成功作为杀虫剂商品上市销售；中药药渣与菇棒微粉的混合物可对引起番茄病毒病的主要病毒 CVM 和 TVM 起到防控作用。

（高微微）

yàoyòng zhíwù huàgǎn zuòyòng
药用植物化感作用（medicinal plant allelopathy）　药用植物通过释放化学物质到环境中对其他

植物（或微生物）产生直接或间接作用的现象。化感现象发生在同种植物之间并表现为抑制作用时，称为自毒作用（autotoxicity）。自然生态系统中的野生药用植物的分布、群落组成和演替、协同进化等，以及农业生态系统中药用植物的间作、连作、轮作等生产方式均受化感作用的影响。化感物质一般包括水溶性有机酸、简单不饱和内酯、长链脂肪醇、醛、酮、多炔、醌类、酚酸及其衍生物、香豆素、黄酮、单宁、萜类、甾类、生物碱、氰醇、硫化物、嘌呤和核苷等，其中酚类和萜类化合物较为常见。这些化合物均为植物的次生代谢产物，通过植物根系分泌、叶片挥发、残体分解等途径释放到环境中，从而影响周围生物或自身的生存及生长发育。野生药用植物的群落组成和演替，以及栽培药用植物连作障碍的部分原因与化感作用有关。

研究内容　①化感物质的分离、结构鉴定及其生物活性的确定。②化感物质作用的生理、生化及分子机制。③化感物质的合成调控。④化感物质的释放途径及在环境中的稳定性，如研究发现在自然条件下，黄花蒿化感物质主要通过挥发途径和淋溶途径释放到环境中。⑤化感/自毒现象在药用植物连作障碍中的直接与间接作用，自毒物质可以直接影响光合效率、根系活力、酶活性以及激素分泌等多个控制药用植物生长发育的环节，从而降低植物产量及品质。另外，自毒物质会导致连作土壤环境中微生物的组成与功能发生改变，有利于有害病原菌增加，有益菌减少，导致病害加重。

研究方法　①化感物质的化

学鉴定和分析：释放到空气和土壤环境中发挥作用的化合物一般都是微量成分，主要采用溶剂从植物或根际土壤中提取，以生物活性测定结果为导向，经过多种层析技术进行分离，通过光谱/波谱解析技术对获得的化合物进行鉴定；或通过高效液相色谱－质谱、高效液相色谱－二极管阵列检测器、气相色谱－质谱、气相色谱－质谱－质谱等联用技术直接对纯度不高的微量样品进行鉴定。②分泌部位鉴定：使用光学和电子显微镜，通过酶或荧光标记技术定位研究根系分泌或腺体释放的化感物质，可以简化样品制备的步骤，加快样品的鉴定速度。③化感作用的确定：一般根据培养皿中种子发芽状况进行初步筛选，再通过盆栽试验验证。④化感物质的作用机制：多采用测定植株体内一系列生理生化指标的变化，包括光合及呼吸作用、营养物质吸收，激素等指标以及蛋白质合成及酶的活性等。⑤分子生物学技术：实时聚合酶链反应技术有助于了解化感物质作用的分子靶点及对基因表达调控，基因芯片技术可以实现对大量化合物的筛选，第三代高通量基因测序技术实现了对土壤中微生物组的快速测定。

应用领域 ①从理论上阐明药用植物连作障碍的原因：如利用柱层析法从甘草根际土壤水淋洗液种分离纯化出 6 个化合物，运用波谱学技术对化合物结构进行鉴定，并明确化合物中甘草苷、β-谷甾醇和甘草酸对甘草幼苗生长表现出明显的抑制作用。②促进中药材合理的间作、套作及轮作等种植制度的建立。③通过自然生态系统中野生药用植物优势种群形成与更新、群落结构稳定

与变化的化学机制的研究，解决野生药材再生障碍问题，制定保护策略。

（高微微）

yàoyòng zhíwù fēnzǐ shēngwùxué
药用植物分子生物学 （medicinal plant molecular biology）
研究药用植物体内核酸、蛋白质等生物大分子形态、结构特征、规律性和相互关系的知识体系。

研究内容 主要是在基因和蛋白水平研究药用植物的基因结构及功能、分子鉴定、品质评价、次生代谢产物生物合成和调控及遗传多样性等。包括：①药用植物基因的结构与功能，基因的转录、转录后加工、翻译，以及DNA 复制、重组和转座，蛋白质的结构与功能。②药用植物 DNA鉴定。③药用植物突变体库的建立。④药用植物关键性状的分子标记开发与利用。⑤药用植物次生代谢产物生物合成途径的解析和调控机制。⑥药用植物抗病、抗逆等优良性状的遗传机制研究及优良品种选育。⑦道地药材形成的生物学本质研究。⑧药用植物遗传多样性及资源可持续利用等。

研究方法 主要包括 DNA 测序技术、DNA 重组技术、基因表达调控研究以及生物大分子的结构功能研究等。

DNA 测序技术 主要包括一代测序技术、二代测序技术、三代测序技术等。一代测序技术又称 Sanger 测序技术，其基本原理是双脱氧链终止法（又称末端终止法），该方法准确率较高，测序读长 1000bp 左右，但测序通量较低。二代测序技术主要是 Illumina测序技术，该技术同样采用边合成边测序的原理，其独到之处是桥式扩增形成 DNA 分子簇的技术，读长 2×150～2×300bp，通量

较高，是主流二代测序技术。还有罗氏 454 测序技术和 SOLiD 测序技术，应用不多。三代测序技术包括：①美国太平洋生物科学（Pacific Biosciences，PacBio）公司推出的单分子实时测序（SMRTsequencing），其原理也是基于边合成边测序，通过记录 DNA 链合成时的荧光信号来测定 DNA 模板序列，测序速度快，平均读长30kbp，最长可达 90kbp，测序通量较高。②英国牛津纳米孔（Oxford Nanopore）公司推出的基因纳米孔测序技术，其原理是测量长链 DNA 或 RNA 分子在电场作用下核苷酸顺序通过纳米孔时的电流强度变化直接读取序列，读长超长。

DNA 重组技术 对目的基因进行筛选及克隆、构建原核或真核表达载体、在大肠杆菌、酵母或药用植物中表达。

基因表达调控研究技术 主要通过 DNA 甲基化分析、启动子和增强子分析、转录因子分析、荧光定量 PCR、RNA 干扰、过表达、基因敲除等技术研究不同调控因子调控基因表达的机制。

蛋白质结构功能研究技术主要是采用 X 射线衍射及核磁共振等方法研究功能蛋白的空间结构及结构的运动变化，探索蛋白结构与功能之间的关系。

应用领域 ①药用植物基因资源保护和利用：通过解析药用植物功能基因和基因组，破译药用植物遗传信息，实现基因资源的保护及利用。②药用模式生物研究：基于全基因组测序技术获得药用植物高精度遗传信息，构建高覆盖度的遗传转化体系，筛选适合的次生代谢产物生产研究系统，建立药用模式生物研究体系，有助于指导其他药用植物的

研究。③道地药材形成机制：基于 DNA 重组技术和基因表达调控研究技术等，探讨药用植物活性成分生物合成和调控机制，从而深入探索中药材道地性形成分子机制。④分子辅助育种：通过研究形成和调控有效成分的分子机制和遗传特点，指导优良新品种的分子选育。⑤中药质量评价和控制：基于药用植物基因组挖掘中药材特征性分子标志物，建立精准的中药材分子鉴定体系，完善中药质量评价和控制体系。⑥中药新药研发：基于药用植物蛋白质结构功能、酶工程研究等技术阐明中药活性成分生物合成关键酶催化机理，提升酶催化效率，改造酶催化活性，应用于中药活性成分多样性及新结构的获取及生物合成，为中药新药研发提供新策略。

（宋经元　徐志超　辛天怡）

yàoyòng zhíwù jīyīn

药用植物基因（medicinal plant gene）

药用植物体内具有遗传效应的 DNA 片段。是控制药用植物性状的基本遗传单位，支持着药用植物的基本构造和性能，储存药用植物生长和发育的全部遗传信息。按照遗传学概念，基因具有复制、转录和可突变 3 个基本属性。通过复制，将遗传信息由亲代传递给子代；经过转录，对表型产生效应；可突变形成各种等位基因。

分类　药用植物基因按功能可分为结构基因（structural gene）和调控基因（regulator and control gene）。结构基因指能决定某种蛋白分子结构的基因，调控基因指某些可调节控制结构基因表达的基因。药用植物基因组是指药用植物所有遗传信息的总和，包括基因和非编码 DNA。药用植物转

录组是指是指药用植物在某种状态或某一生理条件下，细胞内所有基因转录产物的总和，包括信使 RNA、核糖体 RNA、转运 RNA 及非编码 RNA。药用植物基因调控是通过药用植物基因组或转录组筛选具有调控次生代谢生物合成、药用植物生长发育等功能的基因，进一步通过体内外生物化学和分子生物学技术手段揭示其调控机制。

基因结构　药用植物属于真核生物，基因结构主要分为编码区和非编码区，编码区是不连续的，被非编码区分割开来，称为断裂基因。在真核基因中，编码序列又称外显子（exon），可以通过转录、翻译表达为多肽链；非编码序列又称内含子（intron），只参与转录形成 pre-mRNA，在 pre-mRNA 形成成熟 mRNA 时即被剪切掉。在每个基因的第一个和最后一个外显子外侧，均有一段不被转录的非编码区，称为侧翼序列（flanking sequence），对基因的有效表达起调控作用，第一个外显子前面的侧翼序列，又称为顺式作用元件，包括启动子、增强子、沉默子等。

基因家族　基因组中许多来源相同、结构相似、功能相关基因的成套组合。同一家族中的成员有时紧密地排列在一起，成为一个基因簇；更多时候，分散在同一染色体不同部位，甚至位于不同染色体上，具有各自不同的表达调控模式。

基因研究　以药用植物次生代谢功能基因研究为例，首先可根据化学反应原理和已分离鉴定的中间产物推测出可能的生物合成途径，必要时可通过同位素示踪对推测途径进行确认；其次通过转录组分析获得相关基因的共

表达信息，或通过基因组扫描发掘次生代谢相关的基因簇，从而发现并缩小候选基因范围；最后对所有候选基因进行异源表达和酶活性检测以确定酶的催化功能，对于遗传转化体系成熟的物种，可在原物种中进行该酶基因的抑制或过表达研究，进一步确认该酶在原物种体内的功能。

基因发现　①遗传筛选：通过实验筛选出具有某些特定表现型的突变性状，通过基因组和转录组测序寻找控制该表型的基因。②编码产物：借助蛋白质氨基酸序列反向推测蛋白编码序列，进而通过转录组测序验证。③序列分析：在基因组图谱基础上，对已知的基因和基因组结构进行比较，发现新基因。

基因鉴定　用来鉴定基因的方法主要有：①基于基因的结构和序列，如限制酶切图谱、分子杂交、测序等。②基于表型特征，如抗性、报道基因的性状等。③基于基因产物的性质，如与抗体反应、肽谱、蛋白质活性等。

（宋经元　辛天怡　徐志超）

yàoyòng zhíwù jīyīn tiáokòng

药用植物基因调控（medicinal plant gene regulation）

药用植物生长发育过程及应对环境变化时所表现出的、对基因的表达与否及表达水平高低等进行调节的复杂过程。

机制　对药用植物基因表达过程的调控，包括两种类型的调控机制：一种为短期或可逆调控；另一种为长期调控，一般不可逆。短期调控主要是细胞对环境的变动，特别是对代谢作用物或激素水平升降做出反应，表现出细胞内酶或某些特殊蛋白质合成的变化。长期调控则涉及发育过程中细胞的决定和分化。

分类 药用植物基因调控主要包括转录前水平调控、转录水平调控、转录后调控、翻译水平调控、翻译后水平调控等。

转录前水平调控 染色体丢失、组蛋白修饰、DNA甲基化修饰、基因重排和基因扩增等通过改变DNA序列和染色质结构影响基因表达的过程均属于转录前水平的调控。如药用植物DNA复制后经常发生甲基化修饰，主要的甲基化核苷酸是5-甲基胞嘧啶核苷酸，DNA的甲基化与基因的转录活性相关，通常DNA甲基化可能抑制基因的转录活性。

转录水平调控 药用植物基因表达调控的主要方式。主要是通过反式作用因子、顺式作用元件和RNA聚合酶相互作用完成。顺式作用元件是基因周围能与特定反式作用因子结合而影响转录的DNA序列，包括启动子、增强子和沉默子等。反式作用因子包括通用或基本转录因子、上游因子和可诱导因子。

转录后调控 药用植物基因在转录后对RNA的加工进行调控。主要包括转录前的终止、RNA前体的加工和剪切、RNA的转运和RNA编辑等环节。其中，RNA可变剪接及小RNA（microRNA，miRNA）的调控在药用植物中研究较多。RNA可变剪接（alternaltive splicing）是指从同一个mRNA前体中通过选择不同的剪接位点组合产生多个不同成熟mRNA的过程。这是一种转录后RNA水平上调控基因表达的重要机制，使一个基因可以产生多个转录本和多个蛋白产物，基因功能的多样性得以提高。此外，小RNA是约22个碱基的非编码RNA，主要在转录后水平调节基因的活性。miRNA通过与靶基因的互补位点结合从而降解靶基因mRNA或抑制其翻译。

翻译水平调控 主要是控制mRNA稳定性和有选择的翻译。包括：①mRNA翻译能力差异，mRNA5′-端加帽及3′-端多聚A加尾均有利于mRNA分子稳定，对翻译效率起重要调控作用。②翻译阻遏作用，对核糖体蛋白质起翻译阻遏作用的蛋白质均能和自身mRNA起始控制部位相结合而影响翻译。③反义RNA作用，通过互补序列与特定mRNA结合，结合位置包括mRNA结合核糖体的序列和起始密码子AUG，从而抑制mRNA翻译。

翻译后水平调控 部分多肽链合成后需经过加工与折叠才能成为有活性的蛋白质，该过程即翻译后水平调控。翻译后加工过程包括：①除去起始的甲硫氨酸残基或随后几个残基。②切除分泌蛋白或膜蛋白N-末端信号序列。③形成分子内二硫键，以固定折叠构象。④肽链断裂或切除部分肽段。⑤末端或内部某些氨基酸修饰，如甲基化、乙酰化、磷酸化等。⑥加上糖基（糖蛋白）、脂类分子（脂蛋白）或配基（复杂蛋白）。此外，蛋白质需在酶和分子伴侣帮助下进行折叠，并正确定位。

应用领域 药用植物基因调控研究主要集中于转录因子、microRNA和可变剪接对药用植物生长发育、抗逆及活性成分合成的调控作用。例如，长春花AP2/ERF转录因子ORCA3过表达后能够调控长春花中抗肿瘤的萜类吲哚生物碱TIAs代谢途径中多步关键酶基因的表达上调，说明ORCA3是TIAs途径的核心调控因子。

（宋经元 辛天怡 季爱加）

yàoyòng zhíwù jīyīnzǔ

药用植物基因组（medicinal plant genome） 药用植物一套染色体的完整DNA序列。植物基因组研究最早为1986年完成的地钱（*Marchantia polymorpha*）和烟草（*Nicotiana tabacum*）的叶绿体基因组测序，2000年完成了模式植物拟南芥基因组测序，2002年完成了第一个作物水稻基因组测序。截至2019年7月，已有405个植物基因组测序发表，其中药用植物有蓖麻、大麻、赤芝、长春花、紫芝、丹参、人参、铁皮石斛、三七、黄芩、卷柏、紫苏、穿心莲、天麻，以及药食同源的种类莲、枣等。由于药用植物的经典遗传学研究匮乏，以及基因组的多倍性、高杂合度和高重复序列的特征，一部分发表的药用植物基因组为组装质量较低的基因组草图。

组成 包含核基因组、线粒体和叶绿体基因组，也可以特指核基因组。

核基因组（nuclear genome） 植物细胞核染色体所携带的一套完整的单倍体序列。药用植物核基因组隶属真核生物基因组，为双亲遗传。由于植物具有共同祖先——轮藻（Charophyceae），药用植物核基因组在进化上表现出基因〔国际公认的保守基因集来自BUSCO（Benchmarking Universal Single-copy Orthologs）〕和基因组水平（共线性）的保守性，此外，序列变异构成了核基因组的更主要特征，近缘物种、甚至同一药用植物物种的不同品种的基因组之间，均存在大量的序列变异，表现在碱基序列、基因家族大小、重复序列含量、基因组大小、基因组片段的重组重排等多个方面。核基因组进化的遗传机制复杂，包括基因组复制过程中的 DNA 突变、染色体重组、重复元件的转座与插入、基因组及基因水平的多倍化、横向基因转移等。核基因组构成上包括 35%~80% 的重复序列和约 5% 的分布于整个基因组区域的蛋白编码序列，编码序列由于存在内含子，多为断裂基因，重复序列分布在基因组各区域，着丝粒和端粒区多为串联重复，其他区域除了串联重复，还包括大量散在重复，此外，基因组还包括大量的非编码序列，包括结构 RNA（转运 RNA、核糖体 RNA 以及核小RNA 等）、调节 RNA（如长链非编码 RNA 和小 RNA）以及假基因。相比叶绿体和线粒体基因组，核基因组进化速率更快。

叶绿体基因组（chloroplast genome）　叶绿体中包含的所有遗传物质，又称为质体基因组。被子植物叶绿体基因组多为母系遗传，基因组进化上表现出稳定的基因组组成、相对保守的基因排列、极少的重组事件和流入叶绿体基因组的水平基因转移。基因组由 1 个大单拷贝区域（large single copy，LSC）、1 个小单拷贝区域（small single copy，SSC）和两个反向重复区域（inverted repeats，IR）构成。IR 区域相比 LSC 和 SSC 区域进化速率要慢。基因重复序列大部分位于基因间区和内含子区，也有一些位于 tRNA 和蛋白编码区，散在重复类型多为同向重复和反向重复序列，串联重复序列中的 SSR 种类以单碱基重复为主导。不同植物物种，叶绿体基因组的重复序列同源性较强。叶绿体基因组进化速率适中，编码区和非编码区分子进化速率差异较大（前者慢后者快），具有不同层次的进化速率。

线粒体基因组（mitochondrial genome）　线粒体中包含的所有遗传物质。线粒体基因组均为母系遗传，但线粒体基因组进化上表现出物种间，甚至物种内的极大异质性，包括基因组大小、结构、基因组排序均存在很大差异，进化过程中发生不同速度和类型的基因丢失、替代和功能转移，但编码基因十分保守。同源重组是线粒体基因组进化、基因结构变异等的主要因素。蛋白编码基因的具体介绍。基因重复由基因间区或内含子区的回文重复序列组成，大小几十 bp 到几十 kb 不等，也包括叶绿体基因组、核基因组甚至其他生物转移而来的序列。根据长度，重复序列分为大重复序列（>500bp）、中重复序列（50~500bp）和小重复序列（<50bp），线粒体基因组的重复序列间基本无同源性，反映了进化上序列获得的独立性。线粒体基因组在 3 套基因组中最保守、演化速率最慢。

特征　①存在形式：核基因组均为线形 DNA 分子，叶绿体基因组为环状 DNA，线粒体基因组包括了环状、线状、大环、小环几种不同类型 DNA 分子，较为复杂。②大小：核基因组大小变化最大（63Mb~150Gb），其次为线粒体（200kb~11Mb），叶绿体基因组大小变化最小（120~180kb）。③构成：均可分为蛋白质编码区、非编码区和重复序列。叶绿体基因组的蛋白编码区的比率最高（50%~65%），其次是线粒体基因组（约 10%），核基因组比率最低（一般小于 5%）。核基因组蛋白质编码基因 2~7 万个，很多以基因家族的形式存在，控制生物体生长发育等绝大多数生命活动。叶绿体基因组蛋白质

编码基因为 110~130 个，多为单拷贝基因（反向重复区存在多拷贝），主要为与光合作用有关的基因。线粒体基因组蛋白质编码基因为 30~70 个，多为多拷贝基因，主要为与氧化磷酸化有关的基因，核基因组重复序列占比最高（可达到 80%），且构成复杂，如串联重复按照重复单元的长度，可划分为微卫星、小卫星和卫星 DNA，散在重复按照转座机制的不同，可划分为 RNA 和 DNA 转座子等；其次为线粒体基因组，占 6%~60%，叶绿体基因组重复序列占比最低约 0.5%，质体基因组重复序列构成简单，多为串联重复。

研究内容　基因组研究隶属于基因组学，其研究包括以全基因组测序为目标的结构基因组学和以基因功能鉴定为目标的功能基因组学。其采用生物信息学、遗传分析、基因表达测定和基因功能鉴定等工具方法去研究：①基因组的结构特征，涉及编码基因、非编码基因以及重复序列的特征。②基因组的进化，涉及基因组进化的分子机制以及进化的模式与生物多样性的关系。③重要天然产物生物合成的代谢途径解析等。药用植物基因组研究的现在多集中于天然产物的化学和生物学解析。

应用领域　①基于遗传变异的药用植物基因组结构变化与进化。②药用植物重要性状功能基因的定位，叶绿体基因组可作为理想的遗传转化体系，有助于对目标基因开展功能研究。③药用植物分子育种，基于基因组的大数据育种技术广泛用于品种评价、杂种优势预测，基于基因组的基因编辑技术和基因组选择广泛应用于育种过程和特定性状改良，基于基因组的合成生物学广泛用

于植物育种和特定代谢途径设计与利用，线粒体基因组研究亦可应用于细胞质雄性不育系的培育与利用。④药用植物系统发育研究，核基因组单拷贝基因用于种内和种间的系统进化研究，叶绿体基因组可在不同进化阶元上具重要的系统进化价值。⑤药用植物分子鉴定，一些保守的核基因、叶绿体基因或基因间区序列可作为 DNA 条形码，甚至整个叶绿体基因的超级条形码已经广泛用于药用植物的分子鉴定。

（陈士林　徐超群）

yàoyòng zhíwù zhuǎnlùzǔ

药用植物转录组（medicinal plant transcriptome）

药用植物细胞或组织在特定状态下所有编码蛋白质的 mRNA 总和。广义的转录组还包括非编码 RNA，如 rRNA、tRNA、microRNA 等。作为连接基因组与蛋白质组的纽带，转录组具有时间性和空间性，即转录组反映的是除了异常 mRNA 降解现象以外，特定条件下所有基因的活跃状态。通过转录组分析，不仅可能精确地获得基因表达的 RNA 水平有关信息，还可以揭示基因表达与生命现象之间的内在联系，从而表征生命体生理活动规律，确定其代谢特性。

研究方法　用于药用植物转录组数据获取和分析的测序方法主要经历了三代技术类型的变迁：第一代测序技术主要有以桑格（Sanger）测序作主体；第二代测序技术以罗氏（Roche，美国）公司的 454 技术和因美纳（Illumina，美国）公司的 Solexa 技术；第三代测序技术是建立在第二代测序基础之上兴起的，第三代测序平台主要有单分子实时（single-molecule real-time，SMART）技术、纳米孔技术等，可获得更长乃至全长转录组序列。第二代和第三代测序技术具有通量高、分辨率高、灵敏度高、不受限制等优点，基于第二代和第三代测序技术的 RNA 测序技术是转录组测序研究的主导方法。

研究内容　①揭示特定转录状态下基因的功能和生物通路。通过基因功能注释将所测基因片段与已有数据库，如 GO、KEGG 等已注释功能的基因相比对分析，获得具有某种功能的基因以及相关调控网络信息。②研究基因转录的水平。由于不同发育阶段、外界刺激或环境变化时生物体中基因表达水平的变化是微小的，转录组测序技术可以定量、准确的确定 RNA 的表达水平。③研究非编码区域（ncRNA）功能。如 microRNA 通过基因沉默方式调节靶基因表达，大规模 microRNA 转录组的测定，发现了大量的 microRNA，进而阐释了其对基因表达和生长发育起到的重要调节功能。④研究转录本结构变异。转录本结构的变异能揭示基因转录后表达的多样性，如可变剪接使一个基因产生多个 mRNA 转录本，从而翻译成不同蛋白。⑤开发 SSR 和 SNPs 标记。通过比对转录本和参考基因组间的序列，寻找潜在的 SNPs 或 SSRs。

应用领域　基于转录组数据的分析研究，药用植物转录组的应用将有助于得到新的功能基因和代谢通路，为天然药物来源新途径，种质资源鉴定、保存、扩大与优良种质选育提供分子基础。通过对次生代谢途径关键酶基因的研究，为药用植物活性成分的生物合成与调控提供新的思路和方法，或通过基因转录水平的调节，提高药用成分的产量与活性，为中药材的良种选育、规范化种植和质量控制提供技术支撑。①药用植物功能基因挖掘。活性成分在药用植物中具有重要作用，其生物合成途径解析及关键酶基因的挖掘是药用植物转录组研究的主要应用。如通过代谢组学与转录组学的结合，研究了丹参二萜醌的生物合成途径中含 70 个转录子和 8 个细胞色素 P450，为未来研究提供了靶向指导。利用 Illumina RNA-Seq 对甘草进行转录组测序，筛选获得了异黄酮生物合成中特异表达基因、甘草酸积累相关细胞色素 P450 和空泡中皂苷转运蛋白。②药用植物生长发育机制研究。如利用 454-GS FLX Titanium 对七叶一枝花胚的转录组进行测序，基因功能注释共发现 464 个转录本可能涉及植物激素代谢与生物合成、激素信号、种子休眠、种子成熟、细胞壁生长及昼夜节律。其中 11 个与植物激素相关的基因和其他 5 个基因在胚和胚乳间展现出不同的表达谱，提示这些基因在七叶一枝花种子休眠机制中起到重要作用。③药用植物分子标记的开发，用于物种鉴别、分子遗传学研究和分子育种等方面。如对忍冬及红白忍冬进行 EST 序列分析，共获得 3705 条忍冬 EST-SSRs，经过同源对比后在忍冬及其变种中共筛选出 87 对重复次数具有差异的 EST-SSR，又选择了差异碱基数大于 6 的 EST-SSR 设计引物，其中 4 对引物可用于忍冬和红白忍冬的鉴别。④药用植物基因调控网络构建。一个基因的表达受其他基因的影响，而这个基因又影响其他基因的表达，这种相互影响相互制约的关系构成了复杂的基因表达调控网络。如依据长春花 RNA-Seq 数据构建了一个详细的代谢途径数据库 CathaCyc（version 1.0），其含有 390 个初生和次生代谢途径，涉及 1347 个合成酶。获得了 2 条完整的长春花萜类代谢途径，可以合成萜类吲哚生物碱和三萜化合物，且显著受到植物生长发育和环境因素的调控。

（陈士林　向　丽　陈丽丽）

yàoyòng zhíwù dànbáizhì

药用植物蛋白质（medicinal plant protein）

由 20 多种氨基酸按不同比例组合而成的重要生命物质。蛋白质构成药用植物细胞和组织结构，参与药用植物各种重要活动。具有催化次生代谢产物合成功能的酶是药用植物重点关注的蛋白，如参与青蒿酸、吗啡喃生物合成的关键酶等；某些药用植物中含有毒性蛋白，根据毒性可分为高毒性毒蛋白，如蓖麻毒素、相思子毒素、槲寄生素等；低毒性毒蛋白，如巴豆毒素、菜豆毒素等。

结构　氨基酸是药用植物蛋白的基本组成单位，多肽链中氨基酸的排列顺序构成蛋白质的一级结构；多肽链借助氢键排列成自己特有的 α 螺旋和 β 折叠股片段称为二级结构；多肽链借助各种非共价键（或非共价力）弯曲、折叠成具有特定走向的紧密球状构象称为三级结构；寡聚蛋白质中各亚基之间在空间上的相互关系和结合方式称为四级结构。药用植物蛋白质结构的解析对于理解药用植物活性成分生物合成途径关键酶的催化机制或具有调控药用植物生物发育等活性蛋白的调控功能具有重要指导意义。此外，基于蛋白质结构，可以定向突变改造蛋白质的催化活性，提高催化效率，为药用植物活性成分合成生物学研究提供重要元器件。

功能　蛋白质是生物体行使功能的载体，每种细胞活性都依赖于多种特定的蛋白质，其生物学功能主要有以下几方面。

催化　蛋白质的一个最重要的生物功能是作为生物体新陈代谢的催化剂，即酶。如核糖核酸酶、果糖磷酸激酶。

调节　许多蛋白质具备调节其他蛋白质执行其生理功能的能力，如钙调蛋白等。

转运　从一处向另一处转运特定物质，如硝酸盐转运蛋白等。

贮存　此类蛋白质是氨基酸的聚合物，又因氮素通常是生长的限制性养分，因此生物体必要时可利用蛋白质作为提供充足氮素的方式。如药用植物种子中含有的贮存蛋白，能够为种子萌发提供充足氮素。

运动　某些蛋白质赋予细胞运动能力，大多是丝状分子或丝状聚集体，如扩张蛋白能够对植物细胞壁状态进行调节，在酸性条件下可以使热失活的细胞壁恢复伸展。

防御和进攻　与结构蛋白的被动防护不同，一类确切地成为保护或开发蛋白的蛋白质在细胞防御、保护和开发方面具有主动作用。如蓖麻毒素。

异常功能　某些蛋白质除具有上述功能以外，还具有其他功能。如应乐果甜蛋白。

研究方法　对蛋白质的研究包括"体内"和"体外"，体外研究多应用于纯化后的蛋白质，将它们置于可控制的环境中，以期获得它们的功能信息；例如，酶动力学相关的研究可以揭示酶催化反应的化学机制和与不同底物分子之间的相对亲和力。体内研究实验着重于蛋白质在细胞或者整个组织中的活性作用，从而可以了解蛋白质发挥功能的场所和相应的调节机制。药用植物蛋白质研究主要以体外研究为主，由于植物中所含蛋白质类别丰富，优化药用植物蛋白分离纯化方法，获得高纯度具有生物学活性和化学完整性的蛋白成为最主要的问题。

药用植物蛋白的分离纯化可按照蛋白质的基本性质设计分离方法，主要包括：①分子大小，透析和超过滤，密度梯度（区带）离心，凝胶过滤等。②溶解度差别，等电点沉淀和 pH 控制，蛋白质盐溶和盐析，有机溶剂分级分离，温度对蛋白质溶解度的影响等。③带电荷性质，聚丙烯酰胺凝胶电泳，毛细管电泳，等电聚焦，层析聚焦，离子交换层析等。④选择性吸附性质，羟磷灰石层析，疏水作用层析等。⑤对配体分子的生物学亲和性，凝集素亲和层析，免疫亲和层析，金属螯合层析，染料配体层析，共价层析等。⑥高效液相层析和快速蛋白质液相层析等。

（宋经元　辛天怡　徐志超）

yàoyòng zhíwù dànbáizhìzǔ

药用植物蛋白质组（medicinal plant proteome）

由药用植物的 1 个基因组或 1 个细胞、组织表达的所有蛋白质。由于可变剪辑及 RNA 编辑的存在，许多基因可以表达出多种不同的蛋白质，因此，蛋白质组的复杂度要比基因组的复杂度高得多。对全套蛋白质进行研究的学科称为蛋白质组学。蛋白质组学集中于动态描述基因调节，对基因表达的蛋白质水平进行定量的测定，解释基因表达调控的机制。通过对表达蛋白的大规模鉴定及定量分析，确定蛋白质功能、修饰及相互作用。

研究方法　药用植物蛋白质

组研究的全过程包括制备、分离、鉴定、分析和功能研究等方面，每个步骤涉及相应的研究技术，新型的研究技术也在快速形成和发展。

蛋白质组样品的制备　研究首要步骤是尽可能完整地将所有蛋白质从细胞或者组织中提取出来。常用样品来源有新鲜药用植物细胞、组织、器官和完整植株等。用于蛋白质组学研究的样品通常可采用细胞或组织的全蛋白质组分，也可进行样品预分级，即采用差速离心和密度梯度离心等方法根据蛋白质溶解性和蛋白质在细胞中不同的细胞器定位进行分级。

蛋白质组样品的分离　双向聚丙烯酰胺凝胶电泳是经典方法，但由于生物样品中蛋白质表达水平的巨大差异，如蛋白质大小的动态范围及表达量丰度的巨大差异，以及二维电泳技术对某些蛋白质的偏性，极大限制了该技术的应用范围。因此，人们开发了多种蛋白质分离技术，如色谱分离技术、毛细管电泳技术、毛细管色谱技术、微流控芯片技术等。

蛋白质的生物质谱鉴定　通过质谱技术实现，其原理是先将样品离子化，再根据不同离子间的荷质比差异来分离蛋白质并确定蛋白质的分子质量。蛋白质样品最常用的离子化方法是基质辅助激光解吸离子化和电喷雾离子化。

蛋白质空间结构的鉴定　主要包括 X 射线衍射、核磁共振技术、电镜技术及其他新兴技术。

蛋白质芯片　将固相载体进行特殊的化学处理，再将一系列已知的蛋白质或蛋白质结合分子（如酶、抗体、配体、细胞因子等）固定其上，根据这些生物分子的自身特性，捕获与之特异性结合的待测蛋白，来确定样本中蛋白质组的表达谱生化活性及相互作用。

蛋白质相互作用　利用酵母双杂交技术、pull down 技术、免疫共沉淀技术等。

生物信息学技术　利用生物信息学对蛋白质组的各种数据进行处理和分析，不仅是单纯的对蛋白质组数据的分析，还可以与蛋白质组数据库中已知的或新的基因产物进行全面分析。

应用领域　药用植物蛋白质组研究集中于通过比较不同药用植物或同一种药用植物不同组织器官蛋白质组的差异，用以评价药用植物活性成分与蛋白质组变化的相关性，揭示药用植物中次生代谢产物生物合成途径及调控的分子机制。例如基于质谱的蛋白质组学研究表明，黄花蒿中许多与青蒿素生物合成相关的蛋白质在毛状体富集区表达量明显高于叶片，这些蛋白可分为两类：一类是参与青蒿素生物合成途径的蛋白，另一类是其他高峰度蛋白。上述研究表明毛状体中可能存在另外的青蒿素生物合成途径。

（宋经元　辛天怡　李爱加）

yàoyòng zhíwù jiànbié
药用植物鉴别（medicinal plant identification）

运用植物学理论知识和多种技术方法，鉴定药用植物物种及其所属类别的过程。药用植物鉴别是一项专业性很强的技术，需要综合运用植物形态学、植物解剖学、植物分类学、植物生态学、植物生理学、天然产物化学等基础知识方法和丰富的实践经验，在仔细观察、综合分析、查阅文献、核对标本、准确命名的基础上，进行物种及其所属类别的判断和鉴定。随着人类社会的发展和科学技术的进步，不仅传统的形态鉴别和显微鉴别的技术手段和鉴别内容不断丰富，而且融入了薄层分析、色谱、光谱等理化鉴别技术、DNA 指纹图谱及分子标记技术等分子鉴别技术，以及结合计算机和数字化技术等的应用，使药用植物鉴别的技术方法更加完善，逐步形成了较为成熟的技术体系。

鉴别技术和方法　依据药用植物的特征不同，鉴别目的不同，常用的鉴别方法有：①形态鉴别。通过感官系统观察药用植物的外部性状（如大小、形状、颜色、气味）等固有的特征进行鉴别的方法。药用植物的物种或科属外部形态的特异性，是作为鉴定的重要依据，如根据芳香草本、四棱形茎、对生叶、轮伞花序、唇形花冠、小坚果的综合特征，可确定为唇形科植物。②显微鉴别。通过制作植物器官的切片、表皮或干燥粉末或组织解离装片，借助显微镜等观察植物细胞组织的结构特点进行鉴别的方法。③理化（化学）鉴别。通过显微化学法、薄层色谱法、高效液相色谱法、气相色谱法、紫外或红外光谱法、核磁共振光谱法等技术，对药用植物体内次生代谢形成的化学成分进行特征性分析比较的鉴别方法。④分子鉴别：应用较多的是 DNA 标记技术，即通过比较药用植物 DNA 分子差异来鉴别物种及其种类的方法。DNA 条形码鉴定技术是分子鉴定的最新发展，是 21 世纪初物种鉴定和分类的研究热点技术。

意义　药用植物鉴别方法和技术广泛地应用于中药基原植物的形态鉴别和分类鉴定以及中药材、中药饮片和中药制剂的质量评价。药用植物种类繁多，特征各异, 分布广泛, 作为中药的主要基原, 应用历史悠久, 由于近缘植物形态特征类似、历代本草记载有别、不同地区使用混乱, 以及类同品、代用品不断涌现, 科学、准确地鉴别中药基原植物的物种和类别, 是正本清源、保证中药质量和安全有效的极为重要的基础工作。

(潘超美)

yàoyòng zhíwù xíngtài jiànbié

药用植物形态鉴别 (medicinal plant morphological identification)

通过感官系统观察植物的外部形态, 对药用植物物种或所属类别进行鉴别的方法。植物的性状特征 (大小、形状、颜色、气味等) 是遗传特性的表现形式, 因此常具有物种的特异性, 可以用于药用植物物种的鉴定。形态鉴别需要鉴别者具备良好的植物形态学知识基础、丰富的实践经验和对观察结果进行规范记录和综合判断的能力, 也称为经验鉴别。形态鉴别是一种实用、快捷、直观的药用植物鉴别方法, 常用于药用植物的资源考察、教学实习和相关的科学研究中。

鉴别方法 基于鉴别对象, 先整体再局部、由大到小、自外而内、由表及里, 通过眼观、鼻闻、手摸 (折)、口尝或借助于放大镜、体视显微镜、扫描仪、电子鼻、色差仪、叶片厚度测定仪等观察测量仪器用具进行观察、记录、绘图, 再借助于文献资料和标本进行核对, 鉴别药用植物的物种和所属类别。

全株鉴别要点 根据植物习性鉴别, 木本 (乔木、灌木和木质藤本)、草本或亚灌木; 草本根据其生活周期鉴别是 1 年生草本、2 年生草本还是多年生草本; 根据生活型鉴别植物是直立、匍匐、

攀缘还是缠绕等; 根据生长环境鉴别是阳生植物、耐阴植物、湿生植物等不同类型。必要时需要测定植株的整体高度等。

根的鉴别要点 根通常是植物体生长在地下的营养器官, 首先鉴别是直根系还是须根系, 确定其为双子叶植物或单子叶植物; 然后仔细观察根尤其是变态根的形状、色泽、质地、表面有无附属结构、折断面等形态特征进行鉴别, 如丹参的砖红色圆柱根、何首乌的不规则块根及其折断面的 "云锦花纹"、百部的纺锤状块根、牛膝根折断面的 "筋脉小点"、前胡根头部有叶鞘残存的纤维毛状物、桔梗根质地较坚硬而沙参根质地较泡松、黄芪根嚼之有豆腥味等。对多年生的根还应注意表面皮孔的形状和分布位置。

茎的鉴别要点 茎通常生长在地面之上, 经反复分枝, 形成植物体整个地上部分的框架。鉴别时应仔细观察其形状、色泽、节和节间、表面附属物、皮孔、折断面等形态特征。茎的节间长短分别形成长枝和短枝; 茎一般为圆柱形, 但唇形科的茎四棱形、莎草科的茎三角形; 蔷薇科一些植物茎具有易于剥落的表皮刺, 芸香科一些植物茎具有刺状茎等。应注意重点鉴别与药用有关的地下变态茎的特征, 如黄精结节状的根状茎、半夏扁球形的块茎、百合球形的鳞茎等。

叶的鉴别要点 叶着生在茎的节上, 一般为绿色的扁平体。鉴别时应仔细观察各组成部分的形状、色泽、质地、表面附属物、分裂与否、单叶和复叶、叶序等形态特征。通常根据叶片、叶柄和托叶是否俱全鉴别完全叶和不完全叶; 根据叶柄顶端长有的叶片数量鉴别单叶和复叶以及复叶

类型; 根据叶脉的不同类型鉴别双子叶植物和单子叶植物; 根据叶在茎枝上的不同排列鉴别叶序。

花的鉴别要点 花是种子植物特有的繁殖器官, 由花梗、花托、花被 (花萼和花冠)、雄蕊群和雌蕊群组成。鉴别时应仔细观察各组成部分的形状、颜色、数量、排列方式、连合与否、脱落与否、子房位置以及花序类型等形态特征。通常根据花瓣是否连合鉴别合瓣花和离瓣花; 根据是否具有花萼、花冠、雄蕊群、雌蕊群来鉴别完全花和不完全花; 根据是否具有或是否同时具有花萼和花冠鉴别单被花和重被花以及无被花; 根据是否具有或是否同时具有雄蕊和雌蕊鉴别单性花、两性花和无性花; 根据通过花的中心可作几个对称面鉴别辐射对称花、两侧对称花和不对称花。通过鉴别花冠、雄蕊、雌蕊以及花序的类型等特征可以确定植物的所属科属。

果实的鉴别要点 果实由受精后的子房或连同花的其他部分共同发育形成, 是被子植物特有的繁殖器官。果实一般由果皮和种子组成。鉴别时应仔细观察果实各部分的来源、组成、类型、表面特征等。通常根据果实的来源和组成特征鉴别真果和假果; 根据果实的来源、结构和果皮性质不同鉴别单果、聚合果和聚花果; 根据果皮的质地不同鉴别肉质果和干果。通常可以根据果实的类型不同鉴别植物的所属的科和属。

种子的鉴别要点 种子是种子植物特有的繁殖器官, 由胚珠受精发育而来。鉴别时应仔细观察种子的形状、大小、色泽、光滑与否、表面纹理和是否具有突起或毛茸等附属结构等特征。根

据胚乳的有无鉴别有胚乳种子和无胚乳种子。

（谈献和）

yàoyòng zhíwù xiǎnwēi jiànbié

药用植物显微鉴别 （medicinal plant microscopic identification）

根据植物细胞组织的结构特点，鉴别药用植物物种或所属类别的方法。药用植物显微鉴别是通过制作显微切片或装片，借助显微镜等对植物细胞、组织、器官的结构进行综合观察、分析、鉴别的过程，是常用于鉴定药用植物物种和所属类别的基本方法。不同种类的植物及其器官，常具有特定的细胞组织构造特征，通过显微观察可以迅速准确地得到鉴别结果。显微鉴别常用各种光学显微镜，电子显微镜可用于更为细微的形态观察，如扫描电子显微镜用于观察孢粉、叶和种子等表面纹饰。

制片方法　将被观察的植物材料做成极薄的片状体，置于玻片上，或经特殊处理制成可供显微镜下进行观察研究的材料。植物的显微制片包括临时制片和永久制片。①临时制片：用于临时观察，无须长时间保存的一种简便制片，包括新鲜材料的徒手切片和表皮制片、干燥材料的组织解离装片和粉末临时装片等。徒手切片和表皮制片是对植物新鲜材料用刀片切成薄片或揭取部分表皮的制片；粉末制片是将干燥材料粉碎后，采用特定试剂处理后的制片；解离装片是利用特殊的化学试剂将组织的细胞彼此分离的制片。②永久制片：是为了使切片长期保存，经过固定、脱水、透明、包埋、切片、染色、封藏等过程制成的制片，主要有石蜡切片法和冰冻切片法等。石蜡切片法是利用石蜡作为组织支撑物，对组织标本进行切片和染色观察的制片方法。冰冻切片法是在低温条件下使组织快速冷冻到一定的硬度，然后进行切片的方法。

鉴别方法　在显微镜下，按照先整体后局部，先外层后内部的顺序依次观察，边观察边记录，综合分析判断，有时还需要配合显微测量、拍照或绘制显微结构图。

鉴别要点　主要是根据鉴别要求对植物的细胞、组织和器官的结构进行鉴别。

细胞鉴别要点　依次观察细胞分布的位置和形状、细胞壁、细胞器及后含物的特征。①位置和形状：不同部位的细胞形状、大小各异，观察是否形成组织或单个分布在某些组织中。②细胞壁：一般具有填充、贮藏、同化、通气、吸收作用的细胞的细胞壁较薄，具有保护、支持、输导作用的细胞的细胞壁较厚；某些厚壁细胞的细胞壁上甚至可以见到增厚的层纹和不同类型纹孔，如石细胞、纤维等；厚角细胞则具有不均匀增厚的细胞壁。在电子显微镜下可见到细胞壁的分层结构。③细胞后含物：有些药用植物细胞内可见到不同类型的淀粉粒和结晶体等后含物，常是鉴别的重要依据。

组织鉴别要点　除观察组成组织的细胞特点外，还应注意每种组织在器官内的分布位置、整体形状、是否有其他组织细胞分布其中、是否与其他组织组成复合组织等特征，如木栓层、皮层常有石细胞、分泌腔（道）等分布，韧皮部、形成层和木质部组成维管束等。依据维管束的组成、各组成的排列方式等特征鉴别维管束的类型，作为鉴别药用植物的类别以及同一植物的不同器官如根和茎等的重要依据。

器官鉴别要点　通常由外而内观察器官的横切面特征，有时还配合观察纵切面的特征。①根：单子叶植物的根自外向内依次为表皮（或根被）、皮层、中柱鞘、维管束、髓部；双子叶植物的根自外向内依次为表皮（次生构造常形成周皮）、皮层（一般次生构造无）、维管束（次生构造为外韧型）。鉴别时还应注意有些根中具有异常构造，如何首乌、牛膝等。②茎：单子叶植物茎自外向内依次为表皮、基本组织及其散布在其中的维管束；双子叶植物茎自外向内依次为表皮（次生构造为周皮）、皮层、维管束、髓射线、髓部；根茎的表面常形成木栓细胞层且皮层中常有根迹和叶迹；草质茎的表皮下常有厚角组织，表皮具有毛茸和气孔等附属物；裸子植物茎木质部无导管有管胞，韧皮部无筛管有筛胞。鉴别木质茎常采用横切面、径向切面、切向切面进行综合比较。鉴别时还应注意是否具有异常构造，如大黄根茎髓部中的"星点"。③叶：鉴别要点是上下表皮以及气孔和毛茸等附属物的特征、叶肉是否具有栅栏组织和海绵组织的分化及其特征等。④花：鉴别要点是花萼和花冠的表皮细胞及其附属物以及花粉粒的显微特征。⑤果实：鉴别要点是果皮的分层、各种组织和细胞特征，假果还应注意除子房以外参与形成果实的其他部分的细胞组织特征。⑥种子：鉴别要点是种皮的特征和胚乳细胞后含物的类型及其特征。

（谈献和）

yàoyòng zhíwù huàxué jiànbié

药用植物化学鉴别 （chemical identification of medicinal plant）

根据药用植物所含的化学成分

构成，采用化学反应或化学分析，鉴别出药用植物物种或所属类别的方法。是药用植物鉴别的常用方法。每一种药用植物具有特定的化学成分组成，而不同的物种则有所差别，这成为化学鉴定的物质基础。药用植物所含成分复杂多样，化学鉴定是选择少数几个具有特征的化学成分，或者以一类化学成分的特性和整体构成特点作为鉴别依据。常用的化学鉴定方法有化学反应鉴别、色谱鉴别和光谱鉴别。色谱法中的薄层色谱法、高效液相色谱法和气相色谱法等因反映药用植物化学特征数和量较为精细和准确，是常用鉴别方法。

化学反应鉴别　利用添加化学试剂或进行加热等处理后产生颜色、沉淀、气味、产气等可观察现象的化学反应，对药用植物进行鉴别的方法。该方法操作简便、反应迅速，易于观察，是比较传统的化学鉴别方法，主要利用药用植物中某类成分具有特定的化学结构或功能团，与某些特定试剂发生反应，产生不同的颜色或沉淀，如含生物碱的药用植物遇碘化铋钾试剂产生橘红色或黄色沉淀，由于含有同一类化学成分的药用植物都有共同的特征，且很多药用植物不含有可进行理化鉴别的成分，因此该方法的适用面比较小。

色谱鉴别　利用色谱技术，将药用植物中的化学组分分离，检测得到组成成分种类及含量的特征谱图，对药用植物进行鉴别的方法。具有灵敏性、特异性、准确性等特点，能反映出不同药用植物、同一药用植物不同来源间细微差异，已成为药用植物鉴别最常用的方法，具体又分为：①薄层色谱法。在均匀涂铺有固定相的薄板上，利用毛细现象，流动相上行过程中将点于薄板基部的混合样品分离的方法，将特征单体化合物，对照药材或者提取物作为随行对照，进行对象的鉴别，具有操作方便、设备简单、显色容易、快速直观等特点，1960年代起被广泛运用到药用植物鉴别中，是全球各种药典和标准的主要化学鉴别方法。②高效液相色谱法。采用高压输液系统，将流动相泵入装有极细颗粒固定相的色谱柱中，带入的检测样品在柱内被分离后，各成分经检测器进行检测，形成各组分流出色谱柱的时间和浓度的色谱图，具有高分辨率、高灵敏度、速度快、适应样品广泛等特点，是药用植物化学成分的定性定量分析的主要方法，在各国药典和标准中已有一些药用植物采纳该方法进行化学鉴别，如区别人参和西洋参，高效液相色谱法比薄层色谱法更为准确。③气相色谱法。利用气体作流动相的色谱法。汽化的检测样品被载气（流动相）带入色谱柱中，组分被分离后流出到检测器进行检测，形成色谱图。具有效能高、灵敏度高、选择性强、速度快等特点。适用于药用植物中易挥发而不发生分解的化合物的特征鉴别，如药用植物挥发油成分的特征鉴别。④凝胶色谱法。是指固定相是多孔凝胶，各组分由于分子大小不同，在凝胶上受阻滞的程度不同，从而达到分离的一种色谱法，主要用于药用植物中多糖等大分子成分的鉴别。⑤毛细管电泳法。以高压电场为驱动力，以毛细管为分离通道，依据样品中各组分之间淌度和分配行为上的差异而实现分离分析的液相分离方法。是一种更加灵敏高效快速的色谱分离手段，适应于药用植物中微量成分的分析。但存在线性较窄、重现性差和灵敏度低的缺陷，应用不够广泛。⑥纸层析法。利用滤纸作固定液的载体，把试样点在滤纸上，然后用溶剂展开，各组分在滤纸的不同位置以斑点形式显现。主要用于叶绿素及氨基酸的分离鉴定，应用较少。

光谱鉴别　根据不同药用植物中不同化学成分产生不同的光谱峰形特征，对药用植物进行鉴别的方法。常用的有：①紫外光谱法。根据药用植物不同的化学成分组成及含量导致的紫外吸收光谱特征进行鉴别，常结合色谱进行鉴别。②红外光谱法。根据药用植物中不同成分，具有不同的官能团，能选择性吸收红外光谱的特性进行鉴别。多数用于化学成分的特征鉴别，也用于药用植物器官粉碎粉末或提取物样品的鉴定，得到样品中所有类别化学组成的综合特征。③质谱法。药用植物中不同成分，在质谱离子的轰击下，产生不同的离子碎片，形成的质谱特征，一般作为检测方法与色谱结合，如液相色谱-质谱、气相色谱-质谱鉴别。④核磁共振光谱法。不同药用植物中所含化学成分氢质子的数目和种类不同，经核磁共振仪测定，就会得到波形各异的氢谱，常用于化合物鉴别，也可用于药用植物整体材料的鉴别。

（陈四保）

yàoyòng zhíwù fēnzǐ jiànbié

药用植物分子鉴别（medicinal plant molecular identification）通过分析核酸的多态性，鉴别出药用植物物种或所属类别的方法。广义的分子鉴别还包括蛋白质分子鉴别。常用的药用植物分子鉴别技术可分为 DNA 指纹技术、

DNA 条形码技术、核酸杂交技术等。另外，随着分子生物学技术地不断发展和改进，新的鉴别技术不断涌现，如在聚合酶链反应技术基础上发展的环介导等温扩增技术和高分辨率熔解曲线技术等。分子鉴别基于药用植物细胞中含有的 DNA 序列，不受材料类型限制和环境影响，技术方法通用，其中 DNA 条形码，有数据库可以查询比对，对于没有背景资料的未知物种也可以进行鉴定，因此分子鉴别具有其他鉴别方法无法替代的优势，其中以 DNA 条形码技术运用最为广泛。

DNA 指纹技术 通过比较 DNA 特征指纹的差异进行鉴别。根据技术原理不同，分为限制性片段长度多态性、随机扩增多态 DNA、直接扩增长度多态性、扩增片段长度多态性、聚合酶链反应-限制性片段长度多态性、扩增变异分辨系统、序列特异扩增区、适配器链接介导的等位基因特异性扩增、简单重复序列多态性、简单重复序列间扩增等。

DNA 条形码技术 利用基因组中一段公认的、相对较短的 DNA 序列来进行物种鉴定的一种分子生物学技术。即基于特定通用序列的单核苷酸多态性进行的鉴定，利用构建的标准 DNA 条形码序列数据库可实现物种的鉴定。

核酸杂交技术 基于和标准的核酸单链结合成双链的吻合程度进行鉴别。主要技术包括 DNA 芯片（DNA 微阵列）技术。

应用领域 ①法定药用种类的鉴定，如陈士林等出版的专著《中国药典中药材 DNA 条形码标准序列》提供了《中国药典》2015 年版收录的 500 余种法定药用动植物的 DNA 条形码标准序列，可以用于法定物种的真伪鉴定。《中国药典》2015 年版的川贝母采用了聚合酶链反应-限制性片段长度多态性技术进行基原物种鉴定。②不同遗传群体或者道地药材的鉴定，扩增片段长度多态性、简单重复序列间扩增、简单重复序列多态性等 DNA 指纹技术可以分辨出个体和群体之间的 DNA 差异，是常用的道地药材鉴定技术，部分道地药材在 DNA 条形码序列里面也有稳定的差异，也可应用，如浙麦冬和川麦冬的 *psbA-trnH* 序列在第 88 位具有单核苷酸多态性差异，川麦冬为 A，浙麦冬则为 G。③药用植物种子种苗的鉴定，由于种子种苗缺乏形态、显微和化学特征的研究和文献记录，因此分子鉴别成为有效的鉴定方法，如 ITS2 序列可对泽泻 *Alisma plantago-aquatica* 和东方泽泻 *A. oriental* 的种子进行准确区分。④药用植物产品的标签和质量追溯应用，可实现药用植物从农田、药品生产和流通全程跟踪与追溯。⑤药用植物栽培品种鉴定，简单重复序列多态性、单核苷酸多态性等是农林作物品种鉴定的常规分子标记技术，在药用植物中也有广泛应用。

（陈士林 向 丽 姚 辉）

yàoyòng zhíwù DNA tiáoxíngmǎ jiànbié

药用植物 DNA 条形码鉴别

（DNA barcoding identification of medicinal plant） 利用植物基因组中一段标准的、有足够变异的、易扩增且相对较短的 DNA 序列的差异，鉴别出药用植物物种或所属类别的方法。基于特定通用序列的单核苷酸多态性进行的鉴定，理论上，DNA 序列的每个位点有 A、T、G、C 4 种碱基，长度为 15bp 的 DNA 序列就有 4^{15} 种编码组合，但每个物种基因组中存在着保守的序列和变异较大的序列，需要选择在目标类群中变异幅度适中的序列用来进行鉴定。2003 年加拿大动物学家保罗·赫伯特（Paul D. N. He-bert）首次提出了 DNA 条形码的概念。经过大量研究和评估，适用于植物鉴定的条形码序列有 ITS/ITS2、*psbA-trnH*、*rbcL*、*matK* 等，但是由于植物的进化模式多样，进化速率在不同类群差异较大，不同类群的优选序列有所不同，药用植物以物种及种内类型鉴定为主，一般以 ITS2 序列为主，*psbA-trnH* 序列为辅。此外，常规的 DNA 条形码序列较短（一般为 200~800bp），包含的变异信息有限，对于难以鉴定的近缘物种，叶绿体基因组（一般为 150kb）包含信息更多，也易于获得，可通过叶绿体基因组筛选种属特异的 DNA 条形码序列或将叶绿体全基因组作为超级条形码进行鉴定。

鉴别方法 技术流程主要包括样品处理、DNA 提取、聚合酶链反应扩增、测序、序列拼接、比对分析及结果判定。其中 DNA 提取、聚合酶链反应扩增、测序、序列拼接为常规分子生物学方法，重要的步骤包括：①样品处理与保存。样品一般以个体为单位，在取样时要注意保护 DNA，避免其降解，新鲜材料用变色硅胶快速干燥并保存是常用的方法。②DNA 提取。通常使用试剂盒进行 DNA 的分离和纯化。干燥或存放时间较长的植物材料，可通过增加取样量、延长水浴时间等方法获得足量的 DNA。药用植物常含有影响 DNA 提取的物质，需要添加抗氧化剂防止多酚的氧化作用，或者增加去多糖的提取步骤。③DNA 条形码序列聚合酶链反应扩增与测序。④比对分析。应用 BLAST（basic local alignment search tool）方法将获得的 DNA 条形码序列与相应数据库中的已知序列进行比对，可用数据库有中药材 DNA 条形码鉴定系统（http://www.tcmbarcode.cn）、MMDBD（Medicinal Materials DNA Barcode Database, http://www.cuhk.edu.hk/icm/mmbd.htm）、GenBank 数据库等。⑤结果判定：比对结果中相似性最高的序列对应物种，为与查询序列最接近的物种。

应用实例 ITS2 和 *psbA-trnH* 序列已广泛应用于药用植物鉴定。①《中国药典中药材 DNA 条形码标准序列》收录中药材 DNA 条形码标准序列，其中 522 种中药材被《中国药典》（2015 版）收载，主要为药用植物。②人参和西洋参为根类药材，是来自五加科人参属的名贵药材，二者难以鉴别；但二者 ITS2 序列比对结果，明确了两个稳定的特异碱基位点，可以进行有效的鉴别，且同时可用于人参和西洋参混合粉末的鉴定。③石斛是常用中药，石斛属各物种均可药用，通过对 17 种石斛及 1 种伪品密花石豆兰的 *psbA-trnH* 序列分析表明，17 种石斛 *psbA-trnH* 序列种间差异较大，为 0.3%~2.3%，石斛属种内差异为 0~0.1%。17 种石斛与伪品的 *psbA-trnH* 序列差异为 2.0%~3.1%，*psbA-trnH* 序列可用来鉴定石斛属不同物种及伪品。

（陈士林　向　丽　姚　辉）

yàoyòng zhíwù zīyuán

药用植物资源（resources of medicinal plants） 自然资源中有直接或间接医疗、保健功能的植物资源。按植物分类等级可分为：药用藻类植物资源、药用菌类植物资源、药用地衣植物资源、药用苔藓植物资源、药用蕨类植物资源和药用种子植物资源。按植物中可药用的活性成分类别可分为：生物碱类植物资源、苷类植物资源（分强心苷类、皂苷类、氰苷类植物资源）、黄酮类植物资源、多糖类植物资源、蒽醌类植物资源、萜类植物资源、酚类植物资源等。按资源形成方式可分为：自然分布的药用植物资源和人工栽培的药用植物资源。

种类 全世界各民族都有利用当地植物保健和医疗的传统和习惯，各国各地区均有丰富的药用植物。中国是传统医药发展历史悠久，应用广泛的国家，且由于地域辽阔、地形复杂、气候多样、植物种类丰富，药用植物资源居世界首位。根据 1982~1995 年中国第三次全国中药资源普查统计，药用植物资源为 385 科、2312 属、11 118 种及种下单元。其中药用藻类、菌类、地衣类等低等植物资源共计 92 科，179 属，463 种；药用苔藓类、蕨类、种子植物等高等植物资源共计 293 科，2134 属，10 553 种。

属性 药用植物资源具有生物资源的属性，其基本属性可以归纳为地域性、有限性、可再生性、多用性等。

地域性 不同的地域，其地理和气候条件不同，分布的药用植物种类不同，具有水平分布地带性和垂直分布地带性分布规律。中国北方地区气候寒冷干燥，分布的种类相对较少；南方地区气候温和湿润降雨，分布的种类较多，其中药用植物资源种类最多的是云南省（4758 种），超过 3000 种的有四川、贵州、广西、湖北等。不同地域的经济社会条件和科学技术水平有差异，药用植物资源开发利用的广度和深度也存在地域差异。有些药用植物资源种类在特定地域内形成了具有独特药材质量的类型即道地药材。

有限性 在一定时空范围内能够被利用的自然资源是有限的，野生药用植物资源的蕴藏量和人工生产的药用植物资源也是有限的，这种有限性随着资源消耗量的日趋增加而日益突出。如果不能科学合理地进行资源开发、保护管理，药用植物的种群就会衰退，甚至灭绝，优良种质就会丢失，甚至无法再生和恢复，造成资源的稀缺。资源的有限性可以推动资源的节约、替代以及新资源的寻求和资源的再生，并能促进资源的研究和资源科学的进步。

可再生性 药用植物均具有可以自然再生或者具有通过人工扩大繁殖的特性。但药用植物资源的再生繁殖能力是有限的，会受到人类对自然资源的开发利用和自然灾害等因素的影响，当这种影响超出物种的承受能力时，将直接影响药用植物种群繁育后代的能力，导致种群个体数量的减少，甚至物种灭绝。因此需加强资源再生、增殖能力研究，科学合理开发利用野生资源，保护资源不断自我更新的能力，保障其持续发展。对于已经减少的野生药用植物资源，要及时开展人工培育或辅助再生。

多用性 药用植物资源是中医药事业发展的重要物质基础。药用植物的全株或部分器官可以供药用，如益母草、薄荷等以全株入药，人参、甘草等以根入药，黄连、白术等以根茎入药，杜仲、牡丹等以皮入药，金银花、红花等以花入药，连翘、五味子等以果实入药等；同一种药用植物不同的器官或组织可含有不同的活性成分且具有不同的药理活性，可具有几种不同的功能或用途，满足多种需求。如酸枣的果实可供制成果茶、果酱和酿酒，种仁入药为"酸枣仁"，叶可提取芦丁或作茶叶，果核壳可制活性炭。药用植物除了入药之外，还具有食品或食品添加剂功能，或日用化工、农林、园艺等其他的经济用途。因此应对药用植物资源实施多方位、多目标的立体开发，进行综合的开发利用。

研究内容 研究药用植物资源的种类构成、地域分布、蕴藏量及其时空变化，药用植物资源的调查、动态监测，药用植物化学成分及药用器官品质评价，资源的保护、抚育与合理利用，新资源的寻找与开发，资源的综合利用及科学管理，保证资源的可持续利用和社会的可持续发展。

开发利用 遵循持续利用原则、保护原则、因地制宜原则和节约原则，利用药用植物资源形成以中药材、中药饮片、中成药以及大健康产品为主的各类产品的过程。包括以开发药材及原料为主的初级开发，以开发中药制剂和其他天然产品为主的二级开发，以开发天然化学药品为主的三级开发，以及开发多种用途的综合开发。随着认识资源的深度和利用资源的能力在不断变化和提高，适时、适度、适量地开发利用药用植物资源，并不断提升开发的层次，提高药用植物资源的产出率和利用率。

（谈献和）

yàoyòng zhíwù zhǒngzhì zīyuán

药用植物种质资源（germplasm resource of medicinal plant） 携带药用植物遗传物质的材料。种质是指生物体亲代传递给子代的遗传物质，药用植物种质包括栽培种、野生种的繁殖材料，如孢子、种子、细胞核 DNA 等有生命的可供繁殖用的细胞、组织和器官等。种质资源又称遗传资源。广义的药用植物种质资源泛指一切可药用的植物的遗传资源，是所有药用植物物种及种下分类单位的总和；狭义的药用植物种质资源则指某个具体药用植物物种所包括的野生种质、栽培种质、近缘物种和特殊遗传材料（如野生或人工诱导的多倍体、单倍体）等所有可利用的遗传物质。药用植物种质资源是在漫长的历史过程中，由自然演化和人工创造而形成，积累了由于自然和人工引起的极其丰富的遗传变异，是用于药用植物引种栽培、选育新品种和珍稀濒危药用物种等资源保护的物质基础，是提高药用器官质量的关键和源头，对中药材的质量和产量有决定性的作用。

多样性 不同药用植物的种质资源丰富程度不同，包括同一种内的不同变异类型之间次生化合物含量也可能存在不同程度的差异，如菖蒲是一个包含二倍体、三倍体、四倍体的复杂群体，其精油的化学成分及体内草酸钙的含量与染色体数目有关；黄蜀葵不同种质的植株形态、花期、花朵数量等方面的差异，明显影响其药材产量。

研究内容 涉及种质资源基础研究、新药源研究、有效成分的分离鉴定和药理学研究以及民族药用植物种质资源研究，其中种质资源基础研究是药用植物种质资源研究的主体，包括药用植物种质资源调查和收集保存、药用植物种质资源评价鉴定、药用植物种质资源的标准化、种质资源数据库和核心种质库建立等。

药用植物种质资源研究成果用于优良品种培育和和进一步的开发利用。

现状 中国是生物多样性极为丰富的国家之一，有着种类繁多的野生和人工药用植物种质，但由于长期的无序利用和生态环境恶化，野生和栽培药用植物大多存在种质逐渐丢失甚至面临完全丧失的危险，有的药用植物已经无法找到野生种质，如三七、当归、川芎等，或野生种质极为稀少，如人参等；有的药用植物因连续栽培或无性繁殖，造成种质退化。同时，药用植物大多缺乏系统的种质评价，有着巨大的优良品种培育潜力。

（谈献和）

yàoyòng zhíwù zīyuán diàochá

药用植物资源调查（investigation of medicinal plants resource） 对药用植物资源的种类构成、分布特点、数量、质量以及开发利用状况进行的调查。药用植物资源调查的范围可以是全国或局部地区，调查对象可以是全部或某类（种）野生或栽培的药用植物资源。通过野外资源调查和内业资料整理，全面掌握药用植物资源的基本情况，系统分析和科学评价开发利用的现状，合理预测资源发展前景，进而提出资源可持续利用的对策。随着时间的推移，自然界动植物资源会因环境条件的变化、人类生产和生活活动的影响而不断变化，因此调查也要根据需要即时进行。对全国或局部地区药用植物资源进行的全面的综合性调查，也称为资源普查。

内容 一般包括自然状况（生态环境、种类和分布、产量和蕴藏量、资源更新）调查、社会和经济调查。①生态环境调查。

包括调查地区的地理区位、地形地貌（山地、丘陵、平原、盆地、山谷等）、气候特征（温度、降水量、湿度、风、物候期等）、土壤条件（土壤类型、剖面、肥力、理化特征等）、植被情况（群落类型、群落组成）等。②种类和分布调查。调查药用植物种类构成和分布情况。包括野生药用植物的种类、分布、生长环境、群落类型、分布频度以及当地的应用情况，同时还应加强对大宗药材的基原植物和珍稀濒危药用植物的种群多样性、遗传多样性、人工栽培品种资源的调查。调查过程中应重视具有典型性和代表性标本和样品的采集和制作，做好药用植物的准确鉴定。③产量和蕴藏量调查。对某些特定的野生或栽培药用植物资源进行蕴藏量或药材产量的调查，掌握这些种类的资源数量、药用部分的可利用潜力等，为资源的进一步开发利用、保护管理、制定生产决策提供重要依据。栽培药用植物蕴藏量调查可以参照农业产量和面积进行计算；野生药用植物蕴藏量可采取在摸底调查的基础上，通过样地调查和样方调查，计算目标种类的生物量、单株产量、蕴藏量、经计量和年允收量等。④资源更新调查。是对药用植物的繁殖生物学特性、资源更新状况以及生态因子和人工技术对药用植物种群及个体更新的影响等进行的调查。对地上药用部分可调查生活型、生长发育规律，逐年持续测量；对地下药用部分可定期挖掘测量，或者找到地上部分和地下部分生物量的相关系数，进行间接计算。通过逐年连续进行生态因子对植物生长发育和产量影响调查，找到影响其生长发育和产量的自然生态因素和可能

的人为干扰因素。⑤社会和经济调查。调查目标地区的中药产品种类、中药材产出量、收购量和市场需求量；药用植物资源的保护和管理情况；中药产业在区域经济中的地位、作用和发展趋势等；当地的交通及人口状况等。

方法　主要有访问调查法、线路调查法和定点测定调查法。①访问调查法。通过走访调查目标区域气象、林业以及政府相关部门、医药单位等，查阅历史资料，调查自然环境、社会经济和药用植物资源开发利用状况等。②线路调查法。在设定的样线内调查野生和栽培药用植物的种类和分布等，适用于精度要求不高的区域性资源调查。③定点测定调查。可分为抽样调查法和样地样方调查法。一般是通过一定的抽样调查法从调查总体中设定具有代表性的样地，再通过样地和样方调查的方法进行药用植物资源的具体调查和测定。一些现代信息技术手段如遥感等3S技术也应用于药用植物资源调查中。

程序　分内业准备、外业调查和内业整理3个阶段。①内业准备。包括技术准备和组织准备。技术准备包括查阅文献资料，制定调查方案与路线，编制工作日程表，对调查人员进行针对性培训；组织准备包括组成调查队，制定调查计划，确定调查任务。②外业调查。包括调查地理环境、气候土壤、植被等自然条件，目标种类的生态学特性、分布和数量等，以及社会和经济状况等。③内业整理。包括对调查数据进行整理和汇总，总结各项调查结果，编写药用植物名录，绘制资源分布图，撰写资源调查报告，对区域资源利用情况进行评价。

（谈献和）

yàoyòng zhíwù zīyuán bǎohù

药用植物资源保护（protection of medicinal plants resource）国家和社会确保药用植物资源的合理开发和可持续利用采取的保护措施。是自然资源和生态环境保护的重要组成部分。通过了解药用植物的生长发育规律和生存环境，采取积极的保护对策和有效的措施促进药用植物的自然更新和人工更新，维护药用植物在自然环境中的动态平衡，有利于保护生物多样性，实现药用植物资源的可持续利用。药用植物资源保护包括生态系统保护、种群保护和种质保护。

保护方法　包括就地保护、异地保护和离体保护。①就地保护，将药用植物资源及其生存自然环境在原产地加以维护，可实现生态系统保护和种群保护。这种保护方法可以使药用植物在已适应的生长环境中得以迅速恢复和发展。采取的主要措施是扩大和完善自然保护区和采用科学的生产性保护。自然保护区是指对有代表性的自然生态系统、野生植物天然集中分布的陆地或水域，依法划出一定面积予以特殊保护和管理，就地保存生物的种质资源，使自然资源得以永久或较长时期保护的区域。建立自然保护区是对自然环境和资源实行保护最根本的有效措施，也是保护珍稀濒危物种最有效的手段之一。根据保护的性质和目的，可将保护区分为药用植物资源综合研究保护区、珍稀濒危药用植物物种保护区和药用植物资源生产性保护区3种类型。生产性保护，又叫野生抚育，是通过抚育更新措施保证药用植物的自然更新和人工更新，以及通过合理采收措施，保证药用植物的常采常生，持续

利用。②异地保护，又称迁地保护，即将药用植物种类，特别是珍稀濒危种类迁出其自然生长地，保存在保护区、植物园、种植园内，不仅能保护许多珍稀濒危物种和种质资源，而且有利于进行引种驯化，变野生为家种的研究。③离体保护，种质保护的手段之一。是利用现代生物技术保存药用植物体整体或某一器官、组织、细胞或原生质体等的措施。具体措施为建立药用植物种质资源库，包括种子库、离体细胞、组织和基因库等，有利于保持药用植物优良种性，为培育优良品种提供丰富的遗传资源和研究材料。

保护对策　药用植物资源保护的对策主要有：①加强宣传教育，增强法制观念。彻底改变自然资源无限、先破坏后保护的错误观念，大力宣传自然环境和资源保护、持续发展的重要性，提高全民保护意识和法制观念。②正确处理社会经济发展与药用植物资源保护之间的关系。资源保护和利用是社会经济发展中长期存在的一对矛盾，必须树立"保护为了利用，利用促进保护"的观念，正确处理好这一矛盾。③加强药用植物资源保护的科学研究。积极开展药用植物资源的调查评价、国民经济发展对药用植物资源需求量及其影响后效的预测、濒危药用植物资源的拯救保护、专业性药用植物资源综合管理系统等方面的研究，确立当前利益与长远效益结合、局部研究与全局规划协调、多学科多层次合作渗透的研究体系，建立长效、高效的药用植物资源管理系统。④制定和落实资源保护的法律法规。中国和国际相关组织都制定了与药用植物资源相关的公约、政策和法规，必须制定切实

可行的措施，做到有法必依、执法必严，保证资源保护的相关法规、条例等的实施，并对违反者给予相应的惩治。⑤完善自然保护区和药用植物园的建设，是对药用植物资源尤其是珍稀濒危物种进行有效保护的重要对策。

（谈献和）

yàoyòng zhíwù zīyuán bǎohù fǎlǜ fǎguī

药用植物资源保护法律法规
（laws and regulations of medicinal plant resource protection）世界各国各级政府和组织制定的保护濒危野生物种、生物多样性和生态环境的公约、政策和法规中与药用植物资源保护有关的内容。

国际公约　①《濒危野生动植物种国际贸易公约》（*Convention on International Trade in Endangered Species of Wild Fauna and Flora*，CITES）。1973 年在美国华盛顿签署，又称《华盛顿公约》。该公约宗旨是通过各缔约国政府间采取有效措施，加强贸易控制来切实保护濒危野生动植物物种，确保野生动植物物种的持续利用不会因国际贸易而受到影响。公约限制了 2 万种临危野生动植物物种的贸易。②《生物多样性公约》（*Convention on Biological Diversity*）。1992 年，由联合国环境规划署发起的政府间谈判委员会第七次会议在内罗毕通过，同年，在巴西里约热内卢举行的联合国环境与发展大会上签署，1993 年12 月 29 日正式生效。这是一项有法律约束力的公约，旨在保护濒临灭绝的植物和动物，最大限度地保护地球上的多种多样的生物资源，以造福于当代和子孙后代。③《国际植物保护公约》（*International Plant Protection Conven-*

tion，IPPC）。1999 年联合国粮食及农业组织在罗马完成。这是一项用来保护植物物种、防止植物及植物产品有害生物在国际上扩散的公约。

中国颁布的法规条例　主要包括：①《野生药材资源保护管理条例》。国务院 1987 年 10 月 30日公布。该条例将国家重点保护的野生药材物种分为三级：一级为濒临灭绝状态的稀有珍贵野生药材物种；二级为分布区缩小，资源处于衰竭状态的重要野生药材物种；三级为资源严重减少的主要野生药材物种。②《国家重点保护野生药材物种名录》。国家有关部门和专家根据《野生药材资源保护管理条例》的规定制定，共收载了野生药材物种 76 种，其中药用植物 58 种，包括人参、甘草等。③《中华人民共和国野生植物保护条例》。1996 年 9 月 30日由国务院发布，并于 1997 年 1月 1 日起施行。④《国家重点保护野生植物名录（第一批）》。1999 年 8 月 4 日国务院正式批准公布，列入植物 419 种，13 类（指种以上科或属等分类单位）。⑤《中国珍稀濒危保护植物名录》。1984 年 10 月 9 日公布，1987 年进行了修订。该名录共收载保护的药用植物 161 种，其中属一级保护的 4 种，属二级保护的 29 种，属三级保护的 128 种。此外还有特定品种管理通告等，如《关于禁止采集和销售发菜，制止滥挖甘草和麻黄草有关问题的通知》《关于保护甘草和麻黄草药用资源，组织实施专营和许可证管理制度的通知》。

地方法规条款　中国各省、市、自治区也有颁布相关的保护法规，如《黑龙江省野生药材资源保护条例》《西藏自治区冬虫夏

草采集管理暂行办法》《青海省人民政府关于禁止采集和销售发菜制止滥挖甘草和麻黄草等野生药用植物的通知》《海南省自然保护区管理条例》《云南省珍贵树种保护条例》《辽宁省野生珍稀植物保护暂行规定》等。

(谈献和)

zhēnxī bīnwēi yàoyòng zhíwù

珍稀濒危药用植物（rare and endangered medicinal plant）数量极少、分布区狭窄，处于衰竭状态或预计在一段时间后数量将会减少的野生药用植物物种。在中国，通常指国家颁布的《中国稀有濒危植物名录》《野生药材资源保护管理条例》和《国家重点保护野生动物名录》中重点保护的药用动植物物种。濒危是一个生物学过程，与类群的进化历史、类群所处的生态环境、生殖生物学及种群的遗传特性密切相关。

致危原因 野生药用植物致危原因有自然因素和人为因素两种。自然因素指野生植物物种自身的原因导致的濒危，如生活力减退和遗传力衰退，以及栖息地的丧失和片断化导致其种群数量难以恢复。人为因素对野生植物的影响主要表现在：①人为的过度采挖造成种群数量的急剧减少。人类对野生动植物资源的过度利用，使得野生动植物种群数量在短期内急剧下降，造成其中某些种类濒临灭绝。这是药用植物濒危种类不断增加的首要原因。②人类频繁的生产活动对野生动植物的正常生长活动造成干扰。③环境破坏和污染。物种的濒危不是一个原因导致，而是由多个因素共同影响，如修筑大坝、人工林等经济活动导致物种失去原生境。入侵物种蔓延等也是濒危的原因。

濒危等级 世界自然保护联盟（IUCN）将珍稀濒危植物分为绝灭、野生绝灭、极危、濒危、易危、低危、数据不足和未评估8类，中国参考 IUCN 等级标准，采用濒危、稀有、渐危3个等级。

濒危种 野生种群的数量很少，已到快要绝灭的临界水平，在不久的将来野生灭绝的概率很高，因栖息地丧失、破坏或过度采集等原因生存濒危，虽采取了保护恢复措施，数量仍然继续下降或尚难恢复的物种。如人参、肉苁蓉、峨眉黄连、胡黄连等。

稀有种 野生种群分布在生态环境较独特的狭窄区域，或分布范围广但零星存在的物种，或属不常见的单种属或寡种属。当前虽未处于濒危或渐危的状态，但只要其分布区域发生对其生长和繁殖不利的因素，就很容易出现渐危或濒危的状态，而且比较难以补救。如杜仲、明党参、桃儿七、蒙古扁桃等。

渐危种 野生种群在其分布范围内已出现种群走向衰落的迹象，如发育不完整，成熟植物或幼株正在减少或缺乏。若影响其生长和繁殖的不利因素继续存在，则其野生种群完全可能在不远的将来被归入"濒危"等级。如黄檗、黄连、云南黄连、平贝母、天麻、新疆阿魏等物种的生存受到人类活动和自然原因的威胁。

《野生药材资源保护管理条例》又兼顾科研、经济和文化价值分成3种保护级别。一级指具有极重要科研、经济和文化价值的濒危或稀有物种。如人参、杪椤、珙桐等。二级指在科研或经济上具有重要意义的濒危和稀有物种。如峨眉黄连、云南黄连、金铁锁等。三级指在科研或经济上有一定重要意义的渐危和稀有物种。如平贝母、新疆贝母、厚朴、黑节草、胡黄连、黄连、巴戟天等。

(严铸云 林亚丽)

yàoyòng zhíwù yěshēng fǔyù

药用植物野生抚育（medicinal plant wild tending）在原生长或类似的自然生态环境中实现药用植物种群扩大的生产方式。药用植物野生抚育，既能实现资源可持续采集利用，同时也能继续保持群落平衡和生物多样性。

适用范围 适合野生抚育的药用植物主要为：①对其生物学和生态学特性认识尚不深入，且生活条件苛刻，或种植成本较高的资源，如川贝母等。②野生资源分布较集中，通过抚育能迅速收到成效的资源，如淫羊藿、连翘等。③人工栽培后药用器官品质会发生明显改变的资源，如防风、人参等。

措施 野生抚育的措施包括封禁、补种、限采、管护、仿野生栽培等。

封禁 又叫围栏抚育。主要针对存在濒危的物种，以区域性封闭、禁止采挖为基本手段，促进目标药用动植物种群的自然更新，即把野生植物分布较为集中的地域通过各种措施封禁起来，借助自然繁殖、扩散和生长增加种群密度和数量。封禁可采纳划定区域、采用公示牌标示、人工看护、围封等措施。例如甘草在内蒙古等地的围栏禁采，恢复了甘草的种群。

补种 在封禁的基础上，人工种植来自原群落种源繁育的种苗，并维护幼苗生长，人为增加药用植物种群数量，如种植林下人参。

限采 又叫轮采轮伐。根据目标药用植物种群自然更新和药材形成规律，在维持种群自然更新和遗传多样性的基础上，单纯限制采集。

管护 对目标药用植物种群及其所在的生物群落或生长环境施加人为管护，创造有利条件，促进药用植物资源种群生长和繁殖。人工管护措施因药用植物种类不同而异，如阴生植物荫蔽环境的维护，去除竞争性杂草，物理和综合方法防治病虫害等。

仿野生栽培 在基本没有或者较少目标野生植物分布但适宜生长的环境中，采用人工种植的方式，培育目标物种，建立仿野生种群或人工种群，如仿野生种植石斛和灵芝等。（见药物植物仿野生种植）

意义 药用植物野生抚育可促进野生药材采集与生态环境保护相协调，降低人工种植成本、减少外来污染物超标风险，是保护药用植物野生资源、稳定药用器官品质、缓解环境和生物多样性保护与药用植物栽培生产间的矛盾，以及缓解粮药争地、林药争地等的一种重要途径，受到越来越广泛的重视。

（严铸云 林亚丽）

yàoyòng zhíwù zīyuán kāifā lìyòng

药用植物资源开发利用（development and utilization of medicinal plant resources）

将药用植物资源转变为人类所需的生产和生活资料的过程。药用植物资源是自然资源的重要组成部分，具有自然资源的基本属性和特点，随着社会经济、科技、文化快速发展和人类生活水平、医药需求的不断提高，药用植物资源的开发和利用备受重视并迅速发展。

原则 适时、适度、适量地开发利用药用植物资源需要遵循4个原则：①综合效益原则。药用植物资源开发利用虽然以提高经济效益为目的，但是更要注意经济效益、社会效益和生态效益相结合的综合效益，应不断加强药用植物资源开发利用的深度和广度，满足社会需求，优化生态环境，维护生态平衡，提倡资源的综合利用、重复利用、循环利用，提高资源的产出率和利用率。②持续利用原则。药用植物资源为可更新资源，开发利用量要小于资源的生长、更新量，针对不同资源更新的速度、规模等差异，科学合理地制定产量、允收量等，并尽可能改善和提高药用植物的更新再生能力，达到资源的可持续利用。③开发与保护相互促进原则。随着科技发展以及资源开发的速度加快和规模扩大，药用植物资源压力剧增，单纯进行资源保护，将制约中医药事业的发展，失去资源的价值。必须重视和采取有效措施，科学、积极地保护资源所在生态系统的稳定性，同时采取措施提高资源的更新、恢复、再生的能力。④因地制宜原则。药用植物资源具有明显的地域分布规律，所以开发利用时首先要根据地区的资源结构与区域经济特征，重点发展与地区资源优势相适宜的产品和生产企业，形成产量和质量具有优势的道地、地产中药材及其产业，以此推动地区经济的发展。

层次 药用植物资源开发利用是一项多层次、多用途开发利用的系统工程：①初级开发。以开发药材及原料为主，对现有药用植物资源进行调查分析、挖掘历代本草和民间用药经验的基础上，开展新品种和新药用部位等的研究，采取引种驯化、组织培养、繁育栽培、加工炮制等技术措施，形成新的药材及生产原料的开发过程。如萝芙木、新疆紫草新资源的发现；西洋参、胡黄连的成功引种；人参花、三七花等新药用部位的开发等。②二级开发。以开发中药制剂和其他天然产品为主，将一味或多味药材或饮片，依据中医药传统理论，加工制成丸、散、膏、丹、酒以及口服液、片剂、颗粒剂、注射剂等现代剂型的中成药，如基于古方"生脉散"的处方配伍人参等制成的"生脉饮"口服液；以单味黄蜀葵花制成的肾病良药"黄葵胶囊"等。③三级开发。以开发天然化学药品为主要内容，将药材或生物细胞培养物中的有效化学成分经提取分离制成药物。如从人参及其细胞培养物中提取出人参总皂苷制成各种药品，进一步提纯的人参皂苷 Rg_3 已被批准为一类抗癌新药。④综合开发。药用植物资源除作为药物开发外，还具有多用途特性，可开发为其他产品，如保健食品、调味剂、色素、甜味剂、香精香料、化妆品、酿酒、油料、农药、饲料及微量元素制品等。如甘草的根和根茎的药用残渣可提取出甘草黄酮类成分，用作化妆品添加剂和抗氧化剂；甘草地上部分可开发为优质饲料等。

途径 ①开发新药源。是药用植物资源开发利用的中心工作，主要通过整理历代本草、发掘民间和民族医药、扩大药用部位、利用植物亲缘关系、合成或修饰植物活性成分结构、生物技术繁殖等途径和方法开发新的药物资源。②开发保健（功能）食品。保健食品既具有食品的一般共性，同时还具备特有的生物学或营养学效应的一种食品，用于保健药品和保健食品的药用植物资源，多为药食同源品种。③开发食用色素。具有一定利用价值的天然色素多数来源于植物，其色调自然、安全性高，甚至兼有营养和治疗作用，具有良好的开发利用前景，如姜黄根茎中含有的姜黄色素、栀子果实中含有的栀子黄色素等。④开发天然香精、香料。中国芳香性药用植物资源十分丰富，香料植物在食品中具有调味调香、防腐抑菌、抗氧化等作用，还可以作为饲料的添加剂。有些应用于食品调味料和矫味剂，如八角茴香、花椒等。⑤开发植物性农药。植物性农药具有杀虫、杀菌、除草及生长调节等特性，多来自植物的某些功能部位或提取的活性成分加工而成，是天然源农药的重要组成部分，是生产无公害农产品的重要保证，具有广阔的发展空间。⑥开发天然化妆品。以药用植物及其提取物作为化妆品的乳化剂、基质、添加剂等，避免或减少了使用化学合成原料的副作用，达到护肤、美容、保健多重目的，是复合化妆品发展的方向。⑦中药废弃物的资源化利用。产生于中药材原料、药材初加工、中药饮片炮制、中药制剂、保健品等生产过程的中药废弃物，容易造成资源浪费、环境污染等严重问题，应用现代科学方法和集成技术研究资源化利用，建立资源循环经济理念和模式，对促进药用植物资源的可持续发展和利用具有重要意义。

(谈献和)

yàoyòng zhíwù zāipéi

药用植物栽培（medicinal plant cultivation） 研究药用植物生长发育、产量和品质形成规律及其与环境条件的关系，并在此基础上采取栽培技术措施，以达到稳产、优质、高效为目标的知识体系。是结合药用植物群体（生物学特征和生理特性）、环境（自然条件和栽培条件）及栽培措施（调控措施和技术）3 个环节的知识和方法，如：生物学、植物生理学、植物生物化学、农业生态学等基本理论与方法，综合运用到药用植物栽培研究和实践中，达到药用植物栽培的目标，实现扩大药用植物规模以确保药用植物资源可持续，以及在药用植物生产过程通过合理人工干预，保障药材产品的质量稳定可控和安全。药用植物栽培在保证药材供应、满足中医临床和中药制药企业用药的需求中起着重要作用。

研究内容与范围 药用植物栽培的研究对象是各种药用植物群体。根据药用植物不同种类和品种的生物学要求，提供适宜的环境条件，采取与之相配套的栽培技术措施，充分发挥其遗传潜力，探讨并建立药用植物稳产、优质、高效栽培的基本理论和技术体系。具体内容包括：药用植物引种驯化、药用植物育种、药用植物繁殖、产地环境选择、药用植物种植制度、药用植物栽培管理、药用植物采收以及药用真菌培育等。各部分内容都是药用植物栽培生产过程中的重要一环。引种驯化是野生变家栽，将依赖野生资源无法保障可持续利用的药用植物品种实现栽培的关键步骤。选育良种后通过繁殖技术获得优质种子种苗，通过合适的种植制度，栽培管理措施，保证药用植物健康生长，适宜的季节采收、产地加工技术，才能获得优质、稳定、高效的中药材，任何环节出现问题，均不能达到药用植物栽培的生产目标。同时，随着科学技术的进步及生产条件的改善，将不断地赋予药用植物栽培新的研究内容。

特点 ①栽培方法更为多样化。药用植物种类繁多 生物学特性各异，栽培方法各不相同。如麻黄、甘草等适合干旱半干旱地区生长，泽泻、菖蒲等则喜欢低湿地；地黄、北沙参等为阳性植物，黄连、三七则喜荫蔽；当归生长发育对气候有严格要求。甘肃岷县产区选海拔 2400 米以上，云南丽江一带选海拔 2800～3200 米山地育苗效果好，海拔低处育苗气温偏高，幼苗生长不良。药用部位不同，栽培技术也不一样。如党参、黄芪、山药等根及根茎类药材，栽培时需选肥沃深厚、排水良好的砂质壤土，适当施用磷钾肥；益母草、穿心莲等叶类和全草类药材，应多施氮肥适当配合磷钾肥；花、果实类药材如金银花、枸杞、山茱萸等则需要充足的光照条件，多施磷钾肥，注意整形修剪。②重视药用品质。药用植物中含有的有效成分，是防病治病的物质基础。药材的品质、有效成分含量多少，受药用植物品种、产地、栽培技术、年龄、采收部位以及加工方法等影响。药用植物栽培中需要重视有效成分积累动态以及栽培技术与成分关系等方面的研究，科学制定栽培管理措施。③药用植物繁殖特性多样化。药用植物种子生理后熟或者形态后熟等休眠现象常见，种子繁殖时需先解除种子休眠才能繁殖生产；药用植物无性繁殖器官多样化，如分根、分株或鳞茎、块茎、珠芽繁殖等，都有一些特殊的繁殖技术要求。④连作障碍较为严重。药用植物因长生育期长和合成大量次生代谢产物，导致的连作障碍比农作物严重，需要建立合理的轮作制度和解决连作障碍的措施。⑤栽培技术涉及学科更为广泛。因强调有效成分对防病治病的实际效果，药用植物栽培还与医药学紧密联系，涉及化学、药理、临床医学、制药学等多学科配合协作，开展综合研究，达到栽培目的。

应用领域和范围 药用植物栽培除了在数量上满足人们用药需求外，对药用植物资源保护、可持续发展利用具有重要意义，也是中医药产业发展的源头和物质保证。同时还因为药材经济价值较高，发展药用植物栽培生产还为发展山区经济，开展多种经营、扶贫致富、带动地方经济发展发挥重要作用。在药用植物栽培管理中，需要在现代医药理论指导下，采取"研究、示范、推广"相结合的模式，实现中药材栽培管理产业化、技术指标化、产品标准化、产地加工规范化等多方面的研究具有重要现实意义。

（魏胜利　马　琳　陈彩霞）

yàoyòng zhíwù yǐnzhǒng xùnhuà

药用植物引种驯化（medicinal plant introduction and domestication）

利用人工培育手段，使野生或外来药用植物能适应本地自然环境和栽种条件，成为生产需要的本地植物的过程。包括引种和驯化。引种是将药用植物从野生环境或外地引入本地栽培环境栽种的过程。引入的药用植物种或品种，有的是优良物种或品系，药材产量高、质量优，经在本地区试种成功后可以直接用于生产，也可作为育种材料加以间接利用；有的引种后生长发育不良，需要采取一些技术措施，使其遗传特性发生改变，逐渐适应新环境，这一过程称为驯化。

适用范围 需要引种驯化的药用植物，包括以下几种情况：①野生资源不能满足需要，迫切需要人工栽培生产，如川贝母、金莲花等。②野生资源量少珍稀或采集困难，如甘草、沙棘等。③在当地已小面积引种成功，需扩大生产满足药用，如颠茄、番红花等。④资源在国外，为满足国内市场需求的物种，如血竭等。在药用植物引种驯化过程中，应注意科学合理引种，盲目引种会造成移植异化、生态入侵等问题，造成资源浪费和经济损失。

研究步骤 ①调查和鉴定引种的种类。药用植物种类繁多，在引种前必须对植物种类进行准确的鉴定。②掌握原产地和拟引种地区的气候、土壤、地形等自然条件，了解引种物种的生物生态学特性、选育历史、栽培技术、生长发育特性等，同时严格遵守植物检疫制度，防止传入本地区没有的病、虫、杂草等。③制定引种计划。针对引种过程中可能出现的主要问题，如南药北移的越冬问题、北药南移越夏问题等，拟定解决方案和措施。④进行引种驯化研究。选择适宜的优良品种在生产上推广。

研究方法 主要分简单引种法和复杂引种法。①简单引种法又称直接引种法，是在相同气候带内，或差异不大的条件下进行相互引种。如在相同气候带的不同湿度条件地区间、南方高海拔与北部低海拔地区间的相互引种；或者给植物创造一定的条件，能够达到植物生长所需环境要求的。②复杂引种法是对气候差异较大，或在不同气候带之间进行引种，亦称驯化引种法或地理阶段法。主要包括：实生苗多世代选择，如从气候较热的区域引入寒冷区

域，逐步选出抗寒性强的植株进行扩繁，如洋地黄等；逐步驯化法，将所要引种的药用植物，按照气候带分段逐步移到所要引种的地区，中国多在南药北移时采用，如将三七逐步引种到江西、四川，把槟榔从热带地区逐渐引种驯化到广东内陆地区栽培等。

应用 中国药用植物资源十分丰富，但药用植物自然生长环境因多种因素，其资源面临巨大压力，不能满足需要，尤其是分布稀少的野生药用植物甚至处于濒危状态。通过药用植物的引种驯化，把野生或外地优良的药用植物品种引入新的地区，从而有效地扩大药用植物品种的种植范围，有利于改善地区药用植物品种，满足中医药防治疾病、健康养生的中药材市场需求。引种驯化也是珍稀濒危药用植物得以保存、免于灭绝的必要措施。

中国对药用植物的引种栽培有着悠久的历史，如地黄、牡丹、茯苓、吴茱萸等已经实现栽培几百年；20世纪50年代从野生引种驯化、逐渐实现栽培化的有人参、天麻、黄连、丹参、灵芝、铁皮石斛等200多种；成功引种的国外物种有西洋参、金鸡纳等；原产地集中、局限的药用植物如云木香、地黄、川芎等，产区也得到了扩大。

（马　琳　李先宽）

yàoyòng zhíwù yùzhǒng

药用植物育种（medicinal plant breeding）

利用遗传变异，改良遗传特性，培育优良药用植物新品种的技术。通过自然变异或人工创造变异的方法来改良植物的遗传特性，创造新类型、新品种，从而满足人类对药材产量、品质等特征、特性的要求，更好地服务于人类健康事业。药用植

物育种时不仅要考虑产量和药材性状，还要考虑有效成分含量的变化。

技术内容 ①种质资源的搜集、整理、保存。种质是优良品种的物质基础，开展种质资源的搜集、整理、保存，对育种工作取得成功起着决定性作用。②选择的理论和方法，药用植物育种的理论基础是遗传学；育种选择方法包括单株、混合、集团选择法等，正确的选择方法，可提高育种工作效率。③人工创新变异的途径、方法及技术。④杂种优势利用的途径和方法。⑤目标性状的遗传、鉴定和选育方法。⑥育种各阶段的田间试验技术。⑦新品种的审定、推广和种子生产。

技术方法 主要包括选择育种、杂交育种、诱变育种和生物技术育种。①选择育种也称为系统育种，是通过人工选择的方法从自然变异个体中选择出优良个体，培育成新品种，是当前药用植物育种的主要方法。如人参新品种"边条1号"，抗逆性、产量和总皂苷含量均比对照有大幅度的提高。菊花的"红心菊"和"小白菊"两个白菊品种，产量较高。②杂交育种是通过人工杂交，将两个或两个以上亲本的优良性状综合到一个个体上，继而从分离的后代群体中经过人工选择、培育，创造新品种的育种方法，因而子代通常具有杂种优势。根据参与杂交亲本的亲缘关系，杂交育种可区分为品种间杂交育种和远缘杂交育种两大类。品种间杂交是指同一物种内不同品种间进行的杂交育种。如采用雄性不育制种方法选育的桔梗内杂种一代新品种"中梗1号""中梗2号""中梗3号"。远缘杂交是指不同种间属间甚至亲缘关系更远的物种之间的杂交。③诱变育种是人为地利用物理诱变因素和化学诱变剂，对植物的种子、器官、细胞以及DNA等进行诱变处理，能在较短时间内获得有利用价值的突变体，可根据育种目标选育新品种。主要包括物理诱变育种（辐射、离子注入、激光、航天育种）和化学诱变育种。如采用辐射育种的方法成功地选育出了高产、优质的甘肃当归新品系"岷归3号"；航天搭载产生的诱变形成灵芝的新品种；采用化学试剂甲基磺酸乙酯结合β射线诱变三叶木通种芽，产生了早实变异和早熟变异。④生物技术育种，主要包括组织培养、高产细胞系的选育、原生质体培养、倍性育种、基因工程和分子标记技术育种等。

应用现状 中国常用药用植物1000多种，实现栽培的300多种，大多为遗传背景多样化的混杂群体，生产应用的育成品种只有几十种，推广面积不足15%；且育种技术较为初级，以选择育种为主，种质资源的搜集、整理、保存、鉴定工作尚不充分，遗传特性如细胞学基础、性状遗传特点、开花习性、授粉方式、结实特性等基础研究有待加强，随着现代生物技术的发展，还需将常规育种与现代生物技术育种相结合。

（马　琳　李先宽）

yàoyòng zhíwù fánzhí

药用植物繁殖（medicinal plant propagation）　药用植物产生出与自身相似新个体以繁衍后代的过程。繁殖是药用植物生命过程中的一个重要环节，也是药用植物良种选育、种植生产、保存种质资源的重要过程和手段。

分类 药用植物繁殖一般分为有性繁殖和无性繁殖，选择哪一种繁殖方法取决于多种因素，如是否结实、种子的发芽能力、营养繁殖的难易程度、所需种植植株的数量，以及是否需要保留母本稳定的遗传特性等。大部分药用植物均可以进行有性繁殖；对于不结种子的药用植物如川芎等，以及种子发芽困难，或种子繁殖的植株生长慢，年限长或产量低，生产上常用无性繁殖。如枸杞等用结果枝条嫁接或扦插，可以大大提早结实；贝母用鳞茎繁殖一年一收，用种子繁殖需5年才能采收；对雌雄异株的植物，无性繁殖可以控制雌雄株的比例，如荜茇、银杏、罗汉果等。对于不同的药用植物，只有掌握其繁殖特性，才能选择并使用科学的繁殖方法，提高繁殖系数，加快繁殖速度，缩短育苗周期，使其能够大量繁殖并推广应用。

研究内容 ①繁殖生物学基础研究。药用植物种植生产中，凡是能作为繁殖材料的植物器官、组织等都可称为广义的"种子"。主要分为3类：一是真正的种子，是由受精胚珠发育而成，如甘草、黄芩、紫苏等播种所用的种子；二是植物学意义上的果实，有些植物的果实成熟干燥后不开裂，或其种子包在果皮之内不易分离，可以直接用于播种繁殖，如牛蒡、红花、当归、防风等栽培时所用的种子；三是营养器官，有些药用植物的营养器官，在栽培时常作为繁殖材料，属于无性繁殖，如天麻和元胡的块茎、贝母和百合的鳞茎等。研究"种子"形态结构、发育机制、影响机制，对药用植物种植生产中"种子"鉴定、质量分级、丰产措施以及良种选育具有重要意义。②繁殖材料生理生化特征的研究。种子成分主要是水分、糖类、脂肪和蛋白质，还含有少量的矿物质、维生素、生长素、单宁和各种酶等，这些物质是种子萌发和幼苗生长初期所必需的养料和能量，对繁殖材料的生理功能有重大影响。各种不同成分的含量受到气候、土壤、栽培条件的影响变化很大。因此针对药用植物繁殖材料发育过程中贮藏物质、激素类物质的变化规律，以及在"种子"中的合成与分布状况，影响因素和调控机制进行研究，了解"种子"的生理特性、耐贮性和加工品质等，为药用植物"种子"繁殖生产中的合理采收、加工方法、贮藏运输、繁殖技术等提供理论依据。③繁殖技术研究与应用。主要针对药用植物繁殖材料获取、保存、处理，繁殖技术手段提升及新的繁殖方法的研究。如种子包衣技术，种子包衣后有利于精量播种，机械化操作，出苗整齐，抗病能力增强等，可加速种子产业化的进程；人工种子，是以人工手段，将植物离体细胞产生的胚状体或其他组织等包裹在一层高分子物质组成的种皮内形成，使之具有类似植物自然种子的结构和功能，可直接播种；把有用微生物、除草剂及其他农药、肥料掺入种子包衣中，可使其具有自然种子所不具备的优越性。人工种子已开始应用于药用植物研究中，如黄连、西洋参和白及等。

应用　21世纪初，中国绝大多数药用植物种子处于半原始自然采集状态，即使是种植技术相对成熟的大宗栽培品种如人参、麦冬等，也存在类型混杂、自繁自用和品种退化的问题。药用植物繁殖研究是药用植物栽培和发展的基础，可为其栽培生产提供最基础的生产资料，应加强用于采集繁殖材料的专业种子园、采穗圃等的建设，实现繁殖用种良种化、技术标准化、管理科学化是药用植物生产发展的方向。

（陈彩霞）

yàoyòng zhíwù wúxìng fánzhí

药用植物无性繁殖（medicinal plant vegetative propagation）利用药用植物的营养器官（根、茎、叶等）通过人工辅助，进行繁殖，培育成独立新植株的过程。广义的无性繁殖包括营养繁殖和孢子生殖。营养繁殖是药用植物通过自身营养体的一部分从母体分离形成新个体的方式，在药用植物栽培中占有很重要的地位，常用方法有：分株、压条、扦插、嫁接、植物组织培养等。藻类、菌类、苔藓和蕨类植物体产生具有繁殖能力的特化细胞，称为孢子，孢子离开母体后直接萌发成新个体，这种生殖方式为孢子生殖。如茯苓、灵芝、贯众等。

分株繁殖　将药用植物的营养器官从母株分离，另行栽植，使其长成独立的新植株，又称分离繁殖。药用植物栽培常用的分株繁殖主要有：①地下茎繁殖。取鳞茎或球茎上新生的小鳞茎、小球茎进行繁殖，如百合、番红花等；或取根状茎按照一定长度或节数分成带有若干芽的小段进行繁殖，如玉竹、淫羊藿等；或取块茎切割成带有若干芽的小块进行繁殖，如白及等。②分根繁殖。芍药、玄参等多年生草本植物，于秋季地上部分枯死后、萌芽前将宿根挖出，切取带有若干芽的小块进行繁殖。③珠芽繁殖。卷丹、半夏、山药等的叶腋常产生珠芽，待其成熟后可剥取进行繁殖。分株繁殖一般在秋末或早春植物休眠期内进行。

压条繁殖　将母株上的枝条割伤后压入土中或环剥后用其他的湿润材料包裹，使其生根发芽后再切离母株，另行栽植，成为独立的新植株。压条时期可分休眠期压条和生长期压条。压条的方法依其埋条的状态、位置及操作方法不同，分为普通压条、堆土压条、空中压条，如杜仲、辛夷、山茱萸、肉桂、大血藤等。

扦插繁殖　利用药用植物营养器官的再生能力和产生不定根的性能，切取根、茎、叶的一部分，插入土、砂或其他生根基质中，使其生根、发芽，生长为独立的新植物。扦插繁殖的时期，因植物种类、特性、扦插方法和气候不同而异。药用植物栽培中常用的扦插繁殖主要有：①根扦插。根部容易长出不定根的如丹参，生产上常结合采挖移栽，选取肥厚的根截断，用湿砂贮藏，翌年开春扦插。②硬枝扦插。落叶的木本药用植物，于秋季落叶后或春季萌芽前，将枝条截成小段，湿砂贮藏后到春季扦插，如木瓜、银杏、木通等。③嫩枝扦插。选取当年生的发育正常充实、尚未木质化的枝条，截成小段进行扦插，梅雨季节扦插容易成活。如佛手、连翘、木香、枸杞等。

嫁接繁殖　将一株植物的枝条或芽，接到同科同属植物的茎上，使之愈合生长在一起形成一个独立的新个体。供嫁接用的枝或芽称接穗，承受接穗的植株称砧木。根据所嫁接植物的部位，可分为枝接、芽接、靠接、鳞茎和块茎的芽眼嫁接等，如辛夷、猕猴桃、山楂等。一般枝接在植株萌发前早春进行，芽接则要在生长缓慢期进行。

组织培养繁殖　根据植物细胞具有全能性的理论，利用植物的离体器官、组织或细胞等在无菌、适宜培养基及可控的光照、温度条件下，诱导出愈伤组织、不定芽、不定根，经过生长、分化，形成完整植株的过程。组织培养在药用植物繁殖中主要用于快速繁殖优质种苗、无病毒苗的生产和拯救稀有濒危药用植物等。

药用植物无性繁殖不通过两性细胞结合，由分生组织直接分裂的体细胞所得的新植株，其遗传性与母体一致，能保持母本的优良性状，故生产上常用无性繁殖保持纯系良种或杂种优势。无性繁殖有利于植株提早开花结实，如山茱萸、酸橙、玉兰等木本药用植物采用结果枝条扦插、嫁接繁殖就可提早3~4年开花结实。对无种子的或种子发芽困难的药用植物，采用营养繁殖则更为必要。但是营养繁殖苗的根系不如实生苗的发达（嫁接苗除外）并且抗逆能力弱，长久使用营养繁殖易发生品种退化、生长势减弱等现象。

(陈彩霞)

yàoyòng zhíwù yǒuxìng fánzhí

药用植物有性繁殖（medicinal plant sexual reproduction） 药用植物的种子萌发、生长发育成独立植株的繁殖方式。有性繁殖又称种子繁殖。种子繁殖产生的植株称为实生苗，其根系发达，生长旺盛，对环境适应性强。由于种子采收、贮藏及运输方便，且繁殖技术简便，繁殖系数大，利于引种驯化，是药用植物栽培中应用最广泛的一种繁殖方法。种子繁殖产生的后代具有丰富的变异和遗传特性，为药用植物的良种选育提供了选择的可能性。但种子繁殖产生的后代容易产生变异，不利于保持原有品种的优良性状。此外，木本药用植物用种子繁殖生长慢，开花结实晚，

成熟年限较长，不利于推广应用。

种子特性 ①种子休眠。种子是处在休眠期的有生命的活体，由于内在因素或外界条件的限制，一段时间不能正常发芽的现象，是植物抵抗和适应不良环境的一种保护性的生物学特性。种子休眠的类型主要分为3种：一是种皮障碍，又称物理休眠。由于种皮厚硬或有蜡质，透水透气性能差，影响种子的萌发，如莲子、穿心莲等。二是后熟作用。由于胚的分化发育未完全，或胚的分化发育虽已完全，但生理上尚未成熟，还不能萌发，前者又称胚休眠或形态休眠，如人参、银杏等；后者又称生理休眠，如桃、杏等。三是存在萌发抑制物。在果实、种皮或胚乳中存在抑制性物质，如氢氰酸、有机酸等，阻碍胚的萌芽。②种子发芽年限，即种子保持发芽能力的年限。各种药用植物种子的寿命差异很大。寿命短的只有几天或不超过1年，如肉桂种子，一经干燥即丧失发芽力，当归、白芷种子的寿命不超过1年，多数药用植物种子发芽年限为2~3年。种子寿命与贮藏条件有直接关系，适宜的贮藏条件可以延长种子的寿命。

种子处理 为了促进种子迅速发芽和预防病虫危害，针对不同的种子休眠类型，采取相应的处理方法。种子处理的方法主要有：①化学药剂处理。对于具有种皮障碍的种子，如漆树、甘草种子用硫酸等处理可打破种皮障碍提高发芽率；对于有生理休眠的种子，可以用植物生长素如赤霉素处理，可提高发芽率，牛膝、白芷等的种子。②物理处理。采用冷、温水或变温交替浸种，不仅能使种皮软化，增强透性，促进种子萌发，而且还能消毒，防

止病害传播。如穿心莲种子在37℃温水浸24小时可显著促进发芽，薏苡种子采用冷热水交替浸种对防治黑粉病有良好的效果。③机械处理。采用机械方法损伤种皮，打破种皮障碍，促进种子萌发，如黄芪、甘草、穿心莲等种子可用粗砂擦破种皮，再用温水浸种，发芽率显著提高。④层积处理。在一定时间内，把种子和湿润物混合或分层放置，打破种子休眠，促进其达到发芽程度，银杏、人参、黄连等常用此法促进后熟。层积处理也可作为某些不耐干藏，需湿藏保持活力的种子保存方法，如细辛、黄连等。

播种 ①播种期。药用植物特性各异，播种期很不一致，以春、秋两季播种为多。一般耐寒性差、生长期较短的1年生草本植物以及没有后熟特性的木本植物宜春播，如紫苏、黄皮树等；耐寒性强、生长期长或种子需要打破后熟的植物宜秋播，如北沙参、厚朴等。同一种药用植物，在不同地区播种期也不同，如红花在南方宜秋播，而在北方则多春播。有的药用植物对播种期要求较高，如当归、白芷在秋季播种过早，第2年易发生抽薹现象，造成根部不能药用。②播种方法。有穴播、条播、撒播3种。在播种过程中要注意播种密度、覆土深度等，如大粒种子宜深播，小粒种子宜浅播，黏土宜浅，砂土宜深等。③育苗移栽。先在苗床育苗后移栽于大田，如杜仲、菊花等，育苗移栽管理方便，有利于培育壮苗。

(陈彩霞)

yàoyòng zhíwù zhòngzhí zhìdù

药用植物种植制度（medicinal plant cropping system） 在当地自然条件、经济条件和生产条件

下，根据作物的生态适应性，实施的药用植物和其他农作物在空间上和时间上的配置种植方式。包括复种、单作、间作、混作、套作、轮作和连作等。中国各地气候、土壤、生态条件多样，可种植的药用植物种类、品种较多，因而各地的药用植物种植制度差异较大。合理的种植制度既能充分利用自然资源和社会资源，又能保护资源，达到药用植物的优质高产和保持农业生态系统平衡。

复种　一年内在同一耕地上种植作物多次的种植方式。复种主要应用于生长季节较长、降水较多的暖温带、亚热带或热带地区。复种能提高土地和光能的利用率，提高作物的单位面积及年总产量；减少土壤的水蚀和风蚀；充分利用人力和自然资源。药用植物一般结合粮食、蔬菜等作物进行复种。如一年二熟制，如莲子-泽泻、冬小麦-菘蓝、川芎-水稻、川乌-水稻、牛膝-小麦；一年三熟制，如小麦-油菜-泽泻；二年三熟制，如莲子-川芎-夏甘薯。

单作、间作、混作和套作　单作是指在一块土地上一个生育期间只种一种植物，也称为净种或清种。其优点是便于种植和管理，便于田间机械化操作。如人参、当归、云木香等单作较多。间作、混作是指在同一土地上，同时或同季节种植两种或两种以上的生育季节相近的植物，成行或成带状间隔种植称为间作；按一定比例混行撒播或同行混播种植称为混作。间作、混作都是增加田间种植密度，提高土地利用率，充分利用光能，如玉米+穿心莲（金钱草、紫苏），林下、果树下栽培人参、西洋参、黄连、细

辛、草珊瑚。套作是指在同一块土地上，前茬植物生育后期，在其株、行间种植后茬植物的复种方式，多应用于一年可种两季或三季作物的地区，可以提高土地利用率，也可以满足药用植物栽培需求，如棉花套作红花（芥子、王不留行）、玉米套作柴胡等。立体种植指利用不同作物生长过程中的时空差，科学地实行间作、混作、套作、复种等配套种植，形成多种作物、多时序、多层次的立体种植结构，从而获得资源的高效利用。如东北地区五味子、平贝母，梧州地区林下种植三七、苦玄参、巴戟。

轮作和连作　轮作是指在同一块田地上按照一定的顺序轮换种植植物的栽培方式。连作是指在同一块田地上重复种植同种植物，或同一复种方式连年种植的栽培方式（称复种连作）。合理轮作可明显提高药用植物的产量和质量，并可有效避免药用植物连作障碍。叶类、全草类药用植物，如大青叶、薄荷、细辛、荆芥、紫苏等，需氮肥较多，宜与豆科作物轮作；小粒种子繁殖的药用植物，如桔梗、柴胡、党参、白术等，易受草害，应选择豆科作物或收获期较早的中耕作物作为前茬。另外，地黄与大豆、花生有相同的孢囊线虫，枸杞与马铃薯有相同的疫病，不宜轮作。

（马　琳　李先宽）

yàoyòng zhíwù liánzuò zhàngài

药用植物连作障碍（medicinal plant continuous cropping obstacles）　同一药用植物或近缘植物在同一块土壤上连续种植后，即使在正常管理情况下，也会出现生长发育异常的现象。连作障碍的主要表现为生长发育不良、病虫害加重、产量下降、品质变劣、

极端情况下，局部死苗、不发苗或发苗不旺等。多数药用植物均不能连作，尤其是根类药材问题更为严重，如种过人参、西洋参的地块不能再次种植，三七、地黄、半夏重复种植的间隔时间需要10年以上，浙贝母、丹参、当归、山药、太子参等至少需要1次倒茬。连作障碍已成为药用植物栽培生产中的一个广泛存在的现象，严重危害药用植物正常生长，特别是道地药材的生产问题，亟待解决。21世纪初，有关连作障碍的原因及克服技术的研究取得了一些进展，在自毒物质的鉴定及其作用机制、土壤微生物变化等方面积累了大量的研究成果，对于多种生物及非生物因子在连作障碍中的作用有了基本认识，为连作障碍的克服奠定了理论基础。

产生原因　土壤养分失调、土壤理化性质改变、植物毒素积累，以及土壤微生物失衡是引起连作障碍的原因。①土壤养分失调。不同药用植物对养分的需求和吸收不同，种植过一种植物后，土壤中植物生长所必需的营养元素会发生富集或亏缺，即出现土壤营养失衡现象，如种植西洋参的土壤出现氮元素升高，而微量元素钙下降的现象。②土壤理化性质改变。长期过量使用化肥导致土壤酸化是很多药用植物种植后的现象，如随栽培人参年限的增加，参地土壤pH值出现不同程度下降，导致土壤中部分营养元素有效性下降，引起生长不良。③植物自毒作用。药用植物化感作用产生的自毒物质与连作障碍密切相关，即前茬药用植物释放的化学物质在土壤中残留和积累，对后茬药用植物的生长产生抑制作用。人参、西洋参、三七、地

黄、太子参等药用植物的自毒物质初步鉴定为酚酸及皂苷类成分，这些自毒物质的长期作用尚待验证。④土壤微生物失衡。药用植株残体上的病原菌残留在土壤中造成特异性土传病原菌积累，同时有益微生物种群数量下降，土壤微生物的组成和多样性发生改变，也是再次种植时出现生长抑制且病害发生严重的原因。

克服技术 连作障碍的形成是多方面原因造成的，因此其克服消减技术也需通过综合措施。主要技术包括休闲和轮作、土壤改良、土壤消毒等。①休闲和轮作。中国上千年的农作物栽培经验表明，休闲和轮作是土壤恢复的有效方式，适当的休闲及合理的轮作是克服连作障碍最为经济的方法。如实行水旱轮作，对防止人参、浙贝母、太子参的连作障碍有明显的作用。②土壤改良。使用土壤改良剂调节土壤 pH 值，适量施用有机肥并补充微量元素，对于培肥土壤、再次种植同种药用植物是必不可少的措施。③土壤消毒。采用蒸汽或太阳能等物理方法对土壤进行高温处理，具有一定的杀灭病菌和害虫的作用，如使用棉隆等化学熏蒸剂，将土壤中的各种微生物完全杀灭，再通过补充有益菌实现健康土壤环境的重建，大大提高重茬药用植物的保苗率，降低发病率，是比较理想的土壤消毒方式。

（高微微）

yàoyòng zhíwù zāipéi guǎnlǐ

药用植物栽培管理（medicinal plant cultivation management）

药用植物从播种到收获的整个栽培过程中，所采用的一系列管理措施。药用植物栽培管理是获得优质高产药材的重要措施。栽培管理既要满足药用植物生长发育对阳光、温度、水分、养分、空气等的要求，又要综合利用各种有利因素，克服不利因素，及时调节、控制植株的生长发育按生产需求的方向发展。药用植物栽培管理主要包括常规管理、植株调整、其他管理及药用植物病虫害防治等。不同种类的药用植物，其生物学和生态学特性、药用部位和收获期等均不相同，根据各自的生长发育特点，分别采取相应的管理方法。

常规管理 常规栽培管理主要包括间苗、补苗、中耕、培土、除草，施肥、灌溉、排水等。①间苗和补苗。因药用植物种子成熟度不一致以及播种方式的差别，都会导致出苗后植物密度较大或不均匀，需除去过密、瘦弱和有病虫的幼苗，把缺苗、死苗和过稀的地方补栽齐全。②中耕、培土。中耕是指对土壤进行浅层翻倒、疏松表层土壤。药用植物生长过程中，土壤孔隙度会降低，表层土壤板结，需要松土，增加土壤通气性。结合中耕把土集中到植株基部，称为培土。③除草。杂草会与作物争光、争水、争肥、争空间，可采用精选种子、轮作换茬、水旱轮作、人工除草和化学除草等方法，人工或机械除草常中耕和培土同时进行。④施肥。是将肥料施于土壤中或喷洒在药用植物上，提供植物所需养分，并保持和提高土壤肥力的一项复杂的农业技术（见药用植物施肥）。⑤灌溉与排水。灌溉是为土壤补充药用植物所需水分的技术措施（见药用植物灌溉）。排水是防止雨水过量产生涝害的措施，排水多采用明沟，暗管排水和井排技术正在发展中。

植株调整 人为地调整药用植物的生长和发育速度的措施。草本药用植物植株的调整主要内容包括摘心、打杈、摘蕾、摘叶、整枝压蔓、疏花疏果和修根等。木本药用植物的整形修剪是主要的技术措施，合理修剪可使药用植物提早开花结果，延长采花采果年限，提高产量并克服大小年现象，还可以改善树木通风透光条件，减少病虫害，增强抗灾能力，降低生产消耗。也可以采用植物生长调节剂进行植株调整，如控制生殖生长等。

其他管理 药用植物中蔓生、攀缘、缠绕生长的种类，阴生的种类，需要搭设支架或荫棚，有些还需要进行抗寒防冻、预防高温等管理。

病虫害防治 药用植物栽培过程中病虫害可降低产量和品质，危害严重时可绝收，所以药用植物栽培过程中，病虫害的防治是不可缺少的重要措施（见药用植物病害防治和药用植物虫害防治）。

（马 琳 李先宽）

yàoyòng zhíwù guàngài

药用植物灌溉（medicinal plant irrigation）

为土壤补充药用植物所需水分的种植管理技术。植物只能在一定的水分范围内正常生长发育，缺水会影响正常生长，植株发生萎蔫，轻则影响正常生长发育而导致减产，重则会造成植株死亡。药用植物生长过程的耗水量因不同种类、不同生育期而有较大的差异。土壤水分状况将直接影响植物对水分、养分的吸收。因此，在药用植物栽培过程中，要根据药用植物需水规律和田间水分的变化规律及时做好灌溉工作，保证药用植物产品的产量和质量。

灌溉方式 灌溉方式主要包括地面灌溉和地下灌溉两大类：

①地面灌溉，是使灌溉水在田间流动或蓄存，借助重力、渗透或毛细管作用湿润土壤的灌溉方法。传统灌溉包括沟灌、畦灌、淹灌等，这些灌溉方法需水量大，水分蒸发损失大。喷灌和滴灌作为新的灌溉技术应用越来越广泛。喷灌是如同降雨一样湿润土壤的灌溉方式。喷灌既能调节土壤水、肥、气、热状况，改善田间小气候，又能节水增产，与畦灌相比可省水 20%～30%，增产 10%～20%。滴灌是利用低压管道系统通过滴头以成滴方式均匀缓慢地滴到根部土壤上，使植物主要根系分布区的土壤含水量经常保持在最优状态的一种灌水技术。滴灌使水分的渗漏和蒸发降低到最低限度，能做到适时地供应作物根区所需水分，使水的利用效率大大提高。喷灌常结合施用农药，滴灌常可以结合施肥，节省劳力投入，降低生产成本。②地下灌溉，又称地下渗灌，是利用埋在地下的管道，将灌溉水引入田间植物根系吸水层，借助毛细管的吸水作用，自下而上湿润土壤的灌水方法。地下灌溉使土壤湿润均匀，减少蒸发，节约用水，灌水效率高。

灌溉原则　药用植物种类不同，对水分需求各异，如耐旱植物甘草灌溉水次数就少，喜湿植物如薄荷天气稍微干旱即应灌溉；植物不同生长发育时期对水分需求也有变化，如苗期宜少灌，植株生长旺期则宜灌透水，花期后需水量减少；土壤质地和结构不同，土壤吸水和保水性能也有差异，如砂质土壤保水、持水性能弱，要注意保水，以施肥保水为佳；在盐碱地要注意洗盐并防止返碱；药用植物在炎热和干旱少雨季节所消耗的水分多，宜多灌水，多雨而湿润季节则少灌水。

（马　琳　李先宽）

yàoyòng zhíwù shīféi

药用植物施肥（medicinal plant fertilization）　将肥料施于土壤中或喷洒在药用植物上，提供植物所需养分，并保持和提高土壤肥力的栽培管理技术。施肥是提高土壤肥力、提高药用植物产品产量和改善产品品质的重要措施。影响药用植物施肥效果的因素是多方面的，需根据植物营养特性、土壤肥力特征、气候条件、肥料种类和特性，确定各种肥料的搭配、施肥量、时间、次数、方法等，才能达到经济合理施肥。科学施肥不仅能提高产量，还可提高药材有效成分含量。

肥料种类　通常分为有机肥料、无机肥料和微生物肥料 3 类。①有机肥料，又称农家肥料，多用作基肥，包括厩肥、堆肥、农家废弃物等。其特点是养分含量全面，肥效稳定，提高土壤肥力，并能改良土壤的理化性状。同时具有种类多、来源广、成本低、便于就地取材等特点。有机肥料需经充分腐熟达到无害化卫生标准后才可施用。②无机肥料，又称化学肥料，一般依据肥料中所含的主要成分分为氮肥、磷肥、钾肥、微量元素肥料和复合肥料等。其特点是易溶于水、肥分高、肥效快，可直接被药用植物吸收。无机肥料种类间差异很大，种类不同，性质和作用也不同。③微生物肥料，又称菌肥。根据微生物种类不同，通过微生物的生命活动，增加植物营养元素的供应量，有的还能产生植物生长激素，促进植物对营养元素的吸收利用，或有拮抗某些病原微生物的致病作用。常见的有根瘤菌、固氮菌、磷细菌、钾细菌、菌根真菌、固氮蓝藻菌肥等。微生物肥料多与有机肥料、无机肥料配合施用。

施肥方式　分为基肥和追肥两种方式。栽培中一般以基肥为主，追肥为辅。①基肥，常结合整地施入土壤，多以有机肥料为主，无机肥料为辅。需肥多的和生物产量高的药用植物，其大部分肥料要以基肥施入土壤中。②追肥，是基肥的补充，可用以满足各个生育时期的药用植物对养分种类和数量的需求。

注意事项　施肥技术是一项复杂的农业技术，经济有效的施肥必须考虑多种相关因子及各因子的相互关系。①气候条件。温度、雨量、光照对施肥效果的影响较大。通常在一定温度范围内，温度升高，植物吸收养分增加，低温条件影响植物对氮的吸收，对磷、钾吸收影响较小，故低温条件下多施磷钾肥，有利于增强植物抗逆性。雨水多会加速养分淋失，降低肥效，所以雨天不宜施肥。另外，光照是否充足，同样会影响养分的吸收。②土壤条件。土壤原有养分状况、理化性状、水分等都可影响肥料在土壤中的变化及施肥效果，如一般中性或弱酸性土壤施肥效果较好；偏酸或偏碱土壤，施肥的肥效低。土壤黏重，有机质含量较足的土壤，保肥能力好，可一次性多施肥；沙质土壤保肥能力差，应当采用少量多次的施肥方法。③药用植物的营养特点。如药用植物耐肥性的不同，影响施肥量和施肥效果，如许多茄科植物和多年生药用植物生长旺盛期比幼苗期耐肥性强。因药用植物种类多样，且营养特性与农作物差异较大，应加强药用植物的营养规律研究，研制适合其不同生长发育阶段的专用肥料。

(马　琳　李先宽)

yàoyòng zhíwù chónghài fángzhì

药用植物虫害防治 （medicinal plant pest management）

通过人为干预，减少害虫的数量、削弱其危害，提高植物抗虫能力，从而达到控制虫害的措施。在药用植物生长发育或中药材贮藏过程中主要由昆虫、螨类引起的各种伤害通常称为虫害，广义上也包括蜗牛、蛞蝓等软体动物，虫害发生直接导致药用植物产量及品质下降。

虫害防治的前提是对害虫的种类进行鉴定，并了解虫害发生特性、与环境的关系、害虫的天敌，寄主的抗虫性等，选择合适的防治措施及药剂种类，指导田间应用。可采用的防治方法主要包括农业防治、物理防治、化学防治及生物防治，在实际防治过程中往往需要多种技术结合使用才能达到最佳的防治效果。

农业防治　通过改变耕作栽培制度和生态条件，创造有利于药用植物生长发育，而不利于害虫的生存条件，从而控制害虫危害的方法。农业防治技术主要有合理轮作和间作、清洁田园、调整播种期、合理施肥、选育抗虫品种等，如蒙古黄芪的农家品种"大三黄"和"小三黄"对籽蜂有较强的抵抗力。此外，实行水旱轮作、深耕多耙、中耕除草等可以破坏害虫适宜的环境。

物理防治　利用光、电、热等物理因子对害虫的生长发育和繁殖进行干扰的防治方法。常见的有诱集法、热处理法、阻隔法等。利用害虫的对灯光、颜色、气味的趋向性进行诱杀，具有很好的虫害防治效果。如在田间设置黑光灯诱杀蝼蛄、金龟子、地老虎和部分金针虫的成虫，减少危害根类药材的地下害虫；黄色粘虫板用于减少金银花及菊花、小蓟等大部分菊科药材上的蚜虫数量效果明显；另外，利用害虫对光、波、颜色的趋向性综合设计的频振式杀虫灯，是将紫外灯和荧光灯组合，配以黄色外壳，大大提高了对多种害虫的引诱效率，用于诱杀白木香黄野螟的成虫，可以降低田间落卵量，从而减少虫口密度。热处理法是利用植株与害虫可耐受温度的差值来达到防治害虫而不伤害植株的目的。如在移栽罗汉果幼苗前，将幼苗放入 25 ~ 30℃ 温水中浸泡 2 ~ 4 天能提高害虫的防治效果。阻隔法是利用害虫发生及为害特点，设置物理障碍以达到害虫防治目的的方法。如在金银花、菊花的蚜虫和鳞翅目害虫高发季节前，可以用防虫网覆盖药用植物，能够有效阻隔其接触作物。

化学防治　应用化学农药防治虫害的方法，具有起效快，效果明显，应用方便等优点，能在短期内消灭或控制害虫大量发生，是虫害防治中最常用的方法。选择合适的化学防治方法，首先要了解化学药剂作用对象、作用效果，如北沙参钻心虫等钻蛀性害虫，应该在卵盛期和初孵幼虫尚未钻入组织为害前用药防治。另外，还要了解化学药剂的残留时间和降解动态，以及植株对药剂的敏感性，从而制定安全使用剂量和使用期。一般情况下药用植物苗期抗药力比较弱，用药时一般选择不易发生药害的农药或适当降低使用浓度，以避免发生药害；长期使用一种农药害虫易产生抗药性，合理混合使用和交替使用农药，以避免产生抗药性；在药用植物的药用器官或接近收获期，不可过多施用农药，以免造成农药残留和环境污染等问题。

生物防治　使用有益生物或生物代谢物，如害虫天敌、寄生菌、抗生素、生物农药等来消灭或抑制害虫的方法。生物防治具有对人畜和天敌安全、无残留、不污染环境、效果持久、有预防性等优点，是药用植物虫害防治的重要方向。药用植物虫害的生物防治主要包括以虫治虫、以菌治虫、昆虫激素的应用等。以虫治虫包括利用捕食性益虫防治害虫和利用寄生性益虫防治害虫，如利用管氏肿腿蜂防治金银花咖啡虎天牛。以菌治虫包括利用真菌、细菌、病毒等天敌微生物来防治害虫。如真菌白僵菌可以寄生鳞翅目、膜翅目、螨类等 200 余种害虫，是生产上应用较多的真菌。细菌制剂如青虫菌 6 号、Bt 乳剂对为害芸香科、十字花科、马兜铃科药用植物的柑橘凤蝶、玉带凤蝶、菜青虫、丝带凤蝶、褐边绿刺蛾、红脉穗螟等都有较好的防治效果。另外，昆虫性信息素及其他激素类，也被用于害虫诱捕及生长控制等。

(高微微)

yàoyòng zhíwù bìnghài fángzhì

药用植物病害防治 （medicinal plant disease management）

通过人为干预，减少病原物数量或削弱其致病性，提高植物的抗病能力，优化环境以达到控制药用植物病害的措施。药用植物病害是指药用植物在生长发育或贮藏过程中受到有害生物（主要指微生物）的影响，在形态、生理上发生一系列不正常的变化，表现出不同程度的产量降低和品质下降，甚至丧失药用价值的现象。广义上的植物病害还包括由于环境条件超出药用植物生长发育适应的范围，或受环境中有害物质的影响而导致的生理性病害，如冷害、药害、肥害等。引起药用植物病害的病原主要包括真菌、细菌、病毒，另外，植食性线虫和寄生性植物通常也被列入病害范畴。病害防治的前提是明确病因，对病原的种类进行鉴定，了解病害的发生特点、流行规律，以及寄主的抗病性，对于药用植物还需重视病害发生对药材品质及安全的影响。在药用植物病害中，由真菌引起的病害占绝大多数，是生产上防治的重点。采用的防治方法主要包括农业防治、化学防治和生物防治。病害防治原则是预防为主的综合防治，生产上往往采用多种技术结合以达到最佳的防治效果。

农业防治　通过农业措施调节和改善药用植物生长的生态环境，创造有利于植物而不利于病原物的条件，提高作物的抗病能力，从而控制病害发生的方法。农业防治的具体措施包括：①选用抗病品种，提高植物的抗病能力。②合理施肥促进植株生长发育，增强其抵抗力，增施磷、钾肥，特别是钾肥可以增强植物的抗病性，而偏施氮肥，往往导致病害加重。③调节播种期错过病原大量侵染的危险期，可以避免或减轻某些病害的发生程度，如荆芥适时早播，植株提早进入旺盛生长期，从而提高对茎枯病的抗病能力。④雨季及时排水避免水淹，发病后及时清除病株等园艺管理也是生产上常用的基本措施。⑤建立合理轮作和间套作耕作制度，如白术、党参、浙贝母、太子参等根类药材与禾本科作物轮作，可以减轻根腐病和白绢病危害。

化学防治　使用化学杀菌剂对病害进行控制的方法。化学防治具有起效快、效率高、受区域性限制小等优点，是药用植物病害防治中使用最为广泛的技术。针对药用植物田间生产中的不同病害使用不同农药，药用植物上禁止使用高毒、高残留的有机氯和有机磷农药，应选择使用低毒、低残留的品种。药用植物土传病害是防治的难点，为了减少土壤及种子带菌，栽植前一般需要进行土壤消毒、药剂浸种、种苗消毒等处理防治多种根类药材的根腐病。地上部病害病原较为复杂，使用的农药种类较多，为了防止产生抗药性，对于同一种病害将不同的杀菌剂交替使用。

生物防治　利用有益生物或其代谢产物对病害进行防治的方法。应用较多的主要有各种拮抗菌和抗生素。拮抗菌又叫生防菌，针对药用植物的生防菌主要有木霉属真菌、芽胞杆菌等，大多尚处于实验室研究和小面积应用阶段。抗生素类农药在生产上应用已较为普遍，如多抗霉素、农抗120在人参、西洋参等药用植物上用于防治叶斑病和根疫病。另外，一些天然植物来源的抗菌成分被成功开发为植物源农药，如苦参碱、丁香酚、柠檬醛和肉桂醛等，作为杀菌剂在药用植物病害防治中也有应用。

（高微微　杨姗姗）

yàoyòng zhíwù cǎishōu

药用植物采收（medicinal plant harvest）

采集收获药用植物药用器官的过程。药用植物采收是直接影响中药材质量、产量和采收效率的技术性工作，只有在合理的采收时间、对符合采收标准和适收标志的药用器官，采用合理的采收方法，才能达到中药材

质量最佳、产量最大和采收效益最大化。

采收标准和适收标志　药用器官外部形态、性味以及药效成分达到药用标准的状态为采收标准，此时的药用植物生长发育状态和特征称适收标志。不同种类植物、不同药用器官、栽培或野生药用植物的适收标志存在差异：种子类大多以种子完全成熟为适收标志；果实类以果实完全成熟或近成熟为适收标志，如枸杞、枳实等；全草类一般以茎叶生长旺盛时期的现蕾或花初期为适收标志等。适收标志是以药用器官符合药用标准为原则，与药用植物的生理成熟标志不完全一致，如白芷、当归等的生理成熟标志是抽薹开花，但此时的根或根茎不符合药用标准。

采收时间　包括采收年限和采收期。①采收年限，也称收获年限，是指播种（栽植）到采收所经历的年数。采收年限的长短取决于3个因素：第一是根据药用植物的生命周期，如木本比草本采收年限长；第二是根据环境的影响，同种药用植物在南方与北方、低海拔与高海拔地区的采收年限有差异；第三是根据药用器官的采收标准，一般来说收获年限等于或短于该药用植物的生命周期。药用植物的采收年限可分为1年收获，如荆芥等；2年收获，如浙贝母等；多年收获，如人参等；连年收获如金银花等。②采收期，是指一年中药用器官达到采收标准而适宜采收的时期，一般表示为季、月或旬。药用器官的质量和产量的组合特征达到最佳的时期为适宜采收期。药用器官的适宜采收期一般为：根和根茎类在植株完成生长发育周期，进入休眠期时采收；全草类在现

蕾至花盛期采收；叶类在花初开或盛开期采收；茎木类在秋冬落叶或初春萌芽前采收；皮类在春末夏初植株生长期采收；花类有花蕾期、花初开放期采收等不同的情况，如金银花为花蕾期采收，菊花为花初开时采收；果实类多数在成熟时采收，如五味子、枸杞子，也有幼果采收，如枳实，或者未成熟采收，如连翘；种子类在种子完全成熟、果皮退绿时采收。

采收方法 不同的药用植物种类、不同药用器官的采收方法各异。常用的采收方法有：①挖掘法。主要用于根和根茎类以及带根全草的采收。如人参、黄精等。挖掘法通常在土壤具有适当含水量的时间进行。②采摘。主要用于成熟期不一致或不易击落的花、果实和种子的采收。采摘时根据适收标志分批采摘，同时保护植株，如金银花一般采摘不带茎叶的成熟饱满的花蕾，可选择花蕾近青白的颜色分批分次采摘。③击落。主要用于高大的乔木和藤本或不易采摘的果实或种子的采收。击落时注意保护植株的枝条，如白果和酸枣。④剥离。主要用于树皮、根皮等皮类的采收。树皮的剥离方法有砍树剥皮、砍枝剥皮、活树部分剥皮和活树环状剥皮等。由于活树环状剥皮不砍树，采收量大，只要不伤害形成层和木质部，数年后又可采收，成为主要的树皮采收方法，如厚朴、杜仲等。较大根皮的采收类似树皮，较细的根皮可采取顺根纵切并剥取根皮，或经捶打根部后抽掉木质部取皮，如牡丹、远志等。⑤割伤。通过割伤树干，收集树脂的采收方法，如安息香的采收。

(谈献和)

yàoyòng zhíwù chǎndì jiāgōng
药用植物产地加工（medicinal plant production processing）对采收后的药用植物器官进行加工处理形成药材或药用原料的过程。其中洁净和干燥为基本加工过程，部分药材还有浸漂、切制、加热处理、发汗、揉搓等加工。产地加工的目的是去掉非药用部位和杂质，干燥便于包装、贮藏和运输，在处理过程中要保证药材质量，少数药材还需要特殊加工以去除毒性、增强功效等。

洁净 目的是去除杂质、非药用部位和劣质药材，使得药材干净、光洁。具体方法包括：①去除非药用部位。根与根茎类去残茎基、须根等；花类药材去叶、枝梗等；茎类药材，要除去细小的茎和叶；果实类药材，要除去果枝、霉烂及不合乎药用要求的果实；种子类药材，要除净果皮和不成熟的种子。②清选。包括挑选、筛选、风选、水选和色选等。挑选是手工拣出混在中药材中的杂质及变质品；或区分不同药用部分；或按大小、粗细分类归档。筛选是根据药材和杂质的体积大小不同，选用不同孔径的筛子以筛除药材中的泥沙、地上残茎残叶等；风选是利用药材和杂质的比重不同，借助风力将杂质除去，一般可用簸箕或风车进行，除去果皮、果柄、残叶和不成熟的种子等，多用于果实、种子类；水选是通过水洗或漂的方法除去泥土、干瘪之物等，多用于种子类药材；色选是根据药材和杂质光学特性的差异，利用光电探测技术将颗粒物种中异色颗粒自动分拣的技术，在颗粒类药材如果实、花蕾、种子、根或茎块清选中应用广泛。另外，还有根据比重、磁性吸附等原理进行清选的新技术。③水洗。除去表面的泥沙、污垢，以及部分粗皮、须根。为了减少药用化学成分的损失，一般在药材采收后，趁鲜水洗，再进行加工处理。但药材色泽鲜艳或者所含色素能溶于水的，不宜用水洗涤，如丹参、黄连、姜黄等。④去皮。根、地下茎及皮类药材需去除表皮或栓皮，果实或种子类药材要去除果皮或种皮，使药材光洁，或易于干燥。去皮要厚薄一致，方法有手工去皮、工具去皮、机械去皮和化学去皮。⑤修整。用刀、剪等工具去除非药用部位或不利于包装的枝叉，使之整齐，便于捆扎、包装，或为了等级划分。修整有的应在干燥前完成，如剪除芦头、须根、侧根，截短、抽头等；有的应分头、身、尾，如当归、甘草；有的药材还应扎把，如防风、茜草；有的药材则干燥后进行修整，如剪除残根、芽苞，切削不平滑部分等。

干燥 目的是及时除去鲜药材中的大量水分，避免发霉、虫蛀以及活性成分的分解和破坏，保证药材的质量，利于贮藏。干燥的方法有：①自然干燥法，分为晒干和阴干。晒干为常用方法，但含挥发油的药材、晒后易爆裂变色的药材不宜采用此法。②人工加温干燥法，主要是炕干和烘干等法。炕干为火炕烘烤干燥，属于传统方法，逐渐被各种干燥设施替代即烘干，烘干的设备有蒸汽排管干燥设备、隧道式热风干燥设备、火墙式干燥室、电热烘干箱、电热风干燥室等。一般温度以 $50 \sim 60℃$ 为宜，对多数药材的成分没有破坏，同时能抑制植物体内酶的活性，避免部分药用成分的分解。③其他干燥方法，有红外干燥与远红外干燥、微波干燥、冷冻干燥等，还有太阳能集热器干燥、闪蒸干燥等。

浸漂 浸渍和漂洗。浸漂的目的是减轻药材的毒性和不良性味，如半夏、附子晒前应水漂，或加入甘草、明矾去毒性。

加热处理 干燥前先进行蒸、煮、烫等加热处理。分为几种情况，如富含淀粉或糖类的药材，常规方法不易失去水分而干燥，如百部、白及、北沙参等；有些药材需要快速加热处理，杀死植物细胞内的酶，避免干燥时间过长，内在成分发生变化，又称杀青，如连翘；某些药用植物的花，蒸后可使花瓣不碎落，如菊花等。

切制 一些较大的根及根茎类药材，往往要趁鲜时切成片或块状，利于干燥，如葛根、苦参、茯苓等。切制方法有手工切制法和机械切制法。

发汗 鲜药材加热，或药材半干燥后密闭堆积使之发热，内部水分向外蒸发的过程。发汗可以有效地促进药材内外干燥一致，加快干燥速度，如茯苓、川续断等；或促使药材内部化学成分产生变化，如牡丹皮发汗可促进丹皮酚的形成。

揉搓 一些药材在干燥过程中易于皮肉分离或空枯，在干燥过程中必须进行揉搓，达到油润、饱满、柔软的目的，如党参、麦冬、玉竹等。

（郭庆梅）

yàoyòng zhēnjūn péiyù
药用真菌培育（medicinal fungi cultivation）
通过育种得到优质菌株，再通过菌种生产获得大量的生产用种，继而通过栽培培养获得药材，或直接用菌种发酵培养获得子实体、菌丝体、发酵液的过程。药用真菌的培育过程需要重视其中多糖、萜类、甾醇、生物碱、类脂等活性次生代谢产物的形成和产量。进行药用真菌的人工培育，可以实现对野生资源保护的同时满足医疗临床及健康保健的大量需求。药用真菌培育的研究内容包括菌种鉴定、生物学特性研究、适宜环境条件研究、优良菌株筛选、培育技术研究、产品品质研究等。药用真菌培育流程主要包括育种、菌种生产、栽培或发酵培养、采收或产物收集纯化。

育种 获得生产菌株的过程。包括分离育种、杂交育种、原生质体融合育种、基因工程育种等。①分离育种：从野生种中分离菌种，并进行栽培驯化，筛选出符合要求的菌株，这种方法适合于获得当地栽培环境下的菌株，是一种简单且有效的育种方式，但栽培后易发生遗传特征变化。②杂交育种：药用真菌的杂交育种一般在同种之间进行，相同品系的杂交称为同系杂交，不同品系的杂交称为异系杂交，当特性不同的单核菌丝形成双核菌丝，则杂交成功，经过栽培试验或发酵培养的结果判断杂交菌株的优劣，从中选出优良菌株。③原生质体融合育种。④基因工程育种：转入抗病、抗虫、提高营养利用度以及次生代谢产物合成的相关基因定向培育新菌株。

菌种生产 通过菌种培养将菌株制成菌种的过程，即药用真菌的"种子"生产，通常包括母种、原种和生产种三级生产流程。生产过程需要严格的无菌操作，通过转接和逐步扩大培养，达到所需要的量后用于生产。菌种培养过程需要适宜的培养基及温度、湿度等培养条件，同时防止杂菌感染。例如茯苓菌种的生产，首先选择质地紧密的茯苓菌核，消毒后接入斜面试管培养基上，25~28℃条件下培养至菌丝布满整个培养基即为母种；再将母种接种到广口瓶培养基中，培养15~20天，获得原种；最后将原种接种到含松木、麸皮、蔗糖及微量元素钙和镁的半合成培养基中，28℃培养10天，22℃培养10天，菌丝布满全瓶即为栽培种。

栽培 经栽培获得药用真菌全株或药用器官的过程。药用真菌的人工栽培因真菌的种类、营养类型、环境条件及培养料的不同有多种方式。依据栽培基质不同可分为段木栽培和代料栽培。段木栽培主要适用于林区，是以原木等为栽培材料，人工接种药用真菌，如灵芝、猪苓、茯苓等；代料栽培是以工农业生产的废弃物如锯木屑、棉籽壳、甘蔗渣、玉米芯、农作物秸秆、麦麸等配成培养基代替传统的木材栽培。

依据环境条件分为室内或田间温室栽培和露地栽培，室内或田间温室栽培可控性强，受自然条件影响较小，多用于灵芝、银耳、香菇等；露地栽培需根据当地气候特点和不同药用真菌生长发育需要的光、温、湿条件安排栽培时间。如猪苓的生产地需选择湿润、通风利水的沙质壤土，且有一定的树木遮阴、树下有腐植、落叶层山坡地，栽后保持土壤湿润。药用真菌栽培的过程中需要防治病虫害，防治方法尽量采用农业防治手段，少用农药，如选育推广抗病菌株、加强栽培管理、释放天敌等。药用真菌的合理采收与其产量和质量的关系很大，要掌握其生长发育规律，做到不误时机合理采收。

发酵培养 经发酵生产菌丝体或真菌代谢产物的过程。分为固体发酵和液体发酵。固体发酵的培养基为固体，发酵后菌体与含有的次生代谢产物不分离。如传统中药六神曲和红曲的发酵。液体发酵的培养基为液体，菌种经过培养得到发酵液，进一步提取加工得到药物，如冬虫夏草菌丝的液体发酵。液体发酵技术不受季节和地域的限制，可以高效率生产药用真菌菌丝体，提取活性代谢产物，可连续工业化生产，是真菌药物的重要生产方式。

（高微微）

yàoyòng zhíwù fǎngyěshēng zāipéi

药用植物仿野生栽培（medicinal plant imitation of wild planting）　在野生药用植物原生环境或类似的天然环境中，仿照人工栽培措施进行生产以获得药材的生产方式。将药用植物的种子种苗栽培在原生或类似自然环境中，实施低限度的人为干预，土壤肥力和水分保障较差，植物生长缓慢，环境生物多样性丰富，病虫害少，可以不使用农药，类似于野生药用植物的自然生长，产出的药材与野生中药材品质接近。仿野生栽培既可弥补中药材野生资源不足，又可以保证药材质量，对于实现生态环境保护、资源高效利用和中药材生产三重并举，具有重要的推广价值。

研究内容　要实现有效的仿野生栽培，主要的研究是药用植物的生物学和生态学特性。①生物学研究。包括植物生活史、繁殖特性、种群更新机制、收获器官生长发育规律等。②生态学研究。抚育药用植物种群处于复杂生物群落中，种群的繁殖、生长发育和种群更新时刻受到其他物种群及温度、光、水、气、坡向、坡度、海拔高度等各种生态因子的影响。

技术内容　包括适宜环境条件评估、仿野生栽培条件整理、繁殖、种群生长过程中的管理、适宜采收、栽培后生态环境影响评估等，以保证仿野生栽培基地顺利运转，获得具有优良品质和适当产量的药材。

应用实例　"石柱参"是辽宁省宽甸县石柱子地区最早仿野生栽培培育的人参品类，形体形态近似野生人参，无农药残留，较栽培人参有更高的药用和市场价值。东北三省普遍在林下仿野生栽培人参形成了"林下参"产品。山西省浑源县仿野生栽培蒙古黄芪，品质与野生较为相近，且具有相对稳定的产量。此外，猪苓、天麻、灵芝、铁皮石斛、霍山石斛、黄精、金线莲、甘草、重楼等药用植物均开展了仿野生栽培。

（马　琳　李先宽）

yàoyòng zhíwù nóngyè shēngchǎn guīfàn

药用植物农业生产规范（agricultural manufacturing practices of medicinal plan）　为了确保实现药用植物相关产品（如中药材）生产中质量和产量的最优化而制定的规范。包括药用植物种子种苗、种植区域、抚育管理、采收加工等各个环节的农业标准体系。

内容和范围　药用植物农业生产规范的建立一般涵盖药用植物农业生产的产前、产中、产后等各个环节的标准体系，即包含药用植物良种选育与繁育规范、栽培选地规范、抚育管理规范、采收加工规范等种植过程规范，也包括档案管理规范等软件管理标准。药用植物农业生产规范的制定与实施可促进药用植物生产经营有章可循、有标可依。此外，作为药用植物生产规范的配套标

准，还有质量监测体系、产品评价认证体系等。

规范简介　《中药材生产质量管理规范》（good agricultural practice for chinese crude drugs，GAP）和《药用植物种植和采集质量管理规范指南》（WHO guidelines on good agriculture and collection practices for medicinal plants，GACP），均是具有广泛影响力的药用植物农业生产规范。

《中药材生产质量管理规范》2002 年由中国国家药品监督管理局发布的《中药材生产质量管理规范（试行）》（2002 年第 32 号），内容包括 10 章 57 条，包括从产前（如种子品质标准化）、产中（如生产技术管理各个环节标准化）到产后（如加工、贮运等标准化）的全过程，从而形成一套完整、科学的管理体系。实施中药材 GAP 的目的是规范中药材生产全过程，从源头上控制中药饮片、中成药及保健药品、保健食品的质量，并和国际接轨，以达到药材"真实、优质、稳定、可控"的目的。自 2002 年 6 月实行后，2004 年陕西天士力植物药业有限责任公司在陕西省商洛市认证了丹参 GAP 基地，成为中国第一个 GAP 认证基地。截至 2016 年，已有 195 个中药材基地通过了 GAP 认证，具体植物药材品种包括：鱼腥草、西红花、板蓝根、丹参、西洋参、人参、三七、山茱萸、穿心莲、青蒿、麦冬、灯盏花、栀子、罂粟壳、黄连、薏苡仁、铁皮石斛、太子参、绞股蓝、何首乌、桔梗、党参、天麻、荆芥、黄芪、广藿香、川芎、泽泻、白芷、苦地丁、银杏叶、龙胆、玄参、地黄、山药、当归、款冬花、头花蓼、平贝母等。2016 年 2 月 15 日，国务院印发

《关于取消 13 项国务院部门行政许可事项的决定》（国发〔2016〕10 号），取消了该规范，新的认证条款尚在修订中。

《药用植物种植和采集的生产质量管理规范》 2003 年由世界卫生组织发布实施的规范，共分为 5 个部分，分别是引言、药用植物种植的生产质量管理规范、药用植物采集的生产质量管理规范、药用植物种植和采集的生产质量管理规范技术细则和其他相关事宜。其中第 5 部分其他相关事宜囊括了伦理与法律方面的问题及研究需求，对于知识产权与利益分配及采集受威胁物种和濒危物种等方面作了进一步的要求。此外，指南还有 5 个附录，包括药用植物种植记录表样本（附录 5）、药用植物种植管理规范专论的模型结构（附录 4）以及中国、日本和欧盟等国家和地区药用植物种植管理规范方面的文件（附录 1、2、3）。最后出版了《青蒿规范化种植与采收质量管理规范》中英文专论，后续又有其他品种编撰和出版。2018 年中国医药保健品进出口商会也正式发布了《药用植物种植和采集质量管理规范》（T /CCCMHPIE 2.1—2018）团体标准，种植和采集质量管理规范基地核定正在进行中。

（魏胜利　郭庆梅）

yàoyòng zhíwù shēngwù jìshù

药用植物生物技术 （medicinal plant biotechnology）

以现代生命科学为基础，结合工程技术手段，按照设计改造或加工药用植物细胞、组织、个体，加快繁殖速度、提高产量、改良品质和抗性等的技术体系。药用植物生物技术的应用主要体现在利用基因工程、细胞工程技术对药用植物资源的改造和加工；利用发酵工程、酶工程技术，生物反应器等生产药用植物活性成分等方面。

内容 包括药用植物基因工程、细胞工程、发酵工程和酶工程等。生物技术在药用植物资源开发、优良品种培育及生产、珍稀濒危药用植物资源的保护和利用中具有重要应用价值。通过基因工程技术，挖掘活性成分合成途径关键酶，构建药用植物遗传转化体系，通过调节关键酶基因表达，可获得活性成分含量高的药用植物株系。应用细胞工程技术进行药用植物品种选育，通过诱变育种、倍性育种等育种方式，突破传统育种周期长、后代性状分离等难题，可改良及提升药用植物品质。研究药用植物活性成分生物合成途径的分子机制，通过基因工程技术建立以大肠杆菌或酵母等微生物合成系统，应用发酵工程和酶工程高效获得药用植物活性成分。

方法 包括植物基因工程、细胞工程、发酵工程和酶工程的研究方法。药用植物基因工程的研究方法：外源目的基因的筛选及体外克隆、植物表达载体的构建、药用植物遗传体系的建立或模式植物遗传转化体系的应用、转基因植物的筛选培育或植物生物反应器的系统优化等。药用植物细胞工程的研究方法：药用植物组织培养技术、悬浮细胞培养技术、花药及花粉培养技术、离体胚胎技术、原生质体培养与体细胞杂交技术的建立等。药用植物发酵工程的研究方法：微生物菌株选育技术、微生物生长繁殖技术、大规模细胞培养或发酵工艺优化技术、发酵物分离纯化技术等。药用植物酶工程的研究方法：酶的生产开发技术、酶的分离纯化和鉴定技术、酶的固定化

技术、酶的分子修饰技术、固定化酶反应器的研制技术、酶的应用技术等。

应用领域 主要应用于转基因药用植物、活性成分次生代谢途径解析及代谢调控、药用成分的合成生物学等研究。在药用植物资源保存、药用植物品种选育、药用植物细胞培养、转基因技术生产次生代谢产物及中药道地性分子机制等研究领域具有广阔应用前景。药用植物生物技术的广泛应用能够有效地保存和繁育濒危药材，调控次生代谢产物的生产，修饰有效成分的结构，有望改变传统的药用植物生产和加工技术。

（宋经元　徐志超　辛天怡）

yàoyòng zhíwù jīyīn gōngchéng

药用植物基因工程 （medicinal plant genetic engineering）

将特定目的基因经克隆修饰后，与合适的表达元件和转化载体进行重组，进而转入药用植物细胞内，使其整合到药用植物基因组中，稳定复制和表达，以达到改变药用植物遗传性状目的的工程技术。

分类 药用植物基因工程主要包括转基因器官培养和次生代谢基因工程两个方面。

转基因器官培养 利用发根农杆菌 Ri 质粒转化形成毛状根和根癌农杆菌 Ti 质粒转化形成的冠瘿瘤组织作为培养系统来获取药用植物活性成分。毛状根培养物具有生长速度快、合成次生代谢产物能力强、遗传稳定以及无须添加外源激素等特点。毛状根培养系统适用于在根中合成活性成分的药用植物，如人参、丹参等，通过发根农杆菌诱导人参、丹参等毛状根产生，大规模培养获取人参皂苷、丹参酮等化合物。有

些药用植物的活性成分仅在叶片和茎中合成，可利用冠瘿瘤或畸状茎的培养获得，如利用根癌农杆菌侵染红豆杉、紫草等茎段或叶片组织，诱导冠瘿瘤的产生，获得紫杉醇、紫草素等活性成分。冠瘿瘤离体培养具有激素自主性、增殖速度较常规细胞培养快等特点，其次生代谢产物合成的稳定性与合成能力较强。

次生代谢基因工程　药用植物的次生代谢产物是在植物体内酶的催化作用下经多步反应合成。利用基因重组技术提高目标活性成分在药用植物中的合成和积累，主要有3种方式：①将合成的关键酶基因导入植物细胞，调节基因的表达和关键酶的合成，如人参羟甲基戊二酸单酰辅酶A还原酶的过表达显著增加甾醇和三萜类化合物的积累。②将影响多个关键酶基因表达的调控因子导入植物细胞，可通过基因共表达技术增强多个关键酶基因的协同表达，丹参AERF128转录因子过表达，正调控增强丹参酮合成关键酶柯巴基焦磷酸合酶和类贝壳杉烯合酶的表达，显著提高丹参酮的合成。③通过基因沉默技术抑制或关闭竞争性代谢途径，增强目标次生代谢物的合成，如利用RNAi技术在黄花蒿中抑制肉桂酸羟化酶基因的表达，降低酚酸类成分的合成，提高有效成分青蒿素的积累。

应用领域　应用基因工程技术在丰富药用植物种质资源、改良药用植物品质、改善代谢途径、提高其活性成分含量等方面具有良好应用前景。药用植物品种退化、活性成分减少等是人工栽培中存在的主要问题，在掌握次生代谢产物代谢途径分子机制的基础上，借助转基因技术来调节基因的表达和酶的合成，可以提高目标产物的含量，提升药材品质。

（宋经元　徐志超　张　瑜）

药用植物细胞工程（medicinal plant cell engineering）　以植物细胞全能性为理论基础，以植物组织与细胞培养为技术支持，在细胞和亚细胞水平对药用植物进行遗传操作，实现药用植物改良或创造新品种，或获得有用次生代谢产物的工程技术。主要包括组织培养（见药用植物组织培养）、细胞培养、花药及花粉培养、离体胚胎培养、原生质体培养与体细胞杂交等。

细胞培养　将选定的药用植物细胞于适当条件下培养，以得到大量基本同步化的细胞，为遗传操作提供材料，根据培养方式可分为悬浮细胞培养、平板培养、饲养层培养和双层滤纸植板，如通过人参愈伤组织诱导培养，建立悬浮培养体系，可作为人参皂苷生物合成机制研究的模型。

花粉及花药培养　主要是使花粉改变正常发育途径而转向形成胚状体和愈伤组织，产生单倍体植株，药用植物高杂合度及多倍性导致遗传背景复杂，后代性状分离。单倍体育种具有克服远缘杂种不育、提高育种效率及选择效率、迅速获得纯系等优点。如以菘蓝花药为外植体，诱导单倍体植株，通过染色体加倍获得纯合二倍体，其后代性状不分离，表型一致，可显著缩短育种年限。

离体胚培养　包括幼胚与成熟胚培养两类，通过使用相应的培养基使离体胚正常萌发生殖，用于研究或建立离体胚培养体系，进行快速繁殖，可以实现工业化规模生产。

原生质体培养　将药用植物细胞去除细胞壁形成原生质体后进行培养。原生质体培养有助于建立药用植物遗传转化体系，如提取雷公藤悬浮细胞原生质体，通过聚乙二醇介导的瞬时转化，建立遗传转化体系，用于雷公藤分子生物学研究。

体细胞杂交　将远缘药用植物原生质体通过人工方法融合，进行离体培养，再生杂种植株。药用植物体细胞杂交主要用于育种，能够克服远缘杂交不亲和，将有优势的两个亲本细胞融合，再利用组织培养技术，培养出新植株，扩大育种途径。

应用领域　①药用植物重要种质的保存和保护，主要通过组织培养或超低温等方式。超低温保存具有广阔前景，然而长期使用冻存材料使其再生能力衰退。此外，通过组织培养方式保存药用植物种质，其后代遗传稳定性等仍待于进一步研究。②药用植物品种改良和育种，在细胞水平上进行诱导和筛选，通过原生质体培养、体细胞杂交及单倍体花粉培养等技术，提高优良基因型的选择，加速药用植物遗传性状的稳定，有助于提高次生代谢含量、增强抗逆性等药用植物品种改良。

（宋经元　徐志超　张　瑜）

药用植物组织培养（medicinal plant tissue culture）　根据植物细胞具有全能性的理论，在无菌和人为控制的营养及环境条件下，对药用植物体的离体器官、组织或细胞进行培养，进行药用植物无性快速繁殖的技术。又称药用植物无菌培养技术。

分类　根据培养对象，可分为药用植物的组织或愈伤组织培养、器官培养、植株培养、细胞和原生质体培养等，狭义的组织培养指植物组织或愈伤组织培养。组织或愈伤组织培养是对药用植物的各部分组织进行培养，如茎尖分生组织、形成层、木质部、韧皮部、表皮组织、胚乳组织和薄壁组织等，或对由药用植物器官培养产生的愈伤组织进行培养，二者均可通过再分化诱导形成植株。药用植物器官培养即离体器官的培养，可包括分离茎尖、茎段、根尖、叶片、叶原基、子叶、花瓣、雄蕊、雌蕊、胚珠、胚、子房、果实等。药用植物植株培养是对完整植株材料的培养，如幼苗及较大植株的培养。药用植物细胞培养是对由愈伤组织等进行液体振荡培养所得到的能保持较好分散性的离体单细胞、花粉单细胞或很小的细胞团的培养。药用植物原生质体培养是用酶及物理方法除去细胞壁的原生质体的培养。

方法 将药用植物的根、茎、叶、叶柄、花、腋芽、顶芽等作为外植体放在人工合成的培养基上进行无菌培养，通过丛生芽、微型扦插、原球茎、球茎芽、块茎发生、鳞茎发生和胚状体等形式再生形成完整植株。其过程分为无菌培养物的建立、芽的增殖、诱导生根等阶段。快速繁殖要选择种质优良、植株健壮、时期合适、大小适宜的外植体，性状优良的种质有利于提高成功的概率，由于营养繁殖的药用植物在长期繁殖过程中大多积累和感染多种病毒，获得优良品种的无病毒种质最有效的途径是采用脱毒处理，常用药用植物脱毒技术有热处理结合茎尖培养、超低温处理等。MS 培养基是快速繁殖与脱毒培养中应用最广泛的培养基。培养基中植物生长调节物质对愈伤组织诱导、器官分化及植株再生具有重要作用，是培养基中不可缺少的关键物质。不同的植物生长调节物质及其浓度对药用植物组织培养影响不同。

优点 繁殖速度快，繁殖系数高；不受季节限制，可全年大规模工厂化生产；经济效益高；所用繁殖材料少；种苗去病毒、真菌、细菌等病害；能够获得具有高度一致而同时具有优良表型的组培无性系。

应用领域 ①快速繁殖。对繁殖系数低、经济价值高或濒危药用植物繁殖实用意义重大，可以有效解决药用植物资源短缺和农药及重金属污染问题，药用植物组织培养技术发展迅速，多数药用植物的组织快速繁殖体系成功建立，如重要经济或濒危药用植物枸杞、丹参、铁皮石斛、银杏、黄精等。②无病毒苗生产。植物病毒干扰宿主体内新陈代谢，降低产量和质量，是品质退化的主要因素之一，突破药用植物脱毒技术，采取科学有效的防治措施，是提升和改良药用植物品质的重点和难点。③选育新品种。单倍体培养技术、多倍体培养技术、原生质体培养技术等，已成为培育药用植物新品种的重要手段之一，如通过秋水仙素诱导桔梗、金银花、石斛、紫锥菊等药用植物染色体加倍。④种质资源保存。利用组织培养技术保存药用植物种质资源，能最大限度地抑制生理代谢强度，达到长期保存种质的目的。组织培养保存法分为常温继代培养法和缓慢生长保存法。常温继代保存法：在常温条件下，每隔一段时间，将外植体进行新一轮的继代培养，以达到保存种质的目的。缓慢生长保存法：通过调节培养条件，在保证不使外植体死亡的情况下抑制其生长，尽量减少营养物的消耗，从而尽可能延长继代培养的时间。

（宋经元 辛天怡 张 瑜）

yàoyòng zhíwù méigōngchéng

药用植物酶工程 （medicinal plant enzyme engineering） 利用酶所具有的特异催化功能，或通过对酶进行改造，并借助生物反应器和工业手段来生产药用植物活性成分的工程技术。药用植物酶工程主要是利用天然酶或人工修饰酶催化方法对药用植物活性成分进行修饰或物质转化，以提高药物品质。通过基因工程技术，在大肠杆菌或酵母中生产具有特定催化功能的蛋白酶，即可以大规模生产目标次生代谢产物。

技术 药用植物酶工程的研究主要采用酶的合成、酶的分离纯化、酶的分子修饰、酶的固定化及反应器等技术手段。

酶的合成 通过基因工程菌的构建，将酶的蛋白编码基因在体外克隆及大肠杆菌或酵母体系高效表达，可以经发酵培养大量合成其他途径不易获得的酶，也可以通过基因工程进行酶的修饰获得具有优良特性的酶。

酶的分离纯化 根据酶分子大小和形状采用离心、凝胶过滤、透析与超滤等方法，或根据酶分子电荷性质采用离子交换层析、层析聚焦、电泳、等电聚焦等方法，或根据酶分子专一性结合采用亲和层析、染料配体亲和层析、共价层析等方法，或根据分配系数的分离方法来完成，需注意温度、缓冲液、氧化或还原特性、蛋白的纯度及浓度等来保障酶活性。

酶的分子修饰 可以通过分

子修饰，改变酶的一些性质，创造出天然酶不具备的某些优良性状，如催化活性、反应速率等。方法是直接对酶蛋白主链的剪接切割、侧链的化学修饰，或者基因工程过程中的活性位点突变等方法对酶分子进行改造。

酶的固定化 通过固定化技术对酶加以固定，是酶在保存已有的催化性质外，通过载体结合法、共价交联法和包埋等回收和反复使用，在生产工艺上实现连续化和自动化。

固定化酶反应器 以固定化酶为催化剂进行反应所需要的设备，可根据催化剂的形状来选用酶反应器，粒状催化剂可采用搅拌罐、固定化床和鼓泡塔式反应器；细小颗粒的催化剂可选用流化床型反应器；膜状催化剂采用膜式反应器，如螺旋式、转盘式、平板式和空心管式等。

应用领域 药用植物酶工程主要应用于制药工业中催化前体物质到药物的转化。药用植物天然产物是药物的主要来源，因此通过药用植物筛选及鉴定天然产物合成相关的酶类，利用酶工程进行天然药物的生物合成及体外修饰，其效率远高于有机化学合成，其反应条件温和且受调控酶工程要解决的主要问题是降低酶催化过程的成本，以最低量的酶，最短的时间完成大量反应。

（宋经元 徐志超 张 瑜）

yàoyòng zhíwù fājiào gōngchéng

药用植物发酵工程 （medicinal plant fermentation engineering）

运用微生物学、生物化学和化学工程学的基本原理，利用微生物的生长和代谢活动来生产药用植物来源的活性成分的工程技术。发酵工程技术内容包括菌种选育、培养基配制、灭菌、扩大培养和接种、发酵过程和产品的分离提纯等。根据技术性质，药用植物发酵工程主要包括药用真菌发酵和工程菌株发酵两大类。药用植物发酵工程可为活性成分及药物生产等提供重要新途径。

药用真菌发酵 将药用真菌通过固体发酵和液体深层发酵等技术，对药用真菌天然产物等进行定向发酵生产，在发酵过程中除菌丝或孢子大量增殖外，还会产生多糖、多肽、生物碱、萜、甾醇、酶、核酸、氨基酸、维生素、植物激素等多种具有生理活性的物质，如灵芝菌丝发酵生产灵芝酸及灵芝多糖等。

工程菌株发酵 工程菌株发酵以药用植物次生代谢途径的解析为基础，通过基因工程和细胞工程技术改造大肠埃希菌或酵母底盘细胞，增加与外源途径的适配性，将药用活性成分生物合成途径表达模块转入微生物中，构建工程菌株，实现代谢流的再分配，通过发酵工程的技术手段大量生产特定的药用植物次生代谢药物。该方式通过生物体的代谢来合成特定药物，扩展了现代发酵工程。如青蒿素通过基因工程构建的高产青蒿酸的酵母菌株，其产量由普通菌株的1.6g/L提高到25g/L，被认为是利用合成生物学技术生产药用植物天然产物的里程碑。

（宋经元 徐志超 张 瑜）

zǎolèi

藻类 （algae）

自养型的原始低等植物，主要生活在水中，无维管束。①植物体的形态和大小千差万别，有单细胞、多细胞群体、丝状体或叶状体等；基本上没有真正的根、茎、叶分化，属于原植体植物。②一般都具有叶绿素等光合作用色素，能独立生活，是自养型的。不同的藻类植物细胞内所含叶绿素和其他色素的成分和比例不同，从而使藻体呈现不同的颜色。色素通常分布于载色体（色素体）上，也有少数不形成载色体；藻类植物载色体的形状大小多种多样，有小盘状、杯状、网状、星状、带状等。不同藻类通过光合作用制造的养分以及所贮藏的营养物质也不同。③生殖器官多为单细胞。④藻类植物的合子（受精卵）发育不形成胚。藻类植物有30 000余种，广布于全球，主要分布于淡水和海水中，陆生藻类仅占10%。根据植物体的形态、光合作用色素的种类、细胞核的构造、细胞壁的化学成分、所含色素种类、光合作用产物类别及生殖方式等，通常分为蓝藻门、裸藻门、绿藻门、轮藻门、金藻门、甲藻门、褐藻门、红藻门8个门。药用植物较多的是蓝藻门、绿藻门、红藻门和褐藻门。

藻类植物常含有多糖类，如海带中的昆布多糖具有抗凝血、抗肿瘤等活性，钝顶螺旋藻中的螺旋藻多糖具有改善血液循环等作用。藻类含有丰富的蛋白质、氨基酸、维生素、矿物质等营养成分。如蓝藻门螺旋藻属的钝顶螺旋藻蛋白质含量在58%以上。海洋中生长的藻类，通常含有许多盐类，特别是碘盐，如昆布属的碘含量为干重的0.08% ~ 0.76%；海藻也是维生素的来源，如维生素C、D、E和K等，紫菜中维生素C的含量为柑橘类的一半左右；海藻中还含有丰富的微量元素，如硼、钴、铜、锰、锌等。

藻类主要药用植物有：①褐藻门马尾藻科海蒿子 *Sargassum pallidum* (Turn.) C. Ag.、羊栖菜

S. fusiforme（Harv.）Setch.、海带科植物海带 *Laminaria japonica* Aresch.、翅藻科昆布 *Ecklonia kurome* Okam. 等。②红藻门红毛菜科坛紫菜 *Porphyar haitanensis* T. J. Chang et B. F. Zheng、条斑紫菜 *P. yezoensis* Ueda、甘紫菜 *P. tenera* Kjellm.，红叶藻科鹧鸪菜 *Caloglossa leprieurii*（Mont.）G. Martens 等。③绿藻门石莼科石莼 *Ulva lactuca* L.。④蓝藻门念珠藻科植物葛仙米 *Nostoc commune* Vauch.，颤藻科螺旋藻属植物钝顶螺旋藻 *Spirulina platensis*（Notdst.）Geitl. 等。

（郭庆梅）

hǎidài

海带（*Laminaria japonica* Aresch.，kelp）褐藻门海带科海带属植物。

1 年或 2 年生大型褐藻，藻体橄榄褐色。成熟后革质呈扁平带状，一般高 2～6m，宽 20～50cm。区分为固着器、柄部和叶片。固着器为数轮叉状分枝的假根所组成。柄部粗短，下部圆柱形，向上则形压扁。叶片全缘。在叶片中央有两条平行纵走的浅沟。1 年生的藻体叶片下部，有孢子囊群生长；2 年生的藻体全部叶片上都有孢子囊群。孢子在秋季成熟。图 1。中国分布于辽东半岛和山东半岛的海区，生于较冷的海洋中，多附生于浅海岩礁上。人工养殖推广到浙江、福建、广东等地沿海。

叶状体入药，药材名昆布，传统中药。最早记载于《吴普本草》。《中华人民共和国药典》（2020 年版）收载，具有消痰软坚，利水退肿的功效。现代研究表明具有降血压、降血糖、抗凝血、抗血栓、抗肿瘤、免疫调节、耐疲劳、耐缺氧、抗氧化、抑菌

图 1 海带（邬家林摄）

抗病毒等作用。

叶状体含有多糖、多酚、碘等化学成分。海带多糖主要有褐藻胶、褐藻糖胶（岩藻依多糖）、海带淀粉（昆布多糖）等，褐藻糖胶为岩藻糖-4-硫酸酯，具有抗凝血、抗肿瘤、抗血栓、抗病毒、降血脂等多种活性；褐藻胶为 β-D-甘露糖醛酸和 α-L-咕噜糖醛酸构成的多糖可溶性盐，在医药工业多种用途，《中华人民共和国药典》（2020 年版）规定海带中碘含量不少于 0.35%，昆布多糖不少于 2.0%。药材中碘含量为 0.36%～0.47%，昆布多糖含量为 4.29%～10.41%。

海带属在全世界约有 30 种，中国有 6 属 6 种。《中华人民共和国药典》也收载翅藻科昆布属植物昆布 *Ecklonia kurome* Okam. 为药材昆布的来源植物。

（郭庆梅）

gěxiānmǐ

葛仙米（*Nostoc Commune* Vauch.，nostoc）蓝藻门念珠藻科念珠藻属植物。又称拟球状念珠藻、水木耳等。

藻体由厚胶质鞘包围，形成不甚规则的球状体，绿褐色、墨绿色或蓝绿色；内有圆形细胞呈念珠状单行排列，细胞直径 4～6μm；并有大型的异形细胞，异形细胞位于丝体的细胞间，幼藻丝体常位于顶端，直径 15～20μm，圆形，近透明。繁殖时多数产生厚壁孢子，常串生成链状。湿润时呈绿色，干燥后呈灰黑色。图 1。中国分布于东北、华东、中南、西南，以及陕西等省。附生于水中的沙石间或阴湿的泥土上。

藻体鲜用或干燥后入药，传统中药，药材名葛仙米，最早记载于《名医别录》。具有清热明目，收敛益气的功效。现代研究表明具有抗肿瘤等作用。

藻体含蛋白质、氨基酸、维生素、甾醇及其葡萄糖苷、多糖等化学成分。蛋白质主要有藻胆蛋白、血红蛋白、肌红蛋白等；氨基酸主要有人体必需的多种氨基酸；维生素主要有 A、B_1、B_2、

图 1 葛仙米（刘勇摄）

C、E；甾醇主要有 β-胡萝卜素、海胆烯酮、鸡油菌黄质等。

念珠藻属植物中国有 25 种，可药用的还有地木耳（普通念珠藻）*N. commune* Vanch.、发菜 *N. flagelliforme* Born. et Flah. 等。

（郭庆梅）

dùndǐng luóxuánzǎo

钝顶螺旋藻 [*Spirulina platensis*（Notdst.）Geitl., spirulina] 蓝藻门颤藻科螺旋藻属植物。又称节旋藻。

藻体为多细胞，圆柱形螺旋状的丝状体，单生或集群聚生，多为单列细胞组成的不分枝丝状体，并有纤弱的横隔壁；藻丝直径 5~10μm，先端钝形，螺旋数 2~7 个，胶质鞘无或只有极薄的鞘。细胞内含物均匀，无真正的细胞核。由于体内的藻红素和藻蓝素等的数量不同，而呈现不同体色，如蓝绿色、黄绿色或紫红色等。图 1。广泛分布于温暖的盐、淡水域。世界能够自然生长螺旋藻的四大湖泊，非洲的乍得湖（Tchad Lake）、墨西哥的特斯科科湖（Texcoco Lake）、中国云南丽江的程海湖和鄂尔多斯的哈马太碱湖。

藻体入药，药材名螺旋藻。

图 1　螺旋藻（陈虎彪摄）

《中国海洋湖沼药物学》记载，螺旋藻具有滋补强壮的功效。现代研究表明具有减轻癌症放射治疗、化学治疗的毒副反应，提高免疫功能，降低血脂、降低心血管等疾病的发生等功效。

螺旋藻含有丰富蛋白质、脂肪、碳水化合物、维生素和矿物质等。蛋白质含量 58.5%~72.4%，且富含赖氨酸、苏氨酸、色氨酸等；脂肪含量 4.9%~5.7%，且具有不饱和脂肪酸 γ-亚麻酸、二十二碳六烯酸、二十碳五烯酸；螺旋藻多糖含量达干重的 14%~16%，具有促进血液循环、激活体内激素产生、促进肾上腺素及胰岛素分泌、提高神经系统反应速度、促进肌肉生长等作用。

螺旋藻属植物在中国海域有 5 种，除钝顶螺旋藻外，同属植物盐泽螺旋藻 *S. subsalsa* Oest 和巨型螺旋藻 *S. major* Kuetz 的藻体也可入药，都称为螺旋藻。

（郭庆梅）

zhēnjūnlèi

真菌类（fungi）　一类不含叶绿素、营寄生或腐生生活的真核生物。除少数种类的单细胞真菌外，绝大多数的真菌由菌丝构成。真菌菌丝相互紧密交织在一起形成各种不同的菌丝组织体，常见的有子实体、菌核、子座和根状菌索。子实体为在生殖时期形成有一定形状和结构、能产生孢子的菌丝体，如蘑菇的子实体呈伞状，马勃的子实体近球形。菌核是由菌丝密结成的颜色深、质地坚硬的核状体，在条件适宜时可以萌发为菌丝体或产生子实体，如茯苓、猪苓。子座是由菌丝在寄主表面或表皮下交织形成的一种垫状结构，有时与寄主组织结合而成，是形成产生孢子的机构，但也有度过不良环境的作用。菌索是由菌丝体平行组成的长条形绳索状结构，外形与植物的根相似，所以也称为根状菌索，可抵抗不良环境，也有助于菌体在基质上蔓延。真菌的繁殖通常有营养繁殖、无性生殖和有性生殖 3 种。真菌门有 10 万余种，中国约有 4 万种。真菌门分成 5 个亚门，即鞭毛菌亚门、接合菌亚门、子囊菌亚门、担子菌亚门和半知菌亚门。药用真菌一半来自子囊菌亚门、担子菌亚门和半知菌亚门。

真菌门的化学成分多含真菌多糖、糖肽、萜类、色素、生物碱、甾醇类、有机酸类等。

真菌类主要药用植物有：子囊菌亚门（Ascomycotina）的羊肝菌、麦角菌 *Claviceps purpurea*、冬虫夏草 *Cordyceps sinensis*；担子菌亚门的银耳 *Tremella fuciformis*、木耳 *Auricularia auricula*、猴头菌 *Hericium erinaceus*、茯苓 *Poria cocos*、猪苓 *Grifola umbellata*、云芝 *Polysticus versicolor*、蜜环菌 *Armillaria mellea*（Vahl. ex Fr.）Karst.、赤芝 *Ganoderma lucidum*、脱皮马勃 *Lasiosphaera fenzlii*、雷丸 *Omphalia lapidescens*（Vahl. ex Fr.）Karst. 等。

（郭庆梅）

mìhuánjūn

蜜环菌 [*Armillariella mellea*（Vahl. ex Fr.）Karst., halimasch] 白蘑科假蜜环菌属真菌。又称蜜色环菌。子实体入药。

菌盖肉质，宽4~13cm，扁半球形，后平展，中部钝或稍下凹；盖面通常干、温时黏，浅土黄色、蜜黄色或浅黄褐色，老后棕褐色，中部有平伏或直立小鳞片，有时光滑；盖缘初时内卷，有条纹。菌褶白色，老后常有暗褐色斑点。菌柄长5~14cm，粗0.7~1.9cm，圆柱形，基部稍膨大，常弯曲，与盖面同色，有纵条纹或毛状小鳞片，纤维质，内部松软，后中空。菌环上位，白色，幼时双层，松软。孢子椭圆形或近卵圆形，无色或稍带黄色，光滑，（7~11）μm×（5~7.5）μm。图1。夏秋季在针叶或阔叶树等很多种树干基部、根部或倒木上丛生。中国分布于东北、华北、西南，以及陕西、甘肃、新疆、浙江、福建、广西、西藏等省区。

图1 蜜环菌（GBIF）

药食兼用真菌，具有息风平肝，祛风活络，强筋壮骨，明目的功效。现代研究表明蜜环菌具有催眠、镇静、改善心脑血液循环、降血糖、抗氧化、调节免疫、抑制肿瘤等作用。蜜环菌是天麻和猪苓不可缺少的共生菌。

子实体含有萜类、甾醇类、腺苷类、有机酸类和糖类等化合物。萜类有原伊鲁烷型倍半萜醇的芳香酸酯类，如 armillaridin、melleolide、armillarikin、armillaric

acid 等，具有较好的抗菌活性；二萜酸类如 dehydroabietic acid、pimaric acid、isopimaric acid 等；三萜类主要为木栓烷型，如 friedelin-3β-ol、friedelin、3α-hydroxy-friedel-2-one、3-hydroxyfriedel-3-en-2-one、3β-hydroxyglutin-5-ene 等；甾醇类有麦角甾醇、6,9-epoxy-ergosta-7,22,dien-3β-ol、5,6-epoxy-3-hydroxy-ergosterol 等；糖类有甘露醇、D-苏糖醇、甲壳质等。

（郭庆梅 尹春梅）

mùěr

木耳 ［Auricularia auricula（L. ex Hook.）Underw., Jew's ear］

木耳科木耳属真菌。又称黑木耳。

子实体丛生，常覆瓦状叠生。耳状、叶状，边缘波状，薄，宽2~6cm，最大者可达12cm，厚2mm左右，以侧生的短柄或狭细的基部固着于基质上。初期为柔软的胶质，黏而富弹性，以后稍带软骨质，干后强烈收缩，变为黑色硬而脆的角质至近革质。背面外面呈弧形，紫褐色至暗青灰色，疏生短绒毛。绒毛基部褐色，向上渐尖，尖端几无色。里面凹入，平滑或稍有脉状皱纹，黑褐色至褐色。菌肉由有锁状联合的菌丝组成，粗2.0~3.5μm。子实层生于里面，由担子、担孢子及侧丝组成。担子长60~70μm，粗约6μm，横隔明显。图1。分布于中国各地，各地还有人工栽培。生于栎、榆、杨、槐等阔叶树腐木上。

子实体入药，药材名木耳，最早记载于《神农本草经》，具有

补气养血，润肺止咳，止血的功效。现代研究表明木耳具有降血糖、降血脂、抑制血小板聚集、抗血栓形成、提高免疫、抗衰老、降压、抗癌等作用。木耳也可食用。

子实体含有多糖类、磷脂类、甾醇类等化学成分。多糖主要有黑木耳多糖 APE Ⅰ、APE Ⅱ、AAPS-3 等，具有降血脂、降血糖、提高免疫、抗氧化等作用；磷脂类主要有脑磷脂、鞘磷脂、卵磷脂；甾醇类主要有麦角甾醇、22,23-二氢麦角甾醇等。菌丝体含外多糖（exopolysaccharide）、脑苷脂 B、原维生素 D_2、黑刺菌素等。

木耳属还有毛木耳 A. polytricha（Mont.）Sacc. 和皱木耳 A. delicata（Fr.）P. Henn.。

（郭庆梅 尹春梅）

màijiǎojūn

麦角菌 ［Claviceps purpurea（Fr.）Tul., ergot］

麦角菌科麦角菌属植物。又称紫麦角、麦角。

寄生在禾本科植物的子房内，菌核形成时伸出子房外，呈紫黑色，坚硬，角状，故称麦角。麦角落地过冬，翌年春天寄主开花时，麦角萌发，每个菌核生出10~20个子座，头部膨大呈圆球

图1 木耳（陈虎彪摄）

形，其直径 1~2mm，灰白色或紫红色，下有一长而弯曲的细柄。子座表层下埋生一层子囊壳，子囊壳瓶状，孔口稍突出于子座的表面，成熟子座的表面上可以看到许多小突起。每个子囊壳内产生数个长圆筒形子囊，每个子囊内产生 8 个线状的单细胞的子囊孢子。图 1。中国分布于东北、西北、华北等地。

图 1 麦角菌（GBIF）

菌核入药，药材名麦角菌，中药，具有有收缩子宫，止血的功效。现代研究表明有止血、止痛作用。

麦角菌含有生物碱类、脂肪油、糖类等成分。生物碱类主要为吲哚类，可分为 3 类：麦角酸的酰胺类衍生物，主要有麦角新碱、麦角生碱、麦角布亭碱等，其中，麦角新碱有兴奋子宫的作用；麦角异毒系生物碱，是异麦角酸的酰胺类衍生物，主要有麦角异新碱、麦角异生碱、麦角异布亭碱等；棒麦角系生物碱，主要有田麦角碱、6,7-断-田麦角碱、野麦碱等。

（郭庆梅 尹春梅）

dōngchóngxiàcǎo

冬虫夏草［*Cordyceps sinensis* (Berk) Sacc., Chinese caterpillar fungus］ 麦角菌科真菌冬虫夏草属真菌。又称虫草、冬虫草。

子座单一，少有 2~3 个分支；通常只从寄主幼虫的头部长出，长 2.5~11cm；成熟时的菌柄常达 6cm 左右，深棕色；子囊壳近表面密生于子座中上部，子囊壳卵圆形或椭圆形，长 250~500μm，直径 80~200μm，内含 8 个具隔膜的子囊孢子。子囊孢子线形，无色，长 160~470μm，常有 50 多个隔。图 1。中国分布于西藏、青海、四川、云南和甘肃等省、自治区，生长于海拔 3500m 以上的草甸。尼泊尔、不丹少有分布。

图 1 冬虫夏草（邬家林摄）

寄生在蝙蝠蛾科昆虫幼虫上的子座和幼虫尸体的复合体（全草）入药。传统中药，最早收载于《本草备要》。《中华人民共和国药典》（2020 年版）收载，具补肾益肺，止血化痰的功效。现代研究表明具有镇静、扩张气管、止血、改善心肌供血、抗衰老、调节免疫、雄激素样等作用，以及肝脏、肾脏损伤的保护作用等。

全草含有核苷类、甾醇类、多糖类、蛋白质类及多胺类化学成分。核苷类有腺苷、鸟苷、尿苷、腺嘌呤、尿嘧啶、脱氧腺苷等；具有改善心脑血液循环、防止心律失常、抑制神经递质释放等作用。腺苷是冬虫夏草的质量控制成分，药材中含量一般为 0.010%~0.040%，《中华人民共和国药典》（2020 年版）规定腺苷不低于 0.010%。多糖类具有免疫促进作用。

虫草属真菌全世界约有 300 余种，中国有 130 余种。药用种类还有蛹虫草 *C. militaris* (L.) Fr.、蝉花 *C. cicadae* Shing 等。

（陈士林 向丽 邬兰）

chìzhī

赤芝［*Ganoderma lucidum* (Leyss. ex Fr.) Karst., glucidum］ 多孔菌科灵芝属植物。

菌盖呈肾形或扇形，直径 (5~9) cm×(7~12) cm，厚 1~3cm，木栓质。皮壳坚硬有光泽，黄褐色至红褐色，具环状棱纹和辐射状皱纹，边缘薄而平截，常稍内卷。菌肉黄白色至浅棕色，由无数菌管构成。菌柄圆柱形，侧生，长 5~8cm，直径 1.5~3.0cm，红褐色至紫褐色，光亮。孢子细小，褐色，卵形，内壁具明显的小刺。图 1。中国分布于黑龙江、吉林、甘肃等省，生于落叶松的树干基部。各地均栽培。

子实体入药，药材名灵芝，传统中药，最早收载于《神农本草经》。《中华人民共和国药典》（2020 年版）收载，具补气安神，止咳平喘的功效。现代研究证明具有免疫调节、抑菌、抗病毒、抗肿瘤、抗衰老、降血糖、降血脂、保肝、镇静、镇痛、止咳平喘等作用。

子实体中含有三萜类、倍半萜类、核苷类、多糖类、甾醇类、生物碱类等化学成分。三萜类包括灵芝酸、灵芝草酸、灵芝萜烯

图 1　赤芝（陈虎彪摄）

三醇等，具有抗肿瘤、调节免疫系统、调节心血管系统、保肝、解毒、抗衰老等作用。多糖具有降血脂、降血糖、抗衰老、增强免疫等作用。《中华人民共和国药典》（2020 年版）规定灵芝中三萜及甾醇以齐墩果酸计不低于 0.50%，含灵芝多糖不低于 0.90%。赤芝药材中三萜及甾醇的含量为 0.52%~1.10%，多糖含量为 0.62%~2.72%。

灵芝属植物全世界约 66 余种，中国有 20 种和 2 变种。紫芝 *G. sinense* Zhao，Xu et Zhang 也为《中华人民共和国药典》（2020 年版）收载为灵芝的来源物种。其他药用种类如树舌灵芝 *G. appplanatum*（Pers. ex Gray）Pat. 等。

（陈士林　向丽　邬兰）

zhūlíng

猪苓 ［*Polyporus umbellatus*（Pers.）Fr.，umbrella polypore］ 多孔菌科多孔菌属真菌。又称豕苓、猪灵芝。

菌核形状不规则，呈大小不一的团块状，坚实，表面紫黑色，有多数凹凸不平的皱纹，内部白色，大小一般为（3~5）cm×（3~20）cm。子实体从埋生于地下的菌核上发出，有柄并多次分枝，形成一丛菌盖，总直径可达 20cm。菌盖圆形，直径 1~4cm，中部脐状，有淡黄色的纤维鳞片，近白色至浅褐色，无环纹，边缘薄而锐，常内卷，肉质，干后硬而脆。菌肉薄，白色。菌管长约 2mm，与菌肉同色，下延。管口圆形至多角形，每 1mm 间 3~4 个。孢子无色，光滑，圆筒形，一端圆形，一端有歪尖。图 1。中国分布于陕西、云南、河南、山西、河北等省区。寄生于枫树、槭树、柞树、桦树等的树根上。陕西、河南、甘肃等地栽培。

菌核入药，药材名猪苓，传统中药，最早记载于《神农本草经》，收载于《中华人民共和国药典》（2020 年版），具有利水渗湿功效。现代研究表明猪苓具有利尿、增强免疫、抗肿瘤、抗炎、抗氧化、保肝、抑菌、促进头发生长等作用。

菌核含有多糖、甾醇类、三萜类化学成分。多糖主要有猪苓葡聚糖 I、水溶性多聚糖 AP-1~10 等，是猪苓抗肿瘤、延缓衰老、增强免疫和保护肝脏等作用的有效成分；甾醇类主要有麦角甾醇、猪苓酮 A~D、麦角甾-7,22-二烯-3-醇、麦角甾-7,22-二烯-3-酮、3-甲氧基-麦角甾-7,22-二烯等，为猪苓利尿的有效成分；三萜类有木栓酮、1-羟基木栓酮等。《中华人民共和国药典》（2020 年版）规定猪苓药材中麦角甾醇含量不低于 0.070%。

多孔菌属真菌全世界 500 种，中国约 100 种。

（郭庆梅　尹春梅）

hóutóujūn

猴头菌 ［*Hericium erinaceus*（Bull. ex Fr.）Pers.，bearded tooth］ 齿菌科猴头属植物。别名猴菇、猴头菇。

悬于树干上，少数座生，长径 5~20cm，最初肉质，后变硬，个别子实体干燥后菌肉有木栓化倾向，有空腔，松软。新鲜时白色，有时带浅玫瑰色，干燥后黄色至褐色。菌刺长 2~6cm，粗 1~2mm，针形，末端渐尖，直或稍弯曲，下垂，单生于子实体表面之中，下部、上部刺退化或发育不充分。菌丝薄壁，具隔膜，有时具锁状联合。菌丝直径 10~20μm。囊状体内有颗粒状物，直径 10μm 左右。孢子近球形，无色，光滑，含有 1 个大油滴，（4~5）μm×（5.0~6.5）μm。图 1。中国分布于黑龙江、吉林、辽宁、内蒙古、河南、甘肃、青

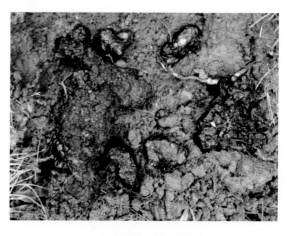

图 1　猪苓（邬家林摄）

图 1 猴头菌 (刘勇摄)

海、广西、湖南、四川、云南、西藏等省区。

子实体入药，始载于《临海水土异物志》，有健脾养胃、安神；功效。现代研究证明具有保肝护胃、降血糖、保护神经、增强免疫、抗溃疡、抗癌及延缓衰老作用。

子实体含有多糖、萜类、甾醇类、酚类、多肽、脂肪酸类化合物。多糖大多数由葡萄糖、半乳糖和甘露糖组成，如丙烯酸羟丙酯（HPA）、HPB、HEP1-5、HEPF1-5 等，具有抗肿瘤作用；二萜类主要是 cyathane 骨架类型，如猴头菌多醇 A、B、C 等。酚类如猴头菌酮 A、B、D、E、F、G、H、I 和 hericene D，具有增强免疫作用；甾醇类如麦角甾醇，3β-O-吡喃葡萄糖基麦角甾-5,7,22-三烯，3β，5α,6β-三羟基麦角甾-7,22-二烯即啤酒甾醇等。

猴头属药用真菌还有玉髯 H. coralloides (Scop. ex Fr.) Pers. ex Gray、分枝猴头菌 H. ramosun (Bull. ex Merat.) Letellierer 等。

(郭庆梅 尹春梅)

tuōpímǎbó

脱皮马勃 [Lasiosphaera fenzlii Reich., puff-ball] 灰包科毛球马勃属真菌。又称马屁包。

腐寄生真菌，子实体近球形或近长圆形，径 15～30cm，幼时白色，成熟时渐变深，外包被薄，成熟时成块状剥落；内包被纸状，浅烟色，成熟时完全破碎消失。内部孢体成紧密团块，灰褐色，渐变浅；孢丝长，有分枝，多数结合成紧密团块；孢子球形，直径约 5μm，褐色，有小刺。图 1。中国分布于河北、内蒙古、陕西、甘肃、新疆、安徽、江苏、湖北、湖南、贵州等省区。

子实体入药，药材名马勃，传统中药，最早记载于《名医别录》，《中华人民共和国药典》（2020 年版）收载，具有清肺利咽，止血的功效。现代研究表明具有抑菌、抗炎、止血、利喉、杀虫、抗肿瘤等作用。

子实体含有麦角甾类、苯丙素类、有机酸类、多糖，以及马勃素、尿素等化学成分。麦角甾类主要有麦角甾醇、麦角甾-5,7,22-三烯-3β-醇、麦角甾-7,22-二烯-3β-酮等；苯丙素类有反式桂皮醇、反式桂皮酸等；马勃素具有一定的抗肿瘤作用。

灰包科植物大马勃 Calvatia gigantea (Batach. ex Pers.) Lloyd. 和紫色马勃 C. lilacina Lloyd. 也为《中华人民共和国药典》（2020 年版）收载为药材马勃的来源物种。

(郭庆梅 尹春梅)

léiwán

雷丸 [Omphalia lapidescens (Horan.) E. Cohn & J. Schröt, blackfellow's bread] 白蘑科脐蘑属真菌。又称雷实、竹铃芝。

干燥的菌核为球形或不规则的圆块状，大小不等，直径 1～2cm。表面呈紫褐色或灰褐色，全体有稍隆起的网状皱纹。质坚实而重，不易破裂；击开后断面不平坦，粉白色或淡灰黄色，呈颗粒状或粉质。质紧密者为半透明状，可见有半透明与不透明部分交错成纹理。多寄生于病竹根部。图 1。中国分布于长江以南各省及甘肃、陕西、河南等省。

菌核入药，药材名雷丸，传统中药，最早记载于《神农本草经》。《中华人民共和国药典》（2020 年版）收载，具有杀虫消积功效。现代研究表明雷丸具有杀虫、抗氧化、抗炎、免疫刺激作用。

菌核含有雷丸素、多糖、三萜类和甾醇类化学成分。雷丸素是一种蛋白酶，具有驱虫、杀虫作用和增强小鼠免疫作用；雷丸多糖具有抗炎、免疫调节、抗肿

图 1 脱皮马勃 (陈虎彪摄)

图1 雷丸（邬家林摄）

瘤、清除自由基、抗氧化作用；三萜类有齐墩果酸、木栓酮、表木栓醇等；甾醇类有麦角甾醇、麦角甾醇过氧化物、豆甾醇-7,22-二烯-3β,5α,6β-三醇等。

脐蘑属全球有32种，中国1种。

（郭庆梅 尹春梅）

yúnzhī

云芝［*Coriolus versicolor*（L. ex Fr.）Quel.，turkey-tail］多孔菌科革盖菌属真菌。又称灰芝。

革质至半纤维质，侧生无柄，常覆瓦状叠生，往往左右相连，生于伐桩断面上或倒木上的子实体常围成莲座状。菌盖半圆形至贝壳形，（1~6）cm×（1~

图1 云芝（付正良摄）

10）cm，厚1~3mm；盖面幼时白色，渐变为深色，有密生的细绒毛，长短不等，呈灰、白、褐、蓝、紫、黑等多种颜色，并构成云纹状的同心环纹；盖缘薄而锐，波状，完整，淡色。管口面初期白色，渐变为黄褐色、赤褐色至淡灰黑色；管口圆形至多角形，每1mm间3~5个，后期开裂，菌管单层，白色，长1~2mm。菌肉白色，纤维质，干后纤维质至近革质。孢子圆筒状，稍弯曲，平滑，无色，（1.5~2）μm×（2~5）μm。图1。中国各省均有分布。生阔叶树朽木上，偶生松树朽木上。日本及美洲也有分布。

子实体入药，药材名云芝，传统中药，最早记载于《神农本草经》，《中华人民共和国药典》（2020年版）收载，具有健脾利湿，清热解毒的功效。现代研究表明云芝具有抗肿瘤、镇痛、降血脂和抗动脉粥样硬化、抗氧化、抗衰老、益气解毒、体外抗微生物等作用。

云芝含有多糖类、甾体类、有机酸类、蛋白质、氨基酸等化学成分。多糖是α（1-4）、β（1-3）-糖苷键的葡聚糖，具有强烈的抑癌活性，《中华人民共和国药典》（2020

年版）规定云芝中多糖含量不低于3.2%。药材中含量为4.98%~6.53%。甾体类有麦角甾醇-7,22-二烯-3β-醇、麦角甾醇-7-烯-3β,5α,6β-三醇、麦角甾醇-7,22-二烯-3β,5α,6β-三醇等；有机酸类有4-羟基苯甲酸、3-甲氧基-4-羟基苯甲酸、3,5-二甲氧基-4-羟基苯甲酸等。

革盖菌属全世界17种。中国10种。

（郭庆梅 尹春梅）

fúlíng

茯苓［*Poria cocos* F. A. Wolf，cocos poria］多孔菌科茯苓属真菌。

菌核球形、卵形、椭圆形至不规则形，长10~30cm或者更长，重量也不等，一般重500~5000g。外面极厚而多皱褶的皮壳，深褐色，新鲜时软，干后变硬；内部白色或淡粉红色，粉粒状。子实体生于菌核表面，全平伏，厚3~8cm，白色，肉质，老后或干后变为浅褐色。菌管密，长2~3mm，管壁薄，管口圆形、多角形或不规则形，径0.5~1.5cm，口缘裂为齿状。孢子长方形至近圆柱形，平滑，有一歪尖。图1。中国分布于河北、河南、山东、安徽、浙江、福建、广东、广西、湖南、湖北、四川、贵州、云南、山西等省区。寄生于松科植物赤松或马尾松等树根上，深入地下20~30cm。已人工栽培。越南、泰国和印度也有分布。

菌核入药，药材名茯苓，传统中药，最早记载于《神农本草经》。《中华人民共和国药典》（2020年版）收载，具有渗湿利水，健脾宁心的功效。菌核外皮入药，药材名茯苓皮，具有利水消肿的功效。现代研究表明茯苓具有利尿、抗菌、助消化、抗肿

图1 茯苓 (邬家林摄)

瘤等作用。

菌核含有多糖、三萜类、麦角甾醇等化学成分。多糖主要有β-茯苓聚糖、茯苓多糖（茯苓次聚糖），茯苓多糖是茯苓增强免疫的有效成分。三萜类主要有茯苓酸、块苓酸、茯苓酸甲酯、齿孔酸、去氢齿孔酸等。三萜对多种肿瘤具有抑制活性。

茯苓属真菌中国分布3种，均可药用。

(郭庆梅 尹春梅)

yíněr

银耳 (Tremella fuciformis Berk., white tremella)

银耳科银耳属真菌。又称白木耳。

担子果叶状，纯白色，半透明，柔软有弹性，直径5~16cm，有许多薄而波状卷褶的瓣片组成，下部联合，基蒂黄色至淡橘黄色；干后基本保持原状，白色或带淡黄色，基蒂黄色。子实层遍生瓣片两侧；下担子近球形至卵形，$(12~13)(~17) \times (9~10)$ μm，无色，2~4十字形纵隔或稍斜隔；担孢子近球形，无色，有小尖，$(6~7.5)(~8.5) \times (4~7)$ μm，萌发产生再生孢子。图1。中国分布于四川、贵州、云南、福建、湖北、安徽、浙江、广西、陕西、台湾等省区。在栋和其他阔叶树

倒木上着生。

子实体入药，药材名银耳，传统中药，最早记载于《本草再新》，具有滋补生津，润肺养胃功效。现代研究表明具有增强免疫、保肝、抗辐射、抗肿瘤等作用。

子实体含有多糖、甾醇类、磷脂类、脂肪酸等化学成分。银耳多糖主是银耳具有免疫调节、抗肿瘤、抗氧化、降血糖血脂等作用的有效成分。甾醇类主要有麦角甾醇、麦角甾-5,7-二烯-3β-醇、麦角甾-7-烯-3β-醇等。菌丝体含外多糖、麦角甾醇、原维生素D_2及黑刺菌素等。

银耳属全世界约有60多种，中国分布32种。

(郭庆梅 尹春梅)

dìyīlèi

地衣类 (Lichens)

真菌和藻类共生的复合有机体。真菌绝大部分属于子囊菌亚门的盘菌纲和核菌纲，少数为担子菌亚门的伞菌目和多孔菌目。藻类多为绿藻和蓝藻，如绿藻门的共球藻属Trebouxia、橘色藻属Trentepohlia和蓝藻门的念珠藻属Nostoc，约占全部地衣体藻类的90%。藻类通过光合作用制造的有机物大部分被菌类利用，而自身生活所需的水分、无机盐和二氧化碳等依靠菌类供给。地衣一般生长在峭壁、岩石、树皮或沙漠生长，也可在高山带、冻土带和南、北极地区生长。地衣门全世界500余属，25 000余种。中国有200属，近2000种。

地衣含有缩酚酸类及其衍生物、二苯骈呋喃类、多糖、多取代单苯环类、蒽醌及其衍生物类、三萜类等化学成分。缩酚酸类包括二聚缩酚酸（主要有3种结构类型：地衣酚型、β-地衣酚型及β-地衣酚/地衣酚混合型）、三聚缩酚酸或四聚缩酚酸及苄基缩酚酸类化合物。如巴尔巴地衣酸、地弗地衣酸、拉马酸。二苯骈呋喃类几乎为地衣所特有，如松萝酸、地衣硬酸、地衣酸等，对革兰阳性菌和结核杆菌有抗菌活性。多糖主要存在于地衣细胞壁中，包括地衣多糖、异地衣多糖，也包括少量的半乳甘露聚糖、葡糖甘露聚糖等；地衣多糖和异地衣多糖等具有抗癌活性。

主要药用植物有：松萝属*Usnea*，如松萝*U. diffracta* Vain.，长松萝*U. longissima* Ach. 等。

(郭庆梅)

sōngluó

松萝 (Usnea diffracta Vain.)

松萝科松萝属植物。又称松萝。

地衣体枝状，悬垂型，长达

图1 银耳 (陈虎彪摄)

15~50cm。淡绿色至淡黄绿色。枝体基部直径约 3mm，主枝粗 3~4mm，次生分枝整齐或不整齐多回二叉分枝，枝圆柱形，少数末端稍扁平或棱角。枝干具环状裂隙，如脊椎状。图1。分布于东北，以及山西、内蒙古、陕西、甘肃、安徽、浙江、江西、福建、台湾等地。生于树干、树枝上。

图1 松罗（邬家林摄）

丝状体入药，药材名松萝。传统中药，最早记载于《神农本草经》。具有祛痰止咳，清热解毒，除湿通络，止血调经，驱虫等功效。现代研究证明具有抗菌、抗病毒、抗炎、抗氧化、抗血栓、抗肿瘤等作用。

丝状体主要含有二苯骈呋喃类、缩酚酸类、地衣多糖、多取代单苯环类、蒽醌类、挥发油等化学成分。二苯骈呋喃类化合物有松萝酸，是松萝具有抗病毒、抗菌、抗癌、抗炎镇痛、抗氧化、抗原虫、麻醉、杀幼虫和防紫外线等作用的活性分。缩酚酸类成分如巴尔巴地衣酸、地弗地衣酸、拉马酸等。地衣多糖类有地衣聚糖、长松萝多糖等，具有一定的抗癌活性。松萝酸可作为松萝质量控制的指标成分，药材中松萝酸的含量为 4.79%~9.01%。

松萝属全世界约 600 种，中国约 90 种。同属长松萝 U. longissima Ach. 的丝状体也作松萝药材用。另外药用的还有花松萝 U. florida（L.）Wigg.、粗皮松萝 U. montis-fuji Mot. 等。

（郭庆梅）

táixiǎnlèi

苔藓类（mosses） 没有真根和维管组织的分化的小型高等植物。配子体世代占优势。配子体产生性器官（精子器和颈卵器）和配子（精子和卵子）；孢子体产生孢子，必须依赖配子体提供水分和营养物质。根据营养体的形态构造，传统上将苔藓植物分为苔纲（hepaticae）（又称苔类）、藓纲（musci）（又称藓类）和角苔纲（anthocerotae）。苔类植物体多为两侧对称，有背腹之分；假根为单细胞构造，茎通常不分化成中轴，叶多数只有 1 层细胞，不具中肋；孢子体的蒴柄柔弱，孢蒴的发育在蒴柄延伸生长之前，孢蒴成熟后多呈 4 瓣纵裂，孢蒴内多无蒴轴；原丝体不发达，每一原丝体通常只发育成 1 个植株。藓类植物体多为辐射对称、无背腹之分的茎叶体；假根由单列细胞构成，分枝或不分枝；茎内多有中轴分化，叶常具中肋；孢子体一般都有坚挺的蒴柄；孢蒴外常有蒴帽覆盖，成熟的孢蒴多为盖裂，常有蒴齿构造，孢蒴内一般有蒴轴。原丝体通常发达，每一原丝体常发育成多个植株。全世界约有 23 000 种植物。中国有 3000 多种。

苔藓植物的化学成分有萜类、黄酮类、木脂素类等。苔纲、藓纲及角苔纲所含成分种类相差较大。苔纲主要含有亲脂性的单萜、倍半萜、双萜、芳香族化合物、联苄、二联苄、苯酸盐、肉桂酸、长链烷基酚、萘、phthalides、isocoumarins 及 acetogenins，这些物质大多具有刺激性气味和苦味，并且有特殊的生物活性及药用价值。联苄和双联苄类有 marchantin A、marehantin C、isoplagiochin C、12, 10′-dichlomisoplagiochin C 等具有细胞毒性、抑菌和抑制脂氧化酶等生物活性。藓类体内化合物则主要为三萜类、黄酮类、长链不溶性脂肪酸和甾醇类；角苔纲植物中仅发现倍半萜和木脂素。倍半萜内酯 costunolide 对 A-549 肺肿瘤细胞系具有细胞毒性，还有羟基菖蒲烯（hydroxycalamenene）、花侧柏烯（cuparene）等。木脂素类化合物有 bazzania acid、pelliatin、3-carboxy-6, 7-dihydroxy-1-（3′, 4′-dihydroxy-pheny1）-naphthalene-9, 5″-O-shikimic acid ester 等，具有抗肿瘤、抗有丝分裂和抗病毒活性。

主要药用植物有：①苔纲，如地钱 Marchantia polymorpha L. 等。②藓纲，如金发藓 Polytrichum commune Hedw.、暖地大叶藓 Rhodobryum giganteum（Schwägr.）Paris、尖叶提灯藓 Mnium cuspidatum Hedw.、仙鹤藓 Atrichum undulatum（Hedw.）P. Beauv.、万年藓 Climacium dendroides（Hedw.）F. Weber et D. Mohr、大灰藓 Hypnum plumaeforme Wilson。

（郭庆梅）

juélèi

蕨类（ferns and ferns allies） 最原始的维管植物。直立或少为缠绕攀缘的多年生草本，或间为高大树形；具有独立生活的配子体和孢子体。孢子体照例有根、茎、叶的器官和维管束系统的分化。孢子体的形体在近代植物界中最为多种多样。有的大如乔木，有的小仅达 1cm，但绝大多数为中型多年生草本。孢子体生有多数孢子囊，内生孢子；最原始蕨类植物的孢子囊生于枝之顶端，有些生在特化的叶上或叶片上（囊托）成穗状或圆锥状囊序，有的生于孢子叶的边缘，也有的聚生于枝顶成孢子叶（囊）球，而绝大多数的种类则以各种形式生于孢子叶的下面，形成所谓孢子囊堆。全世界有约 12 000 种。中国 2600 余种。

本类植物普遍含有黄酮类成分，如槲皮素、问荆苷、山柰酚、二氢黄酮橙皮苷，具有抗氧化、抗炎、镇痛、抗病原虫、抗菌、抗病毒、护肝、防治心脑血管疾病、调节内分泌等作用。酚类也分布较多，二元酚类在大叶型真蕨中普遍存在，如咖啡酸、阿魏酸等，具有抗菌、止痢、止血、利胆的作用；多元酚类如绵马酸类、粗蕨素，具有驱虫和抗病毒作用。尚有甾体及三萜类化合物，如石松素、千层塔醇等。此外，还有昆虫蜕皮激素具有促进蛋白质合成、排除体内胆固醇、降血脂及抑制血糖上升的作用。另外，木贼科植物木贼、问荆含有微量的生物碱类成分，如烟碱及犬问荆碱。

主要药用植物有：①石松科 Lycopodiaceae，如石松 Lycopodiaceae japonicum Thunb. ex Murray 等。②石杉科 Huperziaceae，如蛇足石杉 Huperziaceae serrata（Thunb. ex Murray）Trev. 等。③卷柏科 Selaginellaceae，如卷柏 Selaginellaceae tamariscina（P. Beauv.）Spring 等。④木贼科 Equisetaceae，如木贼 Equisetaceae hyemale L.、笔管草 Equisetaceae ramosissimum Desf. subsp. debile（Roxb. ex Vauch.）Hauke 等。⑤紫萁科 Osmundaceae，如紫萁 Osmundaceae japonica Thunb. 等。⑥海金沙科 Lygodiaceae，如海金沙 Lygodiaceae japonicum（Thunb.）Sw. 等。⑦蚌壳蕨科 Dicksoniaceae，如金毛狗脊 Cibotium barometz（Linn.）J. Sm. 等。⑧鳞毛蕨科 Dryopteridaceae，如粗茎鳞毛蕨 Dryopteridaceae crassirhizoma、贯众 Cibotium fortunei J. Sm. 等。⑨水龙骨科 Polypodiaceae，如石韦 Polypodiaceae lingua（Thunb.）Farwell、庐山石韦 Polypodiaceae sheareri（Baker）Ching 等。⑩槲蕨科 Drynariaceae，如槲蕨 Drynariaceae roosii Nakaike、团叶槲蕨 Drynariaceae bonii Christ 等。

（马 琳 李先宽）

jīnmáogǒujǐ

金毛狗脊 ［Cibotium barometz（L.）J. Sm., scythian lamb］

蚌壳蕨科金毛狗属植物。又称金毛狗、金毛狗蕨。

根茎卧生，粗大，顶端生 1 丛大叶。叶柄长达 1.2m，径 2～3cm，棕褐色，基部被大丛垫状金黄色茸毛，长超过 10cm；叶片长达 1.8m，宽卵状三角形，三回羽状分裂；下部羽片长圆形，长达 80cm，柄长 3～4cm，互生，远离；一回小羽片长约 15cm，小柄长 2～3mm，线状披针形，羽状深裂几达小羽轴；末回裂片线形略镰刀状，长 1.0～1.4cm，有浅锯齿；中脉两面突出，侧脉两面隆起，斜出，单一，不育羽片上分叉；叶几革质或厚纸质，下面灰白或灰蓝色，两面常光滑。孢子囊群在每末回裂片 1～5 对，生于下部小脉顶端，囊群盖坚硬，棕褐色，横长圆形，2 瓣状，成熟时开裂如蚌壳，露出孢子囊群。孢子三角状四面体形，透明。图 1。中国分布于云南、贵州、四川、广东、广西、福建、台湾、海南、浙江、江西和湖南等省区。生于山麓沟边及林下阴处酸性土上。金毛狗为国家二级保护植物。

根茎入药，药材名狗脊，传统中药，最早记载于《神农本草经》。《中华人民共和国药典》（2020 年版）收载，具有祛风湿，补肝肾，强腰膝的功效。现代研究证明狗脊具有防治骨质疏松、止血、镇痛、保肝、抑菌、抗癌、抗病毒等作用。

根茎含有蕨素类、糖苷类、酚酸及其苷类、萜类、甾体类、黄酮类、吡喃酮类等化学成分。蕨素类主要有金粉蕨素、金粉蕨素-2′-O-β-D-葡萄糖苷、cibotinoside 等，金粉蕨素具有抗癌、保肝作用。糖苷类有 cibotiumbarosides B、corehoionoside C、cibotiglycerol 等，具有抗骨质疏松活性。酚酸及其苷类化合物有原儿茶酸-4-O-（6′-O-原儿茶酰基）-β-D-吡

图 1　金毛狗脊（陈虎彪摄）

喃葡萄糖苷（双原儿茶酸苷）、白藜芦醇、对羟基肉桂酸等，双原儿茶酸苷具有较好的抗炎、保肝活性等。

金毛狗属植物全世界约 20 种，中国有 1 种。

（郭庆梅）

guànzhòng

贯众 （*Cyrtomium fortunei* J. Sm.，fortune holly fern） 鳞毛蕨科贯众属植物。根状茎及叶柄残基入药。

多年生草本植物。植株高 25 ~ 50cm。根茎直立，密被棕色鳞片。叶簇生，叶柄长 12 ~ 26cm，密生卵形及披针形棕色鳞片，鳞片边缘有齿；叶片矩圆披针形，长 20 ~ 42cm，先端钝，基部不变狭，奇数一回羽状；侧生羽片 7 ~ 16 对，互生，披针形，多少上弯成镰状，中部的长 5 ~ 8cm，先端渐尖少数成尾状，基部偏斜、上侧近截形下侧楔形，边缘全缘有时有前倾的小齿；具羽状脉；顶生羽片狭卵形。叶为纸质，两面光滑；叶轴腹面有浅纵沟，疏生披针形及线形棕色鳞片。孢子囊群遍布羽片背面；囊群盖圆形，盾状，全缘。图 1。中国分布于华北、西北及长江以南各省区。生于海拔 2400m 以下的空旷地石灰岩缝或林下等阴湿处。

根状茎及叶柄残基入药，药材名贯众，传统中药，最早记载于《神农本草经》，具有驱虫，清热解毒的功效。现代研究证明具有抗菌、抗病毒、抗肿瘤、促凝血、抗寄生虫、抗炎镇痛、保肝的作用。

根状茎含有黄酮类、鞣质、挥发油等化学成分。黄酮类主要有槲皮素、山柰酚、荭草苷、异荭草苷等，具有抗氧化、抗炎、降血糖作用。

图 1　贯众（陈虎彪摄）

贯众属植物全世界有 40 余种，中国多有分布，药用植物有镰羽贯众 *C. balansae*（Christ）C. Chr.、尖羽贯众 *C. hookerianum*（Presl）C. Chr、尖耳贯众 *C. caryotideum*（Wall. ex Hook. et Grev.）Presl、山地贯众 *C. forunei* J. Sm 等。

（马　琳　李先宽）

hújué

槲蕨 ［*Drynaria fortunei*（Kunze）J. Sm.，fortune's drynaria］ 水龙骨科槲蕨属植物。

根状茎直径 1 ~ 2cm，密被鳞片；鳞片斜升，盾状着生，长 7 ~ 12mm，边缘有齿。叶二型，基生不育叶圆形，长 5 ~ 9cm，基部心形，浅裂至叶片宽度的 1/3，全缘，黄绿色或枯棕色，厚干膜质，下面有疏短毛。正常能育叶叶柄长 4 ~ 7cm，具明显的狭翅；叶片长 20 ~ 45cm，深羽裂，裂片 7 ~ 13 对，互生，披针形，边缘有不明显的疏钝齿，顶端急尖或钝。孢子囊群圆形或椭圆形，叶片下面沿裂片中肋两侧各排列成 2 ~ 4 行，成熟时相邻 2 侧脉间有圆形孢子囊群 1 行，混生有大量腺毛。图 1。中国分布于中国长江以南各省区及台湾省。附生树干或石上，偶生于墙缝，海拔 100 ~ 1800m。越南、老挝、柬埔寨、泰国、印度也有分布。

根茎入药，药材名骨碎补，传统中药，最早记载于《药性论》。《中华人民共和国药典》（2020 年版）收载，具有疗伤止痛，补肾强骨；外用消风祛斑的功效。现代研究表明骨碎补具有促增殖分化、抗骨质疏松、抗炎、促进骨折愈合、保护牙骨细胞、肾保护、防治药物中毒性耳聋、降血脂等作用。

根茎含有黄酮类、三萜类、苯丙素类、酚酸类、木脂素等化学成分。黄酮类化合物主要有二氢黄酮，如柚皮苷、北美圣草素、新北美圣草苷、苦参黄素等，还有黄烷-3-醇、黄酮、黄酮醇、色原酮、查耳酮、橙酮类及其衍生物等；《中华人民共和国药典》（2020 年版）规定骨碎补药材中

图 1　槲蕨（陈虎彪摄）

柚皮苷含量不少于 0.50%，药材中的含量为 0.10%~0.77%。三萜类主要有里白烯、环劳顿醇等。

槲蕨属植物全世界有 16 种，中国分布有 9 种。中华槲蕨 D. baronii（Christ.）Diels、团叶槲蕨 D. bonii Christ、光叶槲蕨 D. propinqua（Wall. ex Mett.）Bedd.、川滇槲蕨 D. delavayi Christ.、栎叶槲蕨 D. quercifolia（L.）J. Sm. 等，在有些地方也用作骨碎补。药用植物还有石莲姜槲蕨 D. propinqua（Wall.）J. Sm. 等。

（马　琳　李先宽）

cūjīnglínmáojué

粗茎鳞毛蕨（Dryopteris crassirhizoma Nakai，thickrhizome wood fern） 鳞毛蕨科鳞毛蕨属植物。

多年生草本植物，株高 1m；根状茎粗大，直立或斜升。叶簇生；叶柄、连同根状茎密生鳞片，鳞片膜质或厚膜质，淡褐色至栗棕色，具光泽；叶轴上的鳞片明显扭卷，线形至披针形，红棕色；叶柄深麦秆色，显著短于叶片；叶片长圆形至倒披针形，长 50~120cm，基部狭缩，先端短渐尖，二回羽状深裂；叶脉羽状，侧脉分叉。叶厚草质至纸质，背面淡绿色，沿羽轴生有具长缘毛的卵状披针形鳞片。孢子囊群圆形，通常孢子生于叶片背面上部；囊群盖圆肾形或马蹄形，几乎全缘，棕色。孢子具周壁。图 1。中国分布于东北及河北省。生于山地林下阴湿处。

根茎和叶柄残基入药，药材名绵马贯众，传统中药，最早记载于《神农本草经》。《中华人民共和国药典》（2020 年版）收载，具有清热解毒，驱虫的功效。现代研究表明绵马贯众具有抗病毒、抗菌、驱虫、抗肿瘤、抗疟、兴奋子宫、抗白血病、抗生育、雌激素样等作用。

根茎含有间苯三酚类、黄酮类、萜类、鞣质、生物碱类等化学成分。间苯三酚类主要有绵马酸类，如绵马酸 BBB、绵马酸 PBB、绵马酸 PBP；黄绵马酸类如黄绵马酸 AB、黄绵马酸 BB、黄绵马酸 PB；白绵马素类如白绵马素 AA、白绵马素 BB、白绵马素 PP。间苯三酚类具有抗流感病毒、抗肿瘤及杀虫等作用性。绵马贯众中总间苯三酚的平均含量为 12%。

鳞毛蕨属植物全世界有 230 余种，中国有 127 种。药用植物有阔鳞鳞毛蕨 D. championii（Benth.）C. Chr. ex Ching、黑色鳞毛蕨 D. fuscipes C. Chr.、黄山鳞毛蕨 D. hwangshangensis Ching、狭顶鳞毛蕨 D. lacera（Thunb.）O. Ktze、变异鳞毛蕨 D. varia（L.）O. Ktze 等。

（马　琳　李先宽）

图 1　粗茎鳞毛蕨（刘勇摄）

mùzéi

木贼（Equisetum hyemale L.，rough horsetail） 木贼科木贼属植物。

多年生草本。根茎横走或直立，黑棕色，节和根有黄棕色长毛。地上枝高达 1m 或更多，中部直径 5~9mm，节间长 5~8cm，绿色，多不分枝。地上枝有脊 16~22 条；鞘筒 0.7~1.0cm，黑棕色或有 1 圈黑棕色；鞘齿 16~22 枚，披针形，小，长 0.3~0.4cm。顶端淡棕色，膜质，芒状，早落，下部黑棕色，薄革质，基部的背面有 3~4 条纵棱。孢子囊穗卵状，长 1.0~1.5cm，直径 0.5~0.7cm，顶端有小尖突，无柄。图 1。中国分布于东北、华北、西北低于，以及四川等省区。生于山坡湿地或疏林下，海拔 100~3000m。日本、朝鲜半岛、俄罗斯、欧洲、北美及中美洲有分布。

图 1　木贼（陈虎彪摄）

地上部分入药，药材名木贼，传统中药，最早记载于《嘉祐本草》。《中华人民共和国药典》（2020 年版）收载，具有疏散风热，明目退翳的功效。现代研究证明具有降压、降血脂、镇痛镇静、抗血小板聚集和抗血栓、利尿、抗衰老、抗菌、抗病毒、止血等作用。

地上部分含有黄酮类、酚酸类、挥发油、脂肪酸及酯类等化学成分。黄酮类主要有山奈素、槲皮素、芹菜素等。酚酸类主要有咖啡酸、阿魏酸、延胡索酸等，其中阿魏酸具有抗血小板聚集和抗血栓的作用。脂肪酸及其酯类有镇痛作用。《中华人民共和国药典》（2015年版）规定木贼药材中山奈素含量不低于0.20%。药材中的山奈素含量为0.24%～0.40%。

木贼属全世界约25种，中国约有10种，药用植物有笔管草 E. debils（Roxb.）Ching、节节草 E. ramsissma（Desf.）Boerner 等。多毛木贼 E. myriochaetum Schlecht. et Cham. 在墨西哥用于治疗肾病和2型糖尿病。

（马　琳　李先宽）

shézúshíshān

蛇足石杉［Huperzia serrata（Thunb. ex Murray）Trev., serrata clubmoss］ 石杉科石杉属植物。又称蛇足石松、千层塔。

多年生植物；茎直立或斜生，高10～30cm，中部直径1.5～3.5mm，枝连叶宽1.5～4.0cm，二回至四回二叉分枝，枝上部常有芽胞。叶螺旋状排列，疏生，平伸，狭椭圆形，向基部明显变狭，通直，长1～3cm，宽1～8mm，基部楔形，下延有柄，先端急尖或渐尖，边缘平直不皱曲，有粗大或略小而不整齐的尖齿，两面光滑，有光泽，中脉突出明显，薄革质。孢子叶与不育叶同形；孢子囊生于孢子叶的叶腋，两端露出，肾形，黄色。图1。中国除西北、华北地区外均有分布。生于海拔300～2700m的林下、灌丛下、路旁。

全草入药，药材名石杉，最早记载于《植物名实图考》，具有祛风除湿，退热，止血，续筋，消肿止痛的功效。现代研究证明石杉具有抗胆碱酯酶、保护神经细胞、增强学习记忆、缩瞳等作用。

全草含有生物碱类、三萜类和黄酮类等化学成分。生物碱类有石杉碱甲、蛇足石杉碱乙、石杉碱O、6-β-羟基石杉碱甲等，石杉碱甲是一种高选择性乙酰胆碱酯酶抑制剂，对阿尔茨海默病和重症肌无力疗效显著，还可以有效改善记忆力和恢复意识障碍。药材中石杉碱甲含量约为0.5‰。三萜类主要有千层塔三醇、千层塔四醇等。

石杉属植物全世界约120种，中国约25种。药用植物有皱边石杉 H. crispata（Ching ex H. S. Kung）Ching、长柄石杉 H. serrata（Thunb. ex Murray）Trev. var. longipetiolata、四川石杉 H. sutchueniana（Hert.）Ching、峨眉石杉 H. emeiensis（Ching et H. S. Kung）Ching et H. S. Kung、中华石杉 H. chinensis（Christ）Ching、小杉兰 H. selago（L.）Bernh. ex Schrank et Mart. 等。

（马　琳　李先宽）

shísōng

石松（Lycopodium japonicum Thunb. ex Murray, club moss） 石松科石松属植物。又称伸筋草。

多年生常绿草本植物。匍匐茎地上生，细长横走，二回或三回分叉，绿色，被稀疏的叶；侧枝直立，高达40cm，多回二叉分枝，压扁状，枝连叶直径5～10mm。叶螺旋状排列，密集，上斜，披针形或线状披针形，长4～8mm，基部楔形，无柄，先端渐尖，具透明发丝，边缘全缘，草质，中脉不明显。孢子囊穗4～8个集生于长达30cm的总柄，总柄上苞片螺旋状稀疏着生，薄草质；孢子囊穗不等位着生，直立，圆柱形，长2～8cm；孢子叶阔卵形，长2.5～3.0mm，先端急尖，具芒状长尖头；孢子囊生于孢子叶腋，略外露，圆肾形，黄色。图1。中国分布于东北、内蒙

图1　蛇足石杉（汪毅摄）

图1　石松（邬家林摄）

古、河南和长江以南各地区，生于疏林下阴坡的酸性土壤上，海拔100~3300m。

全草入药，药材名伸筋草，传统中药，最早记载于《本草拾遗》。《中华人民共和国药典》（2020年版）收载，具有祛风除湿，舒筋活络的功效。现代研究表明伸筋草具有抗炎、镇痛、调节免疫、预防性治疗实验性矽肺、清除自由基等作用。

全草含有生物碱类、三萜类、挥发油及蒽醌类等化学成分。生物碱类主要有石松碱、石松定碱、伸筋草碱、法西亭碱等，是伸筋草中的主要有效成分，含量约0.12%。伸筋草碱具有抑制乙酰胆碱酯酶作用，用于治疗阿尔茨海默病、中老年记忆和认知能力减退疾病。孢子含脂肪油40%~50%，油中脂肪酸主要为油酸（50%~60%）、石松子酸（33%~35%）、肉豆蔻酸等的甘油脂；另含二氢咖啡酸（约3.1%）等成分。

石松属植物全世界有10余种，中国有6种1变型，药用植物还有垂穗石松 *L. cernuum* L.、玉柏石松 *L. obscurum* L. 等。

（马 琳 李先宽）

hǎijīnshā

海金沙 [*Lygodium japonicum* (Thunb.) Sw., Japanese climbing fern] 海金沙科海金沙属植物。

缠绕草质藤本植物。植株高攀达1~4m。叶轴上面有二条狭边，羽片多数，相距约9~11cm，对生于叶轴上的短距两侧，平展。距长达3mm。不育羽片尖三角形，长宽几相等，柄长1.5~1.8cm，同羽轴一样多少被短灰毛，两侧并有狭边，二回羽状；主脉明显，侧脉纤细。叶纸质，干后绿褐色。两面沿中肋及脉上略有短毛。能育羽片卵状三角形，长宽几相等，为12~20cm，二回羽状；一回小羽片4~5对，互生，相距2~3cm，长圆披针形，长5~10cm，基部宽4~6cm，二回小羽片3~4对。卵状三角形，羽状深裂。孢子囊穗长2~4mm，排列稀疏，暗褐色，无毛。图1。中国分布于长江流域及华南地区。日本、菲律宾、印度和澳大利亚也有分布。

孢子入药，药材名海金沙，传统中药，最早记载于《嘉祐本草》。《中华人民共和国药典》（2020年版）收载，具有清利湿热，通淋止痛的功效。现代研究证明海金沙具有抗菌、利胆、利尿排石等作用。地上部分入药，药材名海金沙藤，具有清热解毒，利湿热，通淋的功效。现代研究证明海金沙藤具有抑菌、利胆、排石、抗氧化等作用。

孢子含有海金沙素、脂肪酸、酚酸类等化学成分。脂肪酸主要有油酸、亚油酸、棕榈酸和肉豆蔻酸等；酚酸类主要有反式-对-香豆酸和咖啡酸等利胆成分。地上部分含有黄酮类、酚酸类等化学成分。黄酮类有山柰酚、香叶木苷、金合欢素等；酚酸类主要有对香豆酸、香草酸、原儿茶酸等，具有利胆作用。

海金沙属植物全世界约有45种，中国有10种。药用植物还有海南海金沙 *L. conforme* C. Chr.、曲轴海金沙 *L. flexuosum* L. Sw、小叶海金沙 *L. microphyllum* (Cav.) R. Br. 等。

（马 琳 李先宽）

zǐqí

紫萁 (*Osmunda japonica* Thunb., Japanese flowering fern) 紫萁科紫萁属植物。

多年生草本植物。植株高50~80cm。根状茎短粗。叶簇生，直立，柄长20~30cm，幼时被密绒毛，不久脱落；叶片为三角广卵形，长30~50cm，顶部一回羽状，其下为二回羽状；羽片3~5对，对生，长圆形，长15~25cm，基部一对稍大，有柄，柄长1~1.5cm，斜向上，奇数羽状；小羽片5~9对，对生或近对生，无柄，分离。叶脉两面明显，自中肋斜向上，二回分歧，小脉平行，达于锯齿。叶成长后无毛，干后为棕绿色。孢子叶同营养叶等高，羽片沿中肋两侧背面密生孢子囊。图1。中国分布于秦岭以南温带及亚热带地区。生于林下或溪边酸性土上。日本、朝鲜半岛、印度北部也有分布。

根茎和叶柄残基入药，药材名紫萁贯众，传统中药，最早以贯众之名记载于《神农本草经》。《中华人民共和国药典》（2020年

图1 海金沙（陈虎彪摄）

图 1 紫萁（陈虎彪摄）

版）收载，具有清热解毒，止血杀虫的功效。现代药理研究表明具有抗病毒、驱虫、止血、抗菌等作用。

根茎中含有甾体类、内酯类、苷类、双黄酮类、鞣质等化学成分。甾体类有坡那甾酮 A、蜕皮激素、蜕皮甾酮等，具有抗病毒、抗氧化等活性；苷类有花楸酸苷、紫云英苷等；内酯类有葡萄糖基紫萁内酯、二氢异葡萄糖基紫萁内酯等。双黄酮类如三-*O*-甲基穗花双黄酮、金松双黄酮、异银杏素等。紫萁中特有成分紫萁酮，具有抗氧化作用。

紫萁属植物全世界约有 15 种，中国有 8 种。药用植物还有分株紫萁 *O. cinnamomea* L.、华南紫萁 *O. vachellii* Hook.、绒紫萁 *O. claytoniana* L.、宽叶紫萁 *O. javanica* Bl. 等。

（马　琳　李先宽）

shíwéi

石韦［*Pyrrosia lingua*（Thunb.）Farwell，felt fern］ 水龙骨科石韦属植物。

多年生常绿草本植物，株高 10～30cm。根状茎长而横走，密被鳞片；鳞片披针形，淡棕色。叶远生，近二型；不育叶片近长圆形，或长圆披针形，短渐尖头，基部楔形，长 5～20cm，全缘，干后革质，上面灰绿色，下面淡棕色或砖红色，被星状毛；能育叶长过不育叶约 1/3，而较狭。主脉下面稍隆起。孢子囊群近椭圆形，在侧脉间整齐成多行排列，布满整个叶片下面，或聚生于叶片的大上半部，成熟后孢子囊开裂外露而呈砖红色。图 1。中国分布于长江以南各省区。附生于低海拔林下树干上，或稍干的岩石上，海拔 100～1800m。印度、越南、朝鲜半岛和日本也有分布。

叶入药，药材名石韦，传统中药，最早记载于《神农本草经》。《中华人民共和国药典》（2020 年版）收载，具有利尿通淋，清肺止咳，凉血止血的功效。现代研究表明石韦具有治疗泌尿系感染、护肾、调节免疫、抑菌、降血压、镇咳祛痰、降血糖、延缓皮肤衰老等作用。

叶含有黄酮类、酚酸类、三萜类、甾体类、糖类以及挥发油等。黄酮类主要有山柰酚、槲皮素、异槲皮苷、三叶豆苷、木犀草素及棉皮素等。酚酸类主要有绿原酸等。《中华人民共和国药典》（2020 年版）规定石韦药材中绿原酸含量不低于 0.2%。

石韦属植物全世界有 100 余种，中国约有 37 种。同属的庐山石韦 *P. sheareri*（Bak.）Ching 及有柄石韦 *P. petiolosa*（Christ）Ching 也被《中华人民共和国药典》（2020 年版）收载为药材石韦的来源植物。

（马　琳　李先宽）

juǎnbǎi

卷柏［*Selaginella tamariscina*（P. Beauv.）Spring，spikemoss］ 卷柏科卷柏属植物。又称还魂草。

多年生草本。根托只生于茎的基部，长 0.5～3.0cm，根多分叉，密被毛，茎及分枝密集形成树状主干。主茎自中部开始羽状分枝或不等二叉分枝，无关节，不分枝的主茎高 10～35cm，茎卵圆柱状；侧枝 2～5 对，二回或三回羽状分枝。叶全部交互排列，二型，叶质厚，表面光滑，具白边，主茎上的叶较小枝上的略大，覆瓦状排列，绿色或棕色，边缘有细齿。孢子叶穗紧密，四棱柱形，单生于小枝末端；孢子叶一型，卵状三角形，边缘有细齿，具白边，先端有尖头或具芒；大孢子叶在孢子叶穗上下两面不规

图 1 石韦（陈虎彪摄）

则排列。大孢子浅黄色；小孢子橘黄色。图1。中国广泛分布，土生或石生，复苏植物，呈垫状，海拔500～1500m。

全草入药，药材名卷柏，传统中药，最早记载于《神农本草经》。《中华人民共和国药典》（2020年版）收载，具有活血通经的功效。现代药理研究表明具有止血、抗肿瘤、降血糖、免疫调节、抗菌、抗炎等作用。

全草含有双黄酮类、甾醇类、酚酸类、挥发油、多糖等化学成分。双黄酮类主要有穗花杉双黄酮、异柳杉双黄酮等，穗花杉双黄酮是卷柏药材的质量控制成分，药材中含量为0.62%～0.82%，《中华人民共和国药典》（2020年版）规定含量不低于0.30%；甾醇类主要有3β,16α-二羟基-5α-胆甾-21-酸、3β-乙酰氧基-16α-羟基-5α-胆甾-21-酸、3β-（3-羟基丁酰氧基）-16α-羟基-5α-胆甾-21-酸，这3种化合物具有抗肿瘤作用。挥发油主要有生育酚类化合物、脂肪酸类及其衍生物。多糖具有显著的抗疲劳作用。

卷柏属植物全世界有700余种。中国约分布有60～70种，垫状卷柏 S. pulvinata Maxim. 也被《中华人民共和国药典》（2020年版）收载为药材卷柏的来源植物。其他药用植物有翠云草 S. uncinata（Desv.）Spring、深绿卷柏 S. doederleinii Hieron 等。

（马 琳 李先宽）

yínxìngkē

银杏科（Ginkgoaceae）

落叶乔木，树干高大，分枝繁茂；枝分长枝与短枝。叶扇形，有长柄，二叉状脉序，在长枝上螺旋状排列散生，在短枝上成簇生状。球花单性，雌雄异株，生于短枝顶部的鳞片状叶的腋内，呈簇生状；雄球花具梗，柔荑花序状，雄蕊多数，螺旋状着生，排列较疏，具短梗，花药2，药室纵裂，药隔不发达；雌球花具长梗，梗端常分2叉，稀不分叉或分成3～5叉，叉顶生珠座，各具1枚直立胚珠。种子核果状，外种皮肉质，中种皮骨质，内种皮膜质，胚乳丰富；子叶常2枚。全世界仅1属1种，产中国和日本的少数地区。其他各地栽培。

本科植物的特征性化学成分为黄酮类和萜内酯类。黄酮类主要有黄酮醇、双黄酮、儿茶素等，具有解热、抗炎、抗病毒等作用；萜类内酯主要有二萜内酯和倍半萜内酯，银杏内酯具有增加脑血流量，改善脑营养，对中枢神经损伤保护等功效。

药用植物1种：银杏属银杏 Ginkgo biloba L.。

（郭庆梅）

yínxìng

银杏（Ginkgo biloba L.，gingko）

银杏科银杏属植物。又称白果、公孙树。

落叶乔木；枝有长枝与短枝。叶在长枝上螺旋状散生，在短枝上簇生状，叶片扇形，有长柄，有多数2叉状并列的细脉；上缘宽5～8cm，浅波状，有时中央浅裂或深裂。雌雄异株；球花生于短枝叶腋或苞腋；雄球花成柔荑花序状，雄蕊多数，各有2花药；雌球花有长梗，梗端2叉（稀不分叉或3～5叉），仅1个发育成种子。种子核果状，椭圆形至近球形，长2.5～3.5cm；外种皮肉质，有白粉，熟时淡黄色或橙黄色；中种皮骨质，白色，具2～3棱；内种皮膜质；胚乳丰富。花期4～5月，果期7～10月。图1。生于海拔500～1000m。中国特产，已普遍栽培。

除去外种皮的种子入药，药材名白果，传统中药，最早记载于《绍兴本草》。《中华人民共和国药典》（2020年版）收载，具有敛肺定喘，止带浊，缩小便的

图1 卷柏（陈虎彪摄）

图1 银杏（陈虎彪摄）

功效，现代研究表明具有祛痰、抗过敏、延缓衰老、抗微生物、调节免疫力、增加血流量等功效。叶入药，药材名银杏叶，最早在欧洲发现具有改善心血管及周围血管循环功能，对心肌缺血有改善作用，具有促进记忆力、改善脑功能的功效，收载于《欧洲药典》《美国药典》等；《中华人民共和国药典》（2020年版）收载，具有敛肺，平喘，活血化瘀，止痛的功效。

种子含有有机酸、酚类、黄酮类、内酯类等化学成分。有机酸类有白果酸、氢化白果酸等；酚类有银杏酚、白果酚等。叶含有黄酮类、萜内酯类、酚类、酸类、聚异戊烯醇、甾类等化学成分。黄酮和萜类内酯是其主要成分；黄酮类成分主要有黄酮苷元、黄酮苷、双黄酮、儿茶素等，包括山柰酚、槲皮素、异鼠李素等黄酮醇苷；萜类内酯主要有二萜内酯和倍半萜内酯，包括银杏内酯A、B、C、J、K、L、M，以银杏内酯B的活性最强，白果内酯A、B、C、M、J等。是《中华人民共和国药典》（2020年版）规定银杏叶药材中总黄酮醇苷含量不少于0.40%；萜类内酯的含量不少于0.25%。药材中总黄酮苷的含量为0.42%~1.55%，萜类内酯的含量为0.077%~0.813%。

银杏属植物全世界1种，为中生代孑遗的稀有树种。

（郭庆梅）

sōngkē

松科（Pinaceae）

常绿或落叶乔木，稀为灌木状。叶线形或针形。线形叶扁平，在长枝上螺旋状散生，在短枝上呈簇生状；针形叶2~5针成1束，着生于极度退化的短枝顶端，基部包有叶鞘。花单性，雌雄同株；雄球花腋生或单生枝顶，或多数集生于短枝顶端，具多数螺旋状着生的雄蕊，每雄蕊具2花药；雌球花由多数螺旋状着生的珠鳞（大孢子叶）与苞鳞组成。每珠鳞的腹（上）面具2枚倒生胚珠。球果直立或下垂。果鳞片基部腹面有种子2枚；胚具2~16枚子叶。植物体具树脂道。全世界10属，230余种；中国有10属113种29变种。

本科植物含有挥发油、树脂、黄酮类、木脂素类、多糖和鞣质等化学成分。挥发油是松科植物普遍含有的成分，主要由单萜、倍半萜组成。枝干含有树脂，称松脂，经蒸馏得松节油和松香。松香中含有树脂酸，如顺-5,9,12-十八碳三烯酸和顺-5,11,14-二十碳三烯酸等；黄酮类化合物种类多样，有黄酮醇、黄酮、二氢黄酮的苷类，又以黄酮-C苷为特点，而不含有双黄酮类成分。木脂素类成分如落叶松脂醇（lariciresinol）等。

主要药用植物有：①松属 *Pinus*，如马尾松 *P. massoniana* Lamb.、油松 *P. tabulaeformis* Caee.、红松 *P. koraiensis* Sieb. et Zucc.、云南松 *P. yunnanensis* Franch.、黑松 *P. thunbergii* Parl.。②金钱松属 *Pseudolarix*，如金钱松 *P. kaempferi* Gord. 等。

（陈彩霞）

mǎwěisōng

马尾松（*Pinus massoniana* Lamb.，Chinese red pine）

松科松属植物。

乔木，高达45m，胸径1~1.5m；树皮红褐色，下部灰褐色，裂成不规则的鳞状块片。枝平展或斜展，树冠宽塔形或伞形，枝条每年生长1轮；针叶2针1束，长12~20cm，细柔下垂或微下垂。雄球花淡红褐色，圆柱形，弯垂，聚生于新枝下部苞腋，穗状；雌球花单生或2~4个聚生于新枝近顶端，淡紫红色。球果卵圆形或圆锥状卵圆形，长4~7cm，有短柄，下垂，熟前绿色，熟时栗褐色，种鳞张开；种子卵圆形，长4~6mm，子叶5~8枚。花期4~5月，球果翌年10~12月成熟。图1。中国广泛分布于长江流域及其以南各省区，生长于700~1500m以下，长江以南作为造林树种广泛种植。越南也有种植。

花粉入药，药材名松花粉。传统中药，最早记载于《新修本草》。《中华人民共和国药典》（2020年版）收载，具有收敛止血，燥湿敛疮的功效；现代研究表明具有止血、抗疲劳等作用。瘤状节或分枝节入药，药材名油松节，最早记载于《本草纲目》，《中华人民共和国药典》（2020年版）收载，具有祛风除湿、通络止痛的功效。现代研究表明中枢作用、祛痰、利尿等。叶入药，药材名松叶，具明目安神、解毒

图1 马尾松（陈虎彪摄）

等功效；树干的油树脂除去挥发油后留存的固体树脂入药，药材名松香，具有燥湿祛风，生肌止痛的功效。

松节、叶含有挥发油类、黄酮类、萜类、多元酚类、木质素类、甾醇类等化学成分。挥发油主要有 α-蒎烯、β-蒎烯、月桂烯等，α-蒎烯和 β-蒎烯在挥发油中的含量在 90% 以上，《中华人民共和国药典》（2020 年版）规定油松节药材含挥发油不低于 0.40%，含 α-蒎烯不低于 0.10%。药材中的挥发油含量为 0.20%~2.40%，α-蒎烯的含量为 0.07%~1.13%。

松属约 80 余种，中国产 22 种 10 变种。油松 *P. tabuliformis* Carr. 为《中华人民共和国药典》收载为松花粉和油松节的来源植物。其他药用植物有红松 *P. koraiensis* Sieb. Et Zucc.、云南松 *P. yunnanensis* Franch.、黑松 *P. thunbergii* Parl. 等。

（陈彩霞）

jīnqiánsōng

金钱松 [*Pseudolarix amabilis* (Nelson) Rehd.，golden larch]

松科金钱松属植物。

乔木，高达 40m，树干通直，树皮粗糙；枝平展，树冠宽塔形；叶条形，柔软，长 2~5.5cm；长枝之叶辐射，短枝之叶簇状密生，平展成圆盘形。雄球花黄色，圆柱状，下垂，长 5~8mm，梗长 4~7mm；雌球花紫红色，直立。球果卵圆形或倒卵圆形，熟时淡红褐色；种子卵圆形，白色，种翅三角状披针形。花期 4 月，球果 10 月成熟。图 1。中国特有种，分布于江苏、浙江、安徽、福建、江西、湖南、湖北、四川等地，生于海拔 100~1500m。

根皮或近根树皮入药，药材名土荆皮，又称土槿皮。传统中药，最早记载于《本草纲目拾遗》，《中华人民共和国药典》（2020 年版）收载，具有杀虫、疗癣、止痒的功效。现代药理研究表明具有抗真菌、止血、抗肿瘤、抗生育、抗血管生成等作用。

根皮含有萜类、内酯类、甾体类、挥发油、有机酸类和酚类等化学成分。二萜类如土荆皮酸 A~E、去甲基土荆皮酸，土荆皮酸葡萄糖苷等，具有抗真菌、杀虫、止痒等作用。《中华人民共和国药典》（2020 年版）规定土荆皮药材中土荆皮乙酸含量不低于 0.25%，药材中含量为 0.25%~0.35%。

金钱松属仅 1 种。

（陈彩霞）

图 1 金钱松（陈虎彪摄）

bǎikē

柏科（Cupressaceae）

常绿乔木或灌木。叶交叉对生或 3~4 片轮生，稀螺旋状着生，鳞形、刺形，或兼有。球花单性，雌雄同株或异株，单生枝顶或叶腋；雄球花具 3~8 对交叉对生的雄蕊，每雄蕊 2~6 花药；雌球花有 3~16 枚交叉对生或 3~4 片轮生的珠鳞，全部或部分珠鳞的腹面基部有 1 至多数直立胚珠。苞鳞与珠鳞完全合生。球果圆球形、卵圆形或圆柱形；种鳞薄或厚，木质或近革质，熟时张开，或肉质合生呈浆果状，熟时不裂或仅顶端微开裂。发育种鳞有 1 至多粒种子；种子周围具窄翅或无翅，或上端有 1 长 1 短之翅。全世界有 22 属约 150 种。中国有 8 属 29 种 7 变种。

本科植物含有挥发油、黄酮类、萜烯类、酚类、有机酸类、多糖、木脂素类、鞣质、树脂等化学成分。挥发油以单萜和倍半萜为主，如侧柏中的雪松烯、雪松醇，侧柏烯等，圆柏中的桧烯、杜松烯、杜松醇等，具有止血、镇咳祛痰、扩张支气管、抑菌、抗肿瘤、抗氧化等作用；柏科普遍含有双黄酮，如柏双黄酮、扁柏双黄酮、球松黄素、穗花杉双黄酮等，具有改善心脑血管循环、降低血清胆固醇、抗氧化、解痉、抗过敏等作用。

主要药用植物：①侧柏属 *Platycladus*，如侧柏 *P. orientalis* Franco.。②扁柏属 *Chamaecyparis*，如日本扁柏 *C. obtusa*（Sieb. et Zucc.）Endl.、红桧 *C. formosensis* Matsum.、美国扁柏 *C. lawsoniana* Parl. 等。③刺柏属 *Juniperus*，如刺柏 *J. formosana* Hayata.、杜松 *J. rigida* Sieb. et Zucc.、欧洲刺柏 *J. communis* L. 等。④崖柏属 *Thuja*，如崖柏 *T. sutchuenensis* Franch.、北美香柏 *T. occidentalis* L.、北美乔柏 *T. plicata* D. Don.、日本香柏 *T. standishii* Carr.。⑤圆柏属 *Sabina*，如圆柏 *S. chinese*（L.）Ant.。⑥罗汉柏属 *Thujopsis*，如罗汉柏 *T. dolabrata* Sieb. et Zucc.。⑦翠柏

属 Calocedrus，如台湾翠柏 C. macrolepis Kurz. Var. formosana Cheng et L. K. Fu.。⑧柏木属 Cupressus，如柏木 C. funebris Endl.。⑨福建柏属 Fokienia，如福建柏 F. hodginsii（Dunn）Henry et Thoma.。⑩龙柏属 Sabina，如龙柏 S. chinensis（L）Ant cv. Kaizuca 等。

（陈彩霞）

cèbǎi

侧柏 ［Platycladus orientalis（L.）Franco，Chinese arborvitae］ 柏科侧柏属植物。又称扁柏。

常绿乔木，高达 20m 余；树皮薄，浅灰褐色，纵裂成条片；幼树树冠卵状尖塔形，老树树冠则为广圆形；小枝细，向上直展或斜展，扁平，排成一平面。叶鳞形，长 1～3mm。雄球花黄色，卵圆形；雌球花近球形，蓝绿色，被白粉。球果近卵圆形，成熟前近肉质，蓝绿色，被白粉，成熟后木质，开裂，红褐色；种子卵圆形或近椭圆形，顶端微尖，灰褐色或紫褐色，长 6～8mm，稍有棱脊，无翅或有极窄之翅。花期 3～4 月，球果 10 月成熟。图 1。中国特产，除新疆、青海外，各地种植。河北、山西、陕西、云南有天然分布。

枝梢和叶入药，药材名侧柏叶。传统中药，最早记载于《名医别录》，《中华人民共和国药典》（2020 年版）收载，具凉血止血、祛风降湿、化痰止咳、生发乌发的功效。现代研究表明具有止血、止咳、祛痰、平喘、解痉、抑菌、抗肿瘤、抗炎等作用。种仁入药，药材名柏子仁。传统中药，最早记载于《神农本草经》，为《中华人民共和国药典》（2020 年版）收载，具有养心安神，润肠通便，止汗的功效。现代研究表明具有镇静、改善睡眠、降压、益智及神经保护等作用。

叶含有挥发油、黄酮类和鞣质等化学成分。挥发油中主要有 α-侧柏酮、雪松烯、柏木醇、侧柏烯、小茴香酮等，具有止咳、祛痰、解痉等作用；黄酮类有槲皮苷、扁柏双黄酮、松黄素、穗花杉双黄酮等，具有止血、镇咳、平喘、抗病毒等作用。槲皮苷为侧柏叶药材的质量控制成分，《中华人民共和国药典》（2020 年版）规定含量不低于 0.1%。药材中含量为 0.12%～0.97%。种仁含有萜类、黄酮类、甾醇类和皂苷类等化学成分，其中萜类主要为半日花烷型、松香烷型和海松烷型二萜。具有促智等作用。

侧柏属植物仅 1 种。

（陈彩霞）

sānjiānshānkē

三尖杉科（Cephalotaxaceae） 常绿乔木或灌木；叶条形或披针状条形，稀披针形，交叉对生或近对生，在侧枝上基部扭转排列成两列，上面中脉隆

起，下面有两条宽气孔带，在横切面上维管束的下方有 1 树脂道。球花单性，雌雄异株，稀同株；雄球花 6～11 聚生成头状花序，单生叶腋，基部有多数螺旋状着生的苞片，每 1 雄球花的基部有 1 枚卵形或三角状卵形的苞片，雄蕊 4～16 枚，各具 2～4 个背腹面排列的花药，花粉无气囊；雌球花有数对交叉对生的苞片，顶端数对苞片腋内有两枚直立胚珠，花后胚珠 1 枚发育成种子，珠托发育成的肉质假种皮，包围种子；种子核果状，圆球形或长圆球形；子叶 2 枚。全世界约 1 属，9 种，分布于亚洲东部与南部。中国产 7 种 3 变种。

本科植物化学成分主要含生物碱类和黄酮类，双黄酮类化合物是特征性化学成分，主要为 C-3′/C-8′ 结构类型的双黄酮类化合物。生物碱类主要含有粗榧碱类生物碱和高刺桐类生物碱，生物碱类对治疗白血病和淋巴肉瘤有特殊的功效。

主要药用植物有：三尖杉属 Cephalotaxus，如三尖杉 C. fortunei Hook. f.、海南粗榧 C. hainanensis LiBunge、篦子三尖杉 C. oliveri Mast.、粗榧 C. sinensis（Rehd. et Wils.）Li。

（郭庆梅）

sānjiānshān

三尖杉（Cephalotaxus fortunei Hook. f.，fortune plumyew） 三尖杉科三尖杉属植物。

常绿乔木；小枝对生，基部有宿存芽鳞。叶螺旋状着生，排成两列，披针状条形，常微弯，长 4～13cm，上部渐窄，基部楔形或宽楔形，深绿色，下面中脉两侧有白色气孔带。雄球花 8～10 聚生成头状，单生叶腋，直径约 1cm，每雄球花有 6～16 雄蕊，基

图 1 侧柏（陈虎彪摄）

部有一苞片；雌球花由数对交互对生、各有 2 胚珠的苞片所组成，生于小枝基部，稀生枝顶，胚珠常 4~8 个发育成种子。种子常椭圆状卵形，长约 2.5cm，熟时外种皮紫色或紫红色。花期 4 月，种子 8~10 月成熟。图 1。中国分布于安徽南部、浙江、福建、江西、湖南、湖北、陕西、甘肃、四川、云南、贵州、广西和广东等省区。生于海拔 200~3000m 的阔叶树、针叶树混交林中。

枝叶入药，具有驱虫、消积、抗癌的功效；根入药，具有抗癌、活血、止痛的功效；种子入药，具有驱虫消积，润肺止咳的功效；现代研究表明三尖杉的根、茎、皮、叶内含多种生物碱，具有比较明显的抗肿瘤作用。

全株含有生物碱类、黄酮类等化学成分。生物碱类中粗榧碱类生物碱主要有三尖杉酯碱、高三尖杉酯碱、海南粗榧新碱，高刺桐类生物碱主要有 3-表西哈灭里辛碱、3-表西哈灭里碱 B 和福建三尖杉碱等，为抗肿瘤的主要活性成分；双黄酮类化合物主要含有穗花杉双黄酮、长叶世界爷双黄酮和银杏双黄酮等。

三尖杉属全世界 9 种；中国有 7 种 3 变种。药用植物还有海南粗榧 C. hainanensis LiBunge、篦子三尖杉 C. oliveri Mast.、粗榧 C. sinensis (Rehd. et Wils.) Li 等。

（郭庆梅）

hóngdòushānkē

红豆杉科（Taxaceae）

常绿乔木或灌木。单叶，螺旋状排列或交叉对生；叶片条形或披针形，下面沿中脉两侧各有 1 条气孔带。球花单性，雌雄异株，雄球花的雄花雄蕊多数，花粉无气囊；雌球花基部具多数覆瓦状排列或交叉对生的苞片，胚珠 1 枚，直立，基部具盘状或漏斗状珠托。种子核果状，全部为肉质假种皮所包，或包于囊状肉质假种皮中，顶端尖头露出，或呈坚果状，包于杯状肉质假种皮中。全世界有 5 属约 23 种。中国 4 属，13 种。

本科红豆杉属植物主要含有紫杉烷二萜类化合物，如紫杉醇、taxinine E、yannancane 等，具有抗肿瘤活性；白豆杉属主要含有精油及 γ-吡喃酮类成分；穗花杉属含有蒽醌类和甾体类化合物；榧树属主要含有双黄酮类成分，如榧黄素，还含有挥发油。

主要药用植物有：①榧树属 Torreya，如榧 T. grandis Fort. et Lindl.。②红豆杉属 Taxus，如红豆杉 T. chinensis (Pilger) Rehd.、南方红豆杉 T. chinensis (Pilger) Rehd. var. mairei (Lemee et Levl.) Cheng et L. K. Fu、云南红豆杉 T. yunnanensis Cheng et L. K. Fu、东北红豆杉 T. cuspidata S. et Z.、西藏红豆杉 T. wallichiana Zucc. 等。

（刘春生）

nánfāng hóngdòushān

南方红豆杉 [Taxus chinensis (Pilger) Rehd. var. mairei (Lemée et Lévl.) Cheng et L. K. Fu, maire yew]

红豆杉科红豆杉属植物。又称美丽红豆杉、紫杉。

乔木，高达 30m；树皮灰褐色至暗褐色，裂成条片脱落。叶排列成两列，镰刀状，通常长 2~3.5cm，先端渐尖，上面深绿色，下面淡黄绿色，有两条气孔带，中脉带明晰可见。雄球花的雄蕊 8~14 枚，花药多为 5~6。种子生于杯状红色肉质的假种皮中，常呈卵圆形，长 7~8mm，微扁，上部常具二钝棱脊，先端有突起的短钝尖头，种脐椭圆形。图 1。中国特有种，分布于华中、华南、华东、西南，以及陕西、甘肃等地，常生于海拔 1200m 以下。

枝叶入药，药材名南方红豆杉，最早记载于《本草推陈》，具

图 1　三尖杉（张瑜摄）

图 1　南方红豆杉（陈虎彪摄）

有通经止痛，利尿，降血糖功效。现代研究证明具有抗肿瘤的作用。

枝叶含有二萜类、黄酮类及多糖等化学成分。二萜类主要是紫杉烷类化合物，是南方红豆杉中的主要抗肿瘤成分，如紫杉宁、紫杉醇等；多糖具有抑制肿瘤细胞增殖功能。树皮中紫杉烷类化合物含量较高，用作提取原料。

红豆杉属 Taxus 植物全世界约有 11 种，中国有 4 种，均可药用，还有西藏红豆杉 T. wallichiana Zucc.、东北红豆杉 T. cuspidata S. et Z.、红豆杉 T. chinensis (Pilger) Rehd. 等。

（刘春生）

fěi

榧 (*Torreya grandis* Fort. ex Lindl., chinese torreya) 红豆杉科榧树属植物。又称榧树、香榧。

乔木；高达 25m；树皮浅黄灰色至灰褐色，不规则纵裂；1 年生枝绿色，2~3 年生枝黄绿色至暗绿黄色。叶条形，列成两列，通常直，长 1.1~2.5cm，宽 2.5~3.5mm，先端凸尖，上面无隆起的中脉，下面气孔带常与中脉带等宽。雄球花圆柱状，长约 8mm，基部的苞片有明显的背脊，雄蕊多数，各有 4 个花药。种子椭圆形至长椭圆形，长 2~4.5 cm，熟时假种皮淡紫褐色，有白粉，具宿存的苞片。花期 4 月，种子翌年 10 月成熟。图 1。中国特有种，分布于江苏、浙江、福建、江西、安徽，湖南、贵州等地。生于海拔 1400m 以下。

种子入药，药材名榧子，传统中药，最早记载于《神农本草经》。《中华人民共和国药典》（2020 年版）收载，具有杀虫消积，润肺止咳，润燥通便的功效。现代研究表明榧子具有驱虫、收缩子宫、润肺止咳、润肠通便等作用。榧子是食用干果。

种子含有脂肪酸、甾醇类、多糖、挥发油、鞣质等化学成分。脂肪酸主要有亚油酸、油酸、山嵛酸等。

榧树属植物全世界约有 7 种，中国有 4 种，引入栽培 1 种。药用植物还有云南榧树 T. yunnanensis、巴山榧树 T. fargesii 等。

（刘春生）

图 1 榧（陈虎彪摄）

máhuángkē

麻黄科 （Ephedraceae） 灌木、亚灌木，茎直立或匍匐，小枝对生或轮生，具节，节间有多条细纵槽纹，横断面常有棕红色髓心。叶退化成膜质，在节上交叉对生或轮生 2~3 片合生成鞘状，先端具三角状裂齿，通常黄褐色或淡黄白色。雌雄异株，稀同株，生枝顶或叶腋；雄球花单生或数个丛生，球花卵圆形或椭圆形，由 2~8 对交叉对生或轮生的苞片，每苞片中有雄花 1 朵，外包膜质假花被，每花有雄蕊 2~8，花丝连合成 1~2 束，花药 1~3 室；雌球花具 2~8 对交叉对生或轮生的苞片，仅顶端 1~3 片苞片生有雌花，雌花具顶端开口的囊状革质假花被包围。胚珠 1，具 1 层膜质珠被，珠被上部延长成珠被管，珠被管直或弯曲；雌球花的苞片随胚珠生长发育而成肉质、红色或橘红色，假花被发育成革质假种皮。种子 1~3 粒。全世界仅 1 属，约 40 种。中国 1 属 12 种 4 变种。

本科植物主要含有生物碱类、黄酮类、挥发油等化学成分，生物碱类化合物为其特征性成分，主要有左旋麻黄碱、右旋伪麻黄碱和左旋去甲基麻黄碱等；麻黄碱有收缩血管升高血压，对心脏、血管运动中枢和呼吸中枢有兴奋的功效，对支气管平滑肌有解痉作用；伪麻黄碱亦有升压收缩血管、松弛支气管平滑肌和利尿的功效。挥发油有发汗、平喘、解热、抗菌的功效。

主要药用植物有：麻黄属 Ephedra，如草麻黄 E. sinica Stapf、中麻黄 E. intermedia Schrenk ex Mey. 和木贼麻黄 E. equisetina Bunge。

（郭庆梅）

cǎomáhuáng

草麻黄 （ *Ephedra sinica* Stapf, ephedra ） 麻黄科麻黄属植物。

多年生草本状灌木，高 20~40cm。木质茎短或成匍匐状；小枝直立或微曲，常对生或轮生，节间长 2.5~5.5cm，直径约 2mm，纵条纹不明显。叶交互对生；叶片退化成膜质鞘状，下部合生，上部 2 裂，裂片锐三角形。雄球花多成复穗状，苞片常 4 对；雄花有 7~8 雄蕊，花丝合生成 1 束，先端微分离；雌球花单生，于幼枝上顶生，于老枝上腋生，苞片4对，成熟时苞片红色肉质，浆果状。种子通常2粒，包于红色肉质苞片内，不外露或与苞片等长。花期5~6月，种子8~9月成熟。图1。中国分布于吉林、辽宁、内蒙古、河北、山西、河南和陕西等省区。生于山坡、平原、干燥荒地、河床及草原。蒙古也有分布。

草质茎入药，药材名麻黄，传统中药，最早记载于《神农本草经》。《中华人民共和国药典》（2020年版）收载，具有发汗散寒、宣肺平喘、利水消肿的功效，现代研究表明具有发汗、平喘、利尿、解热、抗炎、镇咳、抗过敏、升高血压、抗凝血、免疫抑制、抗氧化等功效。根和根茎入药，药材名麻黄根，传统中药，《中华人民共和国药典》（2020年版）收载，具有固表止汗的功效，现代研究表明具有降压敛汗的功效。

草质茎中含有生物碱、黄酮类、酚酸类、蒽醌类等化学成分。生物碱主要有左旋麻黄碱、右旋伪麻黄碱和左旋去甲基麻黄碱等，麻黄碱可使血压升高，脉压加大，心收缩力增强，心输出量增加；松弛支气管平滑肌，兴奋大脑皮

层和皮层下中枢；伪麻黄碱收缩上呼吸道血管，消除鼻咽部黏膜充血，能较好地减轻上呼吸道黏膜的充血现象。《中华人民共和国药典》（2020年版）规定盐酸麻黄碱和盐酸伪麻黄碱总量不低于0.80%；药材中含量分别为0.19%~1.02%、0.12%~1.17%。黄酮类主要有小麦黄素，蜀葵苷元，牡荆素等；酚酸类主要有反式肉桂酸，咖啡酸，绿原酸等。根中含有麻黄根碱A、B、C、D，阿魏酰组胺，麻黄根素A，麻黄双黄酮A、B、C、D及酪氨酸甜菜碱。

麻黄属全世界约40种；中国产12种4变种。中麻黄 *E. intermedia* Schrenk ex Mey. 或木贼麻黄 *E. equisetina* Bunge 也为《中华人民共和国药典》2020年版收载为麻黄药材来源物种。中麻黄 *E. intermedia* Schrenk ex Mey. 的根及根茎收载为麻黄根药材的来源物种。

（郭庆梅）

hútáokē

胡桃科（Juglandaceae）

落叶乔木，叶互生，羽状复叶，无托叶；花单性同株，风媒。花序单性或稀两性。雄花常柔荑花序，雄花花被不规则，与苞片合生，很少无，雄蕊3~40枚；雌花单生或数朵合生，花被片4枚，与苞片和子房合生；雌蕊1，由2心皮合生，子房下位，1室，1胚珠；果实核果状或坚果状，外果皮肉质或革质或膜质；种子大形，完全填满果室，

具1层膜质的种皮。全世界共8属约60种。中国产7属27种1变种。

本科植物含有黄酮类、萜类、萘醌及其苷类、二芳基庚烷类、酚类、有机酸等多种成分。黄酮类是本科植物中量最多的成分，主要来自胡桃属、山核桃属和青钱柳属；萜类成分大多为三萜，少数也有倍半萜，主要来自青钱柳属、枫杨属和黄杞属；萘醌及其苷类化合物主要从胡桃属植物中得到，以胡桃醌和氢化胡桃醌及其苷为主，还有蒽醌和胡桃醌的低聚体等。

主要药用植物有：①胡桃属 *Juglans*，如胡桃 *J. regia* L.、野核桃 *J. cathayensis* Dode 胡桃楸 *J. mandshurica* Maxim.。②山核桃属 *Carya*，如山核桃 *C. cathayensis* Sarg.。③青钱柳属 *Cyclocarya*，如青钱柳 *C. paliurus* （Batal.） Iljinsk.。④黄杞属 *Engelhardtia*，如毛叶黄杞 *E. colebrookiana* Lindl. ex Wall.，黄杞 *E. roxburghiana* Wall.。⑤化香树属 *Platycarya*，如化香树 *P. strobilacea* Sieb. et Zucc.。⑥枫杨属 *Pterocarya*，如枫杨 *P. stenoptera* C. DC. 等。

（郭庆梅）

hútáo

胡桃（*Juglans regia* L.，walnut）

胡桃科胡桃属植物，又名核桃。

乔木，高20~25m；髓部片状。奇数羽状复叶长25~30cm；小叶5~11枚，圆状卵形至长椭圆形，长6~15cm，背面仅侧脉腋内有1簇短柔毛。花单性，雌雄同株；雄柔荑花序下垂，通常长5~10cm，雄蕊6~30枚；雌花序簇状，直立，通常有雌花1~3枚。果序短，俯垂，有果实1~3枚；果实球形，外果皮肉质，不规则

图1　草麻黄（陈虎彪摄）

开裂，内果皮骨质，表面凹凸或皱褶，有2条纵棱，先端有短尖头，隔膜较薄，内果皮壁内有不规则空隙或无空隙而仅有皱褶。花期5月，果期10月。图1。中国分布于西北、华北、华东、中南、西南等地。生于海拔400~1800m之山坡及丘陵地带。中亚、西亚、南亚和欧洲也有分布。中国各地广泛栽培。

种子入药，药材名核桃仁，传统中药，最早记载于《千金·食治》。《中华人民共和国药典》（2020年版）收载，具有补肾，温肺，润肠的功效。现代研究表明具有抗氧化、延缓衰老、预防心脑血管疾病、抑制癌细胞增殖等作用。

种子含有脂肪酸等成分。脂肪酸主要有亚油酸、油酸和亚麻酸等。

胡桃属植物全世界约20种，中国有5种1变种。药用植物还有野核桃 J. cathayensis Dode、胡桃楸 J. mandshurica Maxim. 等。

（郭庆梅）

dùzhòngkē

杜仲科（Eucommiaceae） 落叶乔木，枝有片状髓。单叶，互生，羽状脉，边缘具锯齿，无托叶。花雌雄异株，无花被，先叶开放，或与新叶同时从鳞芽长出。雄花簇生，具短柄，具小苞片；雄蕊5~10，线形，花丝极短，花药4室，纵裂。雌花单生于小枝下部，有苞片，花梗短，子房1室，2心皮合生，具子房柄，扁平，顶端2裂，柱头位于裂口内侧，先端反折，胚珠2，倒生、并立，下垂。翅果长椭圆形，扁平，先端2裂，果皮薄革质，不开裂，果梗极短；种子1，垂生于顶端；胚乳丰富；胚直立，与胚乳等长；子叶肉质，扁平；外种皮膜质。仅1属1种，中国特有。

药用植物为杜仲 Eucommia ulmoides Oliver.。

（严铸云　林亚丽）

dùzhòng

杜仲（Eucommia ulmoides Oliver, eucommia） 杜仲科杜仲属植物。

落叶乔木；树皮、叶折断具银白色胶丝。叶椭圆形、卵形或矩圆形，长6~15cm；基部圆形或阔楔形，先端渐尖；侧脉6~9对；边缘具锯齿；柄长1~2cm。花单性异株，生当年枝基部，无花被，先叶开放；雄花簇生；苞片早落；雄蕊长约1cm，花丝长约1mm。雌花单生，苞片倒卵形，子房扁，1室，先端2裂。翅果扁平，长椭圆形，长3~3.5cm，宽1~1.3cm，先端2裂。种子扁平，线形，长1.4~1.5cm，宽3mm，两端圆形。图1。中国特有种，分布于西北、西南、华中、华东等地区，各地广泛栽培。

树皮入药，药材名杜仲，传统中药，最早记载于《神农本草经》。《中华人民共和国药典》（2020年版）收载，具有补肝肾，强筋骨，安胎的功效；现代研究证明具有降血压、降血脂、抗肿瘤、抗衰老、抗炎、抗病毒、提高免疫力等作用。叶入药，药材名杜仲叶；《中华人民共和国药典》（2020年版）收载，具有补肝肾，强筋骨的功效；现代研究表明具有抗衰老、抗炎、抗病毒、降血压、增强免疫力、调节糖脂代谢等作用。

树皮和叶中含木脂素类、环烯醚萜类、酚酸类、黄酮类和杜仲胶等化合物。木脂素类主要有松脂醇二葡萄糖苷、吉尼波西狄克酸甲脂等，松脂醇二葡萄糖苷具降压作用，《中华人民共和国药典》（2020年版）规定杜仲药材中松脂醇二葡萄糖苷含量不少于0.10%，杜仲药材中含量为0.09%~0.52%；环烯醚萜类主要有杜仲醇、桃叶珊瑚苷等；酚酸

图1　胡桃（陈虎彪摄）

图1　杜仲（陈虎彪摄）

类有绿原酸等,《中华人民共和国药典》(2020年版) 规定杜仲叶药材中绿原酸含量不少于0.080%; 杜仲叶药材中含量为0.80%~3.02%。杜仲胶是杜仲中特有的大分子成分,是天然高分子材料,工业用途广泛,杜仲叶含胶 2%~4%,树皮含胶 8%~10%,果实含胶 10%~15%。

杜仲属仅有 1 种。

(严铸云 林亚丽)

sāngkē

桑科 (Moraceae)

乔木或灌木,藤本,稀为草本,通常具乳液,有刺或无刺。叶互生稀对生,叶脉掌状或羽状。花小,单性,无花瓣;花序腋生,典型成对。花柱 2 裂或单一,具 2 个或 1 个柱头臂,柱头非头状或盾形。果为瘦果或核果状,围以肉质变厚的花被,或藏于其内形成聚花果,或隐藏于壶形花序托内壁,形成隐花果,或陷入发达的花序轴内,形成大型的聚花果。全世界有约 53 属,1400 余种。中国原产及引种约 12 属 150 余种。

本科植物普遍含有黄酮类、香豆素类、萜类化学成分。黄酮类以槲皮素和芦丁分布最广,主要分布于大麻属、榕属、桑属和葎草属;香豆素类在大麻属和榕属较为普遍,如伞形花内酯等;萜类常见于大麻属和葎草属,如大麻属有四氢大麻酚、大麻二酚、大麻酚等。

主要药用植物有:①大麻属 Cannabis,如大麻 C. sativa。②桑属 Morus,如桑 M. alba。③构属 Broussonetia,如构树 B. papyrifera、楮 B. kazinoki Sieb.。④榕属 Ficus,如无花果 F. carica、粗叶榕 F. hirta Vahl。⑤见血封喉属 Antiaris,如见血封喉 A. toxicaria Lesch.。⑥葎草属 Humulus,如啤酒花 H. lupulus L.、葎草 H. scandens、(Lour.) Merr. 滇葎草 H. yunnanensis Hu 等。

(王振月)

gòushù

构树 [Broussonetia papyrifera (L.) L'Her. ex Vent., common papermulberry]

桑科构属植物。又称楮。

乔木,高 10~20m;树皮暗灰色。叶螺旋状排列,广卵形至长椭圆状卵形,长 6~18cm,先端渐尖,基部心形,两侧常不相等,边缘具粗锯齿,不分裂或 3~5 裂;叶柄长 2.5~8cm,密被糙毛;托叶大,卵形,狭渐尖,长 1.5~2cm。花雌雄异株;雄花序为柔荑花序,粗壮,长 3~8cm,苞片披针形,被毛,花被 4 裂,裂片三角状卵形,被毛,雄蕊 4,花药近球形,退化雌蕊小;雌花序球形头状,花被管状,子房卵圆形,柱头线形。聚花果直径 1.5~3cm,成熟时橙红色,肉质;瘦果,表面有小瘤,外果皮壳质。花期 4~5 月,果期 6~7 月。图 1。中国分布于东北、华东和华南,以及内蒙古、贵州、陕西、湖北等地。也分布于锡金、缅甸、泰国、越南、马来西亚、日本和朝鲜等地。

果实入药,药材名楮实子,传统中药,最早记载于《名医别录》。《中华人民共和国药典》(2020 年版) 收载,具有补肾清肝,明目,利尿的功效。现代研究表明楮实子具有促进记忆、增强免疫、降血脂、抗氧化和抑制毛发癣等作用。

果实含有皂苷类、脂肪酸和生物碱等化学成分。脂肪油类是楮实子具有降血脂作用的活性成分。

构属植物全世界约有 4 种,中国约有 3 种。药用植物还有楮 B. Kazinoki Sieb. 等。

(王振月)

dàmá

大麻 (Cannabis sativa L., hemp)

桑科大麻属植物。

1 年生直立草本,高 1~3m,枝具纵沟槽,密生灰白色贴伏毛。叶掌状全裂,裂片披针形或线状披针形,长 7~15cm,中裂片最长,先端渐尖,基部狭楔形,表面微被糙毛,边缘具向内弯的粗锯齿;叶柄长 3~15cm,密被灰白色贴伏毛;托叶线形。雌雄异株。雄花序长达 25cm;花黄绿色,花被 5,膜质,外面被细伏贴毛,雄蕊 5,花丝极短,花药长圆形;小花柄长约 2~4mm;雌花绿色;花被 1,紧包子房;子房近球形,外面包于苞片。瘦果为宿存黄褐色苞片所包,果皮坚脆。花期 5~6 月,果期为 7 月。图 1。原产锡金、不丹、印度和中亚细亚。中国各地也有栽培常逸生。

果实入药,药材名火麻仁,传统中药,最早记载于《神农本草经》。《中华人民共和国药典》

图 1 构树 (陈虎彪摄)

图1 大麻（陈虎彪摄）

（2020年版）收载，具有润肠通便的功效。现代研究表明火麻仁具有致泻、降血压和稳定血脂等作用。叶和花医用可增进食欲、减轻疼痛，可用来缓解青光眼和癫痫、偏头痛等神经症状，以及情绪不稳等，也是毒品。

全株（包括叶和花）含大麻素类、挥发油类、酰胺类化学成分。大麻素类主要有四氢大麻酚、大麻二酚、大麻酚等，大麻素类是大麻植物所特有的成分，根据四氢大麻酚和大麻二酚的含量及两者含量比值将大麻分为4种化学型，即毒品型大麻（四氢大麻酚/大麻二酚 ≥ 1，且四氢大麻酚>0.3%）、中间型大麻（四氢大麻酚/大麻二酚 ≈ 1，多数有毒品利用价值）、纤维型大麻（四氢大麻酚/大麻二酚 ≤ 1，且四氢大麻酚<0.3%）及不含（含微量）四氢大麻酚和大麻二酚的大麻。四氢大麻酚和大麻二酚均具有止痛、镇静、镇吐、抗痉挛等作用。果实含有脂肪酸、生物碱等化学成分。脂肪酸主要有亚油酸、亚麻酸、油酸等；生物碱类主要有胆碱、胡芦巴碱等。

大麻属植物全世界仅有1种，2亚种。原亚种 ssp. *sativa* 可用于生产油和纤维，如不丹、锡金及

中国通常栽培的大麻（火麻），又称工业大麻；印度大麻亚种 ssp. *indica* 在大多数国家禁止栽培，是生产违禁品大麻的原料植物。

（王振月）

wúhuāguǒ

无花果（*Ficus carica* L.，fig）桑科榕属植物。

落叶灌木，高3~10m，多分枝；小枝直立，粗壮。叶互生，厚纸质，广卵圆形，长宽近相等，10~20cm，通常3~5裂，小裂片卵形，边缘具不规则钝齿，背面密生细小钟乳体及灰色短柔毛，基部浅心形；叶柄粗壮；托叶卵状披针形，长约1cm，红色。雌雄异株，雄花和瘿花同生于一榕果内壁，雄花花被片4~5，雄蕊3，有时1或5，瘿花花柱侧生、短；雌花花被与雄花同，子房卵圆形，花柱侧生，柱头2裂，线形。榕果单生叶腋，梨形，直径3~5cm，成熟时紫红色或黄色；瘦果透镜状。花果期5~7月。图1。中国南北均有栽培，新疆南部尤多。土耳其至阿富汗地中海沿岸也有分布。

果实入药，药材名无花果，传统中药，最早记载于《救荒本草》。具有清热生津、健脾开胃和解毒消肿的功效，现代研究表明具有降血压和轻泻等作用。叶入药，具有清湿热、解疮毒和消

肿止痛的功效，现代研究表明具有抗菌、抗病毒、降血糖和降血压等作用。根入药，具有治筋骨疼痛、痔疮、瘰疬的功效。

果实含香豆素类、甾醇类、皂苷类、有机酸类、类胡萝卜素等化学成分。香豆素类主要有佛手苷内酯、补骨脂素、7-羟基香豆素等。叶和根中主要含有挥发油和黄酮类化合物，挥发油中有苯甲醛和氧化芳樟醇等。

榕属植物全世界约有1000余种，中国有90余种。同属植物粗叶榕 *F. hirta* Vahl 根入药，药材名五指毛桃，具有健脾补肺，行气利湿，舒筋活络等功效。除药用价值外，本属植物的韧皮纤维可作麻类代用品和紫胶虫的寄主树。

（王振月）

píjiǔhuā

啤酒花（*Humulus lupulus* L.，hops）桑科葎草属植物。

藤本；嫩枝方柱形或略有4棱角。叶纸质，椭圆形或椭圆状长圆形，长5~12cm，下面有时有白粉，顶端短尖或骤尖，基部楔形至截形；侧脉腋窝陷有黏液毛；叶柄长5~15mm；托叶狭三角形，深2裂。头状花序或成单聚伞状排列，腋生，长5cm；小苞片线形或线状匙形；花近无梗；花萼

图1 无花果（陈虎彪摄）

裂片近三角形，长 0.5mm，疏被短柔毛；花冠裂片卵圆形；花柱伸出冠喉外，柱头棒形。小蒴果长 5~6mm，被短柔毛，宿存萼裂片。花、果期 5~12 月。图1。中国分布于广东、广西、云南、贵州、福建、湖南、湖北及江西，常生于山谷溪边的疏林或灌丛中。也分布于日本。

欧洲药用植物，《欧洲药典》和《英国药典》收载，雌花序具有利尿镇静作用，用于治疗肠绞痛、肺结核和膀胱炎。中医使用具有健胃消食、利尿安神的功效。现代研究表明具有镇静催眠、抗抑郁、抗炎、抗过敏、助消化、调节雌激素水平、调节代谢、抗肿瘤等作用。

花含有挥发油、间苯三酚类、黄酮类和二苯乙烯类化学成分。挥发油中主要有葎草烯、*β*-月桂烯、水芹烯等，具有抗炎、镇静的作用；间苯三酚类有葎草酮、类葎草酮等，具有抗肿瘤作用；黄酮类有黄腐醇 B、C、D、G 等，具有抗肿瘤、调节激素水平等作用。

葎草属全世界有 3 种，中国均有分布。药用植物还有葎草 *H. scandens*（Lour.）Merr.。

（郭宝林）

sāng

桑（*Morus alba* L.，white mulberry）桑科桑属植物。又称家桑、桑树。

乔木或灌木，高 3~10m，树皮厚，灰色，具不规则浅纵裂；叶卵形或广卵形，长 5~15cm，表面鲜绿色，背面沿脉有疏毛，脉腋有簇毛；叶柄长 1.5~5.5cm，具柔毛；托叶披针形，早落。花单性，腋生或生于芽鳞腋内；雄花序下垂，长 2.0~3.5cm，密被白色柔毛，雄花花被片宽椭圆形，淡绿色。花药 2 室，球形至肾形，纵裂；雌花序长 1~2cm，被毛，总花梗长 5~10mm，被柔毛，雌花花被片倒卵形，无花柱，柱头 2 裂，内面有乳头状突起。聚花果卵状椭圆形，长 1~2.5cm，成熟时红色或暗紫色。花期 4~5 月，果期 5~8 月。图1。中国分布于东北、华东和华南，以及内蒙古、贵州、陕西、湖北、湖南等地。朝鲜、日本、蒙古、中亚各国、俄罗斯、欧洲以及印度、越南等地也有分布。

根皮入药，药材名桑白皮，传统中药，最早记载于《新修本草》。《中华人民共和国药典》（2020 年版）收载，具有泻肺平喘，利水消肿的功效。现代研究表明具有保肝、健胃、抗炎、升血糖和抗菌等作用。叶入药，药材名桑叶，传统中药，最早记载于《神农本草经》。《中华人民共和国药典》（2020 年版）收载，具有疏散风热，清肺润燥，清肝明目的功效。现代研究表明具有保肝、健胃、抗炎、升血糖和抗菌等作用。果穗入药，药材名桑椹，传统中药，最早记载于《新修本草》。《中华人民共和国药典》（2020 年版）收载，具有滋阴补血，生津润燥的功效。现代研究表明具有保肝、健胃、抗炎、升血糖和抗菌等作用。嫩枝入药，药材名桑枝，传统中药，最早记载于《本草图经》。《中华人民共和国药典》（2020 年版）收载，具有祛风湿，利关节的功效。现代研究表明具有保肝、健胃、抗炎、升血糖和抗菌等作用。

根皮中含黄酮类、香豆素类和甾醇类等化学成分。黄酮类主要有桑素、环桑素、桑色烯等，是具有降压、降糖和镇咳祛痰等作用的活性成分。香豆素类主要有东莨菪内酯、5,7-二羟基香豆素等。叶中含黄酮类、生物碱类、甾体类、三萜类、和挥发油等化学成分。黄酮类主要有芦丁、槲皮素、桑苷等；生物碱主要有左

图1 啤酒花（陈虎彪摄）

图1 桑（陈虎彪摄）

旋去氧野尻霉素、N-甲基-左旋去氧野尻霉素等，其中生物碱类和黄酮类是桑叶降血糖的活性成分。《中华人民共和国药典》（2020 年版）规定桑叶中芦丁含量不低于 0.1%。药材中芦丁的含量为 0.11%~0.57%。桑椹中含生物碱类、苯丙素类、黄酮类、氨基酸类和挥发油等化学成分，其中苯丙素类具有较强的抗菌、抗氧化等作用。桑枝中含生物碱类、黄酮类等化学成分，其中黄酮类化合物具有降血糖等作用。

桑属植物全世界约 16 种，中国约 11 种。桑属药用植物还有鸡桑 *M. australis* Poir.、华桑 *M. cathayana* Hemsl.、蒙桑 *M. mongolica* Schneid. 等。

（王振月）

qiánmákē
荨麻科（Urticaceae）

草本、亚灌木或灌木，稀乔木或攀缘藤本，有时有刺毛；钟乳体点状、杆状或条形，在表皮细胞内隆起。茎常富含纤维。叶互生或对生，单叶；托叶常存在。花极小，单性，稀两性；花序由若干小的团伞花序排成多种样式，有时花序轴上端发育成球状、杯状或盘状多少肉质的花序托，稀退化成单花。雄花覆瓦状排列或镊合状排列；雄蕊与花被片同数，退化雌蕊常存在。雌花花被片分生或多少合生，花后常增大，宿存；退化雄蕊鳞片状，或缺；雌蕊由 1 心皮构成，子房 1 室；花柱单一或无花柱，柱头头状或多种形状；胚珠 1，直立。全世界约有 47 属，1300 余种。中国原产及引种的约 25 属 350 余种。

本科植物普遍含有生物碱类、黄酮类、萜类化学成分。生物碱类主要是简单吲哚生物碱类，如甜菜碱，主要分布于艾麻属、蝎子草属和荨麻属；黄酮及其衍生物在苎麻属较为普遍，如表儿茶酸等；萜类常见于冷水花属，如胡椒烯酮等。

主要药用植物有：①苎麻属 *Boehmeria*，如苎麻 *B. nivea*、细野麻 *B. gracilis*、长叶苎麻 *B. penduliflora*。②蝎子草属 *Girardinia*，如蝎子草 *G. suborbiculata*。③荨麻属 *Urtica*，如狭叶荨麻 *U. angustifolia*、异株荨麻 *U. dioica*、荨麻 *U. fissa* 等。

（王振月）

zhùmá
苎麻 [*Boehmeria nivea*（L.） Gaudich.，ramie]

荨麻科苎麻属植物。又称野麻、野苎麻。

亚灌木或灌木，高 0.5~1.5m；茎上部与叶柄均密被长硬毛和短糙毛。叶互生；叶片草质，通常圆卵形或宽卵形，顶端骤尖，基部近截形或宽楔形，边缘在基部之上有牙齿，上面稍粗糙，疏被短伏毛，下面密被雪白色毡毛；托叶分生，钻状披针形。圆锥花序腋生，或植株上部的为雌性，其下的为雄性，或同一植株的全为雌性；雄团伞花序，有少数雄花；雌团伞花序，有多数雌花。雄花花被片 4，狭椭圆形，合生至中部，顶端急尖，外面有疏柔毛；雄蕊 4；退化雌蕊。雌花花被椭圆形，顶端有 2~3 小齿。瘦果近球形。花期 8~10 月。图 1。中国分布于西南、华南、华东、华中和西北。生于山谷林边或草坡。越南、老挝等地也有分布。

根入药，药材名苎麻根，最早记载于《名医别录》。具有清热利尿、安胎止血、解毒的功效。现代研究表明具有止血、抗炎、抗氧化和抗菌等作用。

根含有酚类、三萜和甾醇类、黄酮、有机酸等化学成分。有机酸类主要有绿原酸和咖啡酸等，是苎麻根止血作用的活性成分。

苎麻属植物全世界有 120 余种，中国有 30 余种。药用植物还有细野麻 *B. gracilis* C. H. Wright、长叶苎麻 *B. penduliflora* Wedd. ex Long 等。

（王振月）

dàqiánmá
大荨麻（*Urtica dioica* L.，urtica dioica）

荨麻科荨麻属植物。又称异株荨麻。

多年生草本，常有木质化的根状茎。茎高 40~100cm，四棱形，常密生刺毛和细糙毛。叶片卵形或狭卵形，长 5~7cm，先端渐尖，基部心形，边缘有锯齿，侧脉 3~5 对；叶柄长约相当于叶片的一半，常密生小刺毛；托叶每节 4 枚，离生，条形，长 5~8mm，被微柔毛。雌雄异株，稀同株；花序圆锥状，长 3~7cm，序轴较纤细，雌花序在果时常下垂，疏生小刺毛和微柔毛。雄花

图 1　苎麻（陈虎彪摄）

具短梗；花被片 4，合生至中部，外面疏被微毛；退化雌蕊杯状，具柄，透明，中空，顶端有 1 小孔；雌花小近无梗。瘦果狭卵形，双凸透镜状，长 1.0~1.2mm，光滑。花期 7~8 月，果期 8~9 月。图 1。中国分布于西藏、青海和新疆。喜马拉雅中西部、亚洲中部与西部、欧洲、北非和北美广为分布。生于海拔 3300~3900m 山坡阴湿处。

欧洲传统药物，《欧洲药典》规定以干燥或新鲜的全草入药，《美国药典》以干燥根或根茎入药，具有抗前列腺增生、抗风湿、降血糖、调解免疫、抗肿瘤、抗氧化等作用。大荨麻根在欧洲主要用于治疗前列腺增生症。中国在新疆药用地上部分。

地上部分和根均含植物蛋白，糖蛋白有异株荨麻凝集素中的异凝集素Ⅰ、Ⅱ、Ⅲ、Ⅳ，糖蛋白；凝集素具有抗前列腺增生的作用；地上部分还有黄酮类如槲皮素-3-*O*-芸香糖苷、山奈酚-3-*O*-芸香苷、山奈酚、异鼠李黄素等；根中还有磷脂类，如磷脂酰肌醇、乙醇酸磷酯等；谷甾醇类如 β-谷甾醇、谷甾醇-*β*-D-葡萄糖苷、木脂素类如（+）新橄榄素、（−）-裂异落叶松酯素等，香豆素类如东莨菪素等。《美国药典》规定根和根茎中氨基酸含量不少于 0.80%，β-谷甾醇含量不低于 0.05%，东莨菪素含量不低于 3.0μg/g。

荨麻属植物全世界约有 35 种，中国约有 16 种、6 亚种、1 变种。中国藏药和维药用的种类还有：麻叶荨麻 *U. cannabina* L.，裂叶荨麻 *U. fissa* Pritz.，宽叶荨麻 *U. laetevirens* Maxim.。

（刘　勇　郭宝林）

tánxiāngkē

檀香科（Santalaceae）

寄生或半寄生草本、灌木，或小乔木。单叶互生或对生，全缘，有时退化为鳞片。花两性或单性，辐射对称，单生或集成各式花序；花被片 1 轮，淡绿色，常肉质，裂片 3~6；无花瓣，有花盘；雄蕊与花被裂片同数且对生，常着生于花被裂片基部；子房下位或半下位，1 室，有胚珠 1~3 颗；果为核果或小坚果。全世界有 30 属约 400 种，中国有 8 属，30 余种。

本科檀香属植物心材多含挥发油，其主要成分为倍半萜类化合物，其中 α,β-檀香萜醇占 90%，还有檀烯、α,β-檀香萜烯、檀香二环酮、檀香二环酮醇、表-β-檀香萜酸等。百蕊草属富含黄酮类，以黄酮和黄酮醇为主，如紫云英苷、芦丁等。

主要药用植物有：①檀香属 *Santalum*，如檀香 *S. album* L.。②米面蓊属 *Buckleya*，如米面蓊 *B. lanceolate*（Sieb. et Zucc.）Miq.。③寄生藤属 *Dendrotrophe*，如寄生藤 *D. frutescens*（Cha-mp. ex Benth.）Denser。④百蕊草属 *Thesium*，如百蕊草 *T. chinense* Turcz. 等。

（潘超美）

tánxiāng

檀香（*Santalum album* L.，sandalwood）

檀香科檀香属植物。又名白檀。

常绿小乔木，高约 10m；枝圆柱状，带灰褐色，具条纹，有多数皮孔和半圆形的叶痕；小枝细长，淡绿色。叶柄细长，长 1.0~1.5cm；叶椭圆状卵形，膜质，长 4~8cm，顶端锐尖，基部楔形或阔楔形，边缘波状。三歧聚伞式圆锥花序腋生或顶生，长 2.5~4.0cm；花长 4.0~4.5mm，直径 5~6mm；花被管钟状，长约 2mm，淡绿色；花被 4 裂，裂片卵状三角形，长 2.0~2.5mm，内部初时绿黄色，后呈深棕红色；雄蕊 4 枚，长约 2.5mm，外伸；花柱长 3mm，深红色，柱头浅 3（~4）裂。核果长 1.0~1.2cm，直径约 1cm，成熟时深紫红色至紫黑色，顶端稍平坦，花被残痕直径 5~6mm。花期 5~6 月，果期 7~9 月。图 1。原分布于太平洋岛屿，现以印度栽培最多。中国广东、台湾、海南、云南有栽培。

心材入药，药材名檀香，传统中药，最早记载于《本草拾遗》。《中华人民共和国药典》（2020 年版）收载，具有行气温中，开胃止痛的功效。现代研究表明具有抗菌、抗病毒、镇静、促进消化、利尿等作用。檀香挥发油香味独特持久，可用于制香水、香精。

心材中含有挥发油学化学成分。挥发油主要有 α-檀香醇、β-檀香醇、莰烯、α-姜黄烯、β-姜黄烯、反式-α-檀香醇、反式-β-檀香醇等。《中华人民共和国药典》

图 1　大荨麻（E. Dauncey 摄）

图 1　檀香（陈虎彪摄）

（2020 年版）规定挥发油含量不少于 3.0%，药材中的含量为 3.0%～5.0%。檀香木油的国际标准（ISO 3518：2002）中规定，α-檀香醇的含量为 41%～55%，β-檀香醇的含量为 16%～24%。

檀香属植物全世界约有 20 种。中国引种栽培 2 种。

（潘超美　苏家贤）

sāngjìshēngkē

桑寄生科（Loranthaceae）

半寄生性灌木、亚灌木，稀草本，寄生于木本植物的茎或枝上，稀寄生于根部为陆生小乔木或灌木。叶对生，稀互生或轮生。花两性或单性，具苞片，有的具小苞片；花托卵球形至坛状或辐状；雄蕊与花被片等数，对生，且着生其上；特立中央胎座或基生胎座，稀不形成胎座，无胚珠，花柱 1 枚，线状，柱状或短至几无，柱头钝或头状。果实为浆果，稀核果。全世界约有 65 属，1300 余种。中国原产及引种的约 11 属，60 余种。

本科植物普遍含有三萜及其苷类、黄酮类和有机酸类化学成分。三萜及其苷类主要以香树脂二醇分布最广；黄酮类主要是黄酮类衍生物和二氢黄酮类衍生物，如广寄生苷、高圣草素等；有机

酸类包括棕榈酸、琥珀酸、阿魏酸和咖啡酸类等化合物。

主要药用植物有：①槲寄生属 Viscum，如槲寄生 V. coloratum（Kom.）Nakai、白果槲寄生 V. album L.、扁枝槲寄生 V. articulatum Burm. f. 等。②钝果寄生属 Taxillus，如桑寄生 T. sutchuenensis（Lecomte）Danser。③梨果寄生属 Scurrula，如红花寄生 S. parasitica L. 等。

（王振月）

sāngjìshēng

桑寄生 ［Taxillus sutchuenensis（Lecomte）Danser, Chinese taxillus］

桑寄生科钝果寄生属植物。又称桑上寄生、寄生。

灌木，高 0.5～1.0m；嫩枝、叶密被褐色或红褐色星状毛。叶近对生或互生，革质，卵形、长卵形或椭圆形，下面被绒毛；叶柄长 6～12mm。总状花序，1～3 个生于小枝已落叶腋部或叶腋，具花 3～4 朵，密集呈伞形，花序和花均密被褐色星状毛；花梗长 2～3mm；苞片卵状三角形；花红色，花托椭圆状；副萼环状，具 4 齿；花冠裂片 4 枚，披针形，反折；果椭圆状，果皮具颗粒状体，被疏毛。花期 6～8 月。图 1。中国除东北地区，各地均有分布。生长于海拔

20～400m 的平原或低山常绿阔叶林中，寄生于桑树、梨树、李树、梅树、油茶、厚皮香、漆树、核桃或栎属、柯属，水青冈属、桦属、榛属等植物上。

带叶茎枝入药，药材名桑寄生，传统中药，最早记载于《神农本草经》。《中华人民共和国药典》（2020 年版）收载，具有祛风湿，补肝肾，强筋骨，安胎元的功效。现代研究表明具有降血压、利尿、保肝、健胃、抗炎、升血糖和抗菌等作用。

桑寄生中含有黄酮类、强心苷类、毒蛋白、凝集素等化学成分。黄酮类主要有萹蓄苷、槲皮素等，黄酮类是桑寄生具有降压利尿等功效的活性成分。

钝果寄生属植物全世界有 25 种，中国有 15 种。药用植物还有北桑寄生 L. tanakae Franch. et Sav. 等。

（王振月）

hújìshēng

槲寄生 ［Viscum coloratum（Kom.）Nakai, mistletoe］

桑寄生科槲寄生属植物。又称寄生子。

灌木，高 0.3～0.8m；茎二歧或三歧、稀多歧分枝，节稍膨大，干后具不规则皱纹。叶对生，厚

图 1　桑寄生（陈虎彪摄）

革质或革质，长椭圆形至椭圆状披针形，顶端圆形或圆钝，基部渐狭；叶柄短。雌雄异株；花序顶生或腋生于茎叉状分枝处；雄花序聚伞状，总苞舟形，通常具花3朵；雄花：萼片4枚，卵形；花药椭圆形。雌花序聚伞式穗状，具花3~5朵，交叉对生的花各具1枚苞片；苞片阔三角形；雌花：花托卵球形，萼片4枚，三角形；柱头乳头状。果球形，具宿存花柱，成熟时淡黄色或橙红色。花期4~5月，果期9~11月。图1。中国分布于东北、华北、华东、华中以及广西、陕西、甘肃、青海、宁夏、台湾等省区。生长于海拔500~2000m的阔叶林中，寄生于榆、杨、柳、桦、栎、梨、李、苹果、枫杨、赤杨、椴等植物上。俄罗斯远东地区、朝鲜、日本也有分布。

带叶茎枝入药，药材名槲寄生，传统中药，最早记载于《新修本草》。《中华人民共和国药典》（2020年版）收载，具有祛风湿，补肝肾，强筋骨，安胎元的功效。现代研究表明具有保肝、健胃、抗炎、降血糖和抗菌等作用。

叶和茎枝含有黄酮类、三萜类、苯丙素类、甾醇类、挥发油、有机酸类、生物碱类等化学成分。

图1 槲寄生（潘超美摄）

黄酮类主要有异鼠李素、异鼠李素-3-O-葡萄糖苷、圣草素等；三萜类有齐墩果酸、β-香树脂醇、羽扇豆醇等；苯丙素类如紫丁香苷等。齐墩果酸和紫丁香苷是其保肝、抗炎和降血糖的活性成分。《中华人民共和国药典》（2020年版）规定槲寄生药材中紫丁香苷含量不低于0.040%。药材中含量为0.019%~0.045%。

槲寄生属植物全世界有70余种，中国有10余种，药用植物还有扁枝槲寄生 V. articulatum Burm. f.、枫香槲寄生 V. liquidambaricolum Hayata。白果槲寄生 V. album L. 是欧美常用植物药，具有降血压、降心率和助睡眠等作用，《英国草药典》收载。

（王振月）

liǎokē

蓼科（Polygonaceae） 1年生或多年生草本，稀为灌木或小乔木。茎直立或缠绕，有时平卧，节部常膨大。托叶鞘膜质，抱茎；单叶互生，稀对生或轮生，全缘，稀分裂。花序由簇生于叶腋之花组成，呈穗状，总状或圆锥状花序；花小，整齐，两性，稀单生；花被片3~6，宿存；雄蕊6~9，稀较少，花盘腺状、环状或缺；子房上位，1室，花柱2~3，分离或下部结合；胚珠1，直立。小坚果，三棱形或两面凸起，宿存花被包之；胚多少偏于一侧或侧生，子叶常扁平；胚乳粉状。全世界约有50属1150余种。中国原产及引种的约13属230多种。

本科植物普遍含有蒽醌类、黄酮类和鞣质类化学成分。蒽醌类主要以大黄素、芦荟大黄素、大黄素甲醚及其苷类分布最广，还有一些二蒽酮类；黄酮类主要是黄酮醇及其苷类，如荞麦中富含的芦丁以及黄酮碳苷，如牡荆苷等；大黄属和蓼属多含有芪类化合物，如白藜芦醇及苷类、虎杖苷等，鞣质包括儿茶鞣质和没食子酸鞣质等；极少含有生物碱类。酸模属含有萘类化合物，如酸模素等。

主要药用植物有：①大黄属 Rheum，如掌叶大黄 R. palmatum L.、唐古特大黄 R. tanguticum Maxim. ex Balf.、药用大黄 R. officinale Baill.、河套大黄 R. hotaoense C. Y. Cheng et C. T. Kao 等。②蓼属 Polygonum，如红蓼 P. orientale L.、何首乌 P. multiflorum Thunb.、虎杖 P. cuspidatum Sieb. etZucc.、火炭母 P. chinense、蓼蓝 P. tinctorium Ait.、拳参 P. bistorta L.、萹蓄 P. aviculare L.、杠板归 P. perfoliatum L. 等。③荞麦属 Fagopyrum，如金荞麦 F. dibotrys（D. Don）Hara、苦荞麦 F. tataricus（L.）Gaertn.、荞麦 F. esculentum Moench. 等；还有酸模属 Rumex、蔓蓼属 Fallopia、翼蓼属 Pterpxygonum、金钱草属 Antenoron 等。

（王振月）

jīnqiáomài

金荞麦（Fagopyrum dibotrys（D. Don）Hara, wild buckwheat） 蓼科荞麦属植物。又称苦荞头。

多年生草本。根状茎木质化。茎直立，高0.5~1.5m，多分枝。叶三角形，长4~12cm，顶端渐尖，基部近戟形，边缘全缘；托叶鞘筒状，膜质，褐色，长5~

10mm。花序伞房状，顶生或腋生。苞片卵状披针形，边缘膜质，长约3mm，每苞片内具2~4花；花梗中部具关节；花被5深裂，白色，花被片长椭圆形，长约2.5cm，雄蕊8，比花被短，花柱3，柱头头状。瘦果宽卵形，具3锐棱，长6~8mm，黑褐色。花期7~9月，果期8~10月。图1。中国分布于华东、华中、华南、西南，以及陕西。生于海拔250~3200m的山谷湿地、山坡灌丛。印度、锡金、尼泊尔、克什米尔、越南、泰国也有分布。

根茎入药，药材名金荞麦。常用中药，最早记载于《植物名实图考》。《中华人民共和国药典》（2020版）收载，具有清热解毒，排脓祛瘀的功效。现代研究表明具有抗菌消炎、祛痰、止咳、平喘、抗炎、抗过敏、抗癌等作用。

根茎含有黄酮类、有机酸类、甾体类及萜类等化学成分。黄酮类主要原花色素及缩合鞣质，包括（−）表儿茶素，（−）表儿茶素-3-没食子酸酯，原矢车菊素B-2，原矢车菊素B-4及没食子酸酯等，具有抗菌、抗炎、抗氧化、降血糖、抗肿瘤等作用。表儿茶素是金荞麦的质量控制成分，《中华人民共和国药典》（2020版）规定含量不低于0.030%，药材中含量为0.02%~0.05%。

荞麦属植物全世界有18种，2个亚种和2个变种，中国有10种，1变种。药用种类有苦荞麦 F. tataricum（L.）Gaertin、荞麦 F. esculentum Moench 等。

（陈彩霞）

kǔqiáomài

苦荞麦 [*Fagopyrum tataricum* (L.) Gaertn., tartary buckwheat]

蓼科荞麦属植物。又称鞑靼荞麦、苦荞。

1年生草本。茎直立，高30~70cm，分枝，绿色或微呈紫色，有细纵棱。叶互生，下部叶具长叶柄，上部叶较小具短柄；托叶鞘膜质，黄褐色；叶片宽三角形，长2~7cm；基部心形，全缘。总状花序，顶生或腋生，花排列稀疏；苞片卵形，长2~3mm，每苞内具2~4花；花被5深裂，白色或淡红色，花被片椭圆形，长约2mm；雄蕊8，比花被短；花柱3，短，柱头头状。瘦果长卵形，长5~6mm，具3棱及3条纵沟，黑褐色，无光泽，比宿存花被长。花期6~9月，果期8~10月。图1。中国东北、华北、西北、西南山区有栽培，有时为野生。生田边、路旁、山坡、河谷。分布于亚洲、欧洲及美洲。

根及根茎入药，药材名苦荞头，传统中药，最早记载于《本草纲目》。具有健脾行滞，理气止痛，解毒消肿的功效。现代研究证明具有降血糖、降血脂、抗氧化、抗肿瘤等作用。种子，也具有降血糖降脂的作用。

根及根茎主要含有黄酮类、酚类、甾体类、萜类、糖苷类、有机酸类等化学成分。黄酮类主要有芦丁、槲皮素、山奈酚等，黄酮类为苦荞麦降血糖作用的有效成分。酚类主要有表儿茶素、儿茶素、矢车菊素-3-O-葡萄糖苷等。甾体类主要有过氧化麦角甾醇、胡萝卜甾醇、β-谷甾醇棕榈酸酯等。种子中也含有芦丁等黄酮类成分。

荞麦属植物情况见金荞麦。

（郭庆梅）

héshǒuwū

何首乌 [*Polygonum multiflorum* Thunb., *Fallopia multiflora* (Thunb.) Harald. fleeceflower]

蓼科蓼属植物 Harald.。又称夜交藤。

多年生草本植物；块根肥厚；茎缠绕，多分枝，下部木质化；

图1 金荞麦（陈虎彪摄）

图1 苦荞麦（陈虎彪摄）

叶卵形或长卵形，长 3~7cm，顶端渐尖，基部心形，两面粗糙，全缘；托叶鞘膜质，偏斜，长 3~5mm；花序圆锥状，顶生或腋生，长 10~20cm，分枝开展；苞片三角状卵形，具小突起，顶端尖，每苞内具 2~4 花；花梗下部具关节；花被 5 深裂，白色或淡绿色，花被片椭圆形，外面 3 片较大背部具翅，果时增大，直径 6~7mm；雄蕊 8，花丝下部较宽；花柱 3，极短，柱头头状。瘦果卵形，长 2.5~3.0mm，黑褐色，有光泽，包于宿存花被内。花期 8~9 月，果期 9~10 月。图 1。中国分布于华东、华中、华南地区，以及陕西、甘肃、四川、云南及贵州。生于海拔 200~3000m 山谷灌丛、山坡林下、沟边石隙。日本也有。

图 1 何首乌（陈虎彪摄）

块根入药，药材名何首乌，传统中药，最早记载于《开宝本草》。《中华人民共和国药典》（2020 年版）收载，具有解毒，消痈，截疟，润肠通便的功效。现代研究表明具有抗衰老、增强免疫、促进肾上腺皮质、促进造血、降血脂、抗动脉粥样硬化、保肝、通便等作用。

块根主要含蒽醌类、二苯乙烯苷类、酰胺类、黄酮类等化学成分。蒽醌类主要有大黄素、大黄酚、大黄素甲醚等；二苯乙烯苷类主要有 2, 3, 5, 4′-四羟基二苯乙烯-2-O-β-D-吡喃葡萄糖苷、何首乌丙素等；蒽醌类及二苯乙烯苷类是何首乌具有抗衰老、提高免疫、促进造血细胞生长、抗菌抗炎等作用的活性成分。《中华人民共和国药典》（2020 年版）规定何首乌中含 2, 3, 5, 4′-四羟基二苯乙烯-2-O-β-D-吡喃葡萄糖苷不低于 1.0%，结合蒽醌不得小于 0.1%，药材中 2, 3, 5, 4′-四羟基二苯乙烯-2-O-β-D-吡喃葡萄糖苷的含量为 0.71%~10.34%，结合蒽醌含量为 0.018%~0.637%。酰胺类主要有穆坪马兜铃酰胺、N-反式阿魏酰基-3-甲基多巴胺等；黄酮类主要有苜蓿素、槲皮素-3-O-半乳糖苷等；还含没食子酸、儿茶素、阿糖胞苷、卵磷脂等。何首乌具有一定的肝毒性，蒽醌类是其可能的毒性成分。

蓼属植物全世界约 200 种，中国约 120 种，药用植物还有拳参 *P. bistorta* L.、红蓼 *P. orientale* L.、萹蓄 *P. aviculare* L.、虎杖 *P. cuspidatum* Seib. et Zucc.、火炭母 *P. chinense* L.、蓼蓝 *P. tinctorium* Ait. 等。

（魏胜利）

biānxù

萹蓄（*Polygonum aviculare* L. common knotweed）蓼科蓼属植物。

1 年生草本。茎平卧、上升或直立，高 10~40cm，自基部多分枝，具纵棱。叶椭圆形至披针形，长 1~4cm，宽 3~12mm，顶端钝圆或急尖，基部楔形，全缘，无毛；叶柄短或近无柄，基部具关节；托叶鞘膜质，撕裂脉明显。花单生或数朵簇生于叶腋，遍布于植株；苞片薄膜质；花梗细，顶部具关节；花被 5 深裂，花被片椭圆形，长 2.0~2.5mm，绿色，边缘白色或淡红色；雄蕊 8，花丝基部扩展；花柱 3，柱头头状。瘦果卵形，具 3 棱，长 2.5~3.0mm，黑褐色，与宿存花被近等长或稍超过。花期 5~7 月，果期 6~8 月。图 1。产全国各地。生田边路、沟边湿地，海拔 10~4200m。北温带广泛分布。

地上部分入药，药材名萹蓄，传统中药，最早记载于《神农本草经》，《中华人民共和国药典》（2020 年版）收载，具有利尿通淋，杀虫，止痒的功效。现代研究证明具有利尿、抑菌、杀螨、杀虫、降压、降糖、舒张血管、抗癌、抗氧化、抗肝纤维化等作用。

地上部分含有黄酮类、苯丙素类、酚酸类、萜类及甾醇类化学成分。黄酮类如山奈酚、槲皮素、杨梅素及其苷类等，黄酮类

图 1 萹蓄（陈虎彪摄）

具有抑菌等作用,《中华人民共和国药典》(2020 年版)规定萹蓄药材中杨梅苷含量不低于 0.030%。药材中含量为 0.016%~0.200%。

蓼属植物情况见何首乌。

(魏胜利)

quánshēn

拳参（*Polygonum bistorta* L., bisort) 蓼科蓼属植物。又称拳蓼。

多年生草本。根状茎肥厚,黑褐色。茎直立,高 50~90cm,不分枝。基生叶宽披针形或狭卵形,纸质,长 4~18cm;顶端渐尖或急尖,基部截形或近心形,沿叶柄下延成翅,边缘外卷,微呈波状,叶柄长 10~20cm;茎生叶披针形或线形,无柄;托叶筒状,膜质,顶端偏斜,开裂至中部。总状花序呈穗状,顶生,长 4~9cm,直径 0.8~1.2cm,紧密;苞片卵形,顶端渐尖,膜质,每苞片内含 3~4 朵花;花梗细弱,开展,长 5~7mm,比苞片长;花被 5 深裂,裂片椭圆形,长 2~3mm;雄蕊 8,花柱 3,柱头头状。瘦果椭圆形,长约 3.5mm。花期 6~7 月,果期 8~9 月。图 1。中国分布于东北、华北,以及陕西、宁夏、甘肃、山东、河南、江苏、浙江、江西、湖南、湖北、安徽。生于海拔 800~3000m 的山坡草地、山顶草甸。日本、蒙古,哈萨克斯坦,俄罗斯和欧洲也有。

根茎入药,药材名拳参,最早以紫参之名记载于《神农本草经》。《中华人民共和国药典》(2020 年版)收载,具有清热解毒,消肿,止血的功效。现代研究表明具有抗菌、抗炎、镇静、镇痛等作用。

根茎含鞣质、有机酸类等化学成分。鞣质中有可水解鞣质和缩合鞣质,拳参根茎含鞣质 8.7%~25%;有机酸类主要有没食子酸、原儿茶酸、丁二酸等;还含有丁香苷、拳参苷等。《中华人民共和国药典》(2020 年版)规定拳参中没食子酸含量不低于 0.12%。药材中含量为 0.01%~1.09%。

蓼属植物情况见何首乌。

(魏胜利)

huǒtànmǔ

火炭母（*Polygonum chinense* L., Chinese knotweed) 蓼科蓼属植物。

多年生草本,基部近木质。茎高 70~100cm,具纵棱,多分枝。叶卵形或长卵形,长 4~10cm,顶端短渐尖,基部截形或宽心形,全缘,有时下面疏生短柔毛,下部叶具叶柄,叶柄长 1~2cm,通常基部具叶耳,上部叶近无柄或抱茎;托叶鞘膜质,长 1.5~2.5cm,具脉纹,顶端偏斜。花序头状,通常数个排成圆锥状,顶生或腋生,花序梗被腺毛;苞片宽卵形,每苞内具 1~3 花;花被 5 深裂,白色或淡红色,裂片卵形,果时增大,呈肉质,蓝黑色;雄蕊 8,比花被短;花柱 3,中下部合生。瘦果宽卵形,具 3 棱,黑色,包于宿存的花被。花期 7~9 月,果期 8~10 月。图 1。中国分布于陕西南部、甘肃南部以及华东、华中、华南和西南。生于山谷湿地、山坡草地,海拔 30~2400m。日本、菲律宾、马来西亚、印度、喜马拉雅山也有。

全草入药,药名火炭母,传统中药,最早记载于《本草图经》,具有清热利湿,凉血解毒的功效。现代研究表明具有抗氧化、清除自由基、抗病原微生物、抗炎、镇痛、抗腹泻、抗肝癌等作用。

全草含有黄酮类、酚酸类、鞣质、挥发油等化学成分。黄酮类如异鼠李素、芹菜素、槲皮素、山柰酚等;酚酸类如没食子酸、丁香酸、咖啡酸、原儿茶酸等;

图 1 拳参（陈虎彪摄）

图 1 火炭母（陈虎彪摄）

鞣质如鞣花酸、3,3′-二甲基鞣花酸、3-甲氧基-4-鼠李糖鞣花酸等；挥发油如正十六烷酸、邻苯二甲酸、6,10,14-三甲基-2-十五烷酮等。

蓼属植物情况见何首乌。

(魏胜利)

hóngliǎo

红蓼（*Polygonum orientale* L.，prince's feather）蓼科蓼属植物。又称荭草。

1年生草本。茎直立，粗壮，高1~2m，上部多分枝。叶宽卵形至卵状披针形，长10~20cm，顶端渐尖，基部圆，全缘，密生缘毛，两面密生柔毛；叶柄长2~10cm；托叶鞘筒状，膜质，长1~2cm，具长缘毛，通常具草质翅。总状花序呈穗状，顶生或腋生，长3~7cm，微下垂，常再组成圆锥状；苞片宽漏斗状，长3~5mm，每苞内具3~5花；花被5深裂，淡红色或白色；花被片椭圆形，长3~4mm；雄蕊7，比花被长；花盘明显；花柱2，中下部合生，比花被长，柱头头状。瘦果近圆形，直径3.0~3.5mm，黑褐色，有光泽，包于宿存花被内。花期6~9月，果期8~10月。图1。除西藏外，广布于中国各地，野生或栽培。生沟边湿地、

村边路旁，海拔30~2700m。朝鲜、日本、俄罗斯、菲律宾、印度、欧洲和大洋洲也有。

果实入药，药材名水红花子，传统中药，最早收载于《名医别录》，《中华人民共和国药典》（2020年版）收载，具有散血消癥，消积止痛，利水消肿的功效。现代研究表明具有提高免疫力、降血压、抗氧化、抗心肌缺血作用，此外还有抗凝血、抗疲劳、抗心律失常、扩张血管等作用。

果实含黄酮类、有机酸类、色原酮类等化学成分，黄酮类如槲皮素、花旗松素、柯伊利素-7-O-β-D-葡萄糖苷等；花旗松素是水红花子药材的质量控制成分，《中华人民共和国药典》（2020年版）规定水红花子药材中含花旗松素不低于0.15%；有机酸类如阿魏酸-对羟基苯乙醇酯、对香豆酸-对羟基苯乙醇苷等；色原酮类如3,5,7-三羟基色原酮等。

蓼属植物情况见何首乌。

(魏胜利)

liǎolán

蓼蓝（*Polygonum tinctorium* Ait.，indigo plant）蓼科蓼属植物。

1年生草本。茎直立，通常分枝，高50~80cm。叶卵形或宽椭圆形，长3~8cm，干后呈暗蓝绿色，顶端圆钝，基部宽楔形，边缘全缘，具短缘毛，下面有时沿叶脉疏生；叶柄长5~10mm；托叶鞘膜质，稍松散，长1.0~1.5cm，被伏毛，顶端截形，具长缘毛。

总状花序呈穗状，长2~5cm，顶生或腋生；苞片漏斗状，绿色，有缘毛，每苞内含花3~5；花梗细，与苞片近等长；花被5深裂，淡红色，花被片卵形，长2.5~3.0mm；雄蕊6~8，比花被短；花柱3，下部合生。瘦果宽卵形，具3棱，长2~2.5mm，褐色，有光泽，包于宿存花被内。花期8~9月，果期9~10月。图1。中国南北各省区有栽培或为半野生状态。

图1　蓼蓝（陈虎彪摄）

叶入药，药材名蓼大青叶，传统中药。最早记载于《名医别录》，《中华人民共和国药典》（2020年版）收载，具有清热解毒，凉血消斑的功效。现代研究表明具有抗菌、抗病毒、解热、抗炎和免疫、抗血小板凝集、抑制心血管、兴奋或抑制不同部位的平滑肌等作用。叶或茎叶加工品入药，药材名青黛，《中华人民共和国药典》（2020年版）收藏，具有清热解毒，凉血消斑，泻火定惊的功效。

叶含有生物碱类、黄酮类等化学成分，生物碱类如靛玉红、

图1　红蓼（陈虎彪摄）

靛蓝、N-苯基-2萘胺等；黄酮类有山柰酚等。《中华人民共和国药典》（2020年版）规定蓼大青叶药材中含靛蓝不低于0.55%。药材中含量为0.63%～0.73%。

蓼属植物情况见何首乌。大青叶药材的其他来源植物见菘蓝。青黛药材的其他来源植物见蓼蓝。

（魏胜利）

hǔzhàng

虎杖（*Polygonum cuspidatum* Seib. et Zucc.，giant knotweed）

蓼科蓼属植物。

多年生草本。茎直立，高1～2m，粗壮，空心，具明显的纵棱。叶宽卵形或卵状椭圆形，长5～12cm，近革质，顶端渐尖，基部宽楔形或近圆形，全缘，沿叶脉具小突起；叶柄长1～2cm，具小突起；托叶鞘膜质，偏斜，长3～5mm，褐色，顶端截形。花单性，雌雄异株，花序圆锥状，长3～8cm，腋生；苞片漏斗状，长1.5～2.0mm，顶端渐尖，每苞内具2～4花；花梗中下部具关节；花被5深裂，淡绿色，雄蕊8；雌花花被片外面3片背部具翅，果时增大，翅扩展下延，花柱3，柱头流苏状。瘦果卵形，具3棱，长4～5mm。花期8～9月，果期9～10月。图1。中国分布于陕西

南部、甘肃南部、华东、华中、华南、四川、云南及贵州等省区；生于山坡灌丛、山谷、路旁、田边湿地，海拔140～2000m。朝鲜、日本也有。

根茎和根入药，药材名虎杖，传统中药，最早记载于《名医别录》。《中华人民共和国药典》（2020年版）收载，具有利湿退黄，清热解毒，散瘀止痛，止咳化痰的功效。现代研究表明具有保肝利胆、调节血脂、抗动脉粥样硬化、抗炎、抗病原微生物等作用。

根茎和根含有蒽醌及蒽醌苷类、二苯乙烯类、香豆素类、黄酮类等成分。蒽醌及蒽醌苷类主要有大黄素、大黄素-6-甲醚、大黄素甲醚-8-*O*-β-D-葡萄糖苷等；二苯乙烯类主要有白藜芦醇、虎杖苷、二苯乙烯苷硫酸酯盐等；蒽醌及蒽醌苷类和二苯乙烯类是虎杖活性成分，《中华人民共和国药典》（2020年版）规定虎杖中含大黄素不低于0.6%，含虎杖苷不低于0.15%。药材中大黄素的含量为0.21%～1.73%，虎杖苷含量为0.35%～4.95%。香豆素类成分主要有7-羟基-4-甲氧基-5-甲基香豆素、紫花前胡素等。黄酮类成分主要有5-羧甲基-7-羟基-2-甲

基色原酮、白矢车菊苷元等。

蓼属植物情况见何首乌。

（魏胜利）

zhǎngyèdàihuáng

掌叶大黄（*Rheum palmatum* L.，rhubarb）

蓼科大黄属植物。

多年生草本植物；株高150～200cm；基生叶有肉质粗壮的长柄，叶片宽卵形或近圆形，径可达40cm，掌状半裂，裂片3～5（～7），每一裂片有时再羽裂或具粗齿，基部略呈心形，下面被柔毛；茎生叶较小，互生，具短柄；托叶鞘状，膜质，密生短柔毛。圆锥花序大，顶生；花小，数朵成簇，紫红色或带红紫色；花梗纤细，中下部有关节；花被片6，2轮，内轮稍大，椭圆形，长约1.5mm；雄蕊9；花柱3。果枝多聚拢，瘦果有3棱，沿棱生翅，长9～10mm，棕色。花期6～7月，果期7～8月。图1。中国分布于甘肃、四川、青海、云南西北部及西藏东部等省区。生于海拔1500～4400m山坡或山谷湿地，甘肃、陕西有栽培。

根和根茎入药，药材名大黄，传统中药，最早记载于《神农本草经》。《中华人民共和国药典》（2020年版）收载，具有泻下攻积，清热泻火，凉血解毒，逐瘀

图1 虎杖（陈虎彪摄）

图1 掌叶大黄（陈虎彪摄）

通经，利湿退黄的功效。现代研究表明具有泻下、保肝利胆、促进胰液分泌、抗胃及十二指肠溃疡、止血、降血脂、免疫调节及抗癌等作用。

根及根茎含蒽醌衍生物、双蒽酮类、二苯乙烯苷类、有机酸类、鞣质等化学成分。蒽醌衍生物如芦荟大黄素、大黄酸、大黄素、大黄酚、大黄素甲醚等，为游离性蒽醌；结合蒽醌类如大黄酸-8-葡萄糖苷、大黄素甲醚葡萄糖苷、芦荟大黄素葡萄糖苷等。蒽醌类是大黄的质量控制成分，《中华人民共和国药典》（2020 年版）规定大黄含总蒽醌不少于 1.5%。游离蒽醌不少于 0.2%。药材中总蒽醌含量为 0.57% ~ 2.53%，游离蒽醌含量为 0.08% ~ 1.54%。双蒽酮类成分如番泻苷 A ~ F、掌叶大黄二蒽酮 A ~ C 等；二苯乙烯苷类如 4′-O-甲基云杉新苷、食用大黄苷等；有机酸类如没食子酸、绿原酸、阿魏酸等。

大黄属植物全世界约 60 种，中国有 39 种，2 变种。唐古特大黄 R. Maxim. ex Balf. 和药用大黄 R. officinale Baill. 的根和根茎也为《中华人民共和国药典》（2020 年版）收载为大黄药材的来源植物，药用植物还有河套大黄 R. hotaoense C. Y. Cheng et T. C. Kao、沙七 R. delavayi Franch.、穗序大黄 R. spiciforme Royl、小大黄 R. pumilum Maxim. 等。

（魏胜利）

shānglùkē

商陆科（Phytolaccaceae） 草本或灌木，直立。单叶互生。花小，两性或有时退化成单性，辐射对称或近辐射对称，排列成总状花序或聚伞花序、圆锥花序、穗状花序，腋生或顶生；花被片 4 ~ 5，分离或基部连合；雄蕊 4 ~ 5 或多数，花丝线形或钻状，分离或基部略相连，通常宿存；花药背着，2 室，平行，纵裂；子房上位，间位或下位，球形，心皮 1 ~ 多数，分离或合生；花柱短或无，直立或下弯，与心皮同数，宿存。浆果或核果，稀蒴果。种子双凸镜状或肾形、球形。世界 17 属，约 120 种。中国有 2 属 5 种。

本科植物多数含有三萜皂苷类、黄酮类、酚酸类、甾醇类、多糖等化学成分。三萜皂苷类是本科植物的特征性成分，母核均为齐墩果烷的衍生物，包括齐墩果酸型、齐墩果烷的 C-20 位为醛基型或甲基型、C-3 位与乙酰基相连型、11 位具羰基型等类型，如商陆皂苷、商陆酸等，具有抗炎、免疫调节、抗肿瘤、抗消化道溃疡、抗生育等活性。黄酮类化合物在商陆属、Trichost 属、Rivina 属植物中有分布，主要为山奈酚和槲皮素。酚酸类成分包括对羟基苯甲酸、香草酸、香豆酸等。

主要药用植物有：商陆属 Phytolacca，如商陆 P. acinosa Roxb.、垂序商陆 P. americana L.、雄蕊商陆 P. polyandra Batalin 等。

（高微微 李俊飞 焦晓林）

shānglù

商陆（Phytolacca acinosa Roxb.，poke） 商陆科商陆属植物，又称直序商陆。

多年生草本，高 1.0 ~ 1.5m，无毛；根肥厚，肉质，圆锥形，外皮淡黄色；茎直立，圆柱形，肉质，绿色或紫红色。叶卵状椭圆形至长椭圆形，长 12 ~ 25cm，宽 5 ~ 10cm，叶柄长 3cm。总状花序顶生或与叶对生，长达 20cm；花直径约 8mm；花被片 5，白色，后变淡粉红色；雄蕊 8，花药淡粉红色；心皮 8 ~ 10，离生。浆果扁球形，紫色或黑紫色；种子肾形，黑色，长约 3mm。图 1。中国除东北、内蒙古、青海、新疆外，大部分地区有分布。生于海拔 500 ~ 3400m 的沟谷、山坡林下、林缘路旁。东亚和南亚也有分布。

根入药，药材名商陆，传统中药，最早记载于《神农本草经》。《中华人民共和国药典》（2020 年版）收载。具有逐水消肿、通利二便，外用解毒散结的功效，现代研究证明具有止咳祛痰、利尿消肿、增强免疫、抗炎、抗菌、抗病毒及抗肿瘤等作用。在彝族、蒙古族、土家族、苗族民间作为补益药也较为常用。

根含有三萜皂苷类、黄酮类、酚酸类、蛋白多肽、甾醇类、多糖等化学成分。三萜皂苷类均为齐墩果烷型，如商陆皂苷甲、乙、丙、辛、商陆酸等，具有抗炎、免疫调节、抗肿瘤、抗消化道溃疡、抗生育等作用。黄酮类为黄

图 1 商陆（陈虎彪摄）

酮醇类，以及黄酮木脂素类。酚酸类有对羟基苯甲酸、香草酸、芥子酸等。蛋白具有抗肾炎、抗病毒、抗真菌和细菌的活性，还有毒蛋白具有神经和胃肠道毒性。的质量控制成分，《中华人民共和国药典》（2020年版）规定商陆药材中商陆皂苷甲含量不低于0.15%，药材中含量为0.05%~3.52%。

商陆属全世界约有35种。中国有4种，垂序商陆（美洲商陆）*P. americana* L. 也被《中华人民共和国药典》（2020年版）收载为商陆药材的来源植物。药用植物还有雄蕊商陆 *P. polyandra* Batalin 等。

（高微微 李俊飞 焦晓林）

mǎchǐxiànkē

马齿苋科 （Portulacaceae）

肉质草本或亚灌木。单叶，互生或对生，全缘。花两性，辐射对称或两侧对称，萼片2，稀5；花瓣4~5，稀更多，常有鲜艳色；雄蕊4至多枚，通常10枚；雌蕊3~5心皮合生，子房上位或半下位至下位，1室，基生胎座或特立中央胎座。蒴果盖裂或2~3瓣裂，稀为坚果；种子肾形或球形。本科全世界约19属580种，中国有2属7种。

本科化学成分主要有有机酸类、生物碱类、黄酮类、多糖类、香豆素类、花色苷类、甾体类等。生物碱类有多巴胺、马齿苋酰胺A，B，C，D 等；花色苷类有马齿苋素Ⅰ、Ⅱ，酰化甜菜苷等；

主要药用植物有：①马齿苋属 *Portulaca*，如马齿苋 *P. oleracea* L.、大花马齿苋 *P. grandflora* Hook. 等。②土人参属 *Talinum*，如土人参 *T. paniculatum*（Jacq.）Gaertn. 等。

（郭庆梅 尹春梅）

mǎchǐxiàn

马齿苋 （*Portulaca oleracea* L.，purslane）

马齿苋科马齿苋属植物。

1年生草本，通常匍匐，肉质，无毛；茎带紫色。叶楔状矩圆形或倒卵形，长10~25mm。花3~5朵生枝顶端，直径3~4mm，无梗；苞片4~5，膜质；萼片2；花瓣5，黄色；子房半下位，1室，柱头4~6裂。蒴果圆锥形，盖裂；种子多数，肾状卵形，直径不及1mm，黑色，有小疣状突起。花期5~8月，果期6~9月（图1）。分布于中国各地。生于菜园、田野、路旁。广布全世界温带和热带地区。

地上部分入药，药材名马齿苋，传统中药，最早记载于《本草经集注》。《中华人民共和国药典》（2020年版）收载，具有清热解毒，消炎，散血，消肿，利尿的功效。现代研究表明具有抗菌、消炎、抗病毒、增强免疫、降血脂、抗动脉粥样硬化等作用。

地上部分含有黄酮类、三萜类、生物碱类、有机酸类、脂肪酸类、香豆素类、挥发油和多糖等化学成分。黄酮类主要有槲皮素、山奈酚、木犀草素等；三萜类主要有丁基迷帕醇、帕克醇等；生物碱类主要有马齿苋酰胺A、B、C、D、E 等酰胺及其苷类；有机酸类主要有柠檬酸、苹果酸和琥珀酸等；脂肪酸主要有α-亚麻酸、亚油酸等。

马齿苋属全世界约有200种，中国约有6种。隐瓣马齿苋

P. cryptopetal Speg. 为阿根廷药用植物；裸马齿苋 *P. denudate* Poelln. 为墨西哥药用植物。

（郭庆梅 尹春梅）

shízhúkē

石竹科 （Caryophyllaceae）

草本，稀亚灌木。茎节通常膨大。单叶对生，全缘；托叶膜质或缺。花辐射对称，两性，单生或排列成聚伞花序，有时具闭花授精花；萼片4~5，分离或合生；花瓣4~5，稀缺；雄蕊8~10；雌蕊1，由2~5合生心皮构成，子房上位，1室，稀2~5室，有胚珠极多数，生于特立中央胎座上；花柱2~5；果为蒴果，稀为浆果。全世界70属1750种，中国有30属约388种58变种8变型。

本科普遍存在三萜皂苷类、蜕皮甾酮及其苷类、环肽类、黄酮及其苷类。三萜皂苷类主要为五环三萜皂苷，以齐墩果烷型为主，稀含柴胡皂苷和何伯烷型皂苷；蜕皮甾酮及其苷类主要为多羟基5β-蜕皮甾酮及其苷；环肽类主要为均环肽，为该科的特征性化学成分；黄酮及其苷类主要为6位黄酮碳苷，也是石竹科的特征性成分。

主要药用植物有：①繁缕属 *Stellaria*，如银柴胡 *S. dichotoma* L. var. *lanceolata* Bge.。②孩儿参属

图1 马齿苋 （陈虎彪摄）

Pseudostellaria，如孩儿参 *P. hete-rophylla*（Miq.）Pax ex Pax et Hoffm.。③石竹属 *Dianthus*，如瞿麦 *D. superbus* L.、石竹 *D. chinensis* L.。④麦蓝菜属 *Vaccaria*，如麦蓝菜 *V. segetalis*（Neck.）Garcke。⑤金铁锁属 *Psammosilene*，如金铁锁 *P. tunicoides* W. C. Wu et C. Y. Wu。⑥石头花属 *Gypsophila*，如长蕊石头花 *G. oldhamiana* Miq. 等。

（郭庆梅　尹春梅）

qúmài

瞿麦（*Dianthus superbus* L.，fringed pink）石竹科石竹属植物。

多年生草本，高 50～60cm，有时更高。茎丛生，直立，无毛，上部分枝。叶条形至条状披针形，顶端渐尖，基部成短鞘围抱节上，全缘。花单生或成对生枝端，或数朵集生成稀疏叉状分歧的圆锥状聚伞花序；萼筒长 2.5～3.5cm，粉绿色或常带淡紫红色晕，花萼下有宽卵形苞片 4～6 个；花瓣 5，粉紫色，顶端深裂成细线条，基部成爪，有须毛；雄蕊 10；花柱 2，丝形。蒴果长筒形，和宿存萼等长，顶端 4 齿裂；种子扁卵圆形，边缘有宽于种子的翅花期 6～9 月，果期 8～10 月。图 1。分布于中国各地。生于山地、田边

或路旁。欧、亚温带其他地区也有。世界各国广泛栽培。

地上部分入药，药材名瞿麦，传统中药，最早记载于《神农本草经》。《中华人民共和国药典》（2020 年版）收载，具有利尿通淋，活血通经等功效。现代研究表明具有利尿、抗生育、兴奋平滑肌等作用。

地上部分含有黄酮类、皂苷类、蒽醌类、环肽类等化学成分。黄酮类有 5-羟基-7,3′,4′-三甲氧基二氢黄酮、5,3′-二羟基-7,4′-二甲氧基二氢黄酮等，黄酮类是瞿麦主要活性成分。皂苷类有瞿麦皂苷；蒽醌类主要有大黄素甲醚、大黄素、大黄素-8-*O*-葡萄糖苷等。

石竹属植物约 600 种，中国有 16 种 10 变种。同属的石竹 *D. chinensis* L. 也为《中华人民共和国药典》（2020 年版）收载用作瞿麦药材的来源物种。分布于莱索托的南非石竹 *D. basuticus* Burtt Davy，可用于祛痰、祛风。

（郭庆梅　尹春梅）

háiércān

孩儿参 [*Pseudostellaria hete-rophylla*（Miq.）Pax ex Pax et Hoffm.，heterophylly falsestarwort] 石竹科孩儿参属植物，又称异叶假繁缕。

多年生草本，高 15～20cm。块根长纺锤形。茎直立。下部叶匙形或倒披针形，基部渐狭；上部叶卵伏披针形、长卵形或菱状卵形；茎顶端两对叶稍密集，较大，成十字形排列，下面脉上疏生毛。花 2 型：普通花 1～3 朵顶生，白色；萼片 5，披针形；花瓣 5，矩圆形或倒卵形，顶端 2 齿裂；雄蕊 10；子房卵形，花柱 3，条形。闭锁花生茎下部叶腋，小形；萼片 4，无花瓣。蒴果卵形，有少数种子；种子褐色，扁圆形或长圆状肾形，有疣状突起。花期 4～7 月，果期 7～8 月。图 1。中国分布于东北、华北、西北、华东及湖北、湖南等省。生于海拔 800～2700m 的山谷林下阴湿地带。各地栽培较多。日本和朝鲜半岛也有分布。

块根入药，药材名太子参，传统中药，最早记载于《本草从新》。《中华人民共和国药典》（2020 年版）收载，具有益气健脾、生津润肺的功效。现代研究表明具有心肌保护、增加免疫、抗氧化、降血糖、抗应激、抗疲劳等作用。

块根含有三萜皂苷类、环肽类、多糖、黄酮类、有机酸类等化学成分。三萜皂苷类主要有太

图 1　瞿麦（陈虎彪摄）

图 1　孩儿参（付正良摄）

子参皂苷 A、尖叶丝石竹皂苷 D 等；环肽类主要有太子参环肽 A、B、C、D，太子参环肽 B 含量为 $129 \sim 241 \mu g/g$；多糖有多糖 PHP-A、PHP-B，具有降血糖降血脂等作用；黄酮类主要有金合欢素、木犀草素、刺槐苷等；有机酸类主要有山萮酸、2-吡咯酸甲等。

孩儿参属植物全世界有 15 种，中国有 8 种。药用植物还有矮小孩儿参 *P. maximowiziana* (Franch. et savat.) Pax ex Pax et Hoffm. 等。

（郭庆梅　尹春梅）

yíncháihú

银柴胡 (*Stellaria dichotoma* L. var. *lanceolata* Bge.，lance-loate dichotomous starwort) 石竹科繁缕属植物，又称披针叶叉繁缕。

多年生草本，高 $20 \sim 40cm$。主根圆柱形，直径 $1 \sim 3cm$，外皮淡黄色，顶端有许多疣状的残茎痕迹。茎直立，节明显，上部二叉状分歧，密被短毛或腺毛。叶对生；无柄；茎下部叶较大，披针形，长 $4 \sim 30mm$，先端锐尖，基部圆形，全缘，上面绿色，疏被短毛或几无毛，下面淡绿色，被短毛。花单生，花梗长 $1 \sim 4cm$；花小，白色；萼片 5，绿色，披针形，外具腺毛，边缘膜质；花瓣 5，较萼片为短，先端 2 深裂，裂片长圆形；雄蕊 10，着生在花瓣的基部，稍长于花瓣；雌蕊 1，花柱 3，蒴果近球形，成熟时顶端 6 齿裂。花期 $6 \sim 7$ 月，果期 $8 \sim 9$ 月。图 1。中国分布于内蒙古、辽宁、陕西、甘肃、宁夏等省区。生于海拔 $1250 \sim 3100m$ 的石质山坡或石质草原。蒙古、俄罗斯也有分布。

根入药，药材名银柴胡，传统中药，最早记载于《本草纲目》。《中华人民共和国药典》（2020 年版）收载，具有清虚热，除疳热的功效。现代研究表明具有解热、抗炎、治疗过敏性疾病、扩张血管等作用。

根中含有环肽类、生物碱类、黄酮类、木脂素类、甾醇类等化学成分。环肽类主要有银柴胡环肽、dithotomins A~I；生物碱类主要有 stellarines A、B 等；黄酮类主要有汉黄芩素、芹菜素-6,8-二-吡喃半乳糖碳苷等。甾醇类有 α-菠菜甾醇，是抗炎解热的活性成分。

繁缕属全世界约 120 种，中国约 63 种，15 变种，2 变型。药用植物还有翻白繁缕 *S. discolor* Turcz.。泽繁缕 *S. diversiflora* Ma-xim. 为日本特产，茎叶具有清热解毒，化痰止痛，活血化瘀，下乳催生的功效。

（郭庆梅　尹春梅）

màiláncài

麦蓝菜 [*Vaccaria segetalis* (Neck.) Garcke，cowherb] 石竹科麦蓝菜属植物，又称王不留行。

1 年生或 2 年生草本，高 $30 \sim 70cm$，全株无毛。叶卵状椭圆形至卵状披针形，长 $2 \sim 6$（~ 9）cm，无柄，粉绿色。聚伞花序有多数花；花梗长 $1 \sim 4cm$；萼筒长 $1.0 \sim 1.5cm$，直径 $5 \sim 9mm$，具 5 条宽绿色脉，并稍具 5 棱，花后基部稍膨大；花瓣 5，粉红色，倒卵形，先端具不整齐小齿，基部具长爪；雄蕊 10；子房长卵形，花柱 2。蒴果卵形，有 4 齿裂，包于宿存萼内；种子多数，暗黑色，球形，有明显粒状突起。图 1。除华南外，中国各省区广布；生于山地、路旁、田埂边和丘陵地带，尤以麦田中生长最多。欧、亚温带其他地区也有。

种子入药，药材名王不留行，传统中药，最早记载于《神农本草经》。《中华人民共和国药典》（2020 年版）收载，具有活血通经的功效。现代研究证明具有改

图 1　银柴胡（陈虎彪摄）

图 1　麦蓝菜（陈虎彪摄）

善血液循环、降低血液的淤滞和汇集作用。

种子含有三萜皂苷类、环肽类、黄酮类、挥发油等化学成分。三萜皂苷类主要有王不留行皂苷B、C、D、E、F、G、H、I、K，dianoside G，王不留次皂苷A、B、C、G；环肽类主要有王不留行环肽A、B、D、E、F、G、H等；黄酮类主要有王不留行黄酮苷、异肥皂草苷、meloside A等，其中王不留行黄酮苷为王不留行药材的质量控制成分，《中华人民共和国药典》（2020年版）规定含量不低于 0.4%，药材中含量为0.46%~0.57%。全草含王不留行咖酮、麦蓝菜咖酮、1,8-二羟基-3,5-二甲氧基-9-咖酮。

麦蓝菜属植物全世界约4种，中国1种。

（郭庆梅　尹春梅）

lìkē

藜科（Chenopodiaceae）

1年生草本、灌木、亚灌木。叶扁平、圆柱状或半圆柱状，较少退化成鳞片状。单被花，常两性。花被膜质、草质或肉质，3～5深裂或全裂，花被裂片覆瓦状，果实常变硬、或在背面生出刺状、翅状、瘤状突起，雄蕊与花被裂片同数对生，生于花被基部或花盘上，子房上位，卵形至球形，2～5个心皮合生或离生，1室，花柱顶生，柱头通常2，胚珠1个，弯生。常为胞果，果皮膜质、革质或肉质，与种子贴生，种皮革质、膜质或肉质。全世界约130属1500种，中国有38属184种。

本科植物含有生物碱类、甾醇类、萜类、黄酮类、苯丙素类、苷类、香豆素类等化学成分，生物碱类普遍存在，包括简单异喹啉、双稠吡咯烷、简单吲哚、卡波林碱、嘌呤等，如毒藜碱、无叶豆碱、厚果槐碱、甜菜碱、猪毛菜碱等。萜类主要有存在于挥发油中的单萜，以及五环三萜皂苷。黄酮类主要有苜蓿素、槲皮素、异鼠李素等的苷类。

主要药用植物有：①地肤属 *Kochia*，如地肤 *K. scoparia*（L.）Schrad.。②藜属 *Chenopodium*，如土荆芥 *C. ambrosioides* L.。③沙蓬属 *Agriophyllum*，如沙蓬 *A. pungens*（Vahl）Link ex A. Diedr. 等。④滨藜属 *Atriplex*，如中亚滨藜 *A. centralasiatica* Iljin、野滨藜 *A. fera* L. Bunge、海滨藜 *A. maximowicziana* Makino、西伯利亚滨藜 *A. sibirica* L.。⑤驼绒藜属 *Ceratoides*，如驼绒藜 *C. latens* Reveal et Holmgren。⑥猪毛菜属 *Salsola*，如猪毛菜 *S. collina* Pall.、刺沙蓬 *S. ruthenica* Iljin 等。以及假木贼属 *Anabasis* 植物。

（王　冰）

dìfū

地肤 ［*Kochia scoparia*（L.）Schrad.，belvedere cypress］

藜科地肤属植物。

1年生草本，高达1.5m。茎直立，多分枝，幼枝具有白色短柔毛，秋季常变成暗红色。单叶互生，叶片狭披针形至线状披针形，长1～6cm，先端尖，基部渐狭，全缘，密被白色柔毛，基脉3条明显，花小，黄绿色，两性或雌性，单生或两花并生于叶腋；花被5裂，裂片卵状三角形，果时背部生出三角形横突起或翅；雄蕊5枚，伸出花冠外。胞果扁球形，包于宿存的花被内。种子扁平，横生。花期6～9月，果期7～10月。图1。中国各地均有分布。生于田边、路旁、荒地等处。欧洲及亚洲也有分布。

果实入药，药材名地肤子，传统中药，最早记载于《神农本草经》。《中华人民共和国药典》（2020年版）收载，具有清热利湿，祛风止痒的功效。现代研究表明具有抑菌、降糖、抗炎、抗过敏、保护胃黏膜等作用。

果实含有三萜皂苷类、黄酮类、挥发油等化学成分。三萜皂苷类主要是齐墩果酸为苷元的皂苷，如地肤子皂苷 Ic 等。皂苷具有抗炎、抗过敏和降糖等作用，地肤子皂苷 Ic 为地肤子药材的质量控制成分，《中华人民共和国药典》（2020年版）规定含量不低于1.8%，药材中的含量为0.83%～2.21%。黄酮类主要是异鼠李素、槲皮素的苷类。挥发油的主要成分是高级脂肪酸酯类，具有抗菌作用。

地肤属全世界有30余种，中国有7种。药用种类还有木地肤 *K. prostrate*（L）Strada 等。

（王　冰）

图1　地肤（陈虎彪摄）

xiànkē

苋科（Amaranthaceae） 草本、攀缘藤本或灌木。单叶对生或互生，无托叶。花小，两性或单性，同株或异株，或杂性，有时退化成不育花；花簇生于叶腋内，成穗状、圆锥状或头状聚伞花序；单被花，3~5 枚花被，干膜质状，花下有 1 枚干膜质苞片和 2 枚小苞片；雄蕊常与花被片同数并对生，子房上位，1 室，2~3 心皮，基生胎座。常为胞果，果皮薄膜纸。种子 1 到多数。全世界 60 属约 850 种。中国 13 属 39 种。

本科植物普遍含有三萜皂苷类成分，为齐墩果烷型三萜皂苷，如牛膝皂苷 A、C、D、E 等。也普遍含有生物碱类，如甜菜碱。其他成分有甾体类、黄酮类、倍半萜类等。甾体类有蜕皮甾酮、牛膝甾酮、水龙谷甾酮 B 等。

主要药用植物有：①牛膝属 *Achyranthes*，如牛膝 *A. bidentata* Blume.、土牛膝 *A. aspera* L.。②杯苋属 *Cyathula*，如川牛膝 *C. officilalis* Kuan.、头花杯苋 *C. capitata* Moq.、绒毛杯苋 *C. tomentosa* (Roth) Moq.。③青葙属 *Celosia*，如青葙 *C. argentea* L.、鸡冠花 *C. cristata* L. 等。④苋属 *Amaranthus*，如苋 *A. tricolor* L.、

刺苋 *A. apinosus* L. 等。

（王　冰）

niúxī

牛膝（ *Achyranthes bidentata* Blume.，twotooth achyranthes） 苋科牛膝属植物。又称怀牛膝。

多年生草本，高 70~120cm，根长圆柱形。茎直立，分枝对生，节膨大。单叶对生，叶片膜质，椭圆形或椭圆状披针形，长 4.5~12.0cm，顶端尾尖，叶基楔形，全缘，被柔毛。花黄绿色，穗状花序顶生或腋生，长 3~5cm，花多数、密生；苞片宽卵形，膜质，具芒，小苞片硬刺状；花被 5，膜质；雄蕊 5，花丝下部联合；退化雄蕊顶端平园。胞果长圆形 2.0~2.5mm，黄褐色，光滑。种子长圆形，长约 1mm。花期 7~9 月，果期 9~10 月。图 1。中国除东北外广泛分布。生于海拔 200~1750m 山坡林下、草丛。朝鲜、俄罗斯、印度、越南、菲律宾、马来西亚、非洲均有分布。河南、河北、山西、内蒙古等省区有栽培。

根入药，药材名牛膝，传统中药，最早记载于《神农本草经》，《中华人民共和国药典》（2020 年版）收载，具有逐瘀通经，补肝肾，强筋骨，利尿通淋，引血下行的功效。现代研究表明具有抗炎、止痛、降压、利尿等作用。

根中含有三萜皂苷类、甾酮类、糖肽、生物碱类、香豆素类等成分。三萜皂苷类主要以齐墩果酸为苷元，有牛膝皂苷 A、C、

D、E；甾酮类主要有蜕皮甾酮、牛膝甾酮、水龙谷甾酮 B 等；β-蜕皮甾酮是牛膝药材的质量控制成分，《中华人民共和国药典》（2020 年版）规定，含量不低于 0.030%，药材中的含量为 0.04%~0.08%。糖肽有牛膝肽多糖 A、B 等，具有免疫活性。

牛膝属植物全世界约有 15 种，中国产 3 种，均可药用，如土牛膝 *A. aspera* L.、柳叶牛膝 *A. longifolia* (Makino) Makino。

（王　冰）

qīngxiāng

青葙（ *Celosia argentea* L.，feather cockscomb） 苋科青葙属植物。又称野鸡冠花。

1 年生草本，高 30~90cm，全株无毛；茎直立，有分枝；单叶互生，叶片纸质，披针形或长圆状披针形，长 5~8cm；穗状花序长 3~10cm；苞片、小苞片和花被片干膜质、光亮、淡红色；雄蕊 5，下部合生成杯状；胞果卵形，长 3.0~3.5mm，盖裂；种子肾状圆形，黑色，光亮；花期 5~8 月，果期 6~10 月。图 1。中

图 1　牛膝（陈虎彪摄）

图 1　青葙（陈虎彪摄）

国大部分地区有分布。生于平原、田边、丘陵、山坡，高达海拔1100m。朝鲜、日本、俄罗斯、印度、越南、缅甸、泰国、菲律宾、马来西亚及非洲热带均有分布。

种子入药，药材名青葙子；传统中药，始载于《神农本草经》。《中华人民共和国药典》（2020年版）收载，具有清肝泻火、明目退翳的功效。现代研究表明具有抗菌、降糖、保肝、保护眼睛晶状体、抗肿瘤、免疫调控等作用。花序入药，具有凉血止血、清肝除湿、明目的功效。

种子含有环肽类、三萜皂苷类、有机酸类、甾醇类、氨基酸等化学成分。环肽类主要有celogenamide A、celogentin K、celogentins A、B、C等；三萜皂苷类主要有青葙苷A、B、C、D等。

青葙属植物全世界约60种，中国有3种。鸡冠花 C. cristata L. 也为《中华人民共和国药典》（2020年版）收载使用，花序入药，具有收敛、止血、止带、止痢的功效。

（姚霞）

chuānniúxī

川牛膝 (*Cyathula officinalis* Kuan, medcinal cyathula) 苋科杯苋属植物。

多年生草本，高50~100cm；根圆柱形；茎疏生长糙毛；叶椭圆形或狭椭圆形，长3~12cm，两面有毛；花簇集合成顶生和腋生头状花序，头状花序单生或数个生于一节；苞片顶端成刺或钩，基部有柔毛；在苞腋有花数朵，能育花居中央，不育花居两侧；不育花的花被片成钩状芒刺，能育花具5枚大小不等的花被片；雄蕊5，花丝基部合生成杯状，有丛生长柔毛；退化雄蕊长方形，顶端齿状浅裂；胞果长椭圆形；

花期6~7月，果期8~9月。图1。中国分布于四川、贵州、云南等地。生于海拔1500m以上的地区。常栽培。

根入药，药材名川牛膝，传统中药，始载于《滇南本草》。《中华人民共和国药典》（2020年版）收载，具有逐瘀通经，通利关节，利尿通淋的功效。现代研究表明具有调节免疫、抗生育、抗炎、改善微循环等作用。

根含有蜕皮甾酮类、三萜皂苷类、生物碱类、多糖等化学成分。蜕皮甾酮类有杯苋甾酮、异杯苋甾酮、5-表杯苋甾酮、羟基杯苋甾酮等，蜕皮甾酮类是川牛膝的活性成分，具有促进蛋白同化、抗血小板聚集等作用，《中华人民共和国药典》（2020年版）规定川牛膝药材中杯苋甾酮的含量不低于0.03%，药材中含量为0.02%~0.08%。三萜皂苷类以齐墩果酸为苷元。

杯苋属植物全世界约27种，中国有4种，药用植物还有麻牛膝 *C. capitate* Moq.、蛇见怕 *C. prostrata* (L.) Bl等。

（姚霞）

mùlánkē

木兰科 (Magnoliaceae) 木本；叶互生、簇生或近轮生，单叶不分裂，罕分裂。花顶生、腋生、罕成为2~3朵的聚伞花序。花被片通常花瓣状；雄蕊多数，子房上位，心皮多数，离生，罕合生，虫媒传粉，胚珠着生于腹缝线，胚小、胚乳丰富。全世界有

15属约240余种，中国有11属约99种。

本科植物富含生物碱类、木脂素类、简单苯丙素类、倍半萜类、醌类等成分。生物碱类中异喹啉类生物碱为木兰科植物化学特征之一，类型有：阿朴菲类如鹅掌楸碱、番荔枝碱、三裂番荔枝碱等，其中鹅掌楸碱分布最广泛，存在于除八角属外的多数属中；苄基异喹啉类如木兰箭毒碱、木兰花碱等，存在于木兰属和木莲属。双苄基异喹啉类如 magnoline、magnolamine 等，存在于木兰属。有机胺类生物碱，如柳叶木兰碱、magnosprengerine、*N-trans*-fruloyl tyramine 等，主要存在于木兰属和含笑属。木脂素是木兰科另一类主要化合物，双环氧木脂素，如桉叶素、芝麻素、松脂醇等，存在于木兰属、盖裂木属、木莲属、鹅掌楸属、八角属；单环氧木脂素，如 veraguensin、magnone A、magnone B 等，存在于木兰属、拟单性木兰属、盖裂木属；环木脂素类主要有 guaiacin、(+)-magnoliadiol、magnoshinin 等。新木脂素类如厚朴酚、和厚朴酚、obovatol、obovatal 等，在木莲属、木兰属、八角属中都广泛

图1 川牛膝（陈虎彪摄）

存在。

主要药用植物有：①八角属 *Illicium*，如八角茴香 *I. verum* Hookf.、地枫皮 *I. difengpi* K. I. B. et K. I. M.。②木兰属 *Magnolia*，如厚朴 *M. officinalis* Rehd. et Wils.、凹叶厚朴 *M. officinalis* Rehd. et Wils. var. *biloba* Rehd. et Wils.，望春花 *M. biondii* Pamp.、玉兰 *M. denudata* Desr.、武当玉兰 *M. sprengeri* Pamp.。③五味子属 *Schisandra*，如五味子 *S. chinensis* （Turcz.）Baill.、华中五味子 *S. sphenanthera* Rehd. et Wils. 等。④鹅掌楸属 *Liriodendron*，如鹅掌楸 *L. chinense* （Hemsl.）Sargent.。⑤南五味子属 Kadsura，如内南五味子 K. interior A. C. Smith，黑老虎 K. coccinea （Lem.） A. C. Smith 等。

(魏胜利)

difēngpí

地枫皮 （*Illicium difengpi* B. N. Chang et al，difengpi anisetree）

木兰科八角属植物。

灌木，高 1～3m，全株均具八角的芳香气味。树皮有纵向皱纹，质松脆易折断，折断面颗粒性，气芳香。叶常 3～5 片聚生或在枝的近顶端簇生，革质或厚革质，倒披针形或长椭圆形，长10～14cm，先端短尖或近圆形，基部楔形，边缘稍外卷，两面密布褐色细小油点；叶柄长 13～25mm。花紫红色或红色，腋生或近顶生，单朵或 2～4 朵簇生；花被片 15～17，最大一片宽椭圆形或近圆形，长 15mm，肉质；雄蕊20～23 枚，长 3～4mm；心皮常为13 枚，子房长 2.0～2.5mm。花期4～5 月，果期 8～10 月。图 1。中国分布于广西。生于海拔 200～1200m 的石灰岩石山山顶与有土的石缝中或石山疏林下。

树皮入药，药材名地枫皮，常用中药。《中华人民共和国药典》（2020 年版）收载，具有祛风除湿，行气止痛的功效。现代研究表明有抗炎、镇痛作用。

树皮含有三萜酸类、苯丙素类、挥发油、地枫皮素等化学成分。三萜酸类主要有 mangiferonic acid、mangiferolic acid、白桦脂酸等；挥发油主要有 α-蒎烯及 β-蒎烯、莰烯、月桂烯、桉叶素等。

八角属植物情况见八角茴香。

(魏胜利)

bājiǎohuíxiāng

八角茴香 （*Illicium verum* Hook. f.，Chinese star anise） 木兰科八角属植物。又称大茴香、八角等。

乔木，高 10～15m；树皮深灰色；枝密集。叶不整齐互生，在顶端 3～6 片近轮生或松散簇生，革质或厚革质，倒卵状椭圆形，倒披针形或椭圆形，长 5～15 cm，先端骤尖或短渐尖，基部渐狭或楔形；密布透明油点。花粉红至深红色，单生叶腋或近顶生；花被片 7～12 片，常具不明显的半透明腺点，最大的花被片宽椭圆形到宽卵圆形，长 9～12mm；雄蕊 11～20 枚。聚合果，直径3.5～4.0cm，蓇葖多为 8，呈八角形，长 14～20mm，先端钝或钝尖。种子长 7～10mm。花期 3～5月、8～10 月，果期 9～10 月、3～4 月。图 1。中国分布于福建、广东、广西、贵州、云南。多生于温暖湿润的山谷中。广西多栽培。

果实入药，药材名八角茴香，传统中药，最早记载于《神农本草经》。《中华人民共和国药典》（2020 年版）收载，具有温阳散寒，理气止痛的功效。现代研究表明具有抗菌、杀虫、镇痛、抗支气管痉挛等作用，有一定毒性。

果实含有挥发油、黄酮类、苯丙素及其苷类、倍半萜类、有机酸类等化学成分。挥发油如反式茴香脑、3,3-二甲基烯丙基-对丙烯基苯醚、茴香醛等，《中华人

图 1　地枫皮 （陈虎彪摄）

图 1　八角茴香 （陈虎彪摄）

民共和国药典》（2015 年版）规定八角茴香中反式茴香脑含量不低于 4.0%，药材中的含量为 4.23%~8.66%。黄酮类如槲皮素-3-O-鼠李糖苷、槲皮素、山奈酚等。苯丙素及其苷类如茴香脑二醇、1-（4′-methoxyphenyl）-（1R,2R）-propan-1-ol 2-O-β-D-glucopyranoside 等。倍半萜类如 veranisatins A、B、C 等。有机酸类如莽草酸、3,4,5-咖啡酰奎宁酸、3,4,5-阿魏酰奎宁酸等。

八角属全世界约 50 种，中国有 28 种、2 变种，药用植物还有地枫皮 I. difengpi B. N. Chamg et al、野八角 I. dunnianum Maxim.、红毒茴 I. lanceolatum A. C. Smith 等。

（魏胜利）

yùlán

玉兰（*Magnolia denudata* Desr.，yulan magnolia） 木兰科木兰属植物。

落叶乔木，高可达 25m；冬芽及花梗密被淡灰黄色长绢毛。叶纸质，倒卵形至倒卵状椭圆形，长 10~15cm，先端宽圆、平截或稍凹，具短突尖，中部以下渐狭成楔形，下面沿脉上被柔毛；叶柄被柔毛；托叶痕为叶柄长的 1/4~1/3。花蕾卵圆形，先叶开放，直径 10~16cm；花被片 9 片，白色，基部常带粉红色，长圆状倒卵形，长 6~8cm；雌蕊群淡绿色，圆柱形，长 2.0~2.5cm；雌蕊狭卵形，长 3~4mm。聚合果圆柱形，长 12~15cm；种子心形，侧扁，高约 9mm，外种皮红色。花期 2~3 月，果期 8~9 月。图 1。中国分布于江西、浙江、湖南、贵州，生于海拔 500~1000m 的林中。园林广泛栽培。

花蕾入药，药材名辛夷，传统中药，最早记载于《神农本草经》。《中华人民共和国药典》（2020 年版）收载，具有散风寒、通鼻窍的功效。现代研究表明具有抗炎、抗过敏、抗组胺和乙酰胆碱、舒张平滑肌、抗病原微生物、抗氧化及抑制癌细胞生长等作用。

花蕾含有挥发油、木脂素类、黄酮类、生物碱类等化学成分。挥发油如枸橼醛、丁香油酚、桉油精、乙酸龙脑脂、β-桉油醇等；木脂素类如木兰脂素、辛夷脂素等。挥发油类和木脂素类是辛夷主要活性成分，《中华人民共和国药典》（2020 年版）规定辛夷药材中含木兰脂素不低于 0.4%，药材中的含量为 0.40%~0.60%。

木兰属植物情况见厚朴。望春花 *M. biondii* Pamp.、武当玉兰 *M. sprengeri* Pamp. 也为《中华人民共和国药典》（2020 年版）收载为辛夷的来源物种。

（魏胜利）

hòupò

厚朴（*Magnolia officinalis* Rehd. et Wils.，officinal magnolia） 木兰科木兰属植物。

落叶乔木，高可达 20m；树皮厚，褐色，不开裂；顶芽大，狭卵状圆锥形。叶近革质，7~9 片聚生于枝端，长圆状倒卵形，长 22~45cm，先端具短急尖或圆钝，基部楔形，全缘而微波状，下面被灰色柔毛，有白粉；叶柄长 2.5~4.0cm，托叶痕长为叶柄的 2/3。花白色，径 10~15cm，芳香；花梗被长柔毛，花被片 9~12，厚肉质，外轮 3 片淡绿色，长圆状倒卵形，长 8~10cm，雄蕊约 72 枚，长 2~3cm，花丝红色；雌蕊群椭圆状卵圆形，长 2.5~3.0cm。花期 5~6 月，果期 8~10 月。图 1。中国分布于陕西、甘肃、河南、湖北、湖南、四川、贵州。生于海拔 300~1500m 的山地林间。西南地区以及湖南、湖北、广西、江西、浙江等地有栽培。

树皮、根皮、枝皮入药，药

图 1 玉兰（陈虎彪摄）

图 1 厚朴（陈虎彪摄）

材名厚朴，传统中药，最早记载于《神农本草经》。《中华人民共和国药典》（2020 年版）收载，具有燥湿消痰，下气除满的功效，现代研究表明具有促进消化液分泌、抗溃疡、保肝、抗菌、抗炎镇痛、抑制血小板聚集、降压、松弛血管平滑肌及松弛肌肉等作用；花蕾入药，药材名厚朴花，具有芳香化湿，理气宽中的功效。

树皮、花中含有木脂素类、挥发油、生物碱类等化学成分。木脂素类主要有厚朴酚、和厚朴酚、异厚朴酚等；挥发油类如 β-桉油醇、β-榄香烯、石竹烯等；生物碱类主要有木兰箭毒碱等。厚朴酚、和厚朴酚和木兰箭毒碱为其具有肌肉松弛作用的活性成分。《中华人民共和国药典》（2020 年版）规定厚朴药材中含厚朴酚与和厚朴酚的总量不低于 2.0%，厚朴药材中含量为 0.98%~11.78%；厚朴花药材中含厚朴酚与和厚朴酚的总量不低于 0.2%，厚朴花药材中含量为 0.12%~0.65%。

木兰属植物全世界约 90 种，中国约 31 种，1 亚种。凹叶厚朴 *M. officinalis* Rehd. et *Wils. var. biloba* Rehd. et Wils. 也为《中华人民共和国药典》（2020 版）收载为厚朴和厚朴花药材的来源植物。和厚朴 *M. obovata* Thunb. 也被《日本药局方》收载为厚朴药材来源物种。药用植物还有玉兰 *M. denudata* Desr.、望春花 *M. biondii* Pamp.、武当玉兰 *M. sprengeri* Pamp. 等。

（魏胜利）

wǔwèizǐ
五味子 ［*Schisandra chinensis* (Turcz.) Baill., Chinese magnoliavine］木兰科五味子属植物。又称辽五味、北五味子。

多年生藤本，根茎发达，横走，茎顺时针缠绕，长达数米；幼茎表皮红棕色光滑，老茎灰褐色粗糙。叶于幼枝单叶互生，老枝簇生；叶片为阔椭圆形至卵形，边缘疏生有腺体的小齿。花单生或簇生叶腋，有长柄；花被片 6~9，白色或稍带粉红色；雄花 5 枚雄蕊；雌花心皮多数、分离，螺旋排列于花托上，偶见不明显的两性花；子房倒卵形，受粉后花托逐渐伸长。肉质浆果球形，红色或紫红色，聚合果穗状下垂，内含 1~2 粒种子。种子肾形，橙黄色或棕色，种皮坚硬光滑。图 1。中国分布于东北地区，内蒙古、山西、河北、河南、北京等地少量分布。多生长于海拔 200~700m 的林下、山坡、谷溪。朝鲜和日本也有。

图 1　五味子（陈虎彪摄）

果实入药，传统中药，药材名五味子，习称北五味子。最早记载于《神农本草经》，《中华人民共和国药典》（2020 年版）收载，具有收敛固涩，益气生津，补肾宁心功效。现代研究表明对心血管系统、中枢神经神经系统、肝脏功能都有一定作用，此外，还具有抗氧化、抗癌等作用。

果实含有木脂素类、挥发油等化学成分，木脂素类是五味子的主要生物活性成分，如五味子乙素、五味子醇甲、五味子醇乙、五味子酯甲、五味子酯乙、五味子甲素等，具有保护肝脏、舒张血管、中枢神经保护等作用，《中华人民共和国药典》（2020 年版）规定五味子药材中五味子醇甲含量不低于 0.40%，药材中的含量为 0.41%~0.62%；挥发油主要为倍半萜类成分，如倍半菖烯、β-没药烯、β-花柏烯、α-衣兰烯等。

五味子属植物全世界约有 25 种，中国有 20 余种。华中五味子 *S. sphenanthera* Rehd. et Wils. 也被《中华人民共和国药典》（2020 年版）收载，药材名南五味子，也富含木脂素类活性成分，组成与北五味子有所区别，质量控制成分为五味子酯甲（含量不低于 0.20%）。药用植物还有翼梗五味子 *S. henryi* Clarke.、铁箍散 *S. propinqua*（Wall.）Baill. var. *sinensis* Oliv.、红花五味子 *S. rubriflora*（Franch）. Rehd. et Wils. 等。

（王　冰）

ròudòukòukē
肉豆蔻科（Myristicaceae）　常绿乔木或灌木，通常中等大小，各部都有香气；单叶互生，全缘，羽状脉，无托叶，通常具透明腺点。花序腋生，多为圆锥花序或总状花序，稀头状花序或聚伞花序；苞片早落；小苞片着生于花梗和花被基部；花小，单性，通常异株；无花瓣；花被通常 3 裂，稀 2~5 裂，镊合状；雄蕊 2~40 枚，花丝合生成柱（雄蕊柱），花

药 2 室，子房上位，无柄，1 室，有近基生的倒生胚珠 1 个。果皮革质状肉质或近木质，常开裂为 2 果瓣；种子具假种皮；胚通常近基生。全世界约有 16 属 380 余种，中国有 3 属约 15 种。

本科植物含有木脂素类、苯丙素类、黄酮类、酚类以及挥发油类等化学成分。肉豆蔻属植物中的木脂素类主要为二苄基丁烷类、二芳基壬烷类、芳基萘型、四氢呋喃类木脂素等。

主要的药用植物有：肉豆蔻属 Myristica，如肉豆蔻 M.fragrans Houtt.、台湾肉豆蔻 M.cagayanensis Merr. 等。

（齐耀东）

ròudòukòu

肉豆蔻（Myristica fragrans Houtt., nutmeg） 肉豆蔻科肉豆蔻属植物。

常绿乔木，高可达 15m。叶互生，革质；叶片椭圆形或椭圆状披针形，长 3.5 ~ 7.0mm，先端短渐尖，基部楔形，全缘，侧脉 8 ~ 10 对。花单性异株；总状花序，腋生；雄花序长 1 ~ 3cm，具花 3 ~ 20 朵，花长 4 ~ 5mm，花被裂片 3 ~ 4，三角状卵形，密被灰褐色绒毛，花药 9 ~ 12，花丝联合成圆柱状；雌花序较雄花序为长，具花 1 ~ 2 朵，花长约 6mm，花被裂片 2，密被微柔毛，子房椭圆形，柱头 2 裂。果梨形或近于圆球形，长 5 ~ 7cm，淡黄色或橙红色，成熟时纵裂露出绯红色肉质的假种皮。内含种子 1 颗，种皮红褐色，木质坚硬。花期 5 ~ 7 月、10 ~ 11 月，果期 5 ~ 7 月、10 ~ 12 月。图 1。原产于印度尼西亚马鲁古群岛，热带地区广泛栽培。中国台湾、广东、云南等地引种栽培。

种仁入药，药材名肉豆蔻，传统中药，最早记载于《开宝本草》。《中华人民共和国药典》（2020 年版）收载，具有温中行气，涩肠止泻的功效。现代研究表明具有止泻、抗菌、抗炎、抗氧化、抗癌、降血糖、保肝等作用。

种仁中含有挥发油、脂肪油、木脂素类、酚类等化学成分。挥发油含量为 8% ~ 15%，主要有肉豆蔻醚（约 4%）、香桧烯、α-蒎烯及 β-蒎烯、松油-4-烯醇、γ-松油烯等；脂肪油含量为 25% ~ 46%，主要有三肉豆蔻酸甘油酯和少量的三油酸甘油酯等；木脂素类主要有去氢二异丁香酚、利卡灵 B 等。《中华人民共和国药典》（2020 年版）规定肉豆蔻药材含挥发油不低于 6.0%，去氢二异丁香酚不低于 0.10%，药材中去氢二异丁香酚含量为 0.071% ~ 0.315%。

肉豆蔻属全世界约 120 余种，中国有 4 种，药

用植物还有台湾肉豆蔻 M. cagayanensis Merr. 等。

（齐耀东）

zhāngkē

樟科（Lauraceae） 乔木或灌木，仅无根藤属为缠绕寄生草本；常有含油细胞或黏液细胞，有香气。单叶，常互生，全缘，羽状脉或三出脉，或离基三出脉。花序多种；花小，两性；辐射对称；花被片每 3 片 1 轮，有 2 ~ 3 轮，基部合生，果时常增大成杯状或盘状的果托；雄蕊 9 ~ 12，排成 3 ~ 4 轮，最内轮的雄蕊为退化雄蕊；子房上位，1 室，胚珠 1。核果或浆果状。种子 1 粒。全世界 45 属，约 2500 种。中国 20 属，420 余种。

本科植物特征是含有挥发油和异喹啉生物碱，还含有黄酮类、γ-丁内酯、木脂素类等成分。挥发油集中在樟属、山胡椒属和木姜子属的植物中，主要为单萜、倍半萜类成分，如龙脑、芳樟醇、柠檬烯、β-荜草烯、罗勒烯、月桂烯、樟脑、桉叶素、桂皮醛等；异喹啉生物碱主要有苄基异喹啉类、吗啡烷类、原阿朴啡类、阿朴啡类、异喹啉酮类 5 种类型，其中以阿朴啡类分布最广。

主要药用植物有：①樟属 Cinnamomum，如樟 C. camphora（L.）presl、肉桂 C. cassia Presl、阴香 C. burmannii（C. G. et Th. Nees）Bl. 等。②山胡椒属 Lindera，如乌药 L. aggregata（Sims.）Kosterm.、山胡椒 L. glauca（Sieb. et Zucc.）Bl.、山橿 L. reflexa Hemsl.、香叶树 L. communis Hemsl. 等。③木姜子属 Litsea，如山鸡椒（山苍子）L. cubeba（Lour）Pers.、木姜子 L. Pungens Hemsl.、清香木姜子 L. euosma W. W. Smith、豺皮樟

图 1　肉豆蔻（潘超美摄）

L. rotundifolia var. oblongifolia（Nees）Allen 等。

（潘超美）

zhāng

樟 ［*Cinnamomum camphora* （L.）Presl，camphor］樟科樟属植物。

常绿乔木，高 20~30m；树皮灰褐色或黄褐色，纵裂，小枝淡褐色；枝和叶均有樟脑味。叶互生，革质，叶柄长 2~3cm，叶卵形，长 6~12cm，先端渐尖，基部钝或阔楔形，全缘或呈波状，下面灰绿色或粉白色，幼叶淡红色，脉离基三出，脉腋内有隆起的腺体；圆锥花序腋生；花小，淡黄绿色，花被 6 裂，椭圆形，长约 2mm，内面密生细柔毛，能育雄蕊 9，花药 4 室，子房卵形，光滑无毛，核果球形，宽约 1cm，熟时紫黑色，花期 4~6 月，果期 8~11 月。图 1。中国分布于长江以南各省区。多生于山坡或沟谷中。越南、朝鲜、日本也有分布。常栽培，木材应用为主。

新鲜枝、叶提取加工制成的龙脑结晶入药，药材名天然冰片。《中华人民共和国药典》（2020 年版）收载，具有开窍醒神，清热止痛的功效。现代研究表明冰片有抗炎、抗菌、镇痛、影响中枢神经系统、抗生育等作用。龙脑是樟树挥发油的一种化学型，樟树主要含有樟脑，樟脑具有通关窍，利滞气，辟秽浊，杀虫止痒，消肿止痛的功效。

枝、叶、果实、树皮、根、根皮中含有挥发油。挥发油主要为樟脑、龙脑、1,8-桉叶素、樟烯等，《中华人民共和国药典》（2020 年版）规定天然冰片中右旋龙脑含量不少于 96.0%。

樟属植物全世界约有 250 种，中国分布 49 种。药用植物还有肉桂 *C. cassia* Presl、阴香 *C. burmannii* （C. G. et Th. Nees）Bl.、银叶桂 *C. mairei* Levl.、毛桂 *C. appelianum* Schewe、少花桂 *C. pauciflorum* Nees、油樟 *C. longepaniculatum* （Gamble）N. Chao ex H. W. Li、阔叶樟 *C. platyphyllum* （Diels）Allen、黄樟 *C. porrectum* （Roxb.）Kosterm.、华南桂 *C. japonicum* Sieb.、天竺桂 *C. japonicum* Sieb.、香桂 *C. subavenium* Miq. 等。

（潘超美 苏家贤）

ròuguì

肉桂 （*Cinnamomum cassia* Presl，cassia）樟科樟属植物。又名玉桂。

中等大乔木；树皮灰褐色。1 年生枝条圆柱形，黑褐色，当年生枝条多少四棱形，黄褐色，密被灰黄色短绒毛。叶互生或近对生，长椭圆形至近披针形，长 8~16（34）cm，先端稍急尖，革质，边缘软骨质，内卷，下面疏被黄色短绒毛，离基三出脉；叶柄粗壮，长 1.2~2.0cm，被黄色短绒毛。圆锥花序腋生或近顶生，长 8~16cm，三级分枝，分枝末端为 3 花的聚伞花序。花白色，长约 4.5mm。能育雄蕊 9。退化雄蕊 3。花柱纤细，柱头不明显。果椭圆形，长约 1cm，成熟时黑紫色；果托浅杯状。花期 6~8 月，果期 10~12 月。图 1。中国分布于广西、广东、香港、福建、台湾、云南等省区。印度、老挝、越南至印度尼西亚等地也有分布，常栽培，香料应用为主。

树皮入药，药材名肉桂，传统中药，最早记载于《神农本草经》。《中华人民共和国药典》（2020 年版）收载，具有补火助阳，引火归源，散寒止痛，活血通经的功效。现代研究表明具有抗炎、解热、镇静、镇痛、抗心血管疾病、降血糖、抗氧化、抗菌、抗病毒、抗肿瘤、抗骨质疏松等作用。肉桂是重要的食用香料。嫩枝入药，药材名桂枝，传统中药，最早记载于《伤寒论》。

图 1　樟（陈虎彪摄）

图 1　肉桂（陈虎彪摄）

《中华人民共和国药典》（2020 年版）收载，具有发汗解肌，温通经脉，助阳化气，平冲降气的功效。现代研究表明具有抗菌、抗病毒、利尿、扩张血管、解热、镇痛、抗炎、镇静、抗惊厥、降血压、抗凝血等作用。

树皮和嫩枝含挥发油类、酚类等化学成分。挥发油中主要成分为桂皮醛、肉桂醇、肉桂酸、2-甲氧基肉桂醛、β-石竹烯等。具有抗氧化、抗炎、降血糖、抗心血管疾病、抗癌等作用。《中华人民共和国药典》（2020 年版）规定桂枝中桂皮醛不低于 1.0%，肉桂中桂皮醛不低于 1.5%。桂枝药材的含量为 1.1%～2.9%；肉桂药材中含量为 0.21%～5.10%；酚类主要为类黄酮及其多聚体类、木脂素类，包括表儿茶素、甲基羟基查耳酮、肉桂多酚 A2、A3、A4 等。

樟属植物情况见樟。

（潘超美　苏家贤）

wūyào
乌药 ［Lindera aggregata（Sims）Kosterm.，combined spicebush］

樟科山胡椒属植物。又名天台乌药。

常绿灌木或小乔木，高可达 5m；树皮灰褐色；根纺锤状或结节状膨胀，长 3.5～8.0cm，直径 0.7～2.5cm，外面棕黄色至棕黑色，表面有细皱纹。幼枝青绿色，密被金黄色绢毛，老时无毛。叶互生，卵形至近圆形，长 2.7～5.0cm，先端长渐尖或尾尖，基部圆形，革质，下面幼时密被棕褐色柔毛；叶柄长 0.5～1.0cm。伞形花序腋生，常 6～8 花序集生于 1 短枝上，每花序有 1 苞片，一般有花 7 朵；花被片 6，黄色或黄绿色。雄花花被片长约4mm；雄蕊长 3～4mm。雌花花被片长约 2.5mm，柱头头状。果卵形或近圆形，长 0.6～1.0cm，直径 4～7mm。花期 3～4 月，果期 5～11 月。图 1。中国分布于浙江、湖南、湖北、安徽、广东、广西等省区。生于向阳坡地、山谷或疏林灌丛中。越南、菲律宾也有分布。

块根入药，药材名乌药，传统中药，最早记载于《本草拾遗》。《中华人民共和国药典》（2020 年版）收载，具有顺气止痛，温肾散寒的功效。亦收载于《日本药局方》。现代研究表明具有止血、抗炎、镇痛、抗病原微生物、抗氧化、抗疲劳、松弛内脏平滑肌、改善中枢神经系统功能、改善学习记忆等作用。

块根含有生物碱类、倍半萜及内酯类、挥发油等化学成分。生物碱类主要为异喹啉类生物碱，包括去甲异波尔定、去甲波尔定、波尔定碱、白藜芦素等，是乌药抗炎作用的活性成分。倍半萜及内酯类主要有乌药醇、乌药醚内酯、乌药内酯、

图 1　乌药（陈虎彪摄）

新乌药内酯、异乌药内酯、新乌药酮内酯等。《中华人民共和国药典》（2020 年版）规定乌药药材中乌药醚内酯含量不低于 0.030%，去甲异波尔定不低于 0.40%。不去皮的原药材中二成分含量分别为 0.532%～0.788% 和 1.843%～2.412%，去皮后含量降低。挥发油主要有花姜酮、乙酸香叶酯、1,8-桉叶素及乙酸龙脑脂等。

山胡椒属植物全世界约有 100 种，中国有 38 种。药用植物还有香叶树 L. communis Hemsl.、香叶子 L. fragrans Oliv.、山橿 L. reflexa Hemsl.、山胡椒 L. glauca（Sieb. et Zucc.）Bl. 等。

（潘超美　苏家贤）

máogènkē
毛茛科（Ranunculaceae）

草本或木质藤本，单叶或复叶，多互生；叶片多缺刻或分裂。花多两性，辐射对称或两侧对称；萼片 3～多数，分离，常为花瓣状；花瓣 3～多数或无花瓣，有时特化成蜜腺叶；雄蕊多数，螺旋排列；雌蕊多数，分离，螺旋排列。果实为蓇葖果或瘦果，少数为浆果。全世界有 59 属约 2000 种。中国 43 属，750 余种。

本科植物普遍含有苄基异喹啉生物碱，木兰花碱分布最广，另外还有小檗碱、黄连碱等；毛茛苷是毛茛科的特征性成分，易酶解成原白头翁素，又进一步聚合成白头翁素；乌头属、翠雀属等含有二萜类生物碱，如乌头碱、乌头原碱等。五环三萜和四环三萜及其苷类也广泛存在；部分属中含有强心苷和氰苷；

主要药用植物有：①黄连属 Coptis，如黄连 C. chinensis Franch、三角叶黄连 C. deltoidea C. Y. Cheng et Hsiao、云南黄连 C. teeta

Wall.，日本黄连 *C. japonica* Makino。②芍药属 *Paeonia*，如芍药 *P. lactiflora* Pall.、*P. veitchii* Lynch，牡丹 *P. suffruticosa* Andr.。③升麻属 *Cimicifuga*，如升麻 *C. foetida* L.、兴安升麻 *C. dahurica*（Turcz.）Maxim.、大三叶升麻 *C. heracleifolia* Kom.、总状升麻 *C. racemosa*（L.）Nutt.。④乌头属 *Aconitum*，如乌头 *A. carmichalii* Debx.、北乌头 *A. kusnezoffii* Rechb.、黄花乌头 *A. coreanum*（Levl.）Raipaies。⑤铁线莲属 *Clematis*，如威灵仙 *C. chinensis* Osbeck。⑥白头翁属 *Pulsatilla*，如白头翁 *P. chinensis*（Bge.）Regel。⑦黑种草属 *Nigella*，如腺毛黑种草 *N. glandulifera* Freyn et Sint.。⑧毛茛属 *Ranunculus*，如毛茛 *R. japonicus* Thunb.、小毛茛 *R. ternatus* Thunb. 等。⑨金莲花属 *Trollius*，如金莲花 *T. chinensis* Bge.。⑩银莲花属 *Anemone*，如多被银莲花 *A. raddeana* Regel 等。还有唐松草属 *Thalictrum*，耧斗菜属 *Aquilegia*，天葵 *Semiaquilegia adoxoides*（DC.）Makino，北美黄连 *Hydratis canadensis* L. 等。

（王良信　郭宝林）

wūtóu

乌头（*Aconitum carmichaelii* Debx.，mousebane）毛茛科乌头属植物。

多年生草本。茎高 60～150cm，中部之上疏被反曲的短柔毛。茎中部叶有长柄；叶片五角形，长 6～11cm，基部浅心形三裂达或近基部，中央全裂片宽菱形，侧全裂片不等二深裂，表面疏被短伏毛。顶生总状花序长 6～10cm；轴及花梗多少密被反曲而紧贴的短柔毛；萼片蓝紫色，外面被短柔毛，上萼片高盔形，高 2.0～2.6cm，侧萼片长 1.5～

2.0cm；花瓣无毛，瓣片长约 1.1cm，唇长约 6mm，微凹，距长 2.0～2.5mm，通常拳卷；雄蕊多数；心皮 3～5，子房疏或密被短柔毛。聚合蓇葖果，蓇葖长 1.5～1.8cm；种子长 3.0～3.2mm。花期 9～10 月。图 1。中国分布于西南、华南、华中、华东，以及陕西和辽宁。生于山地草坡或灌丛中，海拔 100～2150m。四川、陕西、云南等地有栽培。

母根入药，药材名川乌；子根的加工品入药，药材名附子；传统中药，最早记载于《神农本草经》。《中华人民共和国药典》（2020 年版）收载，川乌具有祛风除湿、温经止痛的功效；附子具有回阳救逆，补火助阳，散寒止痛的功效。现代研究证明川乌和附子具有抗炎、镇痛、强心、扩张血管、降低血压、提高免疫、降糖等作用。均有毒性，附子因加工而毒性小。

母根和子根含有二萜生物碱类、多糖等成分。二萜生物碱类如乌头碱、次乌头碱、新乌头碱等，二萜生物碱是乌头镇痛功效和毒性成分。《中华人民共和国药典》（2020 年版）规定乌头药材中乌头碱、次乌头碱和新乌头碱的总量应为 0.05%～0.17%，药材中的含量为 0.0027%～0.1160%。附子中乌头碱、次乌头碱和新乌头碱的总量应不超过 0.02%，苯甲酰乌头原碱、苯甲酰新乌头原碱、苯甲酰次乌头原碱总量不低于 0.01%。还含有去甲乌药碱、去

甲猪毛菜碱，具有强心作用；多糖类如乌头多糖 A、B、C、D，具有提高免疫力、降低血糖作用。

乌头属植物全世界约有 350 种，中国约有 167 种。北乌头 *A. kusnezoffii* Reichb. 的块根和叶也为《中华人民共和国药典》（2020 年版）收载，药材名分别为"草乌"和"草乌叶"，草乌块根与川乌具有类似的化学成分和功效，草乌叶是蒙古族习用药材，具有清热解毒和止痛的功效。药用植物还有黑草乌 *A. baifouri* Stapf、铁棒锤 *A. szechenyianum* J. Gay、短柄乌头 *A. brachypodum* Diels、黄花乌头 *A. coreanum*（Levl.）Rapaics、甘青乌头 *A. tanguticum*（Maxim.）Stapf、船盔乌头 *A. naviculare*（Bruhl.）Stapf 等。

（刘春生　王晓琴）

shēngmá

升麻（*Cimicifuga foetida* L.，largetrifoliolious bugbane）毛茛科升麻属植物。又称绿升麻。

多年生草本植物，茎高 1～2m，分枝，被短柔毛。叶为二回或三回三出状羽状复叶；茎下部叶的叶片三角形，顶生小叶具长柄，菱形，常浅裂，边缘有锯齿，侧生小叶具短柄或无柄，斜卵形，

图 1　乌头（陈虎彪摄）

背面沿脉疏被白色柔毛；叶柄长达 15cm。苞片钻形，比花梗短；花两性；萼片倒卵状圆形，白色或绿白色，长 3~4mm；退化雄蕊宽椭圆形，长约 3mm，顶端微凹或二浅裂；雄蕊长 4~7mm，花药黄色或黄白色；心皮 2~5，密被灰色毛。蓇葖果长圆形，有伏毛；种子椭圆形，褐色，有鳞翅。花期 7~9 月，果期 8~10 月。图 1。中国分布于陕西、山西、河南、甘肃、四川、青海、云南、西藏等省区。生于山地林缘、林中或路旁草丛中，海拔 1700~2300m。蒙古和俄罗斯西伯利亚地区也有分布。

图 1　升麻（陈虎彪摄）

根茎入药，药材名升麻，传统中药，最早记载于《神农本草经》。《中华人民共和国药典》（2020 年版）收载，具有发表透疹，清热解毒，升举阳气的功效。现代研究表明具有抗菌、抗炎、解热、镇痛和降血压等作用。

根茎中含三萜及其苷类、酚酸类、香豆素类和挥发油等化学成分。三萜皂苷类为菠萝蜜烷型，主要有阿梯因、27-脱氧阿梯因、升麻苷 A~F 等，具有解毒、抗炎、抗病毒及抗骨质疏松等作用。酚酸类主要有升麻酸、咖啡酸、阿魏酸、异阿魏酸等，是升麻消炎、抗菌的活性成分，《中华人民共和国药典》（2020 年版）规定升麻药材中异阿魏酸含量不低于 0.10%，药材中的含量为 0.02%~0.17%。

升麻属植物全世界约有 18 种，中国分布约有 8 种，同属大三叶升麻 *C. heracleifolia* Kom. 和兴安升麻 *C. dahurica*（Turcz.）Maxim. 也为《中华人民共和国药典》（2020 年版）收载为升麻药材的来源植物。总状升麻 *C. racemosa*（L.）Nutt. 在欧美广泛药用，为《英国草药典》收载，具有雌激素样、抗骨质疏松和抗肿瘤作用。

（王振月）

wēilíngxiān

威灵仙（*Clematis chinensis* Osbeck, Chinese clematis）　毛茛科铁线莲属植物。又称铁脚威灵仙。

木质藤本。干后变黑色。一回羽状复叶常 5 小叶；小叶片纸质，卵形至卵状披针形，长 1.5~10.0cm，顶端锐尖至渐尖，偶有微凹，基部圆形、宽楔形至浅心形，全缘。常为圆锥状聚伞花序，多花，腋生或顶生；花直径 1~2cm；萼片 4，开展，白色，长圆形或长圆状倒卵形，长 0.5~1.0cm，顶端常凸尖，外面边缘密生绒毛或中间有短柔毛，雄蕊无毛。瘦果扁，3~7 个，卵形至宽椭圆形，长 5~7mm，有柔毛，宿存花柱长 2~5cm。花期 6~9 月，果期 8~11 月。图 1。中国分布于西南、西北、华南、华中、华东。生山坡、山谷灌丛中或沟边、路旁草丛中。越南也有分布。

根及根茎入药，药材名威灵仙，传统中药，最早记载于《开宝本草》。《中华人民共和国药典》（2020 年版）收载，具有祛风除湿，通络止痛的功效。现代研究表明具有镇痛、抗利尿、抗疟、降血糖、降血压、利胆等作用。

根及根茎含有内酯类、三萜皂苷类、挥发油类、黄酮类等化学成分。内酯类主要有原白头翁素，具有抗菌、抗病毒活性；三萜皂苷类的苷元常为常春藤皂苷元、齐墩果酸；《中华人民共和国药典》（2020 年版）规定威灵仙药材中齐墩果酸含量不低于 0.30%，药材中的含量为 0.11%~1.027%。

铁线莲属植物全世界约 300 种，中国约有 108 种。棉团铁线莲 *C. hexapetala* Pall.、东北铁线

图 1　威灵仙（陈虎彪摄）

莲 *C. manshurica* Rupr. 为《中华人民共和国药典》收载作为威灵仙药材的来源植物。药用种类还有毛柱铁线莲 *C. meyeniana* Walp.、铁线莲 *C. florida* Thunb.、柱果铁线莲 *C. uncinata* Champ ex Benth.、圆锥铁线莲 *C. terniflora* DC.、毛蕊铁线莲 *C. lasiandra* Maxim.、山木通 *C. finetiana* Levl. et Vant. 等。

（王振月　王晓琴）

huánglián

黄连（*Coptis chinensis* Franch., coptisd）毛茛科黄连属植物。

多年生草本，根状茎黄色，常分枝，密生须根。叶柄长；叶片稍带革质，卵状三角形，宽达 10cm，三全裂，中央全裂片卵状菱形，长 3~8cm，顶端急尖，具长 0.8~1.8cm 的细柄，3 或 5 对羽状深裂，在下面分裂最深，边缘生具细刺尖的锐锯齿，侧全裂片具柄，斜卵形，不等二深裂，沿脉被短柔毛外，叶柄长 5~12cm。二歧或多歧聚伞花序，有 3~8 朵花；萼片黄绿色，长椭圆状卵形，长 9.0~12.5mm，花瓣线形或线状披针形，长 5.0~6.5mm；雄蕊约 20，心皮 8~12。蓇葖长

图 1　黄连（刘翔摄）

6~8mm。花期 2~3 月，果期 4~6 月。图 1。分布于四川、贵州、湖南、湖北、陕西南部。生于山地林中或山谷阴处，海拔 500~2000m。

根茎入药，药材名黄连，习称味连，传统中药，最早记载于《神农本草经》。《中华人民共和国药典》（2020 年版）收载，具有清热燥湿，泻火解毒的功效。现代研究表明具有抑菌、抗炎、抗溃疡、降低血压、抗心律失常等作用。

根茎含有生物碱类、酚酸类、木脂素类等化学成分，生物碱类主要有小檗碱、黄连碱、甲基黄连碱、巴马汀、药根碱、表小檗碱等，是黄连具有抑菌、抗炎、抗溃疡、降低血压、抗心律失常等作用的活性成分。《中华人民共和国药典》（2020 年版）规定味连药材以盐酸小檗碱计，含小檗碱不低于 5.5%，表小檗碱不低于 0.8%，黄连碱不低于 1.6%，巴马汀不低于 1.5%。药材中几种生物碱的含量，小檗碱为 5.38%~10.24%。表小檗碱为 0.28%~1.73%，黄连碱为 1.43%~3.73%，巴马汀为 0.64%~2.55%。

黄连属植物全世界约有 16 种，中国有 6 种，三角叶黄连 *C. deltoidea* C. Y. Cheng et Hsiao.、云连 *C. teeta* Wall. 也为《中华人民共和国药典》（2020 年版）收载为黄连药材的来源物种。日本黄连 *C. japonica* Makino 也被《日本药局方》

收载为黄连药材的来源物种。

（刘春生　王晓琴）

běiměihuánglián

北美黄连（Hydrastis canadensis L., goldenseal）毛茛科北美黄连属植物。

多年生草本，茎直立，高约 30cm，叶基生或茎生，茎生叶长 15~20cm，掌状分裂，裂片 3~5，被毛，花单生于花葶顶端，两性，花萼 3，白色带绿色，开花时脱落，无花瓣白色，雄蕊多数，长 4~8cm，花丝乳白色，雌蕊为 5~12 离生心皮，花柱扁平。果实红色，花柱宿存。图 1。分布于北美东部，生于山地丛林中，美国有栽培。

图 1　北美黄连（GBIF）

北美黄连为美洲民间药物，具有抗炎等功效。《美国药典》《欧洲药典》《英国药典》均有收载。现代研究表明，具有抗菌、松弛平滑肌、舒张血管、增强免疫等作用。

根及根茎含有异喹啉类生物碱，主要有北美黄连碱、小檗碱、氢化小檗碱、巴马汀、北美黄连次碱等。《美国药典》规定北美黄

连碱含量不低于 2.0%，小檗碱不低于 2.5%。

北美黄连属全世界仅 2 种。

（郭宝林）

hēizhǒngcǎo

黑种草 （*Nigella damascena* L.，love-in-a-mist） 毛茛科黑种草属植物。

1 年生草本，高 35 ~ 60cm。茎有疏短毛。叶为一回或二回羽状深裂，裂片细，茎下部的叶有柄，长 2 ~ 3mm，上部无柄。花单生枝顶，下面有叶状总苞；萼片蓝色，卵形，顶端锐渐尖，基部有短爪；花瓣约 8，长约 5mm，有短爪，上唇小，披针形，下唇二裂超过中部，裂片宽菱形，顶端近球状变粗，基部有蜜槽，边缘有少数柔毛；雄蕊长约 8mm，无毛，花药椭圆形，长约 1.6mm；心皮 5，子房合生到花柱基部，散生圆形小鳞状突起。蒴果椭圆球形，长约 2cm。图 1。原产欧洲南部。中国有栽培。

图 1 黑种草（赵鑫磊摄）

种子入药，国外天然药物。具有治疗上呼吸道感染、月经不调、利尿等作用。

种子中含有黄酮类、生物碱类等化学成分。黄酮类如金丝桃苷、槲皮素等，具有清除自由基、抗氧化作用；生物碱类如黑种草碱等。地上部分含有三萜皂苷类化学成分，如黑种草皂苷 A、B、C、D 等。

黑种草属 *Nigela* 植物全世界有 20 余种，中国有 2 种栽培，腺毛黑种草 *N. glandulifera* Freyn et Sint. 为《中华人民共和国药典》（2020 年版）收载，种子入药，称黑种草子，为维吾尔族习用药材，具有补肾健脑、通经、通乳、利尿的功效。

（刘春生 王晓琴）

sháoyào

芍药 （*Paeonia lactiflora* Pall.，common peony） 毛茛科芍药属植物。

多年生草本。根粗壮，分枝黑褐色。茎高 40 ~ 70cm。茎生叶从下到上二回三出到三出复叶；小叶狭卵形，椭圆形或披针形，顶端渐尖，基部楔形或偏斜，边缘具白色骨质细齿。花数朵，生茎顶和叶腋，直径 8.0 ~ 11.5cm；苞片 4 ~ 5，披针形，大小不等；萼片 4，宽卵形或近圆形，长 1.0 ~ 1.5cm；花瓣 9 ~ 13，倒卵形，长 3.5 ~ 6.0cm，白色，有时基部具深紫色斑块；花丝长 0.7 ~ 1.2cm，黄色；花盘浅杯状；心皮 4 ~ 5（~ 2），无毛。蓇葖果长 2.5 ~ 3.0cm，顶端具喙。花期 5 ~ 6 月；果期 8 月。图 1。分布于东北、华北，以及陕西和甘肃南部。生于海拔 480 ~ 2300m 的山坡草地及林下。朝鲜、日本、蒙古及俄罗斯西伯利亚地区也有分布。各地有栽培，栽培者花瓣各色。

栽培芍药的根刮去根皮入药，药材名白芍，野生芍药不刮根皮入药，药材名赤芍，为传统中药，最早以芍药之名记载于《神农本草经》。《中华人民共和国药典》（2015 年版）收载，白芍具有养血调经，敛阴止汗，柔肝止痛，平抑肝阳的功效。赤芍具有清热凉血，散瘀止痛。现代研究表明均具有解痉、镇痛、抗炎、抗心肌缺血、抗菌等作用。

根含有单萜类、没食子酰糖类、没食子鞣质等化学成分。萜甘类。主要有芍药苷、羟基芍药苷、苯甲酰芍药苷、芍药内酯苷、芍药新苷等。具有解痉、镇痛、抗炎等活性，《中华人民共和国药典》（2020 年版）规定白芍中芍药苷含量不低于 1.6%，赤芍中含量不低于 1.8%。白芍中芍药苷的含量为 1.2% ~ 2.8%，赤芍中芍药苷的含量为 2.45% ~ 7.98%。

芍药属全世界约 35 种，中国有 11 种。川赤芍 *P. veitchii* Lynch 的根也为《中华人民共和国药典》（2020 年版）收载为赤芍药材的来源植物。药用种类还有窄叶芍药 *P. anomala* L. Mant. 块根芍药

图 1 芍药（陈虎彪摄）

P. anomala var. *intermedia* (C. A. Mey.) O. et B.、草芍药 *P. obovata* Maxim.、美丽芍药 *P. mairei* Lelv.、牡丹 *P. suffruticosa* Andr.、野牡丹 *P. delavayi* Franch.、凤丹 *P. ostii* T. Houg & J. X. zhang 等。

（郭宝林）

mǔdān

牡丹（*Paeonia suffruticosa* Andr., tree peony） 毛茛科芍药属植物。

落叶灌木。茎可达 2m。叶通常为二回三出复叶，顶生小叶宽卵形，长 7~8cm，3 裂至中部；侧生小叶狭卵形或长圆状卵形，长 4.5~6.5cm，2 裂至 3 浅裂或不裂。花单生枝顶，直径 10~17cm；苞片 5；萼片 5，宽卵形；花瓣 5，或为重瓣，玫瑰色、红紫色、粉红色至白色，通常变异很大，倒卵形，长 5~8cm，顶端呈不规则的波状；雄蕊花丝紫红色、粉红色；花盘革质，杯状，紫红色，顶端有锐齿或裂片，包住心皮；心皮 5，密生柔毛。聚合蓇葖果，密生黄褐色硬毛。花期 5 月，果期 6 月。图 1。中国各地栽培。

根皮入药，药材名牡丹皮，传统中药，最早记载于《神农本草经》。《中华人民共和国药典》（2020 年版）收载，具有清热凉血、活血化瘀的功效。现代研究表明具有抗肿瘤、抗菌、增强免疫力、保护缺血组织、抗心律失常、改善机体微循环、抗动脉硬化等作用。

根皮主要含酚类、单萜苷类苷类、三萜类、鞣质、挥发油等化学成分。酚类主要有丹皮酚、牡丹酚苷、牡丹酚原苷、牡丹酚新苷等，丹皮酚具有降压、镇静、催眠、镇痛、解热、抗炎等作用；单萜苷类如芍药苷、牡丹苷 A~E、羟基芍药苷等，具有解疼、抗炎等作用；《中华人民共和国药典》（2020 年版）规定牡丹皮药材中丹皮酚含量不低于 1.2%。药材中丹皮酚的含量为 0.839%~7.298%。三萜类主要有白桦脂酸、白桦脂醇、齐墩果酸等。

芍药属植物情况见芍药。

（刘春生　王晓琴）

báitóuwēng

白头翁 ［*Pulsatilla chinensis* (Bunge) Regel, Chinese pulsatilla］ 毛茛科白头翁属植物。

多年生草本，植株高 15~35cm。基生叶 4~5，通常在开花时刚刚生出，有长柄；叶片宽卵形，3 全裂，中全裂片宽卵形，又 3 深裂，中深裂片楔状倒卵形，全缘或有齿，侧深裂片不等 2 浅裂，侧全裂片不等 3 深裂，背面有长柔毛；叶柄长 7~15cm，有密长柔毛。花葶 1，有柔毛；苞片 3，基部合生成筒，3 深裂，背面密被长柔毛；花直立；萼片蓝紫色，长圆状卵形，背面有密柔毛；雄蕊长约为萼片之半。聚合果；瘦果纺锤形，宿存花柱，有向上斜展的长柔毛。花期 4~5 月。图 1。中国分布于东北、华北地区，以及四川、湖北、江苏、安徽、河南、甘肃、陕西、山东等省。生于平原和低山山坡草丛中、林边或干旱多石的坡地。朝鲜和俄罗斯远东地区也有分布。

根入药，药材名白头翁，传统中药，最早记载于《神农本草经》。《中华人民共和国药典》（2020 年版）收载，具有清热解毒，凉血止痢的功效。现代研究表明具有抗寄生虫、抗菌、抗病毒、抗肿瘤等作用。

根含有三萜皂苷类、三萜酸类、木脂素类和内酯类等化学成分。三萜皂苷类主要有白头翁苷 C、D、E，白头翁皂苷 B_4 等，白头翁皂苷 B_4 具有抗肿瘤、抑菌等作用，《中华人民共和国药典》（2020 年版）规定白头翁药材中白头翁皂苷 B_4 含量不低于 4.6%，药材中含量为 3.20%~8.00%；三

图 1　牡丹（陈虎彪摄）

图 1　白头翁（陈虎彪摄）

萜酸类主要有 23-羟基白桦酸、白头翁酸等。

白头翁属植物全世界有 40 余种，中国有 10 余种，药用种类还有细叶白头翁 P. turczaninovii Kryl. et Serg.、蒙古白头翁 P. ambigua Turcz.、钟萼白头翁 P. campanella Fisch.、兴安白头翁 P. dahurica（Fisch.）Spreng. 和朝鲜白头翁 P. cernua（Thunb.）Bercht. et Opiz.。

（王振月　王晓琴）

máogèn

毛茛（Ranunculus japonicus Thunb., Japanese buttercup）

毛茛科毛茛属植物。

多年生草本，高 30～70cm，茎生柔毛。基生叶圆心形或五角形，长及宽为 3~10cm，基部心形或截形，通常 3 深裂，中裂片倒卵状楔形，又 3 浅裂，边缘有粗齿或缺刻，侧裂片不等 2 裂，两面贴生柔毛，下面毛较密；叶渐向上叶柄变短，叶片较小，3 深裂；最上部叶线形，全缘，无柄。聚伞花序，疏散；花萼片椭圆形；花瓣 5，倒卵状圆形，长 6～11mm，基部有长约 0.5mm 的爪。聚合果近球形，瘦果扁平。花果期 4～9 月。图 1。除西藏外中国各地广布。生于田沟旁和林缘路边的湿草地上，海拔 200~2500m。朝鲜、日本、苏联远东地区也有。

全草入药，药材名毛茛，传统中药。最早记载于《本草拾遗》。具有退黄，定喘，截疟，镇痛，消肿及治疮癣功效。现代研究证明具有舒张平滑肌、抗病原体和抗肿瘤等作用。

全草含原白头翁素及其二聚物白头翁素、香豆素类、黄酮类等化学成分。毛茛主要活性成分为原白头翁素及其二聚物白头翁素；香豆素类成分有滨蒿内酯、东莨菪内酯等；黄酮类如小麦黄素、木犀草素、5-羟基-6,7-二甲氧基黄酮、5-羟基-7,8-二甲氧基黄酮等；还含有原儿茶酸、小毛茛内酯等。

毛茛属全世界有 400 余种，中国分布有 78 种，9 变种。《中华人民共和国药典》（2020 年版）收载小毛茛 R. ternatus Thunb.，块根入药，药材名猫爪草，具有化痰散结、解毒消肿功效。

（刘春生　王晓琴）

xiǎonièkē

小檗科（Berberidaceae）

灌木或多年生草本，常绿或落叶。茎具刺或无。叶互生，单叶或一回至三回羽状复叶。花序顶生或腋生，花单生，簇生或组成总各种花序；花两性，辐射对称，花被通常 3 基数，偶 2 基数；萼片 6~9，常花瓣状，离生，2～3 轮；花瓣 6，扁平，盔状或呈距状，或变为蜜腺状，基部有蜜腺或缺；雄蕊与花瓣同数而对生，花药 2 室，瓣裂或纵裂；子房上位，1 室，胚珠多数或少数，稀 1 枚，基生或侧膜胎座。浆果，蒴果，蓇葖果或瘦果。种子 1 至多数，有时具假种皮；富含胚乳。全世界有 17 属约 650 种，中国 11 属约 320 种。

本科植物普遍含有苄基异喹啉生物碱，尤其以木本的小檗属、十大功劳属和南天竹属普遍存在，最常见的是原小檗碱型和阿朴菲型，如小檗碱、木兰花碱等；淫羊藿属和美洲淫羊藿属（Vancouveria）则主要是黄酮类，如淫羊藿苷、朝藿定 A、B、C 等；八角莲属、桃儿七属、足叶草属和山荷叶属等主要是木脂素类，如鬼臼毒素、去甲鬼臼毒素等；其他还有三萜皂苷类、羽扇豆类生物碱，以及槲皮素、山奈酚及其苷类黄酮。

主要药用植物有：①淫羊藿属 Epimedium，如淫羊藿 E. brevicornu Maxim.、朝鲜淫羊藿 E. koreanum Nakai、箭叶淫羊藿 E. sagittatum Maxim. 等。②小檗属 Berberis，如豪猪刺 B. julianae Schneid. 等。③十大功劳属 Mahonia，如阔叶十大功劳 M. bealei（Fort.）Carr. 等。④八角莲属 Dysosma，如八角莲 D. versipellis（Hance）M. Cheng 等。⑤桃儿七属 Sinopodophyllum，如桃儿七 S. emodi（Wall.）Ying。⑥山荷叶属 Diphylleia；如南方山荷叶 D. sinensis Li。⑦红毛七属 Caulophyllum，如红毛七 C. robustum Maxim.。⑧足叶草属 Podophyllum，如美洲鬼臼 P. peltatum L. 等。

（郭宝林）

háozhūcì

豪猪刺（Berberis julianae Schneid., wintergreen barberry）

小檗科（Berberidaceae）小檗

图 1　毛茛（陈虎彪摄）

属植物。

常绿灌木，高 1～3m。茎刺粗壮，3 分叉，长 1～4cm。叶革质，椭圆形，披针形或倒披针形，长 3～10cm，先端渐尖，基部楔形，上面深绿色，背面淡绿色，两面网脉不显，不被白粉，叶缘每边具 10～20 刺齿。花 10～25 朵簇生；花黄色；小苞片卵形，长约 2.5mm；萼片 2 轮，外萼片卵形，长约 5mm，内萼片长圆状椭圆形，长约 7mm；花瓣长圆状椭圆形，长约 6mm，先端缺裂，基部缢缩呈爪，具 2 枚长圆形腺体；胚珠单生。浆果长圆形，蓝黑色，长 7～8mm，顶端具明显宿存花柱，被白粉。花期 3 月，果期 5～11 月。图 1。中国分布于湖北、四川、贵州、湖南、广西。生于山坡、沟边、林中、林缘、灌丛中或竹林中。海拔 1100～2100m。

根入药，药材名三颗针，最早记载于《唐本草》。《中华人民共和国药典》（2015 年版）收载，具有清热燥湿，泻火解毒的功效。现代研究表明具有抗菌、抗炎、升高白细胞、改善心血管系统功能和利胆作用。根皮入药，药材名小檗皮，具有类似功效。

图 1　豪猪刺（汪毅摄）

根主要含生物碱类成分，有小檗碱、巴马汀、药根碱、木兰花碱、小檗胺、异粉防己碱、尖刺碱等，其中小檗碱为质量控制成分，《中华人民共和国药典》（2020 年版）规定三颗针中盐酸小檗碱不低于 0.60%。豪猪刺的根中小檗碱含量 1.2%～3.0%（根皮中 3.0%～5.5%），巴马定 0.6%，小檗胺含量 0.45%～3.84%。根常作为小檗碱提取原料。

小檗属全世界约 500 种，中国约有 250 多种，大多数种类的根皮和茎皮中富含以小檗碱为主的生物碱。如小黄连刺 B. wihonae Hemsl.、细叶小檗 B. poiretii Schneid.、匙叶小檗 B. vernae Schneid. 以及同属多种植物也为《中华人民共和国药典》（2020 年版）收载为三颗针药材的来源物种。

（郭宝林）

bājiǎolián

八角莲 [*Dysosma versipellis* (Hance) M. Cheng ex T. s-ying, dysosma] 小檗科鬼臼属植物。

多年生草本，植株高 40～150cm。根状茎粗状，横生，多须根；茎直立，不分枝。茎生叶 2 枚，互生，盾状，近圆形，直径达 30cm，4～9 掌状浅裂，先端锐尖，不分裂，下背面被柔毛；下部叶的柄长 12～25cm，上部叶柄长 1～3cm。花梗纤细、下弯；花深红色，5～8 朵簇生于离叶基部不远处，下垂；萼片 6，长圆状椭圆形，长 0.6～1.8cm；花

瓣 6，勺状倒卵形，长约 2.5cm；雄蕊 6，药隔先端急尖；子房椭圆形，花柱短，柱头盾状。浆果椭圆形，长约 4cm，种子多数。花期 3～6 月，果期 5～9 月。图 1。中国特有种，分布于华中、华东、西南以及陕西。生于山坡林下、灌丛中、溪旁阴湿处、竹林下或石灰山常绿林下。海拔 300～2400m。

图 1　八角莲（刘勇摄）

根状茎和根入药，药材名八角莲，最早记载于《本草纲目拾遗》。具有清热解毒，化痰散结，祛瘀消肿的功效。现代研究表明具有抗肿瘤、抗病毒及免疫调节作用。服用过量会中毒。

根茎及根中含有木脂素类、黄酮类等化学成分。木脂素类有鬼臼毒素、4′-去甲鬼臼毒素、去氧鬼臼毒素、鬼臼毒酮、鬼臼苦素等，具有良好的抗肿瘤、抗病毒作用，八角莲中鬼臼毒素的含量为 0.50%～1.40%；黄酮类中有山柰酚、槲皮素等，具有抗炎和抗菌作用。

鬼臼属为中国特有属，共有 7 种，各个物种均可药用，如六角

莲 D. pleiantha（Hance）Woodson、川八角莲 D. delavayi（Franch.）Fu 等。

（郭宝林）

yínyánghuò

淫羊藿（*Epimedium brevicornu* Maxim., short-horned epimedium） 小檗科淫羊藿属植物。又称短角淫羊藿、心叶淫羊藿。

多年生草本植物；株高20~60cm；二回三出复叶基生或茎生，具9枚小叶，基生叶具长柄，茎生2枚对生叶，小叶纸质或厚纸质，卵形或阔卵形，长3~7cm，先端急尖或短渐尖，基部深心形，侧生小叶基部稍偏斜，叶背面具稀疏长柔毛，叶缘具刺齿；圆锥花序顶生，具花20~50朵；花4基数，萼片8枚，外轮萼片小，常早落，内轮萼片披针形，白色，长约10mm，花瓣较内轮萼片短，圆锥状距，黄色，雄蕊伸出，蒴果有喙状宿存花柱，花期5~6月，果期6~7月。图1。中国特有种，分布于陕西、甘肃、山西、河南、青海、宁夏和四川。生于林下、沟边灌丛中或山坡阴湿处，海拔650~3500m。

叶入药，药材名淫羊藿，传统中药，最早记载于《神农本草经》。《中华人民共和国药典》（2020年版）收载，具有补肾壮阳，祛风湿，强筋骨的功效。现代研究表明具有促进男女性功能、抗骨质疏松、改善心血管系统、免疫促进和抗肿瘤等功效。根也药用，具有止咳喘、祛风湿的功效。

叶或地上部分含有黄酮类、木脂素类、生物碱类、苯乙醇苷类、多糖等化学成分。黄酮类成分有淫羊藿苷、朝藿定A、B、C、淫羊藿次苷Ⅱ等，具有抗骨质疏松统、改善心血管系统、改善性功能、免疫促进、抗肿瘤等作用，《中华人民共和国药典》（2020年版）规定总黄酮不低于5.0%，朝藿定A、B、C和淫羊藿苷总量不低于1.5%，药材中总黄酮含量为5.3%~8.9%，4个成分总含量量为0.20%~3.50%。多糖具有免疫促进作用。根中含有类似化学成分。

淫羊藿属全世界有50余种，中国分布有40余种，均可药用，箭叶淫羊藿 *E. sagittatum* Maxim.、朝鲜淫羊藿 *E. koreanum* Nakai、柔毛淫羊藿 *E. pubescens* Maxim. 和巫山淫羊藿 *E. wushanense* T. S. Ying 也为《中华人民共和国药典》（2020年版）收载使用，具有类似的化学成分和功效。常用种类还有粗毛淫羊藿 *E. acuminatum* Franch. 等。分布于美洲的温哥华属 *Vancouveria* 植物也含有类似黄酮类成分。

（郭宝林）

kuòyèshídàgōngláo

阔叶十大功劳［*Mahonia bealei*（Fort.）Carr., leather-leaf mahonia］ 小檗科十大功劳属植物。

灌木或小乔木，高 0.5~4.0m。叶狭倒卵形至长圆形，长27~51cm，具4~10对小叶，背面被白霜；小叶厚革质，上部小叶近圆形至卵形或长圆形，长2.0~10.5cm，边缘每边具粗锯齿。总状花序直立，通常3~9个簇生；芽鳞卵形至卵状披针形；苞片阔卵形或卵状披针形；花黄色；萼片3层，内萼片长圆状椭圆形，长6.5~7.0mm；花瓣倒卵状椭圆形，长6~7mm，基部腺体明显；雄蕊长3.2~4.5mm，药隔不延伸；子房长圆状卵形，花柱短，胚珠3~4枚。浆果卵形，长约1.5cm，深蓝色，被白粉。花期9月至翌年1月，果期3~5月。图1。中国特有种，分布于华南、华东、华中、以及四川、陕西，生于林下、林缘、草坡、溪边、灌丛中，海拔500~2000m。日本、

图1　淫羊藿（陈虎彪摄）

图1　阔叶十大功劳（陈虎彪摄）

美洲、欧洲广为栽培。常因茎应用。

茎入药，称为功劳木。最早记载于《饮片新参》。《中华人民共和国药典》（2020年版）收载，具有清热燥湿，泻火解毒的功效。现代研究表明具有消炎、抑菌、镇痛、抗氧化、保肝等作用。根入药，也称功劳木。叶入药，称功劳叶，具有清热补虚、止咳化痰的功效。

茎中含有生物碱类、酚类、木脂素类等化学成分。生物碱类有药根碱、巴马汀、小檗碱、非洲防己碱小檗胺、异粉防己碱等，生物碱类具有抑菌、抗炎、抗肿瘤等作用，其中药根碱、巴马汀、小檗碱和非洲防己碱为功劳木的质量控制成分，《中华人民共和国药典》（2020年版）规定4种成分的总含量不低于1.50%。药材中药根碱的含量为0.33% ~ 84.00%，巴马汀0.06% ~ 0.55%，小檗碱0.18% ~ 0.93%。叶和根中含有类似成分。

十大功劳属植物全世界有50余种，中国分布有30余种，均可药用，细叶十大功劳 *M. fortunei* (Lindl.) Fedde 也为《中华人民共和国药典》（2020年版）收载为功劳木药材的来源物种。药用种类还有华南十大功劳 *M. japonica* (Thunb.) DC. 等。

（郭宝林）

táoérqī

桃儿七 ［*Sinopodophyllum hexandrum* (Royle) T. S. Ying, Chinese may-apple］ 小檗科桃儿七属植物。

多年生草本，植株高20 ~ 50cm。根状茎粗短节状，多须根；茎直立，单生，基部被褐色大鳞片。叶2枚，薄纸质，基部心形，3~5深裂几达中部，背面被柔毛，边缘具粗锯齿。花大，单生，先叶开放，粉红色；萼片6，早萎；花瓣6；雄蕊6，花丝较花药稍短；雌蕊1，子房椭圆形，1室，花柱短，柱头头状。浆果卵圆形，熟时橘红色；种子卵状三角形，红褐色，无肉质假种皮。花期5~6月，果期7~9月。图1。中国分布于云南、四川、西藏、甘肃、青海和陕西等省。生于海拔2200~4300m的林下、林缘湿地、灌丛中或草丛中。《中国植物红皮书》收录，Ⅲ级保护植物。尼泊尔、不丹、印度等地有分布。

图1　桃儿七（邬家林摄）

果实入药，药材名小叶莲，藏族习用药材，《中华人民共和国药典》（2020年版）收载，具有调经活血的功效。现代研究证明具有抗肿瘤、抗病毒作用。有毒，对黏膜刺激作用，可致轻度腹泻、头痛头晕。根及根茎入药，药材名桃儿七，藏族习用药材，最早收载于《月王药诊》，具祛风除湿、活血止痛、祛痰止咳的功效。现代研究证明具有抗肿瘤、抗病毒、抗炎等作用。

果实、根及根茎主要含木脂素类、黄酮类、皂苷类等化学成分。木脂素类主要包括鬼臼毒素，去甲基鬼臼毒素，苦鬼臼毒素，鬼臼毒酮，去氧鬼臼毒素、去氢鬼臼毒素、山荷叶素等。具有抗肿瘤、抗病毒作用，其中鬼臼毒素抗肿瘤活性最高，桃儿七根茎和根中鬼臼毒素的含量一般为1.010% ~ 8.077%。黄酮类主要为山柰酚及槲皮素的苷类。

桃儿七属仅有1种。

（陈士林　向丽　邬兰）

mùtōngkē

木通科（Lardizabalaceae）

藤本，攀缘灌木，很少为直立灌木。茎缠绕或攀缘，木质部有宽大的髓射线；冬芽大，有2至多枚覆瓦状排列的外鳞片。叶互生，常为掌状或三出复叶，无托叶；叶柄和小叶柄两端膨大为节状。花辐射对称，单性，雌雄同株或异株，很少杂性，通常组成总状花序或伞房状的总状花序，少为圆锥花序，萼片花瓣状，6片，排成两轮，覆瓦状或外轮的镊合状排列，很少仅有3片；果为肉质的蓇葖果或浆果。本科全世界有9属约50种。中国7属37种。

本科植物含三萜皂苷类、黄酮类、有机酸类、木脂素类、香豆素类等化学成分。三萜皂苷类普遍存在，以齐墩果烷型五环三萜皂苷为特征，如以常春藤皂苷元、齐墩果酸、去甲齐墩果酸、阿江榄仁酸、去甲阿江榄仁酸为苷元。黄酮类为槲皮素、山柰酚及其苷类。有机酸类有咖啡酸、阿魏酸、白芥子酸等。

主要药用植物有：①木通属 *Akebia*，如木通 *A. quinata* (Houtt.) Decne.、三叶木通 *A. trifoliata* (Thunb.) Koidz.、白木通 *A. trifoliata* (Thunb.) Koidz. subsp. *australis* (Diels) T. Shimizu 等。

②野木瓜属 *Stauntonia*，如野木瓜 *S. chinensis* DC. 等。③八月瓜属 *Holboellia*，如八月瓜 *H. latifolia* Wall.、狭叶八月瓜 *H. latifolia* Wall. var. *angustifolia* Hook. f. et Thoms. 等。④猫儿屎属 *Decaisnea*，如猫儿屎 *D. insignis*（Griff.）Hook. f. et Thoms. 等。⑤大血藤属 *Sargentodoxa*，如大血藤 *S. cuneate*（Oliv.）Rehd. et Wils. 等。

（陈士林　向　丽　邬　兰）

mùtōng

木通 ［*Akebia quinata*（Houtt.）Decne, five leaf akebia］ 木通科木通属植物。

落叶木质藤本。茎纤细，缠绕；芽鳞片淡红褐色。掌状复叶互生或在短枝上簇生，通常有小叶 5 片；小叶纸质，倒卵形或倒卵状椭圆形，先端圆或凹入，具小凸尖；伞房花序式的总状花序腋生，长 6～12cm，疏花，基部有雌花 1～2 朵，以上 4～10 朵为雄花；雄花：花梗长 7～10cm；萼片通常 3 片，雌花：花梗长 2～4（5）cm。果孪生或单生，长圆形或椭圆形，成熟时紫色，腹缝开裂；种子多数，卵状长圆形，多行排列，着生于白色、多汁的果肉中。图 1。花期 4～5 月，果期 6～8 月。中国分布于长江流域各省区。生长在海拔 300～1500m 的山地灌木丛、林缘和沟谷中。日本和朝鲜也有分布。

图 1　木通（邬家林摄）

藤茎入药，药材名木通，传统中药，最早记载于《神农本草经》。《中华人民共和国药典》（2020 年版）收载，具利尿通淋，清心除烦，通经下乳功效。现代研究表明具有利尿、抗菌、抗肿瘤等功效。近成熟果实入药，药材名预知子，传统中药，最早记载于《开宝本草》，《中华人民共和国药典》（2020 年版）收载，具疏肝理气，活血止痛，散结，利尿功效，现代研究证明具有抗菌、抗肿瘤、保护肝脏的作用。

藤茎和果实中均含三萜皂苷类、苷类、甾体类、多糖等化学成分，其中三萜皂苷类如 α-常春藤皂苷、齐墩果酸等，苷类如木通苯乙醇苷 B（calceolarioside B）。木通苯乙醇苷 B 是木通药材的质量控制成分，含量为 0.17%～0.43%；α-常春藤皂苷是预知子药材的质量控制成分，含量一般为 0.49%～3.52%。《中华人民共和国药典》（2020 年版）规定木通药材中木通苯乙醇苷 B 含量不低于 0.15%，预知子药材中 α-常春藤皂苷含量不低于 0.20%。

木通属植物全世界约 4 种 2 亚种，中国有 3 种和 2 亚种。三叶木通 *A. trifoliata*（Thunb.）Koidz 和白木通 *A. trifoliata*（Thunb.）Koidz. subsp. *australis*（Diels）T. Shimizu 也是《中华人民共和国药典》（2020 年版）规定的木通和预知子药材的来源物种。

（陈士林　向　丽　邬　兰）

fángjǐkē

防己科 （Menispermaceae）

木质藤本，很少直立灌木或乔木；叶互生，无托叶，单叶，有时掌状分裂；聚伞花序或圆锥花序；花单性，雌雄异株，常双被，较少单被，萼片和花瓣通常轮生，较少螺旋状着生；雄蕊 2 至多数，通常 6～8，分离或各式合生；心皮 3～6，较少 1～2 或多数，分离；子房 1 室，有胚珠 2，但其中 1 颗退化；核果。全世界有 65 属约 350 余种，主要分布于热带和亚热带地区。中国 20 属，约 80 种。

本科植物普遍含有苄基异喹啉类生物碱，主要是双苄基异喹啉型，如汉防己碱、异汉防己碱、轮环藤宁碱等；原小檗碱型，如 l-四氢掌叶防己碱、轮环藤酚碱（cyclanoline）等；阿朴菲型，如木兰花碱、千金藤碱等。生物碱也是该科植物的活性成分，l-四氢掌叶防己碱具有镇痛、解痉作用；汉防己碱具有镇静止痛、降压、扩张冠脉血管等作用；千金藤碱具有降压、抑制肿瘤细胞等作用。

主要药用植物有：①千金藤属 *Stephania*，如粉防己 *S. tetrandra* S. Moore. et Wils.、千金藤 *S. japonica*（Thunb.）Miers、地不容 *S. epigaea* Lo 等。②蝙蝠葛属 *Menispermum*，如蝙蝠葛 *M. dauricum*。③锡生藤属 *Cissampelos*，如锡生藤 *Cissampelos pareira* L.。④风龙属 *Sinomenium*，如青藤 *S. acutum*（Thunb.）Rehd. et Wils.、毛青藤 *S. acutum*（Thunb.）Rehd. et Wils. var. *cinereum* Rehd. et Wils.。⑤青牛胆属 *Tinospora*，如青牛胆 *T. sagittata*

（Oliv.）Gagnep.、金果榄 *T. capillipes* Gagnep.、中华青牛胆 *T. sinensis*（Lour.）Merr.。⑥古山龙属 *Arcangelisia*，如古山龙 *A. gusanlung* H. S. Lo。⑦球果藤属 *Aspidocarya*，如球果藤 *A. uvifera* Hook. f. et Thoms.。⑧木防己属 *Cocculus*，如樟叶木防己 *C. laurifolius* DC.、木防己 *C. orbiculatus*（L.）DC.。⑨轮环藤属 *Cyclea*，如毛叶轮环藤 *C. barbata* Miers、轮环藤 *C. racemose* Oliv. 等。⑩秤钩风属 *Diploclisia*，如秤钩风 *D. affinis*（Oliv.）如黄藤 *F. recisa* Pierre；Diels；⑪天仙藤属 *Fibraurea*，还有夜花藤属 *Hypserpa*，粉绿藤属 *Pachygone*，细圆藤属 *Pericampylus* 等。

（姚　霞）

xīshēngténg

锡生藤 ［*Cissampelos pareira* L. var. *hirsuta*（Buch. ex DC.）Forman, common cissampelos］

防己科锡生藤属植物。又称亚乎奴。

藤本，长可达 3m。根粗壮，长达 30cm，直径 4~15mm，表面灰棕色。枝纤细，常密被黄棕色柔毛。单叶互生；叶片纸质，心状近圆形或心状圆形，长宽均为 2~5cm，先端微凹陷，具小突尖，基部心形，两面被黄棕色柔毛；叶柄长 1~2cm，被黄棕色柔毛。花小，淡黄色，雌雄异株；雄花序为伞房状聚伞花序，腋生，密被柔毛；雄花：萼片长 1.2~1.5mm，背面被长柔毛；花冠碟状，聚药雄蕊长约 0.7mm；雌花序总状；雌花：萼片 2，与苞片合生，阔倒卵形，长约 1.5mm；花瓣很小，附着在萼片的基部；雌蕊 1，柱头 3 裂。核果卵形，被毛，红色。种子扁平，背有小瘤体。花期 4~5 月，果期 5~7 月。图 1。中国分布于云南、广西、贵州等地。生于海拔 200~1300m 的河谷、小溪旁及河边、沙滩或荒地。亚洲各热带地区和澳大利亚也广泛分布。

全株入药，药材名亚乎奴，也称锡生藤，传统中药，《中华人民共和国药典》（2020 年版）收载，具有消肿止痛、止血、生肌的功效。现代研究证明具有肌肉松弛、降压、抗炎、抗癌等作用。

全草主要含生物碱类成分，如锡生藤碱、海牙亭碱、海牙替定碱、海牙替宁碱、左旋箭毒碱、轮环藤宁碱等，是锡生藤具有肌肉松弛、降压、抗癌等作用的有效成分。

锡生藤属植物全世界约 25 种，中国分布 1 种。

（姚　霞）

biānfúgě

蝙蝠葛（*Menispermum dauricum* DC.，asiatic moonseed）

防己科蝙蝠葛属植物。又称北豆根。

多年生缠绕藤本，长达 10m 以上；根茎细长、横走，黄棕色或黑褐色；小枝绿色；叶互生，圆肾形或卵圆形，边缘 3~7 浅裂，裂片近三角形，长、宽各 5~15cm，先端尖，基部心形或截形，下面苍白色，掌状脉 5~7 条；叶柄盾状着生，长 6~15cm；腋生短圆锥花序，总花梗长 3~7cm；花小，黄绿色，有小苞片；单性异株；雄花萼片 6 或 8，倒卵形；花瓣 6~9，小于萼片；雄蕊 10~20；雌花心皮 3，分离；核果扁球形，直径 8~10mm，熟时黑紫色，内果皮坚硬，有环状突起的雕纹；花期 5~6 月，果期 7~9 月。图 1。中国分布于东北、华北、华东及陕西、宁夏、甘肃等地。生于山坡林缘、灌丛中、田边、路旁及石砾滩地，或攀缘于岩石上。日本、朝鲜、俄罗斯西伯利亚南部也有分布。

根茎入药，药材名北豆根。

图 1　锡生藤（陈又生摄）

图 1　蝙蝠葛（陈虎彪摄）

传统中药,《中华人民共和国药典》(2020 年版)收载,具有清热解毒、祛风止痛的功效。现代研究证明具有抗心律失常、抗血小板聚集、降压、抗炎镇痛、抗氧化、抗肿瘤等作用。

根茎含有生物碱类、多糖、挥发油等化学成分。生物碱类主要有双苄基异喹啉型如蝙蝠葛碱、蝙蝠葛苏林碱等;阿朴菲型如木兰碱、蝙蝠葛任碱等;氧化异阿朴菲型如蝙蝠葛啡碱、蝙蝠葛宁碱等;吗啡烷型如尖防己碱、青藤碱等;小檗碱型如紫堇碱、光千金藤定碱等;生物碱类是北豆根抗肿瘤、抑菌、抗炎、抗氧化、免疫调节等作用的活性成分,其中,蝙蝠葛苏林碱和蝙蝠葛碱是北豆根药材的质量控制成分,《中华人民共和国药典》规定二者的总量不低于 0.6%;药材中总生物碱含量为 1.0%~2.5%。

蝙蝠葛属植物全世界 2 种,中国有 1 种。

(姚 霞)

qīngténg

青藤 ［ *Sinomenium acutum* (Thunb.) Rehd. et Wils., orientvine］ 防己科风龙属植物。又称青风藤、风龙。

木质大藤本,长可达 20m;茎灰褐色,有不规则裂纹;小枝圆柱状,有直线纹;叶纸质至革质,心状圆形或卵圆形,长 7~15cm,先端渐尖或急尖,基部心形或近截形,全缘或 3~7 角状浅裂,嫩叶被绒毛,掌状脉通常 5 条;叶柄长 5~15cm;圆锥花序腋生,大型,有毛;花小,淡黄绿色,单性异株;萼片 6,2 轮,背面被柔毛;花瓣 6,长 0.7~1.0mm;核果扁球形,直径 5~8mm,红色至暗红色;花期夏季,果期秋末。图 1。中国分布于长江流域及其以南各地。生于林中、林缘、沟边或灌丛中,攀缘于树上或石山上。日本也有分布。

图 1 青藤 (刘翔摄)

藤茎入药,药材名青风藤。传统中药,最早记载于《本草纲目》。《中华人民共和国药典》(2020 年版)收载,具有祛风湿、通经络、利小便的功效。现代研究证明具有抗心律失常、降压、抗炎镇痛、镇静、调节免疫等作用。

藤茎含有生物碱类、三萜类、挥发油、甾醇类等化学成分。生物碱类主要有吗啡烷型如青藤碱、异青藤碱、青风藤碱等;原小檗碱型如四氢表小檗碱、四氢巴马亭等,阿朴菲型如土藤碱、木兰碱等,其他还有千金藤宁、蝙蝠葛宁等,生物碱类是青风藤抗炎镇痛、免疫抑制、防止对阿片依赖作用的有效成分,青藤碱是青风藤药材的质量控制成分,《中华人民共和国药典》(2020 年版)规定含量不低于 0.5%,药材中青藤碱含量为 0.674%~1.876%。三萜类主要有羽扇豆醇、羽扇豆酮、乙酰齐墩果酸等。

风龙属植物全世界 1 种,中国 1 种。

(姚 霞)

fěnfángjǐ

粉防己 (*Stephania tetrandra* S. Moore. et Wils., fourstamen stephania) 防己科千金藤属植物。又称防己、金线吊葫芦。

多年生缠绕性落叶藤本;小枝圆柱形,有纵条纹;叶幼时纸质,老时膜质,互生,宽三角状卵形,长 3.5~6.5cm,顶端钝,具小突尖,基部截形或心形,全缘,下面灰绿色或粉白色,两面有短柔毛,掌状脉 5 条;叶柄盾状着生,长 4.0~7.5cm;花单性,雌雄异株;雄花序由许多头状聚伞花序组成,再成总状花序,总花梗长 4~10cm;雄花萼片 3~5;花瓣 4,雄蕊 4;雌花萼片和花瓣与雄花同数;子房上位,花柱 3;核果球形,成熟时红色,直径 5~6mm;花期夏季,果期秋季。图 1。中国分布于浙江、安徽、福建、湖南、江西、广西、广东、海南以及台湾地区。生于村边、旷野、路边等处的灌丛中。

图 1 粉防己 (邬家林摄)

根入药，药材名防己，传统中药，防己之名最早记载于《神农本草经》。《中华人民共和国药典》（2020年版）收载，具有祛风止痛、利水消肿的功效。现代研究表明具有抗炎镇痛、抗肿瘤、抗氧化、抗菌、保护心血管、降压、抗心律失常等作用。

根含有生物碱类、黄酮类、酚酸类等化学成分。生物碱类主要有粉防己碱（汉防己甲素）、防己诺林碱（汉防己乙素）、轮环藤酚碱等，生物碱类是防己抗肿瘤、抗氧化、抗菌、抗病毒、保护心血管的活性成分，粉防己碱和防己诺林碱是防己药材的质量控制成分，《中华人民共和国药典》（2020年版）规定二者的总量不低于1.4%，药材中粉防己碱的含量为1.76%～2.65%，防己诺林碱的含量为1.60%～1.73%。黄酮类主要有木犀草素-7-O-β-D-葡萄糖苷、槲皮素-3-O-β-D-葡萄糖-7-O-β-D-龙胆双糖苷、异鼠李素-3-O-刺槐双塘苷等；酚酸类主要有绿原酸、咖啡酸等。

千金藤属植物全世界约60种，中国约30种。药用植物还有千金藤 S. japonica (Thunb.) Miers 根及茎入药，金线吊乌龟 S. cepharantha Hayata 和地不容 S. epigaea Lo。

（姚霞）

qīngniúdǎn

青牛胆 [Tinospora sagittata (Oliv.) Gagnep., arrowshaped tinospora] 防己科青牛胆属植物。又称金果榄。

缠绕藤本，具黄色块根；茎分枝圆柱形，细长，有槽纹；叶长椭圆状披针形，长7～13cm，顶端渐尖或钝，基部箭形，全缘，两面被短硬毛；雌雄异株；雄花组成总状花序，数花序簇生于叶腋，萼片轮列成两轮，外轮3片细小；花瓣6，倒卵形，较萼片短，雄蕊6，离生，较花瓣长；雌花4～10朵组成总状花序，萼片形状同雄花，花瓣较小，匙形，退化雄蕊6；心皮3，近无毛；核果红色，近球形。花期4月，果期秋季。图1。中国分布于湖南、湖北、广东、广西、贵州、四川。生于山谷溪边疏林下或石隙中。越南北部也有分布。

块根入药，药材名金果榄，传统中药，最早记载于《本草纲目拾遗》。《中华人民共和国药典》（2020年版）收载，具有清热解毒、利咽、止痛的功效。现代研究表明具有抗肿瘤、抗炎镇痛、抑菌、抗溃疡等作用。

根中含有生物碱类、二萜类、黄酮类、皂苷类等化学成分。生物碱类主要有掌叶防己碱、药根碱、非洲防己碱等，生物碱类是金果榄抗肿瘤、抑菌的有效成分，其中掌叶防己碱的含量为0.075～4.881mg/g。二萜类主要有古伦宾、异古伦宾、金果榄苷等，是金果榄抗炎镇痛的有效成分，其中古伦宾是金果榄药材的质量控制成分，《中华人民共和国药典》（2020年版）规定古伦宾不低于1.0%。

青牛胆属植物全世界30余种，中国约6种2变种。金果榄 T. capillipes Gagnep. 也为《中华人民共和国药典》（2020年版）收载为金果榄药材的来源物种。药用植物还有中华青牛胆 T. sinensis (Lour.) Merr.、波叶青牛胆 T. crispa (L.) Hook. f. et Thoms. 等。

（姚霞）

shuìliánkē

睡莲科（Nymphaeaceae）多年生，少数1年生，水生或沼泽生草本；根状茎沉水生。单叶互生，具长柄，叶片常盾状，沉水、浮水或挺水。花两性，单生，花托具环带状维管束；花被离生至合生，覆瓦状排列；萼片4～6（～12）；花瓣多数，向中心逐渐过渡成雄蕊；雄蕊多数，花丝离生，花药内向，纵裂；心皮5至多数，合生成多室子房，胚珠1至多数，柱头离生，形成辐射状柱头盘。果实浆果状，常不规则开裂。种子多数，常有假种皮。花粉粒单沟或带状萌发孔，刺状、颗粒状或疣状纹饰。全世界有睡莲科植物8属，70种，中国有3属，8种。

萍蓬草属、睡莲属植物含有喹诺里西啶型生物碱，如萍蓬草胺、努法胺、萍蓬草碱及去氧萍蓬草碱等；睡莲属含有苄基异喹啉类生物碱，如莲心碱、异莲心碱、甲基莲心碱等。

本科主要药用植物有：①莲属 Nelumbo，如莲 N. nucifera Gaertn.。②芡属 Euryale，如芡

图1 青牛胆（陈虎彪摄）

E. ferox Salisb.。③莼属 *Brasenia*，如莼菜 *Brasenia schreberi* J. F.。④萍蓬草属 *Nuphar*，如萍蓬草 *N. pumilum*（Hoffm.）DC.、贵州萍蓬草 *N. bornetii* Levl. et Vant. 等。⑤睡莲属 *Nymphaea*，如 *N. tetragona* Georgi 等。

（张 瑜）

qiàn

芡（*Euryale ferox* Salisb., gorgon euryale）睡莲科芡属植物。

1 年生大型水生草本。沉水叶箭形或椭圆肾形，长 4~10cm，无刺；叶柄无刺；浮水叶革质，椭圆肾形至圆形，直径 10~130cm，盾状，有或无弯缺，全缘，下面带紫色，有短柔毛，两面在叶脉分枝处有锐刺；叶柄及花梗粗壮，长可达 25cm，皆有硬刺。花长约 5cm；萼片披针形，长 1.0~1.5cm，内面紫色，外面密生稍弯硬刺；花瓣矩圆披针形或披针形，长 1.5~2.0cm，紫红色，成数轮排列，向内渐变成雄蕊；无花柱，柱头红色，成凹入的柱头盘。浆果球形，直径 3~5cm，污紫红色，外面密生硬刺；种子球形，直径 10mm 余，黑色。花期 7~8 月，果期 8~9 月。图 1。中国分布于从黑龙江至云南、广东的南北各省区。生于池塘、湖沼中。

种仁入药，药材名芡实，传统中药，始载于《神农本草经》。《中华人民共和国药典》（2020 年版）收载，具有益肾固精、补脾止泻、除湿止带的功效。根具有散结止痛、止带的功效。现代研究证明具有抗氧化、降血糖、抗心肌缺血、降低尿蛋白、抑菌、预防胃黏膜损伤等功效。

种子含有黄酮类、环肽类、甾醇类、脂类、脑苷类等成分。黄酮类有 5,7,4′-三羟基-二氢黄酮、5,7,3′,4′,5′-五羟基二氢黄酮和 4′,5,7-三羟基黄酮等；环肽类主要含环二肽和环四肽类化合物；甾醇类主要为吡喃糖苷类化合物；脂类主要为不饱和脂肪酸，有 9-十八碳烯酸、十六烷酸、亚油酸和角鲨烯等。

芡属仅有 1 种。

（张 瑜）

lián

莲（*Nelumbo nucifera* Gaertn., lotus）睡莲科莲属植物。

多年生水生草本。根茎横生，肥厚，节间膨大，内有多数纵行通气孔洞，外生须状不定根。节上生叶，露出水面；叶柄着生于叶背中央，多刺；叶片圆形，直径 25~90cm，全缘或稍呈波状，叶脉从中央射出，有 1~2 次叉状分枝。花单生，花梗与叶柄等长或稍长，散生小刺；花直径 10~20cm；花瓣椭圆形或倒卵形；雄蕊多数；心皮多数埋藏于膨大的花托内，子房椭圆形。花后结"莲蓬"，倒锥形，直径 5~10cm，有小孔 20~30 个，每孔内含果实 1 枚；坚果椭圆形或卵形，长 1.5~2.5cm，果皮革质，坚硬，熟时黑褐色。种子卵形或椭圆形，长 1.2~1.7cm，种皮红色或白色。花期 6~8 月，果期 8~10 月。图 1。中国分布于南北各地。生于水泽、池塘、湖沼或水田内。俄罗斯、日本、朝鲜、印度、越南、亚洲南部及大洋洲有分布。

莲的种子、果实、种子胚、雄蕊、花托叶片、根茎节入药，传统中药，药材名分别称莲子、莲子心、莲房、莲须、荷叶、藕节，其中藕最早记载于《神农本草经》。均为《中华人民共和国药典》（2020 年版）收载，莲子具有补脾止泻、止带、益肾涩精、养心安神的功效；莲子心具有清心安神、交通心肾、涩精止血的功效；莲房具有化瘀止血的功效；莲须具有固肾涩精的功效；荷叶具有清暑化湿、升发清阳、凉血止血的功效；藕节具有收敛止血、

图 1 芡（陈虎彪摄）

图 1 莲（陈虎彪摄）

化瘀的功效。现代研究证明莲的各个部分具有降脂、降血压、降血糖、抗氧化、抗衰老、抑菌、抗炎、抗获得性免疫缺陷病毒、抗肿瘤、镇定、解热等作用。

果实、种子和叶中主要有生物碱类化学成分，生物碱有和乌胺、莲心碱、异莲心碱、甲基莲心碱、荷叶碱、原荷叶碱、前荷叶碱等；花中含黄酮类成分，如槲皮素、木犀草素、异槲皮苷、木犀草素葡萄糖苷等；根茎中主要含有酚类和酚酸类成分，如儿茶酚、右旋没食子儿茶精、新绿原酸等。生物碱是莲的特征性成分，具有调脂减肥、镇咳祛痰、降低血压、抗氧化抗衰老、抗菌、解痉、止血等作用。甲基莲心碱为莲子心药材质量控制成分，《中华人民共和国药典》（2020 年版）规定其不低于 0.70%，莲子心药材中含量为 0.32%~0.87%；荷叶中荷叶碱的含量为 0.12%~2.31%，《中华人民共和国药典》（2020 年版）规定荷叶药材中不低于 0.10%。

莲属仅有 1 种。

（张　瑜）

sānbáicǎokē

三白草科（Saururaceae）

多年生草本，常生于湿地。茎直立，或匍匐，节明显。单叶互生；托叶与叶柄合生，或者贴生叶柄基部形成托叶鞘。花序为密集的穗状花序或总状花序。花两性，无花被；雄蕊 3，6 或 8，离生或者贴生于子房基部，花药 2 室，纵裂；雌蕊由（2~）3~4 心皮组成，心皮离生或合生，离生者每心皮具 2~4 胚珠，合生者子房 1 室具侧膜胎座，每胎座具 6~13 胚珠，花柱离生。果为分果片或顶端开裂的蒴果。种子 1 个或多数，胚小。全世界有 4 属，6 种；中国 3 属，4 种，其中裸蒴属为中国特有。

本科化学成分主要有挥发油、黄酮类、木脂素类、生物碱、有机酸类、萜类、多烯类、甾醇类和氨基酸等。挥发油使本科植物具有特异气味，但在各属中成分差异较大，三白草属中主要是倍半萜，蕺菜属中主要是单萜。黄酮类化合物多为槲皮素、山柰酚及其苷类，主要存在于三白草属和蕺菜属中。以上两种成分均有明显的抗菌抗炎作用。木脂素类多为四氢呋喃型，生物碱多属于阿朴菲类。

主要药用植物有：①三白草属 *Saururus*，如三白草 *S. chinensis*（Lour.）Baill.。②蕺菜属 *Houttuynia*，如蕺菜 *H. cordata* Thunberg。

（谈献和）

jícài

蕺菜（Houttuynia cordata Thunb.，cordate houttuynia）

三白草科蕺菜属植物。

多年生草本，高 30~60cm；茎下部伏地，节上轮生小根，上部直立，有时带紫红色。叶薄纸质，有腺点，背面尤甚，卵形或阔卵形，长 4~10cm，顶端短渐尖，基部心形，两面常无毛，背面常呈紫红色；叶脉 5~7 条；叶柄长 1.0~3.5cm；托叶膜质，长 1.0~2.5cm，顶端钝，下部与叶柄合生而成长 8~20mm 的鞘，且常有缘毛，略抱茎。花序长约 2cm；总花梗长 1.5~3.0cm，无毛；总苞片长圆形或倒卵形，长 10~15mm，顶端钝圆；雄蕊长于子房，花丝长为花药的 3 倍。蒴果长 2~3mm，顶端有宿存的花柱。花期 4~7 月。图 1。中国分布于中部、东南至西南部各省区。生于沟边、溪边或林下湿地上。也广泛分布于亚洲南部和东南部。

全草或地上部分入药，药材名鱼腥草，传统中药，最早记载于《名医别录》。《中华人民共和国药典》（2020 年版）收载，具有清热解毒、消痈排脓、利尿通淋的功效。现代研究证明具有抗菌、抗病毒、提高免疫力、抗过敏、镇咳、抗炎、利尿等作用。

全草含有挥发油、黄酮类、生物碱类、有机酸类、甾醇类、多糖等化学成分。挥发油中主要有癸酰乙醛、月桂醛、α-蒎烯、芳樟醇等，具有抗菌、抗病毒、镇咳等作用，前两种成分有特异臭气；黄酮类主要有槲皮素、槲皮苷、金丝桃苷、芦丁等，有抗肿瘤、抗抑郁、提高免疫力作用，槲皮苷可利尿、降压；生物碱类有头花千金藤二酮、马兜铃酸内酰胺、胡椒内酰胺等，具有抗病毒、抗炎、降血糖等作用。

蕺菜属仅 1 种。

（张　瑜）

图 1　蕺菜（陈虎彪摄）

sānbáicǎo

三白草 [Saururus chinensis (Lour.) Baill., Chinese lizard-tail] 三白草科三白草属植物。

湿生草本，高约 1m；茎粗壮，有纵长粗棱和沟槽，下部伏地，常带白色，上部直立。叶纸质，密生腺点，阔卵形至卵状披针形，长 10~20cm，顶端短尖或渐尖，基部心形或斜心形，两面均无毛，茎顶端的 2~3 片于花期常为白色，呈花瓣状；叶脉 5~7 条，均自基部发出，网状脉明显；叶柄长 1~3cm，无毛，基部与托叶合生成鞘状，略抱茎。花序白色，长 12~20cm；总花梗长 3.0~4.5cm，无毛，但花序轴密被短柔毛；苞片近匙形，常无毛，下部线形，被柔毛，且贴生于花梗上；雄蕊 6 枚，花药长圆形，纵裂。果近球形，直径约 3mm，表面多疣状凸起。花期 4~6 月。图 1。中国分布于河北、山东、河南和长江流域及其以南各省区。生于低湿沟边，塘边或溪旁。日本、菲律宾至越南也有分布。

全草入药，药材名三白草，常用中药，始载于《本草经集注》。《中华人民共和国药典》（2020 年版）收载，具有利尿消肿、清热解毒的功效。现代研究证明具有抗炎、抗癌、保肝、抑菌、利尿、止咳、抑制中枢神经、扩张血管、调脂、降血糖等作用。

全草中含有木脂素类、黄酮类、挥发油类、生物碱类、蒽醌类、多糖类、多酚类和萜类成分，木脂素类以二芳基丁烷型、四氢呋喃型为主，为主要活性成分，其中三白草酮为三白草的质量控制成分，药材中含量为 0.098%~0.215%，《中华人民共和国药典》（2020 版）规定其含量不低于 0.10%；黄酮类成分有槲皮素、槲皮苷、异槲皮苷、金丝桃苷及芸香苷等；挥发油有甲基正壬基酮、肉豆蔻醚、β-石竹烯等；生物碱类成分有三白草内酰胺、马兜铃内酰胺等；蒽醌类成分有大黄素、大黄素甲醚等。

三白草属植物全世界有 3 种，中国有 1 种。

（张 瑜）

hú_jiāokē

胡椒科 （Piperaceae） 草本、灌木或攀缘藤本，常有香气。节常膨大。单叶互生，全缘。花小，两性、或单性雌雄异株，密集成穗状花序或由穗状花序再排成伞形花序。雄蕊 1~10 枚，花丝通常离生；雌蕊由 2~5 心皮合生，子房上位，1 室。浆果球形，具肉质、薄或干燥的果皮；种子具丰富的外胚乳。本科全世界有 8 属，约 3100 种，中国 4 属，约 70 余种。

本科植物多含挥发油和生物碱类。药用植物主要是胡椒属植

物，该属植物主要含生物碱类、木脂素类、黄酮类和挥发油等。生物碱类主要为酰胺类生物碱，如胡椒碱、胡椒新碱、胡椒酯碱等，这类成分具有抗惊厥和镇静作用；木脂素类化合物有多种结构类型，包括简单木脂素、单环氧木脂素、双环氧木脂素、木脂内酯等，此类成分具有血小板激活因子（PAF）拮抗活性；黄酮类成分有黄酮、二氢黄酮及查耳酮等；挥发油含向日葵素、二氢葛缕醇、氧化石竹烯、隐品酮等。

主要药用植物有：①胡椒属 Piper，如胡椒 P. nigrum L.，荜茇 P. longum L.，风藤 P. kadsura (Choisy) Ohwi，假蒟 P. sarmentosum Roxb.，石楠藤 P. wallichii (Miq.) Hand.-Mazz.，山蒟 P. hancei Maxim.，毛蒟 P. puberulum (Benth.) Maxim.，蒌叶 P. betle L.，小叶爬崖香 P. arboricola C. DC.，卡瓦胡椒 P. methysticum Forst 等。②草胡椒属 Peperomia，如草胡椒 P. pellucida (Linn.) Kunth，石蝉草 P. dindygulensis Miq.，豆瓣绿 P. tetraphylla (Forst. f.) Hook. et Arn. 等。

（潘超美）

bìbá

荜茇 （Piper longum L.，long pepper） 胡椒科胡椒属植物。又称荜拔。果穗入药。

多年生草质藤本；根状茎匍匐或直立，多分支，茎有纵棱和沟槽。叶互生，下部叶柄较长，叶片卵圆形，向上渐为卵状长圆形，基部心形，叶脉 7 条均为基出，向下常沿叶柄平行下延；中部叶柄较短；叶鞘长为叶柄的 1/3。花单性，雌雄异株，穗状花序与叶对生的。雄花序长 4~5cm，直径约 3mm；总花梗长 2~3cm。雌花序长 1.5~2.5cm，直径约

图 1 三白草（陈虎彪摄）

4mm，于果期延长。浆果下部嵌生于花序轴中并与其合生，上部圆，顶端有脐状凸起，直径约2mm。花期7~10月。图1。中国分布于云南、广西、广东和福建有栽培。生于疏荫杂木林中，海拔约600m。尼泊尔、印度、斯里兰卡、越南及马来西亚也有分布。

果穗入药，药材名荜茇，传统中药，最早记载于《雷公炮炙论》。《中华人民共和国药典》（2020年版）收载，具有温中散寒，下气止痛的功效。现代研究表明，荜茇具有镇静、镇痛、解热、抗心律失常、抗菌、抗炎、抗病毒、抗肿瘤、免疫调节、保肝、降血脂、抗胆结石等作用。提取物可作天然杀虫剂。

果穗含有生物碱类、挥发油、木脂素类、萜类、甾醇类等化学成分。生物碱类主要为酰胺类，包括：胡椒碱、几内亚胡椒胺、胡椒酰胺等，具有抗炎、抗氧化、抗肿瘤、降血脂及抗血小板聚集、调节免疫、保肝等作用，《中华人民共和国药典》（2020年版）规定荜茇药材中胡椒碱含量不低于2.5%，药材中的含量为3.9%~6.8%。挥发油主要有大根香叶烯、石竹烯、8-十七烷烯、β-没药烯、α-桉叶烯等。

胡椒属植物全世界约有2000种，中国约有60种。药用植物尚有：胡椒 *P. nigrum* L.、风藤 *P. kadsura*（Choisy）Ohwi，假蒟 *P. sarmentosum* Roxb.，石楠藤 *P. wallichii*（Miq.）Hand. -Mazz.，山蒟 *P. hancei* Maxim.，毛蒟 *P. Puberulum*（Benth.）Maxim.，蒌叶 *P. betle* L.，小叶爬崖香 *P. arboricola* C. DC.，卡瓦胡椒 *P. methysticum* Forst，澄茄 *P. cubeba* Vahl 等。

（潘超美　苏家贤）

fēngténg

风藤 ［*Piper kadsura*（Choisy）Ohwi, kadsura pepper］ 胡椒科胡椒属植物。又名海风藤。

木质藤本；茎有纵棱，节上生根。叶近革质，卵形或长卵形，长6~12cm，顶端短尖或钝，基部心形，腹面无毛，背面通常被短柔毛；叶脉5条，基出或近基部发出；叶柄长1.0~1.5cm，有时被毛；叶鞘仅限于基部具有。雌雄异株，穗状花序与叶对生。雄花序长3.0~5.5cm；总花梗略短于叶柄；雄蕊2~3枚，花丝短。雌花序短于叶片；总花梗与叶柄等长；柱头3~4，线形。浆果球形，褐黄色，直径3~4mm。花期5~8月。中国分布于台湾沿海地区及福建、浙江等省。生于低海拔林中，攀缘于树上或石上。日本、朝鲜也有。图1。

藤茎入药，药材名海风藤，传统中药，最早记载于《本草再新》。《中华人民共和国药典》（2020年版）收载，具有祛风湿，通经络，止痹痛的功效。现代研究表明海风藤具有抗炎、镇痛、保护局部缺血组织、抗生育、抗氧化等作用。

藤茎含有挥发油、木脂素类、生物碱类等化学成分。挥发油中大部分为倍半萜和单萜，主要有α-石竹烯、α-蒎烯、β-蒎烯、柠檬烯等，具有抗炎镇痛等作用。木脂素类主要有海风藤酮、风藤烯酮、风藤醌醇等。生物碱类主要有风藤酰胺、胡椒内酰胺、pelitorine等。

胡椒属植物情况见荜茇。

（潘超美　苏家贤）

kǎwǎhújiāo

卡瓦胡椒 （*Piper methysticum* G. Forst, kava） 胡椒科胡椒属植物。

常绿灌木，高约3m。木质茎，多汁，节间膨大，节间长5~10cm。叶心形，叶端急尖，全缘，叶面上有波浪状皱纹，掌状叶脉，约12条，叶柄长2.5cm。

图1　荜茇（陈虎彪摄）

图1　风藤（张芬耀摄）

穗状花序，花小，无花瓣，雄穗腋生，雌穗多数。图1。分布于南太平洋诸岛。生于海拔150~300m的丘陵。

图1　卡瓦胡椒（GBIF）

根茎入药，在太平洋岛屿用于镇静，引入欧洲后用于治疗尿路感染、哮喘和局部麻醉，《英国草药典》收载，用于镇静和抗焦虑。现代研究表明具有抗焦虑、抗惊厥、肌肉松弛、抗肿瘤、抗炎、抗菌等作用。

根茎主要含有内酯类、生物碱类等化学成分。内酯类成分有卡法根素、羊高宁、麻醉椒苦素、去甲氧基羊高宁、二氢卡法根素等，是卡瓦胡椒的主要活性成分，具有抗焦虑、抗惊厥、肌肉松弛、抗炎等活性，在根中含量可达3%~20%；生物碱为哌啶型或吡咯烷型生物碱，如麻醉椒碱等。

胡椒属植物情况见荜茇。

（刘勇　郭宝林）

hújiāo

胡椒（ *Piper nigrum* L.，pepper）胡椒科胡椒属植物。

木质攀缘藤本；茎、枝无毛，节显著膨大，常生小根。叶厚，近革质，阔卵形至卵状长圆形，顶端短尖，基部圆，常稍偏斜；叶柄长1~2cm；叶鞘延长，长常为叶柄之半。花杂性，通常雌雄同株；花序与叶对生，短于叶或与叶等长；总花梗与叶柄近等长；苞片匙状长圆形，长3.0~3.5cm，顶端阔而圆，与花序轴分离，呈浅杯状，狭长处与花序轴合生，仅边缘分离；雄蕊2枚，花药肾形，花丝粗短；子房球形，柱头3~4，稀有5。浆果球形，直径3~4mm，成熟时红色，未成熟时干后变黑色。花期6~10月。图1。中国分布于华南及台湾、福建、云南等地。东南亚地区也有分布。

图1　胡椒（陈虎彪摄）

近成熟或成熟果实入药，药材名胡椒，传统中药，最早记载于《新修本草》。《中华人民共和国药典》（2020年版）收载，具有温中散寒，下气，消痰的功效。现代研究证明具有安神、抗惊厥、抗炎和升压等作用。果实为常用食品调料。

果实含酰胺类生物碱、黄酮类、木脂素类、挥发油等化学成分。酰胺类生物碱主要有胡椒碱、胡椒酰胺、次胡椒酰胺、胡椒亭碱等，胡椒碱具有抗惊厥、利胆和升压等作用，是胡椒药材的质量控制成分，《中华人民共和国药典》（2020年版）规定胡椒碱含量不低于3.3%，药材中含量为2.23%~4.64%。黄酮类主要有山奈酚、鼠李亭、槲皮素等；木脂素类主要有扁柏脂素等。

胡椒属植物情况见荜茇。

（王振月）

jīnsùlánkē

金粟兰科（Chloranthaceae）草本、灌木或小乔木。单叶对生，具羽状叶脉，边缘有锯齿；叶柄基部常合生；托叶小。花小，两性或单性，排成穗状花序、头状花序或圆锥花序，无花被或在雌花中有浅杯状3齿裂的花被；两性花具雄蕊1枚或3枚，着生于子房的一侧，花丝不明显，药隔发达，花药2室或1室，纵裂；雌蕊1枚，由1心皮所组成，子房下位，1室，含1颗下垂的直生胚珠，无花柱或有短花柱；单性花其雄花多数，雄蕊1枚；雌花少数，有与子房贴生的3齿萼状花被。核果卵形或球形，外果皮多少肉质，内果皮硬。种子含丰富的胚乳和微小的胚。全世界有5属约70种。中国有3属约15种。

本科化学成分主要有倍半萜类、黄酮类、香豆素类、酰胺类、有机酸类和挥发油等。倍半萜类广泛分布于本科，按其骨架可分为钓樟烷型、吉马烷型、桉叶烷等数种类型，同时具有内酯、酮、醇、多聚体等多种形式，具有抗肿瘤、消炎、解痉、抑制微生物等作用，

本科主要药用植物有：①草

珊瑚属 Sarcandra，如草珊瑚 S. glabra（Thunb.）Nakai、海南草珊瑚 S. hainanensis（Pei）Swamy et Bail.。②金粟兰属 Chloranthus，如及己 C. serratus（Thunb.）Roem. et Schult.、宽叶金粟兰 C. henryi Hemsl.、金穗金粟兰 C. multistachys Pei。③雪香兰属 Hedyosmum，如雪香兰 H. orientale Merr.。

（张 瑜）

căoshānhú

草珊瑚 [Sarcandra glabra（Thunb.）Nakai，glabrous sarcandra] 金粟兰科草珊瑚属植物。

常绿半灌木，高 50～120cm；茎与枝均有膨大的节。叶革质，椭圆形、卵形至卵状披针形，长 6～17cm，顶端渐尖，基部尖或楔形，边缘具粗锐锯齿，齿尖有一腺体；叶柄长 0.5～1.5cm，基部合生成鞘状；托叶钻形。穗状花序顶生，通常分枝，多少成圆锥花序状，连总花梗长 1.5～4.0cm；苞片三角形；花黄绿色；雄蕊 1 枚，肉质，棒状至圆柱状，花药 2 室；子房球形或卵形，无花柱，柱头近头状。核果球形，直径 3～4mm，熟时亮红色。花期 6 月，果期 8～10 月。图 1。中国分布于安徽、浙江、江西、福建、台湾、广东、广西、湖南、四川、贵州和云南等省区。生于山坡、沟谷林下阴湿处，海拔 420～1500m。朝鲜、日本、马来西亚、菲律宾、越南、印度也有。

全草入药，药材名肿节风，最早记载于《汝南圃史》。《中华人民共和国药典》（2020 年版）收载，具有清热凉血、活血消斑、祛风通络的功效。现代研究表明具有抗肿瘤、抗菌、抗病毒、抗胃溃疡、调节免疫、促进骨折愈合等作用。

全草含有酚酸类、香豆素类、有机酸类、挥发油、内酯类、黄酮类和多糖等化学成分。酚酸类有迷迭香酸、绿原酸等，迷迭香酸为草珊瑚药材质量控制成分，药材中含量为 0.045%～0.884%，《中华人民共和国药典》（2020 年版）规定含量不低于 0.020%；香豆素类有异秦皮啶、秦皮乙素、秦皮素、滨蒿内酯、东莨菪内酯等，具有抗炎作用，其中异嗪皮啶为药材质量控制成分，药材中含量为 0.017%～0.118%，《中华人民共和国药典》（2020 年版）规定含量不低于 0.020%；有机酸类有延胡索酸、琥珀酸等，可抗炎；挥发油成分有橙花叔醇型、十六烷酸型，有明显抗癌作用；内酯类成分有金粟兰内酯 A、苍术烯内酯 I 等。

草珊瑚属植物全世界有 3 种，中国分布有 2 种，均药用，还有海南草珊瑚 S. hainanensis（Pei）Swamy et Bail.。

（张 瑜）

图 1 草珊瑚（陈虎彪摄）

mădōulíngkē

马兜铃科（Aristolochiaceae）

草本或藤状灌木。单叶，互生，具柄，叶基多为心形；无托叶。花两性，辐射对称或两侧对称；花单被，花瓣状，下部常合生成各式花被管，顶端 3 裂或向 1 侧扩大；雄蕊 6～12，花丝短，分离或与花柱合生；雌蕊 4～6 心皮，合生，子房下位或半下位，4～6 室，中轴胎座，柱头 4～6 裂。果实为蒴果。种子多数，有胚乳。全世界有 8 属，约 600 种；中国有 4 属 71 种。

本科化学成分主要为挥发油、生物碱类、木脂素类及硝基菲类化合物。其中挥发油广泛存在于细辛属和马兜铃属植物中，主要是单萜和倍半萜类成分。生物碱类主要为异喹啉类，以阿朴菲、小檗碱型为主，以及二聚体。木脂素类中的新木脂素主要存在于细辛属。硝基菲类中的马兜铃酸及其衍生物普遍存在于马兜铃属，在细辛属、马蹄香属、线果兜铃属中也有分布，现代研究表明马兜铃酸类成分具有抗癌、抗感染及增强吞噬细胞等活性，但对肝、肾有毒性。

本科主要药用植物有：①细辛属 Asarum，如北细辛 A. heterotropoides Fr. Schmidt. var. mandshuricum（Maxim.）Kitag.、华细辛 A. sieboldii Miq.、汉城细辛 A. sieboldii Miq. var. seoulense（Nakai）C. Y. Cheng et C. S. Yang、杜衡 A. forbesii Maxim. 等。②马兜铃属 Aristolochia，如马兜铃 A. debilis Sieb. et Zucc.、北马兜铃 A. contorta Bunge.、广防己 A. fangchi Y. C. Wu ex L. D. Chow et S. M. Hwang 等。

（谈献和）

běixìxīn

北细辛 [Asarum heterotropoides F. Schem. var. mandshuricum (Maxim.) Kitag., manchurian wildginger] 马兜铃科细辛属植物。又称细辛、辽细辛。

多年生草本植物，株高10～26cm，根茎横向生长，密生不定根，辛香气浓烈。茎短，生有2～3叶，叶柄长5～20cm，叶卵状心形或近肾形，长4～9cm，先端急尖或钝，基部心形，全缘。花单生于叶腋，花梗直立，长3～6cm；花被筒紫褐色，具有3裂片，向外翻卷；雄蕊12枚，花丝花药近等长；子房半下位，6室，花柱6。假浆果半球形。种子卵状圆锥形，表面具有黑色肉质假种皮。花期5月，果期6月。图1。中国分布于辽宁、吉林、黑龙江、山东、山西、河南等地，生于林下、灌丛、阴湿山地。

根入药，药材名细辛，传统中药，最早记载于《神农本草经》，《中华人民共和国药典》（2020年版）收载，具有祛风散寒，通窍止痛，温肺化饮的功效。现代研究表明具有解热、镇痛、降压、松弛平滑肌、镇静、麻醉、抗炎等作用。

根含挥发油、木脂素类化学成分，挥发油中主要有甲基丁香酚、黄樟醚、优香芹酮、α-蒎烯、β-蒎烯、细辛醚等；挥发油是细辛具有镇静、麻醉、抗炎、松弛平滑肌等作用的有效成分；木脂素类有细辛脂素、芝麻脂素等。细辛脂素为细辛药材的质量控制成分，《中华人民共和国药典》（2020年版）规定含量不低于0.050%，北细辛药材中含量为0.15%～0.24%。地上部分含有毒性的马兜铃酸成分。药用要避免带有地上部分。

细辛属植物约70种，中国约有30种。汉城细辛 A. sieboldii Miq. var. seoulense Nakai；华细辛 A. sieboldii Miq. 也是《中华人民共和国药典》（2020年版）规定的药材细辛的来源物种。其他药用种类还有金耳环 A. insigne Diels、双叶细辛 A. caulescens Maxim.、杜衡 A. forbesii Maxim.、单叶细辛 A. himalaicum Hook. f. et Thoms. ex Klotzsch.、小叶马蹄香 A. ichangense C. Y. Cheng et C. S. Yang、尾花细辛 A. caudigerum Hance、山慈姑 A. sagittarioides C. F. Liang 等。

（王 冰）

shāncháke

山茶科（Theaceae） 乔木或灌木；叶互生，单叶，革质，常绿或半常绿，羽状脉，全缘或有锯齿，具柄，无托叶；花常两性，单生或数朵聚生，腋生或顶生；萼片5～7，覆瓦状排列；花瓣通常

5；雄蕊多数，分离或多少合生；子房常上位，2～10室，每室胚珠2至多颗；蒴果或核果。全世界有36属约700种，中国有15属，约500种。

本科植物含有酚酸类如咖啡酸、白芥酸、阿魏酸等；黄酮类如异牡荆素、牡荆素、皂草黄素等；儿茶素衍生物如6,8-没食子茶黄素、茶黄素等成分。

主要的药用植物有：①山茶属 Camellia，如茶 C. sinensis (L). O. Ktze、山茶 C. japonica L.、普洱茶 C. assamica (Mast.) Chang、油茶 C. oleifera L.、西南红山茶 C. pitardii Coh. St.、滇山茶 C. reticulate Lindl. 等。②柃木属 Eurya，如柃木 E. japonica Thunb.、钝叶柃 E. obtusifolia H. T. Chang 等。③厚皮香属 Ternstroemia，如厚皮香 T. gymnanthera (wight et Arn.) Beddome 等。

（姚 霞）

chá

茶 [Camellia sinensis (L). O. Ktze, tea] 山茶科山茶属植物。叶入药。

落叶灌木或小乔木，高1～6m；叶薄革质，椭圆状披针形至倒卵状披针形，长5～10cm，急尖或钝，有短锯齿，叶柄长3～7mm；花白色，1～4朵成腋生聚伞花序，花梗长6～10mm，下弯；萼片5～6，果时宿存；花瓣7～8；雄蕊多数，外轮花丝合生成短管；子房3室，花柱顶端3裂；蒴果每室有1种子，种子近球形；花期10～11月，果期次年10～11月。图1。原产中国南部，长江流域及其以南各地广为栽培。

嫩叶或嫩芽入药，药材名茶叶，传统中药，最早记载于《新修本草》，具有清头目，除烦渴，化痰，消食，利尿，解毒的功效；

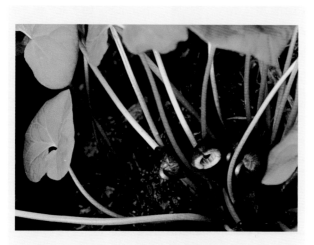

图1 北细辛（邬家林摄）

图1 茶（陈虎彪摄）

现代研究证明茶叶具有抗癌、抗氧化、兴奋中枢、降脂、降压、抗动脉粥样硬化、抗血栓、防龋、止咳、利尿等作用。

叶中含有嘌呤类生物碱、多酚类、黄酮类、挥发油等化学成分。嘌呤类生物碱有咖啡碱、可可豆碱、茶碱等，茶叶兴奋中枢神经系统、利尿的有效成分；茶叶中咖啡碱含量为2%～5%。多酚类主要有儿茶素、表儿茶素、表没食子儿茶素、表儿茶素没食子酸酯、表没食子儿茶素没食子酸酯等，是茶叶降压、降脂、降糖、抗动脉粥样硬化、抗氧化、神经保护、抗菌、抗病毒的有效成分，茶叶中儿茶素含量为10%～15%。黄酮类主要有山奈酚、槲皮素、芦丁等；挥发油有β-庚烯醇及γ-庚烯醇、α-庚烯醛及β-庚烯醛、芳樟醇等。

山茶属植物全世界约280种，中国有230余种。同属的普洱茶 C. assamica（Mast.）Chang 的叶入药，具有类似功效；药用植物还有山茶 C. japonica L.、油茶 C. oleifera L.、西南红山茶 C. pitardii Coh. St.、滇山茶 C. reticulate Lindl. 等。

（姚霞）

藤黄科（Clusiaceae，Guttiferae） 乔木或灌木，含树脂或油；叶常对生，单叶，一般无托叶；花两性或单性，轮状或部分螺旋状排列，常下位；萼片和花瓣4～5，常覆瓦状；雄蕊多数，花丝分离或各式合生；子房上位，3～5心皮，1～12室；蒴果、浆果或核果。全世界有约45属1000余种，中国8属80余种。

本科植物普遍含有𠮷酮、双黄酮和新黄酮（4-异戊烯香豆素）等化学成分。𠮷酮及二苯酮类，如 2-hydroxyxanthone、isojacaareubin、annulatophenone 等。金丝桃属还含有蒽酮类成分，如金丝桃素、假金丝桃素等；间苯三酚衍生物，如 hyperevolutins A、B，chinesins Ⅰ、Ⅱ等。

主要药用植物有：①金丝桃属 Hypericum，如贯叶金丝桃 H. perforatum L.、金丝桃 H. monogunum L.、湖南连翘 H. ascyron L.、小连翘 H. erectum Thunb. ex Murray、地耳草 H. japonicum Thunb. ex Murray、元宝草 H. sampsonii hance 等。②藤黄属 Garcinia，如藤黄 G. hanburyi Hook. f.、木竹子 G. multiflora Champ. ex Benth.、金丝李 G. paucinervis Chun et How 等。③红厚壳属 Calophyllum，如红厚壳 C. inophyllum L.。④黄牛木属 Cratoxylum，如黄牛木 C. cochinchinense（Lour.）Bl. 等。

（姚霞）

贯叶金丝桃（Hypericum perforatum L.，common St. John's Wort） 藤黄科金丝桃属植物。又称贯叶连翘。地上部分入药。

多年生草本；茎直立，多分枝；茎或枝两侧各有凸起纵脉1条；单叶对生，叶较密，椭圆形至条形，长1～2cm，宽0.3～0.7cm，基部抱茎，全缘，上面满布透明腺点；聚伞花序顶生，花较大，黄色；萼片5，披针形；花萼、花瓣边缘都有黑色腺点；子房上位，花柱3裂；蒴果长圆形，具背生的腺条及侧生的囊状腺体；花期6～7月，果期8～9月。图1。中国分布于河北、河南、山西、陕西、甘肃、新疆、山东、江苏、江西、湖北、湖南、四川、贵州等地。生于山坡、路旁、草地、林下及河边等处，海拔500～2100m。南欧、塞浦路斯、非洲北部、中亚、印度至蒙古和俄罗斯也有。

图1 贯叶金丝桃（陈虎彪摄）

世界畅销草药，提取物可治疗抑郁症，《欧洲药典》《英国药典》《美国药典》收载。全草入中药，药材名贯叶金丝桃，《中华人民共和国药典》（2020 年版）收载，具有疏肝解郁、清热利湿、消肿通乳的功效。现代研究表明具有抗抑郁、抗焦虑、抗病毒、抗癌、改善学习记忆、抗菌、镇痛等作用。

地上部分含有黄酮类、苯并二蒽酮类、间苯三酚类、酚酸类、挥发油、类胡萝卜素等化学成分。黄酮类主要有金丝桃苷、槲皮素、甲基橙皮苷、木犀草素等，是贯叶金丝桃抗氧化、抗菌的活性成分，其中，金丝桃苷是贯叶金丝桃的质量控制成分，《中华人民共和国药典》（2020 年版）规定，金丝桃苷含量不少于 0.10%，药材中含量为 0.158%～0.351%；苯并二蒽酮类主要有金丝桃素、伪金丝桃素、原金丝桃素等，金丝桃素具有抗病毒、抗 HIV 等作用；间苯三酚类主要有贯叶金丝桃素、加贯叶金丝桃素等。

金丝桃属植物全世界约 400 余种，中国约 55 种 8 亚种。药用植物还有金丝桃 *H. monogunum* L.、湖南连翘 *H. ascyron* L.、小连翘 *H. erectum* Thunb. ex Murray、地耳草 *H. japonicum* Thunb. ex Murray、元宝草 *H. sampsonii* hance.。

（姚 霞）

yīngsùkē

罂粟科（Papaveraceae）
草本或稀为亚灌木、小灌木或灌木，极稀乔木状，1 年生、2 年生或多年生，常有乳汁或有色液汁。主根明显，稀纤维状或形成块根，稀有块茎。基生叶通常莲座状，茎生叶互生，稀上部对生或近轮生状，全缘或分裂，有时具卷须，无托叶。花单生或排列成总状花序、聚伞花序或圆锥花序。花瓣大多具鲜艳的颜色，稀无色。果为蒴果，稀有蓇葖果或坚果。全世界约 38 属 700 多种，中国有 18 属 300 余种。

本科植物富含异喹啉类生物碱，如前鸦片碱、异紫堇碱、罂粟碱、吗啡、可待因，还有血根碱、白屈菜碱、博落回碱、那可汀、蒂巴因等。

主要药用植物有：①罂粟属 *Papaver*，如罂粟 *P. somniferum* L.。②博落回属 *Macleaya*，如博落回 *M. cordata*（Willd.）R. Br.。③紫堇属 *Corydalis*，如延胡索 *C. yan-husuo* W. T. Wang ex Z. Y. Su et C. Y. Wu、伏生紫堇 *C. decumbens*（Thunb.）Pers.。④蓟罂粟属 *Argemone*，如蓟罂粟 *A. mexicana* L.。⑤绿绒蒿属 *Meconopsis*，如长果绿绒蒿 *M. delavayi*（Franch.）Franch. ex Prain。⑥白屈菜属 *Chelidonium*，如白屈菜 *C. majus*。⑦血水草属 *Eomecon*，如血水草 *E. chionantha*；还有花菱草属 *Eschscholtzia*，秃疮花属 *Dicranos-tigma*，海罂粟属 *Glaucium*，疆罂粟属 *Roemeriahybrid*，金罂粟属 *Stylophorum*，荷青花属 *Hylomecon*，荷包牡丹属 *Dicentra*，紫金龙属 *Dactylicapnos*，荷包藤属 *Adlumia*，烟堇属 *Fumaria* 等。

（王振月）

fúshēngzǐjǐn

伏生紫堇 [*Co-rydalis decumbens*（Thunb.）Pers., decumbenst corydalis]
罂粟科紫堇属植物。

块茎小，圆形或多少伸长，直径 4～15mm；新块茎形成于老块茎顶端和基生叶腋，向上常抽出多茎。茎高 10～25cm，柔弱，细长，不分枝，具 2～3 叶，无鳞片。叶二回三出，小叶片倒卵圆形，全缘或深裂。总状花序疏具 3～10 花。苞片小，卵圆形，全缘，长 5～8mm。花近白色至淡粉红色或淡蓝色。萼片早落。外花瓣顶端下凹，常具狭鸡冠状突起。上花瓣长 14～17mm。下花瓣宽匙形，通常无基生的小囊。内花瓣具鸡冠状突起。蒴果线形，多少扭曲，长 13～18mm，具 6～14 种子。种子具突起。图 1。中国分布于华东、华中、华北和华南。生于海拔 80～300m 的山坡或路边。日本也有分布。

块茎入药，药材名夏天无，传统中药，最早记载于《本草纲目拾遗》。《中华人民共和国药典》（2020 年版）收载，具有活血止痛，舒筋通络，祛风除湿的功效。现代研究表明具有镇痛、镇静、降血压、对抗血栓形成、松弛子宫平滑肌和肠平滑肌等作用。

块茎含有生物碱类成分，主要有延胡索乙素（*dl*-四氢掌叶防己碱）、原阿片碱、空褐鳞碱、盐

图 1 伏生紫堇（刘勇摄）

酸巴马汀等。《中华人民共和国药典》（2020 年版）规定夏天无药材中原阿片碱含量不低于 0.30%，盐酸巴马汀含量不低于 0.080%，药材中原阿片碱含量为 0.300%~0.518%，盐酸巴马丁含量为 0.080%~0.196%。

紫堇属植物情况见延胡索。

（王振月）

yánhúsuǒ

延胡索 （ *Corydalis yanhusuo* W. T. Wang ex Z. Y. Su et C. Y. Wu，yanhusuo） 罂粟科堇属植物。又称元胡。

多年生草本，高 10 ~ 30cm。块茎圆球形，直径 1 ~ 2.5cm，质黄。茎直立，常分枝，基部以上具 1 鳞片，通常具 3 ~ 4 枚茎生叶，鳞片和下部茎生叶常具腋生块茎。叶二回三出，小叶三裂，具全缘的披针形裂片，裂片长 2.0 ~ 2.5cm；下部茎生叶常具长柄；叶柄基部具鞘。总状花序疏生 5 ~ 15 花。苞片披针形或狭卵圆形，全缘，有时下部的稍分裂，长约 8mm。花紫红色。萼片小，早落。柱头近圆形，具较长的乳突。蒴果线形，长 2.0~2.8cm，具 1 列种子。图1。中国分布于中国江苏、浙江、安徽、河南、湖北等省区，生丘陵草地。浙江、陕西等地有栽培。

块茎入药，药材名延胡索，传统中药，最早记载于《本草纲目拾遗》。《中华人民共和国药典》（2020 年版）收载，具有活血，利气，止痛的功效。现代研究表明具有镇痛、催眠、镇静安定、抗心律失常、抗心肌缺血、降低血压、抗溃疡、肌肉松弛等作用。

块茎含有生物碱类成分，主要有延胡索甲素（紫堇碱）、延胡索乙素（ *dl*-四氢掌叶防己碱）、原阿片碱、*l*-四氢黄连碱、*l*-四氢非洲防己碱等。延胡索甲素、乙素都有明显的止痛作用。延胡索乙素是延胡索药材的质量控制成分，《中华人民共和国药典》（2020 年版）规定含量不低于 0.050%。药材中含量为 0.005% ~ 0.114%。

图 1　延胡索（邬家林摄）

紫堇属植物全世界约有 428 种，中国有 290 余种，药用植物还有伏生紫堇 *C. decumbens*（Thunb.）Pers.、土延胡 *C. humosa* Migo 等。

（王振月）

bóluòhuí

博落回 ［ *Macleaya cordata* （Willd.） R. Br.，pink plume-poppy］ 罂粟科博落回属植物。

直立草本，基部木质化，具乳黄色浆汁。茎高 1 ~ 4m，绿色，多白粉，中空，上部多分枝。叶片宽卵形或近圆形，长 5 ~ 27cm，通常 7 或 9 深裂或浅裂，背面多白粉，基出脉通常 5，细脉常呈淡红色。大型圆锥花序多花，长 15 ~ 40cm，顶生和腋生；苞片狭披针形。花芽棒状，近白色，长约 1cm；萼片倒卵状长圆形，长约 1cm，舟状，黄白色；花瓣无；雄蕊 24 ~ 30，花丝丝状，长约 5mm；子房倒卵形至狭倒卵形。蒴果狭倒卵形或倒披针形，长 1.3 ~ 3.0cm，先端圆或钝。种子 4 ~ 6，卵珠形，长 1.5 ~ 2.0mm。花果期 6 ~ 11 月。图 1。中国分布于长江以南、南岭以北的大部分省区。生于海拔 150 ~ 830m 的丘陵或低山林中、灌丛中或草丛间。日本也有分布。

全草入药，药材名博落回，最早记载于《本草纲目拾遗》。具有散瘀、祛风、解毒、止痛、杀虫的功效。现代研究证明，博落回具有驱虫、杀虫、杀蛆、改善肝功能、增强免疫力、抗肿瘤等作用。

全草含有生物碱类化学成分，主要有血根碱、白屈菜红碱、原阿片碱、α-别隐品碱、博落回碱（白屈菜玉红碱）、氧化血根碱、博落回醇碱、去氢碎叶紫堇碱等。

博落回属植物世界约 2 种，中国有 2 种。小果博落回

图 1　博落回（陈虎彪摄）

M. microcarpa（Maxim.）Fedde 具有类似的化学成分和功效。

（王振月）

yīngsù

罂粟（*Papaver somniferum* L., opium poppy） 罂粟科罂粟属植物。

1 年生草本，高 30~60（~100）cm。主根近圆锥状。茎直立，不分枝，具白粉。叶互生，叶片卵形或长卵形，长 7~25cm，先端渐尖至钝，基部心形，边缘为不规则的波状锯齿，具白粉；上部叶无柄、抱茎。花单生。花蕾卵圆状长圆形或宽卵形，长 1.5~3.5cm；萼片 2，宽卵形，绿色，边缘膜质；花瓣 4，近圆形或近扇形，边缘浅波状或各式分裂，红色、紫色或杂色；子房球形，辐射状。蒴果球形，长 4~7cm，直径 4~5cm，成熟时褐色。种子多数，黑色或深灰色。花果期 3~11 月。图 1。原产南欧，中国有栽培。印度、缅甸、老挝及泰国北部也有栽培。

图 1 罂粟（付正良摄）

果壳入药，药材名罂粟壳，传统中药，最早以罂子粟之名记载于《本草纲目拾遗》。《中华人民共和国药典》（2020 年版）收载，具有敛肺、涩肠、止痛的功效。现代研究证明罂粟壳具有显著的镇痛、镇咳、止泻等作用。果实是毒品鸦片、吗啡、海洛因的提取原料。

果壳含有生物碱类等化学成分。生物碱主要有吗啡、可待因、那可汀、罂粟碱等。吗啡、可待因等有显著的镇痛、镇咳作用，促进平滑肌收缩、止泻等作用。吗啡是罂粟壳药材的质量控制成分，《中华人民共和国药典》（2020 年版）规定吗啡含量为 0.06%~0.40%。药材中的含量为 0.04%~0.62%。果实中成分与果壳类似。

罂粟属植物全球有 100 余种，中国有 7 种 3 变种和 3 变型。药用植物还有野罂粟 *P. nudicaule* L. 等。

（王振月）

shízìhuākē

十字花科（Brassicaceae, Cruciferae） 1 年生至多年生草本植物，少数为灌木或乔木。植物体多含辛辣液汁。常为单叶，少数为复叶，互生，无托叶。茎上常有单毛或分叉毛，优势局腺毛或无毛。总状花序或伞房花序，花两性，萼片 4 枚，直立或开展。花瓣 4 枚，十字形排列，和萼片互生；黄色、白色或紫色。雄蕊 6 枚，四强雄蕊，2 短 4 长。子房上位，2 个心皮联合，胚珠 1~多数。长角果或短角果，2 瓣裂或不开裂。种子小，无胚乳。全世界有 375 属 3200 余种。中国 96 属 411 种。

本科植物普遍含有含芥子油苷，为本科特征性化合物，该类成分可经芥子酶水解可生成异硫氰酸酯或硫氰酸酯，具有抗肿瘤作用。此外含有强心苷类、生物碱类、皂苷类、黄酮类、不饱和脂肪酸类等化学成分。生物碱类主要有芥子碱。

主要药用植物有：①菘蓝属 *Isatis*，如菘蓝 *Isatis indigotica* Fort.。②芸薹属 *Brassica*，如白芥 *B. alba*（L.）Boiss、芥 *B. juncea*（L.）Czem. et Coss.。③独行菜属 *Lespidium*，如独行菜 *L. apetalum* Willd.，玛咖 *L. meyenii* Walp.。④萝卜属 *Raphanus*，如萝卜 *R. sativa* L.；还有南芥属 *Arabis*、蔊菜属 *Rorippa*、碎米荠属 *Cardamine*、葶苈属 *Draba*、糖芥属 *Erysimum* 的一些植物，以及荠菜 *Capsella. bursa-pastoris*（L.）Medic.、播娘蒿 *Descurainia sophia*（L.）Webb. Ex Prantl；遏蓝菜 *Thlaspi arvens* L.、辣根 *Armoracia rusticana*（Lam.）Gaertn. Mey.、桂竹香 *Cheiranthus cheiri* L. 等。

（王良信 郭宝林）

jìcài

荠菜 [*Capsella bursa-pastoris*（L.）Medic., shepherds purse] 十字花科荠属植物。又称荠。

1 年生草本，高 20~50cm。茎直立，有分枝，稍有毛。基生叶丛生，呈莲座状，具长叶柄，叶片大头羽状分裂。茎生叶狭披针形，基部箭形抱茎，边缘有缺刻或锯齿。总状花序顶生或腋生，果期延长达 20cm；萼片长圆形；花瓣白色，匙形或卵形，长 2~3mm，有短爪。短角果倒卵状三角形或倒心状三角形，长 5~8mm。种子椭圆形，浅褐色。花、果期 4~6 月。图 1。中国各省区有分布或栽培。生长在田边或路边。世界温带地区均有分布。

全草入药，欧洲传统药，用于止血、止泻、治疗急性膀胱炎，《英国药典》收载。美洲也用于质量血尿症、月经过多和外伤，在中国最早记载于《名医别录》，具

图1 荠菜（陈虎彪摄）

有凉血止血、清热利火、明目等功效。现代研究表明具有止血、降压、抗炎、抗菌、抗肿瘤等作用。

全草含有黄酮类、有机酸类、芥子油苷、芥子碱等化学成分。黄酮类有木犀草素、金圣草黄素（chrysoeriol）、槲皮素、山柰酚及其苷类，有机酸类有香草酸、富马酸（fumaric acid）、草酸，酒石酸等。

荠菜属全世界约有5种。中国有1种。

（王良信　郭宝林）

bōniánghāo

播娘蒿 ［Descurainia sophia（L.）Webb ex Prantl, sophia tansymustard］ 十字花科播娘蒿属植物。

1年生或2年生草本，高30~70cm，全体灰白色而被叉状或分歧柔毛。茎上部多分枝，较柔细。叶互生；二回或三回羽状分裂，终裂片狭线形，先端渐尖；茎下部叶有柄，向上渐短或近无柄。总状花序顶生，果序时特别伸长；花小；萼4，线形，易早脱；花瓣4，黄色，匙形，较花萼稍长；雄蕊6，4强，均伸出于花瓣外，花丝扁平；子房圆柱形，2

室，柱头呈扁压头状。长角果，线形，长2~3cm。种子圆形扁平，长约1mm。表面红有两条纵沟。花期4~6月。果期5~7月。图1。中国分布于东北、华北、华中和华东地区，陕西、四川、云南等省。

种子入药，药材名葶苈子，又称南葶苈子，传统中药。葶苈之名最早记载于《神农本草经》。《中华人民共和国药典》（2020年版）收载，具有泻肺平喘、行水消肿的功效。现代研究表明有强心、止咳、平喘等作用。

种子含黄酮类、强心苷类、芥子油苷、苯丙素类、芥酸、芥子碱等化学成分，黄酮类为槲皮素、山柰酚和异鼠李素的苷类，如槲皮素-3-O-吡喃葡萄糖基-7-O-龙胆双糖苷，为葶苈子药材的质量控制成分，《中华人民共和国药典》（2020年版）规定不低于0.075%，药材中的含量为0.05%~0.12%。强心苷有毒毛旋花子苷元、伊夫单苷、葶苈苷、糖芥苷等；具有强心作用，芥子油苷经水解可以形成异硫氰酸酯，如异硫氰酸苄酯，异硫氰酸烯丙酯等。

播娘蒿属全世界有40余种。中国有2种。独

行菜属的独行菜 Lepidium apetalum Willd. 也被《中华人民共和国药典》（2020年版）收载为药材葶苈子的来源物种，药材称北葶苈子，具有类似的功效。

（王良信　郭宝林）

luóbo

萝卜 （Raphanus sativus L., radish） 十字花科萝卜属植物。

1年生或2年生直立草本，高30~100cm。直根，肉质。茎分枝，无毛，稍具粉霜。基生叶和下部茎生叶大头羽状半裂，长8~30cm，侧裂片4~6对，有钝齿，疏生粗毛；上部叶长圆形。总状花序顶生或腋生；萼片长圆形；花瓣4，倒卵形，长1~1.5mm，具紫纹，下部有爪；雄蕊6，4强；雌蕊1，子房钻状，柱头柱状。长角果圆柱形，长3~6cm，在种子间处缢缩，形成海绵质横膈，先端有喙；种子，卵形，长约3mm，红棕色，并有细网纹。花期4~5月，果期5~6月。图1。原产中国，全国各地均有栽培。

种子入药，药材各莱菔子。传统中药。最早见于唐《新修本草》。《中华人民共和国药典》（2020年版）收载，具有消食除

图1 播娘蒿（陈虎彪摄）

图 1 萝卜（陈虎彪摄）

胀、降气化痰的功效。现代研究表明具有止咳、平喘、抗菌、降压、抗炎、镇痛作用，还有增强胃肠动力、改善泌尿系统功能的作用。

种子含生物碱类、芥子油苷、挥发油等化学成分。生物碱类主要为芥子碱，具有降压、降脂等作用，芥子碱也是莱菔子的质量控制成分。《中华人民共和国药典》（2020 年版）规定以芥子碱硫氰酸盐计含量不低于 0.40% 药材中芥子碱硫氰酸盐的含量为 0.35%~0.53%；芥子苷类水解可形成异硫氰酸，以莱菔素为主，具有抗癌、抗突变作用。挥发油中主要为为 α-己烯醛、β-己烯醛、β-己烯醇、γ-己烯醇、甲硫醇等。

萝卜属全世界有 8 种。中国有 2 种。

（王良信）

sōnglán

菘蓝（*Isatis indigotica* Fortune, indigoblue woad） 十字花科菘蓝属植物。

2 年生草本。主根深长，圆柱形，长 8~20cm，直径 5~8mm，外皮灰黄色或淡棕黄色。茎直立，高 40~90cm。叶互生；基生叶较大，具柄，叶片长圆状椭圆形；茎生叶长圆形至长圆状倒披针形，叶向上渐小，半抱茎。总状花序，花小，花梗细长；花萼 4，绿色；花瓣 4，黄色，倒卵形；4 强雄蕊 6 枚；雌蕊 1 个，长圆形。长角果长圆形，扁平翅状，具中肋。种子 1 枚。花期 5 月。果期 6 月。图 1。原产中国。各地均有栽培。

根入药，药材名板蓝根；叶入药，药材名大青叶，叶发酵加工粉末，药材名青黛，均为传统中药。最早记载于《名医别录》。3 种药材均在《中华人民共和国药典》（2020 年版）收载，板蓝根具有清热解毒、凉血利咽的功效，现代研究表明具有抗菌、抗病毒、解毒、解热、利胆、免疫促进、抗肿瘤的作用。大青叶具有清热解毒、凉血消斑的功效，现代研究表明具有广谱抗菌、抗炎、解热等作用。青黛具清热解毒、凉血消斑、泻火定惊的功效。现代表明具有抗菌、抗肿瘤、抗溃疡等作用。

根含生物碱类、芥油、含硫化合物、喹唑酮类、有机酸类等化学成分，生物碱主要有吲哚类生物碱，如靛蓝、靛玉红、依靛蓝酮等，有机酸类有吡啶-3-羧酸、苯甲酸、水杨酸等，喹唑酮类有 4（3H）-喹唑酮等；含硫化合物主要有告依春、表告依春等，其中表告依春具有抗病毒作用，也是板蓝根的质量控制成分，药材中的含量为 0.006%~0.140%，《中华人民共和国药典》（2020 年版）规定（R, S）-告依春含量不少于 0.020%；叶中成分和根类似，其中靛玉红为大青叶质量控制成分，药材中的含量为 0.01%~0.08%，《中华人民共和国药典》（2020 年版）规定靛玉红含量不少于 0.02%；青黛中主要含有吲哚类生物碱，《中华人民共和国药典》（2020 年版）规定靛蓝含量不低于 2.0%，靛玉红含量不低于 0.13%。

菘蓝属全世界约有 30 种，中国有 5 种。板兰根药材的植物来源还有爵床科子蓝称为南板蓝根。青黛药材的植物来源还有爵床科马蓝 *Baphicacanthus cusia*（Nees）Bremek.、蓼科植物蓼蓝 *Polygonum tinctorium* Ait.；大青叶药材的植物来源还有蓼科植物蓼蓝 *Polygonum tinctorium* Ait.，称为蓼大青叶。

（王良信　郭宝林）

图 1 菘蓝（陈虎彪摄）

mǎgā

玛咖（Lepidium meyenii Walp., maca）十字花科独行菜属植物。又名玛卡、玛卡独行菜、秘鲁人参。块根入药。

1 年至多年生草本，高 12~20cm。具块根，萝卜状，直径 2~5cm，似表面黄色或紫色，肉质白色。茎单一或多数，分枝。叶条形，长 10~20cm，全缘、锯齿缘至羽状深裂，有叶柄，或基部深形抱茎。总状花序顶生，花瓣白色，少数带粉红色或微黄色，雄蕊 6 个，常退化成 2 或 4 个，基部间具微小蜜腺。短角果卵形，扁平，开裂，有窄隔膜，果瓣有龙骨状突起。种子卵形或椭圆形，无翅或有翅。图 1。原产于秘鲁安第斯山脉，海拔 3500~4500m 的山区。中国在云南、吉林、新疆、西藏等地引种。

玛咖为秘鲁传统药物，俗称秘鲁人参，具有增强体力、减轻压力、增强性功能等功效。现代研究证明具有改善性功能、提高生育力、增强免疫力、调节内分泌、抗骨质疏松、神经保护、抗疲劳、抗衰老等作用。

块根含有生物碱类、芥子油苷和芥子碱硫氰酸盐、甾醇类、多糖等化学成分，生物碱类主要是有玛咖酰胺类，如：n-苄基十六烷酰胺、n-苄基-（9Z）十八烯酰胺、n-苄基（9Z, 12Z）-二烯十八酰胺等，亚胺唑类生物碱有独行灵碱 A、B 等，玛卡酰胺类和玛卡烯是玛咖改善性功能、调节内分泌的活性成分。芥子油苷和芥子碱硫氰酸盐具有抗肿瘤活性，多糖具有神经保护、抗疲劳和抗衰老等活性。药材中玛卡酰胺的含量为 0.0016%~0.0123%。

独行菜属全世界约有 150 种。中国有 15 种。药用植物还有独行菜 L. apetalum Willd.、家独行菜 L. sativum L. 等。

（郭宝林　王良信）

báijiè

白芥（Sinapis alba L., white mustard）十字花科白芥属植物。

1 年生或 2 年生草本，高 40~120cm。茎直立，上部多分枝，被散生白色硬毛。叶互生。茎基部叶片大头状，深裂或近全裂，宽椭圆形或卵圆形，长 6~15cm，有侧裂片 1~3 对，边缘具疏齿；茎生叶较小，向上裂片渐少。总状花序顶生或腋生；萼片小，长圆形或长圆状卵形，长 4~5mm；花瓣倒卵形，长 8~10mm，具短爪；雄蕊 6，4 强；雌蕊 1。长角果圆柱形，长 2~2.5cm，密被白色硬刺毛，果瓣在种子间缢缩成念珠状，具剑形的喙。种子球形，直径 1.5~2.5mm，表面灰白色至淡黄色，有微细网纹。花期 4~6 月，果期 5~7 月。图 1。原产于欧洲。中国辽宁、山西、新疆、山东、安徽、四川、云南等省区多有栽培。

图 1　白芥（陈虎彪摄）

种子入药，药材名芥子，俗称白芥子。传统中药。芥子之名最早记载于《名医别录》。《中华人民共和国药典》（2020 年版）收载，具有温肺化痰利气，散结通络，消肿止痛的功效。现代研究表明有抗菌、止咳、抗炎、抗肿瘤等作用。

种子含芥子油苷、芥子酸、芥子碱等化学成分，芥子油苷主要有白芥子苷，水解可形成异硫氰酸对羟基苄酯等，是芥子镇咳的活性成分。

白芥属全世界约有 10 种。中国有 1 种。芸薹属芥 Brassica juncea（L.）Czern. et Coss 的种子也是《中华人民共和国药典》（2020 年版）规定药材芥子（俗称黄芥子）的来源植物。

（郭宝林　王良信）

jīnlǚméikē

金缕梅科（Hamamelidaceae）常绿或落叶乔木和灌木。叶互

图 1　玛咖（GBIF）

生，全缘或有锯齿，或为掌状分裂；花排成头状花序、穗状花序或总状花序，两性或单性而雌雄同株；萼筒与子房分离或多少合生；花瓣与萼裂片同数；雄蕊4~5数；花药通常2室，药隔突出；退化雄蕊存在或缺；子房半下位或下位，2室，上半部分离；花柱2；胚珠多数，着生于中轴胎座上。蒴果，常裂开为4片，外果皮木质或革质，内果皮角质或骨质；种子多数。全世界有27属约140种，中国有17属75种16变种。

本科的化学成分主要是萜类、黄酮类、酚酸类、苯丙素类、挥发油类等。三萜类化合物广泛存在于枫香树属果实中，如路路通内酯等。枫香树属树脂主要含有单萜及倍半萜类化合物。

主要药用植物有：①枫香树属 *Liquidambar*，如枫香树 *L. formosana* Hance、苏合香树 *L. orientalis* Mill、北美枫香 *L. styraciflua* L.。②金缕梅属 *Hamamelis*，如金缕梅 *H. mollis* Oliver、北美金缕梅 *H. virginana* L.。③蕈树属 *Altingia*，如蕈树 *A. chinensis*。④牛鼻栓属 *Fortunearia*，如牛鼻栓 *F. sinensis* Rehd. et Wils.。⑤半枫荷属 *Semiliquidambar*，如半枫荷 *S. cathayensis* Chang。⑥蜡瓣花属 *Corylopsis*，如中华蜡瓣花 *C. sinensis* Hemsl. 等。

(齐耀东)

fēngxiāngshù

枫香树 （*Liquidambar formosana* Hance，beautiful sweetgum）

金缕梅科枫香树属植物。

落叶乔木；树皮灰褐色，方块状剥落；小枝干后灰色；叶薄革质，阔卵形，掌状3裂；掌状脉3~5条，网脉明显可见；边缘有锯齿；叶柄长达11cm；托叶线形。花单性雌雄同株，雄性短穗状花序常多个排成总状，雄蕊多数，花丝不等长，花药比花丝略短。雌性头状花序有花24~43朵；子房下半部藏在头状花序轴内，花柱先端常卷曲。头状果序圆球形，木质；蒴果下半部藏于花序轴内，有宿存花柱及针刺状萼齿。种子多数，褐色，多角形或有窄翅。图1。中国分布于秦岭及淮河以南各省区。生于平地，村落附近，及低山的次生林。越南北部、老挝及朝鲜南部也有分布。

果序入药，药材名路路通，传统中药，最早记载于《本草纲目拾遗》；树脂入药，药材名枫香脂，传统中药，最早记载于《新修本草》。二者均为《中华人民共和国药典》（2020年版）收载，路路通具有祛风活络，利水，通经的功效，现代研究表明具有调节免疫、保肝作用；枫香脂具有益气健脾，补肾安神的功效，现代研究表明具有抗血栓、抗心律失常、扩张冠脉、止血等作用。

果实含有三萜类、挥发油等化学成分。三萜类主要为齐墩果酸型，有路路通酸、齐墩果酸、马缨丹酸、路路通内酯等；挥发油主要有β-松油烯、β-蒎烯、柠檬烯等。路路通酸是路路通药材的质量控制成分，《中华人民共和国药典》（2020年版）规定含量不低于0.15%，药材中的含量0.057%~0.213%。树脂亦含有三萜类、挥发油等化学成分。三萜类主要为齐墩果酸型，有阿姆布酮酸（模绕酮酸）、阿姆布醇酸、阿姆布二醇酸、路路通醛酸等。挥发油为枫香脂药材的特征性成分和质量控制成分，《中华人民共和国药典》（2020年版）规定挥发油含量不低于1.0%（ml/g）。

枫香树属药用情况见苏合香树。

(齐耀东)

sūhéxiāngshù

苏合香树 （*Liquidambar orientalis* Mill，turkish sweetgum）

金缕梅科枫香树属植物。树脂入药。

乔木，高10~15m。叶互生；具长柄；叶片掌状5裂，偶为3或7裂，裂片卵形或长方卵形，先端急尖，基部心形，边缘有锯齿。花单性，雌雄同株，多数成圆头状花序，小花黄绿色；雄花的花序成总状排列，雄花无花被，仅有苞片，雄蕊多数，花药长圆形，2室纵裂，花丝短；雌花的花序单生，花柄下垂，花被细小，雄蕊心皮多数，基部愈合，子房半下位，2室，花柱2，弯曲。果序圆球状，直径约2.5cm，有宿存刺状花柱；蒴果。种子1~2，狭长圆形，有翅。图1。原产小亚细亚南部，如土耳其、叙利亚北部地区，中国广西等南方地区有

图1　枫香树（陈虎彪摄）

图1 苏合香树（潘超美摄）

少量引种栽培。

树干渗出的香树脂经加工精制而成，药材名苏合香，传统中药，最早记载于《后汉书》。《中华人民共和国药典》（2020年版）收载，具有开窍，辟秽，止痛的功效。现代药理学表明苏合香具有抗血栓、抗血小板、抗凝血的作用。

树脂含有挥发油类、苯丙素类、三萜类、酚酸类等化学成分。挥发油类如α-蒎烯、β-蒎烯、月桂烯、樟烯、柠檬烯等；苯丙素类如肉桂酸、桂皮醛等，肉桂酸为苏合香药材的质量控制成分，《中华人民共和国药典》（2020年版）规定，肉桂酸含量不低于5.0%。三萜类有齐墩果酮酸，3-表齐墩果酸等。

枫香树属全世界有5种，中国有4种及1变种。北美枫香 *L. styraciflua* L. 的树脂在欧美药用，具有类似成分和功效，药用植物还有枫香树 *L. formosana* Hance 等。

（齐耀东）

jǐngtiānkē

景天科（Crassulaceae）

草本、半灌木或灌木，常有肥厚、肉质的茎、叶。常为单叶，全缘或稍有缺刻。常为聚伞花序。花两性，辐射对称，花各部常为5数或其倍数；萼片自基部分离，宿存；花瓣分离；雄蕊1轮或2轮，分离，花丝丝状或钻形，花药基生，内向开裂；心皮常与萼片或花瓣同数，分离或基部合生，常在基部外侧有腺状鳞片1枚，胚珠多数，沿腹缝线排列。蓇葖有膜质或革质的皮；种子小，长椭圆形，种皮常有皱纹或突起，胚乳不发达或缺。全世界有36属1600种，中国有10属242种。

本科植物普遍含有黄酮类成分，如槲皮素、山柰酚等；景天属还含有多酚类，如没食子酸、咖啡酸；红景天属含有苯乙醇苷类，如红景天苷；瓦松属还含有三萜类成分，如齐墩果酸。

主要药用植物有：①景天属 *Sedum*，如垂盆草 *S. sarmentosum* Bunge、景天三七 *S. aizoon* L. 等。②红景天属 *Rhodiola*，如大花红景天 *R. cre-nulata* H. Ohba、狭叶红景天 *R. kirilowii*（Regel）Maxim. 等。③落地生根属 *Bryophyllum*，如落地生根 *B. pinnatum* L. f. Oken 等。④八宝属 *Hylotelephium*，如珠芽八宝 *H. viviparum*（Maxim.）H. Ohba、轮叶八宝 *H. verticillatum*（L.）H. Ohba。⑤瓦松属 *Orostachy*，如瓦松 *O. fimbriatus* Turcz. Bergerdden 等。⑥石莲属 *Sinocrassula*，如石莲 *S. indic*（Decne.）Berger、云南石莲 *S. yunnanensis*（Franch.）Berger 等。⑦东爪草属 *Tillaea*，如东爪草 *T. aquatica* L. 等；还有瓦莲属 *Rosularia*，合景天属 *Pseudosedum*。

（马琳 李先宽）

dàhuāhóngjǐngtiān

大花红景天 ［*Rhodiola crenulata*（Hook. f. & Thomsou）H. Ohba，bigflower rhodiola］

景天科红景天属植物。又称宽瓣红景天。

多年生草本。地上的根颈短，黑色，高5～20cm。不育枝直立，高5～17cm，先端密着叶，叶宽倒卵形，长1～3cm。花茎多，直立或扇状排列，高5～20cm。叶有短的假柄，椭圆状长圆形至几为圆形，长1.2～3.0cm，先端钝或有短尖。花序伞房状，有多花，长2cm，有苞片；雌雄异株；雄花萼片5，狭三角形至披针形，长2.0～2.5mm；花瓣5，红色，倒披针形，长6.0～7.5mm，有长爪；雄蕊10；鳞片5；心皮5，长3.0～3.5mm；雌花蓇葖5，直立，花期6～9月，果期7～8月。图1。中

图1 大花红景天（张浩摄）

国分布于青海、西藏、云南、四川。生于海拔 2800~5600m 的高寒无污染地带山坡草地、灌丛中、石缝中。锡金、不丹也有分布。

根和根茎入药，药材名红景天，传统中药，最早记载于《月王药诊》。《中华人民共和国药典》（2020 年版）收载，具有益气活血，通脉平喘等功效。现代研究表明具有抗缺氧、抗辐射、抗衰老、促进人体新陈代谢、降压、改善睡眠、改善脑血管功能等作用。

根及根茎含有苯乙醇苷类、黄酮类、酚酸类、挥发油类、萜类、甾体类等化学成分。苯乙醇苷类中的红景天苷具有抗缺氧、抗疲劳、抗衰老、免疫调节、清除自由基等作用，也是红景天药材的质量控制成分，《中华人民共和国药典》（2020 年版）规定红景天苷含量不低于 0.5%，药材中红景天苷含量为 0.60%~2.0%；黄酮类主要有红景天素、大花红景天苷、红景天宁等，具有抗衰老、提高人体免疫力、抗心律失常、抗病毒等作用。

红景天属共有 90 种，中国共计有 73 种、2 亚种、7 变种，药用植物还有长鞭红景天 R. fastigiata (HK. f. et Thoms) S. H. Fu、狭叶红景天 R. kirilowii (Regel) Maxim、高山红景天 R. cretinii (Hamet) H. Ohba subsp. *sino-alpina* (Frod.) H. Ohba 等。

（马　琳　李先宽）

jǐngtiānsānqī

景天三七 （*Sedum aizoon* L., *Phedimus aizoon* (L.)'t Hart, azioon stonecrop）　景天科费菜属植物，又称土三七。

多年生草本。根状茎短，粗茎高 20~50cm，有 1~3 条茎。叶互生，狭披针形至卵状倒披针形，长 3.5~8.0cm，先端渐尖，基部楔形，边缘有不整齐的锯齿；叶近革质。聚伞花序有多花，水平分枝，下托以苞叶。萼片 5，线形，肉质，不等长，长 3~5mm，先端钝；花瓣 5，黄色，长圆形至椭圆状披针形，长 6~10mm，有短尖；雄蕊 10；鳞片 5，近正方形，长 0.3mm，心皮 5，卵状长圆形，基部合生，花柱长钻形。蓇葖星芒状排列，长 7mm；种子椭圆形，长约 1mm。花期 6~7 月，果期 8~9 月。图 1。中国分布于西南、华东、华北、东北、西北等地。生于温暖向阳的山坡岩石上或草地。朝鲜、日本、蒙古、俄罗斯也有分布。

图 1　景天三七（陈虎彪摄）

全草入药，药材名费菜，传统中药，最早记载于《救荒本草》。具有止血散瘀，安神镇痛的功效。现代研究表明对各种出血有较好的止血作用，还有提升血小板和白细胞的作用。

地上部分含有黄酮类、酚酸类、三萜类、苯乙醇苷类、蒽醌类等化学成分。黄酮类有山奈酚、槲皮素、杨梅素、木樨草素等，具有抗氧化、抑菌、调节血脂、抗肝癌细胞增殖、抗衰老作用。酚酸类主要有没食子酸、咖啡酸、阿魏酸等，具有抑菌活性。地下部分含三萜类、酚苷类以及甾体类成分。

景天属植物情况见垂盆草。

（马　琳　李先宽）

chuípéncǎo

垂盆草 （*Sedum sarmentosum* Bunge, stringy stonecrop）　景天科景天属植物。又称佛甲草。

多年生草本。茎匍匐而节上生根，直到花序之下，长 10~25cm。3 叶轮生，叶倒披针形至长圆形，长 15~28mm，先端近急尖，基部急狭，有距。聚伞花序，有 3~5 分枝，花少，宽 5~6cm；花无梗；萼片 5，披针形至长圆形，长 3.5~5.0mm；花瓣 5，黄色，披针形至长圆形，长 5~8mm，先端有稍长的短尖；雄蕊 10，较花瓣短；鳞片 10；心皮 5，长圆形，略叉开，有长花柱，种子卵形，长 0.5mm。花期 5~7 月，果期 8 月。图 1。中国分布于华中、华东、华北及东北各省区。生于海拔 1600m 以下的山坡阳处或石上。朝鲜、日本也有。

全草入药，药材名垂盆草，传统中药，《中华人民共和国药典》（2020 年版）收载，具有清热利湿，解毒消肿的功效。现代研究表明具有保肝、免疫调节、抗炎、抗肿瘤等作用。

地上部分含有氰苷、黄酮类、生物碱类、三萜类、挥发油、甾体类、酚酸类等化学成分。氰苷中的垂盆草苷为抗肝炎活性成分；黄酮类成分有槲皮素、山奈素、木犀草素、异鼠李素等，具有肝脏保护、免疫抑制、抗菌等作用，《中华人民共和国药典》（2020 年版）规定槲皮素、山奈素和异鼠

图 1　垂盆草（陈虎彪摄）

李素的总量不低于 0.1%。药材中的含量为 0.16%～0.44%。

景天属全世界 470 余种，中国分布有 124 种。药用植物还有费菜 *S. aizoon* L.、合果景天 *S. concarpum* Frod.、轮叶景天 *S. verticillatu* L.、凹叶景天 *S. emarginatum* Migo 等，以及欧洲的苔景天 *S. acre* L. 等。

（马　琳　李先宽）

hǔěrcǎokē

虎耳草科（Saxifragaceae）

通常为多年生草本，灌木，小乔木或藤本。一般无托叶。通常为聚伞状、圆锥状或总状花序，稀单花；花常两性，一般为双被；花被片 4～5 基数，覆瓦状、镊合状或旋转状排列；萼片有时花瓣状；花冠常辐射对称；雄蕊（4～）5～10，或多数，花丝离生，花药 2 室，有时具退化雄蕊；心皮 2；子房多室而具中轴胎座，或 1 室且具侧膜胎座，胚珠通常多数，2 列至多列，稀 1 粒；花柱离生或多少合生。蒴果，浆果，小蓇葖果或核果；种子具丰富胚乳。全世界有 80 属 1200 余种，中国有 28 属约 500 种。

本科含有黄酮类、香豆素类、鞣质类、环烯醚萜类、二萜类、三萜类、生物碱类等化学成分，

本科的特征性成分是黄酮醇类化合物，如山奈酚、槲皮素及杨梅素等。落新妇属富含三萜类化合物。

主要药用植物有：①岩白菜属 *Bergenia*，如岩白菜 *B. purpurascens*（Hook. f. et Thoms.）Engl.，厚叶岩白菜 *B. crassifolia*（L.）Fritsch。②落新妇属 *Astilbe*，如落新妇 *A. chinensis*（Maxim.）Franch. et Savat.、大落新妇 *A. grandis* Stapf ex Wils. 等。③大叶子属 *Astilboides*，如大叶子 *A. tabularis*。④草绣球属 *Cardiandra*，如草绣球 *C. moellendorffii*（Hance）Migo。⑤金腰属 *Chrysosplenium*，如肾萼金腰 *C. delavayi* Franch.、五台金腰 *C. serreanum* Hand.-Mazz.。⑥常山属 *Dichroa*，如常山 *D. febrifuga* Lour.。⑦茶藨子属 *Ribes*，如茶藨子 *R. nigrum* L. 等；还有溲疏属 *Deutzia*，鼠刺属 *Itea*，山梅花属 *Philadelphus* 等。

（齐耀东）

yánbáicài

岩白菜［*Bergenia purpurascens*（Hook. f. et Thoms.）Engl., tsinling bergenia］　虎耳草科岩白菜属植物。

多年生草本，高 13～52cm。根状茎粗壮，被鳞片。叶均基生；叶片革质，倒卵形至近椭圆形，长 5.5～16.0cm，先端钝圆，边缘具波状齿至近全缘，基部楔形，两面具小腺窝；聚伞花序圆锥状，长 3～23cm；萼片革质，近狭卵形，先端钝；花瓣紫红色，阔卵形，长 10.0～16.5mm，先端钝或

微凹，基部变狭成长 2.0～2.5mm 之爪；雄蕊长 6～11mm；子房卵球形，花柱 2。花果期 5～10 月。图 1。中国分布于四川、云南及西藏。生于海拔 2700～4800m 的林下、灌丛、高山草甸和高山碎石隙。缅甸、印度、不丹、锡金、尼泊尔也有分布。

图 1　岩白菜（刘翔摄）

根茎入药，药材名岩白菜，传统中药，最早以呆白菜之名记载于《植物名实图考》。《中华人民共和国药典》（2020 年版）收载，具有收敛止泻，止血止咳，舒筋活络的功效。现代研究表明具有祛痰止咳、抗菌抗炎、抗消化道溃疡以及增强免疫力的作用。

根茎中含有酚类、蒽醌类等化学成分。酚类主要有岩白菜素、6-*O*-没食子酰熊果酚苷、4,6-二-*O*-没食子酰熊果酚苷、2,4,6-三-*O*-没食子酰熊果酚苷、2,3,4,6-四-*O*-没食子酰熊果酚苷等，具有抗人类免疫缺陷病毒活性，岩白菜素也是岩白菜药材的质量控制成分，《中华人民共和国药典》（2020 年版）规定岩白菜素含量

不低于 8.2%，药材中含量为 8.61%～12.45%。

岩白菜属全世界有 9 种，中国有 6 种。药用植物还有厚叶岩白菜 *B. crassifolia*（L.）Fritsch、秦岭岩白菜 *B. scopulosa* T. P. Wang 等。

（齐耀东）

qiángwēikē

蔷薇科（Rosaceae）

木本或草本，落叶或常绿，常具刺。单叶或复叶，多互生，常具托叶。花两性，整齐，周位花或上位花；花轴上端与花被和雄蕊愈合发育成碟状、杯状、坛状或壶状的托筒；萼片、花瓣同数，常 4～5；雄蕊 5 至多数，稀 1 或 2；心皮 1 至多数，离生或合生，子房上位或下位，每室 1 至多数胚珠；花柱与心皮同数。果实为聚合蓇葖果、聚合瘦果或聚合核果、梨果、核果。本科全世界约 124 属 3400 余种，中国有约 55 属，1000 余种。

本科植物普遍含鞣质及多酚类、氰苷、有机酸类、三萜类、生物碱类等化合物，酚类如仙鹤草酚、熊果酚苷等，氰苷如苦杏仁苷、野樱皮苷等，有机酸类如琥珀酸、苹果酸等，三萜类如地榆皂苷、委陵菜苷等。

主要药用植物有：①蔷薇属 *Rosa*，如金樱子 *R. laevigata* Michx.、玫瑰 *R. rugosa* Thunb.、月季花 *R. chinensis* Jacq.、狗牙蔷薇 *R. canina* L.、蔷薇 *R. multiflora* Thunb、缫丝花 *R. roxburghii* Tratt. 等。②悬钩子属 *Rubus*，如掌叶覆盆子 *R. chingii* Hu 等。③龙芽草属 *Agrimonia*，如龙牙草 *A. pilosa* Ledeb. 等。④桃属 *Amygdalus*，如桃 *A. persica* L.、山桃 *A. davidiana*（Carr.）C. de Vos ex Henry、长梗扁桃 *A. pedunculata* Pall. 等。⑤杏属 *Armeniaca*，如杏 *A. vulgaris* Lam.、山杏 *A. sibirica*（L.）Lam.、东北杏 *A. mandshurica*（Maxim.）Skv.、梅 *A. mume* Sieb. 等。⑥木瓜属 *Chaenomeles*，如贴梗海棠 *C. speciopsa*（Sweet）Nakai、木瓜 *C. sinensis*（Thouin）Koehne。⑦樱属 *Cerasus*，如郁李 *C. japonica*（Thunb.）Lois.、欧李 *Cerasus humilis*（Bge.）Sok. 等。⑧枇杷属 *Eriobotrya*，如枇杷 *E. japonica*（Thunb.）Lindl. 等。⑨山楂属 *Crataegus*，山楂 *C. pinnatifida* Bge.、山里红 *C. pinnatifida* Bge. var. *major* N. E. Br.、野山楂 *C. cuneats* Sieb. et Zucc.、欧山楂 *C. monogyna* Jacq. 等。⑩委陵菜属 *Potentilla*，如委陵菜 *P. chinensis* Ser.、蕨麻 *P. anserina* L. 等。⑪地榆属 *Sanguisorba*：如地榆 *S. officinalis* L.、长叶地榆 *S. officinalis* L. var *longifolia*（Bertol.）Yu et Li 等。⑫石楠属 *Photinia*，如石楠 *P. serrulata* Lindl. 等。⑬梨属 *Pyrus*，如白梨 *P. bretschneideri* Rehd.、沙梨 *P. pyrifolia*（Burm. f.）Nakai、秋子梨 *P. ussuriensis* Maxim. 等。⑭李属 *Prunus*，如李 *P. salicina* Lindl.。⑮花楸属 *Sorbus*，如欧洲花楸 *S. aucuparia* L. 等。

（严铸云 林亚丽）

lóngyácǎo

龙芽草（*Agrimonia pilosa* Ledeb., hairyven agrimonia）

蔷薇科龙芽草属植物。又称仙鹤草。

多年生草本；根状茎短，地下芽 1 至数枚。茎高 30～120cm，被柔毛。间断奇数羽状复叶，互生，小叶 3～4 对，向上减至 3 小叶；托叶镰形；小叶倒卵形、倒卵椭圆形或倒卵披针形，长 1.5～5.0cm，两面被疏柔毛，下面腺点显著。穗状、总状花序顶生；苞片 3 深裂；萼片 5；花瓣黄色；雄蕊 5～8～15 枚；雌蕊 2 枚，藏萼筒内；花柱 2，柱头头状。果实倒卵状圆锥形，具 10 肋，顶端有数层钩刺。花果期 5～12 月。图 1。中国南北各省均产；欧洲中部以及俄罗斯、蒙古、朝鲜、日本和越南均有分布。

地上部分入药，药材名仙鹤草，传统中药，最早记载于《图经本草》。《中华人民共和国药典》（2020 年版）收载，具有收敛止血，截疟，止痢，解毒，补虚等功效；现代研究表明具有抗炎、镇痛、降血糖、抗疟、抗滴虫、止血促凝等作用。地下芽入药，药材名鹤草芽，具有驱虫的功效；根及根茎入药，具有解毒消肿，驱虫，收涩止痛，活血调经等功效。

地上部分主要含有三萜类、黄酮类、鞣质类和香豆素类等化学成分。三萜类主要是熊果烷型三萜皂苷，如委陵菜酸、熊果酸；黄酮类主要是槲皮素、山奈酚、芹菜素、汉黄芩素及其苷，具有改善心血管系统、抗氧化等作用；鞣

图 1 龙芽草（陈虎彪摄）

质类如仙鹤草素等具有抗肿瘤等作用。地下芽含鹤草酚、仙鹤草内酯、芹菜素、儿茶酚等酚类化合物，鹤草酚具有杀寄生虫、抗肿瘤、止血等作用，具有一定毒性。

龙芽草属植物全球 10 余种，中国 4 种 1 变种。欧洲龙芽草 *A. eupatoria* L. 被《欧洲药典》和《英国药典》收载，地上部分具有收敛作用。药用植物还有黄龙尾 *A. pilosa* Ledeb. var. *nepalensis*（D. Don）Nakai. 等。

（严铸云　付雪菊）

táo
桃（*Amygdalus persica* L.，peach）蔷薇科桃属植物。

落叶乔木，高 3~8m；冬芽被短毛。单叶互生，长圆披针形至倒卵状披针形，长 7~15cm，先端渐尖，基部宽楔形，下面脉腋间具毛，边缘具锯齿；叶柄常具 1 至数枚腺体。花单生，先叶开放，近无梗；萼片 5，先端圆钝，外被柔毛；花瓣常粉红色；雄蕊 20~30；花柱与雄蕊近等长；子房被短柔毛。核果卵形至扁圆形，密被短柔毛；果肉多汁；核大，椭圆形或近圆形，表面具纵、横沟纹和孔穴；种仁味苦。花期 3~4 月，果期常 8~9 月。图 1。原产中国，世界各地均有栽植。

种子入药，药材名桃仁，传统中药，最早记载于《神农本草经》。具有活血祛瘀，滑肠通便，止咳平喘的功效；现代研究证明具有抗凝血、改善血液流变性、镇咳、保肝、抗炎、抗过敏、抑菌、延缓肺纤维化等作用。枝条入药，药材名桃枝，具有活血通络，解毒，杀虫功效。二者均为《中华人民共和国药典》（2020 年版）收载，根入药，具有清热利湿、活血止痛的功效；茎干分泌的树胶入药，具有和胃止渴的功效。幼果入药，具有止痛、止汗的功效。

种子含氰苷、酚类、黄酮类、甾体、挥发油和脂质体等化合物。氰苷有苦杏仁苷、野樱苷等，苦杏仁苷具有镇咳、抗炎、抗间质纤维化、抗溃疡等作用；《中华人民共和国药典》（2020 年版）规定桃仁药材中苦杏仁苷含量不少于 2.0%，药材中含量为 0.67%~2.81%。

桃属植物全球 40 余种，中国 12 种。山桃 *A. davidiana*（Carr.）C. de Vos ex Henry 也被《中华人民共和国药典》（2020 年版）收载为桃仁的来源物种。药用种类还有长梗扁桃 *A. pedunculata* Pall. 等。

（严铸云）

méi
梅［*Armeniaca mume* Sieb.，*Prunus mume* Sieb. et Zucc.，Japanese apricot］蔷薇科杏属植物。

落叶小乔木。单叶互生，叶片卵形或椭圆形，长 4~8 cm，尾尖，边缘具小锐锯齿；叶柄长 1~2cm，具腺体。花单生或 2 朵同生，直径 2.0~2.5cm，香味浓，先叶开放；花梗短；花萼常红褐色，萼筒宽钟形；萼片卵形或近圆形，圆钝；花瓣倒卵形，白色至粉红色；子房密被柔毛。核果近球形，直径 2~3cm，黄色或绿白色，被柔毛；核椭圆形，表面具蜂窝状孔穴。花期冬春季，果期 5~6 月。图 1。中国各地均有栽培，以长江流域以南各省为多；日本和朝鲜也有。

近成熟果实入药，药材名乌梅，传统中药，始载于《神农本草经》。《中华人民共和国药典》（2020 年版）收载，具有敛肺，涩肠，生津，安蛔等功效；现代研究表明具有抑菌、抗病毒、止咳、镇静催眠、抗惊厥、抗肿瘤、抗纤维化、降血脂、抗氧化等作用。花蕾入药，药材名梅花。《中华人民共和国药典》（2020 年版）收载，具有疏肝和中，化痰散结，

图 1　桃（陈虎彪摄）

图 1　梅（陈虎彪摄）

解毒等功效。根入药，具有祛风除湿，清热解毒等功效。

果实含三萜类、有机酸类、黄酮类、苯丙素类、氰苷、生物碱类和挥发油等化合物。三萜类有熊果酸和齐墩果酸等，有机酸有枸橼酸和苹果酸等。《中华人民共和国药典》（2020年版）规定乌梅药材中枸橼酸含量不少于12.0%，药材用枸橼酸含量为8.2%~48.8%，熊果酸含量为2.0%~11.2%，齐墩果酸含量0.35%~1.13%。花蕾含苯丙素类、黄酮类、苯甲醇苷和酰化蔗糖衍生物等化合物；苯丙素类有绿原酸、阿魏酸和咖啡酸，黄酮类有槲皮素、异鼠李素的糖苷类，如金丝桃苷、异槲皮苷；《中华人民共和国药典》（2020年版）规定梅花药材中绿原酸含量不低于3.0%，金丝桃苷和异槲皮苷的总量不低于0.35%，药材中绿原酸含量1.7%~7.2%，金丝桃苷含量0.10%~0.35%，异槲皮苷含量0.15%~0.52%。

杏属植物情况见杏。

（严铸云　林亚丽）

xìng

杏（*Armeniaca vulgaris* Lam.，*Prunus armeniaca* L.，common apricot） 蔷薇科杏属植物。

图1　杏（陈虎彪摄）

落叶乔木，1年生枝浅红褐色。单叶互生，宽卵形或圆卵形，长5~9cm，急尖或渐尖，边缘具圆钝齿，下面脉腋间具柔毛；叶柄长2.0~3.5cm，基部具腺体。花单生，先叶开放；花梗长1~3mm；花萼紫绿色，萼片花后反折；花瓣圆形至倒卵形，白色或带红色；雄蕊较花瓣稍短；子房被短柔毛。核果球形，直径2.5cm以上，白色、黄色至黄红色，微被短柔毛；核卵形或椭圆形，扁平，基部对称，表面平滑或稍粗糙；种仁味苦或甜。花期3~4月，果期6~7月。图1。中国各地均产，以华北、西北和华东地区较多；世界各地有栽培。果树。

味苦的种子入药，药材名苦杏仁，始载于《神农本草经》。《中华人民共和国药典》（2020年版）收载，具有止咳祛痰，定喘润肠的功效。现代研究表明具有止咳平喘，抗炎，镇痛，抗肿瘤、降血脂等作用。味甜的种子入药，药材名甜杏仁，具有润肺止咳，宽肠通便的功效。

种子含氰苷、酚类、黄酮类、甾体类、挥发油等化合物。氰苷有苦杏仁苷、野樱苷等，苦杏仁苷具有镇咳、抗炎、抗间质纤维化、抗溃疡等作用。《中华人民共和国药典》（2020年版）规定苦杏仁药材中苦杏仁苷含量不少于2.1%，药材中含量为0.5%~4.2%。

杏属植物全球约8种，中国有7种。山杏*A. sibirica*（L.）Lam.、野杏*A. vulgaris* Lam. var. ansu（Maxim.）Yu et Lu、东北杏*A. mandshurica*（Maxim.）Skv.也被《中华人民共和国药典》（2020年版）收载为苦杏仁药材的来源植物。药用植物还有梅*Armeniaca mume* Sieb.等。

（严铸云　林亚丽）

yùlǐ

郁李（*Cerasus japonica*（Thunb）Loisel.，dwarf flowering cherry） 蔷薇科樱属植物。

落叶灌木，冬芽卵圆形。单叶互生，卵形或卵状披针形，长3~7cm，先端渐尖，基部圆形，边缘具缺刻状锐重锯齿；叶柄长2~3mm；托叶线形，具腺齿。花1~3朵，簇生，花叶同开或先叶开放，梗长5~10mm；萼筒陀螺形，长宽近等，2.5~3.0mm，无毛；萼片椭圆形，较萼筒略长；花瓣白色或粉红色，倒卵状椭圆形；雄蕊约32；子房上位，心皮1，花柱与雄蕊近等长，无毛。核果近球形，深红色，直径约1cm；核表面光滑。花期5月，果期7~8月。图1。中国产黑龙江、吉林、辽宁、河北、山东、浙江、江苏、安徽等省；各地有栽培。日本和朝鲜也有分布。

图1　郁李（陈虎彪摄）

种子入药，药材名郁李仁，最早记载于《神农本草经》。《中华人民共和国药典》（2020年版）收载，具有润肠通便，下气利水的功效；现代研究表明具有促进肠蠕动，抗氧化，镇咳祛痰，抗炎，镇静，抗惊厥，降血压和扩张血管等作用。

种子含氰苷、黄酮类、三萜酸类、有机酸类和脂肪油等化学成分。氰苷有苦杏仁苷、野樱苷等，苦杏仁苷具有镇咳、抗炎、抗间质纤维化、抗溃疡等作用；黄酮类有郁李仁苷A、B，阿福豆苷等，郁李仁苷具泻下作用。《中华人民共和国药典》（2020年版）规定郁李仁药材中苦杏仁苷含量不少于2.0%，药材中苦杏仁苷含量为1.50%~3.25%，郁李仁苷A含量为0.25%~3.82%。

樱属植物全球约150种，中国44种。欧李 *C. humilis*（Bge.）Sok. 及桃属植物长梗扁桃 *Amygdalus pedunculata* Pall. 也被《中华人民共和国药典》（2020年版）收载作为郁李仁药材的来源植物，郁李和欧李的种子习称小李仁，长梗扁桃的种子习称大李仁。毛樱桃 *Cerasus tomentosa*（Thunb.）Wall. 、李 *Prunus salicina* Lindl. 、杏李 *P. simonii* Carr. 、欧洲李 *Prunus domestica* Linnaeus、榆叶梅 *Amygdalus triloba*（Lindl.）Ricker 种子也药用。

（严铸云　林亚丽）

tiēgěnghǎitáng

贴梗海棠［*Chaenomeles speciosa*（Sweet）Nakai, beautiful flowering quince］

蔷薇科木瓜属植物，又称皱皮木瓜、木瓜。

落叶灌木，枝条有刺；冬芽三角状卵形，紫褐色。单叶互生，卵形至椭圆形，长3~9cm，先端急尖，基部楔形至宽楔形，边缘具锐锯齿；托叶肾形或半圆形，长5~10mm，边缘有锐重锯齿。花先叶开放，3~5朵簇生2年生老枝上；萼筒钟状，萼片半圆形；花瓣猩红色，倒卵形或近圆形，长10~15mm；雄蕊45~50；子房下位，花柱5，基部合生，柱头头状。果实球形或卵球形，直径4~6cm，黄色或带黄绿色，有稀疏不显明斑点，味芳香。花期3~5月，果期9~10月。图1。中国分布于陕西、甘肃、四川、贵州、云南、广东等省区，各地常栽培；缅甸亦有分布。

果实入药，药材名木瓜，又称皱皮木瓜，传统中药，最早记载于《名医别录》。《中华人民共和国药典》（2020年版）收载，具有舒筋活络，和胃化湿的功效；现代研究证明具有镇痛、抗菌、抗炎、抗肿瘤、保肝、祛风湿等作用。

果实含酚和酚酸类、三萜类、降倍半萜类、有机酸类、黄酮类和挥发油等化合物。三萜类有熊果酸和齐墩果酸等，有机酸有枸橼酸和苹果酸等；《中华人民共和国药典》（2020年版）规定齐墩果酸和熊果酸总量不少于0.5%，药材中齐墩果酸含量0.07%~0.56%，熊果酸含量0.08%~0.52%。

木瓜属植物全球约5种，中国5种。木瓜 *C. sinensis*（Thouin）Koehne、毛叶木瓜 *C. cathayensis* Schneid. 、日本木瓜 *C. japonica*（Thunb.）Spach、西藏木瓜 *C. thibetica* YÜ 的果实药用。

（严铸云　林亚丽）

shānzhā

山楂（*Crataegus pinnatifida* Bunge., Chinese hawthorn）

蔷薇科山楂属植物。

落叶乔木，高达6m；刺长1~2cm。叶片宽卵形至三角状卵形，先端短渐尖，基部截形至宽楔形，边缘具不规则重锯齿，两侧各3~5羽状深裂，裂片卵状披针形或带形，先端短渐尖，下面沿脉疏生短毛或脉腋具髯毛；托叶镰形。伞房花序多花；花直径约1.5cm；萼筒钟状，外面密被灰白色柔毛，萼片三角卵形至披针形；花瓣白色，倒卵形或近圆形；雄蕊20；花柱3~5。果实近球形或梨形，深红色，有浅色斑点，直径1.0~1.5cm；小核3~5，外面稍具棱，内面两侧平滑，花期5~6月，果期9~10月。图1。中国分布于黑龙江、吉林、辽宁、内蒙古、河北、河南、山东、山西、陕西、江苏等地。生于山坡林边或灌木丛中。

果实入药，药材名山楂。传统中药，最早记载于《本草衍义补遗》，《中华人民共和国药典》（2020年版）收载，具有消食健胃，行气散瘀的功效；现代研究表明具有抗炎、镇痛、免疫调节、

图1　贴梗海棠（陈虎彪摄）

图1 山楂 (陈虎彪摄)

抗心肌和脑缺血、降血脂、保肝、兴奋胃肠平滑肌和抗氧化等作用；叶入药，药材名山楂叶，最早记载于《本草纲目》。《中华人民共和国药典》（2020年版）收载，具有活血化瘀，理气通脉的功效。现代研究表明具有抗心肌和脑缺血、抗凝血、降血脂、保肝等作用。

果实含有黄酮类、有机酸类、三萜类和多糖等化学成分。黄酮类主要是芹菜素和木犀草素的苷类、金丝桃苷等，具有抗心肌和脑缺血、降脂、抗动脉硬化、抗氧化等作用；有机酸类主要是枸橼酸（柠檬酸）、绿原酸等，具有助消化、保肝利胆作用；三萜类有乌苏烷型、环阿屯烷型、齐墩果烷型等，如熊果酸、科罗索酸、环阿屯、β-香树脂、齐墩果酸、山楂酸等；山楂叶含有黄酮类、三萜类等化学成分与果实相似；《中华人民共和国药典》（2020年版）规定山楂药材含有机酸不得少于5.0%；山楂叶含总黄酮不得少于7.0%，金丝桃苷不得少于0.050%。山楂药材含总有机酸为2.2%~7.8%；山楂叶含总黄酮为2.5%~15.0%，金丝桃苷含量为0.05%~0.28%。

山楂属植物全世界有1000余种，中国有18种。山里红 *C. pinnatifida* Bge. var. *major* N. H. Br. 也被《中华人民共和国药典》（2020年版）收载为山楂、山楂叶药材的来源植物。欧山楂 *C. monogyna* Jacq. 和光滑山楂 *C. laevigata* （Poir.）DC. 的花、叶、果实是欧洲传统的植物药，被《欧洲药典》《美国药典》《英国药典》收载，具有增加冠脉流量、强心、抗氧化、抗炎等药理作用。

(严铸云)

pípá

枇杷 ［*Eriobotrya japonica* （Thunb.） Lindl. , loquat］蔷薇科枇杷属植物。

常绿小乔木，高可达10m；小枝密生锈色或灰棕色绒毛。单叶互生，革质，披针形、倒披针形、倒卵形或椭圆状长圆形，长12~30cm，下面密被灰棕色绒毛，侧脉11~21对，先端急尖或渐尖，上部边缘有疏锯齿。圆锥花序顶生，花序轴、花梗和苞片密被锈色绒毛；萼筒浅杯状；花瓣白色，长圆形或者卵形；雄蕊20，远较花瓣短；花柱5，子房下位，顶端具锈色柔毛，5室，每室2胚珠。果实球形或者长圆形，黄色或者橘黄色；种子1~5，球形或扁球形，花期10~12月，果期5~6月。图1。中国黄河以南各地广泛栽培；日本和东南亚各国也有栽培。

叶入药，药材名枇杷叶，传统中药，始载于《名医别录》。《中华人民共和国药典》（2020年版）收载，具有清肺止咳，降逆止呕等功效；现在研究证明具有抗炎、止咳，降血糖，抗肿瘤，抗氧化，保肝的作用。花及花序入药，具有疏风止咳，通鼻窍的功效。

叶含三萜类、挥发油、黄酮类、倍半萜类、有机酸类等化学成分。三萜类主要含熊果酸、齐墩果酸和委陵菜酸等；挥发油主要有橙花椒叔醇和金合欢醇等。《中华人民共和国药典》（2020年版）规定枇杷叶药材中齐墩果酸和熊果酸的总量不少于0.7%，药材中齐墩果酸含量0.09%~0.29%，熊果酸含量0.45%~1.50%。

枇杷属植物全球约30种，中国13种。药用植物还有怒江枇杷 *E. salwinensis* Hand. -Mazz.、大花枇杷 *E. cavaleriei* （Levl.） Rehd.、台湾枇杷 *E. deflexa* （Hemsl.） Nakai 等。

(严铸云 付雪葡)

图1 枇杷 (陈虎彪摄)

jīnyīngzi

金樱子（*Rosa laevigata* Michx., cherokee rose） 蔷薇科蔷薇属植物。

常绿攀缘灌木，高可达 5m，小枝幼时被腺毛。奇数羽状复叶，互生，小叶 3（~5），叶轴和小叶柄具皮刺及腺毛；托叶披针形，边缘有细齿，齿尖具腺体，早落；小叶片卵状椭圆形、倒卵形或卵状披针形，长 2~6cm，先端急尖或圆钝，边缘具锐锯齿；单花腋生，直径 5~7cm，花梗和萼筒密被腺毛，后变为针刺；萼片卵状披针形；花瓣白色，宽倒卵形；雄蕊多数；心皮多数，花柱有毛，远较雄蕊短。蔷薇果梨形、倒卵形，紫褐色，外面密被刺毛，萼片宿存，花期 4~6 月，果期 7~11 月。图 1。中国分布于秦岭以南各省区。

果实入药，药材名金樱子，传统中药，最早记载于《蜀本草》。《中华人民共和国药典》（2020 年版）收载，具有固精缩尿，固崩止带，涩肠止泻的功效；现代研究证明具有调节免疫、降血糖、降血脂、抑菌、抗氧化、抗疲劳等作用。根入药，具有收敛固涩，祛风活血的功效。

果实含鞣质、三萜类、有机酸类、黄酮类、酚及酚酸类、多糖类等化学成分。鞣质类有金樱子素 A~G 等；三萜类有野鸭椿酸、熊果酸、齐墩果酸及其苷类；有机酸有柠檬酸、苹果酸等；多糖具有免疫调节、降血糖、降血脂、抑菌抗炎等作用。根主要含鞣质、三萜类、酚及酚酸类化合物。《中华人民共和国药典》（2020 年版）规定药材中多糖含量（以葡萄糖计）不少于 25.0%，药材中含量为 30.5%~42.7%。

蔷薇属植物情况见玫瑰。

（严铸云 林亚丽）

méiguī

玫瑰（*Rosa rugosa* Thunb, rose） 蔷薇科蔷薇属植物。又称玫瑰花。

直立灌木，茎丛生，小枝密生绒毛、针刺和腺毛。奇数羽状复叶，互生，小叶 5~9；叶柄和叶轴密被绒毛和腺毛；托叶大部贴生，边缘有带腺锯齿；小叶椭圆形或椭圆状倒卵形，长 1.5~4.5cm，先端急尖或圆钝，基部圆形或宽楔形，边缘有锐锯齿，下面中脉被绒毛和腺毛。花单生或簇生，花梗密被毛和腺毛；花紫红色至白色，直径 4.0~5.5cm，芳香；萼片 5，宿存，萼筒和萼片外面密被毛和腺毛；花瓣倒卵形，重瓣至半重瓣；花柱离生。蔷薇果扁球形，砖红色，平滑。花期 5~6 月，果期 8~9 月。图 1。原产中国华北地区，各地栽培。观赏和香料植物。

花蕾入药，药材名玫瑰花，传统中药，最早载于《食物本草》。《中华人民共和国药典》（2020 年版）收载，具有行气解郁，和血，止痛等功效。现代研究证明具有扩张血管、抗菌、抗病毒、抗氧化、降血糖、调节血脂等作用。

花蕾含有挥发油、黄酮类、鞣质等化学成分。挥发油中主要有芳樟醇、芳樟醇甲酸酯、β-香茅醇、香茅醇甲酸酯等，具有抗菌、抗血栓和抗血小板聚集作用；黄酮类主要有槲皮素和山柰酚及其苷类；鞣质为可水解鞣质。

蔷薇属植物全球 200 余种，中国 95 种。月季 *R. chinensis* Jacq. 的花蕾，药材名月季花，《中华人民共和国药典》（2020 年版）收载，具有活血调经，疏肝解郁的功效。狗牙蔷薇 *R. canina* L. 为欧洲传统药，果实治疗乳房疾病，以及缓泻剂和利尿剂，《欧洲药典》和《英国药典》收载。药用植物还有金樱子 *R. laevigata* Michx.、小果蔷薇 *R. cymosa* Tratt.、小果蔷薇 *R. cymosa* Tratt.、

图 1 金樱子（陈虎彪摄）

图 1 玫瑰（陈虎彪摄）

野蔷薇 R. multiflora Thunb.、山刺玫 R. davurica Pall.、缫丝花 R. roxburghii Tratt.、单瓣缫丝花 R. roxburghii f. normalis Rehd.、疏花蔷薇 R. laxa Retz、峨眉蔷薇 R. omeiensis Rolfe、绢毛蔷薇 R. sericea Lindl. 等。

（严铸云 付雪菊）

huádōngfùpénzǐ
华东覆盆子 (Rubus chingii Hu, palmleaf raspberry) 蔷薇科悬钩子属植物。又称掌叶覆盆子。

有刺灌木，高1.5~3.0m。单叶，互生；叶近圆形，直径4~9cm，基部心形，边缘常掌状5深裂，裂片椭圆形或菱状卵形，具重锯齿；叶柄长2~4cm；托叶线状披针形。单花腋生，直径2.5~4.0cm；花梗长2.0~3.5（4.0）cm；萼片卵形或卵状长圆形，外面密生短柔毛；花瓣白色，椭圆形或卵状长圆形；雄蕊多数，花丝宽扁；雌蕊多数，被柔毛。聚合核果近球形，红色，直径1.5~2.0cm，密被灰白色柔毛；核有皱纹。花期3~4月，果期5~6月。图1。中国分布于江苏、安徽、浙江、江西、福建、广西等省区；浙江等地有栽培。日本

图1 华东覆盆子（陈虎彪摄）

也有分布。

果实入药，药材名覆盆子，传统中药，始载于《神农本草经》。《中华人民共和国药典》（2020年版）收载，具有益肾，固精，缩尿，养肝明目等功效；现代研究表明具有抗肿瘤、抗诱变、抗氧化、增强免疫、提高记忆力、延缓衰老、调节生殖功能等作用。叶入药，具有明目止泪，收湿气等功效；根入药，具有祛风止痛，明目退翳，和胃止呕等功效。

果实含黄酮类、三萜类、有机酸类、挥发油和多糖等化学成分。黄酮类有山柰酚、槲皮素、山柰酚-3-O-芸香糖苷等，具有抗氧化作用；三萜类主要是齐墩果烷、乌苏烷型五环三萜，如熊果酸、齐墩果酸及其苷类；有机酸类主要有鞣花酸。《中华人民共和国药典》（2020年版）规定覆盆子药材中鞣花酸含量不少于0.20%，山柰酚-3-O-芸香糖苷含量不少于0.03%。药材中山柰酚-3-O-芸香糖苷含量为0.10%~0.80%。

悬钩子属植物全球700余种，中国210种16变种。山莓 R. corchorifolius Linn. f.、桉叶悬钩子 R. eucalyptus Focke（四川）、绵果悬钩子 R. lasiostylus Focke、悬钩子 R. idaeus L. 等果实药用。药用植物还有甜茶 R. chingii Hu var. suavissimus（S. Lee）L. T. Lu、茅莓 R. parvifolius L.、石生悬钩子 R. saxatilis L.、库页悬钩子 R. sachalinensis Leveille、红莓 R, idaeus Linn. 等。

（严铸云）

dìyú
地榆 (Sanguisorba officinalis L., garden burnet) 蔷薇科地榆属植物。

多年生直立草本，高30~120cm。根粗壮，多呈纺锤形，表面棕褐色或紫褐色。基生叶为羽状复叶，小叶4~6对，托叶膜质；小叶卵形或长圆状卵形，长1~7cm，基部心形至浅心形，边缘具粗大圆钝；茎生叶较少，托叶大。穗状花序椭圆形、圆柱形或卵球形，直立，长1~3cm，从花序顶端向下开放；苞片膜质，外面及边缘有柔毛；萼片4，紫红色；雄蕊4，花丝不扩大，与萼片近等长或稍短；子房基部微被毛，柱头顶端扩大。果实包藏于宿萼内，外面具4棱。花果期7~10月。图1。中国分布于东北、华北、华中、西南和西北地区；广布于欧洲、亚洲北温带。

图1 地榆（陈虎彪摄）

根入药，药材名地榆，传统中药，最早记载于《神农本草经》。《中华人民共和国药典》（2020年版）收载，具有凉血止血、解毒敛疮的功效；现代研究

表明地榆具有止血、抗菌、抗炎、抗氧化、抗过敏、升白、抗肿瘤等作用。

根含鞣质类、三萜类和黄酮类等化学成分。鞣质类有地榆素 H_1～H_{11} 和多种可水解鞣质，具有止血、抗菌等作用；三萜类有齐墩果烷型皂苷及二聚三萜类化合物地榆皂苷 A、B、C、D 等；黄酮类有槲皮素、山奈酚、儿茶素及其衍生物。《中华人民共和国药典》（2020 年版）规定地榆药材中没食子酸含量不少于 1.0%，鞣质含量不少于 8.0%，药材中没食子酸含量为 0.80%～0.34%，鞣质含量可达 17%。

地榆属植物全球 30 余种，中国 7 种 5 变种。长叶地榆 *S. officinalis* L. var. *longifolia*（Bert.）Yü et Li 也被《中华人民共和国药典》（2020 年版）收载为地榆药材的来源植物，习称绵地榆。

（严铸云　林亚丽）

dòukē

豆科（Fabaceae，Leguminosae）

草本、藤本、灌木或乔木。叶互生，稀对生或轮生，常羽状复叶，少掌状或三出复叶；托叶 2 枚，常分离；小叶具小托叶。花两性，两侧对称或辐射对称，常排成腋生的总状、聚伞、穗状、头状或圆锥花序；萼片 5，离生或合生；花瓣 5，常蝶形、假蝶形，或基部合生而辐射对称；雄蕊常 10 枚，常二体雄蕊，花药 2 室，纵裂或少孔裂；单心皮雌蕊，子房上位，1 室，侧膜胎座。荚果，成熟后沿缝线开裂或不裂，或断裂成含单粒种子的荚节；胚大，内胚乳无或极薄。根据花冠形态和对称性、雄蕊数目和类型，分为含羞草亚科、云实亚科（苏木亚科）和蝶形花亚科。本科全世界约 727 属 19 320 余种。中国有 187 属 1860 余种。

本科植物普遍含黄酮类、生物碱类、三萜类、香豆素类、蒽醌类、鞣质类和木脂素类等化合物。黄酮类又以多种类型异黄酮为特征，如大豆素、大豆苷、葛根素等，如葛属 Pueraria、大豆属 Glyine、黄檀属 Dalbergia 等；此外，木犀草素、芹菜素、杨梅黄素、山奈酚和槲皮素及其衍生物最为普遍，杨梅黄素等黄酮醇是木本植物的特征性成分，草本类植物则以黄酮类为特征成分。生物碱类有喹诺里西啶类、吲哚类、哌啶类和吡咯里西啶类等，喹诺里西啶类生物碱有苦参碱、羽扇豆碱等，具有抗心律失常、抗溃疡、抗肿瘤和抑菌等活性，主要分布在蝶形花亚科。三萜类有齐墩果烷型、环阿尔廷型和羽扇豆烷型皂苷，含羞草亚科主要是齐墩果烷型和羽扇豆烷型，云实亚科主要是齐墩果烷型，蝶形花亚科则三种类型均有。香豆素类主要分布在蝶形花亚科。蒽醌类主要分布在决明属和黄芪属。

主要药用植物有：①合欢属 Albizia，如合欢 A. julibrissin Durazz. 等。②金合欢属 Acacia，如儿茶 A. catechu（L.f.）Willd.、阿拉伯胶树 A. senegal（L.）Willd. 等。③皂荚属 Gleditsia，如皂荚 G. sinensis Lam. 等。④决明属 Cassia，如决明 C. obtusifolia L.、狭叶番泻 C. angustifolia Vahl 等。⑤槐属 Sophora，槐 S. japonica L.、苦参 S. flavescens Ait. 和越南槐 S. tonkinensis Gagnep. 等。⑥黄芪属 Astragalus，如膜荚黄芪 A. membranaceus（Fisch.）Bge、蒙古黄芪 A. membranaceus（Fisch.）Bge var. mongholicus（Bunge）P. K. Hsiao、扁茎黄芪 A. complanatus Bunge 等。⑦甘草属 Gly-cyrrhiza，如甘草 G. uralensis Fisch. 等。⑧黄檀属 Dalbergia，如降香檀 D. odorifera T. Chen 等。⑨大豆属 Glyine，如大豆 G. max（Linn.）Merr. 等。⑩云实属 Caesalpinia，如苏木 C. sappan L. 等。⑪葛属 Pueraria 葛 P. lobata（willd）Ohwi、甘葛藤 P. thomsonii Benth 等。⑫缸豆属 Vigna，如赤小豆 V. umbellata（Thunb.）Ohwi et Ohashi、赤豆 V. angularis Ohwi et Ohashi、绿豆 V. radiate（L.）R. Wilczek 等。还有广州相思子 Abrus cantoniensis Hance、广金钱草 Desmodium styracifolium（Osb.）Merr. 山羊豆 Galega officinalis L；红车轴草 Trifolium pratense L. 等。

（严铸云）

guǎngzhōuxiāngsīzǐ

广州相思子（*Abrus cantoniensis* Hance，canton abrus）

豆科相思子属植物。又称鸡骨草。

攀缘灌木，高 1～2m。主根粗壮，长达 60cm。偶数羽状复叶互生；小叶 6～11 对，膜质，长圆形或倒卵状长圆形，长 0.5～1.5cm，先端截形或稍凹缺，具细尖，下面被糙伏毛，叶脉两面均隆起；小叶柄短。总状花序腋生；花小，长约 6mm，聚生于花序总轴的短枝上；花冠紫红色或淡紫色。荚果长圆形，扁平，长约 3cm，顶端具喙，成熟时浅褐色，有种子 4～5 粒。种子黑褐色，种阜蜡黄色，边具长圆状环。花期 8 月。图 1。中国分布于湖南、广东、广西、海南、香港等省区。生于疏林下、灌丛或山坡。泰国有分布。

全株入药，药材名鸡骨草，《中华人民共和国药典》（2020 年版）收载，具有利湿退黄，清热解毒，疏肝止痛的功效。现代研究证明具有免疫调节、抑菌、抗

图 1 广州相思子（潘超美摄）

炎、保肝、降血脂、兴奋平滑肌和抗氧化等作用。

全株含有三萜类、黄酮类、生物碱类和有机酸类等化学成分。三萜类主要有大豆皂苷Ⅰ、槐花皂苷Ⅲ、熊果酸等，具有保肝作用；黄酮类主要是芹菜素和木犀草素的苷类，具有降血脂、保肝、抗炎、镇痛、扩血管、抗氧化等作用。

相思子属植物全世界约 12 种，中国有 4 种。毛相思子 Abrus mollis Hance 的全株在广西作鸡骨草使用，称毛鸡骨草。

（严铸云）

érchá

儿茶 ［*Acacia catechu*（L. f.）Will., catechu］ 豆科金合欢属植物。又称孩儿茶。

落叶乔木，高 6～10m；树皮呈条状开裂。二回偶数羽状复叶，总叶柄近基部及叶轴顶部数对羽片间有腺体，叶轴被长柔毛；托叶下具 1 对钩状刺或无；羽片 10～30 对；小叶 20～50 对，线形，具缘毛。穗状花序长 2.5～10.0cm，1～4 个腋生；萼钟状，萼齿三角形；花瓣淡黄或白色，披针形或倒披针形；雄蕊多数。荚果带状，长 5～12cm，开裂。种子 3～10 枚。花期 4～8 月；果期 9 月至翌年 1 月。图 1。中国云南有野生，云南、广西、广东、浙江南部及台湾有引种栽培；印度、缅甸及非洲东部也有分布。

木材的干煎膏入药，药材名儿茶，最早记载于《饮膳正要》。《中华人民共和国药典》（2020 年版）收载，具有活血止痛，止血生肌，收湿敛疮，清肺化痰的功效；现代研究表明具有抗心律失常、降血糖、调血脂、保肝利胆、抗凝血、抑制肠道运动、抗腹泻、抑菌、改善肾功能、调节免疫、抗肿瘤、抗放射和升白等作用。

木材的干煎膏含有黄酮类、鞣质、酚酸类、树胶等化学成分。鞣质有儿茶素、表儿茶素及衍生物等，具有抗氧化、抗炎、抗肿瘤、抗菌、抗病毒、保肝、保护神经、保护心脑血管等作用。《中华人民共和国药典》（2020 年版）规定儿茶药材中儿茶素和表儿茶素的总量不少于 21.0%，药材中儿茶素含量 2.0%～20.0%。

金合欢属植物全球约 1200 种，中国 22 种 4 变种，药用植物还有阿拉伯金合欢 A. senegal（L.）Willd.、金合欢 A. constricta A. Gray 等。茜草科植物儿茶钩藤 *Uncaria gambier* Roxb. 带叶小枝的干煎膏入药，称为方儿茶或棕儿茶。

（严铸云 李芳琼）

héhuān

合欢 （*Albizia julibrissin* Durazz, silk tree） 豆科合欢属植物。又称夜合树。

落叶乔木，树冠开展；小枝具棱角，嫩枝、花序和叶轴被绒毛或短柔毛。二回偶数羽状复叶，互生；羽片 4～12 对；总叶柄近基部及最顶 1 对羽片着生处各有 1 枚腺体；托叶早落；小叶 10～30 对，线形至长圆形，长 6～12mm，中脉紧靠上边缘。头状花序于枝顶排成圆锥花序；花粉红色，5 数，两性，无梗或近无梗；花萼管状；花冠长 8mm，裂片三角形；雄蕊 20～50，花丝长约 2.5cm。荚果带状，长 9～15cm，嫩荚具毛。花期 6～7 月；果期 8～10 月。图 1。中国分布于东北至华南及西南各省；非洲、中亚至东亚均有分布，多栽培，北美亦有栽培。

树皮入药，药材名合欢皮，最早记载于《神农本草经》。《中华人民共和国药典》（2020 年版）收载，具有解郁安神，活血消肿

图 1 儿茶（陈虎彪摄）

图1 合欢（陈虎彪摄）

的功效；现代研究表明具有镇静催眠，抗焦虑，抗抑郁，抗肿瘤，促进免疫、抗生育等作用。花序或花蕾入药，药材名合欢花，花蕾又合欢米，最早记载于《本草衍义》，《中华人民共和国药典》（2020 年版）收载，具有解郁安神的功效；现代研究证明具有抑菌，镇静催眠，抗焦虑，抗抑郁等作用。

树皮含三萜类、黄酮类、木脂素类、鞣质等化合物。三萜类主要为齐墩果酸和刺囊酸为苷元的皂苷，如合欢苷、合欢诺苷、合欢三萜内酯甲等；黄酮类有槲皮素及其衍生物；木脂素类有丁香树脂醇葡萄糖苷类，如（-）-丁香树脂酚-4-O-$β$-D-呋喃芹糖基-（1→2）-$β$-D-吡喃葡萄糖苷等。花序和花蕾含槲皮苷、异槲皮苷、芦丁、槲皮素、异鼠李素、山奈酚、木犀草素等。《中华人民共和国药典》（2015 年版）规定合欢皮药材中（-）-丁香树脂酚-4-O-$β$-D-呋喃芹糖基-（1→2）-$β$-D-吡喃葡萄糖苷含量不少于 0.030%，药材中含量为 0.037%~0.210%；合欢花药材中含槲皮苷不少于 1.0%，药材中槲皮苷平均含量 0.22%~1.26%。

合欢属植物全球约 120 种，中国 15 种。药用植物还有山合欢 A. kalkora（Roxb.）Prain 等。

（严铸云 孙 琳）

biǎnjīnghuángqí

扁茎黄芪（Astragalus complanatus R. Br. ex Bunge, flat-stem milkvetch）

豆科黄耆属植物。又称扁茎黄耆、背扁黄芪。

多年生草本，高 50~150cm。主根圆柱状，长达 1m。茎平卧，长 20~100cm，有棱，分枝。羽状复叶具 9~25 片小叶。总状花序生 3~7 花，较叶长；总花梗长 1.5~6.0cm，疏被粗伏毛；苞片钻形，长 1~2mm；花梗短；花萼钟状；花冠乳白色或带紫红色，旗瓣长 10~11mm，翼瓣长 8~9mm，龙骨瓣长 9.5~10.0mm；子房有柄，密被白色粗伏毛，柱头被簇毛。荚果略膨胀，狭长圆形；种子淡棕色，肾形，平滑。花期 7~9 月，果期 8~10 月。图 1。中

图1 扁茎黄芪（付正良摄）

国分布于东北、华北及河南、陕西、甘肃、江苏、四川等省。生于海拔 1000~1700m 的路边、沟岸、草坡及干草场。饲草植物。

种子入药，药材名沙苑子，传统中药，最早收载于《神农本草经》，《中华人民共和国药典》（2020 年版）收载，具补肾助阳，固精缩尿，养肝明目的功效。现代研究表明具有降脂、保肝、抗炎、抗氧化、抗疲劳、抗癌等作用。

种子含黄酮类、三萜类、有机酸类、鞣质、甾醇类等化学成分。黄酮类主要包括沙苑子苷、沙苑子新苷、沙苑子杨梅苷、鼠李柠檬素-3-O-$β$-D-葡萄糖苷等。具有增强免疫、保肝、抗癌等作用。沙苑子苷是沙苑子质量控制成分，药材中含量一般为 0.01%~0.09%，《中华人民共和国药典》（2020 年版）规定含量不低于 0.060%。

黄耆属植物情况见蒙古黄芪。

（陈士林 向 丽 邬 兰）

měnggǔhuángqí

蒙古黄芪 [Astragalus membranaceus（Fisch.）Bunge var. mongholicus（Bunge）P. K. Hsiao, mongol milkvetch]

豆科黄耆属植物。又称黄耆。

多年生草本，高 50~80cm。主根棒状，深长而粗壮，稍带木质。茎直立，上部多分枝，被长柔毛。单数羽状复叶互生；小叶 12~18 对，小叶片阔椭圆形，先端钝尖，具短尖头，基部全缘，两面密生白色长柔毛；托叶披针形。总状花序腋生，具花 10~25 朵；苞片线状披针形；小花梗被黑色硬毛；花萼钟形，萼齿 5，被黑色短毛；花冠淡黄色，蝶形，旗瓣长圆状先端微凹，倒卵形，翼瓣和龙骨瓣均有长爪；雄蕊 10，

2 体；子房柄长。荚果膜质，卵状长圆形，先端有喙，有显著网纹。种子 5～6 粒，肾形，黑色。花期 6～7 月，果期 8～9 月。图 1。中国分布于黑龙江、吉林、辽宁、内蒙古、河北、山西、新疆和西藏等省区。生于山坡、沟旁或疏林下。

根入药，药材名黄芪，传统中药，最早以黄耆之名记载于《神农本草经》。《中华人民共和国》（2020 年版）收载，具有补气升阳，固表止汗，利水消肿，生津养血，行滞通痹，托毒排脓，敛疮生肌的功效。现代研究证明黄芪具有免疫调节、抗衰老、抗应激、抗心肌缺血、抗菌、抗病毒、抗肿瘤等作用。

根含有三萜皂苷类、异黄酮类、多糖等化学成分。皂苷类成分主要有黄芪皂苷 IV、I、II、III 等，具有改善心肌、血管、血流动力学等作用。异黄酮类成分主要有毛蕊异黄酮、芒柄花素、毛蕊异黄酮葡萄糖苷等，具有抗氧化、抗突变等作用。多糖具有调节免疫、抗病毒、抗肿瘤、抗炎、保肝等作用。《中华人民共和国药典》（2020 年版）规定黄芪甲苷含量不低于 0.04%，毛蕊异黄酮葡萄糖苷含量不低于 0.02%。

图 1　蒙古黄芪（陈虎彪摄）

药材中黄芪甲苷含量为 0.03%～0.25%，毛蕊异黄酮葡萄糖苷含量为 0.05%～0.14%，多糖含量为 31.35%～47.50%。

黄芪属植物全世界约 2000 余种，中国有 278 种、2 亚种和 35 变种 2 变型。膜荚黄芪 *A. membranaceus*（Fisch.）Bge. 也被《中华人民共和国药典》（2020 年版）收载为黄芪药材的来源植物。多花黄芪 *A. floridus* Benth.、青海黄芪 *A. tanguticus* Bat.、东俄洛黄芪 *A. tongolensis* Ulbr.、梭果黄芪 *A. ernestii* Comb.、金翼黄芪 *A. chtysopterus* Bge.、直立黄芪 *A. adsurgens* Pall 的根在有些地方作为黄芪药用。扁茎黄芪 *A. complanatus* R. Br. 种子为药材沙苑子。

（陈虎彪）

sūmù

苏木（*Caesalpinia sappan* L., sappan）

豆科云实属植物。

小乔木，高达 6m，具疏刺；枝上皮孔密而显著；二回羽状复叶长 30～45cm，羽片 7～13 对，对生，长 8～12cm，小叶 10～17 对，紧靠，无柄，小叶片纸质，长圆形至长圆状菱形，长 1～2cm，宽 5～7mm，以斜角着生于羽轴上；圆锥花序顶生或腋生，花瓣黄色，阔倒卵形，长约 9mm，萼片 5，雄蕊 10，稍伸出，花丝下部密被柔毛，子房密生棕色绒毛，荚果木质，稍压扁，近长圆形至长圆状倒卵形，上角有硬喙，种子 3～4 颗，花期 5～10 月，果期 7 月至翌年 3 月。

图 1。中国分布于云南，云南、贵州、四川、广西、广东、福建、台湾等地有栽培。印度、缅甸、越南、马来半岛、斯里兰卡也有分布。

图 1　苏木（陈虎彪摄）

心材入药，药材名苏木，外来植物药，最早记载于《南方草木状》。《中华人民共和国药典》（2020 年版）收载，具有行血祛瘀，消肿止痛的功效。现代研究表明具有抗菌、抗凝血、免疫抑制、抗肿瘤、血管舒张、降糖等作用。

心材含有高异黄酮类、查耳酮类等化学成分。高异黄酮类主要有原苏木素 A～D、巴西苏木素、巴西苏木红素、3′-甲基巴西苏木素、四乙酰基巴西灵等。原苏木素 B 具有抗菌、抗肿瘤作用，巴西苏木素具有抗肿瘤、血管舒张等作用，《中华人民共和国药典》（2020 年版）规定苏木药材中巴西苏木素的含量不少于 0.5%，药材中巴西苏木素和原苏木素 B 的含量分别为 0.35%～1.73% 和 0.57%～1.70%。查耳酮类主要有苏木查耳酮、3-去氧苏木查耳酮等。

云实属植物全世界约有 100 种，中国约有 17 种。

（潘超美　苏家贤）

dāodòu

刀豆 [*Canavalia gladiata* （Jacq.） DC.， swordbean] 豆科刀豆属植物。

缠绕草本，长达数米。三出复叶，小叶卵形，长 8～15cm，先端渐尖，基部宽楔形；叶柄常较小叶片短。总状花序，总花梗长，花数朵生于总轴中部以上，花梗极短；小苞片卵形，早落；花萼稍被毛，二唇形；花冠蝶形，白色或粉红，旗瓣宽椭圆形，先端凹入，具阔瓣柄；子房被毛。荚果带状，略弯曲，长 20～35cm；种子椭圆形或长椭圆形，长 2.0～3.5cm，种皮红色或褐色，种脐约占种子周长的 3/4。花期 7～9 月，果期 10 月。图 1。原产美洲热带地区，中国长江以南各省区有栽培；广布于热带、亚热带及非洲。

种子入药，药材名刀豆，最早记载于《救荒本草》。《中华人民共和国药典》（2020 年版）收载，具有温中、下气、止呃的功效；现代研究表明具有调节免疫，抗肿瘤等作用。

种子含三萜类、黄酮类、酚酸类等化学成分。三萜类有羽扇

图 1　刀豆（陈虎彪摄）

豆醇、槐花皂苷 Ⅲ 等；黄酮类有刀豆苷、刺槐苷等；酚酸类主要为没食子酸及其衍生物等。

刀豆属植物全球约 51 种，中国 6 种。药用植物还有直生刀豆 *C. ensiformis*（Linn.）DC. 等。

（严铸云　孙琳）

xiáyèfānxiè

狭叶番泻（*Cassia angustifolia* Vahl.， anguste leaf senna） 豆科决明属植物。

小灌木，高约 1m。偶数羽状复叶，小叶 5～8 对；小叶片披针形至卵状披针形，长 23～46 mm，革质，先端渐尖，基部略不对称。总状花序腋生，着花 6～14 朵；花略不整齐；萼片 5，长卵形，不等大；花瓣 5，黄色，倒卵形，下面 2 瓣较大；雄蕊 10，上部 3 枚小，不育，中部 4 枚等长，下部 3 枚向下弯曲，花药略呈四方形；子房被疏毛，具柄。荚果，扁平长方形，长 4～6cm，顶端具明显尖突；种子 4～7 枚，略呈长方形。花期 9～12 月；果期翌年 3 月。图 1。原产热带非洲、阿拉伯、印度，现盛产于印度南部；中国云南有引种栽培。

小叶入药，药材名番泻叶，阿拉伯传统药物，《中华人民共和国药典》（2020 年版）收载，具有泻热行滞，通便，利水的功效；《欧洲药典》《英国药典》及《美国药典》也有收载，现代研究表明具有促进胃肠运动，抗菌，抗溃疡，止血，松弛肌肉与解痉等作用。

小叶含蒽醌类、黄酮类、咖

图 1　狭叶番泻（邬家林摄）

酮类和挥发油等化合物。蒽醌类有游离蒽醌和结合蒽醌、二蒽酮苷类成分，如番泻苷等；番泻苷具有泻下、抗菌、胰岛素增敏等作用。《中华人民共和国药典》（2020 年版）规定番泻苷 A 和番泻苷 B 总量不少于 1.1%，药材中中番泻苷 A 含量 0.25%～0.60%，番泻苷 B 含量 1.8%～2.2%。

决明属的种类和药用情况见决明。尖叶番泻 *C. acutifolia* Delil 也被《中华人民共和国药典》（2020 年版）收载为番泻叶药材的来源植物。

（严铸云　李芳琼）

juémíng

决明（*Cassia obtusifolia* L.， java-bean） 豆科决明属植物。又称草决明。

1 年生草本，高 1～2m。偶数羽状复叶，长 4～8cm；小叶 3 对，倒卵形或倒卵状长椭圆形，长 2～6cm，先端圆形，全缘，两面均被柔毛；顶端小叶间的叶轴上有 1 钻形腺体；叶柄无腺体；托叶早落。2 花腋生；萼片 5，近等大，外面被柔毛；假蝶形花冠，花瓣黄色，具爪；能育雄蕊 7 枚，

顶孔开裂，花丝短于花药；子房无柄，被柔毛。荚果近四棱形，长达 15cm；种子约 25 枚，菱方形，长 3~7 mm，浅棕绿色，光亮。花果期 8~11 月。图 1。原产古巴，中国各地均有栽培；广泛分布热带、亚热带地区。

种子入药，药材名决明子，最早记载于《神农本草经》。《中华人民共和国药典》（2020 年版）收载，具有清肝明目，润肠通便的功效。现代研究表明具有免疫调节，调血脂，降血压，抗氧化，抗炎和抗真菌的作用。

种子含蒽醌类、萘-γ-吡喃酮类、黄酮类、脂肪酸类等化合物。蒽醌类有大黄酚、大黄素甲醚、橙黄决明素等；橙黄决明素和蒽醌苷类均有降血脂活性，大黄素甲醚可以抑制多种细菌。《中华人民共和国药典》（2020 年版）规定决明子药材中大黄酚含量不少于 0.20%，橙黄决明素含量不少于 0.080%；药材中大黄酚含量为 0.07%~0.95%，橙黄决明素含量为 0.013%~0.150%。

决明属植物全球约 600 种，中国 29 种 1 亚种 1 变种。小决明 C. tora L. 也被《中华人民共和国药典》（2020 年版）收载为决明子药材的来源植物。药用植物还

图 1　决明（陈虎彪摄）

有狭叶番泻 C. angustifolia Vahl、尖叶番泻 C. acutifolia Delile、望江南 C. occidentalis L、槐叶决明 C. sophera L.、腊肠树 C. fistula L. 等。

（严铸云　付雪菊）

jiàngxiāngtán

降香檀（Dalbergia odorifera T. Chen，rosewood）豆科黄檀属植物。又称降香、降香黄檀。

乔木，高 10~15m；树皮褐色或淡褐色，粗糙，有纵裂槽纹，小枝有小而密集皮孔；羽状复叶，长 12~25cm，小叶 3~6 对，近革质，卵形或椭圆形，长 2.5~9.0cm，先端渐尖或急尖，钝头，基部圆或阔楔形；圆锥花序腋生，分枝呈伞房花序状，花冠乳白色或淡黄色，各瓣近等长，均具瓣柄，旗瓣倒心形，先端截平，微缺，翼瓣长圆形，龙骨瓣半月形，背弯拱；荚果舌状长圆形，顶端钝或急尖，基部骤然收窄与纤细的果颈相接，果瓣革质，种子 1~2 粒，花期 3~4 月，果期 10~11 月。图 1。中国分布于海南省。生于中海拔山坡、疏林、林缘或村旁旷地上。国家二级重点保护野生植物，可栽培，木材和药用。

树干和根的心材入药，药材名降香，传统中药，最早记载于《海药本草》。《中华人民共和国药典》（2020 年版）收载，具有化瘀止血，理气止痛的功效。现代研究表明具有抗血栓、舒张血管、改善心脏功能、抗氧化、抗肿瘤、抗炎、抗病原微生物、降糖等作用。

图 1　降香檀（陈虎彪摄）

心材含有挥发油、黄酮类等化学成分。挥发油主要有反式-橙花叔醇、β-甜没药烯、反式-β-金合欢烯、1,2,4-三甲基环已烷、α-檀香醇等。具有镇痛、镇静、增加冠脉流量、抗血栓等作用，《中华人民共和国药典》（2020 年版）规定降香药材中挥发油含量不低于 1.0%，药材中的含量为 0.81%~3.80%。黄酮类主要有刺芒柄花素、鲍迪木醌、甘草苷元、异甘草苷元等，具有抗氧化、抗炎、抗肿瘤、神经细胞保护作用，刺芒柄花素有抑制前列腺素合成的作用。

黄檀属植物全世界有 100~120 种，中国有 29 种。印度黄檀 D. sisso Roxb. 曾作为降香药材的来源植物，称为进口降香。

（潘超美　苏家贤）

guǎngjīnqiáncǎo

广金钱草 [Desmodium styracifolium（Osb.）Merr.，snowbellleaf tickclover] 豆科山蚂蝗属植物。又称广东金钱草。

直立亚灌木状草本，高 30~100cm；多分枝，幼枝密被毛；叶通常具单小叶，叶柄长 1~2cm，密被贴丝状毛，小叶厚

纸质至近革质；总状花序顶生或腋生，苞片覆瓦状排列，宽卵形，被毛，每个苞内两朵花，花梗丝状，花小，有香气，花冠紫红色，长约4mm，花萼钟状，萼筒4裂，裂片近等长，上部裂片又2裂，旗瓣倒卵形或近圆形，翼瓣倒卵形，龙骨瓣极弯曲；荚果长10～20mm，被毛，腹缝线直，背缝线波状，3～6荚节，有短柔毛和钩状毛，花、果期6～9月。图1。中国分布于广东、海南、广西、云南等地。生于山坡、草地或灌木丛中，海拔1000m以下。常栽培。印度、斯里兰卡、缅甸、泰国、越南、马来西亚也有分布。

地上部分入药，药材名广金钱草，最早记载于《岭南草药志》。《中华人民共和国药典》（2020年版）收载，具有利湿退黄，利尿通淋的功效。现代研究证明具有抗泌尿系统结石、利尿、改善心血管系统、抗凝血、抗炎、镇痛、利胆、抗菌的作用。

地上部分含有黄酮类、生物碱类、有机酸类、三萜皂苷类、多糖等化学成分。黄酮类主要有夏佛塔苷、异牡荆苷、异荭草苷、异夏佛塔苷等，具有抗炎、利尿等作用分，《中华人民共和国药典》（2020年版）规定广金钱草

图1　广金钱草（陈虎彪摄）

药材中夏佛塔苷含量不低于0.13%，药材中的含量为0.08%～0.54%。生物碱类主要有广金钱草碱、广金钱草内酯等；有机酸类主要有升麻酸、绿原酸、香草酸等；三萜皂苷主要有大豆皂苷Ⅰ、新西兰牡荆苷-1等。

山蚂蝗属植物全世界约350种，中国有32种。榼藤 Entada phaseoloides（L.）Merr.、补骨脂 Psoralea corylifolia L.、扁豆 Dolichos lablab L.、密花豆 Spatholobus suberectus Dunn 等

（潘超美　苏家贤）

kēténg

榼藤 ［ Entada phaseoloides （L.） Merr., climbing entada］

豆科榼藤属植物。又称榼藤子。

常绿木质藤本，茎扭旋。二回偶数羽状复叶，羽片常2对，顶生1对变为卷须；小叶2～4对，长椭圆形或长倒卵形，先端微凹，主脉不居中，网脉明显。穗状花序长15～25cm，单生或排成圆锥花序；花细小，白色，密集，微香；花萼阔钟状；花瓣5，长圆形；雄蕊10，分离。荚果长达1m，扁平木质，每荚节具1枚种子；种子近圆形，直径4～6cm，扁平，暗褐色，种皮木质，有光泽，具网纹。花期3～6月；果期8～11月。图1。中国分布于台湾、福建、广东、广西、云南、西藏；东半球热带地区均有分布。

种子入药，药材名榼藤子，中国少数民族习用药材。《中华人民共和国药典》（2020年版）收载，具有补气

图1　榼藤（陈虎彪摄）

补血，健胃消食，除风止痛，强筋硬骨的功效。现代研究表明具有抗炎、镇痛、降血糖、保肝、促进胃肠蠕动、抗肿瘤等作用。藤茎入药，具有祛风除湿，活血通络的功效。

种子含三萜类、酰胺类、酚类、香豆素类等化合物；三萜类有齐墩果酸及其衍生物，如榼藤子皂苷、榼藤酸等；酰胺类有榼藤酰胺A、B及其苷，如榼藤子酰胺A-β-D-吡喃葡萄糖苷；酚类主要是苯乙酸衍生物，如榼藤子苷等；榼藤子皂苷和榼藤子酰胺A-β-D-吡喃葡萄糖苷具有镇痛、抗炎和促进胃肠动力等作用。《中华人民共和国药典》（2020年版）规定榼藤子种仁中榼藤子皂苷含量不少于4.0%，榼藤子酰胺A-β-D-吡喃葡萄糖苷不少于0.60%。药材种仁中两种成分含量分别为5.12%～9.24%和0.55%～2.17%。藤茎含黄酮类。

榼藤属植物全球约30种，中国3种。本属植物茎皮及种子均含皂素，可作肥皂的代用品。

（严铸云　李芳琼）

zàojiá

皂荚 （Gleditsia sinensis Lam., Chinese honeylocust） 豆科皂荚属植物。又称皂角。

落叶乔木，高达 30m；棘刺多分枝呈圆锥状，刺长达 16cm。偶数羽状复叶，小叶卵状披针形至长圆形，网脉两面凸起。花杂性，黄白色；总状花序腋生或顶生；雄花：萼片 4，花瓣 4，雄蕊 8（6），退化雌蕊长约 2.5mm；两性花：萼、花瓣似雄花，较雄花长，雄蕊 8，柱头 2 浅裂，胚珠多数。荚果带状，长 12～37cm，两面臌起，褐棕色或红褐色；种子长圆形或椭圆形，棕色光亮；不育荚果常呈柱形，弯曲。花期 3～5 月；果期 5～12 月。图 1。中国分布于华北、华中、华东、西南地区，以及陕西、甘肃等省。生于山坡林中或谷地、路旁，海拔自平地至 2500m。各地有栽培。

不育果实入药，药材名猪牙皂，最早记载于《神农本草经》；棘刺入药，药材名皂角刺；能育果实入药，药材名大皂角，均收载于《中华人民共和国药典》（2020 年版）。猪牙皂具有祛痰开窍，散结消肿的功效；现代研究证明具有改善心肌和脑缺血、抗肿瘤、抗炎、镇痛、抗过敏等作用。皂角刺具有消肿托毒、排脓、杀虫等功效；现代研究证明具有抗菌、抗炎、抗肿瘤、抗凝血、抗肝纤维化、免疫调节、抗过敏

等作用。大皂角具有祛痰开窍，散结消肿的功效；现代研究证明具有祛痰，抗菌等作用。

果实含三萜皂苷类、黄酮类、木脂素类等化学成分；三萜皂苷类主要以齐墩果酸和刺囊酸为苷元，刺囊酸及其衍生物是皂荚属的特征型成分，如皂荚萜苷 A～K、N、O、P、Q、Z 和皂荚皂苷 B、C 等，具有细胞毒性和抗病毒活性。果实中皂苷含量 16%～20%。棘刺含黄酮类、酚酸类、有机酸、三萜皂苷等化合物，黄酮类有槲皮素、黄颜木素及其苷类，三萜类主要为刺囊酸为苷元的皂苷。

皂荚属植物全球约 16 种，中国 8 种 2 变种。药用植物还有华南皂荚 G. fera（Lour.）Merr. 等。

（严铸云 孙 琳）

dàdòu

大豆 [*Glycine max*（L.）Merr., soybean] 豆科大豆属植物。又称黄豆。

1 年生草本，高 30～90cm。茎直立，密被褐色长硬毛。三出复叶，互生；小叶宽卵形、近圆形或椭圆状披针形，顶生小叶较大，长 5～12cm，两面散生糙毛或下面无毛。总状花序短者少花，长者多花，常有 5～8 朵无柄、紧

挤的花；萼 5 裂，密被长硬毛或糙伏毛；花冠蝶形，紫色、淡紫色或白色；雄蕊 10，二体。荚果长圆形，下垂，密被褐黄色长毛；种子 2～5 枚，近球形、卵圆形至长圆形，种皮光滑，淡绿、黄、褐和黑色等多样，种脐椭圆形。花期 6～7 月，果期 7～9 月。图 1。原产中国，世界各地栽培。

种皮黑色的种子入药，药材名黑豆，最早记载于《神农本草经》；《中华人民共和国药典》（2020 年版）收载，具有益精明目，养血祛风，利水，解毒的功效；现代研究证明具有降低胆固醇，清除自由基，抗疲劳和防癌等作用。黑色种子发酵加工品入药，药材名淡豆豉，最早记载于《名医别录》；《中华人民共和国药典》（2020 年版）收载，具有解表，除烦，宣发郁热的功效；现代研究证明具有调血脂、免疫抑制、降血糖、抗动脉硬化、抗骨质疏松、抗肿瘤等作用。种子经发芽炮制后入药，药材名大豆黄卷，最早记载于《神农本草经》；《中华人民共和国药典》（2020 年版）收载，具有解表祛暑，清热利湿的功效；现代研究证明具有抑菌、抗病毒的作用。

种子含黄酮类、酚酸类、皂

图 1 皂荚（陈虎彪摄）

图 1 大豆（陈虎彪摄）

苷类、不饱和脂肪酸等化合物。黄酮类为大豆苷元、染料木苷元、黄豆黄素苷元的异黄酮，如大豆苷、染料木苷、黄豆黄素苷等；具有雌激素样作用、抗炎、抗菌、抗氧化以及防治酒精中毒等作用。《中华人民共和国药典》（2020 年版）规定大豆黄卷中大豆苷和染料木苷的总含量不少于 0.080%，大豆黄卷药材中大豆苷含量为 0.037%~0.057%，染料木苷含量为 0.037%~0.100%。

大豆属植物全球约 23 种，中国 5 种 1 变种 1 变型。

（严铸云 孙 琳）

gāncǎo

甘草 (*Glycyrrhiza uralensis* Fisch.，ural licorice） 豆科甘草属植物。又称乌拉尔甘草、甜草。

多年生草本；根与根状茎粗壮，直径 1~3cm，外皮褐色，里面淡黄色，具甜味。茎直立，多分枝，高 30~120cm，密被腺点和绒毛，叶长 5~20cm；托叶三角状披针形，长约 5mm；小叶 5~17 枚，卵形或近圆形，长 1.5~5.0cm，两面均密被黄褐色腺点及短柔毛，顶端钝，具短尖，基部圆，全缘或微波状，多少反卷。总状花序腋生，具多数花，密生褐色的鳞片状腺点和短柔毛；花冠紫色、白色或黄色，长 10~24mm，旗瓣长圆形，基部具短瓣柄，翼瓣短于旗瓣，龙骨瓣短于翼瓣；荚果弯曲呈镰刀状，密集成球，密生瘤状突起和刺毛状腺体。种子 3~11，圆形或肾形。花期 6~8 月，果期 7~10 月。图 1。分布于东北、华北、西北各省区及山东。常生于干旱沙地、河岸砂质地、山坡草地及盐渍化土壤中。

根和根茎入药，药材名甘草，俗称国老，传统中药，最早记载于《神农本草经》。《中华人民共和国药典》（2020 年版）收载，具有补脾益气，清热解毒，祛痰止咳，缓急止痛，调和诸药的功效。现代研究证明具有抗病毒、抗炎、抗肿瘤、抗心律失常、调节免疫和保护心血管等作用。

根和根茎含有三萜皂苷类、黄酮类等化学成分。三萜皂苷类苷元主要是五环三萜，如甘草酸、甘草甜素，乌拉尔甘草皂苷 A、B，甘乌内酯等，具有抗炎、抗病毒、抗肿瘤、调节免疫等作用。黄酮类有甘草苷元、甘草苷、异甘草苷元、芒柄花素等，具有抑菌、抗病毒、抗肿瘤，保肝等作用。《中华人民共和国药典》（2020 年版）规定甘草中含甘草酸不低于 2.0%，含甘草苷不低于 0.5%，药材中甘草酸含量为 0.70%~15.25%，甘草苷含量为 0.07%~3.58%。

甘草属植物全世界约 30 种，中国有 6 种。胀果甘草 *G. inflata* Bat.、光果甘草 *G. glabra* L. 也被《中华人民共和国药典》（2020 年版）收载为甘草药材的来源植物，药用植物还有粗毛甘草 *G. aspera* Pall.、刺果甘草 *G. pallidiflora* Maxim.、圆果甘草 *G. squamulosa* Franch. 等。

（魏胜利）

biǎndòu

扁豆 (*Dolichos lablab* L.，hyacinth bean） 豆科扁豆属植物。

多年生草本，缠绕或近直立。茎常呈淡紫色。羽状复叶具 3 小叶；托叶基着，披针形；小托叶线形，长 3~4mm；小叶宽三角状卵形，长 6~10cm。总状花序；花萼钟状，长约 6mm，2 唇形，下唇 3 裂。花冠白色或紫色，旗瓣圆形，基部两侧具 2 耳，翼瓣宽倒卵形，龙骨瓣呈直角弯曲，基部渐狭；雄蕊 10，二体；子房线形，一侧扁平。荚果长圆状镰形，长 5~7cm，扁平，顶端有弯曲的尖喙；种子 3~5 颗，长椭圆形，白色或紫黑色，种脐线形。花期 4~12 月。图 1。原产印度，中国

图 1 甘草（陈虎彪摄）

图 1 扁豆（陈虎彪摄）

各地广泛栽培。世界各地多栽培。

种子入药，药材名白扁豆，传统中药，最早记载于《名医别录》。《中华人民共和国药典》（2020年版）收载，具有健脾化湿，和中消暑的功效。现代研究证明具有抗菌、抗病毒、抗肿瘤、抗氧化、调节免疫等作用。

种子含有蛋白质、三萜皂苷类等化学成分。蛋白质类主要有胰蛋白酶抑制剂、淀粉酶抑制物、酪氨酸酶等；对人的红细胞具有非特异性凝集作用，凝集物不溶于水，可抑制实验动物生长，为毒性成分。

扁豆属植物全世界1种，3亚种；中国有1种。

（郭庆梅）

bǔgǔzhī

补骨脂（*Psoralea corylifolia* L.，malaytea scurfpea） 豆科补骨脂属植物。又称破故纸。

1年生直立草本，高60~150cm；全体有白色柔毛和黑褐色腺点；单叶或偶见1片长1~2cm的侧生小叶，叶柄长2~4.5cm，叶宽卵形，长4.5~9cm，先端钝或锐尖，基部圆形或心形，边缘有不规则粗锯齿，质地坚韧；花序腋生，有花10~30朵，组成密集的总状或小头状花序，花萼钟状，萼齿5，上面2萼齿联合，花冠黄色或蓝色，花瓣明显具瓣柄，旗瓣倒卵形，长5.5mm，雄蕊10，荚果卵形，长5mm，不开裂，果皮黑色，与种子粘连，种子扁，花果期7~10月。图1。中国分布于云南。生长于山坡、溪边、田边。四川、河南等地有栽培。印度、缅甸、斯里兰卡也有分布。

果实入药，药材名补骨脂，传统中药，最早记载于《雷公炮炙论》。《中华人民共和国药典》（2020年版）收载，具有温肾助

图1 补骨脂（陈虎彪摄）

阳，纳气平喘，温脾止泻，消风祛斑（外用）的功效。现代研究证明具有雌激素样作用、抗骨质疏松、平喘、抗肿瘤、光敏、抗氧化、抗菌、保肝、抗抑郁、抗前列腺增生、通便等作用。

果实含有香豆素类、黄酮类等化学成分。香豆素类主要有呋喃香豆素类和拟雌内酯类两种，其中呋喃香豆素类化合物主要包括补骨脂素、异补骨脂素、8-甲氧补骨脂素和白芷素等；拟雌内酯类主要有补骨脂定、异补骨脂定和新补骨脂素等。补骨脂素和异补骨脂素具有雌激素样作用，抗肿瘤、光敏、抗氧化等作用，《中华人民共和国药典》（2020年版）规定补骨脂药材中两者总量不少于0.70%，两者在药材中的总含量为0.62%~5.60%。黄酮类

主要有补骨脂异黄酮、新补骨脂异黄酮、补骨脂异黄酮醛、补骨脂醇、补骨脂甲素、补骨脂乙素等，具有抗氧化、抗炎等作用。

补骨脂属植物全世界约有120种，中国分布1种。

（潘超美 苏家贤）

gě

葛［*Pueraria lobata*（Willd.）Ohwi，lobed kudzuvine］ 豆科葛属植物。又称野葛、葛藤。

粗壮藤本，长可达8m，全体被黄色长硬毛；茎基部木质，块根粗圆柱状。三出复叶，小叶三裂，顶生小叶宽卵形或斜卵形，长7~15（~19）cm，先端长渐尖。总状花序腋生，长15~30cm；苞片早落；萼钟形，5裂；花冠蝶形，紫色或蓝紫色，旗瓣倒卵形，基部有2耳及1黄色附属体，翼瓣镰状；雄蕊10，2体；子房被毛。荚果长椭圆形，长5~9cm，被褐色长硬毛。种子扁卵圆形，褐色有光泽。花期9~10月，果期11~12月。图1。中国除新疆、青海及西藏外，南北各地均产；东南亚至澳大利亚亦有分布。

块根入药，药材名葛根，最早记载于《神农本草经》。《中华人民共和国药典》（2020年版）

图1 葛（陈虎彪摄）

收载，具有解肌退热，生津止渴，透疹，升阳止泻，通筋活络，解酒毒的功效。现代研究证明具有调节血管、改善微循环、降压、抗脑缺血、抗骨质疏松、改善心肌状况、降血糖等作用。花蕾入药，药材名葛花，具有解酒醒脾，止血的功效；块根的淀粉称葛粉，具有清热，生津止渴，健脾，安神，润肠等功效。

块根含黄酮类、生物碱类和三萜皂苷类等化学成分。黄酮类主要是异黄酮，如葛根素、大豆苷、染料木素、刺芒柄花素等及其苷类，葛根素具有扩张血管，抗心肌缺血，抗心率失常，增强免疫等作用。《中华人民共和国药典》（2020 年版）规定葛根素含量不少于 2.4%，药材中葛根素含量 0.21%~4.20%。

葛属植物全球约 18 种，中国 10 种 2 变种。甘葛藤 *Pueraria thomsonii* Benth. 的块根入药，《中华人民共和国药典》（2020 年版）收载，药材名粉葛，具有类似的成分和功效。

（严铸云　付雪菊）

mìhuādòu

密花豆（*Spatholobus suberectus* Dunn, suberect spatholobus） 豆科密花豆属植物。

木质攀缘藤本。三出复叶，托叶早落；小叶纸质或近革质，顶生小叶两侧对称，宽椭圆形、宽倒卵形至近圆形，先端骤缩为短尾状，侧生小叶两侧不对称；侧脉 6~8 对，微弯。圆锥花序腋生或顶生，花序轴、花梗被黄褐色短柔毛，苞片和小苞片线形，宿存；萼齿比萼管短 2~3 倍，外面密被黄褐色短柔毛；花瓣白色，蝶形，旗瓣扁圆形，先端微凹；雄蕊内藏，花药球形；子房近无柄，下面被糙伏毛。荚果近镰形，

长 8~11cm，密被棕色短绒毛，基部具果颈；种子扁长圆形，长约 2cm，种皮紫褐色，薄而脆，光亮。花期 6 月，图 1。果期 11~12 月。中国特有种，产于云南、广西、广东和福建。

藤茎入药，药材名鸡血藤，始载于《植物名实图考》。《中华人民共和国药典》（2020 年版）收载，具有活血补血，调经止痛，舒筋活络的功效。现代研究证明具有促进造血功能、抗血小板聚集、抗衰老、镇痛、抗肿瘤、抗病毒等作用。

藤茎含黄酮类、三萜类、酚酸类、蒽醌类、甾体和挥发油等化合物。黄酮类有芒柄花素、芒柄花苷、樱黄素、儿茶素等；酚酸类有原儿茶酸、丁香酸等；蒽醌类有大黄酸、大黄素、芦荟大黄素等；其中儿茶素、芒柄花素等，具有促进血细胞增殖的作用。

密花豆属植物全球约 40 种，中国 10 种和 1 变种。黧豆属植物白花油麻藤 *Mucuna birdwoodiana* Tutcher、崖豆藤属植物香花崖豆藤 *Milletia dielsiana* Harms、丰城崖豆藤 *M. nitida* Benth. var. *hirsutissima* Z. Wei 的根和藤茎在一些地方作鸡血藤药用。木兰科植物内南五味子 *Kadsura interior* A. C. Smith 的藤茎入药，《中华人民共和国药典》（2020 年版）收载，药材名滇鸡血藤。

（严铸云　孙　琳）

kǔshēn

苦参（*Sophora flavescens* Alt., lightyellow sophora） 豆科槐属植物。

草本或亚灌

木，高 1m 左右。茎具纹棱。羽状复叶长达 25cm；托叶披针状线形；小叶 6~12 对，纸质，椭圆形、卵形、披针形至披针状线形，长 3~4cm，先端钝或急尖。总状花序顶生，长 15~25cm；花多数；花梗纤细，长约 7mm；花萼钟状，明显歪斜，长约 5mm；花冠白色或淡黄白色，旗瓣倒卵状匙形，长 14~15mm，翼瓣单侧生，柄与瓣片近等长，长约 13mm，龙骨瓣与翼瓣相似；雄蕊 10，分离或近基部稍连合；子房近无柄。荚果长 5~10cm，种子间呈不明显串珠状，稍四棱形，成熟后开裂成 4 瓣，有种子 1~5 粒；种子长卵形，深红褐色或紫褐色。花期 6~8 月，果期 7~10 月。图 1。分布中国各地。生于山坡、沙地草坡灌木林中或田野附近，海拔 1500m 以下。印度、日本、朝鲜、俄罗斯西伯利亚地区也有分布。山西、陕西、辽宁等省有栽培。

根入药，药材名苦参，传统中药，最早记载于《神农本草经》。《中华人民共和国药典》（2020 年版）收载，具有清热燥湿，杀虫，利尿的功效。现代研究表明具有杀虫、抗菌、抗炎及免疫抑制、抗心律不齐、抗肿瘤、升白等作用。种子具有清热解毒，

图 1　密花豆（陈虎彪摄）

图 1　苦参（陈虎彪摄）

通便，杀虫的功效。

根中含有生物碱类、黄酮类等化学成分。生物碱类主要有苦参碱、氧化苦参碱、异苦参碱、槐果碱、N-甲基金雀花碱、槐定碱等，生物碱类是苦参抗肿瘤、抗心律失常、杀虫、抗菌、抗炎等作用的有效成分，其中苦参碱和氧化苦参碱是苦参药材的质量控制成分，《中华人民共和国药典》（2020 年版）规定苦参碱和氧化苦参碱二者总量不得低于 1.0%，在药材中的含量为1.0%~3.5%；黄酮类主要有高丽槐素，苦参醇，苦参酚 A、B、C、D，芒柄花素，苦参酮。种子、花中也含有类似的生物碱成分。

槐属植物情况见槐。苦豆子 S. alopecuroides L. 的种子和根也药用，具有和苦参类似的化学成分。

（郭宝林）

huái

槐（*Sophora japonica* L., Japanese sophora）　豆科槐属植物。又称槐树。

落叶乔木，高达 25m。奇数羽状复叶，互生，长达 25cm；叶柄基部膨大，包裹芽；托叶早脱；小叶 4~7 对，无毛，小叶片卵状披针形或卵状长圆形，长 2.5~6.0cm；小托叶 2 枚，钻状。圆锥花序顶生，长达 30cm；花梗较萼短；花萼浅钟状，萼齿 5，近等大；花冠蝶形，白色或淡黄色，旗瓣近圆形，具短柄，翼瓣卵状长圆形，龙骨与翼瓣等长；雄蕊近分离，宿存；子房几无毛。荚果串珠状，长 2.5~5.0cm，果皮肉质，成熟后不开裂；种子 1~6 枚，卵球形，淡黄绿色，干后黑褐色。花期 7~8月，果期 8~10月。图 1。中国各地有栽培；日本、越南、朝鲜亦有分布，欧洲、美洲均有引种。园艺植物。

果实入药，药材名槐角，传统中药，最早记载于《神农本草经》。《中华人民共和国药典》（2020 年版）收载，具有清热泻火，凉血止血的功效，现代研究证明具有抗炎，降血糖、抗生育，抗癌，抗氧化等作用。花及花蕾入药，药材名槐花，花蕾又称槐米，最早记载于《新修本草》。《中华人民共和国药典》（2020 年版）收载，具有清肝泻火，凉血止血的功效；现代研究证明具有抗肿瘤、抗氧化、降血糖、降压、止血、抗病毒、抗溃疡等作用。

果实含有黄酮类、三萜类、酚类等化合物；黄酮类有染料木苷、染料木素、槐角苷、槐角双苷、槲皮素和山柰酚及其苷类等，槐属苷具有抗生育和抗肿瘤活性。花及花蕾含黄酮类、三萜类等化合物；黄酮类有芦丁、山柰酚和槲皮素等，芦丁具有增强毛细血管韧性，防止冠状动脉硬化，降血压，改善心肌循环等作用；三萜类有槐花皂苷，大豆皂苷、赤豆皂苷等。《中华人民共和国药典》（2020 年版）规定槐角中槐角苷含量不少于 4.0%，药材中槐角苷含量为5.0%~8.0%；槐花中芦丁含量不少于 6.0%，槐米中芦丁含量不少于 15.0%，槐花药材中芦丁含量范围为 10.0%~28.0%。

槐属植物全球约 45 种，中国有 22 种 15 变种。药用植物还有苦参 S. flavescens Ait.、越南槐 S. tonkinensis Gagnep.、苦豆子 S. alopecuroides L. 等。

（严铸云　李芳琼）

yuènánhuái

越南槐（*Sophora tonkinensis* Gagnep, tonkin sophora）　豆科槐属植物。

灌木。根粗壮。茎分枝多，小枝被灰色柔毛或短柔毛。奇数羽状复叶，长 10~15cm；小叶5~9 对，椭圆形、长圆形或卵状

图 1　槐（陈虎彪摄）

长圆形,顶生小叶大,长达 3~4cm,下面被灰褐色柔毛。总状花序顶生;总花梗和花序轴被短柔毛;花萼杯状,萼齿尖齿状;花冠蝶形,黄色,旗瓣近圆形,先端凹缺,具短柄,翼瓣较旗瓣稍长;雄蕊 10,基部稍连合;子房被丝质柔毛,胚珠 4 枚。荚果串珠状,稍扭曲,疏被柔毛,沿缝线 2 瓣裂;种子卵形,黑色。花期 5~7 月,果期 8~12 月。图 1。产于广西、贵州、云南;越南北部也有分布。

根及根茎入药,药材名山豆根,又称广豆根,最早记载于《开宝本草》。《中华人民共和国药典》(2020 年版)收载,具有清热解毒,消肿利咽的功效。现代研究证明具有抗肿瘤、抗炎、抗心律失常、抗溃疡、抗病原微生物、镇痛、兴奋呼吸、平喘等作用,同时也有肝、肾毒性。

根及根茎含黄酮类、生物碱类、三萜类和多糖类化合物。黄酮类有槐啶、槐酮、槐多色烯、槐诺色烯、染料木素、紫檀素等,生物碱类有苦参碱、氧化苦参碱、臭豆碱、甲基金雀花碱、槐果碱等;苦参碱和氧化苦参碱等生物碱具有抑菌、抗炎、抗肿瘤和升

高白细胞等活性,苦参碱还有抗心律失常作用,氧化苦参碱尚有强心、降血压、保肝等作用。《中华人民共和国药典》(2020 年版)规定山豆根药材中苦参碱和氧化苦参碱总量不少于 0.70%,药材中苦参碱含量为 0.2%~1.2%,氧化苦参碱含量为 0.6%~4.2%。

槐属植物情况见槐。豆科木蓝属植物苏木蓝 *Indigofera carlesii* Craib、宜昌木蓝 *I. ichangensis* Craib. 的根及根茎在一些地方用作山豆根。防己科植物蝙蝠葛 *Menispermum dauricum* DC. 的根茎入药,称为北豆根。

(严铸云 孙 琳)

húlúbā

胡卢巴 (*Trigonella foenum-graecum* L., fenugreek) 豆科胡卢巴属植物。又称胡芦巴、香草、香豆。

1 年生直立草本,高 30~80cm。三出复叶,小叶长卵形、卵形至长椭圆状披针形,近等大,长 1.5~4.0cm;托叶基部与叶柄相连,膜质。花无梗,1~2 朵腋生;萼筒被长柔毛,5 齿裂;蝶形花冠,黄白或淡黄,旗瓣长倒卵形,先端深凹,明显较冀瓣和龙骨瓣长;子房线形。荚果圆筒

状,长 7~12cm,直径 4~5mm,喙长约 2cm,背缝增厚;种子 10~20 枚,长圆状卵形,长 3~5mm,宽 2~3mm,棕褐色,表面凹凸不平。花期 4~7 月,果期 7~9 月。图 1。中国南北各地均有栽培,在西南、西北呈半野生状态;地中海东岸、中东、伊朗高原至喜马拉雅地区均有分布。

种子入药,药材名胡芦巴,最早记载于《嘉祐本草》。《中华人民共和国药典》(2020 年版)收载,具有温肾助阳,祛寒止痛的功效;现代研究证明具有降血糖、调血脂、抗癌、抗生育、抗雄激素、抗氧化、保肝、改善学习记忆和抗脑缺血等作用。

种子含生物碱类、黄酮类、甾体类、三萜类、香豆素、木脂素、有机酸等化合物。甾体类有薯蓣皂苷元、亚莫皂苷元的皂苷;黄酮类有木犀草素、肥皂草素、槲皮素和牡荆素等及其苷类;生物碱类有胡芦巴碱、龙胆碱、番木瓜碱等,胡芦巴碱有抗肿瘤、降血糖、降血脂、影响神经以及细胞生长等作用。《中华人民共和国药典》(2020 年版)规定胡卢巴药材中胡芦巴碱含量不少于 0.20%,药材中含量为 0.13%~

图 1　越南槐 (陈虎彪摄)

图 1　胡卢巴 (陈虎彪摄)

0.49%。

胡卢巴属植物全球约 55 种，中国 11 种。

（严铸云 李芳琼）

chìxiǎodòu

赤小豆 ［*Vigna umbellata* (Thunb.) Ohwi et Ohashi, rice bean］ 豆科豇豆属植物。又称赤豆。

1 年生草本。茎纤细，长达 1m，幼时被黄色长柔毛。三出复叶，互生；小叶卵形或披针形，长 10~13cm，先端急尖，基部宽楔形或钝，基出脉 3 条；托叶盾状着生，披针形至卵状披针形；小托叶钻形。总状花序短，腋生，着花 2~3 朵；苞片披针形；花梗短；蝶形花冠，黄色，龙骨瓣右侧具长角状附属体。荚果线状圆柱形，长 6~10cm。种子 6~10 颗，长椭圆形，常暗红色，有时褐色、黑色或草黄色，种脐凹陷，直径 3~5mm。花期 5~8 月。图 1。原产亚洲热带地区，中国南方栽培部或野生；朝鲜、日本、菲律宾及其他东南亚国家亦有栽培。

种子入药，药材名赤小豆，最早记载于《神农本草经》。《中华人民共和国药典》（2020 年版）收载，具有利水消肿，解毒排脓

图 1 赤小豆（付正良摄）

的功效；现代研究证明具有抑菌、抗氧化、利尿、调血脂和调节免疫等作用。

种子含苷类、三萜皂苷、鞣质、异黄酮类、生物碱类等化学成分。苷类有 3-呋喃甲醇-β-D-吡喃葡萄糖苷等；三萜皂苷类有赤豆皂苷Ⅰ、Ⅱ、Ⅲ等；鞣质有 D-儿茶精和表没食子儿茶精。

豇豆属植物全球约 150 种，中国约 20 种。赤豆 *V. angularis* Ohwi et Ohashi 也被《中华人民共和国药典》（2020 年版）收载为赤小豆药材的来源植物，药用植物还有绿豆 *V. radiate* (L.) R. Wilczek 等。

（严铸云 孙琳）

jílíkē

蒺藜科 （Zygophyllaceae） 多年生草本、半灌木或灌木，稀为 1 年生草本。叶对生或互生，单叶或羽状复叶，小叶常对生，肉质；托叶小。花单生或 2 朵并生于叶腋，有时为总状花序，或为聚伞花序；花两性；萼片 5，有时 4；花瓣 5；花盘隆起或平压；雄蕊与花瓣同数，或 2~3 倍，着生于花盘下，花丝基部或中部有腺体 1 个；子房上位，有角或有翅，通常 5 室，每室有胚珠 2 至多颗；果为室间或室背开裂的蒴果，果瓣常有刺，稀为核果状的浆果。全世界约 27 属 350 种，中国有 6 属 31 种 2 亚种 4 变种。

本科植物中的生物碱基本结构类型主要为卡波林、喹唑酮类及其衍生物，为单胺氧化酶抑制剂并具有抗癌活

性，如哈尔满、哈尔醇、哈梅林等；皂苷类成分主要有螺甾型、呋甾型和喹诺酸等；这两类成分可认为是本科的特征性成分。黄酮醇类苷元有山奈酚、槲皮素、异鼠李素等；还有挥发油。

主要药用植物有：①蒺藜属 *Tribulus*，如蒺藜 *T. terrestris* L.。② 白刺属 *Nitraria*，如白刺 *N. tangutorum* Bobr.。③骆驼蓬属 *Peganum*，如骆驼蓬 *P. harmala* L.。④霸王属（驼蹄瓣属）*Zygophyllum*，如霸王 *Z. xanthoxylon* (Bunge) Maximowicz 等。

（郭庆梅 尹春梅）

jílí

蒺藜 （*Tribulus terrestris* L., puncturevine caltrop） 蒺藜科蒺藜属植物。

1 年生草本。茎平卧，无毛，枝长 20~60cm，偶数羽状复叶，长 1.5~5.0cm；小叶对生，3~8 对，矩圆形或斜短圆形，长 5~10mm，先端锐尖或钝，基部稍偏科，被柔毛，全缘。花腋生，花黄色；萼片 5，宿存；花瓣 5；雄蕊 10，生于花盘基部，基部有鳞片状腺体，子房 5 棱，柱头 5 裂，每室 3~4 胚珠。果有分果瓣 5，硬，长 4~6mm，中部边缘有锐刺 2 枚，下部常有小锐刺 2 枚，其余部位常有小瘤体。花期 5~8 月，果期 6~9 月。图 1。中国各地有分布。生于田野、路旁及河边草丛。全球温带地区也有分布。

果实入药，药材名蒺藜，传统中药，最早记载于《神农本草经》。《中华人民共和国药典》（2020 年版）收载，具有平肝解郁，活血祛风，明目，止痒的功效。现代研究证明具有降低血压、利尿、抗过敏、抗心肌缺血、抗肿瘤和降血糖等作用。

果实含有甾体皂苷类、黄酮

图 1 蒺藜（陈虎彪摄）

类、生物碱类等化学成分。甾体皂苷类主要有海可皂苷元，刺蒺藜皂苷 A～E，呋甾皂苷 I、II、III 等，具有抗动脉粥样硬化、抗脑缺血及改善性功能等作用；黄酮类主要有刺蒺藜苷、山奈酚及其糖苷等。生物碱类主要有 *N*-trans-feruloyltyramine、*N*-trans-coumaroyltyramine、蒺藜酰胺等。

蒺藜属植物全世界约 20 种，中国有 2 种。药用植物还有大花蒺藜 *T. cistoides* L. 等。

（郭庆梅 尹春梅）

gǔkēkē

古柯科（Erythroxylaceae） 灌木或乔木。单叶互生，稀对生，常全缘；托叶生于叶柄内侧。花簇生或聚伞花序，常两性，辐射对称；萼片 5，基部合生，近覆瓦状排列或旋转排列，宿存；花瓣 5，分离，脱落或宿存；雄蕊 5、10 或 20，2 轮或 1 轮，花丝基部合生成环状或浅杯状，花药椭圆形，2 室，纵裂；雌蕊 3～5 心皮合生；子房 3～5 室，通常 2 室不发育或全发育，每室胚珠 1～2，胚珠悬垂；花柱 3～1 或 5 枚，分离或多少合生。核果或蒴果。全世界有 4 属约 250 种，中国有 2 属 4 种和 1 栽培种。

古柯科普遍含有生物碱、黄酮类、酚酸类、萜类、皂苷类和挥发油类。生物碱为莨菪烷型、芽子碱类生物碱，其中古柯属少数种类含有可卡因类生物碱。

主要药用植物有：古柯属 *Erythroxylum*，如古柯 *E. coca* Lam.、秘鲁古柯 *E. novogranatens*（Morri）Hieron 等。

（郭宝林）

gǔkē

古柯（ *Erythroxylum coca* Lam.，coca） 古柯科古柯属植物。

灌木。树皮褐色。单叶互生，表面绿色，干后墨绿色或榄绿色，背面浅黄色，干后灰色或灰黄色，倒卵形或狭椭圆形，长 4.7～12.0mm，顶部钝圆、微凹入，基部狭渐尖，全缘；托叶三角形。花小，黄白色，1～6 朵单生或簇生于叶腋内；萼片 5，长约 1.5mm，基部合生成环状；花瓣 5，卵状长圆形，长 3.0～3.5mm，内面有 2 枚舌状体贴生于基部；雄蕊 10，基部合生成浅杯状，长 2～4mm；子房 3 室，1 室发育，每室有胚珠 1 颗；花柱 3，分离，宿存。成熟核果红色，长圆形，有纵棱，长 7～8mm，种子 1 粒。全年开花，盛花期常为 2～3 月，果期 5～12 月。图 1。原产南美洲高山地区，各地栽培，中国在台湾、云南有栽培。

叶在南美洲为传统药物，用于兴奋、补益和抗疲劳。《英国药典》《美国药典》收载作为提取可卡因的植物来源。具有麻醉止痛、兴奋中枢神经和降低食欲等作用。

叶中含有多种类型的生物碱、挥发油和黄酮类等化学成分。生物碱类成分主要有可卡因（古柯碱）、桂皮酰古柯碱、卓可卡因等，是古柯的主要活性成分，还有红古豆碱、古豆碱、旋花碱类、芽子碱类等。

古柯属全世界约 200 种，中国有 2 种，1 种栽培。因野生古柯可卡因含量低，提取多用栽培变种 *E. coca* var. *ipadu* Plowman、*E. oca* var. *novogranatense* D. Morris、*E. coca* var. *spruceanum* Burck 的叶。

（郭宝林）

dàjǐkē

大戟科（Euphorbiaceae） 乔木、灌木或草本，稀为木质或草质藤本；木质根，稀为肉质块根；通常无刺；常有乳状汁液，白色，稀为淡红色。叶螺旋状着生，互生，或对生，叶脉羽状，背面成对的近基部腺体有或无，叶柄先端常叶枕状；萼片（2～）3～6

图 1 古柯（潘超美摄）

（~12）；蜜腺盘状（或缺）。雄花：雄蕊花药内向开裂，退化雌蕊无。雌花：退化雄蕊无，雌蕊（2）3（~多数）心皮合生，柱头显著，常分枝或具近轴的沟；珠孔为外（或双）珠孔式，有珠心喙及胎座式珠孔塞；种子内胚乳丰富，胚绿色或白色。全世界有 217 属 6745 种。中国有 56 属 253 种。

本科化学成分主要有二萜类、鞣质、黄酮类、香豆素类、生物碱类、脂肪油、有机酸类、多酚类等。二萜类化合物在本科植物中广泛，基本骨架有大环二萜、巴豆烷型二萜、ingenane 型及瑞香烷二萜，具有强烈的生物活性，可以抗肿瘤、杀虫杀菌、抗溃疡等，同时也具有致癌、致泻及致刺激作用。鞣质类有抗癌、抗炎、解毒作用，为大戟属的主要成分。

本科主要药用植物有：①大戟属 Euphorbia，如大戟 E. pekinensis Rupr.、狼毒大戟 E. fischeriana Steud.、地锦 E. humifusa Willd. ex Schlecht.、泽漆 E. helioscopia L.、乳浆大戟 E. esula L.、通奶草 E. hypericifolia L.、甘遂 E. kansui T. N. Liou ex S. B. Ho、续随子 E. lathylris L. 等。②乌桕属 Sapium，如乌桕 S. sebiferum（L.）Roxb.、山乌桕 S. discolor（Champ. ex Benth.）Muell. Arg.、白木乌桕 S. japonicum（Sieb. et Zucc.）Pax et Hoffm.、圆叶乌桕 S. rotundifolium Hemsl.、桂林乌桕 S. chihsinianum S. K. Lee、浆果乌桕 S. baccatum Roxb. 等。③蓖麻属 Ricinus，如蓖麻 R. communis L.。④巴豆属 Croton，如巴豆 C. tiglium L.、鸡骨香 C. crassifolius Geisel。⑤铁苋菜属 Acalypha，如铁苋菜 A. australis L.。⑥叶下珠属 Phyllanthus，如余甘子

P. emblica Linn.、越南叶下珠 P. cochinchinensis（Lour.）Spreng.、落萼叶下珠 P. flexuosus（Sieb. et Zucc.）Muell. Arg.、青灰叶下珠 P. glaucus Wall. ex Muell. Arg.、海南叶下珠 P. hainanensis Merr.。⑦算盘子属 Glochidion，如算盘子 G. puberum（L.）Hutch.。⑧木薯属 Manihot，如木薯 M. esculenta Crantz 等。

（张　瑜）

bādòu

巴豆（Croton tiglium L., tiglium）　大戟科巴豆属植物。

灌木或小乔木，高 3~6m；嫩枝被柔毛，枝条无毛。叶纸质，卵形，长 7~12cm，顶端短尖，基部阔楔形至近圆形，边缘有细锯齿，有时近全缘，成长叶无毛或近无毛；基出脉 3（~5）条；基部两侧叶缘上各有 1 枚盘状腺体；叶柄长 2.5~5.0cm；托叶线形，长 2~4mm，早落。总状花序顶生，长 8~20cm，苞片钻状，长约 2mm；雄花：花蕾近球形；雌花：萼片长圆状披针形，长约 2.5mm；子房密被星状柔毛，花柱 2 深裂。蒴果椭圆状，长约 2cm，直径 1.4~2.0cm；种子椭圆状，长约 1cm，直径 6~7mm。花期 4~6 月。图 1。中国分布于西南，以及福建、湖北、湖南、广东、广西等省区。生于山野、丘陵地。有栽培。分布于亚洲南部和东南部各国。

种子入药，最早记载于《神农本草经》，列为下品。《中华人民共和国药典》（2020 年版）收载，具有泻下

寒积、逐水退肿、祛痰利咽、蚀疮杀虫的功效，大毒。现代研究证明具有致泻、抗癌、致癌、抗病原微生物、止泻等功效。

巴豆含有脂肪油、二萜及其酯类、生物碱类、蛋白质等化学成分。脂肪油分为巴豆油酸、巴豆酸、棕榈酸等组成的甘油酯，以及巴豆醇及酯，巴豆醇是巴豆泻下的有效成分，也是主要毒性成分，有弱致癌作用；二萜及其酯类由佛波醇与甲酸、丁酸等结合生成，主要为 labdane 和 pimarane 型；生物碱类主要有巴豆苷、异鸟嘌呤及木兰花碱，具有抗癌活性，巴豆苷为药材质量控制成分，药材中含量为 1.02%~1.62%，《中华人民共和国药典》（2020 年版）规定不得少于 0.80%；蛋白质如巴豆毒素，有较强的毒性。

巴豆属植物全世界有 800 余种，中国分布约有 21 种，药用植物有鸡骨香 C. crassifolius Geisel 等。

（张　瑜）

lángdúdàjǐ

狼毒大戟（Euphorbia fischeriana Steud., fischeriana euphorbia）　大戟科大戟属植物。

多年生草本。根圆柱状，肉质，常分枝。叶互生，茎下部叶

图 1　巴豆（陈虎彪摄）

鳞片状，向上逐渐过渡到正常茎生叶；茎生叶长圆形，长4.0~6.5cm；无叶柄；总苞叶同茎生叶，常5枚；伞幅5；次级总苞叶常3枚，卵形；苞叶2枚，三角状卵形。聚伞花序单生二歧分枝的顶端，无柄；总苞钟状，边缘4裂，裂片圆形；腺体4，半圆形。雄花多枚；雌花1枚；子房密被白色长柔毛；花柱3，中部以下合生。蒴果卵球状，被白色长柔毛；有果柄；花柱宿存；成熟时分裂为3个分果爿。种子扁球状，灰褐色；种阜无柄。花果期5~7月。图1。中国分布于黑龙江、吉林、辽宁、内蒙古和山东等省区。生于草原、干燥丘陵坡地、多石砾干山坡及阳坡稀疏的松林下，海拔100~600m。蒙古和俄罗斯也有分布。

图1　狼毒大戟（陈虎彪摄）

根入药，药材名狼毒，传统中药，最早记载于《神农本草经》。《中华人民共和国药典》（2020年版）收载，具有散结、杀虫的功效，有大毒。现代研究证明具有抗癌、抗白血病、抗菌、抗病毒、抗惊厥、镇痛、抗炎等作用。

根中含有萜类、鞣质、苯乙酮类、甾醇类、酚类等化学成分。萜类包括倍半萜、二萜和三萜，二萜类型主要为松香烷型、异海松烷型和巴豆烷型，有岩大戟内酯、狼毒大戟素等，为狼毒大戟的主要活性成分，也是主要毒性成分，三萜类有羽扇豆醇、乙酰木油树酸等；鞣质有没食子酸、没食子酸乙酯、没食子酸甲酯等；苯乙酮类有狼毒甲素、狼毒乙素等；酚类主要有狼毒素和7-甲氧基狼毒素等。

大戟属植物情况见大戟。

（张　瑜）

dìjǐn

地锦（ *Euphorbia humifusa* Willd. ex Schlecht. , humid euphorbia）　大戟科大戟属植物。又称地锦草。

1年生匍匐草本。茎纤细，近基部分枝，带紫红色，无毛。叶对生；叶柄极短；托叶线形，通常3裂；叶片长圆形，长4~10mm，宽4~6mm，先端钝圆，基部偏狭，边缘有细齿，两面绿色或淡红色。杯状花序单生于叶腋；总苞倒圆锥形，浅红色，顶端4裂，裂片长三角形；腺体4，长圆形，有白色花瓣状附属物；子房3室；花柱3，2裂。蒴果三棱状球形，光滑无毛；种子卵形，黑褐色，外被白色蜡粉，长约1.2mm。花期6~10月，果实7月后成熟。图1。中国分布于除海南外的各地。生于原野荒地、路旁、田间、沙丘、海滩、山坡等地。欧亚大陆广泛分布。

全草入药，药材名地锦，传统中药，最早记载于《嘉祐本草》。《中华人民共和国药典》（2020年版）收载，具有清热解毒、凉血止血、利湿退黄的功效。现代研究表明具有抗氧化、抗炎、抗菌、抗病毒、止血、降血糖、解毒、抗癌、降血脂、免疫调节和镇痛等作用。

全草中含有黄酮类、萜类、酚类和生物碱类等化学成分。黄酮类主要有槲皮素和山奈酚及苷等，为地锦草抗氧化、抗炎、抗菌及抗病毒作用的主要活性成分，槲皮素为地锦草药材质量控制成分，《中华人民共和国药典》（2020年版）规定含量不低于0.10%，药材含量为0.08%~0.30%；萜类有倍半萜和三萜，如羽扇豆醇；酚类成分有短叶苏木酚、短叶苏木酚酸等。

大戟属植物情况见大戟。

（张　瑜）

gānsuí

甘遂（ *Euphorbia kansui* T. N. Liou ex S. B. Ho, kansui euphorbia）　大戟科大戟属植物。

多年生草本。根圆柱状，末

图1　地锦（陈虎彪摄）

端念珠状膨大。茎高 20~29cm。叶互生，线状披针形、线形或线状椭圆形，长 2~7cm，全缘；总苞叶 3~6 枚，倒卵状椭圆形；苞叶 2 枚，三角状卵形，长 4~6mm。花序单生，基部具短柄；总苞杯状；边缘 4 裂，裂片半圆形；腺体 4，新月形。雄花多数，明显伸出总苞外；雌花 1 枚，子房柄长 3~6mm；子房光滑无毛，花柱 3，2/3 以下合生；柱头 2 裂，不明显。蒴果三棱状球形；花柱宿存，成熟时分裂为 3 个分果爿。种子长球状，灰褐色至浅褐色；种阜盾状，无柄。花期 4~6 月，果期 6~8 月。图 1。中国分布于河北、山西、陕西、甘肃、河南、四川等省区。生于草坡、农田地埂、路旁等处。

图 1　甘遂（陈虎彪提供）

根入药，最早记载于《神农本草经》，列为下品。《中华人民共和国药典》（2020 年版）收载，具有泻水逐饮、消肿散结的功效，有毒。现代研究证明具有抗肿瘤、泻下、抗生育、抗病毒、镇痛和免疫抑制等作用。

根含有三萜类、二萜类、甾体类、酚类等化学成分。三萜类有 γ-大戟醇、α, β-大戟甾醇、甘遂醇、大戟酮等；二萜类有假白榄酮型和巨大戟烷型，如巨大戟萜醇-3-（2,4-癸二烯酯）-20-乙酸酯、大戟二烯醇、甘遂大戟萜酯 C、甘遂宁等，巨大戟二萜醇类有显著的抗癌、抗病毒活性，也是其主要的刺激性和毒性成分，药材中大戟二烯醇含量为 0.211%~0.272%，为药材质量控制成分，《中华人民共和国药典》（2020 年版）规定不得少于 0.12%。

大戟属植物情况见大戟。

（张　瑜）

xùsuízǐ

续随子（*Euphorbia lathylris* L., moleplant）　大戟科大戟属植物。

2 年生草本，高可达 1m。全株含白汁。茎粗壮，分枝多。单叶交互对生，无柄；由下而上叶渐增大，线状披针形至阔披针形，长 5~12cm，先端锐尖，基部 V 形而多少抱茎，全缘。杯状聚伞花序顶生，伞梗 2~4，苞片 2~4，每伞梗再叉状分枝；苞叶 2，三角状卵形；花单性，无花被；雄花多数和雌花 1 枚同生于萼状总苞内，总苞顶端 4~5 裂，腺体新月形；雄花仅具雄蕊 1；雌花生于花序中央，雌蕊 1，子房 3 室，花柱 3，先端 2 裂。蒴果近球形。种子长圆状球形，表面有黑褐色相间的斑点。花期 4~7 月，果期 6~9 月。图 1。中国分布于东北、华北、华东、西南以及河南、湖南、广西等省区。生于向阳山坡。亚洲东南部也有分布。

种子入药，药材名千金子，常用中药，最早记载于《蜀本草》。《中华人民共和国药典》（2020 年版）收载，具有泻下逐水、破血消癥、外用疗癣蚀疣的功效，有毒。现代研究证明具有致泻、抗肿瘤、抗菌、镇痛、抗炎、增强排尿及尿酸、抗血凝等功效。

种子中含有脂肪油、二萜醇类、甾体类、香豆素类、黄酮类、挥发油等化学成分。脂肪油中脂肪酸以 C16、C18 脂肪酸为主，包括油酸、棕榈酸、亚油酸、亚麻酸及其他少量的脂肪酸，如殷金醇棕榈酸酯；二萜醇酯有续随子烷型二萜及巨大戟烷二萜两类，如千金子素等，二萜类有显著的抗肿瘤活性；甾体类有千金子甾醇、β-谷甾醇、豆甾醇等；香豆素类有双七叶内酯、秦皮乙素、瑞香素等；黄酮类有青蒿亭、蔓荆子黄酮等；挥发油有甲基环己烷、2-甲基庚烷等。千金子甾醇和殷金醇棕榈酸酯等为续随子的主要毒性成分，作用于中枢神经系统。药材中千金子甾醇含量为 0.78%~0.89%，为药材质量控制成分，《中华人民共和国药典》（2020 年版）规定千金子甾醇的

图 1　续随子（陈虎彪摄）

含量不得少于 0.35%。

大戟属植物情况见大戟。

（张　瑜）

dàjǐ

大戟（*Euphorbia pekinensis* Rupr.，spurge）大戟科大戟属植物。

多年生草本，高 30~90cm。全株含白色乳汁。根粗壮，圆锥形，有侧根。茎自上部分枝。单叶互生；叶片狭长圆状披针形，长 3~8cm，全缘，具明显中脉。杯状聚伞花序顶生或腋生，顶生者通常 5 枝，排列成复伞形；基都有叶状苞片 5；每枝再作二回至数回分枝，分枝处有苞叶 4 或 2，对生；腋生者伞梗单生；苞叶卵状长圆形；杯状聚伞花序的总苞钟形或陀螺形，4~5 裂，腺体 4~5，长圆形，两腺体间有附属物；雌雄花均无花被；雄花多数；雌花 1；花柱先端 2 裂。蒴果三棱状球形，密被刺疣。种子卵形，光滑。花期 6~9 月，果期 7~10 月。图 1。中国分布于除新疆、广东、海南、广西、云南、西藏外各地。生于山坡、路旁、荒地、草丛、林缘及疏林下。朝鲜、日本也有分布。

根入药，药材名京大戟，传统中药，最早记载于《神农本草经》。《中华人民共和国药典》（2020 年版）收载，具有泻水逐饮、消肿散结的功效，有毒。现代研究表明具有泻下、抗癌、抗病毒、抗血吸虫、降压、影响神经功能等作用。

大戟根中含有萜类、鞣质及酚酸类、黄酮类等化学成分。萜类为大戟根中的主要化学成分，包括单萜、倍半萜、二萜、三萜等，有京大戟素、沉香螺旋醇、甘遂甾醇、大戟醇等；二萜类为主要活性成分，有抗癌、泻下作用，也是主要毒性成分；三萜类有明显抗炎作用，药材中大戟二烯醇含量为 0.559%~0.689%，《中华人民共和国药典》（2020 年版）规定不得少于 0.60%。鞣质及酚酸类有对羟基苯甲酸、丹酚酸 B、鞣花酸、没食子酸甲酯等。黄酮类成分有槲皮素等。

大戟属植物全世界约有 2080 种，中国分布约有 90 种。药用种类有甘遂 *E. kansui* T. N. Liou ex S. B. Ho、地锦 *E. humifusa* Willd. ex Schlecht.、泽漆 *E. helioscopia* L.、乳浆大戟 *E. esula* L.、通奶草 *E. hypericifolia* L.、狼毒大戟 *E. fischeriana* Steud.、续随子 *E. lathylris* L. 等。

（张　瑜）

yúgānzǐ

余甘子（*Phyllanthus emblica* L.，emblic）大戟科叶下珠属植物。

落叶小乔木或灌木，高 1~3m，稀达 8m。木质根，稀为肉质块根；茎通常无刺；常有乳状汁液，白色，稀为淡红色。叶互生，条状矩圆形，长 1~2cm；托叶 2，棕红色。花单性，雌雄同株或异株，常为聚伞或总状花序；无花瓣；萼片分离或在基部合生；具多数雄花和 1 朵雌花；雄蕊 1 枚至多数，花丝分离或合生成柱状；花柱与子房室同数，分离或基部连合。蒴果外果皮肉质球形，无毛，干后开裂。种子常有显著种阜，胚乳丰富。图 1。中国分布于江西、福建、台湾、广东、海南、广西、四川、贵州、云南等省区。生于海拔 300~1200m 的疏林下或山坡向阳处。也分布于印度、印度尼西亚和中南半岛。

果实入药，药材名余甘子，藏族传统用药，最早记载于《新修本草》，《中华人民共和国药典》（2020 年版）收载。具有清热凉血，消食健胃，生津止渴等功效。现代研究表明具有抑菌、抗氧化、抗炎、抗疲劳、抗衰老、抗肿瘤等作用。

图 1　大戟（陈虎彪摄）

图 1　余甘子（陈虎彪摄）

果实含酚类、鞣质类、有机酸类、黄酮类、蒽醌类、甾体类、三萜类、香豆素类等化学成分。酚类包括没食子酸、诃尼酸、鞣花酸等,具有抗氧化、抗炎、抗肿瘤的作用。鞣质包括葡萄糖没食子鞣苷、诃子鞣质等,具有抗氧化作用。没食子酸是余甘子药材的质量控制成分,《中华人民共和国药典》(2020年版)规定不低于1.2%,药材中含量一般为1.1%~2.9%。

叶下珠属植物世界约600种,中国产33种,4变种。药用植物还有叶下珠 Phyllanthus urinaria L.、小果叶下珠 P reticulatus Poir.、珠子草 P niruri L. 等。

(高微微 李俊飞 焦晓林)

bìmá

蓖麻 (Ricinus communis L., castor-oil plant) 大戟科蓖麻属植物。

高大1年生草本,在热带或南方地区常成多年生灌木或小乔木。幼嫩部分被白粉。单叶互生,具长柄;叶片近圆形,掌状分裂至叶片的一半以下,裂片5~11,卵状披针形至长圆形,先端渐尖,边缘有锯齿。圆锥花序与叶对生及顶生,长10~30cm,下部生雄花,上部生雌花;花雌雄同株,无花瓣;雄花萼3~5裂;雄蕊多数,花丝多分枝;雌花萼卵状披针形;子房3室,每室1胚珠;花柱3,深红色,2裂。蒴果球形,长1~2cm,有软刺,成熟时开裂,种子长圆形,光滑有斑纹。花期5~8月,果期7~10月。图1。原产非洲,世界各地栽培。

种子入药,药材名蓖麻子,常用中药,最早记载于《雷公炮炙论》。《中华人民共和国药典》(2020年版)收载,具有泻下通滞、消肿拔毒的功效,有毒。现代研究证明具有泻下、抗肿瘤、抗HIV、免疫调节、降压、引产等功效。另外,种子榨取的脂肪油具有滑肠、引产的作用。

蓖麻种子中含有蛋白质、生物碱类、酚类、脂肪油等化学成分。蛋白质中的蓖麻毒素、血凝集素等,具有很强的抑制蛋白质合成的功能;生物碱类有蓖麻碱、N-去甲蓖麻碱,蓖麻毒素和蓖麻碱为主要毒性成分,药材中蓖麻碱含量为0.133%~0.287%,《中华人民共和国药典》(2020年版)规定不得超过0.32%;酚类有没食子酸甲酯、黄花菜木脂素A、东莨菪内酯、反式阿魏酸、槲皮素等。

蓖麻属植物全世界有1种。

(张瑜)

wūjiù

乌桕 [Sapium sebiferum (L.) Roxb., Chinese tallow tree] 大戟科乌桕属植物。

落叶乔木,高达15m,具乳汁。叶互生;叶柄顶端有2腺体;叶片菱形至宽菱状卵形;侧脉5~10对。穗状花序顶生;雌雄同序,无花瓣及花盘;最初全为雄花,随后有1~4朵雌花生于花序基部;雄花小,10~15朵簇生一苞片腋内,苞片菱状卵形,近基部两侧各有1枚腺体,萼杯状,3浅裂,雄蕊2;雌花具梗,着生处两侧各有近肾形腺体1,苞片3,菱状卵形,花萼3深裂,子房3室。蒴果椭圆状球形,成熟时褐色,3瓣裂,每瓣有种子1颗;种子近球形,黑色,花期4~7月,果期10~12月。图1。中国分布于黄河以南各省区。生于旷野、塘边或疏林中。常栽培。日本、越南、印度也有分布。欧洲、美洲、非洲也栽培。

根皮、叶、种子入药,最早记载于《新修本草》。根皮具有解毒消肿、杀虫的功效;叶具有泻下逐水、消肿散瘀、解毒杀虫的功效;种子具有拔毒消肿、杀虫止痒的功效;油具有杀虫、拔毒、利尿、通便的功效。现代研究证

图1 蓖麻 (陈虎彪摄)

图1 乌桕 (陈虎彪摄)

明具有体外抑菌、抗炎、杀虫等功效。乌桕可用于生物能源和生物农药。

乌桕全株中含有黄酮类、萜类、香豆素类、鞣花酸类、多酚类等化学成分，黄酮类有山柰酚、槲皮素、芦丁以及一些黄酮苷类，为主要抑菌成分；二萜类主要是巴豆烷型二萜，对皮肤、黏膜有强烈刺激，同时具有抗癌作用，三萜类有莫雷亭酮、莫雷亭醇等。香豆素类有花椒油素、白蒿香豆精、东莨菪素等；

乌桕属植物全世界约有 120 种，中国分布有 10 种，药用植物还有山乌桕 *S. discolor*（Champ. ex Benth.）Muell. Arg.、白木乌桕 *S. japonicum*（Sieb. et Zucc.）Pax et Hoffm.、圆叶乌桕 *S. rotundifolium* Hemsl.、桂林乌桕 *S. chihsinianum* S. K. Lee、浆果乌桕 *S. baccatum* Roxb. 等。

（张　瑜）

yúnxiāngkē

芸香科（Rutaceae）
灌木或乔木，有时具刺。单叶或复叶，常有透明腺点，互生或对生，无托叶。花两性，有时单性，辐射对称；萼片 4~5，合生；花瓣 4~5，分离；雄蕊 3~5 或 6~10，着生在花盘的基部；雌蕊由 2~5 个合生或分离的心皮组成，或单生而子房 4~5 室。果实为浆果或核果，或蒴果状，稀为翅果状。全世界有 150 属约 900 种。中国 28 属，153 种。

本科植物含有生物碱类、木脂素类、黄酮类、挥发油、香豆素类及酰胺类化学成分。生物碱类在芸香科普遍存在，如花椒属、吴茱萸属、黄柏属、柑橘属等，该类成分有木兰花碱、小檗碱、吴茱萸碱等。木脂素类成分中的单环氧木脂素类化合物主要分布于花椒属植物，如 *Zanthoxylum pi-*

peritum 中分离的 sanshodiol，*Z. pluviatile* 中木脂素内酯化合物 savinin，双环氧木脂素类化合物主要分布于芸香亚科的花椒属和吴茱萸属中，如大叶臭椒 *Z. myriacanthum* 中的 1-syringaresinol 等。黄酮类成分在本科中广泛分布，如橙皮苷、新橙皮苷等。香豆素类成分主要有佛手柑内酯、花椒毒内酯、花椒内酯等。本科植物的果实还含有挥发油，如花椒属、柑橘属、吴茱萸属等。

主要药用植物有：①黄檗属 *Phellodendron*，如黄檗 *P. amurense* Rupr.、黄皮树 *P. chinense* Schneid.。②柑橘属 *Citrus*，如柑橘 *C. reticulata* Blanco、酸橙 *C. aurantium* L.、香圆 *C. Wilsonii Tanaka.*、柚 *C. grandis*（L.）Osbeck、化州柚 *C. grandis* 'tommentosa'、佛手 *C. medica* L. var. *sarcodactylis*（Hoola van Nooten）Swingle、柠檬 *C. limon*（L.）Burm. f.。③吴茱萸属 *Evodia*，如吴茱萸 *E. ruticarpa*（A. Juss.）Benth.。④花椒属 *Zanthoxylum*，如花椒 *Z. bungeanum* Maxim.、两面针 *Z. nitidum*（Roxb.）DC.。⑤九里香属 *Murraya*，如九里香 *M. exotica* L.。还有白鲜。

（刘春生　王晓琴）

suānchéng

酸橙（*Citrus aurantium* L., bitter orange）
芸香科柑橘属植物。

小乔木，刺多，徒长枝的刺长达 8cm。单身复叶，翼叶倒卵形。总状花序有花少数；花萼 5 或 4 浅裂；花大

小不等，花径 2.0~3.5cm，花瓣 5，白色；雄蕊 20~25 枚，通常基部合生成多束。果实为柑果，圆球形或扁圆形，果皮稍厚至甚厚，难剥离，橙黄至朱红色，油胞大小不均匀，凹凸不平，瓤囊 10~13 瓣，果肉味酸，有时有苦味或兼有特异气味；种子多且大，常有肋状棱，子叶乳白色，单或多胚。花期 4~5 月，果期 9~12 月。图 1。中国秦岭淮河以南各地栽培。

幼果入药，药材名枳实；未成熟果实入药，药材名枳壳，传统中药，最早记载于《神农本草经》。《中华人民共和国药典》（2020 年版）收载，枳实具有破气消积、化痰除痞的功效；枳壳具有理气宽中、行滞消胀的功效。现代研究证明枳实具有升压、促进胃肠平滑肌收缩、增加心肌收缩力等作用；枳壳具有调整平滑肌，改善心血管和泌尿系统功能等作用。

果实含有挥发油、生物碱类、黄酮类等化学成分。挥发油中主要成分为右旋柠檬烯、α-蒎烯、β-蒎烯、β-月桂烯等；生物碱类主要有辛弗林、N-甲基酪胺等，具有升压作用，《中华人民共和国药典》（2020 年版）规定枳实药材

图 1　酸橙（刘勇摄）

中辛弗林的含量不低于 0.3%。药材中含量为 0.15%~0.46%；黄酮类主要有柚皮苷、新橙皮苷等，具有降脂、抗血栓、抗血小板聚集、保护心肌、抗氧化等作用，《中华人民共和国药典》（2020 年版）规定枳壳药材中柚皮苷的含量不低于 4.0%，新橙皮苷的含量不低于 3.0%。药材中柚皮苷的含量为 4.16%~9.53%，新橙皮苷的含量为 3.24%~8.11%。

柑橘属植物情况见柑橘。同属甜橙 C. sinensis（L.）Osbec 的幼果也为《中华人民共和国药典》（2020 年版）收载为枳实药材的来源植物。

（刘春生　王晓琴）

níngméng

柠檬 ［Citrus limon（L.）Burm. f.，lemon］ 芸香科柑橘属植物。

小乔木。嫩叶及花芽暗紫红色，叶片厚纸质，卵形或椭圆形，长 8~14cm，顶部通常短尖，边缘有明显钝裂齿。单花腋生或少花簇生；花萼杯状，4~5 浅齿裂；花瓣长 1.5~2.0cm，外面淡紫红色，内面白色；常有单性花；雄蕊 20~25 枚或更多；子房近筒状，顶部略狭，柱头头状。果椭圆形或卵形，两端狭，顶部通常较狭长并有乳头状突尖，果皮厚，通常粗糙，柠檬黄色，瓤囊 8~11 瓣，汁胞淡黄色，果汁甚酸，种子小，卵形，端尖；种皮平滑，子叶乳白色。花期 4~5 月，果期 9~11 月。图 1。原产印度，世界各地栽培。果皮提取挥发油称为柠檬油。

果皮入药，药材名柠檬皮。《欧洲药典》《英国药典》和《美国药典》均有收载，具有抗炎和利尿作用，柠檬汁具有利尿、解表、收敛和滋补作用，中医用柠檬皮具有行气、和胃、止痛的功效。现代研究表明具有降压、抗炎、抗菌、抗病毒、抗氧化、抗衰老等作用。

果皮含有挥发油、黄酮类、香豆素类、三萜类等化学成分。挥发油中主要含柠檬烯、柠檬醛、橙花醇等，以柠檬烯为主，《英国药典》规定柠檬皮中挥发油含量不低于 2.5%，《美国药典》规定柠檬油中柠檬醛含量为 2.2%~5.5%；黄酮类有芹菜素、木犀草素、金圣草素、槲皮素的苷类等，黄酮粒具有改善心血管功能、抗氧化、抗炎、抗病毒活性；香豆素类有柠美内酯、氧化前胡内酯等；三萜类主要是柠檬苦素类，具有抗肿瘤、抗病毒等活性。

柑橘属植物情况见柑橘。

（刘　勇　郭宝林）

huàzhōuyóu

化州柚 ［Citrus maxima（Burm.）Merr. cv. Tomentosa，tomentose pummelo］ 芸香科柑橘属植物。又称化橘红、化州橘红。

常绿乔木，高 5~10m；小枝扁，被柔毛，有刺；单身复叶，互生，叶片长椭圆形或阔卵形，长 6.5~16.5cm，叶柄有倒心形宽叶翼，叶先端钝圆或微凹，基部圆钝，有钝锯齿，叶背主脉有短柔毛；花单生或簇生为叶腋，白色，花瓣 4~5，长圆形，肥厚，花萼杯状，4~5 浅裂，雄蕊 25~45，花丝下部连合成 4~10 组，子房长圆形，柑果扁圆形至梨形，直径 10~15cm，柠檬黄色，果枝、果柄及未成熟果实上被短柔毛，种子扁圆形，白色或带黄色。花期 4~5 月，果熟期 10~11 月。图 1。中国主要栽培于广东、广西。

外层果皮入药，药材名化橘红，传统中药，最早收载于《本草纲目拾遗》。《中华人民共和国药典》（2020 年版）收载，具有化痰，理气，健胃，消食的功效。

图 1　柠檬（陈虎彪摄）

图 1　化州柚（陈虎彪摄）

现代研究证明具有止咳化痰平喘、抗炎、抗氧化、解痉等作用。

果皮含有黄酮类、挥发油、香豆素类等化学成分。黄酮类成分主要有柚皮苷、野漆树苷、新橙皮苷、枳属苷等。具有抗炎、止咳、平喘、祛痰等作用，《中华人民共和国药典》（2020 年版）规定化橘红药材中柚皮苷含量不少于 3.5%，药材中的含量为 3.6%~7.1%。挥发油类主要有柠檬醛、牻牛儿醇、芳樟醇等；香豆素类主要有紫花前胡苷、甲基蛇床子苷 A、佛手酚、异欧前胡素等。

柑橘属植物情况见柑橘。柚 *Citrus maxima*（Burm.）Merr. 也被《中华人民共和国药典》（2020 年版）收载为化橘红的来源植物。

（潘超美 苏家贤）

fóshǒu

佛手 (*Citrus medica* L. var. *sarcodactylis* Swingle, buddha's hand citron)

芸香科柑橘属植物，又称佛手柑。

灌木或小乔木。新生嫩枝、芽及花蕾均暗紫红色，茎枝多刺，刺长达 4cm。单叶；叶柄短，叶片椭圆形或卵状椭圆形，长 6~12cm，宽 3~6cm，顶部圆或钝，叶缘有浅钝裂齿。总状花序有花达 12 朵；花两性；花瓣 5，长 1.5~2cm；雄蕊 30~50 枚；子房圆筒状，花柱粗长，柱头头状，子房在花柱脱落后即行分裂。果实为柑果，在果的发育过程中成为肉质指状，果皮甚厚，通常无种子。花期 4~5 月，果期 10~11 月。图 1。多栽培于长江以南地区。

果实入药，药材名佛手，传统中药，最早以枸橼之名记载于《本草图经》。《中华人民共和国药典》（2020 年版）收载，具有疏肝理气，和胃止痛，燥湿化痰的功效。现代研究表明具有止咳平喘、抑菌、增强免疫等作用。

果实含挥发油类、黄酮类、香豆素类等化学成分。挥发油类如柠檬烯、γ-松油烯、α-蒎烯、β-蒎烯、香茅醛等，有止咳平喘祛痰、抗肿瘤、抑菌抗炎、抗抑郁等作用；黄酮类如柚皮苷、橙皮苷、3,5,6-三羟基-4′,7-二甲氧基黄酮、番叶木苷等，橙皮苷是佛手药材的质量控制成分，《中华人民共和国药典》（2020 年版）规定佛手药材含橙皮苷不低于 0.030%。药材中含量为 0.030%~1.389%；香豆素类如柠檬油素、5,6-二甲氧基香豆素等；还含有柠檬苦素等。

柑橘属植物情况见柑橘。

（刘春生 王晓琴）

jǔyuán

枸橼 (*Citrus medica* L., citron)

芸香科柑橘属植物。又称香橼。

灌木或小乔木。新生嫩枝、芽及花蕾均暗紫红色，茎枝多刺，刺长达 4cm。单叶；叶柄短，叶片椭圆形或卵状椭圆形，长 6~12cm，顶部圆或钝，叶缘有浅钝裂齿。总状花序有花达 12 朵；花两性；花瓣 5，长 1.5~2.0cm；雄蕊 30~50 枚；子房圆筒状，花柱粗长，柱头头状，柑果，椭圆形、近圆形或两端狭的纺锤形，果皮淡黄色，粗糙，难剥离，内皮白色或略淡黄色，棉质，松软，瓤囊 10~15 瓣，果肉无色，近于透明或淡乳黄色；种子小，子叶乳白色。花期 4~5 月，果期 10~11 月。图 1。栽培于台湾、福建、广东、广西、云南等省区。越南、老挝、缅甸、印度等也有。

图 1　枸橼（陈虎彪摄）

果实入药，药材名香橼，传统中药，最早记载于《本草纲目》。《中华人民共和国药典》（2020 年版）收载，具有疏肝理气，宽中，化痰的功效。现代研究表明具有止咳平喘、抑菌等作用。

果实含挥发油类、黄酮类、香豆素类等化学成分，挥发油类主要成分为右旋柠檬烯等；黄酮

图 1　佛手（陈虎彪摄）

类如枸橼苷、柚皮苷、橙皮苷等。柚皮苷和橙皮苷具有降脂、抗血栓、抗血小板聚集、保护心肌、抗氧化等作用。香豆素类成分如7-羟基香豆素、5,7-二羟基香豆素、7-羟基-6-甲氧基香豆素等。《中华人民共和国药典》（2020年版）规定香橼药材中柚皮苷含量不低于2.5%药材中柚皮苷含量为2.52%～6.00%。

柑橘属药用植物情况见柑橘。同属的香圆 C. wilsonii Tanaka 也被《中华人民共和国药典》（2020年版）收载为香橼药材的来源植物。

（刘春生）

gānjú

柑橘 （Citrus reticulata Blanco, orange） 芸香科柑橘属植物。

小乔木，刺较少。单身复叶，翼叶通常狭窄，或仅有痕迹，叶片披针形，椭圆形或阔卵形，顶端常有凹口，叶缘常有钝或圆裂齿。花单生或2～3朵簇生；花萼不规则5～3浅裂；花瓣通常长1.5cm以内；雄蕊20～25枚，花柱细长，柱头头状。柑果，通常扁圆形至近圆球形，淡黄色、朱红色或深红色，易剥离，橘络呈网状，易分离，瓢囊7～14瓣；种子或多或少数，通常卵形，子叶深绿、淡绿或间有近于乳白色，多胚。花期4～5月，果期10～12月。图1。栽培于长江以南各地。世界各地均有栽培。果树。

成熟果皮入药，药材名陈皮，传统中药，最早记载于《神农本草经》；幼果或未成熟果实的果皮入药，药材名青皮，传统中药，最早记载于《珍珠囊》；外层果皮入药，药材名橘红；成熟种子入药，药材名橘核。均为《中华人民共和国药典》（2020年版）收载，陈皮具有理气健脾，燥湿化痰功效；青皮具有疏肝破气，消积化滞功效；橘红具有理气宽中，燥湿化痰的功效；橘核具有理气，散结，止痛功效。现代研究表明陈皮具有调节血脂、保肝、抗血栓、抗动脉粥样硬化、保护心肌、抗炎、抗氧化等作用；青皮具有兴奋心脏、收缩血管、升高血压、抗休克、抗心律失常、促进胆汁分泌、祛痰、抗肿瘤等作用。

果皮含挥发油、黄酮及其苷类等化学成分。挥发油如右旋柠檬烯、β-松油烯、β-月桂烯、间-伞花烃等；黄酮及其苷类如橙皮苷、新橙皮苷、红橘素、米橘素、川陈皮素等，橙皮苷具有降脂、抗血栓、抗血小板聚集和抗凝、保护心肌、抗氧化等作用，是青皮、陈皮、橘红药材的质量控制成分。《中华人民共和国药典》规定青皮药材中含橙皮苷不低于4.0%，药材中含量为3.72%～21.03%；陈皮药材中含橙皮苷不低于3.5%，药材中含量一般为3.16%～11.74%；橘红药材中含橙皮苷不低于1.7%。种子含柠檬苦素类成分，如柠檬苦素、柠檬林素、黄柏酮等。

柑橘属植物全世界约有20种，中国分布有15种，其中多数为栽培种，药用植物还有香圆 C. wilsonii Tanaka、枸橼 C. medica L.、酸橙 C. aurantium L.、甜橙 C. sinensis （L.） Osbeck、柚 C. grandis （L.） Osbeck、化州柚 C. grandis 'tomentosa'、佛手 C. medica L. var. sarcodactylis Swingle 等。

（刘春生 王晓琴）

báixiǎn

白鲜 （Dictamnus dasycarpus Turcz., densefruit pittany） 芸香科白鲜属植物。

多年生宿根草本，高40～100cm。根斜生，肉质粗长。茎直立，基部木质化，幼嫩部分密被长毛及水泡状凸起的油点。叶有小叶9～13片，椭圆至长圆形，长3～12cm，生于叶轴上部的较大，叶缘有细锯齿，中脉被毛；叶轴有甚狭窄的翼叶。总状花序长可达30cm；苞片狭披针形；花瓣具深色脉纹，倒披针形；萼片及花瓣均密生透明油点。成熟的果沿腹缝线开裂为5个分果瓣，瓣的顶角短尖，有光泽，每分果瓣有种子2～3粒；种子阔卵形或近圆球形，长3～4mm，光滑。花期5月，果期8～9月。图1。中国分布于东北、华北、华东、华中、西北、西南，以及新疆等地。生于丘陵土坡或平地灌木丛中或草地或疏林下。也分布于朝鲜、蒙古、俄罗斯。

根皮入药，药材名白鲜皮，传统中药，最早记载于《神农本草经》。《中华人民共和国药典》

图1 柑橘（陈虎彪摄）

图1 白鲜（陈虎彪摄）

（2020年版）收载，具有清热燥湿，祛风解毒的功效。现代研究证明白鲜皮具有抗菌、抗炎、收缩子宫及肠平滑肌、抗癌等作用。

根皮中含有生物碱类、柠檬苦素类、黄酮类、香豆素类、甾醇类、糖苷类等化学成分。生物碱类主要有白鲜碱、γ-崖椒碱、前茵芋碱、茵芋碱等。柠檬苦素类主要有黄柏酮、柠檬苦素等；黄酮类主要有槲酮、槲皮素、异槲皮素等。香豆素类主要有花椒毒素、东莨菪素等。槲酮和黄柏酮是白鲜皮药材的质量控制成分，《中华人民共和国药典》（2020年版）规定白鲜皮药材中槲酮含量不低于0.050%，黄柏酮不低于0.15%，药材中槲酮含量为0.042%~0.356%，黄柏酮含为0.129%~0.812%。

白鲜属植物全世界约有5种，中国有1种。

（王振月）

wúzhūyú

吴茱萸 ［ *Evodia rutaecarpa* （ Juss. ） Benth. ， medicinal evodia］芸香科吴茱萸属植物。

小乔木或灌木，高3~5m，嫩枝暗紫红色，与嫩芽同被灰黄或红锈色绒毛，或疏短毛。叶有小叶5~11片，卵形，椭圆形或披针形，长6~18cm，全缘，小叶两面及叶轴被长柔毛，油点大且多。花序顶生；雄花序的花彼此疏离；萼片及花瓣均5片；雄花花瓣长3~4mm，腹面被疏长毛，退化雌蕊4~5深裂，下部及花丝均被白色长柔毛，雄蕊伸出花瓣之上；雌花花瓣长4~5mm，腹面被毛，具退化雄蕊，子房及花柱下部被疏长毛。果序宽约12cm，蓇葖果，暗紫红色，有大油点，每分果瓣有1种子。花期4~6月，果期8~11月。图1。中国分布于秦岭以南各地，生于山地疏林或灌木丛中，多见于向阳坡地。海拔1500m以下。日本还有分布。

果实入药，药材名吴茱萸，传统中药，最早记载于《神农本草经》。《中华人民共和国药典》（2020年版）收载，具有散寒止痛，降逆止呕，助阳止泻的功效。现代研究表明具有强心、保护心脏、抗心律失常、双向调节血压、抑制血栓、收缩子宫、抗肿瘤、镇痛等作用。

果实含有生物碱类、柠檬苦素类、黄酮类和挥发油类等化学成分。生物碱类成分主要有吴茱萸碱、吴茱萸次碱等，吴茱萸碱具有抗心律失常、降低血压、抗肿瘤的作用，吴茱萸次碱具有延长出血时间、血栓形成时间、镇痛的作用。柠檬苦素类成分主要有柠檬苦素、吴茱萸苦素、吴茱萸内酯醇等；黄酮类成分有金丝桃苷、异鼠李素-3-O-半乳糖苷等；挥发油主要成分为吴茱萸烯。《中华人民共和国药典》（2020年版）规定吴茱萸药材中吴茱萸碱和吴茱萸次碱总量不低于0.15%，含柠檬苦素不低于0.20%，药材中吴茱萸碱含量为0.037%~1.980%，吴茱萸次碱含量为0.026%~1.449%，柠檬苦素含量为0.073%~1.770%。

吴茱萸属植物全世界约150种，中国约20种，5变种。石虎 *E. rutaecarpa* var. *officinalis* （Spreng.） Merr.、疏毛吴茱萸 *E. rutaecarpa* var. *bodinieri* （Dode） Huang 也为《中华人民共和国药典》（2020年版）收载为吴茱萸药材的来源植物。药用植物还有华南吴萸 *E. austrosinensis* Hand.-Mazz.、单叶吴萸 *E. simplicfolia* Ridl.、牛斜树 *E. trichotoma* （Lour.） Pierre、三桠苦 *E. lepta* （Spreng.） Merr. 等。

（刘春生　王晓琴）

jiǔlǐxiāng

九里香 （ *Murraya exotica* L.， orange jasmine ） 芸香科九里香属植物。

小乔木，高可达8m。叶有小叶3~5~7片，小叶倒卵形成倒卵状椭圆形，两侧常不对称，长

图1 吴茱萸（陈虎彪摄）

1~6cm，顶端圆或钝，全缘，一侧略偏斜。花序通常顶生，为短缩的圆锥状聚伞花序；花白色，芳香；萼片卵形；花瓣 5 片，长椭圆形，长 10~15mm，盛花时反折；雄蕊 10 枚，比花瓣略短，花药背部有细油点 2 颗；花柱柱头黄色。果橙黄至朱红色，阔卵形或椭圆形，顶部短尖，略歪斜，长 8~12mm，果肉有黏胶质液，种子有短的棉质毛。花期 4~8 月，果期 9~12 月。图 1。中国分布于台湾、福建、广东、海南、广西等地。生于离海岸不远的平地、缓坡、灌木丛中。

叶及带叶嫩枝入药，药材名九里香，常用中药，最早记载于《岭南采药录》。《中华人民共和国药典》（2020 年版）收载，具有行气止痛，活血散瘀的功效。现代研究证明九里香具有抗炎镇痛、雌激素样、可终止妊娠等作用。

叶含有含生物碱类、香豆素类、挥发油、黄酮类和糖蛋白等化学成分。生物碱类如九里香卡云碱、柯氏九里香洛林碱、柯宁并碱、月橘烯碱等，月橘烯碱是抗生育的主要活性成分之一；香豆素类如伞形花内酯、莨菪亭、九里香果素等；挥发油类如 β-环化枸橼醛、反式橙花叔醇、α-荜澄茄苦素、β-荜澄茄苦素、β-丁香烯等，挥发油具有杀菌功能，九里香果素具有很强的抗炎镇痛活性；黄酮类如八甲氧基黄酮、5,6,7,3′,4′-五甲氧基黄酮、5,7,8,3′,4′-五甲氧基二氢黄酮、3,5,6,7,3′,4′,5′-七甲氧基黄酮；糖蛋白具有终止妊娠作用。

九里香属植物全世界约有 12 种，中国分布有 9 种 1 变种。千里香 M. paniculata（L.）Jack 也被《中华人民共和国药典》（2020 年版）收载为九里香药材来源植物。药用植物还有豆叶九里香 M. euchrestifolia Hayata、广西九里香 M. kwangsiensis（Huang）Huang、四数九里香 M. tetramera Huang 等。

（刘春生　王晓琴）

huángbò

黄檗（*Phellodendron amurense* Rupr.，amur corktree）芸香科黄檗属植物。又称檗木。树皮入药。

树高 10~20m。枝扩展，树皮有厚木栓层，浅灰色或灰褐色，开裂，内皮薄，鲜黄色，味苦，黏质，小枝暗紫红色。叶轴及叶柄均纤细，有小叶 5~13 片，卵状披针形或卵形，长 6~12cm，顶部长渐尖，基部阔楔形，叶缘有细钝齿和缘毛，下面基部中脉两侧密被长柔毛。花序顶生；萼片细小，阔卵形，长约 1mm；花瓣紫绿色，长 3~4mm；雄花的雄蕊比花瓣长。果圆球形，径约 1cm，蓝黑色，通常有 5~8 浅纵沟；种子通常 5 粒。花期 5~6 月，果期 9~10 月。图 1。中国分布于河北、山西、内蒙古、辽宁、吉林、黑龙江、河南、宁夏等省区。多生于山地杂木林中或山区河谷沿岸。朝鲜、日本、俄罗斯、中亚和欧洲东部也有分布。

树皮入药，药材名关黄柏，传统中药，最早记载于《神农本草经》。《中华人民共和国药典》（2020 年版）收载，具有清热燥湿，泻火除蒸，解毒疗疮的功效。现代研究表明具有抗菌、抗真菌、镇咳、降压、抗滴虫、抗肝炎、调节免疫、抗溃疡等作用。

树皮中含有生物碱类、酚类、挥发油等化学成分。生物碱类主要有小檗碱、黄柏碱、木兰花碱、药根碱、巴马汀等。挥发油主要有月桂烯等成分。《中华人民共和国药典》（2020 年版）规定关黄柏中盐酸小檗碱含量不低于 0.60%，盐酸巴马汀含量不低于 0.30%，药材中盐酸小檗碱含量

图 1　九里香（陈虎彪摄）

图 1　黄檗（陈虎彪摄）

为 0.412%～4.030%，盐酸巴马汀含量为 0.049%～1.220%。根皮、木材、果实、种子也含有小檗碱。叶中含有黄酮类成分。

黄檗属植物全世界约有 4 种，中国有 2 种及 1 变种。黄皮树 *P. chinense* Schneid. 被《中华人民共和国药典》（2020 年版）收载作为川黄柏药材来源植物，与关黄柏具有类似的化学成分和功效。

（王振月）

huājiāo

花椒（*Zanthoxylum bungeanum* Maxim, bunge pricklyash） 芸香科花椒属植物。又名秦椒、蜀椒。

落叶小乔木或灌木，株高 3～7m；枝有短刺。叶有小叶 5～13 片，叶轴常有狭窄的叶翼；小叶对生，无柄，卵形或椭圆形，顶叶较大，叶缘有细裂齿，齿缝有油点。花序顶生或生于侧枝之顶；花被片 6～8 片，黄绿色。果紫红色，单个分果瓣径 4～5mm，顶端有甚短的芒尖或无；种子长 3.5～4.5mm。花期 4～5 月，果期 8～9 月。图 1。中国分布于除台湾、海南及广东以外的各地。生于平原至海拔较高的山地。各地均有栽培。

果皮入药，药材名花椒，传统中药，最早收载于《神农本草经》。《中华人民共和国药典》（2020 年版）收载，具温中止痛，杀虫止痒功效。现代研究证明具有抗肿瘤、麻醉、镇痛、抗血小板凝结、抗菌、杀虫、抗氧化等作用。种子入药，药材名椒目，常用中药，具有利水消肿、祛痰平喘的功效。现代研究证明具有镇痛、驱虫、抑菌等作用。果皮是中国常用食用香料。

果皮含挥发油、生物碱类、香豆素类、木脂素类和脂肪酸等化学成分。挥发油的主要成分是柠檬烯，还有 4-松油烯醇、辣薄荷酮、芳樟醇等，具有镇痛、抗菌、抗溃疡、止泻等作用，挥发油是花椒药材的质量控制成分，药材中含量一般为 2%～12%，《中华人民共和国药典》（2020 年版）规定挥发油不低于 1.5%。生物碱类主要包括喹啉类、异喹啉类和酰胺类，酰胺类有茵芋碱、青椒碱、白鲜碱、香草木宁碱等，具有杀虫、保肝抗肿瘤、抗炎、镇痛、抗病毒、抗血小板凝结、抗菌等作用。香豆素有香柑内酯、脱肠草素等。

花椒属植物全世界约 200 多种，中国有 41 种。青花椒 *Z. schinifolium* Sieb. et Zucc. 也为《中华人民共和国药典》（2020 年版）收载为花椒药材的来源。药用种类还有竹叶花椒 *Z. armatum* DC.、两面针 *Z. nitidum*（Roxb.）DC. 等；美洲花椒 *Z. americanum* Mill. 为美洲传统药，根皮用于治疗感冒发热等。

（陈士林 向 丽 邬 兰）

liǎngmiànzhēn

两面针 [*Zanthoxylum nitidum*（Roxb.）DC., shinyleaf pricklyash] 芸香科花椒属植物。

幼株为直立灌木，成株为木质藤本；茎、枝、叶轴下面和小叶中脉两面均着生钩状皮刺；单数羽状复叶，长 7～15cm，小叶 3～11 片，对生，革质，阔卵形、近圆形或狭长椭圆形，长 3～12cm，顶部尾状，顶端有明显凹口，全缘或边缘有疏浅裂齿；伞房圆锥花序，腋生；花 4 数，花瓣淡黄绿色，卵状椭圆形或长圆形，萼片宽卵形，雄花雄蕊药隔顶端有短的突尖体，退化心皮顶端常为 4 叉裂；蓇葖果成熟时紫红色，有粗大腺点，顶端具短喙，花期 3～5 月，果期 9～11 月。图 1。中国分布于台湾、福建、广东、海南、广西、贵州、云南等省区。生于海拔 800m 以下的温热处，山地、丘陵、平地的疏林、

图 1 花椒

图 1 两面针（陈虎彪摄）

灌丛中。

根入药，药材名两面针，传统中药，最早记载于《神农本草经》。《中华人民共和国药典》（2020年版）收载，具有活血化瘀，行气止痛，祛风通络，解毒消肿的功效。现代研究证明具有乙酰胆碱酶抑制剂样作用，以及保肝、抗肿瘤、抗氧化、抗心肌缺血、抗炎、抗溃疡、镇痛、抗菌等作用。

根含有生物碱类、香豆素类、木脂素类等化学成分。生物碱类主要有光叶花椒碱、白屈菜红碱、异崖椒定碱、氯化两面针碱等，《中华人民共和国药典》（2020年版）规定两面针药材中中氯化两面针碱含量不少于0.13%，药材中的含量为1.5%~2.1%。香豆素类主要有飞龙掌血酮内酯、飞龙掌血内酯、茵陈素、异茴芹素等。木脂素类主要含有L-芝麻脂素、D-表芝麻脂素、horsfieldin等。茎、枝、叶中也有类似的生物碱成分。

花椒属植物情况见花椒。

（潘超美　苏家贤）

kǔmùkē

苦木科（Simaroubaceae）

乔木或灌木，树皮有苦味。叶互生，羽状复叶。花序腋生，总状花序或圆锥花序，花小，辐射对称，单性异株或杂性，花萼3~5裂，覆瓦状或镊合状排列，花瓣3~5，分离，覆瓦状或镊合状排列花盘球状或杯状，雄蕊与花瓣同数或2倍，花丝分离；子房上位，2~5室，核果或蒴果状，或翅果状，种子常单一。全世界共20属约95种。中国5属10余种。

本科植物主要含四环三萜苦木苦味素和生物碱类，其次为三萜皂苷类、甾醇类、香豆素类、醌类等。苦木苦味素多为四环三萜内酯及五环三萜内酯，是该科的特征性成分，有解热、驱虫、治阿米巴痢疾及杀虫作用，如苦树所含的苦木半缩醛、苦木内酯、苦树素、苦木苷，鸦胆子中含有鸦胆子苦素A~I、双氢鸦胆子苷A~P等。

主要药用植物有：①鸦胆子属Brucea，如鸦胆子 B. javanica（Linn.）Merr.。②苦树属Picrasma，如苦树 P. quassioides（D. Don）Benn.。③臭椿属Ailanthus，如臭椿 A. altissima（Mill.）Swingle。④牛筋果属Harrisonia，如牛筋果 H. perforata（Blanco）Merr.。

（潘超美）

yādǎnzi

鸦胆子［Brucea javanica（L.）Merr., jave brucea］

苦木科鸦胆子属植物。

灌木或小乔木；高达3m；全体均被黄色柔毛；单数羽状复叶，互生，长20~40cm，小叶3~15；小叶卵形或卵状披针形，长5~13cm，先端渐尖，基部宽楔形至近圆形，通常略偏斜，边缘有粗齿，两面均被柔毛，背面较密；圆锥花序腋生，雌雄异株，雄花序长15~40cm，雌花序长约为雄花序的一半；花小，暗紫色，花瓣4，长圆状披针形，萼4裂，裂片卵形，花丝钻状，雄蕊4，着生于花盘之外，子房深4裂。核果椭圆形，黑色，具突起的网纹，花期夏季，果期8~10月。图1。中国分布于福建、台湾、广东、广西、海南和云南等省区，生于海拔950~1000m的石灰山疏林中。亚洲东南部至大洋洲北部也有分布。

果实入药，药材名鸦胆子，《中华人民共和国药典》（2020年版）收载，具有清热解毒，截疟，止痢，腐蚀赘疣（外用）的功效。现代研究证明鸦胆子具有抗寄生虫、抗肿瘤、抗消化道溃疡、抗疟、降血脂、抗菌等作用。

果实含有四环三萜苦木苦素类、脂肪油、黄酮类等化学成分。苦木苦素类主要有鸦胆子苦素A~I、双氢鸦胆子苷A~P等，具有调血脂、抗疣、抗溃疡、抗肿瘤等作用。种仁含丰富的脂肪油，又称鸦胆子油，鸦胆子油中含油酸81.9%、亚油酸3.4%、硬脂酸2.6%，《中华人民共和国药典》（2020年版）规定鸦胆子药材中亚油酸含量不少于8.0%，药材中的含量为6.8%~11.4%。

鸦胆子属植物全世界约6种，中国有2种。

（潘超美　苏家贤）

gǎnlǎnkē

橄榄科（Burseraceae）

乔木或灌木，有树脂道分泌树脂或油质。奇数羽状复叶，互生，通常集中于小枝上部。常圆锥花序，常腋生；花小，3~5数，辐射对称，单性、两性或杂性；雌雄同

图1　鸦胆子（陈虎彪摄）

株或异株；萼片 3~6，基部多少合生；花瓣 3~6，与萼片互生，常分离；具花盘；雄蕊在雌花中常退化，1~2 轮，与花瓣等数或为其 2 倍或更多，常分离，外轮与花瓣对生；花药 2 室；纵裂；子房上位，3~5 室，在雄花中多少退化或消失，每子房室有 2 个胚珠，着生于中轴胎座上；花柱单一，柱头头状，常 3~6 浅裂。核果，外果皮肉质，不开裂，内果皮骨质；种子无胚乳，具直立或弯曲的胚；子叶旋卷折叠。全世界有 16 属约 550 种，中国有 3 属 13 种。

本科化学普遍含有萜类、挥发油等化学成分。

主要药用植物：①乳香属 *Boswellia*，如乳香树 *B. carterii* Birdw.、鲍达乳香树 *B. bhaw-dajiana* Birdw.②没药属 *Commiphora*，如地丁树 *C. myrrha*（Nees）Engl.。③橄榄属 *Canarium*，如橄榄 *C. album*（Lour.）Raeusch.、方榄 *C. bengalense* Roxb.、乌榄 *C. pimela* Leenh. 等。

(齐耀东)

rǔxiāngshù

乳香树（*Boswellia carteri* Birdw.，lentiscus） 橄榄科乳香属植物。

矮小灌木，高 4~5m，稀达 6m。树干粗壮，粗枝的树皮鳞片状，逐渐剥落。奇数羽状复叶互生，长 15~25cm；小叶 15~21，向上渐大，长卵形，先端钝，基部圆形、近心形或截形；边缘有不规则的圆锯齿或近全缘，两边均被白毛，或上面无毛。花小，排列成稀疏的总状花序；花萼杯状，5 裂，裂片三角状卵形；花瓣 5，淡黄色，卵形；雄蕊 10，着生于花盘外侧，花丝短；子房上位，3~4 室，柱头头状，略 3

裂。核果倒卵形，长约 1cm，其 3 棱，钝头，果皮肉质，肥厚，每室具种子 1 颗。花期 4 月。图 1。生于热带沿海山地，分布于红海沿岸至利比亚、苏丹、土耳其等地。

图 1　乳香（陈虎彪提供）

树皮渗出的树脂入药，药材名乳香，传统中药，最早记载于《名医别录》。《中华人民共和国药典》（2020 年版）收载，具有活血定痛，消肿生肌的功效。现代研究表明具有抗胃和十二指肠溃疡、抗炎、调节免疫、降胆固醇、镇痛等作用。

树脂主要含有三萜类、挥发油等化学成分。三萜类如 α,β-乳香脂酸、3-O-乙酰基-β-乳香脂酸、表羽扇豆醇乙酸酯等；挥发油如蒎烯、消旋柠檬烯、α,β-水芹烯、α-樟脑烯醛等，挥发油为乳香药材的特征性成分和质量控制成分，《中华人民共和国药典》（2020 年版）规定索马里乳香含挥发油不低于 6.0%，埃塞俄比亚乳香含挥发油不低于 2.0%。

乳香属全世界有 24 种。鲍达

乳香树 *B. bhaw-dajiana* Birdw 也为《中华人民共和国药典》（2020 年版）收载为乳香的来源植物。药用植物还有野乳香树 *B. neglecta* M. Moore 等。

(齐耀东)

dìdīngshù

地丁树 ［*Commiphora myrrha*（Nees）Engl.，myrrh］ 橄榄科没药属植物。又称没药。

低矮灌木或乔木，高约 3m。树干粗，具多数不规则尖刺状的粗枝；树皮薄，光滑，小片状剥落，淡橙棕色，后变灰色。叶散生或丛生，单叶或三出复叶；小叶倒长卵形或到披针形，中央 1 片长 7~18mm，宽 4~8mm，远较两侧一对为大，钝头，全缘或末端稍具锯齿。花小，丛生于短枝上；萼杯状，宿存，上具 4 钝齿；花冠白色，4 瓣，长圆形或线状长圆形，直立；雄蕊 8，从短杯状花盘边缘伸出，直立，不等长；子房 3 室，花柱短粗，柱头头状。核果卵形，尖头，光滑，棕色，外果皮革质或肉质。种子 1~3 颗，但仅 1 颗成熟，其余均萎缩。花期夏季。分布于热带非洲和亚洲西部。生于海拔 500~1500m 的山坡地。

树脂（图 1）入药，药材名没药，又分为天然没药和胶质没

图 1　地丁树的树脂（陈虎彪提供）

药，传统中药，最早记载于《药性论》。《中华人民共和国药典》（2020 年版）收载，具有散瘀定痛，消肿生肌的功效。现代研究表明没药具有降血脂、甲状腺素样、抗炎、收敛、镇痛与退热、抗菌等作用。

树脂主要含有挥发油、萜类等化学成分。挥发油如丁香油酚、间苯甲酚、枯醛、蒎烯、柠檬烯、桂皮醛、罕没药烯等。萜类化合物如 8α-甲氧基莪术呋喃二烯、8α-乙酰基莪术呋喃二烯、乌药根烯等。挥发油为药材质量控制成分，《中华人民共和国药典》（2020 年版）规定天然没药含挥发油不低于 4.0%，胶质没药不低于 2.0%。

没药属全世界约 185 种。哈地丁树 C. molmol Engl 也为《中华人民共和国药典》（2020 年版）收载为没药的来源植物，药用植物还有穆库尔没药 C. mukul、C. merkeri 等。

（齐耀东）

liànkē

楝科（Meliaceae）

乔木或灌木，稀为亚灌木。叶互生，稀对生，通常羽状复叶，稀 3 小叶或单叶。花两性或杂性异株，辐射对称，通常组成圆锥花序，间为总状花序或穗状花序；萼小，4~5 浅裂；花瓣常 4~5；雄蕊 4~10，花丝合生成一短于花瓣的管或分离；子房上位，常 2~5 室，每室有胚珠 1~2 颗或更多。果为蒴果、浆果或核果，常有假种皮。全世界约有 50 属约 650 种，中国 17 属 40 种。

本科植物主要含有三萜类、香豆素类、黄酮类、蒽醌类、甾醇类、生物碱类等化学成分。其中柠檬苦素类四环三萜是该科植物特征性化学成分，结构复杂多

变，如川楝素、洋椿苦素、米仔兰醇等，常具有显著的杀虫作用，用于生物农药。也含有达玛烷型四环三萜、齐墩果烷型及羽扇豆烷型五环三萜等。生物碱类如米仔兰碱、米仔兰碱醇等。

主要药用植物有：①楝属 Melia，如川楝 M. toosendan Sieb. et Zucc.、楝 M. azedarach L. 等。②香椿属 Toona，如香椿 T. sinensis（A. Juss.）Roem. 等。③地黄连属 Munronia，如地黄连 M. sinica Diels 等。④浆果楝属 Cipadessa，如灰毛浆果楝 C. cinerascens（Pellegr.）Hand.-Mazz. 等。⑤米仔兰属 Aglaia，如米仔兰 A. odorata Lour. 等。

（陈士林 向丽 邬兰）

chuānliàn

川楝（Melia toosendan Sieb. et Zucc., szechwan chinaberry）

楝科楝属植物。

乔木；幼枝密被褐色星状鳞片，暗红色，具皮孔。2 回羽状复叶，每 1 羽片有小叶 4~5 对；具长柄；小叶对生，膜质，椭圆状披针形，两面无毛，全缘或有不明显钝齿，侧脉 12~14 对。圆锥花序聚生于小枝顶部之叶腋内，长约为叶的 1/2，密被灰褐色星状鳞片；花较密集；萼片长椭圆形至披针形，长约 3mm，两面被柔毛；花瓣淡紫色，匙形，外面疏被柔毛；雄蕊管圆柱状，紫色，花药长椭圆形；子房近球形，柱头包藏于雄蕊管内。核果大，椭球形，果皮薄，淡黄色；核稍坚硬，6~8 室。花期 3~4 月，果期 10~11 月。图 1。分布于甘肃、湖北、四川、贵州和云南等省，其他省区广泛栽培。生于土壤湿润、肥沃的杂木林和疏林内。日本、中南半岛有分布。

成熟果实药用，药材名川楝

图 1 川楝（陈虎彪摄）

子，传统中药，最早收载于《神农本草经》，《中华人民共和国药典》（2020 年版）收载，具疏肝泻热，行气止痛，杀虫功效。现代研究表明具有驱虫、抗生育、抗炎、抑菌、抗癌、收缩胆囊等作用；毒性大。树皮和根皮药用，药材名苦楝皮，传统中药，最早收载于《名医别录》，《中华人民共和国药典》（2020 年版）收载，具杀虫，疗癣功效。现代研究表明具有驱虫、神经药理、抗菌和抗病毒等作用。

果实、树皮和根皮中均有三萜类、黄酮类、挥发油等化学成分。萜类包括川楝素、异川楝素、苦楝子酮、脂苦楝子醇，21-O-乙酰川楝子三醇，21-O-甲基川楝子五醇等。川楝素具有消炎、抗病毒、驱蛔的作用，有毒性，是质量和毒性控制成分，川楝子含量为 0.020%~0.260%，苦楝皮含量一般为 0.07%~3.25%。《中华人民共和国药典》（2020 年版）规定川楝子中川楝素含量为 0.060%~0.200%，苦楝皮中川楝子属含量为 0.010%~0.200%。

棟属植物全世界约 3 种，中国有 2 种。棟 *M. azedarach* L 的树皮和根皮也是《中华人民共和国药典》（2020 年版）规定的药材苦楝皮的来源物种。

（陈士林 向丽 邬兰）

yuǎnzhìkē

远志科（Polygalaceae） 草本、灌木或藤本，稀小乔木。单叶，互生，稀对生或轮生，全缘，无托叶。花两性，两侧对称，排成总状花序或穗状花序；萼片 5，不等长，最内两片较大，常呈花瓣状；花瓣 5 或 3，大小不等，最下面一片呈龙骨状，其顶部常有鸡冠状附属物；雄蕊 4~8，花丝合成鞘状；子房上位，心皮 1~3，合生。蒴果、翅果或坚果。种子常有毛。全世界有 13 属近 10000 种，中国有 4 属 51 种和 9 变。

本科植物以含有三萜皂苷类和口山酮类成分为特征，三萜皂苷类的苷元主要有细叶远志皂苷元、前远志皂苷元、美远志皂苷元、2β-羟基-23-醛基齐墩果酸、$2\beta,23$-二羟基齐墩果酸等。口山酮又称苯骈色原酮，主要为简单口山酮类化合物，如远志中的远志口山酮等。远志属和蝉翼藤属含有寡糖酯类成分，主要以蔗糖作为共同的母核结构，并以不同形式的糖苷键连接葡萄糖，少数为鼠李糖。远志属、蝉翼藤属、繁牙木属还含有生物碱类成分，如哈尔满、野麦角碱、脱氢野麦角碱等。

主要药用植物有：①远志属 *Polygala* Linn.，如远志 *P. tenuifolia* Willd.、卵叶远志（西伯利亚远志）*P. sibirica* L.、瓜子金 *P. japonica* Houtt.、美远志 *P. senega* L.、黄花倒水莲 *P. fallax* Hemsl.、华南远志 *P. chinensis* L.、荷包山桂花 *P. arillata* Buch. -Ham. ex D. Don、西南远志 *P. crotalarioides* Buch.-Ham. ex DC.。②蝉翼藤属 *Securidaca* L.，如蝉翼藤 *S. inappendiculata* Hassk.。

（高微微 李俊飞 焦晓林）

yuǎnzhì

远志（*Polygala tenuifolia* Willd., thinleaf milkwort） 远志科远志属植物，又称细叶远志。

多年生草本，高 15~50cm。主根韧皮部肉质，浅黄色，长达 10cm 左右。茎直立或倾斜，被短柔毛。单叶互生，叶片纸质，线形至线状披针形，长 1~3cm，先端渐尖。总状花序具较稀疏的花；苞片 3，披针形，长约 1mm；萼片 5，宿存，无毛；花瓣 3，紫色，侧瓣斜长圆形，长约 4mm；雄蕊 8，具缘毛，花药无柄，长卵形；子房扁圆形，花柱弯曲，顶端呈喇叭形，柱头内藏。蒴果圆形，径约 4mm，无缘毛；种子卵形，径约 2mm，黑色，密被白色柔毛。花果期 5~9 月。图 1。中国分布于东北、华北、西北和华中以及四川。生于海拔 1100~2800m 的山坡草地。朝鲜、蒙古、俄罗斯等国家也有分布。

图 1 远志（陈虎彪摄）

根入药，药材名远志，传统中药，最早起载于《神农本草经》。《中华人民共和国药典》（2020 年版）收载。具有安神益智，交通心肾，祛痰，消肿的功效。现代研究表明具有改善学习记忆、镇静催眠、抗抑郁、抗氧化、抗衰老、抗菌抗炎、抗诱变、镇咳祛痰、保护血管等作用。藏药用全草治气管炎；蒙药用根治肺脓肿，痰多咳嗽。

根含有三萜皂苷类、口山酮类、寡糖酯类、生物碱类等化学成分。三萜皂苷类的苷元为齐墩果烷型，如远志皂苷 A、B、E、F、G 等，是远志药材的特征性成分，具有益智、镇静、祛痰镇咳及抗痴呆的作用。口山酮类主要为简单口山酮化合物，包括远志口山酮 III、VIII、XI 等，具有利尿、抗菌、抗癌、抗抑郁等活性。寡糖酯类包括 3,6′-二芥子酰基蔗糖、远志寡精 D、H、J 等，具有抗抑郁、脑保护作用和抗氧化作用。细叶远志皂苷是远志中三萜皂苷类成分碱水解的共同产物，《中华人民共和国药典》（2020 年版）规定远志药材中细叶远志皂苷含量不低于 2.0%，远志口山酮 III 含量不低于 0.15%，3,6′-二芥子酰基蔗糖含量不低于 0.50%，药材中细叶远志皂苷含量一般为 1.4%~3.8%，远志口山酮 III 含量一般为 0.03%~0.86%，3,6′-二芥子酰基蔗糖含量一般为 0.24%~1.70%。

远志属植物世界约 500 种，中国有 42 种 8 变种。卵叶远志 *Polygala sibirica* L. 也被《中华人民共和国药典》（2015 年版）收载为远志药材的来源植物。其他药用种类有：瓜子金 *P japonica* Houtt、黄花倒水莲 *P. fallax* Hemsl.、华南远志 *P. chinensis* Linnaeus、荷包山桂花 *P. arillata*

Buch. -Ham. ex D. Don、西南远志 P. crotalarioides Buch. -Ham. ex DC. 等。美远志 P. senega L. 为北美印第安人和欧洲传统用药，收载于《英国药典》《欧洲药典》和《日本药局方》，含有类似成分，具有祛痰、降血脂、降血糖等作用。

（高微微　李俊飞　焦晓林）

qīshùkē

漆树科（Anacardiaceae）

乔木或灌木，韧皮部具裂生性树脂道。叶互生，稀对生，单叶或羽状复叶。花小，辐射对称，两性或多为单性，排成总状或圆锥花序；花萼多少合生，3~5 裂；花瓣 3~5，分离或基部合生，花盘环状，雄蕊 10~15，稀更多；子房上位，心皮 1~5，通常 1 室，少有 2~5 室，每室有胚珠 1 颗，倒生。果多为核果。全世界约 60 属 600 余种，中国有 16 属 59 种。

本科植物主要含有漆酚和黄酮类化合物。漆酚是由 15~17 个碳原子不同饱和度长侧链的单元酚、邻苯二酚或间苯二酚组成的混合物，漆酚根据结构特点主要分为两大类：一类是原漆酚类，为邻苯二酚和苯酚的衍生物如漆酚和虫漆酚等；另一类是异漆酚，为间苯二酚和苯酚的衍生物，如腰果酚（cardanl 型）、腰果二酚（cardol 型）等；具有很好的抗氧化、抗肿瘤、抑菌、抗病毒等生物活性。盐肤木属主要含有三萜类、黄酮类、鞣质与酚酸类等，具有抗人类免疫缺陷病毒、抗肿瘤、抗腹泻、抗炎、抗龋齿和保肝等作用；黄酮类化合物主要为黄酮和双黄酮类；鞣质如没食子酸、原儿茶酸和黄颜木素，具有细胞增殖抑制活性。南酸枣属所含的黄酮类成分具有抗心律失常、保护心肌缺血的作用。

主要药用植物有：①盐肤木属 Rhus，如红麸杨 R. punjabensis Stewart、盐肤木 R. chinensis Mill.、青麸杨 R. potaninii Maxim. 等。②漆树属 Toxicodendron，如漆树 T. vernicifluum（Stokes）F. A. Barkl. 等。③南酸枣属 Choerospondias，如南酸枣 C. axillaris（Roxb.）Burtt et Hill 等。

（郭庆梅）

nánsuānzǎo

南酸枣 ［Choerospondias axillaris（Roxb.）Burtt et Hill, nepali hogplum］

漆树科南酸枣属植物。又称酸枣。

落叶乔木，高 8~20m；奇数羽状复叶长 25~40cm，有小叶 3~6 对；苞片小；花萼裂片三角状卵形或阔三角形，边缘具紫红色腺状睫毛，花瓣长圆形，长 2.5~3.0mm，无毛，具褐色脉纹，开花时外卷，花丝线形，长约 1.5mm，花药长圆形，长约 1mm，花盘无毛；核果椭圆形或倒卵状椭圆形，成熟时黄色，长 2.5~3.0cm。图 1。中国分布于西藏、云南、贵州、广西、广东、湖南、湖北、江西、福建、浙江、安徽。生于山坡、丘陵或沟谷林中，海拔 300~2000m。印度、中南半岛和日本也有分布。

果实入药，药材名广枣，蒙古族习用药材，最早收载于《月王药诊》。《中华人民共和国药典》（2020 年版）收载，具有行气活血，养心，安神的功效。鲜果入药，具有消食滞的功效。树皮入药，具有消炎

解毒、止血止痛的功效，外用治疗大面积水火烧烫伤。现代研究证明广枣具有改善心血管、抗氧化、增强免疫、抗肿瘤等作用。树皮具有抗菌和抗氧化作用。果可食用。

果实中含有有机酸类、黄酮类等化学成分。有机酸类如原儿茶酸、没食子酸、3,3'-二甲氧基鞣花酸等；黄酮类主要有槲皮素、双氢槲皮素、儿茶素等，具有抗菌、抗肿瘤、抗氧化以及抗心律失常等作用。《中华人民共和国药典》（2020 年版）规定南酸枣药材中含没食子酸不低于 0.060%，药材含量为 0.018%~0.083%。

南酸枣属植物全世界有 2 种，中国有 1 种。

（刘春生　王晓琴）

yánfūmù

盐肤木（Rhus chinensis Mill., Chinese sumac）

漆树科盐肤木属植物。又称五倍子树。

落叶小乔木或灌木，株高 2~10m；奇数羽状复叶有小叶（2~）3~6 对，叶轴具宽的叶状翅，小叶长 6~12cm，先端急尖，基部圆形，顶生小叶基部楔形，叶背被白粉；圆锥花序宽大，雄花序长 30~40cm，雌花序较短，苞片披针形，花白色，花瓣倒卵

图 1　南酸枣（陈虎彪摄）

状长圆形，长约 2mm，开花时外卷，花瓣椭圆状卵形；核果球形，成熟时红色；花期 8~9 月，果期10 月。图 1。中国除东北、内蒙古和新疆外，各地有分布。生于海拔 170~2700m 的向阳山坡、沟谷、溪边的疏林或灌丛中。印度、中南半岛、马来西亚、印度尼西亚、日本和朝鲜也有分布。

树叶上五倍子蚜的虫瘿入药，药材名五倍子，传统中药，最早记载于《本草集议》。《中华人民共和国药典》（2020 年版）收载，具有敛肺降火，涩肠止泻，敛汗，止血，收湿敛疮的功效。现代研究证明五倍子具有抗菌、抗病毒、抗氧化等作用。根或根皮入药，具有清热解毒，祛风湿，散瘀血的功效。

虫瘿含有没食子酸、鞣质等。鞣质是五倍子的活性成分，药材中鞣质含量最高可达 70% 以上。《中华人民共和国药典》（2020 年版）规定，五倍子中含鞣质以没食子酸计，不低于 50.0%。根含有三萜类、黄酮类、鞣质与酚酸类等化学成分。三萜类成分主要是齐墩果烷型的三萜，如 semialactic acid、桦木醇、白桦酮酸等，具有抗人类免疫缺陷病毒-1 活性；黄酮类如槲皮素、漆黄素、盐肤木查耳酮等。

盐肤木属植物全世界约有 250 种，中国有 7 种。红麸杨 R. punjabensis Stewart var. sinica（Diels）Rehd. et Wils、青麸杨 R. potaninii Maxim. 也被《中华人民共和国药典》（2020 年版）收载为五倍子药材的来源植物。同属白背麸杨 R. hypoleuca Champ. ex Benth.、旁遮普麸杨 R. punjabensis Stewart、滇麸杨 R. steniana Hand.-Mazz.、川麸杨 R. wilsonii Hemsl. 也有五倍子蚜虫寄生。

（刘春生　王晓琴）

qīshù

漆树 [Toxicodendron verniciflu-um（Stokes）F. A. Barkl.，true lacquertree] 漆树科漆属植物。

落叶乔木，高达 20m；树皮灰白色；顶芽大而显著，被棕黄色绒毛。奇数羽状复叶互生，常螺旋状排列，有小叶 4~6 对，小叶膜质至薄纸质，叶背沿脉上被平展黄色柔毛；圆锥花序长15~30cm，与叶近等长，花黄绿色，花萼裂片卵形，先端钝；花瓣长圆形，开花时外卷；花药长圆形，花盘 5 浅裂；核果肾形或椭圆形；花期 5~6 月，果期 7~10月。图 1。中国分布于除黑龙江、吉林、内蒙古和新疆外的省区，

也有栽培。生于海拔 800~2800m 的向阳山坡林。印度、朝鲜和日本也有分布。

树脂入药，药材名干漆，常用中药，最早记载于《闽南民间草药》。《中华人民共和国药典》（2020 年版）收载，具有破瘀通经，消积杀虫的功效。现代研究证明干漆具有解痉、治疗慢性盆腔炎和子宫内膜异位的作用。

树脂含有为漆酚、漆酶、漆多糖等化学成分，漆酚是干漆的主要成分，其主要特征是由饱和漆酚、单烯漆酚和三烯漆酚等异构体组成，具有抗氧化、抑制黑色素生成等作用。漆酚具有较强的致敏作用。

漆属植物全世界约 20 余种。中国有 15 种。药用植物还有野漆 T. succedaneum（L.）O. Kuntze 等。

（刘春生　王晓琴）

wúhuànzǐkē

无患子科（Sapindaceae） 乔木或灌木，稀攀缘状草本；叶互生，通常为羽状复叶；花单性或杂性，辐射对称或左右对称，排成总状花序或圆锥花序；萼 4~5；花瓣 4~5 或缺；花盘发达；雄蕊8~10；子房上位，2~4 室，每室有胚珠 1~2 颗或稀更多，生于中

图 1　盐肤木（陈虎彪摄）

图 1　漆树（刘翔摄）

轴胎座或侧膜胎座上；花柱单生或分裂；蒴果，开裂或不开裂，或有时浆果状，全缘或分裂；种子秃裸或有假种皮。全世界约 150 属，约 2000 种。中国 25 属 53 种 2 亚种 3 变种。

本科植物含有萜类、生物碱类、黄酮类、香豆素类、鞣质、酚酸类、挥发油化学成分。萜类普遍存在，但不同类类型有所差异，如无患子属中含有五环三萜类的齐墩果烷型、四环三萜类大戟烷型皂苷和达玛烷型皂苷、倍半萜皂苷，车桑子属含有劳丹烷型和克罗烷型二萜，以及羽扇豆烷型和齐敦果烷型三萜；文冠果属中以玉蕊醇型三萜皂苷多。咖啡因、可可碱等生物碱普遍存在于瓜拉纳（*Paullinia cupana*，分布于南美）及类似植物中。

本科主要药用植物：①龙眼属 *Dimocarpus*，如龙眼 *D. dongan* Lour.。②荔枝属 *Litchi*，如荔枝 *L. chinensis* Sonn.。③无患子属 *Sapindus*，如无患子 *S. mukorossi* Gaerth.。④文冠果属 *Xanthoceras*，如文冠果 *X. sorbifolia* Bunge。⑤栾树属 *Koelreuteria*，如栾树 *K. paniculate* Laxm.。⑥车桑子属 *Dodonaea*，如车桑子 *D. viscosa* (L.) Jacq.。

（陈彩霞）

lóngyǎn

龙眼（*Dimocarpus longan* Lour., euphoria longan）

无患子科龙眼属植物。又称桂圆。

常绿乔木，高 10m 余；小枝粗壮，散生苍白色皮孔。小叶 4~5 对，薄革质，长圆状椭圆形至长圆状披针形，长 6~15cm；花序大型，多分枝；花梗短；萼片近革质，三角状卵形，长约 2.5mm，两面均被褐黄色绒毛和成束的星状毛；花瓣乳白色，披针形；花丝被短硬毛。果近球形，直径 1.2~2.5cm，外面稍粗糙，或少有微凸的小瘤体；种子茶褐色，光亮，全部被肉质的假种皮包裹。花期 4~6 月，果期 7~8 月。图 1。中国分布于云南广东、广西等地。西南、华南以及福建广泛栽培。亚洲南部和东南部也常有栽培。

假种皮入药，药材名龙眼肉。常用中药，最早记载于《神农本草经》，《中华人民共和国药典》（2020 年版）收载，具有补益心脾，养血安神的功效。现代研究表明具有抗衰老、增强免疫力、抗肿瘤、调节内分泌、抑菌等作用。

龙眼主要含有多糖、脂类、皂苷类、多酚类、黄酮类等化学成分。多酚类有 4-甲基没食子酸、表儿茶素等，具有抗氧化、抑制低密度脂蛋白的作用。黄酮类为黄酮的苷，是抗肿瘤、增强免疫力、镇静安神的主要活性成分。多糖具有提高人体免疫力的作用。

龙眼属植物全世界有 20 种，中国 4 种。

（陈彩霞）

qīyèshùkē

七叶树科（Hippocastanaceae）

乔木稀灌木，落叶稀常绿。叶对生，掌状复叶，小叶 3~9 枚，无托叶。聚伞圆锥花序，侧生小花序系蝎尾状聚伞花序或二歧式聚伞花序。花杂性，雄花常与两性花同株；不整齐或近于整齐；萼片 4~5，排列成镊合状或覆瓦状；花瓣 4~5，与萼片互生，基部爪状；雄蕊 5~9，着生于花盘内部；子房上位，3 室，每室有 2 胚珠，花柱 1。蒴果 1~3 室，平滑或有刺，常于胞背 3 裂；种子球形，常仅 1 枚稀 2 枚发育，无胚乳。全世界有 2 属 30 余种。中国 1 属 10 余种。

本科植物普遍含有三萜皂苷类、香豆素类、黄酮类等化学成分。三萜皂苷如七叶皂苷、原七叶树苷元等，是其特征性和活性成分。黄酮类主要为槲皮素、山奈酚及其苷类。

主要药用植物有七叶树属 *Aesculus*，如七叶树 *A. chinensis* Bunge、欧洲七叶树 *A. hippocastanum* L.、天师栗 *A. wilsonii* Rehd.、浙江七叶树 *A. chinensis* Bunge var. *chekiangeasis*（Hu et Fang）Fang、日本七叶树 *A. turbinata* Blume. 等。

（陈士林）

qīyèshù

七叶树（*Aesculus chinensis* Bunge, Chinese buckeye）

七叶树科七叶树属植物。

落叶乔木。掌状复叶，有灰色微柔毛；小叶纸质，长圆披针形至长圆倒披针形，边缘有钝尖形的细锯齿。花序圆筒形，长 21~25cm，小花序常由 5~10 朵花

图 1 龙眼（陈虎彪摄）

组成。花杂性，雄花与两性花同株，花萼管状钟形，长 3～5mm，外面有微柔毛，不等 5 裂；花瓣 4，白色，基部爪状；雄蕊 6，花丝线状，花药长圆形，淡黄色；子房在两性花中发育，卵圆形，花柱无毛。果实球形或倒卵圆形，直径 3～4cm，黄褐色；花期 4～5 月，果期 10 月。图 1。中国仅秦岭有野生，黄河流域及东部各省均有栽培。亚欧美三洲皆有分布。

种子入药，药材名娑罗子，传统中药，最早收载于《本草纲目》，《中华人民共和国药典》（2020 年版）收载，具疏肝理气，和胃止痛的功效。现代研究表明具有消肿、抗炎、抗渗出、恢复毛细血管通透性、提高静脉张力、改善血液循环等作用。

种子主要含皂苷类、香豆素类、黄酮类、甾体类等化学成分。七叶皂苷是七叶树的主要活性成分，具有抗炎、消肿、抗渗出、促皮质甾醇等作用，主要有七叶树皂苷Ⅰa、Ⅰb，异七叶树皂苷Ⅰa、Ⅰb、七叶树皂苷A 等。七叶皂苷A 是婆罗子药材的质量控制成分，含量为 1.01%～2.90%，《中华人民共和国药典》（2020 年版）规定含量不低于 0.7%。香豆素类有七叶内酯、七叶苷等，具

图 1　七叶树（陈虎彪摄）

有抗痢疾作用。黄酮类化合物有黄酮醇、花色素、黄烷醇，具有抗氧化作用。

七叶树属植物全球约 30 余种，中国有 10 余种。浙江七叶树 *A. chinensis* Bge var. *chekiangeasis*（Hu et Fang）Fang、天师栗 *A. wilsonii* Rehd 也被《中华人民共和国药典》（2020 年版）收载为娑罗子的来源物种。欧洲七叶树（*A. hippocastanum* L.）种子和树皮为《英国药典》收载，主要成分为七叶皂苷，具有类似的作用。

（陈士林　向丽　邹兰）

dōngqīngkē

冬青科（Aquifoliaceae）　乔木或灌木；单叶互生，叶片通常革质，具锯齿。花小，辐射对称，常单性，雌雄异株，排列成腋生、腋外生或近顶生的聚伞花序、假伞形花序等，稀单生；花萼 4～6 片，覆瓦状排列；花瓣 4～6，分离或基部合生，覆瓦状排列；雄蕊与花瓣同数而互生，花丝短，花药 2 室，内向纵裂，药隔常增厚或花药延长，雌花中退化雄蕊存在；子房上位，心皮 2～5，合生，2 室至多室，每室常具 1 枚胚珠，花柱柱头头状、盘状或浅裂。果通常为浆果状核果，具 2 至多数分核，常 4 枚，每分核具 1 粒种子。全世界 4 属 400～500 种，大部分种为冬青属 Ilex，中国有 1 属约 204 种。

冬青科冬青属含有三萜皂苷类、黄酮类、原花青素类、生物碱类、酚酸类化学成分。三萜皂

苷是冬青属普遍存在的化学成分，主要是乌索烷型、齐墩果烷型和羽扇豆烷型，常具有改善心血管系统、抗菌、抗病毒和抗肿瘤等活性。黄酮类为山奈酚、槲皮素、异鼠李素的苷类。生物碱类成分在某些物种中含量较高，有咖啡因、可可碱、茶碱、腺嘌呤、甲基黄嘌呤等。

药用植物主要在冬青属，见枸骨。

（郭宝林）

gǒugǔ

枸骨（Ilex cornuta Lindl. et Paxt., Chinese holly）　冬青科冬青属植物。

常绿灌木或小乔木，高 1～3m；茎无皮孔。叶片厚革质，四角状长圆形或卵形，长 4～9cm，先端具 3 枚尖硬刺齿，基部圆形或近截形，两侧各具 1～2 刺齿，网状脉两面不明显；叶柄长 4～8mm；托叶宽三角形。花序簇生于叶腋，基部宿存鳞片；苞片卵形；花梗无毛，具小苞片；雄花：花萼盘状；裂片膜质具缘毛；花冠辐状，花瓣长圆状卵形，长 3～4mm，反折，基部合生；雄蕊与花瓣近等长；退化子房近球形。雌花：花梗果期长达 13～14mm；退化雄蕊长为花瓣的 4/5，败育花药卵状箭头形；子房长圆状卵球形，长 3～4mm，柱头盘状。果球形，直径 8～10mm，成熟时鲜红色，内果皮骨质。花期 4～5 月，果期 10～12 月。图 1。中国分布于江苏、上海、安徽、浙江、江西、湖北、湖南等地，生于海拔 150～1900m 的山坡、丘陵等的灌丛中、疏林中及路边。朝鲜也有分布。欧美国家常庭院栽培。

叶入药，药材名枸骨叶，也叫功劳叶，传统中药，最早记载于《本草纲目》。《中华人民共和

图 1 枸骨 (陈虎彪摄)

国药典》（2020 年版）收载，具有清热养阴，益肾平肝的功效。现代研究证明具有改善心血管系统、抗氧化、免疫调节、抗炎、抗生育等作用。果实药用，称为功劳子，具有补肝肾，止泻功效。嫩叶可制茶，称为苦丁茶。

叶含有三萜皂苷类、酚酸类、黄酮类等化学成分。三萜皂苷类为乌索烷型、羽扇豆烷型等，主要有苦丁茶皂苷 A、B、C、D、地榆苷、冬青苷 A、B 等；酚酸类主要是绿原酸类化合物。黄酮类主要是山柰酚和槲皮素的苷类，如芦丁、金丝桃苷等。

冬青属全世界有 400 种以上，中国有 200 余种，大叶冬青 I. latifolia Thunb. 也为《中华人民共和国药典》（2020 年版）收载为枸骨的来源植物。嫩叶为苦丁茶的主要来源。药用种类还有冬青 I. chinensis Sims、岗梅 I. esprella (Hook. et Arn.) Champ. ex Benth.、毛冬青 I. pubescens Hook. et Arn.、铁冬青 I rotunda Thunb. 等。

（郭宝林）

wèimáokē

卫矛科（Celastraceae） 常绿或落叶乔木、灌木或藤本灌木及匍匐小灌木。单叶对生或互生；托叶细小，早落或无。花两性或退化为功能性不育的单性花，常杂性同株；聚伞花序 1 至多次分枝，具有较小的苞片和小苞片；花 4~5 数，花萼基部通常与花盘合生，花萼、花冠离生，4~5 数，常具明显肥厚花盘，花药 2 室或 1 室，心皮 2~5，合生，子房室与心皮同数或退化成不完全室或 1 室，倒生胚珠，通常每室 2~6，轴生、室顶垂生。多为蒴果；种子被肉质具色假种皮包围，胚乳丰富。全世界有 60 属约 850 种。中国 12 属 201 种。

本科植物普遍含有萜类、黄酮类、生物碱类、酚酸类和挥发油成分，其中以萜类最为丰富。三萜类中以木栓烷型、降碳醌甲基型、齐墩果烷型五环三萜为主，广泛存在于卫矛属和南蛇藤属，齐墩果烷型也存在于雷公藤属，四环三萜发现于雷公藤属，二萜类化合物分布于雷公藤属和南蛇藤属；倍半萜类成分是南蛇藤属植物中的主要成分，具有抗肿瘤、昆虫拒食和杀虫等活性。生物碱类成分常见于卫矛属和雷公藤属，大部分具有 β-二氢沉香呋喃型结构，美登木属含有特殊结构大环生物碱，生物碱类具有抗肿瘤活性。黄酮类成分一般为山柰酚和槲皮素的苷类。

主要药用植物有：①南蛇藤属 Celastrus，如南蛇藤 C. orbiculatus Thunb.、苦皮藤 C. angulatus Maxim. 等。②美登木属 Maytenus，如美登木 M. hookeri Loes.、卵叶美登木 M. ovatus Loes. 等；③雷公藤属 Tripterygium，如雷公藤 T. wilfordi Hook. f.、昆明山海棠 T. hypoglaucum (Levl.) Hutch。④卫矛属 Euonymus，如卫矛 E. alatus (Thunb.) Sieb.、E. atropurpureus、E. europaeus L. 等。

（郭宝林）

wèimáo

卫矛 ［ Euonymus alatus (Thunb.) Sieb.，winged euonymus］ 卫矛科卫矛属植物。

灌木，高 1~3m；小枝常具 2~4 列宽阔木栓翅；叶卵状椭圆形、窄长椭圆形，长 2~8cm，边缘具细锯齿；叶柄长 1~3mm。聚伞花序 1~3 花；花白绿色，直径约 8mm，4 数；萼片半圆形；花瓣近圆形；雄蕊着生花盘边缘处，花药宽阔长方形，2 室顶裂。蒴果 1~4 深裂，长 7~8mm；种子椭圆状或阔椭圆状，长 5~6mm，假种皮橙红色，花期 5~6 月，果期 7~10 月。图 1。中国分布于除东

图 1 卫矛 (陈虎彪摄)

北、新疆、青海、西藏、广东及海南以外全国各地。生于山坡、沟地边沿。日本、朝鲜也有分布。

带翅枝条或枝翅入药，药材名称鬼箭羽，传统中药，最早记载于《神农本草经》。具有破血通经，解毒消肿，杀虫的功效。有毒。现代研究表明具有抗氧化、改善心血管系统功能，以及降血糖、降血压、改善血脂、抗肿瘤等作用。

带翅枝条主要含有黄酮类、酚酸类、三萜类等化学成分，黄酮类主要有山奈酚、槲皮素、异鼠李素、柚皮素、芹菜素及其苷类，酚酸类有咖啡酸、香草酸等。

卫矛属全世界约有 220 种。中国有 111 种。*E. atropurpureus* 的茎皮和根皮在北美用作通便剂，*E. europaeus* L. 的种子在欧洲用于治疗肝胆疾病。

（郭宝林）

léigōngténg

雷公藤 （*Tripterygium wilfordii* Hook. f. , wilford threewingnut）

卫矛科雷公藤属植物。

藤本灌木，高 1～3m，小枝棕红色，具 4 细棱。叶椭圆形、倒椭卵圆形或卵形，长 4.0～7.5cm，先端急尖或短渐尖，边缘有细锯

图 1 雷公藤 （陈虎彪摄）

齿；叶柄密被锈色毛。圆锥聚伞花序较窄小，长 5～7cm，被锈色毛；花白色，直径 4～5mm；萼片先端急尖；花瓣长方卵形；花盘略 5 裂；雄蕊插生花盘外缘；子房具 3 棱，柱头稍膨大，3 裂。翅果长圆状，长 1.0～1.5cm；种子细柱状，长达 10mm。图 1。中国分布于台湾、福建、江苏、浙江、安徽、湖北、湖南、广西。生于山地林内阴湿处。朝鲜、日本也有分布。

最早记载于《中国药用植物志》。根或者根木质部入药，具有清热燥湿，杀虫，利尿的功效。现代研究表明具有杀虫、免疫抑制、抗炎、抗肿瘤、抗生育、抗人类免疫缺陷病毒等作用。雷公藤制剂是治疗类风湿性关节炎等免疫疾病的有效药物，也用作农药杀虫剂。雷公藤毒性较大，的主要毒副作用在影响生殖细胞以及消化系统毒性。

根中含有二萜类、生物碱类、三萜类、倍半萜类等化学成分。二萜类中有雷公藤甲素、雷公藤乙素、雷醇内酯、雷酚内酯等；生物碱类有雷公藤次碱、雷公藤春碱、雷公藤晋碱、雷公藤新碱等；三萜类有雷公藤红素、雷公藤内酯甲、雷公藤内酯乙等，几类成分均具有免疫抑制、抗炎和抗肿瘤作用。其中抗生育作用以二萜类为主。根木质部中雷公藤甲素的含量为 $(0.19～2.74)×10^{-5}$，雷公藤次碱含量为 $0～1.05×10^{-5}$，雷公藤晋碱含量为

$0～3.40×10^{-5}$。

雷公藤属全世界有 3 种，中国全有。各个种均可药用，昆明山海棠 *T. hypoglaucum* (Levl.) Hutch 具有类似的化学成分和功效。

（郭宝林）

shǔlǐkē

鼠李科 （Rhamnaceae）

灌木、藤状灌木或乔木，通常具刺。单叶互生或近对生，全缘或具齿，具羽状脉，或 3～5 基出脉；托叶小，早落或宿存，或有时变为刺。花小，整齐，两性或单性，雌雄异株，通常 4 基数，稀 5 基数；萼钟状或筒状，淡黄绿色，萼片常坚硬，与花瓣互生；花瓣通常较萼片小，极凹，匙形或兜状，基部常具爪，着生于花盘边缘下的萼筒上；雄蕊与花瓣对生；核果。全球约 58 属 900 种以上，中国产 15 属 135 种 32 变种和 1 变型。

本科植物普遍含有多种黄酮类化合物，槲皮素、山奈酚、杨梅素，以及鼠李属中特有的鼠李黄素、泻鼠李黄素、甲基鼠李黄素等。枳椇属的化学成分以萜类居多，其中又以皂苷类成分为多，如枳椇皂苷、北枳椇皂苷、北拐枣皂苷等。枣属含有三萜类成分，如羽扇豆烷型、齐墩果烷型、乌苏烷型及美洲茶烷型等；生物碱类成分如无刺枣环肽、无刺枣因、*N*-去甲基荷叶碱等。勾儿茶属含有黄酮类如黄酮醇、二氢黄酮，苷类成分如直蒴苦苷，木脂素类成分如裸柄吊钟花苷等。

主要药用植物：① 鼠李属 *Rhamnus*，如鼠李 *R. davurica* Pall. 、药鼠李 *R. cathartica* L. 、欧鼠李 *R. frangula* L. 。② 枣属 *Ziziphus*，如枣 *Z. jujuba* Mill. 、酸枣 *Z. jujuba* Mill. var. spinosa （Bunge） Hu ex H. F. Chow、毛果枣 *Z. attopensis* Pierre、褐果枣 *Z. fungi*

Merr. 、印度枣 *Z. incurve* Roxb. 等。③枳椇属 *Hovenia*，如枳椇 *H. acerba* Lindl. 、北枳椇 *H. dulcis* Thunb. 、毛果枳椇 *H. trichocarpa* Chun et Tsiang。④麦珠子属 *Alphitonia*，如麦珠子 *A. philippinensis* Braid。⑤勾儿茶属 *Berchemia*、如台湾勾儿茶 *B. formosana* Schneid. 、多叶勾儿茶 *B. polyphylla* Wall. ex Laws 等。⑥小勾儿茶属 *Berchemiella*，如小勾儿茶 *B. wilsonii* (Schneid.) Nakai、滇小勾儿茶 *B. yunnanensis* Y. L. Chen et P. K. Chou。⑦苞叶木属 *Chaydaia*，如苞叶木 *C. rubrinervis* (Levl.) C. Y. Wu ex Y. L. Chen。⑧蛇藤属 *Colubrina*，如蛇藤 *C. asiatica* (L.) Brongn. 、毛蛇藤 *C. pubescens* Kurz；还有咀签属 *Gouania*、马甲子属 *Paliurus*、猫乳属 *Rhamnella*、雀梅藤属等。

(马　琳　李先宽)

zhǐjǔ

枳椇 (*Hovenia acerba* Lindl. , Japanese raisin tree) 鼠李科枳椇属植物，又称拐枣。

落叶乔木，高 10~25m；单叶互生；叶片基出 3 脉。复伞花序顶生或腋生；花 5 数；子房上位，3 室，1 胚珠。果实近球形，灰褐色，果梗肥厚扭曲，肉质，红褐色，味甜，种子扁圆形，暗褐色。花期 5~7 月，果期 8~10 月。图 1。中国分布于东北、西北、中南、西南等地。生于阳光充足的沟边、路边或山谷中。印度、尼泊尔、锡金、不丹和缅甸北部也有分布。

果实、种子入药，药材名枳椇子，具有止渴除烦，清湿热，解酒毒的功效。现代研究证明枳椇子具有解酒、保肝、抗脂质过氧化作用、抑制中枢神经、抗致突变、抗肿瘤、利尿等作用。

图 1　枳椇 (陈虎彪摄)

果实和种子中含有皂苷类、生物碱类、黄酮类、酚酸类等化学成分。皂苷类有枳椇子皂苷 C、D、G、G'、H，北枳椇皂苷 A1、A2、B1、B2，北拐枣皂苷 Ⅲ，具有抗脂质过氧化作用、抑制中枢神经、抗致突变、抗肿瘤、利尿等作用；生物碱类主要有黑麦草碱；黄酮类有山柰酚、双氢山柰酚、芹菜素、杨梅素、槲皮素、双氢杨梅素等，具有抗氧化和保肝作用。

枳椇属植物全世界约有 3 种 2 变种，中国有 3 种 2 变种。药用植物还有北枳椇 *H. dulcis* Thunb. 、毛果枳椇 *H. trichocarpa* Chun et Tsiang 等。

(马　琳　李先宽)

zǎo

枣 (*Ziziphus jujuba* Mill. , jujube) 鼠李科枣属植物。

落叶小乔木。树皮褐色或灰褐色；有长枝，具 2 个托叶刺；叶卵形，基生 3 出脉。花黄绿色，两性，5 基数，无毛，具短总花梗，单生或 2~8 个密集成腋生聚伞花序；花梗长 2~3mm；萼片卵状三角形；花瓣倒卵圆形，基部有爪，与雄蕊等长；花盘厚，肉质，圆形，5 裂；子房下部藏于花盘内，与花盘合生，2 室，花柱 2 半裂。核果矩圆形或长卵圆形，成熟时红色，后变红紫色，中果皮肉质，厚，味甜，核顶端锐尖，基部锐尖或钝，2 室，具 1 或 2 种子，果梗长 2~5mm；种子扁椭圆形。花期 5~7 月，果期 8~9 月。图 1。中国各地栽培。生长于海拔 1700m 以下的山区、丘陵或平原。欧洲、亚洲和美洲也有栽培。

果实入药，药材名大枣，传统中药，最早记载于《神农本草经》。《中华人民共和国药典》(2020 年版) 收载，具有补中益气，养血安神的功效。现代研究表明具有增强免疫、改善造血功能、抗衰老、保肝、抗肿瘤、中枢神经抑制等作用。

果实含有三萜酸类、皂苷类、生物碱类、多糖等化学成分。三萜酸类主要有桦木酸（白桦脂酸）、桦木酮酸（白桦脂酮酸）、

图 1　枣 (陈虎彪摄)

齐墩果酸、齐墩果酮酸、马斯里酸等。皂苷类主要有枣树皂苷Ⅰ~Ⅲ、大枣皂苷Ⅰ~Ⅲ、酸枣仁皂苷A和B及大枣苷等。生物碱类主要有异喹啉类生物碱，如光千金藤碱、N-去甲基荷叶碱、巴婆碱、无刺枣碱A等。大枣多糖具有增强免疫、抑制肿瘤、抗氧化、抗衰老、保肝作用。

枣属植物全世界有100余种，中国有12种3变种。药用植物还有毛果枣 Z. attopensis Pierre、褐果枣 Z. fungi Merr.、印度枣 Z. incurve Roxb.、无刺枣 Z. jujube Mill. var. inemmis（Bunge）Rehd.和酸枣 Z. jujuba Mill. var. spinosa（Bunge）Hu ex H. F. Chow 及龙爪枣 Z. jujube Mill. cv.'Tortu-osa'等。

（马琳 李先宽）

suānzǎo

酸枣 [Ziziphus jujuba Mill. var. spinosa（Bunge）Hu ex H. F. Chow，spine date] 鼠李科枣属植物。又称刺枣。

落叶灌木，有长枝，短枝和无芽小枝，具2个托叶刺，叶纸质，卵形、卵状椭圆形，或卵状矩圆形；长3~6cm，顶端钝或圆形，稀锐尖，具小尖头，基部稍

图1 酸枣（陈虎彪摄）

不对称，近圆形，边缘具圆齿状锯齿，花黄绿色，两性，5基数，无毛，具短总花梗，单生或2~8个密集成腋生聚伞花序；花瓣倒卵圆形，基部有爪，与雄蕊等长；花盘厚，肉质，圆形，5裂；子房下部藏于花盘内，与花盘合生，2室，每室有1胚珠，花柱2半裂。核果，近球形或短矩圆形，直径0.7~1.2cm，具薄的中果皮，味酸，核两端钝。花期6~7月，果期8~9月。图1。中国分布于长江以北，除黑龙江、吉林、新疆以外的地区。生于向阳或干燥山坡、丘陵、平原。朝鲜和俄罗斯也有分布。

种子入药，药材名酸枣仁，传统中药，最早记载于《神农本草经》。《中华人民共和国药典》（2020年版）收载，具有养心补肝，宁心安神，敛汗，生津的功效。现代研究表明具有镇静催眠、镇痛、抗惊厥、降温、降压、降脂、抗缺氧、增强免疫功能以及对心脏的保护等作用。

种子含有三萜及三萜皂苷类、黄酮类、生物碱类、脂肪油、甾体类、酚酸类、多糖等化学成分。三萜及三萜皂苷类主要有酸枣仁皂苷A、B、B_1、白桦脂酸、白桦脂醇、美洲茶酸、麦珠子酸等，黄酮类主要有斯皮诺素、酸枣黄素等，两类成分对中枢神经均具有镇静催眠的作用。生物碱主要有环肽类，如酸枣仁碱A（欧鼠李叶碱）、酸枣仁碱B；阿朴菲类，如酸枣仁碱E（荷叶

碱）等，具有抗惊厥、抗抑郁作用；酚酸化合物主要有阿魏酸等。《中华人民共和国药典》（2020年版）规定酸枣仁中酸枣仁皂苷A含量不低于0.03%，斯皮诺素含量不低于0.08%，药材中酸枣仁皂苷A含量为0.05%~0.12%，斯皮诺素含量为0.05%~0.22%。

枣属植物情况见枣。

（马琳 李先宽）

pútáokē

葡萄科（Vitaceae） 攀缘木质藤本，具有卷须。单叶、羽状或掌状复叶，互生；托叶通常小而脱落。花小，两性，排列成伞房状多歧聚伞花序、复二歧聚伞花序或圆锥状多歧聚伞花序，4~5基数；萼呈碟形或浅杯状，萼片细小；花瓣与萼片同数，分离或凋谢时呈帽状粘合脱落；雄蕊与花瓣对生；花盘呈环状或分裂；子房上位，果实为浆果，有种子1颗至数颗。胚小，胚乳形状各异。全世界有16属约700余种，中国有9属150余种。

本科植物主要含有的化学成分是多酚类，如原青花素、白藜芦醇是其特征成分；黄酮类如山奈酚、香橙素、胡桃苷、槲皮素等；还含有甾醇及其苷类成分。地锦属等含有酚酸类如没食子酸等；异喹啉生物碱类也普遍存在。

主要药用植物有：①蛇葡萄属 Ampelopsis，如白蔹 A. japonica（Thunb.）Makino、大叶蛇葡萄 A. Megalophylla Diels et Gilg、毛叶蛇葡萄 A. Mollifolia W. T. Wang。②葡萄属 Vitis，如山葡萄 V. amurensis Rupr、葡萄 V. vinifera L.。③地锦属 Parthenocissus，如地锦 P. Tricuspidata Willd. ex Schlecht.。④乌蔹莓属 Cayratia，如白毛乌蔹莓 C. Albifolia C. L. Li。⑤白粉藤属 Cissus，大叶白粉藤

C. repanda Vahl、白粉藤 *C. Repens* Lamk。⑥崖爬藤属 *Tetrastigma*。⑦俞藤属 *Yua*，如大果俞藤 *Y. austro-orientalis* (Metcalf) C. L. Li、俞藤 *Y. Thomsonii* (Laws.) C. L. Li 等。

（马　琳　李先宽）

白蔹 báiliǎn

白蔹 [*Ampelopsis japonica* (Thunb.) Makino, Japanese ampelopsis]　葡萄科蛇葡萄属植物。

木质藤本。小枝圆柱形，有纵棱纹。叶为掌状 3～5 小叶；聚伞花序通常集生于花序梗顶端，常与叶对生；花序梗常呈卷须状卷曲；花蕾卵球形，高 1.5～2.0mm，顶端圆形；萼碟形，边缘呈波状浅裂；花瓣 5，卵圆形，高 1.2～2.2mm；雄蕊 5，花药卵圆形；花盘发达，边缘波状浅裂；子房下部与花盘合生，花柱短棒状。果实球形，直径 0.8～1.0cm，成熟后带白色，种子 1～3；倒卵形，基部喙短钝，背部种脊突出。花期 5~6 月，果期 7~9 月。图 1。中国分布于东北南部、华北、华中、华南地区。生于山坡地边、灌丛或草地，海拔 100~900m。日本也有分布。

块根入药，药材名白蔹，传统中药，最早记载于《神农本草经》。《中华人民共和国药典》（2020 年版）收载，具有清热解毒，消痈散结，敛疮生肌的功效。现代研究表明具有抗菌、免疫调节及抗肿瘤等作用。

根中含有蒽醌类、酚酸类、甾醇类及三萜类等化学成分。蒽醌类主要有大黄素、大黄素甲醚、大黄酚、大黄素-8-*O*-β-D-吡喃葡萄糖苷等；酚酸类主要有没食子酸、延胡索酸、儿茶素、表儿茶素原儿茶醛等；甾醇类如 7β-羟-β 谷甾醇等。大蒽醌类和酚酸类具有抗细菌和抗真菌作用；原儿茶醛、儿茶素也具有抗菌活性。

蛇葡萄属全世界约 30 余种。中国有 17 种。药用植物还有槭叶蛇葡萄 *A. acerifolia* W. T. Wang、乌头叶蛇葡萄 *A. aconitifolia* Bunge、尖齿蛇葡萄 *A. acutidentata* W. T. Wang、蓝果蛇葡萄 *A. bodinieri* (Levl. et Vant.) Rehd.、广东蛇葡萄 *A. cantoniensis* (Hook. et Arn.) Planch. 等。

（马　琳　李先宽）

葡萄 pútáo

葡萄 (*Vitis vinifera* L., grape)　葡萄科葡萄属植物。

木质藤本。小枝圆柱形，有纵棱纹。卷须 2 叉分枝，每隔 2 节间断与叶对生。叶卵圆形，显著 3~5 浅裂或中裂，中裂片顶端急尖，基部深心形，边缘有 22~27 个锯齿，齿深而粗大，不整；托叶早落。圆锥花序与叶对生，基部分枝发达；花蕾倒卵圆形，顶端近圆形；萼浅碟形，边缘呈波状；花瓣 5，呈帽状粘合脱落；雄蕊 5，花丝丝状，花药黄色，卵圆形，在雌花内显著退化；花盘发达，5 浅裂；雌蕊 1，在雄花中完全退化，子房卵圆形，花柱短，柱头扩大。果实球形或椭圆形，直径 1.5～2.0cm；种子倒卵椭圆形。花期 4～5 月，果期 8～9 月。图 1。原产亚洲西部，世界各地栽培。

果实入药，最早记载于《神农本草经》。具有补气血，强筋骨，利小便的功效。果实也是欧洲传统药，具有改善血液循环的功能。现代研究表明葡萄具有抗动脉粥样硬化、抗肿瘤、抗氧化等作用。也是水果和酿酒原料。

种子和果实中含有黄酮类、原花青素类、芪类、酚酸类、萜类、挥发油、糖类等化学成分。黄酮类主要有槲皮素、山奈酚等；原花青素类主要有原花青素 B_1～B_8、C_1、T_2 等，是葡萄具有抗动脉粥样硬化、抗诱变、抗氧

图 1　白蔹（陈虎彪摄）

图 1　葡萄（陈虎彪摄）

化、抗炎等作用的活性成分；芪类主要有紫檀芪、白藜芦醇等；酚酸类主要有原儿茶酸、没食子酸、咖啡酸等；萜类主要有桦木醇、羽扇烯酮、羽扇豆醇等。

葡萄属全世界有 60 余种。中国约 38 种，药用植物还有山葡萄 *V. amurensis* Rupr.、小果葡萄 *V. balanseana* Planch.、麦黄葡萄 *V. bashanica* He P C、美丽葡萄 *V. bellula*（Rehd.）W. T. Wang、桦叶葡萄 *V. betulifolia* Diels et Gilg 等。

（马琳 李先宽）

jǐnkuíkē

锦葵科（Malvaceae）

草本、灌木或乔木。单叶，有托叶，互生。花两性，辐射对称；萼片 5，分离或合生，其下常有总苞片状的小苞片；花瓣 5；雄蕊多数，花丝合生成柱；子房上位，2 至多室。果实为蒴果，分裂为数个果瓣，有时浆果状。全世界有 50 属约 1000 种，中国 17 属 76 余种。

本科植物含黄酮苷类、生物碱类、酚酸类、黏液质、酚类、脂肪酸等化学成分，酚酸类如咖啡酸；黄酮苷类如金丝桃苷等。

主要药用植物有：①锦葵属 *Malva*，如冬葵 *M. verticillata* L.。②苘麻属 *Abutilon*，如苘麻 *A. theophrastis* Medik.。③秋葵属 *Abelmoschus*，如黄蜀葵 *A. manihot*（Linn.）Medicus。④木槿属 *Hibiscu*，如木芙蓉 *H. mutabilis* L.、木槿 *H. syriacus* L.、玫瑰茄 *H. sabdariffa* L. 等。

（刘春生）

huángshǔkuí

黄蜀葵 [*Abelmoschus manihot*（L.）Medicus, cordate houttuynia]

锦葵科秋葵属植物。花入药。

1 年生或多年生草本，高 1~2m，全体疏被长硬毛。叶掌状 5~9 深裂，直径 15~30cm，裂片长圆状披针形，长 8~18cm，具粗钝锯齿；托叶披针形，长 1.1~1.5cm。花单生于枝端叶腋；小苞片 4~5，卵状披针形，长 15~25mm；萼佛焰苞状，5 裂，近全缘，较长于小苞片，被柔毛，果时脱落；花大，淡黄色，内面基部紫色，直径约 12cm；雄蕊柱长 1.5~2.0cm，花药近无柄；柱头紫黑色，匙状盘形。蒴果卵状椭圆形，长 4~5cm，被硬毛；种子多数，肾形，被柔毛组成的条纹多条。花期 8~10 月。图 1。中国分布于河北、山东、河南、陕西、湖北、湖南、四川、贵州、云南、广西、广东和福建等省区。生于山谷草丛、田边或沟旁灌丛间。江苏、安徽等地栽培。

图 1 黄蜀葵（陈虎彪摄）

花入药，药材名黄蜀葵花，始载于《嘉祐本草》。《中华人民共和国药典》（2020 年版）收载，具有清利湿热、消肿解毒的功效。现代研究证明具有改善肾功能、抗缺血、镇痛、抗炎、抗病毒、解热及降低血脂等功效。

花含有黄酮类、挥发油、有机酸类、香豆素类等化学成分。黄酮类有金丝桃苷、异槲皮苷、杨梅素、芦丁和槲皮素等，药材中金丝桃苷含量为 5.83%~11.88%，《中华人民共和国药典》（2020 年版）规定其含量不低于 0.50%；挥发油有十六烷酸、十四烷酸等；有机酸类有没食子酸、咖啡酸等。

秋葵属植物全世界有 15 种，中国分布有 6 种，药用植物还有长毛黄葵 *A. crinitus* Wall.、咖啡黄葵 *A. esculentus*（Linn.）Moench、黄葵 *A. moschatus* Medicus、箭叶秋葵 *A. sagittifolius*（Kurz）Merr.、木里秋葵 *A. muliensis* Feng 等。

（张瑜）

qíngmá

苘麻（*Abutilon theophrasti* Medikus.，piemarker）

锦葵科苘麻属植物。

1 年生亚灌木状草本，高达 1~2m，茎枝被柔毛。叶互生，圆心形，长 5~10cm，先端长渐尖，基部心形，边缘具细圆锯齿，两面均密被星状柔毛；托叶早落。花单生于叶腋，花梗长 1~13cm，被柔毛，近顶端具节；花萼杯状，密被短绒毛，裂片 5，卵形，长约 6mm；花黄色，花瓣倒卵形，长约 1cm；雄蕊柱平滑无毛，心皮 15~20，长 1.0~1.5cm，顶端平截，具扩展、被毛的长芒 2，排列成轮状，密被软毛。蒴果半球形，直径约 2cm，分果爿 15~20，被粗毛，顶端具长芒 2；种子肾形，褐色，被星状柔毛。花期 7~8 月。图 1。中国除青藏高原不产外，各省区均产，东北有栽培。常见于路旁、荒地和田野间。越南、印度、日本以及欧洲、北美洲也有分布。

图 1 苘麻 （陈虎彪摄）

种子入药，药材名苘麻子，传统中药，最早记载于《新修本草》。《中华人民共和国药典》（2020 年版）收载，具有清热，解毒，利湿，退翳功效。现代研究表明具有抑菌、利尿、滑肠等作用。

种子含有大量脂肪酸，其中亚油酸含量最为丰富。

苘麻属植物全世界约 150 种，中国约有 9 种。药用植物还有磨盘草 A. indicum（L.）Sweet.、金铃花 A. striatum Dickson.、华苘麻 A. sinensis Oliv. 等。

（刘春生 王晓琴）

mùfúróng

木芙蓉 （Hibiscus mutabilis L., cottonrose hibiscus） 锦葵科木槿属植物。

落叶灌木或小乔木，高 2～5m；小枝、叶柄、花梗和花萼均密被星状毛与直毛相混的细绵毛。叶宽卵形至圆卵形或心形，常 5～7 裂，裂片三角形，先端渐尖，具钝圆锯齿，上面疏被星状细毛和点，下面密被星状细绒毛；叶柄长 5～20cm；托叶披针形，常早落。花单生于枝端叶腋间，花梗长 5～8cm，近端具节；小苞片 8，线形密被星状绵毛，基部合生；萼钟形，裂片 5，卵形，渐尖头；

花初开时白色或淡红色，后变深红色，花瓣近圆形，外面被毛，基部具髯毛；雄蕊柱长 2.5～3.0cm；花柱枝 5，疏被毛。蒴果扁球形，直径约 2.5cm，被淡黄色刚毛和绵毛；种子肾形，背面被长柔毛。花期 8～10 月。图 1。原产中国湖南，现广为栽培，日本和东南亚各国也有栽培。

叶入药，药材名木芙蓉叶，以地芙蓉之名最早记载于《本草图经》。《中华人民共和国药典》（2020 年版）收载，具有凉血，解毒，消肿，止痛的功效。现代研究表明具有抗炎、抑菌的作用。

叶含有黄酮苷类、酚类、氨基酸、鞣质等化学成分。黄酮类主要有芦丁、山奈酚-3-O-β-芸香糖苷等，芦丁为木芙蓉叶药材的质量控制成分，《中华人民共和国药典》（2020 年版）规定含量不低于 0.070%。

木槿属全世界有 200 余种，中国有 24 种和 16 变种或变型。药用植物还有朱槿 H. rosa-sinensis L.、吊灯扶桑 H. schizopetalus（Masters）Hook. f.、木槿 H. syriacus L.、台湾芙蓉 H. taiwanensis S. Y. Hu、黄槿 H. tiliaceus L. 等。

（齐耀东）

méiguīqié

玫瑰茄 （Hibiscus sabdariffa L., roselle） 锦葵科木槿属植物。

1 年生直立草本，高达 2m，茎淡紫色。下部的叶卵形，不分裂，上部的叶掌状 3 深裂，裂片披针形，长 2～8cm，具锯齿，先端钝或渐尖，基部圆形至宽楔形，主脉 3～5 条，背面中肋具腺；托叶线形，长约 1cm，疏被长柔毛。花单生于叶腋，近无梗；小苞片 8～12，红色，肉质，披针形，长 5～10mm，疏被长硬毛，近顶端具刺状附属物，基部与萼合生；花萼杯状，淡紫色，直径约 1cm，疏被刺和粗毛，基部 1/3 处合生，裂片 5，三角状渐尖形，长 1～2cm；花黄色，内面基部深红色，直径 6～7cm。蒴果卵球形，直径约 1.5cm，果爿 5；种子肾形。花期夏秋间。图 1。原产东半球热带，中国福建、台湾、广东和云南等地栽培。全世界热带地区多栽培。

花萼入药，药材名玫瑰茄，具有敛肺止咳，降血压，解酒的功效。现代研究表明其花萼提取物具有抗氧化、抗肿瘤、保护心血管、护肝、降血压、通便和利尿等作用。

图 1 木芙蓉 （陈虎彪摄）

图 1 玫瑰茄（陈虎彪摄）

花含有机酸类、多酚类、花青素、黄酮类、多糖和挥发油等化学成分。有机酸类有柠檬酸、苹果酸、木槿酸、酒石酸等。其中多酚类有原儿茶醛和原儿茶酸，具有抗肿瘤活性；花青素具有保肝作用。

木槿属植物情况见木芙蓉。

（刘春生　王晓琴）

dōngkuí

冬葵（*Malva crispa* L.，cluster mallow）锦葵科锦葵属植物。又称葵菜。

1 年生草本，高 1m；不分枝，茎被柔毛。叶圆形，常 5～7 裂或角裂，径为 5～8cm，基部心形，裂片三角状圆形，边缘具细锯齿，并极皱缩扭曲；叶柄瘦弱，长

图 1　冬葵（陈虎彪摄）

4～7cm，疏被柔毛。花小，白色，直径约 6mm，单生或几个簇生于叶腋，近无花梗至具极短梗；小苞片 3，披针形，长 4～5mm，疏被糙伏毛；萼浅杯状，5 裂，长 8～10mm，裂片三角形，疏被星状柔毛；花瓣 5，较萼片略长。果扁球形，径约 8mm，分果爿 11，网状，具细柔毛；种子肾形，径约 1mm，暗黑色。花期 6～9 月。图 1。中国分布于湖南、四川、贵州、云南、江西、甘肃等省区。生长于海拔 500～3000m 的山坡、林缘、草地、路旁。

果实入药，药材名冬葵果，蒙古族习用药材，最早记载于《神农本草经》。《中华人民共和国药典》（2020 年版）收载，具有清热利尿，消肿的功效。现代研究证明冬葵果具有利尿、抑菌、抗氧化、免疫补体、补充血钾等作用。

果实含有酚酸类、黄酮类、挥发油类、脂肪酸、多糖等化学成分。酚酸类主要有阿魏酸、咖啡酸等，酚酸类是冬葵果药材的质量控制成分，《中华人民共和国药典》（2020 年版）规定冬葵果药材含总酚酸不低于 0.15%；黄酮类主要有芦丁等；脂肪酸和黄酮类是利尿作用的活性成分；冬葵果多糖具有抗氧化、调节免疫作用。

锦葵属植物全世界约 30 种，中国有 4 种 1 变种。药用植物还有野葵 *M. verticillata* L.、圆叶锦葵 *M. rotundifolia*、锦葵 *M. sinensis*、大花葵 *M. aulvestris* var. *manritiana* 等；欧锦葵 *M. sylvestris* L. 的花为欧洲传统药，具有治疗支气管炎、肠胃炎、膀胱炎的功效，外用可促进伤口愈合，《欧洲药典》和《英国药典》收载。

（刘春生　王晓琴）

wútóngkē

梧桐科（Hamamelidaceae）

乔木或灌木，稀为草本或藤本，幼嫩部分常有星状毛。叶互生，常单叶；通常有托叶。花序腋生，稀顶生，排成圆锥花序、聚伞花序、总状花序或伞房花序；花单性、两性或杂性；萼片 5 枚，多少合生，镊合状排列；花瓣 5 或无花瓣，分离或基部与雌雄蕊柄合生；雄蕊的花丝常合生成管状，常有 5 枚舌状或线状的退化雄蕊与萼片对生，花药 2 室，纵裂；雌蕊由 2～5 个多少合生的心皮或单心皮所组成，子房上位。果通常为蒴果或蓇葖，开裂或不开裂。种子有胚乳或无胚乳，胚直立或弯生。本科全世界有 68 属约 1100 种，中国有 19 属 82 种 3 变种。

本科苹婆属的化学成分主要有黄酮类、脂肪酸、三萜类、甾体类、生物碱类、有机酸等。山芝麻属主要有香豆素类、三萜类、黄酮类、生物碱类、倍半萜醌类等。

主要药用植物有：①苹婆属 *Scaphium*，如胖大海 *S. wallichii* Hance.。②昂天莲属 *Ambroma*，如昂天莲 *A. augusta*（L.）L.。③火绳树属 *Eriolaena*，如火绳树 *E. spectabilis*（DC.）Planchon ex Mast.。④梧桐属 *Firmiana*，如梧

桐 *F. simplex*（Linnaeus）W. Wight。⑤山芝麻属 *Helicteres*，如山芝麻 *H. angustifolia* Linn.、火索麻 *H. isora* Linn.。⑥翅子树属 *Pterospermum*，如翻白叶树 *P. heterophyllum* Hance。

（齐耀东）

pàngdàhǎi

胖大海（*Sterculia lychnophora* Hance，boat-fruited sterculia）

梧桐科苹婆属植物。

落叶乔木，高可达 40m。叶互生；叶柄长 5~15cm；叶片革质，长卵圆形或略呈三角状，长10~20cm，先端钝或锐尖，基部圆形或近心形，全缘或具 3 个缺刻。圆锥花序顶生或腋生，花杂性同株；花萼钟状，长 7~10mm，深裂，裂片披针形，宿存，外面被星状柔毛；雄花具 10~15 个雄蕊，花被和花丝均被疏柔毛；雌花具有 1 枚雌蕊，由 5 个被短柔毛的心皮组成，柱头 2~5 裂。蓇葖果 1~5 个，船形，内含种子 1 颗。种子椭圆形或长圆形，黑褐色或黄褐色，种脐歪斜。图 1。分布于越南、印度、马来西亚、泰国及印度尼西亚等国。中国广东、海南、云南有引种。

种子入药，药材名胖大海，

图 1 胖大海（陈虎彪摄）

传统中药，最早以大洞果、安男子之名记载于《本草纲目拾遗》。《中华人民共和国药典》（2020 年版）收载，具有清热润肺，利咽，清肠通便的功效。现代研究表明具有泻下、降压、抗病毒、抗炎和解痉等作用。

种子中含有糖类、挥发油、脂肪酸等化学成分。种子外层含西黄芪胶黏素，果皮含半乳糖、戊糖等。

苹婆属全世界约有 300 种，中国有 23 种 1 变种，药用和植物还有海南苹婆 *S. hainanensis* Merr. et Chun、苹婆 *S. nobilis* Smith 等。

（齐耀东）

ruìxiāngkē

瑞香科（Thymelaeaceae）

落叶或常绿灌木或小乔木。单叶互生或对生，革质或纸质，边缘全缘，基部具关节。花辐射对称，两性或单性，雌雄同株或异株，头状、穗状、总状、圆锥或伞形花序；花萼通常为花冠状，常连合成钟状、漏斗状、筒状的萼筒，裂片 4~5；花瓣缺，或鳞片状，与萼裂片同数；雄蕊通常为萼裂片的 2 倍或同数，稀退化为 2；具花盘；子房上位，心皮 2~5 个合生，常 1 室，每室有悬垂胚珠 1 颗，柱头通常头状。浆果、核果或坚果；种子下垂或倒生；子叶厚而扁平，稍隆起。本科全世界48 属 650 种以上。中国有 10 属约 100 种。

本科包括香豆素类、黄酮类、萜类、木脂素

类、苯丙素类、生物碱、甾体类、挥发油、鞣质、皂苷类以及其他酚性化合物。香豆素类有异西瑞香素、瑞香苷等化合物；萜类有新瑞香素、白桦酸、葫芦素类等倍半萜、二萜及三萜类；木脂素类化合物具有四氢呋喃类、联苯四氢萘类等多种骨架类型。

主要药用植物有：①沉香属 *Aquilaria*，如白木香 *A. sinensis*（Lour.）Spreng.、沉香 *A. agallocha* Roxb.。②荛花属 *Wikstroemia*，如了哥王 *W. indica*（Linn.）C. A. Mey、小黄构 *W. micrantha* Hemsley。③瑞香属 *Daphne*，如芫花 *D. genkwa* Sieb. et Zucc.、瑞香 *D. odora* Thunb.。④结香属 *Edgeworthia*，如结香 *E. chrysantha* Lindl.。⑤狼毒属 *Stellera*，如狼毒 *S. chamaejasme* Linn. 等。

（齐耀东）

báimùxiāng

白木香 ［*Aquilaria sinensis*（Lour.）Spreng.，Chinese eaglewood］

瑞香科沉香属植物。又称土沉香。

乔木，高 5~15m。叶革质，圆形、椭圆形至长圆形，长 5~9cm，先端锐尖或急尖，基部宽楔形；叶柄长 5~7mm，被毛。花黄绿色，伞形花序；花梗密被黄灰色短柔毛；萼筒浅钟状两面均密被短柔毛，5 裂；花瓣 10，鳞片状，着生于花萼筒喉部，密被毛；雄蕊 10，1 轮，花丝长约1mm，花药长圆形；子房卵形，密被灰白色毛，2 室，每室 1 胚珠，柱头头状。蒴果，密被黄色短柔毛，2 瓣裂，2 室，每室种子1，种子褐色，卵球形，基部具有附属体。花期春夏，果期夏秋。图 1。中国分布于广东、海南、广西、福建。喜生于低海拔的山地、

图 1 白木香（陈虎彪摄）

丘陵以及路边阳处疏林中。

含树脂木材入药，药材名沉香，传统中药，最早记载于《名医别录》。《中华人民共和国药典》（2020 年版）收载，具有行气止痛，温中降逆，纳气平喘的功效。现代研究表明具有解痉、镇静、镇痛、抗菌等作用。

木材含有倍半萜类、色酮类等化学成分。倍半萜类主要有沉香螺醇、白木香酸、白木香醛、白木香醇、去氢白木香醇、白木香呋喃醛等，沉香螺醇有镇静、镇痛活性，白木香酸有镇痛作用。色酮类成分主要有沉香四醇、6-羟基-2-（2-苯乙基）色酮、6-甲氧基-2-（2-苯乙基）色酮、6,7-二甲氧基-2-（2-苯乙基）色酮等。沉香四醇是沉香药材的质量控制成分，《中华人民共和国药典》（2020 年版）规定沉香四醇含量不低于 0.10%，药材含量一般为 0.01% ~ 6.60%。

沉香属植物全世界约 15 种，中国有 2 种。沉香 A. agallocha Roxb. 是进口沉香的来源物种，产自印度尼西亚、越南、柬埔寨等国家。药用植物还有云南沉香 A. yunnanensis S. C. Huang 等。

（齐耀东）

yuánhuā
芫花（ Daphne genkwa Sieb. et Zucc. , genkwa daphne ） 瑞香科瑞香属植物。

落叶或常绿灌木或亚灌木。叶互生。花通常两性，稀单性，整齐，通常组成顶生头状花序，常具苞片；花萼筒短或伸长，钟形、筒状或漏斗状管形，外面具毛或无毛，顶端 4 裂，裂片开展，常大小不等；无花瓣；雄蕊 8 或 10，2 轮，常包藏于花萼筒的近顶部和中部；花盘杯状、环状，或一侧发达呈鳞片状；子房 1 室，常无柄，花柱短，柱头头状。浆果肉质或干燥而革质，常为萼筒所包围，常为红色或黄色；种子 1 颗，种皮薄；胚肉质。花期 3 ~ 5 月，果期 6 ~ 7 月。图 1。中国分布于华北，以及河南、湖北、湖南、四川、贵州、陕西等省区。

图 1 芫花（刘勇摄）

生于海拔 300 ~ 1000m 的路旁或山坡。日本常栽培。

花蕾入药，药材名芫花，最早记载于《神农本草经》。《中华人民共和国药典》（2020 年版）收载，具有泻水逐饮，杀虫疗疮的功效。现代研究表明具有终止妊娠、抗肿瘤、利尿、镇咳祛痰、镇痛、抗惊厥以及改善消化系统和心脑血管的作用。

花与花蕾含二萜类及黄酮类化合物。二萜类如芫花酯甲、芫花酯乙、芫花酯丙、芫花瑞香宁等。黄酮类主要有芫花素、3′-羟基芫花素、芫根苷、芹菜素、木犀草素等。《中华人民共和国药典》（2020 年版）规定芫花药材中芫花素含量不低于 0.20%，药材中含量为 0.094% ~ 0.478%。

瑞香属全世界约有 95 种，中国有 44 种。药用植物还有尖瓣瑞香 D. acutiloba Rehd. 、阿尔泰瑞香 D. altaica Pall. 、黄瑞香 D. giraldii Nitsche、瑞香 D. odora Thunb、毛瑞香 D. kiusiana Miq. var. atrocaulis （ Rehd. ） F. Maekawa、白瑞香 D. papyracea Wall. ex Steud. 等。

（齐耀东）

liaogēwáng
了哥王 [Wikstroemia indica （L. ） C. A. Mey. , Indian stringbush] 瑞香科荛花属植物。又称南岭荛花。

灌木，高 0.5 ~ 2.0m；小枝红褐色。叶对生，倒卵形至披针形，长 2 ~ 5cm，先端钝或急尖，基部阔楔形或窄楔形，干时棕红色，侧脉细密，极倾斜。花黄绿色，顶生头状总状花序，花序梗长 5 ~ 10mm，花萼长 7 ~ 12mm，裂片 4；宽卵形至长圆形，长约 3mm，顶端尖或钝；雄蕊 8，2 列，着生于花萼管中部以上，子房倒卵形或椭圆形，柱头头状，花盘鳞片通常 2 或 4 枚。果椭圆形，长 7~8mm，成熟时红色至暗紫色。花果期夏秋间。图 1。中国分布于广东、海南、广西、福建、台湾、湖南、贵州、云南、浙江等省区。生于海拔 1500m 以下地区的开旷林下或石山上。越南、印度、菲律宾也有分布。

根或根皮入药，药材名了哥王，具有清热解毒，散结逐水的功效。现代研究证明了哥王具有抑菌、抗病毒、抗炎镇痛、止咳祛痰等作用。

根含有香豆素类、木脂素类、双黄酮类、甾醇类等化学成分。香豆素类有西瑞香素；木脂素类主要有荛花酚 A、B，牛蒡苷元、去甲络石苷元等；双黄酮类有 sikokianin B、C 等。

荛花属植物全世界约 70 种，中国有 44 种，5 变种。

(齐耀东)

hútuízǐkē

胡颓子科（Elaeagnaceae）

灌木或乔木，稀为藤本，被银白色或褐色至锈色盾形鳞片，有的有星状绒毛。单叶互生，稀对生或轮生，全缘。花单生或几朵组成腋生伞形花序或短总状花序；两性或单性，整齐，淡白色或黄褐

图 1　了哥王（陈虎彪摄）

色，具香气，花萼常联合成筒，顶端 4 裂或 2 裂；无花瓣；雄蕊与花萼裂片同数或为花萼裂片倍数。瘦果或坚果，为增厚而肉质的萼筒所包被，核果状。全世界有 3 属 80 余种，中国有 2 属，约 60 种。

本科植物普遍含有鞣质，包括缩合鞣质和可水解鞣质。最大的属胡颓子属中含有 β-卡啉类和羟吲哚类生物碱。如颓子碱、哈儿醇、哈尔明、哈尔曼、四氢哈尔醇、elacomine、isoelacomine 等，该类化合物在沙棘属中也存在，沙棘属还富含 5-羟色胺。挥发油存在于沙棘属和胡颓子属植物中，主要是脂肪醛类化合物。果实和种子中含有亚油酸、亚麻酸、棕榈油酸等不饱和脂肪酸。沙棘属的叶和果实中富含黄酮类化合物，为槲皮素、异鼠李素和山奈酚的苷类。

主要药用植物：①胡颓子属 *Elaeagnus*，如胡颓子 *E. pungens* Thunb.。②沙棘属 *Hippophae*，如沙棘 *H. rhamnoides* L.。

(刘　勇　郭宝林)

shājí

沙棘（*Hippophae rhamnoides* L. subsp. *sinensis* Rousi, seabuckthorn）

胡颓子科沙棘属植物。

落叶灌木或乔木，高 5~10m，具粗壮棘刺。枝幼时密被褐锈色鳞片。叶互生，线性或线状披针形，两端钝尖，下面密被淡白色鳞片；叶柄极短。花先叶开放，雌雄异株；短总状花序腋生

于头年枝上；花小，淡黄色，雄花花被 2 裂，雄蕊 4；雌花花被筒囊状，顶端 2 裂。果为肉质花被筒包围，近球形，橙黄色。花期 3~4 月，果期 9~10 月。图 1。中国分布于华北、西北，以及四川、云南、西藏等地，生于海拔 800~3600m 的河谷阶地、平坦沙地或砾石质山坡。

图 1　沙棘（陈虎彪摄）

果实入药，药材名沙棘，藏族、蒙古族习用药材，最早记载于藏医经典《四部医典》。《中华人民共和国药典》（2020 年版）收载，具有健脾消食，止咳祛痰，活血散瘀的作用。现代研究表明具有保护心脑血管系统、改善胃肠道、保肝、抗肿瘤、抗氧化、免疫调节、抗辐射、抗突变、抗病毒、抗菌、消炎等作用。

果实主要含有黄酮类、不饱和脂肪酸、维生素类、胡萝卜素类成分，黄酮类主要是异鼠李素的苷类，如异鼠李素-3-*O*-β-D-葡萄糖苷、异鼠李素-3-*O*-β-芸香糖苷等，以及槲皮素和山奈酚为苷元的低糖苷，黄酮是沙棘的主要活性成分，具有改善心脑血管、

抗癌、抗氧化、抗衰老、降血脂、降血糖、心脏保护等作用，《中华人民共和国药典》（2020 年版）规定沙棘药材中总黄酮不低于 1.5%，异鼠李素不低于 0.10%；不饱和脂肪酸有棕榈油酸、肉豆蔻酸等，具有抗溃疡、抗炎、保肝等作用；维生素中有丰富的维生素 B_1、B_2、C、E、去氢抗坏血酸、叶酸等。

沙棘属植物全世界有 7 个种，11 个亚种，中国有 7 个种，7 个亚种。

（刘 勇 郭宝林）

jǐncàikē

堇菜科（Violaceae）

草本或灌木。单叶，全缘或有时分裂，有托叶，互生或基生。花两性，辐射对称或两侧对称；萼片 5，通常宿存；花瓣 5，下面一枚常扩大，基本囊状或有距；雄蕊 5，花药分离或靠合，药隔延伸于药室外而成膜质附属物；子房上位，1 室，胚珠生于侧膜胎座上。果实为蒴果或浆果。全世界有 22 属约 900 种。中国 4 属 124 种。

本科植物主要含黄酮类化学成分，如堇菜花苷、槲皮素、山柰酚以及花青素类成分。

主要药用植物有：堇菜属 *Viola*，如紫花地丁 *V. yedoensis* Makino、三色堇 *V. tricolor* L.、匍匐堇 *V. diffusa* Ging、堇菜 *V. verecunda* A. Gray、戟叶堇菜 *V. betonicifolia* Smith、长萼堇菜 *V. inconspicua* Blume 等。

（刘春生）

zǐhuādìdīng

紫花地丁（*Viola yedoensis* Makino，Tokyo violet）

堇菜科堇菜属植物。

多年生草本，无地上茎，高 4~20cm。根状茎短，节密生。叶多数，基生；叶片下部常较小，呈三角状卵形或狭卵形，上部较长，呈长圆形或长圆状卵形，长 1.5~4.0cm，先端圆钝，基部截形或楔形，边缘具圆齿，果期叶片增大；叶柄上部具极狭的翅。花中等大，紫堇色或淡紫色，喉部带有紫色条纹；花瓣倒卵形；子房卵形，花柱棍棒状，基部稍膝曲，柱头三角形。蒴果长圆形，长 5~12mm，无毛；种子卵球形，长 1.8mm，淡黄色。花果期 4 月中下旬至 9 月。图 1。中国除青海、新疆外，各地分布。生于田间、荒地、山坡草丛、林缘或灌丛中。朝鲜、日本、俄罗斯远东地区也有。

全草入药，药材名紫花地丁，传统中药，最早记载于《千金方》。《中华人民共和国药典》（2020 年版）收载，具有清热解毒，凉血消肿的功效。现代研究表明具有抗炎、抑菌、抗病毒和抗肿瘤的作用。

全草含有黄酮类、香豆素类、有机酸类、生物碱类、多糖类等化学成分。黄酮类如芹菜、芹菜素-6,8-二-C-α-L-吡喃阿糖苷等；香豆素类如七叶内酯、6,7-二甲氧基香豆素等；有机酸类如软脂酸、丁二酸、对羟基桂皮酸等。黄酮类和香豆素类是紫花地丁的活性成分。

堇菜属全世界约 500 余种，中国约 111 种。三色堇 *V. tricolor* L. 为欧洲传统观赏和药用，具有祛痰和治疗呼吸道疾病的功效，《欧洲药典》和《英国药典》收载。药用植物还有匍匐堇 *V. diffusa* Ging、堇菜 *V. verecunda* A. Gray、戟叶堇菜 *V. betonicifolia* Smith、长萼堇菜 *V. inconspicua* Blume、萱 *Viola moupinensis* 等。

（刘春生）

chēngliǔkē

柽柳科（Tamaricaceae）

灌木、半灌木或乔木。叶小，多呈鳞片状，互生，无托叶，通常无叶柄，多具泌盐腺体。花常集成总状花序或圆锥花序，稀单生，常两性，整齐；花萼 4~5 深裂，宿存；花瓣 4~5，分离；雄蕊 4、5 或多数，常分离，着生在花盘上，花药 2 室，纵裂；雌蕊 1，由 2~5 心皮构成，子房上位，1 室，侧膜胎座或基底胎座；胚珠多数，稀少数，花柱短，通常 3~5，分离，有时结合。蒴果，圆锥形，室背开裂。种子多数，有或无内胚乳，胚直生。全世界有 3 属约 110 种。中国有 3 属 32 种。

本科植物含有黄酮类、简单酚类、萜类、苯丙酸类、甾体类、鞣质、香豆素类、木脂素类等化学成分。如柽柳属植物含有山柰酚、槲皮素及其苷类，具有抗氧化作用，五环三萜类如柽柳酮、柽柳醇等具有保肝、解热、镇痛、抗氧

图 1　紫花地丁（陈虎彪摄）

化、抗炎、抗菌、抗肿瘤等作用。

主要药用植物有：①柽柳属 *Tamarix*，如柽柳 *T. chinensis* Lour.、多枝柽柳 *T. ramosissima* Ledeb.、红花多枝柽柳 *T. hohenackeri* Bunge、无叶柽柳 *T. aphylla*（L.）Karsten、尼罗河柽柳 *T. nilotica*（Ehrenb.）Bunge、异株柽柳 *T. dioica* Roxb. ex Roth、抱茎柽柳 *T. amplexicaulis* Ehrenb、巴基斯坦柽柳 *T. pakistanica* Quaiser.、刚毛柽柳 *T. hispida* Willd. 等。②水柏枝属 *Myricaria*，如三春水柏枝 *M. paniculata.*、河柏 *M. alopecuroides*、宽叶水柏枝 *M. platyphyla*、水柏枝 *M. germanica.*、宽苞水柏枝 *M. bracteata* 等。

（陈彩霞）

chēngliǔ

柽柳（*Tamarix chinensis* Lour. Chinese tamarisk）

柽柳科柽柳属植物。又称西河柳、红柳。

乔木或灌木，高 3~6m；老枝直立，暗褐红色，幼枝稠密细弱，常开展下垂，红紫色或暗紫红色，有光泽；木质化生长枝上叶长圆状披针形或长卵形，长 1.5~1.8mm；绿色营养枝上叶钻形或卵状披针形，长 1~3mm。每年开花 2、3 次。春季总状花序侧生在去年生木质化小枝上，长

图 1　柽柳（陈虎彪摄）

3~6cm，花大而少；花瓣粉红色，长约 2mm；花盘紫红色，肉质；蒴果圆锥形。夏、秋季总状花序长 35cm，生于当年生幼枝顶端，疏松而通常下弯；花瓣粉红色。图 1。中国分布于辽宁、河北、河南、山东、江苏、安徽等省，生于河流冲积平原、海滨、滩头、潮湿盐碱地和沙荒地。日本、美国也有栽培。

嫩枝叶入药，药材名西河柳，常用中药。最早记载于《开宝本草》。《中华人民共和国药典》（2020 年版）收载，具发表透疹、祛风除湿功效。现代研究表明柽柳具有保肝、抗炎、抑菌、利尿、解热镇痛等作用。

嫩枝中含有黄酮类、酚酸类、甾醇类等化学成分，黄酮类主要为槲皮素、山柰酚和异鼠李素及其苷类，如芦丁，具有抗炎、祛痰、止咳、降血压、降血脂、扩张冠状动脉、增加冠脉血流量等作用。酚酸类有没食子酸及衍生物。

柽柳属全世界约 90 种，中国有 18 种 1 变种。药用植物还有多枝柽柳 *T. ramosissima* Ledeb.、红花多枝柽柳 *T. hohenackeri* Bunge、刚毛柽柳 *T. hispida* Willd.、抱茎柽柳 *T. amplexicaulis* Ehrenb. 等。

（陈彩霞）

húlukē

葫芦科（Cucurbitaceae）

常为草质藤木，具卷须。叶互生，常为单叶，掌状分裂。花单性，雌雄同株或异株。雄花：花萼辐状、钟状或管状，5 裂，裂片覆瓦状排列或开放式；雄蕊 5 或 3，花丝分离或合生成柱状。雌花：子房下位或稀半下位，通常由 3 心皮合生而成，3 室或 1（~2）室，侧膜胎座。果实常为肉质浆果状。全世界约 123 属 800 多种，中国 35 属 151 种。

本科植物中含有三萜皂苷类，个别属含有木脂素素、黄酮类和其他酚类化学成分。三萜皂苷为葫芦烷型、达玛烷型四环三萜和齐墩果烷型等五环三萜皂苷，葫芦烷型四环三萜类是本科植物的特征性成分，如葫芦属含有葫芦素、雪胆属的雪胆甲素、雪胆乙素，罗汉果含有罗汉果苷；绞股蓝属含有达玛烷型四环三萜类皂苷，绞股蓝皂苷；木鳖子属和土贝母属含有齐墩果烷型五环三萜皂苷，如木鳖子皂苷、土贝母皂苷等。

主要药用植物有：①栝楼属 *Trichosanthes*，如栝楼 *T. kirilowii* Maxim.、中华栝楼 *T. rosthornii* Harms、全缘栝楼 *T. ovigera* Bl.、红花栝楼 *T. rubriflos* Thorel ex Cayla、王瓜 *T. cucumeroides*（Ser.）Maxim. 等。②绞股蓝属 *Gynostemma*，如绞股蓝 *G. pentaphyllum*（Thunb.）Makino 等。③苦瓜属 *Momordica*，如木鳖子 *M. cochinchinensis*（Lour.）Spreng.、苦瓜 *M. charantia* L. 等。④雪胆属 *Hemsleya*，以及罗汉果 *Siraitia grosvenorii*（Swingle）C. Jeffrey ex Lu et Z. Y. Zhang、波棱瓜 *Herpetospermum pedunculosum*（Ser.）C. B. Clarke、冬瓜 *Benincasa hispida*（Thunb.）Cogn.、丝瓜 *Luffa cylindrica*（L.）Roem.、甜瓜 *Cucumis melo* L. 等。

（陈士林　向丽　邬兰）

dōngguā

冬瓜［*Benincasa hispida*（Thunb.）Cogn., Chinese waxgourd］

葫芦科冬瓜属植物。外层果皮入药。

1年生蔓生草本；茎密被黄褐色毛。卷须常分2~3叉；叶柄粗壮；叶片肾状近圆形，宽10~30cm，基部弯缺深，5~7浅裂或有时中裂，边缘有小锯齿，两面生有硬毛。雌雄同株；花单生，花梗被硬毛；花萼裂片有锯齿，反折；花冠黄色，辐状，裂片宽倒卵形，长3~6cm；雄蕊3，分生，药室多回折曲；子房卵形或圆筒形，密生黄褐色硬毛，柱头3，2裂。果实长圆柱状或近球状，大型，有毛和白粉；种子卵形，白色或淡黄色，压扁状。图1。栽分布于亚洲热带、亚热带地区，澳大利亚东部、马达加斯加。中国各地栽培。

果皮入药，传统中药，药材名冬瓜皮，最早记载于《开宝本草》。《中华人民共和国药典》（2020年版）收载，有利尿消肿的功效。现代研究证明冬瓜皮具有消肿、抗氧化、解毒、降糖、降压利尿作用。果实为蔬菜。种子也药用。

外层果皮含挥发性成分、三萜类和胆甾醇衍生物等。挥发性成分有 E-2-己烯醛、正己醛、甲酸正己醇酯等；三萜类主要有乙酸异多花独尾草烯醇酯、黏霉烯醇、西米杜鹃醇等；胆甾醇衍生物有 24-ethylcholesta-7, 25-dienol、24-ethylcholesta-7, 22, 25-trienol24-ethylcholesta-7-enol 等。种子含脂肪油、三萜类、类脂等化学成分。

冬瓜属1种，变种节瓜 *B. hispida* （ Thunb. ） Cogn. var. *chieh. -qua* How 也药用。

（郭庆梅　尹春梅）

jiǎbèimǔ

假贝母 ［*Bolbostemma paniculatum*（Maxim.） Franquet, paniculate bolbostemma］ 葫芦科假贝母属植物。又称土贝母。

攀缘性蔓生草本。鳞茎肥厚，肉质，乳白色；茎草质。叶片卵状近圆形，掌状5深裂，每个裂片再3~5浅裂，基部小裂片顶端各有1个突出的腺体。卷须丝状。花雌雄异株。雌、雄花序均为疏散的圆锥状，花序长4~10cm，花梗纤细；花黄绿色；花萼与花冠相似，裂片卵状披针形，顶端具长丝状尾；雄蕊5，离生。子房近球形，花柱3，柱头2裂。果实圆柱状，盖裂，种子6，卵状菱形，顶端有膜质的翅，翅长8~10mm。花期6~8月，果期8~9月。图1。中国特有，分布于河北、山东、河南、山西等省区。生于阴山坡，已广泛栽培。

块茎入药，药材名土贝母，传统中药，最早收载于《神农本草经》，《中华人民共和国药典》（2020年版）收载，具解毒，散结，消肿的功效。现代研究表明具有抗炎、抗病毒、抗癌、免疫抑制及杀精子等作用，以及作为毒蛇咬伤的解毒剂。

块茎含有三萜皂苷类、有机酸类、甾醇类、生物碱类等化学成分。皂苷类为土贝母的主要活性成分，具有免疫抑制、抗病毒、抗肿瘤、杀精子等作用，主要有土贝母苷甲、乙、丙等，土贝母苷甲是土贝母药材的质量控制成分，含量一般为 1.3% ~ 2.3%，《中华人民共和国药典》（2020年版）规定含量不低于 1.0%。

假贝母属植物有2种，中国特有。

（陈士林　向丽　邬兰）

jiǎogǔlán

绞股蓝 ［*Gynostemma pentaphyllum* （ Thunb. ） Makino, fiveleaf gynostemma］ 葫芦科绞股蓝属植物。又称七叶胆。

多年生攀缘草本。茎细弱，具分枝。叶纸质，鸟足状，通常5~7小叶；小叶片卵状长圆形或披针形，边缘具波状齿，两面均疏被短硬毛。卷须纤细，2歧。花雌雄异株。雄花圆锥花序，花

图1　冬瓜（陈虎彪摄）

图1　假贝母（陈虎彪摄）

序轴纤细;花梗丝状,基部具钻状小苞片;花萼筒极短,5裂;花冠淡绿色或白色,5深裂;雄蕊5,花丝短,联合成柱。雌花圆锥花序远较雄花之短小。果实肉质不裂,球形,种子2粒。种子卵状心形。花期3~11月,果期4~12月。图1。中国分布于秦岭及长江以南各省区。生于海拔300~3200m的山谷密林、山坡疏林、灌丛或路旁草丛中。印度、尼泊尔、锡金等国有分布。

全草入药,药材名绞股蓝,传统中药,最早收载于《救荒本草》,具清热、补虚、解毒功效。现代研究表明绞股蓝具有抗癌、抗衰老、抗疲劳、增强免疫和降血脂等作用。

绞股蓝含有三萜皂苷类、黄酮类、多糖、萜类等化学成分。三萜皂苷主要是达玛烷型四环三萜,有绞股蓝皂苷Ⅰ~LXXIX等,具有降血脂、降血糖、抗肿瘤、抗疲劳、保护肝脏、预防衰老、提高免疫力等作用。多糖具有抗肿瘤、保护心脑血管、提高机体免疫力等作用。

绞股蓝属植物全球约19种,中国有14种。药用种类还有长梗绞股蓝 G. longipes C. Y. Wu ex C. Y. Wu et S. K. Chen、喙果绞股蓝 G. yixingense(Z. P. Wang et Q. Z. Xie)C. Y. Wu et S. K. Chen 等。

(陈士林 向 丽 邬 兰)

bōléngguā

波棱瓜 [Herpetospermum pedunculosum(Ser.)C. B. Clarke, pedunculate herpetospermum]

葫芦科波棱瓜属植物。

1年生攀缘草本。茎、枝纤细,有棱沟。叶片膜质,卵状心形,先端尾状渐尖,边缘具细圆齿,基部心形,两面粗糙,具长柔毛;卷须2歧。雌雄异株。花萼筒上部膨大成漏斗状,被短柔毛,裂片披针形;花冠黄色,裂片椭圆形,急尖;退化雌蕊近钻形。果实阔长圆形,三棱状,被长柔毛,成熟时3瓣裂至近基部,里面纤维状。种子长圆形,具小尖头,顶端不明显3裂。花果期6~10月。图1。中国分布于西藏和云南。常生于海拔2300~3500m的山坡灌丛及林缘、路旁。印度、尼泊尔有分布。

种子入药,药材名波棱瓜子,为藏族、蒙古族习用药材。最早记载于《月王药诊》,具有泻肝火、清胆热、解毒功效。现代研究证明波棱瓜子具有保肝、抑制肝病毒、抗疲劳和抗氧化等作用。

种子含脂肪油、木脂素类等化学成分。脂肪油主要含有不饱和脂肪酸,具有抗衰老、抗癌、防止动脉硬化、降低血栓形成等作用。木脂素类包括波棱醛、波棱醇、波棱酮和去氢双松柏醇,具有保肝、抗肿瘤等作用。

波棱瓜属仅1种。

(陈士林 向 丽 邬 兰)

sīguā

丝瓜 [Luffa cylindrica(L.)Roem., loofah] 葫芦科丝瓜属植物。

1年生攀缘状草本;茎柔弱,粗糙。卷须2~4叉;叶柄强壮而粗糙;叶片轮廓三角形或近圆形,通常掌状5裂,边缘有小锯齿。雌雄同株;雄花序总状,雌花单生;花萼裂片卵状披针形,长约1cm;花冠黄色,辐状,直径5~9cm,裂片矩圆形;雄蕊5,药室多回折曲;柱头3,膨大。果实圆柱状,长15~50cm,有纵向浅槽或条纹,未熟时肉质,成熟后干燥,里面有网状纤维;种子黑色,扁,边缘狭翼状。花果期夏、秋季。图1。中国普遍栽培。世界

图1 绞股蓝(陈虎彪摄)

图1 波棱瓜(陈虎彪摄)

图 1 丝瓜 (陈虎彪摄)

温带、热带地区也广泛栽培。

成熟果实的维管束入药，药材名丝瓜络，最早记载于《本草纲目》。《中华人民共和国药典》(2020 年版) 收载，具有通络，活血，祛风的功效。现代研究表明具有抗炎、抗菌、镇痛、镇静、镇咳、祛痰平喘等作用。

果实含三萜皂苷类、黄酮类、苯丙素类、脂肪酸等化学成分，其中三萜皂苷为主要化学成分。三萜皂苷有丝瓜苷 A、E、F、J、K、L、M、H，常春藤皂苷元-3-O-D-吡喃葡萄糖苷，齐墩果酸-3-O-D-吡喃葡萄糖苷；黄酮类有柯伊利素-7-O-D-葡糖醛酸苷甲酯，芹菜素-7-O-D-葡糖醛酸苷甲酯；苯丙素类有阿魏酰-D-葡萄糖，1-O-p-香豆酰-D-葡萄糖，对羟基苯甲酰葡萄糖等。种子含丝瓜苷 N、P，泻根醇酸，丝瓜多肽 a、b、s，α-线瓜多肽及 β-线瓜多肽，丝瓜苦味质等。

丝瓜属约 8 种。中国栽培 2 种。广东丝瓜 L. acutangula (Linn.) Roxb. 的果实成熟后的网状纤维，也可作为丝瓜络药用。刺丝瓜 L. echinata Roxb 的果实有通便的功效；种子有催吐、驱虫的功效。盖丝瓜 L. opeculata (L.)

Cong 地上部有消肿化瘀、抗过敏的功效。

(尹春梅)

kǔguā
苦瓜 (Momordica charantia L., bitter gourd) 葫芦科苦瓜属植物。

1 年生攀缘状草本；茎被柔毛。卷须不分叉；叶片轮廓肾形或近圆形，5～7 深裂，长宽均约 3～12cm，裂片具齿或再分裂，两面微被毛，脉上毛较密。雌雄同株，花单生；花梗长 5～15cm，中部或下部生一苞片；苞片肾形或圆形，全缘，长宽均 5～15mm；花萼裂片卵状披针形；花冠黄色，裂片倒卵形，长 1.5～2.0cm；雄蕊 3，离生，药室 S 形折曲；子房纺锤形，密生瘤状凸起，柱头 3，膨大，2 裂。果实纺锤状，有瘤状凸起，长 10～20cm，成熟后由顶端 3 瓣裂；种子矩圆形，两面有雕纹。花、果期 5～10 月。图 1。世界各地栽培。

近成熟果实入药，最早记载于《救荒本草》。具有清暑涤热，明目解毒的功效；现代研究表明有降血糖、抗病毒、抗肿瘤、抗动脉粥样硬化、抗生育、调节免疫、抗衰老、抗菌等作用。

果实及种子含有三萜皂苷类、酚酸类、生物碱、糖类等化学成分。三萜类主要有苦

瓜皂苷 A、B、C、D、E、F₂、G、I、K、L，苦瓜皂苷元 F₁、I、L 等；酚酸类主要有没食子酸、龙胆酸、绿原酸、儿茶素等；生物碱类主要有苦瓜脑苷、大豆脑苷等。

苦瓜属全世界约有 80 种，中国有 4 种。药用植物还有木鳖子 M. cochinchinensis (Lour.) Spreng 等，香膏苦瓜 M. balsamina L. 在印度、莫桑比克药用；锐角苦瓜 M. acutangula Roxb. 在印度药用。

(郭庆梅 尹春梅)

mùbiēzǐ
木鳖子 [Momordica cochinchinensis (Lour.) Spreng., cochinchina momordica] 葫芦科苦瓜属植物。又称番木鳖。

多年生粗壮大藤本，长达 15m，具块状根。叶片卵状心形或宽卵状圆形，质稍硬，边缘有波状小齿，叶脉掌状。卷须粗壮不分歧。雌雄异株。雄花：单生于叶腋或有时 3～4 朵着生在极短的总状花序轴上，苞片兜状，圆肾形；花萼筒漏斗状，裂片宽披针形或长圆形；花冠黄色，裂片卵状长圆形；雄蕊 3。雌花：单生于叶腋，花梗近中部生一苞片；苞片兜状；果实卵球形，顶端有一短喙，成熟时红色，肉质，密生

图 1 苦瓜 (陈虎彪摄)

刺尖突起。种子多数，卵形或方形，边缘有齿。花期 6~8 月，果期 8~10 月。图 1。中国分布于广东、广西、湖南、四川等省区。常生于海拔 450~1100m 的山沟、林缘及路旁。中南半岛和印度半岛有分布。

种子入药，药材名木鳖子，传统蒙药，也作为中药使用，最早收载于《日华子本草》，《中华人民共和国药典》（2020 年版）收载，具散结消肿，攻毒疗疮的功效。现代研究表明具有降血压、抗炎、溶血、抗肿瘤等作用。

种子含三萜皂苷类、脂肪酸、甾醇类、挥发油、蛋白类等化学成分。三萜皂苷为齐墩果烷型五环三萜皂苷，如木鳖子皂苷 I、木鳖子皂苷 II、丝石竹皂苷元、木鳖子酸、丝石竹皂苷元 3-O-β-D-葡萄糖醛酸甲酯等，木鳖子皂苷类具有降压、抗炎作用，也具毒性。其苷元包括等，丝石竹皂苷元 3-O-β-D-葡萄糖醛酸甲酯为木鳖子的质量控制成分，含量一般为 0.19%~0.46%，《中华人民共和国药典》（2020 年版）规定含量不低于 0.25%。蛋白类的木鳖子素具有抗病毒作用，也有毒性。

苦瓜属植物情况见苦瓜。

（陈士林　向　丽　邬　兰）

luóhànguǒ

罗汉果 [*Siraitia grosvenorii* (Swingle) C. Jeffrey ex A. M. Lu et Z. Y. Zhang, luohanguo siraitia]

葫芦科罗汉果属植物。

多年生攀缘草本；根肥大，纺锤形或近球形；茎枝稍粗壮，有棱沟。叶片膜质，基部心形，弯缺半圆形或近圆形。雌雄异株。雄花序总状，6~10 朵花生于花序轴上部，花序轴长 7~13cm，被短柔毛和黑色疣状腺鳞；花冠黄色，被黑色腺点，裂片 5，长圆形；雄蕊 5，插生于筒的近基部，两两基部靠合，1 枚分离，花丝基部膨大，药室 S 形折曲。雌花单生或 2~5 朵集生于总梗顶端，花萼和花冠比雄花大；果实球形或长圆形。种子多数，淡黄色，近圆形，扁压状。花期 5~7 月，果期 7~9 月。图 1。中国分布于广西、贵州、湖南南部、广东和江西等省。常生于海拔 400~1400m 的山坡林下及河边湿地、灌丛。

果实入药，药材名罗汉果，传统中药，最早收载于《神农本草经》，《中华人民共和国药典》（2020 年版）收载，具清热润肺，利咽开音，滑肠通便的功效。现代研究表明具有抗氧化、抗炎、抗菌、抗癌、提高免疫力等作用。

罗汉果也作为甜味剂食用。

果实含有三萜皂苷类、黄酮类、多糖类等化学成分，主要含有三萜皂苷，是罗汉果主要有效成分，具有镇咳平喘、祛痰、通便、解痉、抗癌、抗氧化等作用，主要有罗汉果苷Ⅳ、Ⅴ、Ⅵ，赛门苷 I 等，其中罗汉果苷Ⅴ为主要甜味成分，也是质量控制成分，含量一般为 0.50%~1.73%，《中华人民共和国药典》（2020 年版）规定不低于 0.50%。黄酮有罗汉果黄素等，多糖具有提高免疫力的作用。

罗汉果属植物全球约 4 种，中国有 3 种。药用植物还有翅子罗汉果 *S. siamensis* (Craib) C. Jeffrey ex Zhong et D. Fang 等。

（陈士林　向　丽　邬　兰）

guālóu

栝楼 (*Trichosanthes kirilowii* Maxim., mongolian snake-gourd)

葫芦科栝楼属植物。又称瓜蒌。

攀缘藤本；块根圆柱状。茎较粗，多分枝，具纵棱及槽，被白色柔毛。叶片纸质，近圆形，常 3~5 浅裂至中裂，叶基心形，两面沿脉被长柔毛状硬毛，基出掌状脉 5 条。花雌雄异株。雄总状花序单生，长 10~20cm，粗壮，顶端有 5~8 花；花萼筒筒状，长

图 1　木鳖子（陈虎彪摄）

图 1　罗汉果（陈虎彪摄）

2~4cm；花冠白色，裂片倒卵形，顶端中央具 1 绿色尖头，两侧具丝状流苏；花药靠合。雌花单生，花萼筒圆筒形；子房椭圆形，绿色。果实椭圆形或圆形，成熟时黄褐色或橙黄色；种子卵状椭圆形，压扁。花期 5 ~ 8 月，果期 8 ~ 10 月。图 1。中国分布于华北、华东、华中、华南，及辽宁、陕西、甘肃等省区。生于海拔 200~1800m 的山坡林下、灌丛中、草地和村旁田边。朝鲜、日本、越南和老挝有分布。

果实、果皮入药，药材名分别为瓜蒌和瓜蒌皮，传统中药，最早收载于《神农本草经》，《中国药典》（2020 年版）收载，瓜蒌具有清热涤痰、宽胸散结、润燥滑肠等功效，瓜蒌皮具清热化痰，利气宽胸功效。现代研究表明具有祛痰、促进心脏冠脉血流、抗溃疡、抗菌、抗肿瘤等作用。种子入药，药材名瓜蒌子，《中华人民共和国药典》（2020 年版）收载，具润肺化痰，滑肠通便功效。现代研究表明具有促进冠脉血流、抗人免疫缺陷病毒、提高免疫功能、降血糖、降血脂、镇咳祛痰、抗肿瘤、致泻等作用。根入药，药材名天花粉，传统中药，最早收载于《图经本草》，

图 1　栝楼（陈虎彪摄）

《中华人民共和国药典》（2020 年版）收载，具清热泻火，生津止渴，消肿排脓的功效。现代研究证明具有抗早孕、抗癌、抗菌、抗人类免疫缺陷病毒等作用。

果实中含有三萜类、黄酮类、甾醇类、有机酸类、生物碱类等化学成分，种子主要含有三萜类和脂肪酸，三萜类主要有 3, 29-二苯甲酰基栝楼仁三醇，其中 3, 29-二苯甲酰基栝楼仁三醇为瓜蒌子的质量控制成分，含量一般为 0.078% ~ 0.290%，《中华人民共和国药典》（2020 年版）规定含量不少于 0.08%。黄酮类有槲皮素、芹菜素、香叶木素的苷类，生物碱如栝楼酯碱。根主要含有天花粉蛋白、多糖等化学成分，天花粉蛋白具有中止妊娠、抗肿瘤、抗 HIV 等作用。

栝楼属植物全球约 50 余种，中国有 34 种和 6 个变种。双边栝楼 *T. rosthornii* Harms 也为《中华人民共和国药典》（2020 年版）收载为药材瓜蒌、瓜蒌皮、瓜蒌子和天花粉的来源植物。药用植物还有全缘栝楼 *T. ovigera* Bl、红花栝楼 *T. rubriflos* Thorel ex Cayla 等。

（陈士林　向丽　邹兰）

táojīnniángkē

桃金娘科（Myrtaceae）

乔木或灌木。单叶对生或互生，全缘，常有油腺点。花两性，有时杂性，单生或排成各式花序；萼管与子房合生，萼片 4 ~ 5 或更多；花瓣 4 ~ 5，有时不存在，分离或连成帽状体；雄蕊多数，插生于花盘边缘，花丝分离或多少连合，花药 2 室，纵裂或顶裂，药隔末端常有 1 腺体；子房下位或半下位，心皮 2 个至多个，1 室或多室，胚珠每室 1 颗至多颗，花柱单一，柱头单一，有时 2 裂。果为蒴果、浆果、核果或坚果，有时具分核，顶端常有突起的萼檐；种子 1 颗至多颗，常无胚乳。全世界约 100 属 3000 种以上，中国原产及驯化的有 9 属 126 种 8 变种。

本科植物中的化学成分：果实中含有黄酮类、酚类；根和树皮含有鞣质、生物碱等；叶的主要成分为挥发油，同时富含黄酮苷类和鞣质。

主要药用植物有：①岗松属 *Baeckea*，如岗松 *B. frutescens* Linn.。②红千层属 *Callistemon*，如红千层 *C. rigidus* R. Br.。③水翁属 *Cleistocalyx*，如水翁 *C. operculatus*（Roxb.）Merr. & Perry。④子楝树属 *Decaspermum*，如子楝树 *D. gracilentum*（Hance）Merr. et Perry。⑤桉属 *Eucalyptus*，如蓝桉 *E. globulus* Labill. 等。⑥番樱桃属 *Eugenia*，如红果仔 *E. uniflora* Linn.。⑦番石榴属 *Psidium*，如番石榴 *P. guajava* Linn.。⑧桃金娘属 *Rhodomyrtus*，如桃金娘 *R. tomentosa*（Ait.）Hassk.。⑨蒲桃属 *Syzygium*，如丁香 *S. aromaticum*（L.）Merr.、乌墨 *S. cumini*（Linn.）Skeels、蒲桃 *S. jambos*（Linn.）Alston、短序蒲桃 *S. brachythyrsum* Merr. et Perry 等。⑩白千层属 *Melaleuca*，如互生叶白千层 *M. alternifolia*（Maiden et Betch）Cheel 等。

（齐耀东）

lánān

蓝桉（*Eucalyptus globulus* Labill.，blue gum）

桃金娘科桉属植物。

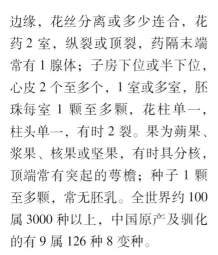

大乔木，高 20m；树皮宿存，深褐色，厚 2cm，稍软松，有不规则斜裂沟；幼态叶对生，叶片厚革质，卵形，长 11cm，有柄；成熟叶卵状披针形，不等侧，长 8~17cm，侧脉多而明显，两面均有腺点；叶柄长 1.5~2.5cm。伞形花序粗大，有花 4~8 朵；花蕾长 1.4~2.0cm；萼管半球形或倒圆锥形，长 7~9mm；帽状体约与萼管同长，先端收缩成喙；雄蕊长 1.0~1.2cm，花药椭圆形，纵裂。蒴果卵状壶形，长 1.0~1.5cm，果瓣 3~4，深藏于萼管内。花期 4~9 月。图 1。原产于澳大利亚。中国四川、广西、云南等地有栽培。

图 1 蓝桉（GBIF）

叶入药，药材名桉叶，具有疏风解表，清热解毒，化痰理气，杀虫止痒的功效。新鲜树叶和枝条精馏而得的挥发油，名桉油，具有疏风解痛的功效。桉油为抗刺激药与温和祛痰药；《欧洲药典》和《英国药典》收载桉叶和桉油；蓝桉在澳大利亚土著和印度药用，用于感冒，解热，止咳和感染等。现代研究表明蓝桉具有抗微生物、抗寄生虫、消炎、镇痛等作用。

叶含有挥发油、黄酮类、鞣质、酚酸类等化学成分。桉油主含 1,8-桉叶素、丁香烯、蓝桉醛等，其中 1,8-桉叶素的含量高于 70%；黄酮类主要有槲皮素、槲皮苷、芸香苷、金丝桃苷、槲皮素-3-葡萄糖苷等；酚酸类主要有没食子酸、咖啡酸、阿魏酸、龙胆酸、原儿茶酸等。

桉属全世界约 600 种，中国引种桉树接近 80 种。药用植物还有桉 E. robusta Smith 等。

（齐耀东）

dīngxiāng

丁香 ［*Syzygium aromaticum* (L.) Merr. et L. M. Perry, *Eugenia caryophyllata* Thunb., clove tree］ 桃金娘科蒲桃属植物。

丁香，常绿乔木，高达 10m。叶对生；叶柄明显；叶片长方卵形或长方倒卵形，长 5~10cm，宽 2.5~5.0cm，先端渐尖或急尖，基部狭窄常下展成柄，全缘。花芳香，成顶生聚伞圆锥花序，花径约 6mm；花萼肥厚，绿色后转紫色，长管状，先端 4 裂，裂片三角形；花冠白色，稍带淡紫，短管状，4 裂；雄蕊多数，花药纵裂；子房下位，与萼管合生，花柱粗厚，柱头不明显。浆果红棕色，长方椭圆形，长 1.0~1.5cm，先端宿存萼片。种子长方形。图 1。原产坦桑尼亚、马来西亚、印度尼西亚，中国广东、广西、海南有栽培。

花蕾入药，

药材名丁香，最早记载于《药性论》；近成熟果实入药，药材名母丁香，二者均为《中华人民共和国药典》（2020 年版）收载，丁香具有温中降逆，补肾助阳的功效；母丁香具有温中散寒，理气止痛的功效。现代研究表明二者具有抑菌、抗炎、抗氧化、健胃、镇痛、止泻、驱蚊等作用。花蕾、果实、叶中提取的丁香油，具有暖胃，降逆，温肾，止痛的功效，广泛用于食品、化妆品、香精和香料等。

花蕾、果实、叶均含挥发油，即丁香油，含量为 15%~20%。挥发油中主要含有丁香酚、乙酰丁香油酚、β-石竹烯等。花蕾中还含有三萜类、黄酮类、鞣质类等化学成分。三萜类如齐墩果酸、山楂酸等；黄酮类主要有鼠李素、山奈酚、番樱桃素亭、异番樱桃素亭等。丁香酚是丁香和母丁香药材的质量控制成分，《中华人民共和国药典》（2020 年版）规定丁香药材中丁香酚含量不低于 11.0%；母丁香药材中丁香酚含量不低于 0.65%。丁香药材中丁香酚含量为 3.43%~4.50%，母丁香药材中丁香酚含量为 0.086%~1.460%。

图 1 丁香（付正良摄）

蒲桃属全世界约 500 种，中国约有 72 种。

（齐耀东）

shíliukē
石榴科（Punicaceae）

又称安石榴科。落叶乔木或灌木；单叶，常对生或簇生，有时呈螺旋状排列，无托叶。花顶生或近顶生，单生或几朵簇生或组成聚伞花序，两性，辐射对称；萼革质，近钟形，裂片 5~9，镊合状排列，宿存；花瓣 5~9，多皱褶，覆瓦状排列；雄蕊生萼筒内壁上部，多数，花丝分离，花药背部着生，2 室纵裂，子房下位或半下位，胚珠多数。浆果球形，顶端有宿存花萼裂片，果皮厚；种子多数，种皮外层肉质，内层骨质；胚直，无胚乳，子叶旋卷。全世界有 1 属 2 种；中国引入栽培 1 种。

本科药用植物只有石榴 Punica granatum L. 1 种。

（陈彩霞）

shíliu
石榴（Punica granatum L., pomegranate）

石榴科石榴属植物。又名安石榴。

落叶灌木或乔木，高常 3~5m，枝顶常成尖锐长刺。叶常对生，矩圆状披针形，长 2~9cm，顶端尖或微凹；花大，1~5 朵生枝顶，萼筒长 2~3cm，通常红色或淡黄色，裂片卵状三角形，长 8~13mm，外面近顶端有一黄绿色腺体；花瓣红色、黄色或白色，长 1.5~3.0cm；浆果近球形，直径 5~12cm。种子多数，钝角形，红色至乳白色。图 1。原产巴尔干半岛至伊朗及其邻近地区，全世界的温带和热带都有栽培。中国南北均有栽培。

果皮入药，药材名石榴皮，传统中药，始载于《名医别录》。《中华人民共和国药典》（2020 年

图 1　石榴（陈虎彪摄）

版）收载。具有涩肠止泻、止血、驱虫功效。现代研究表明具有降糖、降血脂、降血压、抗病毒、抗菌、保护肝脏损伤、抗疲劳等作用。种子、叶、花在藏族和维吾尔族药用药。叶在印度药用，树皮在非洲国家多药用。

果皮含有多酚（鞣质）类、黄酮类、三萜类、有机酸等化学成分。多酚鞣质类主要有鞣花酸，没食子酸，石榴皮苦素 A、B，石榴皮鞣质，安石榴苷等，具有抗氧化、抗炎、降血脂、降糖、改善关节弹力等作用；《中华人民共和国药典》（2020 年版）规定石榴皮中鞣质含量不少于 10%，鞣花酸含量不少于 0.30%，药材中鞣质含量为 10%~40%，鞣花酸含量为 0.3%~0.6%。黄酮类有异槲皮苷；三萜类有熊果酸、白桦脂酸等。

石榴属全世界 2 种，中国引入栽培 1 种。

（陈彩霞）

shíjūnzǐkē
使君子科（Combretaceae）

乔木、灌木或木质藤本，有些具刺。单叶对生或互生，全缘或稍呈波状，无托叶；叶基、叶柄或叶下缘齿间具腺体。花两性，辐射对称，组成头状花序、穗状花序、总状花序或圆锥花序；花萼镊合状排列；花瓣 4~5，覆瓦状或镊合状排列，雄蕊通常插生于萼管上，雄蕊 2 枚或与萼片同数或为萼片数的 2 倍；子房下位，1 室。坚果、核果或翅果，常有 2~5 棱；种子 1 颗。全世界约 18 属 450 余种，中国 6 属约 25 种。

本科植物普遍含有鞣质，如诃子属主要含诃黎勒酸以及焦性没食子酸；使君子属含使君子氨酸、使君子氨酸钾、甘露醇等，是驱蛔虫作用，也含有生物碱，如胡芦巴碱等。

主要药用植物有：①诃子属 Terminalia，如诃子 T. chebula Retz.、绒毛诃子（微毛诃子）T. chebula Retz. var. tomentella Kurt.、榄仁树 T. catappa L.、毗黎勒 T. bellirica（Gaertn.）Roxb. 等。②使君子属 Quisqualis，如使君子 Q. indica L.。③风车子属 Combretum，如风车子 C. alfredii Hance、阔叶风车子 C. latifolium Bl.、云南风车子 Combretum yunnanense Exell 等。④榄李属 Lumnitzera，如榄李 L. racemosa Willd. 等。

（潘超美）

shíjūnzǐ
使君子（Quisqualis indica L., rangooncreeper）

使君子科使君子属植物。

攀缘状灌木，高 2~8m；小枝被棕黄色短柔毛；叶对生或近对生，膜质，叶柄长 5~8mm，叶片卵形或椭圆形，长 5~11cm，先端短渐尖，基部钝圆，背面有时疏被棕色柔毛；穗状花序顶生，下垂，苞片早落；花两性，萼管长

5~9cm，被黄色柔毛，先端具 5 齿，花瓣 5，先端钝圆，初为白色，后转淡红色，雄蕊 10，不突出冠外，外轮着生于花冠基部，内轮着生于萼管中部，果卵形，短尖，长 2.7~4.0cm，具明显的锐棱角 5 条，成熟时黑色，种子 1 颗，白色，花期初夏，果期秋末。图 1。中国分布于华南、西南地区，以及台湾、江西、湖南。生于树林、灌丛、山地、荒地，常栽培。南亚和东南亚、东非海岸、印度洋及太平洋诸岛也有分布，热带地区广泛栽培并逸为野生。

果实入药，药材名使君子，传统中药，最早记载于《南方草木状》。《中华人民共和国药典》（2020 年版）收载，具有杀虫消积的功效。现代研究证明具有驱蛔虫、驱蛲虫、抗皮肤真菌、影响中枢神经等作用。

果实含有生物碱类、特殊氨基酸等化学成分。生物碱类主要为胡芦巴碱，具有降血糖、调血脂、抗氧化应激、抗肿瘤、抑菌作用，《中华人民共和国药典》（2020 年版）规定使君子药材中胡芦巴碱含量不低于 0.20%，药材中的含量为 0.26%~0.54%。氨基酸中主要含有使君子氨酸、使君子氨酸钾等，具有驱虫作用。

使君子属植物全世界 17 种，中国分布 2 种。

（潘超美　苏家贤）

hēzǐ

诃子（*Terminalia chebula* Retz.，medicine terminalia）

使君子科诃子属植物。又称诃黎勒、西青果。

乔木，高可达 30m，径达 1m；叶互生或近对生，革质，叶柄距顶端 1~5mm 处有 2~4 腺体，叶片卵形至长椭圆形，长 7~14cm，先端短尖，基部钝圆或楔形，偏斜；圆锥花序顶生，由数个穗状花序组成，花序轴有毛，花两性，无梗，花萼杯状，淡绿而带黄色，5 齿裂，三角形；雄蕊 10，核果，卵形或椭圆形，长 2.4~4.5cm，粗糙，黑褐色，通常有 5 条钝棱，花期 5 月，果期 7~9 月。图 1。中国分布于云南。生于海拔 800~1840m 的疏林中。广东、广西有栽培。越南、老挝、柬埔寨、泰国、缅甸、马来西亚、尼泊尔、印度也有分布。

成熟果实入药，药材名诃子，传统中药，最早记载于《新修本草》。《中华人民共和国药典》（2020 年版）收载，具有涩肠止泻，敛肺止咳，降火利咽的功效。现代研究表明具有抗氧化、抗糖尿病、抗炎、镇痛、止泻、抗菌、抗病毒、抗肿瘤、保肝等作用。《英国药典》也有收载。幼果入药，药材名西青果，传统中药，最早记载于《饮片新参》。《中华人民共和国药典》（2020 年版）收载，具有清热生津，解毒的功效。

果实含有可水解鞣质、酚酸类、三萜类、黄酮类等化学成分。鞣质主要有诃子酸、诃黎勒酸、诃子鞣质、没食子酸等，具有抗氧化、抗菌、抗病毒、细胞保护作用，药材中鞣质的含量为 35%~40%。三萜类主要有阿江榄仁苷元、阿江榄仁酸、粉蕊黄杨醇酸等。黄酮类主要有芦丁、槲皮素等。

诃子属植物全世界约 150 种，中国产 6 种。绒毛诃子 *T. chebula* Retz var. *tomentella* Kurt. 也被《中华人民共和国药典》（2020 年版）收载为诃子药材的来源植物；毗黎勒 *T. bellirica*（Gaertn.）Roxb.，被《中华人民共和国药典》（2020 年版）收载，成熟果实入药，药材名毛诃子，藏族习惯用药材，具有清热解毒、凉血收敛的功效。

（潘超美　苏家贤）

liǔyècàikē

柳叶菜科（Onagraceae）

1 年生或多年生草本，有时为半灌木

图 1　使君子（陈虎彪摄）

图 1　诃子（陈虎彪摄）

或灌木，稀为小乔木和水生草本。叶互生或对生；托叶小或不存在。花两性，稀单性，辐射对称或两侧对称，单生于叶腋或排成顶生的穗状花序、总状花序或圆锥花序。花通常4数，稀2数或5数；花柱1，柱头头状、棍棒状或具裂片。果为蒴果，开裂或不开裂，有时为浆果或坚果。种子为倒生胚珠，多数或少数，稀1，无胚乳。全球约15属约650余种，中国有7属68余种8亚种。

本科植物以含有多种黄酮为特征，二氢黄酮、二氢黄酮醇化合物在倒挂金钟属、月见草属在较为常见；查耳酮类在月见草属中常见；花色苷类分布于克拉花属、柳叶菜属、倒挂金钟属中。

主要药用植物有：①月见草属 Oenothera，如月见草 O. biennis L.。②露珠草属 Circaea，如高山露珠草 C. alpina L.。③山桃草属 Gaura，如山桃草 G. lindheimeri Engelm. et Gray。④柳叶菜属 Epilobium，如柳叶菜 E. hirsutum L.。⑤倒挂金钟属 Fuchsia，如倒挂金钟 F. hybrida Voss.。还有丁香蓼属 Ludwigia 和克拉花属 Clarkia 等。

（王振月）

yuèjiàncǎo

月见草（*Oenothera biennis* L.，redsepal eveningprimrose） 柳叶菜科月见草属植物。又称山芝麻、夜来香。

直立2年生粗状草本，基生叶莲座状；茎高50~200cm，被柔毛，在茎枝上端常混生有腺毛。基生叶倒披针形，长10~25cm，先端锐尖，基部楔形，边缘疏生浅钝齿，两面柔毛毛；叶柄长1.5~3.0cm。茎生叶椭圆形至倒披针形，先端锐尖至短渐尖，边缘疏生钝齿。花序穗状，不分枝；萼长圆状披针形，先端骤缩成尾状；花瓣黄色，宽倒卵形，先端微凹缺；子房绿色，圆柱状，具4棱；花柱长3.5~5.0cm。蒴果锥状圆柱形。种子暗褐色，棱形，长1.0~1.5mm。图1。分布于北美、欧洲，温带与亚热带地区。中国东北、华北、华东、西南有栽培，并逸生，常生空旷荒坡路旁。

图1 月见草（陈虎彪摄）

种子提取的脂肪油为月见草油，《欧洲药典》收载。现代研究表明有调节高血压、预防脑血栓、降脂、降糖、抗衰老等作用。根入药，具有强筋壮骨，祛风除湿的功效。

种子含有脂肪酸类、儿茶素类、酚酸类成分。脂肪酸类主要有γ-亚麻酸、亚油酸、月桂酸、肉豆蔻酸、棕榈酸、硬脂酸等；γ-亚麻酸为月见草油治疗高血压、预防脑血栓、降脂、降糖、抗衰老的活性成分，含量为7%~10%。根中含有三萜类成分，如齐墩果酸、山楂酸等。

月见草属植物全世界约119种，中国引用栽培多种，常逸为野生。普通月见草 O. lamarkiana L. 也被《欧洲药典》收载为月见草油的来源植物；药用种类还有黄花月见草 O. glazioviana Mich. 等。

（王振月）

suǒyángkē

锁阳科（Cynomoriaceae） 根寄生多年生肉质草本，暗红色或紫色。茎圆柱形，肉质，分枝或不分枝，具螺旋状排列的脱落性鳞片叶。花杂性，极小，由多数雄花、雌花与两性花密集形成顶生的肉穗花序；花被片通常4~6，少数1~3或7~8；雄花具1雄蕊和1密腺；雌花具1雌蕊，子房下位，1室，内具1顶生悬垂的胚珠；两性花具1雄蕊和1雌蕊。果为小坚果状。种子具胚乳。全世界有1属2种。中国有1属1种。

本科化学特征见锁阳。

药用植物有：锁阳属 Cynomorium，如锁阳 C. songaricum Rupr.。

（尹春梅）

suǒyáng

锁阳（*Cynomorium songaricum* Rupr.，songaricum cynomorium） 锁阳科锁阳属植物。

多年生寄生草本，无叶绿素，高10~100cm。茎圆柱状，暗紫红色，有散生鳞片，基部膨大，埋藏于土中。穗状花序生于茎顶，棒状、矩圆形或狭椭圆形，长5~12cm，生密集的花和鳞片状苞片；花杂性，暗紫色，有香气；雄花花被裂片1~6，条形；长约3~5mm；雄蕊1，长于花被，退化雌蕊不显著或有时呈倒卵状白色突起；雌花花被片棒状，长1~3mm；子房下位或半下位，1室，花柱棒状。坚果球形，很小。图1。中国分布于内蒙古、宁夏、青海、甘肃等省区。喜生在干旱与含盐碱的沙地，常寄生在白刺属和红沙属植物的根上。中亚、伊朗、蒙古也有分布。

图 1 锁阳（陈虎彪提供）

肉质茎入药，药材名锁阳，传统中药，最早记载于《本草衍义补遗》。《中华人民共和国药典》（2020 年版）收载，具有补肾阳，益精血，润肠通便的功效。现代研究证明锁阳具有增强免疫、促进性成熟、润肠通便、抗衰老、抗氧化等作用。

肉质茎含有三萜类、黄酮类、挥发油、甾醇类、多糖类等化学成分。三萜类主要有锁阳萜、乙酰熊果酸、熊果酸等，为主要活性成分；黄酮类化合物主要有儿茶素、表儿茶素、异槲皮苷等。

锁阳属全世界有 2 种，中国有 1 种。

（郭庆梅　尹春梅）

lánguǒshùkē

蓝果树科（Nyssaceae）

落叶乔木。单叶互生，卵形、椭圆形或矩圆状椭圆形，全缘或边缘锯齿状。花序头状、总状或伞形；花单性或杂性，异株或同株，常无花梗。雄花：花萼小，裂片小或不发育；花瓣常 5，覆瓦状排列；雄蕊常为花瓣的 2 倍，排成 2 轮，花丝线形或钻形，花药内向，椭圆形；花盘肉质，垫状。雌花：花萼的管状部分常与子房合生，裂片 5；花瓣小，5 或 10；花盘垫状或不发育；子房下位，花柱钻形，上部微弯曲，有时分枝。果实为核果或翅果，有宿存的花萼和花盘，1 室或 3～5 室，每室种子 1 颗，外种皮薄；胚乳肉质。全世界有 2 属约 10 余种。中国有 2 属 9 种。

本科主要含有喹啉类和吲哚类生物碱类，如喜树碱、去氧喜树碱、喜树曼宁碱等，具有抗肿瘤、免疫抑制、抗病毒活性。喜树碱及其衍生物临床用于治疗多种癌症。此外，该科还含有鞣花酸类、黄酮类、鞣质类、挥发油等成分。

主要药用植物有：喜树属 *Camptotheca*，如喜树 *C. acuminate* Decne. 等。

（齐耀东）

xǐshù

喜树（*Camptotheca acuminata* Decne.，happy tree）

蓝果树科喜树属植物。

落叶乔木，高 20 余米。冬芽有 4 对卵形的鳞片，外面有短柔毛。叶互生，纸质，矩圆状卵形或矩圆状椭圆形，长 12～28cm，顶端短锐尖，基部近圆形或阔楔形，全缘。头状花序近球形，直径 1.5～2.0cm，常由 2～9 个头状花序组成圆锥花序，通常上部为雌花序，下部为雄花序。花杂性，同株；苞片 3 枚；花萼杯状，5 浅裂，具缘毛；花瓣 5 枚，淡绿色，矩圆形或矩圆状卵形，顶端锐尖，外面密被短柔毛；雄蕊 10，外轮 5 枚较长，花药 4 室；子房下位，花柱顶端常分 2 枝。翅果矩圆形，长 2～2.5cm，顶端具宿存的花盘。花期 5～7 月，果期 9 月。图 1。中国特有种，分布于秦岭及长江流域以南各地。常生于海拔 1000m 以下的林边或溪边。

果实、根及根皮、树皮、枝叶入药，以旱莲之名最早记载于《植物名实图考》。喜树果抗癌，散结，破血化瘀；喜树皮活血解毒，祛风止痒；喜树叶清热解毒，祛风止痒。现代研究表明具有抗肿瘤、免疫抑制等作用。喜树的果实和根皮为提取抗癌药喜树碱的原料。喜树碱类衍生物已用于临床治疗肿瘤。

果实和根皮中含有生物碱类、酚酸类、三萜类、脂肪酸类等化学成分。生物碱类主要有喜树碱、10-羟基喜树碱、11-甲氧基喜树碱、脱氧喜树碱、喜树次碱等，生物碱类是抗肿瘤的活性成分；酚酸类主要有 3,4-*O*,*O*-亚甲基鞣花酸、丁香酸等；三萜类主要有白桦脂酸、熊果酸等。

图 1 喜树（陈虎彪摄）

喜树属为中国特有属，2种。

（齐耀东）

shānzhūyúkē

山茱萸科（Cornaceae）

落叶乔木或灌木，稀草本；单叶对生，花两性或单性，为顶生的花束或生于叶的表面；萼4~5齿裂或缺；花瓣4~5或缺；雄蕊4~5，与花瓣同着生于花盘的基部；子房下位，1~4室，胚珠每室1颗，下垂；花柱单一；核果或浆果，种子1~2枚。全世界有15属约120种，中国有9属约60种。

本科植物多含有环烯醚萜类、三萜类成分，部分含有鞣质。

主要药用植物有：①山茱萸属 *Cornus*，如山茱萸 *Cornus officinalis* Sieb. et Zucc. 等。②青荚叶属 *Helwingia*，如青荚叶 *H. japonica*（Thunb.）Dietr.、中华青荚叶 *H. chinensis* Batal. 。③桃叶珊瑚属 *Ancuba*，如桃叶珊瑚 *A. chinensis* Benth. 。④灯台树属 *Bothrocaryum*，如灯台树 *B. controversum*（Hemsl.）Pojark. 等。还有梾木属 *Swida* 和四照花属 *Dendrobenthamia* 等。

（姚 霞）

shānzhūyú

山茱萸（*Cornus officinalis* Sieb. et Zucc., asiatic cornelian cherry）

山茱萸科山茱萸属植物。

落叶灌木或乔木；树皮灰褐色；叶对生，纸质，卵状披针形或卵状椭圆形，长5~12cm，先端渐尖，基部楔形，全缘，上面疏生平贴毛，下面毛较密；侧脉6~8对，弓形内弯，脉腋具有黄褐色髯毛；叶柄长0.6~1.2cm；伞形花序先叶开花，腋生，下具4枚小型的苞片；苞片卵圆形，褐色；花黄色；花萼4裂；花瓣4，卵形；花盘环状，肉质；子房下位；核果椭圆形，成熟时红色；

花期3~4月，果期9~10月。图1。中国分布于山西、陕西、甘肃、山东、江苏、浙江、安徽、江西、河南、湖南等地，生于海拔400~1500m的林缘或森林中。四川、河南、湖北等地有栽培。朝鲜、日本也有分布。

果肉入药，药材名山茱萸。传统中药，最早记载于《神农本草经》，《中华人民共和国药典》（2020年版）收载，具有补益肝肾，收涩固脱的功效。现代研究表明具有抗脑缺血、抗心律失常、保肝、降血脂、降血压、降血糖、免疫调节、抗炎、抗氧化等作用。

果肉含有环烯醚萜苷类、鞣质、三萜类、黄酮类、有机酸类等化学成分。环烯醚萜苷类有莫诺苷、马钱苷、山茱萸苷、山茱萸新苷等，环烯醚萜苷类是山茱萸免疫调节作用的活性成分，其中，莫诺苷和马钱苷是山茱萸药材的质量控制成分，《中华人民共和国药典》（2020年版）规定，二者的总量不少于1.2%，药材中莫诺苷的含量为1.14%~5.05%，马钱苷的含量为0.05%~0.09%。鞣质主要有异诃子素、菱属鞣质、喷呐草素Ⅱ等；五环三萜类主要有2α-羟基熊果酸、齐墩果酸、熊果酸等；黄酮类主要有柚皮素、山奈酚-3-*O*-葡萄糖苷、山奈酚等；有机酸类主要有没食子酸、原儿茶酸、苹果酸等。

山茱萸属植物全世界有4种，中国有2种，药用植物还有川鄂山茱萸 *C. chinensis* Wanger. 等。

（姚 霞）

qīngjiáyè

青荚叶［*Helwingia japonica*（Thunb.）Dietr., Japanese helwingia］

山茱萸科青荚叶属植物。又称叶上珠、大叶通草。

落叶灌木，高1~2m；叶互生，纸质，叶片卵形、卵圆形，长3~13cm，先端渐尖，基部近圆形，边缘具刺状细锯齿；托叶线状分裂；花淡绿色，3~5，花萼小，花瓣长1~2mm，镊合状排列；雄花4~12，呈伞形或密伞花序；雌花1~3枚，着生于叶上面中脉1/2~1/3处；子房卵圆形或球形，柱头3~5裂；浆果幼时绿色，成熟后黑色，分核3~5枚；花期4~5月，果期8~9月。图1。中国广泛分布于黄河流域以南。生于海拔3300m以下的林中或林缘较阴湿处。日本、缅甸、印度也有分布。

茎髓入药，药材名小通草，传统中药，《中华人民共和国药典》（2020年版）收载，具有清热，利尿，下乳的功效。现代研究表明具有抗氧化、抗衰老、抗炎、利尿等作用。叶、果实和根入药，具有止咳平喘，活血通络功效。

全草含有黄酮类、三萜类、有机酸类、甾醇类、苯丙素苷类、多酚类、多糖等化学成分。黄酮类主要有芹菜素-7-*O*-β-D-吡喃葡

图1　山茱萸（陈虎彪摄）

图 1　青荚叶（汪毅摄）

萄糖苷、木犀草素-7-O-β-D-吡喃葡萄糖苷、2′, 3′, 4′, 5′, 6′-五羟基查耳酮等；三萜类主要有羽扇豆醇、白桦脂醇、白桦脂酸等。

青荚叶属植物约 5 种，中国有 5 种，药用植物还有中华青荚叶 H. chinensis Batal.、西域青荚叶 H. himalacia Hook f. et Thoms ex C. B. Clarke 等。

（姚霞）

wǔjiākē

五加科（Araliaceae）

木本，稀多年生草本。茎常有刺。叶多互生，单数羽状复叶或掌状复叶，少单叶。伞形或集成假头状花序，排成总状或圆锥状；花小，两性，稀单性，辐射对称；花萼、花冠、雄蕊常 5 基数，具上位花盘，雄蕊着生于花盘的边缘；合生心皮雌蕊，子房下位，由 2～15 心皮合生，通常 2～5 室，每室胚珠 1 枚。浆果或核果。有些种类具分泌道。全世界约 80 属 900 余种；中国有 23 属 170 余种。

本科植物普遍含有皂苷类、多炔类、挥发油、萜类、酚酸类、黄酮类等化学成分：皂苷类主要以齐墩果烷型五环三萜为主，此外人参属还富含达玛烷型四环三萜皂苷，具有显著的免疫调节、抗疲劳等作用。挥发油中以单萜、倍半萜以及 C17 多炔类成分为主，多炔类有镰叶芹酮、镰叶芹醇及类似化合物，二萜类以贝壳杉烷型、pimaran 型为主，酚酸类主要为绿原酸。黄酮类主要是山奈酚、槲皮素、芹菜素和木犀草素为苷元的苷类。

主要药用植物：①人参属 Panax，如人参 P. ginseng C. A. Mey.、三七 P. notoginseng（Burk.）F. H. Chen、西洋参 P. quinquefolium L.、竹节参 P. japonicus C. A. Mey.、珠子参 P. japonicus C. A. Mey. var. majoy（Burk.）C. Y. Wu et K. M. Smith. 等。②五加属 Acanthopanax，如刺五加 A. senticosus（Rupr. et Maxim.）Harms.、细柱五加 A. gracilistylus W. W. Simth.、短梗五加 A. sessiliflorus（Rupr. et Maxim.）Seem.、红毛五加 A. giraldii Harms。③楤木属 Aralia，如土当归 A. cordata Thunb.、楤木 A. chinensis L.、龙牙楤木 A. elata（Miq.）Seem.。④通脱木属 Tetrapanax，如通脱木 T. papyrifera Hook. K. Koch。⑤刺楸属 Kalopanax，如刺楸 K. septemlobus Thunb. Koidz.。⑥树参属 Dendropanax，如树参 D. denti-ger Harms Merr. 等。

（王　冰）

xìzhùwǔjiā

细柱五加（Acanthopanax gracilistylus W. W. Smith, slender-style acanthopanax）

五加科五加属植物。又称五加。

灌木，高 2～3m。枝灰棕色，无刺或在叶柄基部单生扁平的刺。掌状复叶，在长枝上互生，在短枝上簇生；叶柄长 3～8cm，常有细刺；小叶 5，中间一片最大，倒卵形至倒披针形，长 3～8cm，先端尖或短渐尖。伞形花序腋生或单生于短枝顶端，直径约 2cm；萼 5 齿裂；花黄绿色，花瓣 5，长圆状卵形，先端尖，开放时反卷；雄蕊 5，花丝细长；子房 2 室，花柱 2，分离或基部合生，柱头圆头状。核果浆果状，扁球形，成熟时黑色，宿存花柱反曲。种子两粒，细小，淡褐色。花期 4～7 月，果期 7～10 月。图 1。中国分布于华中、华南、西南，以及山西、江苏、浙江、安徽、福建、江西、陕西等地。生于海拔 200～1600m 的灌木丛林、林缘、山坡路旁和村落中。

根皮入药，药材名五加皮，传统中药，始载于《神农本草经》。《中华人民共和国药典》（2020 年版）收载。具有祛风除湿，补益肝肾，强筋壮骨，利水

图 1　细柱五加（陈虎彪摄）

消肿的功效。现代研究表明具有抗炎镇痛、抗应激、提高免疫等作用。

根皮含二萜类、苯丙素类、脂肪酸、甾醇类、挥发油等化学成分。萜类主要有五加酸、异贝壳杉烯酸等，具有抗炎、抗肿瘤的作用。苯丙素类包括刺五加苷B、B_1、D等，具有抗疲劳、抗衰老的作用。

五加属世界约35种，中国有26种。药用植物还有刺五加A. senticosus（Rupr. et Maxim.）Harms、短柄五加A. brachypus Harms、红毛五加A. giraldii Harms、康定五加A. lasiogyne Harms、刚毛五加A. simonii Schneid.、蜀五加A. setchuenensis Harms ex Diels、无梗五加A. essiliflorus（Ruprecht & Maximowicz）S. Y. Hu、白簕A. trifoliatus（Linnaeus）S. Y. Hu、糙叶五加A. henryi Oliver等。

（高微微 李俊飞 焦晓林）

cìwǔjiā

刺五加 ［Acanthopanax senticosus（Rupr. et Maxim.）Harms，manyprickle acantopanax］五加科五加属植物。

多年生落叶灌木。根状茎发达。茎高1~5m，多分枝，幼嫩茎通常密生针刺。掌状复叶，小叶片5枚，叶柄长3~10cm，疏生细刺，小叶片椭圆状倒卵形或长圆形叶，长5~13cm，边缘有锐刺重锯齿，脉上有粗毛。伞形花序，总花梗长5~7cm，花瓣黄白色，外表面微带紫斑，5片，卵形，长1~2mm，萼有不明显的5小齿；雄蕊5枚，子房5室，花柱合生成柱状。果实球形或卵球形，直径5~8mm，成熟果实黑色，有5棱；种子5，半圆形，黄白色至黄褐色。图1。中国分布于东北，以及内蒙古、河北、山西等省区，生长在海拔数百米至2000m森林和灌丛中。有栽培。朝鲜、日本和俄罗斯有分布。

根及根茎或茎入药，药材名刺五加，传统中药，最早记载于《神农本草经》，《中华人民共和国药典》（2020年版）收载，具有益气健脾，补肾安神的功效，现代研究表明具有提高免疫力、抗肿瘤和改善心血管系统功能等作用。

根和根茎含有酚苷类、木脂素类、多糖等化学成分，酚苷类主要有紫丁香酚苷（刺五加苷B）、胡萝卜苷（刺五加苷A）、刺五加苷E、刺五加苷B_1等。茎中也富含酚苷类和木脂素类成分。

酚苷类是刺五加的主要成分，紫丁香苷为药材中的质量控制成分，《中华人民共和国药典》（2020年版）规定紫丁香苷不得少于0.050%。在刺五加根及根茎中含量为0.02%~0.14%，茎中的含量为0.06%~0.16%。

五加属植物情况见细柱五加。

（王冰 王晓琴）

rénshēn

人参 （Panax ginseng C. A. Mey.，ginseng）五加科人参属植物。

多年生草本。主根粗壮，圆锥状，顶有根茎。茎单一。掌状复叶轮生茎端，复叶有长柄，小叶片3~5，卵形、倒卵形或披针形，长5~12cm，叶基部常楔形，边缘有锯齿，上面沿叶脉有稀疏刚毛。伞形花序单个顶生；总花梗7~20cm，每花序有约40朵小花，苞片小，条状披针形；花萼钟形，与子房愈合；花瓣小，5瓣，卵形，淡黄绿色；雄蕊5枚；雌蕊1枚，花柱顶部2裂，子房下位，2室。核果浆果状，扁球形，成熟鲜红色。内有2枚半圆形种子。花期6~7月，果期7~9月。图1。中国分布于辽宁、吉林和黑龙江，生于海拔数百米的落叶阔叶林或针叶阔叶混交林下。已栽培。俄罗斯、朝鲜也有分布；

图1 刺五加（陈虎彪摄）

图1 人参（陈虎彪摄）

朝鲜和日本也多栽培。

根和根茎入药，药材名人参，传统中药，最早记载于《神农本草经》。《中华人民共和国药典》（2020年版）收载，具有大补元气，复脉固脱，补脾益肺，生津养血、安神益智的功效，现代研究表明在抗疲劳、抗衰老、抗肿瘤，增强免疫等方面均有突出的作用。叶入药，药材名人参叶，也被《中华人民共和国药典》（2020年版）收载，具有补气，益肺，祛暑，生津的功效。

根和根茎中主要含有三萜皂苷类、挥发油、多糖等化学成分。三萜皂苷类分为两类：达玛烷型四环三萜，如人参皂苷 Ra_1、Ra_2、Rb_1、Rb_2、Rb_3、Rc、Rd、人参皂苷 Re、Rf、Rg_1、Rg_2、Rh_1 等；齐墩果烷型五环三萜类，如人参皂苷 R_0。皂苷类是人参的主要活性成分。《中华人民共和国药典》（2020年版）规定人参皂苷 Rg_1 和 Re 的总量不低于 0.30%，人参皂苷 Rb_1 不低于 0.20%。药材中人参皂苷 Rg_1 含量为 0.074%～0.471%，人参皂苷 Re 含量为 0.063%～0.356%，人参皂苷 Rb_1 含量为 0.059%～0.713%。挥发油类有 α-愈创烯，β-广藿香烯及反式丁香烯等。人参叶中含有皂苷类、黄酮类、挥发油等化学成分。

人参属全世界有 14 种，中国有 12 种，西洋参 P. quinquefolium L.、三七 P. notoginseng（Burk.）F. H. Chen、竹节参 P. japonicus C. A. Mey、珠子参 P. japonicus C. A. Mey. var. major（Burk.）C. Y. Wu et K. M. Feng、羽叶三七 P. japonicus C. A. Mey var. bipinnatifidus（Seem.）C. Y. Wu et K. M. Feng 等也被《中华人民共和国药典》（2020年版）收载，均

为重要的药用植物，且富含人参皂苷类活性成分。

（王 冰）

sānqī

三七［Panax notoginseng（Burk.）F. H. Chen ex C. Y. Wu et K. M. Feng, sanchi］ 五加科人参属植物，又名田七。

多年生草本，高 30～60cm。根状茎短；主根倒圆锥状或圆柱形，长 2～5cm，直径 1～3cm，具疣状突起及横向皮孔。茎单一，直立。掌状复叶轮生茎端，小叶多 5～7，椭圆形或长圆状披针形，长 5～15cm，叶基部近圆或楔形，边缘有细锯齿。伞形花序单个顶生，有 80 以上朵小花，花黄绿色，5 基数；雌蕊 1，子房下位，2 室，花柱顶部 2 裂。核果浆果状，扁球形，成熟鲜红色。种子 1～3，种皮白色。花期 6～8 月，果期 8～10 月。图 1。野生未见，云南、广西栽培。

图 1　三七（陈虎彪摄）

根及根茎入药，药材名三七，传统中药，最早记载于《本草纲目》，《中华人民共和国药典》（2020年版）收载，具有散瘀止

血，消肿定痛的功效。现代研究表明具有抗疲劳、调节心血管和神经系统、抗肿瘤、延缓衰老、降血糖等作用。

根及根茎主要含有皂苷类、挥发油等化学成分。皂苷类与人参所含皂苷结构类似，如人参皂苷 Rb_1、Rd、Re、Rg_1、Rg_2、Rh_1，三七皂苷 R_1、R_2、R_3、R_4 等。《中华人民共和国药典》（2020年版）规定人参皂苷 Rg_1、Rb 及三七皂苷 R_1 的总量不低于 5.0%。药材中 3 种皂苷总量为 3.84%～16.50%。挥发油如 α、β、δ-愈创烯等。还含有一种特殊结构的氨基酸，即田七氨酸（三七素），具有止血作用。

人参属植物情况见人参。

（王 冰）

xīyángshēn

西洋参（Panax quinquefolius L., American ginseng） 五加科人参属植物，又称花旗参。

多年生草本。全株无毛。根茎较短，根肉质，呈纺锤形，少有分枝状。茎圆柱形，长约 25cm，有纵条纹，或略具棱。掌状 5 出复叶，通常 3～4 枚，轮生于茎项；小叶片膜质，广卵形至倒卵形，先端突尖，基部换形，边缘具粗锯齿。总花梗由茎端叶柄中央抽出，较叶柄稍长，或近于等长。伞形花序，花多数，等片绿色，钟状；花瓣 5，绿白色。浆果，扁圆形，成对状，熟时鲜红色。花期 6～7 月，果期 7～9 月。图 1。原产美国北部和加拿大，中国引种，种植于东北、山东、北京、陕西等地。

根入药，药材名西洋参，因形态与人参相似从北美引进使用，最早记载于《本草从新》。《中华人民共和国药典》（2020年版）收载，有养阴润肺，清心安神的

图 1 西洋参（陈虎彪摄）

功效。现代研究表明对中枢神经系统有镇静和中度兴奋作用；能调节造血系统功能和降低血压；有耐缺氧、抗疲劳、抗衰老、提高机体代谢和免疫能力等作用。

根含有三萜皂苷类、聚炔类、多糖、甾醇类、黄酮类及挥发油等化学成分。三萜皂苷类包括达玛烷型、齐墩果烷型、奥克梯隆醇型等，达玛烷型皂苷为主，有人参皂苷 Rb_1、Rb_2、Rc、Rd，人参皂苷 Rg_1、Rg_2、Re、Rf 等，是西洋参具有抗癌、降血糖、抗氧化、抗感染、神经调节及保护、免疫调节等作用的有效成分。人参皂苷 Rg_1、Re、Rb_1 是西洋参药材的质量控制成分，《中华人民共和国药典》（2020 年版）规定含 3 种成分的总量不低于 2.0%，药材中人参皂苷 Rg_1 含量一般为 0.3%~0.8%，人参皂苷 Re 含量一般为 0.3%~2.0%，人参皂苷 Rb_1 含量一般为 0.4%~3.0%，总皂苷成分的含量一般为 6%~11%。

人参属植物情况见人参。

（高微微 李俊飞 焦晓林）

tōngtuōmù

通脱木 [*Tetrapanax papyriferu* (Hook.) K. Koch.，ricepaperplant]　五加科通脱木属植物。

灌木或小乔木，高 1~4m。茎粗壮，不分枝，中间为宽大白色髓。叶大、聚于枝顶互生，叶柄粗壮，圆筒形，长 30~50cm，托叶膜质，基部抱茎；叶片 5~11 掌状浅裂至半裂，每裂片又有 2~3 个小裂片，基部心形，全缘或粗锯齿，下面密被白色或褐色星状毛。伞形花序组成大型复总状，顶生或近顶生；花白色或白绿色，多 4 基数，子房下位，2 室，花柱 2，分离。核果浆果状，扁球形，成熟后紫黑色。花期 8 月，果期 9 月。图 1。中国特有种。分布于福建、湖北、广西、广东、贵州、云南、四川、台湾等地。生于山坡杂木林中或沟旁潮湿环境。

图 1 通脱木（陈虎彪摄）

茎髓入药，药材名通草，传统中药，最早记载于《本草拾遗》。《中华人民共和国药典》（2020 年版）收载，具有清热利尿，通气下乳的功效。现代研究表明具有利尿作用。

茎髓含有甾醇类、神经酰胺类，以及肌醇和多聚戊糖等成分。叶、根含齐墩果烷型三萜皂苷，如通脱木皂苷 L-Ⅱa、L-Ⅱb、L-Ⅱc、L-Ⅱd，竹节人参皂苷Ⅳ等。

通脱木属植物全世界有 2 种，分布于中国。

（王 冰）

sǎnxíngkē

伞形科（Apiaceae；Umbelliferae）　1 年生至多年生草本，稀为亚灌木；根通常直生，肉质而粗；茎直立或匍匐上升；叶互生，常分裂，为 1 回掌状分裂或 1~4 回羽状分裂的复叶，少为单叶，叶柄基部扩大成鞘状；花小，两性或杂性，复伞形花序或单伞形花序，伞形花序基部有总苞片，花萼与子房贴生，萼齿 5 或无；花瓣 5，基部狭窄，顶端钝圆或有内折的小舌片；雄蕊 5，与花瓣互生；子房下位，2 室，每室有 1 个倒悬的胚珠，顶部有花柱基；果由 2 个心皮合成，成熟时该心皮从合生面分离，为双悬果；每 1 心皮外面有 5 条主棱，心皮的连接面称合生面，中果皮内层的棱槽内和合生面通常有纵走的油管 1 至多数，胚小。全世界 250~450 属约 3300~3700 种，中国 11 属 614 种。

本科植物普遍含有香豆素类，如伞形花内酯、当归素等，具有镇咳祛痰、止血、抗肿瘤、抗结核、解痉等作用。挥发油普遍存在，主要是萜类成分及苯酞内酯类衍生物，如正丁基苯酞、藁本内酯等，具有解痉、镇痛、镇静、驱虫、收缩子宫及抗肿瘤等作用。三萜皂苷主要分布于天胡荽亚科和变豆菜亚科中，以柴胡皂苷为代表，具有解热镇痛、镇咳、抗炎、保肝等作用。聚炔类成分也是本科特征性成分之一，如水芹属中水芹毒素和毒芹属中的毒芹毒素。少数植物含有黄酮类以及生物碱类等化学成分。

主要药用植物有：①莳萝属 *Anethum*，如莳萝 *A. graveolens* L.。②当归属 *Angelica*，如白芷 *A. dahurica*（Fisch. ex Hoffm.）Benth. et Hook. f.、重齿毛当归 *A. pubescens* Maxim. f. biserrata Shan et Yuan、当归 *A. sinensis*（Oliv.）Diels 等。③柴胡属 *Bupleurum*，如柴胡 *B. chinense* DC.、狭叶柴胡 *B. scorzonerifolium* Willd. 等。④积雪草属 *Centella*，如积雪草 *C. asiatica*（L.）Urban。⑤明党参属 *Changium*，如明党参 *C. smyrnioides* Wolff。⑥蛇床属 *Cnidium*，如蛇床 *C. monnieri*（L.）Cuss.。⑦芫荽属 *Coriandrum*，如芫荽 *C. sativum* L.。⑧天胡荽属 *Hydrocotyle*，如天胡荽 *Hydrocotyle sibthorpioides* Lam.、中华天胡荽 *H. chinensis*（Dunn）Craib 等。⑨藁本属 *Ligusticum*，如川芎 *L. Chuanxiong* Hort.、藁本 *L. sinense* Oliv.、辽藁本 *L. jeholense* Nakai et Kitag 等。⑩羌活属 *Notopterygium*，如羌活 *N. incisum* Ting ex H. T. Chang、宽叶羌活 *N. franchetii* H. de Boiss.。⑪防风属 *Saposhnikovia*，如防风 *S. divaricate*（Turcz.）Schischk.。⑫前胡属 *Peucedanum*，如白花前胡 *P. praeruptorum* Dunn 等。⑬胡萝卜属 *Daucus*，如野胡萝卜 *D. carota* L. 等。⑭茴香属 *Foeniculum* 如茴香 *F. vulgare* Mill.。⑮珊瑚菜属 *Glehnia*，如珊瑚菜 *G. littoralis* Fr. Schmidt ex Miq.。⑯阿魏属 *Ferula*，如阿魏 *F. assafoetida* Wolff.、新疆阿魏 *F. sinkiangensis* K. M. Shen、阜康阿魏 *F. fukanensis* K. M. Shen 等；还有独活属 *Heracleum*、茴芹属 *Pimpinella*、山芹属 *Ostericum*、峨参属 *Anthriscu* 等；以及欧防风 *Pastinaca sativa* L.、欧芹 *Petroselinum cripum*（Mill.）Nym. ex A. W. Hill。

（姚霞）

shíluó

莳萝（*Anethum graveolens* L., dill）

伞形科莳萝属植物。又称洋茴香、土茴香。

多年或 1 年生草本；高 60~90cm；叶矩圆形至倒卵形，长 10~35cm，2~3 回羽状全裂，最终裂片丝状，长 4~20mm；叶柄长 5~6cm，基部成宽鞘，长约 1.5~2.0cm，边缘白色；复伞形花序顶生，直径约 15cm；总花梗长 4~13cm；无总苞及小总苞；伞幅 5~15，稍不等长；花梗 20~50，长 5~10mm；花瓣黄色，内曲，早落；双悬果椭圆形，长 4~5mm，被棱稍突起，侧棱有狭翅，每棱槽有油管 1，合生面油管 2；花期 5~8 月，果期 7~9 月。图 1。原产欧洲南部。中国东北，以及甘肃、四川、广东、广西等地有栽培。

图 1　莳萝（GBIF）

果实入药，药材名莳萝子。最早为印度传统药，中国药用记载于《开宝本草》，具有温脾开胃，散寒暖肝，理气止痛的功效。《英国药典》收载，现代研究表明具有刺激食欲、促消化、减轻胀气、降脂、预防动脉硬化、抗氧化、抗菌等作用。

果实含有挥发油、呫酮类、黄酮类、香豆素类、酚酸等化学成分。挥发油主成分为葛缕酮，含量为 40%~60%，还有柠檬烯、莳萝油脑等，挥发油是莳萝抗菌、促消化的有效成分，含量为 3%~4%；呫酮类主要有莳萝苷等。全草含挥发油、香豆素类、多炔等化学成分，挥发油主要有葛缕酮、α-水芹烯、松油烯等。

莳萝属植物全世界 1 种，中国引进栽培 1 种。

（姚霞）

báizhǐ

白芷 ［*Angelica dahurica*（Fisch. ex Hoffm.）Benth. et Hook. f., dahurian angelica］

伞形科当归属植物。

多年生高大草本，高 1.0~2.5m。根圆柱形，有分枝，径 3~5cm。茎上部叶二回至三回羽状分裂，叶片轮廓为卵形至三角形；花序下方的叶简化成无叶的、显著膨大的囊状叶鞘。复伞形花序顶生或侧生，花序梗、伞辐和花柄均有短糙毛；伞辐 18~40（70）；总苞片常缺或 1~2，成长卵形膨大的鞘；花瓣倒卵形；果实长圆形至卵圆形，黄棕色，背棱扁，厚而钝圆，近海绵质，远较棱槽为宽，侧棱翅状；棱槽中有油管 1，合生面油管 2。花期 7~8 月。图 1。中国分布于东北及华北。常生长于林下、林缘、溪旁、灌丛及山谷草地。

图 1 白芷（陈虎彪摄）

根入药，药材名白芷，最早记载于《神农本草经》。《中华人民共和国药典》（2020 年版）收载，具有解表散寒，祛风止痛，宣通鼻窍，燥湿止带，消肿排脓的功效。现代研究表明白芷具有解热、镇痛、抗炎、解痉、抗微生物等作用。

根含有香豆素类、挥发油等化学成分。香豆素类主要有欧前胡素、异欧前胡素、佛手柑内酯、珊瑚菜素、氧化前胡素、香柑内酯等。欧前胡素是白芷药材的质量控制成分，《中华人民共和国药典》（2020 年版）规定欧前胡素含量不低于 0.080%。药材中含量为 0.040% ~ 0.310%。情况见当归。

当归属植物。杭白芷 Angelica dahurica（Fisch. ex Hoffm.）Benth. et Hook. f. var. formosana（Boiss.）Shan et Yuan 的根也为《中华人民共和国药典》（2020 年版）收载为白芷药材的来源植物。

（姚 霞 王振月）

zhòngchǐmáodāngguī

重齿毛当归（Angelica pubescens Maxim. f. biserrata Shan et Yuan，doubleteeth） 伞形科当归属植物。又称重齿当归、毛当归。

多年生草本；高 1.3 ~ 3.0m；茎带紫色，无毛；基生叶及茎下部叶三角形，长 15 ~ 20cm，二至三回三出式羽状全裂，最终裂片卵形、狭披针形或倒卵形，长 5 ~ 20cm，叶脉上疏生柔毛；叶柄粗，长 30 ~ 40cm；茎上部叶简化成叶鞘；复伞花序密生黄棕色柔毛；总花梗长 20 ~ 60cm；无总苞或有 1 ~ 2 片，鞘状；伞幅 20 ~ 80，不等长；无小总苞片或有数片，披针形；花梗 16 ~ 30；花白色；双悬果矩圆状宽卵形或椭圆形，长 5 ~ 12mm。花期 8 ~ 9 月，果期 9 ~ 10 月。图 1。中国分布于四川、湖北、江西、安徽、浙江等地。生于阴湿山坡、林下草丛或稀疏灌丛中，四川、湖北、陕西等地有栽培。

根入药，药材名独活。传统中药，最早记载于《神农本草经》。《中华人民共和国药典》（2020 年版）收载，具有祛风除湿、通痹止痛的功效。现代研究证明具有抗炎、镇静镇痛、解痉、抑制血小板聚集、抗肿瘤、抗老年痴呆等作用。

根含有香豆素类、挥发油、甾醇类、糖类等化学成分。香豆素类主要有蛇床子素、二氢欧山芹醇、二氢欧山芹醇当归酸酯、二氢欧山芹醇乙酸酯、伞形香豆素、花椒毒素等，香豆素类是独活抑制血小板聚集、抗肿瘤的活性成分，《中华人民共和国药典》（2020 年版）规定，蛇床子素含量不得少于

0.50%，二氢欧山芹醇当归酸酯含量不低于 0.080%，药材中二者含量分别为 0.498% ~ 1.664% 和 0.0654% ~ 0.569%。挥发油类有白花前胡醇、彼西丹醇、水合氧化前胡素等。

当归属植物情况见当归。

（姚 霞）

dāngguī

当归〔Angelica sinensis（Oliv.）Diels，Chinese angelica〕 伞形科当归属植物。

多年生草本，高 0.4 ~ 1m。根圆柱状，分枝，有多数肉质须根，黄棕色，有浓郁香气。茎直立，绿白色或带紫色，有纵深沟纹，光滑无毛。叶三出式二至三回羽状分裂，叶柄长 3 ~ 11cm，基部膨大成管状的薄膜质鞘，紫色或绿色，基生叶及茎下部叶轮廓为卵形；叶下表面及边缘被稀疏的乳头状白色细毛；茎上部叶简化成囊状的鞘和羽状分裂的叶片。复伞形花序，花序梗长 4 ~ 7cm，密被细柔毛；花瓣长卵形，顶端狭尖，内折；果实椭圆至卵形，背棱线形，隆起，侧棱成宽而薄的翅，与果体等宽或略宽。花期 6 ~ 7 月，果期 7 ~ 9 月。中国分布于西南地区西北地区以及云南、四川、陕西、湖北等省区。生于

图 1 重齿毛当归（陈虎彪摄）

山地林缘、林中或路旁草丛中。图1。

图 1　当归（陈虎彪摄）

根入药，药材名当归，传统中药，最早记载于《神农本草经》。《中华人民共和国药典》（2020 年版）收载，具有补血活血，调经止痛，润肠通便的功效；现代研究证明当归具有镇痛、抗炎、抗心律失常、抗血栓、补血保肝、双向调节子宫平滑肌等作用。

根含有挥发油类、有机酸类等化学成分。挥发油主要有藁本内酯、正丁基苯酞、亚丁基苯酞、蛇床酞内酯、异蛇床酞内酯等。有机酸主要有阿魏酸、丁二酸、烟酸、香草酸等。当归挥发油对子宫平滑肌有抑制作用。阿魏酸是当归药材的质量控制成分，《中华人民共和国药典》（2020 年版）规定阿魏酸含量不低于 0.050%。药材含量一般为 0.037%～0.245%。

当归属植物全世界约有 80 种，中国分布 26 种。日本当归 A. acutiloba（Sieh. et Zucc.）Kitag. 收载于《日本药局方》；朝鲜当归 A. gigas Nokal 为朝鲜族常用药。圆当归 A. archanggelica L. 为《欧洲药典》和《英国药典》收载的欧洲传统药，具有祛痰助消化作用。药用植物还有白芷 A. dahurica（Fisch. ex Hoffm.）Beuth. et Hook. f.、杭白芷 A. dahurica var. formosana（Boiss.）Shan et Yuan、重齿毛当归 A. pubescens Maxim. f. biserrata Shan et Yuan 等。

（王振月）

cháihú

柴胡（ *Bupleurum chinense* DC., Chinese bupleurum ）　伞形科柴胡属植物。又称北柴胡。

多年生草本，高 50～85cm。主根质坚硬。茎微作之字形曲折。基生叶倒披针形或狭椭圆形，长 4～7cm，顶端渐尖；茎中部叶倒披针形，长 4～12cm，顶端有短芒尖头，基部成叶鞘抱茎。复伞形花序很多，花序梗细，成疏松的圆锥状；总苞片甚小；伞辐 3～8，纤细，不等长，长 1～3cm；小总苞片 5，披针形，长 3.0～3.5mm；小伞直径 4～6mm，花 5～10；花直径 1.2～1.8mm；花瓣鲜黄色，小舌片顶端 2 浅裂。果广椭圆形，两侧略扁，长约 3mm，棱狭翼状，每棱槽油管 3，合生面 4 条。花期 9 月，果期 10 月。图 1。中国特有种，分布于东北、华北、西北、华东、华中。生于向阳山坡路边、岸旁或草丛中。

根入药，药材名柴胡。传统中药，最早记载于《神农本草经》。《中华人民共和国药典》（2020 年版）收载，根具有疏散退热，疏肝解郁，升举阳气的功效。现代研究表明具有解热、镇痛、抗炎、促进免疫功能、抗肝损伤及抗辐射损伤等作用。

根主要含三萜皂苷类、挥发油、黄酮类、香豆素类等化学成分。三萜皂苷类中主要成分有柴胡皂苷 a、d、c、S_2 等，具有保肝、抗抑郁、抗病毒、抗菌、抗炎等作用，柴胡皂苷 a 和 d 为柴胡的质量控制成分，《中华人民共和国药典》（2020 年版）规定二者含量和不低于 0.30%，药材中含量为 0.20%～1.47%；挥发油中有戊醛、己醛等成分，具有解热等作用；黄酮类成分为山奈素、槲皮素和异鼠李素及其糖苷类，具有利胆、抗菌等作用。

柴胡属全世界有 100 余种。中国有 36 种 17 变种。各物种多可药用，同属的狭叶柴胡 B. scorzonerifolium Willd. 也为《中华人民共和国药典》（2020 年版）收载作为药材柴胡的来源植物。药用植物还有竹叶柴胡 B. arginatum Wall. ex DC.、黑柴胡 B. smithii Wolff、马尔康柴胡 B. malconense Shan et Y. Li、马尾柴胡 B. microcephalum Diels 等，日

图 1　柴胡（陈虎彪摄）

本、韩国用三岛柴胡 *B. fulcatum* L.，欧洲也用柴胡属多种植物，功效类似。

（郭宝林）

jīxuěcǎo
积雪草［*Centella asiatica*（L.）Urb.，asiatic pennywort］ 伞形科积雪草属植物。

多年生草本；高 1.3～3.0m；茎带紫色；基生叶及茎下部叶三角形，长 15～20cm，2～3 回 3 出式羽状全裂，最终裂片卵形、狭披针形或倒卵形，长 5～20cm，叶脉上疏生柔毛；叶柄粗，长 30～40cm；茎上部叶简化成叶鞘；复伞花序密生黄棕色柔毛；总花梗长 20～60cm；无总苞或有 1～2 片，鞘状；伞幅 20～80，不等长；无小总苞片或有数片，披针形；花梗 16～30；花白色；双悬果矩圆状宽卵形或椭圆形，长 5～12mm。花期 8～9 月，果期 9～10 月。图 1。中国分布于四川、湖北、江西、安徽、浙江等地。生于阴湿山坡、林下草丛或稀疏灌丛中，海拔 200～1900m。印度、斯里兰卡、马来西亚、印度尼西亚、大洋洲群岛、日本、澳大利亚及中非、南非（阿扎尼亚）也有分布。

全草入药，药材名积雪草。传统中药，最早记载于《神农本草经》。《中华人民共和国药典》（2020 年版）收载，具有清热利湿、解毒消肿的功效。现代研究表明积雪草具有保肝、促进创伤愈合、抗胃溃疡、抗抑郁、抗菌、抗病原微生物、改善肾功能、抗肿瘤等作用。

全草含有三萜类、黄酮类、挥发油、甾醇类等化学成分。三萜酸类有积雪草酸、羟基积雪草酸、异羟基积雪草酸等；三萜皂苷类有积雪草苷、羟基积雪草苷、积雪草莫苷等，三萜皂苷类是积雪草的活性成分，其中，积雪草苷及羟基积雪草苷具有保肝、镇痛、解热、抗炎作用，积雪草苷还具有促进创伤愈合、抑制皮肤瘢痕形成、抗肿瘤等作用，是积雪草药材的质量控制成分，《中华人民共和国药典》（2020 年版）规定，二者的总量不少于 0.8%，药材中积雪草苷的含量为 0.65%～1.17%，羟基积雪草苷的含量为 0.60%～1.39%。挥发油具有抗氧化活性。

积雪草属植物全世界约 20 种，中国 1 种。

（姚 霞）

míngdǎngshēn
明党参（*Changium smyrnioides* Wolff.，medicinal changium） 伞形科明党参属植物。

多年生草本；高 50～100cm，全体无毛；根二型：一种纺锤形或椭圆形，粗而短，一种圆柱状，细而长；茎具粉霜；基生叶近 3 回 3 出羽状全裂，最终裂片宽卵形，长及宽各 2cm，无小柄；叶柄长 30～35cm；茎上部叶鳞片状或叶鞘状；复伞形花序；总花梗长 3～10cm；无总苞；伞幅 6～10；小总苞片数个，钻形，花梗 10～15；花白色，在侧生花序的都不孕；双悬果卵状矩圆形，长 3～4mm，光滑，具纵纹，果棱不明显，胚乳腹面深凹，油管多数；花期 4～5 月，果期 5～6 月。图 1。中国特有种，分布于江苏、安徽、浙江等地。生于山地稀疏灌林下土壤肥厚处或山坡岩石缝隙中。

图 1 明党参（陈虎彪摄）

根入药，药材名明党参。传统中药，最早记载于《本草从新》。《中华人民共和国药典》（2020 年版）收载，具有润肺化痰，养阴和胃，平肝，解毒的功效。现代研究表明具有祛痰、止咳、平喘、免疫调节、降脂、抗氧化、抗应激能力等作用。

根含有香豆素类、挥发油、脂肪酸、多糖、生物碱类等化学成分。香豆素类主要有珊瑚菜素等；挥发油含量为 0.08%，主要有 6,9-十八碳二炔酸甲酯、β-蒎

图 1 积雪草（陈虎彪摄）

烯、橙花叔醇等；多糖具有调节免疫作用。

明党参属仅1种。

（姚 霞）

shéchuáng

蛇床［*Cnidium monnieri*（*L.*）*Cuss.*, common cnidium］ 伞形科蛇床属植物。

1年生草本，高 10～60cm。根圆锥状，较细长。茎直立或斜上，多分枝，中空，表面具深条棱，粗糙；叶片轮廓卵形至三角状卵形，2～3回3出式羽状全裂，羽片轮廓卵形至卵状披针形，先端常略呈尾状，末回裂片线形至线状披针形，具小尖头，边缘及脉上粗糙。复伞形花序线形至线状披针形，边缘膜质，具细睫毛；小伞形花序具花15～20，萼齿无。分生果长圆状，横剖面近五角形，主棱5，均扩大成翅。花期4～7月，果期6～10月。图1。中国分布于各地。生于田边、路旁、草地及河边湿地。俄罗斯、朝鲜、越南、北美及其他欧洲国家也有分布。

果实入药，药材名蛇床子，传统中药，最早记载于《神农本草经》。《中华人民共和国药典》（2020年版）收载，具有燥湿祛风，杀虫止痒，温肾壮阳的功效。现代研究表明蛇床子具有抗滴虫、抗病毒、抗组胺、抗真菌、性激素样等作用。

果实含有香豆素类、挥发油等化学成分。香豆素类主要有蛇床子素、蛇床定、欧芹素乙等；《中华人民共和国药典》（2020年版）规定蛇床子素含量不低于1.0%，药材中含量为 0.98%～2.58%；挥发油主要成分为蒎烯、莰烯、异成酸龙脑酯、异龙脑等，具有抗滴虫、祛痰、平喘、抗真菌、抗变态反应等作用。

蛇床属植物全世界约20种，中国有4种及1变种。东川芎 *C. officinale* Makion 曾为收载的《日本药局方》川芎来源植物，在日本、朝鲜、中国吉林延吉有栽培。

（王振月 王晓琴）

yánsuī

芫荽（*Coriandrum sativum* L., coriander） 伞形科芫荽属植物。又称胡荽、香菜。

1年生草本，高30～100 cm，全体无毛，具强烈香气；基生叶1～2回羽状全裂，裂片宽卵形或楔形，长 1～2cm，边缘深裂或具缺刻；叶柄长 3～15cm；茎生叶2～3回羽状深裂，最终裂片狭条形，长 2～15mm，全缘；复伞形花序顶生；总花梗长 2～8cm；无总苞；伞幅2～8；小总苞片条形；花梗 4～10；花小，白色或淡紫色；双悬果近球形，直径 1.5mm，光滑，果棱稍突起；花果期4～11月。图1。原产欧洲地中海地区。各地栽培。

全草入药，药材名胡荽。最早记载于《食疗本草》。具有发表透疹，消食开胃，止痛解毒的功效。现代研究证明具有抗氧化、抗菌、抗焦虑、利尿、降糖、降脂等作用。果实入药，药材名芫荽子，与全草功效类似。芫荽嫩茎和鲜叶食用。

全草含有香豆素类、挥发油、苯丙素类、黄酮类、酚酸类等化学成分。香豆素类有芫荽酮A～E、芫荽素等；挥发油是芫荽抗菌、抗炎、抗氧化的活性成分。果实中含有挥发油、黄酮类、有机酸类等化学成分。

芫荽属植物全世界有2种，中国1种。

（姚 霞）

yěhúluóbo

野胡萝卜（*Daucus carota* L., wild carrot） 伞形科胡萝卜属植物。又称鹤虱草。

2年生草本，高 15～120cm。茎单生，全体有白色粗硬毛。基生叶薄膜质，长圆形，2～3回羽

图1 蛇床（陈虎彪摄）

图1 芫荽（陈虎彪摄）

状全裂，末回裂片线形或披针形，长 2～15mm，顶端尖锐，有小尖头，光滑或有糙硬毛；叶柄长 3～12cm；茎生叶近无柄，有叶鞘，末回裂片小或细长。复伞形花序，花序梗长 10～55cm，有糙硬毛；总苞有多数苞片，呈叶状，羽状分裂，少有不裂的，裂片线形，长 3～30mm；伞辐多数，长 2.0～7.5cm；小总苞片 5～7，线形，不分裂或 2～3 裂，边缘膜质，具纤毛；花通常白色。果实圆卵形，长 3～4mm，棱上有白色刺毛。花期 5～7 月。图1。中国分布于四川、贵州、湖北、江西、安徽、江苏、浙江等省。生长于山坡路旁、旷野或田间。欧洲及东南亚地区也有分布。

果实入药，药材名南鹤虱，传统中药，《中华人民共和国药典》（2020 年版）收载，具有杀虫消积的功效。地上部分入药，具有杀虫健脾，利湿解毒的功效；根入药，具有健脾化滞、凉肝止血、清热解毒的功效。现代研究证明野胡萝卜具有改善认知、保肝、抗菌、抗生育等作用。

果实含有黄酮类、挥发油等成分。黄酮类主要有白杨素、芹菜素、木犀草素、山柰酚、槲皮素等。挥发油主要有胡萝卜素、

图1　野胡萝卜（陈虎彪摄）

蒎烯、柠檬烯、胡萝卜醇、胡萝卜次醇等。根含有黄酮类、香豆素类、挥发油、甾体类等化学成分。香豆素类主要有补骨脂素等；叶和花含有黄酮类化合物。

胡萝卜属全世界约 20 种。中国有 1 种和 1 栽培变种。

（王振月　王晓琴）

āwèi

阿魏（*Ferula assa-foetida* Wolff.，asafoetida）伞形科阿魏属植物。

多年生草本，具强烈蒜臭；初时仅有根生叶，至第五年始抽花茎，根生叶近肉质，早落；近基叶 3～4 回羽状全裂，长达 50cm；叶柄基部略膨大，末回裂片长方披针形或椭圆状披针形，灰绿色；茎上部叶 1～2 回羽状全裂；花茎粗壮，高达 2m，具纵纹；花单性或两性；复伞形花序顶生，中央花序有伞梗 20～30 枝；两性花和单性花各成单独花序，或两性花序中央着生 1 雌花序；两性花黄色；萼齿 5；花瓣 5，椭圆形；雄蕊 5；雄花与两性花相似；雌花白色，花盘肥大，2 心皮合生，被毛。双悬果卵形，长卵形或近方形，长 16～22mm，果棱 10 条，丝状，略突起，油管多数，极狭。花期 3～4 月，果期 4～5 月。分布于中亚地区及伊朗和阿富汗。生于沙地、荒漠。

树脂入药，具有化癥消积，杀虫，截疟的功效。现代研究证明具有抗炎、抗过敏、抑制胃肠蠕动、抗氧化、杀菌等作用。

树脂含有挥发油、香豆素类、苯丙素类等化学

成分。挥发油主要为（*R*)-仲丁基-1-丙烯基、1-（1-甲硫基丙基)-1-丙烯基二硫醚、仲丁基-3-甲硫基烯丙基二硫醚等多种硫醚化合物，其中顺反仲丁基 1-丙烯基二硫化物具有解毒脱瘾的作用，还含有 α-蒎烯、水芹烯、十一烷基磺酰乙酸等，挥发油含量为 10%～17%；香豆素类主要有 farnesiferol A、B、C、阿魏素、ferolicin 等；苯丙素类主要有阿魏酸酯、阿魏酸。

阿魏属植物全世界 150 余种，中国约 25。新疆阿魏 *F. sinkiangensis* K. M. Shen、阜康阿魏 *F. fukanensis* K. M. Shen 为《中华人民共和国药典》（2020 年版）收载使用，为濒危物种，无可药用资源。药用植物还有多伞阿魏 *F. ferulaeoides*（Steud.）Korov.、托里阿魏 *F. krylovii* Korov.、准噶尔阿魏 *F. songorica* Pall. Ex Schult.、沙茴香（硬阿魏）*F. bungeana* Kitagawa 等。

（姚　霞）

huíxiāng

茴香（*Foeniculum vulgare* Mill.，fennel）伞形科茴香属植物。又称小茴香。

草本，高 0.4～2.0m。下部的茎生叶柄长 5～15cm，中部或上部的叶柄部分或全部成鞘状，叶鞘边缘膜质；叶片轮廓为阔三角形，长 4～30cm，四回至五回羽状全裂，末回裂片线形。复伞形花序顶生与侧生，花序梗长 2～25cm；伞辐 6～29，不等长，长 1.5～10.0cm；小伞形花序有花 14～39；花柄纤细，不等长；花瓣黄色，倒卵形或近倒卵圆形。果实长圆形，尖锐；每棱槽内有油管 1，合生面油管 2；胚乳腹面近平直或微凹。花期 5～6 月，果期 7～9 月。图1。原产地中海地区。中国各地

图 1 茴香（陈虎彪摄）

栽培。

果实入药，药材名小茴香，传统中药，最早记载于《新修本草》。《中华人民共和国药典》（2020 年版）收载，具有散寒止痛，理气和胃的功效。现代研究证明小茴香具有促进消化、抗溃疡、利胆、松弛气管平滑肌等作用。

果实含有挥发油、香豆素类、苷类等化学成分。挥发油主要有反式茴香脑、柠檬烯、小茴香酮等，是小茴香具有促进胃肠运动、抗溃疡、利胆、松弛支气管平滑肌及中枢麻痹作用的活性成分。《中华人民共和国药典》（2020 年版）规定含挥发油不少于 1.5%，反式茴香脑的含量不低于 1.4%，药材中挥发油含量为 1.29% ~ 2.40%，反式茴香脑的含量为 0.64% ~ 2.31%。香豆素类主要有花椒毒素、欧前胡素、香柑内酯等；苷类主要有茴香苷Ⅰ~Ⅸ等。

茴香属植物全世界约有 4 种，中国有 1 种。

（王振月）

shānhúcài

珊瑚菜（*Glehnia littoralis* Fr. Schmidt ex Miq.，coastal glehnia） 伞形科珊瑚菜属植物。又称北沙参。

多年生草本，全株被白色柔毛。根细长，圆柱形或纺锤形。叶多数基生，厚革质，叶柄长 5~15cm；叶片轮廓呈圆卵形至长圆状卵形；茎生叶与基生叶相似，叶柄基部膨大成鞘。复伞形花序顶生，密生浓密的长柔毛，径 3~6cm；无总苞片；小总苞数片，线状披针形；小伞形花序有花 15~20；萼齿 5，卵状披针形，长 0.5~1.0mm，被柔毛；果实近圆球形或倒广卵形，果棱有木栓质翅；花果期 6~8 月。图 1。中国分布于华东，以及辽宁、河北、广东等省区。生长于海边沙滩或栽培于肥沃疏松的沙质土壤。朝鲜半岛、日本、俄罗斯也有分布。

根入药，药材名北沙参，传统中药，最早记载于《本草汇言》。《中华人民共和国药典》（2020 年版）收载，具有养阴清肺，益胃生津的功效。现代研究表明北沙参具有镇咳祛痰、解热镇痛、抗菌、抗癌、增强免疫等作用。

根中含有香豆素类、多糖、挥发油等化学成分。香豆素主要有补骨脂素、香柑内酯、花椒毒素、异欧前胡内酯、欧前胡内酯、香柑素等，香豆素是北沙参具有免疫抑制、解热镇痛、淋巴细胞体外增生等作用的活性成分。多糖具有免疫调节

作用。

珊瑚菜属植物全世界约 2 种，中国有 1 种。

（王振月）

tiānhúsuī

天胡荽（*Hydrocotyle sibthorpioides* Lam.，lawn pennywort） 伞形科天胡荽属植物。又称落得打、满天星。

多年生草本；有特殊气味；茎细长匍匐，平铺地上成片，节上生根；单叶互生，圆形或肾形，直径 5~25mm，不裂或掌状 5~7 浅裂，裂片宽倒卵形，边缘具钝齿，上面无毛或两面有疏柔毛；叶柄长 0.5~8.0cm；单伞形花序腋生，有花 10~15 朵；总花梗长 1.0~2.5cm；总苞片 4~10，倒披针形，长约 2mm；花瓣绿白色，长约 1.2mm；双悬果近圆形，长 1.0~1.5mm，悬果侧面扁平，无毛，光滑或多数小斑点，背棱和中棱显著；花果期 4~9 月。图 1。中国分布于华东、华中、西南、华南，以及陕西等地。常生于湿润的草地、河沟边及林下，海拔 475~3000m。朝鲜、日本，东南亚至印度也有分布。

全草入药，药材名天胡荽。传统中药，最早收载于《千金·食治》。具有清热利湿、解毒消肿

图 1 珊瑚菜（陈虎彪摄）

图 1 天胡荽（陈虎彪摄）

的功效。现代研究表明具有抗菌、保肝、降糖、抗肿瘤、免疫调节等作用。

全草含有挥发油、黄酮类、萜类、木脂素和香豆素类等化学成分。挥发油主要为萜及烯醇类化合物，有 falcarinol（*Z*）-（-）-1, 9-heptadecadiene-4, 6-diyne-3-ol、δ-3-蒈烯、α-蒎烯、β-榄香烯等，挥发油是天胡荽保肝、抗菌、免疫调节的活性成分；萜类有 ranuncoside Ⅰ～Ⅶ、玉蕊醇、玉蕊皂苷元 C 和长春藤酸等；黄酮类主要有山奈酚、槲皮素、槲皮素-3-半乳糖苷、异鼠李素、牡荆苷等。

天胡荽属植物全世界约 75 种，中国约 17 种，药用植物还有破铜钱 *H. sibthorpioides* Lam. var. *batrachium*（Hance）Hand. -Mazz. ex Shan、中华天胡荽 *H. chinensis*（Dunn）craib、普渡天胡荽 *H. handelii* Wolff、红马蹄草 *H. nepalensis* Hk. 等。

（姚霞）

chuānxiōng

川芎（*Ligusticum chuanxiong* Hort.，szechwan lovage） 伞形科藁本属植物。

多年生草本，高 40～60cm。根茎呈不规则结节状拳形团块，香气浓烈。茎下部茎节膨大呈盘状。叶柄长 3～10cm；叶片卵状三角形，长 12～15cm，三回至四回三出式羽状全裂，羽片 4～5 对，末回裂片线状披针形至长卵形，具小尖头；上部叶渐简化。复伞形花序顶生或侧生；总苞片 3～6；伞辐 7～24；小总苞 4～8；萼齿不发育；花瓣白色，倒卵形至心形，先端具内折小尖头；花柱基圆锥状，花柱 2，向下反曲。果两侧扁压；背棱油管 1～5，侧棱油管 2～3，合生面油管 6～8。花期 7～8 月，幼果期 9～10 月。图 1。栽培植物，栽培于四川、云南、贵州、湖北、江西、江苏、陕西、甘肃、河北等省区。

根茎入药，药材名川芎，传统中药，最早记载于《神农本草经》。《中华人民共和国药典》（2020 年版）收载，具有活血行气、祛风止痛等功效；现代研究证明川芎具有抗脑缺血、保护心脏、保肝、保肾、抗氧化、抗肿瘤等作用。

根茎含酚酸类、挥发油和生物碱类等化学成分。酚酸类有阿魏酸、咖啡酸等，具有凝血、抗血栓，镇痛，缓解血管痉挛等作用；挥发油中以苯酞类成分为主，如 *Z*-藁本内酯、川芎内酯等，具有强心、扩冠、解痉、平喘、抑菌等作用；生物碱有川芎嗪、黑麦碱等，具有改善微循环、抗血栓等作用。《中华人民共和国药典》（2020 年版）规定川芎药材中阿魏酸含量不少于 0.1%，药材中含量 0.10%～0.26%，藁本内酯含量为 0.30%～0.73%，川芎嗪含量 0～0.62%。

藁本属植物全球约 60 种，中国约 30 种 5 变种。同属植物茶芎 *L. sinense* Oliv. cv. *chaxong* Mss. 的根茎入药，称茶芎。药用植物还有植物藁本 *L. sinnse* Oliv.、辽藁本 *L. jeholense* Nakai et Kitag、日本当归 *L. acutilobum* Sieb. et Zucc.、短片藁本 *L. brachylobum* Franch.、羽苞藁本 *L. daucoides*（Franch.）Franch. 等。

（严铸云　李芳琼）

gǎoběn

藁本（*Ligusticum sinense* Oliv.，Chinese lovage） 伞形科藁本属植物。

多年生草本，高达 1m。根茎发达，具膨大的结节。基生叶具长柄，柄长可达 20cm；叶片轮廓宽三角形，长 10～15cm，二回三出式羽状全裂；上部叶简化。复伞形花序顶生或侧生，果时直径 6～8cm；总苞片 6～10，线形，长

图 1 川芎（陈虎彪摄）

约 6mm；伞辐 14~30，长达 5cm；小总苞片 10，线形，长 3~4mm；花白色；萼齿不明显；花柱基隆起，花柱长，向下反曲。双悬军幼嫩时宽卵形，稍两侧扁压，成熟时长圆状卵形，背腹扁压，长 4mm，背棱突起，侧棱略扩大呈翅状；胚乳腹面平直。花期 8~9 月，果期 10 月。图 1。中国分布于湖北、四川、陕西、河南、湖南、江西、浙江等省区。生于海拔 1000~2700m 的林下，沟边草丛中。多栽培。

图 1 藁本（陈虎彪摄）

根茎和根入药，药材名藁本，传统中药，最早记载于《神农本草经》。《中华人民共和国药典》（2020 年版）收载，具有祛风，散寒，除湿，止痛的功效。现代研究表明藁本具有抑菌、镇静、镇痛、解热、抗炎和平喘等作用。

根茎含挥发油、香豆素类、酚酸类等化学成分。挥发油主要有新蛇床内酯、柠檬烯、蛇床内酯、藁本内酯等；香豆素类主要有香柑内酯、东莨菪内酯等；酚酸类主要有阿魏酸等。阿魏酸有催眠作用，藁本内酯具有镇静、催眠、降温及平喘作用。《中华人民共和国药典》（2020 年版）规定阿魏酸含量不低于 0.050%。药材中含量为 0.044%~0.156%。

藁本属植物见川芎。辽藁本 *Ligusticum jeholense* Nakai et Kitag. 也为《中华人民共和国药典》（2020 年版）收载为药材藁本的来源植物。

（王振月）

qiānghuó

羌活 (*Notopterygium incisum* Ting ex H. T. Chang, incised notopterygium) 伞形科羌活属植物。

多年生草本，高 60~120cm，根茎粗壮，伸长呈竹节状。基生叶及茎下部叶有柄，柄长 1~22cm，下部有膜质叶鞘；叶为三出式三回羽状复叶；茎上部叶常简化，无柄，叶鞘长而抱茎。复伞形花序直径 3~13cm，侧生者常不育；总苞片 3~6，线形，长 4~7mm，早落；伞辐 7~18，长 2~10mm；小总苞片 6~10，线形；花瓣白色；雄蕊的花丝内弯，花药黄色，椭圆形；花柱 2。分生果长圆状，背腹稍压扁，主棱扩展成宽约 1mm 的翅。花期 7 月，果期 8~9 月。图 1。中国特有，分布于陕西、四川、甘肃、青海、西藏等省区。生长于海拔 2000~4000m 的林缘及灌丛内。

根茎和根入药，药材名羌活，传统中药，最早收载于《神农本草经》。《中华人民共和国药典》（2020 年版）收载，具解表散寒，祛风除湿，止痛的功效。现代研究表明具有解热、镇痛、提高免疫力、抗炎、抗过敏、抗心肌缺血、抗心律失常、抗血栓、抗病毒、抗癫痫、抗氧化以及抗菌等作用。

根茎中主要含有挥发油、香豆素类、酚酸类等化学成分。挥发油包括 α-蒎烯、β-蒎烯、β-罗勒烯等，香豆素类有异欧前胡内酯、异欧前胡素、羌活醇、8-甲氧基异欧前胡内酯、紫花前胡苷等。具有抗氧化、镇痛、抗心律失常、抗血栓形成等作用。《中华人民共和国药典》（2020 年版）规定挥发油含量不少于 1.4%，羌活醇和异欧前胡素总量不低于 0.40%。药材中挥发油含量一般为 1.12%~2.92%，两种香豆素总量为 0.37%~1.88%，

羌活属植物为中国特有，有 6 种。宽叶羌活 *N. forbesii* H. de Boiss 也为《中华人民共和国药典》（2020 年版）收载为羌活药材的来源植物。

（陈士林 向丽 邹兰）

báihuāqiánhú

白花前胡 (*Peucedanum praeruptorum* Dunn, whiteflower hogfennel) 伞形科前胡属植物。又称前胡。

多年生草本，高 0.6~1.0m。

图 1 羌活（陈虎彪提供）

根颈粗壮，根圆锥形。茎髓部充实。基生叶具长柄，叶柄长 5 ～ 15cm，基部有卵状披针形叶鞘；叶片轮廓宽卵形或三角状卵形，三出式二回或三回分裂，边缘具不整齐的 3～4 粗或圆锯齿；茎下部叶具短柄，上部叶无柄，叶鞘稍宽，边缘膜质，叶片 3 出分裂。复伞形花序顶生或侧生；总苞片无或至数片，线形；花瓣卵形，小舌片内曲，白色。果实卵圆形，背部扁压，长约 4mm，棕色，背棱线形稍突起，侧棱呈翅状；棱槽内油管 3～5，合生面油管 6～10。花期 8～9 月，果期 10～11 月。图 1。中国分布于甘肃、河南、贵州、广西、四川、湖北、湖南、江西、安徽、江苏、浙江、福建等省区。生长于海拔 250～2000m 的山坡林缘、路旁或半阴性的山坡草丛中。安徽等省有栽培。

根入药，药材名前胡，传统中药，最早以前胡之名记载于《名医别录》。《中华人民共和国药典》（2020 年版）收载，具有降气化痰，散风清热的功效。现代研究证明具有促进血小板凝集、祛痰、扩张冠脉等作用。

根含有香豆素类和挥发油等化学成分。香豆素类主要有白花前胡甲素、乙素、丙素等。具有

钙结抗、扩张冠脉、降低血压、促进血小板凝集等作用。白花前胡甲素和乙素是前胡药材质量控制成分，《中华人民共和国药典》（2020 年版）规定二者含量不低于 0.90% 和 0.24%，药材中白花前胡甲素的含量为 0.73% ～ 2.24%，白花前胡乙素的含量为 0.12%～0.33%。挥发油主要成分为香木兰烯、β-榄香烯等。

前胡属植物全世界有 120 余种，中国 30 余种。紫花前胡 *P. decursivum* Maxim. 的根也为《中国药典》收载，药材名紫花前胡，具有类似的化学成分和功效。药用植物还有石防风 *P. terebinthaceum*（Fisch.）Fisch. ex Turcz.、红前胡 *P. rubricaule* Shan et Sheh、长前胡 *P. turgeniifolium* Wolff 等。

（王振月）

fángfēng

防风 [*Saposhnikovia divaricata* (Trucz.) Schischk., saposhnikovia] 伞形科防风属植物。又称北防风、关防风。

多年生草本，高 30 ～ 80cm。根粗壮，细长圆柱形。茎细棱，基生叶丛生，有扁长的叶柄，基部有宽叶鞘。叶片卵形或长圆形，二回或近于三回羽状分裂，第一

回裂片卵形或长圆形，有柄，长 5～8cm，第二回裂片下部具短柄，末回裂片狭楔形，长 2.5～5.0cm。茎生叶与基生叶相似，但较小，有宽叶鞘。复伞形花序多数，生于茎和分枝，顶端花序梗长 2～5cm；小伞形花序有花 4～10；无总苞片；花瓣倒卵形，白色，长约 1.5mm。双悬果狭圆形或椭圆形；每棱槽内通常有油管 1，合生面油管 2；胚乳腹面平坦。花期 8～9 月，果期 9～10 月。图 1。中国分布于东北、华北以及宁夏、甘肃、陕西、山东等省区。生长于草原、丘陵、多砾石山坡。

根入药，药材名防风，传统中药，最早记载于《神农本草经》。《中华人民共和国药典》（2020 年版）收载，具有祛风解表，胜湿止痛，止痉的功效。现代研究表明具有解热、镇痛、抗菌等作用。

根含有色原酮类、香豆素类、聚乙炔类、挥发油等化学成分。色原酮类主要有亥茅酚、防风色酮醇、5-*O*-甲基维斯阿米醇、升麻素、升麻素苷等；香豆素类主要有香柑内酯、补骨脂素、欧前胡内酯、东莨菪素、印度榅桲素等；聚乙炔类主要有法尔卡林醇、法卡林二醇等；挥发油主要有辛

图 1 白花前胡（陈虎彪摄）

图 1 防风（陈虎彪摄）

醛、β-甜没药烯、壬醛、7-辛烯-4-醇，已醛等。《中华人民共和国药典》（2020 年版）规定升麻素苷和 5-O-甲基维斯阿米醇苷的总量不低于 0.24%。药材中二者的总量为 0.12%~0.80%。

防风属仅 1 种。

（王振月）

dùjuānhuākē

杜鹃花科（Ericaceae） 木本植物，灌木或乔木，体型小至大；地生或附生；有具芽鳞的冬芽。叶革质，互生，不分裂，被各式毛或鳞片；不具托叶。花单生或组成总状、圆锥状或伞形总状花序，顶生或腋生；具苞片；花萼 4~5 裂，宿存；花瓣合生成钟状、坛状、漏斗状或高脚碟状，花冠常 5 裂；雄蕊为花冠裂片的 2 倍，花丝常分离；花盘盘状，具厚圆齿；子房上位或下位，每室有胚珠多数，稀 1 枚；花柱和柱头单一。蒴果或浆果；种子小，粒状或锯屑状；胚圆柱形，胚乳丰富。全世界约 103 属 3380 种，中国有 15 属约 750 余种。

本科植物中主要有黄酮类、挥发油、香豆素类、萜类、酚类等化学成分，黄酮类主要有槲皮素、山奈酚、金丝桃苷、杨梅素；萜类有单萜、倍半萜和三萜，三萜类成分有乌苏酸、白桦脂酸、齐墩果酸等。

主要药用属有：①杜鹃属 Rhododendron，如兴安杜鹃 R. dauricum L.、腺果杜鹃 R. davidii Franch.、短柄杜鹃 R. brevipetiolatum Fang f.。②越橘属 Vaccinium，如黑果越橘 V. myrtillus L.、白花越橘 V. albidens Levl. et Van.、短序越橘 V. brachybotrys Hand.-Mazz.、灯台越橘 V. bulleyanum Sleumer 等。③白珠树属 Gaultheria.，如

高山白珠 G. borneensis Stapf、苍山白珠 G. cardiosepala Hand.-Mazz.、四川白珠 G. cuneata （Rehd. et Wils.） Bean、滇白珠 G. leucocarpa var. crenulata （Kurz） T. Z. Hsu 等。④杜香属 Ledum，如杜香 Ledum palustre L.、宽叶杜香 L. palustre L. var. dilatatum Wahl.、小叶杜香 L. palustre L. var. decumbens Ait. 等。⑤熊果属 Arctostaphylos，如熊果 A. uva-ursi （L.） Spreng.。另外还有杉叶杜属 Diplarche、松毛翠属 Phyllodoce、岩须属 Cassiope、吊钟花属 Enkianthus、木藜芦属 Leucothoe、马醉木属 Pieris、珍珠花属 Lyonia、金叶子属 Craibiodendron、地桂属 Chamaedaphne、树萝卜属 Agapetes 等。

（王振月）

xióngguǒ

熊果［Arctostaphylos uva-ursi （L.） Spreng., common bearberry］ 杜鹃花科熊果属植物。

低矮常绿灌木，株高至 50cm，具长的蔓生茎。单叶互生，倒卵形，叶小，表面暗绿色，有光泽背面颜色稍浅，地硬而厚。花在细枝末端成小簇。花呈小口的钟状，花瓣白色、粉红色，或花瓣尖端粉红色。浆果红色，表面有光泽，花期 3~6 月，果期 9~10 月。图 1。分布于欧洲及美洲，生于林下、荒地和草原的潮湿地带，美洲和欧洲各地有栽培。

叶入药，药材名熊果叶，欧洲传统植物药，民间用于抗菌、抗炎、利尿等功

效。《英国药典》《欧洲药典》和《日本药局方》收载，现代研究证明具有抗菌、抗炎、抗氧化和抑制酪氨酸酶等作用。

叶含有酚苷类、黄酮类、儿茶素类、三萜类、环烯醚萜苷类等化学成分。酚苷类有熊果苷、甲基熊果苷等，熊果苷是抗菌和抑制酪氨酸酶的活性成分。《英国药典》规定含量不低于 7.0%。黄酮类为杨梅黄酮、槲皮素、山奈酚的苷类；三萜类有熊果醇、熊果酸、香树脂素等。

熊果属全世界约 60 种。

（郭宝林）

xīngāndùjuān

兴安杜鹃（Rhododendron dauricum L., dahurian azales） 杜鹃花科杜鹃属植物。

半常绿灌木，高 0.5~2.0m，分枝多。幼枝细而弯曲，被柔毛和鳞片。叶片近革质，椭圆形或长圆形，长 1~5cm，两端钝，全缘或有细钝齿。花序腋生枝顶或假顶生，1~4 花，先叶开放，伞形着生；花梗长 2~8mm；花萼长不及 1mm，5 裂，密被鳞片；花冠宽漏斗状，长 1.3~2.3cm，粉红色或紫红色，常有柔毛；雄蕊 10，短于花冠，花药紫红色；子房 5 室，密被鳞片，花柱紫红色，

图 1 熊果（陈虎彪摄）

长于花冠。蒴果长圆形，长 1.0~1.5cm，先端 5 瓣开裂。花期 5~6 月，果期 7 月。图 1。中国分布于黑龙江、内蒙古、吉林。生于山地落叶松林、桦木林下或林缘。蒙古、日本、朝鲜、俄罗斯地区也有分布。

叶入药，药材名满山红，《中华人民共和国药典》（2020 年版）收载，具有止咳祛痰的功效。现代研究表明具有镇咳、平喘、祛痰、降压、利尿、镇痛等作用。

叶中含有黄酮类、挥发油、香豆素类、酚酸类、萜类等化学成分。黄酮类主要有金丝桃苷、异金丝桃苷、杜鹃素、8-去甲杜鹃素、山柰酚等，具有止痛、镇咳、祛痰、抑菌、抗炎、抗溃病和降血脂等作用，《中华人民共和国药典》（2020 年版）规定满山红药材中杜鹃素含量不低于 0.08%。药材含量为 0.058%~0.148%。挥发油主要有 α-石竹烯、α-葎草烯、大牻牛儿酮、桉叶醇、薄荷醇等。

杜鹃花属植物全世界约有 960 种，中国约有 542 种，药用植物还有腺果杜鹃 *R. davidii* Franch.、短柄杜鹃 *R. brevipetiolatum* Fang f.、烈香杜鹃 *R. anthopogonoides* Maxim. 等。

（王振月）

hēiguǒyuèjú

黑果越橘（Vaccinium myrtillus L.，bilberry） 杜鹃花科越橘属植物，又称欧洲越橘。

落叶灌木；高 15~30cm；幼枝具锐棱。叶多数，散生枝上，叶片纸质，卵形或椭圆形，长 1.0~2.8cm，顶端锐尖或钝圆，基部宽楔形至钝圆，边缘具细锯齿；叶柄极短，长约 1mm。花常 1 朵生于叶腋，下垂，花梗长 2.5~3.5mm；萼筒无毛，口部近于不分裂；花冠淡绿色带淡红色晕，球状坛形，长 4~6mm，4~5 浅裂，裂片反折；雄蕊 8~10，花丝极短，药室背部有 2 钻状的距。浆果球形，直径 6~10mm，成熟时蓝黑色，外面被灰白色粉霜。图 1。花期 6 月，果熟期 9 月。中国分布于新疆，生于海拔 2200~2500m 的林下，常见成片生长。欧洲和亚洲北部也有分布。

果实入药，药材名蓝莓，欧洲传统植物药《欧洲药典》《英国药典》收载，具有护眼、改善血管状况、消肿收敛等功效。现代研究证明具有抗氧化、保护视力、保护血管、抗肿瘤、抗炎、神经保护、降糖、降脂、抗衰老等作用。

果实中含有花青素类、儿茶素类、黄酮类、酚酸类、三萜类、二苯乙醇苷类等化学成分。花青素类成分为以飞燕草素、矢车菊素、矮牵牛素、芍药花素、锦葵花素等苷元的苷类，是蓝莓抗氧化、保护血管的主要活性成分，《欧洲药典》和《英国药典》规定新鲜蓝莓中花青素含量不低于 0.30%。黄酮类成分主要有金丝桃苷、黄芪苷、异槲皮苷等。二苯乙醇苷类有白藜芦醇、紫檀芪等。

越橘属约 450 种，中国有 91 种，2 亚种，24 变种。大果越橘（蔓越莓）*V. macrocarpon* Ait. 为《美国药典》收载，具有预防结石形成、抗肿瘤作。药用植物还有越橘 *V. vitis-idaea* L.、笃斯越橘 *V. uliginosum* L.、乌鸦果 *V. fragile* Franch.、乌饭树 *V. bracteatum* Thunb. 等。

（郭宝林）

zǐjīnniúkē

紫金牛科（Myrsinaceae） 灌木或乔木，有时藤本；叶互生，稀对生，单叶，无托叶，常有油

图 1 兴安杜鹃（陈虎彪摄）

图 1 黑果越橘（GBIF）

腺斑点；花两性或单性，4~5 数，排成各式花序；萼片连合或分离；雄蕊与花冠裂片同数，对生，着生于花冠上；子房上位，稀半下位，1 室，有基生或特立中央胎座；胚珠数至多颗；核果或浆果，稀为蒴果。全世界有 39 属 1250 余种，中国有 6 属约 130 种 18 变种。

本科植物普遍含有苯醌类化合物，如信筒子醌、杜茎山醌、紫金牛醌等。还含有三萜及三萜皂苷类，如杜茎山皂苷、朱砂根苷等；紫金牛属富含香豆素类，如止咳有效成分岩白菜素。黄酮苷类也见于各个属中。

主要药用植物有：①紫金牛属 Ardisia，如紫金牛 C. japonica（Thunb.）Blume、朱砂根 A. crenata Sims、伞形紫金牛 A. corymbifera Mez、大罗伞树 A. hanceana Mez、小紫金牛 A. chinensis Benth.、两百金 A. crispa（Thunb.）A. DC.、走马胎 A. gigantifolia Stapf 等。②酸藤子属 Embelia，如酸藤子 E. laeta（L.）Mez 等。③杜茎山属 Macsa，如杜茎山 M. japonica（Thunb.）Moritzi. 等；还有铁仔属 Mysine 和密花树属 Rapanea 等。

（姚 霞）

zhūshāgēn

朱砂根（*Ardisia crenata* Sims，coralberry）

紫金牛科紫金牛属植物。又称珍珠伞、大罗伞。

灌木，不分枝，高 1~2m，有匍匐根状茎；叶坚纸质，狭椭圆形、椭圆形或倒披针形，长8~15cm，急尖或渐尖，边缘皱波状或波状，两面有凸起腺点；花序伞形或聚伞状，顶生，长 2~4cm；花长 6mm；萼片卵形或矩卵形，钝，长 1.5mm，有黑腺点；雄蕊短于花冠裂片，花药披针形，

背面有黑腺点；雌蕊与花冠裂片几等长；果球形，直径 6~8mm，鲜红色，有稀疏腺点。花期 5~6 月，果期 10~12 月，有时 2~4 月。图1。中国分布于西藏东南部至台湾亚热带地区。生于海拔90~2400m 的疏、密林下荫湿的灌木丛中。印度、缅甸、马来西亚、印度尼西亚至日本均有分布。

图 1 朱砂根（陈虎彪摄）

根入药，药材名朱砂根。传统中药，最早记载于《本草纲目》。《中华人民共和国药典》（2020 年版）收载，具有解毒消肿，活血止痛，祛风除湿的功效。现代研究表明具有止咳祛痰、抗炎、抗菌、抗病毒、抗生育、抗肿瘤等作用。

根主要含有香豆素类、三萜皂苷类、挥发油、酚类、醌类、强心苷类、氨基酸、糖类等化学成分。香豆素类主要有岩白菜素、去甲岩白菜素、11-*O*-丁香酰岩白菜素等，岩白菜素具有止咳祛痰、抗炎、抗人类免疫缺陷病毒作用，《中华人民共和国药典》（2020 年版）规定，朱砂根中岩白菜素含

量不少于 1.5%，药材中含量为0.03%~2.98%。三萜皂苷类主要有报春宁素、朱砂根苷 A~N 等，具有抗生育、保护肝脏、抗肿瘤等作用。

紫金牛属植物情况见紫金牛。同属植物伞形紫金牛 A. corymbifera Mez 及大罗伞树 A. hanceana Mez 的根在民间也用作朱砂根。

（姚 霞）

zǐjīnniú

紫金牛 ［*Ardisia japonica*（Thunb.）Blume，marl-berry］

紫金牛科紫金牛属植物。又称矮地茶。

小灌木或亚灌木，近蔓生，匍匐生根；直立茎高 10~30cm；叶对生或轮生，坚纸质，椭圆形，长 3~7cm，基部宽楔形或近圆形，顶端常急尖，边缘有锯齿，两面有腺点；亚伞形花序，腋生或近顶生；花长 3~5mm；萼片卵形，急尖，长 1mm 多，有腺点；花冠裂片卵形，急尖，有腺点；雄蕊短于花冠裂片，花药卵状矩圆形，有短尖，背面有腺点；雌蕊约与花冠裂片等长；子房卵珠形；果球形，直径 5~6mm，有黑色腺点，鲜红色转黑色。花期 5~6 月，果期11~12 月。图1。中国分布于秦岭以南各地。生于海拔 1200m 以下的山间林下或竹林下、荫湿的地方。朝鲜、日本也有分布。

全草入药，药材名矮地茶。传统中药，最早记载于《图经本草》，《中华人民共和国药典》（2020 年版）收载，具有化痰止咳，清利湿热，活血化瘀的功效。现代研究表明具有镇咳、祛痰、平喘，抗菌、抗病毒、抗结核等作用。

全草含有香豆素类、间苯二酚类、黄酮类、挥发油、蒽苷、鞣质、苯醌类、三萜类等化学成

图 1　紫金牛（邬家林摄）

分。香豆素类主要有岩白菜素等，岩白菜素具有止咳祛痰、抗炎、抗人类免疫缺陷病毒等作用。《中华人民共和国药典》（2015 年版）规定矮地茶中岩白菜素含量不少于 0.5%，药材中含量为 0.30%~0.98%；间苯二酚类有紫金牛酚Ⅰ、Ⅱ，紫金牛素等，其中紫金牛酚具有抗结核作用；黄酮类主要有槲皮苷、杨梅树皮苷等；挥发油主要有石竹烯、α-芹子烯等，具有平喘和抗菌作用，药材中挥发油含量为 0.1% ~ 0.2%。根含有 5-甲氧基-3（顺-10-十五烯）-1,4-苯醌、信筒子醌、紫金牛醌 A~B、杜茎山素等苯醌类成分。

紫金牛属植物全世界约 400 种，中国有约 65 种，药用植物还有朱砂根 *A. crenata* Sims、小紫金牛 *A. chinensis* Benth、两百金 *A. crispa*（Thunb.）*A. DC*、走马胎 *A. gigantifolia* Stapf 等。

（姚　霞）

bàochūnhuākē

报春花科（Primulaceae）

多年生或 1 年生草本，稀为亚灌木。茎直立或匍匐，具互生、对生或轮生叶，并常形成莲座丛。花单生或组成总状、伞形或穗状花序，两性，辐射对称；花萼通常 5 裂，宿存；花冠下部合生成筒，上部通常 5 裂；雄蕊多少贴生于花冠上，与花冠裂片同数而对生，花丝分离或下部连合成筒；子房上位，1 室；花柱单一；胚珠通常多数，生于特立中央胎座上。蒴果通常 5 齿裂或瓣裂；种子小，有棱角，常为盾状，种脐位于腹面的中心；胚小而直，藏于丰富的胚乳中。全世界共 22 属近 1000 种。中国 13 属近 500 种。

本科植物的药用化学成分集中在珍珠菜属，以及少数点地梅属。普遍含有黄酮类和三萜类成分，同时含有挥发油、有机酸类、甾醇类、醌类等化合物。黄酮类主要是以山柰酚、槲皮素、异鼠李素、柚皮素为苷元的苷类，三萜类多为齐墩果烷型。

主要药用植物有：珍珠菜属 *Lysimachia*，如过路黄 *L. christinae* Hance、灵香草 *L. foenum-graecum* Hance、细梗香草 *L. capillipes* Hemsl.、黄连花 *L. davurica* Ledeb.、落地梅 *L. paridiformis* Franch. 等。

（郭宝林）

guòlùhuáng

过路黄（*Lysimachia christinae* Hance, christina loosestrife）

报春花科珍珠菜属植物。

茎柔弱，平卧，长 20~60cm，下部节间较短，常发出不定根。叶对生，近圆形，长 2~6cm，先端锐尖或圆钝，基部截形，透光可见密布的透明腺条，干时腺条变黑色。花单生叶腋；花梗长 1~5cm；花萼长 5~7mm，分裂近达基部，裂片披针形；花冠黄色，长 7~15mm，基部合生，裂片狭卵形，具黑色长腺条；花丝长 6~8mm，下半部合生成筒；花药卵圆形，长 1.0~1.5mm；子房卵珠形，花柱长 6~8mm。蒴果球形，直径 4~5mm，有稀疏黑色腺条。花期 5~7 月，果期 7~10 月。图 1。中国特有种，分布于西南、华中、华东和华南。生于沟边、路旁阴湿处和山坡林下，分布可达海拔 2300m。

全草入药，药材名称金钱草，传统中药，最早记载于《本草纲目拾遗》。《中华人民共和国药典》（2020 年版）收载，具有利湿退黄，利尿通淋，解毒消肿的功效。现代研究表明具有利尿、利胆、排石、抗菌和抗炎等作用。

全草主要含黄酮类成分，且主要是槲皮素和山柰酚的糖苷类，具有抗炎、抗氧化等活性。《中华人民共和国药典》（2020 年版）规定槲皮素和山柰酚的总量不少

图　过路黄（邬家林摄）

于 0.10%。药材中二者总量为 0.124%~0.429%。

珍珠菜属全世界约 180 余种，中国 132 种。同属药用植物还有灵香草 *L. foenum-graecum* Hance、细梗香草 *L. capillipes* Hemsl.、临时救 *L. congestiflora* Hemsl、落地梅 *L. paridiformis* Franch. 等。

（郭宝林）

shìkē

柿科 （Ebenaceae）

乔木或灌木，少数种类有刺；单叶，常互生，全缘，无托叶，叶脉羽状；花多单性，通常雌雄异株，雌花常单生，雄花常生在小聚伞花序上或簇生，或为单生；花萼 3~7 裂，在雌花或两性花中宿存，常在结果时增大，裂片在花蕾中镊合状或覆瓦状排列；花冠合瓣；子房上位；浆果多肉质；种子有胚乳，胚小，子叶大。全世界 3 属 500 余种，中国有 1 属约 57 种 6 变种 1 变型 1 栽培种。

柿科 3 属中以柿属植物化学成分研究最多，柿属植物主要含有三萜类和萘醌类化合物；三萜以羽扇豆烷型、乌苏烷型和齐墩果烷型三萜最为丰富；萘醌类成分多为单聚体和二聚体，大都具有胡桃醌（5-羟基-1,4-萘醌）结构特征。

主要药用植物有：柿属 *Dio-spyros*，如柿 *D. kaki* Thunb.、乌柿 *D. cathayensis* A. N. Steward、粉叶柿 *D. glaucifolia* Metc.、君迁子 *D. lotus* L.、小叶柿 *D. mollifolia* L.、罗浮柿 *D. morrisiana* Hance、老鸦柿 *D. rhombifolia* Hemsl. 等。

（姚霞）

shì

柿 （*Diospyros kaki* Thunb., persimmon）

柿科柿属植物。

乔木，高达 15m；树皮鳞片状开裂；单叶互生，叶柄长 1.0~ 1.5cm，有毛；叶椭圆状卵形至近圆形，长 6~18cm，基部宽楔形或近圆形，上面深绿色，主脉生柔毛，下面淡绿色，有褐色柔毛；花雌雄异株或同株，雄花成短聚伞花序，雌花单生叶腋；花萼 4 深裂，果熟时增大；花冠白色，4 裂，有毛；雄蕊在雄花种有 16 枚，在两性花中有 8~16 枚，在雌花种有 8 枚退化雄蕊；子房上位，8 室；浆果多为卵圆球形，直径 3.5~8.0cm，橙黄色或鲜黄色，基部有宿存萼片；种子褐色，椭圆形；花期 5 月，果期 9~10 月。图 1。中国分布于长江以南，各地栽培。朝鲜、日本、东南亚、大洋洲、北非的阿尔及利亚、法国、俄罗斯、美国等有栽培。

宿存花萼入药，药材名柿蒂，《中华人民共和国药典》（2020 年版）收载，具有降逆止呃功效。现代研究证明柿蒂具有抗心律失常、镇静、抗生育等作用；叶入药，具有降血压、抗菌、抗肿瘤、降脂等作用；果实入药，具有治疗慢性支气管炎、解酒等作用。

柿蒂中含有有机酸类、三萜类、黄酮类等化学成分。有机酸类主要有没食子酸等；三萜类主要有齐墩果酸、24-羟基齐墩果酸、19α, 24-羟基乌苏酸等；黄酮类主要有山奈酚、槲皮素、金丝桃苷等。

柿属植物全世界约 500 种，中国约 57 种 6 变种 1 变型 1 栽培种，药用植物还有乌柿 *D. catha-yensis* A. N. Steward、君迁子 *D. lotus* L.、小叶柿 *D. mollifolia* L. 等。

（姚霞）

ānxīxiāngkē

安息香科 （Styracaceae）

灌木或乔木；叶互生，全缘或有齿缺，无托叶；花两性，辐射对称，排成腋生或顶生的总状花序或花束，稀单生；萼钟状或管状，4~5 裂；花冠 4~5 裂，基部常合生；雄蕊为花冠裂片数之 2 倍，稀同数，花丝基部合生；子房上位或下位，基部 3~5 室，上部 1 室，每室有胚珠 1 至数颗；浆果或核果，果实近球形，密被星状绒毛；种子卵形；栗褐色，密被小瘤状突起和星状毛。全世界约 12 属 180 种，中国有 9 属约 54 种。

本科植物主要含有酚性成分，如黄酮类的山奈酚、酚酸类的咖啡酸等；三萜酸类，如苏门树脂酸、泰国树脂酸、齐墩果酸衍生物、苏合香素等；还含有三萜皂苷类，如野茉莉皂苷等。

主要药用植物有：①安息香属 *Styrax*，如白花树 *S. tonkinensis* (Pierre) Craib ex Hart.、青山安息香 *S. macrothyrsus* Perk.、白叶安息香 *S. subniveus* Morr. et Chun、粉背安息香 *S. hypoglaucus* Perk.、垂珠花 *S. dasyanthus* Perk.、野茉莉 *S. japonicas* Sieb. et Zucc.、玉玲

图 1 柿 （陈虎彪摄）

花 S. obassia Sieb. et Zucc.、栓叶安息香 S. suberifolius Hook. et Arn.等。②赤杨叶属 *Alniphyllum*，如赤杨叶 *A. fortunei* (Hemsl.) Makino。

（姚　霞）

báihuāshù

白花树 ［*Styrax tonkinensis* (Pierre) Craib ex Hart., tonkin snowbell］

安息香科安息香属植物。又称越南安息香、安息香。

乔木，高 6~30m；叶互生，柄长 8~15mm，宽 4~10cm，先端短渐尖，基部圆形或楔形；顶生圆锥花序，长 5~15cm，下部的总状花序较短，花梗和花序梗密被黄褐色星状短柔毛；萼杯状，5齿裂；花白色，长 1.2~2.5cm，5裂，裂片卵状披针形；花萼及花冠均密被白色星状毛；雄蕊 10，花柱长约 1.5cm；果实近球形，直径约 1cm，外面密被星状绒毛；种子卵形，栗褐色，密被小瘤状突起和星状毛；花期 4~6 月，果期 8~10 月。图 1。中国分布于云南、贵州、广西、广东、福建、湖南、江西等地。生于海拔100~2000m 的山坡、山谷、疏林或林缘。越南也有分布。

树脂入药，药材名安息香。传统中药，最早记载于《新修本草》。《中华人民共和国药典》（2020 年版）收载，具有开窍醒神，行气活血，止痛的功效。现代研究表明具有祛痰、抗炎、解热作用。

树脂含有香脂酸类、三萜类、木脂素类等化学成分。香脂酸类主要有苯甲酸、苯甲酸松柏酯、香草醛、3-苯甲酰泰国树脂酸等，香脂酸类是安息香的活性成分，其中苯甲酸松柏酯具有芳香开窍活性。《中华人民共和国药典》（2020 年版）规定总香脂酸含量不少于 27.0%，药材含量为28.60%~68.42%。

安息香属植物全世界约 130种，中国约 30 种。药用植物还有青山安息香 *S. macrothyrsus* Perk.、白叶安息香 *S. subniveus* Morr. et Chun、粉背安息香 *S. hypoglaucus* Perk.、野茉莉 *S. japonicas* Sieb. et Zucc. 花、垂珠花 *S. dasyanthus* Perk. 等。

（姚　霞）

mùxīkē

木犀科 （Oleaceae）

乔木，直立或藤状灌木。叶常对生，单叶、三出复叶或羽状复叶，全缘或具齿；具叶柄，无托叶。花辐射对称，常两性，通常聚伞花序排列成圆锥花序，或为总状、伞状、头状花序，或聚伞花序簇生于叶腋；花萼常 4 裂；花冠常 4 裂，合生，稀无花冠；雄蕊 2 枚，稀 4枚，着生于花冠管上或花冠裂片基部，花药纵裂；子房上位，由 2心皮组成 2 室，每室具胚珠 2 枚，有时 1 或多枚，胚珠下垂，花柱单一或无花柱，柱头 2 裂或头状。果为翅果、蒴果、核果、浆果或浆果状核果；种子具 1 枚伸直的胚；子叶扁平。全世界约 27 属，400 余种，中国有 12 属 178 种。

木犀科普遍含有苯乙醇苷类、木脂素类、香豆素类、环烯醚萜苷类成分，也含有黄酮类、酚酸类、三萜类、倍半萜等化学成分，苯乙醇苷类存在于大多数数属中，如连翘属的连翘酯苷、女贞属的红景天苷；木脂素类是连翘属、丁香属、梣属为主要成分，如连翘苷、松脂素、丁香脂素等，香豆素类是梣属的主要成分，如秦皮甲素、秦皮乙素、秦皮苷等，也存在于其他属中；环烯醚萜类在女贞属中较多，如女贞苷、女贞子苷、特女贞苷等。

主要药用植物有：①女贞属 *Ligustrum*，如女贞 *L. lucidum* Ait.、粗壮女贞 *L. robustum* Bl.、光萼小蜡树 *L. sinense* var. *myrianthum* (Diels) Hocfk.、总梗女贞 *L. pricei* Hayata、丽叶女贞 *L. henryi* hemsl. 等。②梣属 *Fraxinus*，如白蜡树 *F. chinensis* Roxb.、苦枥白蜡树 *F. rhynchophylla* Hance、尖叶白蜡树 *F. szaboana* Lingelsh.、宿柱白蜡树 *F. stylosa* Lingelsh. 等。③ 连翘属 Forsythia，如连翘 *F. suspensa* (Thunb.) Vahl。

（郭宝林）

báilàshù

白蜡树 （*Fraxinus chinensis* Roxb., Chinese ash）

木犀科梣属植物。

落叶乔木，高 10~12m；树皮灰褐色，纵裂。芽阔卵形或圆锥形，被棕色柔毛或腺毛。小枝黄褐色，皮孔不明显。羽状复叶长15~25cm；叶柄基部不增厚；小叶 5~7，硬纸质，卵形、倒卵状长圆形至披针形，长 3~10cm，先

图 1　白花树（徐克学摄）

端锐尖至渐尖，基部钝圆或楔形，叶缘具整齐锯齿；小叶柄长 3~5mm。圆锥花序顶生或腋生枝梢，长 8~10cm；花雌雄异株；雄花密集，花萼小，无花冠，花药与花丝近等长；雌花疏离，花萼大，长 2~3mm，4 浅裂，花柱细长，柱头 2 裂。翅果匙形，长 3~4cm，常呈犁头状，基部渐狭，坚果圆柱形，长约 1.5cm。花期 4~5 月，果期 7~9 月。图 1。中国分布于南北各地，多为栽培，也见于海拔 800~1600m 的山地杂木林中。越南、朝鲜也有分布。

树皮入药，药材名秦皮，传统中药，最早记载于《神农本草经》。《中华人民共和国药典》（2020 年版）收载，具有清热燥湿，收涩止痢，止带，明目的功效。现代研究证明具有抗菌、抗病毒、抗炎、利尿、止咳祛痰等作用。种子维吾尔族药用，具有散气止痛，益心止咳，利尿排石的功效。

树皮含有香豆素类、木脂素类、环烯醚萜苷类、苯乙醇苷类、黄酮类、酚酸类等化学成分，以香豆素类为主，主要有秦皮甲素（七叶苷）、秦皮乙素（七叶素）、秦皮苷（白蜡树苷）、莨菪亭、秦皮素（白蜡树内酯）等。是秦皮的功效成分，其中秦皮甲素和秦皮乙素是秦皮的质量控制成分，《中华人民共和国药典》（2020 年版）规定二者含量之和不低于 1.0%。药材中香豆素成分含量，秦皮甲素 0.50%~1.74%，秦皮乙素 0.05%~0.68%，秦皮苷 0.21%~1.42%，秦皮素 0.09%~0.34%；木脂素类有松脂素、8-羟基松脂素、丁香脂素等。根中含有类似化学成分。

梣属全世界约 60 余种，中国有 27 种 1 变种。同属的苦枥白蜡树 F. rhynchophylla Hance、尖叶白蜡树 F. szaboana Lingelsh.、宿柱白蜡树 F. stylosa Lingelsh. 也为《中华人民共和国药典》（2020 年版）收载为秦皮药材的来源植物；欧洲白蜡树 F. excelsior L. 的叶为欧洲传统药，具有消炎、泻下、利尿作用，被《欧洲药典》和《英国药典》收载。

（郭宝林）

liánqiào

连翘 [*Forsythia suspensa* (Thunb.) Vahl, weeping forsythia] 木犀科连翘属植物。

落叶灌木。叶单叶、3 裂至三出复叶，叶片卵形、宽卵形至椭圆形，长 2~10cm，先端锐尖，基部圆形至楔形，叶缘中上部具锐锯齿或粗锯齿，两面无毛；叶柄长 0.8~1.5cm。花通常单生至数朵生于叶腋，先叶开放；花梗长 5~6mm；花萼裂片长圆形，长 6~7mm，具睫毛，与花冠管近等长；花冠黄色，裂片长圆形，长 1.2~2.0cm；在雌蕊长 5~7mm 花中，雄蕊长 3~5mm，在雄蕊长 6~7mm 的花中，雌蕊长约 3mm。果卵球形、卵状椭圆形或长椭圆形，长 1.2~2.5cm，先端喙状渐尖，表面疏生皮孔；果梗长 0.7~1.5cm。花期 3~4 月，果期 7~9 月。图 1。中国分布于河北、山西、陕西、山东、安徽、河南、湖北、四川等地。生海拔 250~2200m 的山坡灌丛、林下或草丛中，或山谷、山沟疏林中。各地均有栽培。

果实入药，药材名连翘，传统中药，最早记载于《神农本草经》。《中华人民共和国药典》（2020 年版）收载，秋季果实初熟尚带绿色时采收，除去杂质蒸熟，晒干，习称"青翘"；果实熟透时采收晒干，除去杂质，习称"老翘"。具有清热解毒，消肿散结，疏散风热的功效。现代研究证明具有抗菌、抗病毒、解热、抗炎、保肝、免疫调节、抗肿瘤等作用。叶在中国民间也药用，

图 1 白蜡树（邬家林摄）

图 1 连翘（陈虎彪摄）

具有抗炎、止痢等作用

果实含有苯乙醇苷类、木脂素类、三萜类、黄酮类、香豆素类以及挥发性化合物。苯乙醇苷类主要有连翘酯苷 A～E 等，具有抗菌、抗病毒、抗炎、保肝、免疫调节、抗氧化等作用，是连翘的主要有效成分；木脂素类有连翘苷、连翘苷元、连翘苷 A 等，具有抗菌、抗肿瘤和保肝活性；三萜类主要有白桦脂酸、齐墩果酸等。连翘苷和连翘酯苷 A 还连翘的质量控制成分，《中华人民共和国药典》（2020 年版）规定药材中含连翘苷不低于 0.15%，青翘含连翘酯苷 A 不低于 3.5%；老翘含连翘酯苷 A 不低于 0.25%。连翘药材中连翘苷为 0.05% ～ 0.46%，连翘酯苷 A 为 0.40% ～ 11.38%，随果实成熟含量下降。

连翘属全世界有约 11 种，中国有 7 种 1 变型。

（郭宝林）

nǚzhēn
女贞（*Ligustrum lucidum* Ait.，glossy privet） 木犀科女贞属植物。

常绿灌木或乔木锐尖至渐尖。叶片革质，卵形、长卵形至宽椭圆形，长 6～17cm，先端，基部常圆形，叶缘平坦，两面无毛；叶

图 1 女贞（陈虎彪摄）

柄长 1～3cm。圆锥花序顶生，长 8～20cm；花序基部苞片常与叶同型，小苞片披针形或线形，长 0.5～6.0cm，凋落；花常无梗；花萼长 1.5～2.0mm，齿不明显；花冠管长 1.5～3.0mm，裂片长 2.0～2.5mm，反折，花药长圆形；花柱柱头棒状。果肾形或近肾形，长 7～10mm，径 4～6mm，深蓝黑色，被白粉。花期 5～7 月，果期 7 月至翌年 5 月。图 1。中国分布于长江以南各省区，以及陕西、甘肃。生于海拔 2900m 以下疏、密林中。常栽培。朝鲜也有分布，印度、尼泊尔有栽培。

果实入药，药材名女贞子，传统中药，最早记载于《神农本草经》。《中华人民共和国药典》（2020 年版）收载，具有滋补肝肾，明目乌发的功效。现代研究证明具有调节免疫功能、保肝、延缓衰老、抗炎、抗氧化、降血糖、调血脂、抗骨质疏松等作用。

果实含有三萜类、环烯醚萜苷类、苯乙醇类、黄酮类、多糖等化学成分。三萜类成分主要是齐墩果烷型和乌苏烷型，如齐墩果酸、熊果酸，具有保肝、免疫调节、降脂、抗炎、抗衰老等活性；环烯醚萜类成分有女贞苷、女贞子苷、特女贞苷、女贞苦苷、橄榄苦苷等，具有抗病毒、抗氧化等活性；苯乙醇类有红景天苷，对羟基苯乙醇葡萄糖苷、对羟基苯乙醇等，具有保肝活性。多糖具有免疫调节作用。特女贞苷为女贞子的质量控制成分，《中华人民共和

国药典》（2020 年版）规定含量不低于 0.70%，药材中含量为 0.36%～3.74%，药材中红景天苷的含量为 0.22%～0.34%，齐墩果酸的含量为 0.65%～1.90%，熊果酸的含量为 0.20%～0.64%。

女贞属全世界约 45 种，中国有 29 种 1 亚种 9 变种，其中 2 种系栽培。粗壮女贞 *L. robustum* Bl.、光萼小蜡树 *L. sinense* var. *myrianthum*（Diels）Hocfk.、总梗女贞 *L. pricei* Hayata、丽叶女贞 *L. henryi* hemsl. 的叶用作苦丁茶。

（郭宝林）

mǎqiánkē
马钱科（Loganiaceae） 乔木、灌木、藤本或草本。单叶对生或轮生，全缘或有锯齿，托叶极度退化。花两性，辐射对称，聚伞花序再集成各种花序；花萼 4～5 裂，花冠 4～5 裂；雄蕊着生花冠管上或喉部，与花冠裂片同数并与之互生；子房上位，2 室。蒴果、浆果或核果。全世界有 29 属 470 余种，中国有 8 属 50 余种。

本科植物富含有吲哚类生物碱，药用植物主要集中在醉鱼草属、马钱属、钩吻属 3 个属。吲哚类生物碱主要有番木鳖碱、马钱子碱、钩吻碱等，这类生物碱对神经系统有强烈的作用；还含环烯醚萜苷类，如桃叶珊瑚苷、番木鳖苷等；以及黄酮类，如蒙花苷、刺槐素等。

主要药用植物有：①醉鱼草属 *Buddleja*，如白背枫（亚洲醉鱼草）*B. asiatica* Lour.、密蒙花 *B. officinalis* Maxim.、醉鱼草 *B. lindleyana* Fort. 等。②马钱属 *Strychnos*，如马钱子 *S. nux-vomica* L.、牛眼马钱 *S. angustiflora* Bcnth.、伞花马钱 *S. umbellata*（lour.）Merr.、吕宋果 *S. ignatii*

Berg. 等。③钩吻属 *Gelsemium*，如钩吻 *G. elegans* （Gardn. et Champ.） Benth.。

（潘超美）

zuìyúcǎo

醉鱼草 （*Buddleja lindleyana* Fortune., lindley butterflybush）

马钱科醉鱼草属植物。又称闭鱼花。

灌木，高 1 ~ 3m。叶对生，卵形、椭圆形至长圆状披针形，顶端渐尖，基部宽楔形至圆形，全缘或具有波状齿；穗状聚伞花序顶生；苞片线形，长达 10mm；小苞片线状披针形；花紫色，芳香；花萼钟状，外面与花冠外面同被星状毛和小鳞片，裂片宽三角形；花冠长 13 ~ 20mm，内面被柔毛，花冠管弯曲，裂片阔卵形或近圆形；雄蕊着生于花冠管下部或近基部，花药卵形；蒴果长圆状或椭圆状；种子淡褐色，小，无翅。花期 4 ~ 10 月，果期 8 月至翌年 4 月。图 1。中国分布于华南、西南、华东、华中。生于山地路旁、河边灌木丛中或林缘。马来西亚、日本、美洲及非洲也有分布。

茎叶入药，药材名醉鱼草，传统中药，最早记载于《本草纲目》，具有祛风解毒，驱虫，化骨硬的功效。花入药，具有祛痰，截疟，解毒的功效；现代研究证明醉鱼草具有抗炎、细胞毒等作用。

全草含三萜类、二萜类、倍半萜类、环烯醚萜类、黄酮类、苯乙醇苷类、甾体类等化学成分。三萜类主要有醉鱼草皂苷、熊果酸、齐墩果酸等；二萜类有醉鱼草萜 C；倍半萜类有醉鱼草萜 A、B；黄酮类主要有刺槐苷等；苯乙醇苷类主要有松果菊苷、肉苁蓉苷 A 等。

醉鱼草属全世界约 100 种，中国分布有 29 种 4 变种。药用植物还有密蒙花 *B. officinalis* Maxim.；巴东醉鱼草 *B. albiflora* Hemsl. 和大叶醉鱼草 *B. davidii* Franch.。

（王振月）

mìménghuā

密蒙花 （*Buddleja officinalis* Maxim., pale butterflybush）

马钱科醉鱼草属植物。

落叶灌木；高 3 ~ 6m；小枝略呈四棱形；小枝、叶下面、叶柄和花序均密被灰白色星状短绒毛；单叶对生，纸质，叶柄长 2 ~ 20mm，叶宽披针形，长 4 ~ 19cm，顶端渐尖，基部楔形，全缘或具疏锯齿；聚伞圆锥花序顶生或腋生；花萼钟状，花冠管先端 4 裂，紫堇色至白色或淡黄白色，喉部橘黄色，裂片卵形，外面被毛，子房中顶端被绒毛，蒴果椭圆状，2 瓣裂，外果皮被星状毛，种子细小，两端具翅，花期 3 ~ 4 月，果期 5 ~ 8 月。图 1。中国除东北及新疆外，广布各地。生于向阳的山坡、河边、或灌木丛中，海拔 200 ~ 2800m。美洲、非洲和亚洲的热带至温带地区也有分布。

花蕾和花序入药，药材名密蒙花，传统中药，最早记载于《开宝本草》。《中华人民共和国药典》（2020 年版）收载，具有清热泻火，养肝明目，退翳的功效。现代研究表明具有治疗干眼症等眼部疾病、抗炎、降血糖、免疫调节、抗菌、抗氧化和抗肿瘤等作用。

花蕾和花序含有黄酮类、苯乙醇苷类等化学成分。黄酮类主要有醉鱼草苷（蒙花苷）、密蒙花新苷、秋英苷等，具有抗菌、抗炎等作用，其中蒙花苷是密蒙花药材的质量控制成分，《中华人民共和国药典》（2020 年版）规定含量不少于 0.50%，药材中的含量为 0.68% ~ 1.40%。苯乙醇苷类主要有毛蕊花糖苷、异毛蕊花糖

图 1 醉鱼草（陈虎彪摄）

图 1 密蒙花（潘超美摄）

苷、肉苁蓉苷、紫葳新苷 Ⅱ 等，具有抗菌、抗炎、抗病毒、抗肿瘤、抗氧化、免疫调节、保肝强心等作用。

醉鱼草属植物情况见醉鱼草。

（潘超美 杨扬宇）

mǎqiánzǐ

马钱子（*Strychnos nux-vomica* L.，nux vomica） 马钱科马钱属植物。

乔木；高 5~25m；单叶对生，叶柄长 5~12mm，叶片纸质，近圆形或卵形，长 5~18cm，顶端短渐尖或急尖，基部圆形或广楔形，全缘，光滑，无毛；圆锥状聚伞花序腋生，长 3~6cm，被短柔毛，花萼裂片卵形，外面密被短柔毛，花冠筒状，白色，花冠管内壁基部被长柔毛，雄蕊 5，浆果圆球状，直径 2~4cm，橘黄色，种子 1~4 颗，圆盘状，直径 2~4cm，表面灰黄色，密被银色绒毛，花期春夏两季，果期 8 月至翌年 1 月。图 1。原产东南亚，中国福建、台湾、广东、海南、广西、云南等地有栽培。

图 1 马钱子（潘超美摄）

种子入药，药材名马钱子，最早记载于《本草纲目》。《中华人民共和国药典》（2020 年版）收载，具有通络止痛、散结消肿的功效。现代研究表明具有抑制肿瘤、镇痛、镇咳、祛痰、平喘、抑菌、抗氧化、抗蛇毒等作用。也是印度传统药，用于治疗痹症、糖尿病、淋病、支气管炎等；马钱子在欧洲传统用作兴奋剂。

种子含有生物碱类、三萜类、有机酸类等成分。生物碱类主要有士的宁、马钱子碱、伪番木鳖碱、伪马钱子碱等。士的宁、马钱子碱有兴奋中枢、镇痛、抗炎、抗肿瘤、健胃、抗肿瘤的作用。《中华人民共和国药典》（2020 年版）规定马钱子药材中士的宁含量应为 1.20%~2.20%，马钱子碱含量不少于 0.80%；药材中士的宁的含量为 1.42%~2.01%，马钱子碱含量一般为 0.72%~1.44%。三萜类主要有番木鳖苷 A（马钱素）、番木鳖苷 B、熊果酸、马钱子苷等。有机酸类主要有绿原酸、原儿茶酸、没食子酸、香草酸、肉桂酸等。

马钱属植物全世界约 190 种，中国有 10 种，2 变种，药用植物还有长籽马钱 *S. wallichiana* Steud Ex DC.、毛柱马钱 *S. nitida* G. Don 等。

（潘超美 杨扬宇）

lóngdǎnkē

龙胆科（Gentianaceae） 1 年生或多年生草本。茎直立或斜升，有时缠绕。单叶，稀为复叶，对生，全缘，基部合生，筒状抱茎或为一横线所连结；无托叶。花序一般为聚伞花序或复聚伞花序；花两性，极少数为单性；花萼筒状、钟状或辐状；花冠筒状、漏斗状或辐状，基部全缘，稀有距；雄蕊着生于冠筒上与裂片互生，花药背着或基着，2 室；雌蕊由 2 个心皮组成，子房上位，1 室；柱头全缘或 2 裂；胚珠常多数；腺体或腺窝着生于子房基部或花冠上。蒴果 2 瓣裂，稀不开裂。种子小，常多数，具丰富的胚乳。世界约 80 属 700 种。中国有 22 属 427 种。

本科植物普遍含有环烯醚萜苷类、𠮿酮与黄酮类、生物碱类、三萜类化学成分。环烯醚萜类主要有龙胆苦苷、当药苷、獐牙菜苦苷。𠮿酮与黄酮类主要有异牡荆素、异荭草素、当药黄素。三萜类主要有齐墩果酸、熊果酸等。

主要药用植物有：①龙胆属 *Gentiana*，如龙胆 *G. scabra* Bunge、条叶龙胆 *G. manshurica* Kitag.、三花龙胆 *G. triflora* Pall.、坚龙胆 *G. rigescens* Franch. ex Hemsl.、秦艽 *G. macrophylla* Pall.、麻花秦艽 *G. steaminea* Maxim.、粗茎秦艽 *G. crassicaulis* Duthie et Burk.、小秦艽 *G. dahurica* Fisch. 等。②獐牙菜属 *Swertia*，如青叶胆 *S. mileensis* T. N. He et W. L. Shi、瘤毛獐牙菜 *S. pseudochinensis* Hara、西南獐牙菜 *S. cincta* Burk.。③扁蕾属 *Gentianopsis*，如扁蕾 *G. barbata*、大花扁蕾 *G. grandis*、还有黄秦艽属 *Veratrilla* 等。④穿心草属 *Canscora*。⑤百金花属 *Centaurium*。⑥喉毛花属 *Comastoma*。⑦假龙胆属 *Gentianella*、杯药草属 *Cotylanthera*、花锚属 *Halenia*、匙叶草属 *Latouchea*、辐花属 *Lomatogoniopsis*、肋柱花属 *Lomatogonium*、大钟花属 *Megacodon*、睡菜属 *Menyanthes* 等。

（王振月）

qínjiāo

秦艽（*Gentiana macrophylla* Pall.，largeleaf gentian） 龙胆科龙胆属植物。又称大花秦艽。

多年生草本，高 30~60cm，枝少数丛生。莲座丛叶卵状椭圆形或狭椭圆形；茎生叶椭圆状披针形或狭椭圆形，先端钝或急尖，基部钝，叶脉 3~5 条，在两面均明显。花多数，无花梗；花萼筒膜质，黄绿色；花冠筒部黄绿色，壶形，裂片卵形或卵圆形，全缘；雄蕊着生于冠筒中下部，花丝线状钻形；子房，椭圆状披针形或狭椭圆形，花柱线形。蒴果卵状椭圆形；种子红褐色，有光泽。花果期 7~10 月。图 1。中国分布于新疆、宁夏、陕西、山西、河北、内蒙古，以及东北。生于河滩、路旁、水沟边、山坡草地、草甸、林下及林缘。蒙古和俄罗斯西伯利亚地区也有分布。

根入药，药材名秦艽，传统中药，最早记载于《神农本草经》。《中华人民共和国药典》（2020 年版）收载，具有祛风湿，清湿热，止痹痛，退虚热的功效。现代研究表明具有抗炎、镇痛、抑制中枢神经系统、升血糖和抗过敏性休克等作用。

根含有裂环烯醚萜苷类、三萜类、黄酮类、香豆素类等化学成分。裂环烯醚萜苷类主要有龙胆苦苷、当药苦苷、当药苷、马钱苷酸等，具有抗炎、降血压、升血糖、抗过敏性抗休克等作用，《中华人民共和国药典》（2020 年

版）规定秦艽药材中龙胆苦苷和马钱苷酸的总量不低于 2.5%，药材中二者总量为 2.56%~12.42%。三萜类主要有栎瘿酸、齐墩果酸等；黄酮类主要有异牡荆黄素等。

龙胆属植物全世界约 400 种，中国有 247 种。麻花秦艽 *G. steaminea* Maxim.、粗茎秦艽 *G. crassicaulis* Duthie et Burk. 和小秦艽 *G. dahurica* Fisch. 也为《中华人民共和国药典》（2020 年版）收载为秦艽药材的来源植物。

（王振月）

图 1 龙胆（邬家林摄）

lóngdǎn

龙胆 (*Gentiana scabra* Bunge, Chinese gentian)

龙胆科龙胆属植物。又称龙胆草。

多年生草本植物；高 30~60cm；花枝单生，直立，黄绿色或紫红色，中空，具条棱，棱上具乳突；枝下部叶膜质，淡紫红色，鳞片形，长 4~6mm，先端分离，中部以下连合成筒状抱茎，中、上部叶近革质，无柄，卵形或卵状披针形至线状披针形，长 2~7cm，上部叶变小；花多数，簇生枝顶和叶腋，无花梗，每朵花下具 2 个苞片，苞片披针形或线状披针形，长 2.0~2.5cm，花萼筒倒锥状筒形或宽筒形，长 10~12mm。花果期 5~11 月。图 1。中国分布于东北、华东、华中。生于山坡草地、路边、河滩、灌丛中、林缘及林下、草甸。俄罗斯、朝鲜和日本也有分布。

根和根茎入药，药材名龙胆，传统中药，最早记载于《神农本草经》。《中华人

图 1 秦艽（陈虎彪摄）

民共和国药典》（2020 年版）收载，具有清热燥湿，泻肝胆火的功效。现代研究证明龙胆具有保肝、健胃、抗炎、升血糖和抗菌等作用。

根和根茎含有环烯醚萜苷类、生物碱类、三萜类、黄酮类和𠮷酮类等化学成分。环烯醚萜苷类是龙胆的苦味成分和特征成分，主要有龙胆苦苷、当药苦苷、当药苷、苦龙胆酯苷等，其中龙胆苦苷具有明显镇痛和抗急性炎症的作用，是龙胆药材的质量控制成分，《中华人民共和国药典》（2020 年版）规定含量不低于 3.0%，药材中含量为 0.816%~5.944%。生物碱类主要有龙胆碱、龙胆黄碱等。

龙胆属植物全世界有 400 余种，中国有 240 余种。条叶龙胆 *G. manshurica* Kitag.、三花龙胆 *G. triflora* Pall. 和坚龙胆 *G. rigescens* Franch. ex Hemsl. 也被《中华人民共和国药典》（2020 年版）收载为龙胆药材的来源植物。药用植物还有如云南龙胆 *G. yunnanensis* Franch.、广西龙胆

G. kwangsiensis T. N. Ho 等；黄龙胆 G. lutea L. 为《欧洲药典》和《英国药典》收载的欧洲传统药物。

（王振月）

qīngyèdǎn

青叶胆 （Swertia mileensis T. N. He et W. L. Shi, mileen sweratia） 龙胆科獐牙菜属植物。又称青鱼胆。

1年生草本，高 15~45cm。茎直立，四棱形，具窄翅。叶无柄，叶片狭矩圆形、披针形至线形，先端急尖，基部楔形，具 3脉。圆锥状聚伞花序多花，开展；花 4 数，直径约 1cm；花萼绿色，叶状，稍短于花冠，裂片线状披针形；花冠淡蓝色，裂片矩圆形或卵状披针形，先端急尖，具小尖头，下部具 2 个杯状腺窝，顶端具短柔毛状流苏。蒴果椭圆状卵形或长椭圆形，长达 1cm；种子棕褐色，卵球形。花果期 9~11月。图 1。中国分布于西南地区。生于山坡草丛中。

图 1 青叶胆 （陈虎彪提供）

全草入药，药材名青叶胆。《中华人民共和国药典》（2020 年版）收载，具有清肝利胆，清热利湿的功效。现代研究证明具有保肝、抗炎、解痉、镇痛、镇静等作用。

全草含有环烯醚萜苷类、黄酮类、呫酮类、三萜类、生物碱类和香豆素类等化学成分。环烯醚萜苷类主要有獐牙菜苦苷、当药苷等；黄酮类主要有日本当药素、当药素等，具有护肝降酶、抗炎等作用，《中华人民共和国药典》（2020 年版）规定青叶胆药材中獐牙菜苦苷的含量不低于8.0%。药材中含量为 0.589%~20.500%；三萜类主要有齐墩果酸等。

獐牙菜属植物全世界有 170余种，中国有 79 种。药用植物还有瘤毛獐牙菜 S. pseudochinensis Hara、西南獐牙菜 S. cincta Burk.、大籽獐牙菜 S. macrosperma（C. B. Clarke）C. B. Clarke、獐牙菜 S. bimaculata（Sieb. et Zucc.）Hook. f. et Thoms.、滇獐牙菜 S. yunnanensis Burk.、紫红獐牙菜 S. punicea Hemsl.、川西獐牙菜 S. mussotii Franch. 等。

（王振月）

liúmáozhāngyácài

瘤毛獐牙菜 （Swertia pseudochinensis Hara, false Chinese swertia） 龙胆科獐牙菜属植物。

1 年生草本，高 10~15cm。茎四棱形，棱上有窄翅。叶无柄，线状披针形至线形，长达 3.5cm，两端渐狭。圆锥状复聚伞花序多花；花梗四棱形；花 5，直径 2cm；花萼绿色，与花冠近等长，裂片线形，长 15mm，先端渐尖，下面中脉明显突起；花冠蓝紫色，具深色脉纹，裂片披针形，长 9~16mm，先端锐尖，基部具 2 个腺窝，边缘具长柔毛状流苏，流苏表面有瘤状突起；花丝线形，花药窄椭圆形；子房狭椭圆形，柱头 2 裂，裂片半圆形。花期 8~9 月。图 1。中国分布于吉林、辽宁、黑龙江、内蒙古、山西、河北、山东、河南等地。生于海拔 500~1600m 的山坡、河滩、林下、灌丛中。

全草入药，药材名当药。常用中药。《中华人民共和国药典》（2020 年版）收载，具有清湿热、健胃的功效。现代研究表明具有保肝、解痉、止痛等作用。

全草主要含有环烯醚萜苷类、三萜皂苷类、黄酮类等化学成分。环烯醚萜苷类有獐牙菜苦苷、龙胆苦苷、当药苷等，当药苷、龙胆苦苷具有保肝作用，獐牙菜苦苷具有解痉止痛的作用，《中华人民共和国药典》规定当药药材中含当药苷不少于 0.070%，含獐牙菜苦苷不少于 3.5%，药材中当药苷含量为 0.07%~0.18%，獐牙菜苦苷为 2.70%~6.76%；黄酮类有当药黄素、当药醇苷、芒果苷、异牡荆素、异荭草素等，其中芒果苷、异牡荆素和异荭草素具有

图 1 瘤毛獐牙菜 （赵鑫磊摄）

保肝作用。

獐牙菜属植物情况见青叶胆。

（姚 霞）

jiāzhútáokē
夹竹桃科（Apocynaceae） 乔木，灌木、藤木或草本，具乳汁或水液。单叶对生或轮生，花两性，辐射对称，聚伞花序及圆锥花序；花萼裂片 5 枚，筒状或钟状；花冠 5 裂，高脚碟状、漏斗状、坛状、钟状、盆状稀辐状；雄蕊 5 枚，着生在花冠筒上或花冠喉部，花药长圆形或箭头状；花粉颗粒状；花盘环状、杯状或成舌状，稀无花盘；子房上位，稀半下位，1～2 室；花柱 1 枚；柱头顶端通常 2 裂；胚珠 1 至多。果为浆果、核果、蒴果或蓇葖果；种子通常 1 端具毛或膜翅。全世界共 250 属 2000 余种，中国 46 属，176 种。

本科植物的特征性成分为生物碱和强心苷，生物碱类如利血平、蛇根碱等，具有降压作用；如长春碱、长春新碱等，有抗癌作用。强心苷类有夹竹桃苷、羊角拗苷、黄夹苷、毒毛旋花子苷等。

主要药用植物有：①罗布麻属 Apocynum，如罗布麻 A. venetum L. 。②萝芙木属 Rauvolfia，如萝芙木 R. verticillata（Lour.）Baill.、药用萝芙木 R. verticillata（Lour.）Baill. var. officinalis Tsiang、蛇根木 R. serpentina（L.）Benth. ex Kurz. 等。③长春花属 Catharanthus，如长春花 C. roseus（L.）G. Don。④络石属 Trachelospermum，如络石 T. jasminoides（Lindl.）Lem.。

（陈虎彪）

luóbùmá
罗布麻（Apocynum venetum L.，dogbane） 夹竹桃科罗布麻属植物。又称红麻。

直立半灌木，高 1.5～3.0m，全株具乳汁。叶对生；叶柄长 3～6mm；叶片披针形至卵圆状长圆形，长 1～5cm。圆锥状聚伞花序；苞片披针形，膜质；花萼 5 深裂，长约 1.5mm；花冠圆筒状钟形，紫红色或粉红色，花冠筒长 6～8mm，裂片卵圆状长圆形；雄蕊着生于花冠筒基部，花药箭头状，花丝短；雌蕊长 2.0～2.5mm，花柱短，柱头基部盘状，先端 2 裂；2 枚离生心皮；花盘环状，肉质。蓇葖果 2 枚，平行或叉生。种子多数，卵圆状长圆形，黄褐色。花期 4～9 月，果期 7～12 月。图 1。中国分布于华北、西北，以及吉林、辽宁、山东、江苏、安徽、河南等地。生于盐碱荒地、沙漠边缘及河流两岸、冲积平原、湖泊周围、戈壁荒滩上。欧洲和亚洲温带广泛分布。

叶入药，药材名罗布麻叶，传统中药，最早以泽漆之名记载于《救荒本草》。《中华人民共和国药典》（2020 年版）收载，具有平肝安神，清热利水的功效。现代研究证明具有降压、强心、降血脂、抑制血小板聚集、抗辐射、抗抑郁、免疫促进、保肝和镇静等作用。罗布麻茎皮纤维有多种用途。

叶含黄酮类、甾醇类、苷类等化学成分。黄酮类成分主要有槲皮素、异槲皮素苷、金丝桃苷、芸香苷等，黄酮类是罗布麻叶中主要有效成分，总黄酮含量在 0.20%～2.50%。金丝桃苷是罗布麻叶药材的质量

控制成分，《中华人民共和国药典》（2020 年版）规定含量不少于 0.30%。药材中金丝桃苷含量为 0.053%～0.458%。

罗布麻属植物全世界约 14 种，中国分布 1 种。

（陈虎彪）

chángchūnhuā
长春花［Catharanthus roseus（L.）G. Don，periwinkle］ 夹竹桃科长春花属植物。

半灌木或多年生草本，高达 60cm；茎近方形，有条纹。叶对生，膜质，倒卵状长圆形，长 3～4cm。聚伞花序腋生或顶生，有花 2～3 朵，花 5 数；花萼 5 深裂，长约 3mm；花冠红色，高脚碟状，花冠筒圆筒状，长约 2.6cm，花冠裂片宽倒卵形，长和宽约 1.5cm；雄蕊着生于花冠筒的上半部；花盘为 2 片舌状腺体所组成，2 枚离生心皮，柱头头状。蓇葖果 2 个，长约 2.5cm，外果皮厚纸质。种子黑色，长圆状圆筒形，具有颗粒状小瘤。花期、果期几乎全年。图 1。原产非洲东部，栽培于各热带和亚热带地区，中国栽培于西南、华中、华南及华东等省区。

全草入药，药材名长春花，最早记载于《植物名实图考》。具

图 1 罗布麻（陈虎彪摄）

图1 长春花 (陈虎彪摄)

有解毒、清热、平肝的功效。在南非、斯里兰卡和印度等地作为传统草药,治疗糖尿病。后研究发现具有抗癌作用,是国际上应用最多的抗癌植物之一。现代研究证明还具有降血压、降血糖、降血脂等功效。长春花也为观赏植物。

全草含有生物碱类、黄酮类等化学成分。生物碱类成分主要有单吲哚生物碱、二聚吲哚生物碱及其他类生物碱,多具有抗肿瘤活性,其中以长春碱和长春新碱为重要抗肿瘤成分,其硫酸盐已用于临床治疗肿瘤。长春花中总生物碱的量:叶为 0.37% ~ 1.16%,根为 0.7%~2.4%,花为 0.4%~0.84%。

长春花属植物全世界约 6 种,中国引进栽培 1 种。

(陈虎彪)

luófúmù

萝芙木 [*Rauvolfia verticillata* (Lour.) Baill., devilpepper] 夹竹桃科萝芙木属植物。

灌木,高 1 ~ 3m。叶膜质,对生或 3 叶轮生,椭圆形或椭圆状长圆形,先端急尖至渐尖,基部楔形。聚伞花序,着花 30 ~ 50 朵;总花梗 5 条,长约 6cm;花萼钟状,裂片镊合状;花冠白色,花冠筒圆筒状,内面被稠密的长柔毛,长 1.2cm,裂片广椭圆形,长 1.3mm;雄蕊着生于花冠筒的中部,花药背部着生;花盘环状;花柱圆筒状,柱头棒状,基部有 1 环状薄膜。核果暗紫色,椭圆状,长 1.2cm,直径5mm。花期 4 月,果期 5 月。图 1。中国分布于西南、华南,以及台湾等省区。生于海拔 500 ~ 800m 山地沟谷较潮湿地方。越南也有分布。

图1 萝芙木 (陈虎彪摄)

根入药,具有清热解毒,活血消肿的功效,主要用于咽喉肿痛,跌打瘀肿,疮溃疡,毒蛇咬伤,高血压。现代研究证明具有降血压、抑制中枢神经系统、抗心律失常、降血糖、血脂等作用。

根含有吲哚类生物碱化学成分,包括利血平、四氢蛇根碱、萝芙木碱等,具有降压、抑制中枢神经系统、抗心律失常等作用,药材中总生物碱含量为 1.1% ~ 1.9%,利血平含量为 0.03% ~ 0.05%。利血平已开发为治疗高血压和精神疾病的药物。

萝芙木属植物全世界约 135 种,中国产 9 种 4 变种和 3 个栽培种。药用的种类还有催吐萝芙木 *R. vomitoria* Afzel.、蛇根木 *R. serpentina* (L.) Benth. ex Kurz、风湿木 *R. latifrons* Tsiang 等。

(高微微 李俊飞 焦晓林)

luòshí

络石 [*Trachelospermum jasminoides* (Lindl.) Lem., star jasmine] 夹竹桃科络石属植物。又称白花藤。

常绿木质藤本,全株具乳汁。茎赤褐色,有皮孔。叶对生,革质或近革质,椭圆形至宽倒卵形,叶背被疏短柔毛;叶柄内和叶腋外腺体钻形。二歧聚伞花序腋生或顶生;花白色,芳香;花萼 5 深裂,裂片线状披针形,顶部反卷,基部具 10 个鳞片状腺体;花蕾顶端钝,花冠筒圆筒形,裂片 5;雄蕊 5,花药箭头状;花盘环状 5 裂,与子房等长;2 枚离生心皮,柱头卵圆形。蓇葖果叉生,线状披针形;种子线形,褐色,顶端具白色绢质种毛。花期 3 ~ 7 月,果期 7~12 月。图 1。中国分布于华东、华中、华南、西南,以及河北、陕西等地。生于山野、路边、溪旁、林缘或杂木林中。朝鲜、日本和印度有分布。

带叶藤茎入药,药材名络石藤,传统中药,最早记载于《神农本草经》。《中华人民共和国药典》(2020 年版)收载,具有祛风通络、凉血消肿的功效。现代研究证明具有抑菌、抗痛风、抗风湿、降血脂及抗氧化等作用。

图 1 络石（陈虎彪摄）

藤茎含木脂素类、黄酮类、三萜类、生物碱类等化学成分。木脂素类主要有牛蒡苷、络石苷、去甲络石苷、穗罗汉松树脂酚苷等，具有松弛气管平滑肌等活性。络石苷是络石藤药材的质量控制成分，《中华人民共和国药典》（2020 年版）规定不低于 0.45%，药材中的含量为 0.22%～0.62%。

络石属植物全世界约 30 种，中国产 10 种，6 变种。

（陈虎彪）

luómòkē

萝藦科（Asclepiadaceae） 多年生草本、藤本、直立或攀缘灌木，有乳汁。叶对生或轮生；叶柄顶端常具丛生腺体。花序为各式的聚伞花序；花两性，整齐，5 数；花萼筒短，裂片 5，内面基部通常有腺体；花冠合瓣，辐状、坛状，稀高脚碟状，顶端 5 裂；常具副花冠，5 枚离生，或基部合生，生在花冠筒上或雄蕊背部或合蕊冠上；雄蕊 5，与雌蕊粘生成合蕊柱；花丝合生成为 1 个有蜜腺的筒，称合蕊冠；花粉粒联合成花粉块，系结于着粉腺上，每花药有花粉块 2 个或 4 个；或为载粉器，内藏四合花粉，载粉器下面有 1 载粉器柄，基部有 1 粘盘，粘于柱头上，与花药互生；雌蕊 2，子房上位，2 个离生心皮，花柱 2，合生；胚珠多数，数排，侧膜胎座。蓇葖果双生，或单生；种子多数，其顶端具有丛生的白（黄）色绢质的种毛。全世界约 180 属 2200 种，中国产 44 属 245 种 33 变种。

本科植物化学成分主要含有 C21 甾体皂苷类、强心苷类、生物碱类、三萜类和黄酮等类型。C21 甾体皂苷在本科广泛分布，普遍存在于萝藦科的鹅绒藤属、牛奶菜属、黑鳗藤属、杠柳属、马利筋属、尖槐藤属、须药藤属、夜来香属、南山藤属中，对多种肿瘤细胞有直接杀伤及提高免疫功能的作用；强心苷类成分主要为甲型强心苷；白叶藤属主要为吲哚并喹啉类生物碱成分，而鹅绒藤属和娃儿藤属主要为菲并吲哚里西啶类生物碱。此外，本科还含有齐墩果烷型、乌苏烷型和羽扇豆烷型三萜类成分。

主要药用植物有：①鹅绒藤属 Cynanchum，如白薇 C. atratum Bunge、蔓生白薇 C. versicolor Bunge、柳叶白前 C. stauntonii（Decne.）Schltr. ex Levl.、芫花叶白前 C. glaucescens（Decne.）Hand.-Mazz.、白首乌 C. bungei Decne.、耳叶牛皮消 C. auriculatum Royle ex Wigh、隔山消 C. wilfordii（Maxim.）Hems、徐长卿 C. atratum Bunge、鹅绒藤 C. chinense R. Br.、地梢瓜 C. thesioides（Freyn）K. Schumann 等。②杠柳属 Periploca，如杠柳 P. sepium Bunge、青蛇藤 P. calophylla（Wight）Falc.、黑龙骨 P. forrestii Schltr. 等。③牛奶菜属 Marsdenia，如通光散 M. tenacissima（Roxb.）Wight et Arn. 等。④马莲鞍属 Streptocaulon，马莲鞍 S. griffithii Hook. f.。⑤匙羹藤属 Gymnema，匙羹藤 G. sylvestre（Retz.）Schult.。

（郭庆梅）

báiwēi

白薇（Cynanchum atratum Bunge，blackend swallowwort） 萝藦科鹅绒藤属植物。又称直立白薇。

直立多年生草本，高达 50cm；根须状。叶卵形或卵状长圆形，长 5～8cm，顶端渐尖或急尖，基部圆形，两面均被有白色绒毛。伞状聚伞花序，无总花梗，生在茎的四周，着花 8～10 朵；花深紫色，直径约 10mm；花萼外面有绒毛，内面基部有小腺体 5 个；花冠辐状，外面有短柔毛，并具缘毛；副花冠 5 裂，裂片盾状，圆形，与合蕊柱等长；花粉块每室 1 个；柱头扁平。蓇葖单生。花期 4～8 月，果期 6～8 月。图 1。中国分布于东北，以及山东、河北、河南、山西、江苏、四川、江西、湖南、湖北、云南、广东、广西、福建等省区。生长于海拔 100～1800m 的河边、干荒地及草丛中。朝鲜和日本有分布。

根及根茎入药，药材名白薇，传统中药，最早记载于《神农本草经》。《中华人民共和国药典》（2020 年版）收载，具有清热凉血、利尿通淋、解毒疗疮的功效。现代研究表明具有退热、消炎、平喘祛痰、抗肿瘤、抑菌等作用。

根及根茎含有 C21 甾体皂苷类、木脂素类、苯乙酮类等化学成分。C21 甾体皂苷类有白前苷 C、H，直立白薇苷 A、B、C、D、

图 1　白薇（陈虎彪摄）

E、F，直立白薇新苷 A、B、C、D 等。木脂素类有 2, 6, 2′, 6′-tetra-methoxy-4, 4′-bis（2, 3-epoxy-1-hydroxypropyl）biphenyl 等；苯乙酮类有 4-羟基苯乙酮，3, 4-二羟基苯乙酮等。

鹅绒藤属植物全世界有 200 种，中国分布有 53 种 12 变种。同属的蔓生白薇（变色白前）*C. versicolor* Bunge，也为《中华人民共和国药典》（2020 年版）收载作白薇药材的来源植物。药用植物还有柳叶白前 *C. stauntonii*（Decne.）Schltr. ex Levl.、芫花叶白前 *C. glaucescens*（Decne.）Hand.-Mazz.、徐长卿 *C. paniculatum*（Bunge）Kitagawa、白首乌 *C. bungei* Decne.、耳叶牛皮消 *C. auriculatum* Royle ex Wigh、隔山消 *C. wilfordii*（Maxim.）Hems、鹅绒藤 *C. chinense* R. Br.、地梢瓜 *C. thesioides*（Freyn）K. Schumann 等。

（郭庆梅）

báishǒuwū

白首乌 （ *Cynanchum bungei* Decne. , bunge mosquitotrap ）

萝藦科鹅绒藤属植物，又名泰山何首乌、戟叶牛皮消。

攀缘性半灌木；茎纤细而韧，被微毛。块根肉质多浆，圆柱形或圆球形，长 5~10cm，直径 1.5~3.5cm。叶对生，戟形，长 3~8cm，顶端渐尖，基部心形，两面被糙硬毛。伞形聚伞花序腋生，比叶为短；花萼裂片披针形，内面基部常无腺体；花冠白色，裂片矩圆形；副花冠 5 深裂，裂片呈刺刀形，内面中间有舌状片；花粉块每室 1 个，下垂；柱头基部五角形，顶端全缘。蓇葖果单生或双生，刺刀形，长 9cm，无毛；种子卵形，长 1cm，种毛长 4cm。花期 6~9 月，果期 7~11 月。图 1。中国分布于辽宁、山东、河北、河南、山西、甘肃。生海拔 1500m 以下的山坡、灌丛中或岩石缝中。山东有栽培。朝鲜也有分布。

图 1　白首乌（陈虎彪摄）

块根入药，药材名白首乌，传统中药，最早记载于《开宝本草》。具有补肝肾，强筋骨，益精血的功效。现代研究表明具有抗肿瘤、抗氧化、保肝护肝、免疫调节、降血脂等作用。

块根含 C21 甾苷类、苯乙酮类、三萜类和多糖等化学成分。甾苷类主要有白首乌新苷 A、B，萝藦苷元，开德苷元等，具有抗肿瘤、提高免疫等作用；苯乙酮类主要有 4-羟基苯乙酮、2, 5-二羟基苯乙酮、白首乌二苯酮、2, 4-二羟基苯乙酮等；三萜类主要有蒲公英醇乙酸酯、β-香树脂醇乙酸酯、白桦脂酸等。

鹅绒藤属植物情况见白薇。耳叶牛皮消 *C. auriculatum* Royle ex Wigh、隔山消 *C. wilfordii*（Maxim.）Hems 块根也做白首乌使用。

（郭庆梅）

xúchángqīng

徐长卿 （ *Cynanchum atratum* Bunge，paniculate swallowwort ）

萝藦科鹅绒藤属植物。

多年生直立草本，高达 1m。根须状。叶对生，纸质，披针形至条形，长 5~13cm，两端锐尖，叶缘有睫毛；侧脉不明显。圆锥状聚伞花序生于顶生的叶腋内，长达 7cm，有花 10 余朵；花冠黄绿色，近辐状，裂片长达 4mm，宽 3mm；副花冠裂片 5 枚，基部增厚，顶端钝；花粉块每室 1 个，下垂；子房椭圆状，柱头五角形，顶端略突起。蓇葖果单生，刺刀形，长 6cm，直径 6mm；种子矩圆形，种毛长 1cm。花期 5~7 月，果期 9~12 月。图 1。中国分布于辽宁、山东、河北、陕西等省，以及西南、华中、华南、华东。生阳坡草丛中。山东等地有栽培。日本、朝鲜有分布。

根及根茎入药，药材名徐长卿，传统中药，最早记载于《神农本草经》。《中华人民共和国药典》（2020 年版）收载，具有祛

图 1 徐长卿 (陈虎彪摄)

风，化湿，止痛，止痒的功效。现代研究表明具有镇痛、镇静、解热、降压、抗心肌缺血、抗心律失常、消炎、抑菌、抗肿瘤等作用。

根及根茎含有酚类、C21 甾体皂苷类、苯乙酮类、多糖、脂肪酸等化学成分。酚类成分有丹皮酚、异丹皮酚，丹皮酚具有抗炎镇痛、抗病毒、抗菌、免疫调节、抗肿瘤、保护心血管等作用，药材含量为 0.45%～1.83%，《中华人民共和国药典》（2020 年版）

图 1 柳叶白前 (潘超美摄)

规定含量不低于 1.3%。C21 甾体皂苷类成分有新徐长卿苷，3β,14-dihydroxy-14β-pregn-5en-20-one，白前苷元 A、C、D、F，白前皂苷等，具有潜在逆转肿瘤多药耐药作用等。

鹅绒藤属植物情况见白薇。

（郭庆梅）

liǔyèbáiqián

柳叶白前［Cynanchum stauntonii（Decne.）Schltr. ex H. Lév., willowleaf swallowwort］ 萝藦科鹅绒藤属植物。

直立半灌木，高约 1m；须根纤细、节上丛生。叶对生，纸质，狭披针形，长 6～13cm，两端渐尖；叶柄长约 5mm。伞形聚伞花序腋生；花序梗长达 1cm，小苞片众多；花萼 5 深裂，腺体不多；花冠紫红色，辐状，内面具长柔毛；副花冠裂片盾状，隆肿，比花药短；花粉块每室 1 个，矩圆形，下垂；花药顶端薄膜覆盖着柱头；柱头微凸起。蓇葖单生，长披针形，长达 9cm，直径 6mm。花期 5～8 月，果期 9～10 月。图1。中国分布于甘肃、安徽、浙江、福建、江西、湖南、广东、广西等省区。生于低海拔山谷、湿地、水旁以至半浸在水中。

根及根状茎入药，药材名白前，传统中药，最早记载于《雷公炮炙论》。《中华人民共和国药典》（2020 年版）收载，具有降气，消痰，止咳的功效。现代研究表明具有镇咳、祛痰、镇痛、抗炎、抗血栓形成和抗流感病毒等作用。

根及根茎中含有 C21 甾体类、木脂素类、苯乙酮类等化学成分。C21 甾体类主要有白前皂苷元 C、stauntoside、stauntosaponin A 和 B 等；其中 stauntoside 具有抑菌作用。木脂素类主要有丁香脂素、8,8′-二羟基松脂素等。苯乙酮类主要有对羟基苯乙酮、白首乌二苯酮、2,4-二羟基苯乙酮等。

鹅绒藤属植物情况见白薇。芫花叶白前 C. glaucescens（Decne.）Hand.-Mazz. 为《中华人民共和国药典》（2020 年版）收载为白前药材的来源植物。

（郭庆梅）

tōngguāngsàn

通光散［Marsdenia tenacissima（Roxb.）Wight et Arn., tenacissima condorvine］ 萝藦科牛奶菜属植物。

坚韧木质藤本；茎密被柔毛。叶宽卵形，长和宽 15～18cm，基部深心形，两面均被茸毛，或叶面近无毛。伞形状复聚伞花序腋生，长 5～15cm；花萼裂片长圆形，内有腺体；花冠黄紫色；副花冠裂片短于花药，基部有距；花粉块长圆形，每室 1 个直立，着粉腺三角形；柱头圆锥状。蓇葖长披针形，长约 8cm，直径 1cm，密被柔毛；种子顶端具白色绢质种毛。花期 6 月，果期 11 月。图 1。中国分布于云南和贵州。生长于海拔 2000m 以下的疏林中。南亚和东南亚有分布。

藤茎入药，药材名通关藤。《中华人民共和国药典》（2020 年版）收载，具有止咳平喘，祛痰，通乳，清热解毒的功效。现代研究证明具有抗肿瘤、平喘、降压等作用。

藤茎主要含 C21 甾体苷类、三萜类、环醇、有机酸类等化学成分。C21 甾体苷类有 tenacigenin

图1 通光散（郭巧生摄）

B、通关藤苷 A~I、tenacissmoside A~C 等，具有抗肿瘤、平喘等活性，《中华人民共和国药典》规定通关藤药材中含通关藤苷 H 不少于 0.12%，药材中含量为 0.19%~0.81%；三萜类有齐墩果-18-烯-3-乙酯、α-香树脂醇乙酸酯等。

牛奶菜属植物全世界约 100 种，中国 22 种 5 变种，药用植物还有海枫屯 *M. officinalis* Tsiang et P. T. Li、牛奶菜 *M. sinensis* Hemsl.、台湾牛奶菜 *M. formosana* Masamune、大白前 *M. griffithii* Hook. f.、百灵草 *M. longipes* W. T. Wang ex Tsiang et P. T. Li、蓝叶藤 *Marsdenia tinctoria* R. Br. 等。

（姚 霞）

gàngliǔ

杠柳（*Periploca sepium* Bunge, Chinese silkvine） 萝藦科杠柳属植物。

蔓性灌木，具乳汁，除花外全株无毛。叶对生，膜质，卵状矩圆形，长 5~9cm，宽 1.5~2.5cm，先端渐尖，基部楔形。聚伞花序腋生；花冠紫红色，花张开直径 1.5~2cm，裂片 5，中间加厚，反折，内面被疏柔毛；副

花冠环状，顶端 5 裂，裂片丝状伸长，被柔毛；花粉颗粒状，藏在直立匙形的载粉器内。蓇葖果双生，圆箸状，长 7~12cm；种子长圆形，种毛长 3cm。花期 5~6 月，果期 7~9 月。图1。中国分布于东北、华北、西北、华东，以及河南、贵州、四川等省区。生平原及低山丘的林缘、沟坡。

根皮入药，药材名香加皮，也称北五加皮，传统中药。最早记载于《救荒本草》。《中华人民共和国药典》（2020 年版）收载，具有利水消肿、祛风湿、强筋骨的功效。现代研究表明具有强心、升压、抗肿瘤、抗炎、增强呼吸系统功能、免疫调节等作用。

根皮含有 C21 甾苷、强心苷、醛酸类、三萜类、孕烯醇类等化学成分。C21 甾苷主要有杠柳苷 A、B、C、D、K、R、E、Q、O，杠柳苷具有显著的免疫抑制活性；强心苷主要有杠柳毒苷 G、K、H_1、H_2、A、B、C、D、E、L、M、N、J、F、O，杠柳加拿大麻糖苷等；杠柳毒苷为强心的主要活性成分，杠柳毒苷 G 的含量一般为 0.052%~0.430%；醛酸类主要有 4-甲氧基水杨醛、异香草醛、香草醛、4-甲氧基水杨酸。4-甲氧基水杨醛是香加皮药材的质量控制成分，《中华人民共和国药典》（2020 年版）规定含量不少于 0.20%，药材中含量为 0.20%~0.92%。三萜类主要有（24*R*）-9,19-cycloart-25-ene-3,24-diol、（24*S*）-9,19-cycloart-25-ene-3,24-

diol、cycloeucalenol 等。

杠柳属植物全世界有 12 种，中国有 4 种。药用植物还有青蛇藤 *P. calophylla*（Wight）Falc.、黑龙骨 *P. forrestii* Schltr. 等。

（郭庆梅）

qiàncǎokē

茜草科（Rubiaceae） 乔木、灌木或草本；叶对生或有时轮生，常全缘；托叶分离或程度不等地合生，里面常有黏液毛。花序由聚伞花序复合而成；花两性、单性或杂性，通常花柱异长；萼通常 4~5 裂，裂片小或几消失，有时其中 1 或几个裂片明显增大成叶状；花冠合瓣，管状、漏斗状、高脚碟状或辐状，通常 4~5 裂，整齐；雄蕊与花冠裂片同数而互生，偶有 2 枚，着生在花冠管的内壁上，花药 2 室，常纵裂；雌蕊 2 心皮，合生，子房下位，中轴胎座或有时为侧膜胎座，花柱顶生，具头状或分裂的柱头；胚珠每子房室 1 至多数。浆果、蒴果或核果。全世界有 500 属 6000 种，中国 98 属约 670 多种。

本科植物普遍含有环烯醚萜苷类、醌类、生物碱类、酚酸类等化学成分。环烯醚萜苷类成分普遍存在于栀子属、拉拉藤属、

图1 杠柳（陈虎彪摄）

鸡矢藤属、耳草属、车叶草属中，车叶草苷最为常见，此外还有栀子苷、京尼平苷、鸡矢藤次苷等。醌类存在于茜草属、耳草属、巴戟天属和红芽大戟属中，常见的有茜草素、羟基茜草素等，常具有抗肿瘤活性。生物碱类成分也普遍存在，金鸡纳树属为喹啉类生物碱，如治疗疟疾的奎宁，吐根中为异喹啉类生物碱，如吐根碱，具有催吐作用，钩藤属为吲哚类生物碱，如钩藤碱，具有降压镇静作用。

主要药用植物有：①茜草属 *Rubia*，如茜草 *R. cordifolia* L.。②栀子属 *Gardenia*，如栀子 *G. jasminoides* Ellis。③钩藤属 *Uncaria*，如钩藤 *U. rhynchophylla* (Miq.) Miq. ex Havil.、猫爪藤 *U. tomentosa*。④巴戟天属 *Morinda*，如巴戟天 *M. officinalis* How，海巴戟 *M. citrifolia* L.。⑤金鸡纳属 *Cinchona*，如金鸡纳树 *C. ledgeriana* (Howard) Moens ex Trim.。⑥鸡矢藤属 *Paederia*，如鸡矢藤 *P. scandens* (Lour.) Merr.。⑦耳草属 *Hedyotis*，如白花蛇舌草 *H. diffusa* Willd. 等。⑧拉拉藤属 *Galium*，如蓬子菜 *G. verum* L. 等。还有车叶草属 *Asperula*、红芽大戟属 *Koxia*、吐根属 *Uragoga* 等。

（郭宝林）

zhīzi

栀子（*Gardenia jasminoides* Ellis，cape jasmine）

茜草科栀子属植物。

灌木，高 0.3~3.0m。叶对生，革质，通常为长圆状披针形，长 3~25cm，顶端渐尖，基部楔形。花芳香，通常单朵生于枝顶；萼管倒圆锥形或卵形，长 8~25mm，萼顶部 5~8 裂，裂片披针形或线状披针形，果时增长；花冠白色或乳黄色，高脚碟状，喉部有疏柔毛，冠管长 3~5cm，顶部 5~8 裂，长 1.5~4.0cm；花丝极短，花药线形，长 1.5~2.2cm，伸出；花柱头纺锤形；子房黄色。果卵形或长圆形，黄色或橙红色，长 1.5~7.0cm，有翅状纵棱 5~9 条；种子多数。花期 3~7 月，果期 5 月至翌年 2 月。图 1。中国分布于华东、华中、华南和西南，生于海拔 10~1500m 处的旷野、丘陵、山谷的灌丛或林中，长江以南常栽培，可至河北、陕西和甘肃。也分布于日本、朝鲜、越南、老挝、柬埔寨、印度、尼泊尔、巴基斯坦，以及太平洋岛屿和美洲北部。

果实入药，药材名栀子，传统中药，最早记载于《神农本草经》。《中华人民共和国药典》（2020 年版）收载，具有泻火除烦，清热利湿，凉血解毒的功效，现代研究表明具有镇痛、解热、抗炎、利胆、利尿、降血脂、抗肿瘤、抗氧化等作用。

果实含有环烯醚萜类、二萜类、有机酸类、挥发油、木脂素类等化学成分。环烯醚萜类有栀子苷、羟异栀子苷、山栀子苷、栀子新苷等，具有促进胆汁分泌、降糖、保肝等作用，《中华人民共和国药典》（2020 年版）规定栀子中栀子苷含量不低于 1.80%。药材中含量为 1.66%~10.0%。二萜类有西红花苷类、西红花酸等，具有中枢神经抑制作用和抗肿瘤作用，药材中西红花苷-Ⅰ含量为 0.14%~1.25%。

栀子属全世界约 250 种，中国有 5 种 1 变种。*G. gummifera* L. f. 芽分泌的树脂在印度被用于治疗外伤和消化性疾病；*G. taitenisis* DC. 的花和叶在太平洋岛屿用于缓解头痛和治疗儿科疾病。

（郭宝林）

jīnjī'nàshù

金鸡纳树 [*Cinchona ledgeriana* (Howard) Moens ex Trim.，cinchona]

茜草科金鸡纳属植物。

乔木，通常高 3~6m；树皮灰褐色；叶长圆状披针形或椭圆状长圆形，长 7~16cm，顶端钝，基部渐狭，两面无毛。花序长达 23cm；花萼长 3~4mm，檐部稍扩大，裂片卵状三角形，长 0.5~1.0mm；花冠白色或浅黄白色，长 8~12mm，冠管稍具 5 棱，裂片披针形，长 3~4mm，内面边缘有淡黄色长柔毛；雄蕊着生于冠管的下部，长 3~8mm；花柱长 1.8~6.5mm。蒴果近圆筒形或圆锥形，被短柔毛，长 0.8~1.5cm，宿存萼檐；种子长圆形，长 4~5mm，周围具翅。花、果期 6 月至翌年 2 月。图 1。原分布于玻利维亚和秘鲁等地。中国云南南部和台湾有栽培。

茎皮和根皮为生物碱奎宁的

图 1 栀子（陈虎彪摄）

图 金鸡纳树（方睿摄）

主要原料，用于治疗疟疾，并有镇痛解热及局部麻醉的功用；奎宁还能增强子宫收缩，常用来引产；对于治疗疮疖、皮炎、皮癣都具有较好的疗效。生物碱奎尼丁可用于心房颤动阵发性心动过速和心房扑动等病症。

金鸡纳属全世界约40种，中国引种3种。

（郭宝林）

báihuāshéshécǎo
白花蛇舌草（*Hedyotis diffusa* Willd.，oldenlandia） 茜草科耳草属植物。

1年生无毛纤细披散草本，株高20～50cm。叶对生，无柄，膜质，线形；托叶基部合生，顶部芒尖。花4数，单生或双生于叶腋；萼管球形，萼檐裂片长圆状披针形；花冠白色，管长1.5～2.0mm，喉部无毛，裂片卵状长圆形，顶端钝；雄蕊生于冠管喉部；柱头2裂，裂片广展，有乳头状凸点。蒴果膜质，扁球形，直径2.0～2.5mm，宿存萼檐裂片长1.5～2.0mm，室背开裂。种子每室约10粒，具棱，干后深褐色，有深而粗的窝孔。花期春季。图1。中国分布于云南、广东、海南、广西、福建、浙江、江苏、安徽等省区。生于潮湿的田边、沟边、路旁和草地。也分布于热带亚洲，日本也分布。

图1 白花蛇舌草（陈虎彪摄）

全草入药，常用中药，具有清热解毒，利尿消肿，活血止痛的功效。现代研究证明具有抗肿瘤、提高免疫功能、增强肾上腺皮质功能等作用。

全草含有蒽醌类、萜类、黄酮类、烷烃类、多糖类、有机酸类、生物碱类、强心苷类等化学成分。蒽醌类有2,7-二羟基-3-甲基蒽醌、2-羟基-3-甲氧基-7-甲基蒽醌、2-羟基-1-甲氧基-3-甲基蒽醌、2-羟基-3-甲基蒽醌等；黄酮类有槲皮素、山柰酚及糖苷；三萜类有熊果酸、齐墩果酸，环烯醚萜类有鸡屎藤次苷、车叶草苷等；黄酮类、多糖、三萜类和甾醇类具抗肿瘤活性；多糖可增强免疫。

耳草属植物全世界有400余种，中国分布有60种，药用植物还有鼎湖耳草 *H. effusa* Hance、耳草 *H. auricularia* L.、金毛耳草 *H. chrysotricha*（Palib.）Merr.、金草 *H. acutangula* Champ. ex Benth. 等。

（张 瑜）

bājǐtiān
巴戟天（*Morinda officinalis* How，medicinal indianmulberry） 茜草科巴戟天属植物。

藤本；肉质根肠状缢缩，根肉略紫红色，干后紫蓝色。叶薄或稍厚纸质，长圆形，长6～13cm，顶端急尖；叶柄长4～11mm。花序3～7伞形排列于枝顶；头状花序具花4～10朵；花常3基数，无花梗；花萼倒圆锥状，下部与邻近花萼合生，顶部具波状齿2～3，外侧1齿特大；花冠白色，近钟状，冠管长3～4mm，通常3裂，裂片卵形或长圆形，内面密被髯毛；雄蕊花药背着；花柱异形，子房常3室，每室胚珠1颗。聚花核果红色，直径5～11mm；被毛状物；种子熟时黑色。花期5～7月，果熟期10～11月。图1。中国分布于福

图1 巴戟天（陈虎彪摄）

建、广东、海南、广西等省区。生于山地疏、密林下和灌丛中，常攀于灌木或树干上。常栽培。中南半岛也有分布。

肉质根入药，药材名巴戟天，最早记载于《药物出产辨》。《中华人民共和国药典》（2020 年版）收载，具有补肾阳，强筋骨，祛风湿的功效。现代研究表明具有调节免疫、抗衰老、抗抑郁、抗疲劳、增强记忆的作用。

肉质根含有蒽醌类、寡糖和多糖类、环烯醚萜类等化学成分。蒽醌类有 rubiacin A、B，甲基异茜草素、甲基异茜草素-1-甲醚等，具有抗菌、降压、降脂、抗癌、抗病毒、凝血等作用；寡糖有耐斯糖、1F 果呋喃糖基耐斯糖，具有抗抑郁、调节免疫和抗骨质疏松作用，耐斯糖是巴戟天的质量控制成分，《中华人民共和国药典》（2020 年版）规定的含量不低于 2.0%，药材中含量为 2.0%～8.9%；环烯醚萜类有水晶兰苷、四乙酰车叶草苷等，具有抗炎镇痛作用。

巴戟天属全世界 100 余种，中国有 26 种。海巴戟 *M. citrifolia* L. 在越南普遍栽培，根、果实和叶均药用，根皮可用于治疗高血压和腰腿疼痛，也治疗发热，叶

图 1　鸡矢藤（陈虎彪摄）

可治疗胃疼和具有轻泻作用；药用植物还有 *M. pubecens* L. E. Smith、羊角藤 *M. umbellata* L. ssp. *obovata* Y. Z. Ruan 等。

（郭宝林）

jīshǐténg

鸡矢藤 ［*Paederia scandens* (Lour.) Merr.，Chinese fevervine］ 茜草科鸡矢藤属植物。又称鸡屎藤。

藤本。叶对生，纸质或近革质，卵形、卵状长圆形至披针形，长 5～9cm，顶端急尖或渐尖；托叶长 3～5mm。圆锥花序式的聚伞花序腋生和顶生；小苞片披针形，长约 2mm；花具短梗或无；萼管陀螺形，长 1.0～1.2mm，萼檐裂片 5，裂片三角形，长 0.8～1.0mm；花冠浅紫色，管长 7～10mm，里面被绒毛，顶部 5 裂，裂片长 1～2mm，花药背着。果球形，成熟时近黄色，直径 5～7mm，宿存的萼檐裂片和花盘。花期 5～7 月。图 1。中国分布于华东、华南和西南，以及陕西、甘肃。生于海拔 200～2000m 的山坡、林中、林缘、沟谷边灌丛中或缠绕在灌木上。也分布于朝鲜、日本，以及东南亚。

地上部分入药，药材名鸡矢藤，最早记载于《本草纲目拾遗》。具有祛风除湿，消食化积，解毒消肿，活血止痛的功效。现代研究表明具有镇痛、抗炎、降低尿酸、抗菌等作用。

地上部分含有环烯醚萜苷类、黄酮类、挥发油、含硫化合物等化学成分。环烯醚

萜苷类成分主要有鸡屎藤苷、鸡屎藤次苷、车叶草苷等。环烯醚萜苷类具有镇痛作用，此外二甲基二硫化合物也具有明显的镇痛作用。

鸡矢藤全世界 20～30 种，中国有 11 种 1 变种。臭鸡矢藤 *P. foetida* L. 的鲜叶在印度为著名药用植物，具有很好的止痢作用。

（郭宝林）

qiàncǎo

茜草 （*Rubia cordifolia* L，Indian madder） 茜草科茜草属植物。

多年生攀缘草本；根状茎和其节上的须根均红色；茎方柱形，棱上生倒生皮刺。叶通常 4 片轮生，纸质，披针形或长圆状披针形，长 0.7～3.5cm，顶端渐尖，有时钝尖，基部心形，边缘有齿状皮刺，两面脉上有微小皮刺；基出脉 3 条。叶柄长通常 1.0～2.5cm，有倒生皮刺。聚伞花序腋生和顶生，多回分枝，有花多数；花冠淡黄色，花冠裂片近卵形，长约 1.5mm。果球形，直径通常 4～5mm，成熟时橘黄色。花期 8～9 月，果期 10～11 月。图 1。中国分布于东北、华北、西北，以及四川及西藏等地。常生于疏林、林缘、灌丛或草地上。朝鲜、日本和俄罗斯远东也有分布。

根和根茎药用，药材名茜草，传统中药，最早记载于《黄帝内经》。《中华人民共和国药典》（2020 年版）收载，具凉血，祛瘀，止血，通经的功效。现代研究证明具有止血、免疫抑制、抗辐射、抗肿瘤、抗人类免疫缺陷病毒、抗炎、抗菌、止咳、祛痰等作用。

根和根茎中含有蒽醌类、萘醌类、萜类、环肽类、多糖等化学成分。蒽醌类有羟基茜草素、

图1 茜草 (陈虎彪摄)

茜草素、异茜草素等，萘醌类有大叶茜草素、茜草内酯、二氢大叶茜草素等，醌类具有抗真菌、细菌和病毒等作用，《中华人民共和国药典》（2020年版）规定大叶茜草素和羟基茜草素分别不低于0.40%和0.10%，药材中的含量分别为0.16%～0.44%和0.14%～0.46%。茜草多糖有清除自由基的作用。

茜草属植物全世界约84种4亚种，中国有38种。药用植物还有云南茜草 R. yunnanensis Diels 等。

（陈士林　向丽　邬兰）

gōuténg

钩藤 ［Uncaria rhynchophylla (Miq.) Miq. ex Havil., sharpleaf gambirplant］ 茜草科钩藤属植物。

藤本；嫩枝方柱形或略有4棱角。叶纸质，椭圆形或椭圆状长圆形，长5～12cm，下面有时有白粉，顶端短尖或骤尖，基部楔形至截形；侧脉腋窝陷有黏液毛；叶柄长5～15mm；托叶狭三角形，深2裂。头状花序或成单聚伞状排列，腋生，长5cm；小苞片线形或线状匙形；花近无梗；花萼裂片近三角形，长0.5mm，疏被短柔毛；花冠管外面无毛，花冠裂片卵圆形，边缘有时有纤毛；花柱伸出冠喉外，柱头棒形。小蒴果长5～6mm，被短柔毛，宿存萼裂片。花、果期5～12月。图1。中国分布于广东、广西、云南、贵州、福建、湖南、湖北、江西等省区，常生于山谷溪边的疏林或灌丛中。也分布于日本。

带钩茎枝入药，药材名钩藤，为传统中药，最早记载于《神农本草经》。《中华人民共和国药典》（2020年版）收载，具有息风定惊，清热平肝的功效。现代研究表明具有降压、抗心律失常、抑制脑缺血、镇静、抗惊厥和抗癫痫，血液系统作用、抗肿瘤、抗炎、镇痛等作用。

茎含有生物碱类、皂苷类、黄酮类、香豆素等化学成分。生物碱类主要有钩藤碱和异钩藤碱，二者占钩藤中总生物碱的40%以上，此外还有去氢钩藤碱、异去氢钩藤碱、毛钩藤碱、去氢毛钩藤碱等，生物碱具有降压、镇静、抗血小板聚集、抗癌等作用，钩藤碱含量为0.045%～0.199%，异钩藤碱含量为0.003%～0.190%；皂苷类以常春藤苷元为母核，黄酮类有槲皮素、槲皮苷、金丝桃苷等。

钩藤属全世界有34种，中国有11种，大叶钩藤 U. cariamacrophylla Wall.、毛钩藤 U. hirsuta Havil.、华钩藤 U. sinensis (Oliv.) Havil. 和无柄果钩藤 U. sessilifructus Roxb. 也为《中华人民共和国药典》（2020年版）收载为药材钩藤的来源植物。绒毛钩藤（又称猫爪藤）U. tomentosa (Will.) DC. 是秘鲁著名传统药，树皮和根皮入药，具有抗感染、抗肿瘤、消炎和避孕等功效。

（郭宝林）

xuánhuākē

旋花科 （Convolvulaceae） 草本或灌木，或为寄生植物，常有乳汁。茎缠绕或攀缘。叶互生，螺旋排列，常为单叶，全缘或分裂，叶基常心形或戟形。花单生于叶腋，或常组成腋生聚伞花序。苞片成对。花两性，5数；花萼分离或仅基部连合，外萼片常比内萼片大，宿存。花冠漏斗状、钟状、高脚碟状或坛状；蕾期旋转折扇状或镊合状。雄蕊与花冠裂片等数互生，着生花冠管下部；花药2室，纵裂。具花盘。子房上位，常2心皮合生，中轴胎座，每室有2枚倒生胚珠，花柱1～2。常为蒴果。胚大，具宽的、折绉子叶。全世界约56属1800种以上。中国有22属大约

图1 钩藤 (陈虎彪摄)

125 种。

本科主要含有各类生物碱，如莨菪烷型、吡咯烷型、吡咯双烷型、吡咯烷酮型、咔啉型麦角灵型、甾体生物碱等，以及黄酮类、酚酸类、香豆素类和多种萜类化学成分。如丁公藤属主要含有莨菪烷型生物碱，如包公藤甲素等，以及香豆素类成分，如东莨菪内酯、东莨菪苷等；菟丝子属以黄酮类为主；牵牛子属含有麦角灵类生物碱，如麦角醇等。

主要药用植物有：①牵牛属 Pharbitis，如裂叶牵牛 P. nil（L.）Choisy、圆叶牵牛 P. purpurea（L.）Voigt 等。②丁公藤属 Erycibe，如丁公藤 E. obtusifolia Benth.、光叶丁公藤 E. schmidtii Craib 等。③菟丝子属 Cuscuta，如菟丝子 C. chinensis Lam.、南方菟丝子 C. australis R. Br. 等。

（郭宝林）

tùsīzǐ

菟丝子 （Cuscuta chinensis Lam.，Chinese dodder） 旋花科菟丝子属植物。

1 年生寄生草本。茎缠绕，黄色，纤细，直径约 1mm，无叶。花序侧生，少花或多花簇生成小伞形，近于无总花序梗；苞片及小苞片鳞片状；花梗 1mm 许；花萼杯状，中部以下连合，裂片三角状，长约 1.5mm；花冠白色，壶形，长约 3mm，裂片三角状卵形，宿存；雄蕊着生花冠裂片弯缺微下处；鳞片长圆形，边缘长流苏状；子房近球形，花柱 2，柱头球形。蒴果球形，直径约 3mm，为宿存花冠包围，周裂。种子 2～49，淡褐色，卵形，长约 1mm，表面粗糙。图 1。中国分布于东北、华北、华东、西北。生于海拔 200～3000m 的田边、山坡阳处、路边灌丛或海边沙丘，通常寄生于豆科、菊科、蒺藜科等多种植物上。亚洲、大洋洲也普遍分布。

种子入药，药材名菟丝子，传统中药，最早记载于《神农本草经》。《中华人民共和国药典》（2020 年版）收载，具有补益肝肾，固精缩尿，安胎，明目，止泻，外用消风祛斑的功效。现代研究表明具有促进生殖功能、抗氧化、抗衰老、免疫调节、改善心血管功能、保肝、延缓白内障等作用。叶入药，具有利水消肿的功效。

种子含有黄酮类、三萜类、酚酸类等化学成分。黄酮类成分为槲皮素和山柰酚的苷类，如金丝桃苷、紫云英苷等，黄酮类具有促进性腺分泌等改善生殖作用，金丝桃苷为菟丝子的质量控制成分，《中华人民共和国药典》（2020 年版）规定含量不低于 0.10%，药材中的含量为 0.02%～0.08%。

菟丝子属全世界约 170 种，中国有 8 种。南方菟丝子 C. australis R. Br. 也被《中华人民共和国药典》（2020 年版）收载为菟丝子药材的来源植物。药用植物还有金灯藤 C. japonica Choisy 等。

（郭宝林）

dīnggōngténg

丁公藤 （Erycibe obtusifolia Benth.，obtus-leaf erycibe） 旋花科丁公藤属植物，又称包公藤。

高大木质藤本，长约 12m；小枝干后黄褐色，明显有棱。叶革质，椭圆形或倒长卵形，长 6.5～9.0cm，顶端钝或钝圆，基部渐狭成楔形；叶柄长 0.8～1.2cm。聚伞花序腋生和顶生，腋生的花少至多数，顶生的排列成总状，长度均不超过叶长的一半，被淡褐色柔毛；花梗长 4～6mm；花萼球形，萼片近圆形，长 3mm；花冠白色，长 1cm，小裂片长圆形，全缘或浅波状；雄蕊不等长，花丝长可至 1.5mm，花丝之间有鳞片，子房圆柱形。浆果卵状椭圆形，长约 1.4cm。图 1。中国分布于产广东中部及沿海岛屿。生于山谷湿润密林中或路旁灌丛。

图 1 菟丝子 （陈虎彪摄）

图 1 丁公藤 （潘超美摄）

藤茎入药，药材名丁公藤，传统中药，最早记载于《南史》。《中华人民共和国药典》（2020 年版）收载，具有祛风除湿，消肿止痛的功效。现代研究表明具有抗炎、镇痛、缩瞳降眼压、解痉、强心等作用。

藤茎中含有香豆素类、生物碱类、酚酸类等化学成分，香豆素类的主要成分是东莨菪内酯（包公藤乙素，东莨菪素）、东莨菪苷等，生物碱为莨菪烷型，如包公藤甲素、包公藤丙素、凹脉丁公藤碱等。酚酸类主要是绿原酸、异绿原酸 A、B、C 等。《中华人民共和国药典》（2020 年版）规定治疗药材中东莨菪内酯的含量不低于 0.050%，药材中东莨菪内酯含量为 0.01%~0.10%，东莨菪苷含量为 0.01%~0.68%。

丁公藤属全世界有约 66 种，中国有 11 种。光叶丁公藤 *E. schmidtii* Craib 也为《中国药典》（2020 年版）收载为药材丁公藤的来源植物。

（郭宝林）

lièyèqiānniú

裂叶牵牛 [*Pharbitis nil*（L.）Choisy, imperial Japanese morning glory] 旋花科牵牛属植物，又称牵牛。

图 1 裂叶牵牛（陈虎彪摄）

1 年生缠绕草本，茎上被短柔毛和长硬毛。叶宽卵形或近圆形，深或浅的 3 裂，长 4~15cm，基部圆或心形，中裂片大，先端渐尖或骤尖，叶面被微硬的柔毛；叶柄长 2~15cm。花腋生，常 2 朵生于花序梗顶，花序梗通常短于叶柄；苞片线形或叶状，被微硬毛；花梗长 2~7mm；小苞片线形；萼片近等长，长 2.0~2.5cm，披针状线形，被开展的刚毛；花冠漏斗状，长 5~8cm，蓝紫色或紫红色，花冠管色淡；雄蕊及花柱内藏；柱头头状。蒴果近球形，直径 0.8~1.3cm，3 瓣裂。种子卵状三棱形，长约 6mm，黑褐色或米黄色。图 1。原产热带美洲，各地种植后常逸为野生。

种子入药，药材名牵牛子，传统中药，最早记载于《名医别录》。《中华人民共和国药典》（2020 年版）收载，具有泻水通便，消痰涤饮，杀虫攻积的功效，有小毒。现代研究表明具有泻下、利尿、驱虫、抗肿瘤、抗菌、兴奋子宫等作用，毒性作用在肠胃和泌尿系统。

种子含有酚类、生物碱类、蒽醌类和酚酸类化学成分。酚类成分牵牛树脂苷（牵牛脂素）为一类羟基脂肪酸的糖苷统称，水解后的脂肪酸及次级苷有牵牛子酸 A、B、C、D，是牵牛的泻下活性成分，还有生物碱类，如麦角醇、裸麦角碱、狼尾麦角碱、麦角新碱等。

牵牛属全世界有 24 种，中国有 3 种。圆叶牵牛 *P. purpurea* （L.）

Voigt 被《中华人民共和国药典》（2020 年版）收载为牵牛子药材的来源植物。

（郭宝林）

zǐcǎokē

紫草科（Boraginaceae） 多数为草本，较少为灌木或乔木，单叶，多互生；全缘或有锯齿。多聚伞花序或镰状聚伞花序，花两性，多辐射对称；5 个基部至中部合生萼片，大多宿存；花冠一般分筒部、喉部、檐部、檐部具 5 裂片；雄蕊 5，常轮状排列；雌蕊由 2 心皮组成，子房 2 室，每室含 2 胚珠，或由隔膜成 4 室，每室含 1 胚珠，或子房 4（~2）裂，每裂瓣含 1 胚珠，花柱顶生或生在子房裂瓣之间的雌蕊基上；果实为核果或坚果，种子直立或斜生，种皮膜质，常无胚乳。全世界约 100 属 2000 种，中国 48 属约 269 种。

本科植物以两类化合物为其特征：一类是吡咯里西啶类生物碱，在紫草亚科和天芥菜亚科中普遍含有，如天芥菜春碱、长柱琉璃草定碱、蓝蓟定、紫丹亭等，具有抗肿瘤、抗菌等活性。该类生物碱也具有肝毒性、致癌作用。另一类是萘醌型色素，只发现存在于紫草科的草本植物中，特别是紫草属、滇紫草属、软紫草属为多，如紫草素、紫草烷等，具有抗菌、抗炎、抗凝血等活性。此外，还有三萜类、木脂素类、黄酮类和多酚类成分。

主要药用植物有：①紫草属 *Lithospermum*，如紫草 *L. erythrorhizon* Sieb. et Zucc. 等。②软紫草属 *Arnebia*，如新疆紫草 *A. euchroma*（Royle）Johnst.、内蒙紫草 *A. guttata* Bunge 等。③滇紫草属 *Onosma*，如滇紫草 *O. paniculatum* Bur. et Franch. 等。④附地

菜属 Trigonotis，如附地菜 T. peduncularis（Trev.）Benth. ex Baker et Moore 等。⑤天芥菜属 Heliotropium，如天芥菜 H. europaeum L.。⑥聚合草属 Symphytum，如聚合草 S. officinale L.。⑦琉璃苣属 Borago，如琉璃苣 B. officinalis L. 等。

（姚霞）

xīnjiāngzǐcǎo
新疆紫草 [Arnebia euchroma（Royle）Johnst.，sinkiang arnebia] 紫草科软紫草属植物。又称软紫草、紫草。

多年生草本；高 15 ~ 40cm，全株被长硬毛；根粗壮，直径可达 2cm，富含紫色物质。叶无柄，基生叶线形至线状披针形，长 7 ~ 20cm，先端短渐尖，基部扩展成鞘状；茎生叶披针形至线状披针形，较小；镰状聚伞花序生茎上部叶腋，长 2 ~ 6cm；花萼 5 裂，裂片线形，长 1.2 ~ 1.6cm；花冠筒状钟形，紫色或淡紫色，长 1.0 ~ 1.4cm，裂片卵形；雄蕊 5，着生于花冠筒，花药长约 2.5mm；花柱长达喉部（长柱花）或仅达花筒中部（短柱花），先端浅 2 裂；小坚果宽卵形，黑褐色，长约 3.5mm；花果期 6 ~ 8 月，果期 8 ~ 9 月。图 1。中国分布于新疆、甘肃及西藏。生于海拔 2500 ~ 4200m 的砾石山坡、草地及草甸处。印度、尼泊尔、巴基斯坦、阿富汗、伊朗、俄罗斯有分布。

根入药，药材名紫草。《中华人民共和国药典》（2020 年版）收载，具有清热凉血，活血解毒，透疹消斑的功效。现代研究表明具有抗炎、抗肿瘤、抗生育、解热镇痛镇静、抗病原微生物等作用。

根含有萘醌类色素、酚性单

图 1　新疆紫草（陈虎彪提供）

萜类等化学成分。萘醌类色素主要有紫草素、去氧紫草素、阿卡宁、β,β'-二甲基丙烯酰阿卡宁等，是紫草抗菌抗炎、抗癌、抗血凝的有效成分。《中华人民共和国药典》（2020 年版）规定含羟基萘醌总色素不少于 0.80%，β,β'-二甲基丙烯酰阿卡宁不少于 0.30%，药材中二者含量分别为 0.01% ~ 1.286% 和 0.05% ~ 1.66%。酚性单萜类有软紫草萜酮、软紫草萜、软紫草呋喃萜酮等。

软紫草属植物全世界约 25 种，中国分布 6 种，内蒙紫草 A. guttata Bunge 也被《中华人民共和国药典》（2020 年版）收载为紫草药材的来源植物。另外，紫草属 Lithospermum 植物紫草 L. erythrorhizon Sieb. et Zucc. 是《神农本草经》和中国历代本草记载的中药材紫草的来源植物，又称硬紫草，也具有相似化学成分和功效。

（姚霞）

mǎbiāncǎokē
马鞭草科（Verbenaceae） 灌木或乔木，稀藤本、草本；常具特殊气味。叶常对生，常单叶或掌状复叶；无托叶。花序顶生或腋生，聚伞、总状、穗状、伞房状聚伞或圆锥花序；花两性，两侧对称；萼杯状、钟状或管状，4 ~ 5 齿裂，宿存；花冠二唇形或略不相等的 4 ~ 5 裂，裂片常向外开展；雄蕊 4，稀 2 或 5 ~ 6，冠生；花盘不显著；子房上位，2 心皮合生，2 ~ 4 室或因假隔膜分成 4 ~ 10 室，每室 1 胚珠；花柱顶生，稀陷于子房裂片中；柱头 2 裂或不裂。核果、浆果状核果、蒴果或裂为 4 枚小坚果。种子常无胚乳，胚直立，子叶扁平。全世界有 80 属 3000 余种，中国有 5 亚科约 21 属 170 余种。

本科植物含萜类、黄酮类、蒽醌类和生物碱类等化学成分。萜类有二萜、三萜和环烯醚萜类，环烯醚萜类分布于蔓荆属、三台花属（Clerodendrum）、马鞭草属，如桃叶珊瑚苷具有抗菌作用，马鞭草苷有缓泻作用；黄酮类分布于牡荆属、紫珠属、大青属，如牡荆子黄酮、荭草素、芹菜素；蒽醌类如乌南醌、α-兰香草素；生物碱类少见，如牡荆定碱、蔓荆子碱。

主要药用植物有：①马鞭草属 Verbena，如马鞭草 V. officinalis L. 等。②大青属 Clerodendron，如海州常山 C. trichotomum Thunb. 等。③牡荆属 Vitex，如牡荆 V. negundo Linn. var. cannabifolia（Sieb. et Zucc.）Hand. -Mazz.、蔓荆 V. reifolia L.、穗花牡荆 V. agnus-castus L. 等。④紫珠属 Callicarpa，如杜虹花 C. formosana Rolfe、大叶紫珠 C. macrophylla Vahl.、裸花紫殊 C. nudiflora

Hook. et Arn、广东紫珠 *C. kwang-tungensis* Chun 等。⑤莸属 *Caryopteris*，如兰香草 *C. incana*（Thunb.）Miq.、三花莸 *C. ternifotana* Maxim.。⑥马缨丹属 *Lantana*，如马缨丹 *L. camara* L. 等。

（严铸云）

dùhónghuā

杜虹花（*Callicarpa formosana* Rolfe，Taiwan beautyberry） 马鞭草科紫珠属植物。

灌木，高 1～3m；小枝、叶柄和花序均密被灰黄色星状毛和分枝毛。叶卵状椭圆形或椭圆形，长 6～15cm，先端渐尖，基部钝圆，边缘有细锯齿，表面被短硬毛，背面被灰黄色星状毛和黄腺点，侧脉 8～12 对；叶柄粗壮。聚伞花序宽 3～4cm，通常 4～5 次分歧；苞片细小；花萼杯状，被灰黄色星状毛，萼齿 4，钝三角形；花冠紫或淡紫色，无毛，长约 2.5mm；雄蕊长约 5mm，花药椭圆形，药室纵裂；子房无毛。果实近球形，紫色，径约 2mm。花期 5～7 月，果期 8～11 月。图 1。中国分布于江西、浙江、台湾、福建、广东、广西、云南等地。生于海拔 1600m 以下的平地、山坡和溪边的林中或灌丛中。日本及菲律宾也有分布。

图 1 杜虹花（陈虎彪摄）

叶入药，药材名紫珠叶。最早记载于《本草拾遗》。《中华人民共和国药典》（2020 年版）收载，具有凉血收敛止血，散瘀消毒解肿的功效。现代研究表明具有镇痛、抗炎、止血、抗氧化、抗肿瘤等作用。

叶主要含有黄酮类、二萜类、三萜类、苯乙醇苷类、环烯醚萜苷类、苯丙素类、有机酸类等化学成分。黄酮类有芹菜素和木犀草素及苷类、3,4′,5,7-四甲氧基黄酮、3,3′,4′,5,7-五甲氧基黄酮、5-羟基-3,4′,7-三甲氧基黄酮等；二萜类主要是半日花烷型和松香烷型；三萜类为齐墩果烷型和乌苏烷型，如白桦脂酸、白桦脂醛等；苯乙醇苷类有毛蕊花糖苷等，具有止血活性，《中华人民共和国药典》（2020 年版）规定紫珠叶药材中含毛蕊花糖苷不少于 0.50%，药材中的含量为 0.58%～1.36%；挥发油类有 (−)-斯巴醇、β-石竹烯、大根香叶烯、β-桉叶烯等，具有抗氧化活性；环烯醚萜苷类如 6β-hydroxy-lipolamiide、phlorigidoside B 等。

紫珠属植物全世界 190 余种，中国约 46 种。大叶紫珠 *C. macrophylla* Vahl、广东紫珠 *C. kwangtungensis* Chun、裸花紫珠 *C. nudiflora* Hook. et Arn. 均被《中华人民共和国药典》（2020 年版）收载，叶或茎枝入药，具有散瘀止血，消肿止痛，清热解毒的功效。药用植物还有紫珠 *C. bodinieri* Levl.、木紫珠 *C. arborea* Roxb.、

短柄紫珠 *C. brevipes*（Benth.）Hance、白毛紫珠 *C. candicans*（Burm. f.）Hochr.、华紫珠 *C. cathayana* H. T. Chang、白棠子树 *C. dichotoma*（Lour.）K. Koch、老鸦糊 *C. giraldii* Hesse ex Rehd.、日本紫珠 *C. japonica* Thunb.、枇杷叶紫珠 *C. kochiana* Makino、尖尾枫 *C. longissima*（Hemsl.）Merr.、尖萼紫珠 *C. lobo-apiculata* Metc.、红紫珠 *C. rubella* Lindl. 等。

（姚 霞）

hǎizhōuchángshān

海州常山（*Clerodendrum trichotomum* Thunb.，harlequin glorybower） 马鞭草科大青属植物。又称臭梧桐。

灌木或小乔木，高 1.5～10.0m；老枝髓白色，具淡黄色片状横隔。单叶，对生；叶片卵形、卵状椭圆形或三角状卵形，长 5～16cm，先端渐尖，基部宽楔形至截形；叶柄长 2～8cm。伞房状聚伞花序顶生或腋生，末次分枝着花 3 朵；苞片叶状，早落；花萼初时绿白色，后紫红色，基部合生，中部稍膨大，具 5 棱脊，5 深裂；花香，花冠管细，长约 2cm，5 裂；雄蕊 4，花丝与花柱伸出花冠外；花柱较雄蕊短，柱头 2 裂。核果近球形，藏宿萼内。花果期 6～11 月。图 1。中国分布于华北、华中、华南、西南地区，以及辽宁、甘肃、陕西等地；朝鲜、日本以至菲律宾北部也有分布。

嫩枝及叶入药，药材名臭梧桐叶，具有祛风湿，降压的功效；现代研究表明具有降压、镇痛、镇静、抗炎、抗人类免疫缺陷病毒、抗肿瘤等作用。带宿萼的花，具有祛风，降压，止痢的功效。

嫩枝及叶含黄酮类、苯乙醇苷、二萜类、生物碱类和挥发油

图 1 海州常山 (陈虎彪摄)

类等化合物。黄酮类有海州常山苷、刺槐素-7-二葡萄糖醛酸苷、臭梧桐苷等，二萜类有臭梧桐素甲、臭梧桐素乙、海州常山苦素 A 及海州常山苦素 B 等，臭梧桐素甲具有镇静与降压作用。

大青属植物全球约 400 种，中国有 34 种 6 变种。药用植物还有大青 C. cyrtophyllum Turcz.、白花灯笼 C. fortunatum L.、赪桐 C. japonicum (Thunb.) Sweet、臭茉莉 C. philippinum Schauer var. simplex Moldenke、三对节 C. serratum (Linn.) Moon 等。

(严铸云 李芳琼)

mǎbiāncǎo

马鞭草 (Verbena officinalis L., common vervain) 马鞭草科马鞭草属植物。

多年生草本，高 30～120cm。茎四方形，节及棱上具硬毛。叶片卵圆形至倒卵形或长圆状披针形，长 2～8cm；基生叶边缘具粗锯齿和缺刻，茎生叶多 3 深裂，裂片边缘具不整齐锯齿，两面具硬毛。穗状花序顶生和腋生，结果时可长达 25cm；花小，无柄；苞片稍短于花萼，具硬毛；萼具硬毛，5 脉；花冠淡紫至蓝色，长 4～8mm，外微被毛，5 裂；雄蕊 4，着生在花冠管中部，花丝

短；子房无毛。果长圆形，外果皮薄，成熟时 4 瓣裂。花期 6～8 月，果期 7～10 月。图 1。中国分布于西北、西南、华中、华南地区，全世界温带至热带地区均有分布。

地上部分入药，药材名马鞭草，最早记载于《名医别录》。《中华人民共和国药典》（2020 年版）收载，具有活血散瘀，解毒，利水，退黄，截疟的功效。现代研究证明具有镇咳、抗肿瘤、抗炎、镇痛、保护神经、调节免疫等作用。

图 1 马鞭草 (陈虎彪摄)

地上部分主要含有环烯醚萜苷类、黄酮类、三萜类和甾体类等化合物。环烯醚萜苷有马鞭草苷和 5-羟基马鞭草苷等，马鞭草苷具镇咳作用；三萜类有齐墩果酸和熊果酸等。《中华人民共和国

药典》（2020 年版）规定马鞭草药材中齐墩果酸和熊果酸总量不少于 0.30%，药材中熊果酸含量为 0.23%～0.39%，齐墩果酸含量为 0.07%～0.14%。

马鞭草属植物全球约 250 种，中国 3 种。

(严铸云 李芳琼)

mǔjīng

牡荆 [Vitex negundo L. var. cannabifolia (Sieb. et Zucc.) Hand.-Mazz., negundo chastetree] 马鞭草科牡荆属植物。

落叶灌木或小乔木；小枝四棱形，密被灰白色绒毛。指状复叶，对生；叶柄长 2～6cm；小叶 5，偶 3；小叶片披针形或椭圆状披针形，顶端渐尖，基部楔形，边缘具粗锯齿，下面常被柔毛；中间小叶长 5～10cm，两侧小叶依次渐小；中间 3 枚小叶具柄。聚伞花序排成圆锥状，顶生，长 10～20cm；花序梗密生灰白色绒毛；花萼钟状，5 齿裂，外被灰白色绒毛，宿存；花冠 5 裂，二唇形，淡紫色，外具柔毛；二强雄蕊，伸出花冠管外；子房近无毛。果实近球形，黑色。花期 6～7 月，果期 8～11 月。图 1。中国分布于华东、华中、华南和西南；生于山坡路边灌丛中。日本也有分布。

新鲜叶入药，药材名牡荆叶，叶最早记载于《千金要方》；《中华人民共和国药典》（2020 年版）收载叶和油，具有祛痰，止咳，平喘的功效；现代研究表明具有抗菌、解热、镇痛、抗炎、抗氧化、杀虫等作用。鲜叶用于提取牡荆油。果实入药，具有祛风解表、化痰止咳，行气止痛的功效。

叶主要含挥发油、黄酮类、木脂素类、萜类、酚苷等化学成

图 1 牡荆 (陈虎彪摄)

分。挥发油中主要有 β-丁香烯和香桧烯，具有祛痰、镇咳、平喘等作用；黄酮类主要有牡荆素、紫花牡荆素、荭草苷、木犀草素等；木脂素有泡桐素、异落叶松脂素等。

牡荆属植物全球约 250 种，中国 14 种 7 变种 3 变型。药用植物还有黄荆 V. negundo L.、蔓荆 V. trifolia Linn、单叶蔓荆 V. trifolia Linn. var. simplicifolia Cham. 等。穗花牡荆 V. agnus-castus Linn. 是欧洲传统植物药，《英国草药典》和《美国药典》收载，具有雌激素样作用、抗肿瘤和抗菌。

（严铸云 李芳琼）

mànjīng

蔓荆（Vitex trifolia L., shrub chastetree）马鞭草科牡荆属植物。

落叶灌木，高 1.5～5.0m；小枝四棱形，密被细柔毛。三出复叶，对生；小叶卵形、倒卵形或倒卵状长圆形，长 2.5～9.0cm，顶端钝或短尖，基部楔形，全缘，下面密被灰白色绒毛，近无柄。圆锥花序顶生，长 3～15cm；花序梗密被灰白色绒毛；花萼钟形，外被绒毛，宿存；花冠淡紫或蓝紫色，长 6～10mm，花冠二唇形，

下唇中间裂片较大，管内密生长柔毛；雄蕊二强，伸出冠外；子房密生腺点；柱头 2 裂。核果近圆形，径约 5mm，成熟时黑色。花期 7 月，果期 9～11 月。图 1。中国分布于福建、台湾、广东、广西、云南；印度、越南、菲律宾、澳大利亚也有分布。

果实入药，药材名蔓荆子，最早记载于《神农本草经》。《中华人民共和国药典》（2020 年版）收载，具有疏散风热，清利头目的功效。现代研究表明具有抗炎、抗氧化、抗肿瘤、解热镇痛等作用。

果实中含黄酮类、萜类、蒽醌类、木质素类、酚酸类、甾醇类、挥发油等化合物。黄酮类有蔓荆子黄素、木犀草素、牡荆素、3,6,7-三甲基槲皮万寿菊素等，蔓荆子黄素具有抗氧化、抗疟、抗炎、抗过敏、调节免疫等活性。《中华人民共和国药典》（2020 年版）规定蔓荆子药材中蔓荆子黄素含量不少于 0.030%，药材中含量为 0.005%～0.110%。二萜类有 vitetrifolin A~H；三萜为齐墩果烷型、乌苏烷型和羽扇豆烷型五环三萜；环烯醚萜类有穗花牡荆苷等。

牡荆属植物情况见牡荆。单叶蔓荆 V. trifolia L. var. simplicifolia Cham. 也被《中华人民共和国药典》（2020 年版）收载为蔓荆子药材的来源植物。

（严铸云 李芳琼）

chúnxíngkē

唇形科（Labiatae，Lamiaceae）草本，少为灌木或亚灌木，稀乔木，茎通常四棱柱形。叶对生或轮生；单叶，偶为羽状复叶；无托叶。轮伞花序，组成总状、穗状或圆锥状的混合花序；花两性，两侧对称；花萼 5 裂，常二唇形，宿存；花冠 5 裂，二唇形，少为假单唇形或单唇形；雄蕊 4，2 强，或退化为 2 枚；下位花盘，肉质，全缘或 2～4 裂；子房上位，2 心皮，常 4 深裂形成假 4 室，每室 1 枚胚珠，花柱着生于 4 裂子房的底部。果实为 4 枚小坚果。植物体的茎、叶具不同形状的毛被，气孔直轴式。全世界约 220 属 3500 种。中国约 99 属 800 余种。

本科植物富含挥发油、萜类、黄酮类、酚酸类等化学成分，挥发油以单萜、倍半萜为主，具有抗菌、消炎及抗病毒作用；其他萜类成分包括环烯醚萜类、二萜及三萜类成分，丹参中的二萜类

图 1 蔓荆 (陈虎彪摄)

具抗菌消炎、降血压及活血化瘀、促进伤口愈合及抗癌等作用；黄酮类主要是以芹菜素、木犀草素及其苷类，均有抗菌消炎作用。酚酸类也普遍存在，多具有心脑血管方面的作用。部分属含有生物碱类，如益母草属。

本科主要药用植物有：①益母草属 Leonurus，如益母草 L japonicus Houtt. 等。②鼠尾草属 Salvia，如丹参 S. miltiorrhiza Bunge、药用鼠尾草 S. officinalis L. 等。③黄芩属 Scutellaria，如黄芩 S. baicalensis Georgi、半枝莲 S. barbata D. Don、美黄芩 S. lateriflora L. 等。④百里香属 Thymus，如百里香 T. mongolicus (Ronn.) Ronn.、麝香草 T. vulgaris L. 等。⑤薄荷属 Mentha，如薄荷 M. haplocalyx Briq.、留兰香 M. spicata L.、辣薄荷 M. piperita L. 等。⑥紫苏属 Perilla，如紫苏 P. frutescens (Linn.) Britt. 等。⑦夏枯草属 Prunella，如夏枯草 P. vulgaris L. 等。⑧活血丹属 Glechoma 如活血丹 G. longituba (Nakai) Kupr. 等。⑨地笋属 Lycopus，如毛叶地瓜儿苗 L. lucidus Turcz. var. hirtus Regel 等。⑩藿香属 Agastache，如藿香 A. rugosa (Fisch. et Meyer) O. Ktze. 等。⑪裂叶荆芥属 Schizonepeta，裂叶荆芥 S. tenuifolia (Benth.) Brig. 等。⑫石荠苎属 Mosla，如石香薷 M. chinensis Maxim. 等。⑬罗勒属 Ocimum，如罗勒 O. basilicum. L 等。⑭刺蕊草属 Pogostemon，如广藿香 P. cablin (Blanco) Bent. 等。⑮香茶菜属 Rabdosia，如碎米桠（冬凌草）R. rubescens (Hemsl.) Hara 等。⑯风轮菜属 Clinopo-dium，如风轮菜 C. chinense (Benth.) O. ktze 等。⑰另外还有香科科属 Teucrium、牛至属 Origanum、筋骨草属 Ajuga、夏至草属 Lagopsis、荆芥属 Nepeta、香薷属 Elsholtzia、水苏属 Stachys、野芝麻属 Lamium、糙苏属 Phlomis 等属，以及独一味 Lamiophlomis rotata、迷迭香 Rosmarinus officinalis、薰衣草 Lavandula angustifolia、香蜂花 Melissa officinalis 等药用种类。

（谈献和）

huòxiāng

藿香 [Agastache rugosa (Fisch. et Mey.) O. Ktze., ageratum]

唇形科藿香属植物。

多年生草本。茎，高 0.5~1.5m，四棱形。叶心状卵形至长圆状披针形，边缘具粗齿，被微柔毛及点状腺体。轮伞花序多花，组成顶生密集的圆筒形穗状花序；花序基部的苞叶披针状线形；轮伞花序具短梗；花萼管状倒圆锥形，喉部微斜，萼齿三角状披针形；花冠淡紫蓝色，冠檐二唇形，上唇直伸，先端微缺，下唇 3 裂，中裂片较宽大；雄蕊伸出花冠；花柱与雄蕊近等长；花盘厚环状；子房裂片顶部具绒毛。小坚果卵状长圆形，腹面具棱，先端具短硬毛，褐色。花期 6~9 月，果期 9~11 月。图 1。中国分布于东北、华中、华东、西南、华南，以及河北、陕西等地。生于山坡或路旁，多栽培。俄罗斯、朝鲜、日本和北美洲有分布。

全草入药，药材名藿香，最早记载于《滇南本草》。具有芳香化湿、开胃止呕、祛暑解表的功效。现代研究表明具有抗菌、抗螺旋体、抗病毒等作用。

全草含挥发油、黄酮类和萜类等化学成分。挥发油有甲基胡椒酚、脱氢香薷、对甲氧基苯丙烯、丁香酚甲醚等，具有抗菌作用；萜类有山楂酸、齐墩果酸、3-乙酰齐墩果醛、去氢藿香酚等；黄酮类有刺槐素、田蓟苷、藿香苷等。

藿香属植物全世界约 9 种，中国有 1 种。

（张　瑜）

huóxuèdān

活血丹 [Glechoma longituba (Nakai) Kupr, longtube ground ivy]

唇形科活血丹属植物。

多年生草本，具匍匐茎，上升，逐节生根。茎四棱形。叶草质，下部者较小，叶片心形或近肾形，叶柄长为叶片的 1~2 倍；边缘具圆齿或粗锯齿状圆齿。轮伞花序通常 2 花，稀具 4~6 花；苞片及小苞片线形；花萼管状，齿 5，上唇 3 齿，较长，下唇 2 齿，齿卵状三角形；花冠淡蓝、蓝至紫色，冠筒直立，有长筒与短筒两型，短筒者通常藏于花萼内，冠檐二唇形，上唇直立，2 裂，下唇伸长，斜展，3 裂，中裂片最大；雄蕊 4；子房 4 裂；花

图 1　藿香（陈虎彪摄）

盘杯状。成熟小坚果深褐色，长圆状卵形，果脐不明显。花期4~5月，果期5~6月。图1。中国分布各地。生于田埂、路旁、溪边或山坡草地，以向阳地带为多，海拔可高达3000m。朝鲜和俄罗斯远东地区有分布。

图1 活血丹（陈虎彪摄）

全草入药，药材名连钱草，传统中药，最早记载于《植物名实图考》。《中华人民共和国药典》（2020年版）收载，具有利湿通淋、清热解毒、散瘀消肿的功效。现代研究证明具有利胆、利尿、溶解结石和抑菌等作用。

全草含挥发油、黄酮类、甾体类、有机酸类、生物碱类等化学成分。挥发油有左旋樟酮、左旋薄荷酮、胡薄荷酮、α-蒎烯、β-蒎烯等，具有抗炎抑菌作用；萜类有熊果酸；黄酮类有芹菜素、木犀草素、木犀草素-7-O-葡萄糖醛酸酯等，具有降血糖、抗氧化活性；甾体类有β-谷甾醇、胡萝卜苷、豆甾醇-4-烯-3,6-二酮，有降血脂、抑制胆固醇结石形成的作用；有机酸类有棕榈酸、琥珀酸、咖啡酸、阿魏酸等。

活血丹属植物全世界约8种，中国分布有5种，药用植物还有欧活血丹 *G. hederacea* L.、大花活血丹 *G. sinograndis* C. Y. Wu、白透骨消 *G. biondiana*（Diels）C. Y. Wu et C. Chen 等。

（张 瑜）

dúyīwèi

独一味［*Lamiophlomis rotata*（Benth.）Kudo, common lamiophlomis］唇形科独一味属植物。

多年生草本，高2.5~10.0cm。叶片常4枚，辐状两两相对，边缘具圆齿，上面密被白色疏柔毛，具皱，侧脉3~5对，呈扇形，与中肋均两面凸起。轮伞花序密集排列成有短葶的头状或短穗状花序；苞片披针形、倒披针形或线形，向上渐小，小苞片针刺状。花萼管状，萼齿5，短三角形，先端具长约2mm的刺尖。花冠长约1.2cm，冠筒管状，冠檐二唇形，上唇近圆形，直径约5mm，下唇3裂，裂片椭圆形，侧裂片较小。花期6~7月，果期8~9月。图1。中国分布于西藏、青海、甘肃、四川西部及云南西北部等地，生于高原或高山上强度风化的碎石滩中或石质高山草甸、河滩地，海拔2700~4500m。尼泊尔，锡金，不丹有分布。

地上部分药用，药材名独一味，藏族、蒙古族、纳西族习用药材，最早收载于《月王药诊》，《中华人民共和国药典》（2020年版）收载，具

有活血止血，祛风止痛功效，现代研究表明具有镇痛、抗炎、抗菌、止血、提高免疫力、抗肿瘤等作用。

地上部分含有环烯醚萜苷类、黄酮类、苯乙醇苷类、酚酸类等化学成分。环烯醚萜苷类主要有山栀苷甲酯，8-O-乙酰山栀苷甲酯等，具有镇痛、抗炎、止血等作用。山栀苷甲酯和8-O-乙酰山栀苷甲酯是独一味药材的质量控制成分，总量一般为1.17%~4.34%，《中华人民共和国药典》（2020年版）规定二者总量不低于0.50%。黄酮类主要有木犀草素、槲皮素、芹菜素的苷类。苯乙醇苷类包括连翘酯苷B等。酚酸类的咖啡酸有缩短血凝及出血时间的作用。

独一味属仅1种。

（陈士林 向 丽 邬 兰）

xūnyīcǎo

薰衣草（*Lavandula angustifolia* Mill., lavender）唇形科薰衣草属植物。又称欧鼠尾草。

半灌木或矮灌木，被星状绒毛。叶线形或披针状线形，长3~5cm，被灰色星状绒毛，先端钝，基部渐狭成极短柄，边缘外卷。轮伞花序通常具6~10花，

图1 独一味（陈虎彪摄）

多数，在枝顶聚集成间断或近连续的长约3cm的穗状花序，花序梗密被星状绒毛；苞片菱状卵圆形；花梗蓝色，密被灰色绒毛。花萼近管形，长4~5mm，上唇1齿较宽而长，下唇4短齿。花冠长约为花萼的2倍，内面被腺毛，中部具毛环，冠檐二唇形，上唇2裂，裂片较大，下唇3裂。雄蕊4，着生在毛环上方，不外伸。花柱被毛，先端卵圆形。小坚果4，光滑。花期6月。图1。原分布于地中海地区，世界范围内多栽培。

花序入药，欧洲传统药用植物，《欧洲药典》和《英国药典》收载，具祛风、抗抑郁、助消化、助睡眠等功效。现代研究表明具有麻醉、镇静、抗微生物、舒张平滑肌、镇痛、抗炎等作用。

花序主要含有挥发油类成分。挥发油中有芳樟醇、醋酸芳樟酯、醋酸薰衣草酯、α-松油醇、薰衣草醇等。

薰衣草属全世界28种，中国引种栽培2种。

（郭宝林）

yìmǔcǎo

益母草 [Leonurus artemisia (Lour.) S. Y. Hu, motherwort]

唇形科益母草属植物。

1年生或2年生草本，高

图1 薰衣草（陈虎彪摄）

60~100cm。茎四棱形。叶对生；叶形多种；基生叶具长柄，叶片略呈圆形，5~9浅裂，基部心形；茎中部叶有短柄，3全裂，裂片近披针形，中央裂片常再3裂，两侧裂片再1~2裂，边缘疏生锯齿或近全缘；最上部叶不分裂，线形，近无柄。轮伞花序腋生，具花8~15朵；小苞片针刺状，无花梗；花萼钟形，先端5齿裂，具刺尖，宿存；花冠唇形，淡红色或紫红色，上唇与下唇几等长，上唇全缘，下唇3裂；雄蕊4，二强，着生在花冠内面近中部；雌蕊1，子房4裂，柱头2裂。小坚果褐色，三棱形。花期6~9月，果期7~10月。图1。中国分布于各地。生于田埂、路旁、溪边或山坡草地，以向阳地带为多，海拔可高达3000m。朝鲜、日本、俄罗斯、热带亚洲、非洲及美洲均分布。

全草入药，传统中药，最早记载于《神农本草经》。《中华人民共和国药典》（2020年版）收载，具有活血调经、利尿消肿、清热解毒的功效。现代研究表明具有兴奋子宫、溶栓、降脂、抗凝、改善微循环等作用。

益母草全草中有生物碱类、黄酮类、二萜类、三萜类、香豆素类、苯乙醇苷类、有机酸类、挥发油类、木脂素类等化学成分，生物碱类有益母草碱、水苏碱等，具有兴奋子宫、抗炎、改善血液流变学、抗血栓等作用。《中华人民共和国药典》（2020年版）规定盐酸水苏碱

含量不低于0.50%，盐酸益母草碱含量不低于0.050%，药材二者含量分别为0.0258%~1.5800%和0.06%~11.80%。黄酮类有汉黄芩素、大豆素、槲皮素、金丝桃苷、异槲皮苷、芹菜素等；二萜类有前益母草乙素、前益母草素、益母草宁素、益母草酮A等，具有抗炎活性；三萜类有羽扇豆醇、白桦脂酸等；香豆素类有佛手柑内酯、花椒毒素；苯乙醇苷类有异薰衣草叶苷等；有机酸类有香草酸、丁香酸、咖啡酸等；挥发油类有丁香醛、桉油精等；木脂素类有芝麻素、益母草木脂素等。

图1 益母草（陈虎彪摄）

益母草属植物全世界约20种，中国分布有12种，1变种。药用种类还有錾菜 L. pseudomacranthus Kitagawa、细叶益母草 L. sibiricus L.、白花益母草 L. artemisia（Laur.） S. Y. Hu var. albiflorus（Migo）S. Y. Hu等。

（张 瑜）

máoyèdìguāérmiáo

毛叶地瓜儿苗（Lycopus lucidus Turcz.，shiny bugleweed）

唇形科地笋属植物。又称毛叶

地笋。

多年生草本。根茎横走,先端肥大呈圆柱形;茎四棱形。叶具极短柄或近无柄,长圆状披针形,边缘具锐尖粗牙齿状锯齿。轮伞花序无梗,密集或圆球形;小苞片卵圆形至披针形;花萼钟形,萼齿5,披针状三角形,具刺尖头;花冠白色,冠檐不明显二唇形,上唇近圆形,下唇3裂,中裂片较大;雄蕊仅前对能育,后对雄蕊退化,丝状;花柱伸出花冠,先端相等2浅裂,裂片线形;花盘平顶。小坚果倒卵圆状四边形,基部略狭,褐色,边缘加厚,背面平,腹面具棱,有腺点。花期6~9月,果期8~11月。图1。中国分布于黑龙江、吉林、辽宁、河北、陕西、四川、贵州、云南等省区。生于沼泽地、水边、沟边等潮湿处,海拔320~2100m。俄罗斯、日本也有。

地上部分入药,药材名泽兰,传统中药,最早记载于《神农本草经》。《中华人民共和国药典》(2020年版)收载,具有活血调经、祛瘀消痈、利水消肿的功效。现代研究表明具有抗凝血、降血脂、保肝、提高免疫等作用。

全株中含挥发油、萜类、黄酮类、酚酸类和甾体类等化学成分。挥发油有葎草烯、石竹烯、月桂烯和对伞花素等;萜类有白桦脂酸、熊果酸、齐墩果酸、胆甾酸等;黄酮类有金圣草素、木犀草素、芹菜素、刺槐素等;酚酸类有迷迭香酸、毛蕊花糖苷、阿魏酸、咖啡酸、绿原酸等,具扩张血管活性。

地笋属植物全世界有10余种,中国分布有4种4变种。

(张 瑜)

xiāngfēnghuā

香蜂花 (*Melissa officinalis* L., lemon balm) 唇形科蜜蜂花属植物。

多年生草本。茎直立多分枝,被柔毛。叶具柄,叶片卵圆形,长1~5cm,先端急尖或钝,基部圆形,边缘具圆齿,上面被长柔毛,下面沿脉被长柔毛。轮伞花序腋生,具短梗,2~14花;苞片叶状。花萼钟形,长约8mm,外面和内面中部以上被有长柔毛,二唇形,上唇具3极短的齿,下唇稍长,2齿裂。花冠乳白色,长12~13mm,被柔毛,冠檐二唇形,上唇直伸,下唇3裂,中裂片最大。雄蕊4,内藏或近伸出。花柱2浅裂。花盘浅4裂。小坚果卵圆形。花期6~8月。图1。原产俄罗斯,伊朗至地中海及大西洋沿岸,中国有栽培。

叶入药,欧洲传统药用植物,《欧洲药典》和《英国药典》收载,具有镇静、抗病毒、健胃的功效。现代研究表明具有松弛平滑肌、抗菌、抗焦虑等作用。

叶主要含有酚酸类、黄酮类、挥发油类成分。酚酸类有迷迭香酸、原儿茶酸、咖啡酸等;黄酮类有木犀草素和山奈酚及其苷类;挥发油主要有香叶醛、橙花醛、香茅醛等。

蜜蜂花属全世界约4种,中国有3种栽培1种。

(郭宝林)

bòhe

薄荷 (*Mentha haplocalyx* Briq., mint) 唇形科薄荷属植物。

多年生草本。茎高30~60cm,下部具匍匐根状茎,锐四棱形。叶片长圆状披针形、披针形、椭圆形或卵状披针形,边缘疏生粗大的牙齿状锯齿,侧脉约5~6对;叶柄长2~10mm,腹凹背凸。轮伞花序腋生。花萼管状钟形,萼齿5,狭三角状钻形;花冠淡紫,长4mm,冠檐4裂,上裂片先端2裂,较大,其余3裂片近等大,长圆形,先端钝;雄蕊4;花柱略超出雄蕊,先端2浅裂;花盘平顶。小坚果卵珠形,黄褐

图1 毛叶地瓜儿苗(陈虎彪摄)

图1 香蜂花(陈虎彪摄)

色，具小腺窝。花期7~9月，果期10月。图1。中国分布于各地。生于水旁潮湿地，海拔可高达3500m，多栽培。朝鲜、日本、北美洲也有。

全草入药，药材名薄荷，传统中药，最早记载于《唐本草》。《中华人民共和国药典》（2020版）收载，具有疏散风热、清利头目、利咽、透疹、疏肝行气的功效。现代研究表明具有祛痰、利胆、抗炎、镇痛、止痒、抗病毒、抗氧化、抗生育等作用。

全草含挥发油、黄酮类、蒽醌类、有机酸类、醌类、苯丙素类等化学成分。挥发油有左旋薄荷醇（薄荷脑）、左旋薄荷酮、异薄荷酮、胡薄荷脑等，其中左旋薄荷醇含量为62%~87%，挥发油具有抑菌抗病毒、抗肿瘤等作用。《中华人民共和国药典》（2020版）规定挥发油含量不少于0.80%，薄荷脑含量不少于0.20%，药材中挥发油含量在0.214%~4.048%，薄荷脑含量为0.002%~3.438%；黄酮类成分有橙皮苷、香叶木苷、香蜂草苷等；蒽醌类成分有大黄素、大黄酚、大黄素甲醚等；有机酸类成分有迷迭香酸、咖啡酸等；苯丙素类有1-羟基松脂酚等；醌类有丹参

酮Ⅰ、二氢丹参酮Ⅰ等。

薄荷属植物全世界约30种，中国有12种。辣薄荷 *M. piperita* L. 为欧洲传统药，药材精油具有祛风、解痉、利胆的功效，《欧洲药典》和《美国药典》有收载。药用植物还有留兰香 *M. spicata* L.、皱叶留兰香 *M. crispate* Schrad.、柠檬留兰香 *M. citrate* Ehrh.、东北薄荷 *M. sachalinensis* (Briq.) Kudo、兴安薄荷 *M. dahurica* Fisch. ex Benth. 等。

（张 瑜）

shíxiāngrú

石香薷（*Mosla chinensis* Maxim., Chinese mosla）唇形科石荠苧属植物。

直立草本。茎高9~40cm，纤细，被白色疏柔毛。叶线状长圆形至线状披针形，长1.3~2.8（3.3）cm，边缘具疏而不明显的浅锯齿；叶柄长3~5mm，被疏短柔毛。总状花序头状，长1~3cm；苞片覆瓦状排列，圆倒卵形，长4~7mm；花梗短，被疏短柔毛；花萼钟形，长约3mm，萼齿5，钻形，长约为花萼长之2/3，果时花萼增大；花冠长约5mm；雄蕊及雌蕊内藏；花盘前方呈指状膨大。小坚果球形，直径约1.2mm，灰褐色，具深雕纹，无毛。花期

6~9月，果期7~11月。图1。中国分布于华东、西南、华南和华中。生于草坡或林下，海拔至1400m。越南也有分布。

全草入药，药材名香薷，又称青香薷，传统中药，最早记载于《四声本草》。《中华人民共和国药典》（2020年版）收载，具有发汗解表、和中利湿的功效。现代研究表明具有抗菌、抗病毒、消炎、解热、镇痛、解痉、增强免疫等作用。

全草主要含挥发油、黄酮类、香豆素类、木脂素类、苷类等化学成分。挥发油中有香荆芥酚、麝香草酚、百里香酚、对聚伞花素、石竹烯等，具有抗菌、解热镇痛、提高机体免疫力等作用，其中香荆芥酚和麝香草酚为药材质量控制成分，《中华人民共和国药典》（2020年版）规定二者的总含量不低于0.16%，药材中二者的总含量为0.07%~0.86%。黄酮类有黄芩素-7-甲醚、木犀草素、槲皮素、芹菜素、木蝴蝶素、山奈酚等，有抗氧化作用。

石荠苧属植物全世界约有22种，中国分布有12种1变种，石香薷的栽培品种江香薷 *M. chinensis* Jiangxiangru 也是《中华人民共和国药典》（2020年版）

图1 薄荷（陈虎彪摄）

图1 石香薷（刘勇摄）

记载的香薷来源植物,习称江香薷。药用植物还有石荠苎 *M. scabra* (Thunb.) C.Y.Wu et H.W.Li、小花荠苎 *M. cavaleriei* Levl.、荠苎 *M. grosseserrata* Maxim.、小鱼仙草 *M. dianthera* (Buch.-Ham.) Maxim. 等。

(张 瑜)

luólè

罗勒 (*Ocimum basilicum* L, basil) 唇形科罗勒属植物。

1年生草本,高 20~80cm。茎直立,多分枝。叶卵圆形至卵圆状长圆形,长 2.5~5.0cm,先端微钝或急尖,近全缘,下面具腺点;叶柄具狭翅。具6花的轮伞花序组成总状花序顶生,长10~20cm;苞片细小,长 5~8mm。花萼钟形,外面被短柔毛,萼筒长约 2mm,萼齿 5,呈二唇形,果时增大。花冠淡紫色,长约 6mm,冠檐二唇形,上唇 4 裂,裂片近相等,下唇下倾。雄蕊 4,分离。花柱超出雄蕊,先端 2 浅裂。小坚果卵珠形,长 2.5mm,黑褐色。花期通常 7~9 月,果期9~12 月。图1。中国分布于华东、华南和华中,各地有栽培,或者逸为野生。也分布于非洲至亚洲温暖地带。

始载于《嘉祐本草》,全草具

图1 罗勒 (陈虎彪摄)

有疏风行气、化食消食、活血、解毒的功效。印度常用植物药,用于治疗中暑、头痛和感冒。现代研究表明具有免疫调节、抗炎、抗氧化、抗菌、解痉、抗血小板聚集、抗肿瘤等作用。

全草主要含有挥发油,主要成分为 α-萜品醇、甲基桂皮酸、芳樟醇、丁香酚、罗勒烯、月桂醇乙酸酯等,具有驱虫、抗菌等作用。

罗勒属全世界 100~150 种,中国连栽培在内有 5 种 3 变种。

(郭宝林)

fēnglúncài

风轮菜 [*Clinopodium chinense* (Benth.) O. Ktze., calamint] 唇形科风轮菜属植物。

多年生草本,高可达 1m。茎基部匍匐生根,四棱形,密被短柔毛及腺毛,叶对生;叶片卵圆形,长 2~4cm,边缘具锯齿。轮伞花序多花密集,常偏向一侧,呈半球形;苞片针状;花萼狭管状,紫红色,上唇 3 齿,先端具硬尖,下唇 2 齿,齿稍长,先端具芒尖;花冠紫红色,长约 9mm,外面被微柔毛,内面喉部具毛茸,上唇先端微缺,下唇 3 裂,中裂片稍大;雄蕊 4,前对较长,花药2室;子房 4 裂,柱头 2 裂。小坚果 4,倒卵形,黄色。花期 6~8月,果期 7~9月。图1。中国分布于华中、华东和华南。生于山坡草丛、沟边、灌丛、林下,海拔在 1000m 以下。日本也分布。

全草入药,药材名断血流,常用中药,始记载于《救荒本草》。《中华人民

图1 风轮菜 (陈虎彪摄)

共和国药典》(2020 年版)收载。具有收敛止血的功效。现代研究表明具有止血、收缩血管、收缩子宫和抑菌等功效。

全草含三萜皂苷类、黄酮类、挥发油、苯丙素类、甾体类等化学成分。三萜皂苷类有风轮菜皂苷,为止血主要成分;黄酮类有香蜂草苷、橙皮苷、异樱花素、芹菜素等;挥发油主要有胡椒酮、乙酸龙脑酯、石竹烯、桉油烯醇等;苯丙素类有咖啡酸等。

风轮菜属植物全世界约 20种,中国分布有 11 种,灯笼草 *C. polycephalum* (Vaniot) C.Y. Wu et Hsuan 也被《中华人民共和国药典》(2020 版)收载为断血流药材的来源植物,药用植物还有细风轮菜 *C. gracile* (Benth.) Matsum.、邻近风轮菜 *C. confine* (Hance) O. Ktze.、寸金草 *C. megalanthum* (Diels) C.Y. Wu et Hsuan ex H.W. Li 等。

(张 瑜)

zǐsū

紫苏 [*Perilla frutescens* (L.) Britt, perilla] 唇形科紫苏属植物。

1年生直立草本。茎高

0.3~2.0m，密被长柔毛。叶阔卵形或圆形，长7~13cm，先端短尖或突尖，边缘在基部以上有粗锯齿，两面绿色或紫色，或仅下面紫色。轮伞花序2花，组成长1.5~15.0cm、密被长柔毛、偏向一侧的总状花序；苞片宽卵圆形或近圆形，长宽约4mm。花萼钟形，长约3mm，结果时增大，萼檐二唇形。花冠白色至紫红色，长3~4mm，外面略被微柔毛，冠筒短，下唇3裂，中裂片较大。雄蕊4，几不伸出。花柱先端相等2浅裂。小坚果近球形，褐色，直径约1.0~2.1mm，具网纹。花期8~11月，果期8~12月。图1。中国分布于除西藏、新疆的各地，分布于草丛、路边。中国各地栽培，种后也有逸生。日本、朝鲜、不丹、印度、中南半岛、印度尼西亚（爪哇）有分布。日本、朝鲜栽培普遍。

传统中药，最早收载于《神农本草经》。《中华人民共和国药典》（2020年版）收载多个部位药用，紫苏叶具有解表散寒，行气和胃的功效、紫苏果实药材名紫苏子，具有降气化痰，止咳平喘，润肠通便的功效，紫苏茎药材名紫苏梗，具有理气宽中，止痛，安胎的功效，现代研究表明各个部位具有抗微生物、抗炎、抗过敏、抗诱变等作用。

叶或地上部分含有挥发油、酚酸类、黄酮类、单萜苷类等化学成分。挥发油中有紫苏醛、柠檬烯、肉豆蔻醚、榄香素、紫苏酮、香薷酮、紫苏烯等，是解热、抗微生物、抗炎、抗肿瘤的主要活性成分，酚酸类以迷迭香酸、咖啡酸为主，具有抗过敏、抗氧化、抗菌、抗炎等作用；黄酮类主要是芹菜素、木犀草素-葡萄糖醛酸苷类；单萜苷有紫苏醇-β-D-吡喃葡萄糖苷，紫苏苷B、C等。种子中还有丰富的不饱和脂肪酸，如α-亚麻酸在脂肪酸的比例高达60%，具有心血管作用、抗氧化、抗衰老等作用。《中华人民共和国药典》（2020年版）规定紫苏叶中挥发油含量不低于0.40%，紫苏子中迷迭香酸含量不低于0.25%，紫苏梗中迷迭香酸含量不低于0.10%，药材中迷迭香酸的含量为，紫苏叶0.030%~5.470%，紫苏子0.035%~1.159%，紫苏梗0.01%~0.72%，紫苏叶中挥发油含量为0.30%~0.70%。

紫苏属为单种属，种下4个变种，均可药用。

(郭宝林)

guǎnghuòxiāng

广藿香 [*Pogostemon cablin* (Blanco) Benth.，cablin patchouli] 唇形科刺蕊草属植物。又称枝香。

多年生芳香草本或半灌木；高0.3~1m，茎四棱形，直立，分枝，被毛；叶草质，叶面不平坦，叶柄长1~6cm，被绒毛，叶圆形或宽卵圆形，长2.0~10.5cm，先端钝或急尖，基部楔状渐狭，边缘具不规则的齿裂，两面皆被绒毛；轮伞花序，向上密集，穗状花序顶生及腋生，长4.0~6.5cm，具总花梗，密被绒毛，苞片及小苞片线状披针形；花萼筒状，花冠紫色，裂片外面均被长毛，冠檐近二唇形，上唇3裂，下唇全缘，雄蕊4，外伸，具髯毛，花盘环状，花期4月。图1。原产于菲律宾、印度、印度尼西亚、马来西亚等热带国家。中国引种栽培于广东、福建、台湾、海南、广西等省区。

地上部分入药，药材名广藿香，外来植物药，最早记载于《异物志》。《中华人民共和国药典》（2020年版）收载，具有芳香化浊，和中止呕，发表解暑的功效。亦收载于《日本药局方》。现代研究表明具有抑菌、消炎、

图1 紫苏（陈虎彪摄）

图1 广藿香（陈虎彪摄）

调节肠胃功能等作用。芳香油可作为香料。

地上部分含有挥发油类、黄酮类等化学成分。挥发油主要有百秋李醇（广藿香醇）、西车烯、α, δ-愈创木烯、α, β-广藿香烯、广藿香酮等；具有抗菌、抗病毒、抗炎、增强胃肠功能、调节免疫等作用《中华人民共和国药典》（2020 年版）规定广藿香药材中百秋李醇含量不少于 0.10%，药材中的含量为 0.41% ~ 0.81%。黄酮类成分主要有藿香黄酮醇、商陆黄素、芹菜素、鼠李素等。

刺蕊草属植物全世界有 60 种以上，中国有 16 种 1 变种。药用植物还有刺蕊草 *P. glaber* Benth. 等。

（潘超美 杨扬宇）

xiàkūcǎo

夏枯草（*Prunella vulgaris* L.，selfheal） 唇形科夏枯草属植物。

多年生草本。茎高 15 ~ 30cm，有匍匐地上的根状茎，茎上升，钝四棱形。叶片卵状长圆形或卵圆形。轮伞花序密集排列成顶生长 2 ~ 4cm 的假穗状花序；苞片肾形或横椭圆形，具骤尖头；花萼钟状，二唇形，上唇扁平，先端几截平，3 中齿宽大，下唇 2 裂，裂片披针形，果时花萼闭合；花冠紫、蓝紫或红紫色，下唇中裂片宽大，边缘具流苏状小裂片；雄蕊 4，二强；子房无毛。小坚果黄褐色，长圆状卵形，微具沟纹。花期 4 ~ 6 月，果期 6 ~ 8 月。图 1。中国分布于西北、华中、西南、华东和华南。生于荒地、路旁及山坡草丛中，海拔可高达 3000m。

成熟果穗入药，传统中药，药材名夏枯草，最早记载于《神农本草经》。《中华人民共和国药典》（2020 年版）收载，具有清肝泻火、明目、散结消肿的功效。

图 1　夏枯草（陈虎彪摄）

现代研究表明具有抗炎、抗菌、抗病毒、抗肿瘤、降血糖、降血脂、镇定、催眠和保肝等作用。全草药用，也有类似功效。

果穗、茎和叶中含有三萜类、酚酸类、黄酮类、甾醇类、香豆素类、有机酸类、挥发油等化学成分，三萜主要类型为齐墩果烷型、乌苏烷型和羽扇豆烷型，主要有齐墩果酸和熊果酸等，具有降压、抗肿瘤、保肝作用；酚酸类有迷迭香酸、咖啡酸乙酯、丹参素、咖啡酸、阿魏酸等，有抗氧化、抗炎抑菌、抗病毒的作用，迷迭香酸为药材质量控制成分，《中华人民共和国药典》（2020 年版）规定其含量不低于 0.20%，药材中含量为 0.19% ~ 22.61%；黄酮类有山柰酚、槲皮素、芦丁、橙皮苷和金丝桃苷等，有抗氧化作用；挥发油有月桂烯、芳樟醇、1,8-桉油精和

β-蒎烯。

夏枯草属植物全世界约 15 种，中国分布有 4 种。药用植物还有粗毛夏枯草 *P. hispida* Benth，山菠菜 *P. asiatica* Nakai 等。

（张 瑜）

suìmǐyā

碎米桠［*Rabdosia rubescens*（Hemsl.）Hara，blushred rabdosia］ 唇形科香茶菜属植物。

小灌木。根茎木质；茎叶对生，卵圆形或菱状卵圆形，边缘具粗圆齿状锯齿；叶柄向茎、枝顶渐变短。聚伞花序 3 ~ 5 花，最下部者有时多至 7 花，具总梗，排列成狭圆锥花序；苞叶菱形或菱状卵圆形至披针形，小苞片钻状线形或线形；花萼钟形，萼齿 5，微呈 3/2 式二唇形，果时增大，管状钟形；花冠基部上方浅囊状突起，冠檐二唇形，上唇外反，先端具 4 圆齿，下唇宽卵圆形；雄蕊 4；花柱丝状；花盘环状。小坚果倒卵状三棱形，淡褐色，无毛。花期 7 ~ 10 月，果期 8 ~ 11 月。图 1。中国分布于华中、华东，以及四川、贵州、广西、山西等省区。生于山坡、灌木丛、林地、砾石地及路边等向阳处，海拔 100 ~ 2800m。

地上部分入药，药材名冬凌

图 1　碎米桠（陈虎彪摄）

草，常用中药，始见于《救荒本草》。《中华人民共和国药典》（2020年版）收载，具有清热解毒、活血止痛的功效。现代研究表明具有抗肿瘤、抗菌、抗炎、抗脑缺血、免疫抑制等作用。

茎叶含二萜类、黄酮类、挥发油类、甾体类、生物碱类、有机酸类及多糖等化学成分。二萜类主要为螺断贝壳杉烷和对映贝壳杉烷型，对映贝壳杉烷型包括冬凌草甲素、冬凌草乙素等，螺断贝壳杉烷型包括卢氏冬凌草甲素、卢氏冬凌草乙素以及形成的糖苷等，具有抗肿瘤作用，冬凌草甲素为药材质量控制成分，药材中含量为0.20%~0.81%，《中华人民共和国药典》（2020年版）规定其含量不低于0.25%；黄酮类有线蓟素、槲皮素、胡麻素、苜蓿素等；挥发油有柠檬烯、α-蒎烯等；生物碱类有冬凌草碱等；有机酸类有咖啡酸、水杨酸、迷迭香酸、迷迭香酸甲酯等。

香茶菜属植物全世界约有150种，中国分布有90种21变种，药用种类还有线纹香茶菜 *R. lophanthoides*（Buch.-Ham. ex D. Don）Hara、毛萼香茶菜 *R. eriocalyx*（Dunn）Hara、瘿花香茶菜 *R. rosthornii*（Diels）Hara、细锥香茶菜 *R. coetsa*（Buch.-Ham. ex D. Don）Hara等。

（张瑜）

mídiéxiāng

迷迭香（*Rosmarinus officinalis* L.，rosemary）

唇形科迷迭香属植物。

灌木，高达2m。茎及老枝圆柱形，幼枝四棱形，密被白色星状细绒毛。叶常在枝上丛生，具极短的柄或无柄，叶片线形，长1.0~2.5cm，宽1~2mm，先端钝，基部渐狭，全缘，向背面卷曲，革质。花近无梗，对生，少数聚集在短枝的顶端组成总状花序。花萼卵状钟形，长约4mm，外面密被白色星状绒毛及腺体，二唇形，具很短的3齿，下唇2齿。花冠蓝紫色，长不及1cm，外被疏短柔毛，上唇2浅裂，下唇宽大，3裂。雄蕊2枚发育，着生于花冠下唇的下方。花柱细长，柱头2浅裂。花期11月。图1。原分布于欧洲和北非地中海沿岸，世界范围内多栽培。

叶入药，欧洲传统药用植物，《欧洲药典》和《英国药典》收载，叶具有祛风、解痉、利胆、通经等功效。中药应用始载于《本草拾遗》，具有发汗、健脾、安神、止痛的功效。现代研究表明具有抗氧化、抗肿瘤、抗菌、抗炎、保肝、利尿等作用。

叶含有挥发油、黄酮类、二萜类、挥发油、鞣质等化学成分。挥发油类有1,8-桉叶素、樟脑、龙脑等；黄酮类有橙皮苷、蓟黄素等；三萜类有桦木醇、桦木酸、齐墩果酸等，酚酸类有迷迭香酸、咖啡酸等。

迷迭香属仅1种。

（郭宝林）

图1 迷迭香（陈虎彪摄）

dānshēn

丹参（*Salvia miltiorrhiza* Bunge，dan-shen）

唇形科鼠尾草属植物。

多年生草本，高30~100cm。全株密被淡黄色柔毛及腺毛。叶对生，奇数羽状复叶；小叶常5，顶端小叶最大，卵圆形至宽卵圆形，长2~7cm，边具圆锯齿，密被白色柔毛。轮伞花序组成顶生或腋生的总状花序，每轮有花3~10朵，上部者密集；苞片披针形；花萼近钟状，紫色；花冠二唇形，蓝紫色，长2.0~2.7cm，上唇直立，先端微裂，下唇较短，先端3裂，中央裂片长且大；发育雄蕊2，着生于下唇的中部，退化雄蕊2，线形，着生于上唇喉部的两侧；花盘前方稍膨大；子房4深裂。小坚果长圆形，棕色或黑色，长约3.2cm。花期5~9月，果期8~10月。图1。中国分布于西北、华东、华中、西南，以及

图1 丹参（陈虎彪摄）

辽宁、河北、山西等地。生于山坡、林下草地或沟边，海拔120～1300m。

根入药，药材名丹参，传统中药，始见于《神农本草经》。《中华人民共和国药典》（2020年版）收载，具有活血祛瘀、通经止痛、清心除烦、凉血消痈的功效。现代研究表明具有保护心肌、改善微循环、抗动脉粥样硬化、抗心律失常、抗氧化、抗炎、抗肺纤维化、保肝等作用。

根含有二萜类、酚酸类等化学成分。二萜类有丹参酮ⅡA、丹参酮Ⅰ、隐丹参酮、异丹参酮、异隐丹参酮、羟基丹参酮等，具有抗菌等作用；酚酸类有丹酚酸B、丹参酸、迷迭香酸、迷迭香酸甲酯、原儿茶醛、异阿魏酸等，具有保护心肌、改善微循环、抗动脉粥样硬化、抗心律失常等作用，《中华人民共和国药典》（2020版）中规定丹参酮ⅡA、丹参酮Ⅰ和隐丹参酮的总量不低于0.25%，丹酚酸B含量不低于3.0%，药材中丹参酮ⅡA含量为0.084%～0.585%，丹参酮Ⅰ含量为0.094%～0.356%，隐丹参酮含量为0.023%～0.234%。丹酚酸含量为3.16%～4.25%，另含黄芩苷、异欧前胡内酯、熊果酸等。

鼠尾草属植物全世界逾1000余种，中国有84种，药用种类有华鼠尾草 *S. chinensis* Benth.、荔枝草 *S. plebeia* R. Br.、关公须 *S. kiangsiensis* C. Y. Wu 等，南丹参 *S. bowleyana* Dunn、拟丹参 *S. sinica* Migo、鄂皖丹参 *S. paramiltiorrhiza* H. W. Li et X. L. Huang、大别山鼠尾草 *S. dabieshanensis* J. Q. He、甘西鼠尾草 *S. przewalskii* Maxim.、云南鼠尾草 *S. yunnanensis* C. H. Wright、三叶鼠尾草 *S. trijuga* Diels、长冠鼠尾草 *S. plectranthoides* Griff. 等的根在中国各地药用。药用鼠尾草 *Salvia officinalis* L. 在欧洲为常用植物药。

（张 瑜）

yàoyòngshǔwěicǎo

药用鼠尾草（*Salvia officinalis* L.，sage）

唇形科鼠尾草属植物。又称欧鼠尾草。

半灌木，高25～50cm，茎上有白绒毛；单叶对生，长卵形到披针形，长2～10cm，叶端圆或短尖，基部窄或近圆，叶缘平整，两面灰绿色，具非腺毛和腺毛。轮伞花序2～18花，组成顶生长4～18cm的总状花序，苞片无柄，卵状披针形，花梗被短柔毛，花萼钟状，膜质，有条纹，略下垂，上唇3齿，下唇2齿；齿裂片长9～10mm，花冠长度是花萼的2～3倍，蓝色、紫色、或白色，上唇弯镰状，下唇3裂片，2枚退化雄蕊有时可见，花柱单一。小坚果4，棕色，直径2.5mm。图1。原分布于地中海区域，世界范围内多栽培。

叶入药，欧洲传统药用植物，《欧洲药典》和《英国药典》收载，具有治疗咽炎和咳嗽，还具有止血、镇静、强壮、恢复认知功能，治疗腹泻和风湿病等。现代研究表明具有抗菌、抗病毒、抗炎、保肝、抗氧化、神经保护等作用。

叶含有酚酸类、萜类、黄酮类、挥发油、鞣质等化学成分。酚酸类有迷迭香酚、迷迭香酸、咖啡酸、没食子酸等；萜类有鼠尾草酚、鼠尾草酸、羽扇醇、齐墩果酸、白桦脂醇等，黄酮类有鼠尾草素、蓟黄素等，挥发油主要有 α-侧柏酮、侧柏酮、1,8-桉叶素等。

鼠尾草属植物情况见丹参。

（郭宝林）

lièyèjīngjiè

裂叶荆芥 [*Schizonepeta tenuifolia*（Benth.）Briq.，schizonepeta]

唇形科裂叶荆芥属植物。

1年生草本，高60～100cm。具强烈香气。全株被灰白色短柔毛。叶对生；叶片羽状深裂，裂片3～5，长1.0～3.5cm，全缘。轮伞花序，多轮密集于枝端成穗状，长3～13cm；苞片叶状，长4～17mm；小苞片线形，较小；花小，花萼漏斗状倒圆锥形，被灰色柔毛及黄绿色腺点，先端5齿裂，裂片卵状三角形；花冠浅红紫色，二唇形，长约4mm，上唇2浅裂，下唇3裂，中裂片最大；雄蕊4，二强；子房4纵裂，柱头2裂。小坚果4，长圆状三棱形，长约1.5mm，棕褐色。花期7～9月，果期9～11月。图1。中国分布于东北、西北、西南、华东地区。生于山坡路旁或山谷，海拔在540～2700m。朝鲜有分布。

图1 药用鼠尾草（陈虎彪摄）

图 1　裂叶荆芥（陈虎彪摄）

全草入药，药材名荆芥，果穗入药，药材名荆芥穗，传统中药，最早记载于《神农本草经》。《中华人民共和国药典》（2020 年版）收载，具有解表散风、透疹、消疮的功效。现代研究证明具有解热、镇静、镇痛、抗炎、止血、抗氧化、免疫抑制、祛痰和平喘等作用。

全草和果穗中主要含有挥发油、萜类、黄酮类和酚酸类等化学成分。挥发油为有胡薄荷酮、薄荷酮、异薄荷酮、异胡薄荷酮、聚伞花素、柠檬烯和新薄荷醇等，具有抗炎镇痛作用，《中华人民共和国药典》（2020 年版）规定荆芥药材挥发油含量不低于 0.60%，胡薄荷酮含量不低于 0.02%；荆芥穗药材中挥发油含量不低于 0.40%，胡薄荷酮含量不低于 0.08%。萜类有荆芥苷、荆芥醇、荆芥二醇、齐墩果酸和熊果酸等；黄酮类有香叶木素、橙皮苷和木犀草素等；酚酸类有咖啡酸、迷迭香酸和荆芥素等。

裂叶荆芥属植物全世界有 3 种，中国都有，多裂叶荆芥 *S. multifida*（L.）Briq.、小裂叶荆芥 *S. annua*（Pall.）Schischk. 也可药用。

（张　瑜）

huángqín

黄芩（*Scutellaria baicalensis* Georgi，baikal skullcap）唇形科黄芩属植物。

多年生草本，高 30～80cm。茎具细条纹；自基部分枝多而细。叶交互对生；几无柄；叶片披针形至线状披针形，长 1.5～4.5cm，全缘，密被黑色下陷的腺点。总状花序顶生或腋生，偏向一侧；苞片叶状，卵圆状披针形至披针形；花萼二唇形，紫绿色，上唇背部有盾状附属物，果时增大，蜡质；花冠二唇形，蓝紫色或紫红色，上唇盔状，先端微缺，下唇宽，中裂片三角状卵圆形，两侧裂片向上唇靠合，花冠管细，基部骤曲；雄蕊4；子房4深裂。小坚果4，卵球形，长 1.5mm，黑褐色，有瘤。花期 6～9 月，果期 8～10 月。图 1。中国分布于东北、华北，以及陕西、甘肃、山东、河南等省区。生于向阳干燥山坡、荒地上，海拔 60～2000m。俄罗斯、蒙古、日本、朝鲜有分布。

根入药，药材名黄芩，传统中药，始载于《神农本草经》。《中华人民共和国药典》（2020 年版）收载，具有清热燥湿、泻火解毒、止血、安胎的功效。现代研究表明具有抗病原体、抗炎、镇痛、抗过敏、增强免疫、保肝、抗氧化、抗肿瘤等作用。

根中主要含黄酮类、挥发油、多糖等化学成分。黄酮类有黄芩苷、汉黄芩苷、黄芩素、汉黄芩素、黄芩黄酮、二氢黄芩苷等，主要成分黄芩苷具有广谱抗菌作用，药材中黄芩苷含量为 5.79%～15.31%，《中华人民共和国药典》（2020 年版）规定其含量不低于 9.0%。挥发油类有棕榈酸、棕榈酸甲酯、亚油酸甲酯、薄荷酮、2-甲基丁酸等。

黄芩属植物全世界约 300 余种，中国分布有 100 余种，美黄芩 *S. lateriflova* L. 为美洲传统药。《美国药典》和《英国草药典》收载，具有镇静、解痉、抗炎类作用。药用种类还有半枝莲 *S. barbata* D. Don、粘毛黄芩 *S. viscidula* Bge.、滇黄芩 *S. amoena* C. H. Wright、甘肃黄芩 *S. rehderiana* Diels、丽江黄芩 *S. likiangensis* Diels、连翘叶黄芩 *S. hypericifolia* Levl. 等。

（张　瑜）

bànzhīlián

半枝莲（*Scutellaria barbata* D. Don，barbed skullcap）唇形科黄芩属植物。

根茎短粗。茎高 12～35cm。

图 1　黄芩（陈虎彪摄）

叶近无柄；叶片三角状卵圆形或卵圆状披针形，长 1.3～3.2cm。花单生于茎或分枝上部叶腋内；苞叶椭圆形至长椭圆形；花梗长 1～2mm，被微柔毛，中部有 1 对针状小苞片；花萼具盾片，果时宿存；唇形花冠紫蓝色，冠筒基部囊大，冠檐 2 唇形，上唇盔状，半圆形，下唇中裂片梯形，2 侧裂片三角状卵圆形；雄蕊 4。小坚果褐色，扁球形，径约 1mm，具小疣状突起。花果期 4～7 月。图 1。中国分布于华东、华南、西南，以及河北、陕西、湖南、湖北等省区。生于水田边、溪边或湿润草地上，海拔 2000m 以下。印度、尼泊尔、日本、朝鲜中南半岛也分布。

全草入药，药材名半枝莲，《中华人民共和国药典》（2020 年版）收载，具有清热解毒、化瘀利尿的功效。现代研究证明具有解热、抗氧化、抑菌、增强免疫、抗肿瘤等功效。

全草含有黄酮类、二萜类、挥发油、生物碱类、甾体类、酚类、鞣质等化学成分。黄酮类有野黄芩苷、木樨草素、芹菜素、汉黄芩素等，《中华人民共和国药典》（2020 年版）中规定总黄酮不低于 1.50%，野黄芩苷含量不低于 0.20%。药材总黄酮含量为 0.3%～0.8%，野黄芩苷含量为 0.241%～7.930%；二萜类包括半枝莲二萜类、半枝莲内酯类、半枝莲生物碱类和半枝莲素等，二萜类生物碱具有抗肿瘤作用；挥发油主要有六氢法尼基丙酮、薄荷醇等，具有抑菌活性。

黄芩属植物情况见黄芩。

（张 瑜）

shèxiāngcǎo
麝香草（Thymus vulgaris L., thyme）

唇形科百里香属植物。又称银斑百里香、法国百里香。地上部分入药。

灌木状常绿草本。茎坚硬直立，四棱形，高 18～30cm，多分枝。叶无柄，对生，线状披针形至卵状披针形，长 9～12mm，宽约 4mm，先端尖，叶缘稍反卷，全缘，基部广楔形，上面具短茸毛，并密生腺点。枝梢疏生轮伞花序；花萼表面有短柔毛及腺点，绿色，下唇 2 裂成针刺状，上唇 3 裂，裂片较下唇裂片为短；花冠粉红色，比花萼稍长，上唇直立，油腺明显，有樟脑香味；二强雄蕊，超出花冠，花药红色；雌蕊柱头 2 裂，红色。小坚果棕褐色。花期 5～6 月。图 1。原产地中海沿岸；中国有栽培。

地上部分入药，欧洲传统药用植物，《欧洲药典》和《英国药典》收载，有祛风、祛痰、镇咳、滋补、驱虫的功效。现代研究表明具有抗氧化、抗菌、解痉、抗血小板聚集、抗肿瘤等作用。挥发油也直接药用。

地上部分含有挥发油、黄酮类、三萜类、酚酸质等化学成分。挥发油有 1,8-桉叶素、樟脑、龙脑等；黄酮类有橙皮苷、蓟黄素等；三萜类有桦木醇、桦木酸、齐墩果酸等，酚酸类有迷迭香酸、咖啡酸等。

百里香属全世界 300～400 种，中国有 11 种 2 变种。铺地香 T. serpyllum L. 在欧洲也是常用植物药，地上部分称为野百里香，印度也常药用，具有解痉、祛痰、抗肝炎的功效。百里香 T. mongolicus（Ronn.）Ronn. 在中国甘肃等地药用地上部分，药材名地椒，具有祛风解表，行气健脾，温中止痛的功效。

（郭宝林）

qiékē
茄科（Solanaceae）

草本、灌木或小乔木。常单叶，互生；无托叶。花顶生、腋生、或腋外生；常两性，常辐射对称，通常 5 基数。花萼通常具 5 裂，裂片在花

图 1　半枝莲（陈虎彪摄）

图 1　麝香草（陈虎彪摄）

蕾中镊合状排列、或者不闭合，花后常增大，果时宿存；花冠具短筒或长筒，常辐状、漏斗状、檐部5裂，裂片在花蕾中覆瓦状、镊合状或折合而旋转；雄蕊与花冠裂片同数而互生，同形或异形，花丝丝状或在基部扩展，花药基底着生或背面着生，有时靠合或合生成管状而围绕花柱，药室2，纵缝开裂或顶孔开裂；子房常2心皮合生，2室、有时1室或多室，花柱细瘦，具头状或2浅裂的柱头；中轴胎座；胚珠多数。果实为浆果，或蒴果。全世界约30属3000种，中国有24属105种35变种。

本科植物含有生物碱类、香豆素类、黄酮类化学成分。生物碱存在最为普遍，莨菪烷型生物碱集中分布于本科，主要存在于莨菪属、颠茄属、、曼陀罗属、赛莨菪属、泡囊草属、山莨菪属等，以莨菪碱、东莨菪碱、颠茄碱为代表，左旋莨菪碱在提取制备过程中转化为消旋化合物，为阿托品，已经成为镇痛、解痉、扩瞳的常用药物。甾体生物碱则广泛分布于茄科50多个属中，如茄属、辣椒属、番茄属、泡囊草属、赛莨菪属等，主要是澳洲茄胺型生物碱，如龙葵碱（茄碱）等；其他还有吡咯啶型、喹诺里西啶型、吲哚型、嘌呤型等零散分布，其他结构的生物碱还有，枸杞属含有甜菜碱，辣椒中含有辣椒碱等。香豆素类有东莨菪亭、东莨菪苷等，黄酮类化合物主要是木犀草素的苷类，以及槲皮素的苷类。

主要药用植物有：①茄属 Solanum，如龙葵 S. nigrum L.、欧白英 S. dulcamara L. 等。②颠茄属 Atropa，如颠茄 A. belladonna L. 等。③莨菪属 Hyoscyamus，如莨

菪 H. niger L.。④曼陀罗属 Datura，如白花曼陀罗 D. metel L.、毛曼陀罗 D. innoxia Mill.、木本曼陀罗 D. arborea L.、曼陀罗 D. stramonium L. 等。⑤枸杞属 Lycium，如宁夏枸杞 L. barbarum、枸杞 L. chinense Mill.。⑥辣椒属 Capsicium，如辣椒 C. annuum L.。⑦酸浆属 Physalis，如酸浆 P. alkekengi var. francheti（Mast.）Makino。还有睡茄属 Withania、赛莨菪属 Scopolia、山莨菪属 Anisodus、泡囊草属 Physochlaina 等。

(郭宝林)

diānqié
颠茄（*Atropa belladonna* L., common atropa）　茄科颠茄属植物。

多年生草本，或因栽培为1年生，高0.5~2.0m。根粗壮，圆柱形。茎带紫色，嫩枝多腺毛。叶互生或上部大小不等2叶双生，叶柄幼时生腺毛；叶片卵形、卵状椭圆形或椭圆形，长7~25cm，顶端渐尖或急尖，基部楔形并下延，两面沿叶脉有柔毛。花俯垂，花梗长2~3cm，密生腺毛；花萼长约为花冠之半，裂片三角形，长1.0~1.5cm，生腺毛，果时向外开展；花冠筒状钟形，上部淡紫色，长2.5~3.0cm，5浅裂，外面被腺毛，内面筒基部有毛；花丝上端向下弓曲；花柱长约2cm。浆果球状，直径1.5~2.0cm，成熟后紫黑色，光滑。种子扁肾脏形，褐色。花果期6~9月。原产欧洲中部、西部和南部。中国有引种栽培。

图1。

全草入药，药材名颠茄草，常用植物药，欧洲传统应用。《英国药典》《中华人民共和国药典》（2020年版）收载，为抗胆碱药物，具有中枢兴奋、抑制平滑肌痉挛、散瞳降眼压等作用。

全草含有莨菪烷类生物碱、黄酮类、香豆素类等化学成分。莨菪烷类生物碱主要有莨菪碱，消旋化合物又称阿托品，东莨菪碱、颠茄碱、古豆碱等，该类生物碱是颠茄抗胆碱作用的活性成分，《中华人民共和国药典》（2020年版）规定颠茄草中莨菪碱含量不低于0.30%。药材中含量为0.30%~0.95%。黄酮类成分为山奈酚和槲皮素的苷类。

颠茄属全世界有约4种，中国引种1种。

(郭宝林)

làjiāo
辣椒（*Capsicum annuum* L., hot pepper）　茄科辣椒属植物。

1年生或有限多年生植物；高40~80cm。茎近无毛或微生柔毛，分枝稍之字形折曲。叶互生，枝顶端节不伸长而成双生或簇生状，矩圆状卵形、卵形或卵状披针形，长4~13cm，宽1.5~4.0cm，全缘，顶端短渐尖或急

图1　颠茄（潘超美摄）

尖，基部狭楔形；叶柄长 4~7cm。花单生，俯垂；花萼杯状，不显著 5 齿；花冠白色，裂片卵形；花药灰紫色。果梗较粗壮，俯垂；果实长指状，顶端渐尖且常弯曲，未成熟时绿色，成熟后成红色、橙色或紫红色，味辣。种子扁肾形，长 3~5mm，淡黄色。花果期 5~11 月。原分布于墨西哥到哥伦比亚；现世界各国普遍栽培。重要的蔬菜和调味品。图 1。

果实入药，药材名辣椒，传统中药，最早记载于《植物名实图考》，《中华人民共和国药典》（2020 年版）收载，具有温中散寒，开胃消食的功效。现代研究证明具有促进食欲、改善消化、抗菌、杀虫、抗肿瘤、降血脂、改善心血管系统等作用。

果实中含有生物碱类、萜类、黄酮类、酚酸类等化学成分。生物碱类主要有辣椒碱（辣椒素）、二氢辣椒碱、降二氢辣椒碱、高辣椒碱等，是辣椒的主要功效成分。萜类成分类型多，倍半萜有 canosesnol A、B、C 等；二萜有辣椒萜苷 capsaioside A、B、C 等；四萜类为色素类，如辣椒红素、隐黄素等。辣椒碱和二氢辣椒碱是辣椒的质量控制成分，《中华人民共和国药典》（2020 年版）规定二者总量不低于 0.16%，药材中辣椒素含量为 0.03%~0.29%，二氢辣椒素含量为 0.01%~0.12%。

辣椒属全世界约 20 种，中国栽培和野生 2 种。

（郭宝林）

白花曼陀罗（*Datura metel* L.，hindu datura）

茄科曼陀罗属植物，又称洋金花、白曼陀罗。

1 年生直立草木而呈半灌木状，高 0.5~1.5m；叶卵形或广卵形，顶端渐尖，基部不对称，长 5~20cm，边缘有不规则的短齿或浅裂、或者全缘而波状；叶柄长 2~5cm。花单生于枝叉间或叶腋，花梗长约 1cm。花萼筒状，长 4~9cm，裂片狭三角形或披针形，果时宿存；花冠长漏斗状，长 14~20cm，裂片顶端有小尖头；雄蕊 5，花药长约 1.2cm；花柱长 11~16cm。蒴果近球状或扁球状，疏生粗短刺，直径约 3cm，不规则 4 瓣裂。花果期 3~12 月。图 1。中国分布于台湾、福建、广东、广西、云南、贵州等地，各地普遍栽培，也逸为野生；常生于向阳的山坡草地或住宅旁。

花入药，药材名洋金花，传统中药，最早记载于《本草纲目》。《中华人民共和国药典》（2020 年版）收载，具有平喘止咳，解痉定痛的功效，有毒，现代研究证明具有中枢抑制、镇痛、抗休克、祛痰、抗心律失常、保肝、抗溃疡等作用。毒性作用主要是中枢抑制。

花含有莨菪烷型生物碱类，主要有莨菪碱、东莨菪碱、去甲莨菪碱，莨菪碱在提取过程中会部分消旋，消旋体名阿托品，是洋金花的有效成分，也是毒性成分，其中东莨菪碱为质量控制成分，《中华人民共和国药典》（2020 年版）规定洋金花中含量不低于 0.15%，药材中东莨菪碱含量为 0.13%~0.20%。全株均含有莨菪类生物碱，种子、叶、果实中含量较高。

曼陀罗属植物全世界有 16 种，中国有 4 种。毛曼陀罗 *D. innoxia* Mill.、木本曼陀罗 *D. arborea* L.、曼陀罗 *D. stramonium* L. 等，都是提取莨菪碱和东莨菪碱的资源植物。

（郭宝林）

莨菪（*Hyoscyamus niger* L.，black henbane）

茄科天仙子属植物，又称天仙子。

2 年生草本，高达 1m，全体

图 1　辣椒（陈虎彪摄）

图 1　白花曼陀罗（陈虎彪摄）

被黏性腺毛。1年生仅基生叶，卵状披针形或长矩圆形，长可达30cm；茎生叶卵形或三角状卵形，顶端钝或渐尖，无叶柄而基部半抱茎，边缘羽状浅裂或深裂，顶端钝或锐尖，长4~10cm。花在茎中部以下单生于叶腋，在茎上端聚集成蝎尾式总状花序，近无梗。花萼筒状钟形，长1.0~1.5cm，5浅裂，花后增大成坛状，顶端针刺状；花冠钟状，长约为花萼的1倍，黄色而脉纹紫堇色；雄蕊稍伸出花冠。蒴果包藏于宿存萼内，长卵圆状，长约1.5cm。种子近圆盘形。夏季开花、结果。图1。中国分布于华北、西北、西南、华东，栽培或逸为野生，常生于山坡、路旁、住宅区及河岸沙地。蒙古、苏联、欧洲、印度亦有分布。

图1 天仙子（陈虎彪摄）

种子入药，药材名天仙子，又称莨菪子，传统中药，最早记载于《神农本草经》。《中华人民共和国药典》（2020年版）收载，具有解痉止痛，平喘安神的功效，有大毒。现代研究表明具有中枢兴奋作用、解痉、镇痛、散瞳降低眼压、心血管系统作用等。毒性作用主要是中枢抑制。叶入药，药材名莨菪，用于制备莨菪浸膏。

种子含有莨菪烷类生物碱，主要有莨菪碱、东莨菪碱、山莨菪碱，莨菪碱在提取过程中会部分消旋，消旋体名阿托品，莨菪碱类是天仙子的有效成分，也是毒性成分，《中华人民共和国药典》（2020年版）规定天仙子中莨菪碱和东莨菪碱总量不低于0.080%。药材中莨菪碱含量为0.02%~0.17%，东莨菪碱含量为0.01%~0.08%。

莨菪属全世界约6种，中国有3种。

（郭宝林）

níngxiàgǒuqǐ

宁夏枸杞（*Lycium barbarum* L.，barbary wolfberry） 茄科枸杞属植物。

灌木，高0.8~2.0m，茎有不生叶的短棘刺和生叶的长棘刺。叶互生或簇生，披针形或长椭圆状披针形，长2~3cm，栽培时长达12cm，顶端常急尖，基部楔形。花生于叶腋或簇生。花萼钟状，长4~5mm，常2中裂；花冠漏斗状，紫堇色，筒部长8~10mm，裂片长5~6mm，卵形，顶端圆钝，基部有耳；雄蕊的花丝基部及花冠筒内壁生1圈密绒毛。浆果红色或橙色，果皮肉质，多汁，长8~20mm，直径5~10mm。种子常20余粒，棕黄色。花果期5~10月。图1。中国特有种，原产华北和西北，常生于土层深厚的沟岸、山坡、田埂和宅旁，多栽培。欧洲及地中海沿岸国家普遍栽培并成为野生。

果实入药，药材名枸杞子，传统中药，最早记载于《神农本草经》。《中华人民共和国药典》（2020年版）收载，具有滋补肝肾，益精明目的功效，现代研究证明具有调节免疫、抗肿瘤、抗氧化、保肝、抗衰老、抗应激和保护视力等作用。根皮入药，药材名地骨皮，传统中药，具有凉血除蒸，清肺降火的功效。

果实含有多种糖类、生物碱类、香豆素类、萜类和黄酮类化学成分，糖类中有富含单糖和多糖，多糖有枸杞多糖LBP-Ⅰ、Ⅱ、Ⅲ等，具有免疫调节作用。生物碱类主要是甜菜碱，还有莨菪烷型生物碱，香豆素主要是莨菪亭，胡萝卜素类有玉蜀黍黄素、隐黄素等，是枸杞子明目的活性成分。《中华人民共和国药典》（2020年版）规定甜菜碱含量不低于0.50%，多糖含量不低于1.8%。药材中甜菜碱含量为0.30%~1.20%，多糖含量为2.92%~17.82%。根皮含有生物碱，除甜菜碱，还含有酰胺类生物碱，如地骨皮甲素、地骨皮乙

图1 宁夏枸杞（陈虎彪摄）

素等。具有降血糖等作用。

枸杞属全世界约80种,中国有7种3变种。枸杞 L. chinense Mill. 被《中华人民共和国药典》(2020年版)收载为地骨皮药材的来源植物。果实也药用。黑果枸杞 L. ruthenicum Murr. 因果实富含花青素类成分,用于抗氧化等保健功能。

(郭宝林)

suānjiāng

酸浆 [*Physalis alkekengi* var. *francheti* (Mast.) Makino, groundcherry] 茄科酸浆属植物。

图1　酸浆（刘翔摄）

多年生草本。茎高40~80cm,叶长卵形至阔卵形,长5~15cm,顶端渐尖,基部不对称,叶缘有短毛。花梗长6~16mm,开花时直立,后下弯;花萼阔钟状,长约6mm,萼齿三角形,边缘有硬毛;花冠辐状,白色,直径15~20mm,裂片顶端三角形尖头,有缘毛;雄蕊及花柱均较花冠为短。果萼卵状,长2.5~4.0cm,薄革质,网脉显著,无毛,橙色或火红色,顶端闭合;浆果球状,橙红色,直径10~15mm,柔软多汁。种子肾脏形,淡黄色,长约2mm。花期5~9月,果期6~10月。图1。中国广布,常生于田野、沟边、山坡草地、林下或路旁水边;亦普遍栽培。朝鲜和日本也有分布。

宿萼或带果实的宿萼入药,药材名锦灯笼,传统中药,最早记载于《神农本草经》。《中华人民共和国药典》(2020年版)收载,具有清热解毒,利咽化痰,利尿通淋的功效。现代研究证明具有抗菌、抗肿瘤作用。

宿萼或带果实的宿萼含有甾体类、黄酮类、苯丙素类、生物碱类、多糖类等化学成分。甾体类有酸浆苦素 A、B、C、E、L、O 等,具有抗肿瘤、抗炎、免疫调节、抗菌等作用;黄酮类为木犀草素、槲皮素的苷类,如木犀草苷。木犀草苷为锦灯笼的质量控制成分,《中华人民共和国药典》(2020年版)规定含量不低于 0.10%,药材木犀草苷的含量为 0~0.24%,酸浆苦素类的含量,酸浆苦素 A 为 0.10%~0.31%,酸浆苦素 O 为 0.10%~0.27%,酸浆苦素 B 为 0.05%~0.13%。

酸浆属全世界约120种,中国5种2变种。药用植物还有苦蘵 P. angulata L. 等。

(郭宝林)

lóngkuí

龙葵 (*Solanum nigrum* L. , black nightshade) 茄科茄属植物。

1年生直立草本,高 0.25~1.00m。叶卵形,长 2.5~10.0cm,

先端短尖,基部楔形下延,全缘或不规则的波状粗齿。蝎尾状花序腋外生,常由 3~6 花组成,总花梗长 1.0~2.5cm,花梗长约5mm;萼小,浅杯状,直径1.5~2.0mm,齿卵圆形,先端圆;花冠白色,筒部长不及1mm,冠檐长约 2.5mm,5 深裂,裂片卵圆形;花丝短,花药黄色,长约1.2mm;花柱长约 1.5mm,柱头头状。浆果球形,直径约 8mm,黑色。种子多数,近卵形,直径1.5~2.0mm。图1。中国各地分布,生于田边,荒地及村庄附近。全球温带至热带广泛分布。

全草或地上部分入药,药材名龙葵,传统中药,最早记载于《药性论》。具有清热解毒,消肿散结,利尿通淋的功效,有毒。现代研究表明具有抗肿瘤、免疫调节、抗菌、保肝、降脂等作用。果实维吾尔族药用,具有清热解毒、利尿消肿、升血糖的功效。

全草含有甾体生物碱类、甾体皂苷类等、多糖等化学成分。生物碱类有澳洲茄碱、澳洲茄边碱、龙葵碱等。具有广泛的抗肿瘤活性,龙葵碱具有神经毒性和生殖毒性;甾体皂苷类的苷元为薯蓣皂苷元和替告皂苷元,也具

图1　龙葵（陈虎彪摄）

有一定的抗肿瘤活性；多糖具有免疫调节和抗肿瘤活性，中澳洲茄碱含量 0.05%~0.15%、澳洲茄边碱 0.03%~0.13%。果实中含有类似成分，澳洲茄碱含量 0.2%~0.4%、澳洲茄边碱含量 0.2%~0.7%。

茄属全世界 2000 余种，中国有 39 种，14 变种。欧白英 S. dulcamara L. 为欧洲传统药，具有抗肿瘤和抗病毒作用，印度也用于利尿、抗风湿和质量皮肤病。药用植物还有白英 S. lyratum Thunb. 、白茄 S. melongena L. 、刺茄 S. caspicoides Allioni 等。

（郭宝林）

xuánshēnkē

玄参科 （Scrophulariaceae）

草本、灌木或乔木。单叶，叶互生、对生或轮生，无托叶。花两性，常两侧对称；萼 4~5 齿裂，宿存；花冠合瓣、辐状、阔钟状或有圆柱状管，4~5 裂，裂片多少不等或二唇形，或广展；雄蕊通常 4，二强雄蕊，有时 2 或 5 枚发育或第 5 枚退化；花盘有或无；子房上位，不完全或完全的 2 室，每室胚珠多数。果实为蒴果或浆果。全世界有 200 属 3000 余种。中国约 60 属 634 种。

本科植物含有强心苷类、环烯醚萜苷类、苯乙醇苷类、黄酮类、木脂素类、蒽醌类、二萜类、三萜类、生物碱类等化学成分。环烯醚萜苷是本科植物特征性化学成分，主要类型有马钱子酸型、筋骨草醇型、桃叶珊瑚苷型、梓醇型、C-3 位双键氢化的环烯醚萜苷，如哈巴俄苷、桃叶珊瑚苷、胡黄连苷等。苯乙醇苷类也是本科常见化学成分，如阿克苷等。二萜类主要分布于苦玄参属、婆婆纳属等属。洋地黄属含有强心苷类化合物，如洋地黄毒苷、地

高辛等，还含有蒽醌类化合物，如洋地黄蒽醌等。黄酮类，如蒙花苷、柳穿鱼苷等；生物碱类，如槐定碱、骆驼蓬碱等。

主要药用植物有：①地黄属 Rehmannia，如地黄 R. glutinosa （Gaertn.） Libosch. ex Fisch. et C. A. Mey. 。②玄参属 Scrophularia，如玄参 S. ningpoensis Hemsl.。③胡黄连属 Picrorhiza，如胡黄连 P. scrophulariiflora Pennell。④阴行草属 Siphonostegia，如阴行草 S. chinensis Benth.。⑤洋地黄属 Digitalis，如毛地黄 D. purpurea L. 。⑥毛蕊花属 Verbascum，如毛蕊花 V. thapsus L. 、V. densiflorun Bertol. 、V. phlomoides L. 等。

（刘春生 王晓琴）

máodìhuáng

毛地黄 （Digitalis purpurea L.，digitalis）

玄参科毛地黄属植物，又称洋地黄，紫花洋地黄。

1 年生或多年生草本，除花冠外，全体被灰白色短柔毛和腺毛，高 60~120cm。茎单生或数条成丛。基生叶多成莲座状，叶柄具狭翅，长可达 15cm；叶片卵形或长椭圆形，长 5~15cm，先端尖或钝，基部渐狭，边缘具圆齿；茎生叶向上渐小，叶柄短直至无柄而成为苞片。萼钟状，长约 1cm，果期略增大，5 裂几达基部；花冠紫红色，内面具斑点，长 3.0~4.5cm，裂片很短，先端被白色柔毛。蒴果卵形，长约 1.5cm。种子短棒状，被网纹，有细柔毛。花期 5~6 月。图 1。原产欧洲，中国

有栽培。

叶入药，药材名洋地黄叶，欧洲传统药物，《欧洲药典》和《美国药典》收载，强心药物，具有加强心肌收缩力、减慢窦性心律、减慢房室传导、利尿等作用，也有毒性，过量或蓄积导致心脏毒性。

叶含有强心苷类，主要为毛花洋地黄苷 A、B、C、D、E，其中毛花洋地黄苷 C 作用较强，蓄积小。经结构改造的异羟基洋地黄毒苷，又名地高辛，为临床常用药物，《欧洲药典》规定洋地黄叶中的强心苷含量以地高辛计不低于 0.3%，药材中强心苷含量为 0.15%~0.40%。

毛地黄属全世界约 25 种，中国栽培 1 种。毛花毛地黄 D. lantana Ehrh. 的叶也做毛地黄用。

（郭宝林）

húhuánglián

胡黄连 （Picrorhiza scrophulariiflora Pennell，figwortflower picrorhiza）

玄参科胡黄连属植物。又称胡连、西藏胡黄连。

多年生草本，有毛；根茎圆柱形，稍带木质，长 15~20cm。叶近于根生，稍带革质；叶片匙形，长 5~10cm，先端尖，基部狭

图 1 毛地黄 （陈虎彪摄）

窄成有翅的具鞘叶柄，边缘有细锯齿。花茎长于叶；穗状花序长5～10cm，下有少数苞片；苞片长圆形或披针形，与萼等长；萼片5，披针形，长约5mm，有缘毛；花冠短于花萼，裂片5，裂片卵形，具缘毛；雄蕊4，花丝细长，伸出花冠；子房2室，花柱细长，柱头单一。蒴果长卵形，长6mm。种子长圆形，长1mm。花期6月，果期7月。图1。中国分布于四川、云南、西藏等地。生于高山山坡及石堆中。尼泊尔也有分布。

图1 胡黄连（陈虎彪提供）

根茎入药，药材名胡黄连，传统中药，最早记载于《新修本草》。《中华人民共和国药典》（2020年版）收载，具有退虚热，除疳热，清湿热的功效。现代研究证明胡黄连具有调节免疫、促神经生长、保肝利胆、抗菌消炎、抗肿瘤、抗哮喘等作用。

根茎含有环烯醚萜苷类、三萜类、苯乙醇苷类、香豆素类、木脂素类、黄酮类等化学成分。环烯醚萜苷类为其主要的化学成分，主要有桃叶珊瑚苷、梓醇、胡黄连龙胆苷A～C、胡黄连苷Ⅰ～Ⅳ、地黄素A、D等，其中胡

黄连苷对神经细胞损伤、心肌细胞凋亡具有保护作用。《中华人民共和国药典》（2020年版）规定胡黄连药材中含胡黄连苷Ⅰ与胡黄连苷Ⅱ的总量不低于9.0%，药材中胡黄连苷Ⅰ含量为0.178%～5.729%，胡黄连苷Ⅱ含量为1.19%～11.73%。三萜类主要为葫芦烷型。

胡黄连属仅1种。

（刘春生 王晓琴）

dìhuáng

地黄（*Rehmannia glutinosa Libosch. ex Fisch. et Mey.*，adhesive rehmannia） 玄参科地黄属植物。

多年生草本植物；株高10～40cm；全株被灰白色长柔毛及腺毛；基生叶成丛，叶片倒卵状披针形，长3～10cm，先端钝，基部渐窄，下延成长叶柄，叶面多皱，边缘有不整齐锯齿，茎生叶较小；总状花序，苞片叶状；花萼钟状，先端5裂，裂片三角形，被长毛；花冠宽筒状，稍弯曲，长3～4cm，暗紫色，里面杂以黄色，有明显紫纹，先端5浅裂，略呈二唇形；雄蕊4，二强；子房上位，卵形，花柱1，柱头膨大；蒴果卵形或长卵形，有宿存花柱和花萼。种子多数。花期4～5月，果期5～6月。图1。中国分布于辽宁、河北、河南、山东、山西、陕西、甘肃、内蒙古、江苏、湖北等省区。生于海拔50～1100m的砂质壤土、荒山坡、山脚、墙边、路旁等处。药用地黄为栽培品种，

产于河南、山西、河北、山东、浙江等地。国外也有栽培。

新鲜块根入药，药材名鲜地黄，干燥块根入药，药材名生地黄，传统中药，最早以干地黄之名记载于《神农本草经》。《中华人民共和国药典》（2020年版）收载，鲜地黄具有清热生津，凉血，止血的功效；生地黄具有清热凉血，养阴生津的功效。现代研究证明地黄具有止血、抑制血小板聚集、促进红细胞和血红蛋白回升、保肝、利尿、抗炎、抗真菌、刺激骨髓增殖等作用。

块根含有环烯醚萜苷类、苯乙醇苷类、多糖等化学成分。环烯醚萜苷类主要有梓醇，地黄苷A、B、C、D，益母草苷，桃叶珊瑚苷，密力特苷等。鲜地黄中另含焦地黄A、B；干地黄中含地黄素A、B、C、D，gludinoside等，环烯醚萜苷类成分是地黄主要活性成分，也是使地黄变黑的成分。苯乙醇苷类主要有洋地黄叶苷C、毛蕊花糖苷、松果菊苷等。多糖如水苏糖，含量高达32.1%～48.3%，另含有棉子糖、葡萄糖、蔗糖、果糖、甘露三糖、毛蕊花糖、半乳糖及地黄多糖RPS-b等。RPS-b是地黄中兼具免疫与抑瘤的活性成分。梓醇及毛

图1 地黄（陈虎彪摄）

蕊花糖苷是地黄药材的质量控制成分,《中华人民共和国药典》(2020年版)规定,生地黄中含梓醇不低于0.2%,含毛蕊花糖苷不低于0.020%,药材中梓醇含量为0.03%~3.41%,毛蕊花糖苷含量为0.01%~0.15%。

地黄属植物全世界有6种,全部产于中国。药用植物还有天目地黄 R. chingii Li、高地黄 R. elata N. E. Brown、湖北地黄 R. henryi N. E. Brown、裂叶地黄 R. piasezkii Maxim.、茄叶地黄 R. solanifolia Tsoong et Chin 等。

(刘春生 王晓琴)

xuánshēn

玄参 (Scrophularia ningpoensis Hemsl., figwort) 玄参科玄参属植物。又称元参。

玄参多年生草本,高60~120cm。茎四棱形,有沟纹,光滑或有腺状柔毛。下部叶对生,上部叶有时互生,均具柄;叶片卵形或卵状椭圆形,长7~20cm,先端渐尖,基部圆形成近截形,边缘具细锯齿,背面脉上有毛;聚伞花序疏散,呈圆锥形;花序轴和花梗均被腺毛;萼5裂,裂片卵圆形,先端钝,边缘膜质;花冠暗紫色,管部斜壶状,长约8mm,先端5裂,不等大;雄蕊4,二强,另有1退化雄蕊,鳞片状;子房约8mm,深绿色或暗绿色,萼宿存。花期7~8月,果期8~9月。图1。中国特有种,分布于东北、华北,以及山东、江苏、河南等地,有栽培。生于海拔1700m以下的竹林、溪旁、丛林及高草丛中。

根入药,药材名玄参,传统中药,最早记载于《神农本草经》。《中华人民共和国药典》(2020年版)收载,具有清热凉血、滋阴降火、解毒散结的功效。现代研究表明具有抗炎、增强免疫、抗疲劳、降血糖、降血压、保肝、抗肿瘤、抗菌、抗氧化等作用。

根含有环烯醚萜苷类、苯乙醇苷类、有机酸类等化学成分。其中环烯醚萜苷类主要有哈巴苷、哈巴俄苷、京尼平苷、桃叶珊瑚苷等,具有保护心血管系统、增强免疫、抗肿瘤等作用,《中华人民共和国药典》(2020年版)规定,玄参药材中含哈巴苷和哈巴俄苷的总量不低于0.45%,药材中哈巴苷含量为0.069%~2.890%,哈巴俄苷含量为0.01%~0.31%。苯乙醇苷类成分主要有 ningposides A~D,安格洛苷 C,肉苁蓉苷 D、F 等。有机酸类主要有肉桂酸、对甲氧基肉桂酸、4-羟基-3-甲氧基肉桂酸、4-羟基-3-甲氧基苯甲酸等。

玄参属植物全世界有200种以上,中国约30种。药用植物还有岩玄参 S. amugensis、楔叶玄参 S. formosana H. L. Li、东北玄参 S. mandshurica Maxim.、腋花玄参 S. maximowiczii Gorschk、台湾玄参 S. yoshimurae T. Yamaz 等。

(刘春生 王晓琴)

yīnxíngcǎo

阴行草 (Siphonostegia chinensis Benth., Chinese siphonostegia) 玄参科阴行草属植物。

1年生草本,高30~60cm,密被锈色短毛;茎中空,基部常有少数宿存膜质鳞片;叶对生,近无柄,叶片基部下延,扁平,密被短毛;叶片厚纸质,广卵形,长8~55mm,两面皆密被短毛,二回羽状全裂,裂片全缘;花常对生于茎枝上部,构成稀疏的总状花序;苞片叶状,较萼短,羽状深裂或全裂,密被短毛;花梗短,密被短毛;花冠上唇红紫色,下唇黄色,长22~25mm;雄蕊二强,着生于花管的中上部;蒴果被包于宿存的萼内,黑褐色,稍具光泽;种子多数,黑色,长卵圆形,长约0.8mm,具微高的纵横凸起;花期6~8月。图1。中

图1 玄参 (陈虎彪摄)

图1 阴行草 (陈虎彪摄)

国分布各地。生于海拔 800～3400m 的干山坡与草地中。日本、朝鲜、俄罗斯也有分布。

全草入药，药材名北刘寄奴，传统中药，最早记载于《新修本草》。《中华人民共和国药典》（2020 年版）收载，具有活血祛瘀，通经止痛，凉血，止血，清热利湿的功效。现代研究表明具有保肝利胆、抗血小板凝聚、降低血液胆固醇、抗菌等作用。

全草含有黄酮类、环烯醚萜类、酚酸类、苯乙醇苷类、木脂素类、香豆素类、挥发油等化学成分。黄酮类主要有芹菜素、木犀草素、木犀草苷等；环烯醚萜类主要有 8-表马钱苷等；酚酸类主要有异阿魏酸、咖啡酰奎尼酸类等；苯乙醇苷类主要有毛蕊花糖苷、异毛蕊花糖苷等。《中华人民共和国药典》（2020 年版）规定北刘寄奴药材中含木犀草素不低于 0.050%，含毛蕊花糖苷不低于 0.060%，药材木犀草素含量为 0.010%～0.385%，毛蕊花糖苷为 0.056%～0.704%。

阴行草属 Siphonostegia 植物共 4 种，中国有 2 种，腺毛阴行草 S. Laeta S. Moore 也药用。

（刘春生　王晓琴）

 zǐwēikē

紫葳科（Bignoniaceae）
乔木、灌木或木质藤本，稀为草本；常具各式卷须或气生根。叶对生，稀互生，单叶或羽状复叶，无托叶；花通常大而美丽，两性，左右对称，排成顶生或腋生的圆锥花序或总状花序；花冠合瓣，钟状至漏斗状，4～5 裂，裂片常呈二唇形；雄蕊通常 4，有时 2 枚；花盘具存；子房上位，2 室稀 1 室，或因隔膜发达而成 4 室；中轴胎座或侧膜胎座，胚珠多数，叠生；蒴果室间或室背开裂；种子常有翅。全世界有 120 属 650 种；中国有 12 属 35 种，引进栽培有 16 属 19 种。

本科含环烯醚萜苷类、黄酮类、甾醇类、蒽醌和萘醌类等化学成分。黄酮类为主要活性成分，具有止咳、抗菌、消炎、抗癌、抗突变、驱虫、降糖等作用，如木蝴蝶中含有木蝴蝶苷、白杨素、黄芩素等；萘醌类存在于梓树属中，如 α-拉杷酮。

主要药用植物：①木蝴蝶属 Oroxylum，如木蝴蝶 O. indicum（L.）Vent。②凌霄属 Campsis，如凌霄 C. grandiflora（Thunb.）Schum。③角蒿属 Incarvillea，如密花角蒿 I. compacta Maxim.、红波罗花 I. delavayi Bur. et Franch.、马桶花 I. arguta Royle. 等。④老鸦烟筒花属 Millingtonia，如老鸭烟筒花 M. hortensis L.。⑤梓属 Catalpa，如梓 C. ovata G. Don、藏楸 C. tibetica G. Forrest、黄金树 C. speciosa Ward.、楸 C. bungei C. A. Mey.、灰楸 C. fargesii Bur.、滇楸 C. frgesii f. duclouxii Do de。⑥猫爪藤属 Macfadyena，如猫爪藤 M. unguis-cati（L）A. Gentry。⑦火焰木属 Spathodea，如火焰树 Spathodea campanulata P. Beauv 等。

（陈彩霞）

língxiāo

凌霄［Campsis grandiflora（Thunb.）Schum，Chinese trumpet-creeper］
紫葳科凌霄属植物。

攀缘藤本；茎木质，以气生根攀附于他物之上。叶对生，羽状复叶；小叶 7～9 枚，卵形至卵状披针形，顶端尾状渐尖，基部阔楔形，两侧不等，边缘有粗锯齿；短圆锥花序顶生，花序轴长 15～20cm。花萼钟状，长 3cm，分裂至中部，裂片披针形。花冠内面鲜红色，外面橙黄色，长约 5cm，裂片半圆形。雄蕊着生于花冠筒近基部，花药黄色，个字形着生。蒴果顶端钝。花期 5～8 月。图 1。中国分布于长江流域各地，及河北、山东、河南、福建、广东、广西、陕西等地，台湾有栽培。日本也有分布，越南、印度、西巴基斯坦有栽培。

花入药，药材名凌霄花。传统中药，最早记载于《神农本草经》。《中华人民共和国药典》（2020 年版）收载，具有活血通经，凉血祛风的功效。现代研究表明具有增强孕子宫收缩，改善血液循环、抑制血栓形成，镇痛、抗炎、抗氧化等作用。

花含有三萜类、苯丙醇苷类、黄酮类和挥发油等化学成分，三萜类如齐墩果酸、山楂酸、阿江榄仁酸等，具有抑制血栓形成，改善心血管的作用；黄酮类主要为芹菜素的苷类等，具有抗氧化作用。

凌霄属全世界 2 种，中国 1 种引进栽培 1 种。美洲凌霄

图 1　凌霄（陈虎彪摄）

C. radicans（L.）Seem 也为《中华人民共和国药典》（2020 年版）收载为凌霄花的来源植物。

（陈彩霞）

mùhúdié

木蝴蝶 [*Oroxylum indicum* (*L.*) Vent, India trumpetflowre] 紫葳科木蝴蝶属植物。又称千张纸、千层纸。

直立小乔木，高 6~10m。小叶三角状卵形，长 5~13cm，顶端短渐尖，基部近圆形或心形，偏斜，全缘。总状聚伞花序顶生，长 40~150cm；花梗长 3~7cm；花大、紫红色。花萼钟状，紫色，膜质，果期近木质。花冠肉质，长 3~9cm，傍晚开放，有恶臭气味。蒴果木质，常悬垂于树梢，长 40~120cm，果瓣具有中肋，边缘肋状凸起。种子多数，圆形，周翅薄如纸。花期 7~10 月，果期 10 月至翌年 2 月。图 1。中国分布于福建、台湾、广东、广西、四川、贵州、云南等地。生于海拔 500~900m 低丘河谷密林，以路边丛林中。印度及东南亚也有分布。

种子入药，药材名木蝴蝶。

图 1　木蝴蝶（潘超美摄）

传统中药，最早记载于《滇南本草》。《中华人民共和国药典》（2020 年版）收载。具有清肺利咽，疏肝和胃的功效。现代研究表明具有镇痛、抗炎、抑菌、止咳、抗氧化、抗病毒和抗肿瘤等作用。傣族以木蝴蝶树皮药用。

种子含有黄酮类、醇类及挥发油等化学成分。黄酮类有木蝴蝶苷 A、B，黄芩苷、白杨素、千层纸苷等，具有止咳、抗癌、抗氧化等作用。木蝴蝶苷 B 是木蝴蝶药材的质量控制成分，《中华人民共和国药典》（2020 年版）规定含量不低于 2.0%，药材含量为 2.0%~6.0%。

木蝴蝶属植物全世界约 2 种，中国 1 种。

（陈彩霞）

juéchuángkē

爵床科（Acanthaceae）　草本、灌木或藤本。叶对生，稀互生，无托叶。花两性，左右对称，总状花序，穗状花序，聚伞花序；苞片通常大，花萼常 4~5 裂，花冠合瓣，具长或短的冠管，冠檐通常 5 裂，整齐或 2 唇形；雄蕊 2 或 4 枚，常为二强。子房上位，2 室；种子常着生于胎座的钩上；蒴果。全世界有 250 属约 3450 余种，中国有 68 属 310 余种。

本科植物普遍含有黄酮类、生物碱类及二萜内酯类化合物。黄酮类如芹菜素、木犀草素等；二萜内酯类化合物有穿心莲内酯、去氧穿心莲内酯、新穿心莲内酯等，是抗菌消炎的活性成分，主要存在于穿心莲属。爵床属植物化学组成主要是木脂素类、三萜类、黄酮类、香豆素类、生物碱类等，木脂素及其苷类为该属植物的主要化学成分。马蓝属主要含生物碱类成分，如靛蓝、靛玉红、色胺酮等。

主要药用植物有：①穿心莲属 Andrographis，如穿心莲 A. paniculata（Burm. f.）Nees。②板蓝属 Baphicacanthus，如马蓝 B. cusia（Nees）Bremek.。③老鼠簕属 Acanthus，如老鼠簕 A. ilicifolius L.。④十万错属 Asystasia，如宽叶十万错 A. gangetica（L.）J. Anders.。⑤白接骨属 Asystasiella，如白接骨 A. neesiana（Wall.）Lindau。⑥鸭嘴花属 Adhatoda，如鸭嘴花 A. vasica Nees、黑叶爵床 A. ventricosa（Wall.）Nees 等。⑦观音草属 Peristrophe，如九头狮子草 P. japonica（Thunb.）Bremek.。⑧狗肝菜属 Dicliptera，如狗肝菜 D. chinensis（L.）Nees。⑨枪刀药属 Hypoestes，枪刀药 H. purpurea（L.）R. Br.。⑩孩儿草属 Rungia，如孩儿草 R. pectinata（L.）Nees。⑪爵床属 Rostellularia，如爵床 R. procumbens（L.）Nees。⑫驳骨草属 Gendarussa，如小驳骨 G. vulgaris Nees。

（潘超美）

chuānxīnlián

穿心莲 [*Andrographis paniculata*（Burm. f.）Nees, common andrographis] 爵床科穿心莲属植物。又称一见喜。

1 年生草本植物；茎高 50~80cm，4 棱，节膨大；单叶对生，叶柄短，叶卵状矩圆形至矩圆状披针形，长 4~8cm，先端渐尖，基部楔形，下延成叶柄，边缘浅波状；总状花序顶生和腋生，集成大型圆锥花序；花萼裂片三角状披针形，有腺毛和微毛，花冠白色而小，下唇带紫色斑纹，外有腺毛和短柔毛，2 唇形，上唇微 2 裂，下唇 3 深裂，花冠筒与唇瓣等长，雄蕊 2，花丝 1 侧有柔毛，蒴果扁，中有 1 沟，疏生腺毛，种子 12 粒，四方形，有皱纹，花期 9～10 月，果期 10～11 月。图 1。原产于印度、菲律宾等南亚国家。中国引种栽培，广东、广西栽培较多。

图 1　穿心莲（陈虎彪摄）

地上部分入药，药材名穿心莲，《中华人民共和国药典》（2020 年版）收载，具有清热解毒，泻火燥湿的功效。现代研究表明具有镇痛、解热、保肝、抗炎、抗菌、抗病毒、抗肿瘤的作用。在印度，用于治疗毒蛇咬伤、瘟疫、肝炎、黄疸、糖尿病等。也是东南亚和南亚传统民间草药。

地上部分含有二萜类、黄酮类等化学成分。二萜类主要有穿心莲内酯、脱水穿心莲内酯、14-去氧穿心莲内酯、新穿心莲内酯、穿心莲新苷等，其中穿心莲内酯、脱水穿心莲内酯具有抗炎、抗病毒、抗肿瘤、免疫调节、保肝利胆、改善心脑血管系统、抗糖尿病、抗生育等作用，《中华人民共和国药典》（2020 年版）规定穿心莲药材中穿心莲内酯、脱水穿心莲内酯、14-去氧穿心莲内酯和新穿心莲内酯的总量不低于

1.5%，药材中穿心莲内酯的含量为 0.3%～3.9%；脱水穿心莲内酯的含量为 0.15%～0.98%。黄酮类主要有芹菜素、木犀草素、异高黄芩素、黄芩新素等。

穿心莲属植物全世界约 20 种，中国有 2 种栽培 1 种。药用植物还有须药草 A. laxiflora（Bl.）Lindau。

（潘超美　杨扬宇）

mǎlán

马蓝［Baphicacanthus cusia（Nees）Bremek., common baphicacanthus］爵床科板蓝属植物。又称板蓝。

多年生草本植物；高 30～70cm；茎基部稍木质化，略带方形，节膨大；根茎粗壮，断面呈蓝色；叶对生，柔软，纸质，叶柄长 1～4cm，叶片椭圆形或卵形，长 10～20（～25）cm，顶端急尖，基部楔形，边缘有稍粗的锯齿，两面无毛，干时黑色；花无梗，疏生穗状花序顶生或腋生，直立，长 10～30cm，花萼裂片 5，条形，通常 1 片较大，呈匙形。花冠漏斗状，淡紫色，长 4.5～5.5cm，5 裂，先端微凹，雄蕊 4，2 强，蒴果为稍狭的匙形，长 2.0～2.2cm，种子 4，有微毛，花期 6～10 月，果期 7～11 月。图 1。中国分布于华南、西南地区，以及福建、浙江等地。常生于潮湿地方。常栽培。孟加拉国、印度东北部、缅甸、喜马拉雅等地至中南半岛均有分布。

根及根茎入药，药材名南板蓝根，传统中药，最早记载于《本

草图经》，《中华人民共和国药典》（2020 年版）收载，具有清热解毒，凉血消斑的功效。茎叶加工品入药，药材名"青黛"，传统中药，最早记载于《药性论》。《中华人民共和国药典》（2020 年版）收载，具有清热解毒，凉血消斑，泻火定惊的功效。现代研究表明，南板蓝根和青黛具有抗菌、抗肿瘤、抗病毒、抗炎等作用。

根茎、茎、叶主要含有生物碱类、三萜类、木脂素类、蒽醌类等化学成分。生物碱类主要包括靛苷、靛玉红、靛蓝等，靛玉红具有抗肿瘤作用，靛蓝具抗炎作用。《中华人民共和国药典》（2020 年版）规定青黛中含靛蓝不低于 2.0%，靛玉红不低于 0.13%，药材中靛蓝的含量为 1.7%～3.1%，靛玉红为 0.24%～0.39%。三萜类主要有羽扇豆醇、白桦脂醇等。

板蓝属只有 1 种。板蓝根、青黛药材的其他植物来源见菘蓝。

（潘超美　杨扬宇）

kǔjùtáikē

苦苣苔科（Gesneriaceae）多年生草本，或为灌木，稀为乔木、1 年生草本或藤本，陆生或附生，常具根状茎、块茎或匍匐茎。单

图 1　马蓝（陈虎彪摄）

叶，对生或轮生，或基生成簇，稀互生，通常草质或纸质，稀革质，无托叶。双花聚伞花序（有2朵顶生花），或为单歧聚伞花序，稀为总状花序；苞片2，稀1、3或更多，分生，稀合生。全世界共150属2000余种。中国有58属约463种，其中28属375种为中国特有。

本科植物含有黄酮类、苯乙醇苷类、三萜类、醌类、甾体类、酚类等化学成分。黄酮类成分的苷元有芹菜素、木犀草素、香叶木素、石吊兰素等。苯乙醇苷类成分普遍存在，如木通苯乙醇苷A、B，nuomioside、isonuomioside、lugrandoside、isolugrandoside 等。三萜类主要是熊果烷型和齐墩果烷型五环三萜类化合物，醌类包括蒽醌、苯醌和萘醌。

主要药用植物：①吊石苣苔属 Lysionotus，如吊石苣苔 Lysionotus pauciflorus Maxim.。②半蒴苣苔属 Hembioea，如半蒴苣苔 H. henryi Clarke、台湾半蒴苣苔 H. bicornuta （Hayata）Ohwi、峨眉半蒴苣苔 H. omeiensis W. T. Wang.。③珊瑚苣苔属 Corallodiscus，如卷丝苣苔 C. kingianus （Craib）Burtt、石胆草 C. flabellatus （Craib）Burtt。④蚂蟥七 Chirita fimbrisepala Hand.-Mazz.、毛线柱苣苔 Rhynchotechum vestitum Wall. ex Clarke 等。

（刘 勇）

diàoshíjùtāi

吊石苣苔（*Lysionotus pauciflorus* Maxim., few-flower lysionotus）

苦苣苔科吊石苣苔属植物。又称石吊兰。

小灌木。茎长7~30cm。叶常3枚轮生，近无柄；叶片革质，常线形或线状倒披针形，长1.5~5.8cm，顶端急尖或钝，边缘上部有小齿；叶柄长1~4毫米，上面常被短伏毛。花序有1~2（~5）花；花序梗纤细，长0.4~2.6cm；苞片披针状线形，花萼长3~4（~5）mm，5裂，裂片狭三角形；花冠白色带淡紫色条纹或淡紫色，长3.5~4.8cm，筒细漏斗状，长2.5~3.5cm，上唇长约4mm，2浅裂，下唇长10mm，3裂。雄蕊退化雄蕊3；雌蕊长2.0~3.4cm。蒴果线形，长5.5~9.0cm。种子纺锤形，长0.6~1.0mm，具毛。花期7~10月。图1。中国分布于西南、华东、华中、华南地区。生于海拔300~2000m的丘陵或山地林中或阴处石崖上或树上。在越南及日本也有分布。

地上部分入药，药材名石吊兰。《中华人民共和国药典》（2020年版）收载，具有化痰止咳，软坚散结的功效。现代研究表明具有抗结核杆菌、抗炎、抗肝毒、降血压、降血脂及抗动脉粥样硬化、清除自由基、止咳祛痰、平喘镇静等作用。

地上部分含黄酮类、挥发油、萜类等成分。黄酮类有石吊兰素（岩豆素）、石吊兰素-5-*O*-葡萄糖苷、石吊兰素-7-*O*-葡萄糖苷等。石吊兰素是石吊兰药材的质量控制成分，《中华人民共和国药典》（2020年版）规定石吊兰素不得少于0.10%。药材中石吊兰素的含量为0.17%~0.78%。

吊石苣苔属约有30种植物，中国有28种，8变种。

（刘 勇 郭宝林）

lièdāngkē

列当科（Orobanchaceae）

寄生草本植物，茎多不分枝；叶鳞片状、螺旋状排列，或在茎基密集成覆瓦状。花多数，沿茎上部排成总状或穗状花序，或簇生于茎顶呈类头状花序，少单生茎顶，苞片1枚，与叶同形。花两性，雌蕊先熟，花萼变化较大，筒状、离生或缺少，花冠两侧对称，弯曲，唇形、筒状、漏斗状、钟形，雄蕊4枚，2强，生于花冠筒中部或下部；雌蕊2~3心皮，子房上位，侧膜胎座。蒴果，室背开裂，外果皮较硬，种子细小，果皮多具凹点或网状纹饰。全世界15属150余种。中国9属40种3变种。

本科植物主要成分有醇苷和酚苷类以及环烯醚萜苷类。醇苷和酚苷类，如列当苷，肉苁蓉苷A、B、C、D、E、F、G、H、I，毛柳苷，丁香苷等；环烯醚萜苷类，如马钱子酸、京尼平苷酸、肉苁蓉素、肉苁蓉氯素、6-脱氧梓醇等。

主要药用植物有：①肉苁蓉属 Cistanche，如肉苁蓉 C. deserticola Y. C. Ma、管花肉苁蓉 C. tubulosa （Schenk）Wight、盐生肉苁蓉 C. salga （C. A. Mey.）G. Beck、沙苁蓉 C. sinensis G. Beck

图1 吊石苣苔（陈虎彪摄）

等。②草苁蓉属 *Boschniakia*，如草苁蓉 *B. rossica*（Cham. et Schlecht.）Fedtsch.。③列当属 *Orobanche*，如列当 *O. coerulescens* Steph.、分枝列当 *O. aegyptiaca* Pers.、黄花列当 *O. pycnostrchya* Hance. 等。

（王　冰）

ròucōngróng

肉苁蓉（*Cistanche deserticola* Y. C. Ma, desertliving cistanche） 列当科肉苁蓉属植物。又称苁蓉。

多年生草本。茎下部叶紧密，宽卵形或三角状卵形；上部叶较稀疏，披针形或窄披针形。穗状花序长 15～50cm；苞片条状披针形或披针形，常长于花冠；小苞片卵状披针形或披针形，与花萼近等长。花萼钟状，5 浅裂；花冠筒状钟形，长 3～4cm，裂片 5；花冠裂片淡黄或淡紫；花丝基部被长柔毛；花药基部具骤尖头，被长柔毛；子房基部有蜜腺。蒴果卵球形，长 1.5～2.7cm，具宿存花柱。种子长 0.6～1.0mm。花期 5～6 月，果期 6～8 月。图1。中国分布于内蒙古、陕西、甘肃、

图 1　肉苁蓉（屠鹏飞摄）

宁夏、青海、新疆等地。生于海拔 200～1200m，盐碱荒地、干涸沙地和戈壁荒漠。

肉质茎入药，药材名肉苁蓉，传统中药，最早记载于《神农本草经》，《中华人民共和国药典》（2020 年版）收载，具有补肾、益精、润燥、滑肠等功效。现代研究表明具有调节内分泌、促进代谢，增强免疫功能，延缓衰老等作用。

肉质茎含有苯乙醇苷类、环烯醚萜苷类、木脂素类、单萜苷类、生物碱类、糖类等化学成分。苯乙醇苷类主要有松果菊苷，毛蕊花糖苷（麦角甾苷），2-乙酰基麦角甾苷，肉苁蓉苷 A、B、C、D、E、G、H，去咖啡酰基麦角甾苷，异麦角甾苷等，具有提高免疫、抗氧化、抗衰老、改善记忆、保护肝脏等作用，为肉苁蓉属的主要活性成分，其中松果菊苷和毛蕊花糖苷为肉苁蓉的质量控制成分，《中华人民共和国药典》（2020 年版）规定二者总量不低于 0.30%。药材中含量分别为 0.10%～0.53%、0.06～0.46%。环烯醚萜类成分主要有 8-表马钱子酸、京尼平酸、苁蓉素、苁蓉氯素等。

肉苁蓉属植物全世界约 20 余种，中国有 5 种。管花肉苁蓉 *C. tubulosa*（Schenk）Wight 也是《中华人民共和国药典》（2020 年版）收载的肉苁蓉药材的来源植物。药用植物还有盐生肉苁蓉 *C. salga*（C. A. Mey）G. Beck，沙苁蓉 *C. sinensis* G. Beck 等。

（王　冰）

chēqiánkē

车前科（Plantaginaceae） 1 年生或多年生草本；根为直根系或须根系。茎通常变态成紧缩的根茎。叶通常基生，单叶，叶柄基

部常扩大成鞘状，无托叶。穗状花序狭圆柱状、圆柱状至头状；花葶通常细长，出自叶腋。花小，两性，辐射对称，花萼 4 裂，裂片覆瓦状排列；花冠合瓣，3～4 裂；雄蕊 4，稀 1 或 2 枚不发育，花丝贴生于冠筒内面，与裂片互生，丝状，外伸或内藏；花药 2 室，纵裂；子房上位，1～4 室，中轴胎座，稀为 1 室基底胎座；花柱 1，丝状，被毛。蒴果盖裂，稀为含 1 种子的骨质坚果。种子 1 或多颗，胚直伸，稀弯曲，肉质胚乳位于中央。本科 3 属约 200 种。中国有 1 属 20 种。

本科植物含有环烯醚萜类、黄酮类、苯乙醇苷类、三萜类等化学成分。环烯醚萜类有桃叶珊瑚苷、京尼平苷酸、大车前草苷等；黄酮类有芹菜素、木犀草素、木犀草苷等；苯乙醇苷类有大车前苷，车前草苷 A、B、C、D、E、F 等；三萜类有熊果酸、齐墩果酸等。

主要药用植物有：车前属 *Plantago*，如车前 *P. asiatica* L.、平车前 *P. depressa* Willd.、卵叶车前 *P. ovata* Forsk、大车前 *P. major* L.、欧车前 *P. psyllium* L. 等。

（尹春梅）

chēqián

车前（*Plantago asiatica* L., asia plantain） 车前科车前属植物。

多年生草本，高 20～60cm，有须根。基生叶直立，卵形或宽卵形，长 4～12cm，顶端圆钝，边缘近全缘、波状，或有疏钝齿至弯缺；叶柄长 5～22cm。花葶数个，直立，长 20～45cm，有短柔毛；穗状花序占上端 1/3～1/2 处，具绿白色疏生花；苞片宽三角形，较萼裂片短，二者均有绿色宽龙骨状突起；花萼有短柄，裂片倒

卵状椭圆形至椭圆形，长 2.0 ~ 2.5mm；花冠裂片披针形，长 1mm。蒴果椭圆形，长约 3mm，周裂；种子矩圆形，长约 1.5mm，黑棕色。花期 4~8 月，果期 6~9 月。图 1。中国分布各地；生路边、沟旁、田埂等处。朝鲜、俄罗斯远东、日本、印度尼西亚也有。

种子入药，药材名车前子，传统中药，最早记载于《神农本草经》，《中华人民共和国药典》（2020 年版）收载，具有清热利尿通淋，渗湿止泻，明目，祛痰功效。现代研究表明具有排石、抗衰老、抗炎作用。全草入药，药材名车前草，传统中药，《中华人民共和国药典》（2020 年版）收载，具有清热利尿通淋，祛痰凉血解毒的功效。现代研究表明具有利尿、镇咳、祛痰、抗炎作用。

种子含有环烯醚萜类、黄酮类、苯乙醇苷类、三萜类等化学成分。环烯醚萜类有桃叶珊瑚苷、京尼平苷酸、大车前草苷等；黄酮类有芹菜素，木犀草素，木犀草苷等；苯乙醇苷类有大车前苷、车前草苷 A、B、C、D、E、F 等；三萜类有熊果酸、齐墩果酸等。京尼平苷酸和毛蕊花糖苷是

车前子药材的质量控制成分，《中华人民共和国药典》（2020 年版）规定京尼平苷酸含量不低于 0.5%，毛蕊花糖苷不低于 0.4%。药材中京尼平苷酸和毛蕊花糖苷含量分别为 0.151% ~ 1.364%，0.41% ~ 0.88%。全草含有类似的环烯醚萜类、黄酮类、苯乙醇苷类、三萜类等化学成分。《中华人民共和国药典》（2020 年版）规定车前草中大车前苷含量不低于 0.1%。药材中含量为 0.1% ~ 1.8%。

车前草属 190 余种，中国有 20 种。同属的平车前 *P. depressa* Willd. 也被《中华人民共和国药典》（2020 年版）收载为车前子和车前草的来源植物。药用种类还有大车前 *P. major* L. 等。卵叶车前 *P. ovata* Forsk、欧车前 *P. psyllium* L. 植物的果皮和种子所含有的黏液质对胃肠道有润滑和保护作用，作为缓泻剂和治疗痢疾。

（郭庆梅　尹春梅）

rěndōngkē

忍冬科（Caprifoliaceae）

灌木或木质藤本，有时为小乔木或草本，落叶或常绿。茎干有皮孔或否，有时纵裂，木质松软。叶对生，单叶，少为羽状复叶；常无托叶。聚伞花序；花两性，辐射对称或两侧对称；花萼 4 ~ 5 裂；花冠管状，通常 5 裂，有时二唇形；雄蕊和花冠裂片同数而互生，着生于花冠管上；雌蕊为 2 ~ 5 心皮合生，子房下位，常为 3 室，每室胚珠 1

枚，有时仅 1 室发育。浆果、核果或蒴果。全世界约 13 属 500 种。中国 12 属约 200 种。

本科植物的特征性化学成分为黄酮类和环烯醚萜类。黄酮类在本科的分布普遍，以黄酮、黄酮醇和查耳酮为主，具有解热、抗炎、抗病毒等作用，其中接骨木属的果实富含花色素类，具有抗氧化作用；环烯醚萜类在忍冬属、接骨木属和荚蒾属中普遍存在，具有抗炎、抗菌、抗病毒、镇痛、保肝、降血糖等作用。此外，忍冬属、接骨木属和荚蒾属中还含有三萜类、绿原酸类、甾醇类等化学成分。

主要药用植物有：①忍冬属 *Lonicera*，如忍冬 *L. japonica* Thunb.、灰毡毛忍冬 *L. macranthoides* Hand.-Mazz.、红腺忍冬 *L. hypoglauca* Miq.、华南忍冬 *L. confusa* DC.、黄褐毛忍冬 *L. fulvotomentosa* Hsu et S. C. Cheng、毛花柱忍冬 *L. dasystyla* Rehd.、细毡毛忍冬 *L. similis* Hemsl.、淡红忍冬 *L. acuminata* Wall. 等。②接骨木属 *Sambucus*，如接骨木 *S. williamsii* Hance、黑接骨木 *S. nigra* 等。③荚蒾属 *Viburnum*，如荚蒾 *V. dilatatum* Thunb. 等。

（郭庆梅）

rěndōng

忍冬（*Lonicera japonica* Thunb., honeysuckle）

忍冬科忍冬属植物。又称金银花、双花。

半常绿攀缘藤本。幼枝密生柔毛和腺毛。叶宽披针形至卵状椭圆形，长 3~8cm，顶端短渐尖至钝，基部圆形至近心形。总花梗单生上部叶腋；苞片叶状，长达 2cm；萼筒无毛；花冠长 2~5cm，先白色略带紫色后转黄色，芳香，外面有柔毛和腺毛，唇形，上唇具 4 裂片而直立，下唇反转，

图 1　车前（陈虎彪摄）

约等长于花冠筒；雄蕊5，和花柱均稍超过花冠。浆果球形，黑色。花期4~6月（秋季亦常开花），果期10~11月。图1。中国除黑龙江、内蒙古、宁夏、青海、新疆、海南和西藏外，各地分布。生于山坡灌丛或疏林中、乱石堆、山边路旁，海拔最高达1500m。广泛栽培。日本和朝鲜也有分布，在北美洲逸生成为杂草。

花蕾入药，药材名金银花，传统中药。最早记载于《本草纲目》，《中华人民共和国药典》（2020年版）收载，具有清热解毒，疏散风热的功效，现代研究表明具有抗病原微生物、抗毒、抗炎解热、调节免疫力、降血脂、抗生育和抗肿瘤等作用。茎枝入药，药材名忍冬藤，传统中药，最早记载于《名医别录》，《中华人民共和国药典》（2020年版）收载，具有清热解毒，疏风通络的功效，现代研究表明具有抗病原微生物、抗毒和抗炎解热等作用。

花蕾含有酚酸类、黄酮类、挥发油、甾醇类等化学成分。酚酸类主要有绿原酸、异绿原酸、咖啡酸等；黄酮类主要有木犀草苷、忍冬苷、槲皮素-3-O-β-D-葡萄糖苷等，《中华人民共和国药典》（2020年版）规定绿原酸不少于1.5%，木犀草苷不少于0.050%。药材中绿原酸的含量为1.5%~2.96%，木犀草苷的含量为0.05%~0.12%；挥发油主要有芳樟醇、α-松油醇、丁香油酚等。茎枝含有酚酸类、环烯醚萜苷类、三萜皂苷类等化学成分。绿原酸和环烯醚萜苷类的马钱苷为忍冬藤药材的质量控制成分，《中华人民共和国药典》（2020年版）规定两成分含量均不低于0.10%。绿原酸含量为0.10%~1.28%，马钱苷含量为0.10%~0.70%；叶中含有类似化学成分。

忍冬属植物全世界约200种，中国有98种。灰毡毛忍冬 *L. macranthoides* Hand.-Mazz.、红腺忍冬 *L. hypoglauca* Miq.、华南忍冬 *L. confusa* DC.、黄褐毛忍冬 *L. fulvotomentosa* Hsu et S. C. Cheng 等的花蕾入药，药材名山银花，为《中华人民共和国药典》（2020年版）收载使用，具有清热解毒，疏散风热的功效。

（郭庆梅）

hēijiēgǔmù

黑接骨木（*Sambucus nigra* L.，elder）

忍冬科接骨木属植物。又称西洋接骨木。

落叶乔木或大灌木，高4~10m；茎具凸起的圆形皮孔；髓部发达，白色。羽状复叶有小叶片1~3对，具短柄，椭圆形或椭圆状卵形，长4~10cm，顶端尖或尾尖，边缘具锐锯齿，基部两侧不等，揉碎后有恶臭，中脉基部、小叶柄基部及叶轴均被短柔毛；托叶叶状或退化成腺形。圆锥形聚伞花序分枝5出，平散，直径达12cm；花小而多；萼筒长于萼齿；花冠黄白色，裂片长矩圆形；花药黄色；子房3室，柱头3裂。果实亮黑色。花期4~5月，果熟期7~8月。图1。原产南欧、北非和西亚，中国上海、江苏、山东有栽培。

图1 黑接骨木（E. Dauncy 摄）

花入药，称为黑接骨木花、接骨木花。欧洲传统药用植物，《欧洲药典》和《英国药典》收载，具有利尿、发汗的功效。现代研究表明具有发汗、解热、利尿、抗病毒、抗氧化、免疫调节、改善心血管、降血糖、降血脂的作用。

花主要含有黄酮类、酚酸类等化学成分。黄酮类有异槲皮苷、芦丁、金丝桃苷、橙皮苷等；酚酸类有对香豆酸、绿原酸、咖啡酸、阿魏酸等。果实含有植物凝集素类和花青素类成分。

接骨木属植物情况见接骨木。

（郭宝林）

图1 忍冬（陈虎彪摄）

jiēgǔmù

接骨木 (*Sambucus williamsii* Hance, williams elder)

忍冬科接骨木属植物。又称接骨树。

落叶灌木或小乔木，高 4 ～ 6m。髓淡黄褐色。奇数羽状复叶，对生，小叶 5 ～ 7；小叶片椭圆形或长圆状披针形，长 5～12cm，先端渐尖或尾尖，基部楔形，边缘有细锯齿，揉碎有臭味。聚伞圆锥花序，顶生；花小，白色；花萼裂齿三角状披针形，稍短于筒部；花冠辐状，5 裂，直径约3mm，筒部短；雄蕊 5，约与花冠等长。浆果状核果近球形，直径3～5mm，黑紫色或红色；核 2～3颗，卵形至椭圆形，略有皱纹。花期 4～5 月，果期 7～9 月。图1。中国分布于黑龙江、辽宁、河北、陕西、山东、安徽、浙江、河南、湖北、广东等省区。生于海拔540～1600m 的山坡、灌丛、沟边、路旁、宅边等地。

茎枝入药，药材名接骨木，最早记载于《新修本草》，也为蒙古族药，具有祛风利湿，活血止血的功效；现代研究表明具有利尿、抗病毒、提高免疫功能、降血脂、抗癌等作用。叶入药，具有活血、舒筋、止痛、利湿的功效；花入药，具有发汗利尿的功效；根或根皮入药，具有祛风除湿、活血舒筋、利尿消肿的功效；现代研究表明具有抗惊、镇痛、抗炎等作用。

茎枝中含有三萜类、苯丙素类、酚酸类等化学成分。三萜类主要有熊果酸、齐墩果酸、α-香树脂醇等；苯丙素类主要有 (−)-丁香脂素，(−)-落叶松脂醇，boehmenan 等；酚酸类主要有香草醛、丁香醛、对羟基苯甲酸等；木脂素类主要有 threo-guaiacylglycerol-*β*-*O*-4'-conifery ether, lirioresinol A, 1-hydroxypinoresinol 等。叶中含有黄酮类成分如山柰酚、槲皮素、人参黄酮苷等。根皮中含有环烯醚萜类和木脂素类成分；环烯醚萜类主要有 α-莫诺苷、β-莫诺苷和 7α-*O*-乙基莫诺苷等；木脂素类成分有松脂素-4″-*O*-*β*-D-葡萄吡喃糖苷等。

接骨木属 20 余种，中国有4～5 种引种栽培 1～2 种。药用植物还有西伯利亚接骨木 *S. sibirica* Nakai、毛接骨木 *S. williamsii* Hance var. *miquelii* (Nakai) Y. C. Tang。黑接骨木 *S. nigra* L. 为欧洲传统药。

(郭庆梅)

bàijiàngkē

败酱科 (Valerianaceae)

2 年生或多年生草本，极少为亚灌木；根茎或根常有浓烈气味。茎直立，常中空。叶对生或基生，通常一回奇数羽状分裂；基生叶与茎生叶、茎上部叶与下部叶常不同形，无托叶。花序为聚伞花序组成多种花序，具总苞片。花小，常两性，常稍左右对称；花萼小，萼筒贴生于子房，萼齿小，宿存，果时常稍增大或成羽毛状冠毛；花冠钟状或狭漏斗形，冠筒基部一侧囊肿，有时具长距，裂片 3～5，稍不等形；雄蕊 3 或4，有时退化为 1～2 枚，花丝着生于花冠筒基部，花药背着；子房下位，仅 1 室发育，花柱单一。瘦果，并贴生于果时增大的膜质苞片上，种子 1 枚。本科全世界有 13 属约 400 种，中国有 3 属约40 余种。

本科植物化学成分包括萜类、黄酮类、生物碱类、木脂素类、香豆素类、挥发油等。其中萜类、黄酮类和异戊酸为各属所共有。萜类主要为环烯醚萜和倍半萜，缬草醚酯为特殊结构的环烯醚萜，为败酱科植物的特征成分；黄酮类成分有芹菜素、洋芫荽黄素、木犀草素、槲皮素、金合欢素、山柰酚等。

主要药用植物：① 甘松属 *Nardostachys*，如甘松 *N. jatamansi* (D. Don) Candolle.。② 败酱属 *Patrinia*，如黄花龙芽 *P. scabiosaefolia* Fisch.、白花败酱 *P. villosa* Juss.、糙叶败酱 *P. scabra* Bge.、异叶败酱 *P. heterophylla* Bge.、岩败酱 *P. rupestris* (Pall.) Juss. 等。③ 缬草属 *Valeriana*，如蜘蛛香 *V. jatamansi* Jones.、缬草 *V. pseudofficinalis* C. Y. Cheng et H. B. Chen.、宽叶缬草 *V. officinalis* L. var. *latifolia* Miq.、黑水缬草 *V. amurensis* Smir. ex Komarov.、长序缬草 *V. hardwickii* Wall. 等。

(刘 勇 郭宝林)

gānsōng

甘松 [*Nardostachys jatamansi* (D. Don) DC., Chinese nardostachys]

败酱科甘松属植物 (图1)。又称甘松香。

图 1 接骨木 (陈虎彪摄)

多年生草本，高 7～30（～46）cm；根状茎歪斜，覆盖片状老叶鞘，有烈香。基出叶丛生，线状狭倒卵形，长 4～14cm，主脉平行 3～5 出，前端钝，基部渐狭为叶柄，全缘。花茎旁出，茎生叶 1～2 对，对生，无柄，长圆状线形。聚伞花序头状，顶生。总苞片披针形。花萼小，5 裂，裂片半圆形。花冠紫红色，钟形，花冠裂片 5，宽卵形，前端钝圆；雄蕊 4，伸出花冠裂片外，花丝具柔毛；子房下位，花柱与雄蕊近等长，柱头头状。瘦果倒卵形，长约 3mm；宿萼不等 5 裂。图 1。中国分布于青海、四川、云南、西藏。生于沼泽草甸、河漫滩和灌丛草坡，海拔 3200～4050m。印度、尼泊尔、不丹、锡金也有分布。

根及根茎入药，药材名甘松，传统中药，最早收载于《本草拾遗》，《中华人民共和国药典》（2020 年版）收载，具理气止痛，开郁醒脾功效，外用祛湿消肿。现代研究表明具有抗心律失常、镇静、解痉和抗菌、抗抑郁、抗氧化等作用。甘松挥发油可用于香料。

根及根茎含挥发油、环烯醚萜苷类、三萜类等化学成分。挥发油包括缬草萜酮、甘松醇、甘松酮、甘松新酮等，具有镇静、抗抑郁的作用，其中甘松新酮是药材的质量控制成分，药材中含量一般为 0.114%～1.844%，《中华人民共和国药典》（2020 年版）规定不低于 0.10%。环烯醚萜类如甘松二酯，三萜类如齐墩果酸、熊果酸等。

甘松属植物全世界 3 种，中国有 1 种。

（陈士林　向　丽　邬　兰）

huánghuālóngyá

黄花龙牙（*Patrinia scabiosae-folia* Fisch. ex Trev.，yellow patrinia） 败酱科败酱属植物。又称败酱、黄花败酱。

多年生草本，高 70～150cm。地下根茎细长，横卧生，有特殊臭气。基部叶簇生，卵形或长卵形；茎生叶对生，披针形或阔卵形，2～3 对羽状深裂或全裂，顶端裂片椭圆形或卵形，两侧裂片椭圆形或披针形，边缘有粗齿；靠近花序的叶片线形，全缘。聚伞状圆锥花序，腋生或顶生；花序基部有线形总苞片 1 对；花直径约 3mm；花萼短，萼齿 5；花冠黄色，上部 5 裂，冠筒短，内侧具白色长毛；雄蕊 4，由背部向两侧延展成窄翅状。瘦果长椭圆形。花期 7～9 月，果期 9～10 月。图 1。中国分布于东北、华北、华东、华南及四川、贵州等省区。生于山坡沟谷灌丛边、林缘草地或半湿草地。日本、朝鲜、蒙古和俄罗斯也有分布。

图 1　黄花龙牙（陈虎彪摄）

全草入药，药材名败酱草，传统中药，最早记载于《神农本草经》。具有清热解毒，消肿排脓，活血祛瘀的功效。现代研究表明具有镇静、抗癌、抗菌、抗病毒、保肝利胆等功效。

全草含有三萜皂苷类、黄酮类、香豆素类、环烯醚萜类、挥发油、有机酸类等化学成分。三萜皂苷类主要为齐墩果烷型，如败酱皂苷 A$_1$、B$_1$、C$_1$、D$_1$、E、F、G、H、J、K、L，黄花败酱皂苷 A、B、C、D、E、F、G，长春藤皂苷元，齐墩果酸等成分。黄酮类主要是黄酮和黄酮醇两类，如芦丁等。

败酱属植物全世界约 20 种，中国有 10 种 3 亚种和 2 变种。药用植物还有墓头回 *P. heterophylla* Bunge 等。

（陈虎彪）

xiécǎo

缬草（*Valeriana officinalis* L.，valeriana） 败酱科缬草属植物。又名欧缬草。

多年生草本，高 100～150cm；

图 1　甘松（张浩摄）

根状茎粗短呈头状；茎中空，被粗毛。下部叶在花期常凋萎。茎生叶卵形至宽卵形，羽状深裂，裂片7~11；裂片披针形或条形，顶端渐窄，基部下延，全缘或有疏锯齿，两面常被毛。花序顶生，成伞房状三出聚伞圆锥花序；小苞片长椭圆状长圆形至线状披针形，边缘有粗缘毛。花冠淡紫红色或白色，长4~5（~6）mm，花冠裂片椭圆形，雌雄蕊约与花冠等长。瘦果长卵形，长4~5mm。花期5~7月，果期6~10月。图1。中国分布于东北至西南的广大地区。生山坡草地、林下、沟边，海拔2500m以下。欧洲和亚洲西部也广为分布。

根及根茎入药，药材名缬草，欧洲传统药，《欧洲药典》《英国药典》和《美国药典》收载，用于镇静。中医使用，具有安神镇静、驱风解痉、生肌止血、止痛的功效。现代研究表明具有镇静催眠、解痉、抗抑郁、降压、抗菌、抗病毒等作用。

根和根茎含挥发油、环烯醚萜类、倍半萜类、黄酮类、生物碱类、木脂素等化学成分。挥发油中有α-蒎烯、β-蒎烯、乙酸龙脑酯、异戊酸龙脑酯、丁香烯、隐日缬草酮醇、橄榄醇、缬草萜

图1 缬草（陈虎彪摄）

酮等；具有镇静催眠、抗菌等活性，环烯醚萜类有缬草素（缬草环三酯）、异缬草素（异缬草三酯）、乙酰缬草素、异戊酰氧基羟基二氢缬草三酯等，具有解痉、改善心血管功能、抗肿瘤等活性；倍半萜类有缬草烯酸、羟基缬草烯酸、乙酸基缬草烯酸等，《美国药典》规定挥发油含量不少于0.50%，缬草烯酸含量不少于0.05%；黄酮类有槲皮素、芹菜素、荭菲醇、金合欢素、木犀草素等；生物碱有缬草碱、缬草根碱、猕猴桃碱、N-对-羟基苯乙基猕猴桃碱学。

缬草属植物全世界有200余种，中国产17种2变种。宽叶缬草 V. officinalis L. var. latifolia Miq. 药用，所含成分和缬草类似。蜘蛛香 V. jatamansi Jones 的根及根茎为《中华人民共和国药典》（2020年版）收载，具有理气止痛，消食止泻，祛风除湿，镇惊安神的功效。

（刘 勇 郭宝林）

chuānxùduànkē

川续断科（Dipsacaceae）

草本，茎光滑、被长柔毛或有刺。叶通常对生，有时轮生；无托叶。花小，两性，头状花序或穗状轮伞花序；花萼杯状或不整齐筒状；花冠合生成漏斗状，4~5裂；雄蕊4枚，有时因退化成2枚，着生在花冠管上，花药2室，纵裂；子房下位，2心皮合生，1室，花柱线形，柱头单一或2裂，胚珠1枚，倒生，悬垂于室顶。瘦果；种子下垂，

种皮膜质，具少量肉质胚乳。全世界共12属300余种，中国5属约25种。

本科植物主要含有三萜皂苷类、环烯醚萜苷类、黄酮类、挥发油等类型的化合物。

主要药用植物有：①川续断属 Dipsacus，如川续断 D. asper Wall. 等。②翼首花属 Pterocephalus，如匙叶翼首花 P. hookeri (C. B. Clarke) Hock. 等。

（陈虎彪）

chuānxùduàn

川续断（Dipsacus asper Wall. ex DC., teasel）

川续断科川续断属植物。又称续断。

多年生草本。主根圆柱形；茎中空，具棱。基生叶稀疏丛生，叶片琴状羽裂，长15~25cm，顶端裂片大，长达15cm，两侧裂片3~4对；茎生叶在茎之中下部为羽状深裂，长11cm，边缘具疏粗锯齿，侧裂片2~4对。头状花序球形，径2~3cm，总花梗长达55cm；总苞片5~7枚，叶状，被硬毛；小苞片倒卵形，长7~11mm，具喙尖；小总苞四棱倒卵柱状；花萼四棱、皿状、长约1mm，外面被短毛；花冠管长9~11mm，顶端4裂；雄蕊4，花丝扁平，花药椭圆形，紫色；子房下位，柱头短棒状。瘦果长倒卵柱状。花期7~9月，果期9~11月。图1。中国特有植物，分布于湖北、湖南、江西、广西、云南、贵州、四川和西藏等省区。生于土壤肥沃、潮湿的山坡、草地。

根入药，药材名续断，传统中药，最早记载于《神农本草经》。《中华人民共和国药典》（2020年版）收载，具有补肝肾，强筋骨，续折伤，止崩漏的功效。现代研究表明具有促进成骨细胞增殖、修复骨损伤、改善骨质疏

图 1　川续断（邬家林摄）

松抗炎、抗过敏等作用。

根含有三萜皂苷类、环烯醚萜类、酚酸类、生物碱类、挥发油等化学成分。三萜皂苷类的苷元为齐墩果酸或常春藤皂苷元，如川续断皂苷Ⅵ，具有抗氧化、镇痛、心肌保护、神经保护、预防骨质疏松的作用。环烯醚萜类有马钱苷、马钱苷酸等。川续断皂苷Ⅵ也是川续断药材的质量控制成分，《中华人民共和国药典》（2020年版）规定不低于1.5%，药材中含量为0.23%～10.84%。

川续断属植物全世界约20余种，中国有9种1变种，其中2种为栽培种。根大多可药用。

（陈虎彪）

shíyèyìshǒuhuā

匙叶翼首花　[*Pterocephalus hookeri*（C. B. Clarke）Hock.，hooker winghead]　川续断科翼首花属植物。又称翼首草。

多年生无茎草本，高30～50cm，全株被白色柔毛；根粗壮。叶基生，叶片轮廓倒披针形，全缘或一回羽状的军裂，先端钝或急尖；两面被糙糙毛，边缘具长缘毛。头状花序单生茎顶，球形；总苞片2～3层，长卵形至卵状披针形，边缘密被长柔毛；小总苞筒状，具波状齿牙，被糙毛；花萼全裂，成20条柔软羽毛状毛；花冠筒状漏斗形，黄白色至淡紫色；雄蕊4，花药黑紫色，长约3mm；子房下位，花柱长约15mm。瘦果，倒卵形，具宿存萼刺，被白色羽毛状毛。花果期7～10月。图1。中国分布于青海、四川、云南和西藏等省区。生于海拔1800～4800m的草地、路边及石隙等处。

图 1　匙叶翼首草（张浩摄）

全草入药，药材名翼首草，《中华人民共和国药典》（2020年版）收载，具有解毒除瘟，清热止痢，祛风通痹的功效。现代研究表明有抗炎、抗肿瘤、镇痛等作用。

全草含有皂苷类、环烯醚萜类等化学成分，皂苷类主要为齐墩果烷型三萜皂苷，如齐墩果酸、熊果酸，《中华人民共和国药典》（2020年版）规定两者的总量不低于0.20%，药材中两成分含量分别为0.06%～0.10%和0.16%～0.41%。

翼首花属植物全世界约25种，中国有2种。

（陈虎彪）

jiégěngkē

桔梗科（Campanulaceae）　草本，常具乳汁。单叶互生、对生，稀轮生，无托叶。花两性，辐射对称或两侧对称，单生或成聚伞、总状、圆锥花序；萼常5裂，宿存；花冠5裂，钟状或管状，稀二唇形；雄蕊5，与花冠裂片同数而互生，花药聚合成管状或分离；子房下位或半下位，2～5心皮合生，中轴胎座，胚珠多数。蒴果，稀浆果。全世界有60属约2000种，中国17属约170种。

本科植物多数含有皂苷类和多糖，如桔梗皂苷具镇静、镇痛、抗炎作用；党参多糖能增强机体免疫力。而半边莲属植物普遍含生物碱，如山梗菜碱有兴奋呼吸，降压，利尿作用。某些种类含有菊糖，一种天然果聚糖，具有肠道益生作用。

主要药用植物有：①党参属 *Codonopsis*，如党参 *C. pilosula*（Franch.）Nannf.、素花党参 *C. pilosula* Nannf. var. *modesta*（Nannf.）L. T. Shen、管花党参 *C. tubelosa* Kom.、羊乳 *C. lanceolata* Benth. et Hook. f. 等。②沙参属 *Adenophora*，如沙参 *A. stricta* Miq.、轮叶沙参 *A. tetraphylla*（Thunb.）Fisch. 等。③桔梗属 *Platycodon*，如桔梗 *P. grandiflorum*（Jacq.）A. DC.。④半边莲属 *Lobelia*，如半边莲 *L. chinensis* Lour.、山梗菜 *L. sessilifolia* Lamb. 等。

（陈虎彪）

shāshēn

沙参（*Adenophora stricta* Miq.，ladybell）　桔梗科沙参属植物。

多年生草本；有白色乳汁。

根圆锥形。茎高 40~80cm，有短硬毛或长柔毛。基生叶心形，大而有长柄；茎生叶互生；叶片狭卵形、菱状狭卵形或椭圆形，长 3~11cm，先端短渐尖，基部楔形，边缘有不整齐锯齿，两面疏生毛；几无柄。假总状花序或狭圆锥状花序顶生；花萼筒部倒卵状或倒卵状圆锥形，裂片 5，狭长，钻形，长 6~8mm；花冠蓝色或紫色，阔钟形，长 1.5~2.3cm，先端 5 浅裂；雄蕊 5，花丝基部扩大；花盘短筒状，长 1.0~1.8mm；子房下位。蒴果椭圆状球形，长 0.6~1.0cm。种子棕黄色，稍扁，有 1 条棱。花期 8~10 月。图 1。中国分布于江苏、安徽、浙江、江西、湖南等省区。生于山坡草丛或岩石缝内。日本有分布。

图 1　沙参（陈虎彪摄）

根入药，药材名南沙参，传统中药，最早记载于《神农本草经》。《中华人民共和国药典》（2020 年版）收载，具有养阴清肺，益胃生津、化痰、益气的功效。现代研究报表明具有免疫调节、祛痰、抗辐射、抗衰老、抗真菌、保肝、强心等作用。

根含有三萜类、多糖、挥发油和磷脂类等成分。三萜类成分有蒲公英赛酮、羽扇豆烯酮、蒲公英萜酮等；多糖主要有南沙参多糖、葡聚糖、杂多糖等，多糖具有抗衰老、防辐射，拮抗遗传损伤、改善大鼠学习记忆障碍等作用。

沙参属植物全世界有约 50 种，中国分布有约 40 种。轮叶沙参 A. tetraphylla（Thunb.）Fisch. 也为《中华人民共和国药典》（2020 年版）收载为沙参药材的来源植物。药用植物还有杏叶沙参 A. hunanensis Nannf.、云南沙参 A. khasiana（Hook. f. et Thoms.）Coll. et Hemsl.、泡沙参 A. potaninii Korsh.、荠苨 A. trachelioides Maxim.、薄叶荠苨 A. remotiflora（Siebold & Zuccarini）Miquel Ann. 等。

（郭庆梅）

dǎngshēn

党参［Codonopsis pilosula（Franch.）Nannf., tang shen］

桔梗科党参属植物。

草质缠绕藤本，有白色乳汁。根胡萝卜状圆柱形，长约 30cm，常在中部分枝。叶互生；叶片卵形或狭卵形，长 1.2~6.5cm，边缘有波状钝锯齿，两面有短伏毛。花 1~3 朵生分枝顶端；裂片 5，狭矩圆形或矩圆状披针形，长 1.6~1.8cm；花冠淡黄绿色，宽钟状，长 1.8~2.4cm，5 浅裂，裂片正三角形，急尖；雄蕊 5；子房半下位，3 室。蒴果 3 瓣裂，有宿存花萼。花果期 7~10 月。图 1。中国分布于东北，以及四川、甘肃、陕西、河南、山西、河北、内蒙古等省区。生于林边或灌丛中。朝鲜、俄罗斯远东地区也有分布。多栽培。

根入药，药材名党参，传统中药，最早载于《本草从新》。《中华人民共和国药典》（2020 年版）收载，具有健脾益肺，养血生津的功效。现代研究表明具有补血、降压、补中益气、增强机体抵抗能力等作用。

根中含有多糖、苯丙素苷类、聚炔类、生物碱类、三萜类、香豆素类、挥发油等化学成分。苯丙素苷类主要有党参苷Ⅰ、Ⅱ、Ⅲ、Ⅳ，丁香苷等；聚炔类如党参炔苷具有保护胃黏膜的活性，含量一般在 0.013%~0.172%；生物碱主要有党参碱、胆碱、5-羟基-2-吡啶甲醇等；三萜类主要有蒲公英赛醇、蒲公英萜醇、蒲公英萜醇乙酸酯等。

党参属植物全世界约 50 种，中国分布有 40 多种。素花党参 C. pilosula（Franch.）Nannf. var. modesta（Nannf.）L. T. Shen、川党参 C. tangshen Oliv. 也为《中国药典》（2020 年版）收载为党参

图 1　党参（陈虎彪摄）

药材的来源植物。药用种类还有管花党参 *C. tubulosa* Kom. 、球花党参 *C. subglobosa* W. W. Sm. 、灰毛党参 *C. canescens* Nannf. 、紫花党参 *C. purpurea* （Spreng.）Wall. 。

（郭庆梅）

bànbiānlián

半边莲（*Lobelia chinensis* Lour.，Chinese lobelia） 桔梗科半边莲属植物。

多年生草本；有白色乳汁。茎匍匐，节上生根，高 5～15cm。叶互生；叶片狭披针形或条形，长 0.8～2.5cm，先端急尖；叶近无柄。花常单生于叶腋；花梗长 1.2～2.5cm；花萼无毛，裂片 5，披针形，长 3～6mm；花冠粉红色或白色，长 1.0～1.5cm，5 裂，裂片平展；雄蕊 5，花丝上部、花药合生，下面 2 花药顶端有髯毛；子房下位，2 室。花果期 5～10 月。图 1。中国分布于长江中下游及以南各省区。生于沟边、田边或潮湿草地。越南、印度、朝鲜、日本也有分布。

全草入药，药材名半边莲，传统中药，最早记载于《滇南本草》。《中华人民共和国药典》（2020 年版）收载，具有清热解毒，利尿消肿的功效。现代研究

表明具有抗肿瘤、镇痛消炎、降血糖、抗心肌缺血等作用。

半边莲主要含有生物碱类、多炔类、木脂素类、黄酮类、香豆素类等化学成分。生物碱类主要有 L-山梗菜碱、山梗菜酮碱、山梗菜醇碱等；多炔类成分主要有 lobetyolin 和 lobetyolinin 等，具有保护胃黏膜作用；木脂素类主要有 (+)-pinoresinol，(+)-epipinoresinol，(+)-medioresinol 等；香豆素类主要有 6,7-二甲氧基香豆素、6-羟基-5,7-二甲氧基香豆素、6-羟基-7-甲氧基香豆素等。

半边莲属植物全世界约 250 种，中国分布有 20 种。北美山梗菜 *L. inflata* L. 是北美印第安人传统药，具有兴奋呼吸作用，《欧洲药典》和《英国药典》收载；药用植物还有山梗菜 *L. sessilifolia* Lamb. 、江南山梗菜 *L. davidii* Franch. 、大理山梗菜 *L. taliensis* Diels 等。

（郭庆梅）

jiégěng

桔梗［*Platycodon grandiflorus* （Jacq.） A. DC.，balloonflower］ 桔梗科桔梗属植物。

多年生草本，有白色乳汁。根胡萝卜形，长达 20cm，皮黄褐色。茎高 40～120cm。叶 3 枚轮

生，对生或互生，无柄或有极短柄；叶片卵形至披针形，长 2～7cm，顶端尖锐，基部宽楔形，边缘有尖锯齿，下面被白粉。花 1 至数朵生茎或分枝顶端；花萼有白粉，裂片 5，三角形至狭三角形，长 2～8mm；花冠蓝紫色，宽钟状，直径 4.0～6.5cm，5 浅裂；雄蕊 5。蒴果倒卵圆形，顶部 5 瓣裂。花期 7～9 月。图 1。中国广泛分布；朝鲜，俄罗斯远东地区，日本也有。生山地草坡或林边。多栽培。

根入药，药材名桔梗，传统中药，最早记载于《神农本草经》。《中华人民共和国药典》（2020 年版）收载，具有宣肺，利咽，祛痰，排脓的功效。现代研究证明具有抗炎、祛痰镇咳、解热镇痛、保肝、降血糖、降血脂、镇静安神、增强免疫力等作用。根也是食用蔬菜。

根含有三萜皂苷类、黄酮类、多糖、甾醇类等化学成分。三萜皂苷有桔梗皂苷 A、C、D、D_2、D_3、E、F、G_1、H，桔梗次皂苷 G_1，去芹菜糖桔梗皂苷 D、D_2、D_3、E，2-*O*-乙酰基桔梗皂苷 D_2 等，苷元主要有桔梗皂苷元，远志酸及桔梗酸 A、B、C；《中华人民共和国药典》（2020 年版）

图 1 半边莲（陈虎彪摄）

图 1 桔梗（陈虎彪摄）

规定桔梗药材中桔梗皂苷 D 含量不低于 0.1%，药材中的含量为 0.07%～0.34%。黄酮类有蜜桔素、黄芩素-7-甲醚等；多糖有桔梗聚果糖、菊糖等。

桔梗属仅 1 种。

（郭庆梅　尹春梅）

júkē

菊科（Asteraceae）　大多为草本，稀半灌木、灌木或乔木，有的具乳汁。叶常互生，无托叶。花两性或单性，5 基数；头状花序单生或再排成各式花序，它的外围被 1 至多层总苞片组成的总苞所围绕；每朵花的基部常有 1 苞片，称为托片；萼片常变态为毛状、刺毛状或鳞片状，称为冠毛，常宿存；花冠合生，辐射对称或两侧对称，筒（管）状、舌状，稀二唇形或漏斗状；雄蕊 5（～4）个，聚药雄蕊，着生于花冠筒上；子房下位，1 室 1 胚珠。瘦果，常连宿萼。全世界约有 1000 属 25 000～30 000 种，中国约 230 属 2323 种。

本科植物普遍含有倍半萜内酯类、黄酮类、生物碱类、挥发油、香豆素类、三萜皂苷类、菊糖等，其中最具特征性的为倍半萜内酯和菊糖。已发现 500 多种倍半萜内酯，如具有抗疟活性的青蒿素，具有细胞毒性作用的菜蓟苦素，具有神经毒性的环滇西八角内酯、滇西八角内酯，具有抗癌活性的土荆芥内酯、泽兰苦内酯、佩兰内酯、斑鸠菊内酯、地胆草内酯等，它们主要分布于泽兰属 Eupatorium、堆心菊属 Helenium、蒿属 Artemisia 等。黄酮类成分则普遍分布于菊科植物内，代表性的成分如水飞蓟素可用于治疗肝炎，槲皮素具有抗癌、抗凝血作用，芦丁具有降血压、抗衰老作用。茶多酚具有调节血脂代谢的作用，氨基乙酰香豆素有较强的消炎和抗变态作用等。

主要药用植物有：①蒿属 Artemisia，如黄花蒿 A. annua L.、艾蒿 A. argyi Levl. et Van.、茵陈蒿 A. capillaris L. 等。②菊属 Dendranthema，如菊花 D. morifolium（Ramat.）Tzvel.、野菊 D. indicum（L.）Des Moul. 等。③泽兰属 Eupatorium，如佩兰 E. fortunei Turcz.、轮叶泽兰 E. lindleyanum DC. 等。④苍术属 Atractylodes，如苍术 A. Lancea（Thunb.）DC.、白术 A. macrocephala Koidz. 等。⑤紫菀属 Aster，如紫菀 A. tataricus L. f.。⑥蓟属 Cirsium，如刺儿菜 C. setosum（Willd.）MB.、蓟 Cirsium japonicum Fisch. ex DC. 等。⑦苍耳属 Xanthium，如苍耳 X. sibiricum Patrin ex Widder。⑧红花属 Carthamus，如红花 C. tinctorius L.。⑨蒲公英属 Taraxacum，如蒲公英 T. mongolicum Hand.-Mazz.、碱地蒲公英 T. sinicum Kitag. 等。⑩千里光属 Senecio，如千里光 S. scandens Buch.-Ham. ex D. Don 等。⑪旋覆花属 Inula，如旋覆花 I. japonica Thunb.、欧亚旋覆花 I. britannica L.、条叶旋覆花 I. linariifolia Turcz.、土木香 I. heleniurn L. 等。⑫风毛菊属 Saussurea，如云木香 S. costus（Falc.）Lipech、雪莲花 S. involucrata（Kar. et Kir.）Sch.-Bip. 等。⑬菊蒿属 Tanacetum，如菊蒿 T. vulgare L.、小白菊 T. parthenium（L.）Schultz Bip.；还有牛蒡 Arctium lappa L.、川木香 Dolomiaea souliei（Franch.）Shih.、漏芦 Rhaponticum uniflorum（L.）DC.、豨莶 Siegesbeckia orientalis L.、鳢肠 Eclipta prostrate L.、短葶飞蓬 Erigeron breviscapus（Vant.）Hand.-Mazz.、华东蓝刺头 Echinopsgrijsii Hance、鹅不食草 Centipeda minima（L.）A. Br. et Aschers.、山金车 Arnica montana L.、菊苣 Cichorium intybus L.、一枝黄花 Solidago decurrens Lour.、款冬 Tussilago farfara L. 等，以及紫锥菊 Echinacea purpurea（L.）Moench、母菊 Matricaria recutita L.、菜蓟 Cynara scolymus L.、金盏花 Calendula officinalis L.、菊芋 Helianthus tuberosus L.、水飞蓟 Silybum marianum（L.）Gaertn. 等。

（刘颖　胡婷　杨林）

shīcǎo

蓍草（Achillea millefolium L., yarrow）　菊科蓍属植物。又称蓍。

多年生草本。茎直立，高 40～100cm。叶无柄，披针形、矩圆状披针形或近条形，长 5～7cm，（2）～3 回羽状全裂，末回裂片披针形至条形，长 0.5～1.5mm，顶端具软骨质短尖，上面密生凹入的腺体。头状花序多数，复伞房状；总苞矩圆形或近卵形，长约 4mm；总苞片 3 层，长 1.5～3.0mm。边花 5 朵，舌片近圆形，白色、粉红色或淡紫红色，长 1.5～3.0mm；盘花两性，管状，黄色，长 2.2～3.0mm。瘦果矩圆形，长约 2mm，无冠毛。花果期 7～9 月。图 1。中国分布于新疆、内蒙古及东北少见野生。各地有栽培，广泛分布于欧洲、非洲北部，北美广泛归化。

全草或花序入药，欧洲传统药用植物，《欧洲药典》和《英国药典》收载。具有止血、解热、发汗、收敛、利尿等功效，现代研究表明具有止血、抗炎、抑菌、抗痉挛、抗氧化、抗肿瘤等作用。

花序和全草含有挥发油、萜类、黄酮类、香豆素类和生物碱类等化学成分。挥发油主要有 β-蒎烯、E-苦橙油醇、丁香烯氧化

图1 蓍草（陈虎彪摄）

物等，具有抗氧化和免疫调节作用；萜类有蓍草素、蓍草苦素、母菊素等，具有抗炎作用；黄酮类有芹菜素等；香豆素类有伞形花内酯、东莨菪内酯等；生物碱类主要是洋蓍碱，具有止血作用。

蓍属全世界约200种，中国有10种。药用植物还有山蓍草A. alpine L.。

（郭宝林）

niúbàng

牛蒡（*Arctium lappa* L.，great burdock） 菊科牛蒡属植物，又称大力子。

2年生草本，高0.8~2.0m。主根粗大，长可达60cm以上。基生叶丛生，有长达32cm的叶柄，宽卵形；中部以上叶互生，叶片三角状卵形，长16~50cm，基部心形，常有波状起伏，表面生有短毛，背面密被灰白色柔毛。头状花序簇生或呈伞房状，直径3.5~4.0cm；总苞球形，总苞片多层，披针形，长1~2cm，先端具钩刺；花冠红色管状，先端5裂；雄蕊5。瘦果略弯曲，长倒卵形。花果期7~10月。图1。中国分布于各地。适合于各种环境，各地也多栽培。

果实入药，药材名牛蒡子。传统中药，始载于《名医别录》，《中华人民共和国药典》（2020年版）收载，具有疏散风热、宣肺透疹、解毒利咽功效。现代研究表明具有抗肿瘤、降糖、增强免疫等作用。根入药，药材名牛蒡根，欧洲传统药，用于解毒、助消化等，中医也有使用，具有祛风热、消肿毒等功效。牛蒡根也食用。

果实主要含有木脂素类、三萜类、倍半萜类、酚酸类等化学成分，木脂素类主要有牛蒡苷，牛蒡子苷元，新牛蒡子苷元，牛蒡酚A、B、C等，具有抗肿瘤、抗炎、降糖等作用，其中牛蒡苷为质量控制成分，药材中含量为4.1%~8.0%，《中华人民共和国药典》（2020年版）规定不低于5.0%；三萜类有蛇麻脂醇、α-香树脂醇等；酚酸类有绿原酸等。根含菊糖20%~45%。

牛蒡属植物全世界约5种，中国有2种。

（王 冰）

shānjīnchē

山金车（*Arnica montana* L.，arnica） 菊科山金车属植物。

多年生草本，株高30cm，芳香。根茎圆柱形，暗褐色。茎基生叶卵圆形，褐色，有毛；茎生叶小。头状花序通常大，总苞半球形，花鲜黄色。瘦果无冠毛，花果期8~9月。图1。广泛分布于欧洲山地和平原，主产于西班牙。

花序入药，欧洲民间药，《欧洲药典》和《英国药典》收载。具有愈伤、止痛、抗溃疡等功效，常外用，现代研究表明具有抗炎、抗菌、升高血压、抑制血小板聚集及保肝等作用。

图1 牛蒡（陈虎彪摄）

图1 山金车（GBIF摄）

花序含有倍半萜内酯类、黄酮类、有机酸类等化学成分。倍半萜内酯类有堆心菊灵、11α,13-二氢堆心菊灵等，这两个成分是山金车的抗炎有效成分，也具有要到血小板聚集等作用；黄酮类有异槲皮苷、黄芪苷等；有机酸类有水杨酸、对羟基苯甲酸、香草酸等。

山金车属全世界约 29 种。药用植物还有 A. chamissonis Less. ssp. foliosa（Natt.）Mqguire 等。

（郭宝林）

huánghuāhāo

黄花蒿（*Artemisia annua* L.，annual wormwood）菊科蒿属植物。又称青蒿。

1 年生草本。茎直立，高 50～150cm，多分枝。中部叶卵形，三次羽状深裂，长 4～7cm，裂片及小裂片矩圆形或倒卵形，开展，顶端尖，基部裂片常抱茎，两面被短微毛；上部叶小，常 1 次羽状细裂。头状花序极多数，球形，直径约 1.5mm，有短梗，排列成复总状或总状，常有条形苞叶，总苞无毛，总苞片 2～3 层，外层狭矩圆形，内层椭圆形，边缘宽膜质；花托长圆形，花筒状，长不超过 1mm，外层雌性，内层两性。瘦果矩圆形，长

图 1　黄花蒿（陈虎彪摄）

0.7mm，无毛。花果期 8～11 月。图 1。在世界各地及中国国内均广泛分布，生境适应性强，也见于盐渍化的土壤。广泛栽培。

地上部分入药，药材名青蒿，传统中药，最早记载于《神农本草经》。《中华人民共和国药典》（2020 年版）收载，具有清虚热，除骨蒸，解暑热，截疟，退黄的功效。现代研究表明其具有抗疟、抗血吸虫、促进免疫、抗病原微生物以及对心血管系统的作用。

地上部分含有倍半萜类、黄酮类、香豆素类及挥发油类等化学成分。倍半萜类成分主要有青蒿素、青蒿素 I～VI、C、G、K、L、M、O、黄花蒿内酯等，具有抗病原微生物、抗溃疡、抗肿瘤、抗心律失常、调节免疫等活性。青蒿素具有显著的抗疟活性，青蒿素及其合成衍生物青蒿琥酯用于临床治疗疟疾，在亚热带地区其含量为 0.4%～0.7%，在温带和寒带地区其含量小于 0.1%。黄酮类成分主要有青蒿黄素、猫眼草酚、紫花牡荆素等；香豆素类成分有东莨菪素等；挥发油含有蒿酮、β-蒎烯、左旋-樟脑、β-丁香烯等。

蒿属植物全世界约 300 余种，中国有 190 种 44 变种。中亚苦蒿 A. absinthium L. 是欧洲传统药，被《欧洲药典》和《英国药典》收载，具有健胃利胆的功效。药用种类还有茵陈蒿 A. capillaris Thunh.、艾蒿 A. argri Levl. et Vant.、滨蒿 A. scoparia Waldst. et Kit. 蕲艾 A. argyi Levl. et

Van. var. *argyi* cv. *Qiai*、蒙古蒿 A. *mongplica*（Fisch. ex Bess.）Nakai、魁蒿 A. *princeps* Pamp.、五月艾 A. *indica* Willd.、野艾蒿 A. *lavandulaefolia* DC.、红足蒿 A. *rubripes* Nakai、北艾 A. *vulgaris* L.、宽叶山蒿 A. *stolonifera*（Maxim.）Kom、奇蒿 A. *anomala* S. Moore、冷蒿 A. *frigida* Willd.、牡蒿 A. *japonica* Thunb.、白苞蒿 A. *lactiflora* Wall. ex DC.、臭蒿 A. *hedinii* Ostenf. et Paul.、中亚苦蒿 A. *absinthium* L. 等。

（刘　颖）

àihāo

艾蒿（*Artemisia argyi* H. lév. et vaniot.，argy wormwood）菊科蒿属植物。又称艾。

多年生草本。高 50～150cm，全株密被灰白色或白色绒毛。单叶互生，茎下部叶具柄，卵圆状三角形或椭圆形，羽状浅裂或深裂，侧裂片常为 2 对，楔形，中裂片常 3 裂，边缘具不规则锯齿，上面有腺点；上部叶无柄，披针形或条状披针形。头状花序长约 3mm，直径 2～3mm，排列成复总状；总苞卵形，总苞片 4～5 层；边花雌性，长约 1mm；中央为两性花，花冠筒状，顶端 5 裂。瘦果长圆形，长约 1mm，无毛。花期 7～9 月，果期 9～11 月。图 1。中国各地分布。适应各种环境。广泛栽培。蒙古、朝鲜也有分布。日本有栽培。

叶入药，药材名艾叶，传统中药，最早记载于《名医别录》，《中华人民共和国药典》（2020 年版）收载，具有温经止血，散寒止痛，祛湿止痒的功效。现代研究表明具有凝血止血、抗菌、抗过敏性休克、平喘、镇咳祛痰等作用。

叶含有挥发油、黄酮类等化

图 1 艾蒿（陈虎彪摄）

学成分。挥发油中主要有桉油精、柠檬烯、香桧烯、金合欢烯等，具有抗菌、消炎、平喘等作用，《中华人民共和国药典》（2020 年版）规定艾叶中桉油精含量不低于 0.05%，艾叶中桉油精含量为 0.28%~33.72%；黄酮类成分主要有异泽兰黄素、槲皮素、柚皮素等。

蒿属植物情况见黄花蒿。蕲艾 A. argyi Levl. et Van. var. argyi cv. Qiai、蒙古蒿 A. mongplica （Fisch. ex Bess.）Nakai、魁蒿 A. princeps Pamp.、五月艾 A. indica Willd.、野艾蒿 A. lavandulaefolia DC.、红足蒿 A. rubripes Nakai、北艾 A. vulgaris L. 和宽叶山蒿 A. stolonifera（Maxim.）Kom 等在各地可当做艾叶应用。

（刘　颖　汪　逗）

yīnchénhāo

茵陈蒿（Artemisia capillaris Thunb., capillary wormwood）

菊科蒿属植物。

半灌木状多年生草本。全株幼时被灰白色绢毛，成长后高 45~100cm。茎常单一，基部常木质化，表面紫色或黄绿色，多分支。叶密集，下部叶与不育枝的叶同形，有长柄，叶片长圆形，长 1.5~5.0cm，2 或 3 次羽状全裂，最终裂片披针形或线形，先端尖；中部叶长 1~2cm，2 次羽状全裂，裂片线形或毛管状；上部叶无柄，3 裂或不裂，裂片短，毛管状。头状花序极多数，有梗，复总状花序；总苞卵形或近球形，直径 1~2cm，总苞片 3~5 层，每层 3 片，先端钝圆，边缘宽膜质；花杂性，均为管状花，外层雌花能育，内层两性花先端稍膨大，子房退化，不育。瘦果稍大，长可达 1mm。花期 8~9 月，果期 9~10 月。图 1。

中国分布于华东、华中和华南地区，以及辽宁、河北、陕西、台湾、四川等地。生于低海拔地区河岸、海岸附近的湿润沙地、路旁及低山坡地区。也分布于朝鲜、日本、菲律宾、越南、柬埔寨、马来西亚、印度尼西亚及俄罗斯（远东地区）。

地上部分入药，药材名茵陈。

图 1 茵陈蒿（陈虎彪摄）

春季采收的习称为"绵茵陈"，秋季采收的习称为"花茵陈"。传统中药，最早记载于《神农本草经》。《中华人民共和国药典》（2020 年版）收载，具有清利湿热、利胆退黄的功效。现代研究表明具有保肝利胆、解热镇痛、降压及抗肿瘤等作用。

地上部分含香豆素类、挥发油、色原酮及黄酮类、酚酸类等化学成分。香豆素类有滨蒿内酯等，具有利胆、抗炎、镇痛等作用；挥发油中的茵陈二炔、茵陈二炔酮等，具有促进胆汁分泌的作用；色原酮及黄酮类有茵陈色原酮、茵陈蒿黄酮、异鼠李素等，具有保肝作用；酚酸类有绿原酸等，具有抗菌、抗病毒等作用，《中华人民共和国药典》（2020 年版）规定花茵陈药材中滨蒿内酯含量不低于 0.2%，绵茵陈药材中绿原酸含量不低于 0.5%。花茵陈药材中滨蒿内酯含量为 0.20%~17.00%；绵茵陈药材中绿原酸含量为 0.50%~1.15%。

蒿属植物情况见黄花蒿。同属滨蒿 A. scoparia Waldst. et Kit. 也被《中华人民共和国药典》（2020 年版）收载为中药材茵陈的植物来源，具有类似的化学成分和功效。

（刘　颖　张晓冬　张智新）

zǐwǎn

紫菀（Aster tataricus L. f., tataricus aster）

菊科紫菀属植物。

多年生草本，高 40~50cm。茎直立，通常不分枝，粗壮，有疏糙毛。根茎短，密生多数须根。茎生叶互生，无柄，叶片长椭圆形或披针形，长 18~35cm。头状花序多数，直径 2.5~4.5cm，排列成复伞房状；总苞半球形，宽 10~25mm，总苞片 3 层，外层渐短先端尖或圆形，边缘宽膜质，紫红色；边缘为舌状花，20 多个，雌性，蓝紫色，舌片先端 3 齿裂；中央有多数筒状花，两性，黄色；雄蕊 5。瘦果倒卵状长圆形，扁平，紫褐色，长 2.5 ~ 3.0mm，上部具短伏毛，冠毛污白色或带红色。花期 7 ~ 9 月，果期 9 ~ 10 月。图 1。中国分布于黑龙江、吉林、辽宁、内蒙古、山西、河北、河南、陕西、甘肃等地。生于低山阴坡湿地、山顶和低山草地及沼泽地，海拔 400 ~ 2000m。朝鲜、日本及俄罗斯西伯利亚东部也有分布。

图 1 紫菀（陈虎彪摄）

根及根茎入药，药材名紫菀。传统中药，最早记载于《神农本草经》。《中华人民共和国药典》（2020 年版）收载，具有润肺下气，消痰止咳的功效。现代研究表明具有镇咳祛痰、抗肿瘤、抗氧化、抗菌等作用。

根及根茎含有三萜及其皂苷类、肽类、蒽醌类、黄酮类、酰胺类、有机酸类等化学成分。三萜及三萜皂苷是其特征性成分，主要有表紫菀酮、紫菀酮、木栓酮等，三萜类是紫菀镇咳祛痰作用的有效成分，其中，紫菀酮是

紫菀药材的质量控制成分，《中华人民共和国药典》（2020 年版）规定，紫菀酮含量不少于 0.15%，药材中含量为 0.07% ~ 0.19%；肽类主要有 aurantiamide acetate、asterin、astin A 等；蒽醌类主要有大黄素、大黄酚、大黄素甲醚等。

紫菀属植物全世界约 500 种，中国约 100 种。同属的药用植物还有缘毛紫菀 A. souliei Franch. 根茎和根具有镇咳祛痰、清热解毒、消炎的功效；石生紫菀 A. oreophilus Franch. 花具有清热解表、消炎的功效；萎软紫菀 A. flaccidus Bge. 全草具有清热解毒、止咳、明目的功效。

（姚霞）

cāngzhu

苍术 ［*Atractylodes lancea* (Thunb.) DC., swordlike atractylodes］ 菊科苍术属植物。

多年生草本。根状茎平卧或斜升，粗长或通常呈疙瘩状。茎直立，常紫红色。基部叶花期脱落；中下部茎叶长 8 ~ 12cm，3 ~ 5（7 ~ 9）羽状深裂或半裂；中部以上或仅上部茎叶不分裂。叶硬纸质，边缘有针刺状缘毛或三角形刺齿或重刺齿。头状花序单生茎顶。总苞钟状，直径 1.0 ~ 1.5cm。总苞片 5 ~ 7 层，苞叶针刺状羽状全裂或深裂。顶端钝，边缘有稀疏蛛丝毛。小花白色，长 9mm。瘦果倒卵圆状，密被贴伏白色长毛，有时稀。花果期 6 ~ 10 月。图 1。中国分布于东北，以及河北、山西、甘肃、浙江、江西、四川、湖南等地。生于山坡草地、林下、灌丛及岩缝隙中。朝鲜及俄罗斯远东也有分布。

根茎入药，药材名苍术，传统中药，最早收载于《神农本草经》，《中华人民共和国药典》（2020 年版）收载，具燥湿健脾，

图 1 苍术（陈虎彪摄）

祛风散寒，明目功效。现代研究证明具有抗菌、抗溃疡、保肝、抗肿瘤、调整胃肠运动功能等作用。

苍术含挥发油、聚炔类、苷类、多糖类等化学成分。挥发油组成主要是倍半萜，有苍术素、3β-乙酰氧基苍术酮、3β-羟基苍术酮、白术内酯等，具有调节胃肠运动、抗胃溃疡、降血糖、保护肝脏和抗菌等作用。苍术素为药材的质量控制成分，含量一般为 0.10% ~ 0.72%，《中华人民共和国药典》（2020 年版）规定不低于 0.30%。苍术多糖具有降血糖作用。

苍术属植物全世界约 7 种，中国有 5 种。北苍术 A. chinensis (DC.) Koidz 也被《中华人民共和国药典》（2020 年版）收载为药材苍术的来源植物。药用种类还有白术 A. macrocephala Koidz.、关苍术 A. japonica Koidz ex Kitam 等。

（陈士林 向丽 邬兰）

báizhú

白术（*Atractylodes macrocephala* Koidz, largehead atractylodes） 菊科苍术属植物。

多年生草本，高 20 ~ 60cm，

根状茎结节状。中部茎叶有长3~6cm的叶柄,叶片通常3~5羽状全裂。侧裂片1~2对,顶裂片大,自中部茎叶向上向下,叶渐小,接花序下部的叶不裂,无柄。全部叶质地薄,纸质,两面绿色,无毛,边缘或裂片边缘有长或短针刺状缘毛或细刺齿。头状花序单生茎枝顶端。苞叶绿色,长3~4cm,针刺状羽状全裂。总苞大,宽钟状,直径3~4cm。小花长1.7cm,紫红色,冠檐5深裂。瘦果倒圆锥状,长7.5mm,被稠密白色的长直毛。花果期8~10月。图1。中国分布于江西、湖南、浙江、四川,生于山坡草地及林下。华中和华东有栽培。

根茎入药,药材名白术,传统中药,最早记载于《神农本草经》,《中华人民共和国药典》(2020年版)收载,具健脾益气、燥湿利水、止汗、安胎的功效。现代研究表明具有利尿、抗癌、抗胃溃疡、解痉等作用。

根茎含挥发油、苷类、多糖等化学成分。挥发油主要组成为倍半萜类,有白术内酯Ⅰ、Ⅱ、Ⅲ、苍术酮等,具有抗肿瘤、抗炎、利尿等作用。苷类分为倍半萜苷和黄酮苷,前者有苍术苷等,黄酮苷类有野黄芩类7-O-葡萄糖

苷。白术多糖具有抗衰老、提高免疫力、降血糖等作用。

苍术属药用情况见苍术。

(陈士林　向　丽　邬　兰)

àinàxiāng

艾纳香 [*Blumea balsamifera* (L.) DC., balsamiferous blumea] 菊科艾纳香属植物。又称大风艾。

多年生草本或亚灌木。茎粗壮,直立,高1~3m。下部叶宽椭圆形或长圆状披针形,长22~25cm,基部渐狭,具柄,柄两侧有3~5对狭线形的附属物;上部叶长圆状披针形或卵状披针形,长7~12cm,基部略尖,无柄或短柄,柄的两侧常有1~3对狭线形的附属物。头状花序多数,径5~8mm,排成大圆锥花序;花序梗被黄褐色密柔毛;总苞钟形,长约7mm;总苞片约6层,草质;花托蜂窝状,径2~3mm。花黄色,雌花多数;两性花较少数。瘦果圆柱形,长约1mm,被密柔毛。冠毛红褐色,长4~6mm。花期几乎全年。图1。中国分布于云南、贵州、广西、广东、福建和台湾。生于林缘、林下、河床谷地或草地上,海拔600~1000m。印度、巴基斯坦、缅甸、泰国、马来西亚、印度尼西亚和菲律宾

也有分布。

全草入药,药材名艾纳香,传统中药,最早记载于《开宝本草》,具有祛风除湿,温中止泻,活血解毒的功效。现代研究证明具有保肝、降血压、利尿等作用。新鲜叶提取加工的结晶,药材名艾片,又叫左旋龙脑,《中华人民共和国药典》(2020年版)收载,具有开窍醒神,清热止痛的功效。

叶中含有挥发油、黄酮类、酚类、甾体类等化学成分。挥发油主要有艾纳香内酯A、B、C,龙脑、樟脑等;黄酮类主要有艾纳香素、(2R,3R)-二羟基槲皮素4'-甲基醚、(2R,3R)-二羟基槲皮素4',7-二甲基醚等二氢黄酮类化合物,具有保肝、抗肿瘤的活性;酚类主要有花椒素、生育醌等。《中华人民共和国药典》(2020年版)规定艾片中左旋龙脑含量不低于85%。

艾纳香属约有80余种,中国有30种,药用种类还有密花艾纳香 B. densiflora DC.等。

(齐耀东)

jīnzhǎnhuā

金盏花 (*Calendula officinalis* L., marigold) 菊科金盏花属植物。又称金盏菊。

图1　白术(陈虎彪摄)

图1　艾纳香(陈虎彪摄)

1年生草本，高20~75cm，通常自茎基部分枝。基生叶长圆状倒卵形或匙形，长15~20cm，具柄，茎生叶长圆状披针形或长圆状倒卵形，无柄，长5~15cm，宽1~3cm，顶端钝，基部多少抱茎。头状花序单生茎枝端，直径4~5cm，总苞片1~2层，披针形或长圆状披针形，小花黄或橙黄色，长于总苞的2倍，舌片宽4~5mm；瘦果全部弯曲，淡黄色或淡褐色。花期4~9月，果期6~10月。图1。原产埃及和欧洲南部，广泛栽培于全球温带地区。

欧洲和亚洲传统药用植物，《欧洲药典》和《英国药典》收载。花序入药，具有抗炎和愈伤等功效，现代研究表明具有抗炎、抗病毒、解痉、预防出血、收敛、抗菌和雌激素样等作用。

花序含有三萜类、黄酮类、类胡萝卜素等化学成分。三萜类如款冬二醇，金盏花皂苷A、B、C、D等，具有抗炎、保护胃黏膜等作用；黄酮有芦丁、槲皮素-3-O-新橙皮糖苷等；类胡萝卜素类有毛茛黄素、异堇黄素、叶黄素、金盏黄素等。

金盏花属全世界约20种。中国栽培1种。

(郭宝林)

图1　金盏花（陈虎彪摄）

hónghuā

红花（Carthamus tinctorius L., common carthamus）

菊科红花属植物。又称草红花、刺红花。

1年生草本，株高约1m。茎上部分枝。叶长椭圆形或卵状披针形，长4~12cm，顶端尖，基部渐狭或圆形，无柄，抱茎，边缘羽状齿裂，齿端有针刺。头状花序排成伞房状，苞片椭圆形或卵状披针形；总苞卵圆形，径2.5cm，外层苞片卵状披针形，边缘具针刺，内层苞片卵状椭圆形，中部以下全缘，顶端长尖，上部边缘稍有短刺。管状花表面红黄色或红色，花冠筒细长，先端5裂，裂片呈狭条形，长5~8mm；雄蕊5，花药聚合，黄白色；柱头长圆柱形，顶端微分叉。瘦果椭圆形或倒卵形，长约5mm，白色，具4棱，无冠毛。花期7~8月，果期8~9月。图1。中国分布于东北、华北、西北地区，各地栽培。俄罗斯有野生也有栽培，日本、朝鲜半岛广泛栽培。

花入药，药材名红花，传统中药，最早记载于《图经本草》，《中华人民共和国药典》（2020年版）收载，具有活血通经，散瘀止痛的功效。现代研究表明具有抗心肌缺血、抗凝血、血栓、镇静、镇痛、兴奋子宫等作用。果实入药，药材名白平子，具有活血，解痘毒的功效。《美国药典》收载，药用种子油，具有预防动脉粥样硬化作用。

花含有黄酮类、木脂素类、多糖、挥发油、

图1　红花（陈虎彪摄）

有机酸等化学成分。黄酮类成分有羟基红花黄色素A，红花黄色素A、B、C，山柰素，红花苷等。其中，红花黄色素有抗心肌缺血、抗凝血、镇静、镇痛等作用。《中华人民共和国药典》（2020年版）规定羟基红花黄色素A的含量不低于1%，山柰素的含量不低于0.05%，红花药材中二者的含量分别为0.60%~2.65%和0.0531%~0.2390%。

种子中含有脂肪酸类、黄酮类、5-羟色胺衍生物、木脂素类等成分。脂肪酸类中亚油酸含量达90%以上，5-羟色胺衍生物主要有N-阿魏酰基5-羟色胺等，具有活血通经，散瘀止痛的功效。

红花属植物全世界约有20种，中国有2种。

（刘　颖　张晓冬　侯嘉铭）

jújù

菊苣（Cichorium intybus L., common chicory）

菊科菊苣属植物。地上部分或根入药。

多年生草本，高40~100cm。茎直立，单生，分枝开展。基生叶莲座状，花期生存，倒披针状长椭圆形。茎生叶少数，较小，卵状倒披针形至披针形，无柄，基部半抱茎。全部叶质地薄，两面被稀疏长毛。头状花序多数，单生或数个集生于茎顶或枝端，或2~8个组成穗状花序。总苞圆柱状2层，革质。舌状小花蓝色，冠毛极短，2~3层，膜片状。瘦果倒卵状或倒楔形，外层瘦果压扁，紧贴内层总苞片，3~5棱，褐色，有棕黑色色斑。花果期5~10月。图1。中国分布于北京、黑龙江、辽宁、山西、陕西、新疆、江西等省区。生于滨海荒地、河边、水沟边或山坡。广布欧洲、亚洲和北非。

图1 菊苣（陈虎彪摄）

地上部分或根入药，药材名菊苣，维吾尔族习用药材，《中华人民共和国药典》（2020年版）收载，具有清肝利胆，健胃消食，利尿消肿的功效。现代研究表明菊苣具有保肝、抗菌、降血糖、调血脂和抗高尿酸血症等作用。

根和地上部分含有倍半萜类、黄酮类、酚酸类、香豆素类、生物碱类等成分。倍半萜类如野莴苣苷、山莴苣素、山莴苣苦素，有抗菌作用；黄酮类主要有芹菜素、槲皮素、异高山黄芩素等，有保肝作用；酚酸类如绿原酸、菊苣酸等，菊苣酸具有降尿酸、提高免疫的作用。

菊苣属约6种，中国分布3种，同属毛菊苣 C. glandulosum Boiss. et Huet 地上部分或根入药也被《中华人民共和国药典》（2020年版）收载为药材菊苣的来源植物。

（齐耀东）

jì

蓟（*Cirsium japonicum* Fisch. ex DC., Japanese thistle） 菊科蓟属植物。又称大蓟。

多年生草本；块根纺锤状或萝卜状；茎直立，高30~80cm，被长毛；基生叶有叶柄，叶片倒披针形或倒卵状椭圆形，长8~20cm，羽状深裂或几全裂，侧裂片6~12对，中部侧裂片较大，向上及向下的侧裂片渐小，边缘齿状，齿端具刺；向上的叶渐小，与基生叶同形并等样分裂，无柄，基部扩大半抱茎；头状花序直立，生于枝端集成圆锥状；总苞钟状，直径3cm；总苞片6层；花两性，管状，花冠紫色或紫红色，长1.5~2.0cm；雄蕊5，花药先端有附片；瘦果长椭圆形，稍扁，长约4mm；冠毛羽状，暗灰色；花期5~8月，果期6~8月。图1。中国分布于华东、华中、华南和西南地区，以及河北、陕西等地。生于山坡林中、林缘、草地、田间，海拔400~2100m。日本、朝鲜也有分布。

地上部分入

药，药材名大蓟。传统中药，最早记载于《名医别录》。《中华人民共和国药典》（2020年版）收载，具有凉血止血、散瘀解毒消痈的功效。现代研究表明大蓟具有止血、保肝、降压、抗菌、抗肿瘤等作用。

地上部分含有黄酮类、三萜类、挥发油、多糖、长链炔烯醇、甾醇等化学成分。黄酮及其苷类主要有5,7-二羟基-6,4'-二甲氧基黄酮、蓟黄素、蒙花苷、槲皮苷、柳穿鱼叶苷等，具有止血、抗氧化、保肝、抗肿瘤等作用。《中华人民共和国药典》（2020年版）规定，柳穿鱼叶苷含量不少于0.20%，药材中的含量为0.159%~2.939%。三萜类有α-香树脂醇、β-香树脂醇、β-乙酰香树脂醇等；木脂素类有爵床脂素A、爵床脂素B、山荷叶素等；挥发油有单紫衫烯、香附子烯、石竹烯等。

蓟属植物情况见刺儿菜。

（姚 霞）

cìrcài

刺儿菜 ［*Cirsium setosum* (Willd.) MB., setose thistle］ 菊科蓟属植物。又称小蓟。

多年生草本；根状茎长；茎

图1 蓟（陈虎彪摄）

直立，高 30~80cm；下部叶和中部叶椭圆形或椭圆状披针形，长 7~15cm，先端钝或圆形，基部楔形，通常无叶柄，上部茎叶渐小，叶缘有细密的针刺或刺齿；头状花序单生茎端，雌雄异株；雄花序总苞长约 18mm，雌花序总苞长约 25mm；总苞片 6 层，具刺；雄花花冠长 17~20mm，裂片长 9~10mm，花药紫红色；雌花花冠紫红色，长约 26mm，裂片长约 5mm，退化花药；瘦果椭圆形或长卵形，略扁平；冠毛羽状；花期 5~6 月，果期 5~7 月。图 1。中国分布于除广东、广西、云南、西藏外的各地。生于山坡、河旁或荒地、田间，海拔 170~2650m。欧洲东部和中部、蒙古、朝鲜、日本广有分布。

图 1　刺儿菜（陈虎彪摄）

地上部分入药，药材名小蓟。传统中药，最早记载于《名医别录》。《中华人民共和国药典》（2020 年版）收载，具有凉血止血、散瘀解毒消痈的功效。现代研究表明具有止血、抗菌消炎、抗氧化、抗肿瘤等作用。

地上部分含有黄酮类、甾醇类、有机酸类、三萜类、苯乙醇苷类、生物碱等化学成分。黄酮类主要有 4′,5-二羟基-7,8-二甲氧基黄酮、3′-羟基-4′,5,7-三甲氧基黄酮、蒙花苷、芦丁、柳穿鱼叶苷等，具有止血、降糖的作用，柳穿鱼苷还具有抗肿瘤活性。《中华人民共和国药典》规定小蓟药材中蒙花苷含量不少于 0.7%，药材中含量为 0.49%~1.49%。甾醇类主要有蒲公英甾醇、乙酰蒲公英甾醇等；有机酸类主要有原儿茶酸、绿原酸、咖啡酸等。

蓟属植物全世界约 250~300 种，中国有 50 余种。药用植物还有蓟 *C. japonicum* Fisch. ex DC.、野蓟 *C. maackii* Maxim.、两面刺 *C. chlorolepis* Petrak ex Hand. -Mazz.、莲座蓟 *C. esculentum*（Sievers）C. A. Mey. 等。

（姚霞）

càijì

菜蓟（*Cynara scolymus* L.，arichoke）

菊科菜蓟属植物。又称朝鲜蓟、菊蓟。

多年生草本，高达 2m。茎粗壮，有条棱，具丝状毛。叶大形，基生叶莲座状；下部茎叶长椭圆形或宽披针形，长约 1m，宽约 50cm，二回羽状全裂，有长叶柄；向上茎叶渐小。叶薄草质，上面绿色，无毛，下面灰白色，被绒毛。头状花序极大，生分枝顶端。总苞多层，硬革质，内层苞片顶端有附片，附片硬膜质，顶端有小尖头伸出。小花紫红色，花冠长 4.5cm。瘦果长椭圆形，4 棱，顶端截形，无果缘。冠毛刚毛羽毛状，白色，长 3.6cm，整体脱落。花果期 7 月。图 1。原产地中海地区，西欧地区有栽培。

欧洲传统药用植物，《英国草药典》收载。菜蓟花原为蔬菜，

图 1　菜蓟（方睿摄）

1940 年代发现具有降低胆固醇、刺激胆汁分泌等作用，根具有清除体臭、花和叶具有保肝的功效，现代研究表明具有保肝、利胆、降血脂、抗氧化、利尿等作用。

全株含有苯丙素类、倍半萜内酯类、酚酸类、黄酮类等，以及大量的菊糖成分。苯丙素类中菜蓟素具有保肝、降低肝脏胆固醇、解毒、抗炎作用，倍半萜内酯类有菜蓟苦素，洋蓟葡糖苷 A、B、C 等，其中菜蓟苦素及其苷类具有降血脂、解痉等作用；酚酸类有绿原酸、奎宁酸等；黄酮类有菜蓟糖苷、洋蓟糖苷等。

菜蓟属全世界约 10 种，中国引种 2 种。

（郭宝林）

yějú

野菊〔*Chrysanthemum indicum* L.；*Dendranthema indicum*（L.）Des Moul.，wild chrysanthemum〕

菊科菊属植物。

多年生草本，高 25~100cm，有地下长或短匍匐茎；茎直立或铺散，分枝或仅在茎顶有伞房状花序分枝；基生叶脱落，茎生叶卵形或矩圆状卵形，长 6~7cm，

宽 1.0~2.5cm，羽状深裂，顶端片大，侧裂片常 2 对，卵形或矩圆形，全部裂片边缘浅裂或有锯齿；上部叶渐小；全部叶上面有腺体及疏柔毛，下面毛较多，下部渐狭成具翅的叶柄，基部有具锯齿的托叶；头状花序直径 2.5~4.0（5.0）cm，在茎枝顶端排成伞房状圆锥花序或不规则伞房花序；总苞直径 8~20mm，长 5~6mm；总苞片边缘宽膜质；舌状花黄色，雌性；盘花两性，筒状；瘦果长 1.5~1.8cm；花期 6~11 月。图 1。中国分布于东北、华北、华中及西南各地。生于山坡、灌丛、河边水湿地、滨海盐渍地、田边及路旁。印度、日本、朝鲜、俄罗斯也有分布。

花序入药，药材名野菊花。传统中药，最早收载于《本草经集注》。《中华人民共和国药典》（2020 年版）收载，具有清热解毒、泻火平肝的功效。现代研究证明野菊花具有保肝、保护心血管系统、降压、抗炎、抗氧化、解热、抗肿瘤等作用。根或全草入药，具有清热解毒功效。

花序含黄酮类、倍半萜类、三萜类、挥发油、有机酸、多糖等化学成分。黄酮类主要有蒙花苷、木樨黄酮苷、刺槐素苷、木

犀草素等，具有保肝、保护心血管系统、抗肿瘤、抗菌等作用，《中华人民共和国药典》（2020 年版）规定野菊花药材中蒙花苷含量不少于 0.8%，药材中蒙花苷的含量为 5.02%~6.53%。倍半萜类主要有野菊花内酯、野菊花三醇等；三萜类主要有 α-香树脂醇、豚草素 A、乌苏-12-烯-3β,16β-二羟基等；挥发油主要有 1,8-桉叶素、樟脑等。萜类和挥发油具有降压、保肝、抗炎等作用。地上部分主要含挥发油和倍半萜内酯类成分。

菊属植物情况见菊。

（姚霞）

jú

菊 ［Chrysanthemum morifolium Ramat.，Dendranthema morifolium（Ramat.）Tzvel.，chrysanthemum］菊科菊属植物。

多年生草本，高 60~150cm；茎直立，分枝或不分枝，被柔毛；叶互生，有短柄；叶片卵形至披针形，长 5~15cm，羽状浅裂或半裂，基部楔形，下面被白色短柔毛；头状花序直径 2.5~20.0cm，大小不一，单个或数个集生于茎枝顶端；总苞片多层，外层绿色，条形，边缘膜质，外面被柔毛；舌状花白色、红色、紫色或黄色；

瘦果不发育；花期 9~11 月。图 1。中国各地栽培。园艺或药用，药用菊花以河南、安徽、浙江栽培最多。世界各地有栽培。

花序入药，药材名菊花。传统中药，最早记载于《神农本草经》。《中华人民共和国药典》（2020 年版）收载，具有散风清热、平肝明目、清热解毒的功效。现代研究表明菊花具有保肝、保护心血管系统、免疫调节、抗菌、抗氧化、抗衰老、抗人类免疫缺陷病毒、抗肿瘤等作用。

花序含黄酮类、有机酸类、挥发油、倍半萜内酯类、多糖、蒽醌类等化学成分。黄酮类主要有木犀草苷、大波斯菊苷、刺槐苷等；有机酸类有咖啡酸、绿原酸、3,5-O-二咖啡酰奎宁酸、4-O-咖啡酰奎宁酸等；黄酮类和有机酸类是菊花保护心血管、抗氧化、抗肿瘤的活性成分，《中华人民共和国药典》规定菊花中绿原酸含量不少于 0.20%，3,5-O-二咖啡酰基奎宁酸含量不少于 0.70%，木犀草苷含量不少于 0.08%，药材中三者含量分别为 0~0.76%，0.06%~0.28%，0.03%~2.20%；挥发油主要有龙脑、樟脑、金合欢醇、金合欢烯、菊油环酮等。

菊属植物全世界约 30 余种，

图 1 野菊（陈虎彪摄）

图 1 菊（陈虎彪摄）

中国约 17 种。药用植物还有野菊 *C. indicum* L. /*D. indicum*（L.）Des Moul.、甘菊 *C. lavandulifolium*（Fisch. ex Trautv.）Makino［*D. lavandulifolium*（Fisch. ex Trautv.）Ling & Shih］等。

（姚霞）

chuānmùxiāng

川木香 ［*Dolomiaea souliei*（Franch.）Shih.，*Vladimiria souliei*（Franch.）Ling，soulie's dolomiaea］ 菊科川木香属植物。

莲座状草本。根直径约 1.5cm，直伸。叶椭圆形、长椭圆形或倒披针形，长 10~30cm，宽 5~13cm，羽状半裂，两面疏被糙伏毛及黄色腺点；侧裂片 4~6 对，裂片边缘具刺齿；叶柄长 2~16cm，密被蛛丝状毛及黄色腺点。头状花序 6~8 个集生叶丛中；总苞宽钟状，径约 6cm；总苞片 6 层，坚硬，先端尾状渐尖成针刺状，外层卵形或卵状椭圆形，内层长披针形；小花红色，花冠长 4cm，5 裂。瘦果圆柱状，冠毛短羽毛状或糙毛状，黄褐色，仅外层向下皱曲反折包围并紧贴瘦果，内层直立。花果期 7~10 月。图 1。中国分布于四川西部、西藏东部。

根入药，药材名川木香，传

图 1 川木香（刘翔摄）

统中药，藏族蒙古族也常用。《中华人民共和国药典》（2020 版）收载，具有行气止痛的功效；现代研究证明具有缓解胃肠平滑肌痉挛、增强肠胃运动、利胆、抑菌、抗炎、镇痛等作用。

根含倍半萜内酯类、木脂素类、挥发油等化学成分。倍半萜内酯类中愈创木烷型、桉叶烷型、吉马烷型为主要类型，主要成分有木香烃内酯、去氢木香内酯等，具有松弛平滑肌和解痉等作用。《中华人民共和国药典》（2020 年版）规定川木香药材中木香烃内酯和去氢木香内酯的总量不低于 3.0%，药材中两成分的含量分别为 0.20%~1.17% 和 0.88%~1.55%。木脂素类有 viladino A~F、松脂素、丁香脂素等。

川木香属植物全球约 13 种，中国 13 种。同属灰毛川木香 *D. souliei*（Franch.）Shih var. *mirabilis*（Anth.）Shih 也被《中华人民共和国药典》（2020 年版）收载为川木香药材的来源植物。药用植物还有越隽川木香 *D. denticulata*（Ling）Shih、厚叶川木香 *D. berardioidea*（Franch.）Shih、菜木香 *D. edulis*（Franch.）Shih 等。

（严铸云 李芳琼）

zǐzhuījú

紫锥菊 ［*Echinacea purpurea*（L.）Moench，purple coneflower］ 菊科松果菊属植物。又称松果菊。

多年生草本。高 50~150cm，全株有粗毛，茎直立；叶缘具锯齿。基生叶卵形

或三角形，茎生叶卵状披针形，叶柄基部略抱茎。头状花序，单生或多数聚生于枝顶，花大，直径可达 10cm，花的中心部位凸起，呈球形，球上为管状花，橙黄色；种子浅褐色，外皮硬。花期夏秋。原产北美洲，各地有栽培，园艺或药用。图 1。

图 1 紫锥菊（陈虎彪摄）

全草或根入药，北美印第安民间草药，用于治疗牙痛和咽喉痛，欧洲引进后用作免疫促进剂，防治上呼吸道疾病，如感冒、流感等，也用于过敏性疾病，《美国药典》收载用根。现代研究表明具有增强免疫、抗病毒、抗炎等作用。

全草和根含有酰胺类、酚酸类、酚苷类、挥发油等化学成分。酰胺类为异丁基酰胺，如 undeca-2*E*, 4*Z*-diene-8, 10-diynoid acid isobutylamide、dodeca-2*E*, 4*Z*-diene-8, 10-diynoid acid isobutylamide 等，具有增强免疫的活性，《美国药典》规定根中酰胺类成分含量不低于 0.025%；酚酸类有菊苣酸、咖啡酰酒石酸、绿原酸、海胆苷等，《美国药典》规定根中酚类成

分总量以上述 4 个成分计，不少于 0.50%。酚苷类有紫花松果菊苷 A、毛蕊花糖苷等。

松果菊属全世界约 9 种。狭叶松果菊 *E. angustifolia* DC. 和淡果松果菊 *E. pallida*（Nutt.）Nutt. 也药用，但主要成分和含量与紫锥菊存在差别。

（郭宝林）

líchǎng
鳢肠（ *Eclipta prostrata* L.，yerbadetajo） 菊科鳢肠属植物，又称旱莲草。

1 年生草本，直立或匍匐，常基部分支，高 10~60cm，全株具有白色糙毛。叶对生，无柄或具短柄；叶片披针形、椭圆状披针形或条状披针形，长 3~10cm；先端渐尖，基部渐狭，全缘或有细锯齿，两面密被糙毛，白色。头状花序顶生或腋生；总苞片钟形，苞片 5~6 枚；花序外围为 2 层白色舌状花，雌性，多数发育；中部为黄绿色管状花，两性，全育。瘦果长方椭圆形，无冠毛。花期 6~8 月，果期 9~10 月。图 1。中国分布于华东、华南、华中、西南等地区，以及陕西、河北、辽宁等省。生于沟边草丛、田埂、路旁、河边等阴湿环境。

地上部分入药，药材名墨旱莲。传统中药，始载于《唐本草》。《中华人民共和国药典》（2020 年版）收载，具有滋肝补肾、凉血补血功效。现代研究表明具有抗氧化、保肝、增强免疫、抗肿瘤、解蛇毒等作用。

全草含有香豆素类、三萜皂苷类、黄酮类、噻吩类、甾体类、挥发油等化学成分，香豆素类为呋喃香豆素，如蟛蜞菊内酯、去甲蟛蜞菊内酯、去甲蟛蜞菊内酯葡萄糖苷等，具有抗氧化、抗肿瘤等作用，其中蟛蜞菊内酯为质量控制成分，药材中含量为 0.04%~0.12%，《中华人民共和国药典》（2020 年版）规定不低于 0.04%；三萜皂苷类为蒲公英赛烷型和齐墩果烷型皂苷；黄酮类为芹菜素、槲皮素、木犀草素等的苷类；噻吩类有单噻吩、二联噻吩和三联噻吩等，如三噻嗯甲醇、三噻嗯甲醛等。

鳢肠属植物全世界有 4 种，中国有 1 种。

（王 冰）

ébùshícǎo
鹅不食草［ *Centipeda minima*（L.）A. Br. et Aschers.，small centipeda］ 菊科石胡荽属植物。又称石胡荽。

1 年生小草本。茎多分枝，高 5~20cm，匍匐状。叶互生，楔状倒披针形，长 7~18mm，顶端钝，基部楔形，边缘有少数锯齿。头状花序小，扁球形，直径约 3mm，单生于叶腋，无花序梗或极短；总苞半球形，总苞片 2 层，椭圆状披针形，边缘透明膜质；边缘花雌性，多层，花冠细管状，长约 0.2mm，淡绿黄色，顶端 2~3 微裂；盘花两性，花冠管状，长约 0.5mm，顶端 4 深裂，淡紫红色，下部有明显的狭管。瘦果椭圆形，长约 1mm，具 4 棱，棱上有长毛，无冠毛。花果期 6~10 月。图 1。中国分布于东北、华北、华中、华东、华南、西南。生于路旁、荒野阴湿地。朝鲜、日本、印度、马来西亚，以及大洋洲也有分布。

全草入药，药材名鹅不食草，传统中药，最早记载于《食性本草》。《中华人民共和国药典》（2020 年版）收载，具有发散风寒，通鼻窍，止咳功效。现代研究表明具有抗炎、抗微生物、抗过敏、抗突变、抗肿瘤、抗疟等作用。

全草含有三萜类、甾醇类、黄酮类、挥发油、有机酸类等化学成分。三萜类成分有熊果酸和齐墩果酸及其衍生物、羽扇豆醇、

图 1 鳢肠（陈虎彪摄）

图 1 鹅不食草（陈虎彪摄）

乙酸羽扇豆醇等；甾醇类成分有蒲公英甾醇、棕榈酸蒲公英甾醇酯、乙酸蒲公英甾醇酯等；黄酮类成分有槲皮素及其苷类、芹菜素等。挥发油含量约为 0.1%，包括香芹酚、桉油精等，有止咳、平喘功效。

石胡荽属植物全球共有 6 种，中国有 1 种。

（刘　颖　高智强　田少凯）

duǎntíngfēipéng
短葶飞蓬［*Erigeron breviscapus*（Vaniot.）Hand.-Mazz.，shortscape fleabane］菊科飞蓬属植物。

多年生草本。茎数个或单生，高 5～50cm。叶主要集中于基部，密集，莲座状，花期生存，倒卵状披针形或宽匙形，长 1.5～11.0cm，全缘，顶端钝或圆形，具 3 脉；头状花序单生于茎或分枝的顶端，总苞半球形，长 0.5～0.8cm，总苞片 3 层，绿色，或上顶紫红色。外围的雌花舌状，3 层，舌片开展，蓝色或粉紫色；中央的两性花管状，黄色，檐部窄漏斗形，中部被疏微毛；花药伸出花冠；瘦果狭长圆形，被密短毛；冠毛淡褐色。花期 3～10 月。图 1。中国分布于湖南、广西、贵州、四川、云南及西藏等省区。常生于海拔 1200～3500m 的中山带和亚高山带开阔山坡、草地或林缘。

全草入药，药材名灯盏细辛，以灯盏花之名始载于《滇南本草》。《中华人民共和国药典》（2020 年版）收载，具有活血通络止痛，祛风散寒的功效。现代研究证明灯盏细辛具有抗血栓及促进纤溶活性、改善微循环等作用。本种为提取灯盏花素的原料。

全草含有黄酮类、有机酸类、香豆素类、糖苷类、倍半萜类、

图 1　短葶飞蓬（陈虎彪摄）

三萜类、甾体类、炔类等化学成分。黄酮类主要有芹菜素、野黄芩素、芹菜素-7-*O*-葡萄糖醛酸苷（灯盏花甲素）、野黄芩苷（灯盏花乙素）等成分，具有抗心肌缺血、抗心律失常、扩张血管、抗凝血、抗血栓、抗胃溃疡、保肝等作用；有机酸类主要有咖啡酸、焦袂康酸等；香豆素类主要有东莨菪内酯、七叶树苷等；糖苷类主要有飞蓬苷（灯盏细辛苷）、灯盏花苷 A、B、D 等。《中华人民共和国药典》（2020 年版）规定灯盏花药材中野黄芩苷的含量不低于 0.30%，药材中的含量为 0.19%～3.92%。

全属有 200 种以上，中国有 35 种，药用植物还有长茎飞蓬 *E. elongatus* Ledeb.、一年蓬 *E. annuus*（L.）Pers. 等。

（齐耀东）

pèilán
佩兰（*Eupatorium fortunei* Turcz.，fortune's eupatorium）菊科泽兰属植物。

1 年生草本，高 30～100cm。茎被短柔毛，上部及花序枝上的

毛较密，中下部脱毛。叶矩卵形或卵状披针形，长 5～12cm，宽 2.5～4.5cm，边缘有粗大的锯齿，但大部分的叶是 3 全裂的，中裂片较大，矩椭圆形、卵状披针形或矩椭圆形，长 6.5～10.0cm，宽 2.0～3.5cm，侧生裂片较小，两面无毛及腺点，全部叶有长叶柄，长达 2cm。头状花序在茎顶或短花序分枝的顶端排列成复伞房花序；总苞钟状；总苞片顶端钝；头状花序含小花 5 个，花红紫色。瘦果无毛及腺点。花果期 7～11 月。中国分布于山西、山东、河南、陕西、江苏、浙江、福建、四川、贵州和云南。野生罕见，栽培者多。日本、朝鲜也有分布。图 1。

图 1　佩兰（陈虎彪摄）

地上部分入药，药材名佩兰。传统中药，最早收载于《神农本草经》。《中华人民共和国药典》（2020 年版）收载，具有芳香化湿，醒脾开胃，发表解暑的功效。现代研究证明具有抗炎、祛痰、抗肿瘤、增强免疫、抑菌、兴奋胃平滑肌等作用。

地上部分主要含双稠吡咯啶

生物碱类、挥发油等化学成分。双稠吡咯啶类生物碱类有仰卧天芥菜碱、宁德洛非碱、兰草素等，具有抗肿瘤活性；挥发油有 *p*-聚伞花烃、橙花醇乙酯、5-甲基麝香草醚等，具有抗炎、祛痰、抑菌等作用，《中华人民共和国药典》规定，佩兰药材中含挥发油不少于 0.30%，药材中含量 1.5%~2.0%。

泽兰属植物全世界 600 余种，中国 14 种及数变种。轮叶泽兰 *E. lindleyanum* DC. 也为《中华人民共和国药典》（2020 年版）收载，地上部分入药，称野马追，具有化痰止咳平喘的功效，药用植物还有泽兰 *E. japonicum* Thunb.、华泽兰 *E. chinense* L.、异叶泽兰 *E. heterophyllum* DC.、台湾泽兰 *E. formosanum* Hayata、紫荆泽兰 *E*, *coelestinum* L. 等。

（姚　霞）

júyù
菊芋（*Helianthus tuberosus* L.，jerusalem artichoke） 菊科向日葵属植物。又称鬼子姜、洋姜。

多年生草本，高 1~3m。具块状地下茎。茎直立，上部枝被短糙毛。上部叶互生，基部叶对生；具叶柄，上部有狭翅；叶片卵形至卵状椭圆形，长 10~15cm，宽 3~9cm，前端尖，叶基宽楔形，边缘具锯齿，3 脉，上面粗糙，下面被柔毛。数个头状花序，直径 5~9cm，生于枝端；线状披针形苞叶 1~2 个；开展的总苞片披针形；舌状花中性，淡黄色；管状花两性，能育，黄色、棕色或紫色，5 裂。瘦果，楔形；冠毛上端常有具毛的扁芒 2~4 个。花期 8~10 月。图 1。原产北美，中国大多数地区有栽培。

块茎或茎叶入药，药材名菊芋，具有清热凉血、消肿的功效。

图 1　菊芋（陈虎彪摄）

现代研究表明具有抗肿瘤、保护心脑血管、抗菌、抗炎、抗氧化和抗衰老等作用。可供食用。块茎主要含有菊糖、果糖低聚糖等糖类化合物。菊糖具有改善糖尿病的作用。

向日葵属植物全世界约 100 种，同属的向日葵 *H. annuus* L. 花穗药用，具有祛风、平肝、利湿的功效。种子油在欧洲药用，《欧洲药典》和《英国药典》收载，具有降血压、延缓衰老和增强免疫的作用。

（陈虎彪）

xuánfùhuā
旋覆花（*Inula japonica* Thunb.，inula flower） 菊科旋覆花属植物，又名金沸草。

多年生草本，高 30~85cm，根茎短。茎直立，被长柔毛。基生叶花期枯萎；中部叶长圆形或长圆状披针形，长 4~12cm，基部渐狭，全缘或有疏齿，中脉和侧脉有较长的毛绒；上部叶渐小，线状披针形。头状花序直径 3~4cm，排列成疏散的伞房花序；总苞半球形，总苞片多层，线状披针形；舌状花黄色，线形；管状花花冠长约 5mm，冠毛白色，1 轮，有粗糙毛；雄蕊 5，花丝分离。瘦果圆柱形，长 1.0~1.2cm。花期 6~19 月，果期 9~11 月。图 1。中国分布于东北、华北、华东和华中。生于山坡草地、沼泽河边、田埂、路旁等。海拔 150~2400m。蒙古、朝鲜、俄罗斯西伯利亚、日本也有分布。

花序入药，药材名旋覆花，传统中药，始载于《神农本草经》，《中华人民共和国药典》（2020 年版）收载，具有降气消痰，行水止呕的功效，现代研究表明具有止咳平喘、抗炎消肿、抗菌、保肝、降低血糖等作用。地上部分入药，药材名金沸草，传统中药，《中华人民共和国药典》（2020 年版）收载。具有降气，消痰，行水的功效，现代研究表明具有止咳平喘、抗菌等作用。

花序和地上部分主要含有倍半萜内酯类、甾醇类化学成分。甾醇类有蒲公英甾醇、乙酰旋覆

图 1　旋覆花（陈虎彪摄）

花内酯等。倍半萜内酯类有旋覆花内酯、1-O-乙酰旋覆花内酯、1,6-O,O-二乙酰旋覆花内酯等，地上部分主要含有旋覆花次内酯，以及银胶菊素，依瓦菊素，旋覆花内酯 A、B、C 等，具有抗肿瘤、抗炎、抗菌等作用。

旋覆花属全球共 100 余种，中国约 20 余和多个变种。欧亚旋覆花 I. britannica L. 也被《中华人民共和国药典》（2020 年版）收载为旋覆花药材的来源物种；条叶旋覆花 I. linariifolia Turcz.，也被《中华人民共和国药典》（2020 年版）收载为金沸草的来源物种。药用植物还有 土木香 I. heleniurn L.、总状土木香 I. racemose Hook f.、羊耳菊 I. cappa（Buch. Ham.）DC.、显脉旋覆花 I. nervosa Wall. 等。

（王　冰）

tǔmùxiāng

土木香（Inula helenium L., elecampane inula）　菊科旋覆花属植物。

多年生草本，根状茎块状，有分枝。茎直立，高 60~150cm，粗壮，被开展的长毛，下部有较疏的叶；基部叶和下部叶基部渐狭成具翅的长柄，连同柄长

图1　土木香（陈虎彪摄）

30~60cm，宽 10~25cm；叶片椭圆状披针形，边缘有不规则的齿，顶端尖，上面被基部疣状的糙毛，下面被黄绿色密茸毛；网脉显明；中部叶卵圆状披针形或长圆形，长 15~35cm，基部半抱茎；上部叶较小，披针形。头状花序少数，径 6~8cm，排列成伞房状花序；总苞 5~6 层。舌状花黄色；舌片线形，长 2~3cm，顶端有 3~4 个浅裂片；管状花长 9~10mm。瘦果四面形或五面形，长 3~4mm。花期 6~9 月。图 1。中国分布于新疆，生于水边荒地、河滩及湿润草地等环境。海拔 700~1500m。广泛分布于欧洲和亚洲。四川、陕西、甘肃、西藏有栽培。

根入药，药材名土木香，传统中药，最早记载于《本草衍义》，《中华人民共和国药典》（2020 年版）收载。具有健脾和胃，行气止痛，安胎的功效。现代研究表明有抗菌、抗肿瘤、保肝、驱虫、降血糖等作用。

根含有挥发油、木脂素类、三萜类、酚酸类等化学成分。挥发油是主要成分，以倍半萜成分为主，如土木香内酯、异土木香内酯、二氢土木香内酯、土木香酸、土木香醇等，具有抗菌、抗肿瘤、保肝的作用，《中华人民共和国药典》（2020 年版）规定土木香内酯和异土木香内酯在土木香药材中总量不低于 2.2%，药材中土木香内酯含量为 1.2%~2.3%。异土木香内酯含量为 0.88%~1.80%。

旋覆花属植

物情况见 旋覆花。总状土木香 I. racemose Hook f.，也称藏木香，有类似成分和功效。

（王　冰）

mǔjú

母菊（Matricaria recutita L., chamomile）　菊科母菊属植物。又称洋甘菊、德国洋甘菊。

1 年生草本。茎高 30~40cm，上部多分枝。下部叶矩圆形或倒披针形，长 3~4cm，二回羽状全裂，无柄，裂片条形。上部叶卵形或长卵形。头状花序直径 1.0~1.5cm，在茎枝顶端排成伞房状，花序梗长 3~6cm；总苞片 2 层，苍绿色，全缘；花托长圆锥状，中空。舌状花 1 列，舌片白色，反折，长约 6mm；管状花多数，花冠黄色，长约 1.5mm。瘦果小，长 0.8~1.0mm，淡绿褐色，侧扁，无冠毛。花果期 5~7 月。中国分布于新疆北部和西部。生于河谷旷野、田边。园艺植物。也分布于欧洲、亚洲北部和西部。

欧洲传统药用植物，印度也药用，《欧洲药典》和《英国药典》收载。花序入药，具有缓解头痛、保肝护肾，退热，解痉，抗炎等功效，现代研究表明具有镇静、抗炎、抗菌、止痒、抗过敏等作用。

花序含有挥发油、黄酮类、香豆素类等化学成分。挥发油中的主要成分有母菊素、α-甜没药萜醇、（E）-β-金合欢烯等，具有显著的抗炎、抗菌、抗溃疡、止痒、抗过敏等作用；黄酮类有芹菜素、万寿菊黄素等，具有镇静和抗焦虑等作用；香豆素类有伞形花内酯、甲基伞形花内酯、七叶亭等。

母菊属全世界约 40 种。中国有 2 种。

（郭宝林）

yúnmùxiāng

云木香 [Aucklandia lappa Decne. Saussurea costus (Falc.) Lipech, costate saussurea] 菊科风毛菊属植物。又称木香。

多年生高大草本，高 1.5~2.0m。主根粗壮。茎直立，有棱，上部有稀疏的短柔毛。基生叶有长翼柄，叶片心形或戟状三角形，长 24cm，顶端急尖，边缘有大锯齿，齿缘有缘毛。下部与中部茎叶卵形或三角状卵形，长 30~50cm；上部叶渐小，三角形或卵形；全部叶上面褐色、深褐色或褐绿色，被稀疏的短糙毛，下面绿色。头状花序单生茎端或枝端，或 3~5 个在茎端成伞房花序。总苞直径 3~4cm，半球形，黑色；总苞片 7 层。小花暗紫色，长1.5cm。瘦果浅褐色，三棱状，顶端截形。冠毛羽毛状。花果期 7月。图 1。分布于西藏波密。生于海拔 3800m 的桦木林下。四川、云南、广西、贵州有栽培。

图 1 云木香（陈虎彪摄）

根入药，药材名木香，传统中药，最早记载于《神农本草经》，《中华人民共和国药典》（2020 年版）收载，具有行气止痛，健脾消食的功效。现代研究表明木香具有调节胃肠运动、保护胃黏膜、促进胆囊收缩、抗腹泻、抗炎、降血压、抑菌等作用。

根含有倍半萜类、三萜类、生物碱类、木脂素类、脂肪酸类等化学成分。倍半萜类主要有木香内酯、去氢木香内酯、云木香内酯、二氢木香内酯等，《中华人民共和国药典》（2020 年版）规定木香药材中木香内酯、去氢木香内酯的总含量不低于 1.8%，药材中二者总量为 1.17%~7.44%；三萜类主要有 α-香树脂醇、白桦脂醇等；生物碱类如风毛菊碱等。

风毛菊属植物情况见雪莲花。

（齐耀东）

xuěliánhuā

雪莲花 [Saussurea involucrata (Kar. et Kir.) Sch. -Bip., snow lotus] 菊科风毛菊属植物。又称雪莲。

多年生草本，高 15~35cm。根状茎粗。茎粗壮，无毛。叶密集，基生叶和茎生叶无柄，叶片椭圆形或卵状椭圆形，顶端钝或急尖，边缘有尖齿，两面无毛；最上部叶苞叶状，膜质，淡黄色，宽卵形，包围总花序，边缘有尖齿。头状花序 10~20 个，在茎顶密集成球形的总花序。总苞半球形，直径 1cm；总苞片 3~4 层，边缘或全部紫褐色，先端急尖，外层被稀疏的长柔毛，中层及内层披针形。小花紫色。瘦果长圆形，长 3mm。冠毛灰白色，2 层，糙毛状，内层长，羽毛状。花果期 7~9 月。图 1。中国分布于青海、甘肃等地，以及新疆的天山、昆仑山的高山区。生于海拔 3000m 以上的高山岩峰、砾石和沙质河滩中。

地上部分入药，药材名天山雪莲，维吾尔族习用药材。《中华

图 1 雪莲花（陈虎彪摄）

人民共和国药典》（2020 年版）收载，具有温肾助阳，祛风胜湿，通经活血的功效。现代研究证明具有对抗肿瘤、降压、抗炎、抗氧化和抗疲劳等功效。

地上部分含有黄酮类、倍半萜内酯类、苯丙素类、多糖、挥发油等化学成分。黄酮类有芦丁、异槲皮素、芹菜素-7-O-葡萄糖苷等，具有抗肿瘤、抗炎、抗氧化、促进脂质代谢的作用；苯丙素类有绿原酸、紫丁香苷、1,5-二咖啡酰奎宁酸等；芦丁和绿原酸是天山雪莲药材的质量控制成分，《中华人民共和国药典》（2015 年版）规定芦丁不低于 0.15%，绿原酸不低于 0.15%。药材中芦丁含量为 0.17%~0.65%，绿原酸含量为 0.19%~0.60%。

风毛菊属植物全世界 400 余种，中国有 264 种，药用植物还有绵头雪莲花 S. laniceps Hand. -Mazz.，鼠曲雪莲花 S. gnaphaloides (Royle) Sch. -Bip.、水母雪莲花 Saussurea medusa Maxim.、白雪兔 S. eriocephala Franch.、红雪兔 S. leucoma Diels 和小红兔 S. tridactyla Shcultz. -Bip.、云木香 S. costus (Falc.) Lipech、沙生风毛菊 S. arenaria Maxim.、星状雪兔子 S. stella Maxim.、苞叶

雪莲 *S. obvallata*（DC.）Edgew.、柳叶菜风毛菊 *S. epilobioides* Maxim. 等。

（陈虎彪）

qiānlǐguāng

千里光（*Senecio scandens* Buch.-Ham. ex D. Don, climbing groundsel） 菊科千里光属植物。

多年生攀缘草本。叶具柄，叶片卵状披针形至长三角形，顶端渐尖；头状花序有舌状花，多数，在茎枝端排列成顶生复聚伞圆锥花序；分枝和花序梗被短柔毛；花小苞片通常 1~10，线状钻形。总苞圆柱状钟形；舌状花黄色；管状花多数；花冠黄色，檐部漏斗状；裂片卵状长圆形，上端有乳头状毛。花药长 2.3mm，基部有钝耳；耳长约为花药颈部 1/7；附片卵状披针形；花药颈部伸长，向基部略膨大；花柱分枝长 1.8mm，有乳头状毛。瘦果圆柱形，被柔毛冠毛，白色；花期 8 月至翌年 4 月。图 1。中国分布于西南、华中、华东、华南，以及陕西、湖南等省。生于森林、灌丛中，海拔 50~3200m。印度、尼泊尔、不丹、缅甸、泰国、菲律宾和日本也有分布。

地上部分入药，药材名千里光，传统中药，以千里光之名最早记载于《本草拾遗》。《中华人民共和国药典》（2020 年版）收载，具有清热解毒，明目，利湿的功效。现代研究证明千里光具有抗菌、抗钩端螺旋体、抗滴虫的作用。有一定的肝毒性。

全草含有黄酮类、生物碱类、酚酸类、挥发油、三萜类、类胡萝卜素等化学成分。黄酮类主要有金丝桃苷、蒙花苷等；生物碱主要有千里光宁碱、千里光菲灵碱、阿多尼弗林碱等，生物碱为千里光的毒性成分。酚酸类主要有对-羟基苯乙酸、香草酸、水杨酸、焦粘酸等；类胡萝卜素主要有毛茛黄素、菊黄质、β-胡萝卜素等。《中华人民共和国药典》（2020 年版）规定千里光中金丝桃苷含量不低于 0.03%，阿多尼弗林碱含量不超过 0.004%。药材中金丝桃苷含量为 0.013%~0.70%，阿多尼弗林碱含量为 0~0.0014%。

千里光属有 1000 种，中国有 63 种，药用植物还有额河千里光 *S. argunensis* Turcz.、糙叶千里光 *S. asperifolius* Franch.、麻叶千里光 *S. cannabifolius* Less.、菊状千里光 *S. laetus* Edgew.、林荫千里光 *S. nemorensis* L.、裸茎千里光 *S. nudicaulis* Buch.-Ham. ex D. Don、闽粤千里光 *S. stauntonii* DC. 等。

（齐耀东）

xīxiān

豨莶（*Siegesbeckia orientalis* L., common St. paulswort） 菊科豨莶属植物。

1 年生草本，高 40~60m。茎直立，被白色长柔毛或腺毛。单叶对生，上部叶片较小，椭圆形或长椭圆状披针性，长 2~4cm；下部叶较大，宽卵状三角形至披针形，长 9~50cm，基部楔形，下延成翅柄状，边缘常有不规则状锯齿，两边生有柔毛，下面有腺点。头状花序多数，在茎顶排成圆锥状，花序梗细，密被柔毛和腺毛；总苞片 2 轮，外轮 5 枚，内轮 10~12 枚；花黄色，杂性，边花舌状，1 轮，雌性，先端 3 裂；中央花管状，两性，5 齿裂，雄蕊 5，子房下位，柱头两裂。瘦果具有 4 棱，略膨胀，弯曲，长约 4mm，黑色，光滑无毛。花果期 8~12 月。图 1。中国分布于西北和南方各地，生于山野、荒原、林地、灌丛，也常见于耕地中。

地上部分入药，药材名豨莶草。传统中药，始载于《新修本草》，《中华人民共和国药典》（2020 年版）收载。具有祛风湿，

图 1 千里光（陈虎彪摄）

图 1 豨莶（陈虎彪摄）

利关节，解毒等功效。现代研究表明具有抗炎、镇痛、抗过敏、抗菌、抗肿瘤、降压、抗血栓、促进血管扩张等作用。

　　地上部分主要含二萜类、倍半萜类和黄酮类等化学成分，其中二萜类为海松烯型、贝壳杉烷型和链状，如奇壬醇、豨莶精醇、豨莶苷、16β,17-二羟基-贝壳杉烷-19-羧酸等，具有抗炎、镇痛、抗血栓等作用，《中华人民共和国药典》（2020 年版）规定药材中奇壬醇含量不低于 0.05%，药材中含量为 0.02%~0.12%；倍半萜类有 9β-羟基-8β-异丁酰基木香烯内酯、9β-羟基-8β-甲基丙烯酰基氧基木香烯内酯等；黄酮类主要为槲皮素、氧甲基化槲皮素及苷类。

　　豨莶属植物全世界有 4 种，中国有 3 种。腺梗豨莶 S. pubescens Makino，毛梗豨莶 S. glabrescens Makino 也是《中华人民共和国药典》（2020 年版）收载的豨莶草来源植物。

（王　冰）

shuǐfēijì

水飞蓟 ［Silybum marianum (L.) Gaertn., milk thistle］

菊科水飞蓟属植物。

　　1 年生或 2 年生草本，高 1.2m。茎直立，分枝，有条棱，极少不分枝，全部茎枝有白色粉质复被物。基生叶与下部茎叶有叶柄，全形椭圆形或倒披针形，羽状浅裂至全裂，绿色，具大型白色花斑，无毛，质地薄，边缘或裂片边缘及顶端有坚硬的黄色的针刺，刺长达 5mm。头状花序较大，生枝端，植株含多数头状花序。总苞球形或卵球形，直径 3~5cm。花丝短而宽，上部分离，下部由于被黏质柔毛而粘合。瘦果压扁，长椭圆形或长倒卵形，褐色。冠毛多层，刚毛状，白色，向中层或内层渐长，长达 1.5cm；花果期 5~10 月。图 1。分布于欧洲、地中海地区、北非及亚洲中部。中国华北、西北地区有引种栽培。

图 1　水飞蓟（陈虎彪摄）

　　果实入药，药材名水飞蓟，《中华人民共和国药典》（2020 年版）收载，具有清热解毒，疏肝利胆的功效。现代研究证明水飞蓟具有抗癌、抗炎、降血脂、心脏保护、神经保护等作用。水飞蓟的叶在古希腊用于肝脏疾病的治疗；《美国药典》和《英国草药典》收载。

　　果实含有黄酮木脂素类、三萜类、脂肪酸类等化学成分。黄酮木脂素类，统称为水飞蓟素，主要有水飞蓟宾 A、B，水飞蓟宁、水飞蓟亭等，是水飞蓟具有保肝、抗氧化、抗炎、抗肿瘤、降血脂等作用的活性成分。《中华人民共和国药典》（2020 年版）规定水飞蓟宾含量不低于 0.6%，药材中的含量为 0.81%~2.20%。

　　水飞蓟属植物全世界约有 2 种，中国引种 1 种。

（王振月）

yīzhīhuánghuā

一枝黄花（Solidago decurrens Lour., common goldenrod）

菊科一枝黄花属植物。

　　多年生草本，高 35~100cm。茎直立，单生或少数簇生。中部茎叶椭圆形、长椭圆形、卵形或宽披针形，下部楔形渐窄，有具翅的柄；向上叶渐小；下部叶与中部茎叶同形，有长 2~4cm 或更长的翅柄。叶质地较厚。头状花序较小，长 6~8mm，多数在茎上部排列成紧密或疏松的总状花序或伞房圆锥花序。总苞片 4~6 层，披针形或披狭针形，顶端急尖或渐尖，中内层长 5~6mm。舌状花舌片椭圆形。瘦果长 3mm。花果期 4~11 月。图 1。中国分布于华东、华中、华南、西南地区。生阔叶林缘、林下、灌丛中及山坡草地上，海拔 565~2850m。

图 1　一枝黄花（陈虎彪摄）

　　全草入药，药材名一枝黄花，《中华人民共和国药典》（2020 年版）收载，具有清热解毒，疏散风热的功效。现代研究表明具有抗菌、平喘祛痰、促进白细胞吞噬、止血及利尿的作用。

地上部分含有三萜类、黄酮类、苯甲酸苄酯及其苷类、有机酸类等化学成分。三萜类主要有古柯二醇、熊果醇等；黄酮类主要有芦丁、槲皮素等。《中华人民共和国药典》（2020 年版）规定药材中芦丁含量不低于 0.1%，药材中含量为 0.073%~0.551%。苯甲酸苄酯及其苷类主要有一枝黄花酚苷、2,3,6-三甲氧基苯甲酸-(2-甲氧基苄基)酯、2,6-二甲氧基苯甲酸苄酯、2-羟基-6-甲氧基苯甲酸苄酯等。

一枝黄花属有 120 种，中国有 4 种，药用植物还有钝苞一枝黄花 S. pacifica Juz.、毛果一枝黄花 S. virgaurea L.、加拿大一枝黄花 S. canadensis L. 等。

（齐耀东）

lòulú

漏芦 ［Rhaponticum uniflorum (L.) DC., common swisscentaury］ 菊科漏芦属植物。又称祁州漏芦。

多年生草本，高 30~100cm。根状茎粗厚。茎簇生或单生，被绵毛。基生叶及下部茎生叶椭圆形、长椭圆形或倒披针形，长 10~24cm，羽状深裂或几全裂，侧裂片 5~12 对，椭圆形或倒披针形，有锯齿或 2 回羽状分裂，叶柄长 6~20cm；中上部叶渐小；叶两面灰白色，被蛛丝毛及糙毛和黄色小腺点。头状花序单生茎顶；总苞半球形，径 3.5~6.0cm，总苞片约 9 层，先端有膜质宽卵形附属物，浅褐色，外层长三角形，长 4mm；中层椭圆形或披针形，内层披针形，长约 2.5cm。小花均两性，管状，花冠紫红色。瘦果具 3~4 棱，楔状，长 4mm。花果期 4~9 月。图 1。中国分布于东北和华北，以及四川、山东、陕西、甘肃、青海等地。生于海拔 390~2700m 的山坡、林下。俄罗斯、蒙古、朝鲜半岛及日本有分布。

根入药，药材名漏芦，又称祁州漏芦。传统中药，最早收载于《神农本草经》。《中华人民共和国药典》（2020 年版）收载，具有清热解毒，消痈下乳，舒筋通脉的功效。现代研究证明具有抗氧化、抗衰老、降血脂、抗动脉粥样硬化、保肝、免疫调节、抗肿瘤等作用。

根主要含甾酮类、噻吩类、三萜类、黄酮类、有机酸类、挥发油等化学成分。甾酮类有 β-蜕皮甾酮、α-蜕皮激素、蜕皮甾酮 3-O-β-D-葡萄糖苷、漏芦甾酮、筋骨草甾酮 C 等，《中华人民共和国药典》规定漏芦药材中含 β-蜕皮甾酮不少于 0.040%；噻吩类有牛蒡子醛，牛蒡子醇 b，rhaponthiophenes A、B 等。

漏芦属植物全世界约 24 种，中国有 2 种。药用植物还有鹿草 S. carthamoides (Wild.) Dittrich.。《中华人民共和国药典》（2020 年版）收载，菊科蓝刺头属植物驴欺口 Echinops latifolius Tausch. 和华东蓝刺头 E. grijsii Hance 的根，药材名禹州漏芦，也具有清热解毒，消痈下乳，舒筋通脉的功效，含有噻吩类化学成分。

（姚霞）

图 1 漏芦（陈虎彪摄）

púgōngyīng

蒲公英 （Taraxacum mongolicum Hand.-Mazz., mongolian dandelion） 菊科蒲公英属植物。又称黄花地丁、婆婆丁。

多年生草本。株高 10~25cm。叶莲座状平展，矩圆状倒披针形或倒披针形，长 5~15cm，羽状深裂，侧裂片 4~5 对，矩圆状披针形或三角形，具齿，顶裂片较大，戟状矩圆形，羽状浅裂或仅具波状齿，基部狭成短叶柄。花葶数个，与叶多少等长，上端被密蛛丝状毛。总苞淡绿色，外层总苞片卵状披针形至披针形，边缘膜质，被白色长柔毛，内层条状披针形，长于外层的 1.5~2.0 倍，顶端有小角；舌状花黄色。瘦果褐色，长 4mm，上半部有尖小瘤，喙长 6~8mm；冠毛白色，花果期 4~10 月。图 1。中国各地分布。生田野、路旁。朝鲜、蒙古和俄罗斯也有分布。

全草入药，药材名蒲公英，传统中药，最早记载于《新修本草》。《中华人民共和国药典》（2020 年版）收载，具有清热解毒，消肿散结，利尿通淋等功效。现代研究表明蒲公英具有抗菌、抗肿瘤、利胆及保肝等作用。

全草含有酚酸类、黄酮类、三萜类、挥发油等化学成分。酚酸类主要有咖啡酸、绿原酸等；黄酮类主要有槲皮素、槲皮素-3-

图 1　蒲公英（陈虎彪摄）

O-葡萄糖苷等；三萜类主要有蒲公英醇、蒲公英赛醇、蒲公英甾醇等。《中华人民共和国药典》（2020 年版）规定咖啡酸含量不低于 0.02%，药材中含量为 0.026%~0.058%。

蒲公英属植物共有 2000 种以上，中国有 70 种，1 变种。碱地蒲公英 *T. sinicum* Kitag. 及同属数种植物也为《中华人民共和国药典》（2020 年版）收载作为蒲公英药材的植物来源。药用种类还有东北蒲公英 *T. ohwianum* Kitam.、异苞蒲公英 *T. heterolepis* Nakai et Koidz. ex Kitag.、亚洲蒲公英 *T. asiaticum* Dahlst.、斑叶蒲公英 *T. variegatum* Kitag.、白缘蒲公英 *T. platypecidum* Diels、芥叶蒲公英 *T. brassicaefolium* Kitag. 和大头蒲公英 *T. calanthodium* Dahlst. 等。

（刘　颖　张晓冬　田少凯）

kuǎndōng

款冬（ *Tussilago farfara* L., farfaraeflos）菊科款冬属植物。

多年生草本。株高 5~10cm，根状茎横生地下。叶基生，具长叶柄，叶柄长 5~15cm，被白色棉毛，叶片呈阔心形或者卵形，叶片长 3~12cm，边缘有波状浅齿，顶端有增厚的黑褐色疏齿，下面被密白色茸毛。早春抽出数个花葶，密被白色茸毛，有鳞片状、互生的苞叶，苞叶淡紫色；头状花序单生顶端，直径 2.5~3.0cm；总苞片 1~2 层，总苞钟状，线形，顶端钝，常带紫色；中央的两性花少数，花冠管状，顶端 5 裂；边缘有多层雌花，花冠舌状，黄色，常不结实。瘦果圆柱形，长 3~4mm；冠毛白色。花期 2~3 月。图 1。中国分布于东北、华北、华东和西北，以及湖北、湖南、江西、贵州、云南、西藏等地。常生于山谷湿地或林下。印度、伊朗、巴基斯坦、俄罗斯、西欧和北非也有分布。

花蕾入药，药材名为款冬花，传统中药，最早记载于《神农本草经》。《中华人民共和国药典》（2020 年版）收载，具有止咳，润肺，化痰的功效。现代研究表明具有促呼吸兴奋、抗炎、抗氧化、神经保护、抗菌、抗血小板聚集、升血压等作用。

花蕾含有挥发油、三萜类、黄酮类、生物碱类、有机酸类、等化学成分，挥发油中主要是倍半萜类，包括款冬花酮、款冬花素、新款冬花内酯等，还有香芹酚、苯甲醇、当归酸等，倍半萜类具有抑制血小板聚集的作用，《中华人民共和国药典》（2020 年版）规定款冬花中款冬花酮含量不低于 0.07%，药材中含量为 0.049%~1.870%。三萜类成分有款冬二醇、山金车二醇、款冬巴耳新二醇等；黄酮类包括芦丁、金丝桃苷、黄芪苷等；生物碱类包括款冬花碱、克氏千里光碱。

款冬属仅有 1 种。

（刘　颖　高智强　张智新）

cāngěr

苍耳（ *Xanthium sibiricum* Patrinex Widder, siberian cocklebur）菊科苍耳属植物。

1 年生草本，高达 90cm；叶三角状卵形或心形，长 4~9cm，基出三脉，两面密被贴生的糙伏毛；叶柄长 3~11 cm；雄头状花序球形，密生柔毛；雌头状花序椭圆形，内层总苞片结成囊状；成熟的具瘦果的总苞片变坚硬，绿色、淡黄色或红褐色；外面疏生具钩的总苞刺，苞刺长 1.0~1.5mm，喙长 1.5~2.5mm；瘦果 2，倒卵形；花期 7~8 月，果期 9~10 月。图 1。中国各地分布。生于平原、丘陵、低山、荒野路边、田边。俄罗斯、伊朗、印度、

图 1　款冬（陈虎彪摄）

图 1 苍耳（陈虎彪摄）

朝鲜和日本也有分布。

带总苞的果实入药，药材名苍耳子。传统中药，最早记载于《神农本草经》。《中华人民共和国药典》（2020 年版）收载，具有散风寒，通鼻窍，祛风湿的功效。现代研究表明苍耳子具有降血糖、调节免疫、抗病原微生物、抗炎镇痛等作用。

果实中含有酚酸类、倍半萜内酯类、水溶性苷类、挥发油、黄酮类等化学成分。酚酸类主要有咖啡酸、原儿茶酸、绿原酸、5-O-咖啡酰基奎宁酸等；酚酸类是苍耳子抗炎镇痛作用的活性成分；《中华人民共和国药典》（2020 年版）规定苍耳子绿原酸含量不低于 0.25%，药材中含量为 0.025%~0.487%；倍半萜内酯类主要有苍耳素、隐苍耳内酯、苍耳内酯、苍耳醇等，苍耳素具有抑菌作用；水溶性苷类有苍术苷、羧基苍术苷，是苍耳的毒性成分，《中华人民共和国药典》（2015 年版）规定，羧基苍术苷的含量不得超过 0.35%，药材中羧基苍术苷的含量一般为 0.064%~0.591%；挥发油主要有正十六烷酸、十八碳烷、反式石竹烯、壬醛、十八烷醇等。

苍耳属植物全世界约 25 种，

中国约 3 种 1 变种。药用植物还有蒙古苍耳 *X. mongolicum* Kitag.。

（姚霞）

zéxièkē

泽泻科（Alismataceae） 单子叶植物，多年生，稀 1 年生，沼生或水生草本；具根状茎、匍匐茎、球茎，有珠芽。叶基生，直立，挺水、浮水或沉水；叶脉平行；叶柄长短随水位深浅有明显变化，基部具鞘。花序总状、圆锥状或呈圆锥状聚伞花序，稀 1~3 花单生或散生。花两性、单性或杂性，辐射对称，常轮生于花茎上；花被片 6 枚，排成 2 轮，覆瓦状，外轮花被片宿存；雄蕊 6 枚或多数，花药 2 室；心皮多数，花柱宿存，胚珠通常 1 枚。瘦果两侧压扁，或为小坚果。种子通常褐色、深紫色或紫色。全世界 11 属，约 100 种，中国 4 属，20 种，1 亚种，1 变种，1 变型。

本科植物普遍含有二萜类、三萜类化学成分。泽泻属主要含齗类三萜成分，如泽泻醇 A、B 等，具有利尿作用；慈姑属主要含二萜类成分，如 sagittariol、三达右松脂酸等。

主要药用植物有：①泽泻属 *Alisma*，如泽泻 *A. plantago-aquatica* L.、东方泽泻 *A. orientale*（Sam.） Juzep.、窄叶泽泻 *A. canaliculatum*。②慈姑属 *Sagittaria*，如慈姑 *S. trifolia* var. *sinensis.*、矮慈姑 *S. pygmaea*、高原慈姑 *S. altigena* 等。

（魏胜利）

zéxiè

泽泻（*Alisma plantago-aquatica* L.，water-plaintain） 泽泻科泽泻属植物。

多年生水生或沼生草本。块茎直径 1.0~3.5cm，或更大。沉水叶条形或披针形；挺水叶宽披针形、椭圆形至卵形，长 2~11cm，先端渐尖，叶脉通常 5 条，花葶高 78~100cm，或更高；花序长 15~50cm，具 3~8 轮分枝，每轮分枝 3~9 枚。花两性；外轮花被片广卵形，长 2.5~3.5mm，内轮花被片近圆形，远大于外轮，花瓣状；心皮 17~23 枚，排列整齐，花柱直立，长 7~15mm，柱头约为花柱的 1/9~1/5；花丝基部宽；花托平凸。瘦果椭圆形，长约 2.5mm，果喙自腹侧伸出。种子紫褐色。花果期 5~10 月。图 1。中国分布于东北、华北地区，以及陕西、新疆、福建、云南等省区。生于湖泊、河湾、溪流、水塘的浅水带。

图 1 泽泻（陈虎彪摄）

块茎入药，药材名泽泻，传统中药，最早记载于《神农本草经》,《中华人民共和国药典》（2020年版）收载，具有利水渗湿，泻热，化浊降脂的功效。现代研究表明具有利尿、降血脂、免疫调节、保肝、抗肿瘤、抗炎、抗氧化等作用。

块茎中含有三萜类、倍半萜类等化学成分。三萜类主要有泽泻醇A、B，23-乙酰泽泻醇A，23-乙酰泽泻醇B，表泽泻醇A。三萜类是泽泻利尿主要活性成分，《中华人民共和国药典》（2020年版）规定泽泻药材中含23-乙酰泽泻醇B和23-乙酰泽泻醇C的总量不低于0.10%，药材中二者总含量一般为0.0644%～0.3462%。倍半萜类主要有alismoxide、orientatol A～G等。

泽泻属全世界约11种，中国有6种，同属东方泽泻 A. orientale（Sam.）Juzep. 也被《中华人民共和国药典》（2020年版）收载为泽泻药材的来源植物。

（魏胜利）

cígū

慈姑（*Sagittaria trifolia* L. var. *sinensis*（Sims）Makino，Chinese arrowhead）泽泻科慈姑属植物。

多年生直立水生或沼生草本。

图1 慈姑（陈虎彪摄）

根状茎横走，较粗壮。叶具长柄，长20～40cm；叶形变化极大，连基部裂片长5～40cm，顶端钝或短尖。花序总状或圆锥状，长5～20cm，具分枝1～2枚，具花多轮，每轮3～5花；苞片3枚，基部多少合生，先端尖。花单性；花被片反折，外轮花被片椭圆形或广卵形；内轮花被片白色或淡黄色，基部收缩，雌花通常1～3轮，心皮多数；雄花多轮，长0.5～1.5mm，雄蕊多数，花药黄色，花丝长短不一。瘦果两侧压扁，长约4mm，倒卵形，具翅；果喙短，种子褐色。花果期5～10月。图1。中国除西藏，各地均有分布。生于湖泊、池塘、沼泽、沟渠、水田等水域。

球茎药用，药材名慈姑，传统中药，最早记载于《本草纲目》，具有清热解毒，凉血消肿的功效。现代研究证明慈姑具有激活酪氨酸酶作用。慈姑球茎亦可食用。

球茎主要含有二萜类和酚苷类成分。二萜类主要有野慈姑酮A、B、C、D，三达右松脂酸等；酚苷类有阿拉伯唐松草苷。

慈姑属植物全世界约30种，中国有20种。药用植物还有冠果草 S. guyanensis H. B. K.、鸭舌头 S. pygmaea Miq.、野慈姑 S. trifolia L. 等。

（魏胜利）

bǎihéke

百合科（Liliaceae）常为具根状茎、块茎或鳞茎的多年生草本。单叶基生或茎生，后者多为互生，较少为对生或轮生，通常具弧形平行脉。花两性，通常辐射对称。穗状、总状或圆锥花序；花被片6，少有4或多数，离生或不同程度的合生，一般为花冠状；雄蕊通常与花被片同数，花丝离生或贴生于花被筒上；花药基着或丁字状着生；药室2，纵裂，较少汇合成1室而为横缝开裂；心皮合生或不同程度的离生；子房上位，极少半下位，一般3室，具中轴胎座，少有1室而具侧膜胎座；每室具1至多数倒生胚珠。果实常蒴果或浆果。种子具丰富的胚乳，胚小。全世界约230属3500种；中国60属约560种。

本科植物含有甾体类、生物碱类、蜕皮激素、蒽醌类、黄酮类、多糖类、强心苷类等化学成分。甾体是百合科的特征性成分，大部分植物含有的甾体皂苷，具有抗菌、抗病毒、平喘、止咳、镇静、降压、止血、收缩子宫等广泛的药理活性，如知母皂苷、重楼皂苷、沿阶草皂苷、薯蓣皂苷等，还有甾体生物碱，如贝母中贝母碱、去氢贝母碱、西贝母碱和藜芦中藜芦胺。铃兰属植物中含有强心苷，如铃兰毒苷。

主要药用植物：①百合属 *Lilium*，如百合 *L. brownii* F. E. Brown var. *viridulum* Baker、细叶百合 *L. pumilum* DC.、卷丹 *L. lancifolium* Thunb. 等。②贝母属 *Fritillaria*，如浙贝母 *F. thunbergii* Miq.、暗紫贝母 *F. unibracteata* Hsiao et K. C. Hsia、川贝母 *F. cirrhosa* D. Don、梭砂贝母 *F. delavayi* Franch.、新疆贝母 *F. walujewii* Regel、伊犁贝母 *F. pallidiflora* Schrenk、平贝母 *F. ussuriensis* Maxim.、甘肃贝母

F. przewalskii Maxim.、太白贝母 *F. taipaiensis* P. Y. Li、瓦布贝母 *F. unibracteata* Hsiao et K. C. Hsia var. *wabuensis*（S. Y. Tang et S. C. Yue）Z. D. Liu, S. Wang et S. C. Chen、湖北贝母 *F. hupehensis* Hsiao et K. C. Hsia。③沿阶草属 *Ophiopogon*，如麦冬 *O. japonicus*。④山麦冬属 *Liliope*，如短葶山麦冬 *L. spicata*（Thunb.）Lour、湖北麦冬 *L. spicata*（Thunb.）Lour. var. *prolifera* Y. T. Ma、长梗山麦冬 *L. longipedicellata* Wang et Tang。⑤重楼属 *Paris*，如七叶一枝花 *P. polyphylla* var. chineusis（Franch.）Hara、云南重楼 *P. polyphylla* Sm. var. *yunnanensis*（Franch.）Hand.-Mzt. 等。⑥天门冬属 *Asparagus*，如天门冬 *A. cochinchinensis*（Lour.）Merr、石刁柏 *A. officinalis* L.。⑦黄精属 *Polygonatum*，如黄精 *P. sibiricum* Delar. ex Redoute、滇黄精 *P. kingianum* Coll. Et Hemsl、多花黄精 *P. cyrtonema* Hua.、玉竹 *P. odoratum*（Mill）Druce 等。⑧芦荟属 *Aloe*，如芦荟 *A. vera* var. *chinensis*（Haw.）Berg.、库拉索芦荟 *A. vera*（L.）Burm. f.。⑨菝葜属 *Smilax*，如菝葜 *S. china* L.、光叶菝葜 *S. glabra* Roxb.。⑩龙血树属 *Dracaena*，如剑叶龙血树 *D. cochinchinensis*（Lour.）S. C. Chen、海南龙血树 *D. cambodiana* Pierre ex Gagn.。⑪葱属 *Allium*，如小根蒜 *A. macrostemon*、蒜 *A. sativum*、洋葱 *A. cepa* L.。以及知母 *Anemarrhena asphodeloides* Bunge.、藜芦 *Veratrum nigrum* L、萱草 *Hemerocalli fulva*（L.）L.、铃兰 *Convallaria majalis* L.、海葱 *Ornithogalum caudatum* Jacq.、秋水仙 *Colchicum autumnale* L. 等。

（陈彩霞）

xiǎogēnsuàn

小根蒜（*Allium macrostemon* Bunge.，longstamon onion）

百合科葱属植物。又称薤白。

鳞茎近球状，粗 0.7~1.5cm，基部常具小鳞茎。叶 3~5 枚，半圆柱状，或因背部纵棱发达而为三棱状半圆柱形，中空，比花葶短。花葶圆柱状，高 30~70cm，1/4~1/3 被叶鞘；总苞 2 裂，比花序短；伞形花序半球状至球状，具多而密集的花，或间具珠芽或有时全为珠芽；小花梗近等长，比花被片长 3~5 倍，基部具小苞片；珠芽暗紫色；花淡紫色或淡红色；花被片矩圆状卵形至矩圆状披针形，长 4.0~5.5mm，内轮的常较狭；花丝等常基部合生并与花被片贴生；子房近球状，腹缝线基部具有帘的凹陷蜜穴。花果期 5~7 月。图 1。中国分布于除新疆、青海以外的各地。生于海拔 1500m 以下的山坡、丘陵、山谷或草地。俄罗斯、朝鲜和日本也有分布。

鳞茎入药，药材名薤白。传统中药，最早记载于《神农本草经》。《中华人民共和国药典》（2020 年版）收载，具有通阳散结，行气导滞的功效。现代研究表明具有抑菌消炎、解痉平喘、抗血小板聚集、降脂、抗动脉粥样硬化、抗肿瘤等作用。

鳞茎中含有挥发油、皂苷类、含氮化合物、多糖类等化学成分，挥发油具特异臭气，主要是含硫化合物，如二甲基三硫化物、甲基丙基三硫化物、甲基丙基二硫化物等，具有增强免疫、抗肿瘤作用；皂苷类成分主要有薤白苷 A、B、C、D 等，具有平喘、抗肿瘤作用；含氮化合物主要有腺苷、胸苷、2,3,4,9-四氢-1-甲基-1*H*-吡啶骈［3,4-b］吲哚-3-羧酸等。

葱属植物全世界约 660 种，中国约 138 种。同属的薤 *A. chinense* G. Don 也为《中华人民共和国药典》（2020 年版）收载为薤白药材的来源植物。药用种类还有韭菜 *A. tuberosum* Rottl. ex Spreng.、蒜 *A. sativum* L.、葱 *A. fistulosum* L. 等。

（陈彩霞）

suàn

蒜（*Allium sativum* L.，garlic）

百合科葱属植物。又称大蒜。

多年生草本，全体具强烈臭辣味。鳞茎呈类球形，直径 3~6cm。表面被白色、淡紫色或紫红色的膜质鳞皮。剥去外皮，可见独头或 6~16 个瓣状小鳞茎。鳞茎瓣略呈卵圆形，白色，肉质。叶宽条形至条状披针形，扁平先端长渐尖，比花葶短，宽可达 2.5mm。花葶高达 60cm，伞形花序密具珠芽，间有小蕊。花梗纤细；花常淡红色，花被分卵形长 3~4mm。花丝基部合生。花期 7

图 1 小根蒜（陈虎彪摄）

月。原产亚洲西部或欧洲。世界上已有悠久的栽培历史，中国各地栽培，幼苗、花葶和鳞茎均供蔬食。图1。

新鲜或干燥鳞茎入药，欧洲民间用于治疗麻风病、耳聋、肠胀气等。中国最早记载于《名医别录》，具有温中行滞、解毒、杀虫的功效。《欧洲药典》《英国药典》和《美国药典》均有收载。现代研究表明具有降血脂、抗微生物、抗寄生虫、抗肿瘤、抗动脉硬化、保肝和调节免疫的作用。

鳞茎主要含有含硫化合物，主要有蒜氨酸，可以在酶的作用下转化为大蒜素，还有异蒜氨酸、环蒜氨酸、Z-大蒜烯、E-大蒜烯、烯丙基二硫化物、烯丙基甲基二硫化物等。《英国药典》和《欧洲药典》规定大蒜粉中大蒜素含量不低于0.45%；《美国药典》规定大蒜中蒜氨酸含量不少于0.50%。

葱属植物情况见小根蒜。

（刘 勇 郭宝林）

jiǔcài
韭菜（*Allium tuberosum* Rottl. ex Spreng.，tuber onion）
百合科葱属植物。

草本，具根状茎；鳞茎狭圆锥形，簇生，外皮黄褐色，网状

图1 蒜（陈虎彪摄）

纤维质；花葶圆柱形，常具2纵棱，高25~60cm；叶基生，条形，扁平，长15~30cm，宽1.5~7.0mm；总苞2裂，比花序短，宿存；伞形花序簇生状或球状，多花；花梗为花被的2~4倍长，具苞片；花白色或微带红色；花被片6，狭卵形至圆状披针形，长4.5~7.0mm；花丝基部合生并与花被贴生，长为花被片的4/5，狭三角状锥形；子房外壁具细的疣状突起；蒴果具倒心形的果瓣。花果期7~9月。图1。原产亚洲东南部，世界普遍栽培。

图1 韭菜（陈虎彪摄）

种子入药，药材名韭菜子。传统中药，最早记载于《名医别录》。《中华人民共和国药典》（2020年版）收载，具有温补肝肾，壮阳固精的功效。现代研究证明韭菜子具有改善性功能、增强免疫、抗氧

化、抗菌消炎、降血糖等作用。叶、根入药，均有补肾、温中、行气、散瘀、解毒的功效。

种子含有甾体类、生物碱类、挥发油等化学成分。甾体类主要有韭菜苷A~U等，生物碱类主要有韭菜子碱A、B、*N*-反式-阿魏酰基-3-甲基多巴胺、*N*-反式-香豆酰酪胺等，挥发油主要是含硫化合物：3-（异丙基硫代）-丙酸、二烯丙基硫醚、1,3-二噻烷、糠基甲基硫醚等。根、叶均有含硫化物。

葱属植物情况见小根蒜。

（姚 霞）

kùlāsuǒlúhuì
库拉索芦荟 [*Aloe barbadensis* Miller，barbados aloe]
百合科芦荟属植物。又称芦荟。

多年生肉质常绿草本；茎极短。叶簇生于茎顶，直立，肥厚而多汁，叶片狭披针形，长15~36cm，先端长渐尖，基部宽阔，粉绿色，边缘有刺状小齿。花茎单生或稍分枝，60~90cm；总状花序疏散，花下垂，长约2.5cm，有黄色或赤色斑点；花被管状，6裂，裂片稍外弯曲；雄蕊6，花药丁字着生；雌蕊1，3室，每室有多数胚珠，子房上位，花柱细长。蒴果，三角形，室背开裂，花期2~3月。图1。原分布于非洲沿海，生于湿热环境，各地栽培。

叶的汁液浓缩干燥物入药，药材名芦荟，传统中药，最早记载于《药性论》。《中华人民共和国药典》（2020年版）收载，具有泻下通便，清肝泻火，杀虫疗疳的功效。现代研究表明具有保肝、泻下、促进伤口愈合、抗炎、抗肿瘤、对皮肤的保护及增强免疫等作用。

叶中含有蒽醌类、色酮类、

图 1 库拉索芦荟 （陈虎彪摄）

酚苷类、多糖等化学成分。蒽醌类主要有芦荟素、芦荟大黄素、芦荟苷、异芦荟苷等，具有抗菌泻下的作用。《中华人民共和国药典》（2020 年版）规定芦荟苷含量不低于 16.0%，药材中芦荟苷含量为 6.11%~47.28%。色酮类主要有芦荟苦素 B~G、好望角芦荟内酯等。

芦荟属植物全世界有 350 余种，中国引进 2 种，好望角芦荟 A. ferox Miller 也为《中华人民共和国药典》（2020 年版）收载为芦荟药材的来源植物，具有类似的化学成分和功效。药用植物还有非洲芦荟 A. ofricana Mill.、穗花芦荟 A. Spicata Baker 等。

（刘春生 王晓琴）

zhīmǔ

知母 （ Anemarrhena asphodeloides Bunge，anermarrhena）

百合科知母属植物。

根状茎粗 0.5~1.5cm，为残存的叶鞘所覆盖。叶长 15~60cm，宽 1.5~11.0mm，向先端渐尖而成近丝状，基部渐宽而成鞘状，具多条平行脉，没有明显的中脉。

花葶比叶长得多；总状花序通常较长，可达 20~50cm；苞片小，卵形或卵圆形，先端长渐尖；花粉红色、淡紫色至白色；花被片条形，长 5~10mm，中央具 3 脉，宿存。蒴果狭椭圆形，长 8~13mm，宽 5~6mm，顶端有短喙。种子长 7~10mm。花果期 6~9 月。图 1。中国分布于华北和东北以及陕西、甘肃。生于海拔 1450m 以下的山坡、草地或路旁较干燥或向阳的地方。也分布于朝鲜。

根状茎入药，药材名知母。传统中药，最早记载于《神农本草经》。《中华人民共和国药典》（2020 年版）收载，具有清热泻火，滋阴润燥的功效。现代研究表明具有抗菌、解热、抗氧化、抗辐射、抗炎、止喘、降血糖、改善痴呆、抗癫痫、抗甲亢等作用。

图 1 知母 （陈虎彪摄）

根状茎中含甾体皂苷类、双苯吡酮类、多糖，以及胆碱、烟酸等化学成分。甾体皂苷类有如知母皂苷 AⅠ、AⅡ、AⅢ、BⅡ、N 等，甾体皂苷是知母抗阿尔茨海默病、抗炎、降血脂等作用的有效成分，双苯吡酮类有芒果苷（知母宁）、新芒果苷等，具有抗

炎、抗病毒和抗氧化的作用。《中华人民共和国药典》（2020 年版）规定知母皂苷 BⅡ 和芒果苷含量分别不得低于 3.0% 和 0.70%，药材中含量分别为 3.0%~10.2% 和 0.30%~2.31%。

知母属仅知母 1 种。

（郭宝林）

tiānméndōng

天门冬 ［Asparagus cochinchinensis （Lour.） Merr.，cochinchinese asparagus］

百合科天门冬属植物，又称天冬。

攀缘植物。根在中部或近末端成纺锤状膨大，膨大部分长 3~5cm，粗 1~2cm。茎平滑，常弯曲或扭曲，长可达 1~2m。叶状枝通常每 3 枚成簇，长 0.5~8.0cm；茎上鳞片状叶基部延伸为长 2.5~3.5mm 的硬刺。花常每 2 朵腋生，淡绿色；花梗长 2~6mm；雄花花被长 2.5~3.0mm，花丝不贴生于花被片上；雌花大小和雄花相似。浆果直径 6~7mm，熟时红色，有 1 颗种子。花期 5~6 月，果期 8~10 月。图 1。中国分布于华东、华中和华南、西南，以及河北、山西、陕西、甘肃等地，生于海拔 1750m 以下的山坡、路旁、疏林、山谷或荒地。广西、云南、贵州等地栽培。朝鲜、日本、老挝及越南有分布。

块根入药，药材名天冬，传统中药，始载于《神农本草经》，《中华人民共和国药典》（2020 年版）收载。具有养阴润燥、清肺生津功效。现代研究表明具有抗衰老、降血糖、抗肿瘤、抗炎、抗溃疡、抗腹泻、镇咳、祛痰及平喘等作用。

块根含有糖类、皂苷类、氨基酸、甾醇类等化学成分。糖类有低聚糖、单糖、多糖等，多糖是天冬抗氧化、抗衰老的主要活

图1 天门冬（陈虎彪摄）

性成分；皂苷类为薯蓣皂苷元、菝葜皂苷元、雅姆皂苷元的苷类，具有抗肿瘤作用；氨基酸中的天冬酰胺，有镇咳祛痰作用。

天门冬属植物全世界300多种，中国有24种和几种外来栽培种。药用植物还有羊齿天门冬 A. filicinus Ham. ex D. Don.、非洲天门冬 A. densiflorus (Kunth) Jessop.、密齿天门冬 A. meioclados Levl.、大理天门冬 A. taliensis Wang et Tang、细枝天门冬 A. trichoclados (Wang et Tang) Wang et S. C. Chen、西南天门冬 A. munitus Wang et S. C. Chen、多刺天门冬 A. myriacanthus Wang et S. C. Chen、滇南天门冬 A. subscandens Wang et S. C. Chen 等。

（陈彩霞）

jiànyèlóngxuèshù

剑叶龙血树 [Dracaena cochinchinensis (Lour.) S. C. Chen，Chinese dragon's blood]

百合科血树属植物。又称龙血竭、木血竭。

乔木状，高可达5～15m。茎粗大，分枝多，树皮灰白色，光滑，老干皮部灰褐色，片状剥落，幼枝有环状叶痕。叶聚生在茎、分枝或小枝顶端，互相套叠，剑形，薄革质，向基部略变窄而后扩大，抱茎，无柄。圆锥花序长40cm以上，花序轴密生乳突状短柔毛，幼嫩时更甚；花每2～5朵簇生，乳白色；花梗长3～6mm，关节位于近顶端；花被片长6～8mm，下部1/4～1/5合生；花丝扁平，宽约0.6mm，上部有红棕色疣点；花药长约1.2mm；花柱细长。浆果直径8～12mm，橘黄色，具1～3颗种子。花期3月，果期7～8月。图1。中国分布于云南南部和广西南部。生于海拔950～1700m的石灰岩上。越南和老挝也有分布。

含脂木材提取后的树脂入药，药材名龙血竭。具有活血定痛，化瘀止血，生肌敛疮的功效。现代研究表明具有活血化瘀、止血、抗心肌损伤、抗炎、镇痛等作用。

树脂含有黄酮类、甾体皂苷类、甾体类、木脂素类、茋类等化学成分。黄酮类主要有剑叶血竭素、异甘草素、二氢异甘草素等，甾体皂苷类主要有 dracaen-osides A～R 等；甾体类主要有 dracaenogenins A、B 等。

龙血树属植物全世界有40余种，中国分布有5种。长花龙血树 Dracaena angustifolia Roxb. 也作为血竭使用，具有类似的化学成分和功效。

（刘春生 王晓琴）

chuānbèimǔ

川贝母（Fritillaria cirrhosa D. Don, tendrilleaf fritillary）

百合科贝母属植物。又名川贝、贝母。

多年生草本；株高15～50cm。鳞茎由2枚鳞片组成，直径1.0～1.5cm。叶通常对生，少数在中部兼有散生或3～4枚轮生的，条形至条状披针形，长4～12cm，先端稍卷曲或不卷曲。花通常单朵，极少2～3朵，紫色至黄绿色；每花有3枚叶状苞片，苞片狭长，宽2～4mm；花被片长3～4cm；雄蕊长约为花被片的3/5，花药近基着。蒴果长宽各约1.6cm。花期5～7月，果期8～10月。图1。中国分布于西藏、云南、四川等地。生于海拔1800～4200m的林中、灌丛下、草地或河滩、山谷等湿地或岩缝中。已有栽培。尼泊尔有分布。

鳞茎入药，药材名川贝母，传统中药。《中华人民共和国药典》（2020年版）收载，具清热润肺，化痰止咳，散结消痈的功效。现代研究证明具有镇咳、祛

图1 剑叶龙血树（陈虎彪摄）

图 1 川贝母（赵鑫磊摄）

痰、平喘、降压、扩张血管等作用。

鳞茎含生物碱类、核苷类、皂苷类、挥发油等化学成分。生物碱包括贝母乙素、西贝母碱、贝母甲素、贝母辛、川贝碱甲、川贝碱乙等，具有镇咳、祛痰的作用。《中华人民共和国药典》（2020 年版）规定总生物碱含量不低于 0.050%，药材中含量为 0.05%~0.11%。核苷类具有抗凝血、扩张冠状动脉等作用。

贝母属植物全世界约 153 种 3 变种，中国有 24 种，均可药用。暗紫贝母 F. unibracteata Hsiao et K. C. Hsia、甘肃贝母 F. przewalskii Maxim.、梭砂贝母 F. delavayi Franch、太白贝母 F. taipaiensis P. Y. Li、瓦布贝母 F. unibracteata Hsiao et K. C. Hsia var. wabuensis（Y. Tang et S. C. Yue）Z. D. Liu, S. Wang et S. C. Chen 也为《中华人民共和国药典》（2020 年版）收载为中药材川贝母的来源植物。其他药用种类有浙贝母 F. thunbergii Miq.、新疆贝母 F. walujeivii Regel、伊犁贝母 F. pallidiflora Schrenk、湖北贝母 F. hupehensis Hsiao et K. C. Hsia、平贝母 F. ussuriensis Maxim. 等。

（陈士林 向 丽 邬 兰）

zhèbèimǔ

浙贝母（ Fritillaria thunbergii Miq., thunberg fritillary ） 百合科贝母属植物。又名浙贝、象贝。

多年生草本，植株高 50~80cm。鳞茎由 2（~3）枚鳞片组成，直径 1.5~3.0cm。叶在最下面的对生或散生，向上常兼有散生、对生和轮生，近条形至披针形。花 1~6 朵，淡黄色，有时稍带淡紫色；苞片先端卷曲；花被片长 2.5~3.5cm，宽约 1cm，内外轮的相似；雄蕊长约为花被片的 2/5；花药近基着，花丝无小乳突；柱头裂片长 1.5~2.0mm。蒴果长 2.0~2.2cm，棱上有翅。花期 3~4 月，果期 5 月。图 1。中国分布于江苏、浙江和湖南等省。生于海拔较低的山丘荫蔽处或竹林下。浙江等地栽培。日本也有分布。

鳞茎入药，药材名浙贝母，传统中药，《中华人民共和国药典》（2020 年版）收载，具清热化痰止咳，解毒散结消痈功效。现代研究证明具有镇咳、解痉等作用。

鳞茎主要含生物碱类等化学成分。主要有贝母素甲、贝母素乙、浙贝宁、浙贝丙素、浙贝酮素等，具有化痰止咳等作用。贝母素甲和贝母素乙是浙贝母的质量控制成分，《中华人民共和国药典》（2020 年版）规定二者总量不低于 0.080%，药材中总量为 0.068%~0.227%。

贝母属植物情况见川贝母。

（陈士林 向 丽 邬 兰）

píngbèimǔ

平贝母（ Fritillaria ussuriensis Maxim., ussuri fritillary ） 百合科贝母属植物。又称平贝、贝母。

多年生草本；鳞茎扁圆形，由 2~3 个鳞瓣合抱而成，顶端略平或稍凹入。茎直立，圆柱形，有粉霜。茎下部叶常轮生，上部叶对生或互生，线形至披针形，长 4~14cm，茎上部叶先端卷曲呈卷须状。单花腋生，每株 1~3 朵，最多可达 6 朵。花单一，花梗细；花被狭钟形，外呈紫堇色，内面带有淡紫色，散生黄色方格状斑点，顶部带黄色；花被片 6，外花被片长圆状卵形。蒴果宽倒卵形，顶裂，3 室，具 6 纵翼。花期 5~6 月。图 1。中国分布于黑龙江、吉林和辽宁，生于山地林下及溪流两岸，多栽培。俄罗斯远东地区也有分布。

鳞茎入药，药材名平贝母，传统中药。《中华人民共和国药典》（2020 年版）收载，具有清

图 1 浙贝母（张瑜摄）

图 1　平贝母（赵鑫磊摄）

热润肺，化痰止咳的功效。现代研究表明平贝母具有抗溃疡、祛痰、降血压等作用。

鳞茎含有生物碱类、核苷类等化学成分，其中生物碱类有贝母素乙、平贝碱甲、贝母辛碱、西贝素等，平贝碱甲和西贝素具有镇咳祛痰和降血压作用。《中华人民共和国药典》（2020 年版）规定总生物碱含量不低于 0.050%。药材中含量为 0.13%~0.75%。

贝母属植物情况见川贝母。

（王振月）

xīnjiāngbèimǔ

新疆贝母（*Fritillaria walujewii* Regel，sinkiang fritillary）百合科贝母属植物。又名天山贝母。

多年生草本。植株高 20~40cm。鳞茎由 2 枚鳞片组成，直径 1.0~1.5cm。叶通常最下面的为对生，先端不卷曲，中部至上部对生或 3~5 枚轮生，先端稍卷曲，下面的条形，向上逐渐变为披针形，长 5.5~10.0cm。花单朵，深紫色而有黄色小方格，具 3 枚先端强烈卷曲的叶状苞片；外花被片长 3.5~4.5cm，比内花被

片稍狭而长；雄蕊长约为花被片的 1/2~2/3，花药近基着。蒴果长 1.8~3.0cm。花期 5~6 月，果期 7~8 月。中国分布于新疆。生于海拔 1300~2000m 的林下、草地或沙滩石缝中。俄罗斯有分布。图 1。

鳞茎入药，药材名伊贝母，传统中药，《中华人民共和国药典》（2020 年版）收载，具清热润肺，化痰止咳的功效。现代研究证明具有降压、解痉、抗炎、止咳、祛痰和抑菌等作用。

鳞茎主要含生物碱类化学成分，包括西贝母碱、西贝母碱苷、贝母辛碱等，具有化痰止咳的作用。西贝母碱苷和西贝母碱是伊贝母药材的质量控制成分，《中华人民共和国药典》（2020 年版）规定二者总量不低于 0.070%，药材中总量一般为 0.070%~0.284%。

贝母属植物情况见川贝母。伊犁贝母 *F. pallidiflora* Schrenk 也为《中华人民共和国药典》（2020 年版）收载为伊贝母药材的来源物种。

（陈士林　向丽　邬兰）

xuāncǎo

萱草［*Hemerocallis fulva*（L.） L.，daylily］百合科萱草属植物。

多年生草本植物；根状茎粗短，具肉质纤维根，多数膨大呈窄长纺锤形，叶基生成丛，条状披针形，长 30~60cm，宽约 2.5mm，背面被白粉。花葶长于叶，高达 1m 以上，圆锥花序顶

生，有花 6~12 朵，花梗长约 1cm，有小的披针形苞片，花长 7~12cm，花被基部短粗漏斗状，花被 6 片，黄色，开展，向外反卷，两轮，内轮边缘稍作波状，雄蕊 6，花丝长，着生花被喉部，子房上位，花柱细长。图 1。中国分布于秦岭以南各省区。生于山地溪流边、路旁、草丛及灌丛下。各地常见园艺栽培。

图 1　萱草（陈虎彪摄）

根入药，药材名萱草根，传统中药，最早记载于《嘉祐本草》。具有利尿消肿的功效，有小

图 1　新疆贝母（赵鑫磊摄）

毒。现代研究证明具有抗菌、抗血吸虫、抗抑郁、利尿等作用。

根含有蒽醌类、三萜类、二萜类、生物碱类、酚酸类、甾体等化学成分。蒽醌类主要有钝叶决明素、芦荟大黄素、大黄酚等；三萜类为乌苏烷型和羊毛甾烷型；生物碱类主要有秋水仙碱。

萱草属植物全世界有 15 种，中国分布有 11 种，药用植物还有黄花菜 *H. citrina* Baroni、北黄花菜 *H. lilioasphodelus* Linn.、小黄花菜 *H. minor* Mill.、小萱草 *H. dumortieri* Morr. 等。

（刘春生　王晓琴）

bǎihé

百合 （*Lilium brownii* F. E. Brown ex Miellez var. *viridulum* Baker, greenish Lily） 百合科百合属植物。

多年生草本。鳞茎球形，直径 2.0~4.5cm。茎高 0.7~2.0m。叶散生，通常自下向上渐小，披针形、窄披针形至条形，先端渐尖，基部渐狭，具 5~7 脉，全缘，两面无毛。花单生或几朵排成近伞形；花梗长 3~10cm，稍弯；苞片披针形，长 3~9cm；花喇叭形，乳白色，外面稍带紫色，无斑点，长 13~18cm；雄蕊向上弯，花丝长 10~13cm；花药长椭圆形，长 1.1~1.6cm；子房圆柱形，长 3.2~3.6cm，花柱长 8.5~11.0cm，柱头 3 裂。蒴果矩圆形，长 4.5~6.0cm，具多数种子。花期 5~6 月，果期 9~10 月。图 1。中国分布于广东、湖北、江西、安徽、浙江等省，生于山坡、灌木林下、路边、溪旁或石缝中。

鳞茎入药，药材名百合，传统中药，最早记载于《神农本草经》，《中华人民共和国药典》（2020 年版）收载，具有养阴润肺，清心安神的功效。现代研究表明具有镇咳、祛痰、镇静、抗疲劳、抗缺氧、抗过敏、降血糖、调节免疫等作用。

鳞茎含皂苷类、生物碱类、多糖、萜类等化学成分。皂苷类主要是甾体皂苷，如百合皂苷、去酰百合皂苷，具有抗抑郁作用。生物碱主要是是甾体生物碱，如 β-澳洲茄边碱。多糖具有抗肿瘤、抗氧化、降血糖的作用。

百合属植物全世界约 115 种，中国分布有 55 种。卷丹 *L. lancifolium* Thunb.、细叶百合 *L. pumilum* DC. 也为《中华人民共和国药典》（2020 年版）收载为百合的植物来源。药用种类还有川百合 *L. davidii* Duch.、湖北百合 *L. henryi* Baker、山丹 *L. concolor* Salisb. 等。

（陈士林　向丽　邬兰）

màidōng

麦冬 ［*Ophiopogon japonicus* (L. f.) Ker-Gawl.，dwarf lilytruf］ 百合科沿阶草属植物。

根较粗，中间或近末端常膨大成椭圆形或纺锤形的小块根；小块根长 1.0~1.5cm，宽 5~10mm。茎很短，叶基生成丛，禾叶状，长 10~50cm，宽 1.5~3.5mm，具 3~7 条脉，边缘具细锯齿。花葶长 6~15cm，通常比叶短得多，总状花序；花单生或成对着生于苞片腋内；苞片披针形；花梗长 3~4mm，有关节；花被片常稍下垂而不展开，披针形，长约 5mm，白色或淡紫色；花药三角状披针形，长 2.5~3.0mm；花柱长约 4mm，基部宽阔，向上渐狭。种子球形，直径 7~8mm。花期 5~8 月，果期 8~9 月。图 1。中国分布于华南、华东、华中和西南，以及陕西、河北等省。生于海拔 2000m 以下的山坡阴湿处、林下或溪旁；各地有栽培。也分布于日本、越南和印度。

块根入药，药材名麦冬。传统中药，最早记载于《神农本草经》。《中华人民共和国药典》

图 1　百合（赵鑫磊摄）

图 1　麦冬（屠鹏飞摄）

（2020 年版）收载，具有养阴生津，润肺清心的功效。现代研究表明具有保护心血管系统、耐缺氧、抗炎、提高免疫功能、降血糖等作用。

块根含有甾体皂苷类、黄酮类、烯烃类、多糖等化学成分，皂苷类有麦冬皂苷 D、D′、A、B、B′、C、C′等，具有抗心肌缺氧、镇咳、抗血小板聚集、抗肿瘤、抗衰老等作用，《中华人民共和国药典》（2020 年版）规定麦冬总皂苷不少于 0.12%，药材中含量一般为 0.50%～1.40%；黄酮类有甲基麦冬黄酮 A、B，甲基麦冬黄烷酮 A、B，麦冬黄烷酮 A、E、F 等，具有保护心肌、抗氧化等作用；麦冬多糖具有降血糖等作用。

沿阶草属植物全世界有 50 多种，中国 33 种。山麦冬属湖北麦冬 Liriope spicata（Thunb.）Lour. var. prolifera Y. T. Ma 和短葶山麦冬 L. muscari Decne. 被《中华人民共和国药典》（2020 年版）收载，药材名山麦冬，具有和麦冬类似功效。

（郭宝林）

qīyèyīzhīhuā
七叶一枝花 ［Paris polyphylla Smith var. chinensis（Franch.）Hara，manyleaf paris］ 百合科重楼属植物。又称重楼。

植株高 35～100cm，无毛；根状茎粗厚，密生多数环节和许多须根；茎基部有灰白色干膜质的鞘 1～3；叶 5～10，聚生茎顶，矩圆形、椭圆形或倒卵状披针形，长 7～15cm，先端短尖或渐尖，基部圆形或宽楔形；叶柄长 2～6cm，带紫红色；花梗长 5～16cm；外轮花被片绿色，3～6，狭卵状披针形，长 3～7cm；雄蕊 8～12，花药短，长 5～8mm，与花丝近等长或稍长；子房近球形，顶端具 1 盘

状花柱基，花柱粗短，具 4～5 分枝；蒴果紫色，直径 1.5～2.5cm，瓣裂；种子多数，具鲜红色多浆汁的外种皮；花期 4～7 月，果期 8～11 月。图 1。中国分布于西藏、云南、四川和贵州。生于海拔 1800～3200m 的林下。不丹、锡金、尼泊尔和越南也有分布。

根茎入药，药材名重楼，传统中药，最早记载于《神农本草经》。《中华人民共和国药典》（2020 年版）收载，具有清热解毒，消肿止痛，凉肝定惊的功效。现代研究证明重楼具有抗病原微生物、抗炎、平喘止咳、抗肿瘤、止血等功效。

根茎含有甾体皂苷、植物蜕皮激素、甾醇类、黄酮类等化学成分。甾体皂苷类主要有重楼皂苷 Ⅰ～Ⅶ、薯蓣皂苷等。具有抗炎、抗肿瘤、止血等作用。《中华人民共和国药典》（2020 年版）规定重楼皂苷 Ⅰ、Ⅱ 和Ⅶ的总量不低于 0.6%。

重楼属植物全世界约有 24 种，中国分布有 22 种，14 种 7 变种。均可药用。云南重楼 P. polyphylla Smith var. yunnanensis（Franch.）Hand. -Mazz. 也被《中华人民共和国药典》（2020 年版）收载为重楼药材的来源植物。药用植物还有海南重楼 P. dunniana H. Levl、凌云重楼 P. cronquisiI（Takht.）H. Li、毛重楼 P. mairei Levl、文县重楼 P. wenxian ensis Z. X. Peng et Zhao、禄劝花叶重楼 P. luquanensis H.

Li、花叶重楼 P. marmorata Stearn、球药隔重楼 P. fargesii Franch.、黑籽重楼 P. thibetica Franch.、长柱重楼 P. forrestiI（Takht.）H. Li、平伐重楼 P. vanioti Levl.、北重楼 P. verticillata M. Bieb.、巴山重楼 P. bashanensis F. T. Wang et T. Tang、四叶重楼 P. quadrifolia L. 等，含有类似的甾体皂苷类成分。

（刘春生 王晓琴）

yùzhú
玉竹 ［Polygonatum odoratum（Mill.）Druce，fragrant solomonseal］ 百合科黄精属植物。又称葳蕤。

多年生草本，根状茎横走，肉质，圆柱形，结节不粗大；茎高 20～50cm；叶互生，椭圆形至卵状矩圆形，长 5～12cm，顶端尖；花序腋生，具 1～3 花，总花梗长 1.0～1.5cm；花被白色或顶端黄绿色，合生呈筒状，全长 15～20mm，裂片 6，长约 3mm；雄蕊 6，花丝着生近花被筒中部，近平滑至具乳头状突起；子房长 3～4mm，花柱长 10～14mm；浆果球形，直径 7～10mm，熟时蓝黑色；花期 4～6 月，果期 7～9 月。

图 1 七叶一枝花（陈虎彪摄）

图1。中国分布于东北、华北和华东，以及陕西、甘肃、青海、台湾、河南、湖北、湖南、广东等省区。生于林下及山坡阴湿处，海拔 500～3000m。欧亚大陆温带地区广布。

图1　玉竹（陈虎彪摄）

根茎入药，药材名玉竹。传统中药，最早记载于《神农本草经》。《中华人民共和国药典》（2020 年版）收载，具有养阴润燥，生津止渴的功效。现代研究表明具有降血脂、降血糖、调节免疫、抗肿瘤、抗衰老、抑菌等作用。

根茎含有多糖类、甾体皂苷类、黄酮类、生物碱、挥发油等化学成分。多糖类主要有玉竹黏多糖，玉竹果聚糖 A、B、C、D 等，多糖是玉竹降血糖、抗肿瘤、抗衰老、抗缺氧作用的有效成分，《中华人民共和国药典》（2020 年版）规定多糖含量不少于 6.0%，药材中玉竹多糖含量为 6.51%～10.27%。甾体皂苷类主要有 25（R,S）-螺甾-5-烯-3β-醇-3-O-β-D-吡喃葡萄糖基-（1→2）-

［β-D-吡喃木糖基-（1→3）］-β-D-吡喃葡萄糖基-（1→4）-β-D-吡喃半乳糖苷、25R-呋甾-$\Delta^{5,20(22)}$-二烯 3β,26-二醇-26-O-β-D-吡喃葡萄糖苷等，具有调节免疫、降血糖等作用；黄酮类主要有甲基麦冬黄烷酮 B、5,7-二羟基-6-甲基-3-（4'-羟苯基）色烯-4-酮、5,7-二羟基-6-甲基-3-（2',4'-二羟苯基）色烯-4-酮等，具有抗氧化作用。

黄酮属植物情况见黄精。

（姚 霞）

huángjīng

黄精（*Polygonatum sibiricum* Delar. ex Redoute, siberian solomonseal）　百合科黄精属植物。

根状茎横走，结节膨大。茎高 50～90cm，有时呈攀缘状。叶轮生，每轮 4～6 枚，条状披针形，长 8～15cm，顶端卷或弯曲成钩。花序常具 2～4 花，呈伞形状，俯垂，总花梗长 1～2cm，花梗长 4～10mm；苞片膜质，长 3～5mm，位于花梗基部；花被乳白色至淡黄色，全长 9～12mm，合生成筒状，裂片 6，长约 4mm；雄蕊 6，花丝着生于花被筒上部；子房长约 3mm，花柱长 5～7mm。浆果直径 7～10mm，熟时黑色。中国分布于东北、华北，以及宁夏、甘肃、河南、山东、安徽、浙江等地；生于林下、灌丛或山坡阴处。朝鲜、蒙古，俄罗斯西伯利亚东部也有分布。图1。

根茎入药，药材名黄精，又称鸡头黄精，传统中药，最早记载于《名医别录》，《中华人民共和国药典》（2020 年版）收载。具有补气养阴，健脾润肺益肾的功效。现代研究表明具有抗衰老、降血糖、降血脂、抗肿瘤、改善记忆、调节免疫、抗病毒、抗炎等作用。

根茎含有糖类、皂苷类、黄

图1　黄精（陈虎彪摄）

酮类、生物碱类及醌类等化学成分。糖类有多糖和低聚糖，均由葡萄糖、甘露醇、半乳糖醛酸缩合而成。具有降血糖、抗肿瘤、增强免疫、提高记忆、延缓衰老、抑菌抗炎和抗病毒作用，多糖是黄精的质量控制成分，《中华人民共和国药典》（2020 年版）规定含量不低于 7.0%，药材中含量为 11.7%～21.5%；皂苷类主要以薯蓣皂苷元、菝葜皂苷元等的苷类，具有祛痰止咳、调节血糖、抗肿瘤、改善学习记忆作用；黄酮类有槲皮素、山柰酚的苷类，具有消除疲劳、降血脂、降血糖、保护血管、防动脉粥样硬化、抗衰老和抗菌作用。

黄精属植物全世界约 60 余种。中国有 30 余种。滇黄精 *P. kingianum* Coll. et Hemsl、多花黄精 *P. cyrtonema* Hua. 也为《中华人民共和国药典》（2020 年版）收载为黄精的来源植物。其他药用种类有玉竹 *P. odoratum*（Mill）Druce、轮叶黄精 *P. verticillatum*（L.）All.、狭叶黄精 *P. stenophyllum* Maxim.、湖北黄精

P. zanlanscianense Pamp.、新疆黄精 *P. roseum*（Ledeb.）Kunth、热河黄精 *P. macropodium* Turcz. 长苞黄精 *P. desoulayi* Kom.、长梗黄精 *P. filipes* Merr. 等。

（陈彩霞）

báqiā

菝葜（*Smilax china* L.，china-root greenbrie）

百合科菝葜属植物。又称金刚兜。

攀缘灌木；根状茎粗厚，坚硬，为不规则的块状。茎长 1～3m。叶薄革质或坚纸质，干后通常红褐色，圆形、卵形或其他形状，长 3～10cm；叶柄长 5～15mm，具宽 0.5～1.0mm 的鞘，几有卷须，脱落点位于靠近卷须处。伞形花序生于叶尚幼嫩的小枝上，花常呈球形；总花梗长 1～2cm；花序托稍膨大，近球形，具小苞片；花绿黄色，外花被片长 3.5～4.5mm，内花被片稍狭；雄花常弯曲；雌花与雄花大小相似。浆果直径 6～15mm，熟时红色，有粉霜。花期 2～5 月，果期 9～11 月。图 1。中国分布于华东、华中、西南和华南。生于海拔 2000m 以下的林下、灌丛中、路旁、河谷或山坡上。缅甸、越南、泰国、菲律宾也有分布。

根茎入药，药材名菝葜，传统中药，最早记载于《名医别录》。《中华人民共和国药典》（2020 年版）收载，具有利湿去浊，祛风除痹，解毒散瘀的功效。现代研究表明具有抑菌、抗炎、降糖、抗突变、抗肿瘤、镇痛等作用。叶在民间也药用，具有祛风、利湿和解毒的功效。

根茎含有皂苷类、黄酮类、芪类、氨基酸类、挥发油等化学成分。皂苷类成分有菝葜皂苷、薯蓣皂苷等，具有抗炎作用；黄酮类成分有山柰酚、落新妇苷等，这一类化合物是菝葜的主要有效成分；芪类成分有白藜芦醇、氧化白藜芦醇等，具有抗菌作用；氨基酸类成分有 4-甲基谷氨酸等。

菝葜属植物全世界有 300 余种，中国分布有 79 种，药用植物还有光叶菝葜 *S. glabra* Roxb.、黑叶菝葜 *S. nigrescens* Wang et Tang、华东菝葜 *S. sieboldii* Miq. 等。

（刘春生　王晓琴）

guāngyèbáqiā

光叶菝葜（*Smilax glabra* Roxb.，glabrous greenbrier）

百合科菝葜属植物。又称土茯苓。

攀缘灌木；根状茎粗厚，块状，常由匍匐茎相连接。茎长 1～4m。叶薄革质，狭椭圆状披针形至狭卵状披针形，长 6～12cm，先端渐尖；叶柄有卷须，脱落点位于近顶端。伞形花序通常具 10 余朵花；在总花梗与叶柄之间有 1 芽；花序托膨大，连同多数宿存的小苞片多少呈莲座状，宽 2～5mm；花六棱状球形，直径约 3mm；雄花外花被片近扁圆形，宽约 2mm，兜状；内花被片边缘有不规则的齿；雄蕊靠合，花丝极短；雌花外形与雄花相似，但内花被片边缘无齿，具 3 枚退化雄蕊。浆果直径 7～10mm，熟时紫黑色，具粉霜。花期 7～11 月，果期 11 月至次年 4 月。图 1。中国分布于甘肃和长江流域以南各省区。生于海拔 1800 米以下的林中、灌丛下、河岸或山谷中。越南、泰国和印度也有分布。

图 1　光叶菝葜（陈虎彪摄）

根茎入药，药材名土茯苓，传统中药，最早记载于《本草经集注》。《中华人民共和国药典》（2020 年版）收载，具有解毒，除湿，通利关节的功效。现代研究表明具有镇痛抗炎、抗菌、抗肿瘤、利尿、抗胃溃疡等功效。

根茎含有黄酮类、有机酸类、鞣质等化学成分。黄酮类主要有落新妇苷、异黄杞苷、黄杞苷等。落新妇苷具有保护肝脏、镇痛抗水肿的作用，《中华人民共和国药典》（2020 年版）规定落新妇苷含量不低于 0.45%，药材中的含

图 1　菝葜（陈虎彪摄）

量为 0.51%~1.55%。

菝葜属植物情况见菝葜。

（刘春生 王晓琴）

lílú

藜芦 （*Veratrum nigrum* L. , black false hellebore） 百合科藜芦属植物。

多年生草本，高 60~100cm；鳞茎不明显膨大；植株粗壮，基部的鞘枯死后残留为有网眼的黑色纤维网；叶互生，无叶柄或茎上部具短柄；叶片薄革质，椭圆形、宽卵状椭圆形或卵状披针形，长 22~25cm，先端锐尖或渐尖，两面短毛；圆锥花序 30~50cm，侧生总状花序常具雄花，顶生总状花序长，几为两性花，序轴密被白色绵状毛；花被片 6，长圆形，长 5~8mm，黑紫色；雄蕊 6，花药肾形，背着；子房卵形，3 室，无毛，花柱 3；蒴果卵圆形，长 1.5~2.0cm；种子扁平，具膜质翅；花、果期 7~9 月。图 1。中国分布于东北、华北地区，以及山东、陕西、甘肃、湖北、四川和贵州等省。生于海拔 1200~3300m 的山坡林下或草丛中。亚洲北部和欧洲中部也有分布。

图 1 藜芦（刘翔摄）

根及根茎入药，药材名藜芦。传统中药，最早记载于《神农本草经》。具有涌吐风痰，杀虫的功效。现代研究证明具有催吐、降压、抗肿瘤、镇痛、抗血栓、抗血小板聚集、抗血吸虫、抗真菌、杀螨等等作用。

根及根茎含有甾体生物碱类、多酚类、黄酮类等化学成分。甾体生物碱类主要有去乙酰原藜芦碱 A，原藜芦碱 A、B，藜芦马林碱，藜芦胺，介藜芦碱，环巴胺等，具有催吐、降压、抗肿瘤、镇痛、抗血小板聚集、抗血吸虫、抗真菌、杀螨等作用；也有毒性。多酚类主要有白藜芦醇、氧化白藜芦醇、白藜芦醇苷等，具有抗氧化、抗肿瘤、保护心血管、抗菌等作用；黄酮类主要有 5,7,3′,4′-四羟基黄酮、异鼠李素、槲皮素等。

藜芦属植物全世界约 40 种，中国约 13 种 1 变种。欧洲白藜芦 *V. album* L 为欧洲传统药，治疗呕吐、痉挛、腹泻等。药用种类还有牯岭藜芦 *V. schindleri* Loes. f.、毛穗藜芦 *V. maackii* Regel、兴安藜芦 *V. dahuricum* (Turcz.) Loues. f.、毛叶藜芦 *V. grandiflorum* (Maxim.) Loes. f. 等。

（姚霞）

bǎibùkē

百部科 （Stemonaceae） 多年生草本或半灌木，攀缘或直立，具肉质块根。叶互生、对生或轮生，具柄或无柄。花序腋；花两性，花被片 4 枚，2 轮；雄蕊 4 枚，生于花被片基部。蒴果卵圆形，稍扁，熟时裂为 2 片。种子卵形或长圆形，具丰富胚乳，种皮厚，具多数纵槽纹。全世界 3 属，约 30 种。中国有 2 属，6 种。

本科植物普遍含有生物碱类化学成分，如百部碱。百部定碱、原百部碱、百部新碱、斯替宁碱、对叶百部碱、金刚大碱等，具有广泛的杀虫和抑菌作用。

主要药用植物有：①百部属 Stemona，如直立百部 *S. sossilifolia* (Miq.) Franch. et Sav.、蔓生百部 *S. japonica* (Blume) Miq.、对叶百部 *S. tuberosa* Lour.、云南百部 *S. mairei* (Levl.) Krause。②黄精叶钩吻属 Croomia，如黄精叶钩吻 *C. japonica* Miq.。

（王良信 郭庆梅）

zhílìbǎibù

直立百部 （*Stemona sessilifolia* (Miq.) Miq. , sessile stemona） 百部科百部属植物。

半灌木。块根纺锤状，粗约 1cm。茎直立，高 30~60cm，不分枝，具细纵棱。叶薄革质，通常每 3~4 枚轮生，卵状椭圆形或卵状披针形，长 3.5~6.0cm，顶端短尖或锐尖，基部楔形，具短柄或近无柄。花单朵腋生；鳞片披针形；花柄向外平展，长约 1cm；花被片长 1.0~1.5cm，宽 2~3mm，淡绿色；雄蕊紫红色。蒴果有种子数粒。花期 3~5 月，果期 6~7 月。图 1。中国分布于浙江、江苏、安徽、江西、山东、河南等省区。日本也有分布。

块根入药，药材名百部。始载于《名医别录》，传统中药。《中华人民共和国药典》（2020 年版）收载，有润肺下气，止咳，杀虫灭虱的功效。现代研究表明具有抑制多种细菌、真菌、病毒，对多种寄生虫有杀灭作用。

块根中主要含有生物碱类成分，如对叶百部碱、原百部碱、百部新碱、金刚大碱、二氢百部新碱、双去氢百部新碱、直立百部碱 A~D 等，是百部具有杀虫抑菌作用的有效成分。

百部属植物全世界约有 27

图1 直立百部（陈虎彪摄）

种，中国有 5 种。对叶百部 *S. tuberosa* Lour. 和蔓生百部 *S. japonica*（Blume）Miq. 也被《中华人民共和国药典》（2020 年版）收载为药材百部的来源植物，具有类似的化学成分和功效。

（王良信　郭庆梅）

shísuànkē

石蒜科（Amaryllidaceae）

多年生草本，极少数为半灌木、灌木以至乔木状。有 1 具膜被的鳞茎或地下茎。叶多数基生，多少呈线形，全缘或有刺状锯齿。花单生或排列成伞形花序、总状花序、穗状花序、圆锥花序，通常具佛焰苞状总苞，总苞片 1 至数枚，膜质；花两性，花被片 6，2 轮，雄蕊通常 6 枚，着生于花被管喉部或者基生，花药背着或基着，通常内向开裂，子房下位，3 室，中轴胎座，花柱细长，柱头头状或 3 裂。蒴果多数背裂或不整齐开裂，少为浆果状；种子含胚乳。全世界有 85 属，约 1100 种，中国约 14 属，140 余种，4 变种。

本科植物普遍含有生物碱类、黄酮类和甾体皂苷类成分，其中最具特征性的为生物碱类。已发现近 500 种生物碱，如石蒜碱具有抗肿瘤活性，文殊兰碱具有抗菌活性，水仙花碱具有抗寄生草作用，它们主要分布于石蒜属 *Lycoris*、文殊兰属 *Crinum*、水仙属 *Narcissus* 等。黄酮类成分常见于君子兰属 *Clivia*、文殊兰属 *Crinum*、仙茅属 *Curculigo*，如山奈酚、杨梅素糖苷、柠檬醛等；甾体皂苷类常见于君子兰属 *Clivia* 和仙茅属 *Curculigo*，如仙茅苷等。

主要药用植物有：①石蒜属 *Lycoris*，如石蒜 *L. radiata*（L'Her.）Herb.、乳白石蒜 *L. albiflora* Koidz、短蕊石蒜 *L. caldwellii* Traub、中国石蒜 *L. chinensis* Traub、长筒石蒜 *L. longituba* Y. Hsu et Q. J. Fan、玫瑰石蒜 *L. rosea* Traub et Moldenke 等。② 仙茅属 *Curculigo*，如仙茅 *C. orchioides* Gaertn。③ 朱顶红属 *Hippeastrum*，如朱顶红 *H. rutilum*（Ker-Gawl.）Herb.。④ 君子兰属 *Clivia*，如君子兰 *C. miniata* Regel、垂笑君子兰 *C. nobilis* Lindl. 等。⑤ 水仙属 *Narcissus*，如长寿花 *N. jonquilla* L.、黄水仙 *N. pseudonarcissus* L. 等。

（刘颖　尹彦超　侯嘉铭）

shísuàn

石蒜 [*Lycoris radiata*（L'Her.）Herb.，shorttube lycoris]

石蒜科石蒜属植物。

多年生草本。花茎高约 30cm。鳞茎近球形，直径 1～3cm。秋季出叶，叶狭带状，长约 15cm，宽约 0.5cm，顶端钝，深绿色，中间有粉绿色带。花有总苞片 2 枚，披针形，长约 3.5cm，宽约 0.5cm；伞形花序，有花 4～7 朵，花鲜红色，花被裂片狭倒披针形，长约 3cm，宽约 0.5cm，强度皱缩和反卷，花被筒绿色，长约 0.5cm，雄蕊显著伸出于花被外，比花被长 1 倍左右。花期 8～9 月，果期 10 月。图 1。中国分布于华东、华中、华南、西北和西南。野生于阴湿山坡和溪沟边；也为栽培花卉。日本也有分布。

图1 石蒜（陈虎彪摄）

鳞茎入药，药材名石蒜，传统中药，最早载于《本草图经》。具祛痰催吐、解毒散结、利尿杀虫等功效。现代研究表明具有抗炎、解热、镇静、催吐及抗癌等功效。

鳞茎含生物碱类、糖苷类等化学成分。生物碱类是石蒜药材的重要药效成分，包括：石蒜碱、伪石蒜碱、石蒜西定、石蒜胺（力可拉敏）、加兰他敏（又称雪花莲胺碱）等成分。石蒜碱具有一定的抗癌活性，还有抗炎、解热、镇静及催吐等作用，加兰他敏具有乙酰胆碱酯酶抑制作用，力可拉敏和加兰他敏已临床用于治疗小儿麻痹症。

石蒜属植物全世界约 20 余种，中国有 16 种和 2 变种，药用植物还有中国石蒜 L. chinensis Traub 等。

（刘颖 胡婷 汪逗逗）

xiānmáo

仙茅 （Curculigo orchioides Gaertn.，curculigo） 石蒜科仙茅属植物。

多年生草本，高 10～40cm。根状茎近圆柱状，粗厚，直生。叶线形、线状披针形或披针形，长 10～45，宽 5～25mm，顶端长渐尖，基部渐狭成短柄或近无柄。花茎甚短，长 6～7cm；苞片披针形，长 2.5～5.0cm，具缘毛；总状花序多呈伞房状，通常具 4～6 朵花；花黄色，花被裂片长圆状披针形，长 8～12mm，雄蕊长约为花被裂片的 1/2，花丝长 1.5～2.5mm，柱头 3 裂，子房狭长，顶端具长喙，连喙长达 7.5mm，被疏毛。浆果近纺锤状，长 1.2～1.5cm，顶端有长喙。种子表面具纵凸纹。花果期 4～9 月。图 1。中国分布于华东、华南地区，以及四川、湖南、云南和贵州。生于海拔 1600m 以下的林中、草地或荒坡上。亚洲、非洲和大洋洲的热带与亚热带地区也有分布。

根茎入药，药材名仙茅，传统中药，最早记载于《雷公炮炙论》。《中华人民共和国药典》（2020 年版）收载，具补肾阳，强筋骨，祛寒湿等功效。现代研究表明具有增强免疫、抗骨质疏松、抗氧化、改善性功能等作用。

根茎含有酚及酚苷类、皂苷类、多糖类、挥发油类等化学成分。酚及酚苷类成分有仙茅素 A、B、C、D，仙茅苷，仙茅苷 B，仙茅苷 C 等，具有抗炎、抗氧化、增强免疫、抗骨质疏松、改善性功能等作用。《中华人民共和国药典》（2020 年版）规定仙茅苷含量不低于 0.1%，药材中含量为 0.091%～0.226%。皂苷类主要为环菠萝蜜烷型，如仙茅皂苷元 A、B、C 的糖苷等。

仙茅属植物全球约 20 余种，中国分布有 7 种，药用的种类还有大叶仙茅 C. capitulate （Lour.） O. Kuntze、短葶仙茅 C. breviscapa S. C. Chen 等。

（刘颖 高智强 杨林）

shǔyùkē

薯蓣科 （Dioscoreaceae） 多年生缠绕草质或木质藤本。有根状茎或块茎。茎左旋或右旋。叶互生，稀对生，单叶或掌状复叶，全裂或分裂。花单性或两性，雌雄异株，很少同株。花单生、簇生或排列成穗状、总状或圆锥花序；雄花花被片（或花被裂片）6，2 轮排列，基部合生或离生；雄蕊 6 枚，有时其中 3 枚退化，花丝着生于花被的基部或花托上；退化子房有或无。雌花花被片和雄花相似；退化雄蕊 3～6 枚或无；子房下位，中轴胎座，3 室，花柱 3，分离。果实为蒴果、浆果或翅果，蒴果三棱形；种子有翅或无翅，有胚乳，胚细小。全世界约有 9 属 650 种，中国有 1 属约 49 种。

本科薯蓣属植物大多含有甾体类成分，薯蓣皂苷元是其特征性成分，也是工业生产甾体抗炎药、雄激素、雌激素的重要原料植物。甾体皂苷类可分为呋甾烷醇型、螺甾烷醇型、孕甾烷醇型，大多数属于呋甾烷醇型，如原薯蓣皂苷等。

主要药用植物有：薯蓣属 Dioscorea，如薯蓣 D. opposita Turczaninow、穿龙薯蓣 D. nipponica Makino、粉背薯蓣 D. colletti Palibin、绵草薢 D. septemloba Thunb. 和黄独 D. bulbifera L. 等。

（郭庆梅）

huángdú

黄独 （Dioscorea bulbifera L.，airpotato yam） 薯蓣科薯蓣属植物。又称零余薯。

草质藤本。块茎卵圆形或梨形，直径 4～10cm。茎左旋，浅绿色稍带红紫色。叶腋内有紫棕色珠芽，大小不一，表面有圆形斑点。单叶互生；叶片宽卵状心形或卵状心形，长 15～26cm，顶端尾状渐尖。雄花序穗状，常数个丛生于叶腋；雄花单生，密集，基部有卵形苞片 2 枚；花被片披针形。雌花序长 20～50cm；退化雄蕊 6。蒴果反折下垂，三棱状长圆形，长 1.5～3.0cm，表面密被紫色小斑点；种子深褐色，扁卵形，种翅栗褐色。花期 7～10 月，果期 8～11 月。图 1。中国分布于华中、华东、西南、华东地区。多生于河谷边、山谷阴沟、杂木林边缘。日本、朝鲜、印度、缅甸，及大洋洲、非洲均有分布。

块茎入药，药材名黄药子，传统中药，最早记载于《滇南本

图 1 仙茅（陈虎彪摄）

图 1 黄独（陈虎彪摄）

草》。具有散结消瘿、清热解毒、凉血止血的功效。现代研究表明具有抗甲状腺肿、抗肿瘤、抗病毒、抗炎等作用。珠芽入药，具有类似功效。

块茎含有二萜内酯类、甾体皂苷类、黄酮类、酚酸类、多糖等化学成分。二萜内酯类主要有黄药子素 A ~ M、diosbulbinosides 等，具有抗肿瘤、抗炎、抗菌等作用，也具有肝毒性。药材黄药子素 B 的含量在 0.15% ~ 0.48%。甾体皂苷类主要有薯蓣皂苷元、薯蓣次苷甲、箭根薯皂苷等。

薯蓣属植物情况见薯蓣。

（郭庆梅）

fěnbèishǔyù

粉背薯蓣（*Dioscorea hypoglauca* Palibin, hypoglacous yam） 薯蓣科薯蓣属植物。

缠绕草质藤本。根状茎横生，竹节状，长短不一，断面黄色。茎左旋。单叶互生，三角状心形或卵状披针形，顶端渐尖，基部心形、宽心形或有时近截形，边缘波状或近全缘，干后黑色。花单性，雌雄异株。雄花序单生或 2 ~ 3 个簇生于叶腋；雄花在花序基部由 2 ~ 3 朵簇生；苞片卵状披针形，顶端渐尖，小苞片卵形；花被碟形，顶端 6 裂。雌花序穗状；雌

花的退化雄蕊呈花丝状；子房长圆柱形，柱头 3 裂。蒴果三棱形，表面栗褐色，富有光泽，成熟后反曲下垂；种子 2 枚，有薄膜状翅。花期 5 ~ 8 月，果期 6 ~ 10 月。图 1。中国分布于华中、华南，以及浙江、福建、台湾。生于海拔 200 ~ 1300m 林缘或树林下。

根茎入药，药材名粉萆薢，传统中药，最早记载于《神农本草经》。《中华人民共和国药典》（2020 年版）收载，具有利湿去浊，祛风除痹的功效。现代研究表明具有降压、降尿酸、抗炎镇痛、抗菌、提高免疫、抗肿瘤、杀软体动物等作用。

图 1 粉背薯蓣（刘勇摄）

根茎含有甾体类、二芳基庚烷类、木脂素类、有机酸及脂类等化学成分。甾体类化合物包括

螺甾烷、呋甾烷、孕甾烷、胆甾烷苷类，如薯蓣皂苷元的苷类，具有抗肿瘤、改善心血管、调节免疫、抗血小板聚集、抗炎、降血糖、抗骨质疏松作用，原薯蓣皂苷具有抗肿瘤作用。药材中原薯蓣皂苷含量在 0.89% ~ 2.24%，薯蓣皂苷含量在 0.75% ~ 3.22%。二芳基庚烷类成分主要有 tsaokoarylone、1,7-双-(4-羟基苯基)-1,4,6-庚三烯-3-酮、1,7-双-(4-羟基苯基)-4,6-庚二烯-3-酮等。

薯蓣属植物情况见薯蓣。纤细薯蓣 *D. gracillima* Miq. 和山草薢 *D. tokoro* Makino 在有些地区作为粉萆薢入药。

（郭庆梅）

chuānlóngshǔyù

穿龙薯蓣（*Dioscorea nipponica* Makino, throughhill yam） 薯蓣科薯蓣属植物。又称穿山龙。

缠绕草质藤本。根状茎横走，坚硬，木质，呈稍弯曲的圆柱形。茎左旋缠绕。叶互生；叶片卵形至阔卵形，通常掌状 3 ~ 5 浅裂，中间裂片大，先端有长尖，基部心形。花单性，雌、雄异株；雄花序长，排成复穗状，花小下垂；花被片 6，黄绿色；雄蕊 6；雌花序穗状；雌花有退化雄蕊，子房 3 室；柱头 3 裂，裂片再 2 裂。蒴果倒卵状椭圆形，有 3 宽翅。种子上部有长方形膜质的翅，基部两侧的翅狭窄。花期 6 ~ 8 月，果期 8 ~ 10 月。图 1。中国分布于东北、华北、华东地区，以及河南、陕西、甘肃、宁夏、青海、四川等省。常生于山坡灌木丛中、稀疏林下，海拔 100 ~ 1700m。

根茎入药，药材名穿山龙，《中华人民共和国药典》（2020 年版）收载，具有祛风除湿，舒筋通络，活血止痛，止咳平喘的功

图 1　穿龙薯蓣（陈虎彪摄）

效。现代研究证明穿山龙具有抗炎、镇痛、平喘、抗肿瘤、降血糖、降血尿酸、免疫抑制等作用。也用于提取薯蓣皂苷元作为甾体激素药物的原料。

根茎含有甾体皂苷类、酚酸类、环二肽类、甾醇、多糖类、黄酮类等化学成分。甾体皂苷主要有薯蓣皂苷、纤细薯蓣皂苷、延龄草皂苷等，具有抗肿瘤、抗炎、降血脂、抑菌和抗病毒等作用，《中华人民共和国药典》（2020 年版）规定穿山龙中薯蓣皂苷含量不低于 1.3%，药材中含量为 0.51%~3.49%。酚酸类主要有对-羟苄基酒石酸、丁香脂素-4-O-β-D-吡喃葡萄糖苷、benzyl 1-O-β-D -glucopyranoside 等，对-羟苄基酒石酸具有镇咳作用。

薯蓣属植物情况见薯蓣。

（郭庆梅）

shǔyù

薯蓣（*Dioscorea opposita* Thunb., common yam）薯蓣科薯蓣属植物。

草质藤本。块茎圆柱形，垂直生长，长达 1m，直径 2~7cm，肉质，质脆，断面白色，带黏性。茎右旋常带紫色，有棱线。单叶，茎下部叶互生，茎中部以上叶对生或 3 叶轮生；叶腋常生珠芽；叶片三角状卵形或三角状阔卵形，全缘，通常 3 裂，先端渐尖，基部心形。花单性，雌、雄异株；花小，排成穗状花序，雄花序直立，雌花序下垂；花被片 6；雄花有 6 枚雄蕊；雌花花柱 3，柱头 2 裂。蒴果有 3 棱，呈翅状。种子扁圆形，有宽翅。花期 6~9 月；果期 7~11 月。图 1。中国分布于河南、河北、山西、广西、广东、山东、江苏、浙江等省区。生于向阳山坡或疏林下；或栽培于土层深厚疏松的砂质壤土。多栽培食用。朝鲜、日本也有分布。

图 1　薯蓣（陈虎彪摄）

根茎入药，药材名山药，传统中药，最早记载于《神农本草经》。《中华人民共和国药典》（2020 年版）收载，具有补脾养胃，生津益肺，补肾涩精的功效。

现代研究证明山药具有降血糖、降血脂、抗氧化、抗衰老、调节脾胃、护肝、增强免疫和抗肿瘤等作用。珠芽入药，称为零余子，具有补虚益肾强腰的功效。

根茎含有多糖、甾醇类、黏蛋白等，以及尿囊素。山药多糖主要由甘露糖、葡萄糖和半乳糖等构成，具有促进肠胃功能、保护肝脏、降血糖、抗衰老、抗突变、抗肿瘤、体外抗氧化和提高免疫力等作用。山药中黏蛋白是由多糖和蛋白质构成的复合物，具有预防心血管脂肪沉积的作用。尿囊素具有镇静、麻醉、促进细胞生长等作用。

薯蓣属植物全世界约 600 多种，中国约有 55 种，药用植物还有穿龙薯蓣 *D. nipponica* Makino、黄独 *D. bulbifera* L.、绵萆薢 *D. spongiosa* Thunb.、粉背薯蓣 *D. hypoglauca* Palibin、盾叶薯蓣 *D. zingiberensis* C. H. Wright、日本薯蓣 *D. japonica* Thunb.、褐苞薯蓣 *D. persimilis* Prain et Burkill、山薯 *D. fordii* Prain et Burkill 等。

（郭庆梅）

miánbìxiè

绵萆薢（*Dioscorea spongiosa* Thunb., seven-lobed yam）薯蓣科薯蓣属植物。

缠绕草质藤本。根状茎横生，圆柱形，粗大，直径 2~5cm，多分枝。茎左旋。单叶互生，基出脉 9；叶有 2 种类型，一种从茎基部至顶端全为三角状或卵状心形，全缘；另一种茎基部的叶为掌状裂叶，5~9 裂，裂片顶端渐尖，茎中部以上的叶为三角状或卵状心形，全缘。花单性，雌雄异株。雄花序穗状，腋生；雌花单生或 2 朵成对着生；花被基部连合成管，顶端 6 裂，裂片披针形；雄蕊 6 枚，3 枚花药较大。蒴果三棱形，长 1.3~1.6cm；种子常 2 枚，有薄膜状翅。花期 6~8 月，果期 7~10 月。图 1。中国分布于浙江、福建、江西、湖北、湖南、广东、广西等省区。

根茎入药，药材名绵萆薢，萆薢最早记载于《神农本草经》。《中华人民共和国药典》（2020 年版）收载，具有利湿去浊，祛风除痹的功效。现代研究表明其有抗肿瘤、抗骨质疏松、抗真菌、抗心肌缺血、降尿酸、调血脂等作用。

根茎含有甾体皂苷类、二芳基庚烷类、木脂素类、有机酸及酯类等化学成分。甾体皂苷有异螺甾烷醇型、呋甾烷醇型、C21 甾体，如薯蓣皂苷、原薯蓣皂苷、原纤细皂苷等，具有抗肿瘤、抗炎、抗骨质疏松、降血脂、抑菌和抗病毒等作用。二芳基庚烷类主要有绵萆薢素 A、B、C 等。木脂素类主要有丁香树脂醇、芝麻素酮、胡椒醇。二芳基庚烷类和木脂素类也具有抗骨质疏松活性。

薯蓣属植物情况见薯蓣。福州薯蓣 *D. futschauensis* Uline ex R. Knuth 也被《中华人民共和国药典》（2020 年版）收载为绵萆薢药材的来源植物。

（郭庆梅）

yuānwěikē

鸢尾科（Iridaceae）

多年生草本。通常具根状茎、球茎或鳞茎。叶多基生，少为互生，条形、剑形或为丝状，基部成鞘状，互相套叠，具平行脉。花两性，色泽鲜艳美丽，辐射对称，少为两侧对称，单生、数朵簇生或多花排列成总状、穗状、聚伞及圆锥花序；花或几花序下有 1 至多个草质或膜质的苞片；花被裂片 6，两轮排列，花被管通常为丝状或喇叭形；雄蕊 3；子房下位，3 室，中轴胎座，胚珠多数，花柱 1，柱头 3~6，有时扩大呈花瓣状或分裂。蒴果；种子多数。全世界约有 60 属 800 种，中国产 11 属，71 种，13 变种及 5 变型。

本科植物主要含有黄酮类、苯丙酮及其苷、醌类、皂类苷、特殊氨基酸等。黄酮类以异黄酮类、呫酮、双黄酮为其特征。鸢尾属的异黄酮类成分主要有野鸢尾苷元、野鸢尾苷、鸢尾黄素、鸢尾苷、鸢尾新苷 B、鸢尾黄酮新苷元等；呫酮类主要有芒果苷、异芒果苷。番红花属球茎中含有甾体皂苷。

主要药用植物有：①鸢尾属 *Iris*，如马蔺 *Iris lactea* Pall.，鸢尾 *I. tectorum* Maxim. 等。②番红花属 *Crocus*，番红花 *C. sativus* L. 等。③射干属 *Belamcanda*，如射干 *B. chinensis*（L.）Redouté 等。

（郭庆梅）

shègàn

射干 [*Belamcanda chinensis* （L.）Redouté，blackberrylily]

鸢尾科射干属植物。

多年生草本。根状茎为不规则的块状，黄色或黄褐色。茎高 1.0~1.5m，实心。叶互生，嵌叠状排列，剑形，长 20~60cm，宽 2~4cm，基部鞘状抱茎，顶端渐尖，无中脉。聚伞花序伞房状顶生，2 叉状分枝；花橙红色，散生紫褐色的斑点，直径 4~5cm；花被裂片 6，2 轮排列，外轮花被裂片倒卵形或长椭圆形，长约 2.5cm，顶端钝圆或微凹，基部楔形；雄蕊 3，长 1.8~2.0cm；雌蕊 1，子房下位，3 室，中轴胎座，柱头 3 浅裂。蒴果倒卵形或长椭圆形，长 2.5~3.0cm；种子圆球形，黑紫色，有光泽，直径约 5mm。花期 6~8 月，果期 7~9 月。图 1。中国分布于各地。生于林缘或山坡草地，常栽培。

根茎入药，药材名射干，传统中药，最早记载于《神农本草经》。《中华人民共和国药典》（2020 年版）收载，具有清热解

图 1　绵萆薢（刘勇摄）

图 1　射干（陈虎彪摄）

毒，消痰，利咽的功效。现代研究表明射干具有抗炎、抗菌、抗病毒、利胆、抗过敏等作用。

根茎含有异黄酮类、三萜类、二苯乙烯类、醌类、甾类化合物。异黄酮类主要有次野鸢尾黄素（洋鸢尾素）、白射干素、鸢尾苷、野鸢尾苷等，具有抗炎、抑菌、镇痛、抗肿瘤、雌性激素样作用，《中华人民共和国药典》（2020 年版）规定射干药材中次野鸢尾黄素含量不低于 0.10%，药材含量为 0.07%~0.40%；三萜类主要有射干醛、isoiridogermanal、16-O-acetyl-isoiridogermanal 等；二苯乙烯类主要有白藜芦醇、射干素 B 等。

射干属植物全世界有 2 种，中国 1 种。

（郭庆梅）

fānhónghuā

番红花（*Crocus sativus* L., saffron） 鸢尾科番红花属植物。又称藏红花、西红花。

多年生草本。地下鳞茎扁圆球形，直径约 3cm。叶基生，9~15 片；叶片狭条形，灰绿色，长 15~20cm，边缘反卷；叶丛基部有 4~5 片膜质的鞘状叶。花茎甚短；花 1~2 朵，着生于花茎顶端；花淡蓝色、红紫色或白色，有香味；花被管细长，花被裂片 6，长 3.5~5.0cm；雄蕊直立，长 2.5cm，花药黄色，长于花丝；花柱细长，橙红色，长约 4cm，上部 3 分枝，柱头略扁。花期 9~10 月。图 1。原产地中海沿岸国家，中国浙江、上海、江苏引入栽培。

柱头入药，药材名西红花，传统中药，最早记载于《本草品汇精要》。《中华人民共和国药典》（2020 年版）收载，具有活血化瘀，凉血解毒，解郁安神的功效。现代研究表明西红花具有抗肿瘤、抗氧化、保肝利胆、保护视神经、增强免疫、抗抑郁、抗衰老等作用。

柱头含类胡萝卜素、挥发油、黄酮类、蒽醌类等化学成分。类胡萝卜素主要有西红花酸、西红花苷Ⅰ~Ⅳ、西红花苦苷（苦番红花素）等；是西红花改善心血管系统、抗氧化、抗动脉粥样硬化、防治糖尿病并发症等的活性成分。挥发油主要是西红花醛、反式-β-紫罗兰醇、佛尔酮等。黄酮类主要有山柰酚、紫云英苷、槲皮素-3-（6-对香豆酰）葡萄糖苷等。《中华人民共和国药典》（2020 年版）规定西红花苷Ⅰ和西红花苷Ⅱ的总量不低于 10.0%，苦番红花素不低于 5.0%。药材中西红花苷Ⅰ和西红花苷Ⅱ的含量为 12.56%~23.20%。

番红花属全世界约 75 种，中国野生 1 种，栽培 1 种。

（郭庆梅）

mǎlìn

马蔺（*Iris lactea* Pall., Chinese iris） 鸢尾科鸢尾属植物。

多年生密丛草本。根状茎短粗，有多数坚韧的须根。叶基生；叶片条形，长 20~40cm，宽 2~6mm，坚韧，淡绿色，基部带红褐色；老叶鞘纤维状，残存。花茎光滑，高 3~10cm；苞片 3~5，草质，绿色，边缘白色，内有 2~4 花；花浅蓝色、蓝色或蓝紫色；花被管长 2~5mm，外轮花被片匙形，长 4~5cm，向外弯曲，内面平滑，中部有黄色条纹，内轮花被片倒披针形，长 5~6cm，直立；花柱 3，先端 2 裂，花瓣状。蒴果长椭圆状柱形，先端有喙。种子呈不规则多面体，棕褐色，有光泽。花期 4~5 月，果期 5~6 月。图 1。中国分布于东北、华北、西北、华中地区，以及山东、浙江、四川等地。生于荒野、路旁、田埂或山坡草地。

根及根茎入药，药材名马蔺根，最早记载于《新修本草》，具有清热解毒，活血利尿的功效。

图 1 番红花（陈虎彪摄）

图 1 马蔺（陈虎彪摄）

全草入药，具有清热解毒，利尿通淋的功效。现代研究表明马蔺具有抗炎、抗菌、抗肿瘤、抗氧化、保肝、抗生育、增强免疫、抗癌作用。种子入药，具有清热利湿，解毒杀虫，止血定痛的功效。

根及根茎主要含有黄酮类、苯醌类及低聚芪类等化学成分。黄酮类如 5, 7, 4′-三羟基-6-甲氧基黄酮，5, 4′-二羟基-6, 7-亚甲二氧基黄酮，5-羟基-7, 4′-二甲氧基黄酮-6-C-β-D-葡萄糖苷。1, 3, 6, 7-四羟基双苯吡酮-2-C-D-葡萄糖等。苯醌类如马蔺子甲素、乙素、丙素。低聚芪类有 vitisin A、vitisin B、2-r-viniferin 等。

鸢尾属全世界约 300 种，中国约产 60 种、13 变种及 5 变型。鸢尾 I. tectorum Maxim.（*I. tectorum*）根入药。《中华人民共和国药典》收载，药材名川射干，具有清热解毒、祛痰、利咽等功效。

（郭庆梅）

dēngxīncǎokē
灯心草科（Juncaceae）

多年生，稀为 1 年生草本。茎多丛生，内部充满髓或中空，常不分枝。叶基生成丛，无茎生叶，叶片线形，圆筒形，披针形，扁平，具横隔膜或无。花单生或集生成穗状或头状，头状花序常再组成圆锥、总状、伞状等复花序，头状花序下通常有数枚苞片，花小型，两性，稀为单性异株，风媒花，花被片 6 枚，排成 2 轮，雄蕊 6 枚，分离，与花被片对生。雌蕊由 3 心皮结合而成；子房上位，1 室或 3 室，花柱 1。果实为蒴果。全世界有 8 属约 400 种。中国有 2 属，约 80 余种。

本科植物含有二萜类、黄酮类、甾体类、挥发油等化学成分。二萜类主要是二氢菲类和菲类，

具有抗癌、抗菌、抗氧化等作用。

主要药用植物：灯心草属 Juncus，如灯心草 J. effusus L.、草香附 J. amplifolius A. Camus、栗花灯心草 J. castaneus Smith、螃蟹脚 J. diastrophathus Buch.、水茅草 J. ledchenaultii Gay. 等。

（王良信　郭宝林）

dēngxīncǎo
灯心草（*Juncus effusus* L.，common rush）

灯芯草科灯心草属植物。

多年生草本，高 27～91cm；根状茎粗壮横走。茎丛生，圆柱形，茎内充满白色的髓心。叶全部为低出叶，呈鞘状或鳞片状，包围在茎的基部；叶片退化为刺芒状。聚伞花序，排列紧密或疏散；总苞片圆柱形，生于顶端，小苞片 2 枚，宽卵形，膜质，顶端尖；花淡绿色；花被片线状披针形，长 2.0～12.7mm，黄绿色，边缘膜质，外轮稍长；雄蕊 3；雌蕊子房 3 室；柱头 3 分叉。蒴果长圆形或卵形，长约 2.8mm，顶端钝或微凹，黄褐色。种子卵状长圆形，黄褐色。花期 4～7 月，果期 6～9 月。中国各地均有分布。也分布于朝鲜、日本、俄罗斯，以及北美洲。图 1。

茎髓入药，药材名灯心草，传统中药，最早记载于《开宝本草》。《中华人民共和国药典》（2020 年版）收载，具有清心火，利小便功效。现代研究表明具有抗菌、镇静、抗氧化等作用。

茎髓含二氢菲类、黄酮类、挥发油等化学成分，菲类主要有灯心草酚，灯心草二酚、去氢灯心草二酚等，菲类是灯心草的主要活性成分，具有广泛的抗细菌、抗真菌作用以及抗氧化作用。黄酮类有川陈皮素、槲皮素、木犀草素等；挥发油主要有芳樟醇、

图 1　灯心草（陈虎彪摄）

2-十一烷酮、2-十三烷酮等。

灯心草属全世界有 240 种。中国有 77 种。药用植物还有草香附 J. amplifolia A. Camus，栗花灯心草 J. castaneus Smith，螃蟹脚 J. diastrophathus Buch.，水茅草 J. ledchenaultii Gay.，野灯心草 J. setchunensis Buch. 等。

（王良信　郭宝林）

yāzhícǎokē
鸭跖草科（Commelinaceae）

1 年生或多年生草本，茎有明显的节和节间。叶互生，有明显的叶鞘；叶鞘开口或闭合。花通常为聚伞花序单生或集成圆锥花序，顶生或腋生。花两性，极少单性。萼片 3 枚，分离或仅在基部连合，常为舟状或龙骨状，有的顶端盔状。花瓣 3 枚，分离，花瓣在中段合生成筒，而两端仍然分离。雄蕊 6 枚；花药并行或稍稍叉开，纵缝开裂；子房 3 室，果实大多为室背开裂的蒴果。种子大而少数，富含胚乳，种脐条状或点状。世界约 40 属 600 种，中国有 13 属 53 种。

本科植物普遍含有甾体类、

黄酮类、糖苷类、生物碱类等化学成分。

主要药用植物有：①鸭跖草属 Commelina，如鸭跖草 C. communis L.、节节草 C. diffusa Burm. f.、耳苞鸭跖草 C. auriculata Bl. 等。②蓝耳草属 Cyanotis，如蓝耳草 C. vaga (L.) D. Don、蛛丝毛蓝耳草 C. arachnoidea C. B. clarke、四孔草 C. cristata D. Don 等。

（王振月）

yāzhícǎo

鸭跖草 (Commelina communis L., common dayflower)

鸭跖草科鸭跖草属植物。

1 年生披散草本。茎匍匐生根，多分枝，下部无毛，上部被短毛。叶披针形至卵状披针形，长 3~9cm。总苞片佛焰苞状，有 1.5~4.0cm 的柄，与叶对生，折叠状，展开后为心形，顶端短急尖，基部心形，长 1.2~2.5cm，边缘常有硬毛；聚伞花序，下面 1 枝不孕；上面 1 枝具花 3~4 朵，具短梗，几乎不伸出佛焰苞。萼片膜质，长约 5mm，内面 2 枚常靠近或合生；花瓣深蓝色；内面 2 枚具爪，长近 1cm。蒴果椭圆形，长 5~7mm。图 1。中国分布于除青海、西藏、新疆的各地。生于

图 1 鸭跖草（陈虎彪摄）

沟边、路边、山坡及林缘草丛中。越南、朝鲜、日本、俄罗斯，以及北美也有分布。

地上部分入药，药材名鸭跖草，传统中药，最早记载于《本草拾遗》。《中华人民共和国药典》（2020 年版）收载，具有清热泻火，解毒，利水消肿的功效，现代研究证明鸭跖草具有降糖、抑菌、止咳、抗氧化、保肝等作用。

地上部分含生物碱类、黄酮类、内酯类等化学成分。生物碱类主要有 1-甲氧羰基-β-咔啉、哈尔满、去甲哈尔满、1-去氧野尻霉素、α-同源野尻霉素等，具有降血糖作用。

鸭跖草属植物全世界约有 100 余种，中国有 7 种。药用植物还有饭包草 C. bengalensis L.、大叶鸭跖草 C. suffruticosa Bl. 等。

（王振月）

gǔjīngcǎokē

谷精草科 (Eriocaulaceae)

多年生或者 1 年生草本。叶莲座丛生，禾草状，线形，基部具鞘。头状花序，球状或卵球形；花葶细，扭曲，倾斜。雌花和雄花常混生，花 2~3 数，具苞片。雄花萼片 2~3，合生或者离生；花瓣 2~3，通常不明显；雄蕊 6。雌花：萼片 2~3，离生或者合生；花瓣无或 4，离生；子房（1~）3 室，上位；每子房室 1 胚珠，直生胚珠；花柱 1，1~3 分枝。果为蒴果，薄，室背开裂。种子小；种皮通常网状和具刺；胚乳有丰富的淀粉。全世界约 13 属 1200 种，中国仅

谷精草属 1 属，约 34 种。

本科植物的特征性化学成分为黄酮类。黄酮类在本科普遍分布，以黄酮、黄酮醇和异黄酮类为主，黄酮和黄酮醇大多数 6 位被羟基或者甲氧基取代，具有抑菌、抗氧化等作用，并对晶状体醛糖还原酶具有抑制作用；咕吨酮类和萘吡喃酮类也广泛分布。另挥发油中长链烷烃和长链脂肪酸是其主要成分。

主要药用植物有：谷精草属 Eriocaulon，如谷精草 E. buergerianum Koern.、白药谷精草 E. cinereum R. Br.、华南谷精草 E. sexangulare Linn. 和毛谷精草 E. australe R. Br. 等。

（郭庆梅）

gǔjīngcǎo

谷精草 (Eriocaulon buergerianum Koern., buerger pipewort)

谷精草科谷精草属植物。

草本。叶线形，4~10cm，宽 2~5mm。花葶多数，25~30cm，4 或 5 棱；鞘 3~5cm；通常的花托密被长柔毛；头状花序禾秆色，近球形，长 3~5mm；总苞片圆形至倒卵形，长 2.0~2.5mm，后脱落；花的苞片倒卵形至长倒卵形，背面上部及顶端有白短毛。雄花：花萼佛焰苞状，先端 3 浅裂，长 1.8~2.5mm；花冠裂片 3，近等长，近顶处各有 1 黑色腺体；雄蕊 6，花药黑色。雌花：萼合生，外侧开裂，顶端 3 浅裂，长 1.8~2.5mm，背面及顶端有短毛，外侧裂口边缘有毛；花瓣 3 枚，离生，扁棒形，肉质，具黑色腺体及白短毛；子房 3 室，花柱 3。种子矩圆状，长 0.75~1.00mm，表面具突起。花果期 7~12 月。图 1。中国分布于华中、华东和华南，以及四川、贵州等地。生于稻田、水边。

图 1 谷精草（邬家林摄）

带花茎的头状花序入药，药材名谷精草，传统中药，最早记载于《本草拾遗》。《中华人民共和国药典》（2020 年版）收载，具有疏散风热，明目退翳的功效。现代研究表明谷精草具有抗菌、抗氧化、降糖、保护神经等作用。

花序含有黄酮类、酚类、挥发油等化学成分。黄酮类主要有高车前素、高车前素-7-O-葡萄糖苷等；酚类如 γ-生育酚乙酸酯等。全草含有黄酮类、呫吨酮类、萘吡喃酮类化学成分。黄酮类主要有高车前素、泽兰黄酮、棕矢车菊素和万寿菊素，以及这些化合物的糖苷；呫吨酮类化合物有1,3,6-三羟基-2,5-二甲基呫吨酮、1,3,6,8-四羟基-2-甲基呫吨酮、1,3,6-三羟基-5,7-二甲基呫吨酮等；萘吡喃酮类主要有（R）-semixanthomegnin、决明内酯-9-O-β-D-葡萄糖苷、（-）-semivioxanthin-9-O-β-D-glucopyranoside 等。

谷精草属植物全世界约 400 种，中国约 34 种。药用种类还有白药谷精草 *E. cinereum* R. Br.、华南谷精草 *E. sexangulare* Linn. 和毛谷精草 *E. australe* R. Br. 等。

（郭庆梅）

héběnkē

禾本科（Poaceae, Gramineae）

1 年生、2 年生或多年生草本或木本植物，有或无地下茎，地上茎通称秆，秆中空有节；单叶，叶通常由叶片和叶鞘组成，叶鞘包着秆，通常 1 侧开裂；叶片扁平，线形、披针形或狭披针形，脉平行；叶片与叶鞘交接处内面常有 1 小片称叶舌；叶鞘顶端两侧各有 1 叶耳；花序常由小穗排成穗状、总状、指状、圆锥状等型式；小穗有花 1 至多朵，排列于小穗轴上，基部有 1~2 片或多片不孕的苞片，称为颖；花两性、单性或中性，通常小，为外稃和内稃包被着，外稃与内稃中有 2 或 3 小薄片，称鳞被或浆片；雄蕊通常 3，子房 1 室，有 1 胚珠，花柱 2；柱头常为羽毛状或刷帚状；果实为颖果。种子有丰富的胚乳。全世界 700 多属 11 000 多种，中国有 200 余属，约 1500 种。

本科植物中多元酚和黄酮类化合物普遍存在，常见的成分有木犀草素、麦黄素、芹菜素及其衍生物等。生物碱类、萜类、甾体类、挥发油成分见于部分属种。稻属 *Oryza* 主要含二萜类和生物碱；白茅属 *Imperata* 主要含三萜类，如芦竹素、白茅素等。

主要药用植物有：①芦苇属 *Phragmites*，如芦苇 *P. australis*（Cavanilles）Trin. ex Steudel、毛里求斯芦苇 *P. mauritianus* Kunth。②白茅属 *Imperata*，如白茅 *I. cylindrica* Beauv.。③淡竹叶属 *Lophatherum*，如淡竹叶 *L. gracile* Brongn、中华淡竹叶 *L. sinense* Rendle。④刚竹属 Phyllostachys，如淡竹 *P. glauca* McClure。⑤玉蜀黍属 Zea，如玉米 *Z. mays* L.。⑥小麦属 *Triticum*，如普通小麦 *T. aestivum* Linn.。⑦薏苡属 *Coix*，如薏苡 *C. lacryma-jobi* L.。⑧大麦属 Hordeum，大麦 *H. vulgare* L.。另外，还有香茅属 *Cymbopogon*，狼尾草属 *Pennisetum*，甘蔗属 *Saccharum*，狗尾草属 *Setaria*，高粱属 *Sorghum*，芨芨草属 *Achnatherum* 等。

（郭庆梅 尹春梅）

yìyǐ

薏苡 [*Coix lacryma-jobi* L. var. *ma-yuen*（Rom. Cail.）Stap, Job's tears]

禾本科薏苡属植物。

1 年或多年生，秆高 1.0~1.5m，直径约 3mm。叶条状披针形，宽 1.5~3.0cm。总状花序成束腋生，长 4~10cm，直立或下垂，具长梗；雌小穗位于花序之下部，外面包以骨质念珠状之总苞，总苞卵圆形，长 8~12mm，直径 4~9mm；雄小穗复瓦状排列于总状花序上部；雄蕊常退化；雌蕊具细长的柱头，从总苞的顶端伸出。颖果白色或黄色，长 5~8mm。花果期 6~12 月。图 1。中国大部分地区均有分布，生于海拔 200~2000m 的池塘、河沟、山谷或易受涝的农田。世界热带、亚热带的热湿地带均有种植或逸生。

种仁入药，药材名薏苡仁，又称薏米、薏仁，传统中药，最早载于《神农本草经》。《中华人民共和国药典》（2020 年版）收载。有利水渗湿，健脾止泻，除痹，排脓，解毒散结功效。现代研

图 1 薏苡 (陈虎彪摄)

究表明有抗肿瘤、抑制骨骼肌收缩、镇痛、解热、抗炎等作用。

种仁含脂肪酸及其酯类、甾醇类、三萜类、黄酮类、多糖、生物碱类等化学成分。脂肪酸及酯类有薏苡仁酯、薏苡内酯、甘油三油酸酯等，具有抗肿瘤活性，《中华人民共和国药典》（2020 年版）规定薏苡药材中甘油三油酸酯含量不低于 0.50%，药材中含量为 0.53%~1.04%。

薏苡属植物世界约 10 种，中国有 5 种 2 变种。

（高微微）

dàmài

大麦 （Hordeum vulgare L., barley） 禾本科大麦属植物。

秆粗壮，光滑无毛，直立，高 50~100cm。叶鞘松弛抱茎；两侧有较大的叶耳；叶舌膜质，长 1~2mm；叶片扁平，长 9~20cm，宽 6~20mm。穗状花序长 3~8cm（芒除外），径约 1.5cm 小穗稠密，每节着生 3 枚发育的小穗，小穗通常无柄，长 1.0~1.5cm（除芒外）；颖线状披针形，微具短柔毛，先端延伸成 8~14mm 的芒；外稃顶端延伸成长芒 8~15cm，边棱具细刺，内稃与外稃等长。颖果腹面有纵沟或内陷，

先端有短柔毛，成熟时与外稃粘着。花期 3~4 月，果期 4~5 月。图 1。世界各地栽培。

成熟果实经发芽后入药，药材名麦芽，传统中药，最早记载于《名医别录》。《中华人民共和国药典》（2020 年版）收载，具有行气消食、健脾开胃、回乳消胀功效。现代研究表明麦芽具有促进消化、抗炎等作用。

图 1 大麦 (陈虎彪摄)

麦芽中含有黄酮类、生物碱类、甾体类、有机酸类等化学成分。黄酮类主要有儿茶素、杨梅素、山奈酚等；生物碱类主要有大麦芽碱，大麦芽胍碱 A、B，腺嘌呤等；甾体类主要有 β-谷甾醇、胡萝卜苷、豆甾-5-烯-3-醇-7-酮。

大麦属全世界约有 30 种，中国连同栽培约 15 种。灰大麦

H. glaucum Steud. 为美洲传统药用植物，全草治疗膀胱疾病；药用植物还有六列大麦 H. vulgare L. var. hexastichon Aschers 等。

（尹春梅）

dànzhúyè

淡竹叶 （Lophatherum gracile Brongn., lophatherum） 禾本科淡竹叶属植物。

多年生草本，具木质缩短的根状茎。须根稀疏，其近顶端或中部常膨大为纺锤形。秆高 40~100cm。叶片披针形，宽 2~3cm，基部狭缩呈柄状，有明显小横脉。圆锥花序；小穗条状披针形，具极短的柄，排列稍偏于穗轴的一侧，长 7~12mm（连芒），宽 1.5~2.5mm，脱节于颖下；不育外稃互相紧包并渐狭小，其顶端具长 1~2mm 的短芒成束而似羽冠。颖果纺锤形，深褐色。花期 6~9 月，果期 8~10 月。图 1。中国长江以南各地；生山坡林下或荫蔽处。日本，东南亚也有。

茎叶入药，药材名淡竹叶，传统中药，最早记载于《本草纲目》，《中华人民共和国药典》（2020 年版）收载，具有清热泻火，除烦止渴，利尿通淋功效。现代研究证明淡竹叶具有解热、抗菌、抗氧化、保肝、收缩血管、抗病毒、降血脂、利尿等作用。

茎叶主要含有黄酮类、三萜类、酚酸类等化学成分。黄酮类主要有异荭草苷、牡荆苷、苜蓿素-7-O 葡萄糖苷等，具有抗氧化、抗衰老、降血脂、抗菌、消炎、抗病毒、增强免疫功能等作用；三萜类主要有芦竹素、印白茅素、蒲公英赛醇和无羁萜等。

淡竹叶属植物全世界有 2 种，中国有 2 种。药用植物还有中华淡竹叶 L. sinense Rendle 等。

（郭庆梅 尹春梅）

图 1 淡竹叶（陈虎彪摄）

báimáo

白茅 ［Imperata cylindrica（L.）Beauv. var. major（Nees）C. E. Hubb., lalang grass］禾本科白茅属植物。又称大白茅。

多年生草本，株高 20～100cm。根茎白色，匍匐横走，密被鳞片。秆直立，圆柱形，光滑无毛。叶线形或线状披针形，长 10～40cm，宽 2～8mm，顶端渐尖，边缘粗糙，上面被细柔毛；顶生叶片短小。圆锥花序穗状，较稀疏细弱，长 6～15cm，小穗披针形，基部密生长 1.2～1.5cm 的丝状柔毛；花两性，每小穗具 1 花；两颖相等或第 1 颖稍短而狭；稃膜质，第 1 外稃卵状长圆形，

内稃短，第 2 外稃披针形，与内稃等长；雄蕊 2，雌蕊 1，具较长的花柱，柱头羽毛状。颖果椭圆形，长约 1mm。花、果期 5～8 月。图 1。中国分布于东北、华北、华东、中南、西南，以及陕西、甘肃等省。朝鲜、日本亦有分布。

根茎入药，药材名白茅根，最早记载于《神农本草经》，《中华人民共和国药典》（2020 年版）收载，具有凉血止血、清热利尿的功效。现代研究表明具有止血、抗炎、利尿等作用。花穗入药，具有促凝血的作用。

根茎含三萜类、黄酮及色原酮类和内酯类等化学成分。三萜类主要有芦竹素、白茅素、木栓酮等，白茅素有抑制血管平滑肌收缩的作用；黄酮及色原酮类主要有木犀草啶（5,7,3,4-四羟基花色素）、5-羟基-2-苯乙烯基色原酮、5-羟基-2-［2-（2-羟基苯基）乙基］色原酮；内酯类主要有白

头翁素、薏苡素等。

白茅属全世界有 10 种，中国有 4 种。巴西白茅 I. brasiliensisi Trin. 根在巴西用于脊柱损伤，阿根廷用于发汗、利尿等。

（郭庆梅　尹春梅）

lúwěi

芦苇 ［Phragmites communis Trin., Phragmites australis（Cav.）Trin., common reed］禾本科芦苇属植物。

多年生高大草本。根状茎匍匐，粗壮，节间中空，节上生芽。秆直立，中空，高 1～3m，直径 0.2～1.0cm，节下常有白粉。叶 2 列，互生；叶鞘圆筒形；叶舌极短，平截，或成一圈纤毛；叶片扁平，长 15～45cm，宽 1.0～3.5cm。圆锥花序顶生，疏散，长 10～40cm，稍下垂，下部分枝腋部有白柔毛；小穗通常含 4～7 小花，长 1.2～1.6cm；颖 3 脉。第一小花常为雄性，其外稃长 1.0～1.6cm；基盘细长，有长 0.6～1.2cm 的柔毛；内稃长约 3.5mm。颖果椭圆形至长圆形。花、果期 7～11 月。图 1。全球广泛分布。生于池塘、湖泊、河道、海滩和湿地。

干燥或新鲜的根茎入药，药

图 1 白茅（陈虎彪摄）

图 1 芦苇（陈虎彪摄）

材名芦根，传统中药，最早记载于《名医别录》。《中华人民共和国药典》（2020年版）收载，具有清热泻火，生津止渴，除烦，止呕，利尿等功效。现代研究表明芦根具有抗菌、免疫调节、抗氧化、保肝等作用。

根茎含多糖、生物碱类、三萜类、有机酸类、黄酮类等化学成分。芦根多糖由阿拉伯糖、木糖和葡萄糖组成，具有免疫促进、保肝活性；生物碱类有芦竹碱、蟾毒特宁、N,N-二甲色胺等；三萜类有蒲公英赛醇、蒲公英赛酮、西米杜鹃醇等；有机酸有阿魏酸、香草酸、咖啡酸等。

芦苇属10种，中国有3种。南方芦苇 *P. australis* （Cav.）Trin. ex Steudel 为西班牙、澳大利亚药用植物。毛里求斯芦苇 *P. mauritianus* Kunth 为马达加斯加药用植物。

（郭庆梅　尹春梅）

dànzhú

淡竹［*Phyllostachys nigra* （Lodd.）Munro var. *henonis* （Mitf.）Stapf ex Rendle, glaucous bamboo］禾本科刚竹属植物。又称毛金竹。

秆高可达11m，直径4.7cm，节间绿色，解箨后有白粉，长

图1　淡竹（陈虎彪摄）

5~22（40）cm；秆环与箨环均隆起；箨鞘先端窄，截平，背部无毛，全部绿色，稍带淡红褐色斑与稀疏的棕色小斑点，有时无斑点；箨耳与繸毛不发达；箨舌黑色顶端截平，边缘有纤毛；箨叶披针形至带状；叶鞘无叶耳，叶舌中度发达，初期紫色；叶片幼时下面沿其脉上微生小刺毛，宽2~3cm。花期6月。图1。中国分布于江苏、浙江等省。常栽培。

茎秆的中间层入药，药材名竹茹，传统中药，最早记载于《本草经集注》，《中华人民共和国药典》（2020年版）收载，具有活血，行气，止痛的功效。现代研究表明竹茹具有抗菌、镇咳、祛痰等作用。

竹茹含有五环三萜类、挥发油、酚酸类等化学成分。五环三萜类主要有木栓酮、木栓醇、羽扇豆烯酮等，具有抗炎、抗氧化、减轻镉中毒等作用；挥发性油主要有2,5-二甲氧基-对-羟基苯甲醛、丁香醛、松柏醛等；酚酸类主要有4-羟基-3-甲氧基肉桂酸乙酯、对香豆酸、咖啡酸、对羟基苯甲酸等。

刚竹属约50种，均分布于中国，药用植物还有水竹 *P. heteroclada* Oliv.、轿杆竹 *P. lithophila* Hayata 等。禾本科的青秆竹 *Bambusa tuldoides* Munro、大头典竹 *Sinocalamus beecheyanus* （Munro）McClure var. *pubescens* P. F. L 的茎秆中间层也为《中华人民共和国药典》（2020年版）收载作为竹茹药材

的来源植物。

（尹春梅）

zōnglǘkē

棕榈科（Palmae）灌木、藤本或乔木，茎单生或几丛生，表面平滑或粗糙，或有刺，或被残存老叶柄的基部或叶痕。叶互生，在芽时折叠，羽状或掌状分裂，稀全缘；叶柄基部通常扩大成具纤维的鞘。花小，单性或两性，雌雄同株或异株，有时杂性，组成分枝或不分枝的佛焰花序，花序通常大型多分枝；花萼和花瓣各3，离生或合生；雄蕊通常6，2轮，花药2室，纵裂；子房1~3室或3个心皮离生或于基部合生，柱头3。果实为核果或硬浆果；果皮光滑或有毛、有刺、粗糙或被以覆瓦状鳞片。种子通常1个，有时2~3个，与外果皮分离或粘合，胚乳均匀或嚼烂状。全世界约183属2450种，中国约有18属100余种，栽培属种较多。

本科主要化学成分有生物碱类、酚类、黄酮类、三萜类、甾体类、多糖等。生物碱类如槟榔碱可用于治疗绦虫、多种关节炎症；酚类主要有儿茶素、表儿茶素、没食子酸、表没食子儿茶素、表没食子儿茶素没食子酸酯和单宁酸等。

主要药用植物有：①槟榔属 *Areca*，如槟榔 *A. catechu* Linn.。②椰子属 *Cocos*，如椰子 *C. nucifera* Linn.。③黄藤属 *Daemonorops*，如麒麟竭 *D. draco* Bl.、黄藤 *D. margaritae* （Hance）Becc.。④棕榈属 *Trachycarpus*，如棕榈 *T. fortune* （Hook.）H. Wendl. 等。⑤油棕属 *Elaeis*，如油棕 *E. guineensis* Jacq.。还有蒲葵属 *Livistona*、刺葵属 *Phoenix*、棕竹属 *Rhapis*、桄榔属 *Arenga*、省藤属 *Calamus*、尾葵属 *Caryota*、

散尾葵属 *Chrysalidocarpus* 等。

（齐耀东）

bīngláng
槟榔（*Areca catechu* L.，betel palm） 棕榈科槟榔属植物。

茎直立，乔木状，高约 10m，有明显的环状叶痕。叶簇生于茎顶，长 1.3~2.0m，羽片多数，狭长披针形，长 30~60cm，宽 2.5~4.0cm，上部的羽片合生，顶端有不规则齿裂。雌雄同株，花序多分枝，花序轴粗壮压扁，分枝曲折，长 25~30cm，上部着生 1 或 2 列的雄花，雌花单生于分枝的基部；雄花小，常单生，萼片卵形，长不到 1mm，花瓣长圆形，长 4~6mm，雄蕊 6，花丝短，退化雌蕊 3；雌花较大，萼片卵形，花瓣近圆形，长 1.2~1.5cm，退化雄蕊 6，合生。果实长圆形或卵球形，长 3~5cm，橙黄色，中果皮厚，纤维质。种子卵形，胚乳嚼烂状。花果期 3~4 月。图 1。亚洲热带广泛栽培。

种子入药，药材名槟榔，传统中药，最早记载于《名医别录》。《中华人民共和国药典》（2020 年版）收载，具有杀虫，消积，行气，利水，截疟的功效。现代研究表明具有抑制或杀灭多种寄生虫、增加肠蠕动、抗肿瘤、镇痛、消炎、抗氧化等作用。果皮入药，药材名大腹皮，具有行气宽中，行水消肿的功效。现代研究表明具有调节胃肠动力的作用。

种子中含有黄酮类、生物碱类、酚类等化学成分。黄酮类主要有儿茶素，表儿茶素，原矢车菊素 A-1、B-1、B-2 等；生物碱类主要有槟榔碱、槟榔次碱、去甲基槟榔碱、去甲基槟榔次碱等，《中华人民共和国药典》（2020 年版）规定槟榔药材中槟榔碱含量不低于 0.20%，药材中槟榔碱含量为 0.235%~1.037%。

槟榔属全世界约 47 种，中国有 2 种，野生 1 种，栽培 1 种。

（齐耀东）

qílínjié
麒麟竭（*Daemonorops draco* Blume，dragon's blood palm） 棕榈科黄藤属植物。又称龙血藤。

多年生常绿藤本，长 10~20m。茎具叶鞘并遍生尖刺。羽状复叶在枝梢上互生，下部有时对生；叶柄及叶轴具锐刺；小叶线状披针形，长 20~30cm，宽 3cm，先端锐尖，基部狭。肉穗花序，淡黄色冠状花，单性，雌雄异株；花被 6，排成 2 轮；雄花雄蕊 6，花药长锥形；雌花有不育雄蕊 6，雌蕊 1，瓶状，子房密被鳞片，花柱短，柱头 3 深裂。果实核果状，卵状球形，2~3cm，赤褐色，具黄色鳞片，果实内含深赤色的液体树脂，常于鳞片下渗出，干后如血块状。种子 1 枚。图 1。分布于印度尼西亚、马来西亚、伊朗。中国台湾、

图 1　槟榔（陈虎彪摄）

图 1　麒麟竭（王秋玲摄）

广东、海南有栽培。

果实渗出的树脂加工品树脂入药，药材名血竭，又称麒麟竭，传统中药，最早以骐驎竭之名记载于《雷公炮炙论》。《中华人民共和国药典》（2020 年版）收载，具有活血定痛，化瘀止血，生肌敛疮的功效。现代研究表明具有抗炎、抗菌、抗血栓的作用。

树脂含有黄酮类、三萜类、二萜类等化学成分。黄酮类主要有血竭红素、血竭素、去甲基血竭红素、去甲基血竭素、（2*S*）-5-甲氧基黄烷-7-醇等，《中华人民共和国药典》（2020 年版）规定血竭药材中血竭素含量不低于 1.0%，药材中含量为 0.003%~4.717%；三萜类主要有紫檀醇、齐墩果醛、熊果醛等；二萜类主要有海松酸、异海松酸、松香酸等。

黄藤属全世界约 100 种，中国产 1 种，药用植物还有黄藤 *D. margaritae*（Hance）Becc. 等。

（齐耀东）

jùyèzōng
锯叶棕［*Serenoa repens*（Bartram）Small，saw palmetto］ 棕榈科锯棕属植物。又称锯箸棕。

灌木，叶柄具有锋利的棘状突起，叶子内陆为浅绿色，沿海地区有银白色，叶棕榈样分裂，叶长 1~2m，小叶长 50~100cm，叶缘具锯齿；圆锥花序，花黄白色，果实为核果，黑色。分布于美洲气候炎热的地区。图 1。

图 1　锯叶棕（陈虎彪摄）

果实入药。美洲印第安人使用，具有利尿、镇静、解痉、催欲和强壮功效，《美国药典》和《英国草药典》收载，现代研究表明具有抗良性前列腺增生、解痉、抗肿瘤、抗炎、抗水肿、抗菌、增强免疫等作用。

果实主要含有脂肪酸、植物固醇、脂醇类、三萜类和倍半萜类等化学成分，脂肪酸主要有油酸、月桂酸、肉豆蔻酸、棕榈酸、亚油酸等；植物甾醇有豆甾醇、油菜甾醇等；脂醇类有植醇、牻牛儿基牻牛儿醇、二十六醇等。

锯棕属全世界约 8 种。

（刘　勇　郭宝林）

zōnglú

棕榈［*Trachycarpus fortunei*（Hook.）H. Wendl., Chinese windmill palm］棕榈科棕榈属植物。

乔木状，高 3~10m 或更高，树干圆柱形，被不易脱落的老叶柄基部和密集的网状纤维。叶片近圆形，深裂成 30~50 片具皱褶的线状剑形，宽 2.5~4.0cm，长 60~70cm 的裂片；叶柄长 75~80cm。花序粗壮，多次分枝，从叶腋抽出，常雌雄异株。雄花序长约 40cm，具有 2~3 个分枝花序；雄花每 2~3 朵密集着生于小穗轴上，黄绿色；花萼 3 片，卵状急尖，花瓣阔卵形，雄蕊 6 枚；雌花序长 80~90cm，有 3 个佛焰苞，具 4~5 个圆锥状的分枝花序；雌花淡绿色，通常 2~3 朵聚生；花无梗，球形。果实阔肾形。种子胚乳角质。花期 4 月，果期 12 月。图 1。中国分布于长江以南各省区。常栽培，野生罕见。日本也有分布。

叶柄入药，药材名棕榈，传统中药，以"拼榈木皮"之名最早记载于《本草纲目拾遗》。《中华人民共和国药典》（2020 年版）收载，具有收敛止血的功效。现代研究表明具有止血、兴奋平滑肌、抗生育的作用。

叶及叶柄中含有黄酮类、甾体类、酚酸类等化学成分。黄酮类主要有木犀草素-7-*O*-葡萄糖苷、木犀草素-7-*O*-芸香糖苷等；甾体类主要有甲基原棕榈皂苷 B 等；酚酸类主要有原儿茶酸、原儿茶醛、对羟基苯甲酸、没食子酸等。

棕榈属全世界约 8 种，中国约 3 种，药用植物还有龙棕 *T. nana* Becc. 等。

（齐耀东）

tiānnánxīngkē

天南星科（Araceae）　草本，具块茎或伸长的根茎；稀为攀缘灌木或附生藤本，植物体常含有苦味水汁或乳汁。叶单一或少数，常基生；叶柄基部或一部分呈鞘状；叶片多为箭形、戟形、全缘或掌状、鸟足状或放射状分裂，多具网状脉，少为平行脉。肉穗花序，外面常有佛焰苞包围；花两性或单性，辐射对称；花单性时雌雄同株（同花序）或异株，雌雄同序者，雌花位于花序轴下部，雄花位于花序轴上部；花被缺或 4~8 个鳞片状体；雄蕊 1 至多数，分离或合生成雄蕊柱，退化雄蕊常存在；子房上位或稀陷入肉穗花序轴内，心皮 1 至数枚，合生，每室胚珠 1 至多数。果实为浆果状，密集于花序轴上。种子 1 至多数。全世界有 115 属，2000 余种。中国有 35 属，206 种。

本科植物普遍含有皂苷类、氰苷类、黄酮类等成分，其中天南星属含有脂肪酸及甾醇类、生物碱类、氨基酸类等成分；半夏属常含有挥发油类、生物碱类、氨基酸类、多糖和脑苷类成分，脑苷类成分具有止吐作用；千年健属和菖蒲属富含挥发油，油中含 α-蒎烯、β-蒎烯、芳樟醇、乙

图 1　棕榈（陈虎彪摄）

酸芳樟酯、二氢枯茗醇等；芋属、魔芋属主要含聚多糖、杂多糖，常供食用。

本科主要药用植物有：①天南星属 Arisaema，如天南星 A. erubescens（Wall.）Schott、异叶天南星 A. heterophyllum Blume、东北天南星 A. amurense Maxim. 等。②半夏属 Pinellia，如半夏 P. ternata（Thunb.）Breit.、掌叶半夏 P. pedatisecta Schott 等。③菖蒲属 Acorus，如石菖蒲 A. tatarinowii Schott、藏菖蒲 A. calamus L. 等。④犁头尖属 Typhonium，如独角莲 T. giganteum Engl.、鞭檐犁头尖 T. flagelliforme（Lodd.）Bl. 等。⑤千年健属 Homalomena，如千年健 H. occulta（Lour.）Schott 等。

（谈献和）

shíchāngpú

石菖蒲（Acorus tatarinowii Schott, acorus tatarinowii） 天南星科菖蒲属植物。

多年生草本。根茎横卧，芳香，粗 5~8mm，外皮黄褐色，节间长 3~5mm，根肉质，具多数须根，根茎上部分枝甚密，因而植株成丛生状，分枝常被纤维状宿存叶基。叶片薄，线形，长 20~30cm，基部对折，中部以上平展，宽 7~13mm，先端渐狭，基部两侧膜质，叶鞘宽可达 5mm，上延几达叶片中部，暗绿色，无中脉。花序柄腋生，三棱形；叶状佛焰苞长 13~25cm，为肉穗花序长的 2~5 倍或更长；肉穗花序圆柱状，上部渐尖，直立或稍弯；花白色。成熟果穗长 7~8cm，粗可达 1cm；黄绿色或黄白色。花、果期 2~6月。图 1。中国分布于黄河以南各地。生于密林下的湿地或溪涧旁石上，海拔 20~2600m。印度、泰国也有分布。

根茎入药，药材名石菖蒲，传统中药，始载于《神农本草经》。《中华人民共和国药典》（2020 版）收载，具有开窍豁痰、醒神益智、化湿开胃的功效。现代研究表明具有抗惊厥、解痉、促进记忆、降温和抗肿瘤等功效。

根茎中含挥发油、有机酸类、萜类、黄酮类等化学成分。挥发油为主要有 α-细辛醚、β-细辛醚、莰烯、β-芳樟醇等，具有抗抑郁、降血压、抗肿瘤等作用，《中华人民共和国药典》（2020 版）规定药材中挥发油含量不低于 1.0%；有机酸类有原儿茶酸、阿魏酸等；萜类有环阿屯醇、水菖蒲酮、菖蒲螺烯酮等；黄酮类有野漆树苷、紫云英苷、草质素苷等。

菖蒲属植物全世界有 4 种，中国都分布，均可药用，有藏菖蒲 A. calamus L.、长苞菖蒲 A. rumphianus S. Y. Hu、金钱蒲 A. gramineus Soland.。

（张 瑜）

zàngchāngpú

藏菖蒲（Acorus calamus L., calamus） 天南星科菖蒲属植物。又称菖蒲。

多年生草本。根茎横走，稍扁，分枝，直径 5~10mm，外皮黄褐色，芳香。叶基生，基部两侧膜质，叶鞘宽 4~5mm，向上渐狭；叶片剑状线形，长 90~150cm，中部宽 1~3cm。花序柄三棱形，长 15~50cm；叶状佛焰苞剑状线形，长 30~40cm；肉穗花序斜向上或近直立，狭锥状圆柱形，长 4.5~8.0cm，直径 6~12mm；花黄绿色，花被片长约 2.5mm；花丝长约 2.5mm；子房长圆柱形，长约 3mm。浆果长圆形，红色。花期 2~9月。图 1。中国各地分布。生于水边、沼泽湿地或湖泊浮岛上，海拔 2600m 以下。世界温带、亚热带都有分布。

图 1　石菖蒲（陈虎彪摄）

图 1　藏菖蒲（陈虎彪摄）

根茎入药，药材名藏菖蒲，《中华人民共和国药典》（2020版）收载，具有温胃、消炎止痛的功效。现代研究表明具有平喘、解痉、抗菌、抗性腺、镇咳和祛痰等功效。

根茎中含挥发油、萜类、黄酮类、生物碱类、多糖、甾类及皂苷等化学成分。挥发油主要有β-细辛脑、α-细辛醚、芳樟醇、表菖蒲烷、1-羟基表菖蒲烷等，有抑菌作用，《中华人民共和国药典》（2020版）规定药材中挥发油含量含量不低于2.0%；黄酮类有高良姜素-5,7-二羟基黄酮醇、木犀草素-6,8-C-二葡萄糖苷等。

菖蒲属植物情况见石菖蒲。

（张 瑜）

tiānnánxīng

天南星（*Arisaema erubescens*（Wall.）Schott, blushred arisaema）天南星科天南星属植物。

多年生草本。块茎近圆球形，直径2~5cm。叶常单一；叶柄下部鞘状，下部具膜质鳞叶2~3；叶片鸟足状分裂，裂片11~19，线状长圆形或倒披针形，中裂片比两侧短小。花序柄从叶柄中部分出；佛焰苞管部长3~6cm，喉部截形，檐部卵状披针形；花序轴与佛焰苞完全分离；肉穗花序两性或雄花序单性；两性花序下部雌花序长约2cm，花密，上部雄花序长约3cm，花疏；单性雄花序长3~5cm；附属器长达20cm，伸出佛焰苞喉部后呈"之"字形上升。果序近圆锥形，浆果熟时红色。种子黄红色。花期4~5月，果期6~9月。图1。中国分布于除西北地区、西藏外大部分省区。生于林下、灌丛或草地，海拔2700m以下。日本、朝鲜也有分布。

图1 天南星（陈虎彪摄）

块茎入药，药材名天南星，传统中药，始载于《本草拾遗》。《中华人民共和国药典》（2020版）收载，具有散结消肿、外用治痈肿及蛇虫咬伤的功效。现代研究表明具有祛痰、抗肿瘤、镇静、抗心律失常、抗凝血、镇痛和抗氧化等功效。

块茎中含生物碱类、凝集素类、黄酮类、脑苷类、甾醇类、挥发油等化学成分。生物碱类有葫芦巴碱、氯化胆碱、秋水仙碱、胆碱和水苏碱等，凝集素类有血液凝集素、淋巴凝集素等，有抗凝血作用；黄酮类有芹菜素、夏佛托苷、异夏佛托苷等，《中华人民共和国药典》（2020版）规定天南星药材总黄酮含量不低于0.050%；甾醇类有β-谷甾醇、豆甾醇等；挥发油有甲酚、苯乙烯、2-烯丙基呋喃等。

天南星属植物全世界约有150种，中国分布有82种。东北天南星 *A. amurense* Maxim.、异叶天南星 *A. heterophyllum* Blume hidden 也被《中华人民共和国药典》（2020年版）收载为药材天南星的来源植物。药用植物还有白苞

南星 *A. candidissimum* W. W. Sm.、象南星 *A. elephas* Buchet、三匹箭 *A. inkiangense* H. Li、鄂西南星 *A. silvestrii* Pamp.、湘南星 *A. hunanense* Hand.-Mazt.、高原南星 *A. intermedium* Blume、红根南星 *A. calcareum* H. Li 等。

（张 瑜）

qiānniánjiàn

千年健[*Homalomena occulta*（Lour.）Schottt, homalomena] 天南星科千年健属植物。

多年生草本。根肉质，密被淡褐色短绒毛。根茎匍匐，细长；常具高30~50cm的直立的地上茎。鳞叶线状披针形，长达16cm，基部宽2.5cm，向上渐狭，锐尖；叶柄长20~40cm，下部具鞘；叶片膜质至纸质，箭状心形至心形，长15~30cm，先端骤狭渐尖。花序1~3，生鳞叶之腋，花序柄短于叶柄；佛焰苞绿白色，长圆形至椭圆形，长5.0~6.5cm，花前席卷成纺锤形；肉穗花序长3~5cm；雌花序长1.0~1.5cm；雄花序长2~3cm；子房长圆形，基部1侧具假雄蕊1，子房3室。浆果，种子褐色，长圆形。花期7~9月。图1。中国分布于广东、海南、广西、云南等省区。生于沟谷密林下、竹林和山坡灌丛中，海拔80~1100m。中南半岛有分布。

根茎入药，药材名千年健。最早载于《纲目拾遗》。《中华人民共和国药典》（2020年版）收载，具有祛风湿、壮筋骨的功效。现代研究表明具有抗炎、镇痛、抗老年痴呆、抗骨质疏松、抗病原微生物、杀虫、抗肿瘤、抗氧化和调节心率等作用。

千年健的根茎中含挥发油、有机酸类、黄酮类、倍半萜类、

图1 千年健（陈虎彪摄）

生物碱类等化学成分。挥发油有α-蒎烯、β-蒎烯、柠檬烯、芳樟醇、α-松油醇、橙花醇等，具有抗炎、镇痛的作用，《中华人民共和国药典》（2020年版）规定药材中芳樟醇含量不低于0.20%，药材中含量为0.205%~0.542%；有机酸类有原儿茶酸、对羟基苯甲酸、香草酸等。

千年健属植物全世界有140种，中国有3种。

（张 瑜）

bànxià

半夏 [*Pinellia ternata* （Thunb.） Breit.， pinellia ternate] 天南星科半夏属植物。

多年生草本，高15~30cm。块茎球形，直径0.5~1.5cm。叶2~5，幼时单叶，2~3年后为三出复叶；叶柄长达20cm，近基部内侧和复叶基部生有珠芽；叶片卵圆形至窄披针形，中间小叶较大，长5~8cm，先端锐尖，两面光滑，全缘。花序柄与叶柄近等长或更长；佛焰苞卷合成弧曲形管状，绿色，上部内面常为深紫红色；肉穗花序顶生；其雌花序轴与佛焰苞贴生，绿色，长6~

7cm；雄花序长2~6cm；附属器长鞭状。浆果卵圆形，绿白色。花期5~7月，果期8月。图1。中国分布于除内蒙古、新疆、青海、西藏外的各地。生于山坡、溪边阴湿的草丛中或林下。多栽培。朝鲜、日本也有。

图1 半夏（陈虎彪摄）

块茎入药，药材名半夏，传统中药，最早记载于《神农本草经》。《中华人民共和国药典》（2020版）收载，具有燥湿化痰、降逆止呕、消痞散结的功效。现代研究表明具有镇吐、镇咳、祛痰、抗癌、抗生育、抗心律失常和镇静催眠等作用。

块茎中含生物碱类、脑苷类、芳香酸类、脂肪酸及酯类、多糖、挥发油、半夏蛋白等化学成分。生物碱类有1-麻黄碱、胆碱、葫芦巴碱等，是半夏镇咳祛痰的有效成分；脑苷类有1-*O*-glucosyl-*N*-2′-acetoxypalmitoyl-4, 8-sphingodienine、pinelloside 等，具有止吐、抗微生物活性；挥发油有1-辛烯、3-甲基-二十烷、丁基乙烯基醚、香橙烯、棕榈酸乙酯等；芳香酸

类有尿黑酸、原儿茶醛、姜烯酚、阿魏酸等；半夏多糖具有抗肿瘤、抗氧化等作用；半夏蛋白中有半夏胰蛋白酶抑制剂、半夏凝集素等，半夏胰蛋白酶抑制剂具有抗肿瘤活性。

半夏属植物全世界有6种，中国分布有5种，均可药用，如虎掌 *P. pedatisecta* Schott、滴水珠 *P. cordata* N. E. Brown、石蜘蛛 *P. integrifolia* N. E. Brown 和盾叶半夏 *P. peltata* Pei。

（张 瑜）

dújiǎolián

独角莲 （ *Typhonium giganteum* Engl.， typhonium gigantic） 天南星科犁头尖属植物。

多年生草本。块茎卵圆形或卵状椭圆形，外被黑褐色小鳞片，上端有须根。叶根生，1~4片，戟状箭形，先端渐尖，全缘或略呈波状；叶柄圆柱形，肉质。花梗长8~16cm，肉质，常带紫色细纵条斑点；肉穗花序，顶端延长成紫色棒状附属物，不超出佛焰苞；佛焰苞长12~15cm，紫色；花单性，雄花序在上部，雌花序在下部，中间相隔5~8mm，上有肉质条状突起；无花被；雄花有雄蕊1~3枚；雌花子房1室，柱头无柄。浆果。花期6~8月，果期7~9月。图1。中国特有，分布于河北、山东、吉林、辽宁、河南、湖北、陕西、甘肃、四川、西藏等地，生于阴湿的林下、山涧、水沟及庄稼地。多栽培。

块茎入药，药材名白附子，传统中药，最早记载于《名医别录》。《中华人民共和国药典》（2020年版）收载，具有祛风痰、定惊搐、解毒散结、止痛的功效。现代研究表明具有抗肿瘤、镇静、镇痛、抑菌、抗炎、催吐和刺激等作用。

图 1 独角莲（陈虎彪摄）

块茎中含脑苷类、挥发油、凝集素、甾体类等化学成分，脑苷类有白附子脑苷 A、B、C、D 等；挥发油主要有 N-苯基-苯胺、α-细辛醚、二苯胺、己醛等。

犁头尖属植物全世界有 35 种，中国分布有 13 种，药用种类还有犁头尖 T. divaricatum（L.）Decne.、鞭檐犁头尖 T. flagelliforme（Lodd.）Blume、金慈姑 T. roxburgii Schott、马蹄犁头尖 T. trilobatum（L.）Schott 等。

（张 瑜）

xiāngpúkē

香蒲科（Typhaceae） 多年生沼生、水生或湿生草本。根状茎横走。地上茎直立。叶 2 列，互生；鞘状叶很短，基生，先端尖；条形叶直立，全缘；叶鞘长，边缘膜质。花单性，雌雄同株，花序穗状；雄花序生于上部至顶端；雌性花序位于下部；苞片叶状，着生于雌雄花序基部，亦见于雄花序中；雄花无花被，通常由 1~3 枚雄蕊组成；雌花无花被，具小苞片，或无；孕性雌花柱头单侧，条形、披针形、匙形，子房上位，1 室，胚珠 1 枚，倒生；不孕雌花柱头不发育。果实纺锤形、椭圆形，果皮具条形或圆形斑点。种子椭圆形，褐色或黄褐色。本科全世界 1 属 16 种，中国有 1 属 12 种。

本科植物主要含有黄酮类、挥发油、有机酸类、甾体类、苯丙素类等。黄酮类如异鼠李素、槲皮素等，具有止血作用；甾体类如香蒲甾醇、β-谷甾醇等。

主要药用植物有：香蒲属 Typha，如水烛香蒲 T. angustifolia L.、东方香蒲 T. orientalis Presl、无苞香蒲 T. laxmannii 等。

（魏胜利）

shuǐzhúxiāngpú

水烛香蒲（Typha angustifolia L.，narrowleaf cattail） 香蒲科香蒲属植物。又名蒲草。

多年生，水生或沼生草本。根状茎乳黄色。地上茎直立，粗壮，高 1.5~2.5m。叶片长 54~120cm，宽 0.4~0.9cm，上部扁平，中部以下腹面微凹，背面向下逐渐隆起呈凸形；叶鞘抱茎。雌雄花序相距 2.5~6.9cm；雄花序轴具褐色柔毛，单出，或分叉；叶状苞片 1~3 枚，花后脱落；雄花由 3 枚雄蕊合生；雌花具小苞片；孕性雌花柱头窄条形或披针形，长 1.3~1.8mm。小坚果长椭圆形，长约 1.5mm，具褐色斑点，纵裂。种子深褐色，长 1.0~1.2mm。花果期 6~9 月。图 1。中国分布于黑龙江、吉林、内蒙古、河北、山东、河南、甘肃等省区。生于湖泊、河流、池塘、沼泽。朝鲜半岛也有分布。

花粉入药，药材名蒲黄，传统中药，最早记载于《神农本草经》。《中华人民共和国药典》（2020 年版）收载，具有止血，化瘀，通淋的功效。现代研究表明蒲黄具有促进血液循环、促凝血、降血脂、免疫调节等作用。

花粉含有黄酮类、有机酸类、甾类等化学成分。黄酮类主要有香蒲新苷、异鼠李素-3-O-新橙皮苷、异鼠李素、槲皮素等，具有改善循环、促凝血等作用，《中华人民共和国药典》（2020 年版）规定蒲黄中含异鼠李素-3-O-新橙皮苷和香蒲新苷的总量不低于 0.5%，药材中二者总量为 0.68%~0.93%。

香蒲属植物全世界约 16 种，中国约有 12 种。东方香蒲 T. latifolia L. 也被《中华人民共和国药典》（2020 版）收载为蒲黄的来源植物。长苞香蒲 T. angustata Bory et Chaub.、达香蒲 T. davidiana（Kronf.）Hand.

图 1 水烛香蒲（陈虎彪摄）

-Mazz.、宽叶香蒲 *T. latifolia* L. 等花粉也具有类似功效。

（魏胜利）

suōcǎokē

莎草科（Cyperaceae）

多年生草本；多数具根状茎。大多数具有三棱形秆。叶基生和秆生，有闭合叶鞘和狭的叶片。花序多样；小穗单生，簇生或排列成穗状或头状，具2至多数花，或退化至仅具1花；花两性或单性，雌雄同株，少有雌雄异株，着生于鳞片（颖片）腋间，鳞片复瓦状螺旋排列或2列，无花被或花被退化成下位鳞片或下位刚毛；雄蕊3个，少有1~2个，花丝线形，花药底着；子房1室，具1个胚珠，花柱单一，柱头2~3个。果实为小坚果。全世界约80余属4000余种，中国有28属500余种。

本科植物多含肉桂酸类、黄酮类、挥发油等化学成分。肉桂酸类主要是肉桂酸、阿魏酸等，黄酮类主要是苜蓿素、木犀草素的苷类和碳苷。

主要药用植物有：①莎草属 *Cyperus*，如莎草 *Cyperus rotundus* L.。②蔍草属 *Scirpus*，如蔍草 *S. triqueter* L.、荆三棱 *S. yagara* Ohwi。③黑三棱属 *Sparganium*，如黑三棱 *S. stoloniferun*、小黑三棱 *Sparanium simplex* Hudson 等。④水蜈蚣属 *Kyllinga*，如水蜈蚣 *K. Brevifolia* Rottb。

（王良信 郭宝林）

suōcǎo

莎草（*Cyperus rotundus* L.；nutgrass galingale）

莎草科莎草属植物。

多年生草本，椭圆形块茎。秆细弱，高15~95cm，锐三棱形，平滑。叶较多，短于秆，宽2~5mm。叶状苞片2~3枚，常长于花序；穗状花序陀螺形，稍疏松，具3~10个小穗；小穗斜展开，线形，长1~3cm，具8~28朵花；雄蕊3，花药长，线形，暗血红色；花柱长，柱头3，细长，伸出鳞片外。小坚果长圆状倒卵形，三棱形。花期6~8月。果期7~11月。图1。中国广泛分布于华北、华东、华中、西南、华南、西北地区。生长于山坡荒地草丛中或水边潮湿处。世界广布。

图1 莎草（潘超美摄）

块茎入药，药材名香附。传统中药。最早记载于《名医别录》。《中华人民共和国药典》（2020年版）收载，具有疏肝解郁，理气宽中，调经止痛的功效。现代研究表明具有解热、镇痛、抗炎、强心、健胃等作用。

块茎含有挥发油、黄酮类等化学成分。挥发油有桉烷型、广藿香烷型、杜松烷型等多种结构倍半萜类和单萜类，其中广藿香烷型和 rotundane 型倍半萜为特征成分，主要有 α,β-香附酮、α,β-莎草醇、香附子烯等，具有解热、镇静、抗惊厥、改善消化系统等作用。《中华人民共和国药典》（2020年版）规定香附药材中挥发油含量不低于0.8%。

莎草属全世界约有550种。中国约有30种。

（王良信 郭宝林）

hēisānléng

黑三棱（*Sparganium stoloniferun*（Graebn.）Buch.-Ham. ex Juz.，common burreed）

莎草科黑三棱属植物。

多年生水生或沼生草本。块茎膨大；根状茎粗壮。茎直立，粗壮，高0.7~1.2m。叶片长40~90cm，具中脉，上部扁平，下部背面呈龙骨状凸起，或呈三棱形，基部鞘状。圆锥花序开展，长20~60cm，每个侧枝着生7~11个雄性头状花序和1~2个雌性头状花序；雄花花被片匙形，膜质，先端浅裂，早落；雌花花被着生于子房基部，宿存。果实长6~9mm，倒圆锥形，具棱，褐色。花期5~8月，果期9~10月。图1。中国各地均有分布。常生于海拔1500m以下的湖泊、河沟、沼泽、水塘边浅水。阿富汗、朝鲜、日本、中亚地区亦有分布。

图1 黑三棱（付正良摄）

根茎入药，药材名三棱。最早记载于《本草拾遗》。《中华人民共和国药典》（2020年版）收载，具有破血行气、消积止痛的功效。现代研究表明具有保护心脑血管、抑制血管生成、降低血黏度、抗肝肺纤维化等作用。

块茎含芪类、黄酮类、皂苷类、异香豆素类、有机酸类、苯丙素类等化学成分，芪类和异香豆素类为特征性成分，黄酮类有呫吨酮、黄酮和黄酮醇，皂苷类主要有胆酸甲酯的苷类等；有机酸类如琥珀酸、三棱酸等。

黑三棱属全世界约有20种。中国有6种。

（王良信）

jiāngkē

姜科（Zingiberaceae）

草本，具有芳香气味。具匍匐的或块状的根茎或块根。茎短或伸长，不分枝，或由叶鞘套叠而成。叶常2列或螺旋状排列，叶片较大，具有叶鞘，叶鞘的顶端有明显的叶舌。花单生或组成穗状、总状或圆锥花序；花两性，两侧对称，具苞片；花被片6枚，排成2轮，外轮花萼状，内轮花冠状，基部合生成管状，上部具3裂片；退化雄蕊2或4枚，可发育雄蕊1枚，退化雄蕊呈花瓣状；丝状雌蕊1枚，通常经发育雄蕊两花药室之间穿出。果为蒴果，或呈浆果状。种子有假种皮。全世界有49属，1500余种，分布于热带、亚热带地区。中国19属，150余种。

本科植物多含性挥发油、二苯庚烷类、半日花烷型二萜、多种类型倍半萜、黄酮类为本科的特征性化学成分。挥发油多为单萜和倍半萜，如莪术醇、姜烯、姜醇等；黄酮类有山姜素、高良姜素、山柰酚等。姜花属主要含半日花烷型二萜和桉叶烷型倍二萜；姜黄属主要含二苯庚烷类的姜黄素以及倍半萜类；山柰属主要含挥发油和黄酮类。

主要药用植物有：①姜属 *Zingiber*，如姜 *Z. officinale* Rosc.、襄荷 *Z. mioga*（Thunb.）Rosc. 等。②姜黄属 *Curcuma*，如姜黄 *C. longa* L.、郁金 *C. aromatica* Salisb.、温郁金 *C. aromatica* cv. Wenyujin、莪术 *C. zedoaria*（Christm.）Rosc.、广西莪术 *C. kwangsiensis* S. G. Lee & C. F. Liang 等。③豆蔻属 *Amomum*，如阳春砂 *A. villosum* Lour.、白豆蔻 *A. kravanh* Pierre ex Gagnep.、爪哇白豆蔻 *A. compactum* Soland ex Maton、草果 *A. tsao-ko* Crevost et Lemarie 等。④山姜属 *Alpinia*，如红豆蔻 *A. galanga*（L.）Willd.、高良姜 *A. officinarum* Hance、益智 *A. oxyphylla* Miq.、草豆蔻 *A. katsumadai* Hayata、山姜 *A. japonica*（Thunb.）Miq. 等。⑤山柰属 *Kaempferia*，山柰 *K. galanga* L.、海南三七 *K. rotunda* L. 等。⑥土田七属 *Stahlianthus*，土田七 *S. involucratus*（King ex Baker）Craib。⑦闭鞘姜属 *Costus*，闭鞘姜 *C. speciosus*（Koen.）Smith 等。⑧绿豆蔻属 *Elettaria*，如小豆蔻 *E. cardamonum* Maton var. *minuscula* Burkill 等。

（潘超美）

cǎodòukòu

草豆蔻（*Alpinia katsumadae* Hayata, katsumade galangal）

姜科山姜属植物。又称草蔻。

多年生草本植物；高达3m；茎丛生；叶2列，叶柄长1.5~2.0cm，叶片线状披针形，长50~65cm，宽6~9cm，顶端渐尖，并有1短尖头，基部渐狭，两边不对称，边缘被毛，叶舌外被粗毛；总状花序顶生，花序轴被粗毛；花萼钟状，白色，顶端不规则齿裂，1侧深裂，外被毛，花冠基部管状，上部裂片边缘稍内卷，唇瓣黄色，三角状卵形，顶端微2裂，具自中央向边缘放射的红色或红黑色条纹，子房被毛，果球形，熟时金黄色，花期4~6月，果期5~8月。图1。中国分布于广东、广西、海南等省。生于山地、疏林及林缘湿处。越南等东南亚国家也有分布。

种子入药，药材名草豆蔻。传统中药，最早记载于《名医别录》。《中华人民共和国药典》（2020年版）收载，具有燥湿行气、温中止呕的功效。现代研究表明具有止呕、抗炎镇痛、抑菌、抗肿瘤的作用。

种子含有挥发油、黄酮类、萜类、二苯庚烷类等化学成分。挥发油主要有法呢醇、1,8-桉叶油素、月桂酸、棕榈酸、肉豆蔻酸等，具有保护胃黏膜、抗胃溃疡、促胃肠动力作用。黄酮类主要有山姜素、小豆蔻明、乔松素、桤木酮，其中山姜素、小豆蔻明

图1 草豆蔻（陈虎彪摄）

具有抑制血小板聚集、抗肿瘤、抗炎、抑菌等作用，《中华人民共和国药典》（2020 年版）规定草豆蔻药材中挥发油含量不低于 1.0%；山姜素、乔松素和小豆蔻明的总量不低于 1.35%，桤木酮不低于 0.50%。药材中前 3 种成分的总量为 1.26%～2.05%；桤木酮为 0.22%～10.30%。

山姜属植物全世界约有 250 余种，中国约有 46 种及 2 变种。药用植物还有：高良姜 A. offici-narum Hance、红豆蔻 A. galanga (L.) Willd.、益智 A. oxyphylla Miq. 等。

（潘超美 杨扬宇）

hóngdòukòu

红豆蔻 [*Alpinia galanga* (L.) Willd.，greater galangal] 姜科山姜属植物。又称大高良姜。

多年生草本植物；株高达 2m，茎丛生；根茎块状，稍有香气；叶 2 列，无柄或柄极短，叶片长圆形或披针形，长 25～35cm，顶端短尖或渐尖，基部渐狭，边缘钝，常棕白色，叶舌近圆形；圆锥花序顶生，直立，长 20～30cm，花序轴被毛，总苞片线形；花绿白色，花萼果时宿存，花冠管长 6～10mm，裂片 3，长圆形，唇瓣倒卵状匙形，长达 2cm，白色而有红线条，深 2 裂，蒴果长圆形，中部稍收缩，熟时橙红色，种子多角形，棕黑色，花期 5～8 月，果期 9～11 月。图 1。中国分布于台湾、广东、广西和云南等省区，生于山野沟谷阴湿林下或灌草丛，海拔 100～1300m。亚洲热带地区广布。

果实入药，药材名红豆蔻，传统中药，最早记载于《开宝本草》。《中华人民共和国药典》（2020 年版）收载，具有散寒燥湿，醒脾消食的功效。现代研究

图 1 红豆蔻 （陈虎彪摄）

表明红豆蔻具有调节免疫、祛痰、抗溃疡、兴奋平滑肌、抗病原微生物、抗肿瘤等作用。根茎入药，具有散寒，暖胃，行气止痛等功效。

果实含有挥发油、黄酮类等化学成分。挥发油主要有：Δ3-蒈烯、6-甲基-5-庚烯-2-酮、1,8-桉叶素、芳樟醇、壬醛等，具有抗菌、抗肿瘤等作用，《中华人民共和国药典》（2020 年版）规定红豆蔻药材中挥发油含量不少于 0.40%，药材中的含量为 0.28%～0.80%。黄酮主要有乔松素、短叶松素、3-O-乙酰基短叶松素、高良姜素等。

山姜属植物情况见草豆蔻。

（潘超美 杨扬宇）

gāoliángjiāng

高良姜 (*Alpinia officinarum* Hance，lesser galangal) 姜科山姜属植物。

多年生草本植物；株高 40～110cm；根茎横生，圆柱形；茎丛生，直立；叶 2 列，无柄，叶片线形，长 20～30cm，宽 1.2～2.5cm，顶端尾尖，基部渐狭，两面均无毛，叶舌薄膜质，披针形；总状花序顶生，花序轴被绒毛；小花梗长 1～2mm，花萼管长 8～10mm，顶端 3 齿裂，被小柔毛，花冠管状，裂片长圆形，长约 1.5cm，后方的 1 枚兜状，唇瓣卵形，长约 2cm，白色而有红色条纹，花丝长约 1cm，花药长 6mm，子房密被绒毛，果球形，直径约 1cm，熟时红色，花期 4～9 月，果期 5～11 月。图 1。中国分布于广东、广西。生于荒坡灌丛或疏林中，常栽培。东南亚国家也有分布。

根茎入药，药材名高良姜。传统中药，最早记载于《名医别录》。《中华人民共和国药典》（2020 年版）收载，具有温胃止呕，散寒止痛的功效。现代研究表明姜具有抗血栓、镇痛、降血糖、抗菌、抗病毒、抗肿瘤、抗氧化、抗胃肠道出血、抗溃疡和胃黏膜保护等作用。

根茎含有黄酮类、二芳基庚烷类、挥发油等化学成分。黄酮类主要有高良姜素、槲皮素、山奈酚等。具有抗肿瘤、抗氧化等

图 1 高良姜 （陈虎彪摄）

作用。二芳基庚烷类主要有姜黄素、二氢姜黄素、六氢姜黄素、八氢姜黄素等，具有抗肿瘤、抗氧化的作用，《中华人民共和国药典》（2020 年版）规定高良姜药材中高良姜素含量不少于 0.70%，药材中的含量为 0.55%～1.31%。挥发油类主要桉油精、丁香酚、蒎烯、α-松油醇等。

山姜属植物情况见草豆蔻。

（潘超美　杨扬宇）

yìzhì

益智（*Alpinia oxyphylla* Miq., sharpleaf galangal）

姜科山姜属植物。又称益智子、益智仁。

多年生草本植物；高 1～3m；茎丛生；叶柄短，叶片披针形，长 25～35cm，宽 3～6cm，顶端尾状渐尖，基部近圆形，叶舌 2 裂，被淡棕色疏柔毛；总状花序顶生，花序轴被极短柔毛，大苞片膜质，棕色；花萼筒状，先端 3 裂，花冠管裂片 3，长圆形，后方的 1 枚稍大，白色，外被疏柔毛，唇瓣倒卵形，粉白色而具红色脉纹，先端边缘皱波状，子房密被绒毛，蒴果鲜时球形，干时纺锤形，长 1.5～2.0cm，宽约 1cm，被短柔毛，果皮上有隆起的维管束线条，种子不规则扁圆形，花期 3～5月，果期 4～9 月。图 1。中国分布于海南、广东、广西等省区。生于林下阴湿处或栽培。东南亚各地均有分布。

果实入药，药材名益智。传统中药，最早记载于《本草拾遗》。《中华人民共和国药典》（2020 年版）收载，具有暖肾固精缩尿，温脾止泻摄唾的功效。现代研究表明具有保护神经、改善学习记忆、镇静、镇痛、抗过敏、强心、扩张血管、止泻、抗溃疡等作用。在日本，民间用益智调节肠胃。

果实含有挥发油、二苯庚烷类、萜类、黄酮类等化学成分。挥发油主要含桉油精及姜烯、姜醇等，具有抗氧化、抑菌、神经保护作用，《中华人民共和国药典》（2020 年版）规定益智药材中挥发油含量不低于 1.0%，药材中的含量为 1.0%～2.0%。二苯庚烷类主要有益智酮甲、益智酮乙、益智醇、益智新醇等，其中益智酮甲和益智酮乙具有抗癌作用。萜类主要有香橙烯，香柏酮，努特卡醇，oxyphyllenodiol A、B 等。

山姜属植物情况见草豆蔻。

（潘超美　杨扬宇）

báidòukòu

白豆蔻（*Amomum kravanh* Pierre ex Gagnep., whitefruit amomum）

姜科豆蔻属植物。又称豆蔻。

多年生草本植物；株高 3m；茎丛生；叶 2 列，叶近无柄，叶卵状披针形，长约 60cm，宽 12cm，先端尾尖，基部楔形，两面光滑无毛，叶舌圆形，叶鞘口及叶舌密被长粗毛；穗状花序自近茎基处的根茎上发出，密被覆瓦状排列的苞片，苞片三角形，花萼管状，白色微透红，外被长柔毛，顶端具 3 齿，花冠裂片白色，长椭圆形，唇瓣椭圆形，中央黄色，雄蕊下弯，子房被长柔毛；蒴果近球形，白色或淡黄色，种子为不规则的多面体，暗棕色，有芳香味，花期 5 月，果期 6～8月。图 1。原产于印度尼西亚、柬埔寨、泰国。中国云南、海南、广东等地有栽培。

果实入药，药材名豆蔻。传统中药，最早记载于《开宝本草》。《中华人民共和国药典》（2020 年版）收载，具有宽中理气，开胃消食，化湿止呕的功效。现代研究表明具有兴奋平滑肌、抗炎、止呕、抗菌、抗肿瘤等作

图 1　益智（陈虎彪摄）

图 1　白豆蔻（陈虎彪摄）

用。也是调味料。

果实含有挥发油。主要有桉油精、α-蒎烯、β-蒎烯、丁香烯、α-松油醇、芳樟醇等。挥发油中桉油精含量为66%~86%。《中华人民共和国药典》（2020年版）规定豆蔻仁中挥发油含量不低于5.0%，桉油精含量不低于3.0%。药材中挥发油的含量为1.8%~5.2%。

豆蔻属植物情况见草果。爪哇白豆蔻 A. compactum Soland ex Maton 也被《中华人民共和国药典》（2020年版）收载为豆蔻药材的来源植物。

（潘超美　杨扬宇）

cǎo guǒ

草果 （*Amomum tsao-ko* Crevost et Lemarie, tsao-ko amomum）　姜科豆蔻属植物，又称草果子。

多年生丛生草本，高达3m，具匍匐茎。叶片长椭圆形或长圆形，长40~70cm，顶端渐尖，基部渐狭，边缘干膜质，两面光滑无毛，无柄或具短柄；叶舌长0.8~1.2cm。穗状花序自根状茎发出，长约13cm；苞片披针形，长约4cm，顶端渐尖；花冠红色，管长2.5cm；花药长1.3cm。蒴果密生，熟时红色，干后褐色，不

图1　草果（陈虎彪提供）

开裂，长圆形或长椭圆形，长2.5~4.5cm；种子多角形，直径4~6mm，有浓郁香味。花期4~6月；果期9~12月。图1。中国分布于广西、云南、贵州等省区，栽培或野生于海拔1100~1800m的疏林下。

果实入药，药材名草果，传统中药，最早记载于《本草品汇精要》。《中华人民共和国药典》（2020年版）收载，具有燥湿温中，截疟除痰的功效。现代研究证明具有调节胃肠功能、降脂减肥、降血糖、抗氧化、抗肿瘤、抗炎镇痛等作用。

果实主要包括挥发油、二苯庚烷类、酚酸类、甾醇类等化学成分。挥发油为草果调节胃肠功能、抗氧化、抗肿瘤等作用的有效成分，包括单萜烯类、含氧单萜类、倍半萜烯烃类、含氧倍半萜类等类型，其中以含氧单萜类占比最大，有1,8-桉叶油素、香叶醇、香叶醛等。挥发油是草果药材的质量控制成分，《中华人民共和国药典》（2020年版）规定不低于1.4%，药材中含量为1.0%~1.8%。二苯庚烷类主要有姜黄素等；酚酸类主要有原儿茶酸、香荚兰酸、儿茶素等。

豆蔻属植物世界约150余种，中国有24种，2变种。药用种类还有：白豆蔻 A. kravanh Pierre ex Gagnep.、爪哇白豆蔻 A. compactum Soland ex Maton、海南砂 A. longiligulare T. L. Wu、阳春砂 A. villosum Lour.、绿壳砂 A. villosum Lour. var. xanthioides

T. L. Wu et Senjen、红壳砂仁 A. neoaurantiacum T. L. Wu et al.、细砂仁 A. microcarpum C. F. Liang et D. Fang、疣果豆蔻 A. muricarpum Elm.、九翅豆蔻 A. maximum Roxb. 等。

（高微微）

yángchūnshā

阳春砂 （*Amomum villosum* Lour., villous amomum）　姜科豆蔻属植物，又称砂仁、春砂仁。

多年生草本，高1~2m；具匍匐茎。叶片披针形或矩圆状披针形，长20~30cm，顶端具尾状细尖头，基部近圆形，无柄；穗状花序自根状茎发出，生于长4~6cm的总花梗上；花萼白色；花冠管长1.8cm，裂片卵状矩圆形，长约1.6cm，白色；唇瓣圆匙形，宽约1.6cm，顶端具突出、2裂、反卷、黄色的小尖头，中脉凸起，紫红色，其余白色；药隔顶端附属体半圆形，长约3mm，两边具宽约2mm的耳状突起。蒴果椭圆形，长1.5~2.0cm，宽1.2~2.0cm，成熟时紫红色，干后褐色，表面被不分裂或分裂的柔刺；种子多角形，有浓郁的香气。花期5~6月；果期8~9月。图1。中国分布于福建、广东、广西、云南、贵州、西藏等地。生于气候温暖、潮湿、富含腐殖质的山沟林下阴湿处。

果实入药，药材名砂仁，最早记载于《药性论》。《中华人民共和国药典》（2020年版）收载。具有化湿开胃，行气宽中，温中止泻，安胎的功效。现代研究表明具有抗血小板凝集、促进胃肠道蠕动、抗溃疡、镇痛、消炎等作用。

果实含挥发油、黄酮类、有机酸类等化学成分。挥发油包括乙酰龙脑酯、樟脑等，具有胃肠

图1 阳春砂（陈虎彪摄）

保护、镇痛、消炎、止泻、抑菌等作用。《中华人民共和国药典》（2020年版）规定砂仁药材中乙酰龙脑酯不低于 0.90%，药材中含量为 0.45%～3.36%。

豆蔻属植物情况见草果。绿壳砂 A. villosum Lour. var. xanthioides T. L. Wu et Seujen、海南砂 A. longiligulare T. L. Wu 也被《中华人民共和国药典》（2020年版）收载为砂仁药材的来源物种。

（高微微 李俊飞 焦晓林）

jiānghuáng

姜黄 （*Curcuma longa* L.，common turmeric） 姜科姜黄属植物。

多年生草本植物；高 1.0～1.5m；根茎发达，橙黄色，极香；根粗壮，末端膨大呈块根；叶基生，5～7 片，2 列，叶柄长 20～45cm，叶片长圆形或椭圆形，长 30～45（90）cm，宽 15～18cm，先端渐尖，基部楔形，绿色，无毛；花葶由叶鞘内抽出，穗状花序圆柱状，长 12～18cm，上部无花的苞片白色、粉红色或淡红紫色，长椭圆形，长 4～6cm，中下部有花的苞片嫩绿色或绿白色，卵形至近圆形，长 3～4cm，花萼筒绿白色，具 3 齿，花冠管漏斗形，淡黄色，喉部密生柔毛，

裂片 3，子房被微毛，花期 8月。图 1。中国分布于台湾、福建、广东、广西、云南、西藏等省区。喜生于向阳的地方。东亚及东南亚国家广泛栽培。

根茎入药，药材名姜黄，传统中药，最早记载于《新修本草》，《中华人民共和国药典》（2020年版）收载，具有破血行气，通经止痛的功效。现代研究表明具有催眠、抗炎、镇痛、抗肿瘤、抗菌、抗病毒、抗氧化、抗疲劳等作用。块根入药，药材名郁金，见温郁金。根茎用作调味香料、染料和食用色素。

图1 姜黄（陈虎彪摄）

根茎含有挥发油类、二苯基庚烷类等化学成分。挥发油主要有芳姜黄酮、α-姜黄酮和 β-姜黄酮等，具有降血脂等作用。二苯基

庚烷类主要有姜黄素、脱甲氧基姜黄素、双脱甲氧基姜黄素等，其中姜黄素具有抗肿瘤、抗氧化等作用，《中华人民共和国药典》（2020年版）规定姜黄药材挥发油含量不低于 7.0%，姜黄素含量不低于 1.0%，药材中挥发油的含量为 1.5%～5.0%，姜黄素含量为 0.01%～2.96%。

姜黄属植物情况见温郁金。

（潘超美 杨扬宇）

wēnyùjīn

温郁金 （*Curcuma wenyujin* Y. H. Chen & C. Ling，Zhejiang curcuma） 姜科姜黄属植物。又称温莪术、郁金。

多年生草本植物；高约 1m；根茎肉质，肥大，椭圆形或长椭圆形，断面黄色，芳香，须根细长，末端常膨大呈纺锤状；叶片 4～7，2 列，基生，叶柄约与叶片等长，叶片长圆形，长 30～60cm，宽 10～20cm，顶端具细尾尖，基部楔形，叶面无毛，叶背被短柔毛；穗状花序圆柱形，长约 15cm，苞片淡绿色，上部无花的较狭，蔷薇红色，中下部有花的卵形，花萼筒白色，先端具不等的 3 齿，花冠管漏斗形，白色，裂片 3，膜质，里面被毛，唇瓣黄色，倒卵形，能育雄蕊 1，花药基部有距，花期 4～5 月。图 1。中国分布于浙江，栽培。东南亚各地有分布。

根茎入药，药材名莪术，又称温莪术，传统中药，最早记载于《药性论》。《中华人民共和国药典》（2020年版）收载，具有行气破血，消积止痛的功效。现代研究表明具有抗肿瘤、抗早孕、抗菌抗炎、抗血栓、保肝、扩张血管的作用。新鲜根茎切片入药，药材名片姜黄，最早记载于《本草纲目》。《中华人民共和国药

图1 温郁金 (陈虎彪摄)

典》（2020 年版）收载，具有破血行气，通经止痛的功效。块根入药，药材名郁金，又称温郁金，传统中药，最早记载于《药性论》。《中华人民共和国药典》（2020 年版）收载，具有活血止痛，行气解郁，清心凉血，利胆退黄的功效。现代研究表明具有舒张血管、镇痛、抗肿瘤、保肝、抗辐射、抗抑郁等作用。本品也作为广西壮族的民族药使用。

根茎和块根含有挥发油（单萜类、倍半萜类）、姜黄素类等化学成分。挥发油主成分为吉马酮、莪术二酮、莪术醇、1,8-桉叶素、龙脑、樟脑、姜烯等；蓬莪术二烯是根茎挥发油的主要成分，具有抗肿瘤活性；莪术二酮是块根挥发油中的主要成分，对中枢神经具有抑制作用。《中华人民共和国药典》（2020 年版）规定莪术药材中含挥发油不少于 1.5%，片姜黄药材中含挥发油含量不低于 1.0%。温莪术药材中挥发油的含量为 0.30%~2.50%；片姜黄药材中挥发油的含量为 0.54%~4.10%。姜黄素类主要有姜黄素、

去甲氧基姜黄素、双去甲氧基姜黄素等。

姜黄属植物全世界约 50 种，中国约有 7 种。姜黄 *C. longa* L.、广西莪术 *C. kwangsiensis* S. G. Lee et C. F. Liang、蓬莪术 *C. zedoaria* (Christm.) Rosc. 也被《中华人民共和国药典》（2020 年版）收载为郁金药材的来源植物；蓬莪术与广西莪术也被《中华人民共和国药典》（2020 年版）收载为莪术药材的来源植物。

（潘超美 杨扬宇）

shānnài

山奈 (*Kaempferia galanga* L., galanga resurrectionlily) 姜科山奈属植物。又称沙姜。

多年生草本植物；株高 7~10cm；根茎块状，淡绿色或绿白色，芳香；叶 2~4 片贴近地面生长，近无柄，叶片近圆形或宽卵形，长 7~13cm，先端急尖或近钝形，基部宽楔形或圆形，无毛或叶背被稀疏长柔毛，干时于叶面可见红色小点；穗状花序自叶鞘中抽出，花 5~12 朵顶生；花萼与苞片等长，约 2.5cm，花白色，有香味，易凋，花冠管细长，裂片线形，唇瓣白色，基部具紫斑，中部深裂，雄蕊无花丝，侧生退化雄蕊倒卵状楔形，长 1.2cm，蒴果，花期 8~9 月。图 1。原产于南亚至东南亚地区，常栽培。中国台湾、广东、广西、云南等省区有栽培。

根茎入药，药材名山奈，传统中药，最早记载于《本草纲目》。《中华人民共和国药典》

（2020 年版）收载，具有行气温中，消食，止痛的功效。现代研究表明山奈具有兴奋肠平滑肌、抗病毒、抗肿瘤、抗菌、消炎、舒张血管等作用。此外，也是调味料。根茎也为蒙古族药用。

根茎含有挥发油和黄酮类化学成分。挥发油中主要有龙脑、樟烯、3-蒈烯、柠檬烯、1,8-桉叶素、α-松油醇、茴香醛、乙酸龙脑酯、百里香酚等。《中华人民共和国药典》（2020 年版）规定山奈药材中挥发油含量不低于 4.5%，药材中的含量为 3.0%~6.4%。黄酮类主要有山奈酚、山奈素等，具有抗炎、维生素 P 样作用。

山奈属植物全世界约有 70 种，中国有 4 种及 1 变种。药用植物还有海南三七 *K. rotunda* L. 等。

（潘超美 杨扬宇）

jiāng

姜 (*Zingiber officinale* Rosc., ginger) 姜科姜属植物。

多年生草本植物；株高 0.5~1.0m；根茎肥厚，多分枝，有芳香及辛辣味；单叶互生，无柄，叶片披针形或线状披针形，长 15~30cm，宽 2.0~2.5cm，先端渐尖，基部狭，叶基鞘状抱茎，

图1 山奈 (陈虎彪摄)

无毛，叶舌膜质，长2~4mm；总花梗长达25cm，穗状花序球果状，长4~5cm，苞片卵形；花萼管长约1cm，花冠黄绿色，管长2.0~2.5cm，裂片3，披针形，长不及2cm，唇瓣中央裂片长圆状倒卵形，有紫色条纹及淡黄色斑点，侧裂片卵形，长约6mm，雄蕊1，暗紫色，子房无毛，柱头近球形，蒴果，种子多数，黑色，花期8月。图1。亚洲热带地区亦常见栽培。中国各地有栽培。

新鲜根茎入药，药材名生姜，传统中药，最早记载于《名医别录》。《中华人民共和国药典》（2020年版）收载，具有解表散寒，温中止呕，化痰止咳，解鱼蟹毒的功效。干燥根茎入药，药材名干姜，传统中药，最早记载于《神农本草经》。《中华人民共和国药典》（2020年版）收载，具有温中散寒，回阳通脉，温肺化饮的功效。姜也是欧洲传统药物，用来缓解晕动病和孕妇恶心等。也是食用调味料。

根茎含有挥发油、二苯庚烷类等化学成分。挥发油主要含有6-姜辣醇（姜辣素、姜酚）、6-姜辣二醇、8-姜酚、10-姜酚等，具有健胃与抗胃溃疡、保肝、利胆、强心、抗肿瘤、镇痛、抗炎等作

图1　姜（陈虎彪摄）

用，《中华人民共和国药典》（2020年版）规定生姜含挥发油不少于0.12%，6-姜辣素不少于0.050%，8-姜酚与10-姜酚总量不少于0.040%；干姜含挥发油不少于0.80%，6-姜辣素不少于0.050%；生姜药材中挥发油总含量为0.25%~3.00%，6-姜辣素的含量为0.068%~0.101%，8-姜酚的含量为0.016%~0.022%，10-姜酚的含量为0.019%~0.040%。二苯基庚烷类主要有姜烯酮A~C等。

姜属植物全世界约80种，中国有14种，药用植物还有蘘荷 Z. Mioga（Thunb.）Rosc. 等。

（潘超美　杨扬宇）

lánkē

兰科（Orchidaceae）
地生、附生或腐生草本。叶基生或茎生。花葶或花序顶生或侧生；花常排列成总状花序或圆锥花序；花被片6，2轮；萼片离生或不同程度的合生；子房下位，1室，侧膜胎座；蕊柱顶端一般具药床和1个花药。蒴果，较少呈荚果状。种子细小，无胚乳，种皮常在两端延长成翅状。全世界约700属20 000种。中国有171属1247种以及许多亚种、变种和变型。

本科植物多数含有芪类化合物，其中的联苄、菲、二氢菲及其衍生物是兰科植物的特征成分。联苄类化合物主要分布在石斛属、白及属、竹叶兰属、兰属中；菲类化合物及其衍生物在白及属、美冠兰属、绶草属、毛兰属、石豆兰属中较为

常见。另外，多糖是石斛属常见的化合物；生物碱类存在于石斛属部分种类；石斛属和金石斛属中还含有萜类化合物。苷类、甾醇、二氢黄酮、有机酸、酯类等化学成分也存在于兰科植物中，发挥抗氧化、抗高血脂等作用。

主要药用植物有：①天麻属 Gastrodia，如天麻 G. elata Bl.。②石斛属 Dendrobium，如铁皮石斛 D. officinale Kimum et Migo、金钗石斛 D. nobile Lindl.、鼓槌石斛 D. chrysotoxum Lindl、流苏石斛 D. fimbriatum Hook。③开唇兰属 Anoectochilus，如台湾银线兰 A. roxburghii（Wall.）Lindl.。④杜鹃兰属 Cremastra，如杜鹃兰 G. appendiculata（D. Don）Makino。⑤独蒜兰属 Pleione，如独蒜兰 P. bulbocodioides（Franch.）Rolfe、云南独蒜兰 P. yunnanensis Rolfe。⑥白及属 Bletilla，如白及 B. striata（Thunb.）Reichb. f.。⑦手参属 Gymnadenia，如手参 G. conopsea（L.）R. Br. 等。⑧香荚兰属 Vanilla，如香荚兰 V. planifolia Andr. 塔希提香荚兰 V. tahitensis J. W. Moore。

（高微微）

táiwānyínxiànlán

台湾银线兰（Anoectochilus formosanus Hayata, formosan anoectochilus）
兰科开唇兰属植物，又称金线莲、台湾金线莲。

多年生草本，植株高达30cm。茎无毛，具2~4叶。叶卵形或卵圆形，长2.7~4.0cm，上面墨绿色，绒毛状，具白色脉网，下面带红色，骤窄成柄，柄基部有鞘。花茎长约15cm，红褐色，被毛，下部疏生2~3鞘状苞片，花序具3~5花。苞片卵状披针形，长1cm，被毛；花瓣白色，斜镰状，长8mm；唇瓣位于下方，

呈 Y 字形，长 1.8cm；裂片镰状披针形、菱状长圆形或窄长圆形，长 7mm；蕊柱长 2mm；柱头 2，位于蕊柱两侧；花药卵形。花期 10~11 月。图 1。分布于台湾。多生于海拔 500~1600m 的阴湿森林或竹林内。台湾、福建等地有栽培。日本、印度、尼泊尔等国家也有分布。

全草入药。药材名金线莲，地方习用药物，具有清热凉血、除湿止痛的功效，现代研究证明具有抗肿瘤、抗氧化、保肝、镇痛、降血脂、降血糖、改善骨质疏松等作用。

全草含有多糖、黄酮类、挥发油等化学成分。多糖由甘露糖、半乳糖醛酸、葡萄糖和半乳糖等组成，具有抗肿瘤等作用。药材中总多糖含量为 7%~9%。黄酮类成分有槲皮素、异鼠李素及其苷类，具有抗氧化的作用，药材中总黄酮含量为 0.71%~0.75%。

开唇兰属全世界约 40 种，中国有 20 种，2 变种。药用种类还有峨眉金线兰 A. emeiensis K. Y. Lang、艳丽开唇兰 A. moulmeinensis（Par. et Rchb. F.）Seidenf.、金线兰 A. roxburghii（Wall.）Lindl. 等。

（高微微）

báijí

白及（Bletilla striata（Thunb.）Rchb. f.，common bletilla）兰科白及属植物。又称白芨。

陆生兰，高 15~60cm。假鳞茎扁球形，上面具荸荠似环带，富黏性。茎粗壮。叶 4~6 枚，狭长圆形或披针形，长 8~29cm。花序具 3~10 朵花；苞片开花时常凋落；花大，紫红色或粉红色；萼片和花瓣近等长，急尖，长 25~30mm；花瓣较萼片阔；唇瓣较萼片和花瓣稍短，长 23~28mm，白色带淡红色，具紫脉，中部以上 3 裂，侧裂片直立，合抱蕊柱，顶端钝，平展其宽度为 18~22mm；中裂片边缘有波状齿，顶端中部凹缺，唇盘上面具 5 条纵褶片；蕊喙细长，稍短于侧裂片。图 1。中国分布于长江流域各省。朝鲜和日本也有分布。云南、陕西、贵州、四川、重庆、广西、湖南、湖北等省有栽培。

块茎入药，药材名白及，传统中药，最早收载于《神农本草经》。《中华人民共和国药典》（2020 年版）收载。具有收敛止血、消肿生肌的功效。现代研究表明具有止血、抗溃疡、预防肠粘连、抗菌、抗肿瘤、促进伤口愈合等作用。

白及中含有菲类、联苄类、多糖、黄酮类、苄酯类、多酚类等化学成分。菲类有中菲、双氢菲和联菲。联苄类有单苄基联苄、双苄基联苄、三苄基联苄、1,4-二［4-（葡萄糖氧）苄基］-2-异丁基苹果酸酯等，具有神经保护、抗菌、抗肿瘤活性，《中华人民共和国药典》（2020 年版）规定白及药材中。1,4-二［4-（葡萄糖氧）苄基］-2-异丁基苹果酸酯含量不低于 2.0%，药材中含量为 1.45%~3.32%。白及多糖又称白及胶、白及甘露糖，具有抗菌、抗失血性休克、保护皮肤、延缓衰老、抑制肿瘤血管生成等作用。白及多糖含量为 10%~48%。

白及属植物全世界约有 6 种，中国有 4 种。药用植物还有小白及 B. formosana Schltr、黄花白及 B. ochracea Schltr、华白及 B. sinensis（Rolfe）Schltr 等。

（陈彩霞）

tiěpíshíhú

铁皮石斛（Dendrobium officinale Kimura et Migo，medicinal dendrobium）兰科石斛属植物，又称铁皮兰、黑节草。

茎直立，圆柱形，长 9~35cm，粗 2~4mm，不分枝，具多节，节间长 1~3cm。叶 2 列，纸

图 1 台湾银线兰（陈虎彪摄）

图 1 白及（陈虎彪摄）

质，长圆状披针形，长 3～7cm。总状花序常从老茎的上部发出，具 2～3 朵花；花苞片干膜质，浅白色，卵形，长 5～7mm；花梗和子房长 2.0～2.5mm；萼片和花瓣黄绿色，近相似，长圆状披针形，长约 1.8cm；唇瓣白色，基部具 1 个绿色或黄色的胼胝体，卵状披针形；蕊柱黄绿色，长约 3mm；蕊柱足黄绿色带紫红色条纹；药帽白色，长卵状三角形，长约 2.3mm，顶端近锐尖并且 2 裂。花期 3～6 月。图 1。中国主要分布于浙江、广西、广东、福建、湖南和贵州等地。生于海拔达 500～1600m 的山地半阴湿的岩石上。除东北和西北地区外，各地有栽培。东亚、东南亚、澳大利亚等国家和地区也有分布。

图 1　铁皮石斛（陈虎彪摄）

茎入药，传统中药，药材名铁皮石斛，始载于《神农本草经》。《中华人民共和国药典》（2020 年版）收载。具有养胃生津，滋阴清热。现代研究表明具有抗氧化、抗肿瘤、增强机体免疫、抗疲劳、改善糖尿病、保肝、降血压、降血脂等作用。

茎含有多糖、生物碱类、萜类、挥发油、芪类、黄酮类等化学成分。多糖由葡萄糖、甘露糖、半乳糖、阿拉伯糖等单糖组成，具有抗肿瘤、增强免疫作用，《中华人民共和国药典》（2020 年版）规定铁皮石斛药材的多糖含量不低于 25%，甘露糖含量为 13.0%～38.0%，药材中总多糖含量为 13%～40%，甘露糖含量为 12.9%～25.7%。芪类有铁皮石斛素 A～U 等，芪类和黄酮类具有抗氧化作用。

石斛属世界约 1000 种，中国有 74 种和 2 变种。金钗石斛 *D. nobile* Lindl.、鼓槌石斛 *D. chrysotoxum* Lindl.、流苏石斛 *D. fimbriatum* Hook. 及同属多种植物也被《中华人民共和国药典》（2020 年版）收载使用，药材名为石斛，具有类似功效。药用植物还有矮石斛 *D. bellatulum* Rolfe、束花石斛 *D. chrysanthum* Wall. ex Lindl.、黄石斛 *D. catenatum* Lindl. 等。

（高微微）

tiānmá

天麻（*Gastrodia elata* Blume, tall gastrodia）

兰科天麻属植物。又称赤箭。

多年生腐生草本，高 30～100cm。块茎肥厚，椭圆形至近哑铃形，肉质，长 8～12cm，直径 3～7cm，具较密的节。茎黄褐色，节上具鞘状鳞片。总状花序长 5～20cm，花苞片膜质，披针形，长约 1cm；花淡绿黄色或肉黄色；唇瓣白色，3 裂；合蕊柱长 5～6mm，顶端具 2 个小的附属物；子房倒卵形，子房柄扭转。蒴果倒卵状椭圆形，长 1.4～1.8cm，宽 8～9mm。花果期 5～7 月。图 1。种子多而细小，呈粉尘状。中国大部分省区均有分布。生于疏林下、林中空地、林缘、灌丛边缘，海拔 400～3200m，多人工栽培。尼泊尔、不丹、印度、日本、朝鲜半岛至西伯利亚等国家和地区也有分布。

图 1　天麻（王毅摄）

块茎入药，药材名天麻，传统中药，最早记载于《神农本草经》。《中华人民共和国药典》（2020 年版）收载，具有息风止痉，平抑肝阳，祛风通络的功效。现代研究证明天麻具有镇痛、抗惊厥、镇静催眠、降血压、抗衰老等作用。在蒙古族、苗族及云南少数民族地区也用于治疗头晕目眩、肢体麻木、小儿惊风、癫痫、头痛、中风等症。

块茎含有酚类及其苷、有机酸类、甾醇类、多糖等化学成分。酚类及其苷主要有天麻素、天麻醚苷、对羟基苯甲醇等，是天麻镇痛、抗惊厥、镇静催眠、保护神经、益智、抗眩晕等作用的有效成分。《中华人民共和国药典》（2020 年版）规定天麻素和对羟基苯甲醇总量不低于 0.25%，药材中天麻素含量为 0.01%～

1.08%，对羟基苯甲醇含量为 0.01%~0.12%。

天麻属植物世界约 20 种，中国有 13 种，天麻有 4 种变型，即红天麻 *G. elata* Bl. f. *elata*，绿天麻 *G. elata* Bl. f. *viridis* Makino，黄天麻 *G. elata* Bl. f. *flavida* S. Chow，乌天麻 *G. elata* Bl. f. *glauca* S. Chow。

（高微微）

xiāngjiálán

香荚兰 (*Vanilla planifolia* Andr.，vanilla) 兰科香荚兰属植物。又名香兰草、香子兰、香兰果。

攀缘植物。茎稍肥厚或肉质，每节生 1 枚叶和 1 条气生根。叶大，肉质，具短柄，有时退化为鳞片状。总状花序生于叶腋，具数花；花通常较大，扭转，常在子房与花被之间具 1 离层；萼片与花瓣相似，离生，展开；唇瓣下部边缘常与蕊柱边缘合生，前部不合生部分常扩大；唇盘上常有附属物，无距；蕊柱长，纤细；花药生于蕊柱顶端，俯倾；花粉团 2 或 4，不具花粉团柄或粘盘；蕊喙常较宽，位于花药下方。果实为蒴果状，肉质，不开裂或开裂。种子具厚的外种皮，常黑色，无翅。图 1。原产于中美洲，世界各热带地区有栽培。中国海南有引种。

果实入药，药材名香荚兰豆。墨西哥传统用作利尿剂和血液净化剂，欧洲引入后用于治疗癔病、抑郁、阳痿、虚热和风湿病，《美国药典》收载。现代研究表明具有抗癫痫、抗突变、抗菌、抗肿瘤和降血脂作用。香料应用广泛。

果实主要含有挥发油、酚苷类等化学成分。挥发油有香荚兰醛（香草醛）、香草酸、香草醇、香草乙酮、肉桂酸等，其中香草

图 1　香荚兰（陈虎彪摄）

醛具有抗癫痫、抗突变、抗氧化、抗菌等活性；酚苷类成分有香草醛苷、香草酸苷、邻甲氧苯基-β-D-葡萄糖苷、对甲苯基-β-D-葡萄糖苷等。

香荚兰属植物全世界约 70 种。中国有 2 种。塔希提香荚兰 *V. tahitensis* J. W. Moore 也是《美国药典》收载香荚兰豆的来源物种。

（刘　勇）

dúsuànlán

独蒜兰 [*Pleione bulbocodioides* (Franch.) Rolfe，common pleione]

兰科独蒜兰属植物。

半附生草本，高 15~25cm。假鳞茎卵形或卵状圆锥形，长 1.0~2.5cm，顶生 1 枚叶，叶掉后有杯状齿环。叶椭圆状披针形或近倒披针形，纸质，长 10~25cm，基部渐狭成柄，抱花葶。花葶顶生 1 朵花，花苞片矩圆形；花淡紫色或粉红色，唇瓣上有深色斑；萼片直立，狭披针形，长达 4cm，宽 5~7mm，先端急尖；花瓣和萼片近等长；唇瓣基部楔形，不明显 3 裂，中裂片半圆形或近楔形，边缘具不整齐的锯齿，内面常具 3~5 条波状或近直的褶片。图 1。中国广布于长江流域及以南各省区，生于海拔 630~3000m 的密林下或沟谷旁石壁上。

假鳞茎入药，药材名山慈姑，也称冰球子。传统中药，最早收载于《本草拾遗》。《中华人民共和国药典》（2020 年版）收载，具有清热解毒，化痰散结的功效。现代研究表明具有抗肿瘤、抗氧化、抗炎等作用。

假鳞茎主要含有菲类、联苄类、木脂素类、蒽醌类、黄酮类、甾体类等化学成分：菲类有 monbarbatain A、bletriarene A、shancilin 等；联苄类有 batatasin Ⅲ、shanciol H、bletilol A~C、3,5-二甲氧基-3-羟基联苄、石斛酚等；木脂素类有 sanjidin A、sanjidin B、pleionin A、phillygenin、表松脂醇、丁香脂素等。

独蒜兰属植物全世界约 19

图 1　独蒜兰（陈虎彪摄）

种，中国有 16 种。云南独蒜兰 *P. yunnanensis* Rolfe. 以及杜鹃兰属的杜鹃兰 *Cremastra appendiculata*（D. Don）Makino 也被《中华人民共和国药典》（2020 年版）收载为山慈姑药材的来源植物。

云南独蒜兰也称为冰球子，杜鹃兰习称毛慈姑。

（姚　霞）

索　引

条目标题汉字笔画索引

说　明

一、本索引供读者按条目标题的汉字笔画查检条目。

二、条目标题按第一字的笔画由少到多的顺序排列，按画数和起笔笔形横（一）、竖（丨）、撇（丿）、点（丶）、折（乛，包括丁乚乙等）的顺序排列。笔画数和起笔笔形相同的字，按字形结构排列，先左右形字，再上下形字，后整体字。第一字相同的，依次按后面各字的笔画数和起笔笔形顺序排列。

三、以拉丁字母、希腊字母和阿拉伯数字、罗马数字开头的条目标题，依次排在汉字条目标题的后面。

九　画

十 二 画

十三　画

十九　画

二十一　画

条目外文标题索引

A

内 容 索 引

说 明

一、本索引是本卷条目和条目内容的主题分析索引。索引款目按汉语拼音字母顺序并辅以汉字笔画、起笔笔形顺序排列。同音时，按汉字笔画由少到多的顺序排列，笔画数相同的按起笔笔形横（一）、竖（丨）、撇（丿）、点（丶）、折（乛，包括丁乚等）的顺序排列。第一字相同时，按第二字，余类推。索引标目中夹有拉丁字母、希腊字母、阿拉伯数字和罗马数字的，依次排在相应的汉字索引款目之后。标点符号不作为排序单元。

二、设有条目的款目用黑体字，未设条目的款目用宋体字。

三、不同概念（含人物）具有同一标目名称时，分别设置索引款目；未设条目的同名索引标目后括注简单说明或所属类别，以利检索。

四、索引标目之后的阿拉伯数字是标目内容所在的页码，数字之后的小写拉丁字母表示索引内容所在的版面区域。本书正文的版面区域划分如右图。

a	c	e
b	d	f

C

本卷主要编辑、出版人员

编　　审　司伊康

责任编辑　尹丽品

索引编辑　王小红

名词术语编辑　陈丽丽

汉语拼音编辑　潘博闻

外文编辑　顾　颖

参见编辑　杨　冲

责任校对　张　麓

责任印制　张　岱

装帧设计　雅昌设计中心·北京